Stahl- und Metallbau Tabellenbuch

Günther Tiedt
Friedrich-Wilhelm Gieseke
Dietmar Falk
Peter Krause

Unter Mitarbeit der Verlagsredaktion

westermann

Diesem Buch wurden die bei Manuskriptabschluss vorliegenden neuesten Ausgaben der DIN-Normen, VDI-Richtlinien und sonstigen Bestimmungen zu Grunde gelegt. Verbindlich sind jedoch nur die neuesten Ausgaben der DIN-Normen und VDI-Richtlinien und sonstigen Bestimmungen selbst.

Die DIN-Normen wurden wiedergegeben mit Erlaubnis des DIN Deutsches Institut für Normung e.V. Maßgebend für das Anwenden der Norm ist deren Fassung mit dem neuesten Ausgabedatum, die bei der Beuth-Verlag GmbH, Burggrafenstraße 6, 10787 Berlin, erhältlich ist.

Auf verschiedenen Seiten dieses Buches befinden sich Verweise (Links) auf Internet-Adressen. Haftungshinweis: Trotz sorgfältiger inhaltlicher Kontrolle wird die Haftung für die Inhalte der externen Seiten ausgeschlossen. Für den Inhalt dieser Seiten sind ausschließlich deren Betreiber verantwortlich. Sollten Sie bei dem angegebenen Inhalt des Anbieters dieser Seite auf kostenpflichtige, illegale oder anstößige Inhalte treffen, so bedauern wir dies ausdrücklich und bitten Sie, uns umgehend per E-Mail unter www.westermann.de davon in Kenntnis zu setzen, damit der Verweis beim Nachdruck gelöscht wird.

1. Auflage, 2013
Druck 1, Herstellungsjahr 2013

Redaktion: Ralf Grimpe
Umschlaggestaltung: boje5 Grafik & Werbung, Braunschweig
Satz und Layout: deckermedia GbR, Vechelde
Druck und Bindung: westermann druck GmbH, Braunschweig

ISBN 978-3-14-**23 5020**-2

RAL-Farben
RAL colours

RAL-Farbreihe	RAL-Nummern, Einzelfarben, Benennungen						
5000	5015 Himmelblau	5017 Verkehrsblau	5018 Türkisblau	5019 Capriblau	5021 Wasserblau	5022 Nachtblau	5024 Pastellblau
6000	6000 Patinagrün	6001 Smaragdgrün	6002 Laubgrün	6003 Olivgrün	6004 Blaugrün	6005 Moosgrün	6007 Flaschengrün
	6009 Tannengrün	6010 Grasgrün	6013 Schilfgrün	6014 Gelboliv	6016 Türkisgrün	6017 Maigrün	6018 Gelbgrün
	6019 Weißgrün	6020 Chromoxidgrün	6024 Verkehrsgrün	6026 Opalgrün	6028 Kieferngrün	6032 Signalgrün	6034 Pastelltürkis
7000	7000 Fehgrau	7001 Silbergrau	7002 Olivgrau	7003 Moosgrau	7004 Signalgrau	7005 Mausgrau	7006 Beigegrau
	7011 Eisengrau	7012 Basaltgrau	7013 Braungrau	7015 Schiefergrau	7016 Anthrazitgrau	7021 Schwarzgrau	7023 Betongrau
	7024 Graphitgrau	7026 Granitgrau	7031 Blaugrau	7036 Platingrau	7042 Verkehrsgrau A	7043 Verkehrsgrau B	7044 Seidengrau
8000	8000 Grünbraun	8001 Ockerbraun	8002 Signalbraun	8004 Kupferbraun	8007 Rehbraun	8008 Olivbraun	8015 Kastanienbraun
9000	9001 Cremeweiß	9003 Signalweiß	9004 Signalschwarz	9006 Weißaluminium	9010 Reinweiß	9016 Verkehrsweiß	9017 Verkehrschwarz

NEU Rufen Sie Zusatzinformationen ab über *www.westermann.de/links/235020* oder direkt mit einem QR-Code

Zusatz-information

per Web-Link am PC

1. Wenn Sie dieses Zeichen auf einer Seite finden, geben Sie *www.westermann.de/links/235020* in den Browser ein.
2. Wählen Sie die gewünschte Zusatzinformation oder Excel-Datei nach der Seitenzahl aus.
3. Sie gelangen direkt zur gewünschten Zusatzinformation oder Excel-Rechenblatt.

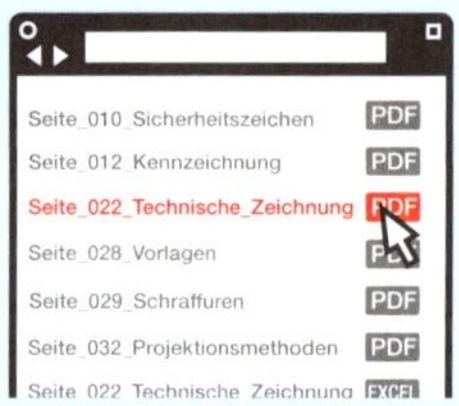

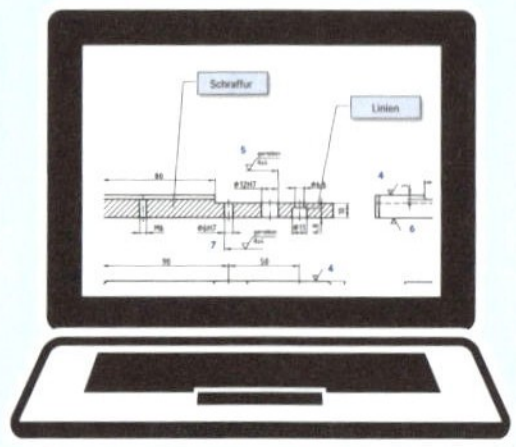

per Smartphone

1. Scannen Sie den QR-Code.
2. Die gewünschte Zusatzinformation erscheint direkt auf dem Display Ihres Smartphones.

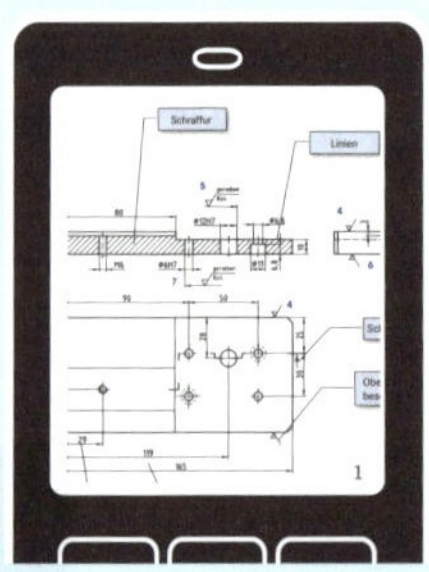

Bei der Neuauflage sind zahlreiche Leserhinweise ebenso eingeflossen wie technische Neuerungen.
Um den Einsatz im Unterricht zu erleichtern wurde die Struktur der vorherigen Auflage (225020) beibehalten.

Die Aktualisierung der zitierten Normen ist durch eine enge Kooperation mit dem Beuth-Verlag gewährleistet.

Eine Neuerung ist die Einbindung ergänzender Informationen und Übungsblätter vor allem im Kapitel mathematisch-technische Grundlagen über einen Zugang zum Server des Westermann Verlages. Dieser Zugang zu umfangreichen Zusatzinformationen und Übungsmaterialien ist im Kaufpreis des Buches enthalten. Zu den Ergänzungen gehören ebenfalls zusätzliche Tabellen, Texte, Erklärungen, Rechenblätter, Beispiele, Kataloge und Videos. Durch diese Zusatzmaterialien wird kompetenz- und handlungsorientiertes Lernen hervorragend unterstützt, ohne dass das Tabellenbuch seinen Charakter einer Faktensammlung verliert.

Ralf Grimpe
Magdeburg 2013

Deutsches Institut für Normung e.V.
German Institut for Standardization

Aufgabe	
DIN ist die Abkürzung für Deutsches Institut für Normung, das 1917 gegründet wurde und seinen Sitz in Berlin hat. Zusammen mit Herstellern, dem Handel, Handwerk, Dienstleistungsunternehmen, Wissenschaftlern, Verbrauchern und Behörden werden Normen erarbeitet, die unter anderem dem Stand der Technik, der Qualitätssicherung, der Sicherheit und dem Umweltschutz dienen. Nur Produkte, die festgelegte Rahmenbedingungen erfüllen, dürfen die Bezeichnung >>DIN<< tragen. Grundsätzlich ist allerdings niemand verpflichtet, seine Produkte nach Norm herzustellen.	DIN

Grundlagen der Normenerstellung

- Die Regeln für die Normenerstellung sind in DIN 820 festgelegt.
- Normen werden in Normenausschüssen mit Fachkompetenz erstellt und auch juristisch überprüft.
- DIN-Normen werden vor ihrer endgültigen Verabschiedung der Fachöffentlichkeit für eventuell notwendige Korrekturen vorgelegt. In dieser Zeit werden Sie als Norm-Entwürfe bezeichnet und mit einem „NE" gekennzeichnet.
- Die DIN vernetzt die nationalen mit den europäischen und internationalen Normenaktivitäten.

Normarten und Regelwerke

Kurzzeichen	Erklärung
DIN DIN VDE VG	Nationale Norm, die ausschließlich oder überwiegend nationale Bedeutung hat oder als Vorstufe zu einem internationalen Dokument veröffentlicht wird. VDE: Verband der Elektrotechnik VG: Verteidigungsgeräte (Rüstungsnorm)
DIN ISO DIN IEC DIN ISO/IEC	Deutsche Ausgabe einer Internationalen Norm, die von ISO und/oder IEC herausgegeben wurde und die unverändert in das Deutsche Normenwerk übernommen wurde. ISO: International Organization for Standardization IEC: International Elektrotechnical Commission Standards
DIN EN	Deutsche Ausgabe einer Europäischen Norm, die unverändert von allen Mitgliedern der europäischen Normungsorganisation CEN/CENELEC/ETSI übernommen wurde. EN: Europäische Norm CEN: European Committee for Standardization CENELEC: European Committee for Electrotechnical Standradization; ETSI: European Telecommunication Standards
DIN EN ISO	Deutsche Ausgabe einer Europäischen Norm, die mit einer Intenationalen Norm identisch ist und die unverändert von allen Mitglidern der europäischen Normungsorganisationen CEN/CENELEC übernommen wurde.
VDI-Richtlinien	Diese Richtlinien beinhalten praktische Arbeitsunterlagen sowie fundierte Entscheidungshilfen für die Entwicklung und Realisierung von technischen Systemen oder Produkten. VDI: Verein Deutscher Ingenieure e.V.

Normenbegriffe

Begriff	Bezeichnung	Erklärung
Norm	DIN 327	Eine Norm enthält die zur Veröffentlichung frei gegebenen Resultate der Arbeit eines Normenausschusses. Die DIN 327 enthält Angaben zu Langlochfräsern mit Zylinderschaft.
Teil	DIN 327-2	Eine Norm kann mehrere Teile aufweisen, die im Zusammenhang mit der Hauptnummer stehen. Der Teil 2 der DIN 327 enthält die technischen Lieferbedingungen für Langlochfräser mit Zylinderschaft.
Ausgabe	DIN 327-1 1989-04	Datum (April 1989), mit dem die Norm ihre Gültigkeit erhält. Sie wird im DIN-Anzeiger veröffentlicht.
Beiblatt	DIN 6935 Beiblatt 1	Ein Beiblatt enthält Ergänzungen zu einer Norm. Das Beiblatt 1 der DIN 6935 z. B. enthält Ausgleichswerte zur Berechnung der gestreckten Länge von Flacherzeugnissen aus Stahl.
Vornorm	DIN V 51605	Eine Vornorm enthält die Ergebnisse der Arbeit eines Normenausschusses, die wegen bestimmter Vorbehalte nicht als Norm herausgegeben werden. Die Vornorm DIN V 51605 enthält Anforderungshinweise für Rapsölmotoren.
Entwurf	DIN EN 62083 (N-E)	Ein Norm-Entwurf enthält die Ergebnisse einer Normungsarbeit, die der Öffentlichkeit zur Stellungsnahme vorgelegt wird. Die DIN EN 62083 N-E enthält Sicherheitsbestimmungen für medizinische Elektrogeräte.

Beispiel 1

Die Normbezeichnung wird einer Stückliste entnommen:

Sechskantschraube DIN 7990 – M12 × 60 – Mu – 5.6

- **Nenndurchmesser** d = 12 mm
- **Schraubenlänge** L = 60 mm
- **mit Mutter** M12 nach DIN EN ISO 4034 Produktklasse C
- **Festigkeitsklasse** 5.6; R_m = 500 N/mm²; R_e = 300 N/mm²

Sechskantschrauben mit Sechskantmuttern für Stahlkonstruktionen

DIN 7990: 2008-04

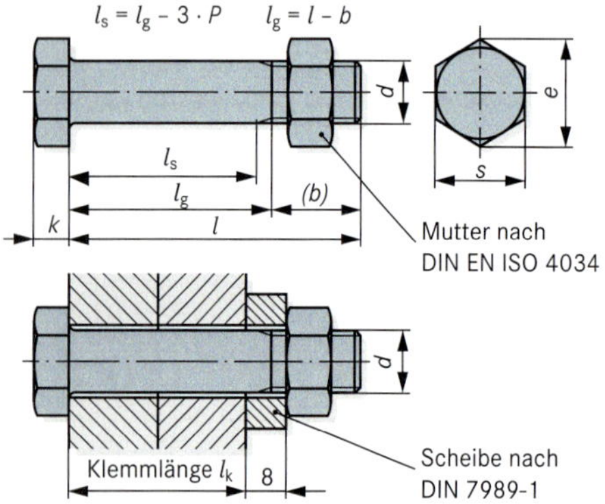

d	M 12	M 16	M 20	M 24	M 27	M 30
b	20,5	24,5	28,5	33	35,5	38,5
c_{max}	0,6	0,8	0,8	0,8	0,8	0,8
d_w	16,4	22	27,7	33,2	38	42,7
e_{min}	19,85	26,17	32,95	39,55	45,20	50,85
k_{max}	8,45	10,75	13,9	15,9	17,9	20,05
s_{max}	18	24	30	36	41	46
l von	30	35	40	45	50	55
bis	120	150	180	200	200	200

Beispiel 2

Die Schraubenmaße werden über die Konstruktion ermittelt.

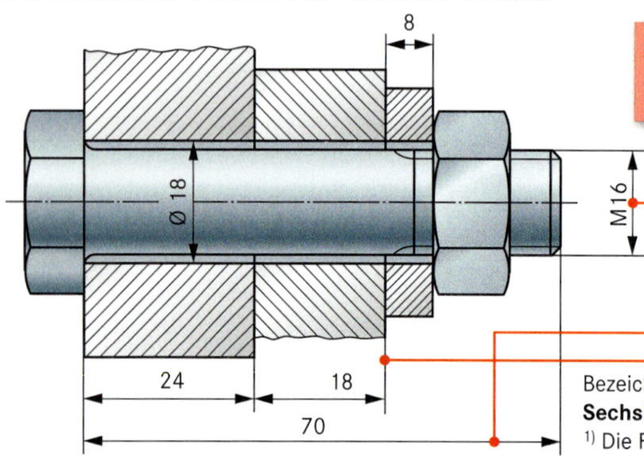

- Nenndurchmesser d = 16 mm
- Schraubenlänge l = 70 mm
- Klemmlänge: l_k = 24 mm + 18 mm = 42 mm; zulässige Klemmlänge: 40,5 – 45,5 mm nach DIN 7990

Bezeichnung:
Sechskantschraube DIN 7990 – M16 × 70 – Mu – [1)]

1) Die Festigkeitsklasse wird nach Beanspruchung gewählt: 4.6 oder 5.6

Gewinde d	M 12	M 16	M 20	M 24	M 27	M 30
Schraubenlänge l	Klemmlänge l_k (Auszug)					
40	14,5 bis 19,5	10,5 bis 15,5	7 bis 12			
45	19,5 bis 24,5	15,5 bis 20,5	12 bis 17	8 bis 13		
50	24,5 bis 29,5	20,5 bis 25,5	17 bis 22	13 bis 18	10,5 bis 15,5	
55	29,5 bis 34,5	25,5 bis 30,5	22 bis 27	18 bis 23	15,5 bis 20,5	13 bis 18
60	34,5 bis 39,5	30,5 bis 35,5	27 bis 32	23 bis 28	20,5 bis 25,5	18 bis 23
65	39,5 bis 44,5	35,5 bis 40,5	32 bis 37	28 bis 33	25,5 bis 30,5	23 bis 28
70	44,5 bis 49,5	40,5 bis 45,5	37 bis 42	33 bis 38	30,5 bis 35,5	28 bis 33
75	49,5 bis 54,5	45,5 bis 50,5	42 bis 47	38 bis 43	35,5 bis 40,5	33 bis 38
80	54,5 bis 59,5	50,5 bis 55,5	47 bis 52	43 bis 48	40,5 bis 45,5	38 bis 43

Arbeits- und Umweltschutz

1

Gefahrstoffverordnung: Kennzeichnungsschilder für gefährliche Stoffe

GefStoffV: 2006-07

Lfd. Nr.	Erklärung
1	Gefahrensymbol
2	Gefahrenbezeichnung
3	Stoffbezeichnung
4	Gefahrenhinweise (R-Sätze)
5	Sicherheitsratschläge (S-Sätze)
6	Name und Anschrift des Herstellers/Lieferanten

Die Kennzeichnungsschilder müssen haltbar (z. B. lösemittel- und säurefest), deutlich und von bestimmter Größe sein.

	Rauminhalt des Gebindes	
	0,25 ... 3 l	3 ... 50 l
Mindestgröße Kennzeichnungsschild	52 mm × 74 mm	74 mm × 105 mm
Mindestgröße Gefahrensymbol	20 mm × 20 mm	28 mm × 28 mm

Gefahrstoffverordnung: Sicherheitsratschläge (S-Sätze)

Satz-Nr.	Bedeutung
S1	Unter Verschluss aufbewahren
S2	Darf nicht in die Hände von Kindern gelangen
S3	Kühl aufbewahren
S4	Von Wohnplätzen fernhalten
S5	Unter ... aufbewahren (geeignete Flüssigkeit vom Hersteller anzugeben)
S6	Unter ... aufbewahren (inertes Gas vom Hersteller anzugeben)
S7	Behälter dicht geschlossen halten
S8	Behälter trocken halten
S9	Behälter an einem gut gelüfteten Ort aufbewahren
S12	Behälter nicht gasdicht verschließen
S13	Von Nahrungsmitteln, Getränken und Futtermitteln fernhalten
S14	Von ... fernhalten (inkompatible Substanzen sind vom Hersteller anzugeben)
S15	Vor Hitze schützen
S16	Von Zündquellen fernhalten – Nicht rauchen
S17	Von brennbaren Stoffen fernhalten
S18	Behälter mit Vorsicht öffnen und handhaben
S20	Bei der Arbeit nicht essen und trinken
S21	Bei der Arbeit nicht rauchen
S22	Staub nicht einatmen
S23	Gas/Rauch/Dampf/Aerosol nicht einatmen (geeignete Bezeichnung[en] vom Hersteller anzugeben)
S24	Berührung mit der Haut vermeiden
S25	Berührung mit den Augen vermeiden
S26	Bei Berührung mit den Augen gründlich mit Wasser abspülen und Arzt konsultieren
S27	Beschmutzte, getränkte Kleidung sofort ausziehen
S28	Bei Berührung mit der Haut sofort abwaschen mit viel ... (vom Hersteller anzugeben)
S29	Nicht in die Kanalisation gelangen lassen
S30	Niemals Wasser hinzugießen
S33	Maßnahmen gegen elektrostatische Aufladungen treffen
S34	Schlag und Reibung vermeiden
S35	Abfälle und Behälter müssen in gesicherter Weise beseitigt werden
S36	Bei der Arbeit geeignete Schutzkleidung tragen
S37	Geeignete Schutzhandschuhe tragen
S38	Bei unzureichender Belüftung Atemschutzgerät anlegen
S39	Schutzbrille/Gesichtsschutz tragen
S40	Fußboden und verunreinigte Gegenstände mit ... reinigen (vom Hersteller anzugeben)
S41	Explosions- und Brandgase nicht einatmen
S42	Beim Räuchern/Versprühen geeignetes Atemschutzgerät anlegen (geeignete Bezeichnung[en] vom Hersteller anzugeben)
S43	Zum Löschen ... (vom Hersteller anzugeben) verwenden (wenn Wasser die Gefahr erhöht, anfügen: Kein Wasser verwenden)
S44	Bei Unwohlsein ärztlichen Rat einholen (wenn möglich, dieses Etikett vorzeigen)
S45	Bei Unfall oder Unwohlsein sofort Arzt zuziehen (wenn möglich, dieses Etikett vorzeigen)
S46	Bei Verschlucken sofort ärztlichen Rat einholen und Verpackung oder Etikett vorzeigen
S47	Nicht bei Temperaturen über ... °C aufbewahren (vom Hersteller anzugeben)
S48	Feucht halten mit ... (geeignetes Mittel vom Hersteller anzugeben)
S49	Nur im Originalbehälter aufbewahren
S50	Nicht mischen mit ... (vom Hersteller anzugeben)

S-Sätze

Gefahrstoffverordnung: Beseitigungsratschläge (E-Sätze)

Satz-Nr.	Bedeutung
E1	verdünnen, in den Ausguss geben
E2	neutralisieren, in den Ausguss geben
E3	in den Hausmüll geben (gegebenenfalls in Kunststoffbeutel [Stäube])
E4	als Sulfid fällen
E5	mit Calcium-Ionen fällen, dann E1 oder E3
E6	nicht in den Hausmüll geben
E7	nicht in den Müll geben, der in einer Verbrennungsanlage verbrannt wird, nach E8 verfahren
E8	der Sondermüllbeseitigung zuführen (Adresse zu erfragen bei Kreis- oder Stadtverwaltung)
E9	in kleinsten Portionen im Freien verbrennen
E10	in gekennzeichneten Glasbehältern „Organische Abfälle" sammeln, dann E8
E11	als Hydroxid fällen (ph 8), Niederschlag nach E8
E12	nicht in die Kanalisation gelangen lassen
E13	aus der Lösung mit unedlerem Metall (z. B. Eisen) als Metall abscheiden
E14	Recycling-geeignet (Recyclingunternehmen zuführen)
E15	Mit Wasser vorsichtig umsetzen, evtl. frei werdende Gase verbrennen oder absorbieren oder stark verdünnt ableiten
E16	entsprechend den „Beseitigungsratschlägen für besondere Stoffe" beseitigen

Gefahrstoffverordnung: Kennzeichnung gefährlicher Stoffe

GefStoffV: 2006-07

Gefahrenbezeichnung; Gefahrensymbol	Kennbuchstabe; Hinweise auf besondere Gefahren	Gefahrenbezeichnung; Gefahrensymbol	Kennbuchstabe; Hinweise auf besondere Gefahren	Gefahrenbezeichnung; Gefahrensymbol	Kennbuchstabe; Hinweise auf besondere Gefahren
Sehr giftig 	**T +** (T: toxic) R26 R27 R28 R39	Reizend 	**Xi** (X: für Andreaskreuz i: irritating) R26 R37 R38 R41 R43	Brandfördernd 	**O** (O: oxidizing) R8 R9 R11
Giftig 	**T** (T: toxic) R23 R24 R25 R39 R48	Hochentzündlich 	**F +** (F: flammable) R12	Explosionsgefährlich 	**E** (E: explosive) R2 R3
Gesundheitsschädlich 	**Xn** (X: für Andreaskreuz n: noxious) R20 R21 R22 R40 R42 R48	Leichtentzündlich 	**F** (F: flammable) R11 R12 R13 R15 R17	Krebserzeugend 	**T** (T: toxic) R45
Ätzend 	**C** (C: corrosive) R34 R35	Umweltgefährlich 	**N** (N: nocious) R54 R55 R56	Fruchtschädigend 	**T** (T: toxic) R47

Gefahrstoffverordnung: Hinweise auf besondere Gefahren (R-Sätze)

Hinweis	Bedeutung
R1	In trockenem Zustand explosionsgefährlich
R2	Durch Schlag, Reibung, Feuer oder andere Zündquellen explosionsgefährlich
R3	Durch Schlag, Reibung, Feuer oder andere Zündquellen besonders explosionsgefährlich
R4	Bildet hochempfindliche explosionsgefährliche Metallverbindungen
R5	Beim Erwärmen explosionsfähig
R6	Mit und ohne Luft explosionsfähig
R7	Kann Brand verursachen
R8	Feuergefahr bei Berührung mit brennbaren Stoffen
R9	Explosionsgefahr bei Mischung mit brennbaren Stoffen
R10	Entzündlich
R11	Leichtentzündlich
R12	Hochentzündlich
R13	Hochentzündliches Flüssiggas
R14	Reagiert heftig mit Wasser
R15	Reagiert mit Wasser unter Bildung leichtentzündlicher Gase
R16	Explosionsgefährlich in Mischung mit brandfördernden Stoffen
R17	Selbstentzündlich an der Luft
R18	Bei Gebrauch Bildung explosionsfähiger/ leichtentzündlicher Dampf-Luftgemische möglich
R19	Kann explosionsfähige Peroxide bilden
R20	Gesundheitsschädlich beim Einatmen
R21	Gesundheitsschädlich bei Berührung mit der Haut
R22	Gesundheitsschädlich beim Verschlucken
R23	Giftig beim Einatmen
R24	Giftig bei Berührung mit der Haut
R25	Giftig beim Verschlucken
R26	Sehr giftig beim Einatmen
R27	Sehr giftig bei Berührung mit der Haut
R28	Sehr giftig beim Verschlucken
R29	Entwickelt bei Berührung mit Wasser giftige Gase
R30	Kann bei Gebrauch leicht entzündlich werden
R31	Entwickelt bei Berührung mit Säure giftige Gase
R32	Entwickelt bei Berührung mit Säure sehr giftige Gase
R33	Gefahr kumulativer Wirkungen
R34	Verursacht Verätzungen
R35	Verursacht schwere Verätzungen
R36	Reizt die Augen
R37	Reizt die Atmungsorgane
R38	Reizt die Haut
R39	Ernste Gefahr irreversiblen Schadens
R40	Irreversibler Schaden möglich
R41	Gefahr ernster Augenschäden
R42	Sensibilisierung durch Einatmen möglich
R43	Sensibilisierung durch Hautkontakt möglich
R44	Explosionsgefahr bei Erhitzung unter Einschluss
R45	Kann Krebs erzeugen
R46	Kann vererbbare Schäden verursachen
R47	Kann Missbildungen verursachen
R48	Gefahr ernster Gesundheitsschäden bei längerer Exposition

R-Sätze

Merkmale von Sicherheitszeichen

DIN 4844-1: 2005-05

Form *Sicherheits-zeichen*	Kreis mit Diagonalbalken 	Kreis 	Gleichseitiges Dreieck 	Quadrat/ Rechteck 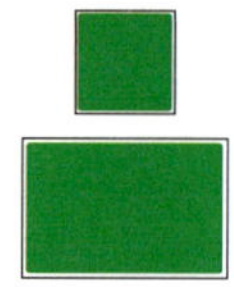	Quadrat/ Rechteck 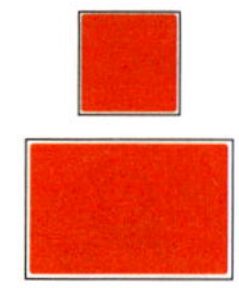
Bedeutung	Verbot	Gebot	Warnung	Gefahrlosigkeit Erste Hilfe Fluchtwege	Brandschutz
Sicherheitsfarbe	rot	blau	gelb	grün	rot
Kontrastfarbe	weiß	weiß	schwarz	weiß	weiß
Farbe des graph. Symbols	schwarz	weiß	schwarz	weiß	weiß
Anwendungsbeispiel	■ Rauchen verboten ■ Berühren verboten	■ Kopfschutz benutzen ■ Atemschutz benutzen	■ Warnung vor giftigen Stoffen ■ Warnung vor Laserstrahl	■ Erste Hilfe ■ Sammelstelle	■ Brandmelder ■ Wandhydrant ■ Feuerlöscher

Verbotszeichen

DIN 4844-2: 2001-02

Rauchen verboten

Feuer, offenes Licht und Rauchen verboten

Für Fußgänger verboten

Mit Wasser löschen verboten

Kein Trinkwasser

Berühren verboten

Für Flurförderzeuge verboten

Abstellen oder Lagern verboten

Zutritt für Unbefugte verboten

Verbot für Personen mit Herzschritt-macher

Mobilfunk verboten

Essen und Trinken verboten

Warnzeichen

DIN 4844-2: 2001-02

Warnung vor feuer-gefährlichen Stoffen

Warnung vor explo-sionsgefährlichen Stoffen

Warnung vor giftigen Stoffen

Warnung vor ätzenden Stoffen

Warnung vor radioaktiven Stoffen

Warnung vor schwebender Last

Warnung vor Flurförderfahr-zeugen

Warnung vor gefähr-licher elektrischer Spannung

Warnung vor einer Gefahrenstelle

Warnung vor Laserstrahl

Warnung vor Absturzgefahr

Warnung vor Quetschgefahr

Gebotszeichen

DIN 4844-2: 2001-02

 Allgemeines Gebotszeichen	 Augenschutz benutzen	 Kopfschutz benutzen	 Gehörschutz benutzen	 Atemschutz benutzen	 Fußschutz benutzen
 Handschutz benutzen	 Schutzkleidung benutzen	 Gesichtsschutz benutzen	 Sicherheitsgurt benutzen	 Für Fußgänger	 Gebrauchsanweisung beachten

Rettungszeichen

DIN 4844-2: 2001-02

 Richtungsangabe für Erste-Hilfe-Einrichtungen, Rettungswege und Notausgänge	 Erste Hilfe	 Krankentrage	 Augenspüleinrichtung	 Notruftelefon	 Arzt
 Rettungsweg, Notausgang	 Sammelstelle	 Automatisierter externer Defibrilator	 Rettungsweg links von hier aus	 Rettungsweg rechts von hier aus	 Rettungsweg geradeaus von hier aus

Brandschutzzeichen

DIN 4844-2: 2001-02

 Mittel und Geräte zur Brandbekämpfung	 Brandmelder	 Brandmeldetelefon	 Feuerlöscher	 Wandhydrant Löschschlauch	 Richtungsangabe

Zusatz-, Kombinations-, Hinweiszeichen

DIN 4844-2: 2001-02

Zusatzzeichen werden zusätzlich zu einem Sicherheitszeichen verwendet, um weitere Hinweise zu geben.

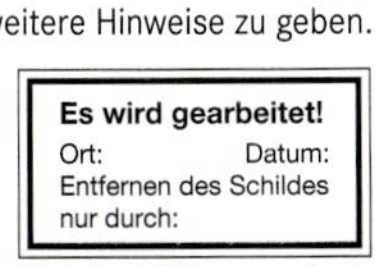

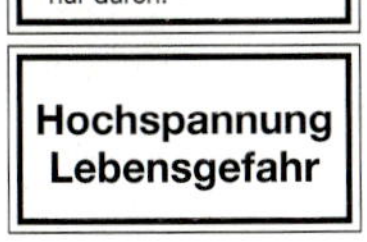

Kombinationszeichen sind Zeichen, die auf einem gemeinsamen Träger ein Sicherheitszeichen und ein Zusatzzeichen enthalten.

Hinweiszeichen sind allgemeine Mitteilungen, Warnungen oder Gebote zur Gefahrenvermeidung.

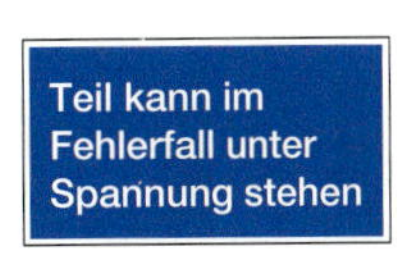

Kennzeichnung von Rohrleitungen nach dem Durchflussstoff

DIN 2403: 2007-05

Anwendungsbereich: Die Kennzeichnung nichterdverlegter Rohrleitungen nach dem Durchflussstoff dient der Verhinderung von Unfällen und gesundheitlichen Schäden sowie der wirksamen Brandbekämpfung und der sachgerechten Instandsetzung.

Anforderungen an die Kennzeichnung:

- Kennzeichnung durch Anstrich, Beschriftung, Bänder (z. B. selbstklebende Folienbänder) oder Schilder (z. B. Kunststoff-, Metall-, Email- oder Folienschilder)
- deutlich erkennbar, dauerhaft, aus gegen Umgebungseinflüsse widerstandsfähigen Werkstoffen
- Wiederholung der Kennzeichnung an betriebswichtigen und gefahrenträchtigen Punkten (Anfang, Ende, Wanddurchführungen, Rohrkrümmungen, Armaturen)
- Kennzeichnung durch vorgeschriebene Gruppenfarbe **1** und Zusatzfarbe **2** des Durchflussstoffes
- Angabe der Durchflussrichtung durch Richtungspfeil **3**
- Angabe des Durchflussstoffes durch Wortangabe **4**, chemische Formel oder Kennzahl in der vorgeschriebenen Schriftfarbe **5** (Bei Angabe von chem. Formel oder Kennzahl ist eine Erklärung an den betriebwichtigen Punkten auszulegen.)
- Bei Gefahrstoffen zusätzliche Angabe der Gefahrensymbole **6** nach Gefahrstoffverordnung
- Bei radioaktiven Durchflussstoffen zusätzliche Angabe des Sicherheitszeichens „Warnung vor radioaktiven Stoffen oder inonisierenden Strahlen" nach DIN 4844-2
- Bei Bedarf Ergänzungen durch Angaben über andere Kenngrößen **7** (z. B. Druck, Temperatur u. a.) mittels Formelzeichen nach DIN 1304 und/oder Sicherheitszeichen nach DIN 4844-2 (z. B. Warnung vor Kälte, heißer Oberfläche oder Biogefährdung)

Zuordnung der Farben zu den Durchflussstoffen

Die durch die Rohrleitungen geförderten Durchflussstoffe werden nach ihren allgemeinen Eigenschaften in 10 durch Gruppenfarben gekennzeichnete Gruppen eingeteilt.

Durchflussstoff	Gruppe	Gruppenfarbe	Zusatzfarbe	Schriftfarbe
Wasser	1	Signalgrün (RAL 6032)		Signalweiß (RAL 9003)
Wasserdampf	2	Signalrot (RAL 3001)		Signalweiß (RAL 9003)
Luft	3	Signalgrau (RAL 7004)		Signalschwarz (RAL 9004)
Brennbare Gase	4	Signalgelb (RAL 1003)	Signalrot (RAL 3001)	Signalschwarz (RAL 9004)
Nichtbrennbare Gase	5	Signalgelb (RAL 1003)	Signalschwarz (RAL 9004)	Signalschwarz (RAL 9004)
Säuren	6	Signalorange (RAL 2010)		Signalschwarz (RAL 9004)
Laugen	7	Signalviolett (RAL 4008)		Signalweiß (RAL 9003)
Brennbare Flüssigkeiten und Feststoffe	8	Signalbraun (RAL 8002)	Signalrot (RAL 3001)	Signalweiß (RAL 9003)
Nichtbrennbare Flüssigkeiten und Feststoffe	9	Signalbraun (RAL 8002)	Signalschwarz (RAL 9004)	Signalweiß (RAL 9003)
Sauerstoff	0	Signalblau (RAL 5005)		Signalweiß (RAL 9003)

Beispiele:

Kernnzeichnung besonderer Rohrleitungen

- Feuerlöschleitungen (Beispiele)

Kenn-zeichnung

Löschmittel: Wasser

Löschmittel: nichtbrennbares Gas

Löschmittel: Wasserdampf

Löschmittel: sonstiges

- Rohrleitungen in Wasserversorgungsanlagen (Beispiele)

Durchflussstoff: Trinkwasser

Durchflussstoff: Trinkwasser, kalt

Durchflussstoff: Trinkwasser, warm

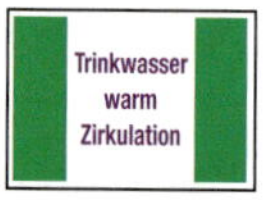

Durchflussstoff: Trinkwasser, warm, Zirkulation

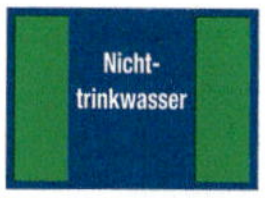

Durchflussstoff: Nichttrinkwasser

Durchflussstoff: Nichttrinkwasser, Betriebswasser

Logo: Erste Hilfe

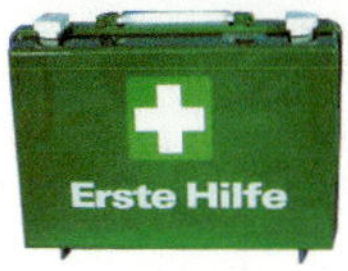

Erste-Hilfe-Kasten

Rettungsdienste:

Notfall-Rettungskette

1. Sofortmaßnahme
2. Notruf
3. Erste Hilfe
4. Rettungsdienst
5. Krankenhaus

Notruf
- Wo ist der Unfall?
- Was ist geschehen?
- Wie viele Verletzte gibt es?
- Welche Verletzungen sind vorhanden?
- Warten auf Rückfragen!

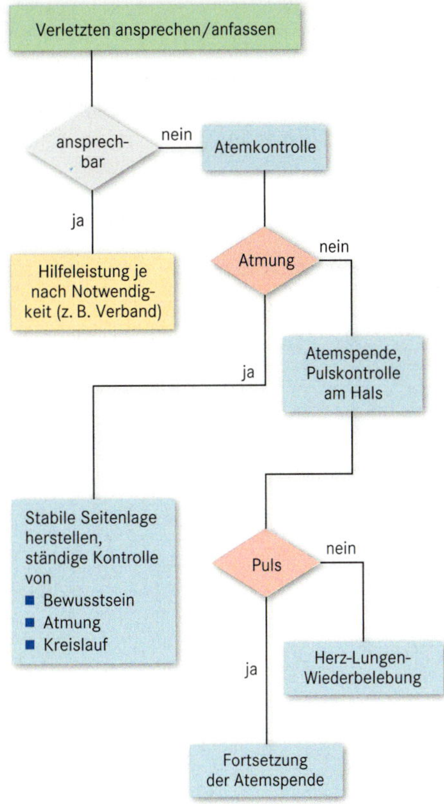

i Logo: Marken-, Firmenzeichen

	Versagen der Atmung/Atemstillstand	Herzversagen/Herzstillstand	Kreislaufversagen/Schock	Starke Blutung
Symptome	■ Flache, unregelmäßige Atmung bzw. keine Atembewegung mehr wahrnehmbar; ■ keine Atemgeräusche hörbar; ■ bläuliche Verfärbung der Haut (Lippen, Ohrläppchen); ■ Bewusstlosigkeit	■ Bewusstlosigkeit; ■ erweiterte Pupillen; ■ blaue oder weißliche (blasse) Verfärbung der Haut	■ Schwacher, beschleunigter Puls; ■ feuchte, blasse, kalte Haut; ■ Unruhe, Angst	■ Bei Verletzung der Schlagader pulsierender Blutaustritt; ■ hellrote Farbe des Blutes
Maßnahmen	■ Verletzten in stabile Seitenlage bringen; ■ Mund- und Rachenraum von Fremdkörpern (Speisereste, Erbrochenes) säubern; ■ Atmung überwachen; ■ Bei Atemstillstand mit der Atemspende beginnen	■ Sofort mit Herzdruckmassage beginnen; ■ Achtung: Ersthelferausbildung ist hierfür unbedingt erforderlich	■ Schocklage herstellen (Oberkörper flach legen, Beine schräg nach oben); ■ Achtung: Schocklage nicht bei Verletzung der Beine oder Wirbelsäule; ■ vor Unterkühlung schützen; ■ durch Ansprache beruhigend wirken; ■ Atmung und Puls kontrollieren	■ Druckverband anlegen, sterile Auflage (Einmalhandschuh verwenden!); ■ leichte Blutung aus Nase: Kopf nach vorne neigen, Kinn in die Hand stützen lassen, kalter Umschlag auf den Nacken; ■ bei verletzter Schlagader die Ader abdrücken bzw. abbinden

Arbeitsplatzgrenzwerte (AGW)

TRGS 900: 2006-01

Arbeitsplatzgrenzwert: die zetilich gewichtete Konzentration eines Stoffes in der Luft am Arbeitsplatz in Bezug auf einen gegebenen Referenzzeitraum. Er gibt an, bei welcher Konzentration eines Stoffes akute oder chronische schädliche Auswirkungen auf die Gesundheit im Allgemeinen nicht zu erwarten sind. Es handelt sich um Schichtmittelwerte bei täglicher achtstündiger Einwirkung an 5 Tagen pro Woche während der Lebensarbeitszeit. Für kurzzeitige Einwirkungen sind Spitzenbegrenzungen nach Höhe und Dauer festgelegt.

Stoff	Arbeitsplatzgrenzwert				Einstufung			
	mg/m³	ml/m³	Spitzenbegr.	Bemerkungen	K	M	R_E	R_F
	1		2	3	4	5	6	7
Acrylaldehyd	0,2	0,09	2 (I)	H				
allgemeiner Staubgrenzwert[1)]	3E 10A		2 (II)					
Ameisensäure	9,5	5	2 (I)	Y				
Amitrol	0,2E		8 (II)	Y			3	
Ammoniak	14	20	2 (I)					
Anilin	7,7	2	2 (II)	H, S, Y	3	3		
Arsenwasserstoff	0,016	0,005	8 (II)					
(Roh)-Baumwollstaub	1,5E		1 (I)	Y				
Benzol	3,25	1		H	1	2		
Blei	0,15E						1	3
Bleitetramethyl	0,05		2 (II)	H			1	3
Brom	0,7	0,1	1 (I)					
Butan	310	100	1 (I)	Y				
Chlor	1,5	0,5	1 (I)	Y				
Chlorethan	110	40	2 (II)	H, Y	3			
Chlorierte Biphenyle	1,1	0,1	8 (II)	H, Z	3		2	2
Chlormethan	100	50	2 (II)	H, Z	3			
Cyanamid	1E	0,58	2 (II)	H, S, Z				
Dichloridfluormethan	5000	1000	2 (II)	Y				
Dichlormethan	260	75	4 (II)		3			
Eichenholzstaub	5E				1			
Essigsäure	25	10	2 (I)	Y				
Ethanol	960	500	2 (II)	Y				
Ethylbenzol	440	100	2 (II)	H				
Fluor	1,6	1	2 (I)					
Heptachlor	0,5E		2 (II)	H	3			
Heptan	2100	500	1 (I)					
Kohlendioxid	9100	5000	2 (II)					
Kohlenmonoxid	35	30	1 (II)	Z			1	
Kohlenstoffdisulfid	30	10	2 (II)	H			3	3
Methanol	270	200	4 (II)	H, Y				
Nikotin	0,5E		2 (II)	H				
Nitrobenzol	1	0,2	2 (II)	H	3			3
Phosphorsäure	2E		2 (I)	Y			2	
Polychlorierte Biphenyle (PCB)	1,1	0,1	2 (II)	H	3		2	2
Quecksilber	0,1		8 (II)	H				
Salzsäure	3	2	2 (I)	Y				
Selen	0,05E		1 (II)	Y				
Styrol	86	20	2 (II)	Y				
Tetrachlormethan	3,2	0,5	2 (II)	H, Y	3			
Toluol	190	50	4 (II)	H, Y			3	
Trichlorbenzol	38	5	2 (II)	H, Y				
Trichlorethan	55	10	2 (II)	H	3			
Trichlormethan	2,5	0,5	2 (II)	H, Y	3	3	3	

[1)] allgemeiner Staubgrenzwert gilt für: Aluminium, Aluminiumhydroxid, Aluminiumoxid, Bariumsulfat, Eisen(II)oxid, Eisen(III)oxid, Graphit, Magnesiumoxid, Polyvinylchlorid, Siliciumcarbid, Tantal und Titandioxid.

1 Gewichts- bzw. Volumenanteil eines Gefahrstoffes in der Luft am Arbeitsplatz

- A alveolengängiger Aerosolanteil: Anteil, der sich in den Alveolen (Lungenbläschen) ablagert
- E einatembarer Aerosolanteil

2 Spitzenbegrenzung

- 1...8 (Überschreitungsfaktor für Kurzzeitwerte
- I Stoffe, bei denen die lokale Wirkung grenzwertbestimmend ist, oder atemwegssensibilisierende Stoffe
- II resportiv wirkende Stoffe

3 Bemerkungen

- H hautresorptive Stoffe: Stoffe, die durch die Haut in den Körper gelangen können
- S sensibilisierende Stoffe: Stoffe, die die Haut und/oder die Atemwege sensibilisieren
- Y Stoffe, bei denen bei Einhaltung des AGW eine Fruchtschädigung (Schwangerschaft) nicht zu befürchten ist
- Z Stoffe, bei denen bei Einhaltung des AGW eine Fruchtschädigung (Schwangerschaft) nicht ausgeschlossen ist

4 K krebserzeugende Stoffe

- 1 Stoffe, die beim Menschen Krebs erzeugen
- 2 Stoffe, die beim Menschen als krebserzeugend angesehen werden sollten
- 3 Stoffe, die wegen möglicher krebserzeugender Wirkung Anlass zur Besorgnis geben

5 M erbgutverändernde Stoffe

- 1 Stoffe, die beim Menschen erbgutverändernd wirken
- 2 Stoffe, die beim Menschen als erbgutverändernd angesehen werden sollten
- 3 Stoffe, die wegen möglicher erbgutverändernder Wirkung Anlass zur Besorgnis geben

6 R_E fruchtschädigende (entwicklungschädigende) Stoffe

- 1 Stoffe, die beim Menschen fruchtschädigend wirken
- 2 Stoffe, die als fruchtschädigend angesehen werden sollten
- 3 Stoffe, die wegen möglicher fruchtschädigender Wirkung Anlass zur Besorgnis geben sollten

7 R_F Beeinträchtigung der Fortpflanzungsfähigkeit

- 1 Stoffe, die beim Menschen die Fortpflanzungsfähigkeit beeinträchtigen
- 2 Stoffe, die als beeinträchtigend für die Fortpflanzungsfähigkeit angesehen werden sollten
- 3 Stoffe, die wegen möglicher Beeinträchtigung der Fortpflanzungsfähigkeit Anlass zur Besorgnis geben sollten

Lärmschutz

TRLV Lärm: 2010-01

Begriffsbestimmung	
Begriff	**Erklärung**
Lärm	Schall im Frequenzbereich von 16 Hz bis 16 kHz (Hörschall), der zu einer Beeinträchtigung des Hörvermögens oder zu einer sonstigen mittelbaren oder unmittelbaren Gefährdung von Gesundheit und Sicherheit der Beschäftigten führen kann.
Maximal zulässige Expositionswerte	Auf das Gehör des Beschäftigten einwirkende Tages-Lärmexpositionspegel bzw. Spitzenschalldruckpegel, die nicht überschritten werden dürfen
Tages-Lärmexpositionspegel $L_{EX,\,8h}$ in dB(A)	Personenbezogener Dauerschallpegel für einen Achtstundentag, der alle am Arbeitsplatz auftretenden Schallereignisse umfasst
Wochen-Lärmexpositionspegel $L_{EX,\,40h}$ in dB(A)	Der über die Zeit gemittelte Tages-Lärmexpositionspegel für eine 40-Stundenwoche, der nur bei erheblichen Schwankungen der Lärmexposition von einem Arbeitstag zum anderen anzuwenden ist
Spitzenschalldruckpegel $L_{pC,\,peak}$ in dB(C)	Höchstwert des Schalldruckpegels für das lauteste Schallereignis innerhalb einer Arbeitsschicht
Lärmbereich	Arbeitsbereiche, in denen der ortsbezogene Lärmexpositionspegel oder der Spitzenschalldruckpegel einen der oberen Auslösewerte erreicht bzw. überschreitet

Auslösewerte für Präventionsmaßnahmen

Untere Auslösewerte		Obere Auslösewerte	
Tages-Lärmexpositionspegel $L_{EX,\,8h}$	Spitzenschalldruckpegel $L_{pC,\,peak}$	Tages-Lärmexpositionspegel $L_{EX,\,8h}$	Spitzenschalldruckpegel $L_{pC,\,peak}$
80 dB(A)	135 dB(C)	85 dB(A)	137 dB(C)

Maßnahmen beim Erreichen bzw. Überschreiten von unteren bzw. oberen Auslösewerten

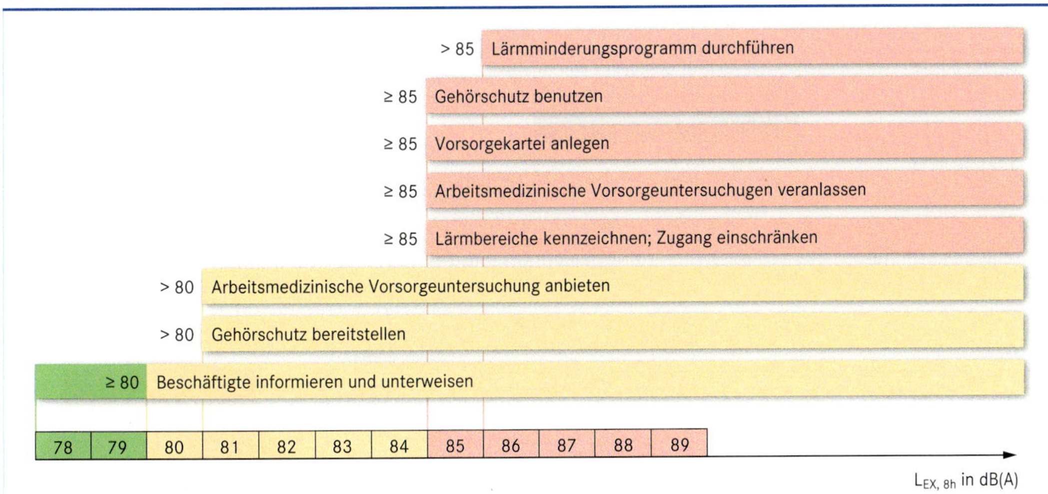

Maßnahmen von Lärmminderungsprogrammen

Maßnahmen an der Lärmquelle	Maßnahmen auf dem Übertragungsweg	Organisatorische Maßnahmen
Mechanische Geräusche ■ Minderung oder zeitliche Dehnung von Krafteinwirkungen ■ Versteifung von Strukturen im Kraftfluss ■ Beeinflussung der Schallabstrahlung Strömungsmechanische Geräusche: ■ Vermeidung von Turbulenzen ■ Minderung von Druckschwankungen	■ Körperschallisolierung (z. B. Aufstellung von Maschinen auf Schwingelementen) ■ Kapselung von Maschinen ■ Einsatz von Schalldämpfern ■ Abschirmung durch Stellwände ■ Schallschutzkabine (z. B. Maschinenkontrollstand)	■ Verlagerung lärmintensiver Arbeiten und Maschinen in einen separaten Raum ■ Verlagerung lärmintensiver Arbeiten in personalarme Schichten ■ Koordinierung von lärmarmen und lärmintensiven temporären Arbeiten
In regelmäßigen Abständen müssen Wirksamkeitskontrollen durchgeführt werden. Lärmminderungsprogramme sind solange durchzuführen, bis die oberen Auslösewerte nicht mehr überschritten werden.		

Komponenten der Lastaufnahmeeinrichtung

BGI 556: 2006

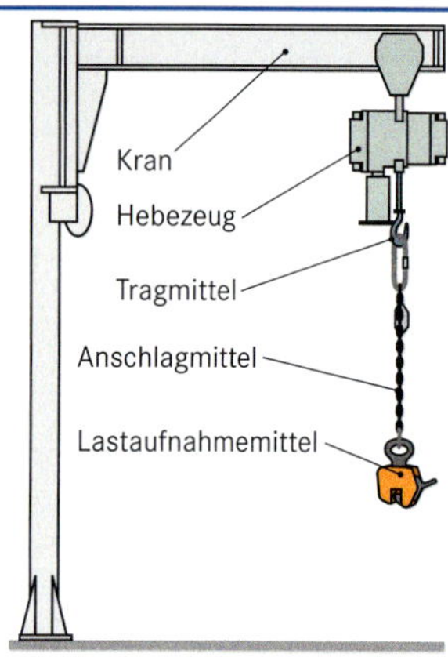

Komponente	Ausführungsart			
Lastaufnahmemittel	Greifer, Zange	Hebeklemme	Traverse	Seil, Kette, Band
Anschlagmittel	Hebeband, Rundschlinge	Kette	Stahldrahtseil	Aufhängeglied
Tragmittel	Lasthaken	Lasthaken mit Hakensicherung	Schäkel	–
Hebezeug	Elektroseilzug	Elektrokettenzug	Flaschenzug	Rolle
Kran	Deckenkran	Wandschwenkkran	Portalkran	–

Auswahl der Lastaufnahmemittel nach Art und Zustand der Last-Oberfläche

BGI 556: 2006

Art und Zustand der Lastoberfläche	Lastaufnahmemittel
Glatt, empfindlich, runde Kanten	Hebeband, Rundschlinge
Scharfkantig, hohe Oberflächentemperatur	Kette
Glatt, ölig, wenig gerundete Kanten	Stahldrahtseil

Kennzeichnung der Tragfähigkeit von Rundschlingen und Hebebändern durch Farben

DIN EN 1492-1,2: 2009-05

Tragfähigkeit in kg	Farbkennzeichnung	Tragfähigkeit in kg	Farbkennzeichnung
1000		5000	
2000		6000	
3000		8000	
4000		10000	

Güteklassen von Ketten

DIN EN 818-4: 2008-12

Güteklasse	Bruchspannung im Kettenglied in N/mm^2
4	400
5	500
6	630
8	800

Kennzeichnung von Ketten mit Kettenanhänger

DIN 685-4: 2001-02

Kettenanhänger für Ketten der Güteklassen 3–8

Die Anzahl der Ecken des Kettenanhängers gibt die Güteklasse an.

Die Kettenanhänger der Güteklassen 3 bis 7 sind grau eingefärbt, die der Güteklasse 8 rot.

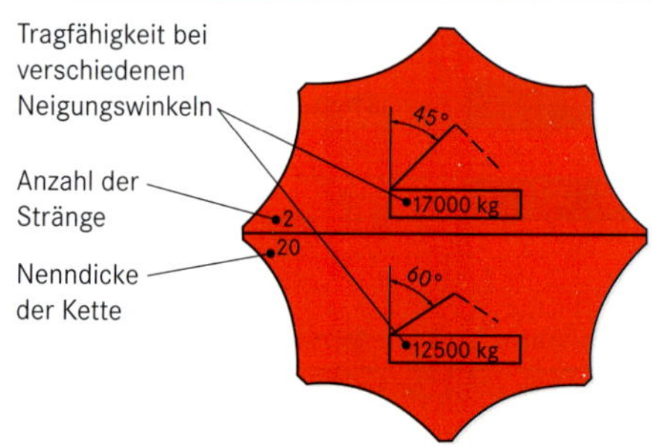

Ketten der Güteklasse 1 werden nicht mehr hergestellt.
Ketten der Güteklasse 2 werden nur noch für Lastaufnahmeeinrichtungen in Verzinkungsbädern verwendet.
Die Güteklassen 3, 7 und 9 werden in der Norm nicht aufgeführt.

Tragfähigkeitstabelle für Anschlagketten der Güteklasse 8

DIN EN 818-4: 2008-12

		Tragfähigkeit der Anschlagketten in kg					
Gehängeart		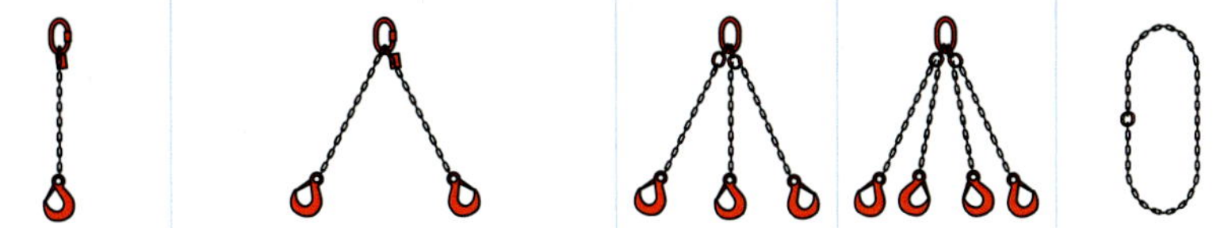					
Anzahl der Stränge		1-Strang	2-Strang		3/4-Strang		Kranz
Neigungswinkel β[1)]		–	> 0–45	> 45–60	0–45	> 45–60	–
Faktor		1,0	1,4	1,0	2,1	1,5	1,6
Symbol des Gehänges							
Kettendurchmesser in mm	6	1120	1600	1120	2360	1700	1800
	7	1500	2120	1500	3150	2240	2500
	8	2000	2800	2000	4250	3000	3150
	10	3150	4250	3150	6700	4750	5000
	13	5300	7500	5300	11 200	8000	8500
	16	8000	11 200	8000	17 000	11 800	12 500
	20	12 500	17 000	12 500	26 500	19 000	20 000
	22	15 000	21 200	15 000	31 500	22 400	23 600
	26	21 200	30 000	21 200	45 000	31 500	33 500
	32	31 500	45 000	31 500	67 000	47 500	50 000

[1)] Der Neigungswinkel β darf nicht mehr als 60° betragen, weil sonst die Belastung der Stränge zu groß wird.

Kennzeichnung von Seilen mit Drahtseilanhänger

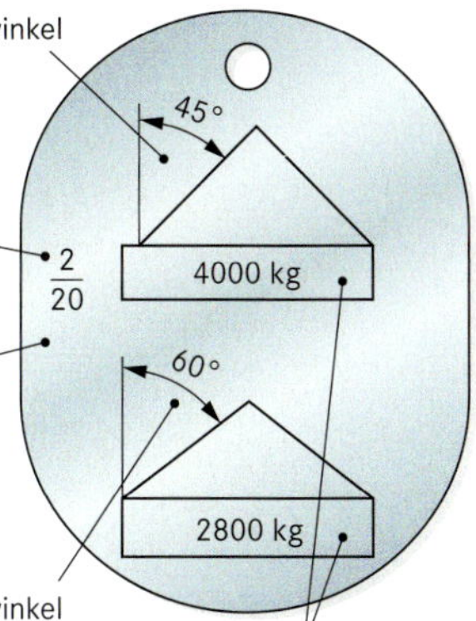

Der Drahtseilanhänger besteht aus unlackiertem Aluminium.

Die Festigkeitsangaben beziehen sich auf den angegebenen Drahtseildurchmesser sowie eine bestimmte Drahtseilausführung und -güte.

Tragfähigkeitstabelle für Anschlagseile

DIN EN 13414-1: 2009-02

		Tragfähigkeit der Anschlagseile in kg				
Gehängeart						
Anzahl der Stränge		1-Strang	2-Strang direkt		3/4-Strang direkt	
Symbol des Gehänges						
Neigungswinkel β[1)]		direkt	β > 0–45°	β > 45–60°	β > 0–45°	β > 45–60°
Seildurchmesser in mm	8	700	950	700	1450	1050
	10	1000	1400	1000	2100	1500
	12	1500	2100	1500	3200	2300
	14	2000	2800	2000	4200	3000
	16	2700	3800	2700	5650	4000
	18	3150	4400	3150	6600	4700
	20	4000	5600	4000	8400	6000
	22	5000	7000	5000	10 500	7500

Beurteilung der Arbeitsbedingungen beim Heben und Tragen von Lasten

1. Lastwichtung

Wirksame Last für Frauen	Wirksame Last für Männer	Lastwichtung
< 5 kg	< 10 kg	1
5 ... 10 kg	10 ... 20 kg	2
10 ... 15 kg	20 ... 30 kg	4
15 ... 25 kg	30 ... 40 kg	7
> 25 kg	> 40 kg	25

2. Ausführungswichtung

Ausführungsbedingungen	Wichtung
gute ergonomische Bedingungen (z. B. ausreichend Platz)	0
Bewegungsfreiheit eingeschränkt (z. B. geringe Arbeitshöhe und -fläche)	1
Bewegungsfreiheit stark eingeschränkt	2

3. Haltungswichtung

Lastposition und Körperhaltung		Haltungswichtung
	■ Oberkörper aufrecht und nicht verdreht ■ Last am Körper	1
	■ geringe Vorneigung oder Verdrehung des Körpers ■ Last am Körper bzw. körpernah	2
	■ tiefes Beugen oder weites Vorneigen ■ Last körperfern oder über Schulterhöhe	4
	■ weites Vorneigen mit gleichzeitigem Verdrehen des Oberkörpers ■ Last körperfern ■ hocken oder knien	8

4. Zeitwichtung

Tragen (> 5 m)		Halten (> 5 s)		Hebe- oder Umsetzvorgänge	
Gesamtweg pro Arbeitstag	Zeitwichtung	Gesamtdauer pro Arbeitstag	Zeitwichtung	Anzahl pro Arbeitstag	Zeitwichtung
< 300 m	1	< 5 min	1	< 10	1
300 m ... 1 km	2	5 ... 15 min	2	10 ... 40	2
1 km ... 4 km	4	15 min ... 1 h	4	40 ... 200	4
4 km ... 8 km	6	1 h ... 2 h	6	200 ... 500	6
8 km ... 16 km	8	2 h ... 4 h	8	500 ... 1000	8
> 16 km	10	> 4 h	10	> 1000	10

5. Bewertung

Beispiel: Umsetzen von 300 Leuchten (12 kg) in 1,50 m Höhe

	2	Lastwichtung
+	1	Ausführungswichtung
+	4	Haltungswichtung
=	7	× 6 (Zeitwichtung) = 42 (Punktwert) →

Punktwert	Beschreibung
< 10	geringe Belastung
10 ... 25	erhöhte Belastung
25 ... 50	wesentlich erhöhte Belastung
> 50	hohe Belastung

Der tätigkeitsbezogene Punktwert gibt Aufschluss über die jeweilige Belastung. Bei einem Punktwert > 10 sind Maßnahmen (Gewichtsverminderung, geringe zeitliche Belastung) erforderlich.

[1] Verordnung über Sicherheit und Gesundheitsschutz bei der manuellen Handhabung von Lasten bei der Arbeit

Abfallvermeidung, -verwertung, -entsorgung

AbfG § 1 a ff.: 2007-07

Abfälle sind zu vermeiden, z. B. durch Einsatz reststoffarmer Verfahren oder Rücknahme von Reststoffen.
Abfälle sind zu verwerten, z. B. durch Wiederaufbereitung von Reststoffen.
Abfälle sind zu entsorgen, dass das Wohl der Allgemeinheit nicht beeinträchtigt wird.

An die Entsorgung von gesundheits- und umweltgefährdenden Abfällen sind besondere Anforderungen zu stellen. Sie dürfen nicht mit dem hausmüllartigen Gewerbemüll entsorgt werden.

Eine Übergabe der Abfälle an ein Entsorgungsunternehmen darf nur erfolgen, wenn behördliche Transport- und Entsorgungsgenehmigungen vorliegen.

Entsorgung besonders überwachungsbedürftiger Abfälle (Auswahl)

AbfBestV: 1990-04

Abfall-schlüssel	Abfallart	Beispiele für die Herkunft des Abfalls	1 Entsorgung					
				CPB	HMV	SAD	SAV	UTD
17211	Holz-Sägemehl, ölgetränkt oder mit schädlichen Verunreinigungen	Aufsaugen von Mineralöl Holzimprägnierungsanlagen	Rückgabe der Abfälle an den Lieferanten der jeweiligen Stoffe oder Entsorgung durch zugelassene Spezialunternehmen oder Schadstoffmobil. Die besonders überwachungsbedürftigen Abfälle sind getrennt aufzubewahren.		(●)		●	
18712	Zellstofftücher mit schädlichen, organischen Verunreinigungen	Putztücher			(●)		●	
35106	Eisenmetallbehälter mit schädlichen Restinhalten	Dosen mit Farbresten, Klebern, Rostentfernern, Farbeindringmitteln				●	●	
35323	Nickel-Cadmium-Akkumulatoren	Akkumulatoren für Handschrauber				(●)		●
35326	Quecksilber, quecksilberhaltige Rückstände	Leuchtstoffröhren, Quecksilberdampflampen		●		(●)		●
54106	Trafoöle, Wärmeträgeröle, Hydrauliköle	Transformatoren, Heizungsanlagen, Hydrauliksysteme					●	
54109	Bohr-, Schneid- und Schleiföle	Metallbearbeitung, Oberflächenbehandlung		●			●	
54112	Verbrennungsmotoren- und Getriebeöle	Altöl aus Motoren und Getrieben, Kompressoröl		(●)			●	
54202	Fettabfälle	Kfz-Werkstätten, Getriebebau					●	
54209	Feste fett- und ölverschmutzte Betriebsmittel	Putzlappen, fett- oder ölverschmutzte Pinsel, Öl- und Fettbehälter			(●)		●	
54401	Synthetische Kühl- und Schmiermittel	Metallbearbeitung, Oberflächenbehandlung		(●)			●	
54402	Bohr- und Schleifemulsionen Emulsionsgemische	Metallbearbeitung, Oberflächenbehandlung		●			●	
54405	Kompressorkondensate	Luft- und Gasverdichter		●			●	
54406	Wachsemulsionen	Entwachsen von Kraftfahrzeugen		●			●	
54710	Schleifschlamm, ölhaltig	Metallbearbeitung				(●)	●	
57125	Ionenaustauschharze mit schädlichen Verbindungen	Galvanotechnik, Harz für Erodiermaschinen				●	●	
57127	Kunststoffbehältnisse mit schädlichen Restinhalten	Altöle, Reinigungsmittel				●	●	

1 Kurzzeichen für die Entsorgung

Kurzzeichen	Entsorger
CPB	Chemische/physikalische, biologische Behandlungsanlage
HMV	Hausmüllverbrennungsanlage
SAD	Oberirdische Deponie für besonders überwachungsbedürftige Abfälle
SAV	Verbrennungsanlage für besonders überwachungsbedürftige Abfälle
UTD	Untertagedeponie für besonders überwachungsbedürftige Abfälle

(●) In diesen Anlagen ist die Entsorgung nur bedingt möglich.

→ Recycling ist die Gewinnung von Rohstoffen aus Abfällen, ihre Rückgewinnung in den Wirtschaftskreislauf und die Verarbeitung zu neuen Produkten. Zum Recycling eignen sich vor allem Glas, Papier, Pappe, Kartonagen, Stahl, Nichteisenmetalle und Kunststoffe. Voraussetzung für die stoffliche Verwertung ist eine möglichst sortenreine Sammlung der Wertstoffe oder ihre leichte Trennung aus dem Abfall.

Verpackungsverordnung

Um eine sortenreine Sammlung zu ermöglichen, sind Produkte durch das Pfeildreieck und einen Recyclingcode gekennzeichnet.

Pfeildreieck

Recyclingcode		
01	PET	Polyethylenterephtalat
02	HDPE	Polyethylen hoher Dichte
03	PVC	Polyvinylchlorid
04	LDPE	Polyethylen niedriger Dichte
05	PP	Polypropylen
06	PS	Polystyrol
07	0	andere Kunststoffe
20	PAP	Wellpappe
21	PAP	sonstige Pappe
22	PAP	Papier
40	FE	Stahl
41	ALU	Aluminium
50	FOR	Holz
51	FOR	Kork
60	TEX	Baumwolle
61	TEX	Jute
70	GL	Farbloses Glas
71	GL	Grünes Glas
72	GL	Braunes Glas
80	-	Papier + Pappe/versch. Metalle
81	-	Papier + Pappe/Kunststoffe
82	-	Papier + Pappe/Aluminium
83	-	Papier + Pappe/Weißblech
84	-	Papier + Pappe/Kunststoff/Aluminium
85	-	Papier + Pappe/Kunststoff/Aluminium/Weißblech
90	-	Kunststoff/Aluminium
91	-	Kunststoff/Weißblech
92	-	Kunststoff/versch. Metalle
95	-	Glas/Kunststoff
96	-	Glas/Aluminium
97	-	Glas/Weißblech
98	-	Glas/versch. Metalle

Kennzeichnungsbeispiel:

Kunststoffrecycling

Man unterscheidet zwei Techniken:

- das werkstoffliche Recycling und
- das rohstoffliche Recycling.

Werkstoffliches Recycling

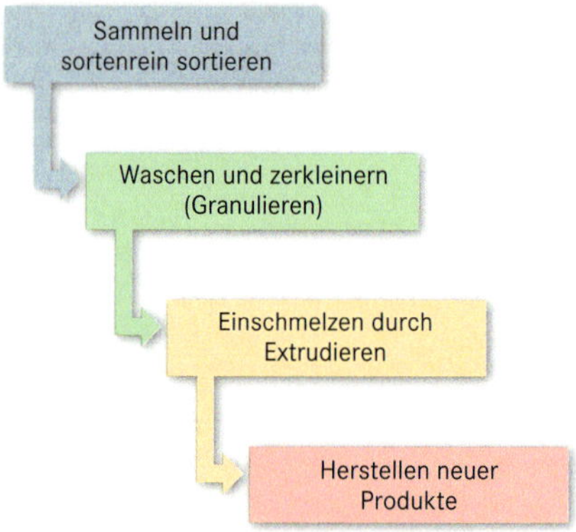

Rohstoffliches Recycling

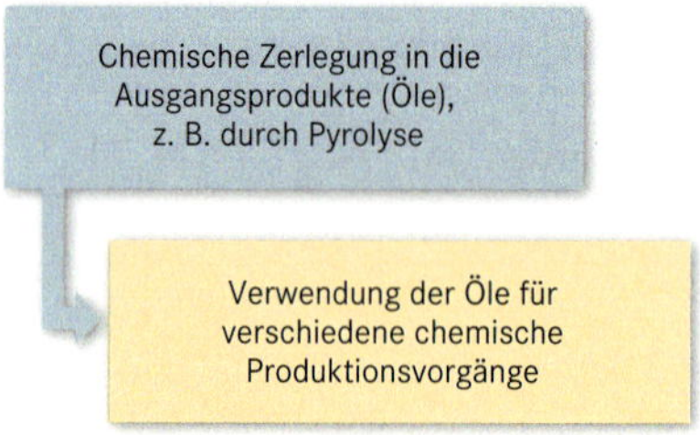

i Pyrolyse: Zersetzung chemischer Verbindungen durch Wärmeeinwirkung

Metallrecycling

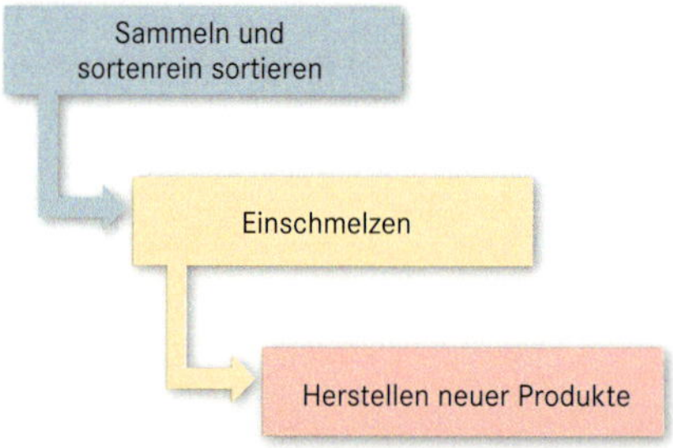

Technische Kommunikation

2

Zeichnungen und Stücklisten – Begriffe
Drawings and items lists – term

Zeichnungen

DIN 199-1: 2002-03

Technische Zeichnung

Begriff	Erklärung
Anordnungszeichnung	Technische Zeichnung, die die räumliche Lage von Gegenständen zueinander darstellt
CAD-Plot	Ausgabe einer CAD-Zeichnung auf einen Zeichnungsträger
CAD-Zeichnung	Eine durch ein Rechnerprogramm erzeugte Zeichnung, die z. B. auf einen Bildschirm angezeigt wird
Diagramm	Zeichnung zur Darstellung funktionaler Zusammenhänge in einem Koordinatensystem
Einzelteilzeichnung	Technische Zeichnung, die ein Einzelteil ohne räumliche Zuordnung zu anderen Teilen darstellt
Fertigungszeichnung	Zeichnung mit allen Informationen, die für die Fertigung des dargestellten Gegenstandes nötig sind
Gesamtzeichnung, Gruppenzeichnung	Zeichnung, die ein Gerät, eine Maschine oder eine Gruppe von Teilen vollständig darstellt
Konstruktionszeichnung	Technische Zeichnung, die einen Gegenstand im Endzustand darstellt
Originalzeichnung	Dauerhaft gespeicherte Zeichnung mit verbindlichem Informationsgehalt
Prüfzeichnung	Technische Zeichnung zur Prüfung des dargestellten Gegenstandes
Skizze	Zeichnung, die im Regelfall freihändig und nicht unbedingt maßstäblich erstellt wurde
Technische Zeichnung	Zeichnung in der für technische Zwecke erforderlichen Art und Vollständigkeit
Zusammenbauzeichnung	Technische Zeichnung zur Erläuterung der räumlichen Lage und Anzahl von Teilen für Zusammenbauvorgänge

Stücklisten

DIN 199-1: 2002-03

Begriff	Erklärung
Auftragsliste	Eine aus der Stückliste entstandene und durch Auftragsdaten ergänzte Liste
Bereitstellungsliste	Liste aller Gegenstände, die zu einer bestimmten Zeit an einem bestimmten Ort zur Verfügung stehen müssen
Einzelteil	Teil, das nicht zerstörungsfrei zerlegt werden kann
Fertigungsstückliste	Stückliste, die im Aufbau und im Inhalt die Anforderungen der Fertigung berücksichtigt
Halbzeug	Erzeugnisse, die z. B. durch Stranggießen entstanden sind und im Allgemeinen für die Umformung, z. B. für Flacherzeugnisse bestimmt sind
Kalkulations-Stückliste	Stückliste, die mit Angaben zur Kostenermittlung ergänzt ist
Rohteil	Zur Herstellung eines bestimmten Gegenstandes spanlos gefertigtes Teil, das noch der Bearbeitung bedarf
Stückliste	Ein für den jeweiligen Zweck vollständiges, formal aufgebautes Verzeichnis für einen Gegenstand. In dem Verzeichnis werden alle dazugehörenden Gegenstände unter Angabe der Bezeichnung, Menge und Einheit aufgezählt.
Variante	Gegenstände mit ähnlicher Form und/oder Funktion

Bauzeichnungen

DIN 1356-1: 1995-02

Begriff	Erklärung
Entwurfszeichnung	Bauzeichnung mit Darstellung des durchgearbeiteten Planungskonzeptes
Bauvorlagezeichnung	Entwurfszeichnung mit allen Angaben gemäß den gesetzlichen Bestimmungen
Ausführungszeichnung	Bauzeichnung des geplanten Objektes mit allen für die Ausführung notwendigen Einzelangaben
Baubestandszeichnung	Bauzeichnung mit allen für den jeweiligen Zweck notwendigen Angaben über die fertiggestellte bauliche Anlage
Positionsplan	Zeichnung eines Tragwerkes zur Erläuterung der statischen Berechnung
Rohbauzeichnung	Bauzeichnung mit allen für die Ausführung des Rohbaus erforderlichen Angaben
Verlegezeichnung	Bauzeichnung mit allen für den Einbau und Anschluss von Fertigteilen notwendigen Angaben

Papier-Endformate
Paper trimmed sizes

DIN EN ISO 216: 2007-12

Benennung	Format in mm
A 0	841 x 1189
A 1	594 x 841
A 2	420 x 594
A 3	297 x 420
A 4	210 x 297
A 5	148 x 210
A 6	105 x 148

Die Fläche des Ausgangsformates A 0 beträgt $A = x \cdot y = 1\ m^2$.

Die Seiten x und y verhalten sich zueinander wie die Seiten eines Quadrates zu dessen Diagonale: $x : y = 1 : \sqrt{2}$

Die Formate lassen sich durch fortgesetztes Halbieren ermitteln.

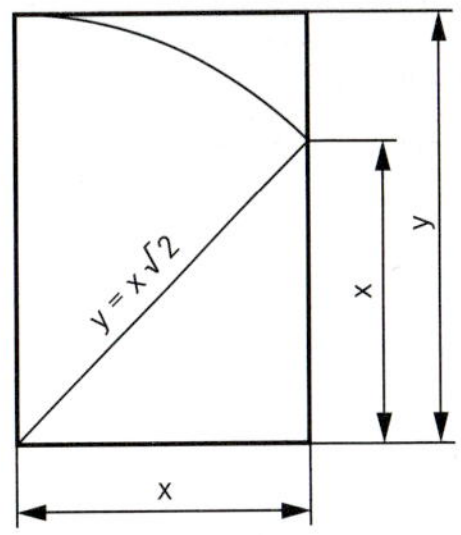

Zeichnungsvordrucke (Blattgrößen)
Layout of drawing sheets

DIN EN ISO 5457: 2010-11

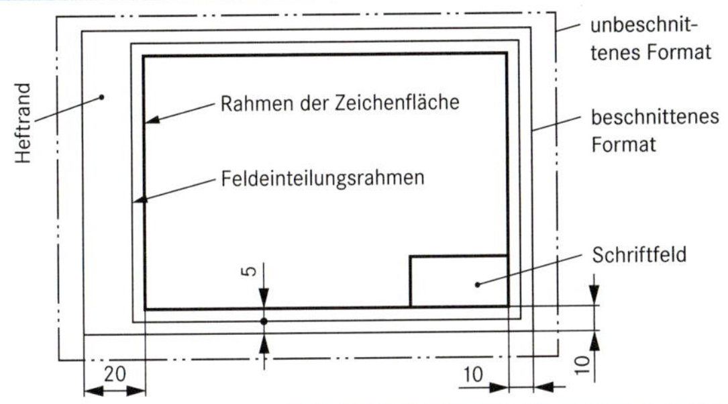

Die Zeichenblattgrößen der Formate A0 bis A3 werden nur in Querlage, die des Formats A4 in Quer- und Hochlage verwendet. Das Schriftfeld ist bei den Formaten A0 bis A3 in der rechten, unteren Ecke der Zeichenfläche, bei dem Format A4 am unteren Teil der Zeichenfläche angeordnet.
Bezeichnung eines vorgedruckten Zeichnungsbogens nach ISO 5457 mit dem Format A3, beschnitten (T), auf Transparentpapier (TP) mit einem Flächengewicht von 92,5 g/m², rückseitig bedruckt (R), Schriftfeld nach Vereinbarung:

Zeichnungsvordruck ISO 5457 - A3T - TP 92,5 - R - TBL

Faltung auf Ablageformat
Folding for filing

DIN 824: 1981-03

Faltung entsprechend Form A mit ausgefaltetem Heftrand

A 2
420 x 594

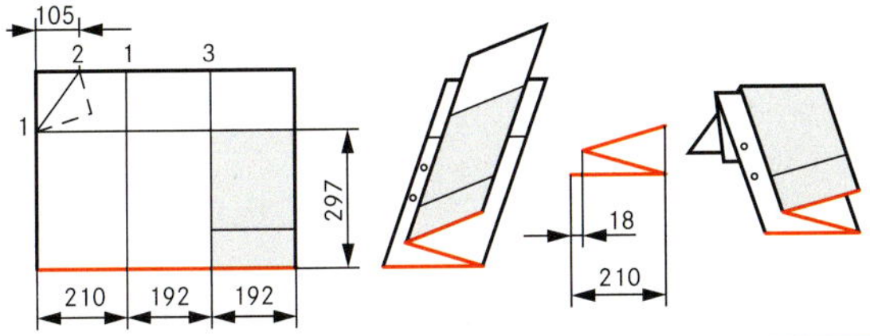

A 3
297 x 420

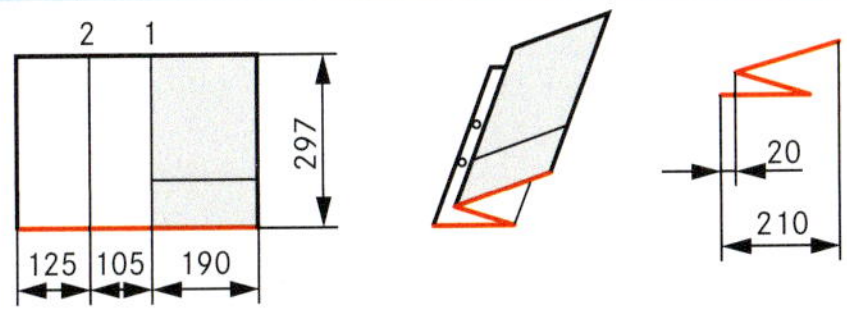

Weitere Faltarten:
Form B: Faltung mit zusätzlich angebrachtem Heftrand
Form C: Faltung ohne Heftrand

Lage des Schriftfeldes:
Das Schriftfeld muss auf der Deckseite in Leserichtung und in der unteren rechten Ecke liegen.

Maßstäbe
Scales

DIN ISO 5455: 1979-12

Natürlicher Maßstab	Vergrößerungsmaßstab	Verkleinerungsmaßstab
1 : 1	2 : 1 5 : 1 10 : 1 20 : 1 50 : 1	1 : 2 1 : 5 1 : 10 1 : 20 1 : 50 1 : 100 1 : 200 1 : 500 1 : 1000 1 : 2000 1 : 5000 1 : 10000

Der angewendete Maßstab ist in das Schriftfeld der Zeichnung einzutragen. Wird mehr als ein Maßstab benötigt, so sollen der Hauptmaßstab in das Schriftfeld und alle anderen Maßstäbe in der Nähe der Positionsnummer oder der Kennbuchstaben der Einzelheit eingetragen werden.

Grafische Darstellungen in Koordinatensystemen zeigen funktionelle Zusammenhänge zwischen kontinuierlichen Veränderlichen. Je nachdem, ob aus der Darstellung Zahlenwerte abgelesen werden sollen oder nicht, unterscheidet man quantitative und qualitative Darstellungen. Grafische Darstellungen in Koordinatensystemen werden **Diagramme** genannt.

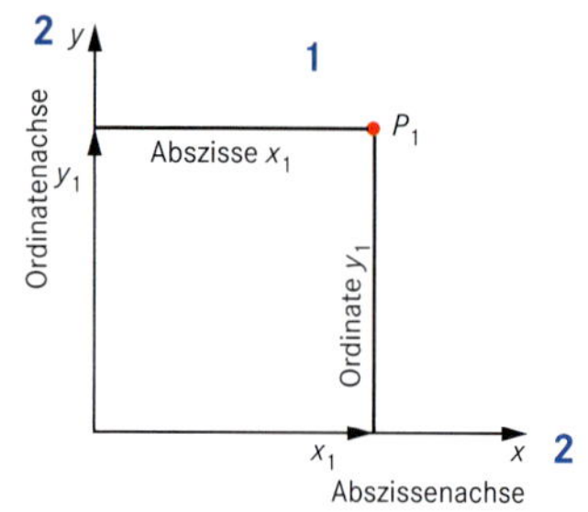

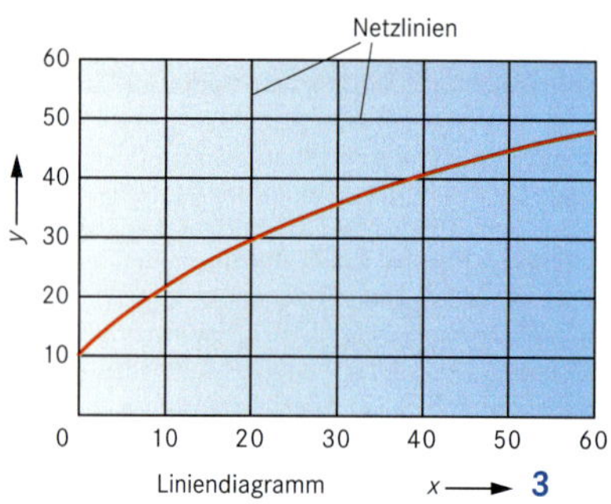

Liniendiagramm

1 Das rechtwinklige Koordinatensystem besteht aus der waagerechten Achse (Abszissenachse) und der dazu senkrechten Achse (Ordinatenachse). Die Pfeilspitze zeigt an, in welcher Richtung die jeweilige Koordinate wächst.

2 Die *kursiv* geschriebenen Formelzeichen stehen unter der waagerechten Pfeilspitze und links neben der senkrechten Pfeilspitze.

3 Die Pfeile dürfen auch parallel zu den Achsen angebracht werden. Formelzeichen oder Benennungen stehen dann an der Wurzel der Pfeile.

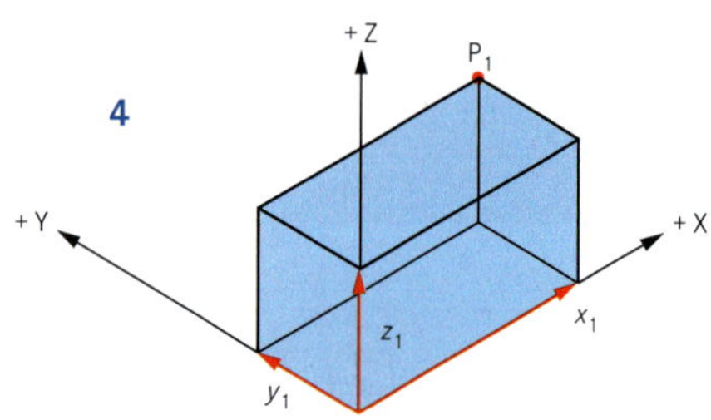

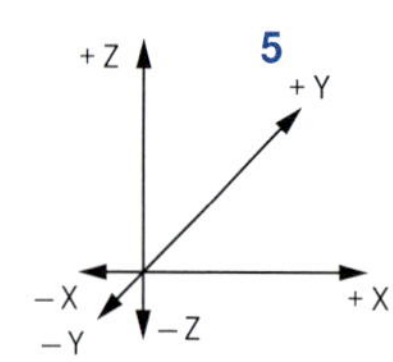

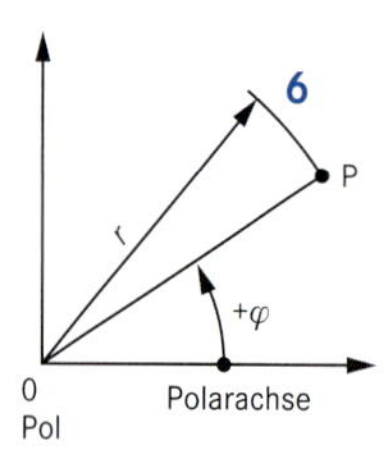

4 Räumliche rechtwinklige Koordinatensysteme werden in axonometrischer Projektion (DIN ISO 5456-3) gezeichnet.

5 Das rechtshändige, rechtwinklige Koordinatensystem zur Festlegung der Bewegungen an Werkzeugmaschinen ist in DIN 66217 genormt.

6 Im Polarkoordinatensystem wird in der Regel der waagerechten Achse der Winkel 0° zugeordnet. Positive Winkel werden entgegen dem Uhrzeigersinn angetragen. Der Radius zeigt vom Nullpunkt (Pol) auf den zu bestimmenden Punkt.

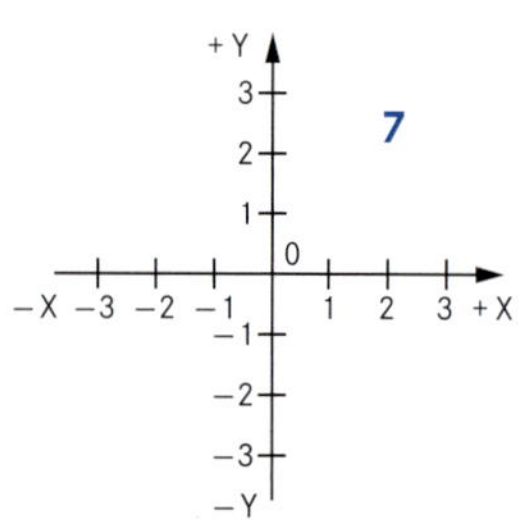

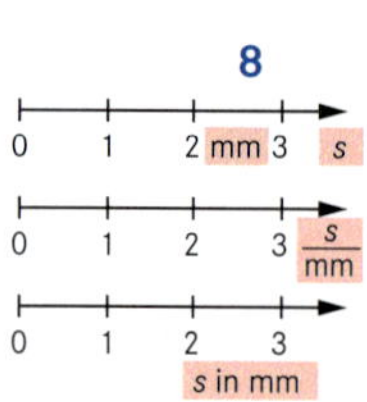

7 Die Teilung der Achsen wird mit Zahlenwerten beziffert, die ohne Drehen des Bildes lesbar sein sollen. Positive Zahlenwerte können mit einem Pluszeichen (+), negative Zahlenwerte müssen mit einem Minuszeichen (−) versehen werden. Der Nullpunkt wird durch eine 0 gekennzeichnet.

8 Einheiten können zwischen den letzten Zahlenwerten, in Bruchform mit dem Formelzeichen oder mit dem Wort „in" an das Formelzeichen angehängt werden.

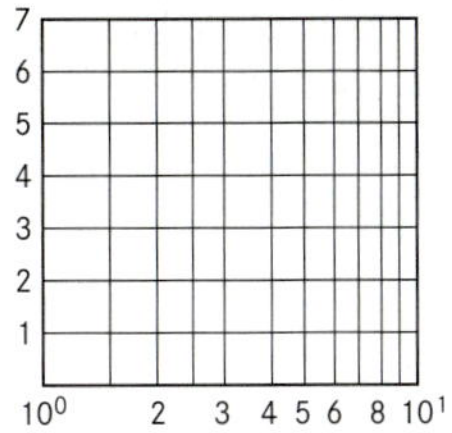

9

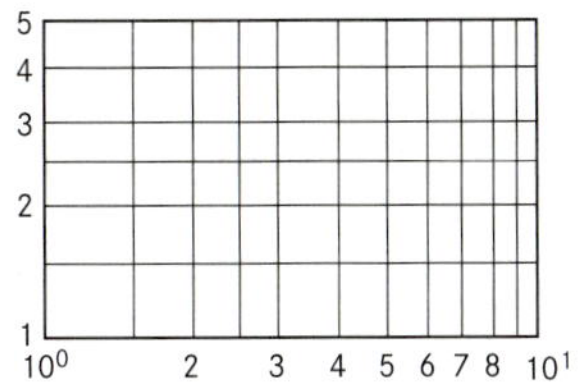

10

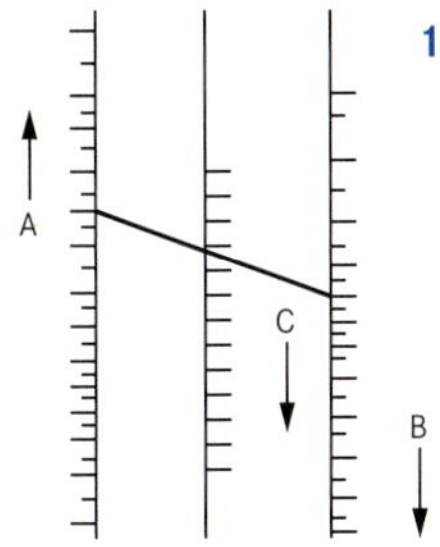

11

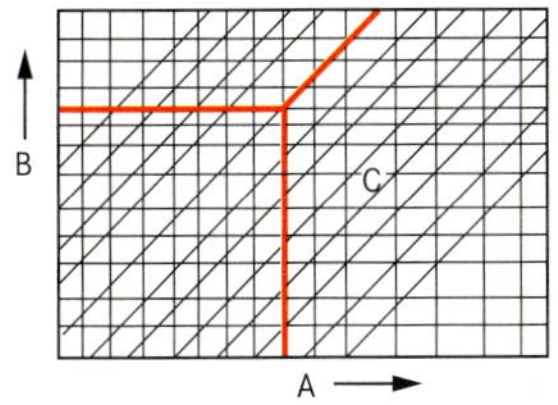

12

Man unterscheidet lineare Teilung **3**, halblogarithmische Teilung **9** und logarithmische Teilung **10** je nach Aussage und Verwendungszweck des Diagramms.

Kann man aus der grafischen Darstellung zusammengehörige Werte mehrerer Variablen ablesen, nennt man diese Darstellungen **Nomogramme**.

11 Mit Hilfe der Leitertafel lassen sich unbekannte Größen aus zwei oder mehreren bekannten Größen zeichnerisch bestimmen.

12 Mit Hilfe einer Netztafel lässt sich eine unbekannte Größe aus zwei bekannten Größen bestimmen.

Zeichentechnische Hinweise

Die Linienbreiten sollen im folgenden Verhältnis gewählt werden:
Netz : Achsen : Kurven = 1 : 2 : 4

	Linienbreite nach ISO 128-24	
Netz	0,18	0,25
Achsen	0,35	0,5
Kurven	0,7	1,0

Schraffuren, Hinweislinien und ähnliche Hilfslinien sollen in der gleichen Breite wie Netzlinien gezeichnet werden.
Innerhalb der Diagrammfläche ist jede nicht zum Verständnis notwendige Beschriftung zu vermeiden.

Beschriftung: Schriftzeichen ISO 3098

13

Säulendiagramm

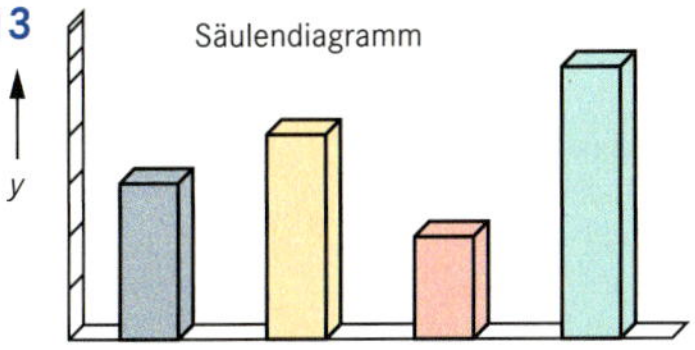

14

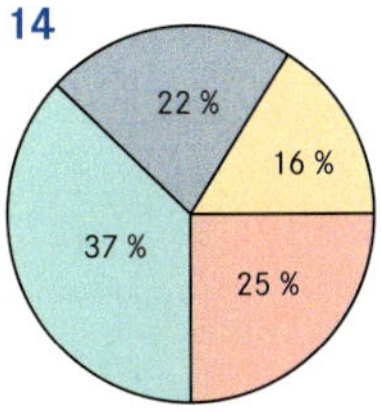

Kreisdiagramm

15

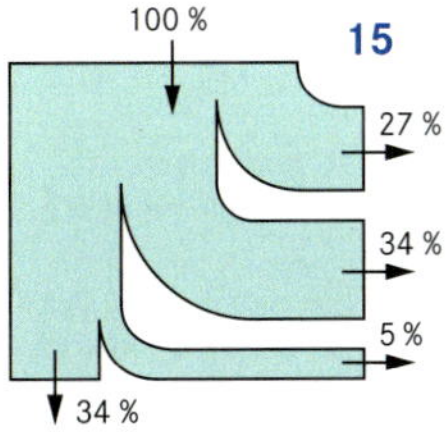

Sankey-Diagramm

13 Im Säulendiagramm werden die darzustellenden Größen als waagerechte oder senkrechte gleich dicke Säulen gezeigt.

Im Kreisdiagramm **14** und im Sankey-Diagramm **15** werden Prozentwerte bildlich dargestellt.

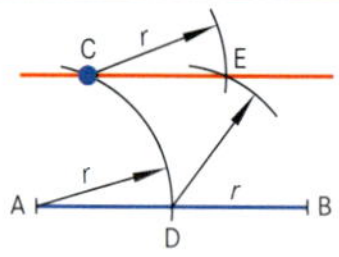

Parallele zu $\overline{AB}$ durch den Punkt C konstruieren

- Kreisbogen um A mit dem Radius $r = \overline{AC} \rightarrow$ D,
- Kreisbogen um C mit dem Radius r,
- Kreisbogen um D mit dem Radius $r \rightarrow$ E,
- Gerade durch C und E ist parallel zu $\overline{AB}$.

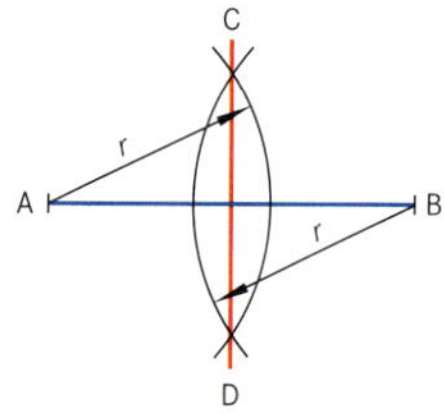

Mittelsenkrechte errichten (Strecke $\overline{AB}$ halbieren)

- Kreisbögen um A und B mit dem Radius $\frac{1}{2}\,\overline{AB} < r < \overline{AB} \rightarrow$ C und D,
- $\overline{CD}$ ist die Mittelsenkrechte auf $\overline{AB}$.

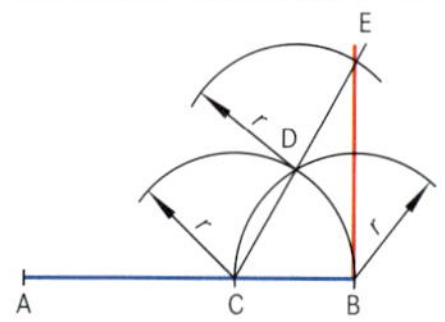

Senkrechte im Endpunkt B auf $\overline{AB}$ errichten

- Kreisbogen um B mit dem Radius $r < \overline{AB} \rightarrow$ C,
- Kreisbogen um C mit dem Radius $r \rightarrow$ D,
- Kreisbogen um D mit dem Radius r schneidet die Verlängerung $\overline{CD}$ in E,
- $\overline{BE}$ ist die Senkrechte in B auf $\overline{AB}$.

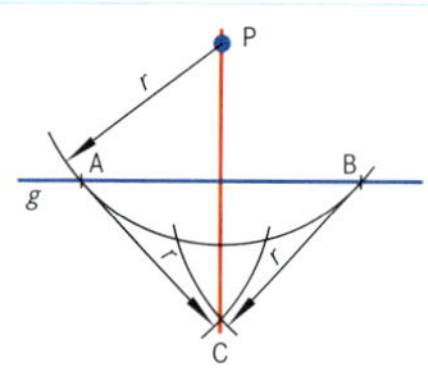

Lot von einem Punkt P auf die Gerade g fällen

- Kreisbogen um P mit dem Radius $r \rightarrow$ A und B,
- Kreisbögen um A und B mit $r \rightarrow$ C,
- $\overline{PC}$ ist das Lot von P auf die Gerade g.

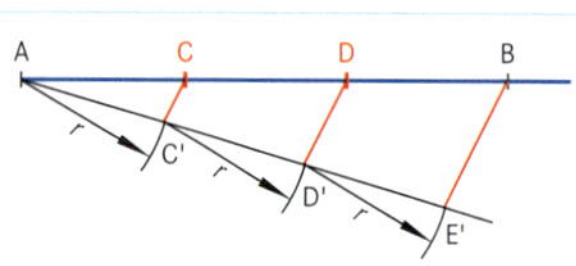

Strecke $\overline{AB}$ in gleiche Teile teilen (z. B. 3 gleiche Teile)

- Kreisbogen um A mit beliebigem Radius $r \rightarrow$ C',
- Kreisbogen um C mit dem Radius $r \rightarrow$ D',
- Kreisbogen um D' mit dem Radius $r \rightarrow$ E',
- E' mit B verbinden,
- Parallele zu $\overline{E'B}$ durch D' $\rightarrow$ D,
- Parallele zu $\overline{E'B}$ durch C' $\rightarrow$ C,
- $\overline{AC} = \overline{CD} = \overline{DB} = \frac{1}{3}\,\overline{AB}$.

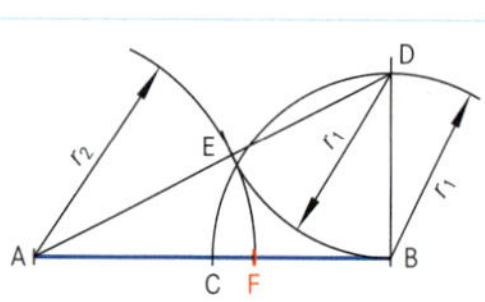

Goldenen Schnitt konstruieren

- Strecke $\overline{AB}$ halbieren $\rightarrow$ C,
- in B eine Senkrechte auf $\overline{AB}$ errichten,
- Kreisbogen um B mit dem Radius $r_1 = \overline{BC} \rightarrow$ D,
- Kreisbogen um D mit dem Radius $r_1 = \overline{DB} = \overline{BC}$ schneidet $\overline{AD}$ in E,
- Kreisbogen um A mit dem Radius $r_2 = \overline{AE} \rightarrow$ F,
- $\overline{AB} : \overline{AF} = \overline{AF} : \overline{FB}$.

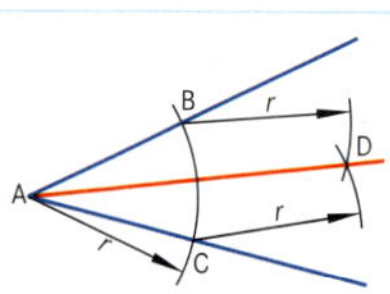

Winkel BAC halbieren

- Kreisbögen um A mit dem beliebigen Radius r zeichnen $\rightarrow$ B und C,
- Kreisbögen um B und C mit dem Radius $r \rightarrow$ D,
- $\overline{AD}$ ist die Winkelhalbierende des Winkels BAC.

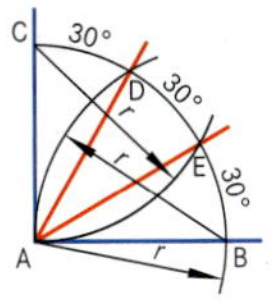

Rechten Winkel CAB in 3 gleiche Teile teilen
- Kreisbogen um A mit dem beliebigen Radius *r* zeichnen → B und C,
- Kreisbogen um B mit dem Radius *r* → D,
- Kreisbogen um C mit dem Radius *r* → E,
- Winkel CAD = Winkel DAE = Winkel EAB = 30°.

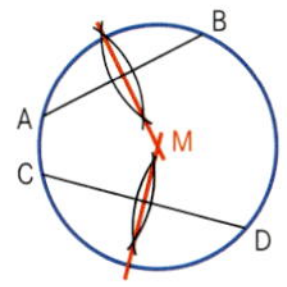

Mittelpunkt eines Kreises bestimmen
- Sehne $\overline{AB}$ in den Kreis zeichnen,
- Sehne $\overline{CD}$ in den Kreis zeichnen (nicht parallel zu AB),
- Mittelsenkrechten auf $\overline{AB}$ und $\overline{CD}$ konstruieren,
- Schnittpunkt M ist der Mittelpunkt des Kreises.

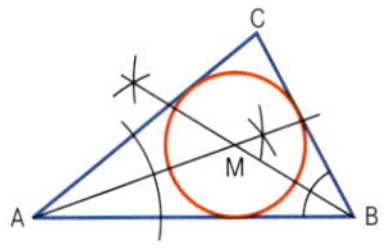

Inkreis eines Dreiecks konstruieren
- Winkelhalbierende des Winkels CAB konstruieren,
- Winkelhalbierende des Winkels ABC konstruieren,
- Schnittpunkt M ist der Mittelpunkt des Inkreises.

Der Inkreis berührt alle Seiten des Dreiecks.

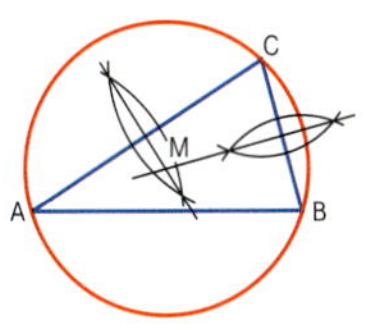

Umkreis eines Dreiecks konstruieren
- Mittelsenkrechte auf $\overline{AC}$ konstruieren,
- Mittelsenkrechte auf $\overline{BC}$ konstruieren,
- Schnittpunkt M ist der Mittelpunkt des Umkreises.

Der Umkreis geht durch die Eckpunkte des Dreiecks.

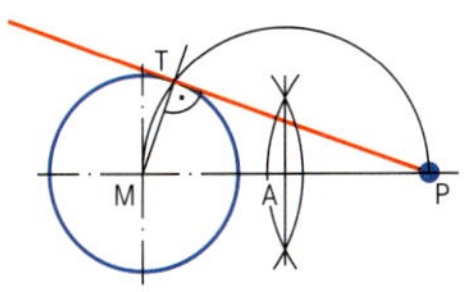

Tangente von einem Punkt P an einen Kreis konstruieren
- Strecke $\overline{MP}$ halbieren → A,
- Kreisbogen um A mit dem Radius $r = \overline{AM} = \overline{AP}$ → T,
- $\overline{PT}$ ist die Tangente von P an den Kreis.

$\overline{MT}$ steht senkrecht auf $\overline{PT}$.

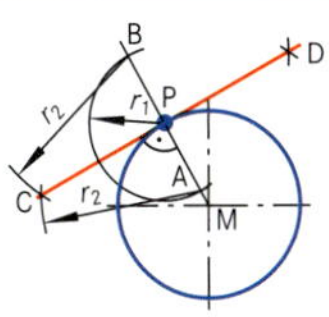

Tangente in einem Kreispunkt P konstruieren
- M mit P verbinden und über P hinaus verlängern,
- Kreisbogen um P mit dem beliebigen Radius r_1 → A und B,
- Kreisbögen um A und B mit einem beliebigen Radius r_2 → C und D,
- CD ist die Tangente an den Kreis in P.

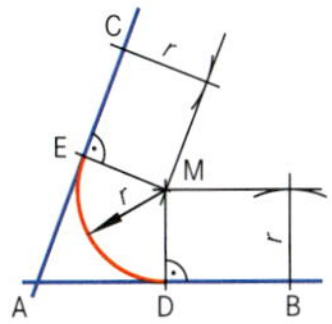

Kreisanschluss an einen Winkel konstruieren (*r* gegeben)
- Parallele zu AB im Abstand *r* konstruieren,
- Parallele zu AC im Abstand *r* konstruieren,
- die Parallelen schneiden sich in M,
- M ist der Mittelpunkt des gesuchten Kreisbogens,
- die Schnittpunkte D und E sind die Übergangspunkte.

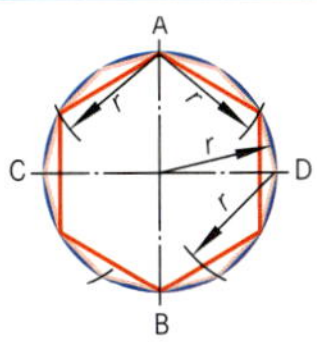

Sechseck und Zwölfeck konstruieren
- Umkreis mit dem Radius *r* zeichnen,
- senkrechte und waagerechte Mittellinie zeichnen → Punkte A, B, C, D,
- Kreisbögen um A und B mit dem Radius *r* ergeben die Eckpunkte des Sechsecks,
- zusätzliche Kreisbögen um C und D mit dem Radius *r* ergeben die Eckpunkte des Zwölfecks.

Schrift BVL (Schriftform B, vertikal, lateinisches Alphabet)

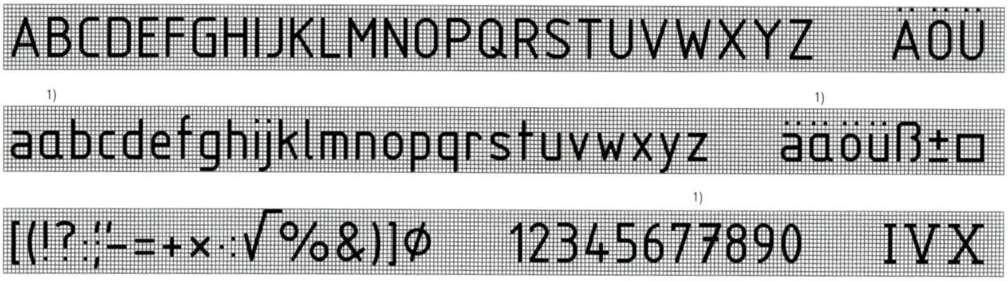

[1] In Deutschland sind die Zeichen a, ä, 7 zu bevorzugen.

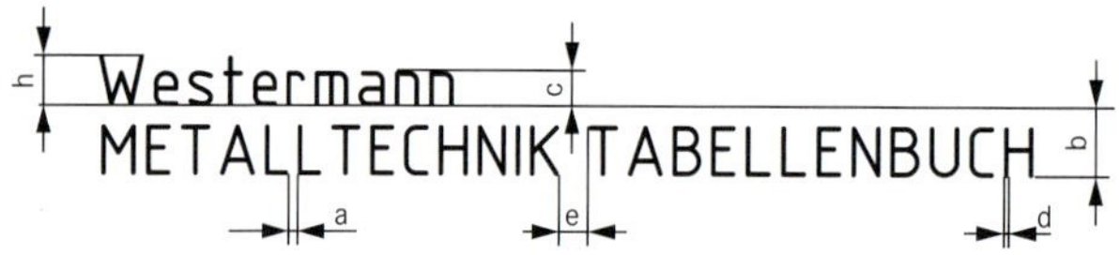

→ *Die Schrift nach Form A und B darf vertikal oder unter einem Winkel von 15° nach rechts kursiv sein.*

	Schriftform A $d = h/14$	Schriftform B $d = h/10$
h	(14/14) h	(10/10) h
c	(10/14) h	(7/10) h
a	(2/14) h	(2/10) h
b	(21/14) h	(15/10) h
e	(6/14) h	(6/10) h
d	(1/14) h	(1/10) h

Schriftfelder, Stücklisten
Title blocks, parts lists

Grundschriftfeld für Zeichnungen

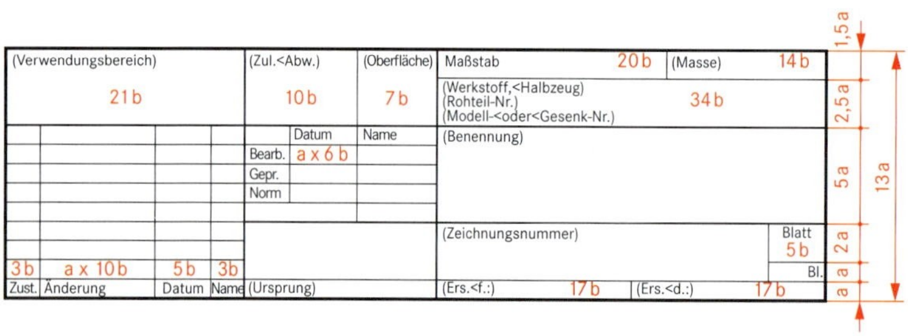

Die in Klammern stehenden Ausdrücke dienen zur Erläuterung.

Rastermaße für Format A 4 bis A 0:
a = 4,25 mm
b = 2,6 mm

Größe des Grundschriftfeldes:
187,2 mm x 55,25 mm

Vorlagen

Linienbreiten nach DIN 15:

Begrenzung des Schriftfeldes	0,7
Begrenzung der Hauptfelder	0,35
übrige Linien	0,18

Stückliste Form A mit einem Grundschriftfeld für Pläne und Listen

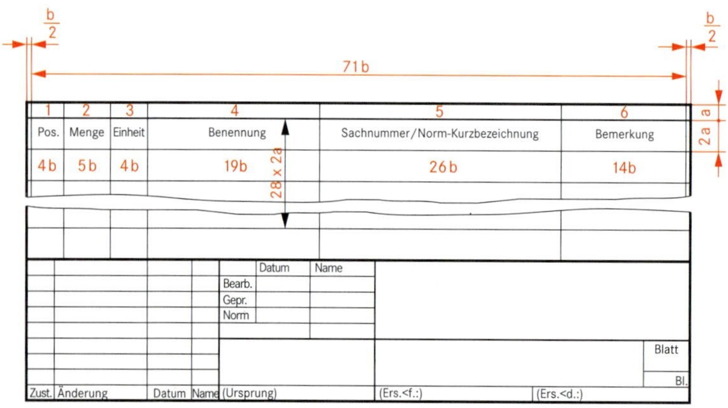

Die Stückliste Form A besteht aus einem Grundschriftfeld für Pläne und Listen und einem darüber angeordneten Stücklistenfeld. Sie hat das Format A 4 hoch. Für die Einteilung der Spalten und Zeilen gelten die obigen Rastermaße a und b.

Für jede Position ist eine Zeile mit der Teilung 2a vorgesehen, die doppelreihig beschrieben werden darf.

Die Stückliste Form B ist um weitere notwendige Angaben (Spalten) gegenüber Form A erweitert. Die Stückliste hat das Format A4 quer.

Schraffuren für Schnittflächen

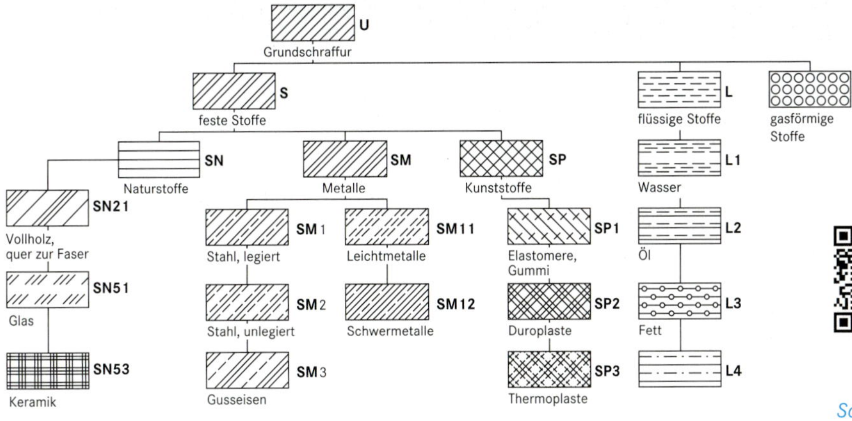

Schraffuren

Kennzeichnung von Schnittflächen in Bauzeichnungen

DIN 1356-1: 1995-02

Anwendungsbereich	Kennzeichnung	Anwendungsbereich	Kennzeichnung
Boden	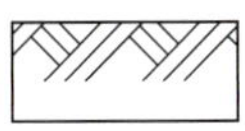	Holz, quer zur Faser	
Kies	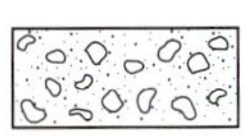	Holz, längs zur Faser	
Sand	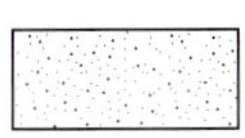	Baustahl	
Beton, unbewehrt	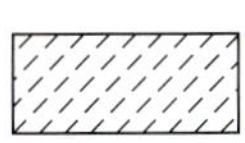	Mörtel, Putz	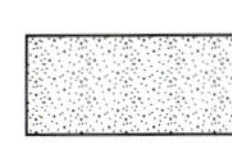
Beton, bewehrt		Dämmstoff	
Leichtbeton		Abdichtung	
Mauerwerk		Dichtstoff	

Nr.	Benennung Darstellung	Liniengruppe 0,35	 0,5	 0,7	Anwendung	Benennung nach DIN 15
01.1	Volllinie, schmal	0,18	0,25	0,35	.1 Lichtkanten bei Durchdringungen .2 Maßlinien .3 Maßhilfslinien .4 Hinweis- und Bezugslinien .5 Schraffuren .6 Umrisse eingeklappter Schnitte .7 kurze Mittellinien .8 Gewindegrund .9 Maßlinienbegrenzungen .10 Diagonalkreuze zur Kennzeichnung ebener Flächen .11 Biegelinien an Roh- und bearbeiteten Teilen .12 Umrahmungen von Einzelheiten .13 Kennzeichnung sich wiederholender Einzelheiten .14 Zuordnungslinien an konischen Formelementen .15 Lagerichtung von Schichtungen .16 Projektionslinien .17 Rasterlinien	**B**
	Freihandlinie, schmal				.18 Vorzugsweise manuell dargestellte Begrenzung von Teil- oder unterbrochenen Ansichten und Schnitten, wenn die Begrenzung keine Symmetrie- oder Mittellinie ist	**C**
	Zickzacklinie, schmal				.19 Vorzugsweise mit Zeichenautomaten dargestellte Begrenzung von Teil- oder unterbrochenen Ansichten und Schnitten, wenn die Begrenzung keine Symmetrie- oder Mittellinie ist	**D**
01.2	Volllinie, breit	0,35	0,5	0,7	.1 Sichtbare Kanten .2 Sichtbare Umrisse .3 Gewindespitzen .4 Grenze der nutzbaren Gewindelänge .5 Hauptdarstellungen in Diagrammen, Karten, Fließbildern .6 Systemlinien (Metallbau-Konstruktionen) .7 Formteilungslinien in Ansichten .8 Schnittpfeillinien	**A**
02.1	Strichlinie, schmal	0,18	0,25	0,35	.1 Verdeckte Kanten .2 Unsichtbare Umrisse	**F**
02.2	Strichlinie, breit	0,35	0,5	0,7	.1 Kennzeichnung zulässiger Oberflächenbehandlung	**E**
04.1	Strich-Punktlinie, schmal	0,18	0,25	0,35	.1 Mittellinien .2 Symmetrielinien .3 Teilkreise von Verzahnungen .4 Teilkreise von Löchern	**G**
04.2	Strich-Punktlinie, breit	0,35	0,5	0,7	.1 Kennzeichnung begrenzter Bereiche, z. B. der Wärmebehandlung .2 Kennzeichnung von Schnittebenen .3 Formteilungslinien in Schnitten	**J**
05.1	Strich-Zweipunktlinie, schmal	0,18	0,25	0,35	.1 Umrisse benachbarter Teile .2 Endstellung beweglicher Teile .3 Schwerpunktlinien .4 Umrisse vor der Formgebung .5 Teile vor der Schnittebene .6 Umrisse alternativer Ausführungen .7 Umrisse von Fertigteilen in Rohteilen .8 Umrahmung besonderer Bereiche oder Felder .9 Projizierte Toleranzzone	**K**

In technischen Zeichnungen werden in der Regel zwei Linienbreiten angewendet (z. B. 0,5 – 0,25). Bei Beschriftungen nach ISO 3098-BVL ist für Maß- und Textangaben sowie für grafische Symbole eine dritte Linienbreite (z. B. 0,35) erforderlich.

Beispiele für die Anwendung von Linien

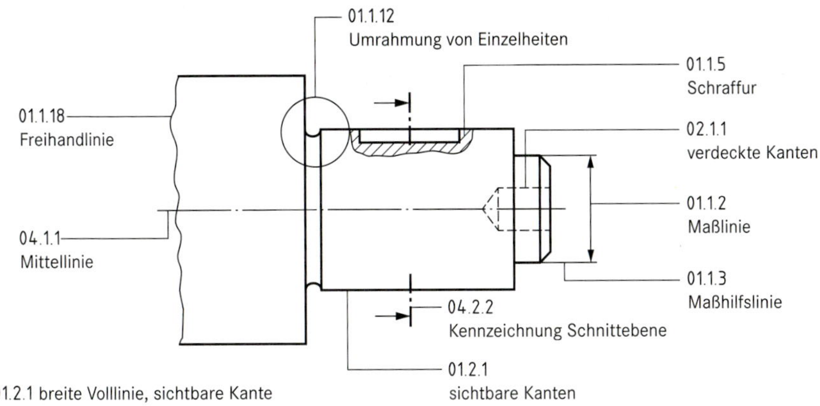

Beispiel: 01.2.1 breite Volllinie, sichtbare Kante

Projektionsmethoden
Projection methods

Axonometrische Darstellungen

DIN ISO 5456-3: 1998-04

Isometrische Projektion

→ *Die isometrische Projektion wird angewendet, wenn in drei Ansichten Wesentliches klar gezeigt werden soll.*

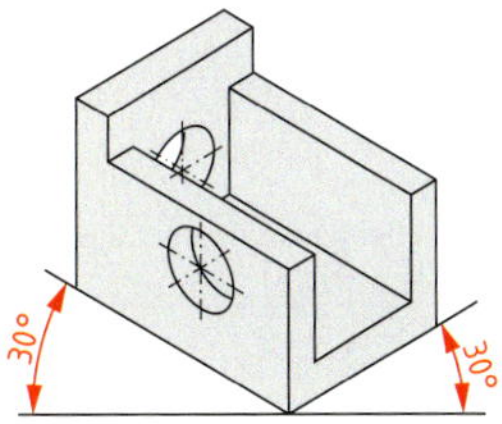

Die 3 Hauptflächen werden verzerrt dargestellt.

Senkrechte Kanten verlaufen in der Projektion ebenfalls senkrecht.

Waagerechte Körperkanten verlaufen unter 30° zur Horizontalen.

Die Seiten (Länge, Breite und Höhe) werden im Verhältnis 1 : 1 : 1 dargestellt.

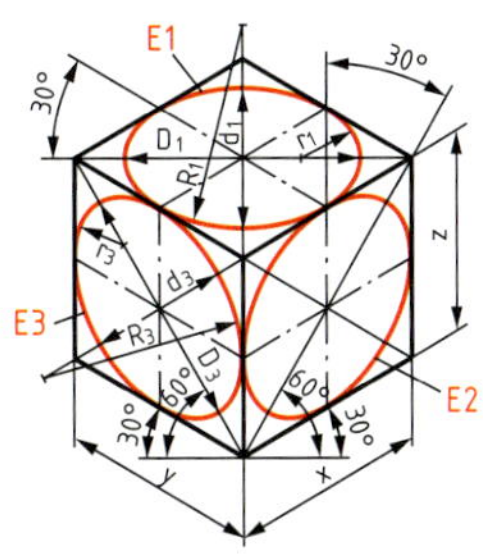

Achsenverhältnis bei allen Ellipsen: $d : D = 1 : 1{,}7$

Angenäherte Ellipsenkonstruktionen:
Große Achse: $D \approx 1{,}22 \cdot y$
Kleine Achse: $d \approx D : 1{,}7$

Die Ellipsen werden annähernd genau durch Krümmungskreise konstruiert:

$R \approx 1{,}06 \cdot y$ $r \approx 0{,}3 \cdot y$.

Dimetrische Projektion

→ *Die dimetrische Projektion wird angewendet, wenn in einer Ansicht Wesentliches gezeigt werden soll.*

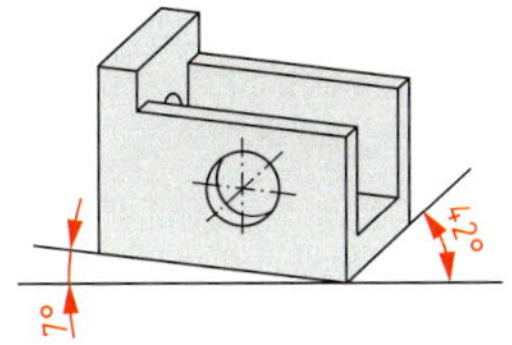

Die 3 Hauptflächen werden verzerrt dargestellt.

Senkrechte Kanten verlaufen in der Projektion ebenfalls senkrecht.

Waagerechte Körperkanten verlaufen unter 7° und 42° zur Horizontalen.

Senkrechte und unter 7° verlaufende Kanten werden verhältnisgleich (1 : 1), die unter 42° verlaufenden Kanten werden um die Hälfte verkürzt (1 : 2) dargestellt.

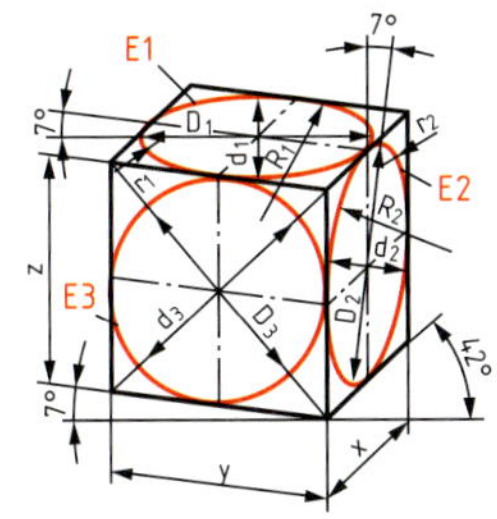

Ellipse E3 wird vereinfacht als Kreis gezeichnet.

Achsenverhältnis bei E1 und E2: $d : D = 1 : 3$

Angenäherte Ellipsenkonstruktionen:
Große Achse: $D_1 = D_2 \approx 1{,}06 \cdot y$
Kleine Achse: $d_1 = d_2 \approx D : 3$

Die Ellipsen E1 und E2 werden annähernd genau durch Krümmungskreise konstruiert:

$R \approx 1{,}6 \cdot y$ $r \approx 0{,}06 \cdot y$.

Orthogonale Darstellungen

DIN ISO 5456-2: 1998-04

Projektionsmethode 1

Projektions-methoden

i **orthogonal:** rechtwinklig; senkrecht aufeinander stehend

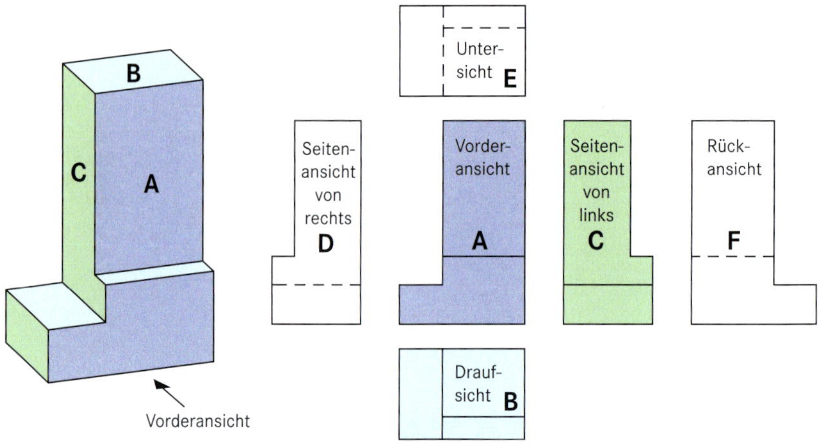

- In Gesamtzeichnungen und Gruppenzeichnungen werden die Gegenstände in der Regel in Gebrauchslage, in Teilzeichnungen in der Fertigungslage dargestellt.
- Es sind nur so viele Ansichten des Gegenstandes zu zeichnen, wie zum eindeutigen Erkennen und Bemaßen erforderlich sind.
- Die aussagefähigste Ansicht ist als Hauptansicht – Vorderansicht – zu wählen.
- Verdeckte Kanten werden nur eingezeichnet, wenn die Darstellung dadurch deutlicher wird oder zusätzliche Ansichten ohne Verlust der Deutlichkeit eingespart werden können.

Projektionsmethode 1
(ISO-Methode E)

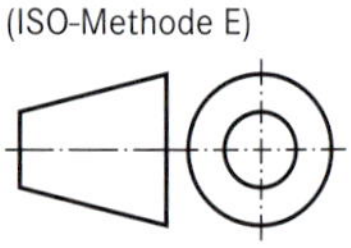

Projektionsmethode 3
(ISO-Methode A)

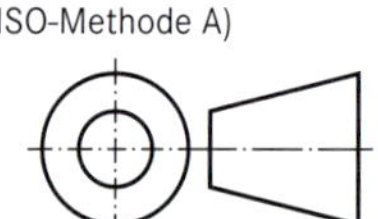

1

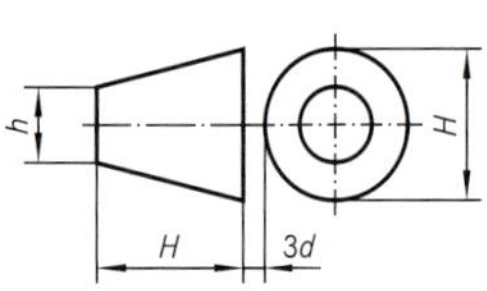

Linien-breite d	0,35	0,5	0,7
Höhe h	3,5	5	7
Höhe H	7	10	14

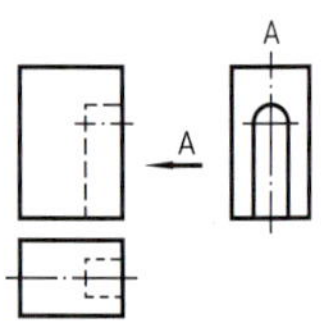

Pfeilmethode

2

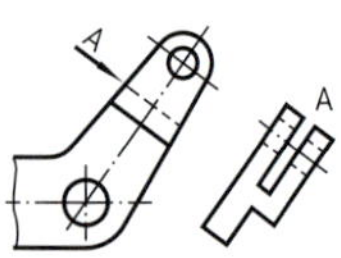

3

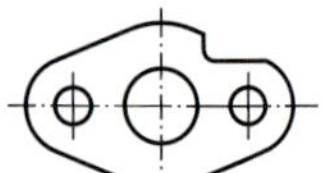

4

Neben der üblichen Projektionsmethode 1 gibt es die Projektionsmethode 3:
Draufsicht oberhalb der Vorderansicht,
Untersicht unterhalb der Vorderansicht,
Seitenansicht von links auf der linken Seite,
Seitenansicht von rechts auf der rechten Seite.

1 Das Symbol für die angewandte Methode ist in der Zeichnung im Schriftfeld oder in dessen Nähe einzutragen.

2 Die Ansichten dürfen auch beliebig zueinander angeordnet werden. Die Blickrichtung wird, bezogen auf die Hauptansicht, durch einen Pfeil und einen Großbuchstaben angegeben. Über die betreffende Darstellung, die sich an beliebiger Stelle der Zeichnung befinden darf, ist der Buchstabe zu setzen (Pfeilmethode).

3 Um ungünstige Projektionen zu vermeiden, z. B. Verkürzungen, kann eine Ansicht in der durch einen Pfeil gekennzeichneten Richtung projektionsgerecht gezeichnet werden.

4 Symmetrische Formen werden, auch wenn die symmetrische Grundform einseitig in Einzelheiten verändert ist, durch eine Symmetrielinie (ISO 128-04.1.2) gekennzeichnet.

Ansichten und besondere Darstellungen

DIN ISO 128-30: 2002-05; DIN ISO 128-34: 2002-05

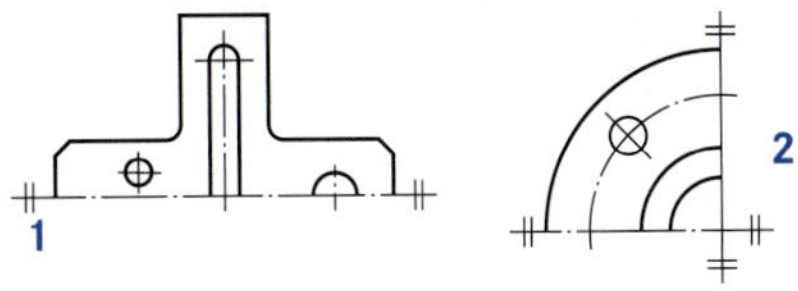

1 Bei symmetrischen Werkstücken kann an Stelle einer Gesamtansicht eine halbe oder eine Viertelansicht dargestellt werden. Zwei kurze, parallele Striche **2** (ISO 128-01.1) kennzeichnen die Symmetrielinie.

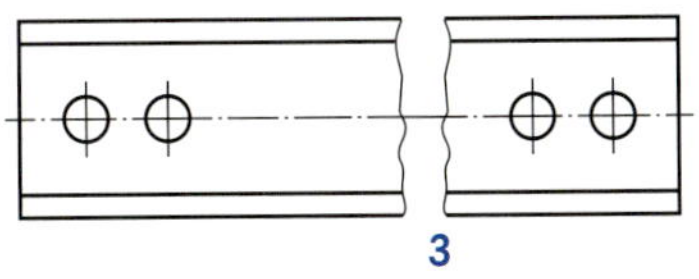

3 Gegenstände können zur Ersparnis an Zeichenfläche abgebrochen dargestellt werden.
Die Bruchkanten werden durch eine Freihandlinie (ISO 128-01.1.18) oder eine Zickzacklinie (ISO 128-01.1.19) dargestellt. Dies gilt auch für rotationssymmetrische Körper **4**.

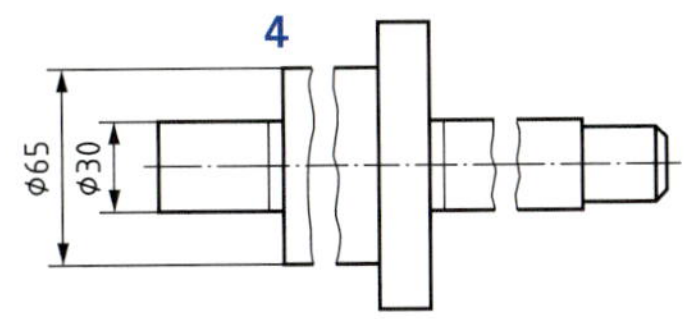

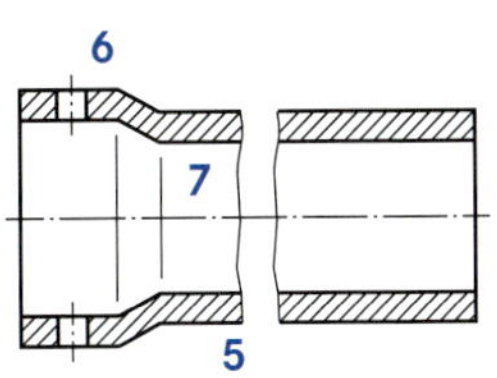

5 Der Bruch hohler Rundkörper wird im Vollschnitt durch eine Freihandlinie (ISO 128-01.1.18) dargestellt.

6 Auf Durchdringungskurven bei der Durchdringung von Zylindern, deren Durchmesser sich wesentlich unterscheiden, darf zur Vereinfachung verzichtet werden.

7 Gerundete Übergänge von Durchdringungen können durch schmale Volllinien (ISO 128-01.1.1) dargestellt werden, wenn das Bild dadurch anschaulicher wird.

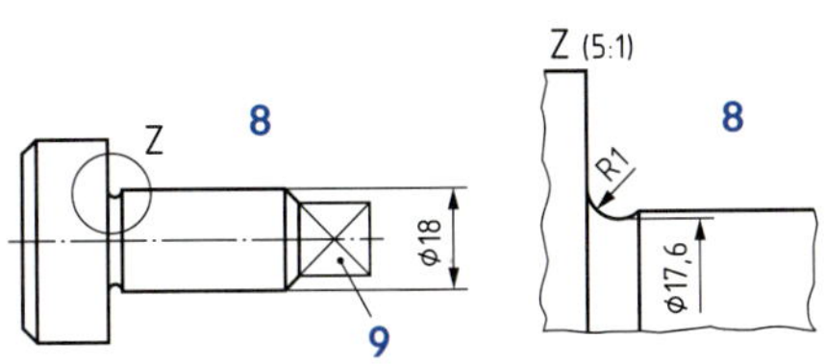

8 Bereiche eines Gegenstandes, die sich in der Gesamtdarstellung nicht deutlich zeichnen, bemaßen oder kennzeichnen lassen, werden als Einzelheit gesondert gezeichnet.
Der als Einzelheit bezeichnete Bereich wird in der Gesamtdarstellung mit einer schmalen Volllinie (ISO 128-01.1.1) eingerahmt. Die Einzelheit wird möglichst in der Nähe vergrößert dargestellt. Der eingerahmte Bereich und die Einzelheit sind mit den gleichen Großbuchstaben zu kennzeichnen.
Bei der Einzelheit ist der Maßstab anzugeben.

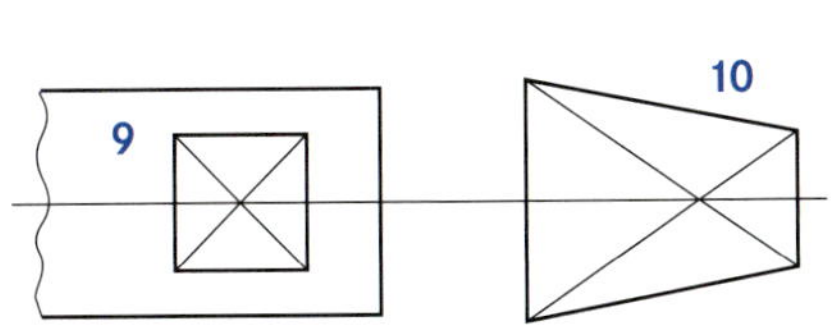

9 Um das Zeichnen einer zusätzlichen Ansicht oder eines Schnittes zu vermeiden, können quadratische Flächen oder Enden sowie verjüngte quadratische Enden an Wellen **10** mit einem Diagonalkreuz gekennzeichnet werden (schmale Volllinie ISO 128-01.1.10).

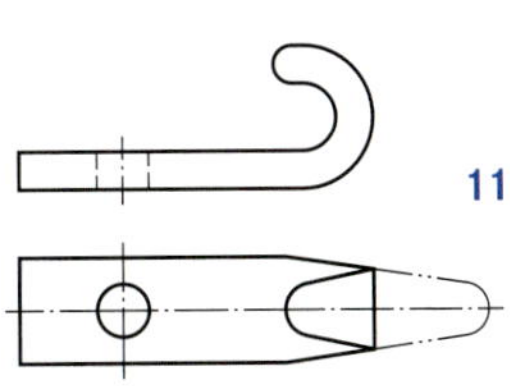

11 Die ursprüngliche Form wird durch eine Strich-Zweipunktlinie (ISO 128-05.1.4) dargestellt.

Ansichten und besondere Darstellungen

DIN ISO 128-30: 2002-05; DIN ISO 128-34: 2002-05

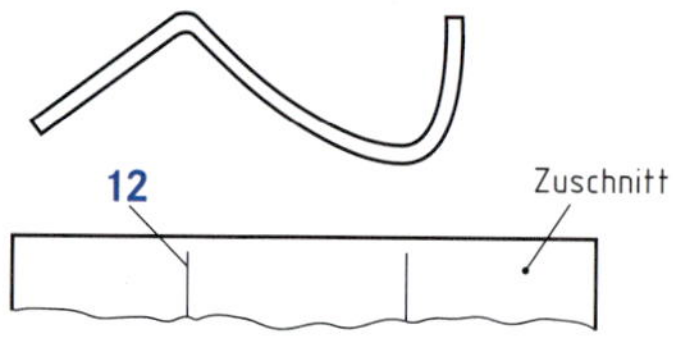

12 Biegelinien werden als schmale Volllinien dargestellt (ISO 128-01.1.11).

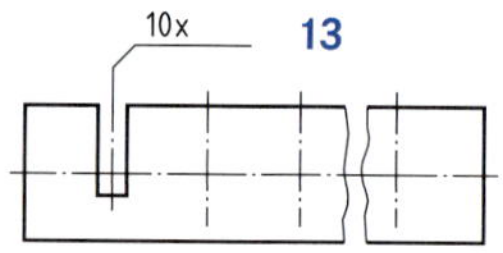

13 Regelmäßig sich wiederholende Elemente brauchen nur so oft dargestellt zu werden, wie es zu ihrer eindeutigen Bestimmung notwendig ist.

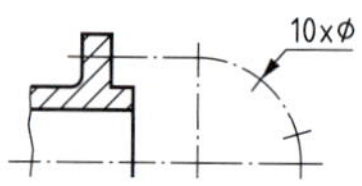

14 Die Mitten sich wiederholender Bohrungen sind durch Mittellinienkreuze festzulegen.

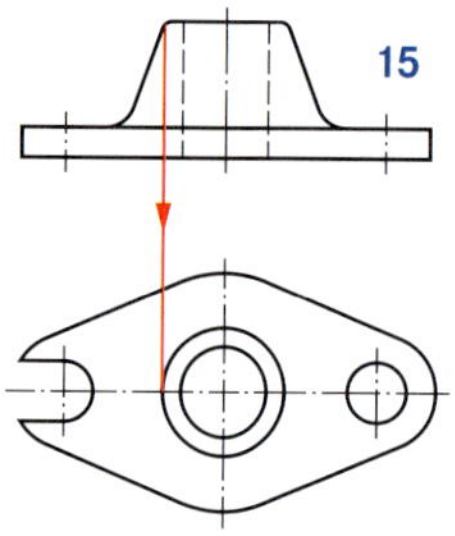

15 Lassen sich geringe Neigungen nicht deutlich zeigen, kann auf ihre Darstellung verzichtet werden.

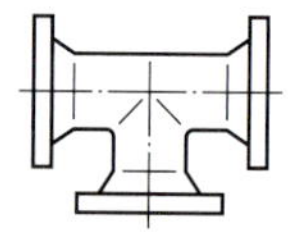

16 Lichtkanten werden durch schmale Volllinien (ISO 128-01.1.1) dargestellt, sie berühren die Umrisslinien nicht.

Schnitte

DIN ISO 128-40: 2002-05; DIN ISO 128-44: 2002-05; DIN ISO 128-50: 2002-05

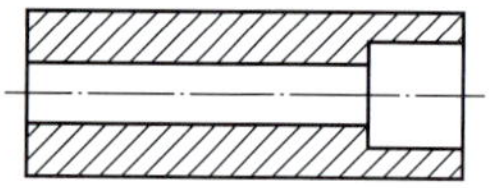
1

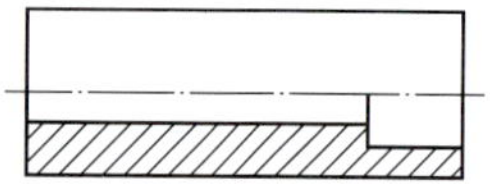
2

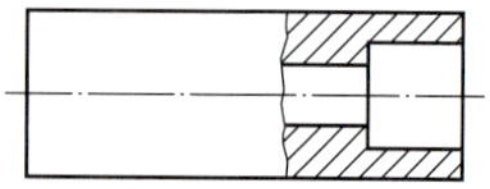
3

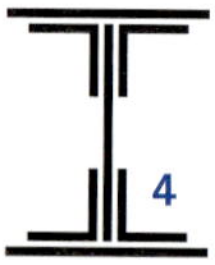
4

Ein Schnitt ist das gedachte Zerlegen eines Teiles durch eine oder mehrere Ebenen. Es werden hauptsächlich Hohlkörper im Schnitt dargestellt, um die innere Form klar erkennen und ggf. bemaßen zu können.

Man unterscheidet:
1 Schnitt,
2 Halbschnitt,
3 Teilschnitt (Ausbruch).

Schnittflächen werden mit schmalen Volllinien (ISO 128-01.1.5) möglichst unter 45° zur Achse schraffiert.
Der Abstand der Schraffurlinien ist der Größe der Schnittfläche anzupassen.

Für Maßzahlen, Beschriftung und Oberflächenangaben wird die Schraffur unterbrochen.

Halbschnitte werden bei waagerechter Mittellinie vorzugsweise unterhalb **2**, bei senkrechter Mittellinie vorzugsweise rechts von dieser angeordnet.

4 Schmale Schnittflächen können voll geschwärzt werden. Stoßen geschwärzte Schnittflächen aneinander, so sind sie mit schmalen Abständen voneinander darzustellen.

Schnitte

DIN ISO 128-40: 2002-05; DIN ISO 128-44: 2002-05; DIN ISO 128-50: 2002-05

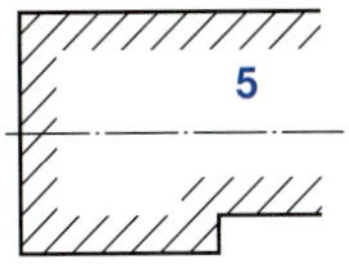

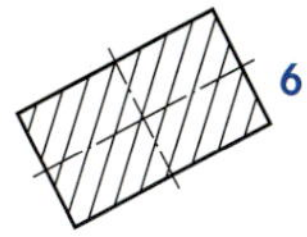

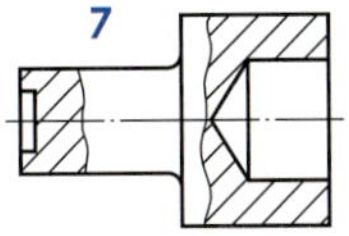

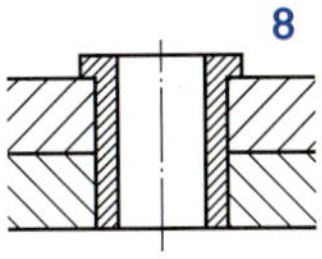

5 Bei großen Schnittflächen kann die Schraffur auf die Randzone beschränkt bleiben.

6 Sind die Achsen eines Teiles gedreht, so wird die Schnittfläche unter 45° zu den Hauptumrissen schraffiert.

7 Alle Schnittflächen und Ausbrüche desselben Teiles in einer oder mehreren Ansichten werden in gleicher Art schraffiert.

8 Aneinander grenzende Schnittflächen verschiedener Teile werden unterschiedlich schraffiert:
- durch verschiedene Schraffurrichtungen,
- durch verschiedene Abstände der Schraffurlinien.

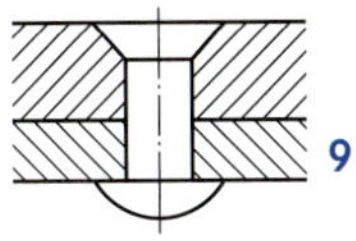

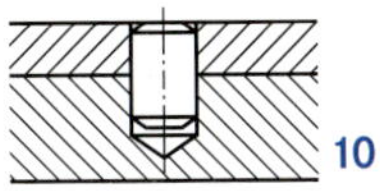

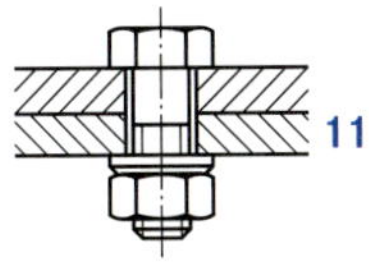

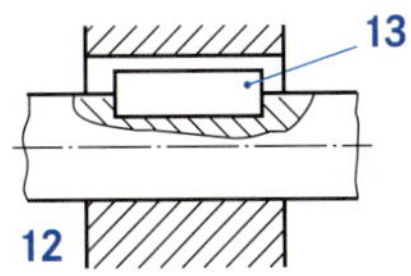

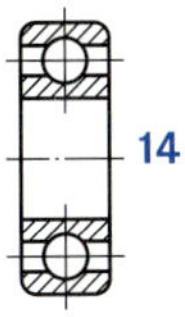

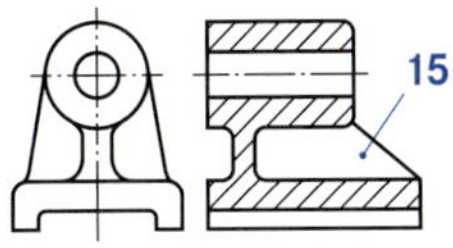

Liegen Normteile oder volle Werkstücke in der Schnittebene, werden sie in Längsrichtung nicht im Schnitt dargestellt. Dazu zählen z. B.:

9 Niete, **10** Stifte, **11** Schrauben, Muttern, Scheiben,
12 Wellen, **13** Keile und Federn,
14 Wälzlagerkörper (z. B. Kugeln, Rollen),
15 Rippen, Speichen und Griffe von Gussstücken.

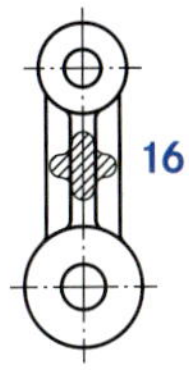

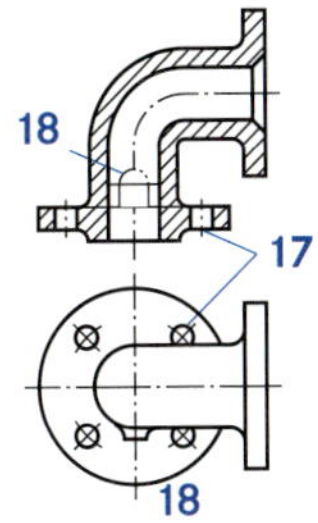

16 Schnittflächen können innerhalb der Darstellung in die Zeichenebene geklappt und mit schmalen Volllinien gezeichnet werden.

17 Zur Darstellung von Flanschlöchern, die nicht in der Schnittebene liegen, können diese in die Schnittebene gedreht werden.

18 Wenn es notwendig ist, können Einzelheiten, die vor der Schnittebene liegen, durch schmale Strich-Zweipunkt-Linien (ISO 128-05.1.5) dargestellt werden.

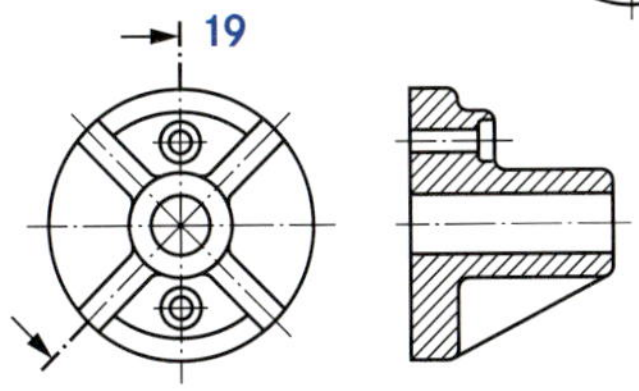

19 Stehen zwei Schnittebenen in einem Winkel zueinander, wird der Schnitt so gezeichnet, als lägen die Schnittflächen in einer Ebene.

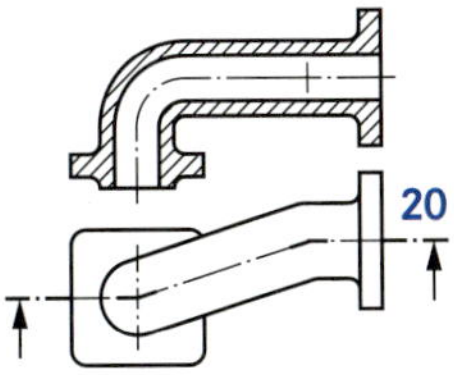

20 Ein Gegenstand, der in zwei parallelen Ebenen und einer schräg zu diesen liegenden Verbindungsebene geschnitten ist, wird so dargestellt, dass das Bild aus der schräg liegenden Ebene in der Projektion erscheint.

Schnitte

DIN ISO 128-40: 2002-05; DIN ISO 128-44: 2002-05; DIN ISO 128-50: 2002-05

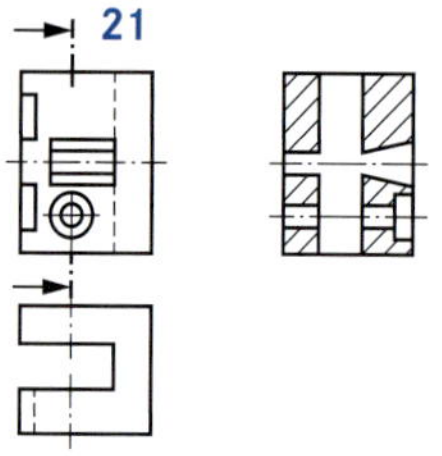

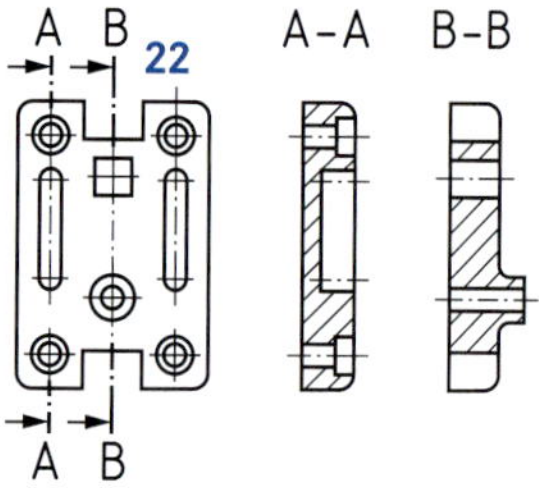

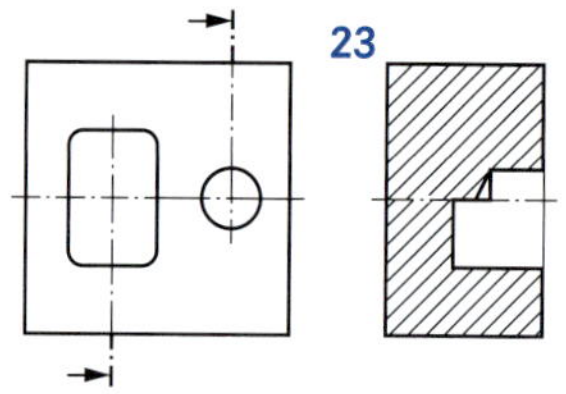

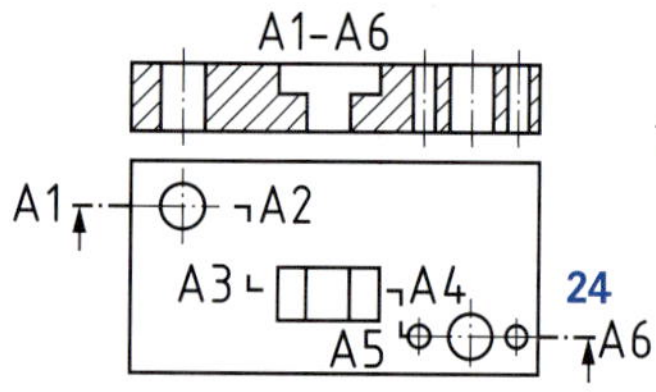

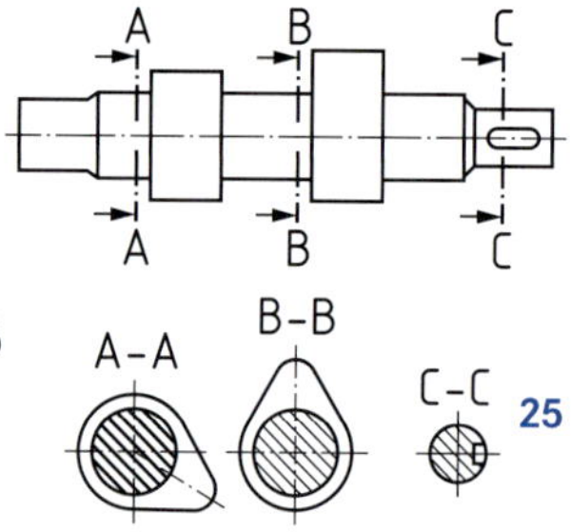

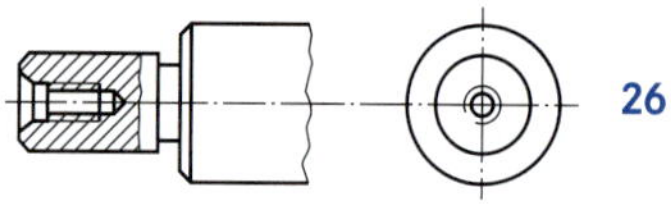

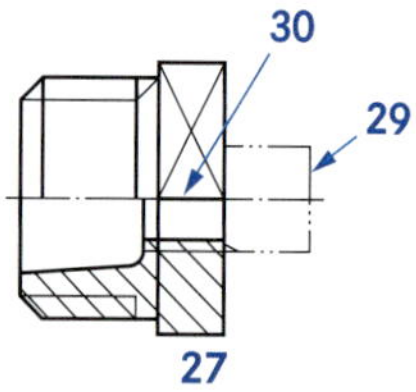

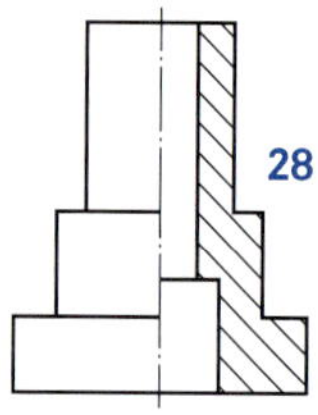

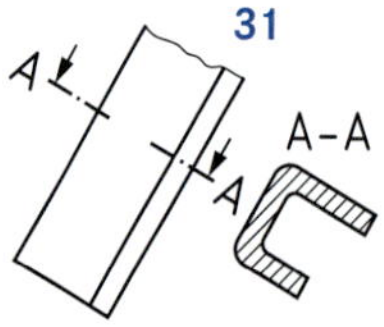

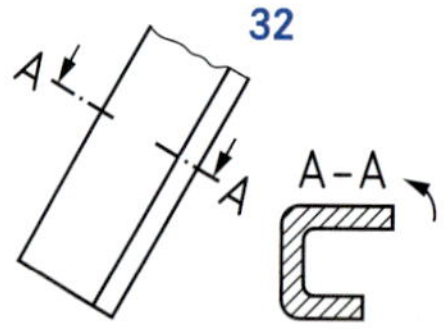

21 Wird aus einer Darstellung der Schnittverlauf nicht eindeutig ersichtlich, muss er durch eine breite Strich-Punkt-Linie (ISO 128-04.2.2) kenntlich gemacht werden. Die Blickrichtung auf den Schnitt wird durch Pfeile angedeutet. Sie sind vollschwarz, schließen einen Winkel von 15° ein und sind 1,5 x Maßpfeilgröße lang.
(Maßpfeilgröße s. DIN 406-11)

22 Verlaufen durch ein Werkstück mehrere Schnittebenen, muss jeder Schnittverlauf gekennzeichnet werden.

23 Liegen zwei parallele Schnittebenen eines Teiles getrennt voneinander und werden die Schnittflächen der Einfachheit halber angrenzend dargestellt, so sind die Schraffurlinien versetzt zu zeichnen.

24 Führt eine Schnittlinie durch mehrere Schnittebenen, so muss die Kennzeichnung am Anfang und am Ende und – falls erforderlich – auch an den Knickstellen durch Großbuchstaben ggf. mit Ziffern erfolgen.

25 Falls erforderlich, dürfen mehrere Schnitte vereinfacht durch eine Welle oder ein ähnliches Teil gelegt werden.

26 Fasen, Senkungen und ähnliche Formelemente brauchen nur in den Ansichten oder Schnitten dargestellt zu werden, in denen sie zu erkennen sind und bemaßt werden können.

Halbschnitte werden bei waagerechter Mittellinie vorzugsweise unterhalb **27**, bei senkrechter Mittellinie vorzugsweise rechts von dieser **28** angeordnet.

29 Benachbarte Teile werden durch eine Strich-Zweipunkt-Linie (ISO 128-05.1.1) dargestellt.

30 Fällt bei einem Schnitt eine Körperkante auf die Mittellinie, so ist die Körperkante als breite Volllinie (ISO 128-01.2.1) zu zeichnen.

31 Der Schnitt an einem Werkstück kann in jeder beliebigen, jedoch möglichst projektionsgerechten Lage angebracht werden.

32 Wird der Schnitt in einer anderen Lage angebracht, so ist an die Buchstaben ein Symbol für die Drehung in der entsprechenden Richtung anzufügen.

Systeme

DIN 406-10: 1992-12

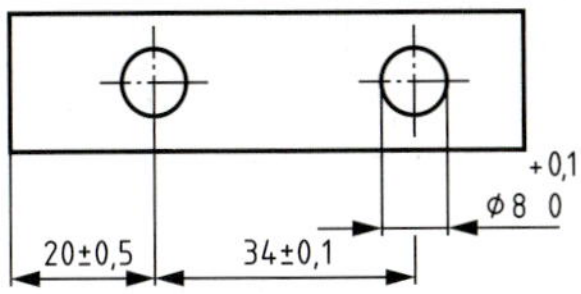

1

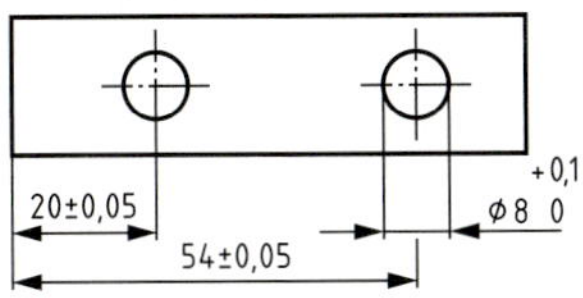

2

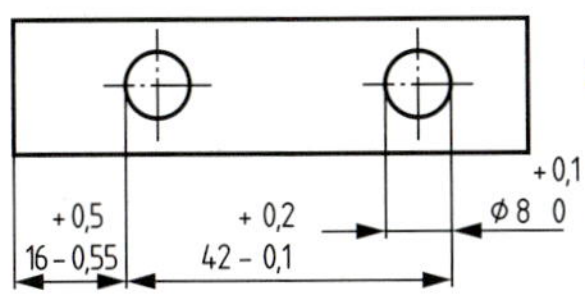

3

1 Die **funktionsbezogene Maßeintragung** liegt vor, wenn die Eintragung und Tolerierung der Maße nur nach konstruktiven Erfordernissen entsprechend der Zweckbestimmung des Erzeugnisses vorgenommen wird. Die Fertigungs- und Prüfbedingungen werden nicht berücksichtigt.

2 Die **fertigungsbezogene Maßeintragung** liegt vor, wenn die für die Fertigung unmittelbar benötigten Maße in die Zeichnung eingetragen und fertigungsgerecht toleriert werden. Diese Maßeintragung hängt vom Fertigungsverfahren ab.

3 Die **prüfbezogene Maßeintragung** liegt vor, wenn Maße und Maßtoleranzen entsprechend dem vorgesehenen Prüfverfahren in die Zeichnung eingetragen werden.

Anwendung

DIN 406-11: 1992-12

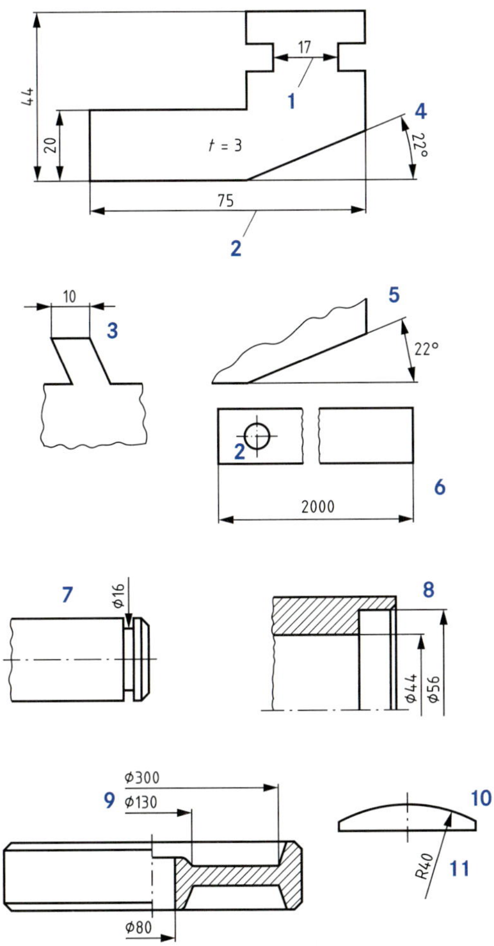

Elemente der Maßeintragung sind:

- Maßlinie,
- Maßhilfslinie,
- Maßlinienbegrenzung,
- Maßzahl,
- Maßeinheit,
- Hinweislinien,
- besondere Kennzeichen.

Maßlinien werden parallel zu der zu bemaßenden Länge oder als Kreisbogen um den Scheitelpunkt des Winkels bzw. Mittelpunkt des Bogens eingetragen. **1 2 3 4**. Die Maßlinien werden nicht unterbrochen.

Winkelmaße bis 30° dürfen mit gerader Maßlinie senkrecht zur Winkelhalbierenden angegeben werden. **5**

Bei unterbrochen dargestellten Formelementen wird die Maßlinie durchgezogen. **6**

Maßlinien dürfen abgebrochen werden, wenn

- Durchmessermaße eingetragen werden **7**,
- nur eine Hälfte eines symmetrischen Teiles in Ansicht oder Schnitt dargestellt wird **8**,
- ein Gegenstand im Halbschnitt dargestellt wird **9**,
- sich die Bezugspunkte der Bemaßung nicht in der Zeichenfläche befinden **10**.

Maßlinien sollen sich untereinander und mit anderen Linien nicht schneiden.

Ist dieses nicht zu vermeiden, werden sie ohne Unterbrechung gezeichnet. **11**

Anwendung

DIN 406-11: 1992-12

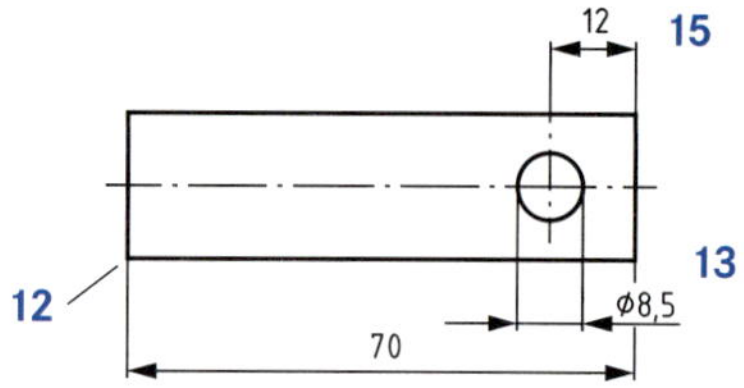

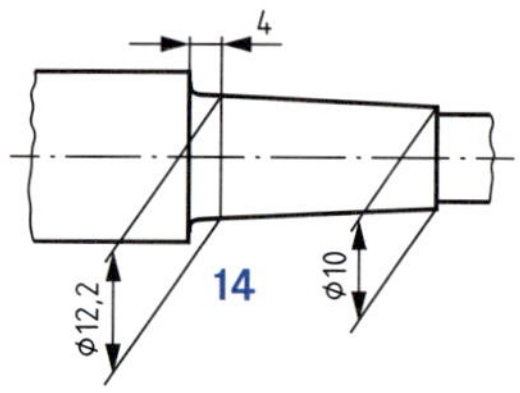

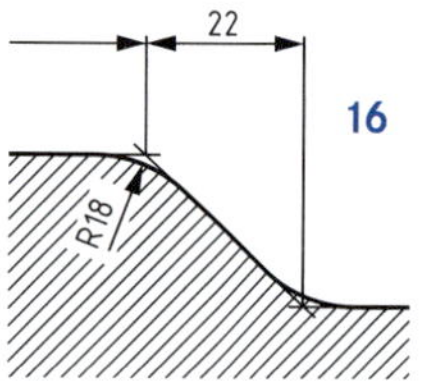

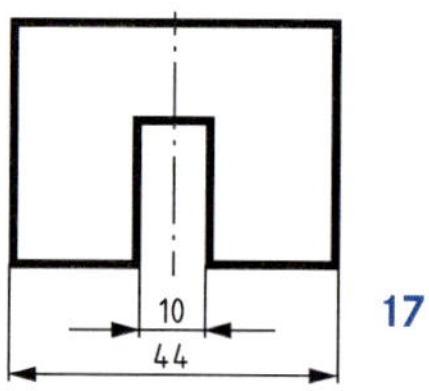

Maßhilfslinien werden rechtwinklig zur zugehörigen Messstrecke eingetragen. **12**

Sie dürfen unterbrochen werden, wenn ihre Fortsetzung eindeutig erkennbar ist. **13**

In Einzelfällen dürfen Maßhilfslinien unter einem Winkel von etwa 60° zur Maßlinie stehen, wenn dadurch die Bemaßung deutlicher wird. **14**

Mittellinien dürfen als Maßhilfslinien verwendet werden. Sie werden außerhalb der Körperkanten als schmale Volllinie gezeichnet (ISO 128-01.1.3). **15**

Maßhilfslinien dürfen nicht von einer Ansicht zur anderen durchgezogen werden.

Einander schneidende Projektionslinien werden über den Schnittpunkt hinausgehend gezeichnet. Die Maßhilfslinie wird am Schnittpunkt angesetzt. **16**

Werden besonders große Linienbreiten angewendet, werden die Maßhilfslinien für Außenmaße am äußeren Rand der Umrisslinie, für Innenmaße am inneren Rand eingetragen. **17**

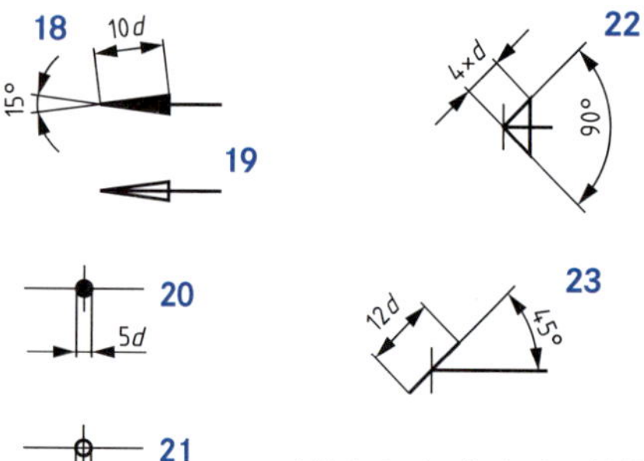

d: Linienbreite der breiten Volllinie (ISO 128-01.2.1)

Maßlinienbegrenzung sind:

- ein geschwärzter 15°-Pfeil, **18**
- ein offener Pfeil vorzugsweise bei rechnerunterstützt angefertigten Zeichnungen, **19**
- ein Punkt bei Platzmangel, **20**
- ein Kreis für die Ursprungsangabe, **21**
- ein 90°-Pfeil, **22**
- ein Schrägstrich. **23**

In Zeichnungen dürfen nur kombiniert werden:

- 15°-Pfeil, Punkt, Ursprungskreis oder
- 90°-Pfeil, Schrägstrich, Ursprungskreis (nur fachbezogen z. B. für Bauzeichnungen)

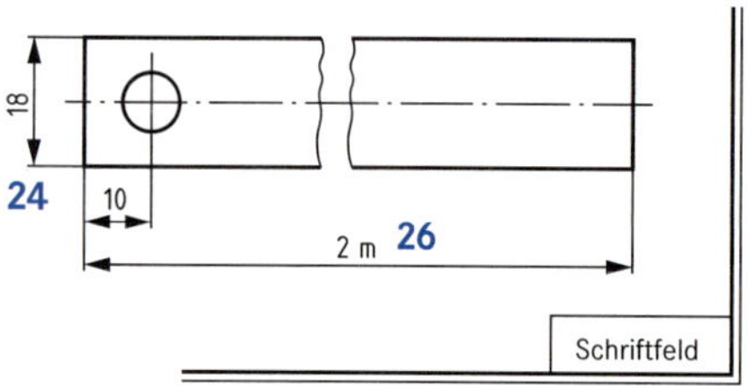

Die **Maßzahlen** werden in der Schrift DIN EN ISO 3098-BVL eingetragen.

Alle Maße, grafischen Symbole und Wortangaben sind vorzugsweise so einzutragen, dass sie in Leselage der Zeichnung von unten oder von rechts lesbar sind. Die **Leselage** der Zeichnung entspricht der Leselage des Schriftfeldes. **24 25**
Dieses gilt auch, wenn die Gebrauchslage eines Teiles nicht der Leselage der Zeichnung entspricht.

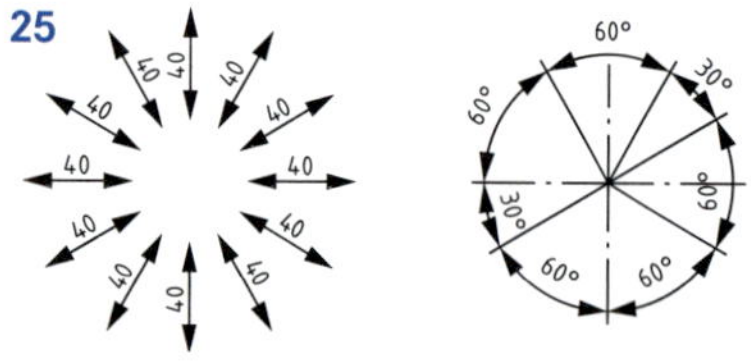

Alle Maße in einer Zeichnung werden in der gleichen Einheit, vorzugsweise in mm, angegeben. Die Einheit wird nicht mitgeschrieben. Wird von dieser Regel abgewichen, muss die **Maßeinheit** mitgeschrieben werden. **26**

Anwendung

DIN 406-11: 1992-12

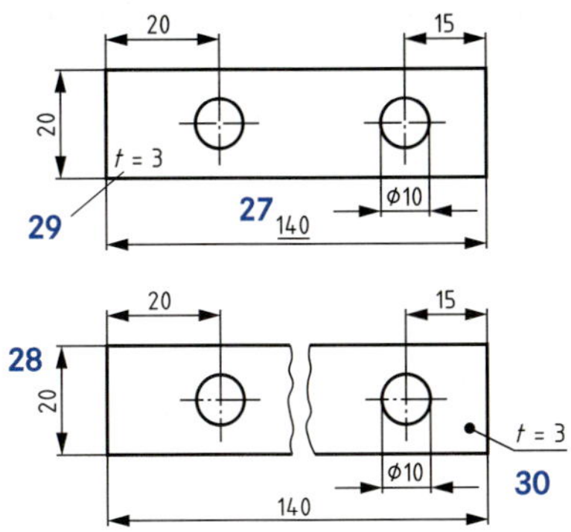

Werden Formelemente, z. B. bei Änderungen, ausnahmsweise **nicht maßstäblich** dargestellt, sind die Maßzahlen zu unterstreichen. 27 Diese Kennzeichnung ist bei rechnerunterstützt angefertigten Zeichnungen nicht zulässig. Ebenso gilt dies nicht für unter- oder abgebrochene Gegenstände. 28

Die **Werkstückdicke** darf bei flachen Teilen in der Darstellung 29 oder auf einer abgeknickten Hinweislinie neben der Darstellung 30 angegeben werden.

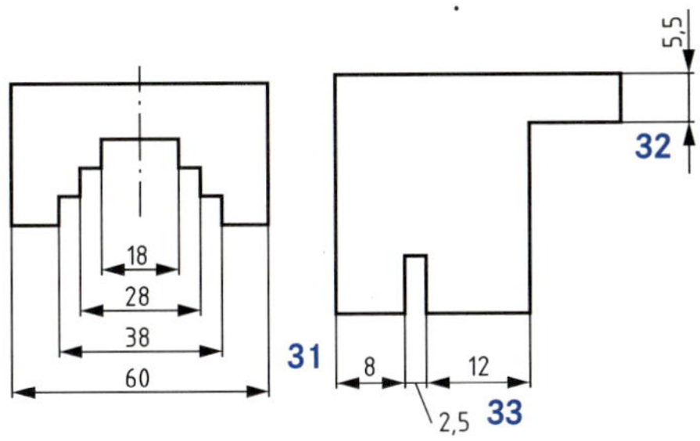

Bei parallelen oder konzentrischen Maßlinien werden die Maßzahlen in der Regel versetzt eingetragen. 31

Reicht der Platz über der Maßlinie nicht aus, wird die Maßzahl über der Verlängerung der Maßlinie 32 oder an einer Hinweislinie 33 eingetragen.

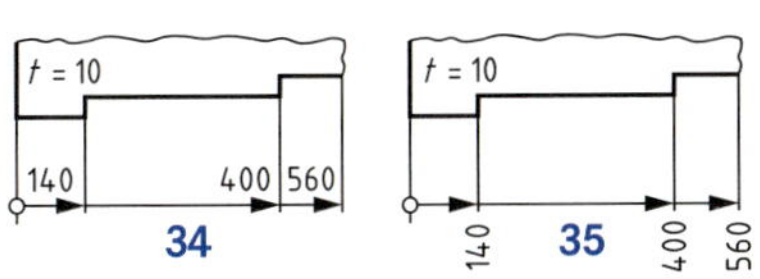

Bei steigender Bemaßung werden die Maßzahlen entweder in der Nähe der Maßlinienbegrenzung 34 oder in der Nähe der Maßlinienbegrenzung parallel zur Maßhilfslinie 35 eingetragen. Dies gilt sinngemäß auch für die Winkelbemaßung.

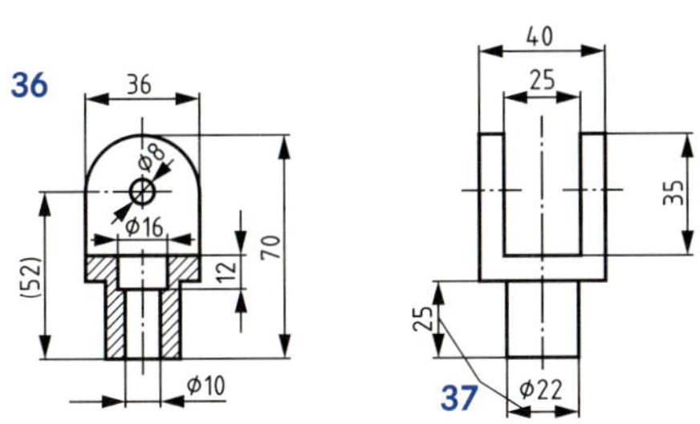

Anordnung der Maße

In einer Zeichnung ist jedes Maß nur einmal in der Ansicht einzutragen, in der die Zuordnungen von Darstellung und Maß deutlich erkennbar ist. 36

Zusammengehörende Maße sind möglichst zusammen einzutragen. 37

Maße, die sich durch die Fertigung von selbst ergeben, werden nicht eingetragen.
Maßlinien und Maßhilfslinien werden an Volllinien angesetzt. Das Ansetzen an Strichlinien (verdeckten Kanten) ist zu vermeiden.

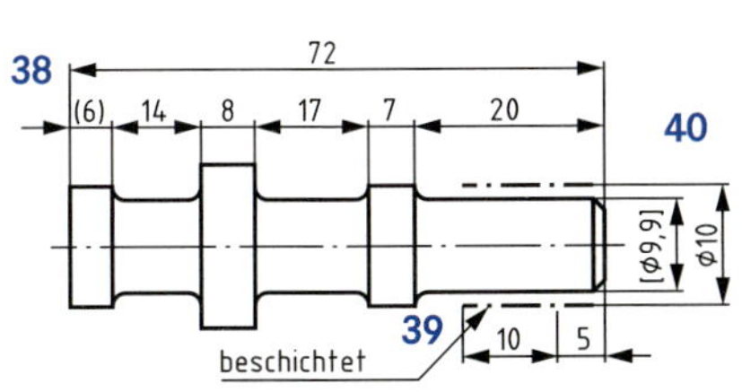

Die Eintragung aller Maße als Maßkette ist zulässig, wenn ein Maß als Hilfsmaß eingetragen wird 38 oder die Maße als theoretisch genaue Maße angegeben werden.

Ein Bereich, für den besondere Bedingungen gelten, wird durch eine breite Strich-Punktlinie (ISO 128-04.2) gekennzeichnet und bemaßt. 39

Für beschichtete Oberflächen dürfen die Maße vor und nach der Behandlung angegeben werden. Das Vorbereitungsmaß wird in eckige Klammern gesetzt. 40

Anwendung

DIN 406-11: 1992-12

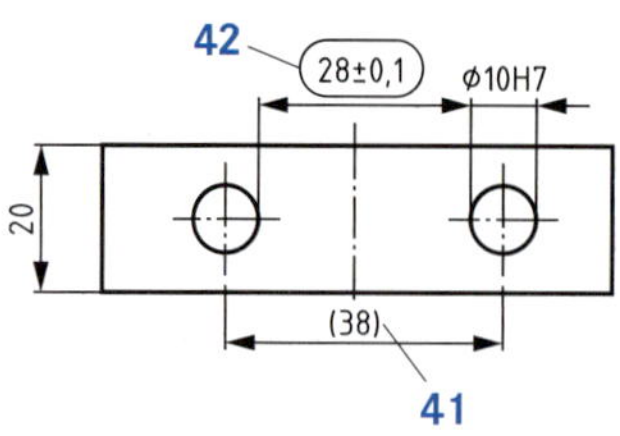

Hilfsmaße dienen zur Kennzeichnung funktioneller Zusammenhänge. Sie sind zur geometrischen Bestimmung eines Gegenstandes nicht erforderlich. Hilfsmaße werden in runde Klammern gesetzt. **41**

Prüfmaße, die bei der Festlegung des Prüfumfanges besonders beachtet werden müssen, werden in einen Rahmen gesetzt. **42** (Linie ISO 128-01.1)

Rohmaße, die sich auf den Ausgangszustand eines Gegenstandes beziehen, werden in eckige Klammern gesetzt, wenn keine Rohteilzeichnung angefertigt wird.

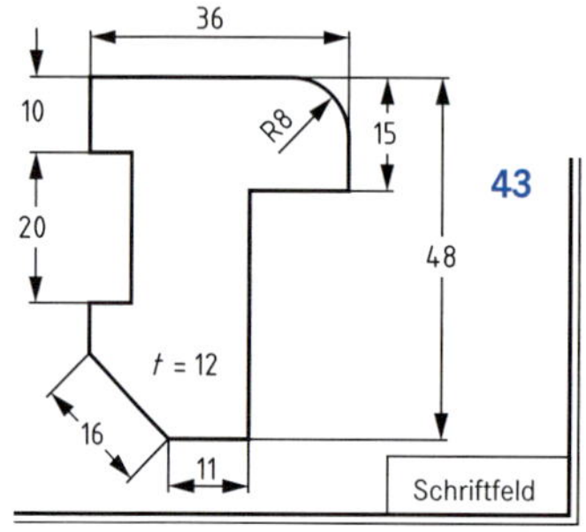

Alle Maße können auch in Leselage des Schriftfeldes eingetragen werden. Nicht horizontale Maßlinien werden dann unterbrochen. **43 44**

Winkelmaße dürfen auch ohne Unterbrechung der Maßlinie in Leselage des Schriftfeldes angebracht werden. **45**

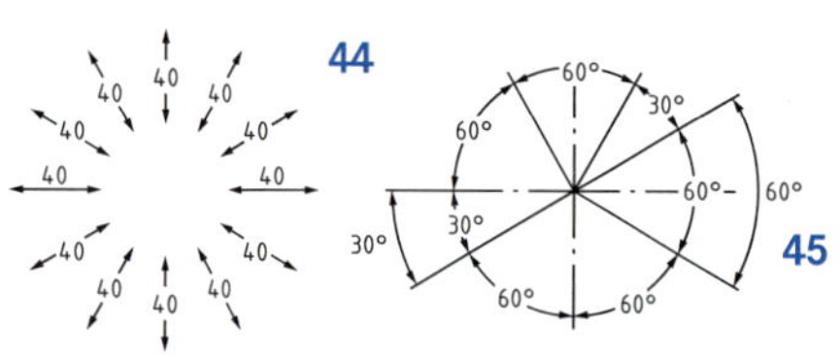

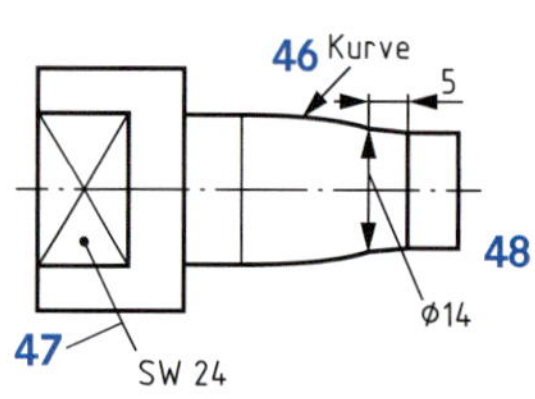

Hinweislinien sind schräg aus der Darstellung herauszuziehen und enden

- mit einem Pfeil an der Körperkante, **46**
- mit einem Punkt in der Fläche, **47**
- ohne Begrenzungszeichen an Linien, auch an Maßlinien. **48**

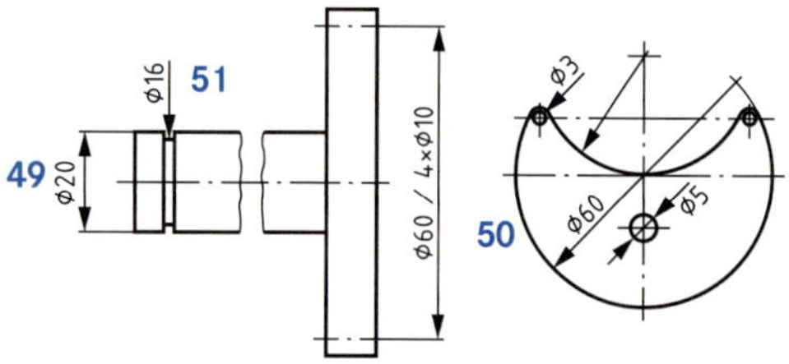

Das grafische Symbol Ø für den **Durchmesser** ist **immer** vor die Maßzahl zu setzen. **49 50**

Bei Platzmangel dürfen Durchmessermaße von außen angesetzt werden. **51**

Anwendung

DIN 406-11: 1992-12

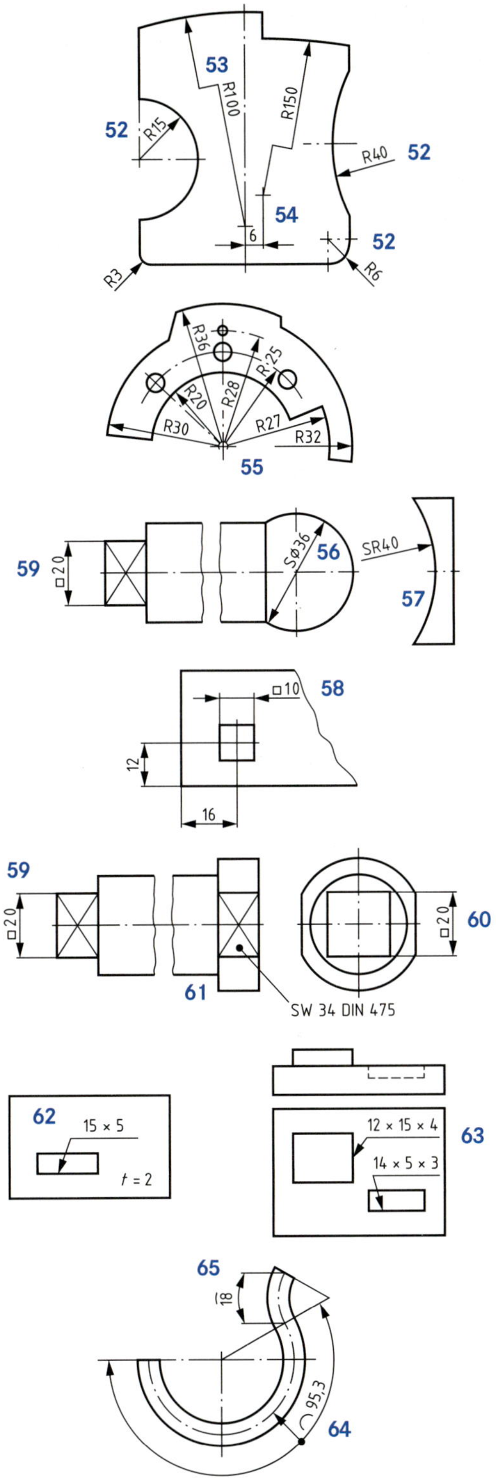

Radien werden in allen Fällen durch den vor die Maßzahl zu setzenden Großbuchstaben R gekennzeichnet.

Die Maßlinien sind vom Mittelpunkt des Radius oder aus dessen Richtung mit einem Maßpfeil innen oder außen an den Kreisbogen zu setzen. **52**

53 Bei großen Radien darf aus Platzmangel die Maßlinie rechtwinklig abgeknickt und verkürzt gezeichnet werden. Der mit dem Maßpfeil versehene Teil der Maßlinie muss auf den Mittelpunkt des Kreisbogens gerichtet sein.

Bei rechnerunterstützter Anfertigung von Zeichnungen dürfen nur gerade Maßlinien verwendet werden.

54 Der Mittelpunkt eines Radius ist zu bemaßen, wenn er sich nicht aus den geometrischen Beziehungen ergibt.

55 Werden mehrere Radien um einen zentralen Mittelpunkt angeordnet, darf statt eines Mittelpunktes ein kleiner Hilfskreisbogen gezeichnet werden

Eine **Kugelform** wird in jedem Fall durch den Großbuchstaben S vor der Durchmesser- oder Radiusangabe gekennzeichnet. **56 57**

Quadratische Formen werden in jedem Fall durch das grafische Symbol □ vor der Maßzahl gekennzeichnet. Es wird nur eine Seitenlänge des Quadrates angegeben. **58 59 60**

61 Die Schlüsselweite ist der Abstand von zwei parallel gegenüberliegenden Flächen. Sie wird durch das Zeichen SW vor dem Zahlenwert der Schlüsselweite gekennzeichnet, wenn sie in der Darstellung nicht bemaßt werden kann.
Die Auswahl der Schlüsselweite erfolgt nach DIN 475-1.

Die Seitenlängen eines **Rechteckes** dürfen mit einer Hinweislinie angegeben werden. Das Maß der Länge, an der die Hinweislinie eingetragen ist, steht an erster Stelle. **62**

Werden drei Maße kombiniert (Länge - Länge - Dicke/Tiefe), muss eine zweite Ansicht oder ein Schnitt gezeichnet werden. **63**

Zur Kennzeichnung von **Bögen** wird das graphische Symbol ⌒ vor die Maßzahl gesetzt. **64**

Bei manuell angefertigten Zeichnungen darf es abgewandelt über die Maßzahl gesetzt werden. **65**

Bei Zentriwinkeln $\alpha \leq 90°$ werden die Maßhilfslinien parallel zur Winkelhalbierenden gezeichnet, bei Zentriwinkeln $\alpha \geq 90°$ werden sie zum Bogenmittelpunkt hin gezeichnet.

Bei nicht eindeutigem Bezug ist die Verbindung zwischen Bogenlänge und Maßzahl durch eine Linie mit Pfeil und Punkt zu kennzeichnen. **64**

Anwendung

DIN 406-11: 1992-12

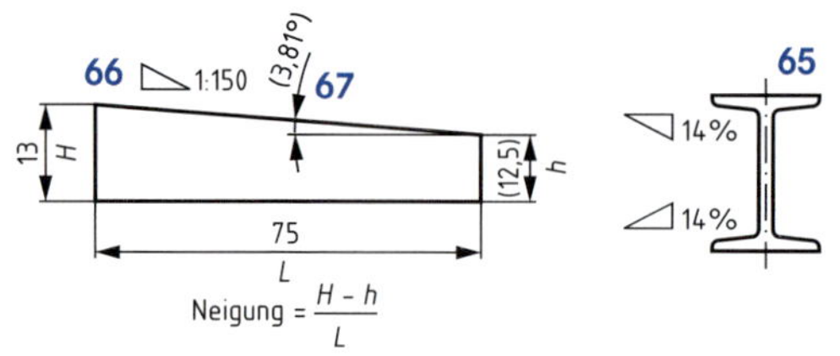

Das grafische Symbol ◺ wird in jedem Fall vor die Maßzahl der **Neigung** als Verhältnis oder in Prozent gesetzt.

Das Symbol darf auch waagerecht **65** oder an der Linie der geneigten Fläche eingetragen werden. **66**

Aus fertigungstechnischen Gründen kann der Neigungswinkel als Hilfsmaß angegeben werden. **67**

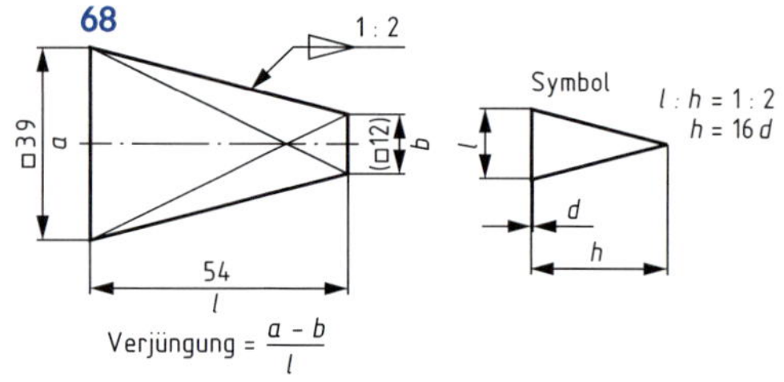

Das grafische Symbol ▷ wird in jedem Fall vor der Maßzahl der **Verjüngung** als Verhältnis oder in Prozent in einer abgeknickten Hinweislinie angegeben. Die Richtung des Symbols muss mit der Richtung der Verjüngung übereinstimmen. **68**

Eintragungen der Maße und Toleranzen für Kegel siehe DIN ISO 3040.

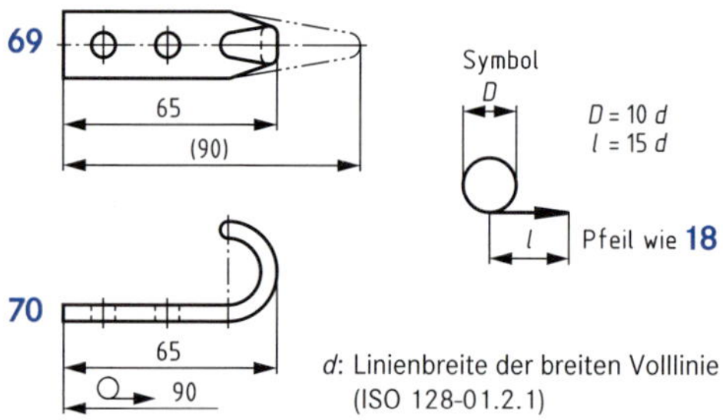

d: Linienbreite der breiten Volllinie (ISO 128-01.2.1)

Abwicklungen werden durch Hilfsmaße bemaßt. **69**

Wird die Abwicklung nicht dargestellt, erfolgt die Bemaßung durch Voranstellen des Symbols ○→ für die **gestreckte Länge**. **70**

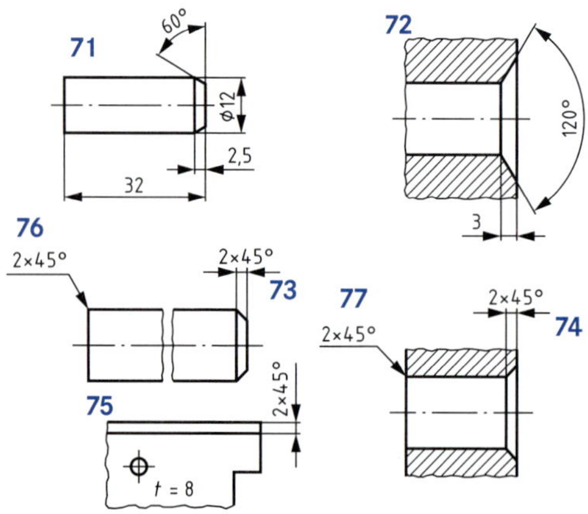

Fasen und Senkungen mit einem Winkel $\alpha \neq 45°$ werden mit Maßlinie und Maßhilfslinie bemaßt. **71 72**

Fasen und Senkungen mit einem Winkel $\alpha = 45°$ werden vereinfacht dargestellt. **73 74 75**

Bei dargestellten und nicht dargestellten Fasen und Senkungen dürfen die Maße mittels einer Hinweislinie eingetragen werden. **76 77**

Anwendung

DIN 406-11: 1992-12

78
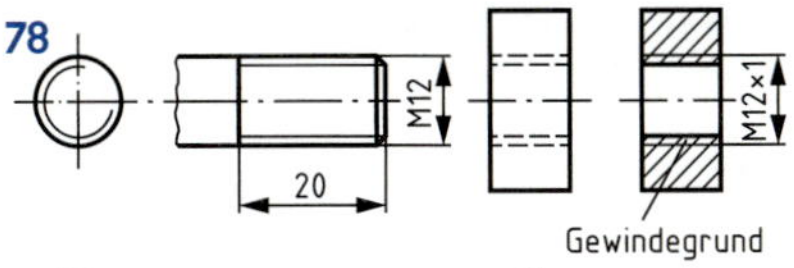

78 Für genormte **Gewinde** werden Kurzbezeichnungen nach DIN 202 angewandt:

- Kurzzeichen für das Gewinde,
- Nenndurchmesser,
- Steigung (Teilung),
- Gangzahl,
- zusätzliche Angaben.

In allen Fällen bezieht sich der Nenndurchmesser bei Außengewinden auf die Gewindespitzen, bei Innengewinden auf den Gewindegrund.

79
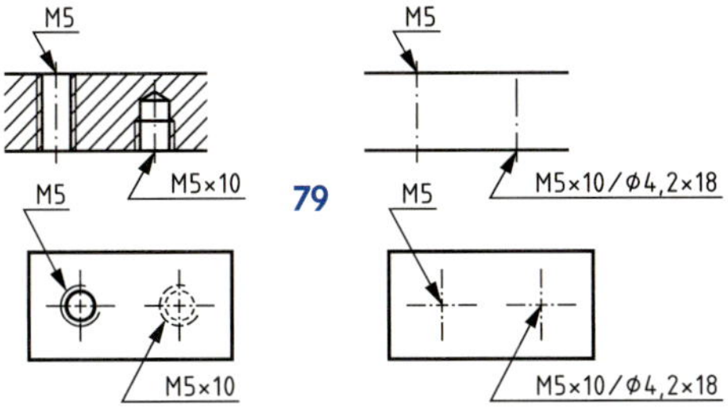

79 Die vereinfachte Darstellung der Gewinde ist zulässig bei Durchmessern ≤ 6 mm (in der Zeichnung) oder bei einem regelmäßigen Muster von Löchern und Gewinden derselben Art und Größe. (DIN ISO 6410-3)

80
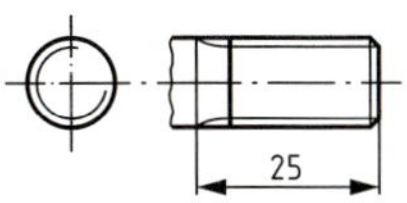

80 Der Gewindeauslauf wird in der Regel nicht gezeichnet. Er wird nur dargestellt und bemaßt, wenn dies in besonderen Fällen notwendig ist.

81
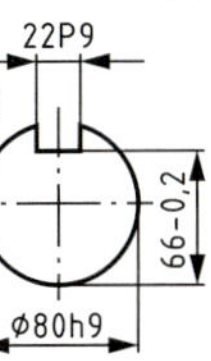

82
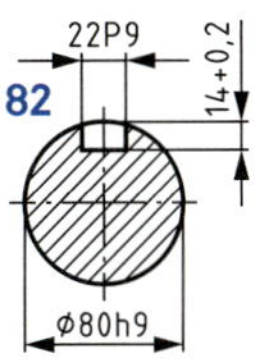

Nuten für Passfedern und Keile werden bei durchgehenden Nuten nach **81** und bei nicht durchgehenden Nuten nach **82** bemaßt.

83
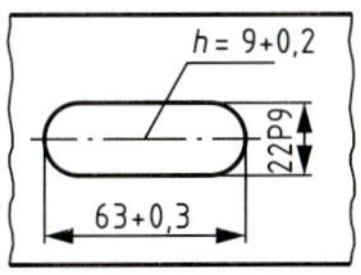

h = Nuttiefe

84
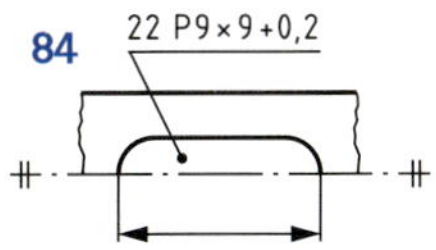

Ist in einer Darstellung nur die Draufsicht erforderlich, genügt die vereinfachte Darstellung nach **83** oder **84**.

85
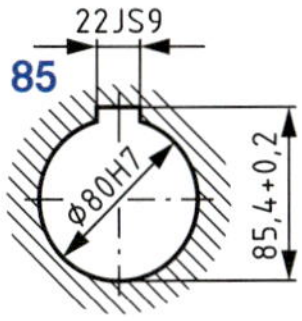

85 Nuten in zylindrischen Bohrungen werden entsprechend bemaßt.

86
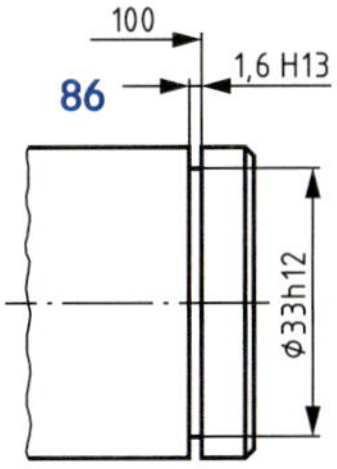

87
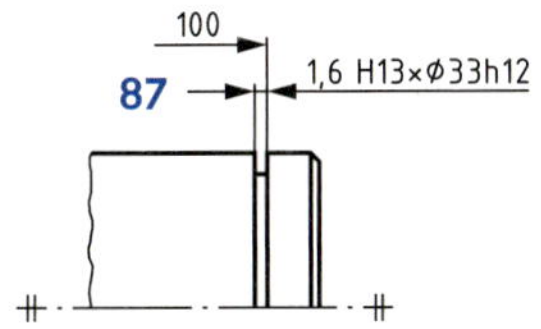

Einstiche, z. B. für Sicherungsringe, werden gemäß **86** oder vereinfacht gemäß **87** bemaßt.

Die Bemaßung der Einstiche in Naben erfolgt sinngemäß.

88
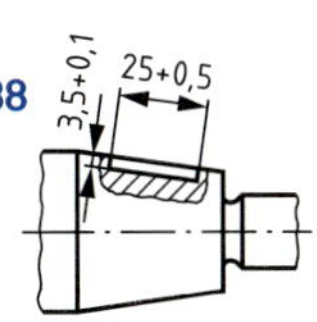

89
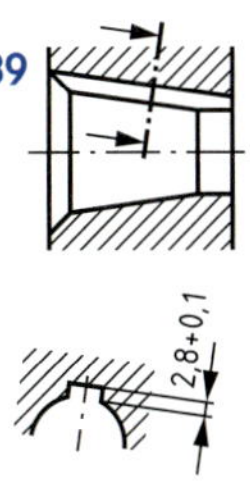

Verläuft der **Nutgrund** parallel zur Mantellinie eines Kegels, so ist die Tiefe nach **88** zu bemaßen. Bei kegeligen Nabenbohrungen ist entsprechend zu bemaßen. **89**

Toleranzen für Längen- und Winkelmaße

DIN 406-12: 1992-12

90
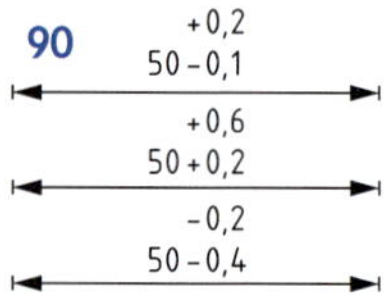

94
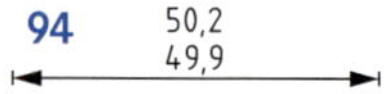

91
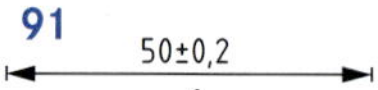

92
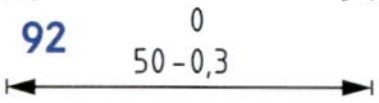

93
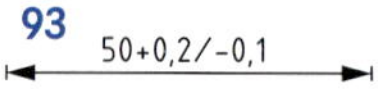

95
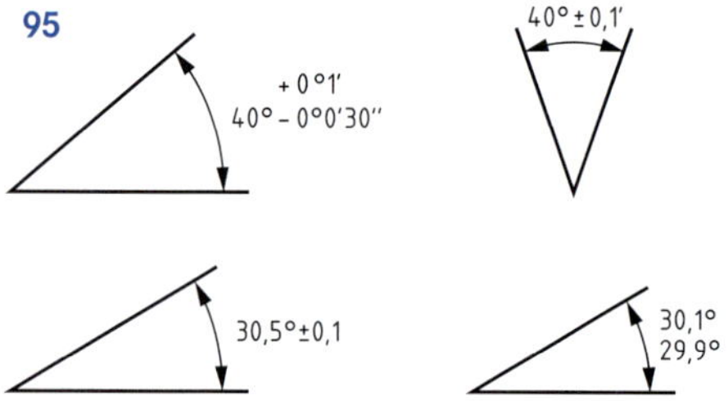

96
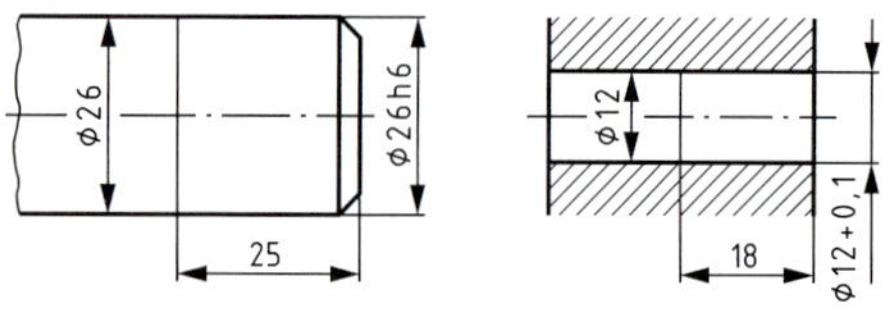

97
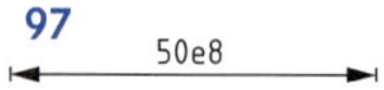

98
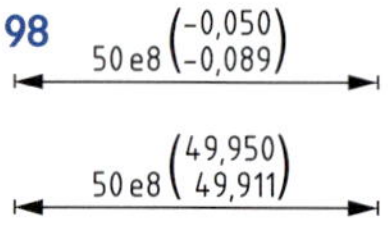

99
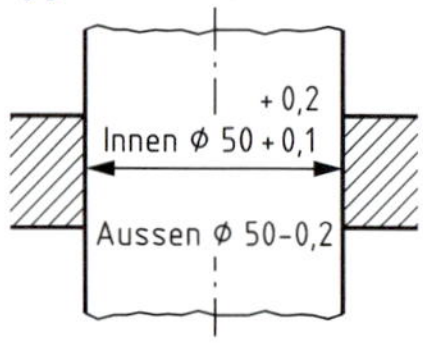

100
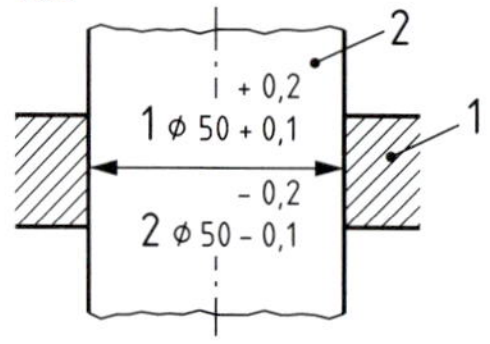

101
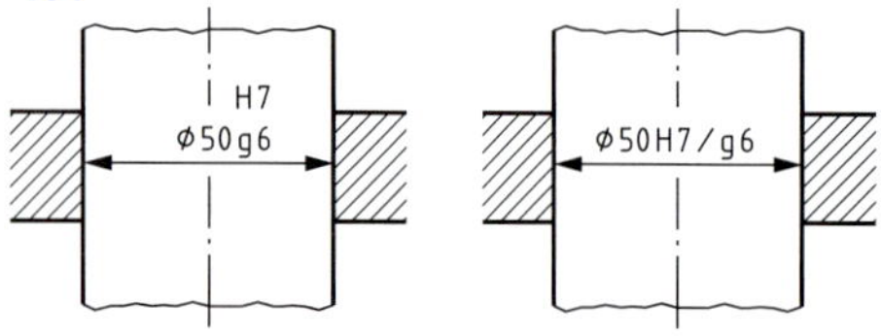

Toleranzen können angegeben werden durch

- Allgemeintoleranzen (DIN ISO 2768),
- Abmaße,
- Kurzzeichen der Toleranzklasse (DIN ISO 286).

Alle Toleranzen gelten im Endzustand, einschließlich Oberflächenüberzügen, sofern nichts anderes vorgeschrieben ist.

Die **Abmaße** sind mit Vorzeichen vorzugsweise in gleicher Schriftgröße hinter dem Nennmaß einzutragen. Die Schriftgröße der Abmaße darf auch eine Stufe kleiner als die des Nennmaßes gewählt werden. **90**

Haben oberes und unteres Abmaß den gleichen Betrag, steht der Wert für das Abmaß mit dem Vorzeichen ± nur einmal hinter dem Nennmaß. **91**

Wenn ein Abmaß Null ist, darf dies durch eine „0“ angegeben werden. **92**

Nennmaß und Abmaße können in dieselbe Zeile eingetragen werden. **93**

Grenzmaße dürfen als Höchst- und Mindestmaß angegeben werden. **94**

Beim Eintragen von Winkelmaßen werden die Einheiten für das Winkel-Nennmaß und die Abmaße immer angegeben. **95** Ansonsten sind die Regeln für das Eintragen von Toleranzen für Längenmaße anzuwenden.

Wenn Toleranzen nur für einen bestimmten Bereich gelten, so wird dies durch eine schmale Volllinie (ISO 128-01.1) gekennzeichnet. **96**

Die **Kurzzeichen der Toleranzklasse** sind vorzugsweise in gleicher Schriftgröße hinter dem Nennmaß einzutragen. **97**

Falls erforderlich, können die Werte der Abmaße oder die Grenzmaße zusätzlich in Klammern angegeben werden. **98**

Toleranzklasse und zutreffende Abmaße können auch in Tabellenform in der Zeichnung angegeben werden.

Bei Gegenständen, die zusammengebaut dargestellt werden, ist das Innenmaß über dem Außenmaß einzutragen. **99**

Die Zuordnung der Maße ist durch Wortangabe **99** oder Positionsnummern **100** zu kennzeichnen. Die Angabe von Positionsnummern ist vorzuziehen.

Alle Maße können auch oberhalb einer Maßlinie eingetragen werden.

Die Kurzzeichen der Toleranzklasse für das Innenmaß werden über oder vor der Toleranzklasse für das Außenmaß eingetragen. **101**

Zusätzlich können die Abmaße in Klammern angegeben werden.

Grundregeln der Darstellung

Grundriss (Typ A) Schnittebene: waagerecht 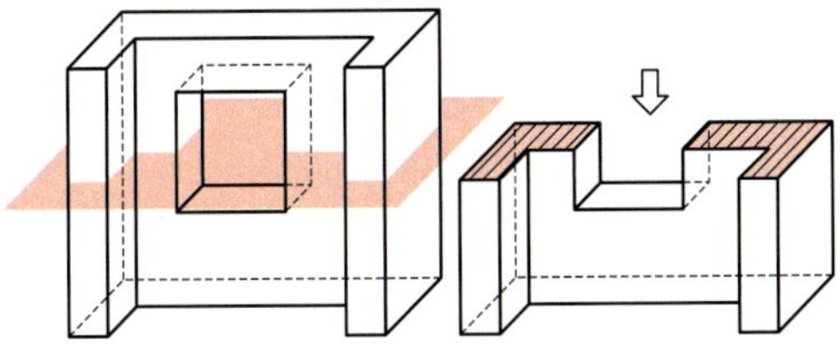	Der Grundriss (Typ A) ist die Draufsicht auf den unteren Teil eines horizontal geschnittenen Bauwerkes. Der Grundriss (Typ B) ist die gespiegelte Untersicht auf den oberen Teil eines horizontal geschnittenen Bauwerkes.
Schnitt Schnittebene: senkrecht 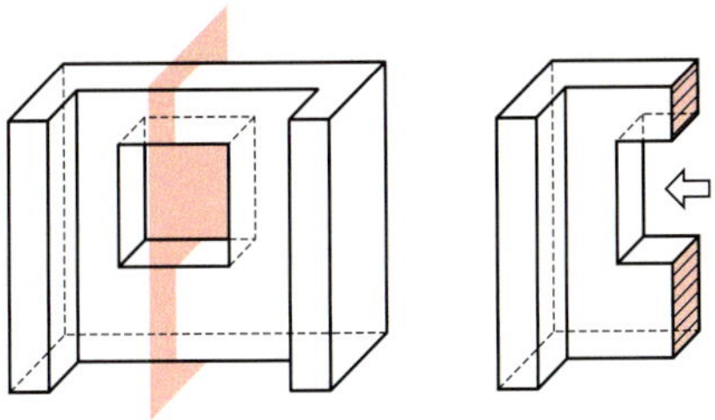	Der Schnitt ist die Ansicht des hinteren Teiles eines vertikal geschnittenen Bauwerkes. Die Schnittebene liegt – auch verspringend – so im Bauwerk, dass die wesentlichen Einzelheiten, z. B. Wände, Decken, Treppen, Fenster und Türen geschnitten werden. Die Lage der vertikalen Schnittebene ist im Grundriss durch eine Strich-Punktlinie und Blickrichtung anzugeben.

Linienarten und Linienbreiten

Linienart	Anwendungsbereich	Liniengruppe[1]	
		II	III
Volllinie	Begrenzung von Schnittflächen	0,5	1,0
Volllinie	Sichtbare Kanten und sichtbare Umrisse von Bauteilen, Begrenzung von Schnittflächen von schmalen und kleinen Bauteilen	0,35	0,5
Volllinie	Maßlinien, Maßhilfslinien, Hinweislinien, Begrenzung von Ausschnittdarstellungen, vereinfachte Darstellungen	0,25	0,35
Strichlinie	Verdeckte Kanten und verdeckte Umrisse von Bauteilen	0,35	0,5
Strich-Punktlinie	Kennzeichnung der Lage der Schnittebenen	0,5	1,0
Strich-Punktlinie	Achsen	0,25	0,35
Punktlinie	Bauteile vor bzw. über der Schnittebene	0,35	0,5

[1] Liniengruppe II für Maßstäbe ≤ 1 : 100, Liniengruppe III für Maßstäbe ≥ 1 : 50

Allgemeine Zeichen

Zeichen	Anwendungsbereich	Zeichen	Anwendungsbereich
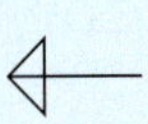	Richtung	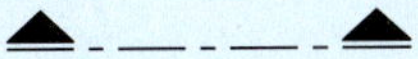	Angabe der Schnittführung in Blickrichtung
	Höhenangabe Oberfläche ■ Fertigkonstruktion ■ Rohkonstruktion	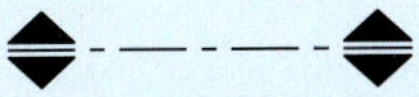	Angabe der horizontalen Schnittführung für den Grundriss Typ B
	Höhenangabe Unterfläche ■ Fertigkonstruktion ■ Rohkonstruktion	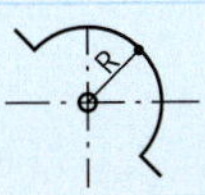	Radius

Bemaßung

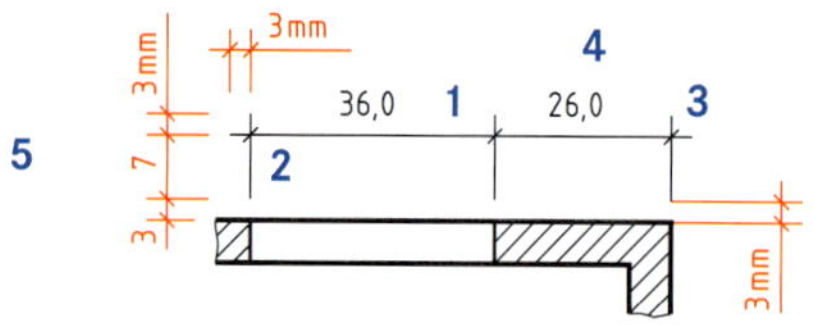

Elemente der Maßeintragung sind:

- Maßlinie,
- Maßhilfslinie,
- Maßlinienbegrenzung,
- Maßzahl,
- Maßeinheit,
- Hinweislinien.

Maßlinien sind parallel zu den zu bemaßenden Strecken anzuordnen. **1**

Maßhilfslinien stehen in der Regel rechtwinklig zur Maßlinie und gehen etwas über diese hinaus. Maßhilfslinien sind von den dazugehörigen Körperkanten abzusetzen. **2**

Grundriss

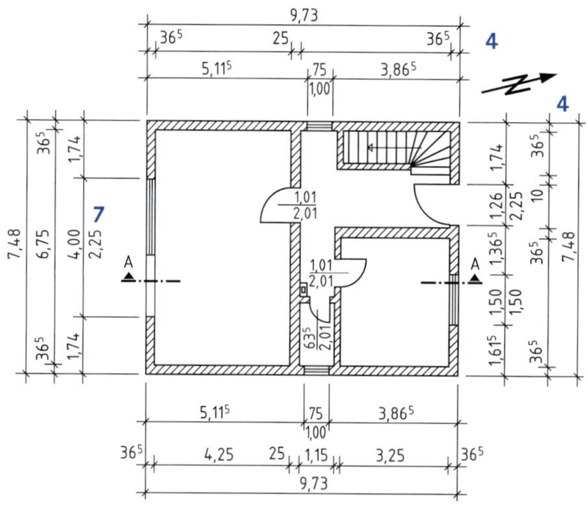

Maßlinienbegrenzung sind:

- ein Schrägstrich, **3**
- ein offener 90°-Pfeil,
- ein Punkt bei Platzmangel,
- ein Kreis für die Ursprungsangabe. (s. a. DIN 406-11).

Maßzahlen sind in der Regel über der durchgezogenen Maßlinie zu schreiben. Sie müssen in der Gebrauchslage der Zeichnung von unten bzw. von rechts zu lesen sein. **4**

Maßeinheiten werden nach der Bauart oder der Art des Bauwerkes gewählt.

Bemaßung in	Maße unter 1 m		Maße über 1 m
cm	25	86.5	464.5
cm und mm	25	86^5	4.64^5
mm	250	865	4654

Statt des Dezimalpunktes kann auch ein Komma gesetzt werden. Die Maßeinheit ist mit dem Maßstab im Schriftfeld anzugeben.

Schnitt A

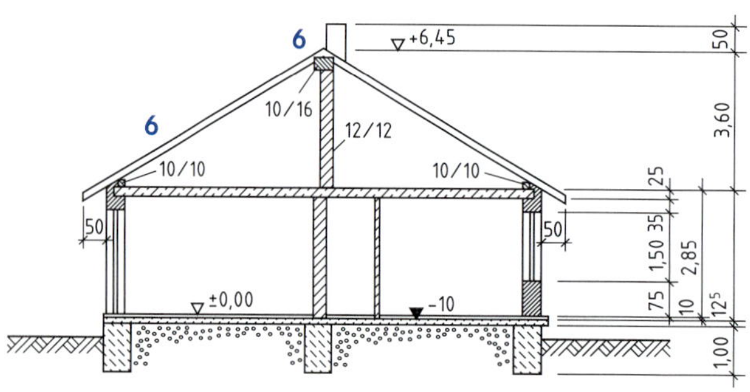

Die Maßanordnung erfolgt im Allgemeinen unter bzw. rechts der Darstellung.
Bei mehreren parallelen Maßketten sind diese von innen nach außen im Abstand ≥ 7 mm anzuordnen.
Flächen in der Raummitte sollen möglichst frei bleiben. **5**

Rechteckquerschnitte können durch Angabe der Längen in Bruchform bemaßt werden (Breite/Höhe). **6**

Runde Querschnitte erhalten vor der Maßzahl das Durchmesserzeichen Ø.

Radien werden durch ein R vor der Maßzahl gekennzeichnet.

Wandöffnungen werden in Grundrissen mit der Angabe der Breite und Höhe bemaßt. Die Maßzahl für die Breite steht über der Maßlinie, die Maßzahl für die Höhe direkt darunter unter der Maßzahl. **7**

Bemaßung

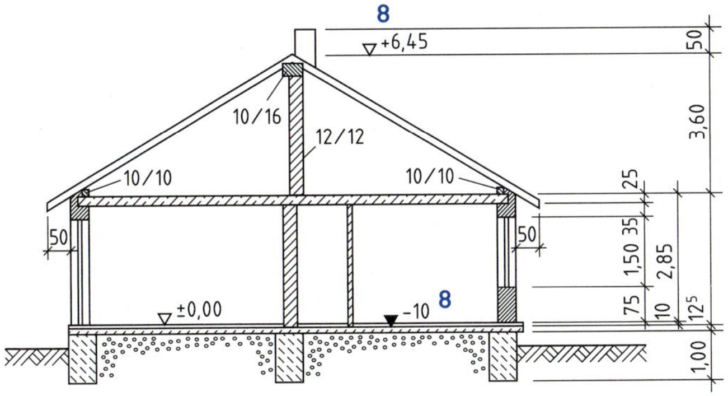

Höhenangaben sind in Schnitten und Grundrissen einzutragen.
Das Vorzeichen + oder – der Maßzahlen bezieht sich auf die Höhenlage ± 0,00. Dies ist die Höhenlage der Oberfläche der Fertigkonstruktion des Fußbodens im Eingangsbereich, bezogen auf NN. **8**

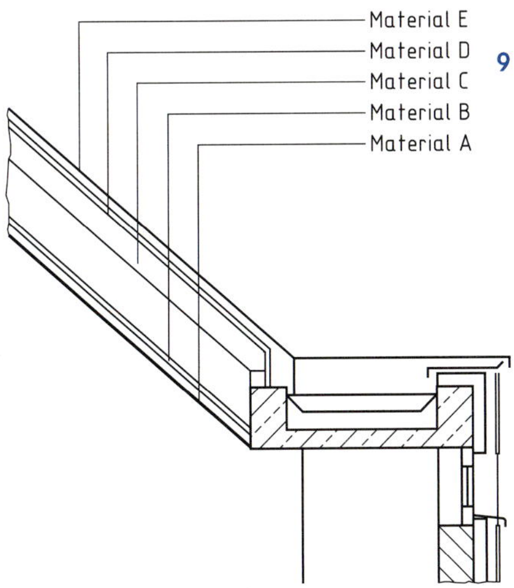

Hinweislinien sind aus der Darstellung herauszuziehen.
Sie sind rechtwinklig anzuordnen und dürfen einmal abgewinkelt werden.

Das Herausziehen unter 45° soll nur angewendet werden, wenn es der Verdeutlichung dient. Hinweislinien können mit einem Pfeil enden.

Bei Platzmangel dürfen Hinweislinien auch für Maße angewendet werden.

Hinweise sind in Blockform anzugeben. **9**

Vereinfachte Darstellungen

Treppen und Rampen im Grundriss (mit Steigungsrichtung)			
Einläufige Treppe	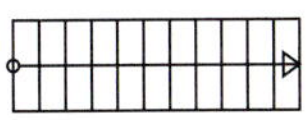	Treppenlauf, horizontal geschnitten, mit darunterliegendem Lauf	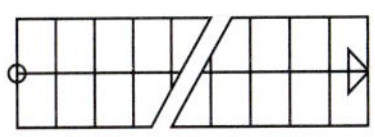
Zweiläufige Treppe	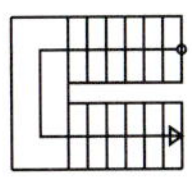	Treppenlauf, horizontal geschnitten mit Darstellung des Laufes oberhalb der Schnittebene	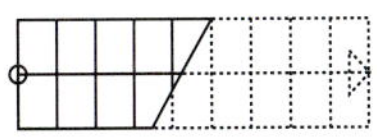
Spindeltreppe		Rampe	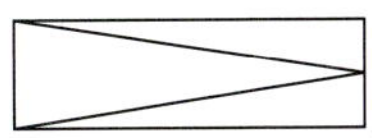

Vereinfachte Darstellungen

Öffnungsarten von Türen im Grundriss			
Drehflügel, einflügelig	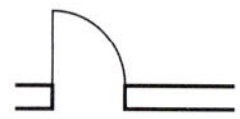	Hebe-Drehflügel	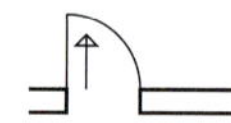
Drehflügel, zweiflügelig		Drehtür	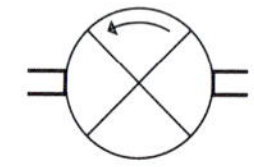
Drehflügel, zweiflügelig gegeneinander schlagend	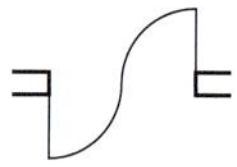	Schiebeflügel	
		Hebe-Schiebeflügel	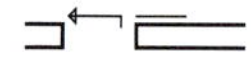
Pendelflügel, einflügelig	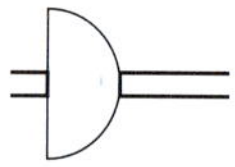	Falttür	
Pendelflügel, zweiflügelig	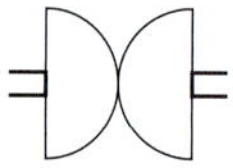	Schwingflügel	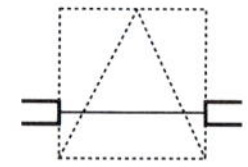

Öffnungsarten von Türen und Fenstern in der Ansicht			
Drehflügel		Schwingflügel	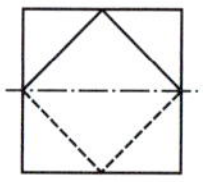
Kippflügel	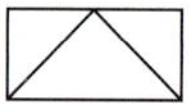	Wendeflügel	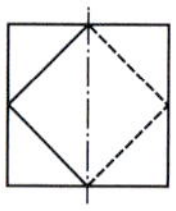
Klappflügel	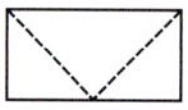	Schiebeflügel, vertikal	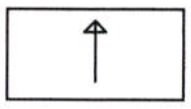
Dreh-Kippflügel		Schiebeflügel, horizontal	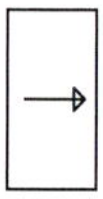
Hebe-Drehflügel	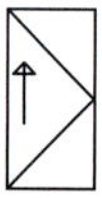	Hebe-Schwingflügel	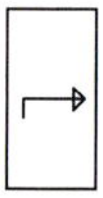
		Fensterverglasung	

Positionsnummern
Item references

DIN ISO 6433: 1982-09

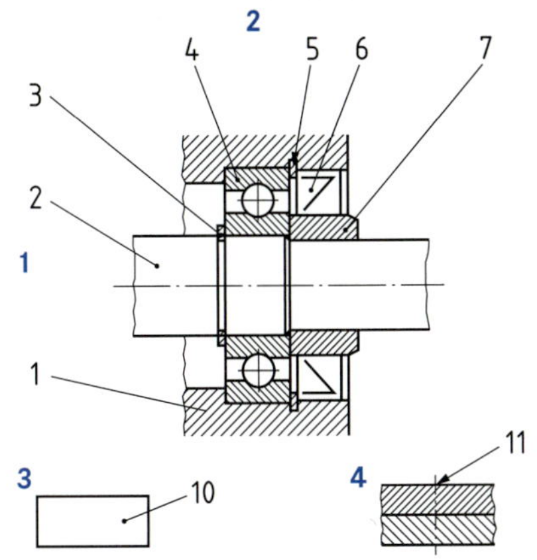

Positionsnummern werden aus arabischen Ziffern gebildet. Falls erforderlich werden sie durch Großbuchstaben ergänzt.

Positionsnummern werden doppelt so groß geschrieben wie die Bemaßung.

Die Positionsnummer ist mit dem zugeordneten Teil mit einer Hinweislinie zu verbinden. Hinweislinien dürfen sich nicht kreuzen. Sie sollen schräg zur Positionsnummer herausgezogen werden.

Für die bessere Lesbarkeit sind die Positionsnummern senkrecht untereinander **1** oder waagerecht nebeneinander **2** anzuordnen.

Positionsnummern von zusammengehörenden Teilen dürfen an einer Hinweislinie eingetragen werden.

Hinweislinien enden mit einem Punkt **3** oder einem Pfeil **4**.

Gestaltabweichungen
Form deviations

DIN 4760: 1982-06

→ *Gestaltabweichungen sind Abweichungen der Ist-Oberfläche von der Ideal-Oberfläche.*

Ordnung	1.	2.	3.	4.	5.	6.
bildliche Darstellung	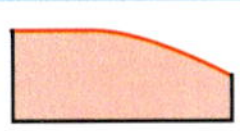 Formabweichung	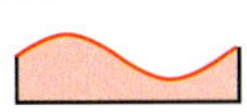 Welligkeit	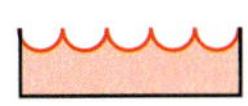 ←	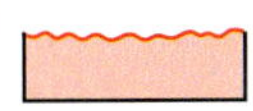 Rauheit	–	–
Beispiel	Geradheits-, Rundheits-Abweichungen	Wellen	Rillen	Riefen, Schuppen	Gefügestruktur	Gitteraufbau des Werkstoffes
mögliche Entstehungsursachen	Durchbiegen der Maschine oder des Werkstückes	Schwingungen der Werkzeugmaschine	Form der Werkzeugschneide, Vorschub des Werkzeuges	Vorgang der Spanbildung (Reißspan, Aufbauschneide)	Kristallisationsvorgänge, Korrosionsvorgänge	–

Die Gestaltabweichungen 1.–4. Ordnung überlagern sich in der Regel zur Istoberfläche.

Rauheitskenngrößen
Surface roughness parameters

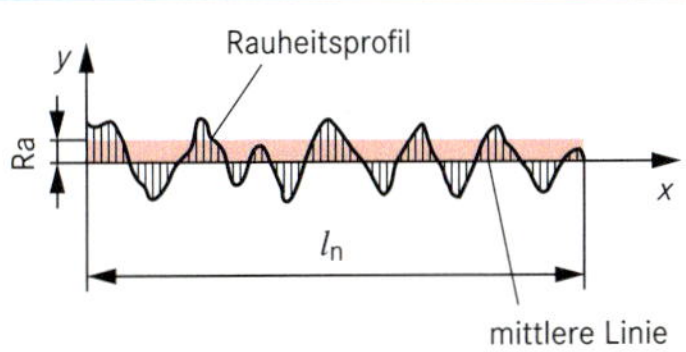

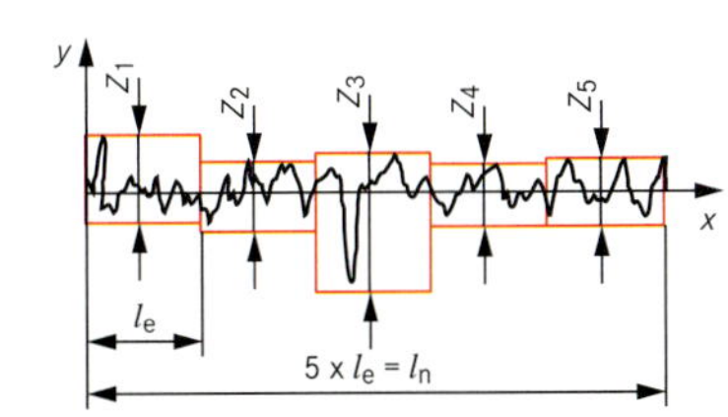

Arithmetischer Mittenrauwert Ra: Der arithmetische Mittenrauwert Ra entspricht der Höhe eines Rechteckes, dessen Länge gleich der Gesamtmesslänge l_n ist und das flächengleich mit der Summe der zwischen Rauheitsprofil und mittlerer Linie eingeschlossenen Flächen ist.

Gemittelte Rautiefe Rz: Die gemittelte Rautiefe Rz ist das arithmetische Mittel aus den Einzelrautiefen fünf aneinander grenzender Einzelmessstrecken l_e. Die Einzelrautiefe Z ist der Abstand des höchsten vom tiefsten Punkt des Profils innerhalb der Einzelmessstrecke.

$$Rz = \frac{Z_1 + Z_2 + Z_3 + Z_4 + Z_5}{5}$$

Maximale Rautiefe R_{max}: Die maximale Rautiefe R_{max} ist die größte Einzelrautiefe auf der Gesamtmessstrecke l_n.

Grundsymbol

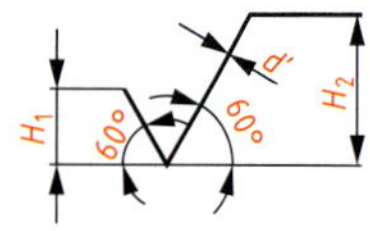

Linienbr. d'	0,35	0,5	0,7
Höhe H_1	5	7	10
Höhe H_2	11	15	21

Symbol	Bedeutung
	**Grundsymbol:** wird nur benutzt, wenn seine Bedeutung durch eine weitere Angabe erklärt wird
	Kennzeichnung für eine Oberfläche, die materialabtrennend bearbeitet wird
	Für diese Oberfläche ist eine materialabtrennende Bearbeitung nicht zugelassen, oder sie bleibt in dem Zustand des vorhergehenden Arbeitsganges
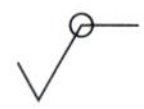	Alle Oberflächen des Teiles haben dieselbe Oberfläche

Lage der Oberflächenangaben am Symbol

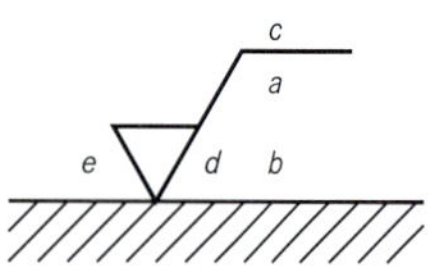

a: Rauheitskenngröße Ra oder Rz in µm

b: andere Rauheitskenngrößen, z. B. R_{max} in µm oder Rz in mm (zweite Anforderung)

c: Fertigungsverfahren, Oberflächenbehandlung

d: Rillenrichtung

e: Bearbeitungszugabe in mm

Beispiele

Angabe	Erklärung
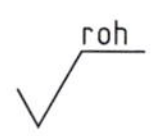	Unbearbeitete Fläche im Rohzustand oder geputzt
	materialabtrennend oder nicht materialabtrennend hergestellte Oberfläche, Ra ≤ 6,3 µm
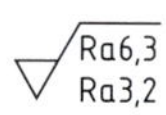	materialabtrennend hergestellte Oberfläche, 3,2 µm ≤ Ra ≤ 6,3 µm
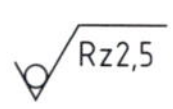	nicht materialabtrennend hergestellte Oberfläche, Rz ≤ 2,5 µm
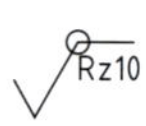	allseitig materialabtrennend oder nicht materialabtrennend hergestellte Oberfläche, Rz ≤ 10 µm
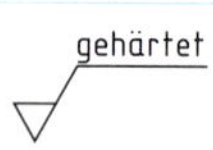	materialabtrennend hergestellte Oberfläche, anschließend gehärtet
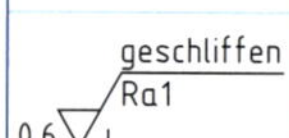	materialabtrennend durch Schleifen hergestellte Oberfläche mit einer Bearbeitungszugabe von 0,6 mm, Ra ≤ 1 µm, Rillenrichtung senkrecht zur Projektionsebene
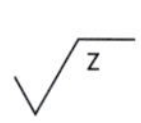	Vereinfachte Angabe, die an anderer Stelle auf der Zeichnung erklärt ist; z. B. $\sqrt{z} = \sqrt{Rz6,3}$

Zusammenhang von Rauheitskenngröße Ra und Rauheitsklasse N
(Angabe der Rauheitsklasse nicht in Neukonstruktionen)

Rauheitskenngröße Ra in µm	50	25	12,5	6,3	3,2	1,6	0,8	0,4	0,2	0,1	0,05	0,025
Rauheitsklasse N	N 12	N 11	N 10	N 9	N 8	N 7	N 6	N 5	N 4	N 3	N 2	N 1

Symbole für die Oberflächenstruktur

=	⊥	X	M	C	R	P
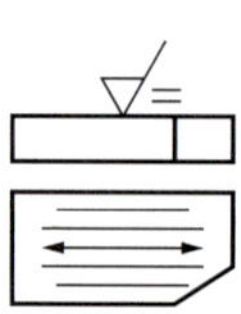	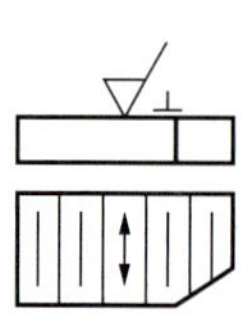	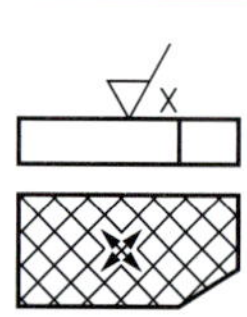	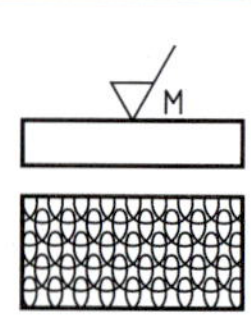	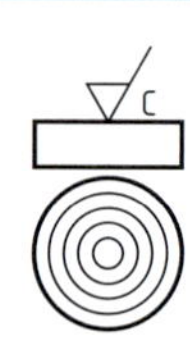		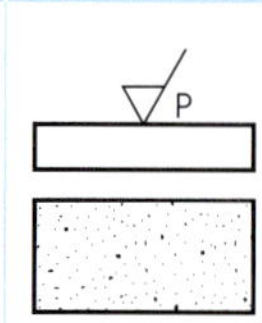
Parallel zur Projektionsebene der Ansicht, in der das Symbol angewendet wird	Senkrecht zur Projektionsebene der Ansicht, in der das Symbol angewendet wird	Gekreuzt in 2 schrägen Richtungen zur Projektionsebene	Mehrfache Richtungen	Zentrisch zum Mittelpunkt der Oberfläche, zu der das Symbol gehört	Radial zum Mittelpunkt der Oberfläche, zu der das Symbol gehört	Nicht rillige Oberfläche, ungerichtet oder muldig

Umstellung bestehender Zeichnungen auf Angaben nach DIN ISO 1302 (zurückgezogen)

Angabe der Oberflächenbeschaffenheit durch die gemittelte Rautiefe Rz				Oberflächenzeichen nach DIN 3141 (zurückgezogen)	Angabe der Oberflächenbeschaffenheit durch den Mittenrauwert Ra			
Reihe 1	Reihe 2	Reihe 3	Reihe 4		Reihe 1	Reihe 2	Reihe 3	Reihe 4
√ geputzt oder	√ roh oder	√ oder	√Rz63	∼	√ geputzt oder	√ roh oder	√ oder	6,3√
√Rz160	√Rz100	√Rz63	√Rz25	▽	Ra25√	Ra12,5√	Ra6,3√	Ra3,2√
√Rz40	√Rz25	√Rz16	√Rz10	▽▽	Ra6,3√	Ra3,2√	Ra1,6√	Ra1,6√
√Rz16	√Rz6,3	√Rz4	√Rz2,5	▽▽▽	Ra1,6√	Ra0,8√	Ra0,4√	Ra0,2√
—	√Rz1	√Rz1	√Rz0,4	▽▽▽▽	—	Ra0,1√	Ra0,1√	Ra0,025√

Hinweis: Zwischen den Rauheitskenngrößen Rz und Ra besteht keine direkte Beziehung, da sich das Verhältnis von Rz zu Ra in Abhängigkeit vom Fertigungsverfahren ändern kann.

Anordnung der Symbole

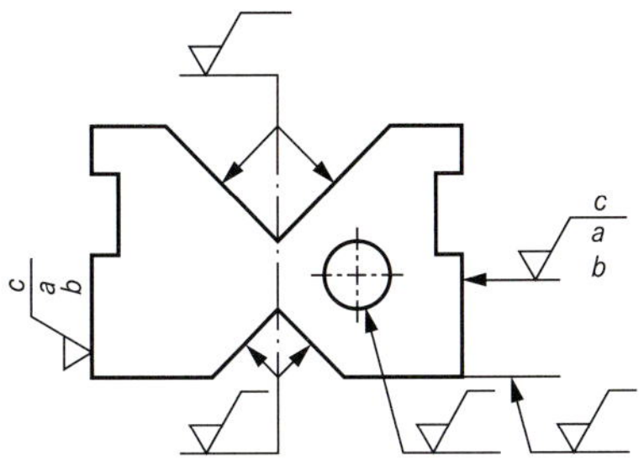

Die Symbole sind so anzuordnen, dass sie mit den Angaben von unten oder von rechts lesbar sind.

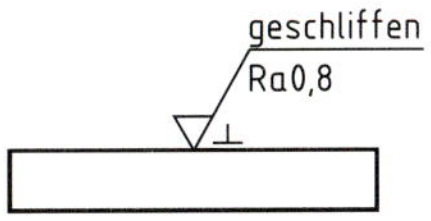

Oberflächenbeschaffenheit hergestellt durch Schleifen
Ra ≦ 0,8 µm,
Rillenrichtung senkrecht zur Projektionsebene

5

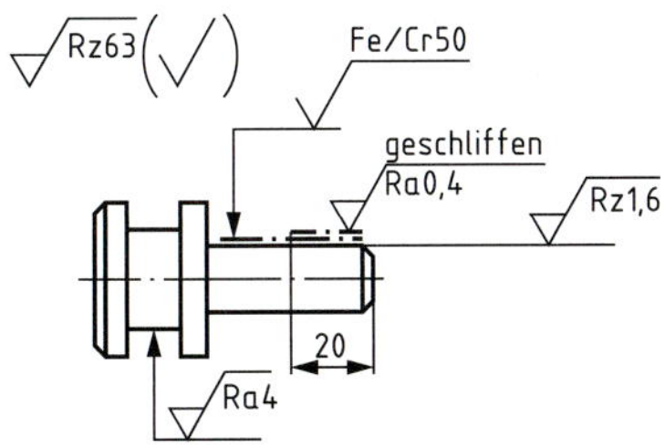

Wenn es notwendig ist, wird die Oberflächenbeschaffenheit vor und nach der Oberflächenbehandlung angegeben.

6

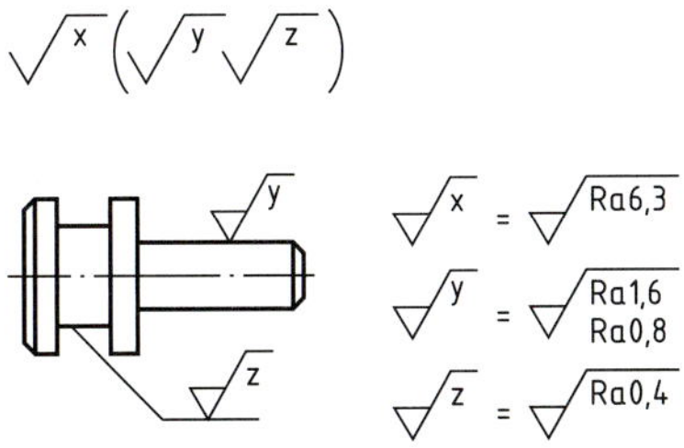

Vereinfachte Angaben müssen erläutert werden.

Herstellverfahren der Rauheit von Oberflächen

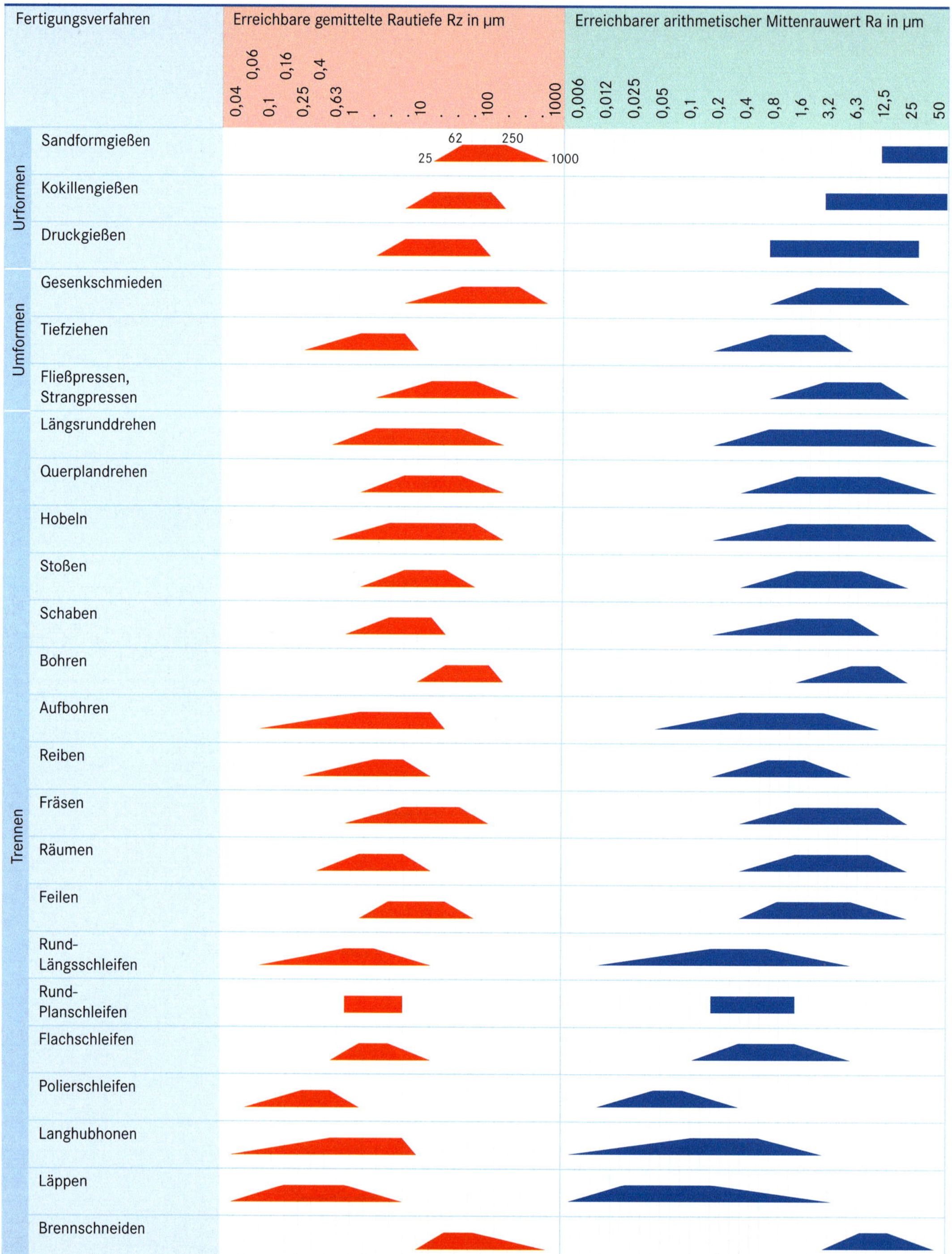

Die in den Tabellen angegebenen Werte sind Orientierungs- und Erfahrungswerte.
Die unteren Werte der jeweiligen Bereiche der erreichbaren Rautiefe Rz dürfen nicht als obere Grenzwerte in einer Zeichnungsangabe verwendet werden.
Soll ein bestimmter Ra- oder Rz-Wert vorgeschrieben werden, so muss dies durch Rauheitsangaben nach DIN ISO 1302 geschehen.

Allgemeintoleranzen für Längen- und Winkelmaße
General tolerances for linear and angular dimensions

DIN ISO 2768-1: 1991-06

Grenzabmaße für Längenmaße

Toleranzklasse	Grenzabmaße in mm für Nennmaßbereiche in mm							
	0,5 bis 3	über 3 bis 6	über 6 bis 30	über 30 bis 120	über 120 bis 400	über 400 bis 1000	über 1000 bis 2000	über 2000 bis 4000
f (fein)	± 0,05	± 0,05	± 0,1	± 0,15	± 0,2	± 0,3	± 0,5	–
m (mittel)	± 0,1	± 0,1	± 0,2	± 0,3	± 0,5	± 0,8	± 1,2	± 2
c (grob)	± 0,2	± 0,3	± 0,5	± 0,8	± 1,2	± 2	± 3	± 4
v (sehr grob)	–	± 0,5	± 1	± 1,5	± 2,5	± 4	± 6	± 8

Grenzabmaße für Rundungshalbmesser und Fasenhöhen (gebrochene Kanten)

Toleranzklasse	Grenzabmaße in mm für Nennmaßbereiche in mm		
	0,5 bis 3	über 3 bis 6	über 6
f (fein) m (mittel)	± 0,2	± 0,5	± 1
c (grob) v (sehr grob)	± 0,4	± 1	± 2

Grenzabmaße für Winkelmaße

Toleranzklasse	Grenzabmaße in Winkeleinheiten für Längenbereiche des **kürzeren Schenkels** in mm				
	bis 10	über 10 bis 50	über 50 bis 120	über 120 bis 400	über 400
f (fein) m (mittel)	± 1°	± 0°30'	± 0°20'	± 0°10'	± 0°5'
c (grob)	± 1°30'	± 1°	± 0°30'	± 0°15'	± 0°10'
v (sehr grob)	± 3°	± 2°	± 1°	± 0°30'	± 0°20'

Zeichnungseintragung: z. B. für die Toleranzklasse „mittel“ in das vorgesehene Feld des Schriftfeldes: **ISO 2768-m**

Allgemeintoleranzen für Form und Lage
General geometrical tolerances for features

DIN ISO 2768-2: 1991-04

Toleranzklasse	Allgemeintoleranzen in mm für Geradheit und Ebenheit für Nennmaßbereiche in mm						Lauftoleranzen in mm
	bis 10	über 10 bis 30	über 30 bis 100	über 100 bis 300	über 300 bis 1000	über 1000 bis 3000	
H	0,02	0,05	0,1	0,2	0,3	0,4	0,1
K	0,05	0,1	0,2	0,4	0,6	0,8	0,2
L	0,1	0,2	0,4	0,8	1,2	1,6	0,5

Toleranzklasse	Rechtwinkligkeitstoleranzen in mm für Nennmaßbereiche für den kürzeren Schenkel in mm				Symmetrietoleranzen in mm für Nennmaßbereiche in mm			
	bis 100	über 100 bis 300	über 300 bis 1000	über 1000 bis 3000	bis 100	über 100 bis 300	über 300 bis 1000	über 1000 bis 3000
H	0,2	0,3	0,4	0,5	0,5			
K	0,4	0,6	0,8	1	0,6		0,8	1
L	0,6	1	1,5	2	0,6	1	1,5	2

Anmerkungen zur Rundheit, Zylinderform, Koaxialität, Parallelität siehe DIN 7168

Zeichnungseintragungen:

Toleranzklasse m für Maßtoleranz und Toleranzklasse K für Form- und Lagetoleranz: ISO 2768-mK
soll die Allgemeintoleranz für Maße nicht gelten : ISO 2768-K
soll die Hüllbedingung Ⓔ auch für einzelne Maßelemente gelten : ISO 2768-mK-E

Die Hüllbedingung Ⓔ fordert, dass das Formelement die geometrisch ideale Hülle vom Maximum-Material-Maß nicht durchbricht. Das Maximum-Material-Maß beschreibt den Zustand, bei dem das Material des Formelementes sein Maximum hat, z. B. Durchmesser der kleinsten Bohrung oder der größten Welle.

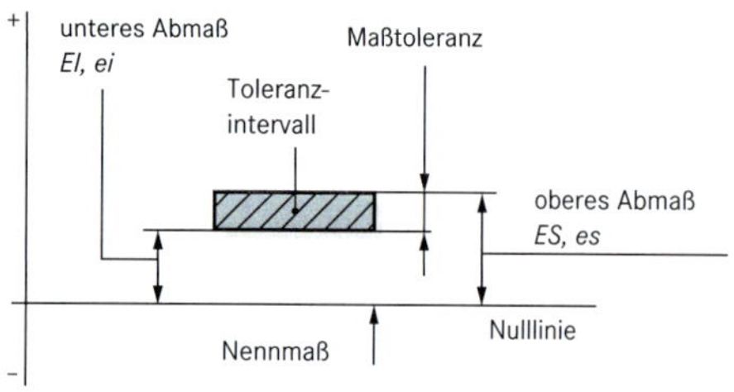

Maßtoleranz:

Bohrung: $T = G_{oB} - G_{uB}$
$T = ES - EI$

Welle: $T = G_{oW} - G_{uW}$
$T = es - ei$

EXCEL-Rechenblatt

Benennung	Erklärung
Welle	Begriff zur Beschreibung eines äußeren Formelementes eines Werkstückes einschließlich nichtzylindrischer Formelemente
Bohrung	Begriff zur Beschreibung eines inneren Formelementes eines Werkstückes einschließlich nichtzylindrischer Formelemente
Nennmaß	Maß, von dem die Grenzmaße abgeleitet werden (bisher Kurzzeichen *N*)
Nulllinie	In der grafischen Darstellung die Linie, die dem Nennmaß entspricht
Maßtoleranz	Höchstmaß minus Mindestmaß oder oberes Abmaß minus unteres Abmaß (bisher Kurzzeichen *T*)
Grenzabmaße	Oberes Abmaß *ES* (Bohrung), *es* (Welle) oder unteres Abmaß *EI* (Bohrung), *ei* (Welle)
Grenzmaße	Höchstmaß oder Mindestmaß (bisher Kurzzeichen G_o oder G_u)
Mindestmaß	Bohrung: $G_{uB} = N + EI$ Welle: $G_{uW} = N + ei$
Höchstmaß	Bohrung: $G_{oB} = N + ES$ Welle: $G_{oW} = N + es$

Grenzabmaße für Wellen

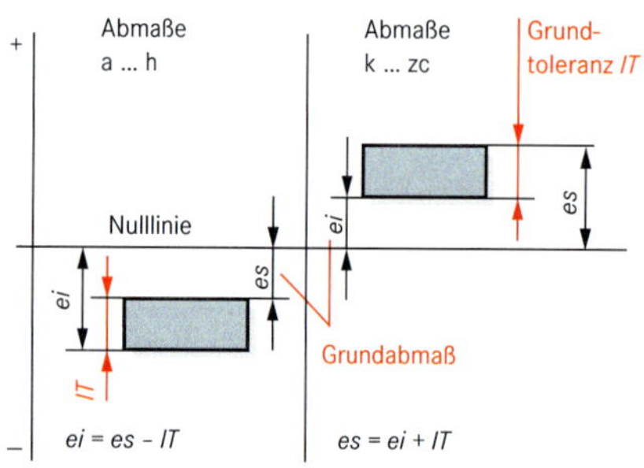

Grenzabmaße für Bohrungen

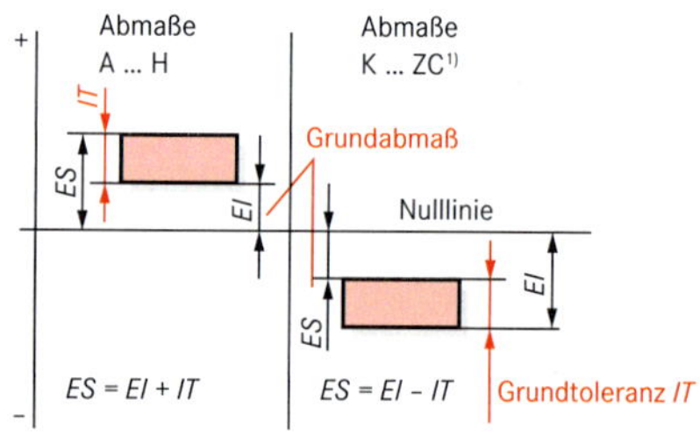

[1] nicht gültig
- für Grundtoleranzgrade ≤ *IT* 8 bei Toleranzintervalllage k
- Toleranzklasse M8

Benennung	Erklärung
Grundabmaß	Das Abmaß, das die Lage des Toleranzintervalls in Bezug zur Nulllinie festlegt (oberes oder unteres Abmaß, das der Nulllinie am nächsten liegt), Kennzeichnung durch Großbuchstaben für eine Bohrung und Kleinbuchstaben für eine Welle
Grundtoleranz *IT*	Jede zum ISO-System gehörende Toleranz
Grundtoleranzgrad	Gruppe von Toleranzen, die dem gleichen Genauigkeitsniveau für alle Nennmaße zugeordnet sind, z. B. *IT* 8

Benennung	Erklärung
Toleranzgrad	Zahl des Grundtoleranzgrades
Toleranzklasse	Benennung für eine Kombination eines Grundabmaßes und eines Toleranzgrades, z. B. H8
Toleranzintervall	In der grafischen Darstellung das Intervall zwischen dem Höchstmaß und dem Mindestmaß
Passung	Differenz zwischen den Maßen zweier zu fügender Formelemente

Spielpassung
$G_{uB} \geq G_{oW}$

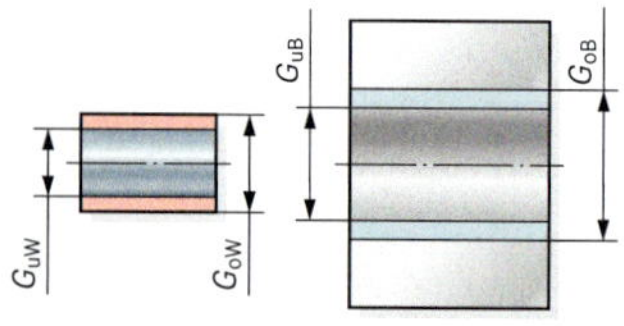

Höchstspiel P_{SH}
$P_{SH} = G_{oB} - G_{uW}$

Mindestspiel P_{SM}
$P_{SM} = G_{uB} - G_{oW}$

Übermaßpassung
$G_{oB} \leq G_{uW}$

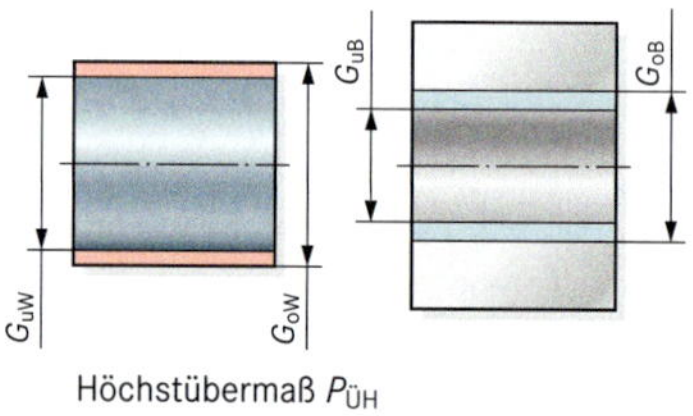

Höchstübermaß $P_{ÜH}$
$P_{ÜH} = G_{uB} - G_{oW}$

Mindestübermaß $P_{ÜM}$
$P_{ÜM} = G_{oB} - G_{uW}$

Übergangspassung
Spiel oder Übermaß

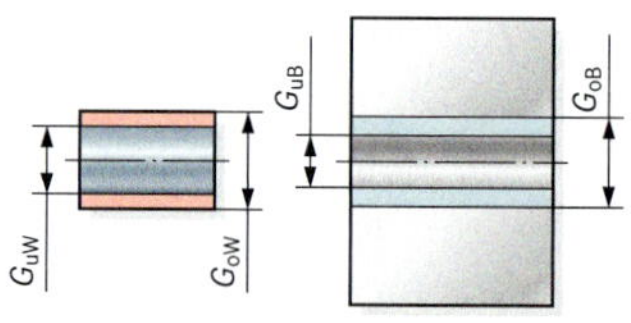

Höchstspiel P_{SH}
$P_{SH} = G_{oB} - G_{uW}$

Höchstübermaß $P_{ÜH}$
$P_{ÜH} = G_{uB} - G_{oW}$

Passungssystem Einheitsbohrung

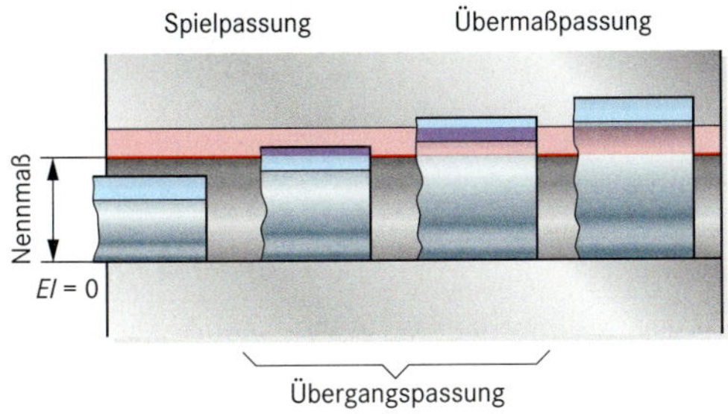

Passungssystem Einheitswelle

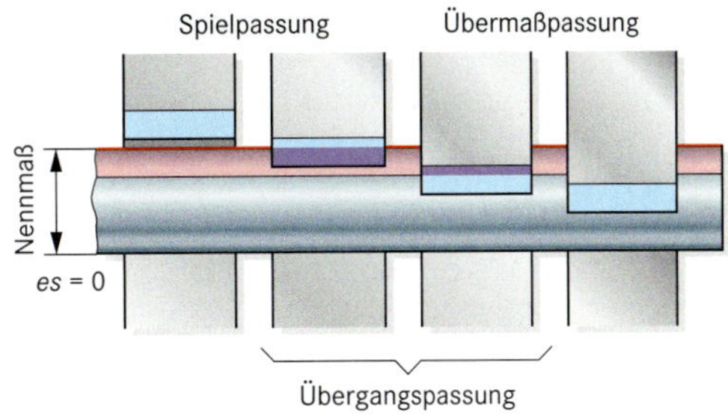

Passungssystem Einheitsbohrung
Passungssystem, in dem das untere Abmaß der Bohrung Null ist.

Passungssystem Einheitswelle
Passungssystem, in dem das obere Abmaß der Welle Null ist.

Passungssystem Einheitsbohrung

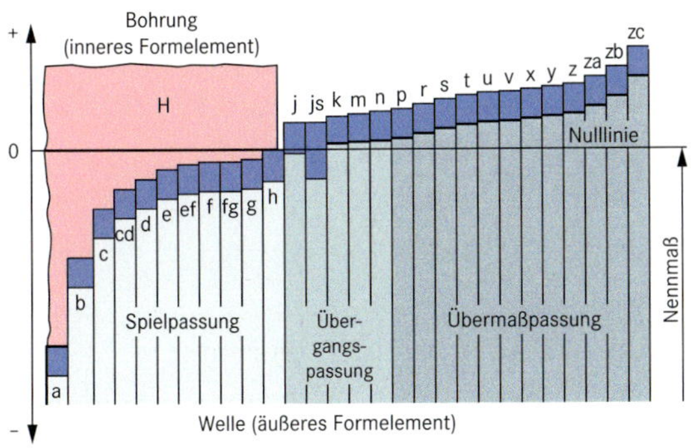

Passungssystem Einheitswelle

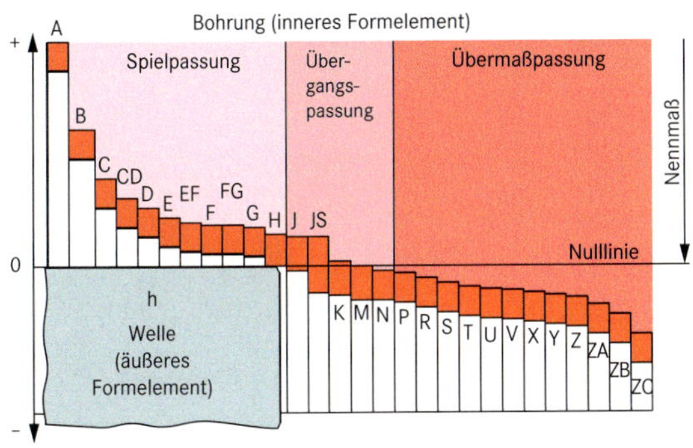

Die Maßtoleranz ist eine Funktion des Nennmaßes. Sie wird durch eine Zahl (Toleranzgrad) ausgedrückt.

Die Lage des Toleranzintervalls zur Nulllinie wird durch einen, in einigen Fällen durch zwei Buchstaben gekennzeichnet.

Dabei gilt:
- Großbuchstaben für Bohrungen
- Kleinbuchstaben für Wellen

Mit JS bzw. js werden J- bzw. j-Toleranzintervalle bezeichnet, deren Lage symmetrisch zur Nulllinie ist.

Kennzeichnung eines tolerierten Maßes

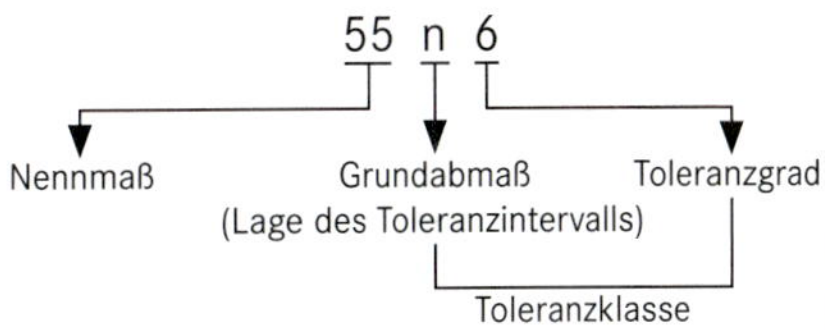

Kennzeichnung einer Passung

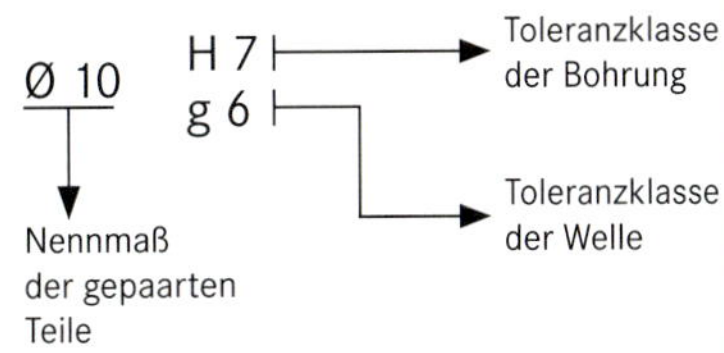

Beispiel: Passungen
Passung Ø 15 H7/f7: ges.: G_{oB}, G_{oW}, G_{uB}, G_{uW}, P_{SH}, P_{SM}, P_T

	Bohrung	Welle
N	15 mm	15 mm
ES / es	+0,018 mm	- 0,016 mm
EI / ei	0,000 mm	- 0,034 mm
$G_o = N + ES / ei$	15,018 mm	14,984 mm
$G_u = N + EI / ei$	15,000 mm	14,966 mm
$P_{SH} = G_{oB} - G_{uW}$	+ 0,052 mm	
$P_{SM} = G_{uB} - G_{oW}$	+ 0,016 mm	
$P_T = P_{SH} - P_{SM}$	+ 0,036 mm	

ISO-Passungen für Einheitsbohrung
ISO-fits for the hole basis system

DIN EN ISO 286-2: 2010-11; DIN 7154-1: 1966-08

Nennmaßbereich in mm	Grenzabmaße in µm															
	Bohrg.	Welle					Bohrg.	Welle								
	H6	r5	n5	k6	j6	h5	H7	s6	r6	n6	m6	k6	j6	h6	g6	f7
von 1 bis 3	+ 6 0	+ 14 + 10	+ 8 + 4	+ 6 0	+ 4 - 2	0 - 4	+ 10 0	+ 20 + 14	+ 16 + 10	+ 10 + 4	+ 8 + 2	+ 6 0	+ 4 - 2	0 - 6	- 2 - 8	- 6 - 16
über 3 bis 6	+ 8 0	+ 20 + 15	+ 13 + 8	+ 9 + 1	+ 6 - 2	0 - 5	+ 12 0	+ 27 + 19	+ 23 + 15	+ 16 + 8	+ 12 + 4	+ 9 + 1	+ 6 - 2	0 - 8	- 4 - 12	- 10 - 22
über 6 bis 10	+ 9 0	+ 25 + 19	+ 16 + 10	+ 10 + 1	+ 7 - 2	0 - 6	+ 15 0	+ 32 + 23	+ 28 + 19	+ 19 + 10	+ 15 + 6	+ 10 + 1	+ 7 - 2	0 - 9	- 5 - 14	- 13 - 28
über 10 bis 14	+ 11	+ 31	+ 20	+ 12	+ 8	0	+ 18	+ 39	+ 34	+ 23	+ 18	+ 12	+ 8	0	- 6	- 16
über 14 bis 18	0	+ 23	+ 12	+ 1	- 3	- 8	0	+ 28	+ 23	+ 12	+ 7	+ 1	- 3	- 11	- 17	- 34
über 18 bis 24	+ 13	+ 37	+ 24	+ 15	+ 9	0	+ 21	+ 48	+ 41	+ 28	+ 21	+ 15	+ 9	0	- 7	- 20
über 24 bis 30	0	+ 28	+ 15	+ 2	- 4	- 9	0	+ 35	+ 28	+ 15	+ 8	+ 2	- 4	- 13	- 20	- 41
über 30 bis 40	+ 16	+ 45	+ 28	+ 18	+ 11	0	+ 25	+ 59	+ 50	+ 33	+ 25	+ 18	+ 11	0	- 9	- 25
über 40 bis 50	0	+ 34	+ 17	+ 2	- 5	- 11	0	+ 43	+ 34	+ 17	+ 9	+ 2	- 5	- 16	- 25	- 50
über 50 bis 65	+ 19	+ 54 + 41	+ 33	+ 21	+ 12	0	+ 30	+ 72 + 53	+ 60 + 41	+ 39	+ 30	+ 21	+ 12	0	- 10	- 30
über 65 bis 80	0	+ 56 + 43	+ 20	+ 2	- 7	- 13	0	+ 78 + 59	+ 62 + 43	+ 20	+ 11	+ 2	- 7	- 19	- 29	- 60
über 80 bis 100	+ 22	+ 66 + 51	+ 38	+ 25	+ 13	0	+ 35	+ 93 + 71	+ 73 + 51	+ 45	+ 35	+ 25	+ 13	0	- 12	- 36
über 100 bis 120	0	+ 69 + 54	+ 23	+ 3	- 9	- 15	0	+ 101 + 79	+ 76 + 54	+ 23	+ 13	+ 3	- 9	- 22	- 34	- 71
über 120 bis 140		+ 81 + 63						+ 117 + 92	+ 88 + 63							
über 140 bis 160	+ 25 0	+ 83 + 65	+ 45 + 27	+ 28 + 3	+ 14 - 11	0 - 18	+ 40 0	+ 125 + 100	+ 90 + 65	+ 52 + 27	+ 40 + 15	+ 28 + 3	+ 14 - 11	0 - 25	- 14 - 39	- 43 - 83
über 160 bis 180		+ 86 + 68						+ 133 + 108	+ 93 + 68							
über 180 bis 200		+ 97 + 77						+ 151 + 122	+ 106 + 77							
über 200 bis 225	+ 29 0	+ 100 + 80	+ 51 + 31	+ 33 + 4	+ 16 - 13	0 - 20	+ 46 0	+ 159 + 130	+ 109 + 80	+ 60 + 31	+ 46 + 17	+ 33 + 4	+ 16 - 13	0 - 29	- 15 - 44	- 50 - 96
über 225 bis 250		+ 104 + 84						+ 169 + 140	+ 113 + 84							
über 250 bis 280	+ 32	+ 117 + 94	+ 57	+ 36	+ 16	0	+ 52	+ 190 + 158	+ 126 + 94	+ 66	+ 52	+ 36	+ 16	0	- 17	- 56
über 280 bis 315	0	+ 121 + 98	+ 34	+ 4	- 16	- 23	0	+ 202 + 170	+ 130 + 98	+ 34	+ 20	+ 4	- 16	- 32	- 49	- 108
über 315 bis 355	+ 36	+ 133 + 108	+ 62	+ 40	+ 18	0	+ 57	+ 226 + 190	+ 144 + 108	+ 73	+ 57	+ 40	+ 18	0	- 18	- 62
über 355 bis 400	0	+ 139 + 114	+ 37	+ 4	- 18	- 25	0	+ 244 + 208	+ 150 + 114	+ 37	+ 21	+ 4	- 18	- 36	- 54	- 119
über 400 bis 450	+ 40	+ 153 + 126	+ 67	+ 45	+ 20	0	+ 63	+ 272 + 232	+ 166 + 126	+ 80	+ 63	+ 45	+ 20	0	- 20	- 68
über 450 bis 500	0	+ 159 + 132	+ 40	+ 5	- 20	- 27	0	+ 292 + 252	+ 172 + 132	+ 40	+ 23	+ 5	- 20	- 40	- 60	- 131

Nennmaß-bereich in mm	Grenzabmaße in µm													
	Bohrg.	Welle							Bohrg.	Welle				
	H8	x8	u8	s8	h9	f7	e8	d9	H11	h9	h11	d9	c11	a11
von 1 bis 3	+14 0	+34 +20	-	+28 +14	0 -25	-6 -16	-14 -28	-20 -45	+60 0	0 -25	0 -60	-20 -45	-60 -120	-270 -330
über 3 bis 6	+18 0	+46 +28	-	+37 +19	0 -30	-10 -22	-20 -38	-30 -60	+75 0	0 -30	0 -75	-30 -60	-70 -145	-270 -345
über 6 bis 10	+22 0	+56 +34	-	+45 +23	0 -36	-13 -28	-25 -47	-40 -76	+90 0	0 -36	0 -90	-40 -76	-80 -170	-280 -370
über 10 bis 14	+27	+67 +40	-	+55	0	-16	-32	-50	+110	0	0	-50	-95	-290
über 14 bis 18	0	+72 +45		+28	-43	-34	-59	-93	0	-43	-110	-93	-205	-400
über 18 bis 24	+33	+87 +54	-	+68	0	-20	-40	-65	+130	0	0	-65	-110	-300
über 24 bis 30	0	+97 +64	+81 +48	+35	-52	-41	-73	-117	0	-52	-130	-117	-240	-430
über 30 bis 40	+39	+119 +80	+99 +60	+82	0	-25	-50	-80	+160	0	0	-80	-120 -280	-310 -470
über 40 bis 50	0	+136 +97	+109 +70	+43	-62	-50	-89	-142	0	-62	-160	-142	-130 -290	-320 -480
über 50 bis 65	+46	+168 +122	+133 +87	+99 +53	0	-30	-60	-100	+190	0	0	-100	-140 -330	-340 -530
über 65 bis 80	0	+192 +146	+148 +102	+105 +59	-74	-60	-106	-174	0	-74	-190	-174	-150 -340	-360 -550
über 80 bis 100	+54	+232 +178	+178 +124	+125 +71	0	-36	-72	-120	+220	0	0	-120	-170 -390	-380 -600
über 100 bis 120	0	+264 +210	+198 +144	+133 +79	-87	-71	-126	-207	0	-87	-220	-207	-180 -400	-410 -630
über 120 bis 140		+311 +248	+233 +170	+155 +92									-200 -450	-460 -710
über 140 bis 160	+63 0	+343 +280	+253 +190	+163 +100	0 -100	-43 -83	-85 -148	-145 -245	+250 0	0 -100	0 -250	-145 -245	-210 -460	-520 -770
über 160 bis 180		+373 +310	+273 +210	+171 +108									-230 -480	-580 -830
über 180 bis 200		+422 +350	+308 +236	+194 +122									-240 -530	-660 -950
über 200 bis 225	+72 0	+457 +385	+330 +258	+202 +130	0 -115	-50 -96	-100 -172	-170 -285	+290 0	0 -115	0 -290	-170 -285	-260 -550	-740 -1030
über 225 bis 250		+497 +425	+356 +284	+212 +140									-280 -570	-820 -1110
über 250 bis 280	+81	+556 +475	+396 +315	+239 +158	0	-56	-110	-190	+320	0	0	-190	-300 -620	-920 -1240
über 280 bis 315	0	+606 +525	+431 +350	+251 +170	-130	-108	-191	-320	0	-130	-320	-320	-330 -650	-1050 -1370
über 315 bis 355	+89	+679 +590	+479 +390	+279 +190	0	-62	-125	-210	+360	0	0	-210	-360 -720	-1200 -1560
über 355 bis 400	0	-	+524 +435	+297 +208	-140	-119	-214	-350	0	-140	-360	-350	-400 -760	-1350 -1710
über 400 bis 450	+97	-	+587 +490	+329 +232	0	-68	-135	-230	+400	0	0	-230	-440 -840	-1500 -1900
über 450 bis 500	0		+637 +540	+349 +252	-155	-131	-232	-385	0	-155	-400	-385	-480 -880	-1650 -2050

Passungsauswahl
Selection of fits

DIN 7157: 1966-01

Die beliebige Paarung möglicher Toleranzintervalle würde zu einer zu großen Zahl von Passungen führen. Eine wirtschaftliche Fertigung erfordert eine Einschränkung der Zahl der Toleranzintervalle deren Paarung zu allgemein anwendbaren und empfohlenen Passungen führt. Nur in Sonderfällen sollte von dieser Empfehlung abgewichen werden.

Die Toleranzintervalle werden in 2 Reihen aufgeteilt:

Reihe 1 (Grundreihe)	x8[1]	u8[1]		r6	n6			h6	h9			f7					H7	H8			F8	E9	D10	C11	
Reihe 2 (Ergänzungsreihe)			s6			k6	j6			h11	g6		e8	d9	c11	a11			H11	G7					A11

[1] bis Nennmaß 24 mm: x8, über Nennmaß 24 mm: u8

Die Toleranzintervalle der Reihe 1 und der Reihe 2 können zu folgenden Passungen gepaart werden

Passungen aus Reihe 1	H8/x8	H8/u8	H7/r6	H7/n6	H7/h6	H8/h9	H7/f7	F8/h6	H8/f7	F8/h9	E9/h9	D10/h9	C11/h9
Passungen aus Reihe 1 und 2	H7/s6	H7/k6	H7/j6	H11/h9	G7/h6	H7/g6	H8/e8	H8/d9	D10/h11	C11/h11			
Passungen aus Reihe 2	H11/h11	H11/d9	H11/c11	A11/h11	H11/a11								

System Einheitsbohrung (rosa)
System Einheitswelle (blau)

Grundtoleranzgrade IT

DIN EN ISO 286-1: 2010-11

Nennmaß in mm	Grundtoleranzgrade IT																	
	Grundtoleranzen in µm											Grundtoleranzen in mm						
	1	2	3	4	5	6	7	8	9	10	11	12	13	14	15	16	17	18
bis 3	0,8	1,2	2	3	4	6	10	14	25	40	60	0,1	0,14	0,25	0,4	0,6	1	1,4
über 3 bis 6	1	1,5	2,5	4	5	8	12	18	30	48	75	0,12	0,18	0,3	0,48	0,75	1,2	1,8
über 6 bis 10	1	1,5	2,5	4	6	9	15	22	36	58	90	0,15	0,22	0,36	0,58	0,9	1,5	2,2
über 10 bis 18	1,2	2	3	5	8	11	18	27	43	70	110	0,18	0,27	0,43	0,73	1,1	1,8	2,7
über 18 bis 30	1,5	2,5	4	6	9	13	21	33	52	84	130	0,21	0,33	0,52	0,84	1,3	2,1	3,3
über 30 bis 50	1,5	2,5	4	7	11	16	25	39	62	100	160	0,25	0,39	0,62	1	1,6	2,5	3,9
über 50 bis 80	2	3	5	8	13	19	30	46	74	120	190	0,3	0,46	0,74	1,2	1,9	3	4,6
über 80 bis 120	2,5	4	6	10	15	22	35	54	87	140	220	0,35	0,54	0,87	1,4	2,2	3,5	5,4
über 120 bis 180	3,5	5	8	12	18	25	40	63	100	160	250	0,4	0,63	1	1,6	2,5	4	6,3
über 180 bis 250	4,5	7	10	14	20	29	46	72	115	185	290	0,46	0,72	1,15	1,85	2,9	4,6	7,2
über 250 bis 315	6	8	12	16	23	32	52	81	130	210	320	0,52	0,81	1,3	2,1	3,2	5,2	8,1
über 315 bis 400	7	9	13	18	25	36	57	89	140	230	360	0,57	0,89	1,4	2,3	3,6	5,7	8,9
über 400 bis 500	8	10	15	20	27	40	63	97	155	250	400	0,63	0,97	1,55	2,5	4	6,3	9,7
über 500 bis 630	9	11	16	22	32	44	70	110	175	280	440	0,7	1,1	1,75	2,8	4,4	7	11
über 630 bis 800	10	13	18	25	36	50	80	125	200	320	500	0,8	1,25	2	3,2	5	8	12,5
über 800 bis 1000	11	15	21	28	40	56	90	140	230	360	560	0,9	1,4	2,3	3,6	5,6	9	14
über 1000 bis 1250	13	18	24	33	47	66	105	165	260	420	660	1,05	1,65	2,6	4,2	6,6	10,5	16,5
über 1250 bis 1600	15	21	29	39	55	78	125	195	310	500	780	1,25	1,95	3,1	5	7,8	12,5	19,5
über 1600 bis 2000	18	25	35	46	65	92	150	230	370	600	920	1,5	2,3	3,7	6	9,2	15	23
über 2000 bis 2500	22	30	41	55	78	110	175	280	440	700	1100	1,75	2,8	4,4	7	11	17,5	28
über 2500 bis 3150	26	36	50	68	96	135	210	330	540	860	1350	2,1	3,3	5,4	8,6	13,5	21	33

Grundabmaße

Übermaßpassung

Kurzzeichen	Beschreibung		Anwendungsbeispiele
H8/x8 (H8/u8)	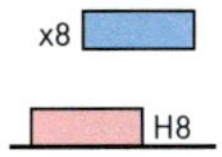	Teile können nur unter hohem Druck oder durch Schrumpfen gefügt werden, zusätzliche Sicherung nicht erforderlich.	Kupplungen auf Wellen, Buchsen in Radnaben, Zahnkränze auf Zahnkörpern
H7/r6	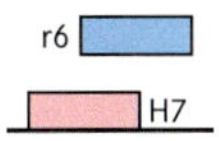		

Übergangspassung

Kurzzeichen	Beschreibung		Anwendungsbeispiele
H7/n6	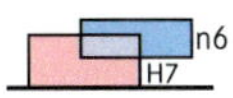	Teile können nur unter hohem Druck gefügt werden, Sicherung gegen Verdrehen erforderlich.	Zahn- und Schneckenräder, Lagerbuchsen, Antriebsräder
H7/k6		Teile lassen sich unter geringem Kraftaufwand fügen, Sicherung gegen Verdrehen und Verschieben erforderlich.	Riemenscheiben, Bremsscheiben, Lagerinnenringe für mittlere Belastung
H7/j6	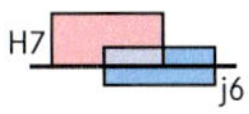	Teile lassen sich von Hand zusammenschieben, Sicherung gegen Verdrehen und Verschieben erforderlich.	Häufig auszubauende Teile, Handräder, Lagerschalen, Wechselräder

Spielpassung

Kurzzeichen	Beschreibung		Anwendungsbeispiele
H7/h6	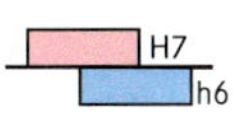	Gleitsitzteile, durch Hand verschiebbar	Pinolen auf Reitstock, Dichtungsringe
H8/h9	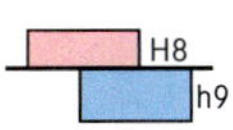	Teile haben kaum Spiel, sie sind von Hand verschiebbar	Scheiben, Räder, Stellringe, Hebel
H7/g6	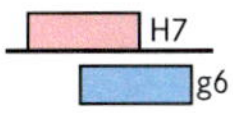	Laufsitzteile mit geringem Spiel	Schieberäder, verschiebbare Kupplungen
H7/f7	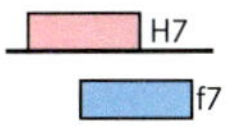	Laufsitzteile mit reichlich Spiel	Lagerpassungen, Gleitführungen
F8/h9	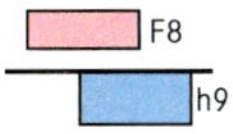		Kolben im Zylinder
D10/h9	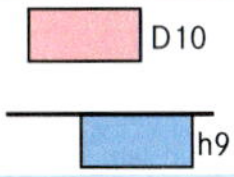	Teile haben sehr reichliches Spiel.	Achsbuchsen für Landmaschinen und Transmissionslager
H11/h11	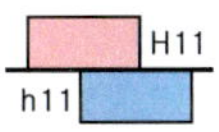	Grobsitz, Teile haben große Toleranzen bei geringem Spiel.	Teile, die verstiftet, verschraubt oder verschweißt werden, Griffe, Hebel
C11/h11	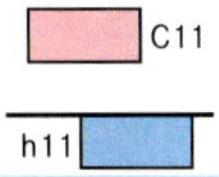	Grobsitz, Teile haben große Toleranzen und große Spiele.	Lager an Landmaschinen und Haushaltsmaschinen
A11/h11	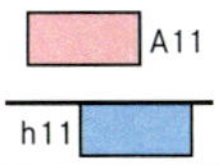	Grobsitz, Teile haben große Toleranzen und sehr lockeren Sitz.	Türangeln, Feder- und Bremsgestänge an Fahrzeugen

→ Eine geometrische Tolerierung eines Elementes definiert die Zone, innerhalb der dieses Element – Fläche, Achse oder Mittelebene – liegen muss.

Toleranzrahmen

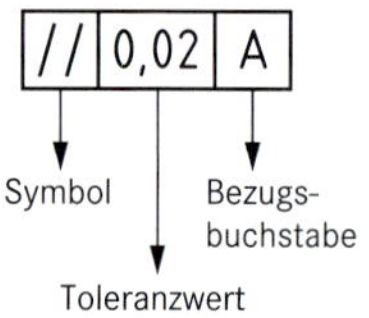

Das Ø-Zeichen wird vor den Toleranzwert gesetzt, wenn die Toleranzzone kreisförmig oder zylinderförmig ist.

Tolerierte Elemente

Beispiel und Prüfung

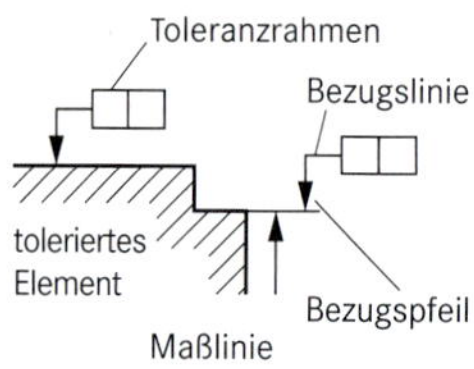

Die Toleranz bezieht sich auf eine Linie oder Fläche.

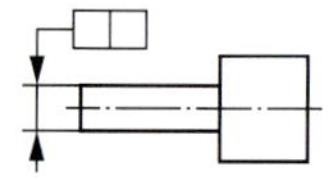

Die Toleranz bezieht sich auf die Achse oder Mittelebene

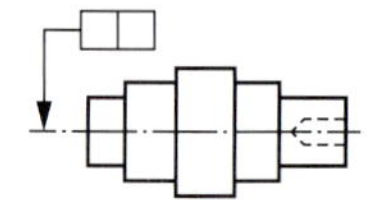

Die Toleranz bezieht sich auf alle durch die Mittellinie dargestellten Achsen oder Mittelebenen.

Symbole

nach DIN ISO 7083

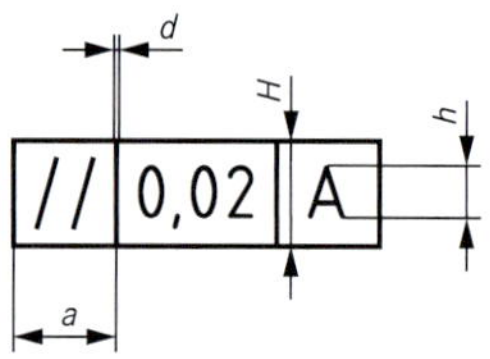

Maße, Schrift BVL

Linienbreite *d*	*H*	*h*	*a*
0,35	7	3,5	7
0,5	10	5	10
0,7	14	7	14

Bezüge

Bezieht sich ein toleriertes Element auf ein Bezugselement, so wird dieser durch Bezugsbuchstaben gekennzeichnet.

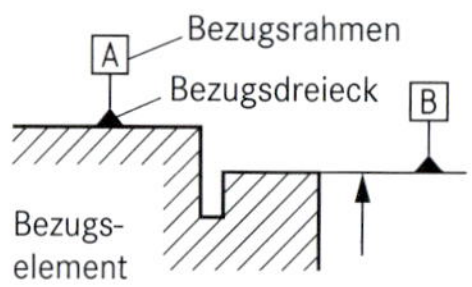

Der Bezug ist eine Linie oder Fläche.

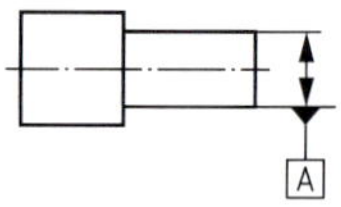

Der Bezug ist die Achse oder Mittelebene.

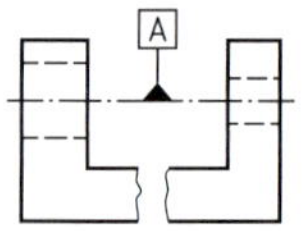

Der Bezug ist die gemeinsame Achse oder Mittelebene von zwei Elementen.

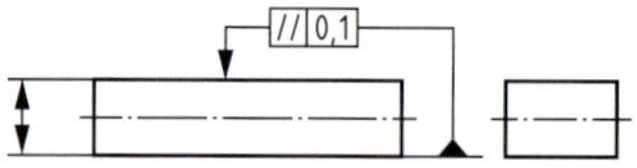

Kann der Toleranzrahmen direkt mit dem Bezug durch eine Bezugslinie verbunden werden, so kann der Bezugsbuchstabe entfallen.

Toleranzart	Toleranz	Symbol	Toleranzzone	Zeichnungseintragung	Erklärung
Formtoleranzen	Geradheitstoleranz	⏤	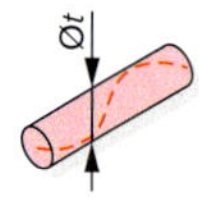	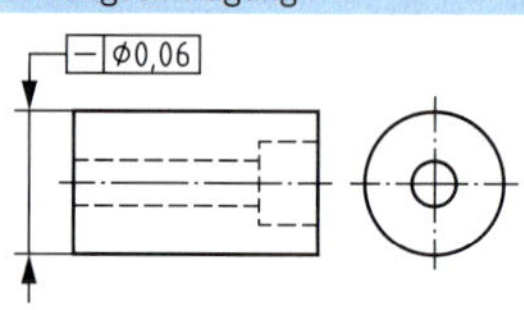	Die Achse des mit dem Toleranzrahmen verbundenen Zylinders muss innerhalb einer zylindrischen Toleranzzone vom Durchmesser 0,06 mm liegen.
	Ebenheitstoleranz	⏥	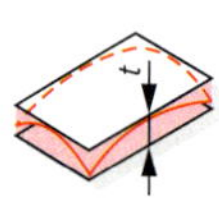	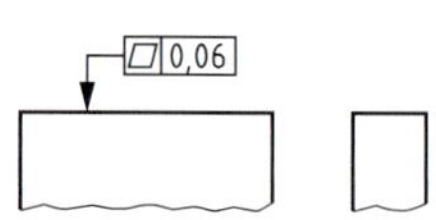	Die Fläche muss zwischen zwei parallelen Ebenen vom Abstand 0,06 mm liegen.
	Rundheitstoleranz	○	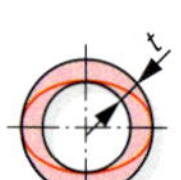	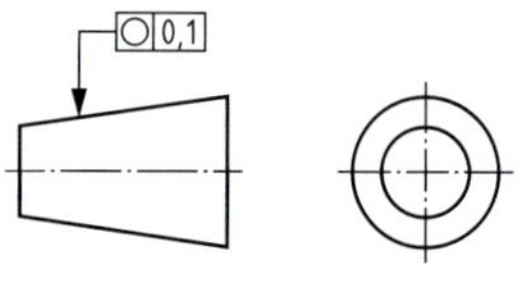	Die Umfangslinie jedes Querschnittes muss zwischen zwei in derselben Ebene liegenden konzentrischen Kreisen vom Abstand 0,1 mm liegen.
	Zylinderformtoleranz	⌭	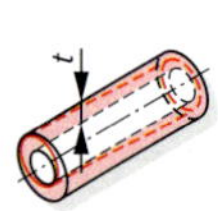	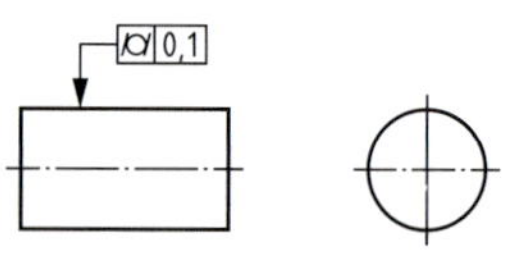	Die Zylindermantelfläche muss zwischen zwei koaxialen Zylindern vom Abstand 0,1 mm liegen.

Toleranzart		Toleranz	Symbol	Toleranzzone	Zeichnungseintragung	Erklärung
Formtoleranzen		Profilformtoleranz einer beliebigen Linie	⌒	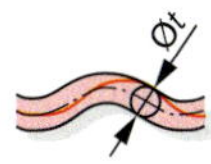	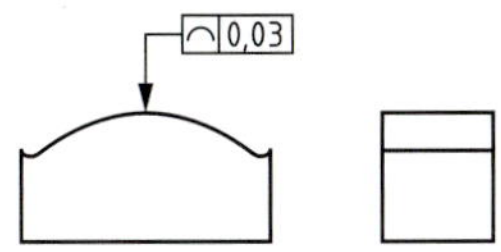	Das tolerierte Profil muss zwischen zwei Linien liegen, die Kreise vom Durchmesser 0,03 mm einhüllen, deren Mitten auf einer Linie von geometrisch-idealer Form liegen.
Formtoleranzen		Profilformtoleranz einer beliebigen Fläche	⌓	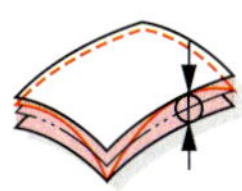	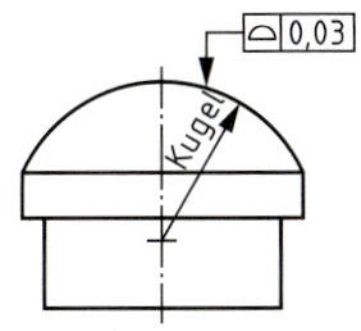	Die betrachtete Fläche muss zwischen zwei Flächen liegen, die Kugeln vom Durchmesser 0,03 mm einhüllen, deren Mitten auf einer Fläche von geometrisch-idealer Form liegen.
Lagetoleranzen	Richtungstoleranzen	Parallelitätstoleranz einer Linie zu einer Bezugslinie	//	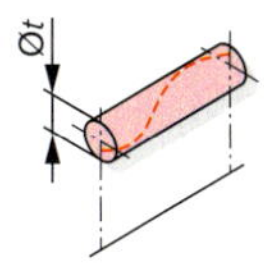	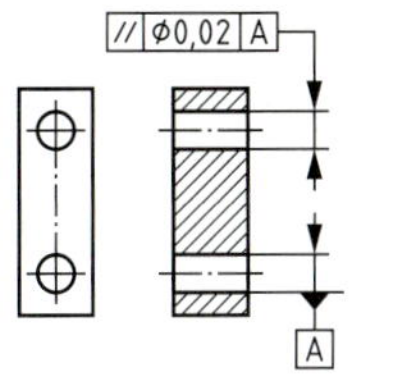	Die tolerierte Achse muss innerhalb eines Zylinders vom Durchmesser 0,02 mm liegen, der parallel zur Bezugsachse A liegt.
Lagetoleranzen	Richtungstoleranzen	Parallelitätstoleranz einer Linie zu einer Bezugsfläche	//	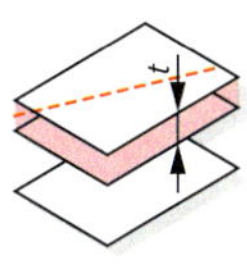	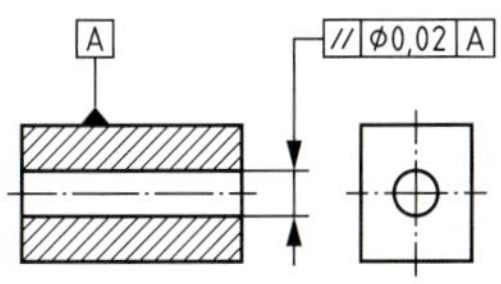	Die tolerierte Achse der Bohrung muss zwischen zwei zur Bezugsfläche A parallelen Ebenen vom Abstand 0,02 mm liegen.
Lagetoleranzen	Richtungstoleranzen	Parallelitätstoleranz einer Fläche zu einer Bezugsfläche	//	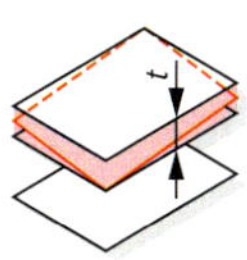	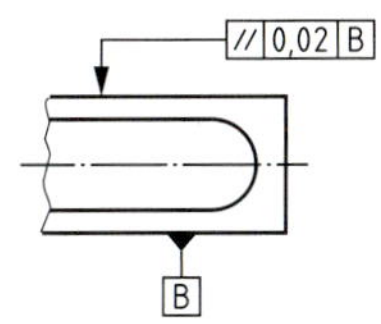	Die tolerierte Fläche muss zwischen zwei zur Bezugsfläche B parallelen Ebenen vom Abstand 0,02 mm liegen.
Lagetoleranzen	Richtungstoleranzen	Rechtwinkligkeitstoleranz einer Linie zu einer Bezugsfläche	⊥	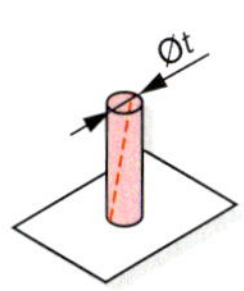	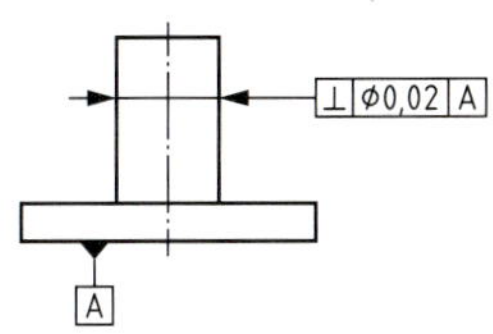	Die tolerierte Achse des Zylinders muss innerhalb eines zur Bezugsfläche A senkrechten Zylinders vom Durchmesser 0,02 mm liegen.
Lagetoleranzen	Richtungstoleranzen	Rechtwinkligkeitstoleranz einer Fläche zu einer Bezugslinie	⊥	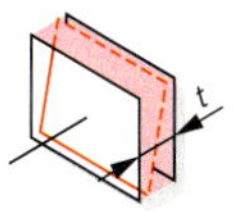	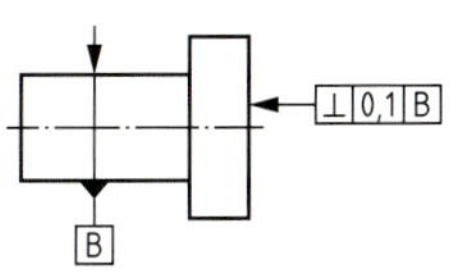	Die tolerierte Planfläche des Werkstückes muss zwischen zwei parallelen und zur Bezugsachse B senkrechten Ebenen vom Abstand 0,1 mm liegen.
Lagetoleranzen	Richtungstoleranzen	Neigungstoleranz einer Linie zu einer Bezugslinie	∠	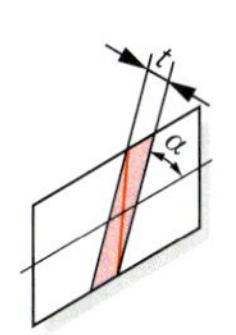	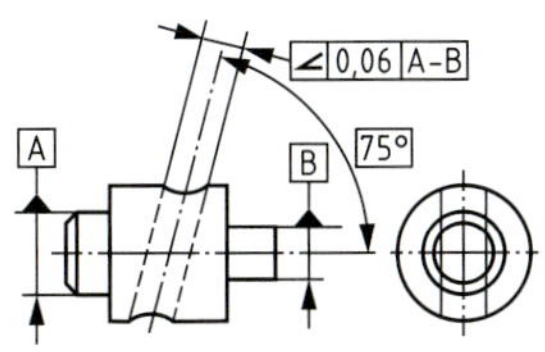	Die tolerierte Achse der Bohrung muss zwischen zwei parallelen Linien vom Abstand 0,06 mm liegen, die im Winkel 75° zur Bezugsachse A-B geneigt sind.

Toleranzart		Toleranz	Symbol	Toleranzzone	Zeichnungseintragung	Erklärung
Lagetoleranzen	Richtungstoleranzen	Neigungstoleranz einer Fläche zu einer Bezugslinie	∠	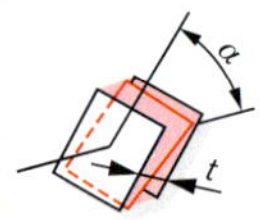	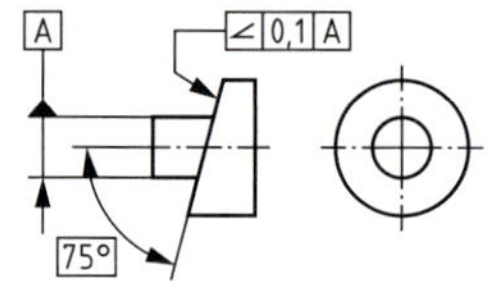	Die tolerierte Fläche muss zwischen zwei parallelen Ebenen vom Abstand 0,1 mm liegen, die um 75° zur Bezugsachse A geneigt sind.
	Ortstoleranzen	Positionstoleranz einer Linie	⌖	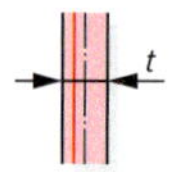	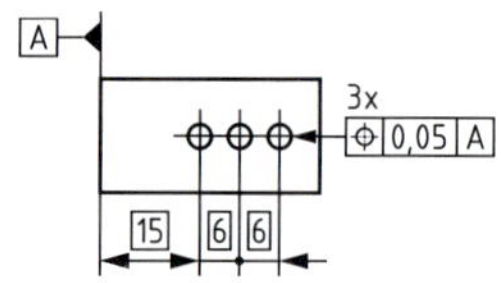	Jede der tolerierten Linien muss zwischen zwei parallelen geraden Linien vom Abstand 0,05 mm liegen, die zur Bezugsfläche A symmetrisch zum theoretisch genauen Ort liegen.
		Koaxialitätstoleranz einer Achse	◎	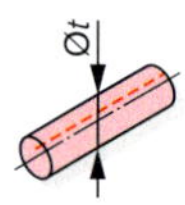	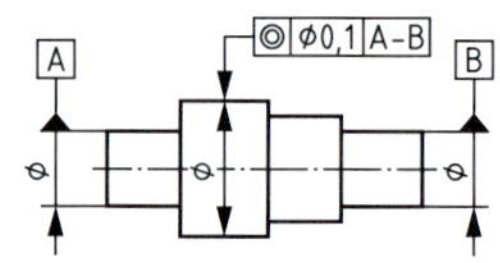	Die Achse des tolerierten Zylinders muss innerhalb eines zur Bezugsachse A-B koaxialen Zylinders vom Durchmesser 0,1 mm liegen.
		Symmetrietoleranz einer Linie oder einer Achse	⌯	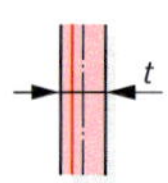	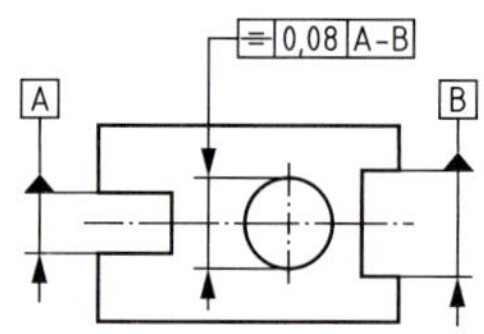	Die Achse der Bohrung muss zwischen zwei parallelen Ebenen vom Abstand 0,08 mm liegen, die symmetrisch zur gemeinsamen Mittelebene der Bezugsnuten A und B liegen.
	Lauftoleranzen	Rundlauftoleranz	↗	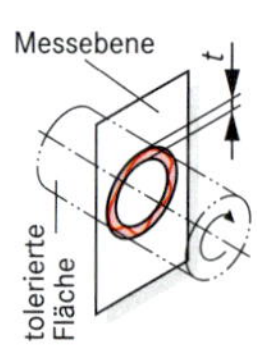	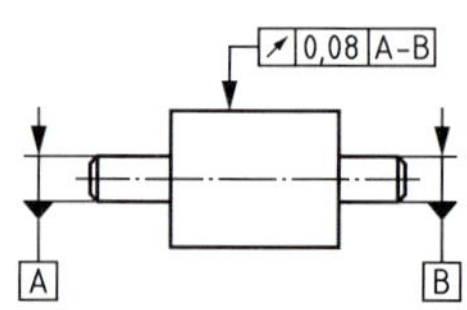	Bei einer Umdrehung um die Bezugsachse A-B darf die Rundlaufabweichung in jeder Messebene 0,08 mm nicht überschreiten.
		Planlauftoleranz	↗	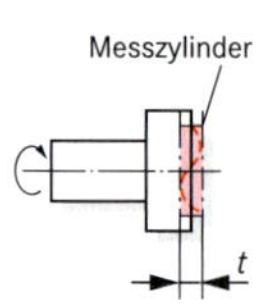	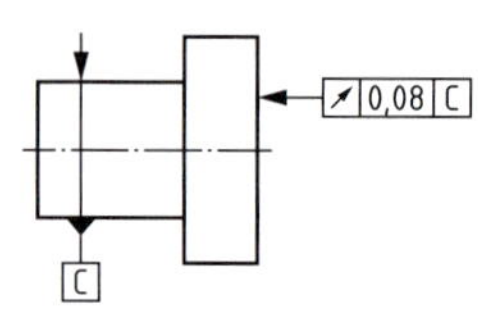	Bei einer Umdrehung um die Bezugsachse C darf die Planlaufabweichung an jeder beliebigen Messposition nicht größer als 0,08 mm sein.
		Gesamtrundlauftoleranz	⌰	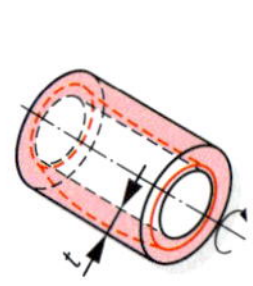	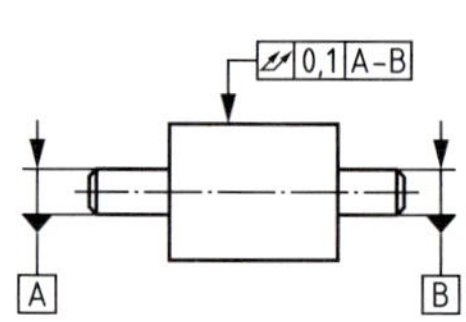	Bei mehrmaliger Drehung um die Bezugsachse A-B und bei axialer Verschiebung zwischen Werkstück und Messgerät müssen alle Punkte der Oberfläche des tolerierten Elementes innerhalb der Gesamt-Rundlauftoleranz von t = 0,1 mm liegen.
		Gesamtplanlauftoleranz	⌰	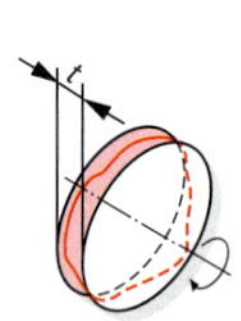	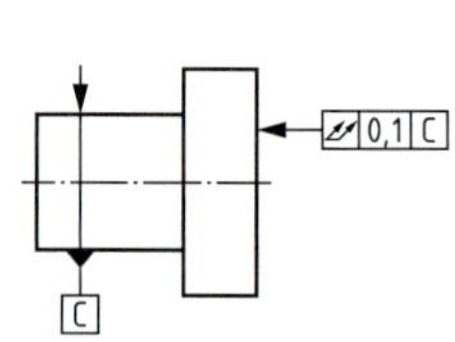	Bei mehrmaliger Drehung um die Bezugsachse C und bei radialer Verschiebung zwischen Werkstück und Messgerät müssen alle Punkte der Oberfläche des tolerierten Elementes innerhalb der Gesamt-Planlauftoleranz von t = 0,1 mm liegen.

Begriffe

DIN 18 202: 2005-10

Darstellung

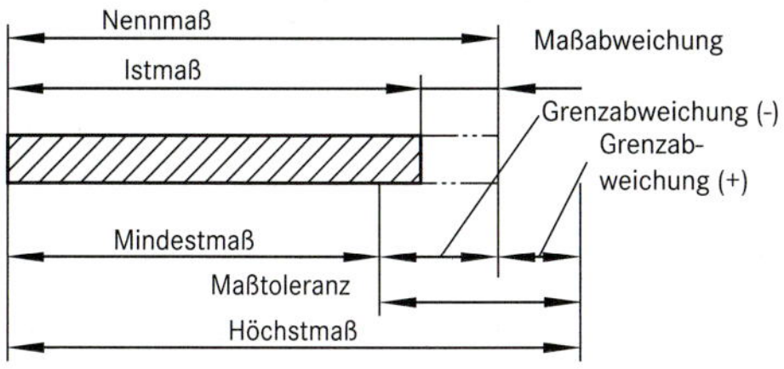

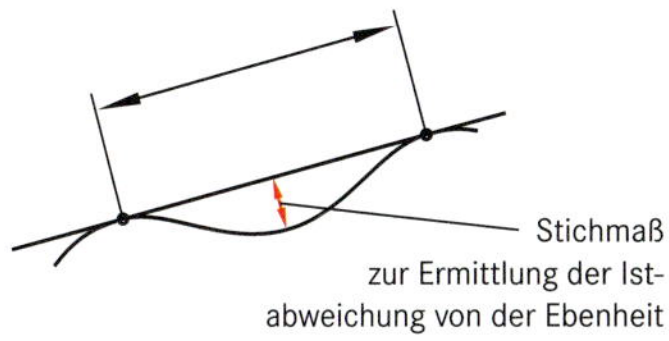

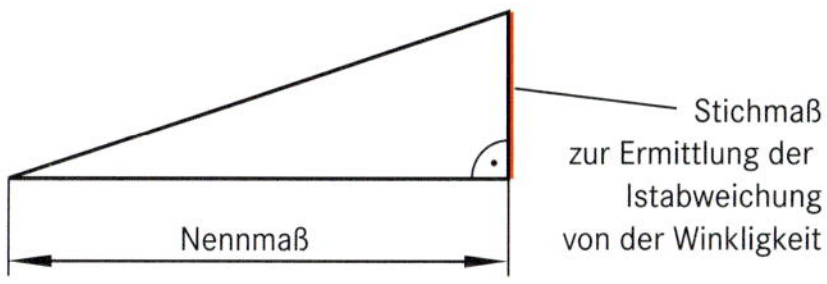

Benennung	Erklärung
Nennmaß	Maß zur Kennzeichnung von Größe, Gestalt und Lage eines Bauteiles oder Bauwerkes, das in Zeichnungen eingetragen wird (Sollmaß)
Istmaß	Ein durch Messung festgestelltes Maß
Maßabweichung	Differenz zwischen Istmaß und Nennmaß (Abmaß)
Höchstmaß	größtes zulässiges Maß
Mindestmaß	kleinstes zulässiges Maß
Grenzabmaß	Differenz zwischen Höchstmaß und Nennmaß oder Mindestmaß und Nennmaß
Maßtoleranz	Differenz zwischen Höchstmaß und Mindestmaß
Ebenheits-abweichung	zulässiger Bereich für die Abweichung einer Fläche von der Ebene
Winkelabweichung	zulässiger Bereich für die Abweichung eines Winkels vom Nennwinkel. Sie wird mit dem Stichmaß ermittelt.
Stichmaß	Hilfsmaß zur Ermittlung der Istabweichung von der Ebenheit und der Winkligkeit

Eintragen von Grenzabmaßen

DIN ISO 6284: 1997-09

symmetrisches Grenzabmaß

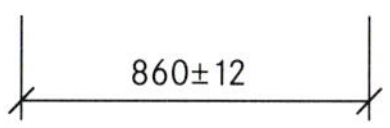

asymmetrisches Grenzabmaß

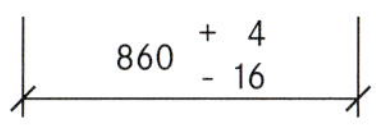

oder

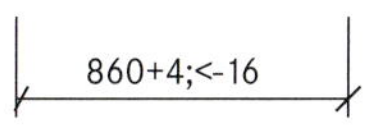

oder

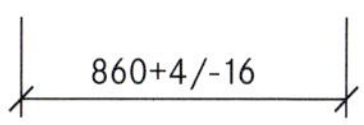

Toleranzen für Bauwerke

DIN 18 202: 2005-10

Grenzabmaße für Bauwerksmaße

Bezug	Grenzabmaße in mm bei Nennmaßen in m					
	bis 1	über 1 bis 3	über 3 bis 6	über 6 bis 15	über 15 bis 30	über
Maße im Grundriss (z. B. Längen, Rastermaße)	± 10	± 12	± 16	± 20	± 24	± 30
Maße im Aufriss (z. B. Geschosshöhen)	± 10	± 16	± 16	± 20	± 30	± 30
Lichte Maße im Grundriss (z. B. zwischen Stützen)	± 12	± 16	± 20	± 24	± 30	-
Lichte Maße im Aufriss (z. B. unter Decken)	± 16	± 20	± 20	± 30	-	-
Öffnungen (z. B. Fenster, Türen, Einbauelemente)	± 10	± 12	± 16	-	-	-
Öffnungen mit oberflächenfertigen Leibungen	± 8	± 10	± 12	-	-	-

Winkeltoleranzen

Bezug	Stichmaße als Grenzwerte in mm bei Nennmaßen in m						
	bis 0,5	über 0,5 bis 1	über 1 bis 3	über 3 bis 6	über 6 bis 15	über 15 bis 30	über 30
vertikale, horizontale und geneigte Flächen	3	6	8	12	16	20	30

Toleranzen für Bauwerke

DIN 18 202: 2005-10

Ebenheitstoleranzen					
Bezug	Stichmaße als Grenzwerte in mm bei Messpunktabständen in m				
	bis 0,1	bis 1	bis 4	bis 10	bis 15[1)]
nichtflächenfertige Oberseiten von Decken, Unterbeton	10	15	20	25	30
nichtflächenfertige Oberseiten von Decken mit erhöhten Anforderungen (z. B. Industrieböden) fertige Oberflächen für untergeordnete Zwecke (z. B. Keller, Lagerräume)	5	8	12	15	20
flächenfertige Böden (z. B. Estriche) Bodenbeläge	2	4	10	12	15
flächenfertige Böden mit erhöhten Anforderungen	1	3	9	12	15
nichtflächenfertige Wände, Unterseiten von Rohdecken	5	10	15	25	30
flächenfertige Wände, Unterseiten von Rohdecken (z. B. geputzte Wände)	3	5	10	20	25
flächenfertige Wände, Unterseiten von Rohdecken mit erhöhten Anforderungen	2	3	8	15	20

[1)] Die Stichmaße gelten auch für Messpunktabstände über 15 m.

Toleranzen für vorgefertigte Teile aus Beton, Stahlbeton und Spannbeton

DIN 18 203-1: 1997-04

Winkeltoleranzen								
Bezug	Stichmaße als Grenzwerte in mm bei Nennmaßen in m							
	bis 1,5	über 1,5 bis 3	über 3 bis 6	über 6 bis 10	über 10 bis 15	über 15 bis 22	über 22 bis 30	über 30
Längen stabförmiger Bauteile (z. B. Binder)	± 6	± 8	± 10	± 12	± 14	± 16	± 18	± 20
Längen und Breiten von Deckenplatten und Wandtafeln	± 8	± 8	± 10	± 12	± 16	± 20	± 20	± 20
Längen vorgespannter Bauteile	–	–	–	± 16	± 16	± 20	± 25	± 30
Längen und Breiten von Fassadentafeln	± 5	± 6	± 8	± 10	–	–	–	–

Grenzabmaße für Querschnittsmaße						
Bezug	Grenzabmaße in mm bei Nennmaßen in m					
	bis 0,15	über 0,15 bis 0,3	über 0,3 bis 0,6	über 0,6 bis 1,0	über 1,0 bis 1,5	über 1,5
Dicken von Deckenplatten	± 6	± 8	± 10	–	–	–
Dicken von Wand- und Fassadentafeln	± 5	± 6	± 8	–	–	–
Querschnittsmaße stabförmiger Bauteile	± 6	± 6	± 8	± 12	± 16	± 20

Winkeltoleranzen						
Bezug	Winkeltoleranzen als Stichmaß in mm bei Längen in m					
	bis 0,4	über 0,4 bis 1,0	über 1,0 bis 1,5	über 1,5 bis 3,0	über 3,0 bis 6,0	über 6,0
nichtoberflächenfertige Wandtafeln und Deckenplatten	8	8	8	8	10	12
oberflächenfertige Wandtafeln und Fassadentafeln	5	5	5	6	8	10
Querschnitte stabförmiger Bauteile	4	6	8	–	–	–

Toleranzen für vorgefertigte Teile aus Stahl

DIN 18 203-2: 2006-08

Grenzabmaße in mm bei Nennmaßen in mm				
bis 2000	über 2000 bis 4000	über 4000 bis 8000	über 8000 bis 12 000	über 12 000 bis 16 000
± 2	± 4	± 5	± 6	± 8

Werkstofftechnik

3

Werkstofftechnik

Werkstoffprüfung

→ *Stahl ist ein Werkstoff, dessen Masseanteil an Eisen größer ist als der jedes anderen Elementes, dessen C-Gehalt im Allgemeinen kleiner als 2 % ist und der andere Elemente enthält.*

Einteilung nach der chemischen Zusammensetzung

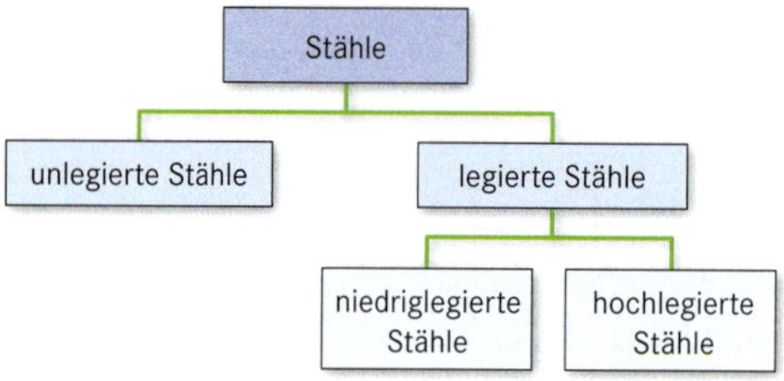

Stähle sind legiert, wenn der Grenzgehalt wenigstens eines Elementes erreicht oder überschritten wird.

Grenzgehalte für die Einteilung unlegierter und legierter Stähle

Element	Masseanteil in %	Element	Masseanteil in %
Al	0,30	Ni	0,30
B	0,001	Pb	0,40
Bi	0,10	Se	0,10
Co	0,30	Si	0,60
Cr	0,30	Te	0,10
Cu	0,40	Ti	0,05
La	0,10	V	0,10
Mn	1,65	W	0,30
Mo	0,08	Zr	0,05
Nb	0,06	sonstige	0,10

Einteilung nach Hauptgüteklassen

Unlegierte Qualitätsstähle

Stahlsorten mit festgelegten Anforderungen an Zähigkeit, Korngröße und Umformbarkeit; eine Wärmebehandlung ist nur bedingt möglich. Die Stahlsorten umfassen auch die bisherigen Grundstähle.

Beispiele:
- Unlegierte Baustähle
- Einsatzstähle
- Vergütungsstähle
- Schweißgeeignete Feinkornbaustähle

Legierte Qualitätsstähle

Stahlsorten mit besonderen Anforderungen an Zähigkeit, Korngröße und Umformbarkeit; sie sind im Allgemeinen nicht zum Vergüten oder Oberflächenhärten vorgesehen.

Beispiele:
- Stähle für den Stahlbau
- Schweißgeeignete Feinkornbaustähle
- Stähle für Schienen und Spundbohlen
- Stähle für warm- oder kaltgewalzte Flacherzeugnisse

Unlegierte Edelstähle

Stahlsorten mit höherem Reinheitsgrad als unlegierte Qualitätsstähle mit genauer Einstellung der chemischen Zusammensetzung. Sie sind zum Vergüten und Oberflächenhärten vorgesehen. Der Höchstgehalt an P und S beträgt ≤ 0,020 %.

Beispiele:
- Stähle für den Stahlbau
- Einsatzstähle
- Vergütungsstähle
- Federstähle
- Werkzeugstähle

Legierte Edelstähle

Stahlsorten mit genauer Einstellung der chemischen Zusammensetzung und verbesserten Eigenschaften durch besondere Herstellungs- und Prüfbedingungen außer nichtrostenden Stählen.

Beispiele:
- Maschinenbaustähle
- Stähle für Druckbehälter
- Wälzlagerstähle
- Werkzeugstähle
- Warmfeste Stähle

Nichtrostende Stähle

Nichtrostende Stähle sind Stähle mit einem Masseanteil

Cr ≥ 10,5 % und C ≤ 1,2 %.

Die Stähle werden weiter nach folgenden Kriterien unterteilt:

nach dem Nickelgehalt in
- Ni < 2,5 %,
- Ni ≥ 2,5 %,

nach den Haupteigenschaften in
- korrosionsbeständig,
- hitzebeständig,
- warmfest.

Grenzgehalte für die Einteilung der schweißgeeigneten legierten **Feinkornbaustähle** in Qualitäts- und Edelstähle

Element	Masseanteil in %
Cr	0,50
Cu	0,50
Mn	1,80
Mo	0,10
Nb	0,08
Ni	0,50
Ti	0,12
V	0,12
Zr	0,12

Für nicht genannte Elemente gilt die obere Tabelle.

Ein Feinkornbaustahl gilt als Qualitätsstahl, wenn die maßgebenden Gehalte unter den angegebenen Grenzwerten liegen.

Vergleich Werkstoffbezeichnung

Stahlbezeichnung – alt

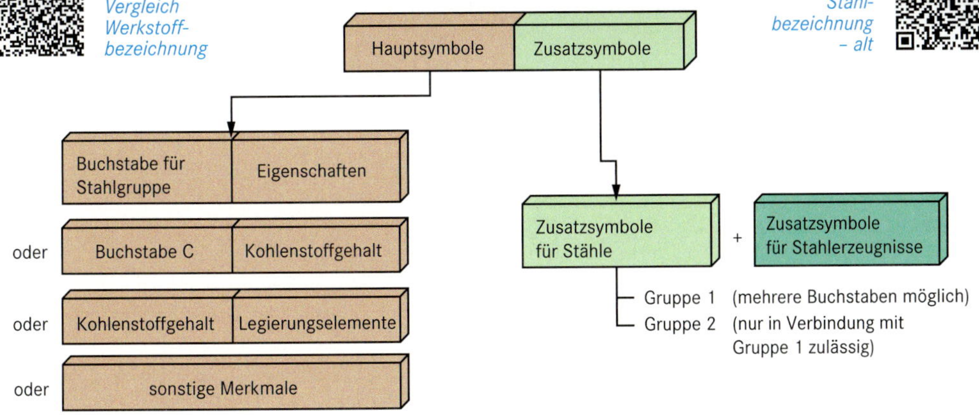

	Buchstabe	Eigenschaften	Zusatzsymbole für Stähle Gruppe 1	Gruppe 2
Stähle für den Stahlbau	**S** G... = Stahlguss	Mindeststreckgrenze R_e in N/mm² für die geringste Erzeugnisdicke Beispiel: **S 355 J2 G3** (G3:) voll beruhigt vergossener Stahl	Kerbschlagarbeit / Prüftemperatur: 27 J / 40 J / 60 J / °C JR / KR / LR / +20 J0 / K0 / L0 / 0 J2 / K2 / L2 / −20 J3 / K3 / L3 / −30 J4 / K4 / L4 / −40 J5 / K5 / L5 / −50 J6 / K6 / L6 / −60 für Feinkornbaustähle A ausscheidungshärtend M thermomechanisch gewalzt N normalgeglüht oder normalisierend gewalzt Q vergütet G andere Güten (evtl. mit Ziffern) (s. Stähle für den Maschinenbau)	C mit besonderer Kaltumformbarkeit D für Schmelztauchüberzüge E für Emaillierung F zum Schmieden H für Hohlprofile L für Niedrigtemperatur M thermomechanisch gewalzt N normalgeglüht oder normalisierend gewalzt P Spundwandstahl Q vergütet S für Schiffsbau T für Rohre W wetterfest evtl. Symbole für vorgeschriebene zusätzliche Elemente und einer Ziffer (= 10fache des Gehalts)
Stähle für den Druckbehälterbau	**P** G... = Stahlguss	Mindeststreckgrenze R_e in N/mm² für die geringste Erzeugnisdicke Beispiel: **P 355 N H** GP 240 GH	für Feinkornbaustähle M thermomechanisch gewalzt N normalgeglüht oder normalisierend gewalzt Q vergütet T für Rohre B für Glasflaschen S für einfache Druckbehälter G andere Güten (evtl. mit Ziffern)	H für Hochtemperatur L für Niedrigtemperatur R für Raumtemperatur X für Hoch- und Niedrigtemperatur
Stähle für Leitungsrohre	**L**	Mindeststreckgrenze R_e in N/mm² für die geringste Erzeugnisdicke Beispiel: **L 360 NB**	für Feinkornbaustähle M thermomechanisch gewalzt N normalgeglüht oder normalisierend gewalzt Q vergütet G andere Güten (evtl. mit Ziffern)	Anforderungsklasse (evtl. mit Ziffern)
Höherfeste Stähle für Flacherzeugnisse zum Kaltumformen	**H** **HT**	Mindeststreckgrenze R_e in N/mm² Beispiel: **H 420 M** wenn Mindestzugfestigkeit R_m angegeben wird	M thermomechanisch gewalzt P phosphorlegiert B bake hardening[1)] X Dualphasengefüge G andere Güten (evtl. mit Ziffern)	D für Schmelztauchüberzüge

1) Bake-hardening-Stahl: bei Raumtemperatur alterungsbeständig mit geringer Streckgrenze, der unter Wärme, z. B. Lackeinbrennen, zusätzlich verfestigt.

Bezeichnungssysteme für Stähle – Kurznamen
Designation systems for steels – short-names

DIN EN 10 027-1: 2005-10

	Buchstabe	Eigenschaften	Zusatzsymbole für Stähle – Gruppe 1	Zusatzsymbole für Stähle – Gruppe 2
Stähle für Flacherzeugnisse zum Kaltumformen	**D**	C kaltgewalzt D warmgewalzt X kalt- oder warmgewalzt gefolgt von 2stelliger Zahl für d. Stahlsorte Beispiel: **DC 04** **DC 03 + ZE**	D für Schmelztauchüberzüge EK für konventionelles Emaillieren ED für direktes Emaillieren H für Hohlprofile T für Rohre G andere Güten (evtl. mit Ziffern) evtl. Symbole für vorgeschriebene zusätzliche Elemente und einer Ziffer (= 10fache des Gehalts)	
Stähle für Verpackungsbleche und -band	**T**	Mindeststreckgrenze R_e in N/mm² H kontinuierlich geglühte Sorten S losweise geglühte Sorten Beispiel: **TH 550**		
Stähle für den Maschinenbau	**E**	Mindeststreckgrenze R_e in N/mm² für die geringste Erzeugnisdicke Beispiel: **E 355**	G andere Güten (evtl. mit Ziffer) G1 unberuhigt vergossen G2 beruhigt vergossen G3 voll beruhigt vergossen G4 voll beruhigt vergossen, vorgeschriebener Lieferungszustand	C mit besonderer Kaltziehbarkeit

	Buchst.	Kohlenstoffgehalt	Zusatzsymbole für Stähle
Unlegierte Stähle Mn-Gehalt < 1 % außer Automatenstähle	**C**	100 × mittlerer C-Gehalt Beispiel: **C 35 E**	E vorgeschriebener max. Schwefel-Gehalt R vorgeschriebener Bereich für Schwefel-Gehalt D zum Drahtziehen C mit besonderer Kaltumformbarkeit S für Federn U für Werkzeuge W für Schweißdraht G andere Güten (evtl. mit Ziffern)

	Buchst.	Kohlenstoffgehalt	Legierungselemente	
Unlegierte Stähle, Mn-Gehalt > 1 % **Legierte Stähle,** Gehalt der einzelnen Leg.-elemente < 5 %	**ohne** G... = Stahlguss	100 × mittlerer C-Gehalt Beispiel für unleg. Stahl: **28 Mn 6** Beispiel für leg. Stahl: **42 CrMo 4** G 20Mo 5	Buchstaben Zahlen,	für die charakteristischen Legierungselemente, geordnet nach abnehmenden Gehalten gefolgt von getrennt durch Bindestrich, die dem mittleren prozentualen Gehalt der Elemente × Faktor entsprechen, geordnet in der Reihenfolge der Legierungselemente
Legierte Stähle, mind. ein Leg.-element ≥ 5 %	**X** G... = Stahlguss	100 × mittlerer C-Gehalt Beispiel: **X 22 CrMoV 12-1** GX7 CrNi Mo 12-1	Buchstaben Zahlen,	für die charakteristischen Legierungselemente, geordnet nach abnehmenden Gehalten gefolgt von getrennt durch Bindestrich, die dem mittleren prozentualen Gehalt der Elemente entsprechen, geordnet in der Reihenfolge der Legierungselemente

Elemente	Faktor
Cr, Co, Mn, Ni, Si, W	4
Al, Be, Cu, Mo, Nb, Pb, Ta, Ti, V, Zr	10
C, Ce, N, P, S	100
B	1000

	Buchst.	Legierungselemente
Schnellarbeitsstähle	**HS**	Zahlen, getrennt durch Bindestrich, die den prozentualen Gehalt der Legierungselemente in folgender Reihenfolge angeben: W-Mo-V-Co; Beispiel: **HS 7-4-2-5**
	HSS	Schnellarbeitsstahl mit weniger als 4,5 % Co und weniger als 2,6 % V
	HSS-E	Schnellarbeitsstahl mit mind. 4,5 % Co und/oder mind. 2,6 % V

weitere Stähle:

Betonstähle	**B**	Angabe der Mindeststreckgrenze	**Stähle für Schienen**	**R**	Mindestzugfestigkeit
Spannstähle	**Y**	Nennwert der Zugfestigkeit	**Elektroblech und -band**	**M**	max. Ummagnetisierungsverlust

Zusatzsymbole für Stahlerzeugnisse

Symbole für den Behandlungszustand	
+A	weichgeglüht
+AC	geglüht zur Erzielung kugeliger Karbide
+AR	wie gewalzt, ohne besondere Wärmebehandlung
+AT	lösungsgeglüht
+C	kaltverfestigt
+Cxxx	kaltverfestigt auf R_m = xxx N/mm^2
+CPxxx	kaltverfestigt auf $R_{p0,2}$ = xxx N/mm^2
+CR	kaltgewalzt
+DC	Lieferzustand dem Hersteller überlassen
+FP	behandelt auf Ferrit-Perlit-Gefüge
+HC	warm-kalt geformt
+I	isothermisch behandelt
+LC	leicht kalt nachgezogen bzw. leicht nachgewalzt
+M	thermomechanisch gewalzt
+N	normalgeglüht oder normalisierend gewalzt
+NT	normalgeglüht und angelassen
+P	ausscheidungsgehärtet
+Q	abgeschreckt
+QA	luftgehärtet
+QO	ölgehärtet
+QT	vergütet
+QW	wassergehärtet
+RA	rekristallationsgeglüht
+S	kaltscherbar
+SR	spannungsarm gekühlt
+T	angelassen
+TH	behandelt auf Härtespanne
+U	unbehandelt
+WW	warmverfestigt

Um Verwechslungen zu vermeiden, kann der Buchstabe T vorangestellt werden, z. B. +TA.

Symbole für die Art des Überzuges	
+A	feueraluminiert
+AS	mit Al-Si-Leg. überzogen
+AZ	mit Al-Zn-Leg. überzogen
+CE	elektrolytisch verchromt
+CU	Cu-Überzug
+IC	anorganisch beschichtet
+OC	organisch beschichtet
+S	feuerverzinnt
+SE	elektrolytisch verzinnt
+T	schmelztauchveredelt mit Pb-Sn-Leg.
+TE	elektrolytisch mit Pb-Sn-Leg. überzogen
+Z	feuerverzinkt
+ZA	mit Zn-Al-Leg. überzogen
+ZE	elektrolytisch verzinkt
+ZF	diffusionsgeglühte Zinküberzüge
+ZN	Zn-Ni-Überzug

Um Verwechslungen zu vermeiden, kann der Buchstabe S vorangestellt werden, z. B. +SA.

Symbole für besondere Anforderungen	
+CH	Kernhärtbarkeit
+H	mit besonderer Härtbarkeit
+Zxx	Mindestbrucheinschnürung senkrecht zur Oberfläche von xx %

Einfluss der Legierungselemente auf die Stahleigenschaften
Influence of the alloying elements on the properties of steel

<table>
<tr><th rowspan="2">beeinflusste Eigenschaft</th><th colspan="13">Legierungselement</th></tr>
<tr><th>C</th><th>Si</th><th>S</th><th>P</th><th>Al</th><th>Co</th><th>Cr</th><th>Cu</th><th>Mn[1)]</th><th>Mo</th><th>Ni[1)]</th><th>V</th><th>W</th></tr>
<tr><td>Zugfestigkeit</td><td>+</td><td>+</td><td>o</td><td>+</td><td>o</td><td>+</td><td>+</td><td>+</td><td>+</td><td>+</td><td>+</td><td>+</td><td>+</td></tr>
<tr><td>Streckgrenze</td><td>+</td><td>+</td><td>o</td><td>+</td><td>o</td><td>+</td><td>+</td><td>+</td><td>+ | –</td><td>+</td><td>+ | –</td><td>+</td><td>+</td></tr>
<tr><td>Bruchdehnung</td><td>–</td><td>–</td><td>–</td><td>–</td><td>o</td><td>–</td><td>–</td><td>o</td><td>o | +</td><td>–</td><td>o | ++</td><td>o</td><td>–</td></tr>
<tr><td>Kerbschlagarbeit</td><td>–</td><td>–</td><td>–</td><td>– –</td><td>–</td><td>–</td><td>–</td><td>o</td><td>o</td><td>+</td><td>o | ++</td><td>+</td><td>o</td></tr>
<tr><td>Warmfestigkeit</td><td>+</td><td>+</td><td>o</td><td>o</td><td>o</td><td>+</td><td>+</td><td>+</td><td>o</td><td>+</td><td>+ | ++</td><td>+</td><td>++</td></tr>
<tr><td>Warmumformbarkeit</td><td>–</td><td>–</td><td>– –</td><td>–</td><td>–</td><td>–</td><td>–</td><td>– –</td><td>+ | – –</td><td>–</td><td>– | – –</td><td>+</td><td>–</td></tr>
<tr><td>Zerspanbarkeit</td><td>–</td><td>–</td><td>++</td><td>+</td><td>o</td><td>o</td><td>o</td><td>o</td><td>– | – –</td><td>–</td><td>– | – –</td><td>o</td><td>–</td></tr>
<tr><td>Härte</td><td>–</td><td>+</td><td>o</td><td>+</td><td>o</td><td>+</td><td>+</td><td>+</td><td>+ | – –</td><td>+</td><td>+ | –</td><td>+</td><td>+</td></tr>
<tr><td>Nitrierbarkeit</td><td>/</td><td>–</td><td>o</td><td>o</td><td>++</td><td>o</td><td>+</td><td>o</td><td>o</td><td>+</td><td>o</td><td>+</td><td>+</td></tr>
<tr><td>Korrosionsbeständigkeit</td><td>o</td><td>o</td><td>–</td><td>o</td><td>o</td><td>o</td><td>++</td><td>+</td><td>o</td><td>o</td><td>o | +</td><td>+</td><td>o</td></tr>
<tr><td>Verschleißfestigkeit</td><td>/</td><td>– –</td><td>o</td><td>o</td><td>o</td><td>++</td><td>+</td><td>o</td><td>– | o</td><td>+</td><td>o</td><td>+</td><td>++</td></tr>
</table>

++ = starke Erhöhung, + = Erhöhung, o = gleichbleibend oder ohne Bedeutung, – = Verminderung, – – = starke Verminderung, / = ohne Angabe

1) Angaben für perlitische Stähle | austenitische Stähle

Bezeichnungssysteme für Stähle – Nummernsystem
Designation systems for steels – numerical system

DIN EN 10027-2: 1992-09

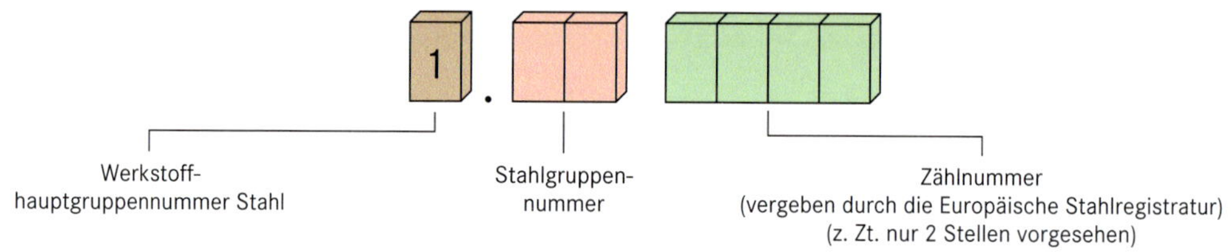

Stahlgruppennummer

unlegierte Stähle	
00, 90	**Grundstähle**
	Qualitätsstähle
01, 91	Allgem. Baustähle, $R_m < 500$ N/mm²
02, 92	Sonstige, nicht für Wärmebehandlung vorgesehene Baustähle, $R_m < 500$ N/mm²
03, 93	Stähle mit < 0,12 % C, $R_m < 400$ N/mm²
04, 94	Stähle mit 0,12 % ≤ C < 0,25 % oder 400 N/mm² ≤ R_m < 500 N/mm²
05, 95	Stähle mit 0,25 % ≤ C < 0,55 % oder 500 N/mm² ≤ R_m < 700 N/mm²
06, 96	Stähle mit ≥ 0,55 % C, $R_m \geq 700$ N/mm²
07, 97	Stähle mit höherem P- oder S-Gehalt
	Edelstähle
10	Stähle mit bes. physikalischen Eigenschaften
11	Bau-, Maschinenbau- und Behälterstähle mit < 0,50 % C
12	Maschinenbaustähle mit ≥ 0,50 % C
13	Bau-, Maschinenbau- und Behälterstähle mit bes. Anforderungen
14	frei
15 ... 18	Werkzeugstähle
19	frei

legierte Stähle	
	Qualitätsstähle
08, 98	Stähle mit bes. physikalischen Eigenschaften
09, 99	Stähle für verschiedene Anwendungsbereiche
	Edelstähle
20 ... 28	Werkzeugstähle
29	frei
30, 31	frei
32	Schnellarbeitsstähle mit Co
33	Schnellarbeitsstähle ohne Co
34	frei
35	Wälzlagerstähle
36, 37	Stähle mit bes. magnetischen Eigenschaften
38, 39	Stähle mit bes. physikalischen Eigenschaften
40 ... 45	nichtrostende Stähle
46	chem. beständige u. hochwarmfeste Ni-Leg.
47, 48	Hitzebeständige Stähle
49	Hochwarmfeste Werkstoffe
50 ... 84	Bau-, Maschinenbau- und Behälterstähle geordnet nach Legierungselementen
85	Nitrierstähle
86	frei
87 ... 89	nicht für Wärmebehandlung bestimmte Stähle, hochfeste schweißgeeignete Stähle

Begriffsbestimmungen für Stahlerzeugnisse
Definition of steel products

DIN EN 10079: 2007-06

Begriff		Symbol	Erklärung
deutsch	englisch		
Flacherzeugnis	flat product	-FL	Erzeugnis mit rechteckigem Querschnitt, bei dem die Breite viel größer als die Dicke ist
Stab- oder Formstahl	bar	-B	Erzeugnis in Form gerader Stäbe, nicht in Form von Ringen geliefert
Draht	wire	-W	durch Warm- oder Kaltumformen hergestellt, zu Ringen aufgewickelt
Schmiedestück	forging	-FO	Erzeugnis, das durch Druckumformen in die annähernd endgültige Form gebracht wird
Gussstück	casting	-C	Erzeugnis, dessen endgültige Form und Maße unmittelbar durch die Erstarrung des Stahles in Formen erzeugt wird
nahtloses Rohr	seamless tube	-TS	durch Walzen oder Strangpressen geformtes Rohr
geschweißtes Rohr	welded tube	-TW	zu einem kreisförmigen Profil eingeformtes Flacherzeugnis mit anschließend verschweißten Kanten
Band	strip	–	warmgewalztes Flacherzeugnis, zu Rollen aufgewickelt, Mindestbreite 600 mm
Blech	plate and sheet	–	kaltgewalztes Flacherzeugnis, Mindestbreite 600 mm
Winkelprofil	angle	L	warmgewalzte Erzeugnisse, deren Querschnitt dem Buchstaben L ähnelt
große Profile	heavy section	I, U	warmgewalzte Erzeugnisse, deren Querschnitt den Buchstaben I, H oder U ähnelt

Unlegierte Baustähle – warmgewalzt

DIN EN 10025-2: 2005-04

Kurzname	Werkstoffnummer	bisheriger Kurzname	Zugfestigkeit R_m in N/mm² [1)]	Streckgrenze R_{eH} in N/mm² für Erzeugnisdicken in mm ≤ 16	> 16 ≤ 40	> 40 ≤ 63	> 63 ≤ 80	> 80 ≤ 100	Bruchdehnung A_5 in % [2)]	Kerbschlagarbeit in J [3)] bei -20° ... +20 °C	Bemerkungen
S 185	1.0035	St 33	290 ... 510	185	175	175	175	175	18		
S 235 JR	1.0038	St 37-2	360 ... 510	235	225	215	215	215	26	27	für gering beanspruchte Teile im Maschinenbau und Stahlbau, gut bearbeitbar
S 235 J0	1.0114	St 37-3U									
S 235 J2	1.0117	-							24		
S 275 JR	1.0044	St 44-2	410 ... 560	275	265	255	245	235	23	27	für mittelmäßig beanspruchte Teile, z. B. Achsen, Hebel
S 275 J0	1.0143	St 44-3U									
S 275 J2	1.0145	-							21		
S 355 JR	1.0045	-	470 ... 630	355	345	335	325	315	22	27	für hoch beanspruchte Teile im Maschinen- und Stahlbau, z. B. Brücken, Kräne
S 355 J0	1.0553	St 52-3U									
S 355 J2	1.0577	-									
S 355 K2	1.0596	-							20		
E 295	1.0050	St 50-2	470 ... 610	295	285	275	265	255	20	-	für mittelmäßig beanspruchte Teile im Maschinenbau
E 335	1.0060	St 60-2	570 ... 710	335	325	315	305	295	16	-	für höher beanspruchte Teile im Maschinenbau
E 360	1.0070	St 70-2	670 ... 830	360	355	345	335	325	11		

[1)] für Erzeugnisdicken $3 \leq t \leq 100$
[2)] für Längsproben, Erzeugnisdicken $3\text{ mm} \leq t \leq 40\text{ mm}$
[3)] für Erzeugnisdicken $150 < t \leq 250$

Lieferzustand

Stahlsorte und Gütegruppe	Lieferzustand Flacherzeugnisse	Langerzeugnisse
S 185	nach Vereinbarung	
S 235 JR, S 235 JO	nach Vereinbarung	
S 275 JR, S 275 JO		
S 355 JR, S 355 JO		
S 235 J2 G3, S 275 J2 G3	normalgeglüht	nach Vereinbarung
S 235 J2 G3, S 355 K2 G3		
S 235 J2 G4, S 275 J2 G4	nach Wahl des Herstellers	
S 355 J2 G4, S 355 K2 G4		
E 295, E 335, E 360	nach Vereinbarung	

Mindestbiegeradien beim Abkanten von Flacherzeugnissen

– quer zur Walzrichtung –

Kurzname	Nenndicken in mm > 3 ≤ 4	> 4 ≤ 5	> 5 ≤ 6	> 6 ≤ 7	> 7 ≤ 8
S 235 JRC	5	6	8	10	12
S 235 J0C					
S 235 J2C	6	8	10	12	16
S 275 JRC	5	8	10	12	16
S 275 J0C					
S 275 J2C	6	10	12	16	20
S 355 J0C	6	8	10	12	16
S 355 J2C					
S 355 K2C	8	10	12	16	20

Technologische Eigenschaften

Schweißbarkeit	Warmumformbarkeit	Kaltumformbarkeit
Stähle der Gütegruppen JR, JO, J2 sind im Allgemeinen mit allen Verfahren schweißbar. Die Schweißeignung verbessert sich von JR bis K2.	Für normalgeglühte und normalisierend gewalzte Erzeugnisse ist die Warmumformbarkeit gewährleistet.	Kaltbiegen, Abkanten und Kaltbördeln sind bis zu einer Nenndicke $t \leq 30$ mm gewährleistet, wenn die gewünschte Eignung bei Bestellung vereinbart war (Zusatzsymbol C).

Warmgewalzte Erzeugnisse aus schweißgeeigneten Feinkornbaustählen

DIN EN 10025-3: 2005-02; DIN EN 10025-4: 2005-04

Kurzname	Werkstoffnummer	bisheriger Kurzname	Lieferzustand [1]	Zugfestigkeit R_m in N/mm² [2]	Streckgrenze R_{eH} in N/mm² für Erzeugnisdicken in mm					Bruchdehnung A_5 in % [3]	Bemerkungen und Verwendung
					≤ 16	> 16 ≤ 40	> 40 ≤ 68	> 68 ≤ 90	> 90 ≤ 100		
S 275 N	1.0490	StE 285	N	370 ... 510	275	265	255	245	235	24	Die Stähle sind auch mit festgelegten Mindestwerten der Kerbschlagarbeit bis −50 °C erhältlich.
S 275 M	1.8818	–	M	360 ... 510							
S 355 N	1.0545	StE 355	N	470 ... 630	355	345	335	325	315	22	
S 355 M	1.8823	StE 355 TM	M	440 ... 600							
S 420 N	1.8902	StE 420	N	520 ... 680	420	400	390	370	360	19	Sie erhalten das Zusatzsymbol NL oder ML, z. B. S 275 NL
S 420 M	1.8825	StE 420 TM	M	470 ... 630							
S 460 N	1.8901	StE 460	N	550 ... 720	460	440	430	410	400	17	
S 460 M	1.8827	StE 420 TM	M	500 ... 680							

[1] N = normalgeglüht oder normalisierend gewalzt; M = thermomechanisch gewalzt
[2] für Erzeugnisdicken ≤ 100 mm
[3] für Erzeugnisdicken ≤ 16 mm

Einsatzstähle

DIN EN 10084: 2008-06

Kurzname	Werkstoffnummer	Härte HB [1]	Zugfestigkeit R_m [2] in N/mm²	Streckgrenze R_e [2] in N/mm²	Bruchdehnung A_5 [2] in %	Verwendung
C 10 E [3]	1.1121	131	> 400	295	16	Verschleißteile geringer Festigkeit, z. B. Bolzen, Gelenke
C 15 E [3]	1.1141	143	> 600	355	14	
16 MnCr 5	1.7131	207	> 900	590	10	Getriebeteile, z. B. Wellen, Bolzen, Zahnräder
16 MnCr S5	1.7139					
20 MnCr 5	1.7147	217	> 1000	685	8	
20 MnCr S5	1.7149					
20 MoCr 4	1.7321	207	> 800	590	10	
20 MoCr S4	1.7323					
18 CrNiMo 7-6	1.6587	229	> 1100	785	8	hochbeanspruchte Getriebeteile, z. B. Antriebsritzel
20 NiCrMo 2-2	1.6523	212	> 800	590	10	

[1] Zustand weichgeglüht (A)
[2] für Erzeugnisdicken 16 mm < d < 40 mm
[3] Die Stähle sind auch mit einem vorgeschriebenen Bereich des S-Gehaltes lieferbar, z. B. C 10 R

Nitrierstähle

DIN EN 10085: 2001-07

Kurzname	Werkstoffnummer	Härte HB [1]	Zugfestigkeit R_m [2] in N/mm²	Dehngrenze $R_{p\,0,2}$ in N/mm²	Bruchdehnung A_5 in %	Verwendung
31 CrMo V 9	1.8519	248	1000 ... 1200	800	11	für hochbeanspruchte, verschleißfeste Teile, z. B. Kurbelwellen, Ventilspindeln, Heißdampfarmaturenteile
34 CrAlMo 5	1.8507		800 ... 1000 [3]	600 [3]	14 [3]	
34 CrAlNi 7	1.8550		850 ... 1050	650	12	
40 CrMoV 13-9	1.8523		950 ... 1150	750	11	

[1] Behandlungszustand: vergütet
[2] Angabe der mechanischen Eigenschaften an vergüteten Proben, d ≤ 100 mm
[3] Angabe der mechanischen Eigenschaften an vergüteten Proben, d ≤ 70 mm

Vergütungsstähle

DIN EN 10 083-2: 2006-10, DIN EN 10 083-3: 2007-01

Kurzname	Werkstoffnummer	Hauptgüteklasse[1]	Zugfestigkeit R_m in N/mm² [2]	Streckgrenze R_{eH}/ Dehngrenze $R_{p\,0,2}$ in N/mm² für Querschnitt mit d in mm			Bruchdehnung A_5 in % [2]	Verwendung
				$d \leq 16$	$16 < d \leq 40$	$40 < d \leq 100$		
C 35[3]	1.0501	UQ	600 ... 750	430	380	320	19	für niedrig beanspruchte Teile mit kleinem Vergütungsquerschnitt, z. B.: Achsen, Wellen
C 45[3]	1.0503	UQ	650 ... 800	490	430	370	16	
C 60[3]	1.0601	UQ	800 ... 950	580	520	450	13	
28 Mn 6	1.1170	UE	700 ... 850	590	490	440	15	allgemeiner Maschinenbau
38 Cr 2	1.7003	LE	700 ... 850	550	450	350	15	allgemeiner Motorenbau, z. B.: Kurbelwellen, Wellen, Zahnräder
46 Cr 2	1.7006	LE	800 ... 950	650	550	400	14	
34 Cr 4[4]	1.7033	LE	800 ... 950	700	590	460	14	
37 Cr 4[4]	1.7034	LE	850 ... 1000	750	630	510	13	
41 Cr 4[4]	1.7035	LE	900 ... 1100	800	660	560	12	
25CrMo4[4]	1.7218	LE	800 ... 950	700	600	450	14	Turbinenteile, Pleuelstangen, Ritzelwellen, Wellen mit hoher Festigkeit und Zähigkeit
34CrMo4[4]	1.7220	LE	900 ... 1100	800	650	550	12	
42CrMo4[4]	1.7225	LE	1000 ... 1200	900	750	650	11	
50CrMo4[4]	1.7228	LE	1000 ... 1200	900	780	700	10	
30CrNiMo8	1.6580	LE	1250 ... 1450	1050	1050	900	9	für hochbeanspruchte Teile im Fahrzeug- und Getriebebau, z. B.: Kurbelwellen, Antriebsachsen
34CrNiMo6	1.6582	LE	1100 ... 1300	1000	900	800	10	
36NiCrMo16	1.6773	LE	1250 ... 1450	1050	1050	900	9	
51CrV4	1.8159	LE	1000 ... 1200	900	800	700	10	

[1] UQ = unlegierter Qualitätsstahl, UE = unlegierter Edelstahl, LE legierter Edelstahl
[2] für einen Querschnitt mit 16 mm < $d \leq$ 40 mm im vergüteten Zustand
[3] Die Stähle sind auch mit einem vorgeschriebenen Bereich des S-Gehaltes, z. B.: C22R, oder mit einem vorgeschriebenen max. S-Gehalt, z. B.: C22E, lieferbar.
[4] Die Stähle werden auch mit einem Zusatz von Schwefel für verbesserte Zerspanung geliefert.

Automatenstähle

DIN EN 10 087: 1999-01

Kurzname	Werkstoffnummer	unbehandelt		vergütet			Verwendung
		Härte HB	Zugfestigkeit R_m in N/mm²	Dehngrenze $R_{p\,0,2}$ in N/mm²	Zugfestigkeit R_m in N/mm²	Bruchdehnung A in %	
nicht für die Wärmebehandlung bestimmte Stähle							
11 S Mn 30[1]	1.0715	112 ... 169	380 ... 570	–	–	–	für Teile mit geringer Beanspruchung, z. B. Griffe, Stifte, Scheiben
11 S Mn 37[1]	1.0736						
Einsatzstähle							
10 S 20[1]	1.0721	107 ... 156	360 ... 530	–	–	–	Bolzen, Stifte
15 S Mn 13	1.0725	128 ... 178	430 ... 600	–	–	–	Kleinteile
Vergütungsstähle							
35 S 20[1]	1.0726	154 ... 201	520 ... 680	380	600 ... 750	15	für Teile mit hoher Beanspruchung, z. B. Wellen, Spindeln, Stifte, Schrauben
36 S Mn 14[1]	1.0764	166 ... 222	560 ... 750	420	670 ... 820	15	
38 S Mn 28[1]	1.0760	166 ... 216	530 ... 730	420	700 ... 850	15	
44 S Mn 28[1]	1.0762	187 ... 242	630 ... 820	420	700 ... 850	16	
46 S 20[1]	1.0727	175 ... 225	590 ... 760	430	650 ... 800	13	

Angabe der mechanischen Eigenschaften an Proben von über 16 mm bis 40 mm Dicke.

[1] Die Stähle werden auch mit einem Zusatz von Blei für verbesserte Zerspanung geliefert.

Flacherzeugnisse aus Druckbehälterstählen

DIN EN 10 028-2, 3: 2009-09

Kurzname	Werkstoffnummer	bisheriger Kurzname	Lieferzustand[1]	Hauptgüteklasse[2]	Zugfestigkeit R_m in N/mm²	Streckgrenze R_{eH}/Dehngrenze $R_{p\,0,2}$ in N/mm² 20 °C	100 °C	200 °C	300 °C	400 °C	500 °C	Bruchdehnung A_5 in %
Unlegierte und legierte warmfeste Stähle												
P 235 GH	1.0345	HI	N	UQ	360 ... 480[3]	235[3]	190[3]	170[3]	130[3]	110[3]	–[3]	24
P 265 GH	1.0425	HII	N	UQ	410 ... 530	265	215	195	155	130	–	22
P 295 GH	1.0481	17Mn4	N	UQ	460 ... 580	295	250	225	185	155	–	21
P 355 GH	1.0473	19Mn6	N	UQ	510 ... 650	355	290	255	215	180	–	20
16Mo3	1.5415	15Mo3	N	LE	440 ... 590	275	–	215	170	150	140	22
13CrMo4-5	1.7335	13CrMo44	NT	LE	450 ... 600	300	–	230	205	180	165	19
10CrMo9-10	1.7380	10CrMo910	NT	LE	480 ... 630	310	–	245	220	200	180	18
13CrMoV9-10	1.7703	–	NT	LE	600 ... 780	450	395	375	365	380	–	18
Schweißgeeignete Feinkornbaustähle, normalgeglüht												
P275 NH[4]	1.0487	WStE285	N	UQ	390 ... 510	275	250	213	179	156	–	24
P275 NL1[4]	1.0488	TStE285		UQ			–	–	–	–	–	
P275 NL2	1.1104	EStE285		UE			–	–	–	–	–	
P355 N	1.0562	StE355	N	UQ	490 ... 630	355	–	–	–	–	–	22
P355 NH	1.0565	WStE355		UQ			323	275	232	202	–	
P355 NL1	1.0566	TStE355		UQ			–	–	–	–	–	
P355 NL2	1.1106	EStE355		UE			–	–	–	–	–	
P460NH	1.8935	WStE460	N	LE	570 ... 720	460	419	356	300	261	–	17
P460NL1	1.8915	TStE460		LE			–	–	–	–	–	
P460NL2	1.8918	EStE460		LE			–	–	–	–	–	

[1] N = normalgeglüht oder normalisierend gewalzt, T = angelassen
[2] UQ = unlegierter Qualitätsstahl, UE = unlegierter Edelstahl, LE = legierter Edelstahl
[3] für Erzeugnisdicken ≤ 16 mm
[4] NH = warmfeste Stähle, NL = kaltzähe Stähle (Reihe 1 und Reihe 2)

i www.euro-inox.de
www.edelstahl-rostfrei.de

Nichtrostende Stähle
Stainless steels

DIN EN 10 088-3: 2005-09

Kurzname	Werkstoffnummer	Zugfestigkeit R_m in N/mm²	Dehngrenze $R_{p\,0,2}$ in N/mm²	Bruchdehnung A in %	Verwendung
Ferritische und martensitische Stähle					
X 2 CrNi 12	1.4003	450 ... 600	260	20	Apparatebau, Fördertechnik
X 6 Cr 13	1.4000	400 ... 630	230	20	Haushaltsgeräte, Beschläge
X 12 Cr 13[1]	1.4006	650 ... 850	450	15	Lebensmittelindustrie
X 20 Cr 13[1]	1.4021	700 ... 850	500	13	Pumpenteile, Ventilkegel
X 30 Cr 13[1]	1.4028	850 ... 1000	650	10	Federn, Schrauben
X 50 CrMoV 15	1.4116	≤ 900	–	–	Schneidwerkzeuge
Austenitische Stähle					
X 10 CrNi 18-8	1.4310	500 ... 750	175	40	Bleche, Federn
X 2 CrNi 19-11	1.4306	460 ... 680	180	45	Nahrungsmittelindustrie
X 5 CrNi 18-10	1.4301	500 ... 700	190	45	Nahrungsmittelindustrie
X 6 CrNiTi 18-10	1.4541	500 ... 700	190	40	Film- und Fotoindustrie
X 6 CrNiMoNb 17-12-2	1.4580	510 ... 740	215	35	chemische Industrie
X 2 CrNiMo 18-15-4	1.4438	500 ... 700	200	40	chemische Industrie

[1] Angabe der mechanischen Eigenschaften an vergüteten Proben

Kaltgewalzte Flacherzeugnisse aus weichen Stählen zum Kaltumformen
Cold rolled low carbon steel for cold forming

DIN EN 10 130: 2007-02

Stahlsorte	alter Kurzname nach DIN 1623	Werkstoffnummer	Oberflächenart	Zugfestigkeit R_m in N/mm²	Streckgrenze R_{eH} in N/mm²	Bruchdehnung A_{80} in %[1)]
unlegierter Qualitätsstahl						
DC 01	St 12	1.0330	A–B	270 ... 410	140 ... 280	28
DC 03	RR St 13	1.0347	A–B	270 ... 370	140 ... 240	34
DC 04	St 14	1.0338	A–B	270 ... 350	140 ... 210	38
DC 05	-	1.0312	A–B	270 ... 330	140 ... 180	40
legierter Qualitätsstahl						
DC 06	-	1.0873	A–B	270 ... 360	120 ... 170	41
DC 07	-	1.0898	A–B	250 ... 310	100 ... 150	44

1) A_{80}: Bruchdehnung bei einer Anfangsmesslänge L_0 = 80 mm

Oberflächenart		
A	(O3)[2)]	Fehler, die eine spätere Umformung oder Beschichtung nicht beeinträchtigen, sind zulässig.
B	(O5)	Das einheitliche Aussehen einer Qualitätslackierung oder eines elektrolytischen Überzuges darf nicht beeinträchtigt werden.

Oberflächenausführung		
b	besonders glatt	$R_a \leq 0{,}4$ µm
g	glatt	$R_a \leq 0{,}9$ µm
m	matt	0,6 µm < $R_a \leq 1{,}9$ µm
r	rau	$R_a > 1{,}6$ µm

2) alte Bezeichnung nach DIN 1623

Blech EN 10 130 – DC 03-A-m oder **Blech EN 10 130 – 1.0347-A-m**
Bezeichnung eines Bleches aus der Stahlsorte DC 03, Oberflächenart A, Oberflächenausführung matt

Stähle für Rohre
Steels for tubes

Stahlrohre für Rohrleitungen für brennbare Materialien

DIN EN 10 208-1: 2009-07

Kurzname	Werkstoffnummer	Zugfestigkeit R_m in N/mm²	Streckgrenze R_{eH} in N/mm²	Bruchdehnung A_5 in %	Herstellungsverfahren	Kurzzeichen	Bemerkungen
L 210 GA	1.0319	335 ... 475	210	25	nahtlos	S	vergütete Rohre werden
L 235 GA	1.0458	370 ... 510	235	23			mit +Q und
L 245 GA	1.0459	415 ... 555	245	22	elektrisch geschweißt	EW	thermomechanische
L 290 GA	1.0483	415 ... 555	290	21	stumpfgeschweißt	BW	gelieferte Rohre werden
L 360 GA	1.0499	460 ... 620	360	20	unterpulvergeschweißt	SAW	mit +M gekennzeichnet

Nahtlose Stahlrohre für Druckbeanspruchung
Geschweißte Stahlrohre für Druckbeanspruchung

DIN EN 10 216-1: 2004-07
DIN EN 10 217-1: 2005-04

Kurzname	Werkstoffnummer	Zugfestigkeit R_m in N/mm²	Streckgrenze R_{eH} in N/mm²			Bruchdehnung A in % [2)]	Kerbschlagarbeit KV in J bei	
			$t \leq 16$	$16 < t \leq 40$	$40 \leq t \leq 60$		0 °C	-10 °C
P195TR1	1.0107	320 ... 440	195	185	175[1)]	27	–	–
P195TR2	1.0108						40	28
P235TR1	1.0254	360 ... 500	235	225	215[1)]	25	–	–
P235TR2	1.0255						40	28
P265TR1	1.0258	410 ... 570	265	255	245[1)]	21	–	–
P265TR2	1.0259						40	28

1) keine Angaben für geschweißte Rohre
2) in Längsrichtung

Kurzname	Werkstoff-nummer	bisheriger Kurzname	Härte HB weichgeglüht	Verwendung
Unlegierte Kaltarbeitsstähle				
C 45 U	1.1730	C 45 W	207	Handwerkzeuge aller Art, z. B.: Zangen, Hämmer, Schraubendreher, Spitz- und Kreuzmeißel
C 70 U	1.1620	C 70 W2	183	Drucklufteinsteckwerkzeuge in Berg- und Straßenbau
C 80 U	1.1525	C 80 W1	192	Messer, Meißel, Körner, Stemmeisen, Schlaghämmer, Kaltschlagwerkzeuge, Baumscheren
C 105 U	1.1545	C 105 W1	212	Prägewerkzeuge, Lochstempel, Dorne, Durchschläge, Schlaghämmer, Hobelmesser
Legierte Kaltarbeitsstähle				
21 MnCr 5	1.2162	21 MnCr 5	217	Werkzeuge für die Kunststoffbearbeitung, die einsatzgehärtet werden
60 WCrV 8	1.2550	60 WCrV 7	229	Schneidwerkzeuge, Scherenmesser, Holzbearbeitungswerkzeuge, Körner, Handmeißel
90 MnCrV 8	1.2842	90 MnCrV 8	229	Schneidwerkzeuge, Gewindeschneidringe, Tiefziehwerkzeuge, Industriemesser, Messwerkzeuge
102 Cr 6	1.2067	100 Cr 6	223	Drehbankspitzen, Gewindebohrer, Lehren, Dorne, Holzbearbeitungswerkzeuge, Kaltwalzen
45 NiCrMo 16	1.2767	X 45 NiCrMo 4	285	Höchstbeanspruchte Massivprägewerkzeuge, Besteckstanzen, Scherenmesser, Biegewerkzeuge
X 38 CrMo 16	1.2316	X 36 CrMo 17	300[1)]	Werkzeuge für die Verarbeitung von chemisch angreifenden Kunststoffen
X 153 CrMoV 12	1.2379	X 155 CrVMo 12-1	255	Metallsägen, Kaltschermesser, Gewindewalzwerkzeuge
X 210 Cr 12	1.2080	X 210 Cr 12	248	Hochleistungsschnitt- und -stanzwerkzeuge, Stempel, Messer, Räumnadeln
X 210 CrW 12	1.2436	X 210 CrW 12	255	Schneidwerkzeuge, Führungsleisten, Sandstrahldüsen, Ziehdorne, Holzfräser
Warmarbeitsstähle				
32 CrMoV 12-28	1.2365	X 32 CrMoV 3-3	229	Druckgussformen, Press- und Lochdorne an Stangenpressen
55 NiCrMoV 7	1.2714	56 NiCrMoV 7	248	kleinere Gesenke, Pressstempel, Formteilpressgesenke
X 37 CrMoV 5-1	1.2343	X 38 CrMoV 5-1	229	Druckgussformen für Leichtmetallverarbeitung, Zylinder und Kolben an Kaltkammermaschinen
X 40 CrMoV 5-1	1.2344	X 40 CrMoV 5-1	229	Presswerkzeuge, Druckgießformen für Leichtmetalle
Schnellarbeitsstähle				
HS 3-3-2	1.3333	HS 3-3-2	255	Spiralbohrer, Fräser, Reibahlen
HS 2-9-2	1.3348	HS 2-9-2	269	Fräser, Gewindebohrer, Zähne und Segmente für Kreissägen
HS 6-5-2 C	1.3343	HS 6-5-2	269	Spiralbohrer, Gewindebohrer, Fräser, Reibahlen, Räumnadeln, Kreissägeblätter
HS 6-5-3	1.3344	HS 6-5-3	269	Hochleistungsfräser, hochbeanspruchte Reibahlen, Räumnadeln mit bester Schnitthaltigkeit und Zähigkeit
HS 6-5-2-5	1.3243	HS 6-5-2-5	269	hochbeanspruchte Spiralbohrer, Profilwerkzeuge, Drehstähle, Schruppwerkzeuge ausgezeichneter Zähigkeit
HS 2-9-1-8	1.3247	HS 2-9-1-8	277	Gesenk- und Gravierfräser, Kaltfließpress- und Schnittstempel
HS 10-4-3-10	1.3207	HS 10-4-3-10	302	Drehstähle für Schrupp- und Schlichtarbeiten, Formstähle, insbesondere für Automatenbearbeitung

Bezeichnung der Schnellarbeitsstahlgruppen für Schneidwerkzeuge (DIN ISO 11054)	
HSS	Schnellarbeitsstahl mit weniger als 4,5 % Co und weniger als 2,6 % V
HSS-E	Schnellarbeitsstahl mit mind. 4,5 % Co und oder mind. 2,6 % V

1) Stahl wird üblicherweise im vergüteten Zustand geliefert.

Stahlguss für allgemeine Anwendung

DIN EN 10 293: 2010-06

Kurzname	Werkstoffnummer	Zugfestigkeit R_m in N/mm²	Streckgrenze $R_{p\,0,2}$ in N/mm²	Bruchdehnung A in %	Kerbschlagarbeit KV in J bei 20 °C	Bemerkungen und Verwendung
GE 200	1.0420	380 ... 530[1]	200	25	27	für formenreiche Werkstücke, gut gieß- und schweißbar
GE 240	1.0446	450 ... 600[1]	240	22	27	
GE 300	1.0558	600 ... 750[2]	300	15	27	
G 20 Mn 5	1.6220	480 ... 620[2]	300	20	27	

[1] $t \leq 300$, [2] $t \leq 30$

Stahlguss für Druckbehälter

DIN EN 10 213-2: 2008-01

Kurzname	Werkstoffnummer	Zugfestigkeit R_m in N/mm²	Dehngrenze $R_{p\,0,2}$ in N/mm² bei °C				Bruchdehnung A_5 in %	Verwendung
			20	100	200	400		
GP 240 GH	1.0619	420 ... 600	240	210	175	130	22	Hochdruckgehäuse für Dampfturbinen, Pumpengehäuse, Heißdampfarmaturen; verwendbar bis 500 °C
G 20 Mo 5	1.5419	440 ... 590	245	-	190	150	22	
G 17 CrMo 5-5	1.7357	490 ... 690	315	-	250	200	20	
G 17 CrMo 9-10	1.7379	550 ... 740	400	-	355	315	18	
G 17 CrMoV 5-10	1.7706	590 ... 780	440	-	385	335	15	
GX 8 CrNi 12	1.4107	600 ... 800	500	-	410	370	16	
GX 15 CrMo 5	1.7365	630 ... 760	420	-	390	370	16	
GX 23 CrMoV 12-1	1.4931	740 ... 880	540	-	450	390	15	

Korrosionsbeständiger Stahlguss

DIN EN 10 283: 1998-12

Kurzname	Werkstoffnummer	Zugfestigkeit R_m in N/mm²	Dehnung		Bruchdehnung A in %	Schweißbedingungen		
			$R_{p\,0,2}$ in N/mm²	$R_{p\,0,1}$ in N/mm²		Vorwärmtemperatur in °C	Wärmebehandlung nach dem Schweißen kleinere Schweißstellen[1]	Wärmebehandlung nach dem Schweißen größere Schweißstellen[1]
Martensitischer Stahlguss								
GX 7 CrNiMo 12-1	1.4008	590	440	-	15	150 ... 200	+ T	+ T
GX 4 CrNi 13-4	1.4317	760	550	-	15	20 ... 200	+ T	+ T
GX 4 CrNiMo 16-5-1	1.4405	760	540	-	15	kein Vorwärmen	+ T	+ T
Austenitischer Stahlguss								
GX 5 CrNi 19-10	1.4308	440	175	200	30	kein Vorwärmen	+ AT	+ AT
GX 5 CrNiNb 19-10	1.4552	440	175	200	25		-	-
GX 5 CrNiMo 19-11-2	1.4408	440	185	210	30		+ AT	+ AT
GX 5 CrNiMoNb 19-11-2	1.4581	440	185	210	25		-	-
GX 2 NiCrMo 28-20-2	1.4458	430	165	190	30	20 ... 100	-	+ AT
Austenitisch-ferritischer Stahlguss								
GX 6 CrNiN 26-7	1.4347	590	420	-	20	20 ... 100	+ AT	+ AT
GX 2 CrNiMoN 25-6-3	1.4468	650	480	-	22		+ AT	+ AT
GX 2 CrNiMoCuN 25-6-3-3	1.4517	650	480	-	22		+ AT	+ AT
GX 2 CrNiMoN 26-7-4	1.4469	650	480	-	22		+ AT	+ AT

[1] T: Anlassen; AT: Lösungsglühen + Wasserabschrecken

Bezeichnung von Gusseisenwerkstoffen durch Kurzzeichen

DIN EN 1560: 2011-05

Vergleich Werkstoffbezeichnung

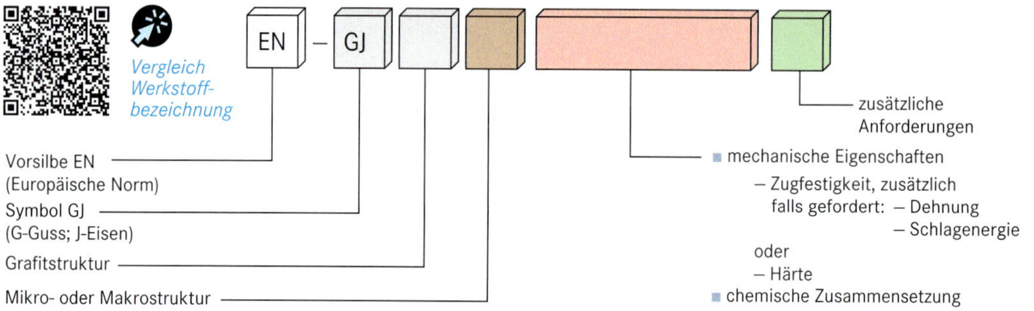

Grafitstruktur

L	lamellar
S	kugelig
M	Temperkohle
V	vermikular (wurmförmig)
N	grafitfrei (Hartguss)
Y	Sonderstruktur

Mikro- oder Makrostruktur

A	Austenit
R	Ausferrit[1]
F	Ferrit
P	Perlit
M	Martensit
L	Ledeburit
Q	abgeschreckt
T	vergütet
B	nicht entkohlend geglüht*
W	entkohlend geglüht*

* nur für Temperguss

Zusätzliche Anforderungen

D	Rohgussstück
H	wärmebehandeltes Gussstück
W	schweißgeeignet
Z	zusätzlich festgelegte Anforderungen

Mechanische Eigenschaften

Angabe der **Zugfestigkeit** und Angabe eines Buchstabens zur Beschreibung der Probestücke

C	Probestück einem Gussstück entnommen
(leer)	Probestück gegossen

zusätzlich, falls erforderlich

- Angabe der Dehnung in %
- Angabe der Prüftemperatur für die Schlagenergie

RT Raumtemperatur
LT Tieftemperatur

Angabe der **Zugfestigkeit**

EN - GJS - 400 - 18 - RT

Bezeichnung eines Gusseisens mit Kugelgrafit, einer Mindestzugfestigkeit R_m = 400 N/mm², einer Dehnung A = 18 %, Schlagenergie bei Raumtemperatur gemessen

Angabe der **Härte**

EN - GJS - HB 150

Bezeichnung eines Gusseisens mit Kugelgrafit und einer Härte von 150 HB

Angabe der chemischen Zusammensetzung

Buchstabe X und die Angabe der wesentlichen Legierungselemente in fallender Reihenfolge und deren Gehalte in fallender Reihenfolge.

EN - GJL - XNiMn 13-7

Bezeichnung eines legierten Gusseisens mit Lamellengrafit, mit 13 % Ni und 7 % Mn

[1] Gemisch aus feinnadelligem Ferrit und Austenit

Bezeichnung der Gusseisenwerkstoffe durch Werkstoffnummer

DIN EN 1560: 2011-05

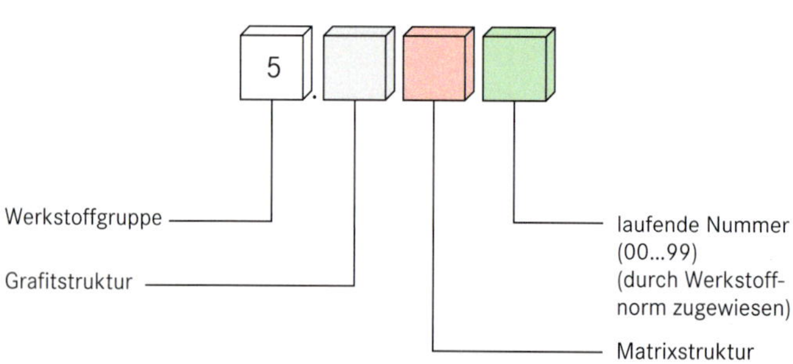

Graphitstruktur

1	Lamellar
2	Vermikular
3	Kugelig
4	Temperkohle
5	Graphitfrei
6–8	Reserve
9	Andere

Matrixstruktur

1	Ferrit
2	Ferrit/Perlit
3	Perlit
4	Ausferrit
5	Austenit
6	Ledeburit
7-8	Reserve
9	Andere

Gusseisen mit Lamellengrafit

DIN EN 1561: 2012-01

Zugfestigkeit als kennzeichnende Eigenschaft

Kurzname	Werkstoff-nummer	bisheriger Kurzname	Wanddicke in mm über	Wanddicke in mm bis	Zugfestigkeit R_m in N/mm^2
EN-GJL-150	5.1200	GG-15	2,5	50	150
			50	100	130
			100	200	110
EN-GJL-200	5.1300	GG-20	2,5	50	200
			50	100	180
			100	200	160
EN-GJL-250	5.1301	GG-25	2,5	50	250
			50	100	220
			100	200	200
EN-GJL-300	5.1302	GG-30	2,5	50	300
			50	100	260
			100	200	240
EN-GJL-350	5.1303	GG-35	2,5	50	350
			50	100	310
			100	200	280

Brinellhärte als kennzeichnende Eigenschaft

Kurzname	Werkstoff-nummer	bisheriger Kurzname	Wanddicke in mm über	Wanddicke in mm bis	Brinellhärte HB 30 min.	Brinellhärte HB 30 max.
EN-GJL-HB 155	5.1101	GG-150 HB	2,5	50	–	155
			50	100	–	–
EN-GJL-HB 175	5.1201	GG-170 HB	2,5	50	115	175
			50	100	105	165
EN-GJL-HB 195	5.1301	GG-190 HB	5	50	135	195
			50	100	125	185
EN-GJL-HB 215	5.1305	GG-220 HB	5	50	155	215
			50	100	145	205
EN-GJL-HB 235	5.1306	GG-240 HB	10	50	175	235
			50	100	160	220
EN-GJL-HB 255	5.1307	GG-260 HB	20	50	195	255
			50	100	180	240

Im Allgemeinen wird die Zugfestigkeit als kennzeichnende Eigenschaft angegeben. Die Angabe der Brinellhärte wird dann bevorzugt, wenn die Gussstücke auf Verschleiß beansprucht werden. Die chemische Zusammensetzung der Gusssorten bleibt weitgehend dem Hersteller überlassen.

Bemerkungen und Verwendung: gut gießbar; sehr gute Dämpfungseigenschaften, die mit steigender Festigkeit abnehmen; korrosionsbeständig;
Getriebegehäuse, Ständer für WZ-Maschinen, Turbinengehäuse, Führungsleisten

Gusseisen mit Kugelgrafit

DIN EN 1563: 2012-03

Zugfestigkeit als kennzeichnende Eigenschaft

Kurzname	Werkstoff-nummer	bisheriger Kurzname	Zugfestigkeit R_m in N/mm^2	Dehngrenze $R_{p\,0,2}$ in N/mm^2	Bruchdehnung A in %
EN-GJS-350-22	5.3102	–	350	220	22
EN-GJS-400-18	5.3105	–	400	250	18
EN-GJS-400-15	5.3106	GGG-40	400	250	15
EN-GJS-450-10	5.3107	–	450	310	10
EN-GJS-500-7	5.3200	GGG-50	500	320	7
EN-GJS-600-3	5.3201	GGG-60	600	370	3
EN-GJS-700-2	5.3300	GGG-70	700	420	2
EN-GJS-800-2	5.3301	GGG-80	800	480	2

Mechanische Eigenschaften gelten an getrennt gegossenen Probestücken.
Die chemische Zusammensetzung bleibt weitgehend dem Hersteller überlassen.

Bemerkungen und Verwendung: gute Bearbeitbarkeit, Verschleißfestigkeit nimmt mit der Festigkeit zu;
Kurbelwellen, Walzen, Zahnräder, schlagbeanspruchte Teile im Fahrzeugbau

Guss-eisen

Numerisches Bezeichnungssystem für Aluminium-Knetwerkstoffe

DIN EN 573-1: 2005-02

Vergleich Werkstoffbezeichnung

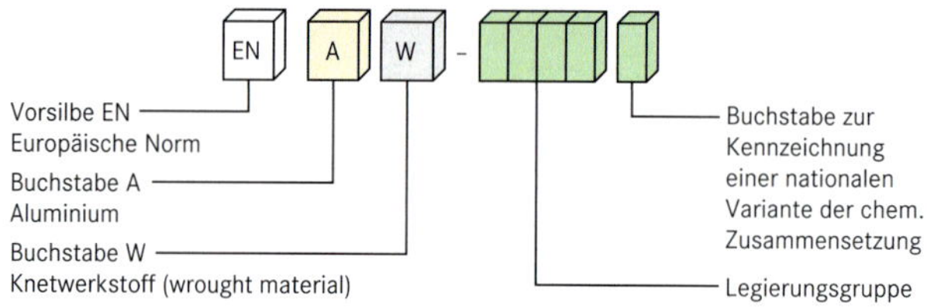

Bezeichnung einer Al-Knetlegierung mit 2,5 % Mg: **EN AW - 5052**

Legierungsgruppen	
Serie	**Hauptlegierungselement**
1000 ...	≥ 99,00 % Al
2000 ...	Cu
3000 ...	Mn
4000 ...	Si
5000 ...	Mg
6000 ...	Mg + Si
7000 ...	Zn
8000 ...	sonstige Legierungselemente

Bezeichnungssystem mit chemischen Symbolen für Aluminium-Knetwerkstoffe

DIN EN 573-2: 1994-12

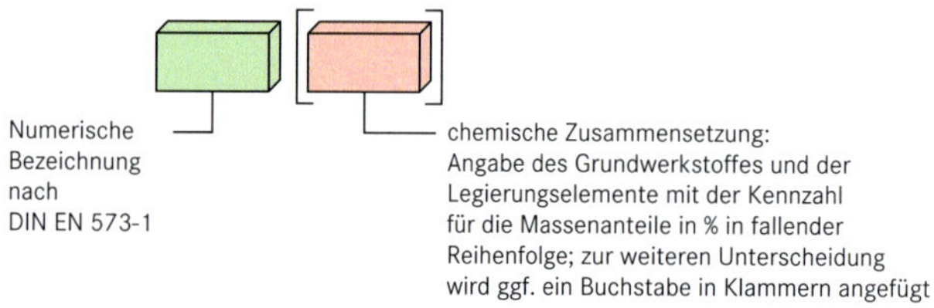

Bezeichnung einer Al-Knetlegierung mit 2,5 % Mg:
EN AW - 5052 [Al Mg 2,5]

Auf die Angabe der Legierungsgruppe kann verzichtet werden:
EN AW-Al Mg 2,5

Bezeichnung der Werkstoffzustände für Halbzeug

DIN EN 515: 1993-12

Kurzzeichen	Bedeutung
F	Herstellungszustand
O	weichgeglüht
H12	kaltverfestigt, 1/4 hart
H14	kaltverfestigt, 1/2 hart
H16	kaltverfestigt, 3/4 hart
H18	kaltverfestigt, 4/4 hart (voll durchgehärtet)
W	lösungsgeglüht (instabil)
T1	abgeschreckt aus der Warmumformungstemperatur und kalt ausgelagert
T4	lösungsgeglüht und kalt ausgelagert
T6	lösungsgeglüht und warm ausgelagert
T8	lösungsgeglüht, kalt umgeformt und warm ausgelagert

Numerisches Bezeichnungssystem für Aluminium-Gusswerkstoffe

DIN EN 1780-1: 2003-01

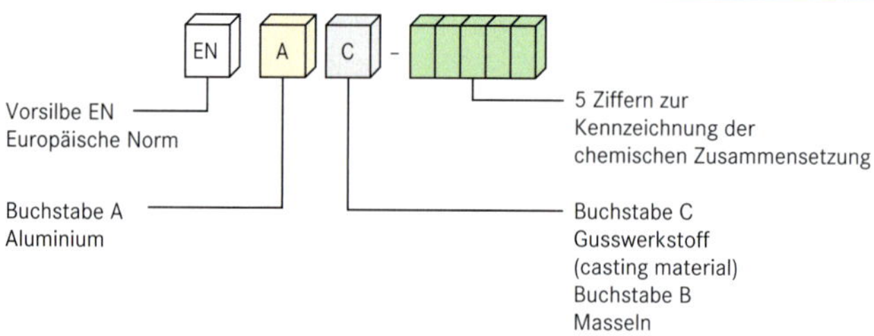

Bezeichnung einer Al-Gusslegierung mit ca. 6 % Si und ca. 4 % Cu:
EN AC - 45 000

Bezeichnungssystem mit chemischen Symbolen für Aluminium-Gusswerkstoffe

DIN EN 1780-2: 2003-01

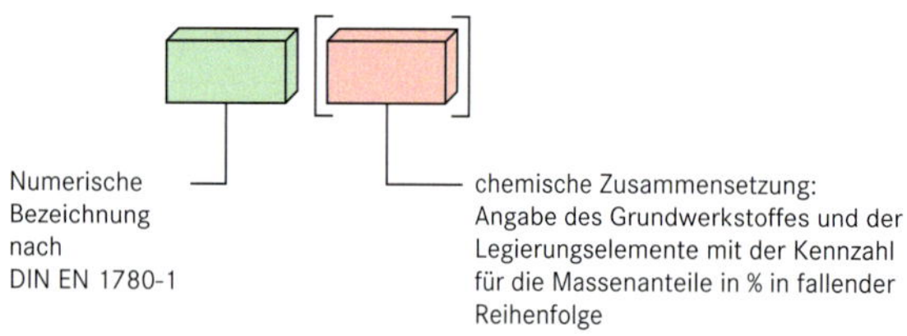

Bezeichnung einer Al-Gusslegierung mit ca. 6 % Si und 4 % Cu:
EN AC - 45 000 [Al Si 6 Cu 4]

Auf die Angabe der Legierungsgruppe kann verzichtet werden:
EN AC-Al Si 6 Cu 4

Kennzeichnung der chemischen Zusammensetzung

unlegiertes Aluminium:

1. Ziffer	1
2. Ziffer	0
3. und 4. Ziffer	Angabe des min. Al-Gehaltes ≙ 2 Ziffern rechts hinter dem Komma für den Al-Gehalt Beispiel: AB-10 970 für Al 99,97
5. Ziffer	0 [1)]

legiertes Aluminium:

1. Ziffer		2. Ziffer	
2	Cu	1	Al Cu
4	Si	1	Al Si Mg Ti
		2	Al Si 7 Mg
		3	Al Si 10 Mg
		4	Al Si
		5	Al Si 5 Cu
		6	Al Si 9 Cu
		7	Al Si (Cu)
		8	Al Si Cu Ni Mg
5	Mg	1	Al Mg
7	Zn	1	Al Zn Mg

3. Ziffer	nicht festgelegt
4. Ziffer	0
5. Ziffer	0 [1)]

[1)] 5. Ziffer bei Legierungen für Luft- und Raumfahrt nie 0.

Aluminium und Aluminium-Knetlegierungen für stranggepresste Halbzeuge

DIN EN 755-2: 2008-06

Werkstoffbezeichnung	bisheriges Kurzzeichen	Werkstoffzustand[1]	Zugfestigkeit R_m in N/mm²	Dehngrenze $R_{p\,0,2}$ in N/mm²	Bruchdehnung A_5 in %	Brinellhärte HBW	Verwendung
EN AW-1050 A [Al 99,5]	Al 99,5	O	60 ... 95	20	23	20	Apparate, Geschirr, Nahrungsmittelindustrie,
EN AW-1350 [E Al 99,5]	E Al	H 112	60	–	23	20	elektrischer Leiterwerkstoff
EN AW-2007 [Al Cu 4 Pb Mg Mn]	Al Cu Mg Pb	T 4	330 ... 370	210 ... 250	6	95	Automatenlegierung
EN AW-2017 A [Al Cu 4 Mg Si (A)]	Al Cu Mg 1	T 4	360 ... 380	220 ... 260	10	105	Maschinenbau, Fahrzeugbau, Niete
EN AW-2024 [Al Cu 4 Mg 1]	Al Cu Mg 2	T 3	400 ... 450	270 ... 310	6	120	Verbindungselemente, z. B. Niete, Schrauben
EN AW-3103 [Al Mn 1]	Al Mn 1	O	95 ... 135	35	20	28	Bedachungen, Kältetechnik, Wärmetauscher
EN AW-5005 A [Al Mg 1 (C)]	Al Mg 1	O	100 ... 150	40	16	30	Teile für Fassaden- und Fahrzeugbau, Metallwaren
EN AW-5019 [Al Mg 5]	Al Mg 5	O	250 ... 320	110	13	65	Apparate, Bauwesen, Drehteile, Reflektoren
EN AW-5754 [Al Mg 3]	Al Mg 3	O	180 ... 250	80	15	45	Apparatebau, Fahrzeugbau, Schiffbau, Nahrungsmittelindustrie, Schrauben, Niete
EN AW-5083 [Al Mg 4,5 Mn 0,7]	Al Mg 4,5 Mn	O	270	110	10	70	Fahrzeugbau, Schiffbau, Druckbehälter
EN AW-6012 [Al Mg Si Pb]	Al Mg Si Pb	T 6	260 ... 310	200 ... 260	6	105	Automatenlegierung, Drehteile
EN AW-6060 [Al Mg Si]	Al Mg Si 0,5	T 6	190	150	6	70	Fenster, Türen, Teile für die Nahrungsmittelindustrie
EN AW-6101 B [E Al Mg Si (B)]	E-Al Mg Si 0,5	T 6	215	160	6	70	elektrischer Leiterwerkstoff, Stromschienen
EN AW-6082 [Al Si 1 Mg Mn]	Al Mg Si 1	T 6	270 ... 295	200 ... 250	6	95	Maschinenbau, Fahrzeugbau, Schrauben
EN AW-7020 [Al Zn 4,5 Mg 1]	Al Zn 4,5 Mg 1	T 6	340 ... 350	275 ... 290	8	110	Schweißkonstruktionen im Maschinen- und Fahrzeugbau
EN AW-7075 [Al Zn 5,5 Mg Cu]	Al Zn Mg Cu 1,5	T 6	470 ... 540	400 ... 480	5	150	Maschinenbau, Fahrzeugbau, Flugzeugbau

[1] O: weichgeglüht; H 112: durch Warm- oder Kaltumformen geringfügig kaltverfestigt; T 3: lösungsgeglüht, kalt umgeformt und kalt ausgelagert; T 4: lösungsgeglüht und kalt ausgelagert; T 6: lösungsgeglüht und warm ausgelagert

Aluminium-Gusslegierungen

DIN EN 1706: 2010-06

Werkstoffbezeichnung	bisheriges Kurzzeichen	Werkstoffzustand[1]	Zugfestigkeit R_m in N/mm²	Dehngrenze $R_{p\,0,2}$ in N/mm²	Bruchdehnung A_5 in %	Brinellhärte HBW	Verwendung
EN AC-21000 [Al Cu 4 Mg Ti]	G-Al Cu 4 Ti Mg	T 4	320	200	8	90	Fahrzeugbau, Flugzeugbau
EN AC-42100 [Al Si 7 Mg 0,3]	G-Al Si 7 Mg	T 6	290	210	4	90	Flugzeugbau, Gussstücke mittlerer Wanddicke
EN AC-43000 [Al Si 10 Mg]	G-Al Si 10 Mg	T 6	260	220	1	90	Motorenbau, Gussstücke geringer Wanddicke
EN AC-44200 [Al Si 12]	G-Al Si 12	F	170	80	6	55	dünnwandige, druck- und schwingungsfeste Gussstücke
EN AC-45000 [Al Si 6 Cu 4]	G-Al Si 6 Cu 4	F	170	100	1	75	Maschinenbau, Zylinderköpfe
EN AC-51100 [Al Mg 3]	G-Al Mg 3	F	150	70	5	50	Apparate, Armaturen, chemische Industrie
EN AC-51300 [Al Mg 5]	G- Al Mg 5	F	180	100	4	60	chemische Industrie, Nahrungsmittelindustrie
EN AC-51400 [Al Mg 5 (Si)]	G-Al Mg 5 Si	F	180	110	3	65	warmfeste Gussstücke, chemische Industrie

[1] F: Gusszustand; T 4: lösungsgeglüht und kalt ausgelagert; T 6: lösungsgeglüht und warm ausgelagert

Bezeichnung von Kupfer und Kupferlegierungen durch Werkstoffnummern

DIN EN 1412: 1995-12

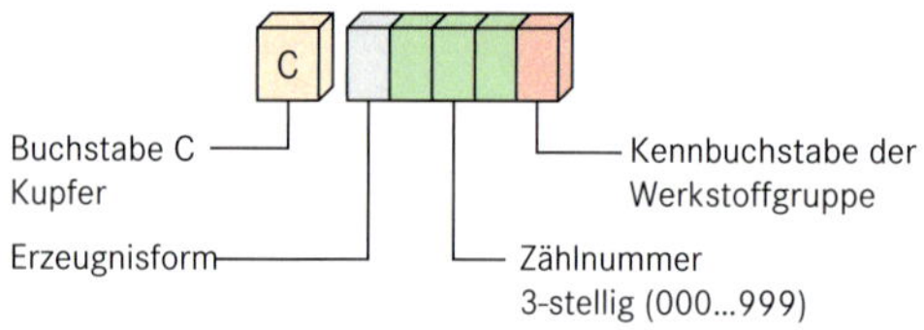

Erzeugnisform	
B	Blockform (z. B. Masseln) zum Umschmelzen
C	Gusserzeugnisse
F	Schweißzusatzwerkstoffe und Hartlote
M	Vorlegierungen
R	Raffiniertes Kupfer
S	Werkstoff in Form von Schrott
W	Knetwerkstoff
X	nicht genormte Werkstoffe

Vergleich Werkstoffbezeichnung

Kennbuchstabe der Werkstoffgruppe

Kennbuchstabe	Werkstoffgruppe
A oder B	Kupfer
C oder D	niedriglegierte Cu-Legierungen (Leg.-Elem. < 5 %)
E oder F	Kupfersonderlegierungen (Leg.-Elem. ≥ 5 %)
G	Cu-Al-Legierungen
H	Cu-Ni-Legierungen
J	Cu-Ni-Zn-Legierungen
K	Cu-Sn-Legierungen
L oder M	Cu-Zn-Legierungen (Zweistoff-Legierungen)
N oder P	Cu-Zn-Pb-Legierungen
R oder S	Cu-Zn-Legierungen (Mehrstoff-Legierungen)

CC 750 S
Bezeichnung einer Cu-Gusslegierung mit ca. 33 % Zn und ca. 2 % Pb

Kupfer-Knetlegierungen

DIN EN 12 163: 2011-08; DIN EN 12 167: 2011-08; DIN EN 1652: 1998-03

Kennzeichen	Werkstoffnummer	Zustand [1]	Härte HB	Zugfestigkeit R_m in N/mm²	Dehngrenze $R_{p\,0,2}$ in N/mm²	Bruchdehnung A_5 in %	Bemerkungen und Verwendung
Kupfer-Aluminium-Legierungen							
Cu Al 6 Si 2 Fe	CW 301 G	R 500	–	500	250	20	hohe Festigkeit, korrosionsbeständig, noch kalt umformbar; Kondensatorböden, Bleche für chemischen Apparatebau
		H 120	120	–	–	–	
		R 600	–	600	350	12	
		H 140	140	–	–	–	
Cu Al 10 Fe 3 Mn 2	CW 306 G	R 590	–	590	330	12	hohe Festigkeit, korrosionsbeständig; hoch belastete Lagerteile, Getriebe- und Schneckenräder, Ventilsitze
		H 140	140	–	–	–	
		R 690	–	690	510	6	
		H 170	170	–	–	–	
Cu Al 10 Ni 5 Fe 4	CW 307 G	R 680	–	680	480	10	hohe Festigkeit, korrosionsbeständig; Wellen, Schrauben, Verschleißteile, Schneckenräder, Lagerbuchsen
		H 170	170	–	–	–	
		R 740	–	740	530	8	
		H 200	200	–	–	–	
Kupfer-Zinn-Legierungen							
Cu Sn 6	CW 452 K	R 340	–	340	270	45	Federn, besonders für Elektroindustrie, Steckverbinder, Siebdrähte
		H 085	85	–	–	–	
		R 420	–	420	220	30	
		H 120	120	–	–	–	
Cu Sn 8	CW 453 K	R 390	–	390	280	45	Gleitelemente, besonders für dünnwandige Gleitlagerbuchsen
		H 090	90	–	–	–	
		R 450	–	450	280	26	
		H 125	125	–	–	–	

[1] R: Mindestzugfestigkeit;
H: Mindesthärte

Kupfer-Knetlegierungen

DIN EN 12 163: 2011-08; DIN EN 12 167: 2011-08; DIN EN 1652: 1998-03

Kennzeichen	Werkstoff-nummer	Zu-stand [1]	Härte HB	Zug-festigkeit R_m in N/mm²	Dehn-grenze $R_{p\,0,2}$ in N/mm²	Bruch-dehnung A_5 in %	Bemerkungen und Verwendung
Kupfer-Nickel-Legierungen							
Cu Ni 10 Fe 1 Mn	CW 352 H	R 280 H 070 R 350 H 100	– 70 – 100	280 – 350 –	90 – 150 –	30 – 10 –	ausgezeichneter Widerstand gegen Erosion, Kavitation und Korrosion, gut schweißbar; Wärmetauscher, Apparatebau, Bremsleitungen
Cu Ni 30 Mn 1 Fe	CW 354 H	R 340 H 080 R 420 H 110	– 80 – 110	340 – 420 –	120 – 180 –	30 – 14 –	ausgezeichneter Widerstand gegen Erosion, Kavitation und Korrosion, gut schweißbar; Ölkühler
Kupfer-Nickel-Zink-Legierungen							
Cu Ni 12 Zn 24	CW 403 J	R 450 H 110 R 540 H 170	– 110 – 170	450 – 540 –	200 – 400 –	12 – 5 –	gut kalt umformbar; Tiefziehteile, Tafelgerät, Federn
Cu Ni 18 Zn 20	CW 409 J	R 480 H 115 R 580 H 180	– 115 – 180	480 – 580 –	250 – 400 –	11 – – –	anlaufbeständiger als Cu Ni 12 Zn 24; Federn
Kupfer-Zink-Legierungen							
Cu Zn 15 F 26	CW 502 L	R 340 H 90 R 430 H 130	– 90 – 130	340 – 430 –	200 – 350 –	22 – 10 –	sehr gut kalt umformbar, gut geeignet zum Drücken, Prägen, Treiben
Cu Zn 40 F 34	CW 509 L	R 360 H 100 R 500 H 120	– 100 – 120	360 – 500 –	300 – 350 –	20 – 8 –	gut warm und kalt umformbar, geeignet zum Nieten, Stauchen, Bördeln, Biegen
Cu Zn 36 Pb 3	CW 603 N	R 390 H 100 R 480 H 125	– 110 – 125	340 – 480 –	280 – 350 –	20 – 8 –	gut spanbar und kalt umformbar, Automatenlegierung
Cu Zn 40 Pb 2	CW 617 N	R 430 H 110 R 500 H 135	– 110 – 135	430 – 500 –	220 – 350 –	10 – 8 –	sehr gut spanbar, gut warm umformbar; Legierung für spanende Bearbeitung; Uhrenmessing
Cu Zn 31 Si 1	CW 708 R	R 460 H 120 R 530 H 140	– 120 – 140	460 – 530 –	240 – 350 –	22 – 12 –	für gleitende Beanspruchung auch bei höherer Belastung, Lagerbuchsen, Führungen
Cu Zn 37 Mn 8 Al 2 Pb Si	CW 713 R	R 540 H 130 R 590 H 150	– 130 – 150	540 – 590 –	280 – 370 –	15 – 10 –	Konstruktionswerkstoff hoher Festigkeit, gute Beständigkeit gegen Witterungseinflüsse, für erhöhte Anforderung an gleitende Beanspruchung
Cu Zn 40 Mn 1 Pb	CW 720 R	R 390 H 90 R 490 H 100	– 90 – 100	390 – 440 –	180 – 250 –	20 – 18 –	Automatenlegierung mittlerer Festigkeit und guter Zerspanbarkeit; Wälzlagerkäfige

[1] Angabe der mechanischen Eiegnschaften nach DIN 9715

Einteilung der Kunststoffe nach Ausgangsprodukten

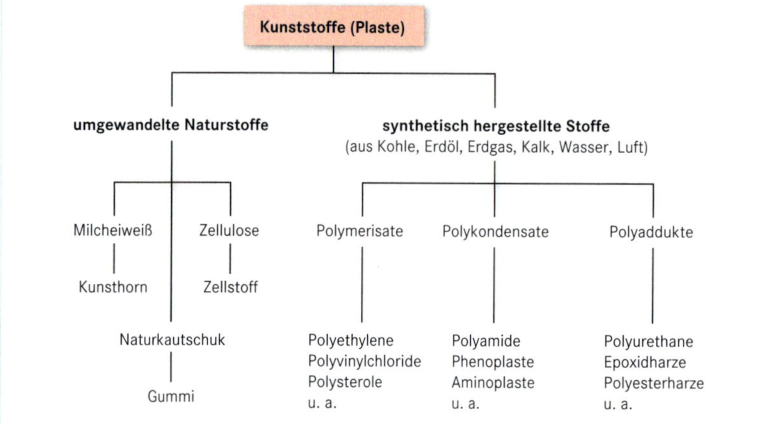

Einteilung der Kunststoffe nach Eigenschaften

Kunststoffe

- **Elastomere**
  gummielastisch, nicht warm umformbar und nicht schweißbar
- **Thermoplaste**
  warm umformbar und schweißbar
- **Duroplaste**
  nicht warm umformbar und nicht schweißbar

Basis-Polymere – Bezeichnungen

DIN EN ISO 1043-1: 2012-03

Kennbuchstaben für die Komponentenbegriffe					
Kenn-buchstabe	Komponenten-Begriff	Kenn-buchstabe	Komponenten-Begriff	Kenn-buchstabe	Komponenten-Begriff
A	Acetat, Acryl, Acrylat, Acrylnitril, Amid	E	Ethyl, Ethylen, Ester	OX	Oxid
AC	Acetat	EP	Epoxid	P	Penten, Phenol, Phenylen, Phthalat, Poly, Polyester, Propylen, Pyrrolidon, Per
AK	Acrylat	F	Fluor, Fluorid, Formaldehyd	S	Styrol, Sulfid
AL	Alkohol	FM	Formal	SI	Silicon
AN	Acrylnitril	I	Iso, Imid	SU	Sulfon
B	Butadien, Buten, Butyral, Butyrat, Butylen	IR	Isocyanurat	T	Tetra, Tri, Terephthalat
C	Carbonat, Carboxy, Cellulose, Chlor, Chlorid, chloriert, Cresol	K	Carbazol, Keton	U	Urea, ungesättigt
D	Di, Dien	L	flüssig, milchig	UR	Urethan
		M	Melamin, Meth, Methyl, Methylen	V	Vinyl
		N	Nitrat, Naphtalat	VD	Vinyliden
		O	Octyl, Oxy, Olefin		

Kurzzeichen für Polymere

Kurzzeichen	Bezeichnung	Kurzzeichen	Bezeichnung
ABS	Acrylnitril-Butadien-Styrol	PET	Polyethylenterephthalat
AMMA	Acrylnitril-Methylmethacrylat	PF	Phenol-Formaldehyd
ASA	Acrylnitril-Styrol-Acrylester	PIB	Polyisobutylen
CA	Celluloseacetat	PMMA	Polymethylmethacrylat
CAB	Celluloseacetobutyrat	POM	Polyoxymethylen, Polyformaldehyd
CF	Kresol-Formaldehyd	PP	Polypropylen
CMC	Carboxymethylcellulose, Cellulose-glykolsäure	PS	Polystyrol
CN	Cellulosenitrat	PSU	Polysulfon
CP	Cellulosepropionat	PTFE	Polytetrafluorethylen
EC	Ethylcellulose	PUR	Polyurethan
EP	Epoxid	PVAC	Polyvinylacetat
EVAC	Ethylen-Vinylacetat	PVAL	Polyvinylalkohol
ETFE	Ethylen-Tetrafluorethylen	PVB	Polyvinylbutyral
MC	Methylcellulose	PVC	Polyvinylchlorid
MF	Melamin-Formaldehyd	PVDC	Polyvinylidenchlorid
MPF	Melamin-Phenol-Formaldehyd	PVF	Polyvinylfluorid
PA	Polyamid	PVFM	Polyvinylformal
PAN	Polyacrylnitril	SAN	Styrol-Acrylnitril
PC	Polycarbonat	SB	Styrol-Butadien
PCTFE	Polychlortrifluorehtylen	SI	Silicon
PDAP	Polydiallyphthalat	SMS	Styrol-α-Methylstyrol
PE	Polyethylen	UF	Urea-Formaldehyd
		UP	Ungesättigter Polyester

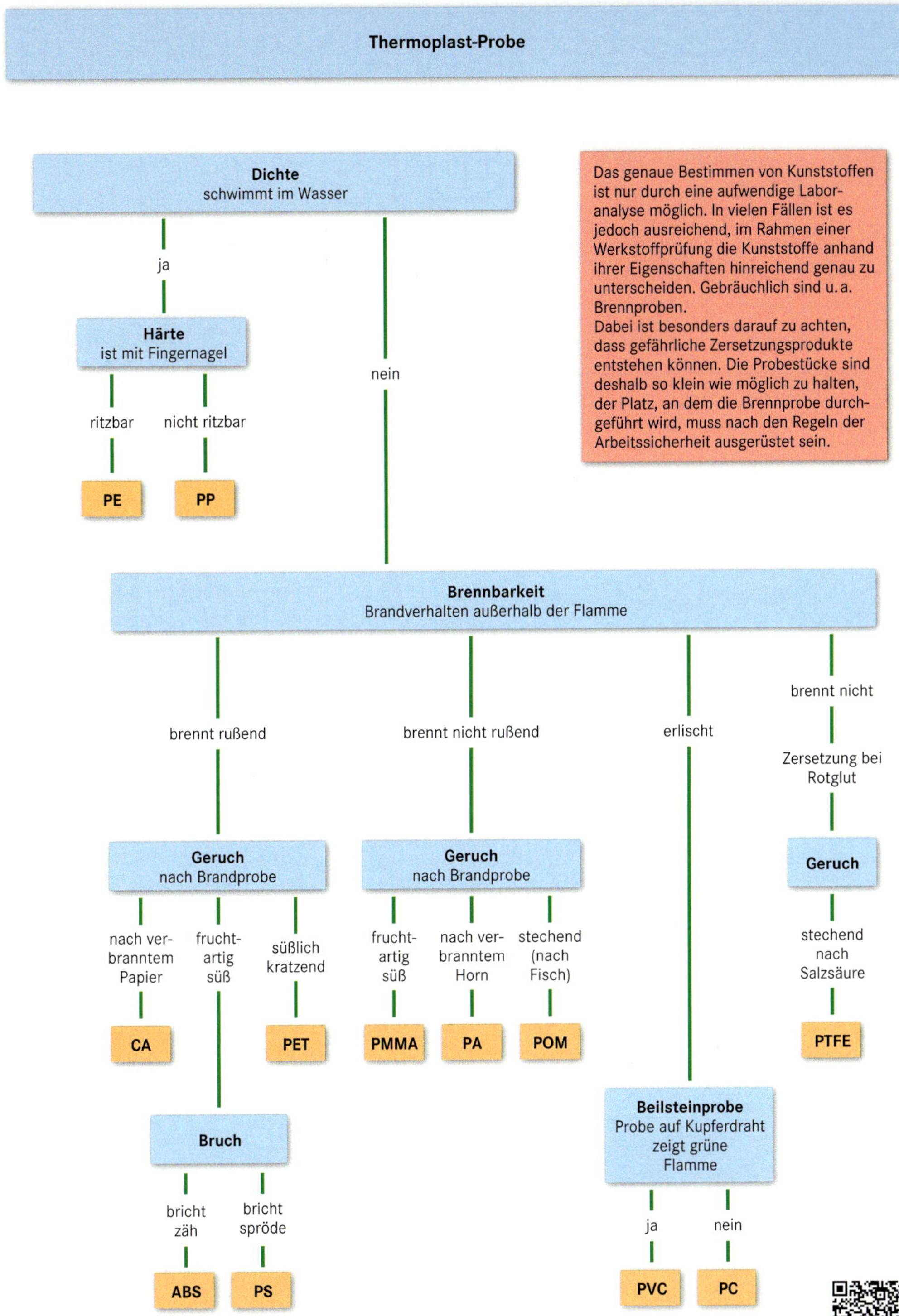

Das genaue Bestimmen von Kunststoffen ist nur durch eine aufwendige Laboranalyse möglich. In vielen Fällen ist es jedoch ausreichend, im Rahmen einer Werkstoffprüfung die Kunststoffe anhand ihrer Eigenschaften hinreichend genau zu unterscheiden. Gebräuchlich sind u. a. Brennproben.
Dabei ist besonders darauf zu achten, dass gefährliche Zersetzungsprodukte entstehen können. Die Probestücke sind deshalb so klein wie möglich zu halten, der Platz, an dem die Brennprobe durchgeführt wird, muss nach den Regeln der Arbeitssicherheit ausgerüstet sein.

Erkennungsmerkmale

Kennzeichnung thermoplastischer Formmassen

Polyethylen
Polypropylen
Polycarbonat

DIN EN ISO 1872-1: 1999-10
DIN EN ISO 1873-1: 1995-12
DIN EN ISO 7391-1: 2006-06

Kennzeichnung duroplastischer Formmassen

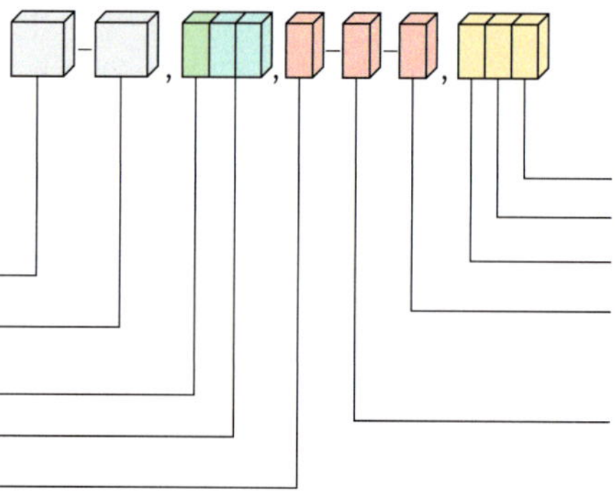

Bezeichnung einer PE-Formmasse für Extrusion von Folien mit Gleitmittel, naturfarben, einer Dichte von 0,921 g/cm^3, einer Schmelze-Massefließrate von 4,2 g/10 min unter den Prüfbedingungen 190 °C/2,16 kg:

Thermoplast ISO 1872 – PE, FSN, 20-D045

Anwendung	
B	Blasformen
C	Kalandrieren
D	Schallplattenherstellung
E	Extrudieren (Rohre)
F	Extrudieren (Folien)
G	Allgem. Anwendung
H	Beschichtung
K	Kabel-, Drahtisolierung
L	Monofilextrusion
M	Spritzgießen
Q	Pressen
R	Rotationsformen
S	Pulversintern
T	Bandherstellung
X	keine Angabe
Y	Faserherstellung

Zusätzliche Kennzeichnung bei Polypropylen	
H	Homopolymerisate des Polypropylens
B	Thermoplastisches schlagzähes Polypropylen
R	Thermopl. statische Copolymerisate

Additive, Färbung	
A	Verarbeitungsstabilisator
B	Antiblockmittel
C	Farbmittel
D	Pulver
E	Treibmittel
F	Brandschutzmittel
G	Granulat
H	Wärmealterungsstabilisator
K	Metalldesaktivator
L	Lichtstabilisator
N	Naturfarben
P	schlagzäh modifiziert
R	Entformungshilfsmittel
S	Gleit-, Schmiermittel
T	erhöhte Transparenz
W	Hydrolyse stabilisiert
X	vernetzbar
Y	erhöhte elektr. Leitfähigkeit
Z	Antistatikum

Dichte in g/cm^3 bei Polyethylen

Kennzahl	über	bis
15		0,917
20	0,917	0,922
25	0,922	0,927
30	0,927	0,932
35	0,932	0,937
40	0,937	0,942
45	0,942	0,947
50	0,947	0,952
55	0,952	0,957
60	0,957	0,962
65	0,962	

Füll- und Verstärkungsstoff bei PE und PP

Art		Form	
B	Bor	B	Kugeln
C	Kohlenstoff	D	Pulver
G	Glas	F	Fasern
K	Kreide ($CaCo_3$)	G	Mahlgut
L	Cellulose	H	Whisker (faserförmige Einkristalle)
M	Mineralien, Metall	S	Blättchen
S	Synth. organ. Mat.	X	nicht spezifiziert
T	Talkum	Z	andere
W	Holz		
X	nicht spezifiziert		
Y	andere		

Viskositätszahl bei Polycarbonat in cm^3/g

Kennzahl	über	bis
46		46
49	46	52
50	52	58
61	58	64
67	64	70
70	70	

Schlagzähigkeit bei Polycarbonat in kJ/m^2

Bereiche	a_n über	a_n bis
0		10
1	10	30
3	30	50
5	50	70
7	70	90
9	90	

Zug – E-Modul *T* in MPa

Zeichen	*T* über	*T* bis
02		400
06	400	800
10	800	1200
16	1200	2000
28	2000	3500
40	3500	

Kerbschlagzähigkeit a_k in kJ/m^2

Zeichen	a_k über	a_k bis
02		3
05	3	6
09	6	12
16	12	20
25	20	30
35	30	

Schmelze-Massefließrate in g/10 min
Schmelze-Volumenfließrate in cm^3/10 min (PC)

für PE, PP Kennzahl	über	bis
000		0,1
001	0,1	0,2
003	0,2	0,4
006	0,4	0,8
012	0,8	1,5
022	1,5	3,0
045	3,0	6,0
090	6,0	12
200	12	25
400	25	50
700	50	

für PC Kennzahl	über	bis
03		2,8
05	2,8	5,7
09	5,7	11,4
18	11,4	22,7
24	22,7	

Die Schmelze-Massefließrate gibt die Masse an, die unter den festgelegten Bedingungen durch eine Düse gedrückt wird.

Prüfbedingungen

Zeichen	Temperatur in °C	Auflast in kg
E	190	0,325
D		2,16
T		5,00
G		21,6

Thermoplaste

Kurzzeichen	Bezeichnung	Handelsnamen	Dichte in kg/dm^3	Festigkeit N/mm^2	Kerbschlagzähigkeit a_k in kJ/m^2	Anwendungstemperatur in °C bis	Chemische Beständigkeit[5]: Mineralöl	Benzin	Trichlorethylen	verdünnte Säuren	verdünnte Laugen	Bemerkungen und Verwendung
PE	Polyethylen	Baylon, Hostalen, Lupolen, Vestolen	0,92 ... 0,96	8 ...[1] 30	–	80 ... 105	b	bb	bb	b	b	Dichtungen, Handgriffe, Hohlkörper, Folien, Isoliermaterial in der Elektrotechnik
PP	Polypropylen	Hastalen PP, Novolen, Vestolen P	0,91	30 ...[1] 37	4 ... 7	110	b	u	bb	b	b	Teile für Haushaltsmaschinen, Gehäuse, Ventilatoren, Transportkästen
PVC hart	Polyvinylchlorid hart	Hostalit Vinoflex Vestolit	1,38 ... 1,40	50 ...[2] 60	4	60 ... 70	b	b	u	b	b	Rohrleitungen, Dachrinnen, Behälter für chemische Industrie, Öl- und Getränkeflaschen
PVC weich	Polyvinylchlorid weich		1,20 ... 1,35	10 ...[2] 30	–	40 ... 60	b	b	u	b	b	Dichtungen, Fußbodenbeläge, Abdeckfolien, Spielzeug, Bekleidung
PS	Polystyrol	Hostyren N. Polystyrol, Vestyron	1,05	40 ...[3] 65	2	70 ... 80	bb	bb	u	b	b	Verpackungen mit hohem Oberflächenglanz und Durchsichtigkeit, Leuchten, Wegwerfgeschirr
SB	Styrol/Butadien	Hostyren S. Polystyrol 400 Vestyron 500	1,04	20 ...[3] 50	4 ... 14	75	bb	u	u	bb	bb	technische Teile mit guter Zähigkeit und gutem Oberflächenglanz, Gehäuse, Toilettenartikel, Spielwaren
SAN	Polystyrol/ Acrylnitril	Luran, Vestoran	1,08	70 ...[3] 80	4 ... 6	90	b	b	u	b	b	Gehäuseteile, Schaugläser, Verpackungen
ABS	Acrylnitril/Butadien/Styrol	Novodur, Terluran	1,04	35 ...[1] 50	8 ... 19	85 ... 100	b	b	u	b	b	Gehäuse, Sitzmöbel, verchromte Zierleisten, Bootskörper, Schutzhelme
PMMA	Polymethylmethacrylat	Degulan, Deglas, Plexiglas, Resarit	1,19	64 ...[2] 75	2	65 ... 85	b	b	u	bb	b	Verglasungen, optische Gläser, Schreib- und Zeichengeräte, Leuchten, sanitäre Installationsteile
PA	Polyamide	Durethan, Ultramid, Vestamid, Nylon	1,14	40 ...[1] 80	15 ... o.B [4]	80 ... 140	b	b	bb	bb	bb	Zahnräder, Riemenscheiben, Gleitlager, Gehäuse, Türbeschläge, Folien, Borsten, als Faser: Perlon
POM	Polyoxymethylen	Hostaform, Ultraform	1,39 ... 1,42	65 ...[1] 70	–	100 ... 150	b	b	bb	bb	bb	Zahnräder, Laufräder, Getriebeteile in Haushaltsgeräten, Feuerzeugtanks
PC	Polycarbonat	Makrolon	1,20	... 60[1]	35	... 130	b	u	u	bb	u	Maschinenteile, Sicherheitsverglasung, Schutzhelme, Lineale, Schriftschablonen
PET	Polyethylenterephthalat	Hostaphen Mylar	1,58	47	4	-20 ... 100	b	b	b	bb	bb	Flaschen, Dosen, Folien
PTFE	Polytetrafluorethylen	Hostaflon TF Teflon	2,16	20 ... 40[3]	16	260 ... 280	b	b	b	b	b	Schläuche, Dichtungen, Gleitlager, Beschichtungen, Laborgeräte
PCTFE	Polychlortrifluorethylen	Hostaflon C 2	2,13	32 ...[1] 42	8 ... 9	150	b	b	b	b	b	Schläuche, Dichtungen, Laborgeräte
CA	Celluloseacetat	Cellidor A, U, S	12 ... 1,3	35 ...[1] 42	8 ... 10	60 ... 110	b	b	b	bb	u	Lenkräder, Leuchten, Knöpfe, Werkzeuggriffe, Stuhlsitzflächen, Brillengestelle, Kämme, Schreibmaschinentasten
CP	Celluloseproprionat	Cellidor CP	1,2	30[2]	26							
PUR	Polyurethan-Elastomere	Desmopan Vulkollan Urepan	1,2	25 ...[3] 55	–	-40 ... 110	b	b	u	bb	bb	Lager, Buchsen, Schläuche, Zahnriemen, Dichtungen, Rollen und Laufrollenbeläge, Skischuhe

[1] Streckspannung
[2] Zugfestigkeit
[3] Reißfestigkeit
[4] Probe nicht gebrochen
[5] b: beständig bb: bedingt beständig u: unbeständig

Verstärkte Kunststoffe
Reinforced plastics

Grundwerkstoff	Faserart[1]	Faseranteil in %	Dichte ϱ in g/cm^3	Zugfestigkeit/Streckspannung in N/mm^2 σ_B	σ_s	Dehnung ε in %	E-Modul E in N/mm^2	Gebrauchstemperatur t in °C max.	Verwendung
PP Polypropylen	GF	30	1,17	107	–	5	7 100	100	Gehäuse, Verpackungsbänder, Behälter
POM Polyacetal	GF	30	1,56	–	140	3	10 000	110	Kfz-Teile, Zahnräder, Lager, Gehäuse
PA Polyamid	GF	35	1,40	–	160	5	10 000	130	Zahnräder, Führungs- und Kupplungsteile, Gehäuseteile
PC Polycarbonat	GF	30	1,44	–	75	3,5	5 500	115	Schaltkästen, Zählergehäuse, Pumpenteile, Büromaschinenteile, Verkehrszeichen
PET Polyethylenterephthalat	GF	33	1,52	165	–	2	1 150	100	Führungs- und Lagerelemente
PBT Polybutylenterephthalat	GF	30	1,52	135	–	3	9 000	100	Lagerwerkstoff
PPS Polyphenylsulfid	GF GFM	40 65	1,60 1,90	116 83	– –	0,9 0,5	11 700 12 400	200 200	Pumpengehäuse, Laufräder, Lagerbuchsen
PEEK Polyetheretherketon	GF CF	30 30	1,49 1,44	157 208	– –	2,2 1,3	10 300 13 000	250 250	Automobil- und Luftfahrtindustrie, Metallersatz
PAI Polyamidimid	GF CF	30 30	1,56 1,50	205 205	– –	7 6	11 700 19 900	260 260	Hebel, Ventilplatten, Kolbenringe, Metallersatz
UP ungesättigtes Polyesterharz	GF	35 65	1,45 1,80	100 300	– –	– –	7 000 18 000	150 150	Behälter, Tanks, Rohre
EP Epoxidharz	GF	50 65	1,60 1,80	220 350	– –	– –	10 000 18 000	150 150	Behälter, Bootskörper, Karosserieteile

Schichtpressstoffe

[1] GF = Glasfaser, GFM = Glasfaser und mineralische Füllstoffe, CF = Kohlefaser

Keramische Werkstoffe
Ceramic materials

Werkstoff		Dichte ϱ in g/cm^3	Biegefestigkeit σ_b in N/mm^2	E-Modul E in N/mm^2	Längenausdehnungskoeffizient α in $10^{-6}/K$	Verwendung
Aluminiumoxid	Al_2O_3	4	400	390 000	6,5	verschleißfeste Teile im Maschinenbau, Schneidstoffe, Umformwerkzeuge, Schleifmittel
Zirkoniumdioxid	ZrO_2	6,1	600	210 000	10	Umformwerkzeuge, Messsonden
Siliciumkarbid	SiC	2,4	400	380 000	3,5 ... 4,0	Schleifmittel, Lager, Ventile, Brennkammern
Siliciumnitrid	Si_3N_4	3,3	800	320 000	8	Schneidstoffe, Turbinenschaufeln
Kubisches Bornitrid	CBN	3,4	550	680 000	4	Schneidstoffe, Schleifmittel
Polykristalliner Diamant	D	3,5	1 100	960 000	1	Werkzeuge zur Präzisionsbearbeitung, Schleifmittel, Schneidstoffe

Warmgewalzte Stahlprofile – Übersicht

Warmgewalzte I-Träger

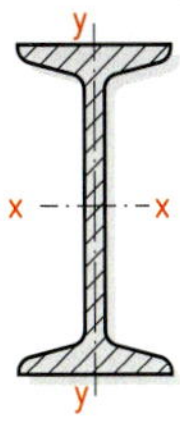
Schmaler I-Träger DIN 1025-1

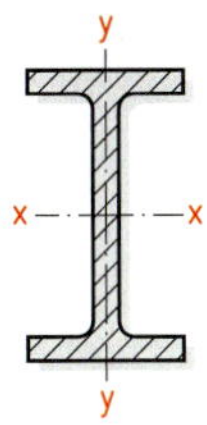
Mittelbreiter I-Träger I PE-Reihe DIN 1025-5

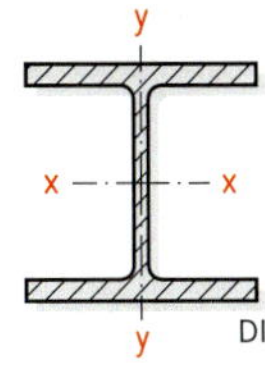
Breiter I-Träger I PB-Träger I PBl-Träger DIN 1025-2, 3

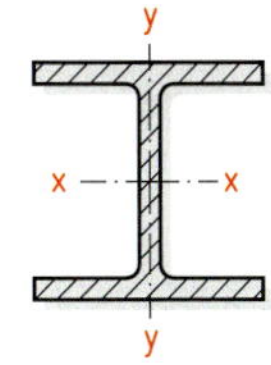
Breiter I-Träger IPBv-Reihe DIN 1025-4

Warmgewalzter Winkelstahl

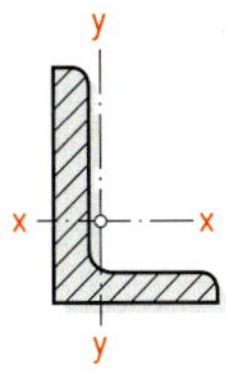
Rundkantiger Winkelstahl DIN EN 10 056-1

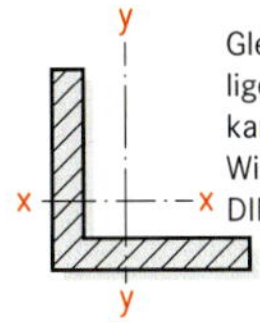
Gleichschenkliger, scharfkantiger Winkelstahl DIN 1022

Warmgewalzter, rundkantiger U-Stahl

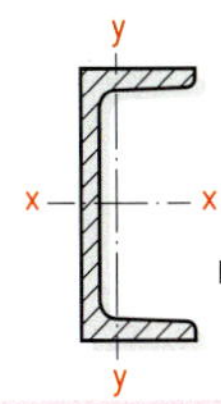
DIN 1026-1

Warmgewalzter, rundkantiger Z-Stahl

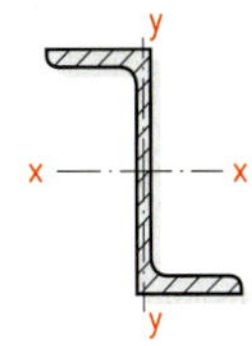
DIN 1027

Warmgewalzter T-Stahl

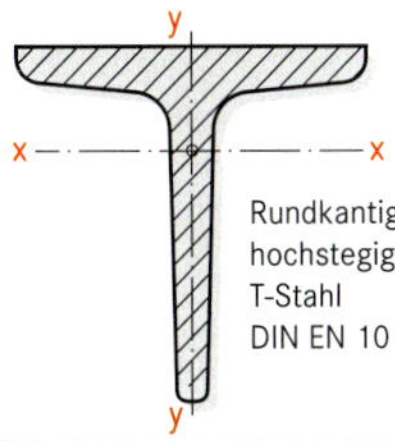
Rundkantiger, hochstegiger T-Stahl DIN EN 10 055

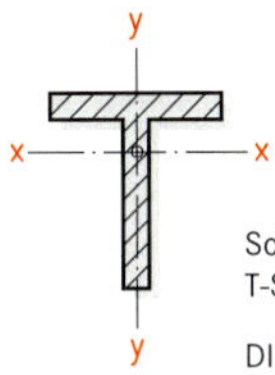
Scharfkantiger T-Stahl DIN 59 051

Warmgefertigte Stahlrohre

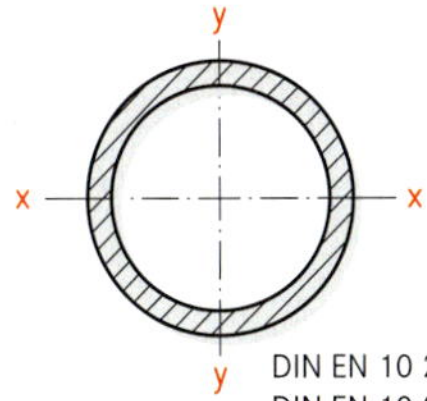
DIN EN 10 220
DIN EN 10 210

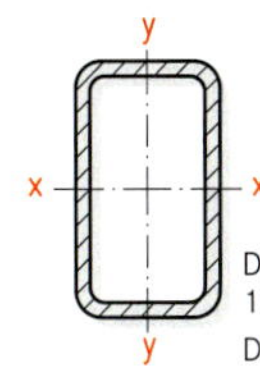
DIN EN 10 210-2
DIN EN 10 220

Warmgewalzter Rundstab

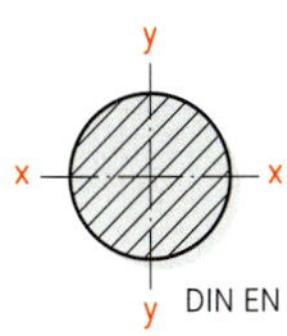
DIN EN 10 060

Warmgewalzter Vierkantstab

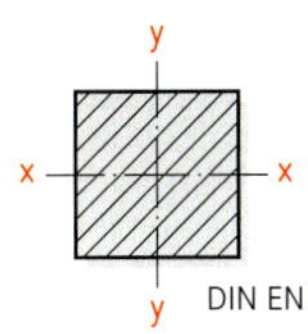
DIN EN 10 059

Warmgewalzter Sechskantstab

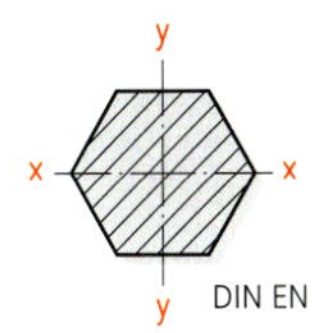
DIN EN 10 061

Warmgewalzter Flachstahl

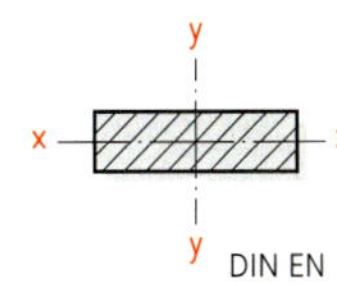
DIN EN 10 058

Abkürzungen von Benennungen für Halbzeug

Benennung	Abkürzung			Bildzeichen
Band	Bd	BD	bd	
Blech	Bl	BL	bl	
Draht	Dr	DR	dr	
Folie	Fol	FOL	fol	
Platte	Pl	PL	pl	
Rohr	Ro	RO	ro	Ø
Tafel	Tfl	TFL	tfl	
Profile				
– Flach	Fl	FL	fl	▭
– Rund	Rd	RD	rd	Ø
– Sechskant	6 kt	6 KT	6 kt	⬡
– T	T	T	t	T
– U	U	U	u	⊏
– Vierkant (Quadrat)	4 kt	4 KT	4 kt	□
– Winkel, rundkantig	L	L	l	L
– Winkel, scharfkantig	LS	LS	ls	

Benennung	Abkürzung			Bildzeichen
Profile				
– Doppel-T, schmalflanschig	I	I	i	I
– Doppel-T, breitflanschig	IB	IB	ib	
– Doppel-T, breitflanschig, mit parallelen Flanschflächen	IPB[1]	IPB	ipb	
– Doppel-T, breitflanschig, mit parallelen Flanschflächen leichte Ausführung	IPBl[1]	IPBl	ipbl	
– Doppel-T, breitflanschig, mit parallelen Flanschflächen verstärkte Ausführung	IPBv[1]	IPBv	ipbv	
– Doppel-T, mittelbreit mit parallelen Flanschflächen	IPE	IPE	ipe	
– Z	Z	Z	z	ʅ

[1] nach EURONORM 53-62: IPB = HE ... B, IPBl = HE ... A, IPBv = HE ... M

Warmgewalzte I-Träger, schmale I-Träger

DIN 1025-1: 2009-04

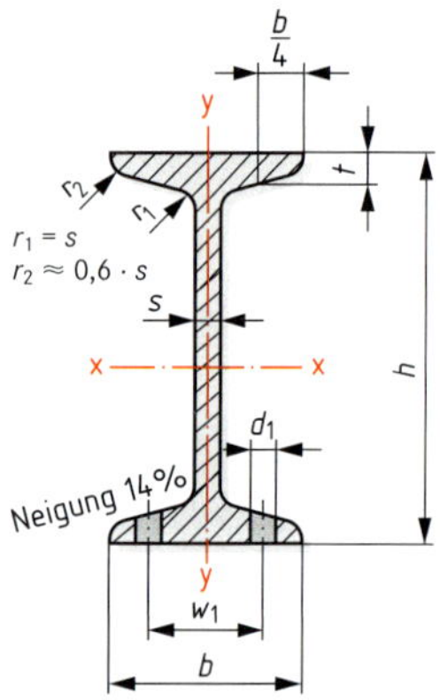

(auch als halbierter I-Träger)
Normallängen:
$h < 300$: 8 m ... 16 m
$h \geq 300$: 8 m ... 18 m
Werkstoff:
Stahl nach DIN EN 10 025

I-Profil DIN 1025-1 – I 260
DIN EN 10025-2 – S 235 JR
Bezeichnung eines warmgewalzten schmalen I-Trägers, Höhe h = 260 mm aus S 235 JR

Kurzzeichen I					Für die Biegeachse						Maße nach DIN 997: 1970-10	
					x - x		y - y					
	h mm	b mm	s mm	t mm	I_x cm⁴	W_x cm³	I_y cm⁴	W_y cm³	A cm²	m' kg/m	$d_{1\,max}$[1] mm	w_1 mm
80	80	42	3,9	5,9	77,8	19,5	6,29	3,00	7,57	5,94	6,4	22
100	100	50	4,5	6,8	171	34,2	12,2	4,88	10,6	8,34	6,4	28
120	120	58	5,1	7,7	328	54,7	21,5	7,41	14,2	11,1	8,4	32
140	140	66	5,7	8,6	573	81,9	35,2	10,7	18,2	14,3	11	34
160	160	74	6,3	9,5	935	117	54,7	14,8	22,8	17,9	11	40
180	180	82	6,9	10,4	1 450	161	81,3	19,8	27,9	21,9	13[2]	44
200	200	90	7,5	11,3	2 140	214	117	26,0	33,4	26,2	13	48
240	240	106	8,7	13,1	4 250	354	221	41,7	46,1	36,2	17/13[3]	56
280	280	119	10,1	15,2	7 590	542	364	61,2	61,0	47,9	17	60
300	300	125	10,8	16,2	9 800	653	451	72,2	69,0	54,2	21/17	64
340	340	137	12,2	18,3	15 700	923	674	98,4	86,7	68,0	21	74
360	360	143	13,0	19,5	19 610	1090	818	114	97,0	76,1	23/21[3]	76
380	380	149	13,7	20,5	2 401	1260	975	131	107	84,0	23/21	82
400	400	155	14,4	21,6	29 210	1460	1160	149	118	92,4	23	86
450	450	170	16,2	24,3	45 850	2040	1730	203	147	115	25/23[3]	94
500	500	185	18,0	27,0	68 740	2750	2480	268	179	141	28	100
550	550	200	19,0	30,0	90 180	3610	3490	349	212	166	28	110

Warmgewalzte I-Träger, mittelbreite Träger, IPE-Reihe

DIN 1025-5: 1994-03

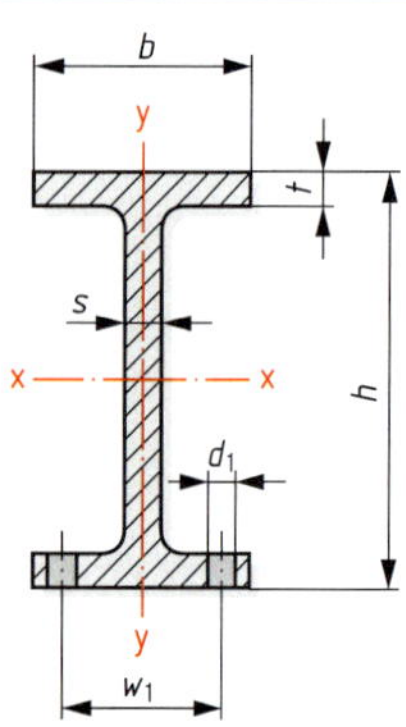

(auch als halbierter I-Träger)
Normallängen:
$h < 300$: 8 m ... 16 m
$h \geq 300$: 8 m ... 18 m
Werkstoff:
Stahl nach DIN EN 10 025

Bezeichnung eines warmgewalzten mittelbreiten I-Trägers, Höhe h = 200 mm aus S 235 JR:
I-Profil DIN 1025 – IPE 200 – S 235 JR

Kurzzeichen I					Für die Biegeachse						Maße nach DIN 997: 1970-10	
					x - x		y - y					
	h mm	b mm	s mm	t mm	I_x cm⁴	W_x cm³	I_y cm⁴	W_y cm³	A cm²	m' kg/m	$d_{1\,max}$[1] mm	w_1 mm
80	80	46	3,8	5,2	80,1	20,0	8,49	3,69	7,64	6,00	6,4	26
100	100	55	4,1	5,7	171	34,2	15,9	5,79	10,3	8,10	8,4	30
120	120	64	4,4	6,3	318	53,0	27,7	8,65	13,2	10,4	8,4	36
140	140	73	4,7	6,9	541	77,3	44,9	12,3	16,4	12,9	11	40
160	160	82	5,0	7,4	869	109	68,3	16,7	20,1	15,8	13[2]	44
180	180	91	5,3	8,0	1 320	146	101	22,2	23,9	18,8	13	50
200	200	100	5,6	8,5	1 940	194	142	28,5	28,5	22,4	13	56
220	220	110	5,9	9,2	2 770	252	205	37,3	33,4	26,2	17	60
240	240	120	6,2	9,8	3 890	324	284	47,3	39,1	30,7	17	68
270	270	135	6,6	10,2	5 790	429	420	62,2	45,9	36,1	21/17[3]	72
300	300	150	7,1	10,7	8 360	557	604	80,5	53,8	42,2	23	80
330	330	160	7,5	11,5	11 770	713	788	98,5	62,6	49,1	25/23[3]	86
360	360	170	8,0	12,7	16 270	904	1040	123	72,7	57,1	25	90
400	400	180	8,6	13,5	23 130	1160	1320	146	84,5	66,3	28/25[3]	96
450	450	190	9,4	14,6	33 740	1500	1680	176	98,8	77,6	28	106
500	500	200	10,2	16,0	48 200	1930	2140	214	116	90,7	28	110
550	550	210	11,1	17,2	67 120	2440	2670	254	134	106	28	120
600	600	220	12,0	19,0	92 080	3070	3390	308	156	122	28	120

[1] Haben Niete und Schrauben einen kleineren als den hier angegebenen Durchmesser, können dennoch die gleichen Anreißmaße angewendet werden.
[2] Genormte Schrauben für HV-Verbindungen sind hier nicht anwendbar.
[3] Sind für d_1 zwei Werte angegeben, dann gilt der kleinere Wert für HV-Schrauben.

Warmgewalzte breite I-Träger, IPB-Reihe und IPBl-Reihe

DIN 1025-2: 1995-11; DIN 1025-3: 1994-03

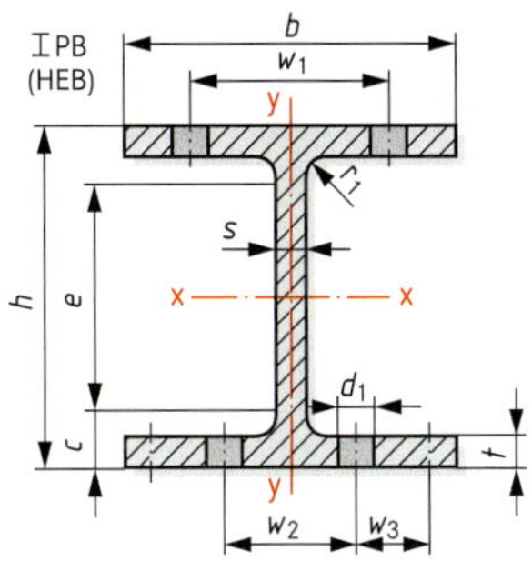

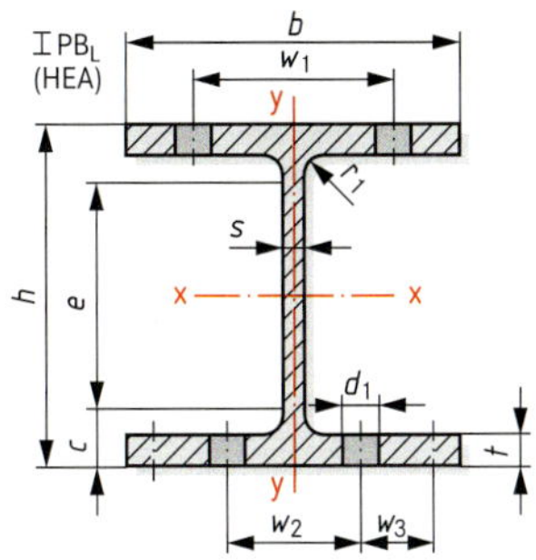

(auch als halbierter I-Träger)
Normallängen: 8 m ... 16 m
Werkstoff:
Stahl nach DIN EN 10 025

$e = h - 2c$

I-Träger

Kurzzeichen IPB (HEB)	h mm	b mm	s mm	t mm	r_1 mm	Für die Biegeachse x - x: I_x cm⁴	x - x: W_x cm³	y - y: I_y cm⁴	y - y: W_y cm³	A cm²	m' kg/m	Maße nach DIN 997: 1970-10: c mm	e mm	$d_{1\,max}$ [1] mm	w_1 mm	w_2 mm	w_3 mm
100	100	100	6	10	12	450	89,9	167	33,5	26,0	20,4	22	56	13	56	-	-
120	120	120	6,5	11	12	864	144	318	52,9	34,0	26,7	23	74	17	66	-	-
140	140	140	7	12	12	1510	216	550	78,5	43,0	33,7	24	92	21	76	-	-
160	160	160	8	13	15	2490	311	889	111	54,3	42,6	28	104	23	86	-	-
180	180	180	8,5	14	15	3830	426	1360	151	65,3	51,2	29	122	25	100	-	-
200	200	200	9	15	18	5700	570	2000	200	78,1	61,3	33	134	25	110	-	-
220	220	220	9,5	16	18	8090	736	2840	258	91,0	71,5	34	152	25	120	-	-
240	240	240	10	17	21	11260	938	3920	327	106	83,2	38	164	25	-	96	35
260	260	260	10	17,5	24	14920	1150	5130	395	118	93,0	41,5	177	25	-	106	40
280	280	280	10,5	18	24	19270	1380	6590	471	131	103	42	196	25	-	110	45
300	300	300	11	19	27	25170	1680	8560	571	149	117	46	208	28	-	120	45
IPB$_L$ (HEA)																	
100	96	100	5	8	12	349	72,8	134	26,8	21,2	16,7	20	56	13	56	-	-
120	114	120	5	8	12	606	106	231	38,5	25,3	19,9	20	74	17	66	-	-
140	133	140	5,5	8,5	12	1030	155	389	55,6	31,4	24,7	20,5	92	21	76	-	-
160	152	160	6	9	15	1670	220	616	76,9	38,8	30,4	24	104	23	86	-	-
180	171	180	6	9,5	15	2510	294	925	103	45,3	35,5	24,5	122	25	100	-	-
200	190	200	6,5	10	18	3690	389	1340	134	53,8	42,3	28	134	25	110	-	-
220	210	220	7	11	18	5410	515	1950	178	64,3	50,5	29	152	25	120	-	-
240	230	240	7,5	12	21	7760	675	2770	231	76,8	60,3	33	164	25	-	94	35
260	250	260	7,5	12,5	24	10450	836	3670	282	86,8	68,2	36,5	177	25	-	100	40
280	270	280	8	13	24	13670	1010	4760	340	97,3	76,4	37	196	25	-	110	45
300	290	300	8,5	14	27	18260	1260	6310	421	112	88,3	41	208	28	-	120	45

Bezeichnung eines breiten I-Trägers mit parallelen Flanschflächen, h = 260 mm aus S 235 JR:
I-Profil DIN 1025 – IPB 260 – S 235 JR

Bezeichnung eines breiten I-Trägers mit parallelen Flanschflächen leichte Reihe, h = 240 mm aus S 235 JR:
I-Profil DIN 1025 – IPBl 240 – S 235 JR

[1] Haben Niete und Schrauben einen kleineren als den hier angegebenen Durchmesser, können dennoch die gleichen Anreißmaße angewendet werden.

Warmgewalzter scharfkantiger T-Stahl

DIN 59 051: 2004-04

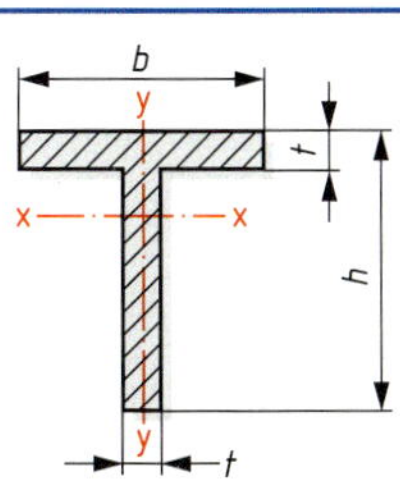

Kurzzeichen TPS	h +1,2/−0,5 mm	b +0,6/−0,25 mm	t ±0,5 mm	A cm²	m' kg/m
20	20	20	3	1,11	0,871
25	25	25	3,5	1,63	1,28
30	30	30	4	2,24	1,76
35	35	35	4,5	2,95	2,31
40	40	40	5	3,75	2,94

Normallängen: 6 m ... 12 m
Werkstoff:
Stahl nach DIN EN 10 025

Bezeichnung eines warmgewalzten T-Stahls scharfkantig (TPS), h = 30 mm aus S 235 JR:
T-Profil DIN 59 051 – TPS 30 – S 235 JR

Warmgewalzte breite I-Träger, verstärkte Ausführung

DIN 1025-4: 1994-03

I-Träger

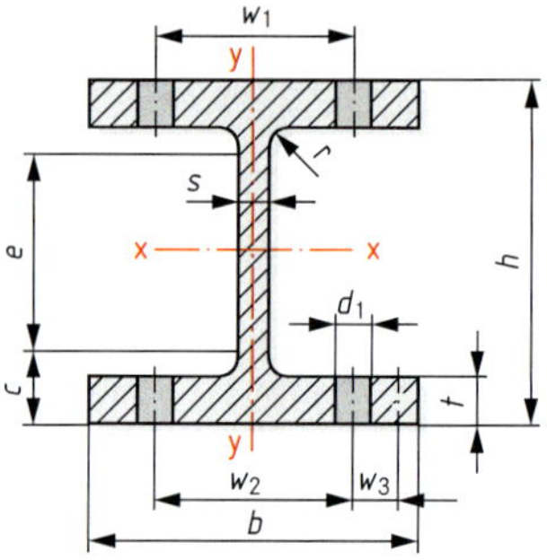

(auch als halbierter I-Träger)
Normallängen: 4 m ... 15 m
Werkstoff: Stahl nach DIN EN 10 025

$e = h - 2c$

Kurz-zeichen					Für die Biegeachse x - x		y - y				Maße nach DIN 997: 1970-10					
IPBV (HEM)	h mm	b mm	s mm	t mm	I_x cm⁴	W_x cm³	I_y cm⁴	W_y cm³	A cm²	m' kg/m	c mm	e mm	$d_{1\,max}$ [1] mm	w_1 mm	w_2 mm	w_3 mm
100	120	106	12	20	1140	190	399	75,3	53,2	41,8	32	56	13	60	–	–
120	140	126	12,5	21	2020	288	703	112	66,4	52,1	33	74	17	68	–	–
140	160	146	13	22	3290	411	1140	157	80,6	63,2	34	92	21	76	–	–
160	180	166	14	23	5100	566	1760	212	97,1	76,2	38	104	23	86	–	–
180	200	186	14,5	24	7480	748	2580	277	113	88,9	39	122	25	100	–	–
200	220	206	15	25	10640	967	3650	354	131	103	43	134	25	110	–	–
220	240	226	15,5	26	14600	1220	5010	444	149	117	44	152	25	120	–	–
240	270	248	18	32	24290	1800	8150	657	200	157	53	164	25/23	–	100	35
260	290	268	18	32,5	31310	2160	10450	780	220	172	56,5	177	25	–	110	40
280	310	288	18,5	33	39550	2550	13160	914	240	189	57	196	25	–	116	45
300	340	310	21	39	59200	3480	19400	1250	303	238	66	208	25	–	120	50
320/305	320	305	16	29	40950	2560	13740	901	225	177	56	208	28	–	120	50
320	359	309	21	40	68130	3800	19710	1280	312	245	67	225	28	–	126	47
340	377	309	21	40	76370	4050	19710	1280	316	248	67	243	28	–	126	47
360	395	308	21	40	84870	4300	19520	1270	319	250	67	261	28	–	126	47
400	432	307	21	40	104100	4820	19330	1260	326	256	67	298	28	–	126	47
450	478	307	21	40	131500	5500	19340	1260	335	263	67	344	28	–	126	47
500	524	306	21	40	161900	6180	19150	1250	344	270	67	390	28	–	130	45

Bezeichnung eines warmgewalzten breiten I-Trägers, IPBv-Reihe, von einer Höhe h = 320 mm aus S 235 JR:
I-Profil DIN 1025 – IPBv 320 – S 235 JR

Warmgewalzter rundkantiger Z-Stahl

DIN 1027: 2004-04

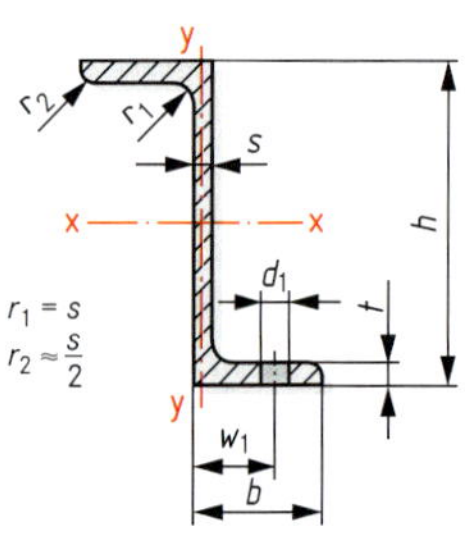

$r_1 = s$
$r_2 \approx \frac{s}{2}$

Normallängen: 3 ... 15 m
Werkstoff: Stahl nach DIN EN 10 025

Kurz-zei-chen					Für die Biegeachse x - x		y - y				Maße nach DIN 997: 1970-10	
Z	h mm	b mm	s mm	t mm	I_x cm⁴	W_y cm³	I_y cm⁴	W_y cm³	A cm²	m' kg/m	$d_{1\,max}$ [1] mm	w_1 mm
30	30	38	4	4,5	5,96	3,97	13,7	3,80	4,32	3,39	11	20
40	40	40	4,5	5	13,5	6,75	17,6	4,66	5,43	4,26	11	22
50	50	43	5	5,5	26,3	10,5	23,8	5,88	6,77	5,31	11	25
60	60	45	5	6	44,7	14,9	30,1	7,09	7,91	6,21	13	25
80	80	50	6	7	109	27,3	47,4	10,1	11,1	8,71	13	30
100	100	55	6,5	8	222	44,4	72,5	14,0	14,5	11,4	17	30
120	120	60	7	9	402	67,0	106	18,8	18,2	14,3	17	35
140	140	65	8	10	676	96,6	148	24,3	22,9	18	17	35
160	160	70	8,5	11	1060	132	204	31,0	27,5	21,6	21/17	35
180	180	75	9,5	12	1600	178	270	38,4	33,3	26,1	23/21	40
200	200	80	10	13	2300	230	357	47,6	38,7	30,4	23	45

Bezeichnung eines warmgewalzten rundkantigen Z-Stahls von einer Höhe h = 100 mm aus S 235 JR:
Z-Profil DIN 1027 – Z 100 – S 235 JR

[1] Sind für d_1 zwei Werte angegeben, dann gilt der kleinere Wert für HV-Schrauben.
Haben Niete und Schrauben einen kleineren als den hier angegebenen Durchmesser, können dennoch die gleichen Anreißmaße verwendet werden.

Warmgewalzter gleichschenkliger rundkantiger T-Stahl

DIN EN 10 055: 1995-12

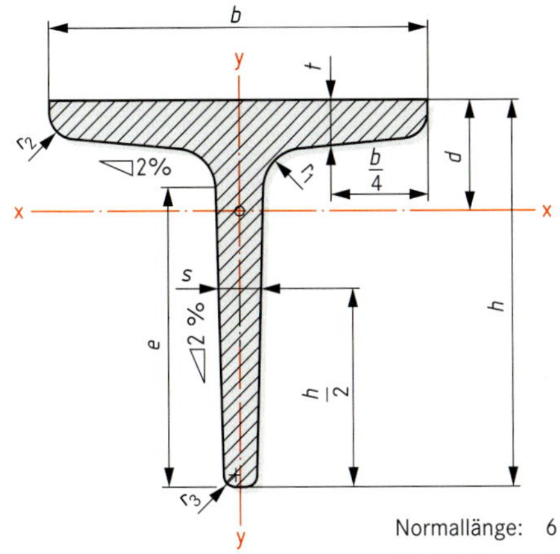

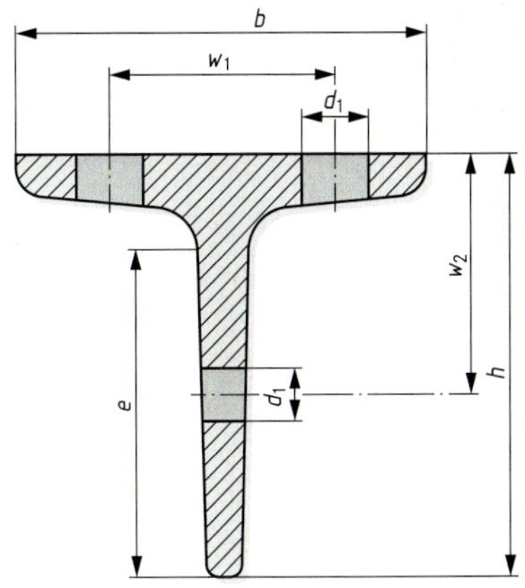

Normallänge: 6 m ... 12 m
Werkstoff: Stahl nach DIN EN 10 025

Kurzzeichen						Querschnitt		Abstand der x-Achse	Für die Biegeachse				Maße nach DIN 997: 1970-10			
									x - x		y - y					
T	$h = b$ mm	$s = t$ mm	r_1 mm	r_2 mm	r_3 mm	A cm²	m' kg/m	d cm	I_x cm⁴	W_x cm³	I_y cm⁴	W_y cm³	w_1 mm	w_2 mm	d_1 mm	e mm
30	30	4	4	2	1	2,26	1,77	0,85	1,72	0,80	0,87	0,58	17	17	4,3	21
35	35	4,5	4,5	2,5	1	2,97	2,33	0,99	3,10	1,23	1,57	0,90	19	19	4,3	25
40	40	5	5	2,5	1	3,77	2,96	1,12	5,28	1,84	2,58	1,29	21	22	6,4	29
50	50	6	6	3	1,5	5,66	4,44	1,39	12,1	3,36	6,06	2,42	30	30	6,4	37
60	60	7	7	3,5	2	7,94	6,23	1,66	23,8	5,48	12,2	4,07	34	35	8,4	45
70	70	8	8	4	2	10,6	8,23	1,94	44,5	8,79	22,1	6,32	38	40	11	53
80	80	9	9	4,5	2	13,6	10,7	2,22	73,7	12,8	37,0	9,25	45	45	11	61
100	100	11	11	5,5	3	20,9	16,4	2,74	179	24,6	88,3	17,7	60	60	13	77
120	120	13	13	6,5	3	29,6	23,2	3,28	366	42,0	178	29,7	70	70	17	93
140	140	15	15	7,5	4	39,9	31,3	3,80	660	64,7	330	47,2	80	75	21	109

Bezeichnung eines warmgewalzten gleichschenkligen rundkantigen T-Stahls mit einer Höhe h = 50 mm aus S 235 JO:

T-Profil EN 10 055 – T50 – Stahl EN 10 025-S 235 JO

Warmgewalzter gleichschenkliger scharfkantiger Winkelstahl

DIN 1022: 2004-04

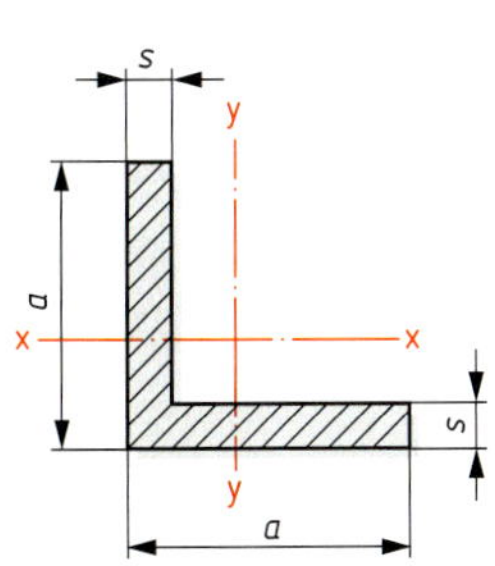

Normallängen: 3 m ... 12 m
Werkstoff:
Stahl nach DIN EN 10 025

Kurzzeichen LS	a +1,2/ -0,5 mm	s +0,6/ -0,25 mm	A cm²	m' kg/m
20 × 3	20	3	1,11	0,871
20 × 4		4	1,44	1,13
25 × 3	25	3	1,41	1,11
25 × 4		4	1,84	1,44
30 × 3	30	3	1,71	1,34
30 × 4		4	2,24	1,76
35 × 4	35	4	2,64	2,07
40 × 4	40	4	3,04	2,39
40 × 5		5	3,75	2,94
45 × 5	45	5	4,25	3,34
50 × 5	50	5	4,75	3,73

Bezeichnung eines warmgewalzten gleichschenkligen scharfkantigen Winkelstahles (LS) von a = 20 mm, s = 4 mm aus S 235 JR:

LS-Profil DIN 1022 – LS 20 × 4 – S 235 JR

Warmgewalzter rundkantiger U-Stahl

DIN 1026-1: 2009-09

U-Stähle

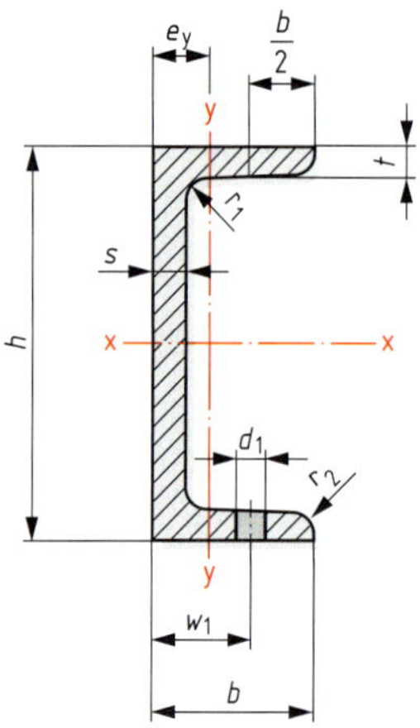

$b_1 = \frac{b}{2}$ bei $h \leq 300$

$b_1 = \frac{b - t_s}{2}$ bei $h > 300$

Neigung bei
$h \leq 300$ mm: 8 %
$h > 300$ mm: 5 %

$r_1 = t$

$r_2 \approx \frac{t}{2}$

Normallänge: 8 m ... 16 m
Werkstoff:
Stahl nach DIN EN 10 025

Kurzzeichen					Abstand der y-Achse	Für die Biegeachse						Maße nach DIN 997: 1970-10	
						$x - x$		$y - y$					
U	h mm	b mm	s mm	t mm	e_y cm	I_x cm⁴	W_x cm³	I_y cm⁴	W_y cm³	A cm²	m' kg/m	d_1 mm	w_1 mm
30 × 15	30	15	4	4,5	0,52	2,53	1,69	0,38	0,39	2,21	1,74	4,3	10
30	30	33	5	7	1,31	6,39	4,26	5,33	2,68	5,44	4,27	8,4	20
40 × 20[3]	40	20	5	5,5	0,67	7,58	3,79	1,14	0,86	3,66	2,87	6,4	11
40	40	35	5	7	1,33	14,1	7,05	6,68	3,08	6,21	4,87	8,4	20
50 × 25	50	25	5	6	0,81	16,8	6,73	2,49	1,48	4,92	3,86	8,4	16
50	50	38	5	7	1,37	26,4	10,6	9,12	3,75	7,12	5,59	11	20
60	60	30	6	6	0,91	31,6	10,5	4,51	2,16	6,46	5,07	8,4	18
65	65	42	5,5	7,5	1,42	57,5	17,7	14,1	5,07	9,03	7,09	11	25
80	80	45	6	8	1,45	106	26,5	19,4	6,36	11,0	8,64	13[1]	25
100	100	50	6	8,5	1,55	206	41,2	29,3	8,49	13,5	10,6	13	30
120	120	55	7	9	1,60	364	60,7	43,2	11,1	17,0	13,4	17/13[2]	30
140	140	60	7	10	1,75	605	86,4	62,7	14,8	20,4	16,0	17	35
160	160	65	7,5	10,5	1,84	925	116	85,3	18,3	24,0	18,8	21/17[2]	35
180	180	70	8	11	1,92	1350	150	114	22,4	28,0	22,0	21	40
200	200	75	8,5	11,5	2,01	1910	191	148	27,0	32,2	25,3	23/21[2]	40
220	220	80	9	12,5	2,14	2690	245	197	33,6	37,4	29,4	23	45
240	240	85	9,5	13	2,23	3600	300	248	39,6	42,3	33,2	25/23[2]	45
260	260	90	10	14	2,36	4820	371	317	47,7	48,3	37,9	25	50
280	280	95	10	15	2,53	6280	448	399	57,2	53,3	41,8	25	50
300	300	100	10	16	2,70	8030	535	495	67,8	58,8	46,2	28	55

U-Profil DIN 1026-1 – U 200 DIN EN 10025-2 – S 235 JR
Bezeichnung eines warmgewalzten rundkantigen U-Stahls mit einer Höhe h = 200 mm aus S 235 JR

[1] Genormte Schrauben für HV-Verbindungen sind hier nicht anwendbar.
[2] Sind für d_1 zwei Werte angegeben, dann gilt der kleinere Wert für HV-Schrauben.
[3] Bei U 40 × 20 ist t = 5,5 mm und r_1 = 5 mm.

Warmgewalzter gleichschenkliger rundkantiger Winkelstahl

DIN EN 10 056-1: 1998-10

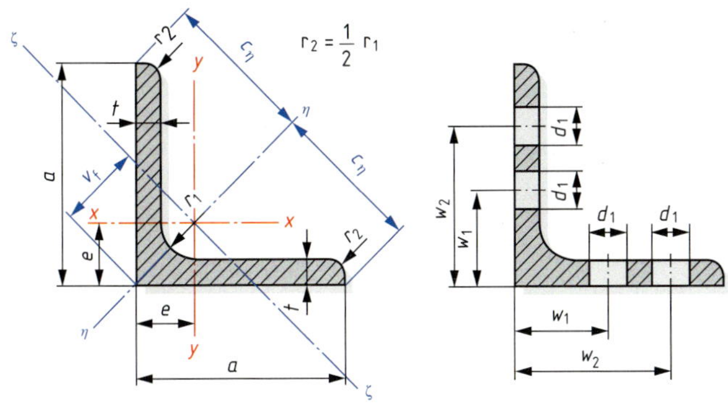

Normallänge: 6 m ... 12 m

Werkstoff: Stahl nach DIN EN 10 025

Bezeichnung eines warmgewalzten gleichschenkligen rundkantigen Winkelstahls mit a = 80 mm, t = 10 mm aus S 235 JO

L EN 10 056-1-80 x 80 x 10
Stahl EN 10 025 - S 235 JO

Winkelstähle

Kurzzeichen							Für die Biegeachse $x-x$ und $y-y$		$\eta-\eta$	$\zeta-\zeta$				Maße nach DIN 997: 1970-10		
L	a mm	t mm	r_1 mm	e cm	c_η cm	c_f cm	$I_x = I_y$ cm^4	$W_x = W_y$ cm^3	I_η cm^4	I_ζ cm^4	W_ζ cm^3	A cm^2	m' kg/m	d_1 mm	w_1 mm	w_2 mm
20 x 20 x 3	20	3	3,5	0,598	1,41	0,846	0,392	0,279	0,618	0,165	0,195	1,12	0,882	4,3	12	-
25 x 25 x 3	25	3	3,5	0,723	1,77	1,02	0,803	0,452	1,27	0,334	0,326	1,14	1,12	6,4	15	-
25 x 25 x 4	25	4	3,5	0,762	1,77	1,08	1,02	0,586	16,1	0,430	0,399	1,85	1,45	6,4	15	-
30 x 30 x 3	30	3	5	0,835	2,12	1,18	1,40	0,649	2,22	0,585	0,496	1,74	1,36	8,4	17	-
30 x 30 x 4	30	4	5	0,878	2,12	1,24	1,80	0,850	2,85	0,754	0,607	2,27	1,78	8,4	17	-
35 x 35 x 4	35	4	5	1,00	2,47	1,42	2,95	1,18	4,68	1,23	0,865	2,67	2,09	11	18	-
40 x 40 x 4	40	4	6	1,12	2,83	1,58	4,47	1,55	7,09	1,86	1,17	3,08	2,42	11	22	-
40 x 40 x 5	40	5	6	1,16	2,83	1,64	5,43	1,91	8,60	2,26	1,38	3,79	2,97	11	22	-
50 x 50 x 4	50	4	7	1,35	3,54	1,92	8,97	1,46	14,2	3,73	1,94	3,89	30,6	13	30	-
50 x 50 x 5	50	5	7	1,40	3,54	1,99	11,0	3,05	17,4	4,55	2,29	4,80	3,77	13	30	-
50 x 50 x 6	50	6	7	1,45	3,54	2,04	12,8	3,61	20,3	5,34	2,61	5,69	4,47	13	30	-
60 x 60 x 5	60	5	8	1,64	4,24	2,32	19,4	4,45	30,7	8,03	3,46	5,82	4,57	17	35	-
60 x 60 x 6	60	6	8	1,69	4,24	2,39	22,8	5,29	36,1	9,44	3,96	6,91	5,42	17	35	-
60 x 60 x 8	60	8	8	1,77	4,24	2,50	29,2	6,89	46,1	12,2	4,86	9,03	7,09	17	35	-
65 x 65 x 7	65	7	9	1,85	4,60	2,62	33,4	7,18	53,0	13,8	5,27	8,70	6,83	21	35	-
70 x 70 x 6	70	6	9	1,93	4,95	2,73	36,9	7,27	58,5	15,3	5,60	8,13	6,38	21	40	-
70 x 70 x 7	70	7	9	1,97	4,95	2,46	42,3	8,41	67,1	17,5	6,28	9,40	7,38	21	40	-
75 x 75 x 6	75	6	9	2,05	5,30	2,90	45,8	8,41	72,7	18,9	6,53	8,73	6,85	23	40	-
75 x 75 x 8	75	8	9	2,12	5,30	3,02	59,1	11,0	93,8	24,5	8,09	11,4	8,99	23	40	-
80 x 80 x 8	80	8	10	2,26	5,66	3,19	72,2	12,6	115	29,9	9,37	12,3	9,63	23	45	-
80 x 80 x 10	80	10	10	2,34	5,66	3,30	87,5	15,4	139	36,4	11,0	15,1	11,9	23	45	-
100 x 100 x 8	100	8	12	2,74	7,07	3,87	145	19,9	230	59,9	15,5	15,5	12,2	25	55	-
100 x 100 x 10	100	10	12	2,82	7,07	3,99	177	24,6	280	73,0	18,3	19,2	15,0	25	55	-
100 x 100 x 12	100	12	12	2,90	7,07	4,11	207	28,1	328	85,7	20,9	22,7	17,8	25	55	-
120 x 120 x 10	120	10	13	3,31	8,49	4,69	331	36,0	497	129	27,5	23,2	18,2	25	50	80
120 x 120 x 12	120	12	13	3,40	8,49	4,80	368	42,7	584	152	31,6	27,5	21,6	25	50	80
130 x 130 x 12	130	12	14	3,64	9,19	5,15	472	50,4	750	194	37,7	30,0	23,6	25	50	90
150 x 150 x 10	150	10	16	4,03	10,6	5,71	624	56,9	990	258	45,1	29,3	23,0	28	60	105
150 x 150 x 12	150	12	16	4,12	10,6	5,83	737	67,7	1170	303	52,0	34,8	27,3	28	60	105
150 x 150 x 15	150	15	16	4,25	10,6	6,01	989	83,5	1430	370	61,6	43,0	33,8	28	60	105
200 x 200 x 16	200	16	18	5,52	14,1	7,81	2340	162	3720	960	123	61,8	48,5	28	65	150
200 x 200 x 18	200	18	18	5,60	14,1	7,92	2600	181	4150	1050	133	69,1	54,3	28	65	150
200 x 200 x 20	200	20	18	5,68	14,1	8,04	2850	199	4530	1170	146	76,3	59,9	28	65	150
200 x 200 x 24	200	24	18	5,84	14,1	8,26	3330	235	5280	1380	167	90,6	71,7	28	65	150

Warmgewalzter ungleichschenkliger rundkantiger Winkelstahl

DIN EN 10 056-1: 1998-10

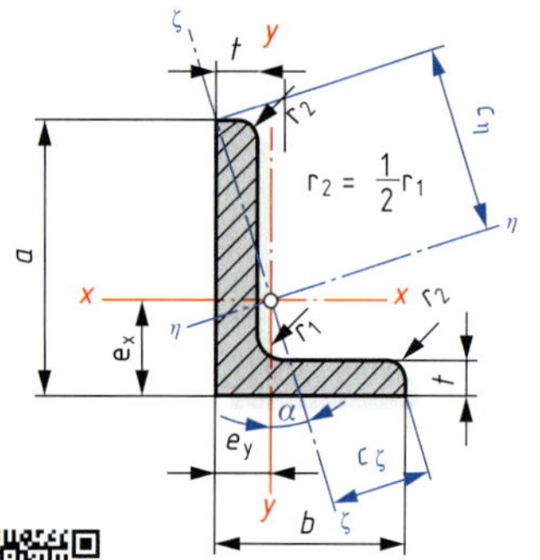

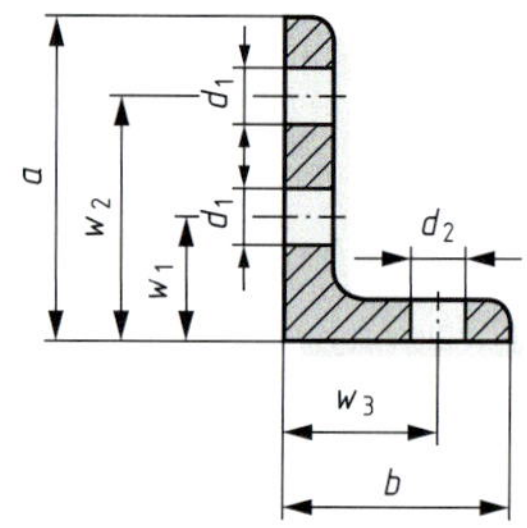

Normallängen: 6 ... 12 m
Werkstoff: Stahl nach DIN EN 10 025

Bezeichnung eines warmgewalzten ungleichschenkligen rundkantigen Winkelstahls mit a = 100 mm, b = 50 mm, t = 6 mm aus S 235 JR:

L EN 10 056-1-100 x 50 x 6
Stahl EN 10 025-S235 JR

Winkelstähle

Kurzzeichen							Für die Biegeachsen x - x		y - y				Maße nach DIN 998: 1970-10				
L	a mm	b mm	t mm	r_1 mm	e_x cm	e_y cm	I_x cm⁴	W_x cm³	I_y cm⁴	W_y cm³	A cm²	m' kg/m	d_1 1) mm	d_2 1) mm	w_1 mm	w_2 mm	w_3 mm
30 × 20 × 3	30	20	3	4	0,99	0,50	1,25	0,62	0,44	0,29	1,43	1,12	8,4	4,3	17	–	12
30 × 20 × 4	30	20	4	4	1,03	0,54	1,59	0,81	0,55	0,38	1,86	1,46	8,4	4,3	17	–	12
40 × 20 × 4	40	20	4	4	1,47	0,48	3,59	1,42	0,60	0,39	2,26	1,77	11	4,3	22	–	12
45 × 30 × 4	45	30	4	4,5	1,48	0,74	5,78	1,91	2,05	0,91	2,87	2,25	13	8,4	25	–	17
50 × 30 × 5	50	30	5	5	1,73	0,74	9,36	2,86	2,51	1,11	3,78	2,96	13	8,4	30	–	17
60 × 30 × 5	60	30	5	5	2,17	0,68	15,6	4,07	2,63	1,14	4,28	3,36	17	8,4	35	–	17
60 × 40 × 5	60	40	5	6	1,96	0,97	17,2	4,25	6,11	2,02	4,79	3,76	17	11	35	–	22
60 × 40 × 6	60	40	6	6	2,00	1,01	20,1	5,03	7,12	2,38	5,68	4,46	17	11	35	–	22
65 × 50 × 5	65	50	5	6	1,99	1,25	23,2	5,14	11,9	3,19	5,54	4,35	21	13	35	–	30
70 × 50 × 6	70	50	6	7	2,23	1,25	33,4	7,01	14,2	3,78	6,89	5,41	21	13	40	–	30
75 × 50 × 6	75	50	6	7	2,44	1,21	40,5	8,01	14,4	3,81	7,19	5,65	23	13	35	–	30
75 × 50 × 8	75	50	8	7	2,52	1,29	52,0	10,4	18,4	4,95	9,41	7,39	23	13	35	–	30
80 × 40 × 6	80	40	6	7	2,85	0,88	44,9	8,73	7,59	2,44	6,89	5,41	23	11	45	–	22
80 × 40 × 8	80	40	8	7	2,94	0,96	57,6	11,4	9,61	3,16	9,01	7,07	23	11	45	–	22
80 × 60 × 7	80	60	7	7	2,51	1,52	59,0	10,7	28,4	6,34	9,38	7,36	23	17	45	–	35
100 × 50 × 6	100	50	6	8	3,51	1,05	89,9	13,8	15,4	3,89	8,71	6,84	25	13	55	–	30
100 × 50 × 8	100	50	8	8	3,60	1,13	116	18,2	19,7	5,08	11,4	8,97	25	13	55	–	30
100 × 75 × 8	100	75	8	10	3,10	1,87	133	19,3	64,1	11,4	13,5	10,6	25	23	55	–	40
100 × 75 × 10	100	75	10	10	3,19	1,95	162	23,8	77,6	14,0	16,6	13,0	25	2)	55	–	40
100 × 75 × 12	100	75	12	10	3,27	2,03	189	28,0	90,2	16,5	19,7	15,4	25	2)	2)	–	2)
120 × 80 × 8	120	80	8	11	3,83	1,87	226	27,6	80,8	13,2	15,5	12,2	25	23	50	80	45
120 × 80 × 10	120	80	10	11	3,92	1,95	276	34,1	98,1	16,2	19,1	15,0	25	23	50	80	45
120 × 80 × 12	120	80	12	11	4,00	2,03	323	40,4	114	19,1	22,7	17,8	25	23	50	80	45
135 × 65 × 8	135	65	8	11	4,78	1,34	291	33,4	45,2	8,75	15,5	12,2	2)	2)	2)	2)	2)
135 × 65 × 10	135	65	10	11	4,88	1,42	356	41,3	54,7	10,8	19,1	15,0	2)	2)	2)	2)	2)
150 × 75 × 10	150	75	10	12	5,31	1,61	501	51,6	85,6	14,5	21,7	17,0	28	23	60	105	40
150 × 75 × 12	150	75	12	12	5,40	1,69	588	61,3	99,6	17,1	25,7	20,2	28	23	60	105	40
150 × 100 × 10	150	100	10	12	4,81	2,34	553	54,2	199	25,9	24,2	19,0	28	25	60	105	55
150 × 100 × 12	150	100	12	12	4,89	2,42	651	64,4	233	30,7	28,7	22,5	28	25	60	105	55
200 × 100 × 10	200	100	10	15	6,93	2,01	1220	93,2	210	26,3	29,2	23,0	28	25	65	150	55
200 × 100 × 12	200	100	12	15	7,03	2,10	1440	111	247	31,3	34,8	27,3	28	25	65	150	55
200 × 100 × 15	200	100	15	15	7,16	2,22	1758	137	299	38,5	43,0	33,75	28	25	65	150	55

1) Haben Niete und Schrauben einen kleineren als den hier angegebenen Durchmesser, können dennoch die gleichen Anreißmaße verwendet werden.

2) Werte nicht genormt

Warmgewalzter Rundstab (DIN EN 10 060: 2004-02), Warmgewalzter Vierkantstab (DIN EN 10 059: 2004-02), Warmgewalzter Sechskantstab (DIN EN 10 061: 2004-02)

Maße *d, a, s*[1] in mm	Masse *m'* in kg/m[2]			Maße *d, a, s*[1] in mm	Masse *m'* in kg/m[2]			Maße *d, a, s*[1] in mm	Masse *m'* in kg/m[2]		
	d	*a*	*s*		*d*	*a*	*s*		*d*	*a*	*s*
8	–	0,505	–	32 (31,5)	6,31	8,04	6,75	90 (88)	49,9	63,6	52,6
10	0,617	0,785	–	35 (35,5)	7,55	9,62	8,56	95 (93)	55,6	–	58,8
12	0,888	1,13	–	36	7,99	–	–	100 (103)	61,7	78,5	72,1
13	1,04	1,33	1,15	38 (37,5)	8,90	–	9,56	110	74,6	95,0	–
14	1,21	1,54	1,33	40 (39,5)	9,86	12,6	10,6	120	88,8	113	–
15	1,39	1,77	1,53	45 (42,5)	12,5	15,9	12,3	130	104	133	–
16	1,58	2,01	1,74	48 (47,5)	14,2	–	15,3	140	121	154	–
18	2,00	2,54	2,20	50	15,4	19,6	–	150	139	177	–
19	2,23	–	2,46	52	16,7	–	18,4	160	158	–	–
20 (20,5)	2,47	3,14	2,86	55	18,7	23,7	–	170	178	–	–
22 (22,5)	2,98	3,80	3,44	60	22,2	28,3	–	180	200	–	–
24 (23,5)	3,55	4,52	3,75	63 (62)	24,5	–	26,1	190	223	–	–
25 (25,5)	3,85	4,91	4,42	65 (67)	26,0	33,2	30,5	200	247	–	–
26	4,17	5,31	–	70 (72)	30,2	38,5	35,2	220	298	–	–
27	4,49	–	–	75	34,7	44,2	–	250	385	–	–
28 (28,5)	4,83	6,15	5,52	80 (78)	39,5	50,2	41,4				
30	5,55	7,07	–	85 (83)	44,5	–	46,8				

[1] Die in Klammern gesetzten Maße gelten für Sechseckstäbe statt der nicht in Klammern gesetzten Maße.
[2] mit einer Dichte $\varrho = 7{,}85\ kg/dm^3$ berechnet.

Normlänge je nach Durchmesser oder Seitenlänge: 3 ... 13 m; Werkstoff: Stahl EN 10 025.
Bezeichnung eines warmgewalzten Rundstahles, Nenndurchmesser *d* = 50 mm aus S 235 JR:
Rundstab EN 10 060-50 Stahl EN 10 025 – S 235 JR

Warmgewalzter Flachstab

DIN EN 10 058: 2004-02

Breite in mm	Masse *m'* in kg/m[1] für die Dicke *t* in mm											
	5	6	8	10	12	15	20	25	30	35	40	50
10	0,393	–	–	–	–	–	–	–	–	–	–	–
12	0,471	0,565	–	–	–	–	–	–	–	–	–	–
14	0,589	0,707	0,942	1,18	–	–	–	–	–	–	–	–
16	0,628	0,754	1,00	1,26	–	–	–	–	–	–	–	–
20	0,785	0,942	1,26	1,57	1,88	2,36	–	–	–	–	–	–
25	0,981	1,018	1,57	1,96	2,36	2,94	–	–	–	–	–	–
30	1,18	1,41	1,88	2,36	2,83	3,53	4,71	5,89	–	–	–	–
35	1,37	1,65	2,20	2,75	3,30	4,12	5,50	6,87	–	–	–	–
40	1,57	1,88	2,51	3,14	3,77	4,71	6,28	7,85	9,42	–	–	–
45	1,77	2,12	2,83	3,53	4,24	5,30	7,07	8,83	10,6	–	–	–
50	1,96	2,36	3,14	3,93	4,71	5,89	7,85	9,81	11,8	–	–	–
60	2,36	2,83	3,77	4,71	5,65	7,07	9,42	11,8	14,1	16,5	18,8	–
70	2,75	3,30	4,40	5,50	6,59	8,24	11,0	13,7	16,5	19,2	22,0	–
80	3,14	3,77	5,02	6,28	7,54	9,42	12,6	15,7	18,8	22,0	25,1	31,4
90	3,53	4,24	5,65	7,07	8,48	10,6	14,1	17,7	21,2	24,7	28,3	35,3
100	3,93	4,71	6,28	7,85	9,42	11,8	15,7	19,6	23,6	27,5	31,4	39,3

[1] errechnet mit einer Dichte $\varrho = 7{,}85\ kg/dm^3$

Normallängen: 3 ... 13 m; Werkstoff nach DIN EN 10 025, DIN EN 10 083, DIN EN 10 084, DIN 10 087
Bezeichnung eines warmgewalzten Flachstabes mit der Breite 30 mm und der Dicke 15 mm aus S 235 JR:
Flachstab EN 10 058 – 30 × 15 Stahl EN 10 025 – S 235 JR

Kaltgewalzte Verpackungsblecherzeugnisse

DIN EN 10 202: 2001-07

Stahlsorte Kurzname	Stahlsorte Werkstoff-nummer	Härte HR 30 Tm[1] max.	$R_{p\,0,2}$ in N/mm^2
TS 230	1.0371	53	230
TS 245	1.0372	53	245
TS 275	1.0375	58	275
TH 415	1.0377	62	415
TH 435	1.0378	65	435
Doppelt reduziertes Blech			
TH 520	1.0384	–	520
TH 550	1.0373	–	550
TH 580	1.0382	–	580
TH 620	1.0374	–	620

Einfach kaltgewalztes Feinstblech und Weißblech: Nenndicke 0,17 ... 0,49 mm
Doppelt reduziertes Feinstblech und Weißblech: Nenndicke 0,13 ... 0,29 mm

Bevorzugte Werte der Zinnauflage bei Weißblech sind beidseitig: 1,0 - 1,4 - 2,0 - 2,8 - 4,0 - 5,0 - 5,6 - 8,4 - 11,2 - 14,0 - 15,1 g/m^2.

Weißblech
Tafel EN 10 202-TS 245 - CA - ST-E 2,0/2,0 – 0,22 × 600 × 800
Bezeichnung eines Weißbleches, Stahlsorte TS 245, kontinuierlich geglüht (CA), Oberfläche stone finish (ST) (gerichtete Oberflächenstruktur), elektrolytisch mit einer Auflage von beidseitig 2,0 g/m^2 verzinnt (E), Dicke 0,22 mm, Breite 600 mm und Länge 800 mm

[1] ähnlich dem Verfahren HR 30T, jedoch ist das Auftreten von Verformungsspuren auf der Rückseite der Probe erlaubt.

Kaltgewalztes Breitband und Blech aus unlegierten Stählen

DIN EN 10 131: 2006-09

Dicke	Breite	Masse m'' in kg/m^2 [1]
0,35	600 ... 2000 (auch für Stäbe < 600, die vom Band abgesägt sind)	2,75
0,40		3,14
0,50		3,93
0,60		4,71
0,70		5,50
0,80		6,28
0,90		7,07
1,00		7,85
1,20		9,42
1,50		11,78
2,00		15,70
2,50		19,63
3,00		23,55

Werkstoff:
alle Stähle nach DIN EN 10 130

Band EN 10 131 – 0,80 × 1200
Stahl EN 10 130 – DC 04 Am

Bezeichnung eines Bandes von 0,80 mm Dicke und 1200 mm Breite aus DC 04 Am

[1] Errechnet mit einer Dichte 7,85 kg/dm^3

Warmgewalztes Blech und Band

DIN EN 10 051: 1997-11

Produkt	Breite in mm	Dicke in mm
Blech Breitband	≥ 600	2 ... 25
Band (aus Breitband längsgeteilt)	< 600	

Werkstoff:
alle unlegierten und legierten Stähle

Blech EN 10 051 – 2,0 × 1500 GK × 2500
Stahl EN 10 083-1-34 Cr 4
Bezeichnung eines Bleches, 2 mm dick, 1500 mm breit mit geschnittenen Kanten (GK), 2500 mm lang aus 34 Cr 4

Band EN 10 051 – 5,0 × 500 Stahl EN 10 025 – S 235 JR
Bezeichnung eines Bandes, 5 mm dick, 500 mm breit mit Naturwalzkanten aus Stahl S 235 JR

Stahldraht

DIN EN 10 218-2: 2012-03

Durchmesserbereich in mm	Grenzabmaße in mm Toleranzklasse T3	Durchmesserbereich in mm	Grenzabmaße in mm Toleranzklasse T3	Durchmesserbereich in mm	Grenzabmaße in mm Toleranzklasse T3
0,05 bis < 0,12	± 0,006	0,91 bis < 1,42	± 0,025	5,67 bis < 8,17	± 0,060
0,12 bis < 0,15	± 0,008	1,42 bis < 2,05	± 0,030	8,17 bis < 11,12	± 0,070
0,15 bis < 0,23	± 0,010	2,05 bis < 2,78	± 0,035	11,12 bis < 14,52	± 0,080
0,23 bis < 0,33	± 0,012	2,78 bis < 3,63	± 0,040	14,52 bis < 18,37	± 0,090
0,33 bis < 0,52	± 0,015	3,63 bis < 4,60	± 0,045	18,37 bis < 22,68	± 0,100
0,52 bis < 0,91	± 0,020	4,60 bis < 5,67	± 0,050	22,68 bis ≤ 25	± 0,120

$T1 = 0{,}035 \cdot \sqrt{d}$ für dickverzinkten Draht
$T2 = 0{,}027 \cdot \sqrt{d}$ für verzinkten Draht
$T3 = 0{,}021 \cdot \sqrt{d}$
$T4 = 0{,}015 \cdot \sqrt{d}$ } für blanken Draht mit steigender Präzision
$T5 = 0{,}010 \cdot \sqrt{d}$

Werkstoff: unlegierte Stähle
Draht EN 10 218-Ø1,0 T3
Bezeichnung eines blanken Drahtes, Durchmesser d = 1,0 mm, Toleranzklasse T3

Schmelztauchveredeltes Blech und Band aus Stahl

DIN EN 10 346: 2009-07, DIN EN 10 143: 2006-09

Kurzname	Werkstoffnummer	verfügbare Überzüge	Streckgrenze/ Dehngrenze $R_e/R_{p0,2}$ in N/mm²	Zugfestigkeit R_m in N/mm²	Bruchdehnung A_{80} in %	Garantie für die Festigkeitswerte	Güteklasse für die Kaltumformung
Weiche Stähle zum Kaltumformen							
DX51D	1.0226	+Z, +ZF, +ZA, +AZ, +AS	-	270 ... 500	22		Maschinenfalzgüte
DX52D	1.0350	+Z, +ZF, +ZA, +AZ, +AS	140 ... 300	270 ... 420	26	1 Monat	Ziehgüte
DX53D	1.0355	+Z, +ZF, +ZA, +AZ, +AS	140 ... 260	270 ... 380	30		Tiefziehgüte
DX54D	1.0306	+Z, +ZA	120 ... 220	260 ... 350	36		Sondertiefziehgüte
DX54D	1.0306	+Z, +AS	120 ... 220	260 ... 350	34		
DX56D	1.0322	+Z, +ZA, +AS	120 ... 180	260 ... 350	39		Spezialtiefziehgüte
DX56D	1.0322	+ZF	120 ... 180	260 ... 350	37	6 Monate	
DX57D	1.0853	+Z, +ZA, +AS	120 ... 170	260 ... 350	41		Supertiefziehgüte
DX57D	1.0853	+ZF	120 ... 170	260 ... 350	39		
Stähle für das Bauwesen							
S220GD	1.0241	+Z, +ZF, +ZA, +AZ	220	300	20		
S250GD	1.0242	+Z, +ZF, +ZA, +AZ, +AS	250	330	19		
S280GD	1.0244	+Z, +ZF, +ZA, +AZ, +AS	280	360	18		
S320GD	1.0250	+Z, +ZF, +ZA, +AZ, +AS	320	390	17		
S350GD	1.0259	+Z, +ZF, +ZA, +AZ, +AS	350	420	16		
S550GD	1.0531	+Z, +ZF, +ZA, +AZ	550	580	-		

Verfügbare Überzüge

Z	Zink (99 % Zn)
ZF	Zink-Eisen-Legierung (durch nachfolgendes Glühen 8 ... 12 % Fe-Anteil)
ZA	Zink-Aluminium-Überzug (Schmelzbad mit 5 % Al)
AZ	Aluminium-Zink-Überzug (Schmelzbad mit 55 % Al)
AS	Aluminium-Silizium-Überzug (Schmelzbad mit 8 ... 11 % Si, Rest Al)

Theoretische Anhaltswerte für die Auflagen-Schichtdicke für verzinkte Bleche

Auflagenkennzahl		Z100	Z140	Z200	Z225	Z275	Z350	Z450	Z600
Schichtdicke in µm	Typischer Wert	7	10	14	16	20	25	32	42
	Bereich	5 ... 12	7 ... 15	10 ... 20	11 ... 22	15 ... 27	19 ... 33	24 ... 42	32 ... 55

Oberflächenarten

A	Unregelmäßigkeiten wie Riefen, Kratzer, Poren, unterschiedliche Oberflächenstruktur, streifenförmige Markierungen zulässig
B	durch Kaltnachwalzen, geringe Unregelmäßigkeiten wie leichte Kratzer zulässig
C	durch Kaltnachwalzen, eine Blechseite muss Qualitätslackierung ermöglichen, sonst wie B

Oberflächenbehandlung

C	Chemisches Passivieren (z.B. Chromatieren) schützt Oberflächen vor Feuchtigkeitseinwirkungen
O	Ölen vermindert die Bildung von Korrosionsprodukten
CO	Chemisches Passivieren und Ölen bietet erhöhten Korrosionsschutz
P	Phosphatieren verbessert die Haftung und Schutzwirkung einer aufgebrachten Beschichtung
S	Versiegeln durch Auftragen einer transparenten organischen Lackschicht

Blech EN 10143 – 0,8X1200x2500 – Stahl EN 10346 – DX54D+Z200 – B – P

Bezeichnung eines Bleches nach EN 10143, Dicke t = 0,8 mm, einer Breite b = 1200 mm und einer Länge l = 2500 mm aus Stahl DX54D+Z nach EN 10346, Auflagenkennzahl 200, Oberflächenart B und Oberflächenbehandlung phosphatiert:

In der DIN EN 10243 sind die Grenzabmaße für die Nenndicken, Nennbreiten und Nennlängen sowie Formtoleranzen geregelt. Maße mit eingeschränkten Toleranzen bekommen in der Bezeichnung den Zusatz „S". die eingeschränkte Ebenheitstoleranz wird mit „FS" bezeichnet. Für das obige Beispiel gilt dann:

Blech EN 10143 – 0,8SX1200Sx2500FS – Stahl EN 10346 – DX54D+Z200 – B – P

Warmgewalztes Blech aus Stahl

DIN 59 220: 2000-04

Ausführungsart T
Tränenblech

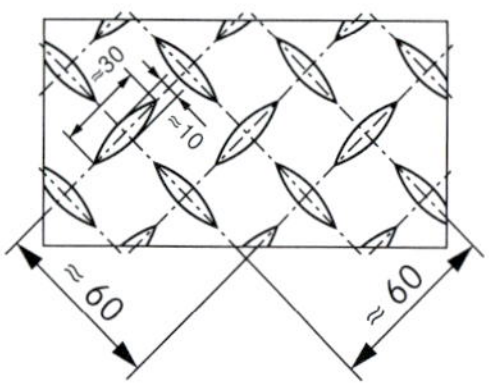

Ausführungsart R
Riffelblech

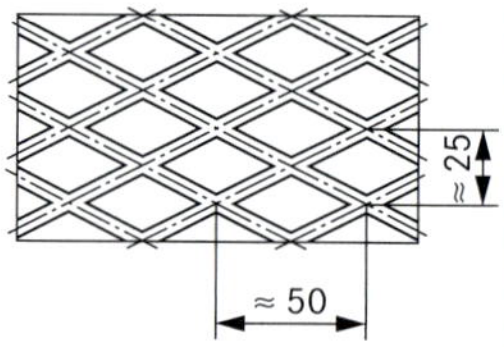

Nenndicke *s* in mm ohne Musterauflage	Nennlängen *l* in mm	Masse *m'* in kg/m² Ausführungsart T	Masse *m'* in kg/m² Ausführungsart R
3	4000 ... 20 000	25,55	27,55
4		33,40	35,40
5		41,25	43,25
6		49,10	51,10
8		64,80	66,80
10		80,50	82,50

Bezeichnung eines Bleches mit Muster aus S 235JRG2 nach DIN 10 025, Ausführungsart T, Nenndicke *s* = 6 mm
Blech DIN 59 220 - S 235JRG2 - T - 6

Bleche mit eingewalzten Mustern aus Aluminium und Aluminiumlegierungen

DIN EN 1386: 2008-05

Musterarten

Duett

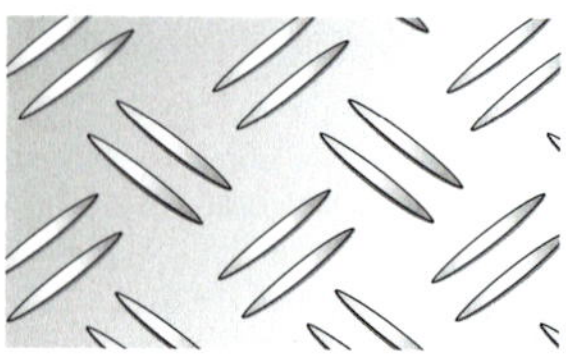

Quintett

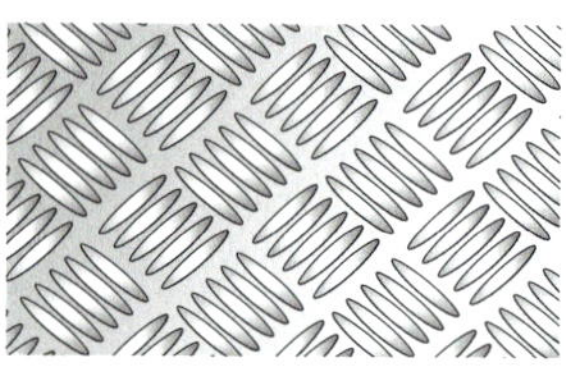

Diamant

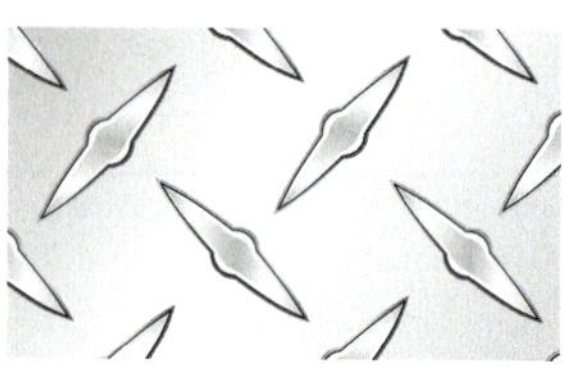

Reiskorn

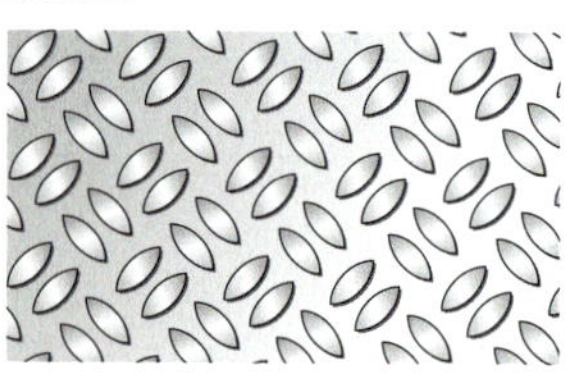

Mandel

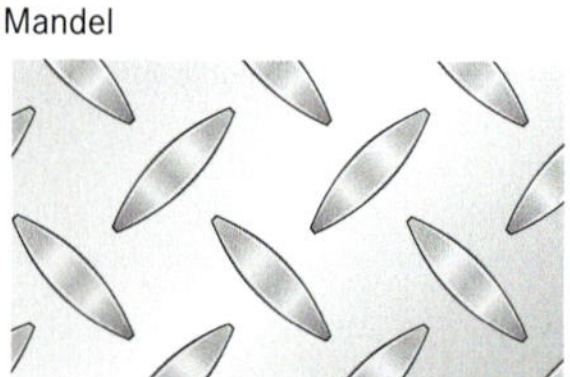

Werkstoff	Werkstoffzustand	Nenndicke *t* in mm über	Nenndicke *t* in mm bis	Biegeradius bei 90°
EN-AW-1050A[Al 99,5]	H244	≥1,2	1,5	1 *t*
		1,5	3,0	1,5 *t*
		3,0	6,0	2 *t*
		6,0	20,0	–
EN-AW-3103[AlMn1]	H244	≥1,2	1,5	1,25 *t*
		1,5	3,0	1,5 *t*
		3,0	6,0	2,5 *t*
		6,0	20,0	–
	H244	≥1,2	1,5	1,25 *t*
		1,5	3,0	1,5 *t*
		3,0	6,0	2,5 *t*
		6,0	20,0	–
EN-AW-5754[AlMg3]	H224	≥1,2	1,5	2 *t*
		1,5	3,0	2,5 *t*
		3,0	6,0	2,5 *t*
		6,0	2,0	–
	H244	≥1,2	1,5	2,5 *t*
		1,5	3,0	3 *t*
		3,0	6,0	3,5 *t*
		6,0	20,0	–
EN-AW-6061[AlMg1SiCu]	T 4	≥1,2	1,5	4 *t*
		1,5	3,0	4 *t*
		3,0	6,0	4 *t*
		6,0	20,0	–
EN-AW-6082[AlSi1MgMn]	T4	≥1,2	1,5	4 *t*
		1,5	3,0	4 *t*
		3,0	6,0	4 *t*
		6,0	20,0	–
EN-AW-7020[AlZn4,5Mg1]	T6	≥1,2	1,5	–
		1,5	3,0	–
		3,0	6,0	–
		6,0	20,0	–

Werkstoffzustand	
H114	Blech mit eingewalztem Muster, kaltverfestigt und rückgeglüht, 1/8 hart
H224	Blech mit eingewalztem Muster, kaltverfestigt und rückgeglüht, 1/4 hart
H244	Blech mit eingewalztem Muster, kaltverfestigt und rückgeglüht, 1/2 hart
T4	lösungsgeglüht und kalt ausgelagert
T6	lösungsgeglüht und warm ausgelagert

Nahtlose Stahlrohre und Geschweißte Stahlrohre

DIN EN 10 220: 2003-03

Außendurchmesser	Masse m' in kg/m[1)] für Wanddicke s in mm																
	1,6	2	2,3	2,6	2,9	3,2	4	4,5	5	5,6	6,3	7,1	8	10	12,5	16	20
10,2	0,339	0,404	0,448	0,487	–	–	–	–	–	–	–	–	–	–	–	–	–
13,5	0,470	0,567	0,635	0,699	0,758	0,813	–	–	–	–	–	–	–	–	–	–	–
17,2	0,616	0,750	0,845	0,936	1,02	1,10	1,30	1,41	–	–	–	–	–	–	–	–	–
21,3	0,777	0,952	1,08	1,20	1,32	1,43	1,71	1,86	2,01	–	–	–	–	–	–	–	–
26,9	0,998	1,23	1,40	1,56	1,72	1,87	2,26	2,49	2,70	2,94	3,20	3,47	–	–	–	–	–
33,7	1,27	1,56	1,78	1,99	2,20	2,41	2,93	3,24	3,54	3,88	4,26	4,66	5,07	–	–	–	–
42,4	1,61	1,99	2,27	2,55	2,82	3,09	3,79	4,21	4,61	5,08	5,61	6,18	6,79	7,99	–	–	–
48,3	1,84	2,28	2,61	2,93	3,25	3,56	4,37	4,86	5,34	5,90	6,53	7,21	7,95	9,45	11,0	–	–
60,3	2,32	2,88	3,29	3,70	4,11	4,51	5,55	6,19	6,82	7,55	8,39	9,32	10,3	12,4	14,7	17,5	–
76,1	2,94	3,65	4,19	4,71	5,24	5,75	7,11	7,95	8,77	9,74	10,8	12,1	13,4	16,3	19,6	23,7	27,7
88,9	3,44	4,29	4,91	5,53	6,15	6,76	8,38	9,37	10,3	11,5	12,8	14,3	16,0	19,5	23,6	28,8	34,0
114,3	–	5,54	6,35	7,16	7,97	8,77	10,9	12,2	13,5	15,0	16,8	18,8	21,0	25,7	31,4	38,8	46,5

Rohr EN 10 220 – 88,9 × 5 – P 235 TR 1
Bezeichnung eines nahtlosen Stahlrohres von 88,9 mm Außendurchmesser und 5 mm Wanddicke aus P 235 TR 1

Nahtlose kaltgezogene Rohre – Präzisionsstahlrohre

DIN EN 10 305-1: 2010-05

Außendurchmesser	Masse m' in kg/m[1)] für Wanddicke s in mm															
	0,5	0,8	1	1,5	2	2,5	3	4	5	6	8	10	12	14	16	18
5	0,056	0,083	0,099	–	–	–	–	–	–	–	–	–	Werkstoff:			
6	0,068	0,103	0,123	0,166	0,197	–	–	–	–	–	–	–	E 215			
8	0,092	0,142	0,173	0,240	0,296	0,339	–	–	–	–	–	–	E 235			
10	0,117	0,182	0,222	0,314	0,395	0,462	0,519	–	–	–	–	–	E 355			
15	0,179	0,280	0,345	0,499	0,641	0,771	0,888	1,09	1,23	–	–	–	Normallänge: 2 ... 7 m			
20	0,240	0,379	0,469	0,684	0,888	1,08	1,26	1,58	1,85	2,07	–	–				
30	0,364	0,576	0,715	1,05	1,38	1,70	2,00	2,56	3,08	3,55	4,34	4,93				
40	0,487	0,773	0,962	1,42	1,87	2,31	2,74	3,55	4,32	5,03	6,31	7,40	–	–	–	–
50	–	–	1,21	1,79	2,37	2,93	3,48	4,54	5,55	6,51	8,29	9,86	–	–	–	–
70	–	–	1,70	2,53	3,35	4,16	4,96	6,51	8,01	9,47	12,2	14,8	17,2	19,3	–	–
100	–	–	–	–	4,83	6,01	7,18	9,47	11,7	13,9	18,2	22,2	26,0	29,7	33,1	36,4

Rohr – 50 × d44 – EN 10 305 – 1 – E335 + N
Bezeichnung eines Rohres aus E 235 normalgeglüht vom Außendurchmesser d = 50 mm und einem Innendurchmesser D_1 = 44 mm

Mittelschwere Gewinderohre

DIN EN 10 255: 2007-07

Außendurchmesser d_1	Whitworth Rohrgewinde	Nennweite DN	Wanddicke T	Masse m' in kg/m[1)]	Muffe nach DIN EN 10 241		Außendurchmesser d_1	Whitworth Rohrgewinde	Nennweite DN	Wanddicke T	Masse m' in kg/m[1)]	Muffe nach DIN EN 10 241	
					Außendurchmesser	Länge						Außendurchmesser	Länge
10,2	R $^1/_8$	6	2,0	0,404	15	17	48,3	R 1 $^1/_2$	40	3,2	3,56	54,5	48
13,5	R $^1/_4$	8	2,3	0,641	18,5	25	60,3	R 2	50	3,6	5,03	66,2	56
17,2	R $^3/_8$	10	2,3	0,839	21,3	26	76,1	R 2 $^1/_2$	65	3,6	6,42	82,0	65
21,3	R $^1/_2$	15	2,6	1,21	26,6	34	88,9	R 3	80	4,0	8,36	95,0	71
26,9	R $^3/_4$	20	2,6	1,56	31,8	36	114,3	R 4	100	4,5	12,20	121,4	83
33,7	R 1	25	3,2	2,41	39,5	43	139,7	R 5	125	5,0	16,60	146,3	92
42,4	R 1 $^1/_4$	32	3,2	3,10	48,3	48	165,1	R 6	150	5,0	19,80	173,3	92

Werkstoff: vollberuhigter Stahl nach Wahl des Herstellers, Rohre nahtlos (S) oder längsnahtgeschweißt (W)

S-Rohr EN 10 255 – 33,7 × 3,2
Bezeichnung eines nahtlosen Gewinderohres mit dem Außendurchmesser d = 33,7 mm und einer Wanddicke T = 3,2 mm

[1)] Errechnet mit einer Dichte 7,85 kg/dm³ und glatte Enden

Warmgefertigte Hohlprofile für den Stahlbau

DIN EN 10 210-2: 2006-07

Hohlprofile

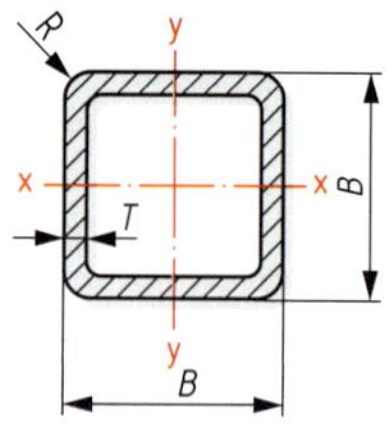

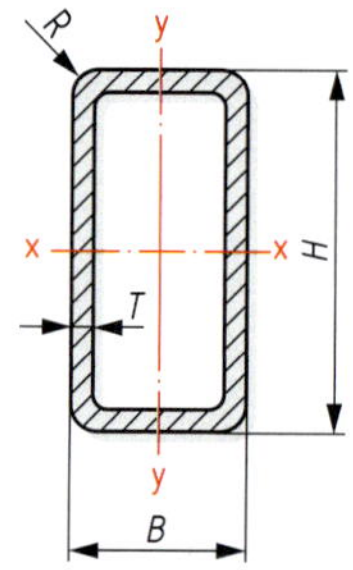

Normallänge: 4 ... 16 m

Werkstoff: Unlegierte Baustähle und Feinkornstähle

$R = 3 \cdot T$

Kurzzeichen:
HFRHF = warmgefertigte quadratische oder rechteckige Hohlprofile

Quadratische Stahlrohre

Nennmaß $B \times B$ mm	Wanddicke T mm	für die Biegeachse $x-x=y-y$ I_x cm⁴	W_x cm³	Querschnitt A cm²	Masse m' kg/m
40	3,2	10,2	5,11	4,60	3,61
	4,0	11,8	5,91	5,59	4,39
50	3,2	21,2	8,49	5,88	4,62
	4,0	25,0	9,99	7,19	5,64
60	4,0	45,4	15,1	8,79	6,90
	6,3	61,6	20,5	13,1	10,5
	8,0	69,7	23,2	16,0	12,5
70	4,0	74,7	21,3	10,4	8,15
	6,3	104	29,7	15,6	12,3
	8,0	120	34,2	19,2	15,0
80	4,0	114	28,6	12,0	9,41
	6,3	162	40,5	18,1	14,2
	8,0	189	47,3	22,4	17,5
90	4,0	166	37,0	13,6	10,7
	6,3	238	53,0	20,7	16,2
	8,0	281	62,6	25,6	20,1
100	6,3	336	67,1	23,2	18,2
	8,0	400	79,9	28,8	22,6
	10,0	462	92,4	34,9	27,4
120	6,3	603	100	28,2	22,2
	8,0	726	121	35,2	27,6
	10,0	852	142	42,9	33,7
140	6,3	984	141	33,3	26,1
	8,0	1195	171	41,6	32,6
	10,0	1416	202	50,9	40,0
160	8,0	1831	229	48,0	37,6
	12,5	2576	322	72,1	56,6
	16,0	3028	379	89,4	70,0
180	8,0	2661	296	54,4	42,7
	12,5	3790	421	82,1	64,4
	16,0	4504	500	102	80,2
200	8,0	3709	371	60,8	47,7
	12,5	5336	534	92,1	72,3
	16,0	6394	639	115	90,3

Bezeichnung eines quadratischen Hohlprofils mit der Seitenlänge B = 100 mm und der Wanddicke T = 5,0 mm aus S 235 JR:

HFRHF – EN 10 210 – 100 × 100 × 5
Stahl EN 10 025 – S 235 JR

Rechteckige Stahlrohre

Nennmaß $H \times B$ mm	Wanddicke T mm	für die Biegeachse $x-x$ I_x cm⁴	W_x cm³	$y-y$ I_y cm⁴	W_y cm³	Querschnitt A cm²	Masse m' kg/m
50 × 30	3,2	14,2	5,68	6,20	4,13	4,60	3,61
	4,0	16,5	6,60	7,08	4,72	5,59	4,39
	5,0	18,7	7,49	7,89	5,26	6,73	5,28
60 × 40	3,2	27,8	9,27	14,6	7,29	5,88	4,62
	4,0	32,8	10,9	17,0	8,52	7,19	5,64
	5,0	38,1	12,7	19,5	9,77	8,73	6,85
80 × 40	4,0	68,2	17,1	22,2	11,1	8,79	6,90
	6,3	93,3	23,3	29,2	14,6	13,1	10,2
	8,0	106	26,5	32,1	16,1	16,0	12,5
90 × 50	4,0	107	23,8	41,9	16,8	10,4	8,15
	6,3	150	33,3	57,0	22,8	15,6	12,3
	8,0	174	38,6	64,6	25,8	19,2	15,0
100 × 50	4,0	140	27,9	46,2	18,5	11,2	8,78
	6,3	197	39,4	63,0	25,2	16,9	13,3
	8,0	230	46,0	71,7	28,7	20,8	16,3
100 × 60	4,0	198	31,6	70,5	23,5	12,0	9,41
	6,3	225	45,0	98,1	32,7	18,1	14,2
	8,0	264	52,8	113	37,8	22,4	17,5
120 × 60	6,3	398	59,7	116	38,8	20,7	16,2
	8,0	425	70,8	135	45,0	25,6	20,1
	10,0	488	81,4	152	50,5	30,9	24,3
140 × 80	6,3	646	92,3	265	66,2	25,7	20,2
	8,0	776	111	314	78,5	32,0	25,1
	10,0	908	130	362	90,5	38,9	30,6
160 × 80	6,3	903	113	299	74,8	28,2	22,2
	8,0	1091	136	356	89,0	35,2	27,6
	10,0	1284	161	411	103	42,9	33,7
180 × 100	6,3	1407	156	557	111	33,3	26,1
	8,0	1713	190	671	134	41,6	32,6
	10,0	2036	226	787	157	50,9	40,0
200 × 120	8,0	2529	253	1128	188	48,0	37,6
	10,0	3026	303	1337	223	58,9	46,3
	12,5	3576	358	1562	260	72,1	56,6

Bezeichnung eines rechteckigen Hohlprofils mit den Seitenlängen H = 90 mm und B = 50 mm, der Wanddicke T = 4,0 mm aus S 235 JR:

HFRHF – EN 10 210 – 90 × 50 × 6
Stahl EN 10 025 – S 235 JR

Kaltgefertigte geschweißte Hohlprofile für den Stahlbau

DIN EN 10 219-2: 2006-07

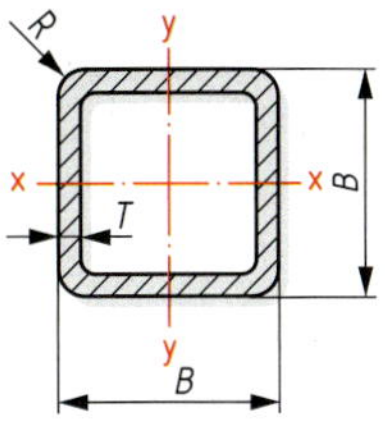

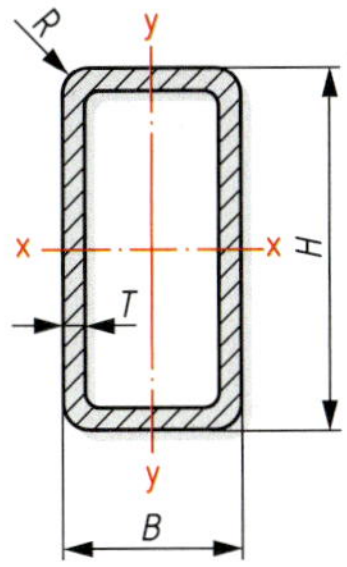

Normallänge: 4 ... 16 m

Werkstoff: Unlegierte Baustähle und Feinkornstähle

Kurzzeichen:
CFRHS = kaltgefertigtes quadratisches oder rechteckiges Hohlprofil

Zulässige Rundung *R*		
Wanddicke *T*		Rundung *R*
–	bis 6	1,6 ... 2,4 *T*
über 6	bis 10	2,0 ... 3,0 *T*
über 10		2,4 ... 3,6 *T*

Quadratische Stahlrohre

Nennmaß	Wanddicke	für die Biegeachse $x-x=y-y$		Querschnitt	Masse
B mm	*T* mm	I_x cm^4	W_x cm^3	*A* cm^2	*m'* kg/m
20	2,0	0,692	0,692	1,34	1,05
25	2,0	1,48	1,19	1,74	1,36
30	2,0	2,72	1,81	2,14	1,68
	2,5	3,16	2,10	2,59	2,03
	3,0	3,50	2,34	3,01	2,36
40	2,0	6,94	3,47	2,94	2,31
	3,0	9,32	4,66	4,21	3,30
	4,0	11,1	5,54	5,35	4,20
50	2,0	14,1	5,66	3,74	2,93
	3,0	19,5	7,79	5,41	4,25
	4,0	23,7	9,49	6,95	5,45
60	3,0	35,1	11,7	6,61	5,19
	4,0	43,6	14,5	8,55	6,71
	5,0	50,5	16,8	10,4	8,13
70	3,0	57,5	16,4	7,81	6,13
	4,0	72,1	20,6	10,1	7,97
	5,0	84,6	24,2	12,4	9,70
80	4,0	111	27,8	11,7	9,22
	6,0	149	37,3	16,8	13,2
	8,0	168	42,1	20,8	16,4
90	4,0	162	36,0	13,3	10,5
	6,0	220	49,0	19,2	15,1
	8,0	255	56,6	24,0	18,9
100	4,0	226	45,3	14,9	11,7
	6,0	311	62,3	21,6	17,0
	8,0	366	73,2	27,2	21,4
120	6,0	562	93,7	26,4	20,7
	8,0	677	113	33,6	26,4
	10,0	777	129	40,6	31,8
140	6,0	920	131	31,2	24,5
	8,0	1127	161	40,0	31,4
	10,0	1312	187	48,6	38,1
150	8,0	1412	188	43,2	33,9
	10,0	1653	220	52,6	41,3
	12,0	1780	237	60,1	47,1

Bezeichnung eines quadratischen Hohlprofils mit der Seitenlänge B = 60 mm und der Wanddicke T = 4,0 mm aus S 235 JR: **CFRHS – EN 10 219 – 60 × 60 × 4 Stahl EN 10 025 – S 235 JR**

Rechteckige Stahlrohre

Nennmaß	Wanddicke	für die Biegeachse $x-x$		$y-y$		Querschnitt	Masse
$H \times B$ mm	*T* mm	I_x cm^4	W_x cm^3	I_y cm^4	W_y cm^3	*A* cm^2	*m'* kg/m
40 × 20	2,0	4,05	2,02	1,38	1,34	2,14	1,68
	3,0	5,21	2,60	1,68	1,68	3,01	2,36
50 × 30	2,0	9,54	3,81	4,29	2,86	2,94	2,31
	3,0	12,8	5,13	5,70	3,80	4,21	3,30
	4,0	15,3	6,10	6,69	4,46	5,35	4,20
60 × 40	2,0	18,4	6,14	9,83	4,92	3,74	2,93
	3,0	25,4	8,46	13,4	6,72	5,41	4,25
	4,0	31,0	10,3	16,3	8,14	6,95	5,45
80 × 40	3,0	52,3	13,1	17,6	8,78	6,61	5,19
	4,0	64,8	16,2	21,5	10,7	8,55	6,17
	5,0	75,1	18,8	24,6	12,3	10,4	8,13
90 × 50	3,0	81,9	18,2	32,7	13,1	7,81	6,13
	4,0	103	22,8	40,7	16,3	10,1	7,97
	5,0	121	26,8	47,4	18,9	12,4	9,70
100 × 50	3,0	106	21,3	36,1	14,4	8,41	6,60
	4,0	134	26,8	44,9	18,0	10,9	8,59
	5,0	158	31,6	52,5	21,0	13,4	10,5
100 × 80	4,0	189	37,9	134	33,5	13,3	10,5
	5,0	226	45,2	160	39,9	16,4	12,8
	6,0	258	51,7	182	45,5	19,2	15,1
120 × 60	4,0	241	40,1	81,2	27,1	13,3	10,5
	6,0	328	54,7	109	36,3	19,2	15,1
	8,0	375	62,6	124	41,3	24,0	18,9
120 × 80	4,0	295	49,1	157	39,3	14,9	11,7
	6,0	406	67,7	215	53,8	21,6	17,0
	8,0	476	79,3	252	62,9	27,2	21,4
140 × 80	4,0	430	61,4	180	45,1	16,5	13,0
	6,0	597	85,3	248	62,0	24,0	18,9
	8,0	708	101	293	73,3	30,4	23,9
150 × 100	6,0	835	111	444	88,8	27,6	21,7
	8,0	1008	134	536	107	35,2	27,7
	10,0	1162	155	614	123	42,6	33,4
160 × 80	6,0	836	105	281	70,2	26,4	20,7
	8,0	1001	125	335	83,7	33,6	26,4
	10,0	1146	143	380	95,0	40,6	31,8

Bezeichnung eines rechteckigen Hohlprofils mit den Seitenlängen H = 120 mm und B = 60 mm, der Wanddicke T = 6,0 mm aus S 355 J2G3:

CFRHS – EN 10 219 – 120 × 60 × 6 Stahl EN 10 025 – S 355 J2G3

Blankstahlerzeugnisse sind in DIN EN 10 278: 1999-12 genormt.
Nennmaße und eine längenbezogene Masse werden in der Norm nicht mehr angegeben.

Normen für technische Lieferbedingungen			
Stähle für allgemeine Verwendung	DIN EN 10277-2	Einsatzstähle	DIN EN 10 277-4
Automatenstähle	DIN EN 10 277-3	Vergütungsstähle	DIN EN 10 277-5

Blankstahl-erzeugnisse

Bezeichnung eines Flachstahles mit der Breite b = 50 mm und der Dicke t = 10 mm, Toleranzfeld h 11, mit einer Länge l = 100 mm aus S 235 JR, geschält:

Flach EN 10 278-50x10 h11 x 100 EN 10 277-2-S235 JR + SH

Blanker Flachstab

Breite b in mm	Masse m' in kg/m[1)]															
	Dicke h in mm															
	1,6	2,0	2,5	3,0	4,0	5,0	6,0	8,0	10	12	16	20	25	32	40	50
5	–	0,079	0,098	0,118	–	–	–	–	–	–	–	–	–	–	–	–
6	–	0,094	0,118	0,141	0,188	–	–	–	–	–	–	–	–	–	–	–
8	0,100	0,126	0,157	0,188	0,251	0,314	0,377	–	–	–	–	–	–	–	–	–
10	0,126	0,157	0,196	0,236	0,314	0,393	0,471	–	–	–	–	–	–	–	–	–
12	1,151	0,188	0,236	0,283	0,377	0,471	0,565	0,754	–	–	–	–	–	–	–	–
14	0,176	0,220	0,275	0,330	0,440	0,550	0,659	0,879	–	–	–	–	–	–	–	–
16	0,201	0,251	0,314	0,377	0,502	0,628	0,754	1,00	1,26	–	–	–	–	–	–	–
20	0,251	0,314	0,393	0,471	0,628	0,785	0,942	1,26	1,57	1,88	2,51	–	–	–	–	–
25	–	0,393	0,491	0,589	0,785	0,981	1,18	1,57	1,96	2,36	3,14	3,93	–	–	–	–
32	–	0,502	0,628	0,754	1,00	1,26	1,51	2,01	2,51	–	4,02	5,02	6,28	–	–	–
40	–	0,628	–	0,942	1,26	1,57	1,88	2,51	3,14	3,77	5,02	6,28	7,85	10,0	–	–
50	–	0,785	–	1,18	1,57	1,96	2,36	3,14	3,93	4,71	6,28	7,85	9,81	12,6	–	–

1) Errechnet mit einer Dichte 7,85 kg/dm³

Blanker Rundstab

Maße d, a, s in mm	Masse m' in kg/m[1)]		
	d	a	s
2	0,0247	0,0341	0,0272
2,5	0,0385	–	0,0425
3	0,0555	0,0707	0,0612
3,5	0,0755	0,0962	0,0833
4	0,0986	0,126	0,109
4,5	0,125	0,159	0,138
5	0,154	0,196	0,170
5,5	0,187	0,237	0,206
6	0,222	0,283	0,245
7	0,302	0,385	0,333
8	0,395	0,502	0,435
9	0,499	0,636	0,551
10	0,617	0,785	0,680

Blanker Quadratstab

Maße d, a, s in mm	Masse m' in kg/m[1)]		
	d	a	s
11	0,746	0,950	0,823
12	0,888	1,13	0,979
13	1,04	1,33	1,15
14	1,21	1,54	1,33
15	1,39	–	1,53
16	1,58	2,01	1,74
17	1,78	–	1,96
18	2,00	2,54	–
19	2,23	–	2,45
20	2,47	3,14	–
21	2,72	–	3,00
22	2,98	3,80	3,29
24	3,55	–	3,92

Blanker Sechskantstab

Maße d, a, s in mm	Masse m' in kg/m[1)]		
	d	a	s
27	4,49	[5,72]	4,96
30	5,55	[7,07]	6,12
32	6,31	8,04	6,96
36	7,99	10,2	8,81
38	8,90	–	9,82
40	9,86	12,6	–
45	12,5	15,9	–
50	15,4	19,6	17,0
60	22,2	–	24,5
70	30,2	38,5	33,3
80	39,5	50,2	43,5
90	49,9	–	55,1
100	61,7	78,5	68,0

1) Errechnet mit einer Dichte 7,85 kg/dm³

Rohr, nahtlos gezogen
DIN EN 754-7: 2008-06

Rohr EN 754 – 20 × 2 – EN AW – 5754 [AlMg3]

Bezeichnung eines Rohres aus Al Mg 3 von 20 mm Außendurchmesser und 2 mm Wanddicke

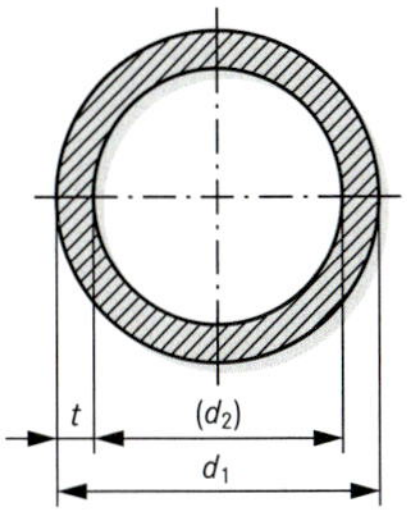

Außendurchmesser d_1 in mm	Masse m' in kg/m[1)] für Wanddicke t in mm							
	0,5	1	2	3	4	5	10	16
5	0,019	0,034	–	–	–	–	–	–
10	0,040	0,076	0,136	0,178	–	–	–	–
15	0,062	0,119	0,221	0,306	0,373	–	–	–
20	–	0,161	0,306	0,433	0,543	0,636	–	–
30	–	0,246	0,475	0,687	0,882	1,06	–	–
40	–	0,331	0,645	0,942	1,22	1,48	2,54	–
50	–	0,416	0,814	1,20	1,56	1,91	3,39	4,61
60	–	0,500	0,984	1,45	1,90	2,33	4,24	5,98
80	–	–	1,32	1,96	2,58	3,18	5,94	8,70
100	–	–	1,66	2,47	3,26	4,03	7,64	11,4
125	–	–	2,10	3,10	4,10	5,09	9,64	14,8
160	–	–	2,68	4,00	5,29	6,57	12,7	19,6
200	–	–	3,36	5,01	6,65	8,27	16,1	25,0

Folien

DIN EN 546-2: 2007-03

Dicke t in mm	Breite	Masse m'' in kg/m² [1)]
0,005	nach Angaben des Herstellers	13,5
0,010		27,0
0,015		40,5
0,020		54,0
0,025		67,5
0,030		81,0
0,035		94,5
0,040		108,0
0,045		121,5
0,050		135,0
0,100		270,0
0,150		405,0
0,200		540,0

Bänder und Bleche

DIN EN 485-4: 1994-01

Dicke t in mm	Breite	Masse m'' in kg/m² [1)]
0,4	Bänder ... 2600; Bleche und Platten ... 3500	1,08
0,5		1,35
1,0		2,70
1,5		4,05
2,0		5,40
4,0		10,8
6,0		16,2
10,0		27,0
15		40,5
20		54,0
30		81,0
40		108
50		135

Band DIN 1784 – BD-0,25 – Al 99,5 F 9
Bezeichnung eines Bandes aus Al 99,5 F 9 von 0,25 mm Dicke (BD: Band, BL: Blech)

Stangen – gezogen –

Vierkantstangen

DIN EN 754-4: 2008-06

Seitenlänge a in mm	Querschnitt S in mm²	Masse m' in kg/m[1)]
3	9	0,0243
4	16	0,0432
5	25	0,0675
6	36	0,0972
7	49	0,132
8	64	0,173
9	81	0,219
10	100	0,270
15	225	0,607
20	400	1,08
30	900	2,43
40	1600	4,32
50	2500	6,75

Rundstangen

DIN EN 754-3: 2008-06

Durchmesser d in mm	Querschnitt S in mm²	Masse m' in kg/m[1)]
3	7,069	0,0191
4	12,57	0,0339
5	19,63	0,0530
6	28,27	0,0763
7	38,48	0,104
8	50,27	0,136
9	63,62	0,172
10	78,54	0,212
16	201,1	0,543
20	314,2	0,848
30	706,9	1,91
40	1257	3,39
50	1963	5,30

Vierkant EN 754 – 30 – EN AW – 6060 [Al Mg Si]
Bezeichnung einer Vierkantstange aus Al Mg Si von 30 mm Seitenlänge

Aluminium und Aluminium-Knetlegierungen für Halbzeuge

Aluminiumprofile

		EN AW-Al 99,8 (A)	EN AW-Al 99,5	EN AW-Al Si Fe (A)	EN AW-Al Mn 1	EN AW-Al Mg 1 (C)	EN AW-Al Mg 3	EN AW-Al Mg 5	EN AW-Al Mg 4,5 Mn 0,7	EN AW-Al Mg Si	EN AW-Al Si 1 Mg Mn	EN AW-Mg Si Pb	EN AW-Al Cu 4 Mg Si (A)	EN AW-Al Cu 4 Pb Mg Mn	EN AW-Al Zn 4,5 Mg 1	EN AW-Al Zn 5,5 Mg Cu
Umrechnungsfaktor für die Masse		1	1	1	1,011	0,996	0,985	1,004	0,985	1	1	1,019	1,037	1,056	1,026	1,037
Rohr	DIN EN 754-7		●		●	●	●	●	●	●	●	●	●	●		●
Folien	DIN EN 546-2		●	●	●											
Bänder und Bleche	DIN EN 485-4	●	●	●	●		●		●		●		●		●	●
Vierkantstangen	DIN EN 754-4		●		●	●	●	●	●	●	●	●	●	●	●	●
Rundstangen	DIN EN 754-3		●		●	●	●	●	●	●	●	●	●	●	●	●

1) Errechnet mit einer Dichte ϱ = 2,70 kg/dm³.
Für Al-Werkstoffe mit einer anderen Dichte ist entsprechend der unteren Tabelle umzurechnen.

Spannungsarten

Merkmale	Spannungsart			
	Normalspannung		Scherspannung	
Bildliche Darstellung	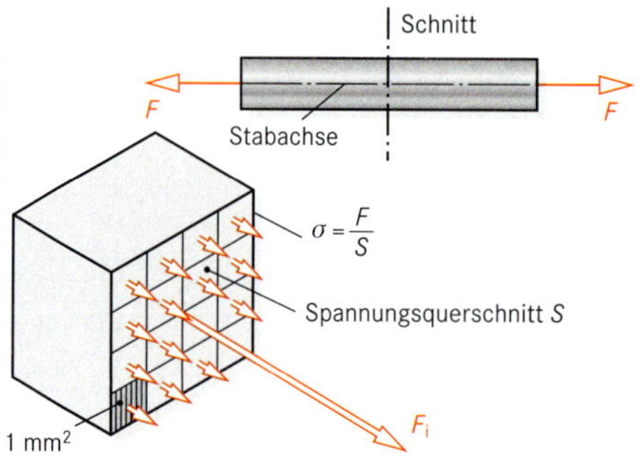		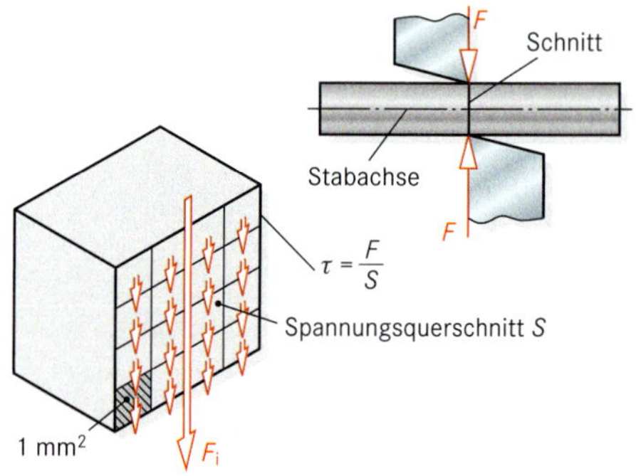	
Kraftverlauf	senkrecht zur Querschnittsfläche		parallel zur Querschnittsfläche	
Formel; Bezeichnung der Größen	$\sigma = \frac{F}{S}$	σ: Normalspannung F: Normalkraft S: Querschnitt	$\tau = \frac{F}{S}$	τ: Scherspannung F: Querkraft S: Querschnitt

Grundbeanspruchungsarten

Merkmale	Beanspruchung auf					
	Zug	Druck	Abscherung	Biegung	Verdrehung (Torsion)	Knickung
Bildliche Darstellung	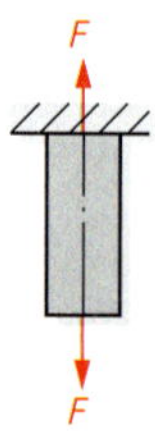	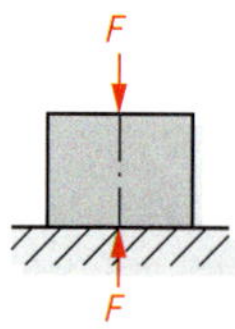	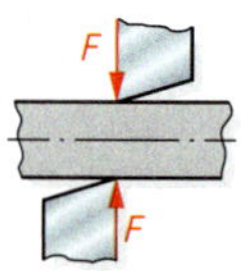	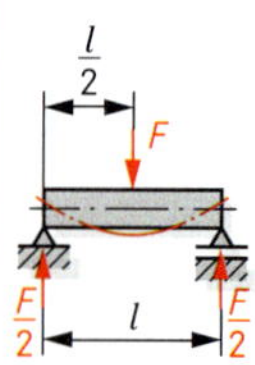	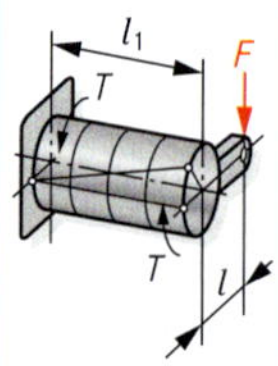	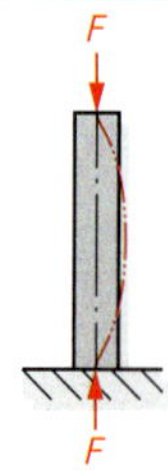
Zerstörung durch	Zerreißen	Zerquetschen	Abscheren	Zerbrechen	Abdrehen	Knicken
Spannungsart; Formelzeichen	Zugspannung σ_z	Druckspannung σ_d	Scherspannung τ_a	Biegespannung σ_b	Torsionsspannung τ_t	Knickspannung σ_k
Festigkeit; Formelzeichen	Zugfestigkeit R_m	Druckfestigkeit σ_{dB}	Scherfestigkeit τ_{aB}	Biegefestigkeit σ_{bB}	Torsionsfestigkeit τ_{tB}	Knickfestigkeit σ_{kB}
Grenzwert der bleibenden Formänderung	Streckgrenze R_e 0,2 %-Dehngrenze $R_{p\,0,2}$ [1]	Quetschgrenze σ_{dF} 0,2 %-Stauchgrenze $\sigma_{d\,0,2}$ [1]	–	Biegefließgrenze σ_{bF}	Torsionsfließgrenze τ_{tF}	–
Bleibende Formänderung	Dehnung ε Bruchdehnung A	Stauchung ε_d Bruchstauchung ε_{dB}	–	Durchbiegung f	Verdrehwinkel φ	–

[1] Mit der 0,2 %-Dehngrenze $R_{p\,0,2}$ (0,2 %-Stauchgrenze $\sigma_{d\,0,2}$) wird bei solchen Werkstoffen gerechnet, die keine ausgeprägte Streckgrenze R_e (Quetschgrenze σ_{dF}) aufweisen.

Sicherheitszahlen ν

Werkstoff	St, GS, Al (zäh; hart)			GJL, GJS, GJMB, GJMW		
Belastungsfall	I	II	III	I	II	III
Sicherheitszahl ν	1,2 ... 1,5	1,8 ... 2,4	3 ... 4	2 ... 4	3 ... 5	5 ... 6

Maximale Festigkeitswerte σ_{max} bzw. τ_{max}

Belastungsfall / Maximaler Festigkeitswert bei Beanspruchung auf	statisch I: ruhend	dynamisch II: schwellend	 III: dynamisch wechselnd
	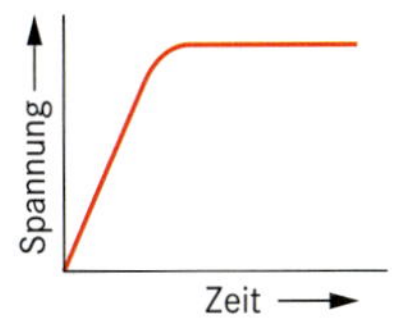	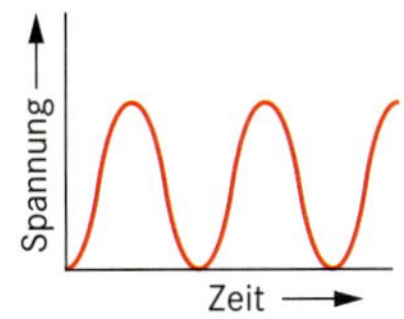	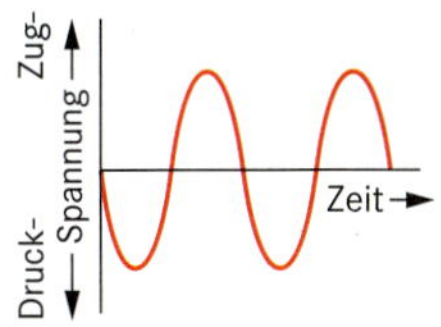
Zug	Mindestzugfestigkeit R_m oder Streckgrenze R_e oder 0,2 %-Dehngrenze $R_{p\,0,2}$	Zug-Schwellfestigkeit σ_{zSch}	Zug-Druck-Wechselfestigkeit σ_{zdW}
Druck	Druckfestigkeit σ_{dB} oder Quetschgrenze σ_{dF} oder 0,2 % Stauchgrenze $\sigma_{d\,0,2}$	Druck-Schwellfestigkeit σ_{dSch}	Zug-Druck-Wechselfestigkeit σ_{zdW}
Abscherung	Scherfestigkeit τ_{aB}	–	–
Biegung	Biegefestigkeit σ_{dB} oder Biegefließgrenze σ_{bF}	Biege-Schwellfestigkeit σ_{bSch}	Biege-Wechselfestigkeit σ_{bW}
Torsion (Verdrehung)	Torsionsfestigkeit τ_{tB} oder Torsionsfließgrenze τ_{tF}	Torsions-Schwellfestigkeit τ_{tSch}	Torsions-Wechselfestigkeit τ_{tW}

Zulässige Spannung

Normalspannung				
$\sigma_{zul} = \frac{\sigma_{max}}{\nu}$	wenn	$\sigma_{max} = R_m$ (spröde Werkstoffe)	$\sigma_{max} = R_e$ (Werkstoffe mit ausgeprägter Fließgrenze)	$\sigma_{max} = R_{p0,2}$ (Werkstoffe ohne ausgeprägte Fließgrenze)
	dann	$\sigma_{zul} = \frac{R_m}{\nu}$	$\sigma_{zul} = \frac{R_e}{\nu}$	$\sigma_{zul} = \frac{R_{p0,2}}{\nu}$

Scherspannung

$$\tau_{zul} = \frac{\tau_{max}}{\nu}$$

σ_{zul} : zulässige Normalspannung
τ_{zul} : zulässige Scherspannung
σ_{max} : maximale Normalspannung
τ_{max} : maximale Scherspannung
ν : Sicherheitszahl

Maximal zulässige Spannungen (N/mm²) des glatten, polierten Probestabes ($d \leq 16$ mm; Sicherheitszahl $\nu = 1$)

Beanspruchungsart	Zug, Druck			Abscherung	Biegung			Verdrehung		
Belastungsfall	I	II	III	I	I	II	III	I	II	III
max. Spannung σ_{max}/τ_{max}	R_e; $R_{p0,2}$ σ_{df}; $\sigma_{d0,2}$	σ_{zSch} σ_{dSch}	σ_{zdW} σ_{zdW}	τ_{ab}	σ_{bF}	σ_{bSch}	σ_{bW}	τ_{tF}	τ_{tSch}	τ_{tW}
S235 JR	235	235	150	290	330	290	170	140	140	120
E295	295	295	210	390	410	410	240	170	170	150
E335	335	335	250	470	470	470	280	190	190	160
E360	360	360	300	550	510	510	330	210	210	190
C22; C22E	340	340	220	400	490	410	240	245	245	165
C45; C45E	490	490	280	560	700	520	310	350	350	210
46 Cr2	650	630	370	720	910	670	390	455	480	270
50CrMo4	900	760	450	880	1260	820	480	630	560	330
C10; C10E	390	390	310	530	540	540	330	210	210	190
C15; C15E	440	440	330	600	610	610	370	250	250	210
16MnCr5	635	635	430	880	890	740	440	360	360	270
20MnCr5	735	735	480	940	1030	920	540	420	420	310
GS-38	200	200	160	300	260	260	150	115	115	90
GS-45	230	230	185	360	300	300	180	135	135	105
GS-52	260	260	210	420	340	340	210	150	150	120
GS-60	300	300	240	480	390	390	240	175	175	140
EN-GJS-400-15	250	240	140	400	350	345	220	200	195	115
EN-GJS-500-7	320	270	155	500	420	380	240	240	225	130
EN-GJS-600-3	370	330	190	600	500	470	270	290	275	160
EN-GJS-700-2	420	355	205	700	560	520	300	320	305	175

Die Werte gelten für Baustähle im normalgeglühten Zustand, für Vergütungsstähle im vergüteten Zustand, für Einsatzstähle für die Kernfestigkeit nach Einsatzhärten und Rückfeinen.

Elastizitäts- und Schubmodul
Modulus of elasticity and modulus of shear

Der **Elastizitätsmodul *E*** (in N/mm² oder kN/mm²) ist eine Spannung. Er ist ein Maß für den Widerstand, den ein Werkstoff seiner elastischen Verlängerung entgegensetzt.

Innerhalb einer Legierungsgruppe verändert sich der E-Modul nur wenig. Je leichter ein Werkstoff elastisch dehnbar ist, um so kleiner wird sein E-Modul. Je steiler der Anstieg der Hookschen Geraden bei Stahlwerkstoffen ist, um so größer wird der E-Modul. Werkstoffe mit hohem E-Modul haben einen großen Formänderungswiderstand.

Für die Dehnung im elastischen Bereich gilt:

$$E = \frac{\sigma}{\varepsilon_e} \cdot 100\ \%$$

E : Elastizitätsmodul
σ : Spannung
ε_e : Dehnung im elastischen Bereich

Werkstoff	Elastizitäts-modul (kN/mm²)	Schubmodul (kN/mm²)
Aluminium	72,2	27,2
Aluminium-Legierung	60 ... 80	27,2
EN AW-6082 [AlSiMgMn]	70	
EN AW-5019 [AlMg5]	69,5	
EN AW-2024 [AlCu4Mg1]	71,5	28
EN AC-44200 [AlSi12]	76	
Antimon	56	
Beryllium	300	
Bismut	34	
Blei	16	5,7
Cadmium	63	
Chrom	250	
Eisen (α-Fe)	215	84
Stahl; Stahlguss	185 ... 216	80 ... 83
54SiCr6	206	80
C60	206	78
X12CrNi17-7	185	70
EN-GJL150	80 ... 90	40
EN-GJL200	90 ... 115	40
EN-GJL200-300	90 ... 140	40 ... 50
EN-GJL250	103 ... 118	49
EN-GJL300	110 ... 140	50
EN-GJL350	123 ... 143	
EN-GJS400	170 ... 185	
EN-GJS400-700	170 ... 185	64 ... 71
EN-GJMW-350-4	170	68
Gold	81	
Kobalt	215	
Kupfer	125	46,4
CuAl6Si2 Fe	123	47
CuNi25	142	55
CuSn8F66	116	43
CuZn40 F34	104	40
CuNi18Zn20F83	135	45
CuBe1,7F124	135	47

Werkstoff	Elastizitäts-modul (kN/mm²)	Schubmodul (kN/mm²)
Magnesium	45,15	17,7
Magnesium-Legierung	40 ... 45	
MgMn2	45	
MgAl6Zn	44	
GD-MgAl6Zn1	44	
Mangan	200	
Molybdän	326	
Nickel	197	75
Niob	120	
Platin	173	
Silber	81	
Tantal	190	
Titan	105,2	38,7
Titan-Legierung	112 ... 130	
Vanadium	130	
Wolfram	415	
Zink	94	37,9
Zinn	55	20,6
Hart-PVC-Tafeln	1,5 ... 3,6	
PVC weich		
Glasfaserverstärkte Epoxidharze	10 ... 30	
Glasfaserverstärkte Polyesterharze	4 ... 30	
Acrylglas	3 ... 4	
Silikatglas (Fensterglas)	70 ... 75	
Buche, Eiche, Teak parallel zur Faser	12,5	
Buche, Eiche, Teak quer zur Faser	0,6	
Nadelhölzer parallel zur Faser	10	
Nadelhölzer quer zur Faser	0,3	
Granit; dichter Sandstein	10 ... 70	
Basalt; Diabas	60 ... 150	
Mauerziegel (Vollziegel; Hochlochziegel)	3,5 ... 22,5[1)]	
Kalksand-Vollstein	1,9 ... 21,5[1)]	
Kalksand-Lochstein	3,2 ... 9,3[1)]	
Stahlbeton	22 ... 39[1)]	

[1)] je nach Festigkeitsklasse und Mörtelgruppe

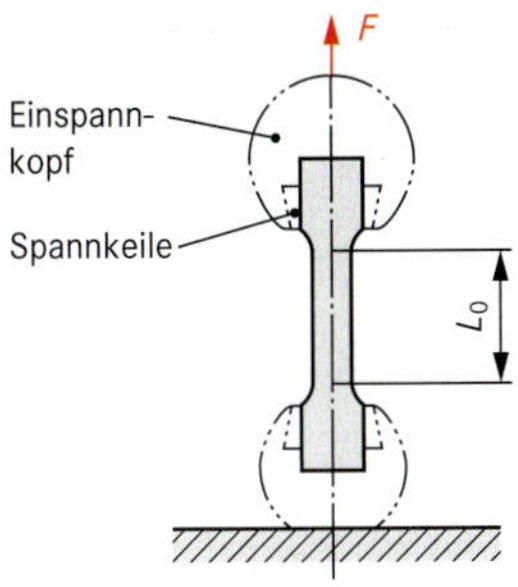

EXCEL-
Rechenblatt

Beim Zugversuch werden mehrere Festigkeits- und Verformungskenngrößen ermittelt. Dazu wird eine Probe bis zum Bruch gedehnt, die erforderliche Zugkraft wird gemessen. Das Verhältnis aus Spannung und Dehnung wird in einem Diagramm aufgezeichnet.

Spannung	$\sigma = \frac{F}{S_0}$	$[\sigma] = \frac{\text{N}}{\text{mm}^2}$
Zugfestigkeit	$R_m = \frac{F_m}{S_0}$	$[R_m] = \frac{\text{N}}{\text{mm}^2}$
obere Streckgrenze	$R_{eH} = \frac{F_{eH}}{S_0}$	$[R_{eH}] = \frac{\text{N}}{\text{mm}^2}$
untere Streckgrenze	$R_{eL} = \frac{F_{eL}}{S_0}$	$[R_{eL}] = \frac{\text{N}}{\text{mm}^2}$
0,2 %-Dehngrenze	$R_{p\,0,2} = \frac{F_{0,2}}{S_0}$	$[R_{p\,0,2}] = \frac{\text{N}}{\text{mm}^2}$
Verlängerung	$\Delta L = L - L_0$	$[\Delta L] = \text{mm}$
Dehnung	$\varepsilon = \frac{L - L_0}{L_0} \cdot 100\,\%$	
Bruchdehnung	$A = \frac{L_u - L_0}{L_0} \cdot 100\,\%$ L_u = Länge nach Bruch	
Hooke'sches Gesetz	$\sigma \sim \varepsilon_e$	
Das Hooke'sche Gesetz gilt nur im Bereich einer elastischen Verlängerung.	ε_e : Dehnung im elastischen Bereich $\sigma = \frac{E \cdot \varepsilon_e}{100\,\%}$	
Elastizitätsmodul	$E = \frac{\sigma}{\varepsilon_e} \cdot 100\,\%$	$[E] = \text{N/mm}^2$

Spannung-Dehnung-Diagramm
mit unstetigem Übergang vom elastischen in den plastischen Bereich

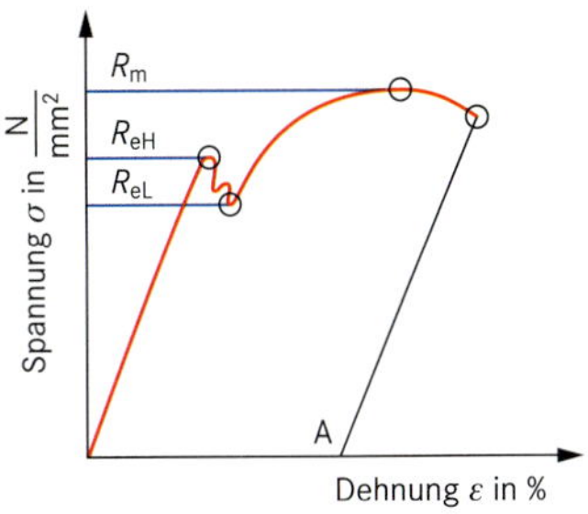

Spannung-Dehnung-Diagramm
mit stetigem Übergang vom elastischen in den plastischen Bereich

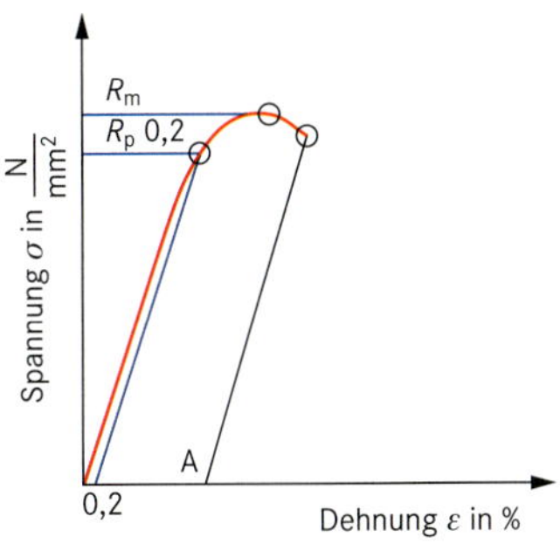

Prüfgeschwindigkeit		
E-Modul des Werkstoffes E in N/mm²	Spannungszunahme $\Delta\sigma$ in N/mm² · s^{-1} bis R_{eH}	
	min.	max.
< 150 000	2	20
≥ 150 000	6	60
Zunahme der Dehnung im plastischen Bereich ≤ 0,0025 s^{-1}		

Zugproben

DIN 50 125: 2009-07

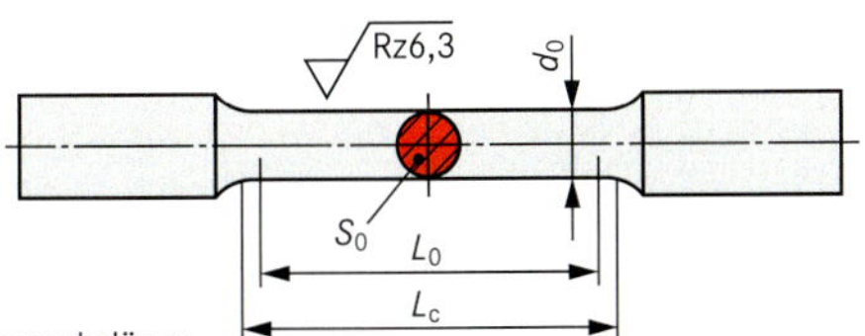

L_c = Versuchslänge
($L_c \geq L_0 + d_0$)

In der Regel werden Proportionalstäbe verwandt, $L_0 = 5\,d_0$.
Bei Flachproben ist $L_0 = 5{,}65\,\sqrt{S_0}$.

Bezeichnung einer Zugprobe:

Zugprobe DIN 50 125 – A 12 x 60

- A: Form A
- 12: Probendurchmesser d_0 in mm
- 60: Anfangsmesslänge L_0 in mm

Benennung	Form	Verwendung
Rundproben mit Zylinderköpfen	A	für allgemeine Prüfungen
Rundprobe mit Gewindeköpfen	B	für Feindehnmessungen
Rundprobe mit Schulterköpfen	C	für Feindehnmessungen
Rundprobe mit Kegelköpfen	D	für Feindehnmessungen
Flachprobe mit Köpfen für Spannkeile	E	zum Prüfen von Blechen und Flachstählen
Abschnitte von Rundstangen, unbearbeitet	F	zum Prüfen von Rundmaterial

Biegeversuch
Bend test

DIN EN ISO 7438: 2012-03

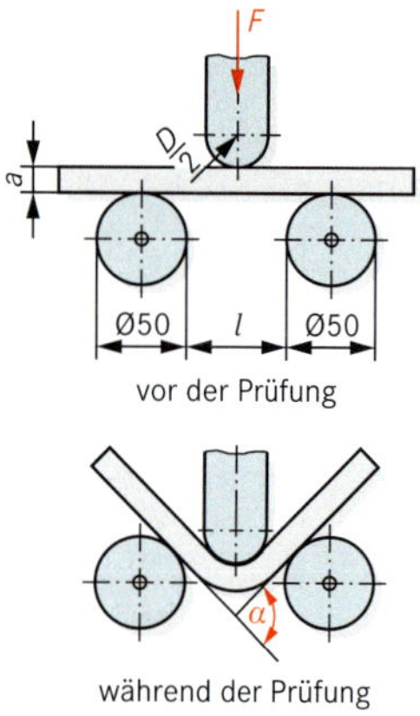

Querschnitt	
recht-eckig	kreis-förmig
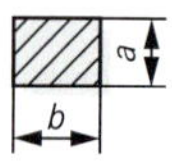	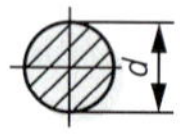
$l = (D + 3a) \pm \frac{a}{2}$	$l = (D + 3d) \pm \frac{d}{2}$

Der Dorndurchmesser *D* ist den Gütenormen oder Lieferbedingungen der zu prüfenden Werkstoffe zu entnehmen.

Mit Hilfe des technologischen Biegeversuchs (Faltversuch) wird das Umformvermögen eines metallischen Werkstoffes ermittelt. Dazu wird eine rechteckige oder kreisförmige Biegeprobe in einer Vorrichtung zügig gebogen, bis ein bestimmter Biegewinkel erreicht oder das Umformvermögen erschöpft ist.
Der Biegewinkel α ist unter Beanspruchung zu messen.

Probenabmessungen für Bleche, Bänder, Flach- und Rundstücke	
Probenlänge *L* in mm	abhängig von der Probendicke und der Prüfvorrichtung
Probenbreite *b* in mm	*b* = 20 ... 50
Probendicke *a* in mm	*a*: Erzeugungsdicke, falls diese > 25 mm ist, darf sie einseitig auf 25 mm abgearbeitet werden.
Probendurchmesser *d* in mm	*d*: 20 ... 50 Ab einem Durchmesser *d* = 30 mm darf, bei einem Durchmesser *d* > 50 mm muss die Probe herausgearbeitet werden.

Kerbschlagbiegeversuch nach Charpy
Charpy impact test

DIN EN ISO 148-1: 2011-01

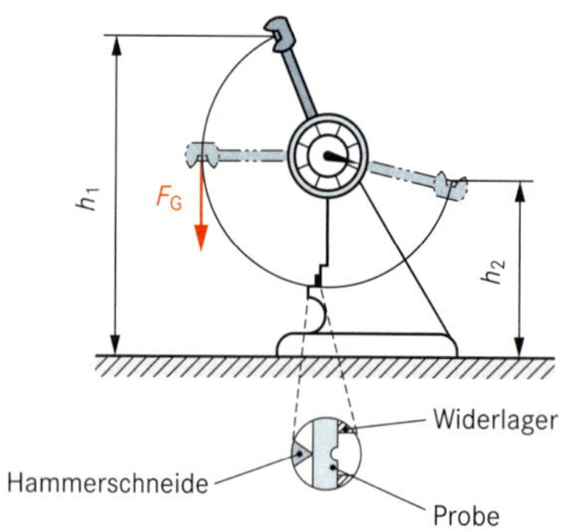

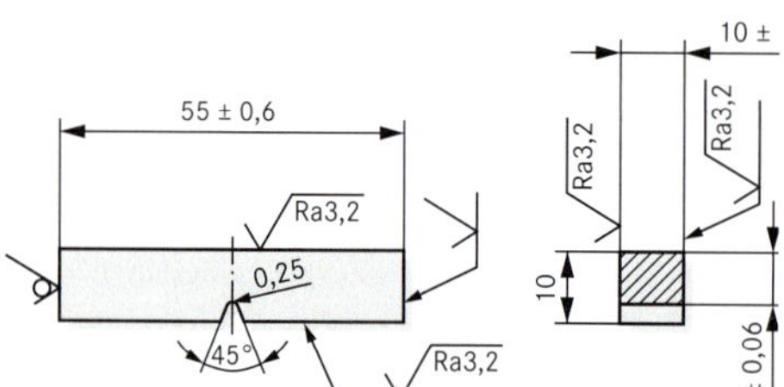

Charpy-V-Probe

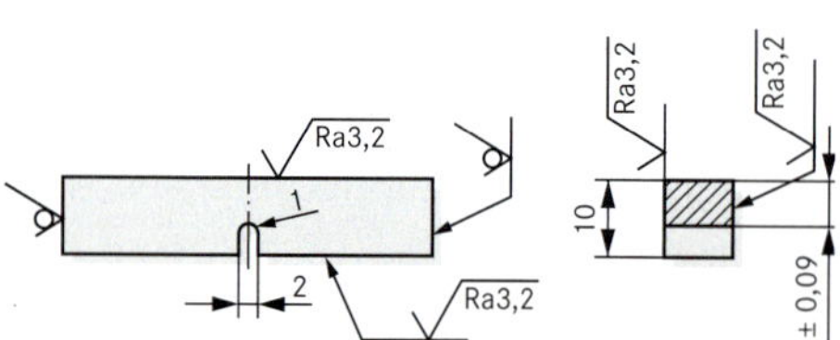

Charpy-U-Probe

[1] DVM: Deutscher Verband für Materialprüfung

Der Kerbschlagbiegeversuch gibt Aufschluss über die Zähigkeit und Verformbarkeit von Stahl und Stahlguss.
Eine Probe wird durch ein Schlagwerk mit einem Schlag durchbrochen oder durch die Widerlager gezogen. Die verbrauchte Schlagenergie wird in Abhängigkeit von der Temperatur der Probe gemessen.

Kerbschlagarbeit $KV = F_G (h_1 - h_2)$ $[KV] = J$
Kurzzeichen für die Kerbschlagarbeit:

KV_2 150 / 7,5 = 73 J

- Probe mit V-Kerb
- Radius Hammerfinne 2 mm
- Nennarbeitsvermögen des Pendelschlagwerkes 150 J
- Probenbreite 7,5 mm
- beim Bruch verbrauchte Schlagenergie

Arbeitsvermögen des Pendelschlagwerks 300 J und Normbreite der Probe = 10 mm werden nicht angegeben.

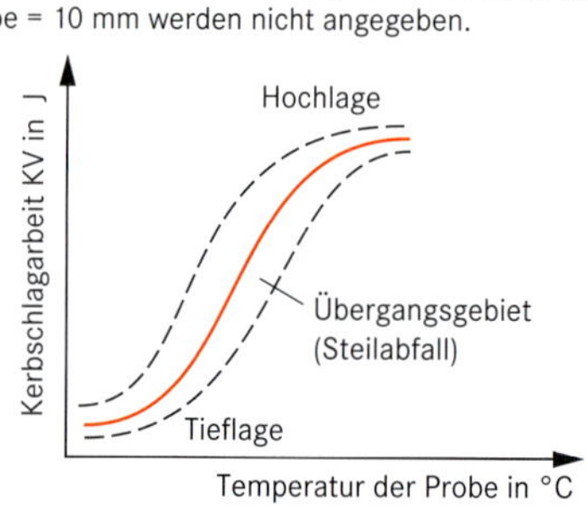

Kerbschlagarbeit-Temperatur-Kurve (schematisch)

Der Kerbschlagbiegeversuch liefert keine Kennwerte für die Festigkeitsberechnung, er wird nur vergleichend angewandt.

$$\textbf{Kerbschlagzähigkeit} = \frac{\text{Kerbschlagarbeit}}{\text{Probenquerschnitt}}$$

Dauerschwingversuch
Continuous vibration test

DIN 50 100: 1978-02

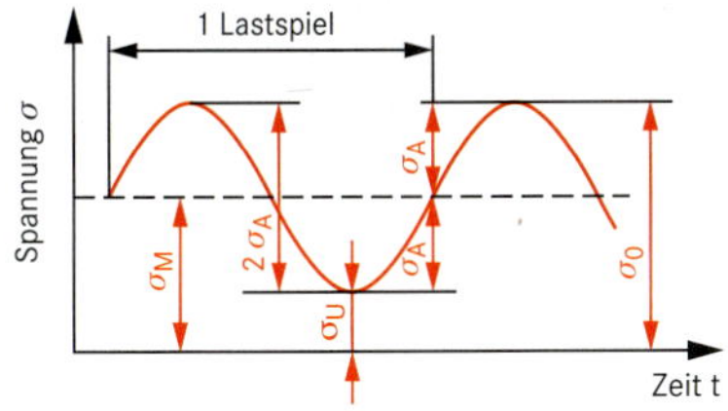

σ_M : Mittelspannung
σ_U : Unterspannung
σ_O : Oberspannung
σ_A : Spannungsausschlag
$2\sigma_U$: Schwingbreite (Amplitude)

Beispiel einer **Wöhlerkurve**

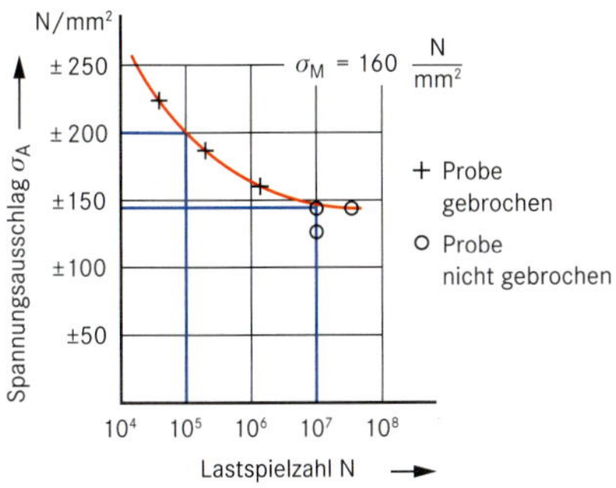

Der Dauerschwingversuch dient zur Ermittlung von Kennwerten für das mechanische Verhalten von Werkstoffen oder Bauteilen bei schwellender oder wechselnder Belastung.

Die **Dauerschwingfestigkeit** ist der um eine Mittelspannung schwingende größte Spannungsausschlag, den eine Probe „unendlich oft" ohne Bruch und zulässige Verformung aushält.

$$\sigma_D = \sigma_M \pm \sigma_A \qquad [\sigma_D] = \frac{N}{mm^2}$$

Wöhlerversuch

6 – 10 gleichwertige Proben werden einer Schwingbeanspruchung unterworfen. Bei konstanter Mittelspannung σ_M wird der Spannungsausschlag σ_A von Probe zu Probe so gestaffelt, dass wenigstens eine Probe bricht und die größte Beanspruchung gefunden wird, die ohne Bruch bis zu einer Grenzlastspielzahl ertragen wird.

Grenzlastspielzahl für Stahl: $2 \cdot 10^6 \ldots 10 \cdot 10^6$
für Leichtmetalle: $10 \cdot 10^6 \ldots 100 \cdot 10^6$

Aus dem Beispiel der Wöhlerkurve ergibt sich:

N	Spannungsausschlag σ_A	Wechselbeanspruchung Zug $\sigma_D = \sigma_M + \sigma_A$	Wechselbeanspruchung Druck $\sigma_D = \sigma_M - \sigma_A$	Ergebnis
10^7	140	300	20	kein Bruch
10^5	200	360	-40	Bruch

Dauerschwingfestigkeit:

$$\boldsymbol{\sigma_D = \pm\ 140 \frac{N}{mm^2} \quad \text{für} \quad \sigma_M = 160 \frac{N}{mm^2}}$$

Brucharten
Types of failures

	Bruchart	Beschreibung	Entstehung
vorwiegend statische Belastung	**Trennbruch**/Sprödbruch 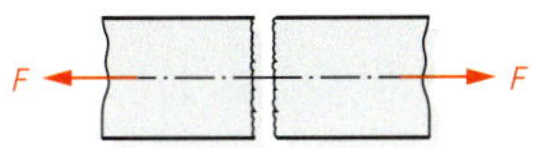	Ebene, glänzende, je nach Gefüge grob- oder feinkörnige Bruchfläche	Trennbruch entsteht bei Werkstoffen mit komplizierten Kristallgittern (z. B. gehärteter Stahl) oder spröden Werkstoffen (z. B. Gusseisen mit Lamellengrafit) unter statischer Beanspruchung. Ein Trennbruch entsteht plötzlich, ohne vorherige Verformung.
vorwiegend statische Belastung	**Verformungsbruch** 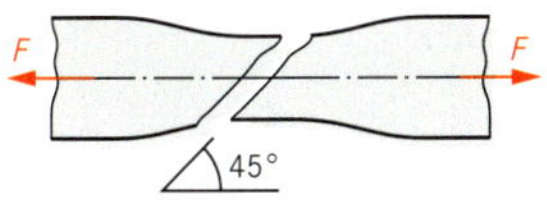	Unebene, matt glänzende, unter 45° liegende Bruchfläche, dabei Einschnürung des Werkstückes	Ein Verformungsbruch entsteht bei zähen Werkstoffen unter statischer Beanspruchung. Er entwickelt sich langsam. Ihm geht eine plastische Formänderung (Einschnürung) voraus.
vorwiegend statische Belastung	**Mischbruch** 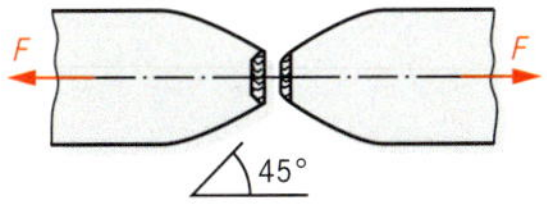	Ebene, glänzende Bruchfläche, umgeben von einer unebenen, matten Bruchfläche, dabei Einschnürung des Werkstückes	Der Mischbruch entsteht bei den meisten Stählen unter Zugbelastung. Er ist eine Kombination aus Verformungsbruch und Trennbruch.
vorwiegend dynamische Belastung	**Dauerbruch** 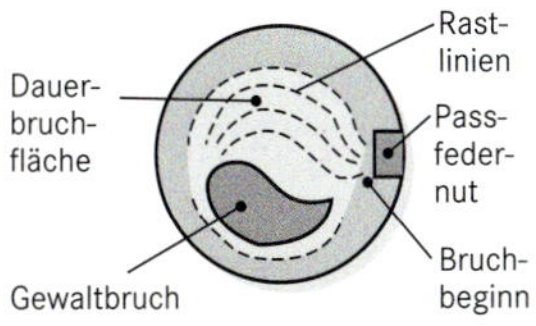	Ebene, matt glänzende Dauerbruchfläche mit Rastlinien, Restbruchfläche körnig und zerklüftet (Gewaltbruch)	Der Dauerbruch geht aus von z. B. Kerben, Nuten, Riefen, Schweißnähten, Gefügeeinschlüssen unter dynamischer Belastung. Die Dauerbruchfläche entsteht fortschreitend über längere Zeit. Ist der verbleibende Restquerschnitt zu klein, führt dies zum endgültigen Bruch (Gewaltbruch).

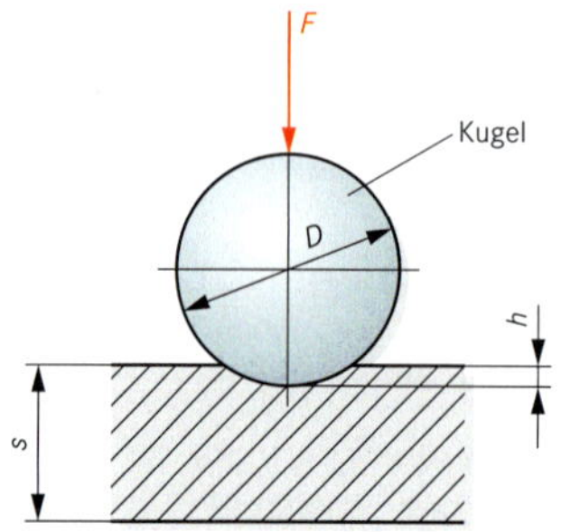

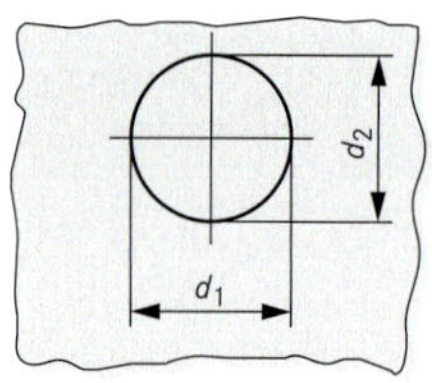

$d = \dfrac{d_1 + d_2}{2}$

Mindestdicke der Probe: $s_{min} = 8 \cdot h$

Bei der Härteprüfung nach Brinell wird eine Hartmetallkugel mit einer Prüfkraft F in die Probe eingedrückt.

$$\text{Brinellhärte} = \text{Konstante} \cdot \frac{\text{Prüfkraft}}{\text{Oberfläche des Eindruckes}}$$

$$HBW = 0{,}102 \cdot \frac{2\,F}{\pi\,D^2\,(1 - \sqrt{1 - d^2/D^2})} \quad ^{1)}$$

Kurzzeichen für die Angaben des Härtewertes:

600 HBW 5 / 750 / 20

- Brinellhärte 600 → 600
- Bezeichnung des Eindringkörpers → HBW
- Prüfkugeldurchmesser D in mm → 5
- Prüfkraft 7355 N = **750** · 9,80665 N → 750
- Einwirkdauer in s → 20

(Angabe entfällt bei Verwendung der üblichen Einwirkdauer)

Übliche Einwirkdauer der Prüfkraft: 10 ... 15 s.

Die gesamte Prüfkraft ist innerhalb von 2 ... 8 s aufzubringen.

Die Härtewerte werden nicht errechnet, sondern aus Tabellen abgelesen.

i **Johan August Brinell** (1849–1929), schwedischer Ingenieur. Das nach ihm benannte Härteprüfverfahren wurde 1900 auf der Pariser Weltausstellung vorgestellt.

Anwendungsbereiche und Prüfbedingungen

Werkstoffgruppen	Brinellhärte	Beanspruchungsgrad $0{,}102 \cdot \frac{F}{D_2}$ N/mm²
Stahl, Nickel und Titanlegierungen	-	30
Gusseisen	< 140 ≥ 140	10 30
Kupfer und Kupferlegierungen	< 35 35 ... 200 > 200	5 10 30
Leichtmetalle und ihre Legierungen	< 35	2,5
	35 ... 80	5 10 15
	> 80	10 15
Blei, Zinn	-	1

1) Die Konstante 0,102 $\left(\approx \frac{1}{g} = \frac{1}{9{,}80665}\right)$ ist ein Umrechnungsfaktor für die Prüfkraft.

Zeichen für die Härte	Kugeldurchmesser D mm	Beanspruchungsgrad $0{,}102 \cdot \frac{F}{D_2}$ N/mm²	Prüfkraft F N
HBW 10/3000	10	30	29 420
HBW 10/1500	10	15	1 471
HBW 10/1000	10	10	9 807
HBW 10/500	10	5	4 903
HBW 10/250	10	2,5	2 452
HBW 10/100	10	1	980,7
HBW 5/750	5	30	7 355
HBW 5/250	5	10	2 452
HBW 5/125	5	5	1 226
HBW 5/62,5	5	2,5	612,9
HBW 5/25	5	1	245,2
HBW 2,5/187,5	2,5	30	1 839
HBW 2,5/62,5	2,5	10	612,9
HBW 2,5/31,25	2,5	5	306,5
HBW 2,5/15,625	2,5	2,5	153,2
HBW 2,5/6,25	2,5	1	61,29
HBW 1/30	1	30	294,2
HBW 1/10	1	10	98,07
HBW 1/5	1	5	49,03
HBW 1/2,5	1	2,5	24,52
HBW 1/1	1	1	9,807

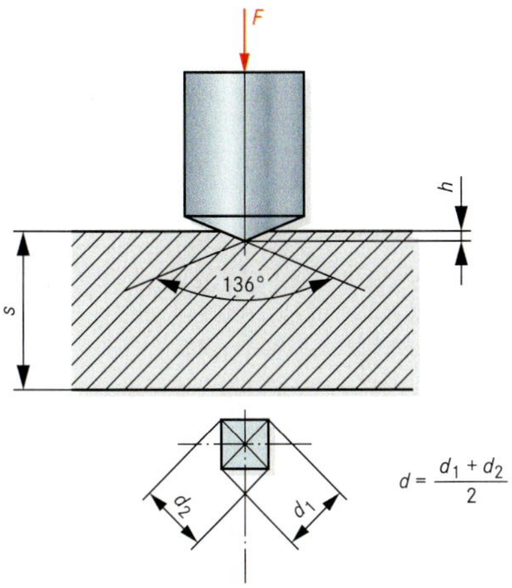

1925 entwickeltes Härteprüfverfahren für harte Werkstoffe; benannt nach der britischen Flugzeugbaufirma Vickers.

Mit Hilfe der Härteprüfung nach Vickers werden besonders harte Stoffe, dünne Proben und Schichten untersucht. Eine Diamantpyramide mit einem Winkel von 136° zwischen zwei gegenüber liegenden Flächen wird mit einer Prüfkraft F in die Probe eingedrückt.

$$\text{Vickershärte} = \text{Konstante} \cdot \frac{\text{Prüfkraft}}{\text{Oberfläche des Eindruckes}}$$

$$HV = 0{,}102\ \frac{2\,F \cdot \sin\frac{136°}{2}}{d^2} \approx 0{,}1891\ \frac{F}{d^2}$$

Kurzzeichen für die Angabe des Härtewertes:

500 HV 30 / 20

Vickershärte 500

Prüfkraft 294,2 N = **30** · 9,80665 N

Einwirkdauer in s

(Angabe entfällt bei Verwendung der üblichen Einwirkdauer)

Übliche Einwirkdauer der Prüfkraft: 10 ... 15 s.

Die gesamte Prüfkraft ist innerhalb von 2 ... 8 s und im Kleinkraftbereich und im Mikrohärtebereich innerhalb von max. 10 s aufzubringen.

Anzuwendende Prüfkräfte

Konventioneller Härtebereich		Kleinkraftbereich		Mikrohärtebereich	
Härtesymbol	Prüfkraft F in N	Härtesymbol	Prüfkraft F in N	Härtesymbol	Prüfkraft F in N
HV 5	49,03	HV 0,2	1,961	HV 0,01	0,09807
HV 10	98,07	HV 0,3	2,942	HV 0,015	0,1470
HV 20	196,1	HV 0,5	4,903	HV 0,02	0,1961
HV 30	294,2	HV 1	9,807	HV 0,025	0,2452
HV 50	490,3	HV 2	19,61	HV 0,05	0,4903
HV 100	980,7	HV 3	29,42	HV 0,1	0,9817

Die Prüfkraft ist aufgrund des angenommenen und zu überprüfenden Härtewertes zu wählen.

Mindestdicke der Proben

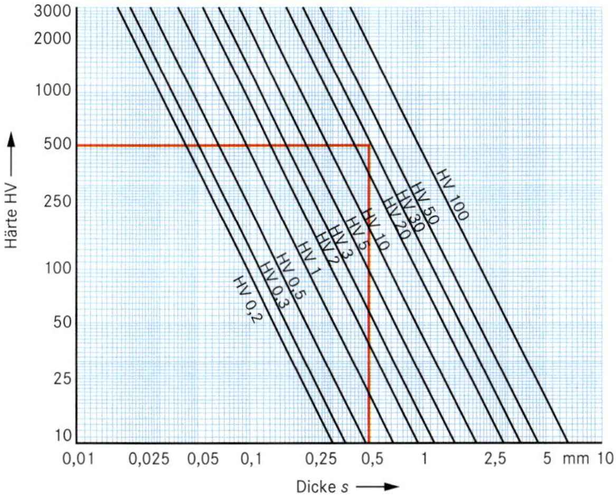

Die Mindestdicke der Proben beträgt:

$s_{min} = 10 \cdot h \triangleq 1{,}5 \cdot d$

Im Diagramm ist die Mindestdicke der Proben in Abhängigkeit von der Härte und der Prüfkraft zu ermitteln.

[1] Die Konstante 0,102 $\left(= \frac{1}{g} = \frac{1}{9{,}80665}\right)$ ist ein Umrechnungsfaktor für die Prüfkraft.

Härteprüfung nach Rockwell
Rockwell hardness test

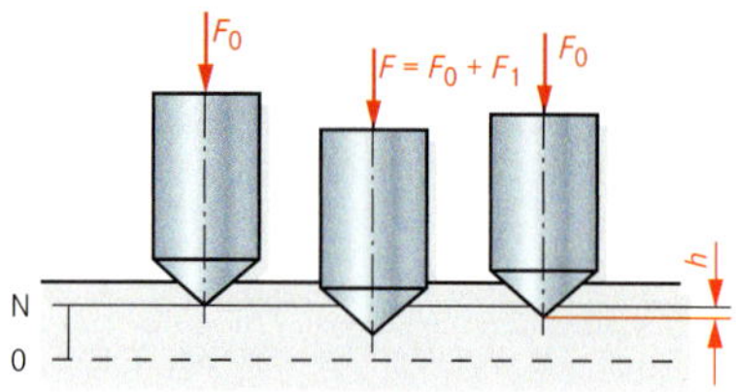

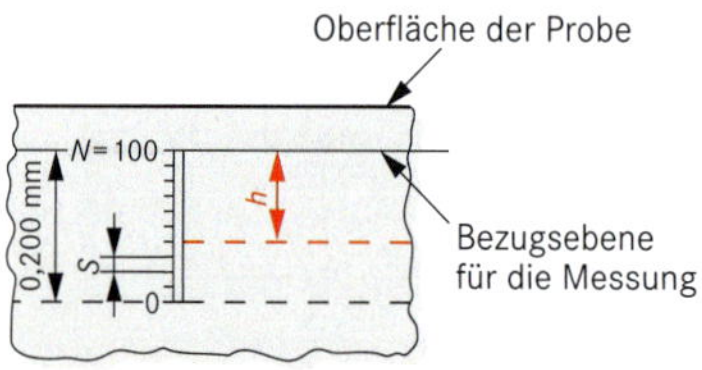

Die Einwirkdauer der Prüfvorkraft F_0 darf 3s nicht überschreiten.

> *i* 1920 von amerikanischem Ingenieur Stanley Rockwell entwickeltes Härteprüfverfahren.

Bei der Härteprüfung nach Rockwell wird ein Eindringkörper in 2 Stufen in die Probe gedrückt. Aus der bleibenden Eindringtiefe h in mm, gemessen nach Kraftminderung von F auf F_0, wird direkt die Rockwellhärte abgeleitet.

$$\text{Rockwellhärte} = N - \frac{h}{S}$$

N = Zahlenwert entsprechend der Skala des Prüfgerätes
h = bleibende Eindringtiefe
S = Skalenteilung

Kurzzeichen für die Angabe des Härtewertes:

50 HRC

Rockwellhärte 50
Bezeichnung des Verfahrens (Härteskala)

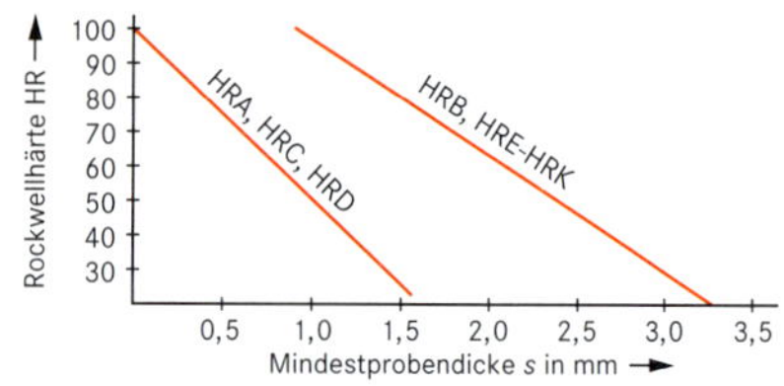

Härteskala	Symbol für Härte	Eindringkörper	Prüfvorkraft F_0 in N	Prüfzusatzkraft F_1 in N	Prüfgesamtkraft F in N	Anwendungsbereich	N	S in mm
A	HRA	Diamantkegel	98,07	490,3	588,4	20 ... 88 HRA	100	0,002
C	HRC	Diamantkegel	98,07	1373	1471	20 ... 70 HRC	100	0,002
D	HRD	Diamantkegel	98,07	882,6	980,7	40 ... 77 HRD	100	0,002
B	HRB	Stahlkugel (S) oder Hartmetallkugel (W) Ø 1,5875 mm	98,07	882,6	980,7	20 ... 100 HRB	130	0,002
E	HRE	Ø 3,175 mm	98,07	882,6	980,7	70 ... 100 HRE	130	0,002
F	HRF	Ø 1,5875 mm	98,07	490,3	588,4	60 ... 100 HRF	130	0,002
G	HRG	Ø 1,5875 mm	98,07	1373	1471	30 ... 94 HRG	130	0,002
H	HRH	Ø 3,175 mm	98,07	490,3	588,4	80 ... 100 HRH	130	0,002
K	HRK	Ø 3,175 mm	98,07	1373	1471	40 ... 100 HRK	130	0,002
15 N	HR 15 N	Diamantkegel	29,42	117,7	147,1	70 ... 94 HR 15 N	100	0,001
30 N	HR 30 N	Diamantkegel	29,42	264,8	294,2	42 ... 86 HR 30 N	100	0,001
45 N	HR 45 N	Diamantkegel	29,42	411,9	441,3	20 ... 77 HR 45 N	100	0,001
15 T	HR 15 T	Stahlkugel (S) oder Hartmetallkugel (W) Ø 1,5875 mm	29,42	117,7	147,1	67 ... 93 HR 15 T	100	0,001
30 T	HR 30 T	Stahlkugel (S) oder Hartmetallkugel (W) Ø 1,5875 mm	29,42	264,8	294,2	29 ... 82 HR 30 T	100	0,001
45 T	HR 45 T	Stahlkugel (S) oder Hartmetallkugel (W) Ø 1,5875 mm	29,42	411,9	441,3	10 ... 72 HR 45 T	100	0,001

Vergleich verschiedener Härteskalen
Comparison of different hardness scales

Vergleich mechanischer Eigenschaften

Ein quantitativer Vergleich der einzelnen Härteskalen ist nur bedingt möglich. Siehe auch DIN EN ISO 18 265.

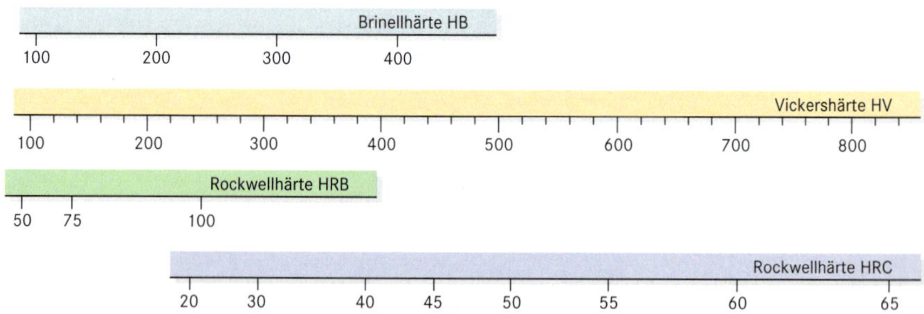

Umwertung für Härte in Härte und Härte in Zugfestigkeit für unlegierte und niedriglegierte Stähle und Stahlguss

DIN EN ISO 18 265: 2004-02

Die Umwertungstabelle für Vickershärte, Brinellhärte, Rockwellhärte und Zugfestigkeit gilt für unlegierte und niedriglegierte Stähle und Stahlguss im warmumgeformten oder wärmebehandelten Zustand. Eine Härteumwertung soll wegen der damit verbundenen Ungenauigkeit nur dann vorgenommen werden, wenn das vorgeschriebene Prüfverfahren nicht angewendet werden kann.

Vergleich verschiedener Härteskalen

Zugfestigkeit MPa	Vickershärte HV 10	Brinellhärte HB	Rockwellhärte HRB	Rockwellhärte HRC	Zugfestigkeit MPa	Vickershärte HV 10	Brinellhärte HB	Rockwellhärte HRB	Rockwellhärte HRC
255	80	76,0			1 125	350	333		35,5
270	85	80,7	41,0		1 155	360	342		36,6
285	90	85,5	48,0		1 190	370	352		37,7
305	95	90,2	52,0		1 220	380	361		38,8
320	100	95,0	56,2		1 255	390	371		39,8
335	105	99,8			1290	400	380		40,8
350	110	105	62,3		1320	410	390		41,8
370	115	109			1350	420	399		42,7
385	120	114	66,7		1385	430	409		43,6
400	125	119			1420	440	418		44,5
415	130	124	71,2		1455	450	428		45,3
430	135	128			1485	460	437		46,1
450	140	133	75,0		1520	470	447		46,9
465	145	138			1555	480	456		47,7
480	150	143	78,7		1595	490	466		48,4
495	155	147			1630	500	475		49,1
510	160	152	81,7		1665	510	485		49,8
530	165	156			1700	520	494		50,5
545	170	162	85,0		1740	530	504		51,1
560	175	166			1775	540	513		51,7
575	180	171	87,1		1810	550	523		52,3
595	185	176			1845	560	532		53,0
610	190	181	89,5		1880	570	542		53,6
625	195	185			1920	580	551		54,1
640	200	190	91,5		1955	590	561		54,7
660	205	195	92,5		1995	600	570		55,2
675	210	199	93,5		2030	610	580		55,7
690	215	204	94,0		2070	620	589		56,3
705	220	209	95,0		2105	630	599		56,8
720	225	214	96,0		2145	640	608		57,3
740	230	219	96,7		2180	650	618		57,8
755	235	223				660			58,3
770	240	228	98,1	20,3		670			58,8
785	245	233		21,3		680			59,2
800	250	238	99,5	22,2		690			59,7
820	255	242		23,1		700			60,1
835	260	247	(101)	24,0		720			61,0
850	265	252		24,8		740			61,8
865	270	257	(102)	25,6		760			62,5
880	275	261		26,4		780			63,3
900	280	266	(104)	27,1		800			64,0
915	285	271		27,8		820			64,7
930	290	276	(105)	28,5		840			65,3
950	295	280		29,2		860			65,9
965	300	285		29,8		880			66,4
995	310	295		31,0		900			67,0
1 030	320	304		32,2		920			67,5
1 060	330	314		33,3		940			68,0
1 095	340	323		34,4					

Die eingeklammerten Zahlen sind Härtewerte, die außerhalb des Definitionsbereiches der genormten Härteprüfungsverfahren liegen, praktisch jedoch vielfach als Näherungswerte benutzt werden.

Prüfverfahren	Eignung	Prüfvorgang	Anwendung
Eindringverfahren DIN EN 571-1: 1997-03 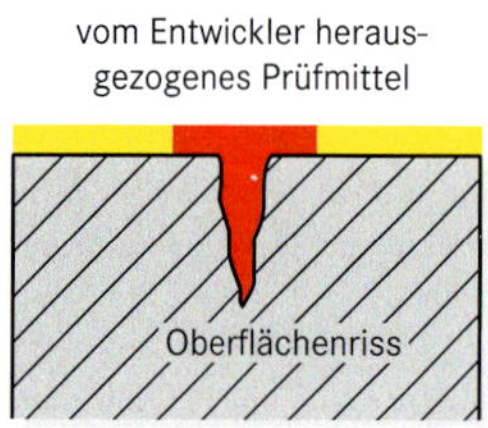	Geeignet zum Nachweis von Fehlern, die zur Oberfläche hin offen sind	1. Vorreinigen, 2. Auftragen der Prüfflüssigkeit und Eindringen durch Kapillarwirkung, 3. Zwischenreinigen und Trocknen, 4. Auftragen eines Entwicklers, das im Riss verbliebene Prüfmittel wird herausgezogen 5. Inspektion, 6. Protokollieren, 7. Nachreinigen.	Überprüfung von Werkstoffgefüge, insbesondere der NE-Metalle und nicht magnetisierbaren Stähle auf Risse, Poren, Überlappungen und Bindefehler im Serienverfahren.
Magnetische Streufluss-Verfahren DIN 54 130: 1974-04 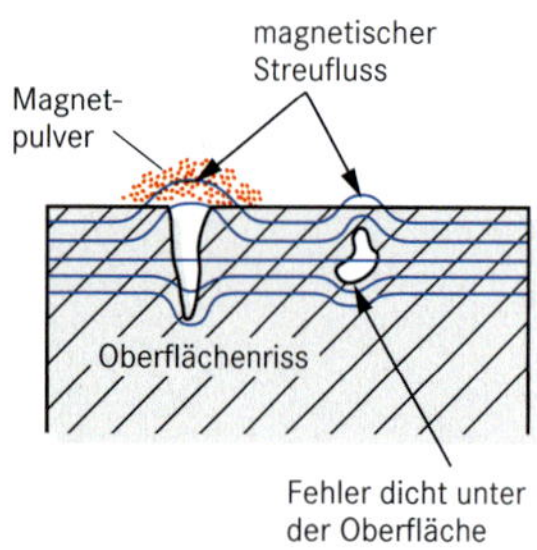	Geeignet zum Nachweis von Oberflächenfehlern in ferromagnetischen Werkstoffen	1. Vorreinigen, 2. Magnetisieren des Werkstückes durch - Jochmagnetisierung oder - Spulenmagnetisierung oder - Stromdurchflutung 3. Nachweis des im Bereich des Fehlers austretenden magnetischen Streuflusses durch Magnetpulver, 4. Protokollieren, 5. Nachreinigen.	Nachweis von Oberflächeninhomogenitäten, insbesondere von Rissen. Nach der Prüfung ist ggf. eine Entmagnetisierung vorzunehmen.
Ultraschallprüfung DIN EN 583-1: 1998-12 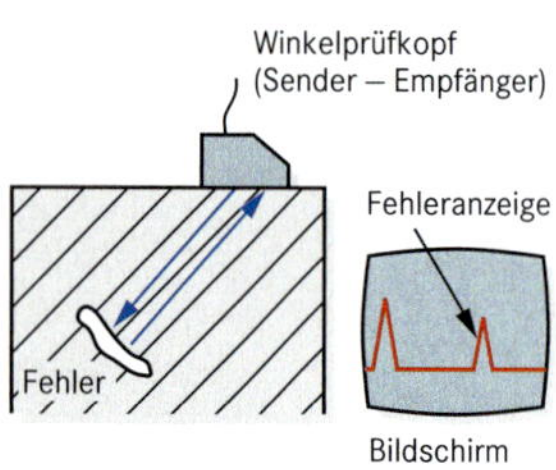	Geeignet zum Nachweis von innenliegenden Fehlern, die überwiegend senkrecht zur Strahlungsrichtung liegen	1. Vorreinigen, 2. Einschallen des Ultraschalles mit Hilfe eines Normalprüfkopfes (senkrechte Einschallung) oder eines Winkelprüfkopfes, 3. Reflexion der Schallwellen an Grenzschichten oder Abnahme des durchlaufenden Schalles, 4. Auswertung der Schallsignale auf einem Bildschirm, 5. Protokollieren, 6. Nachreinigen.	Überprüfung von Werkstoffgefüge auf Risse, Lunker, Schlackeneinschlüsse im Innern von Werkstücken und Schweißnähten, Dopplungsprüfung, Schichtdickenmessung.
Prüfung mit Röntgen- oder Gammastrahlen DIN EN 444: 1994-04 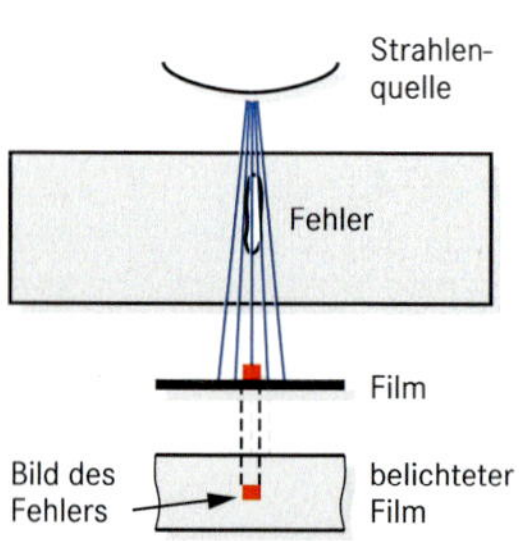	Geeignet zum Nachweis von innenliegenden Fehlern, die überwiegend parallel zur Strahlungsrichtung liegen	1. Durchstrahlung mit Hilfe - einer Röntgenröhre oder - eines Radioisotopes (z. B. Co 60, Ir 192) 2. Auswertung des belichteten Filmes, 3. Protokollieren.	Überprüfung von Werkstoffgefüge auf Risse, Lunker, Schlackeneinschlüsse im Innern von Werkstücken und Schweißnähten. **Strahlenschutzbestimmungen beachten!**

Fertigen von Baueinheiten

4

Fertigen mit Werkzeugmaschinen

Fertigen mit numerisch gesteuerten Werkzeugmaschinen

Fertigen durch Umformen

Fertigen durch Schneiden und Abtragen

Wärmebehandlung

Qualitätssicherung

Zerspanungs-Anwendungsgruppen
Groups of application for chip removal

Bezeichnung harter Schneidstoffe

DIN ISO 513: 2005-11

Kurzzeichen	Schneidstoffgruppe
HW	Unbeschichtetes Hartmetall, Hauptbestandteil Wolframcarbid (WC) mit Korngröße ≥ 1 µm
HF	Unbeschichtetes Hartmetall, Hauptbestandteil Wolframcarbid (WC) mit Korngröße < 1 µm
HT	Unbeschichtetes Hartmetall, Hauptbestandteil Titancarbid (TiC) oder Titannitrit (TiN) oder beides (cermets)
HC	Hartmetalle, beschichtet
BL	Kubisch-kristallines Bornitrid mit niedrigem Bornitritgehalt
BH	Kubisch-kristallines Bornitrid mit hohem Bornitritgehalt
BC	Kubisch-kristallines Bornitrid, beschichtet

Kurzzeichen	Schneidstoffgruppe
CA	Schneidkeramik, Hauptbestandteil Aluminiumoxid (Al_2O_3)
CM	Mischkeramik, Hauptbestandteil Aluminiumoxid (Al_2O_3), zusammen mit anderen Bestandteilen als Oxiden
CN	Siliziumnitridkeramik, Hauptbestandteil Siliziumnitrit (Si_3N_4)
CR	Schneidkeramik, Hauptbestandteil Aluminiumoxid (Al_2O_3), verstärkt
CC	Schneidkeramik wie oben, jedoch beschichtet
DP	Polykristalliner Diamant
DM	Monokristalliner Diamant

Bezeichnungsbeispiele: **HW-P10, HC-K20, CA-K10**

i **Cermets:** Verbundwerkstoff aus Keramik (**cer**amic) in einem metallischen Bindemittel (**met**al)

Klassifizierung harter Schneidstoffe

Hauptanwendungsgruppen	Anwendungsgruppen		Werkstoff	
P Kennfarbe blau	P01 P10 P20 P30 P40 P50	 P05 P15 P25 P35 P45	Stahl und Stahlguss, ausgenommen nichtrostender Stahl mit austenitischem Gefüge	↑ ↓
M Kennfarbe gelb	M01 M10 M20 M30 M40	 M05 M15 M25 M35	Nichtrostender austenitischer und austenitisch-ferritischer Stahl und Stahlguss	↑ ↓
K Kennfarbe rot	K01 K10 K20 K30 K40	 K05 K15 K25 K35	Gusseisen mit Lamellengraphit, Gusseisen mit Kugelgraphit, Temperguss	↑ ↓
N Kennfarbe grün	N01 N10 N20 N30	 N05 N15 N25	Aluminium und andere Nicht-eisenmetalle, Nichtmetallwerkstoffe	↑ ↓
S Kennfarbe braun	S01 S10 S20 S30	 S05 S15 S25	Hochwarmfeste Speziallegierungen auf der Basis von Eisen, Nickel und Kobalt. Titan und Titanlegierungen	↑ ↓
H Kennfarbe grau	H01 H10 H20 H30	 H05 H15 H25	Gehärteter Stahl, gehärtete Gusseisenwerkstoffe, Gusseisen für Kokillenguss	↑ ↓

↑ zunehmende Schnittgeschwindigkeit v_c
zunehmende Verschleißfestigkeit

↓ zunehmender Vorschub f
zunehmende Zähigkeit

Werkzeug-Anwendungsgruppen für Zerspanwerkzeuge aus Schnellarbeitsstahl

DIN 1836: 1984-01

Allgemeine Werkzeug-Anwendungsgruppen	
WZ-Anwendungs-gruppe	Anwendungsbereich
N	Werkstoffe mit normaler Festigkeit und Härte
H	Harte und zähharte Werkstoffe
W	Weiche und zähe Werkstoffe und/oder langspanende Werkstoffe und/oder kurzspanende Werkstoffe

Allgemeine Werkzeug-Anwendungsgruppen	
WZ-Anwendungs-gruppe	Form des Spanteilers an der Schneide des Schruppfräsers
NF HF	Spanteiler mit flachem Profil 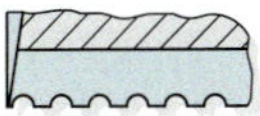
NR HR	Spanteiler mit rundem Profil 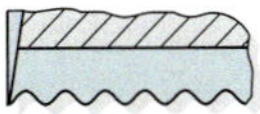

Zu bearbeitender Werkstoff		Zugfestigkeit R_m in N/mm² oder Härte HB	Werkzeug-Anwendungsgruppe[1] N	H	W	NF/NR	HF/HR
Automatenstahl		370 ... 600	🔴		🔵	🔴	
		550 ... 1000	🔴	🔵		🔴	🔵
Baustahl		... 600	🔴		🔵	🔴	
		500 ... 900	🔴			🔴	
Einsatzstahl	unlegiert	... 600	🔴		🔵	🔴	
	legiert	500 ... 800	🔴			🔴	
Nitrierstahl	weichgeglüht	700 ... 900	🔴			🔴	
	vergütet	800 ... 1250	🔴	🔵		🔴	🔴
Nichtrostender Stahl und nichtrostender Stahlguss		450 ... 950	🔴			🔴	
Stahlguss		400 ... 1100	🔴			🔴	
Vergütungsstahl	weich- oder normalgeglüht	500 ... 750	🔴			🔴	
	unlegiert, vergütet	700 ... 1000	🔴			🔴	
	legiert, vergütet	700 ... 1000	🔴			🔴	
		900 ... 1250	🔴	🔵		🔴	
Werkzeugstahl	legiert, vergütet	900 ... 1250	🔴	🔵		🔴	🔴
	unlegiert oder legiert, weichgeglüht,	180 ... 240 HB	🔴			🔴	
	hochgekohlt und/oder legiert, weichgeglüht	220 ... 300 HB	🔵	🔴		🔵	🔴
Gusseisen	mit Lamellengrafit	100 ... 240 HB	🔴			🔴/🔴	
		230 ... 320 HB	🔵	🔴		🔴/🔵	🔴
	mit Kugelgrafit	100 ... 240 HB	🔴			🔴/🔵	🔵
		230 ... 320 HB	🔵	🔴		🔴/–	🔴
Temperguss		100 ... 270 HB	🔴			🔴/🔵	🔵
Al-Knet- und Al-Gusslegierungen (Si-Gehalt ≤10 %)		... 180	🔵		🔴		
Al-Gusslegierungen (Si-Gehalt >10 %)		150 ... 250	🔴		🔵	🔵/–	
Kupfer		200 ... 400	🔵		🔴		
Kupferlegierungen	hoher Cu-Gehalt, geringe Festigkeit	200 ... 550	🔵		🔴		
	geringer oder hoher Cu-Gehalt und hohe Festigkeit	250 ... 850	🔴		🔵	–/🔵	
	mit spanbrechenden Zusätzen (Pb, P, Te)	250 ... 500	🔵	🔴			
Mg-Knet- und Mg-Gusslegierungen		150 ... 300	🔴		🔵		
Titanlegierungen	mittlere Festigkeit	... 700	🔴		🔵	🔴/🔴	
	hohe Festigkeit	600 ... 1100	🔵	🔴		🔵/–	🔴

1) 🔴 = Regelfall, 🔵 = Sonderfall

Geometrische Stufung der Umdrehungsfrequenzen, logarithmische Achsenteilung

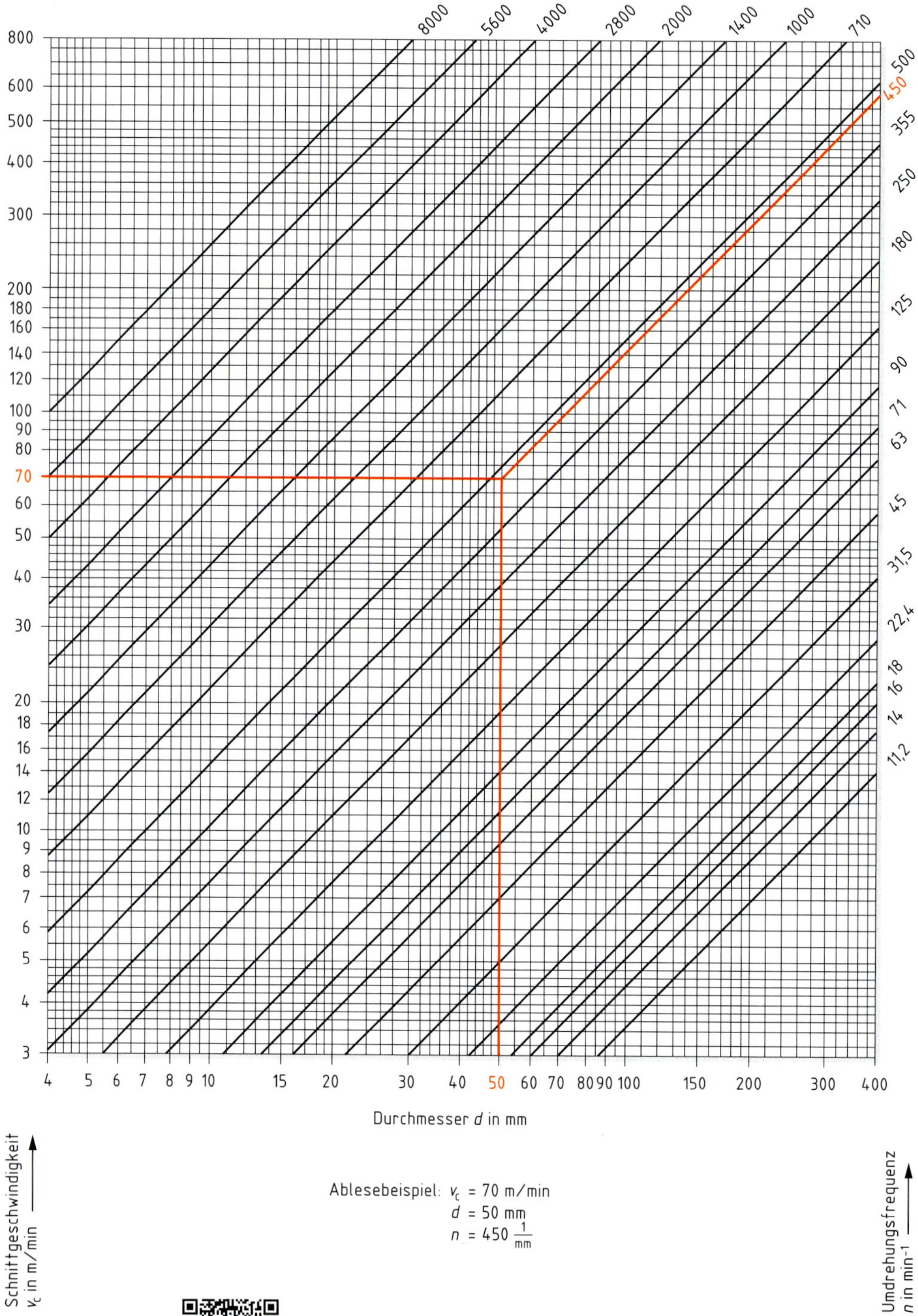

Ablesebeispiel: v_c = 70 m/min
d = 50 mm
$n = 450 \frac{1}{\text{mm}}$

Umdrehungsfrequenzen für Werkzeugmaschinen

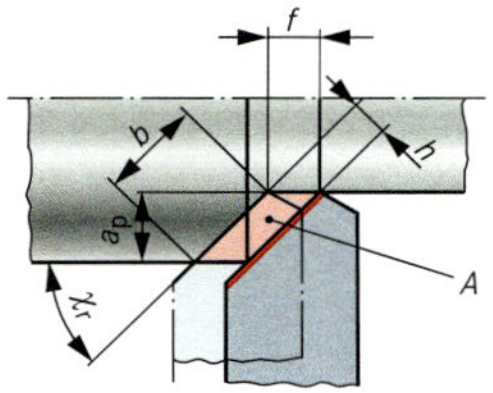

Die spezifische Schnittkraft k_c ist die Kraft, die benötigt wird, um einen Span mit dem Spanungsquerschnitt von A = 1 mm² vom Werkstück zu trennen.

f = Vorschub in mm
a_p = Schnitttiefe in mm
h = Spanungsdicke in mm
b = Spanungsbreite in mm
$\varkappa_r$ = Einstellwinkel in °
A = Spanungsquerschnitt in mm²
m_c = Werkstoffkonstante, sie beschreibt die Abhängigkeit der spezifischen Schnittkraft k_c von der Spanungsdicke h

Da sich die spezifische Schnittkraft k_c mit der Schnittgeschwindigkeit ändert, ist bei Berechnung der Schnittkraft F_c mit einen Korrekturfaktor K zu rechnen.

$$F_c = A \cdot k_c \cdot K$$

Schnittgeschwindigkeit v_c in m/min	Korrekturfaktor K
> 10 ... 30	1,25
> 30 ... 80	1,1
> 80	1,0

Werkstoff	m_c	Spezifische Schnittkraft k_c in N/mm² Spannungsdicke h in mm													k_c 1.1 ↓				
		0,05	0,063	0,08	0,1	0,125	0,16	0,20	0,25	0,315	0,4	0,5	0,63	0,8	1,0	1,25	1,6	2,0	2,5
S 235 JR	0,17	2960	2850	2730	2630	2540	2430	2340	2250	2170	2080	2000	1930	1850	1780	1710	1640	1580	1520
E 295	0,26	4340	4080	3840	3620	3430	3210	3020	2850	2690	2530	2380	2250	2110	1990	1880	1760	1660	1570
E 335	0,17	3510	3380	3240	3120	3000	2880	2770	2670	2570	2470	2370	2280	2190	2110	2030	1950	1880	1810
E 360	0,30	5550	5180	4820	4510	4220	3920	3660	3430	3200	2980	2780	2600	2420	2260	2120	1960	1840	1720
C 45 E	0,14	3380	3270	3160	3060	2970	2870	2780	2700	2610	2520	2450	2370	2290	2220	2150	2080	2020	1950
C 60 E	0,18	3650	3500	3360	3220	3100	2960	2850	2730	2620	2510	2410	2310	2220	2130	2050	1960	1800	1810
16 Mn Cr 5	0,26	4580	4310	4050	3820	3610	3380	3190	3010	2840	2660	2510	2370	2230	2100	1980	1860	1750	1660
18 Cr Ni 6	0,30	5550	5180	4820	4510	4220	3920	3660	3430	3200	2980	2780	2600	2420	2260	2120	1940	1840	1720
20 Mn Cr5	0,25	4530	4270	4020	3810	3600	3380	3200	3030	2860	2690	2550	2400	2260	2140	2020	1900	1800	1700
55 Ni Cr Mo V 6 N	0,24	3570	3380	3190	3020	2870	2700	2560	2430	2300	2170	2050	1940	1840	1740	1650	1560	1470	1400
34 Cr Mo 4	0,21	4200	4000	3810	3630	3470	3290	3140	3000	2850	2720	2590	2470	2350	2240	2140	2030	1940	1850
42 Cr Mo 4	0,26	5450	5130	4820	4550	4290	4030	3800	3580	3380	3170	2990	2820	2650	2500	2360	2210	2090	1970
50 Cr V 4	0,26	4840	4560	4280	4040	3810	3580	3370	3180	3000	2820	2660	2500	2350	2220	2100	1970	1850	1750
Nichtrostende Stähle	0,18	4370	4190	4020	3860	3710	3550	3410	3270	3140	3010	2890	2770	2650	2550	2450	2340	2250	2160
EN-GJL-150	0,21	1780	1700	1610	1540	1470	1400	1330	1270	1210	1150	1100	1050	1000	950	910	860	820	780
EN-GJL-200	0,25	2160	2040	1920	1810	1720	1610	1530	1440	1360	1280	1210	1150	1080	120	960	910	860	810
EN-GJL-250	0,26	2530	2380	2240	2110	1990	1870	1760	1660	1570	1470	1390	1310	1230	1160	110	1030	970	910
EN-GJS-400	0,25	2138	2010	1896	1794	1703	1595	1500	1421	1341	1272	1196	1129	1069	1005	948	897	845	798
EN-GJS-600	0,48	4423	3958	3529	3171	2849	2530	2273	2043	1828	1630	1464	1311	1169	1050	943	838	753	676
EN-GJS-800	0,44	4230	3821	3439	3118	2826	2535	2298	2083	1882	1694	1536	1387	1249	1132	1026	920	834	756
Al-Sn-Legierungen	0,17	2960	2850	2730	2630	2540	2430	2430	2250	2170	2080	2000	1930	1850	1780	1710	1640	1580	1520
Al-Zn-Legierungen	0,18	1340	1280	1230	1180	1130	1090	1040	1000	960	920	820	850	810	780	750	720	690	660
Mg-Legierungen	0,19	490	470	450	430	420	400	380	360	350	330	320	310	290	280	270	260	250	240

Die Werte wurden im Drehversuch ermittelt und gelten u. a. für folgende Bedingungen: HM-Werkzeug (ohne Verschleiß), v_c = 100 ... 120 m/min, Freiwinkel α = 5°, Spanwinkel γ_0 = 6° für langspanende Werkstoffe, Spanwinkel γ_0 = 2° für kurzspanende Werkstoffe, scharfe Schneide

Kühlschmierstoffe – Begriffe

DIN 51 385: 1991-06

Benennung	Kenn-buchst.	Richt-linien	Definition
Kühlschmierstoff	S		Stoff, der beim Trennen von Werkstoffen zum Kühlen und Schmieren eingesetzt wird
Nichtwassermischbarer Kühlschmierstoff	SN		Kühlschmierstoff, der für die Anwendung nicht mit Wasser gemischt wird
		S 1	Kühlschmierstoff mit Fettstoffzusätzen, z. B. pflanzlichen oder tierischen Fettstoffen, zur Verbesserung der Haftung auf der Metalloberfläche, sehr gute Schmierwirkung
		S2	Kühlschmierstoff mit mild wirkenden EP-Zusätzen[1] zur Erhöhung der Druckfestigkeit
		S3	Kühlschmierstoff mit Fettstoffzusätzen und EP-Zusätzen[1]
		S4	Kühlschmierstoff mit aktiven EP-Zusätzen[1], besser als S2, aber chemische Angriffe der Metalloberfläche möglich
		S5	Kühlschmierstoff mit Fettstoffzusätzen und aktiven EP-Zusätzen[1]
Wassermischbarer Kühlschmierstoff	SE	E 1	Kühlschmierstoff, der vor seiner Anwendung mit Wasser gemischt wird
		... 10 %	Emulsion mit 1 ... 10 % Öl in Wasser. Anwendung, wenn intensive Kühlung, aber nur geringe Schmierung verlangt wird, z. B. bei hohen Schnittgeschwindigkeiten
Wassergemischter Kühlschmierstoff	SEW		Mit Wasser gemischter Kühlschmierstoff
Kühlschmier-Lösung	SESW	L 1	Lösungen von vorwiegend organischen (meist synthetischen) Stoffen in Wasser, Anwendungsbereich entspricht dem der Emulsion
		L2	Lösungen von anorganischen Stoffen (Soda, Natriumfluorid, Natriumnitrit) in Wasser, gute Kühlwirkung, geringe Schmierwirkung, Lösungen bilden keinen ausreichend druckfesten Schmierfilm

[1] EP: Extreme Pressure (extrem hohem Druck widerstehend), Zusätze sind Cl-, P-, S- und N-Verbindungen.

Richtlinien für die Auswahl von Kühlschmierstoffen

Fertigungsverfahren	Stahl normal spanbar	Stahl schwer spanbar	Gusseisen Temperguss	Kupfer Cu-Legierungen	Aluminium Al-Legierungen	Magnesium Mg-Leg.
Drehen Schruppen	E 2 ... 5 %, L 1	E 10 %, S 4, S 5	trocken	trocken, L 1, S 1	E 2 ... 5 %, L 1, S 1, S 3	trocken, S 1, S 2
Schlichten	E 2 ... 5 %, S 3	E 10 %, S 4, S 5	trocken, E 2 ... 5 %	trocken, L 1, S 1, S 2	trocken, S 1, S 2, S 3	trocken, S 1, S 2, S 3
Automatendrehen	S 1, S 2, S 3	S 4, S 5	S 1, S 2, S 3	S 1, S 2, S 3	S 1, S 2, S 3	S 1, S 2, S 3
Bohren	E 2 ... 5 %	E 10 %, S 4, S 5	trocken, E 1 ... 3 %	trocken, E 2 ... 5 %, S 1, S 2, S 3	E 2 ... 5 %, S 1, S 2, S 3	trocken, S 1, S 2, S 3
Tiefbohren	S 3	S 5	S 3	S 3	S 3	S 3
Reiben	S 2, S 3, E 10 %	S 3, S 4, S 5	trocken, S 1	trocken, S 1, S 2, S 3	S 1, S 2, S 3 L 1, S 3	S 1, S 2, S 3
Fräsen	E 5 ... 10 % L 1, S 3	E 10 %, S 4, S 5	trocken, E 1 ... 3 %	trocken, E 2 ... 5 %, S 1, S 2, S 3	S 1, S 2, S 3 E 2 ... 5 %	trocken S 1, S 2, S 3
Sägen	E 2 ... 5 %, L 1	E 10 %	trocken, E 2 ... 5 %	S 1, S 2, S 3 E 2 ... 5 %	S 1, S 2, S 3, E 2 ... 5 %	trocken S 1, S 2, S 3
Hobeln	trocken, E 2 ... 5 %	trocken, E 10 %, S 1	trocken	–	–	–
Stoßen	trocken, S 1, S 2, S 3	S 4, S 5	trocken	trocken, S 1, S 2, S 3	–	–
Räumen	S 2, S 3, E 10 %	S 4, S 5	E 2 ... 5 %	S 1, S 2, S 3	S 1, S 2, S 3	S 1, S 2, S 3
Schleifen	E 1 %, L 1, L 2	S 3, L 1, L 2	L 1, L 2, E 1 %	E 1 %, L 1, L 2	L 1, E 1 %	–
Honen, Läppen	S 2, S 3	S 4, S 5	S 2	–	–	–
Gewindeschneiden	S 3	S 5	S 3, E 5 ... 10 %	S 3	S 3	S 3, trocken
Gewindefräsen	S 2, S 3	S 4, S 5	S 2	S 1, S 2, S 3	S 1, S 2, S 3	S 1, S 2, S 3
Gewindeschleifen	S 3	S 5	–	–	–	–
Zahnradfräsen	S 3	S 5	E 5 ... 10 %	S 2, S 3	S 2, S 3	–
Zahnradstoßen	S 3	S 5	S 3	–	–	–
Zahnflankenschleifen	S 2, S 4	S 4	–	–	–	–

Hinweis: Bei der Bearbeitung von Magnesium oder Mg-Legierungen keinen Kühlschmierstoff oder nur Öl verwenden.

Ermittlung der einzustellenden Arbeitswerte

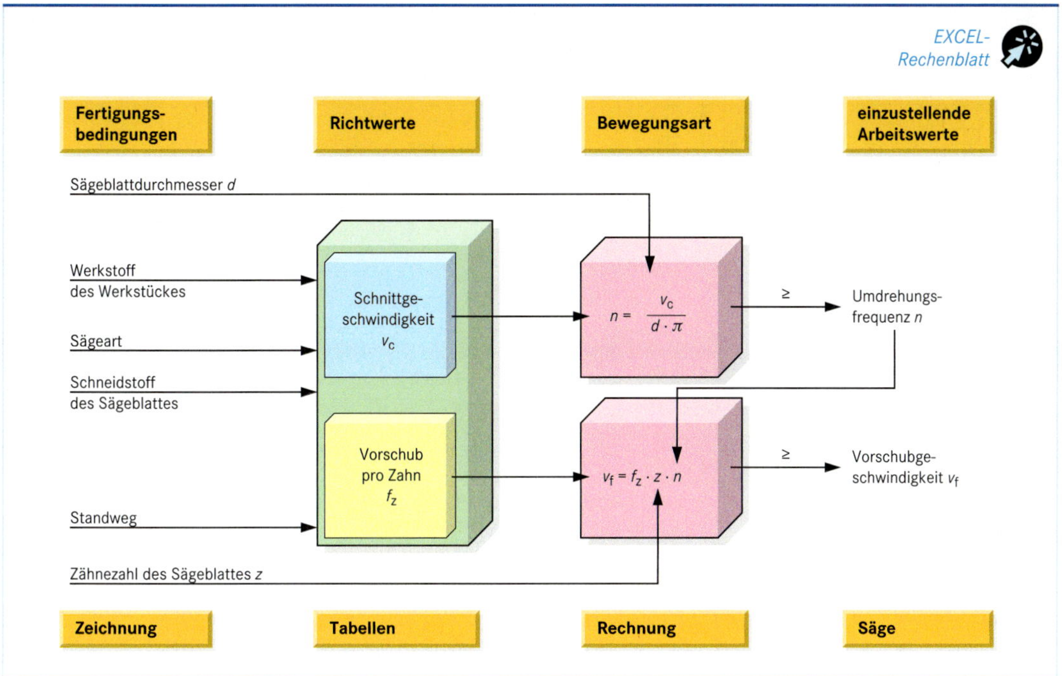

Richtwerte für das Sägen

Werkstoff	R_m in N/mm²	Sägebänder		Kreissägeblätter			
		HSS		HSS		HM	
		Ø 100 ... 300	Ø 400 ... 800				
		v_c in m/min		v_c in m/min	f_z in mm	v_c in m/min	f_z in mm
Allg. Baustähle	<500	85 ... 95	60 ... 75	25 ... 50	abhängig vom Material des Sägeblattes und den maschinellen Bedingungen	150 ... 250	0,01 ... 0,03
	500 ... 850	65 ... 70	48 ... 50	15 ... 30		100 ... 180	0,005 ... 0,025
Automatenstähle	<850	85 ... 95	60 ... 75	15 ... 30		100 ... 180	0,005 ... 0,025
unlegierte Vergütungsstähle	<700	65 ... 70	48 ... 50	15 ... 30		100 ... 180	0,005 ... 0,025
	700 ... 850	65 ... 70	48 ... 50				
legierte Vergütungsstähle	850 ... 1000	55 ... 60	40 ... 50	10 ... 20		60 ... 120	0,005 ... 0,015
	1000 ... 1200	36 ... 40	25 ... 32	10 ... 15		20 ... 60	0,002 ... 0,010
unlegierte Einsatzstähle	<750	85 ... 95	60 ... 75	15 ... 30		100 ... 180	0,005 ... 0,025
legierte Einsatzstähle	<1000	55 ... 60	40 ... 50	10 ... 20		60 ... 120	0,005 ... 0,015
Wergzeugstähle	<850	50 ... 55	35 ... 45	15 ... 30		100 ... 180	0,005 ... 0,025
	850 ... 1100	50 ... 55	35 ... 45	10 ... 20		60 ... 120	0,005 ... 0,015
	1100 ... 1400	25 ... 30	20 ... 24	7 ... 15		20 ... 60	0,002 ... 0,010
verschleißfeste Konstruktionsstähle	1350	30 ... 35	22 ... 28	5 ... 10		20 ... 60	0,002 ... 0,010
nichtrostende Stähle	<700	30 ... 35	22 ... 28	7 ... 15		60 ... 160	0,005 ... 0,015
	<850	20 ... 25	15 ... 20				
Aluminiumlegierung	<350	2100 ... 2500	1300 ... 2000	800 ... 1500		400 ... 2000	0,01 ... 0,04
CuZn-Legierungen	<600	120	120	400 ... 1000		200 ... 600	0,01 ... 0,04
CuSn-Legierungen	650 ... 850	85 ... 95	60 ... 75	120 ... 200		150 ... 300	0,02 ... 0,06
Thermoplaste	–	50 ... 400	50 ... 400	1500 ... 2400		3000 ... 4500	0,03 ... 0,05

Sägeblätter für Bügelsägemaschinen

DIN 6495:1999-10

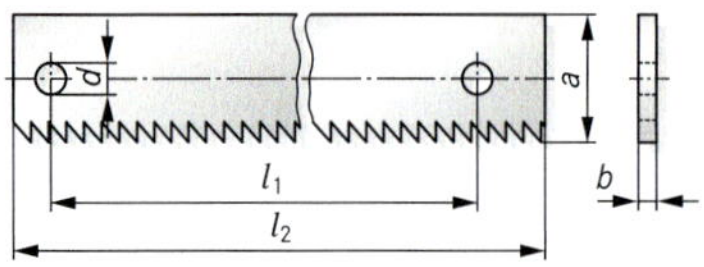

Bezeichnung:

Sägeblatt DIN 6495 – 400 x 30 x 1,5 x 2,5

Sägeblatt für Bügelsägemaschine
Länge l_1
Breite *a*
Dicke *b*
Steigung

l_1 in mm	*a* in mm	*b* in mm	Steigung in mm	Zähnezahl pro inch	l_2 in mm	*d* in mm
300	25	1,25	1,8 - 2,5	14 - 10	330	8
	25	1,5	1,8 - 2,5	14 - 2,5		
350	25	1,25	1,8 - 2,5	14 - 10	380	8
	25	1,5	1,8 - 2,5	14 - 10		
	30	1,5	1,8 - 2,5 - 3,2 - 4	14 - 10 - 8 - 6		
	30	2,0	2,5 - 3,2 - 4	10 - 8 - 6		
400	30	1,5	1,8 - 2,5 - 3,2 - 4	14 - 10 - 8 - 6	435	8
	30	2,0	1,8 - 2,5 - 3,2 - 4 - 6,3	14 - 10 - 8 - 6 - 4		
	40	2,0	4 -6,3	6 - 4		
450	30	2,0	2,5 - 4	10 - 6	485	10
	40	2,0	2,5 - 3,2 - 4 - 6,3	10 - 8 - 6 - 4		
500	40	2,0	4 - 6,3	6 - 4	535	10
600	50	2,5	4 - 6,3	6 - 4	640	12,5
700	50	2,5	6,3	4	740	12,5

Metallkreissägenblätter – Zahnformen

DIN 1840: 1970-08

Benennung	Kurz-zeichen	Spanwinkel γ für Werkzeugtyp			Anwendung
		N	H	W	
Winkelzahn 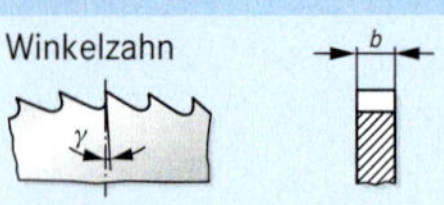	A	5° ± 2°	0° ± 2°	10° ± 2°	Kreissägeblatt feinverzahnt
Winkelzahn mit wechselseitiger Abkantung 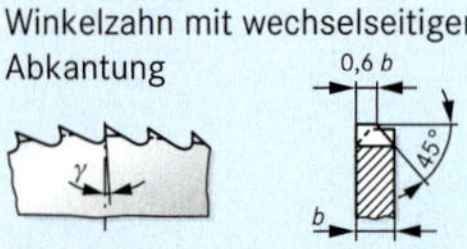	Aw				Kreissägeblatt feinverzahnt Sonderausführung
Bogenzahn 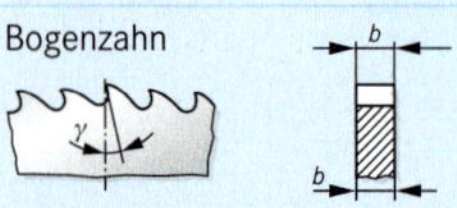	B	15° ± 2°	8° ± 2°	25° ± 2°	Kreissägeblatt feinverzahnt bei t ≥ 3 ,15 mm Kreissägeblatt grobverzahnt
Bogenzahn mit wechselseitiger Abkantung 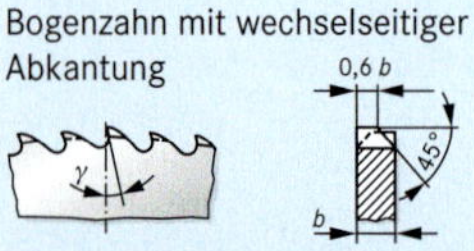	Bw				Kreissägeblatt feinverzahnt bei t ≥ 3 ,15 mm und b ≥ 2 mm Kreissägeblatt grobverzahnt bei b ≥ 2 mm
Bogenzahn mit Vor- und Nachschneider 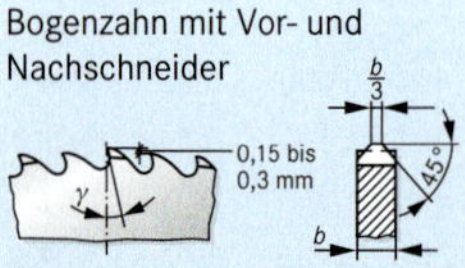	C (HZ)				Kreissägeblatt feinverzahnt bei t ≥ 3,15 mm und b ≥ 2 mm Kreissägeblatt grobverzahnt bei b ≥ 2 mm

Metallkreissägeblätter

DIN 1837:1970-04, DIN 1838: 1970-04

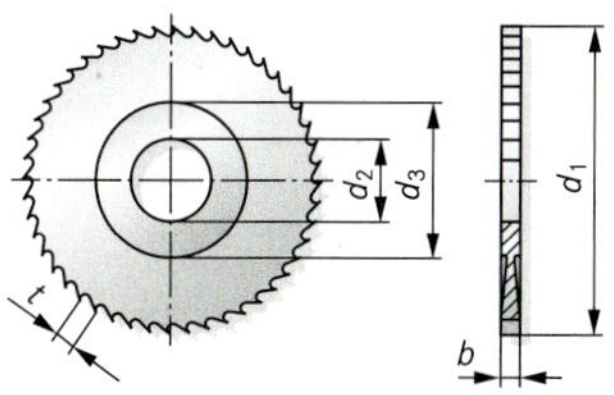

Bezeichnung:

Kreissägeblatt DIN 1837 – 100 x 2 AN – HSS

- Metallkreissägeblatt feingezahnt
- Durchmesser
- Breite
- Zahnform A
- Werkzeugtyp N
- Schneidstoff

Regelausführungen:
feinverzahnt: Werkzeugtyp N, Zahnform A
grobverzahnt: Werkzeugtyp N, Zahnform B

Metallkreissägeblätter – feingezahnt

DIN 1837: 1970-04

d_1	20		25		32		40		50		100		200		250		315	
d^2	5		8		8		10		13		22		32		32		40	
d^3	10		12		14		18		25		40		63		63		80	
	Teilung t und Zähnezahl z																	
b	t ≈	z	t ≈	z	t ≈	z	t ≈	z	t ≈	z	t ≈	z	t ≈	z	t ≈	z	t ≈	z
0,2	0,8	80	1	80	1	100	1	128	1,25	128								
0,3	1	64	1	80	1,25	80	1,25	100	1,25	128								
0,4	1	64	1,25	64	1,25	80	1,25	100	1,6	100								
0,5	1,25	48	1,25	64	1,25	80	1,6	80	1,6	100	2	160						
0,8	1,25	48	1,6	48	1,6	64	1,6	80	2	80	2,5	128						
1	1,6	40	1,6	48	1,6	64	2	64	2	80	2,5	128	3,15	200				
1,6	1,6	40	2	40	2	48	2	64	2,5	64	3,15	100	4	160	4	200		
2	2	32	2	40	2	48	2,5	48	2,5	64	3,15	100	4	160	4	200		
2,5	2	32	2	40	2,5	40	2,5	48	2,5	64	3,15	100	4	160	5	160	5	200
4	2,5	24	2,5	32	2,5	40	3,15	40	3,15	48	4	80	5	128	5	160	6,3	160
5	2,5	24	2,5	32	3,15	32	3,15	40	3,15	48	4	80	5	128	6,3	128	6,3	160

Metallkreissägeblätter – grobgezahnt

DIN 1838: 1970-04

d_1	50		63		80		100		125		160		200		250		315	
d^2	13		16		22		22		22		32		32		32		40	
d^3	25		32		36		40		40		63		63		63		80	
	Teilung t und Zähnezahl z																	
b	t ≈	z	t ≈	z	t ≈	z	t ≈	z	t ≈	z	t ≈	z	t ≈	z	t ≈	z	t ≈	z
0,5	3,15	48	3,15	64														
0,6	3,15	48	4	48	4	64	4	80										
0,8	4	40	4	48	4	64	5	64	5	80								
1	4	40	4	48	5	48	5	64	5	80	6,3	80						
1,2	4	40	5	40	5	48	5	64	6,3	64	6,3	80	6,3	100	8	100		
1,6	5	32	5	40	5	48	6,3	48	6,3	64	6,3	80	8	80	8	100		
2	5	32	5	40	6,3	40	6,3	48	6,3	64	8	64	8	80	10	80	10	100
2,5	5	32	6,3	32	6,3	40	6,3	48	8	48	8	64	8	80	10	80	10	100
3	6,3	24	6,3	32	6,3	40	8	40	8	48	8	64	10	64	10	80	12,5	80
4	6,3	24	6,3	32	8	32	8	40	8	48	10	48	10	64	12,5	64	12,5	80
5	6,3	24	8	24	8	32	8	40	10	40	10	48	10	64	12,5	64	12,5	80

Begriffe

DIN 6581: 1985-10; DIN 6584: 1982-10

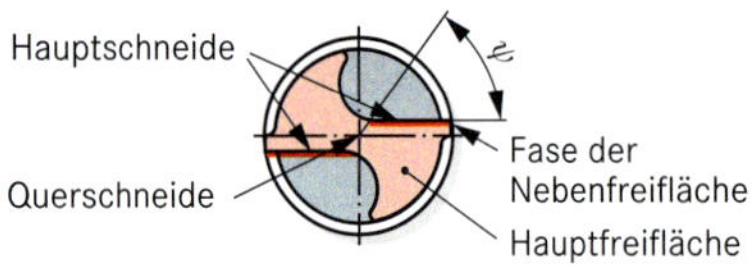

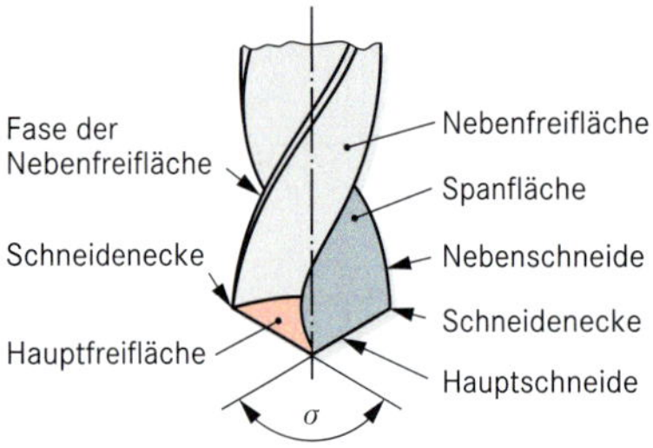

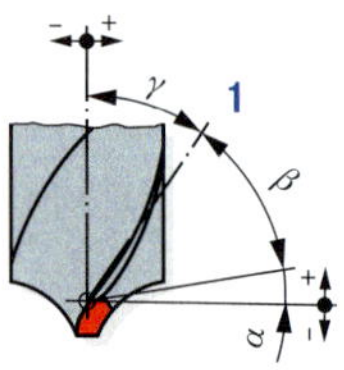

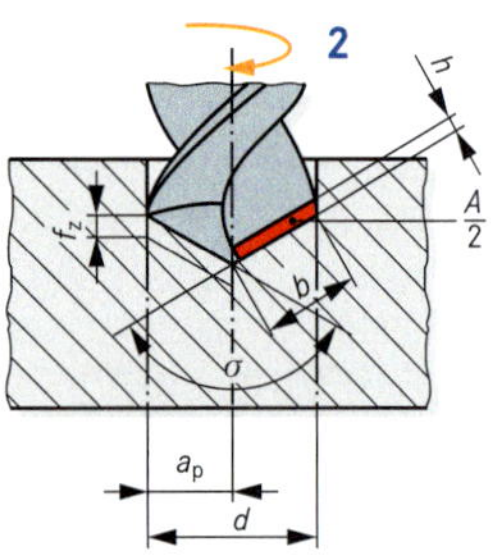

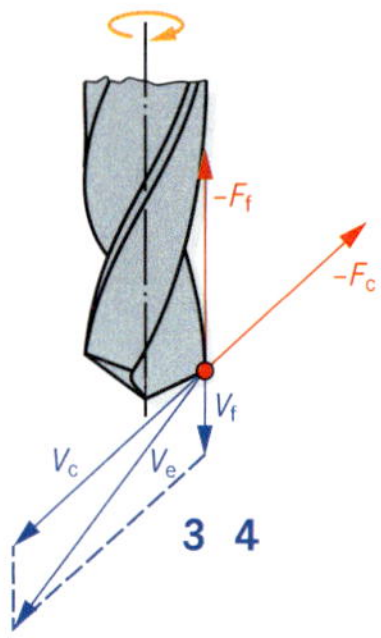

1 Winkel am Schneidkeil

α : Seitenfreiwinkel
β : Seitenkeilwinkel
γ : Seitenspanwinkel (Drallwinkel)
σ : Spitzenwinkel
ψ : Querschneidenwinkel $\psi = 49° \dots 55°$)

2 Spanungsgrößen

b : Spanungsbreite
h : Spanungsdicke
f : Vorschub
f_z : Vorschub/Schneide
a_p : Schnitttiefe
A : Spanungsquerschnitt (2 Schneiden)

$$A = 2b \cdot h = a_p \cdot f$$

$$b = \frac{a_p}{\sin\frac{\sigma}{2}} \qquad h = f_z \cdot \sin\frac{\sigma}{2} = \frac{f}{2} \cdot \sin\frac{\sigma}{2}$$

3 Geschwindigkeiten

v_c : Schnittgeschwindigkeit in m/min
v_f : Vorschubgeschwindigkeit in mm/min
v_e : Wirkgeschwindigkeit

$$v_c = d \cdot \pi \cdot n \qquad n = \frac{v_c}{d\pi} \qquad v_f = f \cdot n$$

4 Kräfte am Schneidkeil

F_c : Schnittkraft je Schneide
F_f : Vorschubkraft

$$F_c = A \cdot k_c \cdot K$$

k_c : spez. Schnittkraft in N/mm² (s. S. 214)
K : Korrekturfaktor für Schnittgeschwindigkeit (s. S. 214)

Schnittleistung

$$P_c = \frac{F_c \cdot v_c}{2}$$

P_c : Schnittleistung in W
v_c : Schnittgeschwindigkeit in m/s

Zeitspanungsvolumen

Q : Zeitspanungsvolumen in cm³/min

$$Q = A \cdot v_c$$

Auswahl der Bohrertypen

Werkstoff		WZ-Anwendungsgruppe DIN 1836	Seitenspanwinkel f in °	Spitzenwinkel in °
Werkstoffe mit mittlerer Härte und Festigkeit	unlegierter und niedriglegierter Stahl, Gusseisen	N	19 ... 40	118
	Kupferlegierungen hoher Festigkeit, Al-Legierungen (> 10 % Si)			130
harte und zähharte oder kurzspanende Werkstoffe	hochlegierter Werkzeugstahl	H	10 ... 19	118
	Hartguss			130
	Thermoplaste			80
weiche, zähe oder langspanende Werkstoffe	Kupfer und Kupferlegierungen geringer Festigkeit, Aluminium, Al-Legierungen (< 10 % Si)	W	27 ... 45	130

Ermittlung der einzustellenden Arbeitswerte

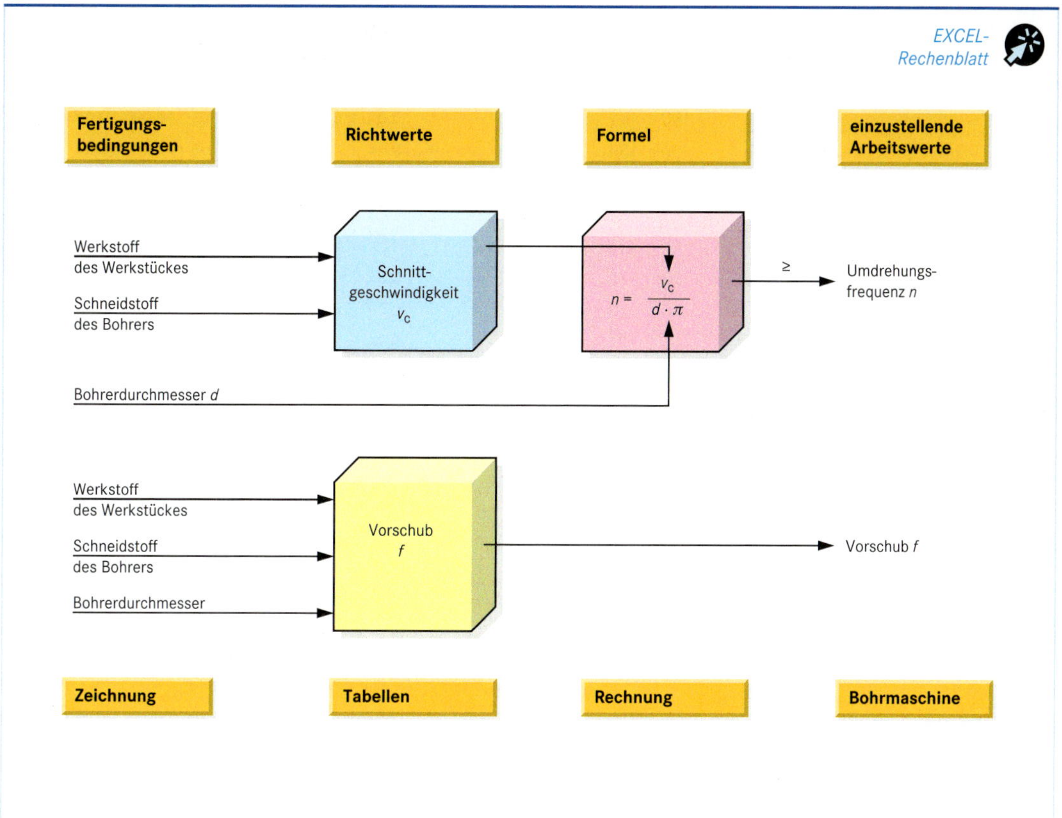

Richtwerte für Spiralbohrer aus Schnellarbeitsstahl

Werkstoff	R_m in N/mm² (HB, HRC)	v_c in m/min	f in mm für Bohrerdurchmesser d in mm								
			2	4	6	10	16	25	40	63	80
unlegierte Stähle											
(C < 0,2 %)	500	30 ... 40	0,04	0,08	0,10	0,16	0,20	0,30	0,40	0,60	0,80
(C 0,2 ... 0,3 %)	600	25 ... 30	0,05	0,10	0,12	0,20	0,25	0,30	0,50	0,80	1,00
(C 0,3 ... 0,4 %)	700	25 ... 30	0,05	0,10	0,12	0,20	0,25	0,40	0,50	0,80	1,00
(C 0,4 ... 0,5 %)	800	20 ... 30	0,03	0,06	0,08	0,12	0,16	0,25	0,30	0,50	0,60
legierte Stähle	700	20 ... 30	0,03	0,06	0,08	0,12	0,16	0,25	0,30	0,50	0,60
	800	15 ... 25	0,03	0,06	0,08	0,12	0,16	0,25	0,30	0,50	0,60
	900	15 ... 20	0,02	0,04	0,05	0,08	0,10	0,16	0,20	0,30	0,40
	1000	10 ... 20	0,02	0,04	0,05	0,08	0,10	0,16	0,20	0,30	0,40
rost-, säure-, hitzebeständige Stähle	500	8 ... 12	0,02	0,04	0,05	0,08	0,12	0,16	0,20	0,30	0,40
	600 ... 750	6 ... 10									
	900	4 ... 8									
Gusseisen, Temperguss	150 ... 200 HB	18 ... 25	0,05	0,10	0,12	0,20	0,25	0,40	0,50	0,80	1,00
	200 ... 220 HB	15 ... 22	0,05	0,10	0,12	0,20	0,25	0,40	0,50	0,80	1,00
	220 ... 250 HB	12 ... 18	0,04	0,08	0,10	0,16	0,20	0,30	0,40	0,60	0,80
	250 ... 320 HB	5 ... 15	0,03	0,06	0,08	0,12	0,16	0,25	0,30	0,50	0,60
Titan und Titanlegierungen	–	3 ... 6	0,02	0,04	0,05	0,08	0,10	0,16	0,20	0,30	0,40
Kupfer	–	40 ... 60	0,05	0,10	0,12	0,20	0,25	0,40	0,50	0,80	1,00
Kupferlegierungen	–	20 ... 50									
Al-Knetlegierungen	–	... 100	0,05	0,10	0,12	0,20	0,25	0,40	0,50	0,80	1,00
Al-Legierungen ≤ 10 % Si	–	... 65									
> 10 % Si	–	... 30									
Magnesiumlegierungen	–	... 100	0,08	0,10	0,12	0,16	0,20	0,30	0,50	0,80	1,00

Richtwerte für Spiralbohrer aus Hartmetall oder Wendeplattenbohrer

Werkstoff	R_m in N/mm² (HB, HRC)	v_c in m/min		*f* in mm für Bohrerdurchmesser *d* in mm								
				2	4	6	10	16	25	40	63	80
unlegierte Stähle												
(C < 0,2 %)	500	100 ... 150	200 ... 450	–	–	0,04	0,08	0,16	0,06	0,08	0,12	0,12
(C 0,2 ... 0,3 %)	600	100 ... 150	180 ... 400	–	–	0,04	0,08	0,16	0,06	0,08	0,12	0,12
(C 0,3 ... 0,4 %)	700	80 ... 130	150 ... 350	–	–	0,04	0,08	0,12	0,06	0,08	0,12	0,12
(C 0,4 ... 0,5 %)	800	80 ... 130	120 ... 300	–	–	0,04	0,08	0,12	0,06	0,08	0,12	0,12
legierte Stähle	700	80 ... 130	120 ... 300	–	–	0,04	0,08	0,12	0,06	0,08	0,12	0,12
	800	80 ... 130	120 ... 300	–	–	0,04	0,08	0,12	0,08	0,12	0,16	0,16
	900	70 ... 120	120 ... 250	–	–	0,04	0,08	0,12	0,08	0,12	0,16	0,16
	1000	60 ... 100	100 ... 200	–	–	0,04	0,08	0,12	0,08	0,12	0,20	0,20
rost-, säure-, hitzebeständige Stähle	500	60 ... 120	150 ... 300	–	–	0,03	0,06	0,10	0,04	0,06	0,10	0,10
	600	60 ... 120	130 ... 280	–	–							
	750	40 ... 80	100 ... 200	–	–							
	900	20 ... 40	30 ... 70	–	–							
Gusseisen, Temperguss	150 ... 220 HB	80 ... 100	80 ... 140	–	–	0,06	0,12	0,20	0,10 ... 0,40			
	220 ... 250 HB	60 ... 80	70 ... 130	–	–	0,06	0,12	0,20				
	250 ... 320 HB	40 ... 70	70 ... 110	–	–	0,04	0,08	0,16				
Titan und Titanlegierungen	–	20 ... 40	30 ... 80	–	–	0,02	0,04	0,08	0,04	0,05	0,10	0,12
Stahl, gehärtet	48 ... 64 HRC	10 ... 30	–	–	–	0,02	0,04	0,08	–	–	–	–
Kupfer Kupferlegierungen	–	... 180	... 500	–	–	0,02	0,04	0,08	0,03	0,04	0,06	0,06
	–	... 150	... 350	–	–	0,05	0,08	0,16	0,16	0,25	0,50	0,50
Al-Knetlegierungen	–	... 150	... 600	–	–	0,04	0,06	0,10	0,04	0,08	0,16	0,20
Al-Legierungen ≤ 10 % Si	–	... 180	... 600	–	–							
> 10 % Si	–	... 140	... 450	–	–							
Magnesiumlegierungen	–	... 180	... 600	–	–	0,04	0,06	0,10	0,04	0,08	0,16	0,20

(rosa): Richtwerte für Spiralbohrer aus Hartmetall (blau): Richtwerte für Spiralbohrer mit Wendeplatten

Richtwerte für das Gewindebohren mit Maschinen-Gewindebohrern

Werkstoff	R_m in N/mm²	Schneidstoff: Schnellarbeitsstahl		Kühlschmierstoffe
		Spanwinkel γ_0 in °	v_c in m/min	
unlegierte Stähle	< 700	10 ... 12	16	Rüböl oder Schneidöl
unlegierte Stähle	> 700	6 ... 8	10	
legierte Stähle	< 1000			
legierte Stähle	> 1000	8 ... 10	5	
Gusseisen	< 250	5 ... 6	10	trocken oder Petroleum
	> 250	0 ... 3	8	
Cu-Legierungen				Schneidöl oder Emulsion
- spröde	–	2 ... 4	25	
- zäh	–	12 ... 14	16	
Al-Legierungen				Schneidöl
- langspanend	–	20 ... 22	20	
- ≤ 10 % Si	–	16 ... 18	16	

Reiben
Reaming

Richtwerte für das Reiben mit Maschinenreibahlen aus Schnellarbeitsstahl

Werkstoff	R_m in N/mm²	v_c in m/min	*f* in mm für Reibahlendurchmesser *d* in mm				
			5	12	16	25	40
unlegierter Stahl	... 700	8 ... 10	0,10	0,20	0,25	0,35	0,40
	700 ... 900	6 ... 8	0,10	0,20	0,25	0,35	0,40
legierter Stahl	> 900	4 ... 6	0,08	0,15	0,20	0,25	0,35
Gusseisen	≤ 250	8 ... 10	0,15	0,25	0,30	0,40	0,50
	≥ 250	4 ... 6	0,10	0,20	0,25	0,35	0,40
Cu-Legierungen	–	15 ... 20	0,15	0,25	0,30	0,40	0,50
Al-Legierungen	–	... 40	0,10	0,30	0,40	0,60	1,00

Reibuntermaße

Werkstoff	Untermaße in mm für Reibahlendurchmesser *d* in mm			
	≤ 10	11 ... 20	21 ... 30	31 ... 50
Stahl, Stahlguss, Gusseisen	0,10	0,15	0,30	0,40
	0,15	0,25	0,30	0,35
Cu-, Al-Legierungen	0,20	0,35	0,50	0,70
	0,20	0,30	0,40	0,50

Reibahlen aus Schnellarbeitsstahl (jeweils obere Zeile)
hartmetallbestückte Reibahlen (jeweils untere Zeile)

Richtwerte für das Reiben mit hartmetallbestückten Reibahlen

Werkstoff	R_m in N/mm²	v_c in m/min	*f* in mm und a_p in mm für Reibahlendurchmesser *d* in mm					
			< 10		10 ... 24		> 24 ... 40	
			f	a_p	*f*	a_p	*f*	a_p
Stahl	≤ 1000	8 ... 12	0,15 ... 0,25	0,02 ...	0,20 ... 0,40	0,05 ...	0,30 ... 0,50	0,12 ...
	> 1000	6 ... 10	0,12 ... 0,20	0,05 ...	0,15 ... 0,30	0,12	0,20 ... 0,40	0,20
Stahlguss	≤ 500	8 ... 12	0,15 ... 0,25	0,02 ...	0,20 ... 0,40	0,05 ...	0,30 ... 0,50	0,12 ...
	> 500	6 ... 10	0,12 ... 0,20	0,05 ...	0,50 ... 0,30	0,12	0,20 ... 0,40	0,20
Gusseisen	≤ 200 HB	8 ... 15	0,20 ... 0,30	0,03 ...	0,30 ... 0,50	0,06 ...	0,40 ... 0,70	0,15 ...
	> 200 HB	6 ... 12	0,15 ... 0,25	0,06 ...	0,20 ... 0,40	0,15	0,30 ... 0,50	0,25
Cu-Legierungen	–	15 ... 30	0,20 ... 0,30	0,03 ... 0,06 ...	0,30 ... 0,50	0,06 ... 0,15	0,40 ... 0,70	0,15 ... 0,25
Al-Legierungen	–	15 ... 20	0,20 ... 0,30	0,03 ... 0,06 ...	0,30 ... 0,50	0,06 ... 0,15	0,40 ... 0,70	0,15 ... 0,25

Senken
Countersinking

Richtwerte für das Senken mit Senkern aus Schnellarbeitsstahl

Werkstoff	R_m in N/mm² (HB)	v_c in m/min	Vorschub *f* in mm für Senkerdurchmesser *d* in mm							
			5	10	16	20	25	30	40	50
Stahl	≤ 750	33	0,14	0,28	0,40	0,45	0,45	0,50	0,56	0,63
	≤ 1300	27	0,10	0,25	0,34	0,36	0,40	0,50	0,56	0,63
Gusseisen	≤ 245 HB	21	0,11	0,28	0,40	0,36	0,45	0,50	0,56	0,63
Cu-Sn-Legierungen	–	33	0,10	0,25	0,32	0,36	0,40	0,45	0,50	0,56
Cu-Zn-Legierungen	–	67	0,11	0,28	0,36	0,40	0,45	0,50	0,56	0,63
Al-Legierungen, lang spanend	–	105	0,13	0,32	0,40	0,45	0,50	0,56	0,63	0,71
Al-Legierungen, kurz spanend	–	133	0,18	0,40	0,50	0,56	0,63	0,71	0,80	0,90
Hartgewebe	–	33	0,08	0,18	0,22	0,25	0,28	0,32	0,36	0,40

Spiralbohrer

DIN 338: 2006-11

Spiralbohrer mit Zylinderschaft

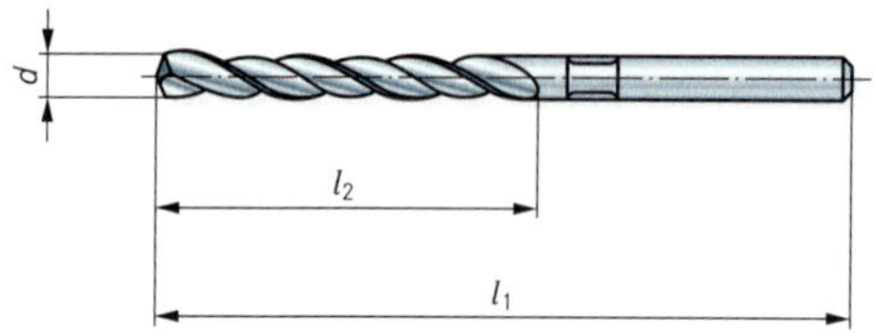

Bezeichnung:

Bohrer DIN 338-8-HSS

Spiralbohrer mit Zylinderschaft
Durchmesser *d*
Legierungsgruppe des Schnellarbeitsstahles[1]

d in mm	l_1 in mm	l_2 in mm	d in mm	l_1 in mm	l_2 in mm	d in mm	l_1 in mm	l_2 in mm
1	34	12	5,5	93	57	10	133	87
2	49	24	6	93	57	11	142	94
2,5	57	30	6,5	101	63	12	151	101
3	61	33	7	109	69	13		
3,5	70	39	7,5			14	160	108
4	75	43	8	117	75	16	178	120
4,5	80	47	8,5			18	191	130
5	86	52	9	125	81	20	205	140

Stufenbohrer

DIN 8375; DIN 8377; DIN 8378, DIN 8379: alle 2006-11

Stufenbohrer mit Zylinderschaft

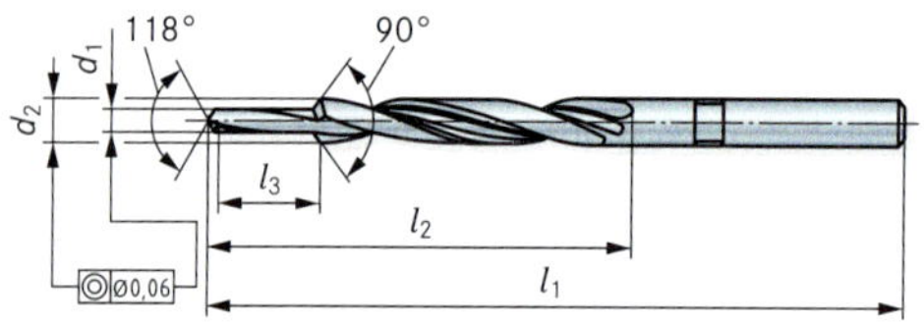

Stufenbohrer mit Morsekegelschaft

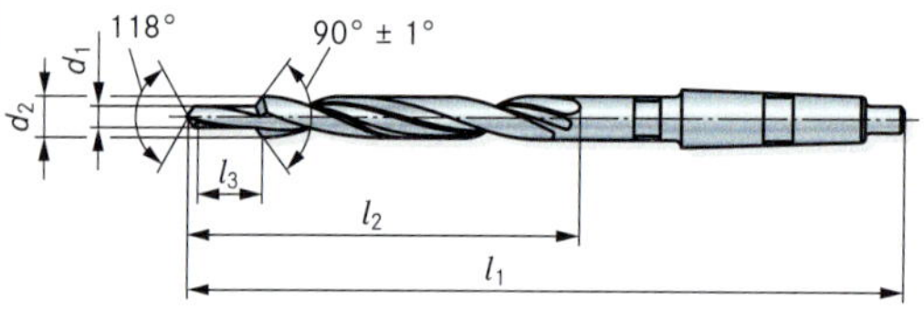

Bezeichnung:

Bohrer DIN 8375 – 19x9 – HSS

Stufenbohrer mit Morsekegelschaft
d_2 = 19 mm
d_1 = 9 mm
Legierungsgruppe des Schnellarbeitsstahls

Stufenbohrer für Durchgangslöcher

		l_1 in mm	l_2 in mm	l_3 in mm	d_2 in mm	d_1 in mm
Morsekegelschaft	Stufenbohrer für Zylinderschrauben DIN 8377					
	M5	168	87	13	10	5,5
	M6	175	94	15	11	6,6
	M8	212	114	19	15	9,0
	M10	228	130	23	18	11,0
	M12	238	140	27	20	13,5
	M14	281	160	31	24	15,5
	M16	283	165	35	26	17,5
	M20	334	185	43	33	22
	Stufenbohrer für Senkschrauben DIN 8375					
	M5	182	101	13	12	5,5
	M6	212	114	15	14,5	6,6
	M8	233	135	19	19	9,0
	M10	253	155	23	23	11,0

Stufenbohrer für Kernlöcher, 90° Ansenkung

	für Gewinde	l_1 in mm	l_2 in mm	l_3 in mm	d_2 in mm	d_1 in mm
Stufenbohrer mit Zylinderschaft DIN 8378	M3	70	39	8,8	3,4	2,5
	M4	80	47	11,4	4,5	3,3
	M5	93	57	13,6	5,5	4,2
	M6	101	63	16,5	6,6	5,0
	M8	125	81	21,0	9,0	6,8
	M10	142	94	25,5	11,0	8,5
	M12	160	108	30,0	13,5	10,2
Stufenbohrer mit Morsekegelschaft DIN 8379	M8	162	81	21,0	9,0	6,8
	M10	175	94	25,5	11,0	8,5
	M12	189	108	30,0	13,5	10,2
	M14	218	120	34,5	15,5	12,0
	M16	228	130	38,5	17,5	14,0
	M18	238	140	43,5	20,0	15,5
	M20	248	150	47,5	22	17,5

Flachsenker

DIN 373: 2007-12

Flachsenker mit Führungszapfen

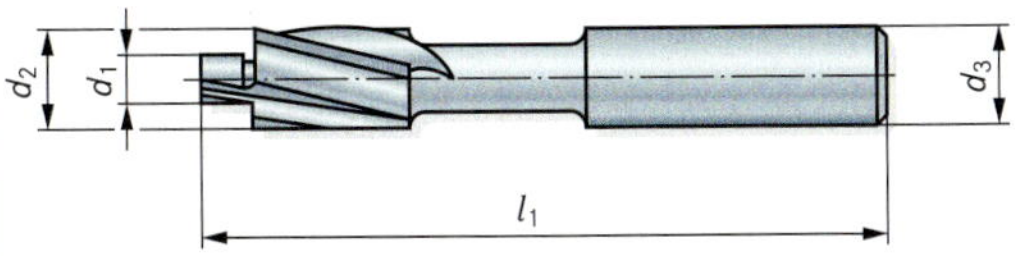

für Senkungen nach DIN 974-1

Bezeichnung:

Senker DIN 373-8 x 4,5-HSS

- Flachsenker mit Zylinderschaft und festem Führungszapfen
- Durchmesser d_2
- Durchmesser d_1
- Legierungsgruppe des Schnellarbeitsstahles

d_2 in mm		d_1 in mm	d_3 in mm	l_1 in mm
über	bis			
2	3,15	entsprechend dem Durchmesser des Führungsloches (DIN EN 20 273), aber $d_1 \geq {}^1/_3\, d_2$	$\approx d_2$	45
3,15	5			56
5	8		5	71
8	12,5		8	80
12,5	20		12,5	100

[1] HSS: Schnellarbeitsstahl mit < 4,5 % Co und < 12,6 % V

Kegelsenker

DIN 335: 2007-12

Kegelsenker 90°

Form C

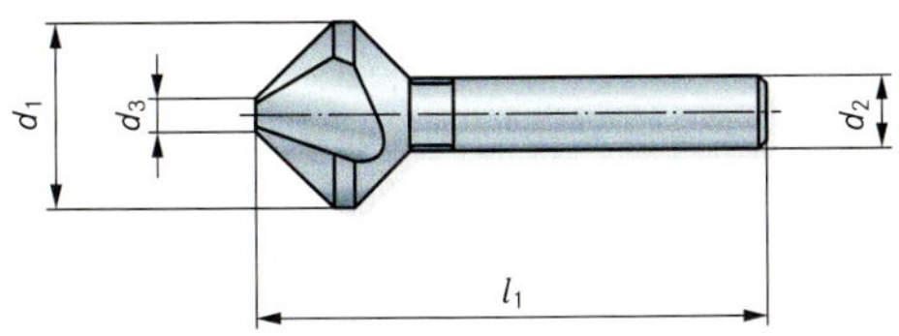

Bezeichnung:

Senker DIN 335-C 16,5-HSS

- Kegelsenker 90° mit Zylinderschaft
- Form C (mit 3 Schneiden)
- Durchmesser d
- Legierungsgruppe des Schnellarbeitsstahles[1]

d_1 in mm	d_2 in mm	d_3 in mm	l_1 in mm	d_1 in mm	d_2 in mm	d_3 in mm	l_1 in mm
8	6	2	50	23	10	3,8	67
10		2,5		25			
12,4	8	2,8	56	26			
16,5	10	3,2	60	28	12	4	71
19	10	3,5	63	30		4,2	
20,5				31			

[1] HSS: Schnellarbeitsstahl mit < 4,5 % Co und < 2,6 % V (DIN ISO 11 054)

Begriffe

DIN 6581: 1985-10; DIN 6584: 1982-10

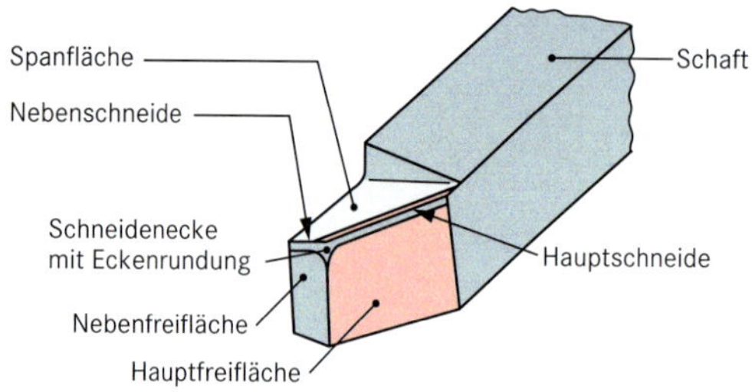

1
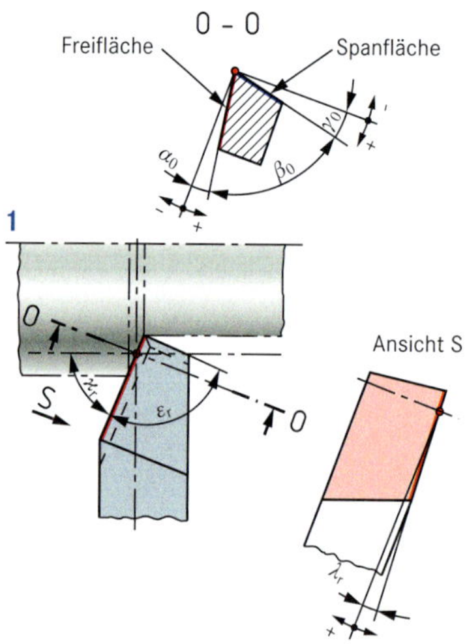

2
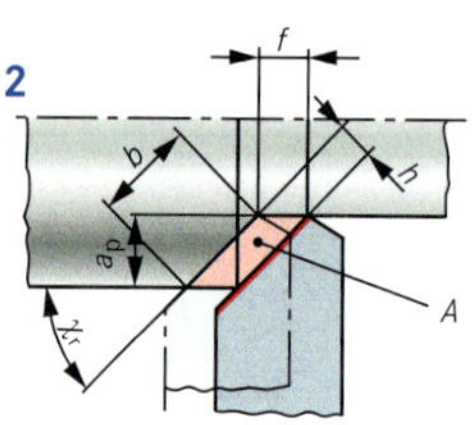

3
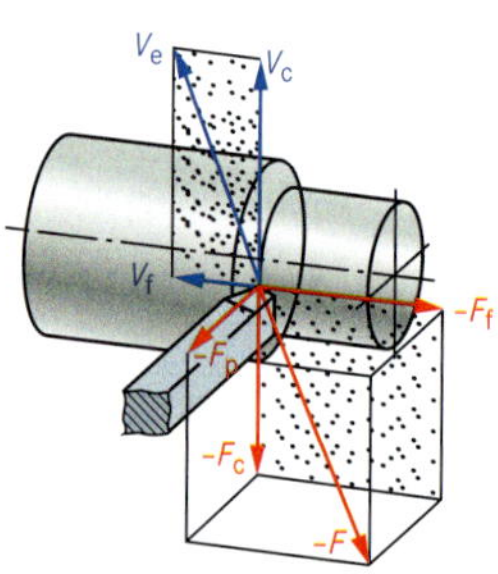

1 Winkel am Schneidkeil

α_0 : Freiwinkel
β_0 : Keilwinkel
γ_0 : Spanwinkel
λ_s : Neigungswinkel
$\varkappa_r$: Einstellwinkel
ε_r : Eckenwinkel

$\alpha_0 = \alpha$, $\beta_0 = \beta$, $\gamma_0 = \gamma$ bei $\lambda_s = 0°$

$$\alpha_0 + \beta_0 + \gamma_0 = 90°$$

2 Spanungsgrößen

b : Spanungsbreite
h : Spanungsdicke
f : Vorschub
a_p : Schnitttiefe
A : Spanungsquerschnitt

$$A = a_p \cdot f = b \cdot h$$

$$b = \frac{a_p}{\sin \varkappa_r} \qquad h = f \cdot \sin \varkappa_r$$

3 Geschwindigkeiten

d : Durchmesser in mm
v_c : Schnittgeschwindigkeit in m/min
v_f : Vorschubgeschwindigkeit in mm/min
v_e : Wirkgeschwindigkeit
f : Vorschub
n : Umdrehungsfrequenz in 1/min

$$v_c = d \cdot \pi \cdot n \qquad v_f = f \cdot n$$

3 Kräfte am Schneidkeil

F : Zerspankraft
F_c : Schnittkraft
F_f : Vorschubkraft
F_p : Passivkraft

$$F_c = A \cdot k_c$$

$$k_c = \frac{k_{c\,1.1}}{h^{m_c}}$$

$$F_c = b \cdot h^{(1 - m_c)} \cdot k_{c\,1.1}$$

k_c : spez. Schnittkraft in N/mm²
$k_{c\,1.1}$: Hauptwert der spez. Schnittkraft in N/mm² bei b = 1 mm, h = 1 mm und $\varkappa = 90°$
m_c : Werkstoffkonstante

Schnittleistung

P_c : Schnittleistung in W
F_c : Schnittkraft in N
v_c : Schnittgeschwindigkeit in m/s

$$P_c = F_c \cdot v_c$$

Zeitspanungsvolumen

Q : Zeitspanungsvolumen in cm³/min

$$Q = A \cdot v_c$$

Kegeldrehen

Ermittlung der einzustellenden Arbeitswerte

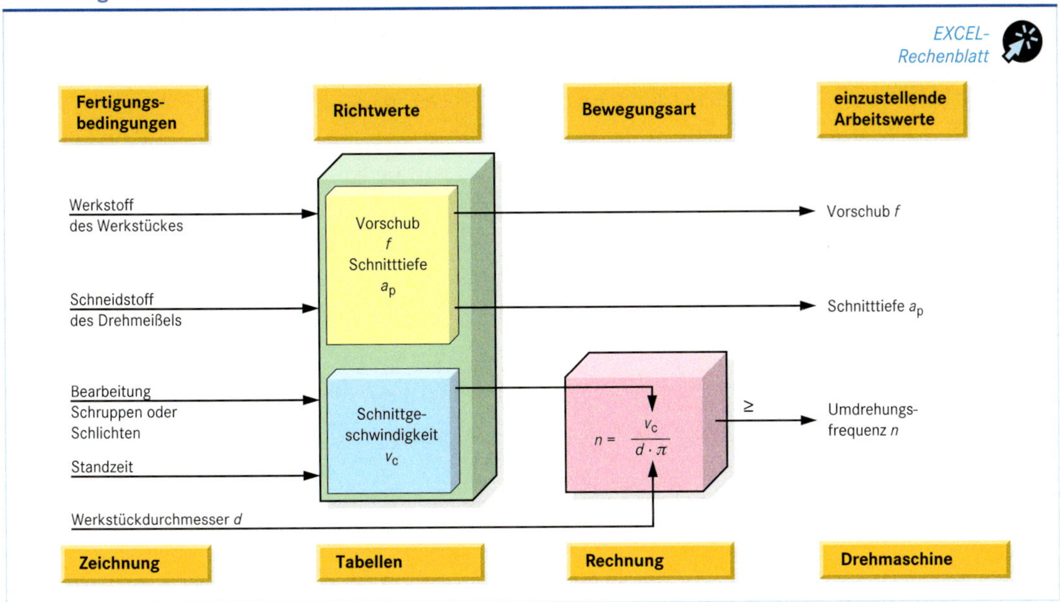

Erreichbare Oberflächenqualität beim Drehen

$$Rz = \frac{f^2}{8 \cdot r}$$

Rz: Rautiefe
f : Vorschub
r : Spitzenradius

Spitzenradius r in mm	Vorschub f in mm					
	Rz 100	Rz 63	Rz 25	Rz 16	Rz 6,3	Rz 4
0,5	0,63	0,50	0,32	0,26	0,16	0,13
1,0	0,89	0,71	0,45	0,36	0,22	0,18
1,5	1,10	0,87	0,55	0,44	0,27	0,22
2,0	1,26	1,00	0,63	0,50	0,31	0,25
3,0	1,55	1,22	0,77	0,62	0,38	0,31

Richtwerte für das Drehen mit oxidkeramischen Schneidstoffen

Werkstoff	R_m in N/mm² (HRC, HB)	v_c in m/min		f in mm		Bevorzugte Winkel
		Schruppen	Schlichten	Schruppen	Schlichten	
Baustähle	500 ... 800	300 ... 100	500 ... 200	0,3 ... 0,5	0,1 ... 0,3	Freiwinkel α_0 = 6° Keilwinkel β_0 = 90° Spanwinkel γ_0 = −6° Neigungswinkel λ_s = 4 ... 6° Einstellwinkel $\varkappa_r$ = 75°
Vergütungsstähle	800 ... 1000	250 ... 100	400 ... 200	0,2 ... 0,4	0,1 ... 0,3	
	1000 ... 1200	200 ... 100	350 ... 200	0,2 ... 0,4	0,1 ... 0,3	
Warmarbeitsstähle	45 ... 55 HRC	–	150 ... 50	–	0,05 ... 0,2	
Kaltarbeitsstähle	55 ... 60 HRC	–	80 ... 30	–	0,05 ... 0,15	
	60 ... 65 HRC	–	50 ... 20	–	0,05 ... 0,1	
Gusseisen	140 ... 220 HB	300 ... 100	400 ... 200	0,3 ... 0,8	0,1 ... 0,3	
	220 ... 300 HB	250 ... 80	300 ... 100	0,2 ... 0,6	0,1 ... 0,3	
Al-Legierungen	–	1000 ... 600	2000 ... 800	0,3 ... 0,8	0,1 ... 0,3	

Richtwerte für das Drehen von NE-Metallen mit Schnellarbeitsstahl

Werkstoff	R_m in N/mm²	Schneidstoff	f in mm	a_p in mm	v_c in m/min	Freiwinkel α_0 in °	Spanwinkel γ_0 in °	Neigungswinkel λ_s in °	Standzeit T in min
Kupfer, Kupferlegierungen	–	HS 10-4-3-10	0,3	3	150 ... 100	10	18 ... 30	4	120
			0,6	6	120 ... 80				
Aluminium, Al-Knetlegierungen	nicht ausgehärtet	HS 10-4-3-10	0,6	6	180 ... 120	10	25 ... 35	4	240
	ausgehärtet	HS 10-4-3-10	0,1	1	140 ... 100	10	18 ... 30	4 ... 0	240
			0,6	6	120 ... 80				

Richtwerte für das Drehen mit Schnellarbeitsstahl

Werkstoff	R_m in N/mm²	Schneidstoff	f in mm	a_p in mm	v_c in m/min	Freiwinkel α_0 in °	Spanwinkel γ_0 in °	Neigungswinkel λ_s in °	Standzeit T in min
Unlegierte Baustähle Einsatzstähle Vergütungsstähle Werkzeugstähle	... 500	HS 10-4-3-10	0,1	0,5	75 ... 60	8	18	0 ... 4	60
			0,5	3	65 ... 50				
		HS 18-1-2-10	1,0	6	50 ... 35	8	18	-4	
	500 ... 700	HS 10-4-3-10	0,1	0,5	70 ... 50	8	14	0 ... 4	60
			0,5	3	50 ... 30			0	
		HS 18-1-2-10	1,0	6	35 ... 25	8	14	-	
	700 ... 900	HS 10-4-3-10	0,1	0,5	45 ... 30			0	60
		HS 18-1-2-10	0,5	3	30 ... 22	8	14	-4	
			1,0	5	22 ... 18				
	900 ... 1100	HS 10-4-3-10	0,1	0,5	30 ... 20	8	14	-4	60
			0,4	3	20 ... 15				
			0,8	6	18 ... 10				
Rost-, säure-, hitzebeständige Stähle	-	HS 10-4-3-10	0,1	0,5	55 ... 45	8 ... 10	14 ... 18	0	60
			0,5	3	45 ... 35				
			1,0	6	35 ... 25				
Automatenstähle	≤ 700	HS 10-4-3-10	0,1	0,5	90 ... 60	8	... 20	0 ... 4	240
		und	0,3	3	75 ... 50				
		HS 18-1-2-10	0,6	6	55 ... 35				
	> 700	HS 10-4-3-10	0,1	0,5	70 ... 40	8	... 20	0	240
		und	0,3	3	50 ... 30				
		HS 18-1-2-10	0,5	6	40 ... 20			-4	
Unlegierter Stahlguss niedriglegierter Vergütungsstahlguss warmfester Stahlguss	... 500	HS 10-4-3-10	0,1	0,5	70 ... 50	8	18	0 ... 4	60
			0,5	3	50 ... 30				
			1,0	6	35 ... 25			-4	
	500 ... 700	HS 10-4-3-10	0,1	0,5	50 ... 30	8	14	0 ... 4	60
			0,5	3	30 ... 20			0	
		HS 18-1-2-10	1,0	6	22 ... 15	8	14	-4	
Rost-, säurehitze- beständiger Stahlguss	-	HS 10-4-3-10	0,1	0,5	25 ... 20	8	14 ... 18	0 ... 4	60
			0,5	3	20 ... 15				
			1,0	6	15 ... 10				
Gusseisen	... 250	HS 12-1-4-5	0,1	0,5	40 ... 32	8	0 ... 6	0	60
			0,3	3	32 ... 23			-	
			0,6	6	23 ... 15				
Temperguss, schwarz	... 220	HS 12-1-4-5	0,1	0,5	70 ... 45	8	10	0	-
			0,3	3	60 ... 40			-4	
			0,6	6	40 ... 25				
Temperguss, weiß	... 240	HS 12-1-4-5	0,1	0,5	60 ... 40	8	10	0	60
			0,3	3	50 ... 35			-4	
			0,6	6	35 ... 20				

Richtwerte für das Drehen mit Hartmetall (Standzeit 15 min)

Werkstoff	R_m in N/mm²	HM-Sorte	f in mm	a_p in mm	v_c in m/min
Stahl und Stahlguss, unlegiert und legiert	< 500	HW-P10	0,10 0,25 0,50	1	290 ... 380 240 ... 320 210 ... 280
			0,10 0,25 0,50	3	260 ... 340 220 ... 280 190 ... 250
			0,10 0,25 0,50	5	250 ... 320 200 ... 260 180 ... 230
			0,10 0,25 0,50	8	230 ... 300 195 ... 250 170 ... 220
	500 ... 900	HW-P10	0,10 0,25 0,50	1	195 ... 350 140 ... 280 110 ... 240
			0,10 0,25 0,50	3	170 ... 310 120 ... 250 100 ... 210
			0,10 0,25 0,50	5	160 ... 290 110 ... 230 90 ... 200
			0,10 0,25 0,50	8	150 ... 280 110 ... 225 85 ... 190
	900 ...1200	HW-P10	0,10 0,25 0,50	1	170 ... 240 120 ... 170 90 ... 130
			0,10 0,25 0,50	3	150 ... 210 100 ... 150 80 ... 110
			0,10 0,25 0,50	5	140 ... 190 90 ... 140 70 ... 105
			0,10 0,25 0,50	8	130 ... 180 90 ... 130 65 ... 100
Stahl und Stahlguss, hochlegiert und nicht rostend	< 900	HW-P25	0,25 0,50	1	105 ... 160 90 ... 130
			0,25 0,50	3	90 ... 140 80 ... 115
			0,25 0,50	5	85 ... 130 70 ... 110
			0,25 0,50	8	80 ... 120 70 ... 100
	> 900	HW-P25	0,25 0,50	1	70 ... 100 60 ... 90
			0,25 0,50	3	60 ... 90 50 ... 75
			0,25 0,50	5	55 ... 85 45 ... 70
			0,25 0,50	1	55 ... 80 45 ... 65
Gusseisen, Temperguss	< 700	HW-K10	0,25 0,50	1	160 ... 210 145 ... 195
			0,25 0,50	3	140 ... 190 130 ... 180
			0,25 0,50	5	135 ... 180 120 ... 165
			0,25 0,50	8	130 ... 170 115 ... 160
	> 700	HW-K10	0,25 0,50	1	110 ... 140 100 ... 125
			0,25 0,50	3	100 ... 120 90 ... 110
			0,25 0,50	5	90 ... 115 80 ... 105
			0,25 0,50	8	90 ... 110 80 ... 100
Titan und Titanlegierungen	–	HW-K20	0,10 0,20	2 8	30 ... 80 15 ... 30
Kupfer und Kupferlegierungen	–	HW-K10	0,1 0,25 0,5	1 3 5	350 ... 600 300 ... 500 200 ... 400
Aluminium, nicht aushärtbare Knetwerkstoffe	–	HW-K10	... 0,8	... 6	... 2000
Aluminium, ausgeh. Knetwerkstoffe, Gusswerkstoffe mit ≤ 10 % Si-Geh.	–	HW-K10	... 0,6	... 6	... 1200
Aluminium, Gusswerkstoffe mit > 10 % Si-Geh.	–	HW-K10	... 0,6	... 4	... 400

Werkzeugwinkel beim Drehen mit Hartmetall

Werkstoff	R_m in N/mm² (HB)	Freiwinkel α_0 in °	Spanwinkel γ_0 in °	Neigungswinkel λ_s in °
Baustahl, Einsatzstahl	< 500	6 ... 8	12 ... 18	–4
	500 ... 800		12	
Baustahl, Vergütungsstahl	750 ... 900	6 ... 8	12	–4
Vergütungsstahl	850 ... 1000	6 ... 8	8 ... 12	–4
	1000 ... 1400		6	
Stahlguss	300 ... 350	6 ... 8	12	–4
Gusseisen	... 2200 HB	6 ... 8	8 ... 12	–4
Kupferlegierungen	... 1200 HB	10	12	0
Aluminium-Legierungen	... 1000 HB	10	12	–4

Drehmeißel – Übersicht

Benennung	Drehmeißel mit HS-Schneide Norm	Drehmeißel mit gelöteter HM-Schneidplatte, DIN 4982 Norm	Kennzahl nach ISO
Gerader Drehmeißel	DIN 4951	DIN 4971	1
Gebogener Drehmeißel	DIN 4952	DIN 4972	2
Innendrehmeißel	DIN 4953	DIN 4973	8
Inneneckdrehmeißel	DIN 4954	DIN 4974	9
Spitzer Drehmeißel	DIN 4955	DIN 4975	–
Breiter Drehmeißel	DIN 4956	DIN 4976	4
Abgesetzter Drehmeißel	–	DIN 4977	5
Abgesetzter Eckdrehmeißel	–	DIN 4978	3
Abgesetzter Seitendrehmeißel	DIN 4960	DIN 4980	6
Stechdrehmeißel	DIN 4961	DIN 4981	7
Innen-Stechdrehmeißel	DIN 4963	–	–

Ausführung eines Drehmeißels aus Schnellarbeitsstahl	
V	Drehmeißel vollständig aus Schnellarbeitsstahl
S	Drehmeißel mit stumpfgeschweißtem Schneidkopf aus Schnellarbeitsstahl
P	Drehmeißel mit einer Schneidplatte aus Schnellarbeitsstahl

Anwendung der Drehmeißel

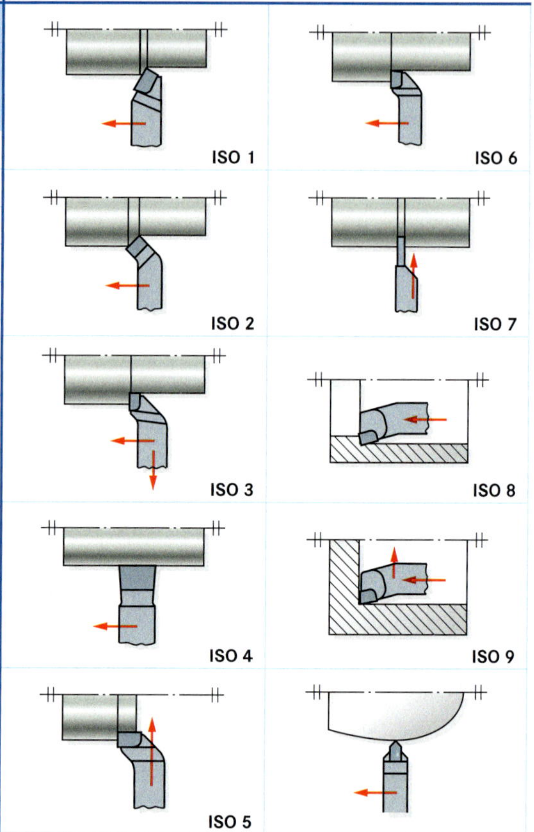

Bezeichnung eines Drehmeißels mit einer Schneide aus HS

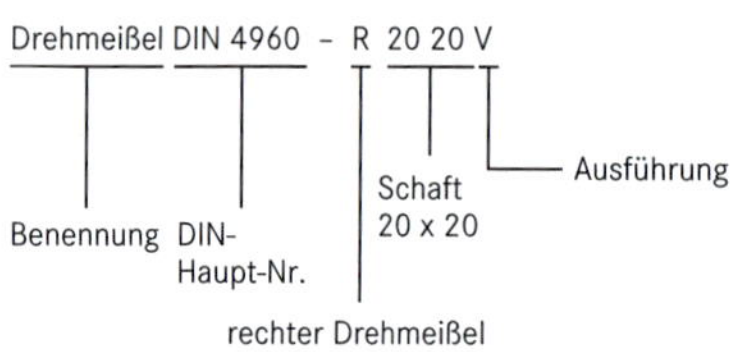

Bezeichnung eines Drehmeißels mit HM-Schneidplatte

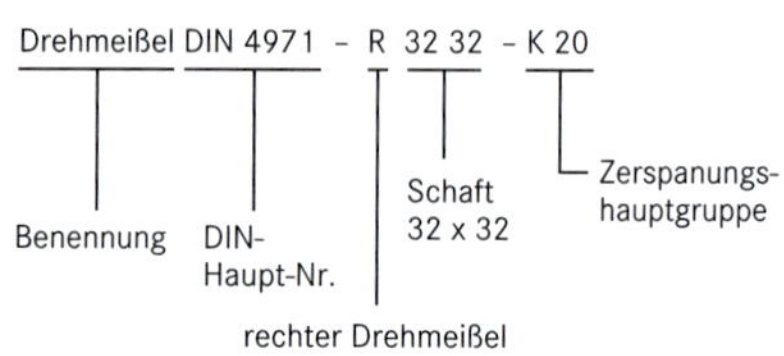

Wendeschneidplatten für verschiedene Dreharbeiten

Außenlängsdrehen

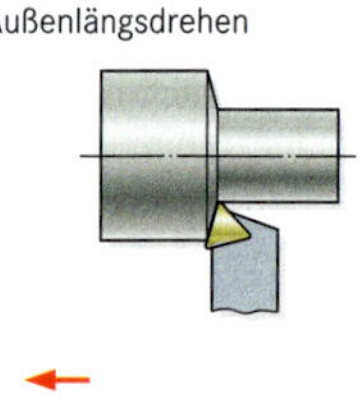

Außenplandrehen

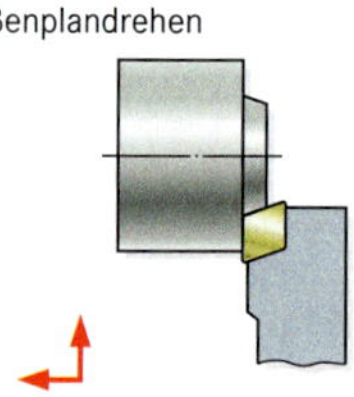

Innenlängsdrehen

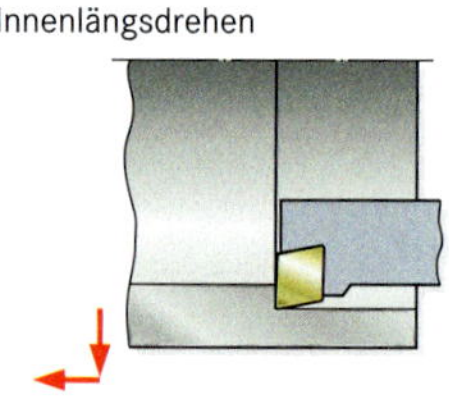

Außenkonturdrehen

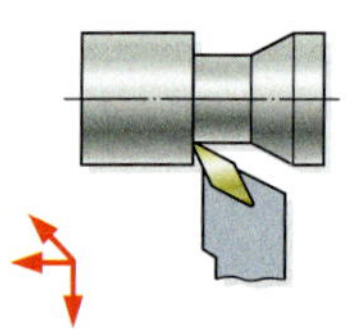

Einstechdrehen

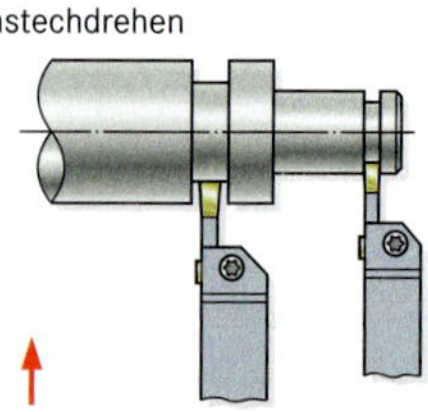

Außengewindedrehen

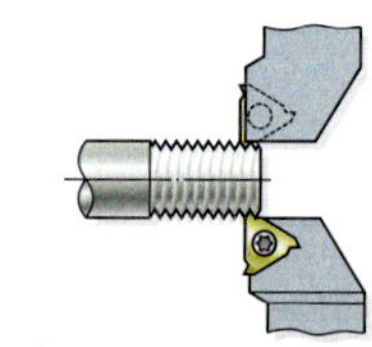

Begriffe

DIN 6581: 1985-10; DIN 6584: 1982-10

Walzenfräser

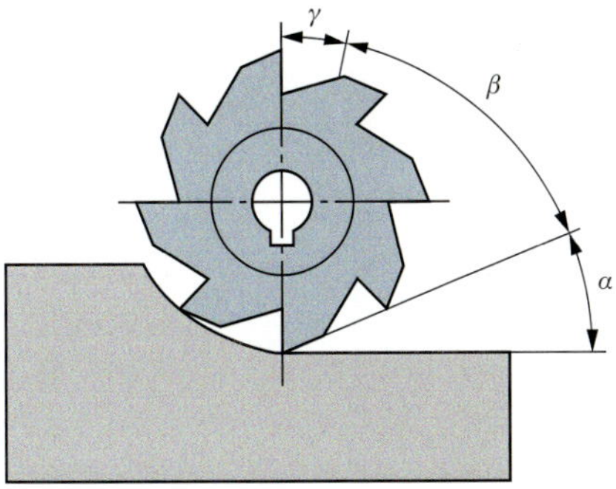

Winkel am Schneidkeil

α : Freiwinkel
β : Keilwinkel
γ : Spanwinkel

$$\alpha + \beta + \gamma = 90°$$

Spanungsgrößen

z : Anzahl der Schneiden
z_e : Anzahl der im Eingriff stehenden Schneiden
f_z : Vorschub/Schneide
a_p : Schnitttiefe
a_e : Arbeitseingriff
A : Spannungsquerschnitt

$$A = a_p \cdot f_z \cdot z_e$$

Walzenstirnfräser

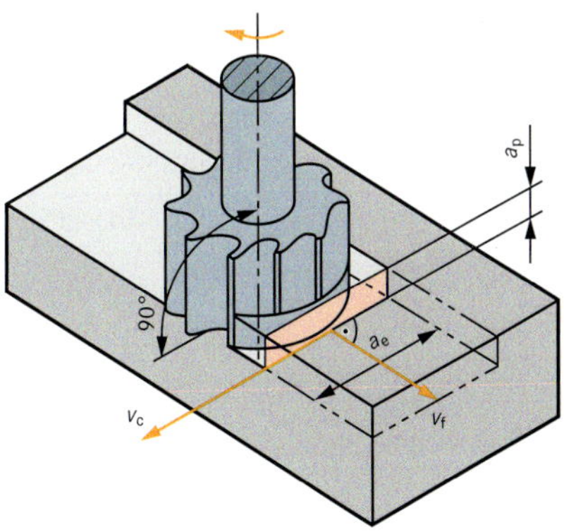

Geschwindigkeiten

v_c : Schnittgeschwindigkeit in m/min
v_f : Vorschubgeschwindigkeit in mm/min
f_z : Vorschub/Schneide
z : Anzahl der Schneiden

$$v_f = n \cdot f = n \cdot f_z \cdot z$$

$$f = f_z \cdot z$$

$$v_c = d \cdot \pi \cdot n$$

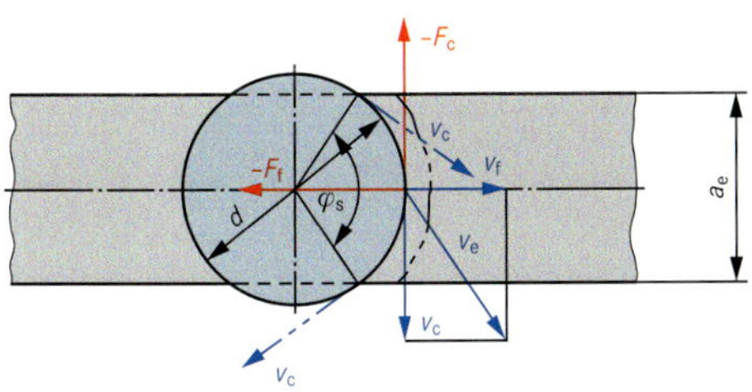

Kräfte am Schneidkeil

F_c : Schnittkraft
F_f : Vorschubkraft
k_c = spezifische Schnittkraft in N/mm²

$$F_c = A \cdot k_c$$

Schnittleistung

P_c = Schnittleistung in W
v_c = Schnittgeschwindigkeit in m/s

$$P_c = F_c \cdot v_c$$

Zeitspanungsvolumen

$$Q = a_p \cdot a_e \cdot v_f$$

Teilen

Ermittlung der einzustellenden Arbeitswerte

EXCEL-Rechenblatt

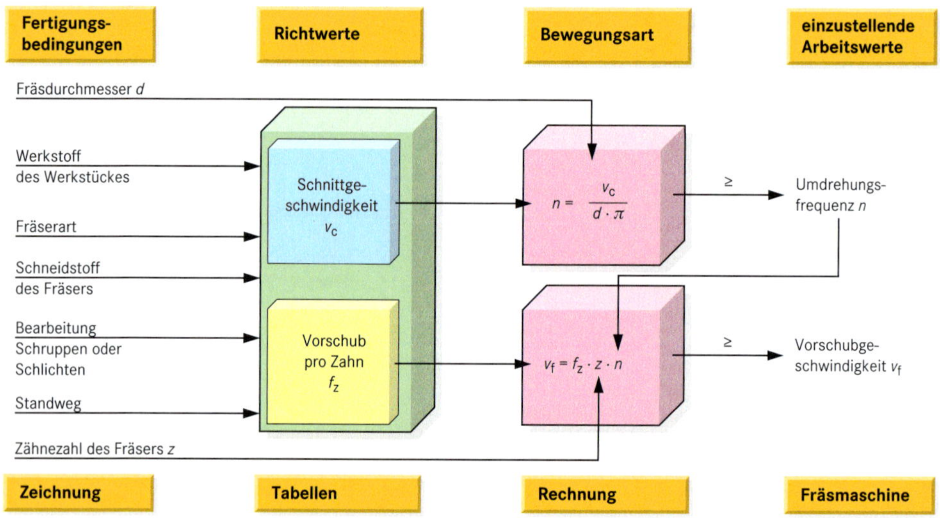

Richtwerte für das Fräsen mit Schnellarbeitsstahl (Standweg L = 15 m)

Werkstoff	R_m in N/mm²	Walzenfräser			Walzenstirnfräser			Scheibenfräser			Schaftfräser		
		f_z [1] in mm	a_p in mm	v_c in m/min	f_z [1] in mm	a_p in mm	v_c in m/min	f_z [1] in mm	b in mm	v_c in m/min	f_z [1] in mm	d in mm	v_c in m/min
Unlegierte Baustähle, Einsatzstähle, Vergütungsstähle	< 500	0,22	1 8	33 24	0,22	1 8	30 20	0,12	≤ 20	16	0,10	≤ 20 > 20	28 24
	500 ... 800	0,18	1 8	33 20	0,18	1 8	30 18	0,12	≤ 20	14	0,08	≤ 20 > 20	24 20
	750 ... 900	0,12	1 8	28 15	0,12	1 8	25 14	0,09	≤ 20	12	0,06	≤ 20 > 20	12 18
	850 ... 1000	0,12	1 8	25 10	0,12	1 8	18 9	0,08	≤ 20	16	0,08	≤ 20 > 20	20 16
	1000 ... 1400	0,09	1 8	13 8	0,09	1 8	12 7	0,07	≤ 20	10	0,06	≤ 20 > 20	24 20
Stahlguss	450 ... 520	0,18	1 8	16 12	0,12	1 8	14 10	0,09	≤ 20	12	0,08	≤ 20 > 20	20 18
Gusseisen	100 ... 300	0,22	1 8	25 15	0,22	1 8	22 13	0,12	≤ 20	14	0,08	≤ 20 > 20	20 18
	250 ... 400	0,22	1 8	18 10	0,18	1 8	16 9	0,09	≤ 20	12	0,07	≤ 20 > 20	18 14
Kupfer und Cu-Legierungen	–	0,22	1 8	75 35	0,18	1 8	70 32	0,08	≤ 20	40	0,08	≤ 20 > 20	60 50
Aluminium, Al-Legierungen (< 10 % Si)	–	0,12	1 8	200 80	0,12	1 8	180 70	0,09	≤ 20	180	0,06	≤ 20 > 20	240 200

[1] Die Werte für f_z, Vorschub je Fräserzahn, gelten für eine Schruppbearbeitung. Für eine Schlichtbearbeitung gilt: 0,5 f_z ... 0,6 f_z.

Richtwerte für das Fräsen mit Hartmetall

Werkstoff	R_m in N/mm²	HM-Sorte	f_z in mm	a_p in mm	v_c in m/min
Unlegierte Stähle C < 0,35 %	< 500	HM-P25	0,10 0,20 0,50	1	230 205 180
			0,10 0,20 0,50	3	220 190 170
			0,10 0,20 0,50	5	200 180 160
			0,10 0,20 0,50	10	160 150 130
Unlegierte Stähle C < 0,35 % Legierte Stähle	500 ... 900	HM-P25	0,10 0,20 0,50	1	135 ... 180 125 ... 165 115 ... 140
			0,10 0,20 0,50	3	130 ... 170 120 ... 150 105 ... 135
			0,10 0,20 0,50	5	120 ... 160 105 ... 135 90 ... 115
			0,10 0,20 0,50	10	100 ... 130 85 ... 115 60 ... 105
Legierte Stähle	< 1400	HM-P25	0,10 0,20 0,50	1	120 110 95
			0,10 0,20 0,50	3	115 105 85
			0,10 0,20 0,50	5	105 95 80
			0,10 0,20 0,50	10	85 75 -
Rost- und säurebeständige Stähle	< 600	HM-P25	0,10 0,20	1	125 110
			0,10 0,20	3	110 95
			0,10 0,20	5	100 90
Rost- und säurebeständige Stähle	600 ... 1100	HM-P25	0,10 0,20	1	65 55
			0,10 0,20	3	55 45
			0,10 0,20	5	50 40

Werkstoff	R_m in N/mm²	HM-Sorte	f_z in mm	a_p in mm	v_c in m/min
Titan und Titanlegierungen	-	HM-K20	0,05 ... 0,20	8	25 ... 60
Gusseisen, Temperguss	140 ... 200 HB	HM-K10	0,10 0,20 0,50	1	150 140 130
			0,10 0,20 0,50	3	145 135 125
			0,10 0,20 0,50	5	140 130 120
			0,10 0,20 0,50	10	130 120 110
Gusseisen, Temperguss	190 ... 260 HB	HM-K10	0,10 0,20 0,50	1	130 120 110
			0,10 0,20 0,50	3	125 115 105
			0,10 0,20 0,50	5	120 110 100
			0,10 0,20 0,50	10	110 100 90
Gusseisen	240 ... 330 HB	HM-K10	0,10 0,20 0,50	1	100 90 80
			0,10 0,20 0,50	3	95 85 75
			0,10 0,20 0,50	5	90 80 70
			0,10 0,20 0,50	10	80 70 -
Aluminium, nicht aushärtbare Knetwerkstoffe	-	HM-K10	0,3	0,5 ... 8,0	... 2500
Aluminium, aushärtbare Knetwerkstoffe, Gusswerkstoffe mit ≤ 10 % Si-Gehalt	-	HM-K10	0,3	0,5 ... 8,0	... 700
Aluminium, Gusswerkstoffe mit > 10 % Si-Gehalt	-	HM-K10	0,3	-	... 300

Scheibenfräser

DIN 885-1: 1989-06, DIN 885-2: 1990-05

Scheibenfräser Form A – kreuzverzahnt für Werkzeug-anwendungs-gruppen N, H, W

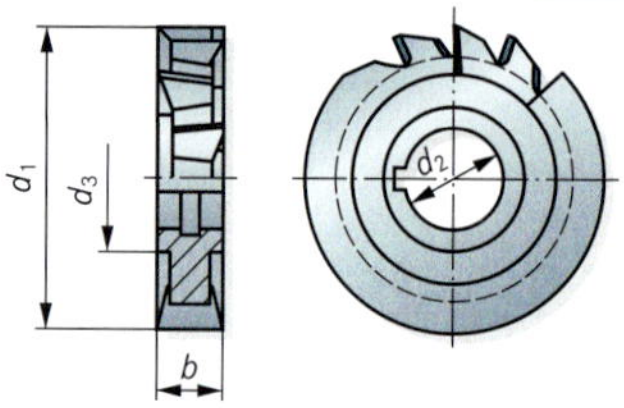

Form B – geradeverzahnt für Werkzeug-anwendungs-gruppe H

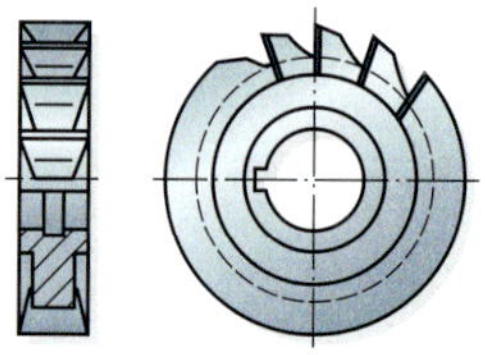

Bezeichnung:

Fräser DIN 885 – A 80 x 6 N – Z12 – HSS

- Scheibenfräser
- Form A
- Durchmesser d_1
- Breite b
- Werkzeug-Anwendungsgruppe
- Anzahl der Schneiden z
- Legierungsgruppe des Schnellarbeitsstahles[1)]

d in mm	b in mm	d_2 in mm	d_3 in mm	Anzahl Schneiden z WZ-Anwendungsgruppe N	H	W
50	4 5 6 8 10	16	27	10 ... 12	14 ... 16	6 ... 8
63	4 6 8 10 12	22	34		16 ... 18	
80	8 10 12 16 18 20	27	41	12 ... 14	18 ... 20	

d in mm	b in mm	d_2 in mm	d_3 in mm	Anzahl Schneiden z WZ-Anwendungsgruppe N	H	W
100	8 10 12 14 16 18 20 22 25	32	47	14 ... 16	20 ... 24	8 ... 10
125	8 10 12 16 18 20 25	32	47	16 ... 18	22 ... 26	

Walzenstirnfräser

DIN 1880-1: 1993-11, DIN 1880-2: 2003-09

Walzenstirnfräser Werkzeug-Anwendungs-gruppe N

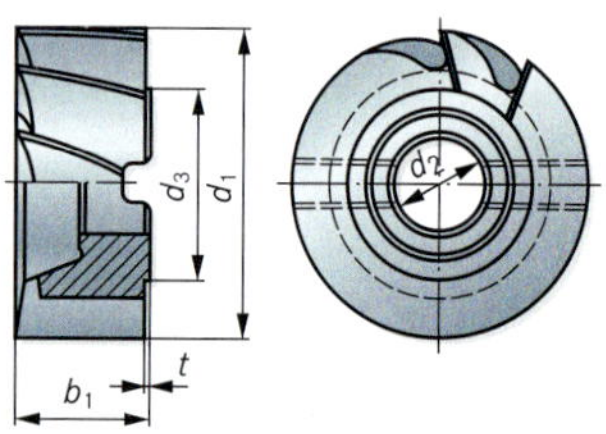

Bezeichnung:

Fräser DIN 1880 – 63 N – HSS

- Walzenstirnfräser
- Durchmesser d_1
- Werkzeug-Anwendungsgruppe
- Legierungsgruppe des Schnellarbeitsstahles

d_1 in mm	b_1 in mm	b_2 in mm	d_2 in mm H7	d_3 in mm min.	t in mm max.	Anzahl Schneiden z WZ-Anwendungsgruppe N[1)]	H	W
40	32	19	16	–	–	6 ... 8	10 ... 12	4 ... 6
50	36	21	22				12 ... 14	
63	40	23	27			8 ... 10		
80	45	23	27	49	0,5		14 ... 16	6 ... 8
100	50	26	32	59		10 ... 12	18 ... 20	
125	56	29	40	71		12 ... 14	20 ... 22	8 ... 10
160	63	32	50	91		14 ... 16	22 ... 24	

1) für WZ-Anwendungsgruppen N, NF, NR, HF, HR

Schaftfräser

DIN 844-1: 1989-04

Schaftfräser mit Zylinderschaft
Form A, Werkzeug-Anwendungsgruppe N

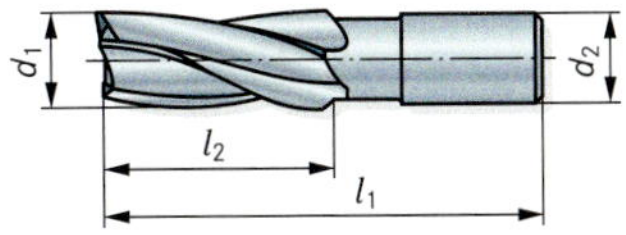

Bezeichnung:

Fräser DIN 844-A 18 K – N – Z3 – HSS

Schaftfräser mit Zylinderschaft
Form A
Durchmesser d_1
kurze Ausführung
Werkzeug-Anwendungsgruppe
Anzahl der Schneiden z
Legierungsgruppe des Schnellarbeitsstahles

d_1 in mm	d_2 in mm	kurz l_1 in mm	kurz l_2 in mm	lang l_1 in mm	lang l_2 in mm	Anz. Schneiden z WZ-Anwendungsgruppe N, NF, NR	W
4	6	55	11	63	19	3 … 4	2 … 3
5		57	13	68	24		
6							
7	10	66	16	80	30		
8		69	19	88	38		
10		72	22	95	45		
12	12	83	26	110	53		
14							
16	16	92	32	123	63		
18							

d_1 in mm	d_2 in mm	kurz l_1 in mm	kurz l_2 in mm	lang l_1 in mm	lang l_2 in mm	Anz. Schneiden z WZ-Anwendungsgruppe N, NF, NR	W
20	20	104	38	141	75	4 … 6	3 … 4
22							
25	25	121	45	166	90		
28							
32	32	133	53	186	106		
36							
40	40	155	63	217	125	6 … 8	
45							
50	50	177	75	252	150		
56						8 … 10	
63		192	90	282	180		

Langlochfräser

DIN 327-1: 1989-04, DIN 327-2: 1990-01

Langlochfräser mit Zylinderschaft

Form A geradgenutet

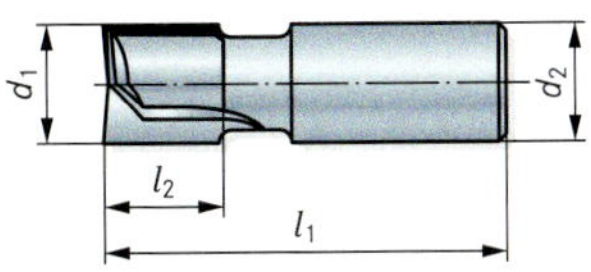

Form B drallgenutet

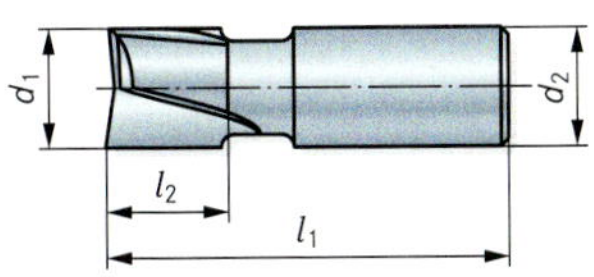

Bezeichnung:

Fräser DIN 327 – A 20 K – Z2 –HSS

Langlochfräser mit Zylinderschaft
Form A
d_1 = 20 mm
für allgemeine Anwendungen
Anzahl der Schneiden[1)]
Legierungsgruppe des Schnellarbeitsstahles

K: für allgemeine Anwendungen
KF: für Feinwerktechnik

Anwendung	d_1 in mm	d_2 in mm	l_1 in mm	l'_2 in mm
K (KF) (KF von $2 \leq d_1 \leq 8$)	2	6 (4)	48 (36)	4
	3		49 (37)	5
	4		51 (39)	7
	5	6 (5)	52 (42)	8
	6	6 (–)	52 (–)	
	7	10 (8)	60 (54)	10
	8		61 (55)	11
	10	10	63	13

Anwendung	d_1 in mm	d_2 in mm	l_1 in mm	l'_2 in mm
K	12	12	73	16
	14			
	16	16	79	19
	18			
	20	20	88	22
	22			
	24	25	102	26
	25			

1) Schneidenzahl: $2 \leq d_1 < 24 : Z = 2 \ldots 3$, $d_1 \geq 24 : Z = 2 \ldots 4$

Begriffe

Umfangs-Planschleifen

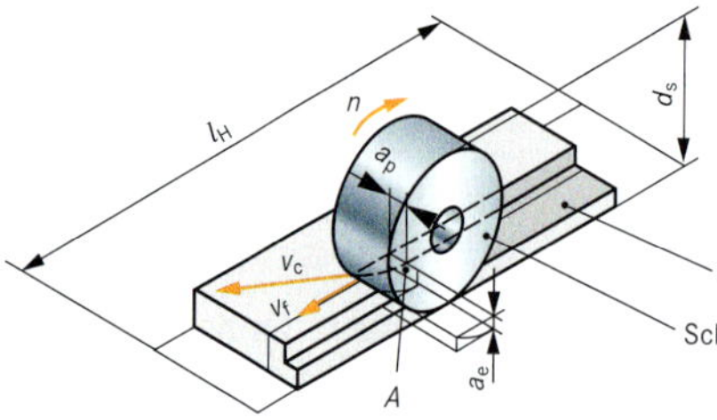

Spanungsgrößen

d : Schleifscheibendurchmesser
a_p : Schnitttiefe
a_e : Arbeitseingriff
A : Spanungsquerschnitt

$$A = a_p \cdot a_e$$

Geschwindigkeiten

v_c : Schnittgeschwindigkeit in m/s
n : Umdrehungsfrequenz der Schleifscheibe
v_f : Vorschubgeschwindigkeit des Werkstückes in m/min
l_H : Länge des Hubes
n_H : Hubzahl pro Zeiteinheit
v_w : Umfangsgeschwindigkeit des Werkstückes

Seitenplanschleifen

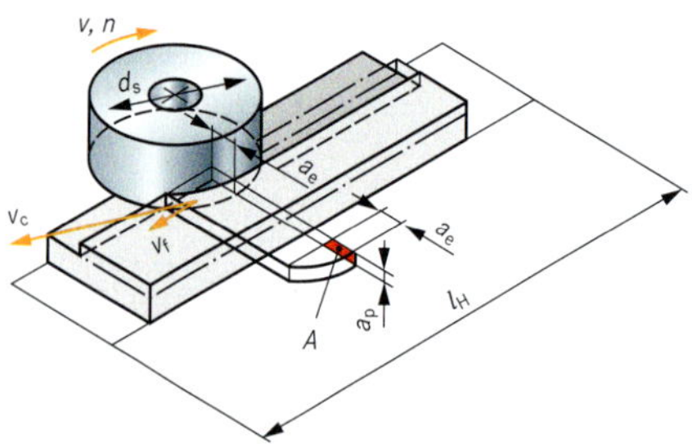

$$v_c = d \cdot \pi \cdot n$$

$$v_f = l_H \cdot n_H$$

q : Geschwindigkeitsverhältniszahl

$$q = \frac{v_c}{v_f}$$ beim Planschleifen

$$q = \frac{v_c}{v_w}$$ beim Rundschleifen

Umfangs-Außen-Rundschleifen

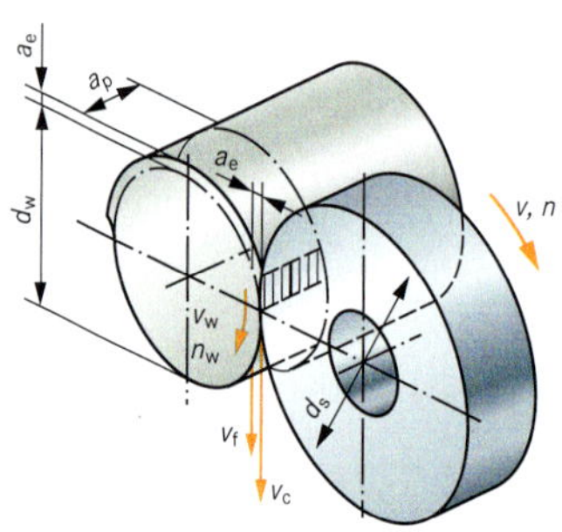

Zeitspanungsvolumen

Q : Zeitspanungsvolumen in cm^3/min

$$Q = A \cdot v_f$$

Geschwindigkeitsverhältniszahl *q* (Richtwerte)

Werkstoff	Planschleifen (Flachschleifen) mit			Rundschleifen		spitzenloses Schleifen
	gerader Scheibe	Segmenten	Topfscheibe	außen	innen	
Stahl, gehärtet oder ungehärtet	80	50	50	125	80	125
Gusseisen	63	40	40	100	63	80
Kupfer, Cu-Legierungen	50	32	32	80	50	50
Leichtmetalle	32	20	20	50	32	50

Sicherheitsanforderungen und Farbkennzeichnungen

DIN EN 12413: 2011-05

Verwendungseinschränkungen	DSA 101-3: 1992-10
VE 1	Nicht zulässig für Freihand- und handgeführtes Schleifen
VE 2	Nicht zulässig für Freihandtrennschleifen
VE 3	Nicht zulässig für Nassschleifen
VE 4	Zulässig nur für geschlossene Arbeitsbereiche (z. B. für ortsfeste Maschinen mit besonderen Schutzvorrichtungen)
VE 6	Nicht zulässig für Seitenschleifen

Farbkennzeichnungen	
Arbeitshöchstgeschwindigkeit v_s in m/s	Farbstreifen
50	1 × blau
63	1 × gelb
80	1 × rot
100	1 × grün
125	1 × blau + 1 × gelb

Richtwerte für Schnittgeschwindigkeit v_c, Umfangsgeschwindigkeit v_w bzw. Vorschubgeschwindigkeit v_f

Werkstoff	Planschleifen (Flachschleifen)				Rundschleifen					Trennschleifen
	mit Umfang		mit Stirnseite		Außenrundschleifen			Innenrundschleifen		
	v_c in $\frac{m}{s}$	v_t in $\frac{m}{min}$	v_c in $\frac{m}{s}$	v_t in $\frac{m}{min}$	v_c in $\frac{m}{s}$	v_w in $\frac{m}{min}$ Schruppen	v_w in $\frac{m}{min}$ Schlichten	v_c in $\frac{m}{s}$	v_t in $\frac{m}{min}$	v_c in $\frac{m}{s}$
Stahl, weich	25 ... 32	10 ... 35	20 ... 25	6 ... 25	25 ... 32	12 ... 15	8 ... 12	25	18 ... 21	45 ... 80
Stahl, gehärtet	25 ... 32	10 ... 32	20 ... 25	6 ... 25	25 ... 32	14 ... 18	8 ... 12	25	21 ... 24	45 ... 80
Stahl, legiert	25 ... 32	10 ... 35	20 ... 25	6 ... 25	25 ... 35	14 ... 18	10 ... 14	25	20 ... 25	45 ... 80
Gusseisen	25 ... 31	10 ... 35	20 ... 25	6 ... 25	25	12 ... 15	9 ... 12	25	21 ... 24	45 ... 80
Al-Legierungen	16 ... 20	15 ... 40	16 ... 20	20 ... 45	16 ... 20	20 ... 40	24 ... 30	12 ... 20	30 ... 40	–
Cu-Legierungen	25	15 ... 40	16 ... 20	20 ... 45	25 ... 35	18 ... 21	15 ... 18	25	21 ... 27	45 ... 80
Hartmetall	8 ... 15	4	8 ... 15	4	8 ... 15	5	4	8 ... 15	8	45

Auswahl von Schleifscheiben ($v_c \leq 35$ m/s)

Planschleifen

Werkstoff	Schleifmittel	gerade Schleifscheibe		Schleiftopf				Schleifsegment	
		Schleifscheibendurchmesser in mm							
		bis 200		bis 200		über 200 ... 350			
		Körnung	Härte	Körnung	Härte	Körnung	Härte	Körnung	Härte
Stahl, ungehärtet	A	46	J	46	J	40	J	24	J
Stahl, gehärtet, HRC ≤ 63	A	46	H	40	H	24	H	24	G
Stahl, gehärtet, HRC > 63	A	46	G	40	G	30	G	30	F
Stahl, vergütet, $R_m \leq 1200 \frac{N}{mm^2}$	A	46	H	46	H	30	G	24	H
HSS, gehärtet, HRC ≤ 63	A	46	F	46	F	30	F	30	E
HSS, gehärtet, HRC > 63	A	46	E	46	E	30	E	30	D
Hartmetall	C	60	H	60	H	54	H	46	H
Gusseisen	A	46	J	46	J	40	J	30	J

Innenrundschleifen

Werkstoff	Schleifmittel	Schleifscheibendurchmesser in mm							
		bis 16		über 16 ... 36		über 36 ... 80		über 80 ... 125	
		Körnung	Härte	Körnung	Härte	Körnung	Härte	Körnung	Härte
Stahl, ungehärtet	A	80	L	60	K	46	K	46	J
Stahl, gehärtet, HRC ≤ 63	A	80	K	60	K	46	J	46	I
Stahl, gehärtet, HRC > 63	A	80	K	60	J	46	I	46	H
Stahl, vergütet, $R_m \leq 1200 \frac{N}{mm^2}$	A	80	K	60	K	46	J	46	I
Hartmetall	D	D 100	–	D 150	–	D 200	–	D 250	–
Gusseisen	C	80	K	60	J	46	H	40	H

Außenrundschleifen

Werkstoff	Schleifmittel	Schleifscheibendurchmesser in mm					
		bis 350		über 350 ... 450		über 450 ... 600	
		Körnung	Härte	Körnung	Härte	Körnung	Härte
Stahl, ungehärtet	A	60	L	60	L	60	L
Stahl, gehärtet, HRC ≤ 63	A	60	K	54	K	46	K
Stahl, gehärtet, HRC > 63	A	60	K	54	K	46	K
Stahl, vergütet, $R_m \leq 1200 \frac{N}{mm^2}$	A	60	K	54	K	46	K
HSS, gehärtet, HRC ≤ 63	A	60	I	54	I	46	I
HSS, gehärtet, HRC > 63	C	60	I	54	I	46	I
Hartmetall	C	80	H	60	H	–	–
Gusseisen	C	60	J	46	J	40	J

Schleifkörper aus gebundenem Schleifmittel

DIN ISO 525: 2000-08

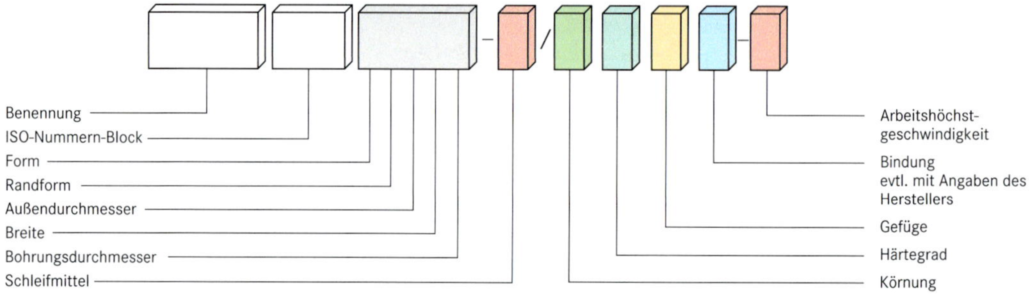

Schleifscheibe ISO 603-1 1 B 300 × 20 × 127 – A/F60 L 6 V – 35
Schleifscheibe für Außenrundschleifen nach ISO 603-1, Form 1, Randform B, Durchmesser *D* = 300, Breite *T* = 20 mm, Bohrungsdurchmesser *H* = 127 mm, Schleifmittel Edelkorund, Körnung 60, Härtegrad L, Gefüge 6, keramische Bindung und Arbeitshöchstgeschwindigkeit 35 m/s.

Schleifmittel

Name	Chemische Zusammensetzung	Kurzzeichen	Mohs-Härte	Anwendung
Zirkonkorund	$Al_2O_3 + ZrO_2$	Z	–	nichtrostender Stahl
Normalkorund	Al_2O_3 + Beimengungen	A	9	zähe Werkstoffe (unlegierter, ungehärteter Stahl, Stahlguss, Temperguss)
Edelkorund	Al_2O_3 in kristalliner Form		9,3	harte Werkstoffe (legierter, gehärteter Stahl, Titan, Glas)
Siliziumkarbid	SiC in kristalliner Form	C	9,5	weiche Werkstoffe (Kupfer, Aluminium, Kunststoffe) harte Werkstoffe (Gusseisen, Hartguss, Hartmetall, Gestein, Glas)
Bornitrid	BN in kristalliner Form	CBN	–	Werkzeugstahl über 60 HRC, Schnellarbeitsstahl
Borkarbid	B_4C in kristalliner Form	BK	9,6	loses Schleifmittel zum Läppen von Hartmetall
Diamant	C in kristalliner Form	D	10	Hartmetall, Glas, Ferro-TiC, Gusseisen Abrichten von Schleifscheiben

Körnung

Körnung	Körnungsnummer
Makrokörnung F4 ... F220	
grob	4 5 6 7 8 10 12 14 16 20 22 24
mittel	30 36 40 46 54 60
fein	70 80 90 100 120 150 180 220
Mikrokörnung F230 ... F1200	
sehr fein	230 240 280 320 400 500 600 800 1000 1200

Körnung von Diamantschleifmitteln von 0,5 µm ... 300 µm
Bezeichnung: D 0,5 ... D 300

Härtegrad

Härtegrad	Bezeichnung
äußerst weich	A B C D
sehr weich	E F G
weich	H I J K
mittel	L M N O
hart	P Q R S
sehr hart	T U V W
äußerst hart	X Y Z

Randformen für Schleifscheiben

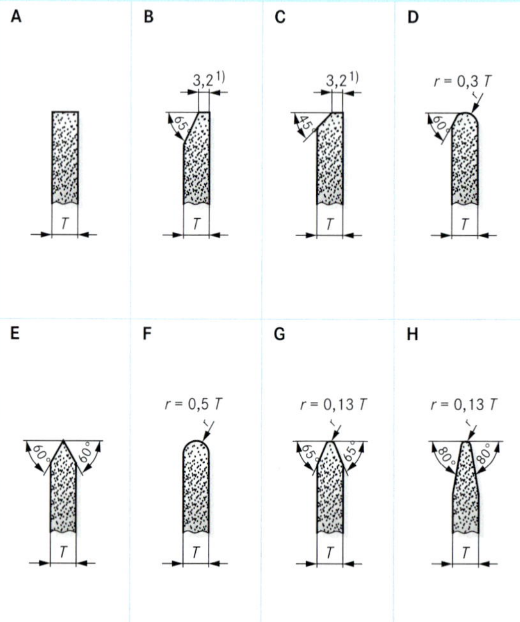

1) Andere Breiten sind bei Bestellung zu vereinbaren.

Bindung

Kurzzeichen	Bindungsart
V	Keramische Bindung
R	Gummibindung
RF	faserverstärkt
B	Kunstharzbindung
BF	faserstoffverstärkt
E	Schelllackbindung
MG	Magnesitbindung
PL	Plastikbindung

Gefüge

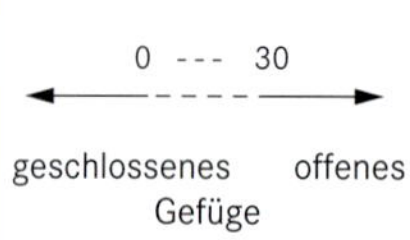

Benennung *Maßbuchstaben* Form	Maschinenart	Anwendungsart[1]	Arbeitshöchstgeschwindigkeit v_s in m/s Bindung							
			V	B	BF	R	RF	E	MG	PL
Gerade Schleifscheibe *D x T x H* Form 1 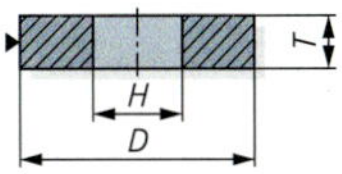	Ortsfeste Schleifmaschinen	Zwangsgeführtes Schleifen	40	50	63	50	–	40	25	50
		Handgeführtes Schleifen	35	50	63	50	50	40	25	50
	Handschleifmaschinen	Zwangsgeführtes Schleifen	–	50	80	50	80	–	–	50
Einseitig konische Schleifscheibe *D/J x T x H* Form 3 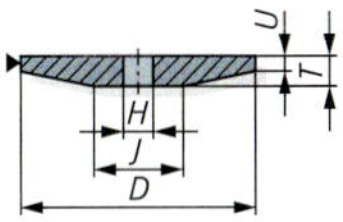	Ortsfeste Schleifmaschinen	Zwangsgeführtes Schleifen	40	50	–	50	–	–	–	50
Einseitig ausgesparte Schleifscheibe *D x T x H – P x F* Form 5 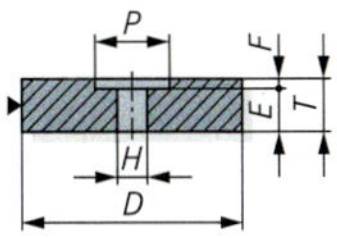	Ortsfeste Schleifmaschinen	Zwangsgeführtes Schleifen	40	50	–	50	–	–	–	50
		Handgeführtes Schleifen	35	50	–	50	–	–	–	50
	Handschleifmaschinen	Freihandschleifen	–	50	80	50	80	–	–	50
Schleifteller *D/J x T x H* Form 12 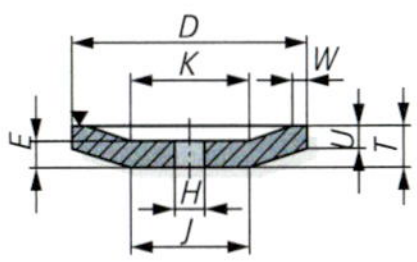	Ortsfeste Schleifmaschinen	Zwangsgeführtes Schleifen	32	40	–	40	–	–	–	40
		Handgeführtes Schleifen	32	40	–	40	–	–	–	–
Zweiseitig verjüngte Schleifscheibe *D/K x T/N x H* Form 21 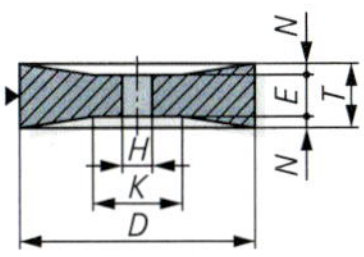	Ortsfeste Schleifmaschinen	Zwangsgeführtes Schleifen	40	50	–	50	–	–	–	–
Gekröpfte Schleifscheibe *D x U x H* Form 27 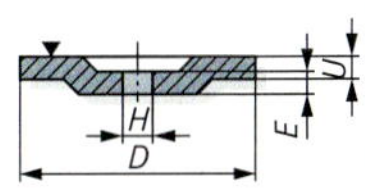	Handschleifmaschinen	Freihandschleifen	–	–	80	–	–	–	–	–
Gerade Trennschleifscheibe *D x T x H* Form 41 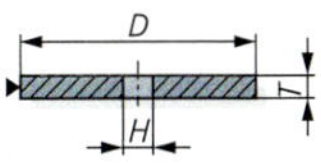	Ortsfeste Trennschleifmaschinen	Zwangsgeführtes Schleifen	–	80	100	63	80	63	–	–
		Handgeführtes Schleifen	–	80	100	63	80	63	–	–
	Ortsveränderliche Trennschleifmaschinen	Handgeführtes Trennschleifen	–	–	100	–	–	–	–	–
	Handtrennschleifmaschinen	Freihandschleifen	–	–	80	–	–	–	–	–
Gekröpfte Trennschleifscheibe *D x U x H* Form 42 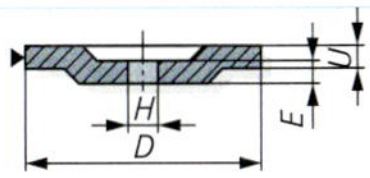	Ortsfeste Trennschleifmaschine	Zwangsgeführtes Trennschleifen	–	–	100	–	80	–	–	–
		Handgeführtes Trennschleifen	–	–	100	–	80	–	–	–
	Ortsveränderliche Trennschleifmaschinen	Handgeführtes Schleifen	–	–	80	–	80	–	–	–
	Handtrennschleifmaschinen	Freihandschleifen	–	–	80	–	–	–	–	–
Schleifstifte *D x T x S* Form 52 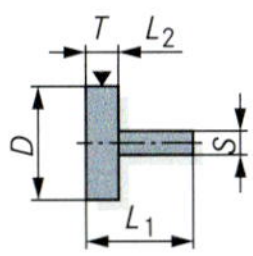	Ortsfeste Schleifmaschinen	Zwangsgeführtes Schleifen	40	50	–	50	–	–	–	50
	Handschleifmaschinen	Freihandschleifen	50	50	–	50	–	–	–	50

[1] Zwangsgeführtes Schleifen: Vorschubbewegung von Werkzeug und/oder Werkstück durch mechanische Hilfsmittel
Handgeführtes Schleifen: Vorschubbewegung von Werkzeug und/oder Werkstück durch Bedienperson von Hand
Freihandschleifen: Schleifmaschine wird gänzlich von Hand geführt.

Begriff	Kurzzeichen	Bedeutung
Auftragzeit für den arbeitsausführenden Menschen		
Tätigkeitszeit	t_t	Vorgabezeit, durch die ein Fortschritt am Werkstück entsteht
beeinflussbare/unbeeinflussbare Tätigkeitszeit	t_{tb}/t_{tu}	Vorgabezeiten, die durch Anstrengung und Geschicklichkeit beeinflusst/ nicht beeinflusst werden können
persönliche/sachliche Verteilzeit[1]	t_p/t_s	Gelegentlich vorkommende, unvorhersehbare Zeiten, die persönlich (z. B. Gespräch mit Vorgesetzten)/sachlich (z. B. zwischenzeitliches Reinigen des Arbeitsplatzes) bedingt sind
Wartezeit	t_w	Vorgabezeit, bei der fertigungsbedingt gewartet werden muss
Rüstzeit	t_r	Vorgabezeit für Vor- und Nachbereiten von Arbeitsplatz, Werkzeugen und Maschinen
Rüstgrundzeit	t_{rg}	Vorgabezeit für planmäßiges Rüsten
Rüstverteilzeit[1]	t_{rv}	Unregelmäßige, unvorhersehbare, über das regelmäßige Rüsten hinausgehende Zeit
Rüsterholungszeit	t_{rer}	Planmäßige Erholungszeit während des Rüstens
Grundzeit	t_g	Vorgabezeit für planmäßiges Ausführen ohne Erholungs- und Verteilzeiten
Erholungszeit	t_{er}	Planmäßige Erholungszeit während des Ausführens
Verteilzeit	t_v	Unregelmäßige, unvorhersehbare, über das regelmäßige Ausführen hinausgehende Zeit
Zeit je Einheit	t_e	Vorgabezeit für den arbeitsausführenden Menschen an einer Einheit des Auftrags
Ausführungszeit	t_a	Vorgabezeit zur Ausführung der Arbeit an allen Einheiten des Auftrags
Auftragszeit	T	Vorgabezeit für den arbeitsausführenden Menschen
Betriebsmittel-Belegungszeit		
Hauptnutzungszeit	t_h	Vorgabezeit, durch die ein Fortschritt am Werkstück entsteht
beeinflussbare/unbeeinflussbare Hauptnutzungszeit	t_{hb}/t_{hu}	Vorgabezeiten, die durch Anstrengung und Geschicklichkeit beeinflusst/ nicht beeinflusst werden können
Nebennutzungszeit	t_n	Vorgabezeit für planmäßige Vorbereitung, Beschickung, Entleerung oder Unterbrechung des Betriebsmittels
beeinflussbare/unbeeinflussbare Nebennutzungszeit	t_{nb}/t_{nu}	Vorgabezeiten, die durch Anstrengung und Geschicklichkeit beeinflusst/ nicht beeinflusst werden können
Brachzeit	t_b	Verfahrensbedingte Unterbrechung in der planmäßigen Nutzung des Betriebsmittels
Betriebsmittel-Rüstzeit	t_{rB}	Vorgabezeit für Vor- und Nachbereiten des Betriebsmittels
Betriebsmittel-Rüstgrundzeit	t_{rgB}	Vorgabezeit für planmäßiges Rüsten des Betriebsmittels
Betriebsmittel-Rüstverteilzeit[1]	t_{rvB}	Unregelmäßige, unvorhersehbare, über das planmäßige Rüsten hinausgehende Zeit
Betriebmittel-Grundzeit	t_{gB}	Vorgabezeit für die planmäßige Belegung des Betriebsmittels während der Fertigung
Betriebsmittel-Verteilzeit[1]	t_{vB}	Unregelmäßige, unvorhersehbare, über die planmäßige Belegung hinausgehende Zeit
Betriebsmittelzeit je Einheit	t_{eB}	Vorgabezeit für das Betriebsmittel an einer Einheit des Auftrags
Betriebsmittel-Ausführungszeit	t_{aB}	Vorgabezeit zur Ausführung der Arbeit an allen Einheiten des Auftrags
Betriebsmittel-Belegungszeit	T_{bB}	Vorgabezeit für das zu belegende Betriebsmittel
Kostenrechnung		
Werkstoffeinzelkosten	*WEK*	Kosten für benötigten Werkstoff einschließlich Verschnitt und Abfall
Werkstoffgemeinkosten[2]	*WGK*	Kosten für Einkauf, Lagerung, Verwaltung des Werkstoffs
Werkstoffkosten	*WK*	Summe der Werkstoffeinzel- und Werkstoffgemeinkosten
Fertigungslohnkosten	*FLK*	Produktive Löhne
Fertigungsgemeinkosten[2]	*FGK*	Kosten für Betriebsleitung, Transport, Werkzeuge, sonstige Hilfs- und Betriebstoffe, Ausbildungswesen, Instandhaltung, Sozialkosten, Abschreibung
Fertigungssonderkosten	*FSK*	Auftragsgebundene Entwicklungs-, Modell-, Vorrichtungs- und Werkzeugkosten
Maschineneinzelkosten	*MEK*	Abschreibung, Verzinsung, Instandhaltung, Energiekosten, anteilige Raumkosten
Fertigungskosten	*FK*	Fertigungslohn-, Fertigungsgemein-, Fertigungssonder- und Maschineneinzelkosten
Herstellkosten	*HK*	Summe der Werkstoff- und Fertigungskosten
Verwaltungs- und Vertriebskosten[3]	*VVK*	Kosten für Rechnungswesen, Verkauf, Kundendienst, Werbung, Personalkosten, Betriebsrat, Ausbildungswesen, kaufmännische Verwaltung
Selbstkosten	*SK*	Kosten für die Produktion einer Ware
Gewinn	*G*	Durch den Verkauf der Ware angestrebter Erlös
Nettoverkaufspreis	*NVP*	Verkaufspreis einer Ware ohne Mehrwertsteuer

[1] Unregelmäßig auftretende und unvorhersehbare Zeiten (Gespräche mit Vorgesetzten, Stromausfall, Zusatzarbeiten) werden durch einen prozentualen Zuschlag zu den Grundzeiten berücksichtigt.

[2] Gemeinkosten können nicht für ein einzelnes Produkt erfasst werden. Sie werden auf alle hergestellten Produkte verteilt und als prozentualer Zuschlag zu Werkstoffeinzel- und Fertigungslohnkosten berücksichtigt.

[3] Verwaltungs- und Vertriebskosten werden durch einen prozentualen Zuschlag zu den Herstellkosten, der angestrebte Gewinn durch einen prozentualen Zuschlag zu den Selbstkosten berücksichtigt.

Auftragszeit nach REFA[1)]
Job time in accordance to REFA

EXCEL-Rechenblatt

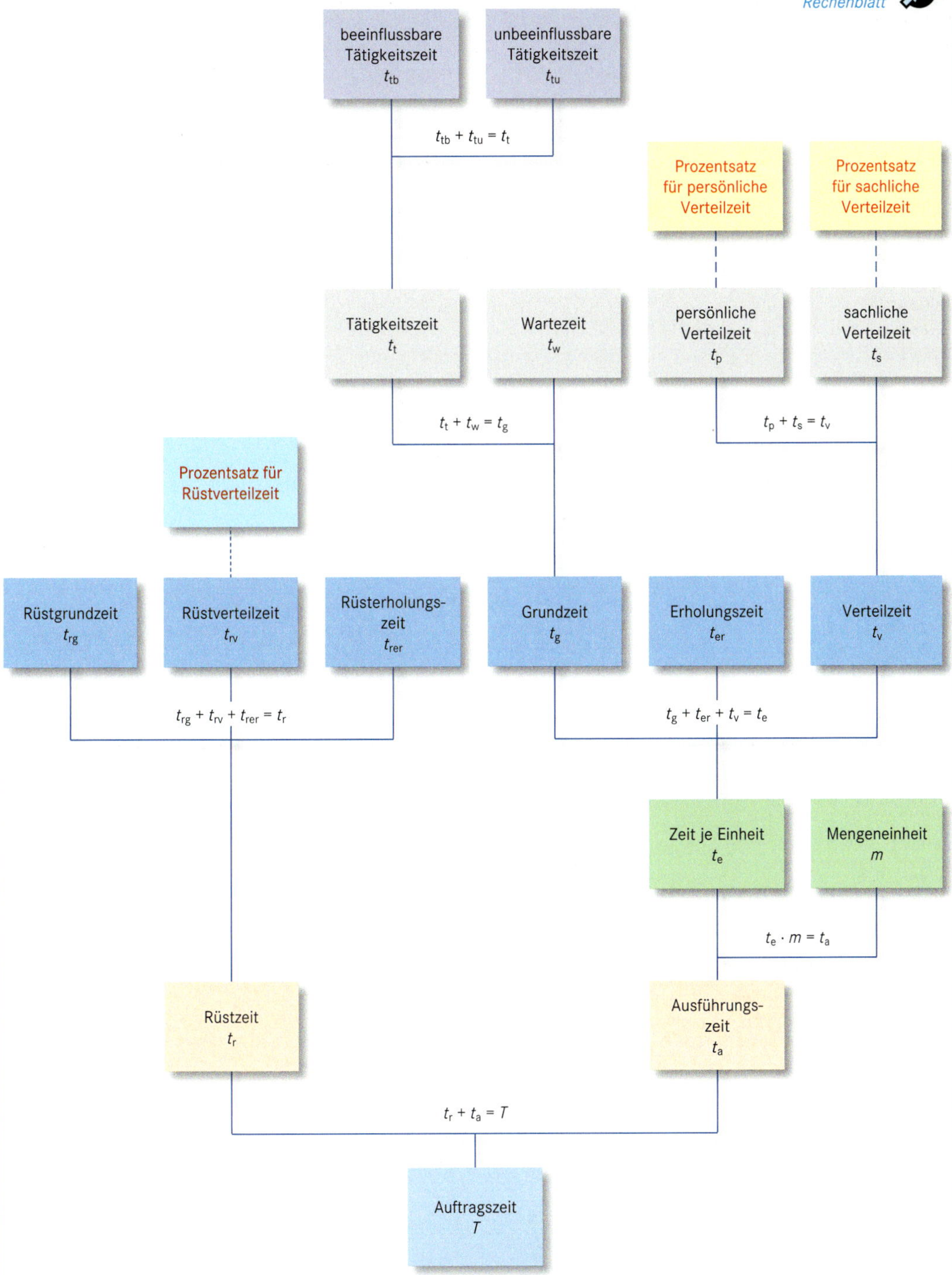

[1)] REFA: Verband für Arbeitsstudien und Betriebsorganisation (1924 in Berlin als „**Re**ichsausschuss **f**ür **A**rbeitszeitermittlung“ gegründet).

Betriebsmittel-Belegungszeit nach REFA[1)]

Resource holding time in accordance to REFA

EXCEL-Rechenblatt

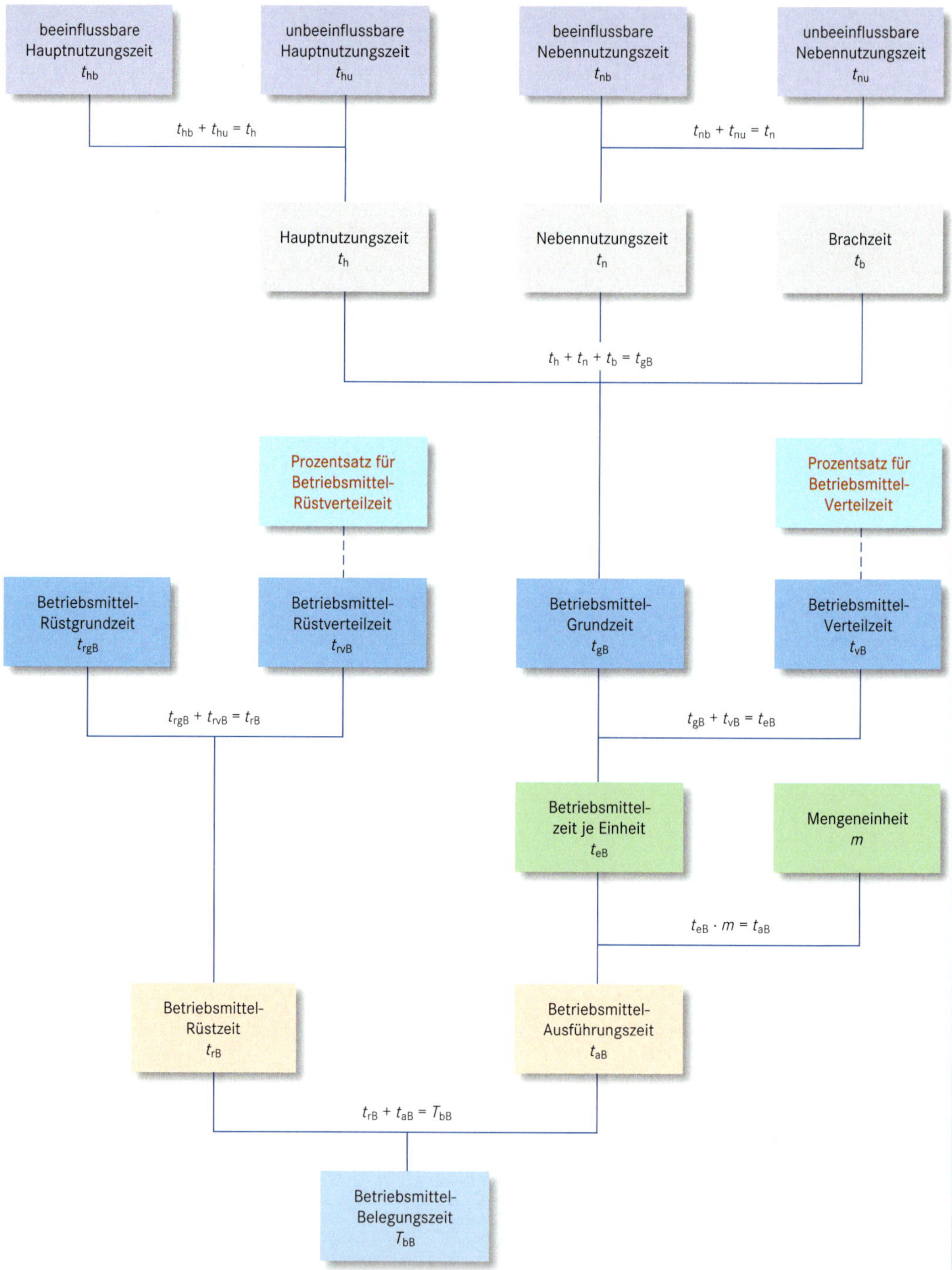

[1)] REFA: Verband für Arbeitsstudien und Betriebsorganisation (1924 in Berlin als „**Re**ichsausschuss **f**ür **A**rbeitszeitermittlung“ gegründet).

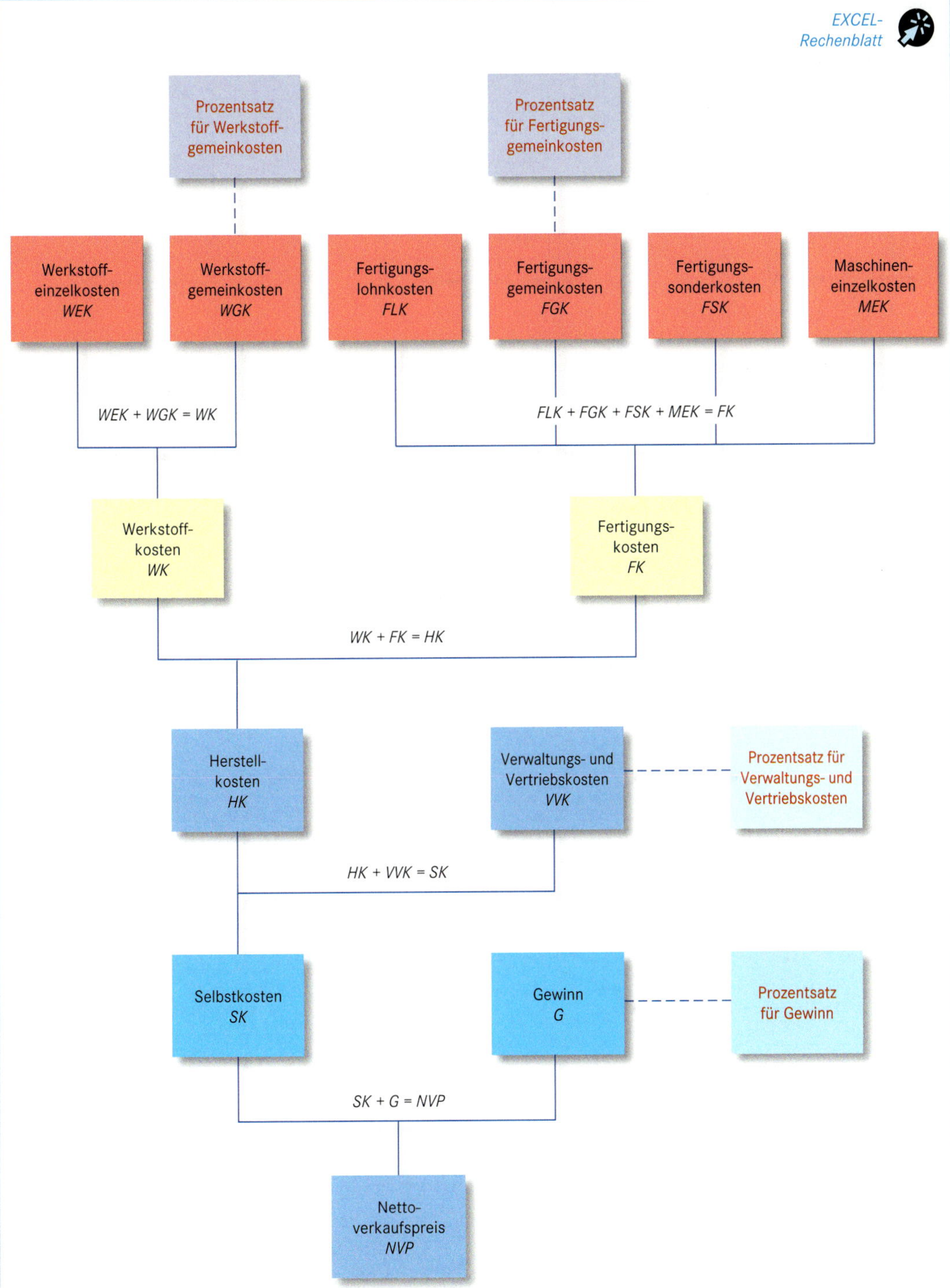
EXCEL-
Rechenblatt
Prozentsatz für Werkstoff-gemeinkosten
Prozentsatz für Fertigungs-gemeinkosten
Werkstoff-einzelkosten WEK
Werkstoff-gemeinkosten WGK
Fertigungs-lohnkosten FLK
Fertigungs-gemeinkosten FGK
Fertigungs-sonderkosten FSK
Maschinen-einzelkosten MEK
WEK + WGK = WK
FLK + FGK + FSK + MEK = FK
Werkstoff-kosten WK
Fertigungs-kosten FK
WK + FK = HK
Herstell-kosten HK
Verwaltungs- und Vertriebskosten VVK
Prozentsatz für Verwaltungs- und Vertriebskosten
HK + VVK = SK
Selbstkosten SK
Gewinn G
Prozentsatz für Gewinn
SK + G = NVP
Netto-verkaufspreis NVP

Hauptnutzungszeit beim Bohren, Reiben, Senken

Bohren

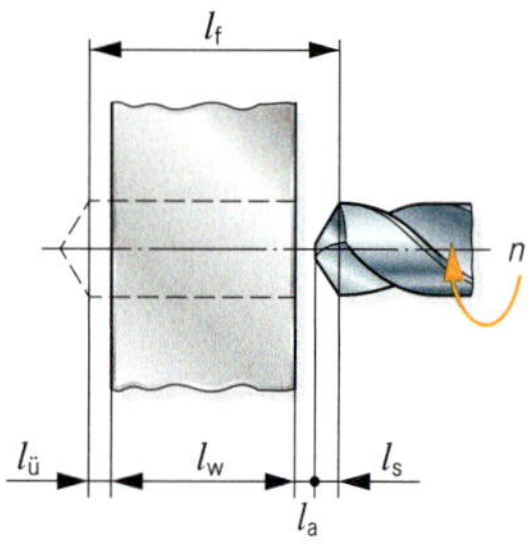

Reiben

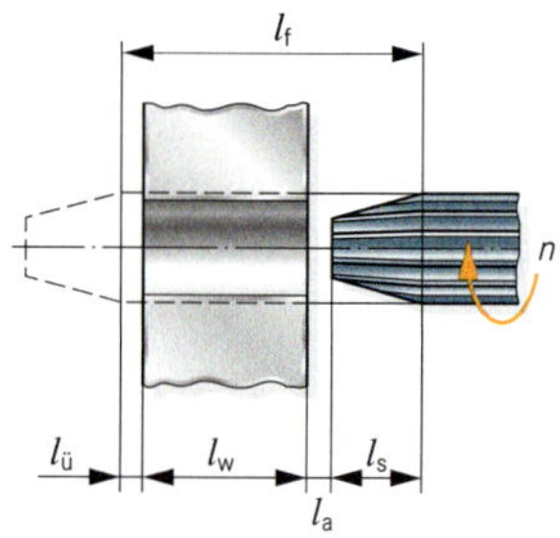

Flachsenken

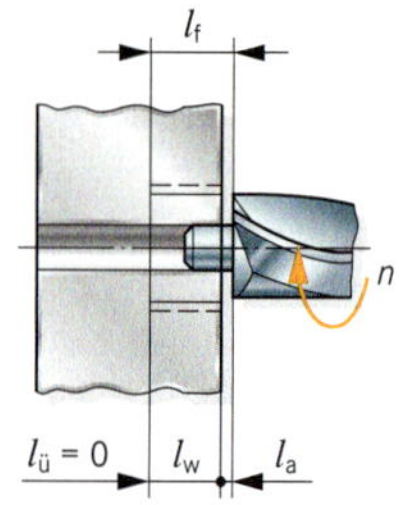

$$t_{hu} = \frac{l_f \cdot i}{f \cdot n}$$

$$t_{hu} = \frac{l_f \cdot i \cdot d \cdot \pi}{f \cdot v_c}$$

$l_f = l_a + l_s + l_w + l_ü$

$l_s = d \cdot \frac{1}{2 \cdot \tan\frac{\sigma}{2}}$

t_{hu} : unbeeinflussbare Hauptnutzungszeit
l_f : Vorschubweg
f : Vorschub
n : Umdrehungsfrequenz
v_c : Schnittgeschwindigkeit
l_a : Anlauflänge
l_w : Werkstücklänge
$l_ü$: Überlauflänge
i : Anzahl gleichartiger Vorgänge
d : Durchmesser des Bohrers
σ : Spitzenwinkel des Bohrers
l_s : Spitzenlänge des Bohrers
Anschnittlänge der Reibahle

EXCEL-Rechenblatt

Richtwerte für die Spitzenlängen

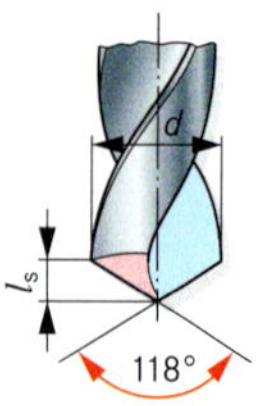

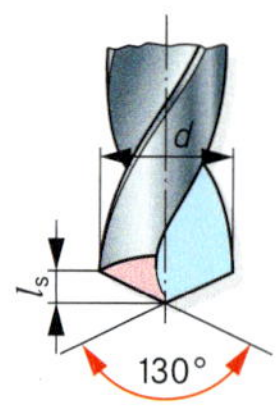

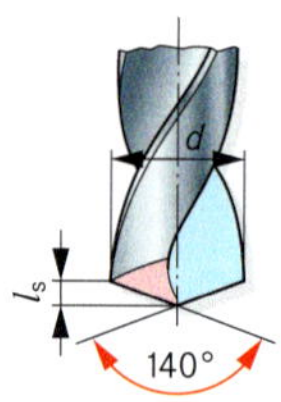

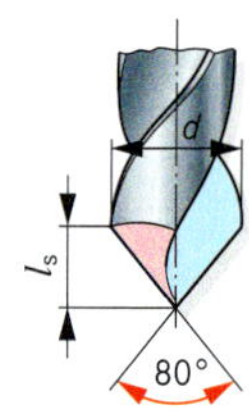

$l_s = 0{,}3 \cdot d$	$l_s = 0{,}23 \cdot d$	$l_s = 0{,}18 \cdot d$	$l_s = 0{,}6 \cdot d$

Hauptnutzungszeit beim Abtragen durch Erodieren oder Funkenerosion

Schneiderodieren

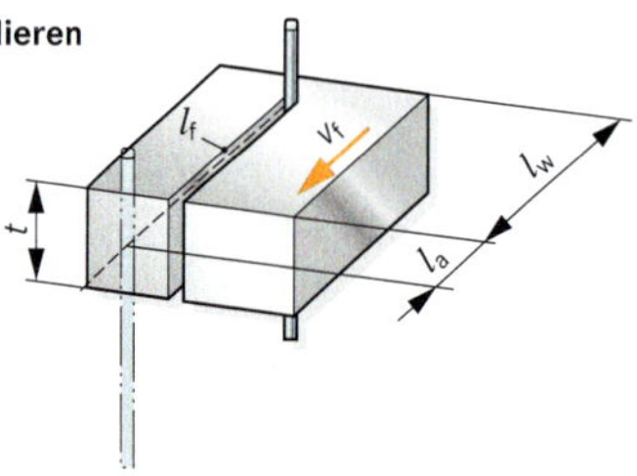

$$t_{hu} = \frac{l_f \cdot i}{v_f}$$

$$A_c = v_f \cdot t$$

$l_f = l_a + l_w$

t_{hu} : unbeeinflussbare Hauptnutzungszeit
l_f : Vorschubweg
i : Anzahl gleichartiger Vorgänge
v_f : Vorschubgeschwindigkeit
A_c : Schneidrate
t : Werkstückdicke
l_a : Anlauflänge

Senkerodieren

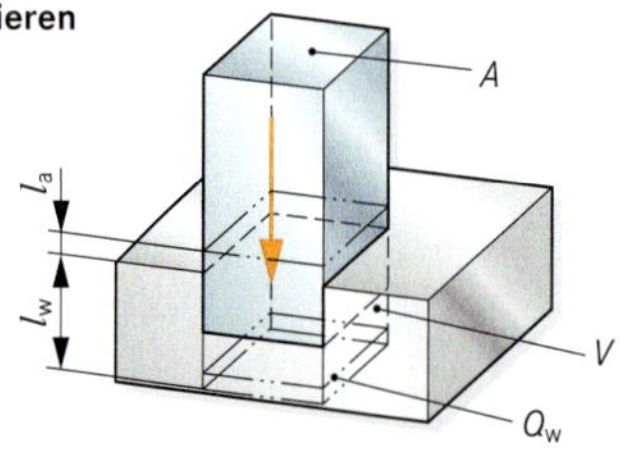

$$t_{hu} = \frac{A \cdot l_f \cdot i}{Q_w}$$

$l_f = l_a + l_w$

Q_w : spezifisches Abtragsvolumen
A : Querschnitt des abzutragenden Volumens
l_w : Höhe des abzutragenden Volumens
i : Anzahl gleichartiger Vorgänge
l_f : Vorschubweg
l_a : Anlauflänge

Hauptnutzungszeit beim Drehen

Längsrunddrehen

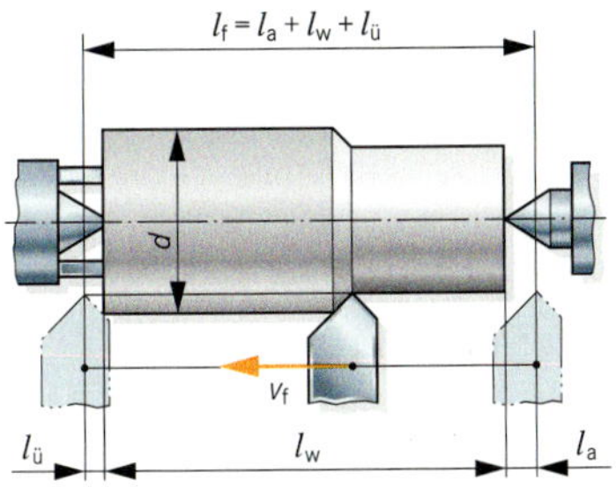

$$t_{hu} = \frac{l_f \cdot i}{f \cdot n}$$

$$l_f = l_a + l_w + l_ü$$

$$n = \frac{v_c}{d \cdot \pi}$$

t_{hu} : unbeeinflussbare Hauptnutzungszeit
l_f : Vorschubweg
l_a : Anlauflänge
l_w : Werkstücklänge
$l_ü$: Überlauflänge
i : Anzahl gleichartiger Vorgänge
f : Vorschub
n : Umdrehungsfrequenz

v_c : Schnittgeschwindigkeit
d : Durchmesser des Werkstückes

Querplandrehen

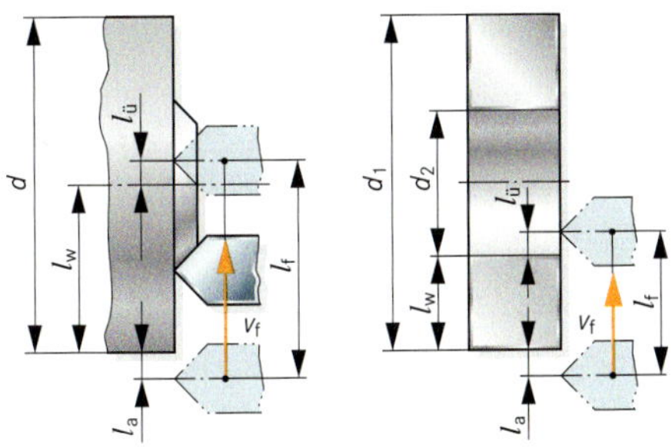

Maschinen mit gestuftem Getriebe:

$n_{tats.} \leq n$

Maschinen mit stufenlosem Getriebe:

$n = n_{tats.}$

Für Maschinen mit stufenlosem Getriebe kann auch mit der Schnittgeschwindigkeit gerechnet werden:

$$t_{hu} = \frac{l_f \cdot i \cdot d \cdot \pi}{f \cdot v_c}$$

v_c : Schnittgeschwindigkeit

EXCEL-Rechenblatt

Hauptnutzungszeit beim Gewindedrehen

Gewinde mit Gewindeauslauf

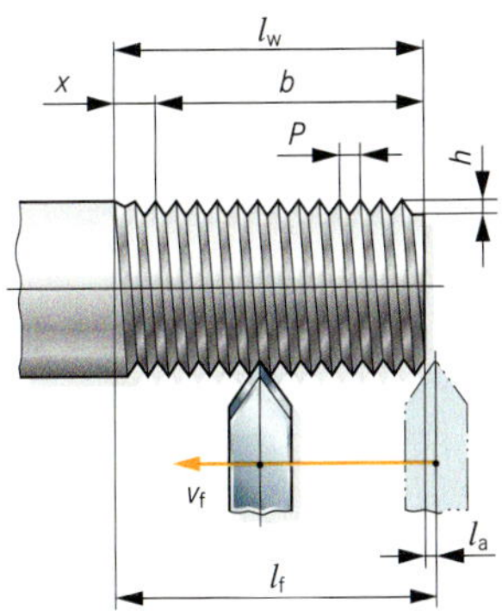

$$t_{hu} = \frac{l_f \cdot i \cdot g}{P \cdot n}$$

$$i = \frac{h}{a_p}$$

t_{hu} : unbeeinflussbare Hauptnutzungszeit
l_f : Vorschubweg
i : Anzahl gleichartiger Vorgänge
g : Gangzahl des Gewindes
P : Steigung
n : Umdrehungsfrequenz
h : Gewindetiefe
a_p : Schnitttiefe (Zustellung)

Gewinde mit Gewindeauslauf:

$l_f = l_a + l_w$

$l_w = b + x$

b : nutzbare Gewindelänge
x : Gewindeauslauf nach DIN 76

Gewinde mit Gewindefreistich:

$l_f = l_a + l_w + l_ü$ $\quad$ $l_w = b$

Gewinde mit Gewindefreistich

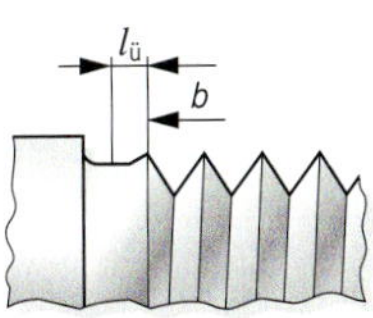

Hauptnutzungszeit beim Fräsen

Umfangsplanfräsen

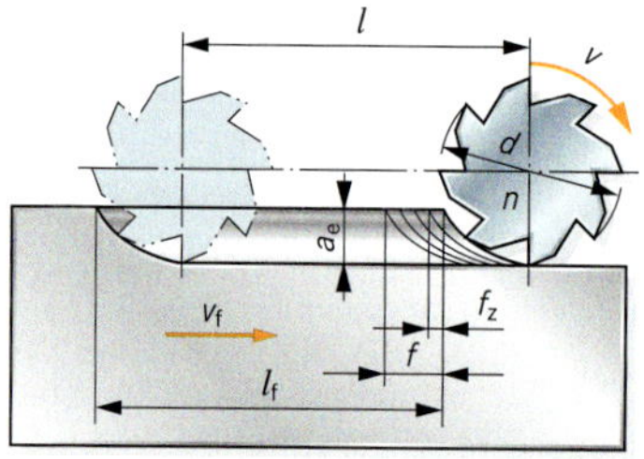

$$t_{hu} = \frac{l_f \cdot i}{v_f}$$

t_{hu} : unbeeinflussbare Hauptnutzungszeit
l_f : Vorschubweg
i : Anzahl der gleichen Schnitte
v_f : Vorschubgeschwindigkeit in $\frac{mm}{min}$
a_e : Arbeitseingriff
a_p : Schnitttiefe

Vorschub je Fräserumdrehung

$f = f_z \cdot z$

$$v_f = f_z \cdot z \cdot n$$

$l_f = l_s + l_a + l_w + l_ü$

$l_s = \sqrt{a_e \cdot d - a_e^2}$

f : Vorschub je Fräserumdrehung
f_z : Vorschub je Fräserzahn
z : Zähnezahl des Fräsers
n : Umdrehungsfrequenz des Fräsers
l_a : Anlauflänge
l_w : Werkstücklänge
$l_ü$: Überlauflänge
l_s : Anschnittlänge

Stirn-Umfangsplanfräsen

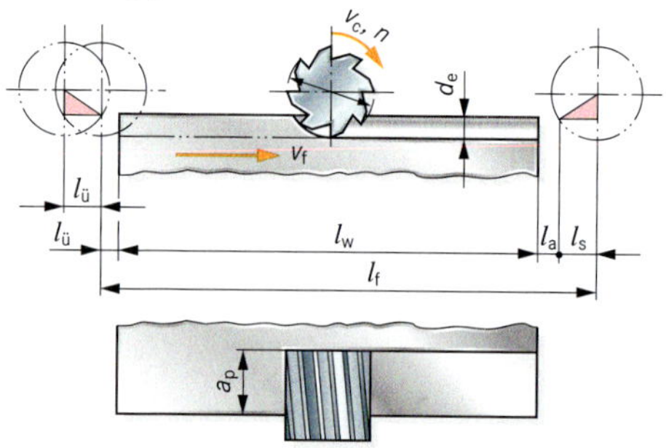

Schruppen: $l_f = l_s + l_a + l_w + l_ü$

Schlichten: $l_f = 2 \cdot l_s + l_a + l_w + l_ü$

Maschinen mit gestuftem Getriebe

$n = \frac{v_c}{d \cdot \pi}$

$n_{tats} \leq n$

$v_{f\,tats} \leq v_f$

$$t_{hu} = \frac{l_f \cdot i}{f_z \cdot z \cdot n}$$

v_c : Schnittgeschwindigkeit in $\frac{m}{min}$
d : Fräserdurchmesser

Stirnplanfräsen

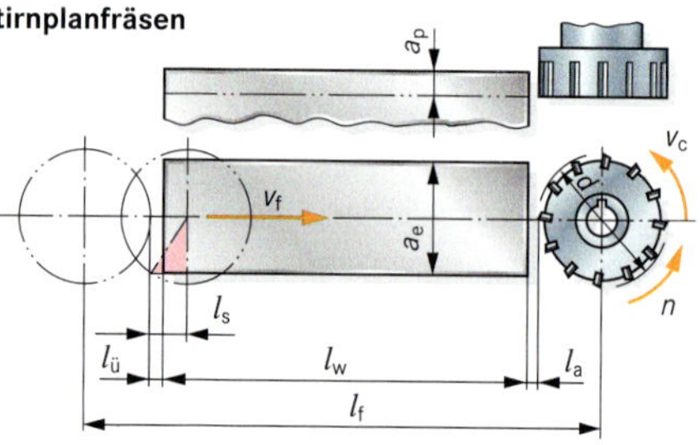

Schruppen: $l_f = \frac{d}{2} + l_a + l_w + l_ü - l_s$

Schlichten: $l_f = \frac{d}{2} + l_a + l_w + l_ü + \frac{d}{2}$

Maschinen mit stufenlosem Getriebe

$n = n_{tats}$

$n_{tats} = \frac{v_c}{d \cdot}$

$v_{f\,tats} = f_z \cdot z \cdot n_{tats}$

$$t_{hu} = \frac{l_f \cdot i \cdot d \cdot}{f_z \cdot z \cdot v_c}$$

$l_s = \frac{1}{2}\sqrt{d^2 - a_e^2}$

EXCEL-Rechenblatt

Nutenfräsen

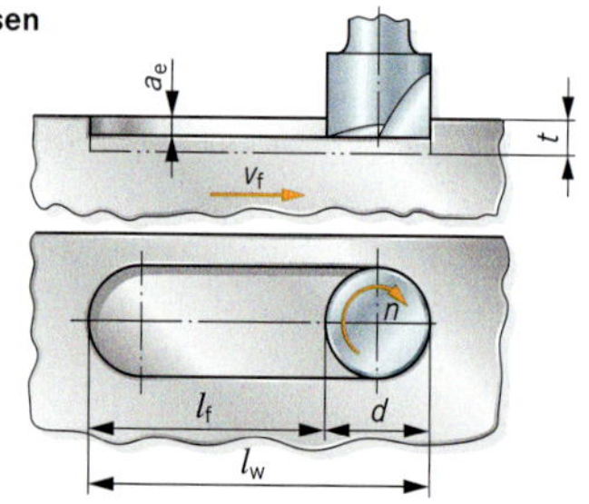

Nut geschlossen: $l_f = l_w - d$

Nut einseitig offen: $l_f = l_w + l_a - \frac{d}{2}$

Nut beidseitig offen: $l_f = \frac{d}{2} + l_a + l_w + l_ü$

$i = \frac{t}{a_e}$

t : Nuttiefe
a_e : Arbeitseingriff

Koordinatenachsen an CNC-Werkzeugmaschinen

DIN 66 217: 1975-12

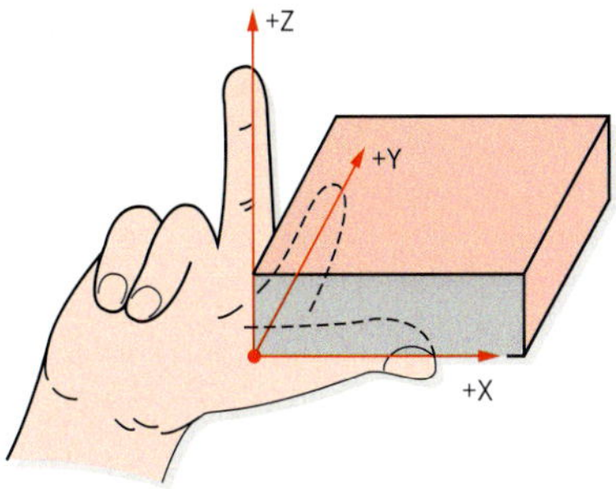

Achsbezeichnung bei senkrechter Z-Achse (Hauptspindel)

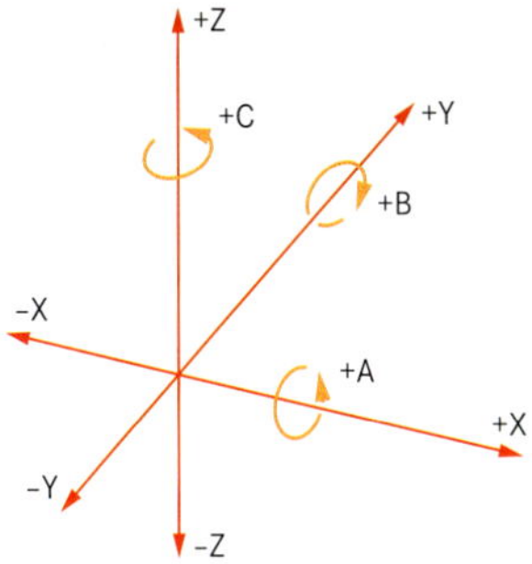

A, B und C bezeichnen Drehungen (Drehbewegungen), um die X-, Y- und Z-Achse

Kartesisches Koordinatensystem bei senkrechter Z-Achse

Bewegungsrichtungen an CNC-Werkzeugmaschinen

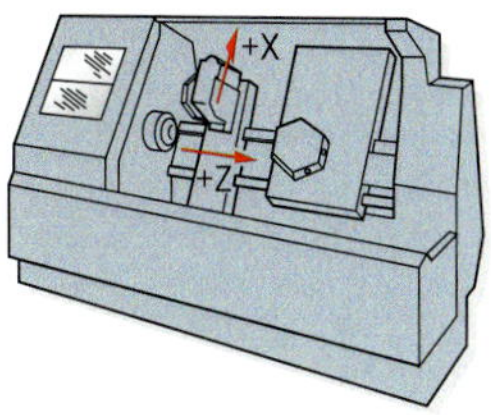

Schrägbrettdrehmaschine
Werkzeug hinter Drehmitte

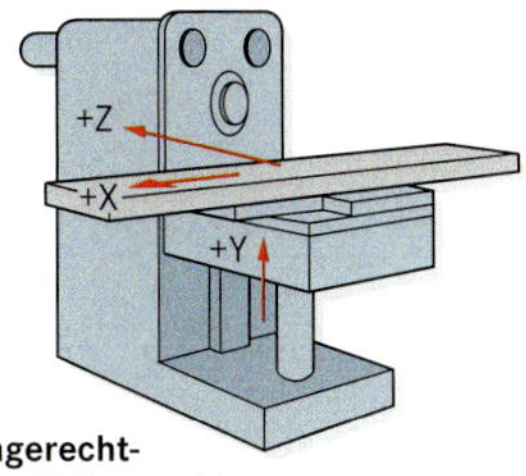

Waagerecht-
Konsolfräsmaschine

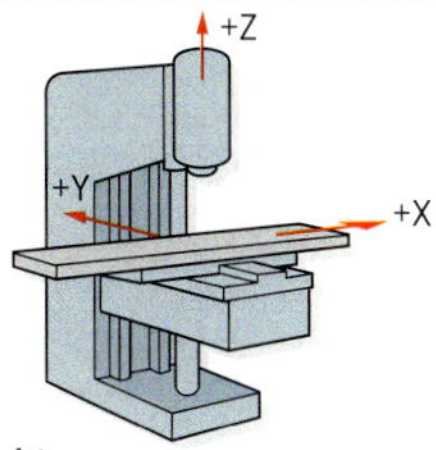

Senkrecht-
Konsolfräsmaschine

Z-Achse: fällt mit der Arbeitsspindel zusammen, positive Richtung verläuft vom Werkstück zum Werkzeug
X-Achse: liegt parallel zur Aufspannfläche; soll möglichst horizontal verlaufen
Y-Achse: ist durch Lage und Richtung von Z- und X-Achse festgelegt

Bezugspunkte an CNC-Werkzeugmaschinen

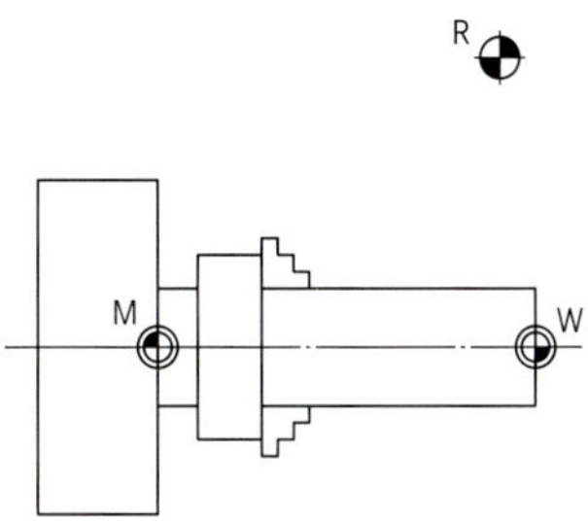

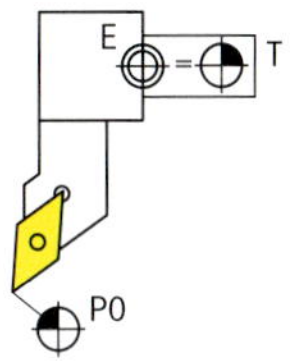

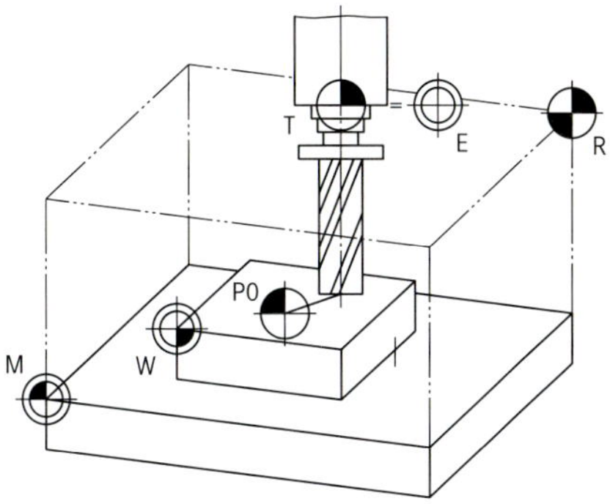

 **Maschinennullpunkt M**
Ursprung des Maschinen-Koordinatensystems

 **Referenzpunkt R**
Ursprung des Wegmess-systems der Maschine

 **Werkstücknullpunkt W**
Ursprung des Werkstück-Koordinatensystems

 **Werkzeugträger-Bezugspunkt T**
In der Mitte der Planfläche der Werkzeugaufnahme

 **Werkzeugeinstellpunkt E**
Bei eingesetztem Werkzeug = Werkzeugträger-Bezugspunkt

 **Programmstartpunkt P0**
Position des 1. Werkzeugs vor dem Programmstart

Befehlscodierung nach DIN 66 025 und PAL[1)]
Instruction code according to DIN 66 025 and PAL

Programmaufbau für CNC-Maschinen

DIN 66 025-1: 1983-01

Ein Programm besteht aus Daten, die in Form von Programmsätzen in die Steuerung eingegeben werden. Jeder Satz kann aus mehreren Wörtern bestehen. Die Wörter eines Satzes können enthalten: programmtechnische Anweisungen, geometrische Anweisungen, technologische Anweisungen. Jedes Wort besteht aus einem Adressbuchstaben und einer Schlüsselzahl; z. B. G01

Number	**G**o		**F**eed	**S**peed	**T**ool	**M**iscellaneous
N40	G00	X50 Z-120	F0.35	S1400	T05	M03
Satznummer (40)	Wegbedingung (Eilgang)	Koordinaten des Zielpunktes	Vorschub (0,35 mm)	Umdrehungsfrequenz (1400 $\frac{1}{min}$)	Werkzeug (Nr. 5)	Zusatzfunktion (Spindel dreht im Uhrzeigersinn)
programmtechn. Anweisungen	geometrische Anweisungen		technologische Anweisungen			

Adressbuchstaben

Buchstabe	Bedeutung	Buchstabe	Bedeutung
A	Drehung um die X-Achse	M	Zusatzfunktion
B	Drehung um die Y-Achse	N	Satz-Nr.
C	Drehung um die Z-Achse	O	frei verfügbar
D	Werkzeugkorrekturspeicher (oder frei verfügbar)	P	dritte Bewegung parallel zur X-Achse
E	zweiter Vorschub (oder frei verfügbar)	Q	dritte Bewegung parallel zur Y-Achse
F	Vorschub	R	dritte Bewegung parallel zur Z-Achse
G	Wegbedingung	S	Spindelumdrehungsfrequenz oder Schnittgeschwindigkeit
H	frei verfügbar	T	Werkzeug-Nr.
I	Interpolationsparameter oder Gewindesteigung parallel zur X-Achse	U	zweite Bewegung parallel zur X-Achse
J	Interpolationsparameter oder Gewindesteigung parallel zur Y-Achse	V	zweite Bewegung parallel zur Y-Achse
		W	zweite Bewegung parallel zur Z-Achse
K	Interpolationsparameter oder Gewindesteigung parallel zur Z-Achse	X	Bewegung in Richtung X-Achse
		Y	Bewegung in Richtung Y-Achse
L	frei verfügbar	Z	Bewegung in Richtung Z-Achse

DIN- und PAL-Zusatzfunktionen (Vergleich)

Code	DIN 66 025[2)]	PAL-Drehen	PAL-Fräsen
M00 [4)]	Programmierter Halt	Programmierter Halt	Programmierter Halt
M01 [4)]	Wahlweiser Halt		
M02 [4)]	Programmende		
M03 [3)]	Arbeitsspindel EIN im Uhrzeigersinn	Spindel einschalten; Drehrichtung rechts (Uhrzeigersinn)	Spindel einschalten; Drehrichtung rechts (Uhrzeigersinn)
M04 [3)]	Arbeitsspindel EIN im Gegenuhrzeigersinn	Spindel einschalten; Drehrichtung links (Gegenuhrzeigersinn)	Spindel einschalten; Drehrichtung links (Gegenuhrzeigersinn)
M05 [4)]	Arbeitsspindel HALT	Spindel ausschalten	Spindel ausschalten
M06	Werkzeugwechsel		Werkzeugwechsel
M07 [3)]	Kühlschmiermittel Nr. 2 EIN	2. Kühlmittelpumpe einschalten	2. Kühlmittelpumpe einschalten
M08 [3)]	Kühlschmiermittel Nr. 1 EIN	Kühlmittelpumpe einschalten	Kühlmittelpumpe einschalten
M09 [4)]	Kühlschmiermittel AUS	Kühlmittelpumpe ausschalten	Kühlmittelpumpe ausschalten
M10	Klemmen	Reitstock-Pinole lösen[4)]	
M11	Lösen	Reitstock-Pinole setzen[3)]	
M13	vorläufig frei verfügbar		Spindeldrehung rechts + Kühlmittel ein
M14	vorläufig frei verfügbar		Spindeldrehung links + Kühlmittel ein
M15	vorläufig frei verfügbar		Spindel und Kühlmittel ausschalten
M17	vorläufig frei verfügbar	Unterprogramm Ende[4)]	Unterprogramm Ende[4)]
M30 [4)]	Programmende mit Rücksetzen	Hauptprogramm Ende	Hauptprogramm Ende
M60	Werkstückwechsel[4)]		Konstanter Vorschub[3)] (Werkzeugschneide)
M61	vorläufig frei verfügbar		Konstanter Vorschub mit Beeinflussung an Innen- und Außenecken[3)]

[1)] **P**rüfungs**A**ufgaben- und **L**ehrmittelentwicklungsstelle
[2)] Auswahl für Fräs- und Bohrmaschinen, Lehrenbohrwerke, Drehmaschinen, Bearbeitungszentren
[3)] sofort wirksam [4)] wirksam nach Abarbeitung der anderen Satzinhalte (grau:) gespeichert wirksam (gelb:) satzweise wirksam

DIN- und PAL-Wegbedingungen (Vergleich)

Code	DIN 66025	PAL-Drehen	PAL-Fräsen
G00	Punktsteuerungsverhalten	Verfahren im Eilgang	
G01	Geraden-Interpolation	Linear-Interpolation im Arbeitsgang	
G02	Kreis-Interpolation im Uhrzeigersinn	Kreis-Interpolation im Uhrzeigersinn	
G03	Kreis-Interpolation Gegenuhrzeigersinn	Kreis-Interpolation Gegenuhrzeigersinn	
G04	Verweilzeit	Verweildauer	
G08	Geschwindigkeitszunahme		
G09	Geschwindigkeitsabnahme	Genauhalt	
G10	vorläufig frei verfügbar		Verfahren im Eilgang in Polarkoordinaten
G11	vorläufig frei verfügbar		Linear-Interpolation mit Polarkoordinaten
G12	vorläufig frei verfügbar		Kreis-Interpolation Uhrzeigers. Polarkoord.
G13	vorläufig frei verfügbar		Kreis-Interpol. Gegenuhrzeigers. Polarkoord.
G14	vorläufig frei verfügbar	Konfig. Werkzeugwechselpunkt anfahren	
G17	Ebenenauswahl XY		Ebenenanwahl 2½D-Bearbeitung
G18	Ebenenauswahl ZX	Drehebenenanwahl	Ebenenanwahl 2½D-Bearbeitung
G19	Ebenenauswahl YZ		Ebenenanwahl 2½D-Bearbeitung
G22	vorläufig frei verfügbar	Unterprogrammaufruf	
G23	vorläufig frei verfügbar	Programmteilwiederholung	
G29	vorläufig frei verfügbar	Bedingte Programmsprünge	
G31	vorläufig frei verfügbar	Gewindezyklus	
G32	vorläufig frei verfügbar	Gewindebohrzyklus	
G33	Gewindeschneiden	Gewindestrehlgang	
G40	Aufheben der Werkzeugkorrektur	Abwahl der Schneidenradiuskorrektur	Abwahl der Fräserradiuskorrektur
G41	Werkzeugbahnkorrektur, links	Schneidenradiuskorrektur, links	Anwahl der Fräserradiuskorrektur links
G42	Werkzeugbahnkorrektur, rechts	Schneidenradiuskorrektur, rechts	Anwahl der Fräserradiuskorrektur rechts
G45	vorläufig frei verfügbar		Lineares tangent. Anfahren an die Kontur
G46	vorläufig frei verfügbar		Lineares tangent. Abfahren von der Kontur
G47	vorläufig frei verfügbar		Tangent. Anfahren an die Kontur im ¼-Kreis
G48	vorläufig frei verfügbar		Tangent. Abfahren von der Kontur im ¼-Kreis
G50	vorläufig frei verfügbar	Aufheben von inkrementellen Nullpunktverschiebungen und Drehungen	
G53	Aufheben der Verschiebung	Alle Nullpunktverschiebungen und Drehungen aufheben	
G54–G57	Verschiebung 1 ... 4	Einstellbare absolute Nullpunkte	
G58	Verschiebung 5		Inkrem. Nullpunktversch. polar und Drehung
G59	Verschiebung 6	Inkrementelle Nullpunktverschiebung kartesisch und Drehung	
G66	vorläufig frei verfügbar		Spiegeln um X- und/oder Y-Achse
G67	vorläufig frei verfügbar		Skalieren (Vergrößern/Verkleinern/Aufheben)
G70	Maßangaben in Inch	Umschalten auf Maßeinheit Inch	
G71	Maßangaben in Millimeter	Umschalten auf Maßeinheit Millimeter	
G72	vorläufig frei verfügbar		Rechtecktaschenfräszyklus
G73	vorläufig frei verfügbar		Kreistaschen- und Zapfenfräszyklus
G74	Anfahren Referenzpunkt		Nutenfräszyklus
G75	vorläufig frei verfügbar		Kreisbogennut-Fräszyklus
G76	vorläufig frei verfügbar		Mehrfachzyklusaufruf auf einer Geraden
G77	vorläufig frei verfügbar		Mehrfachzyklusaufruf auf einem Teilkreis
G78	vorläufig frei verfügbar		Zyklusaufruf an einem Punkt (Polarkoordin.)
G79	vorläufig frei verfügbar		Zyklusaufruf an Punkt (kartes. Koordinaten)
G80	Aufheben Arbeitszyklus	Abschluss einer Bearbeitungszyklus-Konturbeschreibung	
G81	Arbeitszyklus 1	Längsschruppzyklus	Bohrzyklus
G82	Arbeitszyklus 2	Planschruppzyklus	Tiefbohrzyklus
G83	Arbeitszyklus 3	Konturparalleler Schruppzyklus	Tiefbohrzyklus mit Spanbruch und Entspänen
G84	Arbeitszyklus 4	Bohrzyklus	Gewindebohrzyklus
G85	Arbeitszyklus 5	Freistichzyklus	Reibzyklus
G86	Arbeitszyklus 6	Radialer Stechzyklus	Ausdrehzyklus
G87	Arbeitszyklus 7	Radialer Konturstechzyklus	Bohrfräszyklus
G88	Arbeitszyklus 8	Axialer Stechzyklus	Innengewindefräszyklus
G89	Arbeitszyklus 9	Axialer Konturstechzyklus	Außengewindefräszyklus
G90	absolute Maßangaben	Absolutmaßangabe einschalten	Absolutmaßangabe einschalten
G91	inkrementale Maßangaben	Kettenmaßangabe einschalten	Kettenmaßangabe einschalten
G92	Speicher setzen	Drehzahlbegrenzung	
G94	Vorschubgeschwindigkeit in mm/min	Vorschub in Millimeter pro Minute	Vorschub in Millimeter pro Minute
G95	Vorschub in mm/U	Vorschub in Millimeter pro Umdrehung	Vorschub in Millimeter pro Umdrehung
G96	Konstante Schnittgeschwindigkeit	Konstante Schnittgeschwindigkeit	Konstante Schnittgeschwindigkeit
G97	Angabe der Spindeldrehzahl in 1/min	Konstante Drehzahl	konstante Drehzahl

gespeichert wirksam (selbsthaltend)   satzweise wirksam

Zusatzfunktionen

DIN 66025-2: 1988-09

Zusatzfunktion	wirksam: sofort[1]	wirksam: später[2]	wirksam: gespeichert[3]	wirksam: satzweise[4]	Bedeutung
Klasse 0: Universelle Zusatzfunktionen					
M00		●		●	Programmierter Halt
M01		●		●	Wahlweiser Halt
M02		●		●	Programmende
M06				●	Werkzeugwechsel
M10			●		Klemmen
M11			●		Lösen
M30		●		●	Programmende mit Rücksetzen
M48		●	●		Überlagerungen wirksam
M49	●		●		Überlagerungen unwirksam
M60		●		●	Werkstückwechsel
Klasse 1: Fräs- und Bohrmaschinen, Lehrenbohrwerke, Bearbeitungszentren					
M03	●		●		Spindel: Uhrzeigersinn
M04	●		●		Spindel: Gegenuhrzeigersinn
M05		●	●		Spindel: Halt
M07	●		●		Kühlmittel Nr. 2 Ein
M08	●		●		Kühlmittel Nr. 1 Ein
M09		●	●		Kühlmittel Aus
M19		●	●		Spindelhalt mit definierter Endstellung
M34	●		●		Spanndruck normal
M35	●		●		Spanndruck reduziert
M40	●		●		Automatische Getriebeschaltung
M41 bis M45	●		●		Getriebestufe 1 bis Getriebestufe 5
M50	●		●		Kühlmittel Nr. 3 Ein
M51	●		●		Kühlmittel Nr. 4 Ein
M71 bis M78	●		●		Indexpositionen des Drehtisches
Klasse 2: Drehmaschinen, Dreh-Bearbeitungszentren					
M03	●		●		Spindel: Uhrzeigersinn
M04	●		●		Spindel: Gegenuhrzeigersinn
M05		●	●		Spindel: Halt
M07	●		●		Kühlmittel Nr. 2 Ein
M08	●		●		Kühlmittel Nr. 1 Ein
M09		●	●		Kühlmittel Aus
M19		●	●		Spindelhalt mit definierter Endstellung
M34	●		●		Spanndruck normal
M35	●		●		Spanndruck reduziert
M40	●		●		Automatische Getriebeschaltung
M41 bis M45	●		●		Getriebestufe 1 bis Getriebestufe 5
M50	●		●		Kühlmittel Nr. 3 Ein
M51	●		●		Kühlmittel Nr. 4 Ein
M54	●		●		Reitstock: Pinole zurück
M55	●		●		Reitstock: Pinole vor
M56	●		●		Reitstock: Mitschleppen Aus
M57	●		●		Reitstock: Mitschleppen Ein
M58	●		●		Konstante Spindelumdrehungsfrequenz Aus
M59	●		●		Konstante Spindelumdrehungsfrequenz Ein
M80	●		●		Lünette 1 öffnen
M81	●		●		Lünette 1 schließen
M82	●		●		Lünette 2 öffnen
M83	●		●		Lünette 2 schließen
M84	●		●		Lünette Mitschleppen Aus
M85	●		●		Lünette Mitschleppen Ein

[1] wird mit anderen Angaben wirksam
[2] wird nach anderen Angaben wirksam
[3] wirksam bis zum Überschreiben
[4] nur im selben Satz wirksam

Zusatzfunktionen

DIN 66025-2: 1988-09

Zusatzfunktion	wirksam sofort[1]	wirksam später[2]	wirksam gespeichert[3]	wirksam satzweise[4]	Bedeutung
Klasse 4: Maschinen zum Brenn-, Plasma-, Laser-, Wasserstrahl-Schneiden, Drahterodiermaschinen					
M03		●	●		Schneiden Aus
M04	●		●		Schneiden Ein
M14		●	●		Höhenregelung Aus
M15	●		●		Höhenregelung Ein
M16		●	●		Schneidkopf zurück
M17		●	●		Power Marker Swirl Off
M18		●	●		Signiereinrichtung Aus
M19	●		●		Signiereinrichtung Ein
M20		●	●		Plasmabrenner Aus
M21	●		●		Plasmabrenner Ein
M22		●	●		Linker Schrägbrenner Aus
M23	●		●		Linker Schrägbrenner Ein
M24		●	●		Rechter Schrägbrenner Aus
M25	●		●		Rechter Schrägbrenner Ein
M26		●	●		Mittelbrenner Aus
M27	●		●		Mittelbrenner Ein
M28	●		●		Automat. Tangentialsteuerung für Schrägbrenner
M29	●		●		Programmierbare Winkelstellung für Schrägbrenner
M33		●		●	Zeitglied Eckenverzögerung
M63	●		●		Hilfsgas Luft
M64	●		●		Hilfsgas Sauerstoff
M80					Aufheben M81, M82, M83
M90		●	●		Vorheizen Links Aus
M91	●		●		Vorheizen Links Ein
M92		●	●		Vorheizen Mitte Aus
M93	●		●		Vorheizen Mitte Ein
M94		●	●		Vorheizen Rechts Aus
M95	●		●		Vorheizen Rechts Ein
Klasse 6: Maschinen mit Mehrfach-Schlitten, mehreren Spindeln und Handhabungsausrüstung					
M12		●			Synchronisation
M70	●			●	Unbedingter Start aller Systeme
M71 bis M79	● ●			● ●	Unbedinger Start von System 1 bis System 9
M87	●			●	Status Anzeige: Bearbeitung
M88		●		●	Statusanzeige: Ruhestellung
M89		●		●	Statusanzeige: Ruhestellung für alle Systeme
M90		●		●	Bedingter Start, Abfrage aller Systeme
M91 bis M99		● ●		● ●	Bedingter Start, Abfrage von System 1 bis Abfrage von System 9
Klasse 7: Stanz- und Nibbelmaschinen					
M07		●	●		Körner Aus
M08	●		●		Körner Ein Dauerlauf
M09	●		●		Körner Ein Einzelhub
M34					Bohrzyklus
M70					Stanzen Aus
M71					Stanzen Ein
M72					Niedrige Hubzahl
M73					Hohe Hubzahl
M74	●		●		Pratzen nachsetzen
M76					Verzögerte Stanzauslösung Aus
M77					Verzögerte Stanzauslösung Ein

Zeitpunkt der Auswirkung: [1] Zusatzfunktion wird zusammen mit den übrigen Angaben des Satzes wirksam.
[2] Zusatzfunktion wird nach Ausführung der übrigen Angaben des Satzes wirksam.

Dauer der Auswirkung: [3] Zusatzfunktion bleibt solange wirksam, bis sie durch artgleiche Zusatzfunktion überschrieben wird.
[4] Zusatzfunktion ist, nur in dem Satz wirksam, in dem sie programmiert wurde.

Elementare Arbeitsbewegungen

G00 **Verfahren im Eilgang**

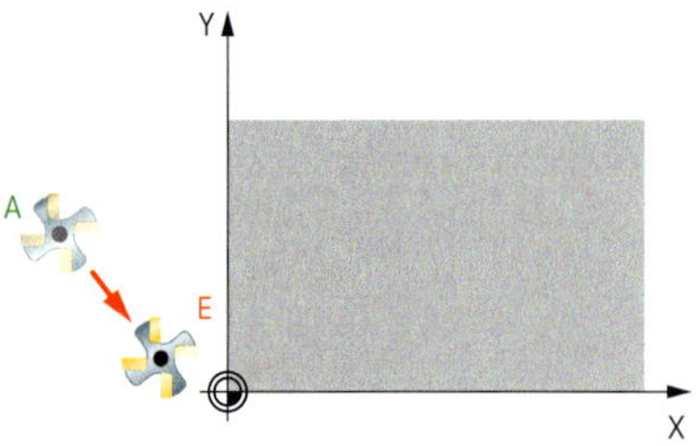

G01 **Linearinterpolation im Arbeitsgang**

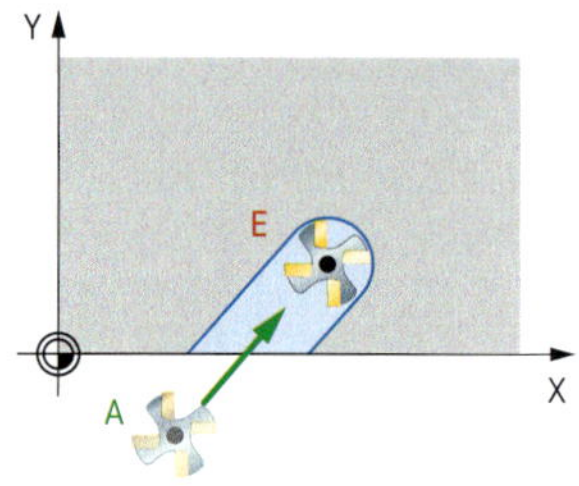

G02 **Kreisinterpolation im Uhrzeigersinn**

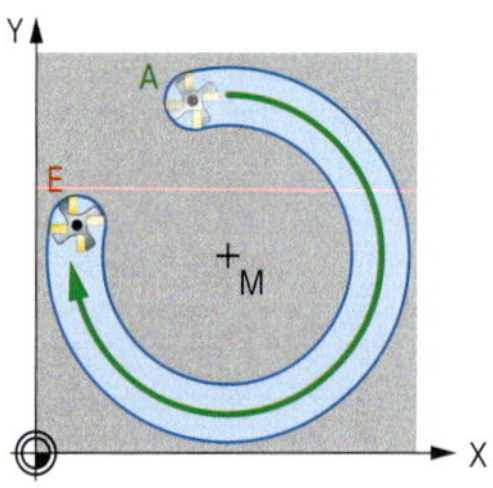

G03 **Kreisinterpolation im Gegenuhrzeigersinn**

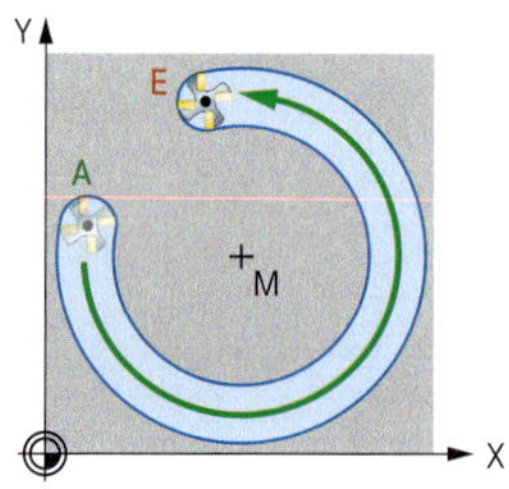

Bahnkorrekturen

G41 **Fräserradiuskorrektur links**

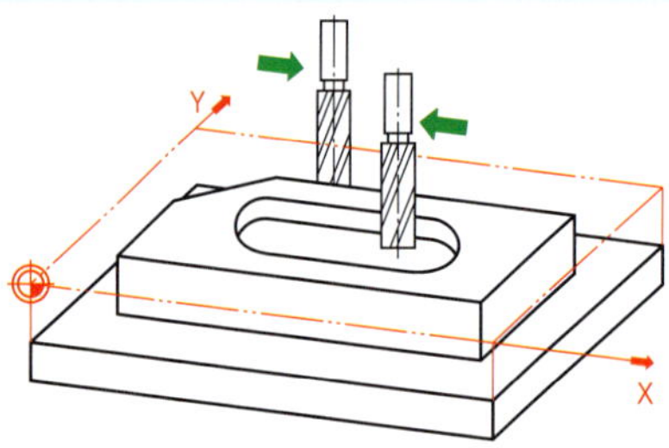

G42 **Fräserradiuskorrektur rechts**

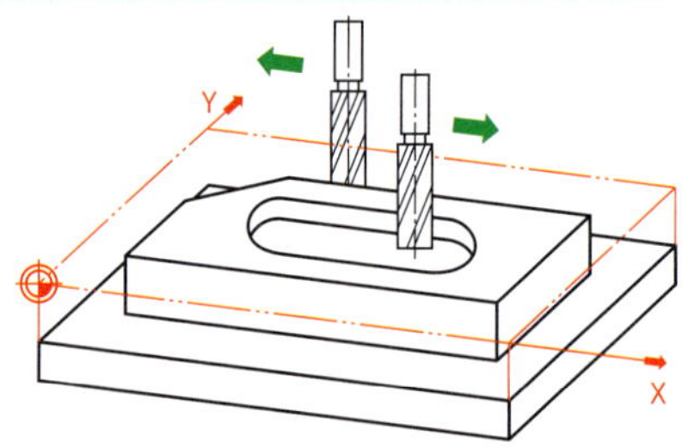

Werkzeugkorrekturen (nicht genormt)

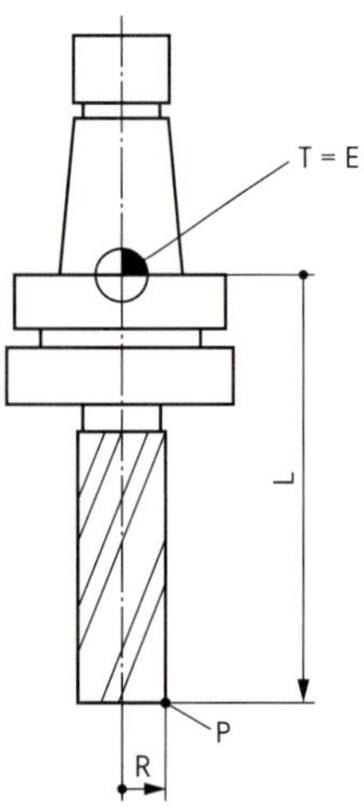

L: Werkzeuglänge
R: Werkzeugradius
T: Werkzeugträger-Bezugspunkt
E: Werkzeugeinstellpunkt
P: Werkzeugschneidenpunkt

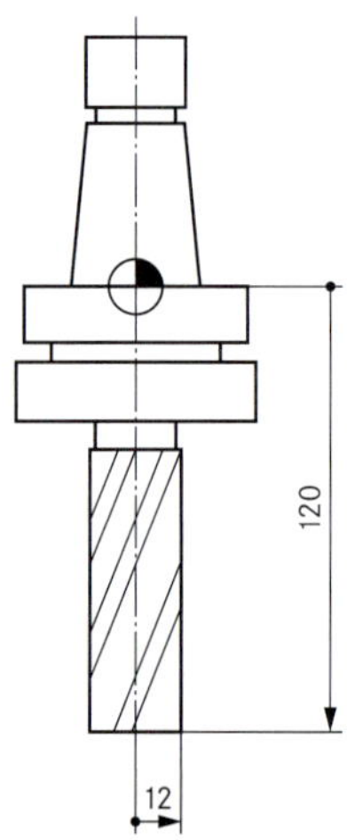

Werkzeugkorrekturspeicher

TC ...	
L	120
R	12

Für jedes Werkzeug gibt es neun Korrekturspeicher (TC1 – TC9)

Im Werkzeugspeicher werden abgelegt Werkzeuglänge L und Werkzeugradius R

Linearinterpolation G00/G01

G90 (Werkstückkoordinatensystem)

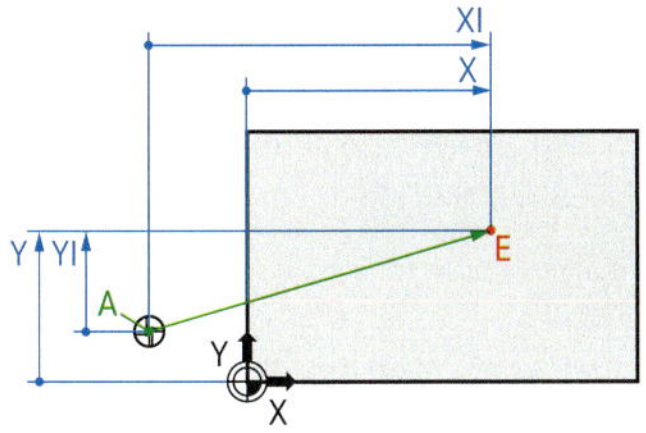

G91 (Werkzeugkoordinatensystem)

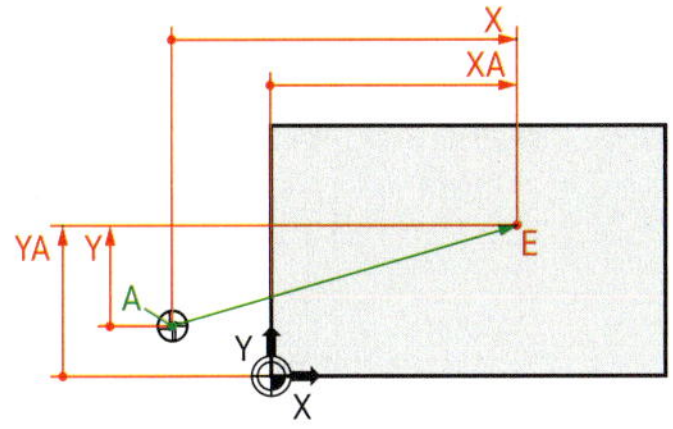

Adressen

bei G90 (Werkstückkoordinatensystem):

- X absolute X-Koordinate
- Y absolute Y-Koordinate
- XI inkrementale X-Koordinate
- YI inkrementale Y-Koordinate

bei G91 (Werkzeugkoordinatensystem):

- X inkrementale X-Koordinate
- Y inkrementale Y-Koordinate
- XA absolute X-Koordinate
- YA absolute Y-Koordinate

Kreisinterpolation G02/G03

G90 (Werkstückkoordinatensystem)

G02

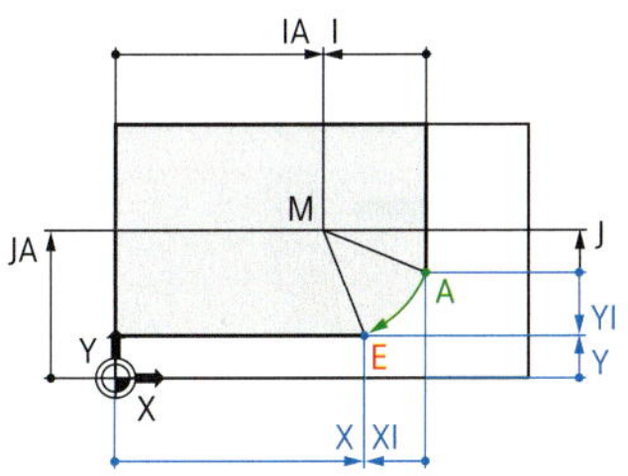

G03

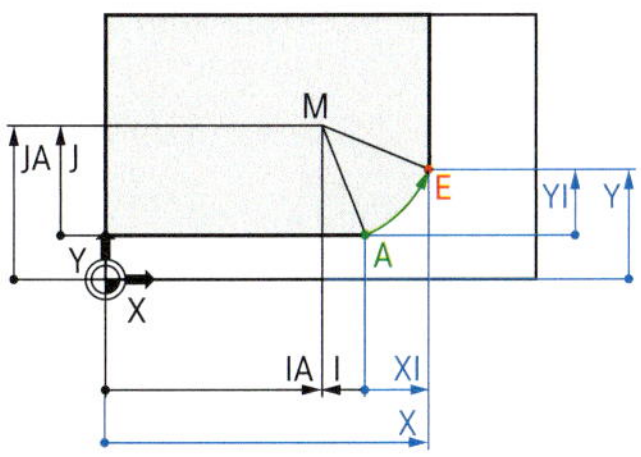

G91 (Werkzeugkoordinatensystem)

G02

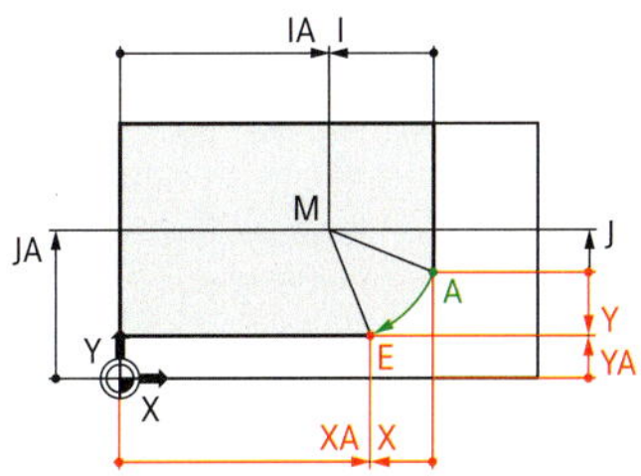

G03

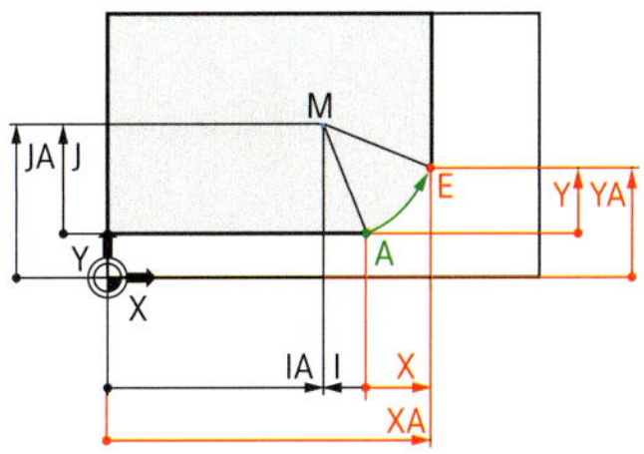

Adressen

bei G90 (Werkstückkoordinatensystem):

- X absolute X-Koordinate
- Y absolute Y-Koordinate
- XI inkrementale X-Koordinate
- YI inkrementale Y-Koordinate

bei G91 (Werkzeugkoordinatensystem):

- X inkrementale X-Koordinate
- Y inkrementale Y-Koordinate
- XA absolute X-Koordinate
- YA absolute Y-Koordinate

bei G90 und G91:

- I inkrementale X-Koordinatendifferenz zwischen Anfangspunkt A und Kreismittelpunkt M
- J inkrementale Y-Koordinatendifferenz zwischen Anfangspunkt A und Kreismittelpunkt M
- IA absolute X-Mittelpunktkoordinate in Werkstückkoordinaten
- JA absolute Y-Mittelpunktkoordinate in Werkstückkoordinaten

- A Anfangspunkt der Bewegung (= aktuelle Werkzeugposition)
- E Endpunkt der Bewegung

Beispiele

Elementare Arbeitsbewegungen

G00 Verfahren im Eilgang

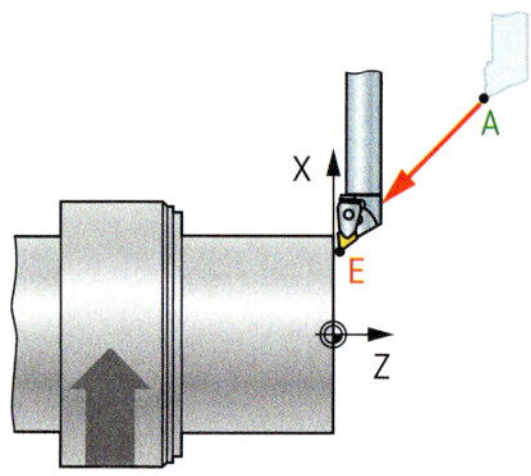

G01 Linearinterpolation im Arbeitsgang

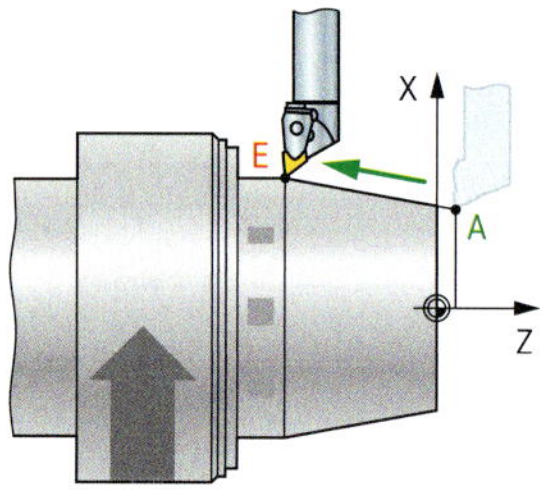

G02 Kreisinterpolation im Uhrzeigersinn

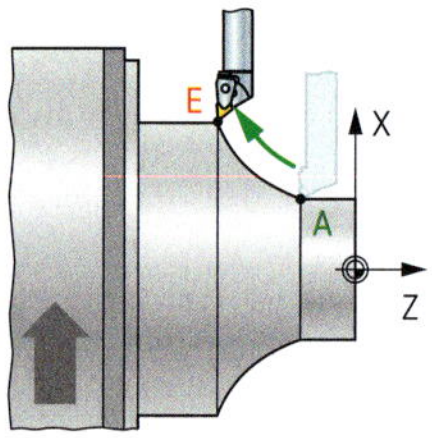

G03 Kreisinterpolation im Gegenuhrzeigersinn

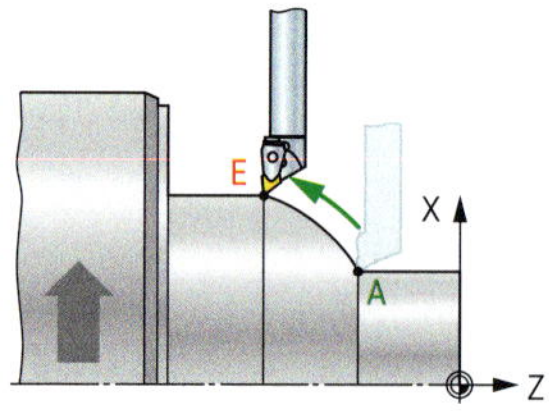

Bahnkorrekturen

G41 Schneidenradiuskorrektur links

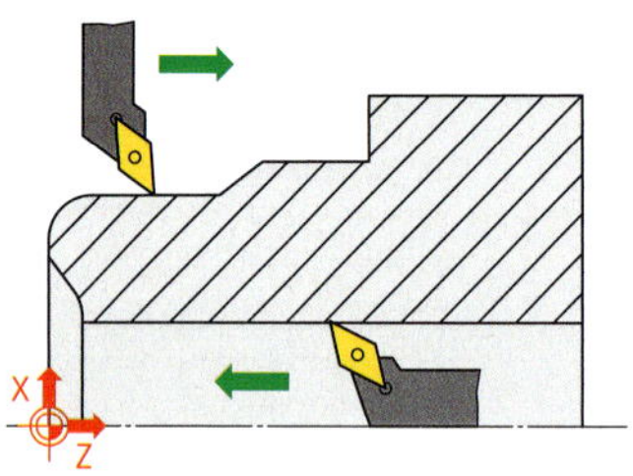

G42 Schneidenradiuskorrektur rechts

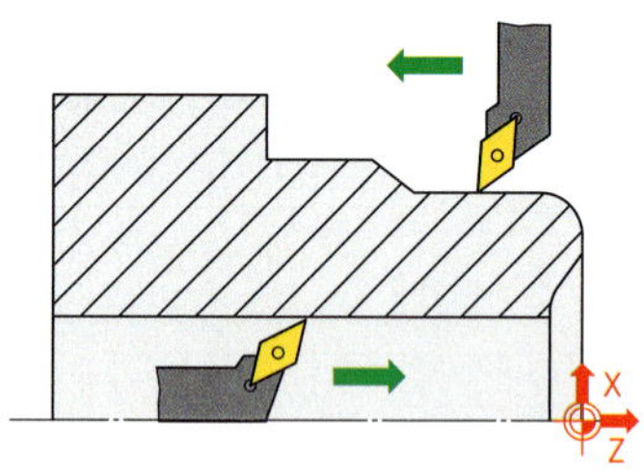

Werkzeugkorrekturen (nicht genormt)

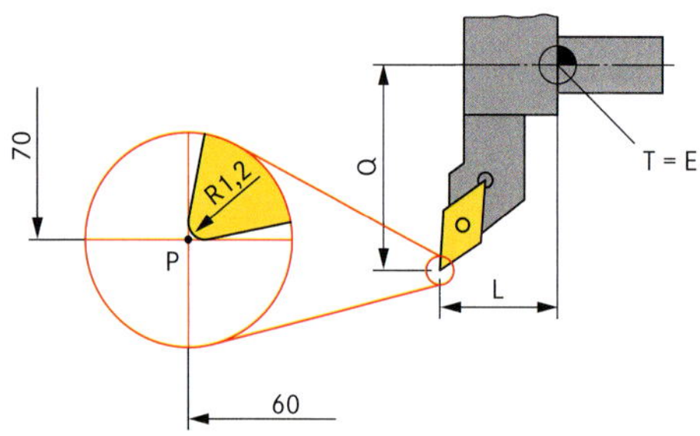

L: Ausspannlänge in Z-Richtung
Q: Querablage in X-Richtung
r_ε: Schneidenradius
T: Werkzeugträger-Bezugspunkt
E: Werkzeugeinstellpunkt
P: theoretischer Schneidenpunkt

Lagekennzahlen K

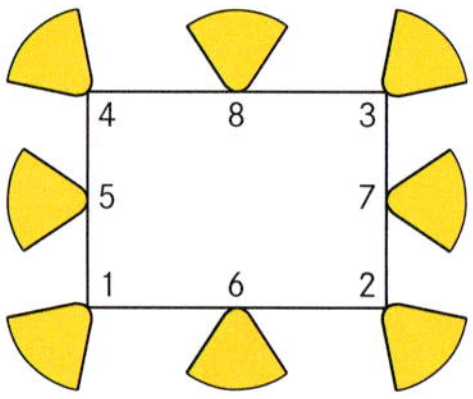

Werkzeugkorrekturspeicher

TC ...	
L	60
Q	70
r_ε	1,2
Lagekennzahl	3

Für jedes Werkzeug gibt es neun Korrekturspeicher (TC1–TC9).

Im Werkzeugspeicher werden abgelegt Ausspannlänge L, Querablage Q, Schneidenradius r_ε und die Lagekennzahl K der Werkzeugschneide.

Durch die Angabe von Lagekennzahl K und Schneidenradius r_ε wird bei Bearbeitungen mit Bahnkorrektur an Stelle des theoretischen Schneidenpunktes P der tatsächliche Bearbeitungspunkt berücksichtigt.

Linearinterpolation G00/G01

G90 (Werkstückkoordinatensystem)

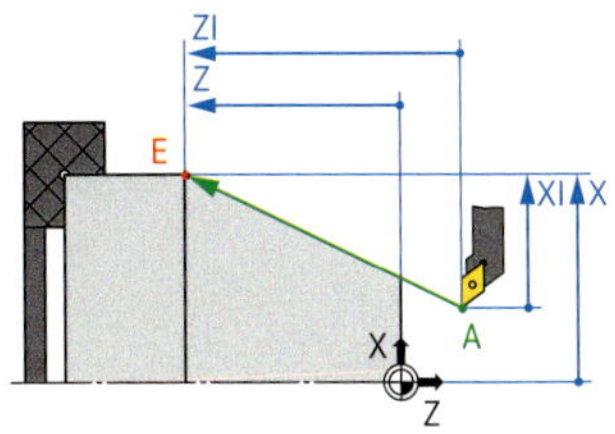

G91 (Werkzeugkoordinatensystem)

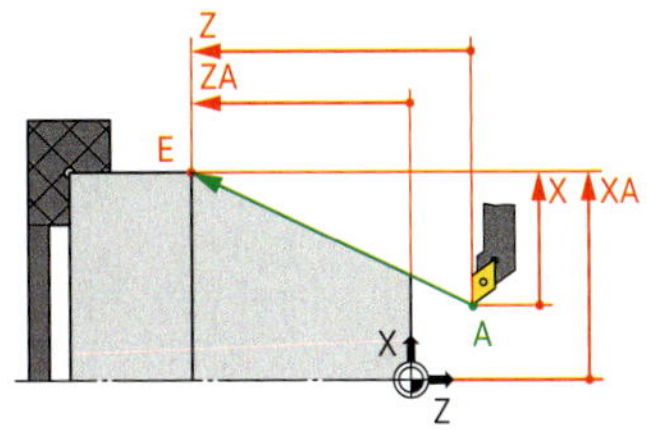

Adressen

bei G90 (Werkstückkoordinatensystem):

- X absolute X-Koordinate als Durchmessermaß
- Z absolute Z-Koordinate
- XI inkrementale X-Koordinate als Radiusmaß
- ZI inkrementale Z-Koordinate

bei G91 (Werkzeugkoordinatensystem):

- X inkrementale X-Koordinate als Radiusmaß
- Z inkrementale Z-Koordinate
- XA absolute X-Koordinate als Durchmessermaß
- ZA absolute Z-Koordinate

Kreisinterpolation G02/G03

G90 (Werkstückkoordinatensystem)

G02

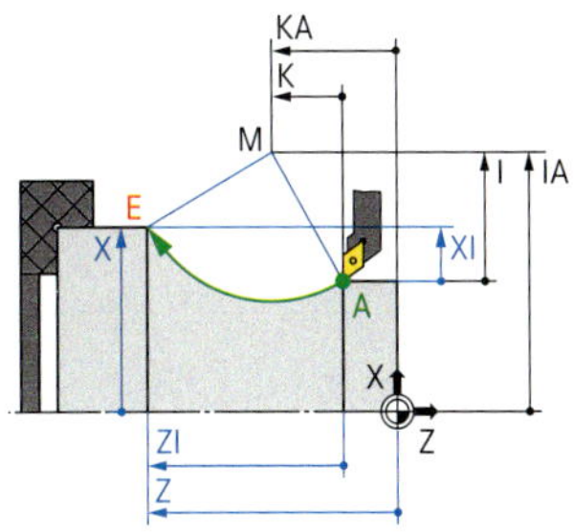

G03

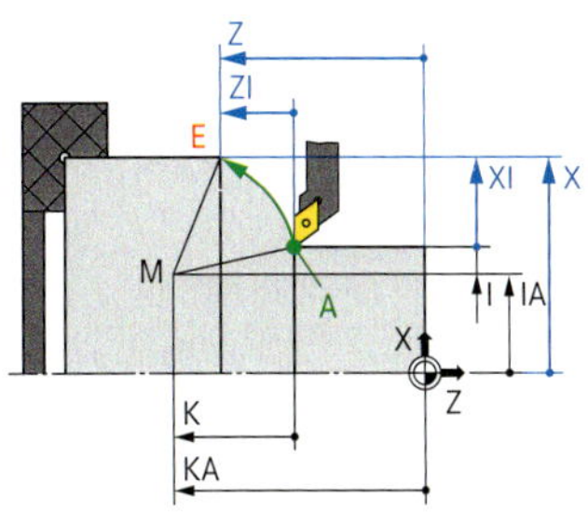

G91 (Werkzeugkoordinatensystem)

G02

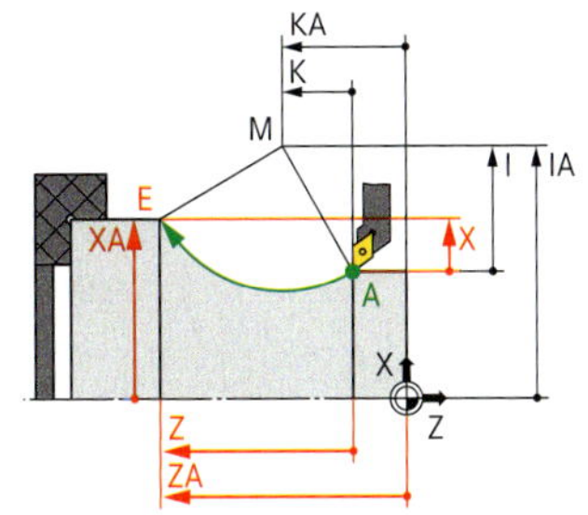

G03

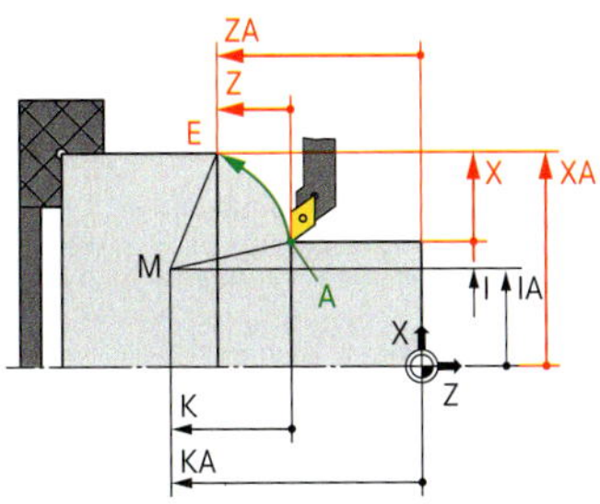

Adressen

bei G90 (Werkstückkoordinatensystem):

- X absolute X-Koordinate als Durchmessermaß
- Z absolute Z-Koordinate
- XI inkrementale X-Koordinate als Radiusmaß
- ZI inkrementale Z-Koordinate

bei G91 (Werkzeugkoordinatensystem):

- X inkrementale X-Koordinate als Radiusmaß
- Z inkrementale Z-Koordinate
- XA absolute X-Koordinate als Durchmessermaß
- ZA absolute Z-Koordinate

bei G90 und G91:

- I inkrementale X-Koordinatendifferenz zwischen Anfangspunkt A und Kreismittelpunkt M als Radiusmaß
- K inkrementale Z-Koordinatendifferenz zwischen Anfangspunkt A und Kreismittelpunkt M
- IA absolute X-Mittelpunktkoordinate in Werkstückkoordinaten als Durchmessermaß
- KA absolute Z-Mittelpunktkoordinate in Werkstückkoordinaten

- A Anfangspunkt der Bewegung (= aktuelle Werkzeugposition)
- E Endpunkt der Bewegung

Beispiele

Begriffe

VDI 2860: 1990-05

Handhaben ist das Schaffen, definierte Verändern oder vorübergehende Aufrechterhalten einer vorgegebenen räumlichen Anordnung[1)] von geometrisch bestimmten Körpern in einem Bezugskoordinatensystem.

Es können weitere Bedingungen - wie z. B. Zeit, Menge und Bewegungsbahn - vorgegeben sein.

1)

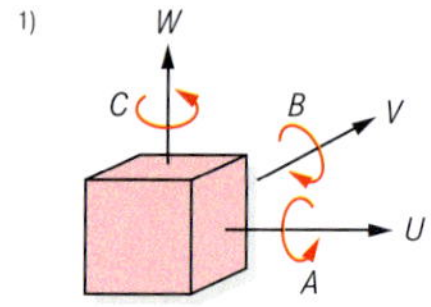

VDI 2861 Bl. 1

Die räumliche Anordnung eines Körpers ergibt sich aus seinen sechs Freiheitsgraden der Bewegung in einem Bezugskoordinatensystem.

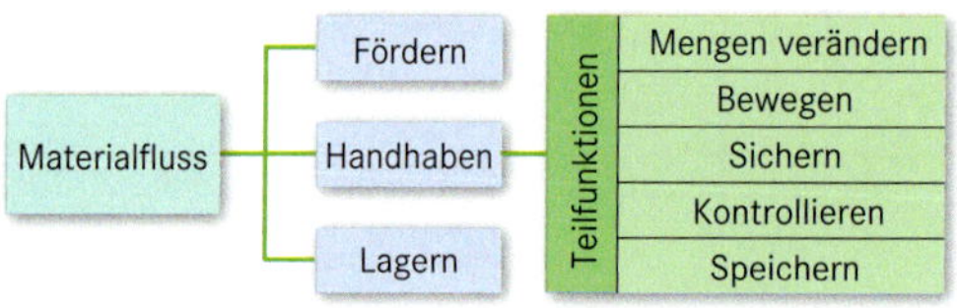

Teilfunktionen der Handhabungstechnik bestehen aus Elementarfunktionen und zusammengesetzten Funktionen.

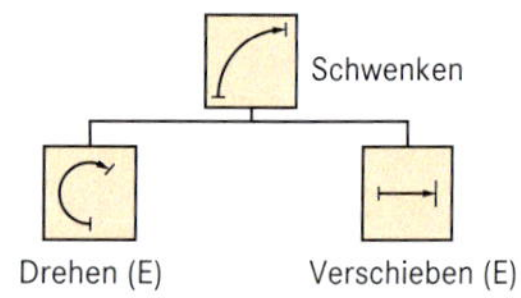

Symbolische Darstellung von Handhabungsfunktionen

Teilfunktion	Elementarfunktionen	zusammengesetzte Funktionen
Mengen verändern	Teilen, Vereinigen	Abteilen, Zuteilen, Verzweigen, Zusammenführen, Sortieren
Bewegen	Verschieben	Orientieren, Positionieren, Ordnen
	Drehen	Schwenken, Führen, Weitergeben, Fördern
Sichern	Halten, Lösen	Spannen, Entspannen
Kontrollieren	Prüfen	Form prüfen, Anwesenheit prüfen, Identität prüfen, Größe prüfen, Farbe prüfen, Gewicht prüfen
		Position prüfen, Orientierung prüfen, Messen, Zählen, Orientierung messen, Position messen
Speichern		geordnetes Speichern, teilgeordnetes Speichern, ungeordnetes Speichern
Aufgabe	**Verbal:** Ordnen und weiterführen von ungeordneten Kleinteilen	**Symbolisch:** 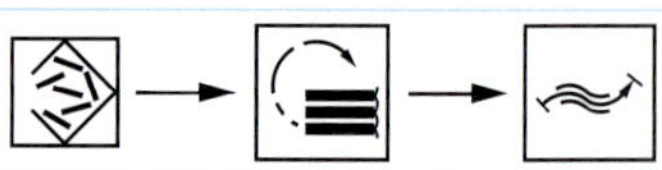

Freiheitsgrade

VDI 2860: 1990-05; VDI 2861: 1988-06

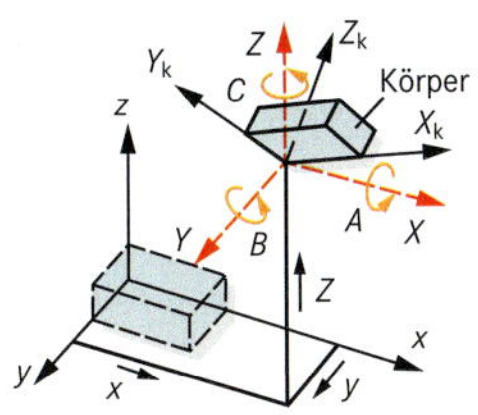

X, Y, Z: Bezugskoordinatensystem
X_K, Y_K, Z_K: „Körpereigenes" Koordinatensystem
A, B, C: Drehungen

Soll der Körper in das Bezugs-Koordinatensystem überführt werden, sind **drei** Drehungen *A, B, C* und **drei** Verschiebungen in *X, Y, Z* erforderlich.

Ein frei im Raum bewegter Körper lässt sich auf den Achsen *X, Y, Z* translatorisch bewegen. Um jede Achse ist wiederum eine rotatorische Bewegung (Drehungen *A, B, C*) möglich. Die Summe der möglichen unabhängigen Bewegungen (translatorisch und rotatorisch) gegenüber einem Bezugskoordinatensystem bezeichnet man als **Freiheitsgrad** (*f*); $f_{max.} = 6$

Achsen

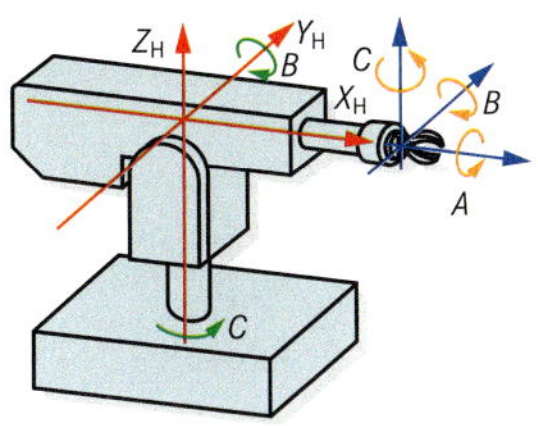

8-Achsen Industrieroboter

8 Bewegungsmöglichkeiten (Achsen)

- 🔴 translatorisch in den **Haupt**achsen: X_H, Y_H, Z_H (3)
- 🟢 rotatorisch in den **Haupt**achsen: *B, C* (2)
- 🟠 rotatorisch in den **Neben**achsen: *A, B, C* (3)

Achsen sind geführte, unabhängig voneinander angetriebene Glieder. Mit translatorischen und rotatorischen Achsen werden definierte Bewegungen zum Positionieren und Orientieren von Objekten ausgeführt.

Hauptachsen: Bestimmen den Arbeitsraum des Roboters

Nebenachsen: Im Verhältnis zu den Hauptachsen sind hier nur kleine Positionsänderungen möglich (Drehung des Objektes).

Symbolik und Darstellung

Darstellung

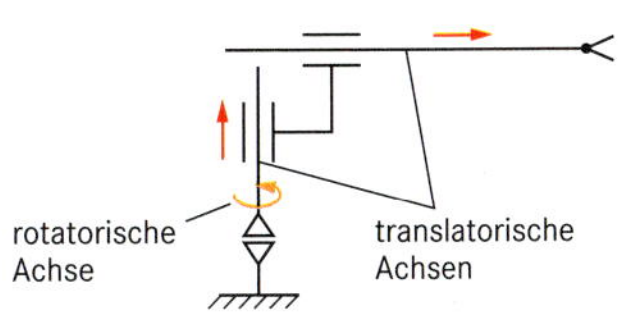

Achsen — DIN 66 217

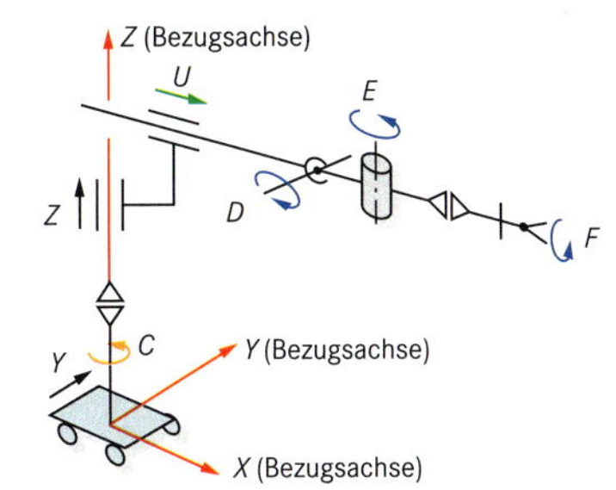

X, Y, Z	🔴 Haupttranslationsachsen, parallel zum Bezugskoordinatensystem
... U, V, W	🟢 Nebentranslationsachse, parallel zu *X, Y, Z* oder beliebiger Achse
A, B, C	🟠 Hauptrotationsachsen, um *X, Y, Z* oder andere Achsen drehend
D, E, F ...	🔵 rotatorische Nebenachsen

Bezeichnung	Symbol	Beispiel
Translationsachse		
Translation fluchtend (Teleskop)	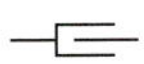	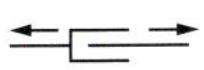
Translation nicht fluchtend	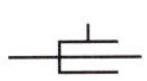	
Verfahrachse	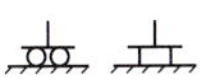	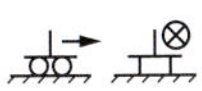
Rotationsachse		
Rotation fluchtend		
Rotation nicht fluchtend	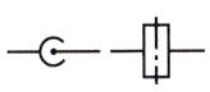	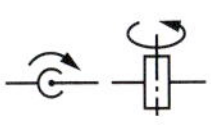
Werkzeuge		Spritzpistole, Schweißzange
Greifer		Zangengreifer
Kennzeichnung von **Systemgrenzen**		echte Schnittstelle, z. B. auswechselbare Werkzeuge
Trennung zwischen Haupt- und Nebenachsen		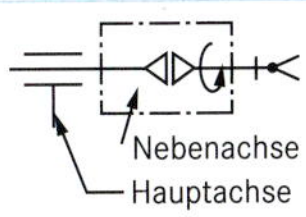

Mindestbiegeradius für das Kaltbiegen von Flacherzeugnissen aus Stahl

DIN 5520: 2002-07

Werkstoff mit einer Mindestzugfestigkeit R_m in N/mm²	Kleinster zulässiger Biegeradius *r* in mm für Blechdicke *t* in mm														
	... 1	> 1 ... 1,5	> 1,5 ... 2,5	> 2,5 ... 3	> 3 ... 4	> 4 ... 5	> 5 ... 6	> 6 ... 7	> 7 ... 8	> 8 ... 10	> 10 ... 12	> 12 ... 14	> 14 ... 16	> 16 ... 18	> 18 ... 20
... 390	1	1,6	2,5	3	5	6	8	10	12	16	20	25	28	36	40
> 390 ... 490	1,2	2	3	4	5	8	10	12	16	20	25	28	32	40	45
> 490 ... 640	1,6	2,5	4	5	6	8	10	12	16	20	25	32	36	45	50

Die Werte gelten für Kaltbiegen quer zur Walzrichtung und für Biegewinkel $\alpha \leq 120°$. Beim Biegen längs zur Walzrichtung und Biegewinkeln $\alpha > 120°$ ist der Wert für die nächsthöhere Blechdicke zu wählen.

Biegeradien für Bleche und Bänder aus Aluminium und Aluminiumlegierungen

DIN 5520: 2002-07

Werkstoff	Zustand	Kleinster zulässiger Biegeradius *r* in mm für Blechdicke *t* in mm									
		... 0,8	> 0,8 ... 1	> 1 ... 1,5	> 1,5 ... 2,5	> 2,5 ... 3	> 3 ... 4	> 4 ... 5	> 5 ... 6	> 6 ... 7	> 7 ... 8
EN AW-1050-H12	kaltverfestigt, ¼ hart	0,8	1	1,2	1,6	2,5	4	5	6	8	10
EN AW-5754-H111	weichgeglüht, gering kaltverfestigt	0,4	0,6	1,0	2,0	3,0	4,0	6,0	8,0	10,0	14,0
EN AW-5754-H12	kaltverfestigt, ¼ hart	1,2	1,6	2,5	4,0	6,0	10,0	14,0	18,0	–	–
EN AW-5754-H14	kaltverfestigt, ½ hart	1,6	2	3	4	6	8	12	16	–	–
EN AW-5754-H22	kaltverfestigt, ¼ hart, rückgeglüht	0,8	1,0	1,5	3,0	4,5	6,0	8,0	10,0	–	–
EN AW-5083-H111	weichgeglüht, gering kaltverfestigt	0,6	1,0	1,5	2,5	4,0	6,0	8,0	10,0	14,0	20,0
EN AW-5083-H22	kaltverfestigt, ¼ hart, rückgeglüht	1,2	1,6	2,5	4,0	6,0	10,0	16,0	20,0	25,0	32,0
EN AW-6082-T6	lösungsgeglüht, warm ausgelagert	2,5	4,0	5,0	8,0	12,0	16,0	23,0	28,0	36,0	44,0
EN AW-7020-T6	lösungsgeglüht, warm ausgelagert	1,2	1,6	3	4	5	6	8	10	12	16

Die Werte gelten für Kaltbiegen längs und quer zur Walzrichtung für Biegewinkel $\alpha = 90°$.

Radien in mm

DIN 250: 2002-04

0,2				0,3		0,4		0,5		0,6		0,8		1		1,2		1,6		
2		2,5		3		4		5		6		8		10		12		16	18	
20	20	25	28	32	36	40	45	50	56	63	70	80	90	100	110	125	140	160	180	200

Vorzugsreihe

Gestreckte Länge (neutrale Faser)

Kreisförmig gebogen

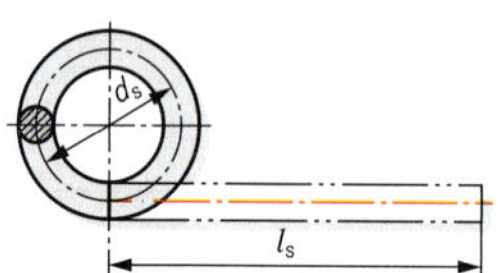

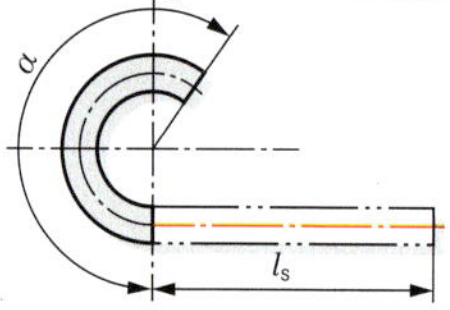

$$l_s = d_s \cdot \pi \qquad d_s = \frac{l_s}{\pi}$$

$$l_s = \frac{d_s \cdot \pi \cdot \alpha}{360°} \qquad d_s = \frac{l_s \cdot 360°}{\pi \cdot \alpha} \qquad \alpha = \frac{l_s \cdot 360°}{d_s \cdot \pi}$$

l_s : gestreckte Länge
d_s : Durchmesser der Schwerpunktlinie
d_i : Innendurchmesser
d : Durchmesser
α : Biegewinkel
π : 3,14159 ...

Scharfkantig gebogen

a) Ecken gestaucht

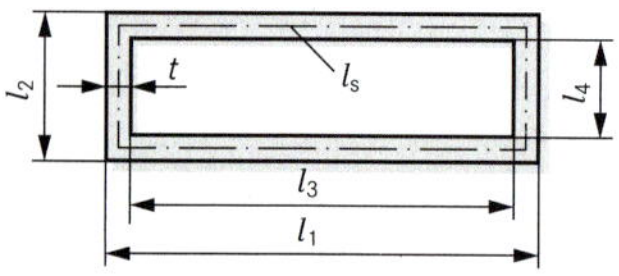

b) Ecken abgerundet

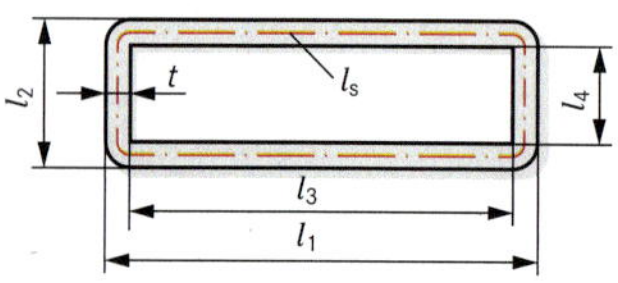

$$l_s = 2 \cdot l_1 + 2 \cdot l_2 - n \cdot t$$
$$l_s = 2 \cdot l_3 + 2 \cdot l_4 + n \cdot t$$

$$l_s = 2 \cdot l_1 + 2 \cdot l_2 + t \cdot \pi - 8 \cdot t$$
$$l_s = 2 \cdot l_3 + 2 \cdot l_4 + t \cdot \pi$$

l_s : gestreckte Länge
l_1; l_2 : Außenmaße
l_3; l_4 : Innenmaße
n : Anzahl der Biegekanten
t : Werkstückdicke

EXCEL-Rechenblatt

Zuschnittlänge für 90°-Biegungen

DIN 6935 Beiblatt 1: 2011-10

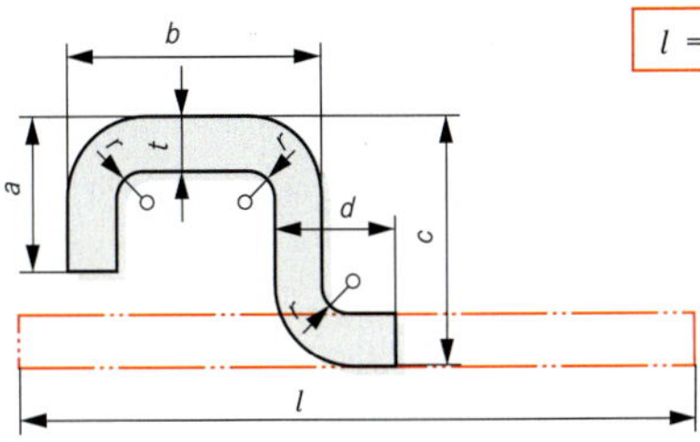

$l = a + b + c + d + ... - n \cdot v$

Ergebnis auf volle Millimeter aufrunden

l : gestreckte Länge
$a, b, c ...$: Länge der Schenkel (Außenmaße)
r : Biegeradius (Innenmaß)
t : Blechdicke
n : Anzahl der Biegestellen
v : Ausgleichswert

Biegeradius r in mm	Ausgleichswert v je Biegestelle in mm für Blechdicke t in mm																		
	0,3	0,4	0,5	0,6	0,8	1,0	1,2	1,5	2,0	2,5	3,0	4,0	5,0	6,0	8,0	10,0	12,0	15,0	18,0
1,0	0,9	1,0	1,2	1,3	1,7	1,9													
1,6	1,0	1,3	1,4	1,6	1,8	2,1	2,5	2,9											
2,5	1,4	1,6	1,8	2,0	2,2	2,4	2,8	3,2	4,0	4,8									
4,0	2,0	2,2	2,4	2,5	2,8	3,0	3,5	3,7	4,5	5,2	6,0	7,7							
6,0	2,9	3,0	3,2	3,3	3,4	3,8	4,4	4,5	5,2	5,9	6,7	8,3	9,9	11,6					
10,0	4,6	4,7	4,9	5,0	5,1	5,5	5,8	6,1	6,7	7,4	8,1	9,6	11,2	12,7	15,9	19,3			
16,0	7,1	7,2	7,4	7,5	7,7	8,1	8,3	8,7	9,3	9,9	10,5	11,9	13,3	14,8	17,8	21,0	24,2	29,1	
20,0	8,8	8,9	9,1	9,2	9,3	9,8	10,2	10,4	11,0	11,6	12,2	13,4	14,9	16,3	19,3	22,3	25,4	30,2	35,2
25,0	11,0	11,1	11,2	11,3	11,5	11,9	12,1	12,6	13,2	13,8	14,4	15,6	16,8	18,2	21,1	24,1	27,0	31,8	36,6

Zuschnittlänge für beliebige Biegewinkel

DIN 6935 Beiblatt 1: 2011-10

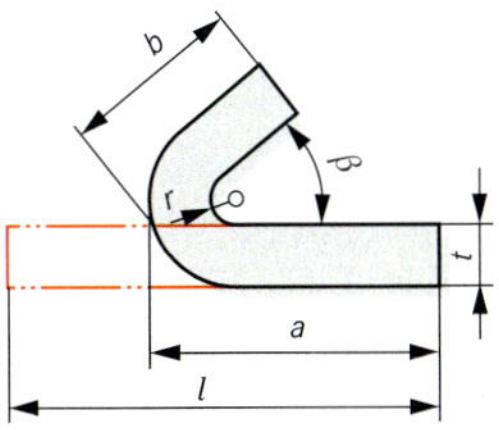

$l = a + b - v$

$k = 0{,}65 + 0{,}5 \cdot \log \frac{r}{t}$

Ergebnis auf volle Millimeter aufrunden

l : gestreckte Länge
$a, b ...$: Länge der Schenkel (Außenmaße)
v : Ausgleichswert
r : Biegeradius (Innenmaß)
t : Blechdicke
β : Öffnungswinkel
k : Korrekturfaktor

Öffnungswinkel β	Ausgleichswert v
0° ... 90°	$2 \cdot (r + t) - \pi \cdot \left(\frac{180° - \beta}{180°}\right) \cdot \left(r + \frac{t}{2} \cdot k\right)$
> 90° ... 165°	$2 \cdot (r + t) \cdot \tan\left(\frac{180° - \beta}{2}\right) - \pi \cdot \left(\frac{180° - \beta}{180°}\right) \cdot \left(r + \frac{t}{2} \cdot k\right)$
> 165° ... 180°	0 (vernachlässigbar klein)

Korrekturfaktor k (ausgewählte Werte)							
$r : t$	0,25	0,5	0,75	1,0	1,5	2,0	2,5
k	0,35	0,5	0,59	0,65	0,74	0,8	0,85
$r : t$	3,0	3,5	4,0	4,5	5,0	5,5	6,0
k	0,89	0,92	0,95	0,98	1,0	1,02	1,04

Rückfederung beim Biegen

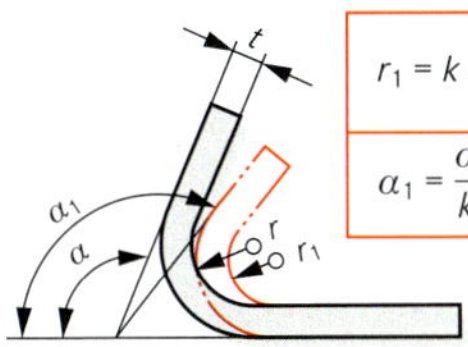

$r_1 = k \cdot \left(r + \frac{t}{2}\right) - \frac{t}{2}$

$\alpha_1 = \frac{\alpha}{k}$

α : Biegewinkel am Werkstück
α_1 : Winkel vor der Rückfederung
r : Biegeradius am Werkstück
r_1 : Radius vor der Rückfederung
t : Blechdicke
k : Rückfederungsfaktor

Werkstoff	Rückfederungsfaktor k für das Verhältnis $r : t$										
	1,0	1,6	2,5	4,0	6,3	10	16	25	40	63	100
S 235 JR	0,98	0,98	0,98	0,97	0,96	0,94	0,91	0,87	0,82	0,74	0,64
S 275 JR	0,98	0,98	0,98	0,98	0,98	0,97	0,96	0,94	0,92	0,87	0,84
C 15 E	0,98	0,98	0,98	0,96	0,94	0,91	0,86	0,78	0,67	0,51	0,25
X12CrNi 18-8	0,99	0,98	0,97	0,95	0,93	0,89	0,84	0,76	0,63	–	–
Cu Zn 33-R290	0,97	0,97	0,96	0,95	0,94	0,93	0,89	0,86	0,83	0,77	0,73
E-Cu F 20	0,98	0,97	0,97	0,96	0,95	0,93	0,90	0,85	0,79	0,72	0,60
EN AW-Al99,5	0,99	0,99	0,99	0,99	0,98	0,98	0,97	0,97	0,96	0,95	0,93
EN AW-AlSi1MgMn	0,98	0,98	0,97	0,96	0,95	0,93	0,90	0,86	0,82	0,76	0,72
EN AW-AlCu4Mg1	0,98	0,98	0,98	0,98	0,97	0,97	0,96	0,95	0,93	0,91	0,87

Tiefziehen

- im Erstzug

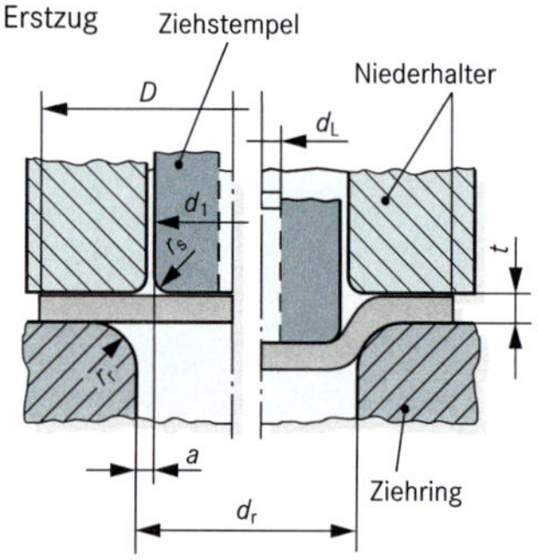

- im Weiterzug

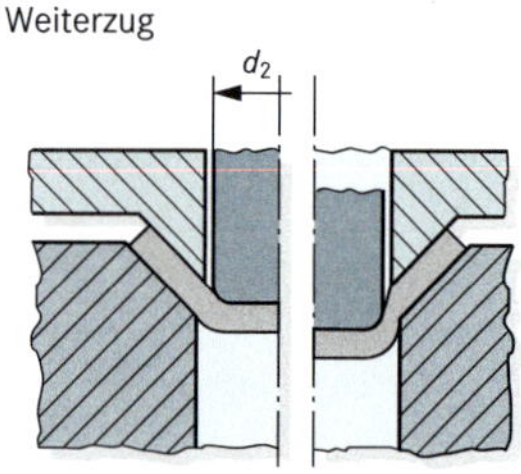

$$\beta_1 = \frac{D}{d_1}$$

$$a = t + k \cdot \sqrt{10 \cdot t}$$

$$d_r = d_1 + 2 \cdot a$$

$$r_s = 4 \cdot t \ldots 5 \cdot t$$

$$r_r = 0{,}035 \cdot [50 + (D - d_1)] \cdot \sqrt{t}$$

$$F_z = (d_1 + t) \cdot \pi \cdot t \cdot R_m \cdot 1{,}2 \frac{\beta_1 - 1}{\beta_{1\,max} - 1}$$

$$F_N = (D^2 - d_N^2) \cdot \frac{\pi}{4} \cdot p$$

mit $d_N = d_1 + 2 \cdot a + 2 \cdot r_r$

$$F = F_z + F_N$$

$$\beta_2 = \frac{d_1}{d_2};\ \beta_3 = \frac{d_2}{d_3} \ldots$$

$$\beta_{ges} = \beta_1 \cdot \beta_2 \cdot \beta_3 \ldots$$

D : Zuschnittdurchmesser
d_1 : Stempeldurchmesser 1. Zug
d_2 : Stempeldurchmesser 2. Zug
d_r : Ziehringdurchmesser
d_L : Durchmesser der Entlüftungsbohrung
a : Ziehspalt
r_s : Ziehstempelradius
r_r : Ziehringradius
k : Werkstofffaktor
t : Blechdicke
β_1 : Tiefziehverhältnis 1. Zug
β_2 : Tiefziehverhältnis 2. Zug
β_{ges} : Gesamttiefziehverhältnis
β_{max} : Grenztiefziehverhältnis
d_r : Ziehringdurchmesser
F_z : Tiefziehkraft
F_N : Niederhalterkraft
d_N : Auflagedurchmesser des Niederhalters
F : Gesamttiefziehkraft
R_m : Mindestzugfestigkeit
A : vom Niederhalter gespannte Werkstückfläche
p : Flächenpressung

Werkstofffaktor k	
Werkstoff	Werkstoff-faktor k
Tiefziehstahlblech	0,07
Aluminiumblech	0,02
sonstige NE-Bleche	0,04
hochwarmfeste Legierungen	0,2

Richtwerte für Entlüftungsbohrungen	
Ø d_1 in mm	Ø d_L in mm
bis 100	6
> 100 … 200	8
> 200	10

Ziehstempelradius für Erstzug r_s	
$r : t$	r_s
bis 0,3	$2 \cdot r_r$
> 0,3 … 0,6	$1{,}5 \cdot r_r$
> 0,6	$1{,}0 \cdot r_r$

Schmierstoffe beim Tiefziehen	
Werkstoff	Schmierstoff
Tiefziehstahlblech	Öl + Molybdändisulfid; Talg + Grafit
Al-Blech	Petroleum + Grafit; Talg
Cu-Blech	wie Al-Bleche
CuZn-Blech	warme Rüböl-Seifenwasser-Emulsion

Grenztiefziehverhältnis $\beta_{1\,max}$ und maximale Flächenpressung p_{max} im Niederhalter

Werkstoff	$\beta_{1\,max}$	$\beta_{2\,max}$ ohne Zwischenglühen	$\beta_{2\,max}$ mit Zwischenglühen	Flächenpressung p_{max} in N/mm²	Werkstoff	$\beta_{1\,max}$	$\beta_{2\,max}$ ohne Zwischenglühen	$\beta_{2\,max}$ mit Zwischenglühen	Flächenpressung p_{max} in N/mm²
(St 10)	1,7	1,2	1,5	2,5	CuZn 37 h	1,9	1,2	1,7	2,4
DC 01 (St 12)	1,8	1,2	1,6	2,5	EN AW-Al 99,5	2,1	1,6	2,0	1,2
DC 03 (St 13)	1,9	1,25	1,65	2,5	EN AW-AlMg1	1,85	1,3	1,75	1,2
DC 04 (St 14)	2,0	1,3	1,7	2,5	EN AW-AlMn1	1,85	1,3	1,75	1,2
Cu	2,1	1,3	1,9	2,0	EN AW-AlSi1MgMn	2,05	1,4	1,85	1,5
CuZn 37 w	2,1	1,4	2,0	2,0	EN AW-AlCu4Mg1	2,0	1,5	1,8	1,5

Die Werte für $\beta_{1\,max}$ und $\beta_{2\,max}$ gelten bis $D : t = 300$. Sie wurden aufgenommen für $t = 1$ mm und $D_1 = 100$ mm. Bei anderen Blechdicken und/oder Stempeldurchmessern ändern sie sich nur geringfügig.

Durchmesser von Zuschnitten für rotationssymmetrische Tiefziehteile

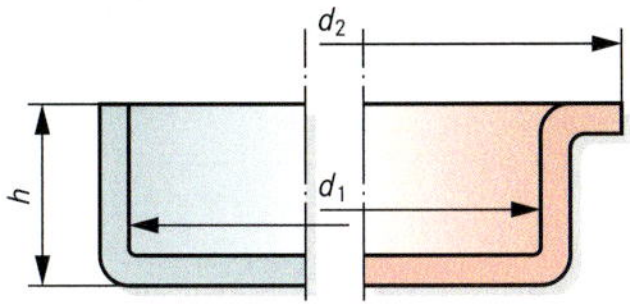

ohne Rand: $D = \sqrt{d_1^2 + 4 \cdot d_1 \cdot h}$

mit Rand: $D = \sqrt{d_2^2 + 4 \cdot d_1 \cdot h}$

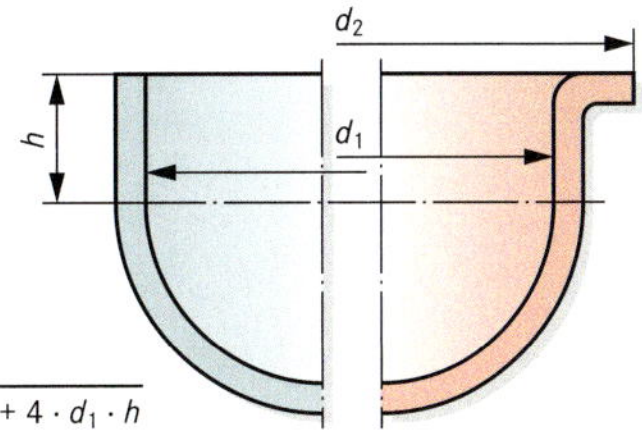

ohne Rand: $D = \sqrt{2 \cdot d_1^2 + 4 \cdot d_1 \cdot h}$

mit Rand: $D = \sqrt{2 \cdot d_1^2 + 4 \cdot d_1 \cdot h + (d_2^2 - d_1^2)}$

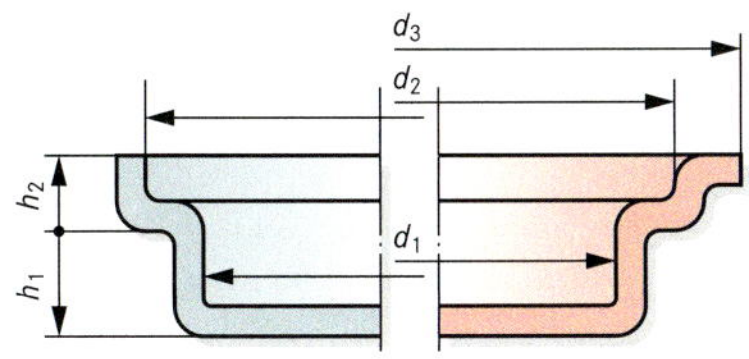

ohne Rand: $D = \sqrt{d_2^2 + 4 \cdot (d_1 \cdot h_1 + d_2 \cdot h_2)}$

mit Rand: $D = \sqrt{d_3^2 + 4 \cdot (d_1 \cdot h_1 + d_2 \cdot h_2)}$

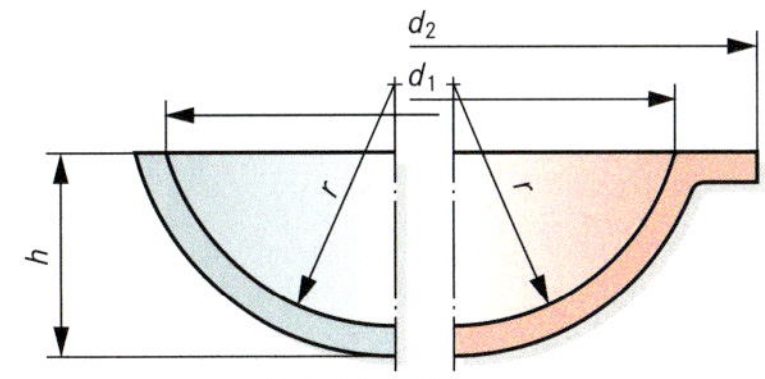

ohne Rand: $D = \sqrt{d_1^2 + 4 \cdot h^2}$

mit Rand: $D = \sqrt{d_2^2 + 4 \cdot h^2}$

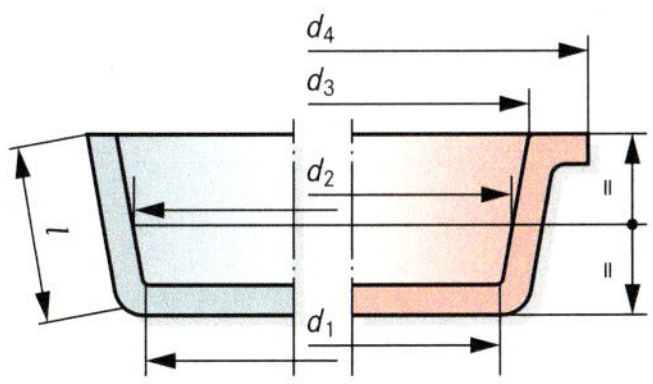

ohne Rand: $D = \sqrt{d_1^2 + 4 \cdot d_2 \cdot l}$

mit Rand: $D = \sqrt{d_1^2 + 4 \cdot d_2 \cdot l + (d_4^2 - d_3^2)}$

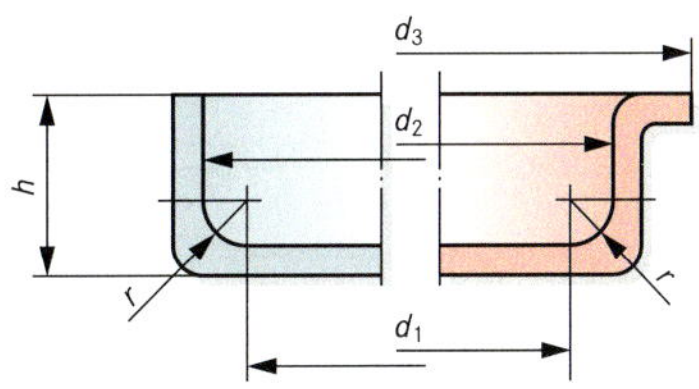

ohne Rand: $D = \sqrt{d_1^2 + 2 \cdot \pi \cdot (d_1 + r) \cdot r + 4 \cdot d_2 \cdot h}$

mit Rand: $D = \sqrt{d_1^2 + 2 \cdot \pi \cdot (d_1 + r) \cdot r + 4 \cdot d_2 \cdot h + (d_3^2 - d_2^2)}$

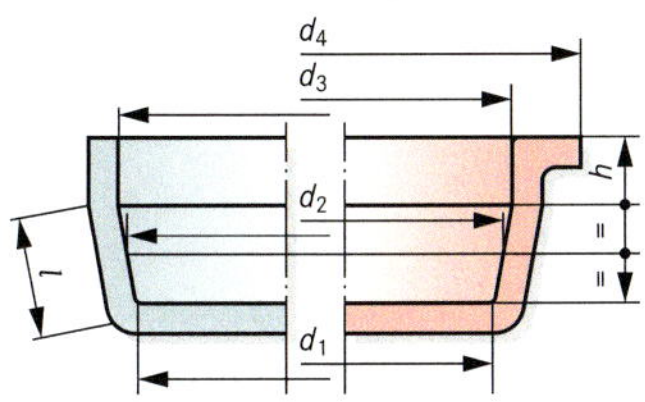

ohne Rand: $D = \sqrt{d_1^2 + 4 \cdot d_2 \cdot l + d_3 \cdot h}$

mit Rand: $D = \sqrt{d_1^2 + 4 \cdot d_2 \cdot l + d_3 \cdot h + (d_4^2 - d_3^2)}$

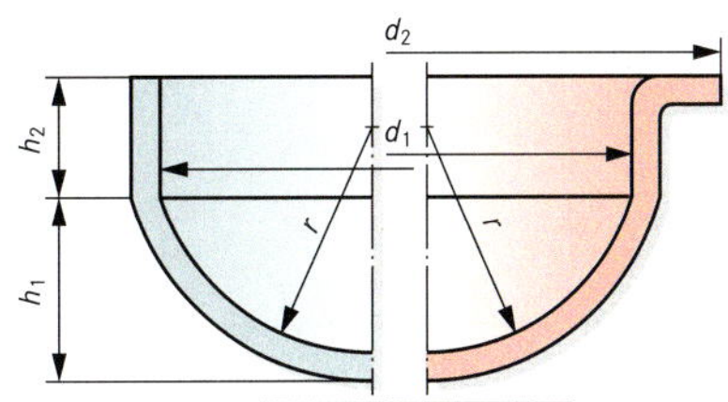

ohne Rand: $D = \sqrt{d_1^2 + 4 \cdot h_1^2 + 4 \cdot d_1 \cdot h_2}$

mit Rand: $D = \sqrt{d_1^2 + 4 \cdot h_1^2 + 4 \cdot d_1 \cdot h_2 + (d_2^2 - d_1^2)}$

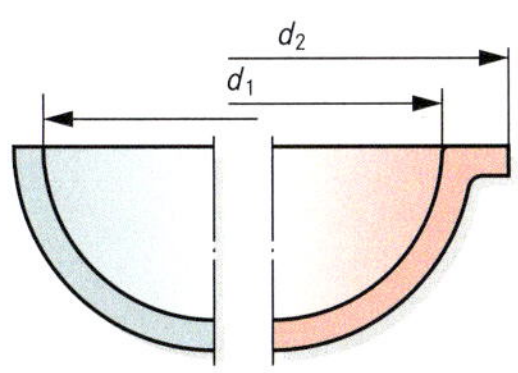

ohne Rand: $D = \sqrt{2 \cdot d_1^2}$

mit Rand: $D = \sqrt{d_1^2 + d_2^2}$

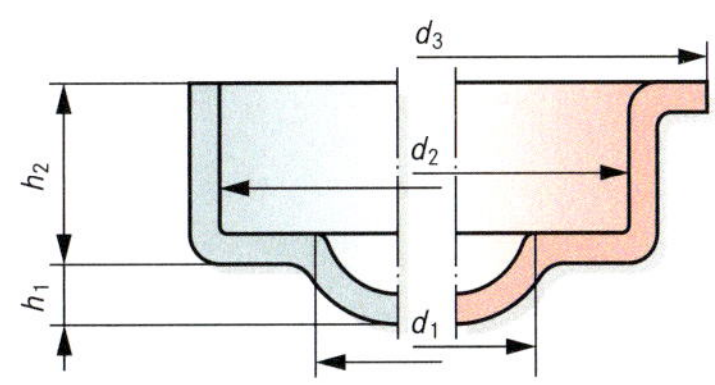

ohne Rand: $D = \sqrt{d_2^2 + 4 \cdot h_1^2 + 4 \cdot d_2 \cdot h_2}$

mit Rand: $D = \sqrt{d_2^2 + 4 \cdot h_1^2 + 4 \cdot d_2 \cdot h_2 + (d_3^2 - d_2^2)}$

Leistungswerte und Verbrauchsmegen von Brennschneiddüsen

Werkstückdicke in mm	Schneiddüse in mm	Sauerstoffdruck in bar		Acetylendruck in bar	Gesamtverbrauch Sauerstoff in m³/h	Acetylenverbrauch in m³/h	Schnittfugenbreite in mm	Schnittgeschwindigkeit in mm/min	
		Heizen	Schneiden					Konstruktionsschnitt	Trennschnitt
3	3 ... 10	2,0	2,0	0,2	1,64	0,24	1,5	730	870
5			2,0		1,67	0,27		690	840
8			2,5		1,92	0,32		640	780
10			3,0		2,14	0,34		600	740
10	10 ... 25	2,5	2,5	0,2	2,46	0,36	1,8	620	750
15			3,0		2,67	0,37		520	690
20			3,5		2,98	0,38		450	640
25			4,0		3,20	0,40		410	600
25	25 ... 40	2,5	4,0	0,2	3,20	0,40	2,0	410	600
30			4,3		3,42	0,42		380	570
35			4,5		3,54	0,44		360	550
40			5,0		3,85	0,45		340	530
40	40 ... 60	2,5	4,0	0,2	4,95	0,46	2,2	340	540
50			4,5		5,39	0,49		320	500
60			5,0		5,83	0,52		310	460
60	60 ... 100	2,5	5,0	0,2	8,56	0,56	3,5	320	480
80			5,5		9,22	0,62	3,5	280	410
100			6,0		9,97	0,67	4,0	260	330

Qualität und Maßtoleranzen thermischer Schnitte

DIN EN ISO 9013: 2003-07

Qualität der Schnitte

Schnittdicke *a* in mm	Bereich	Rechtwinkligkeits- oder Neigungstoleranz *u* in mm	Gemittelte Rauhtiefe Rz5 in µm[1]
3 ... 300	1	0,05 + 0,003 *a*	10 + 0,6*a*[2]
	2	0,15 + 0,007 *a*	40 + 0,8*a*[2]
	3	0,4 + 0,01 *a*	70 + 1,2*a*[2]
	4	0,8 + 0,02 *a*	110 + 1,8*a*[2]
	5	102 + 0,035 *a*	–

Angabe in technischen Zeichnungen:

√ 1 2 3 4

1 Norm-Hauptnummer
2 Rechtwinkligkeits- oder Neigungstoleranz *u*
3 Gemittelte Rauhtiefe Rz5
4 Toleranzklasse

Beispiel: √ ISO 9013 - 342

[1] 1 x 1 Messung je 1 Meter Schnitt
[2] *a* wird als Zahlenwert in mm eingesetzt

Grenzabmaße – Toleranzklassen

Werkstückdicke *t* in mm	Nennmaße in mm > 0 < 3		≥ 3 < 10		≥ 10 < 35		≥ 35 < 125		≥ 125 < 315		≥ 315 < 1000		≥ 1000 < 2000		≥ 2000 < 4000	
> 0 ≤ 1	±0,04	±0,1	±0,1	±0,3	±0,1	±0,4	±0,2	±0,5	±0,2	±0,7	±0,3	±0,8	±0,3	±0,9	±0,3	±0,9
> 1 ≤ 3,15	±0,1	±0,2	±0,2	±0,4	±0,2	±0,5	±0,3	±0,7	±0,3	±0,8	±0,4	±0,9	±0,4	±1,0	±0,4	±1,1
> 3,15 ≤ 6,3	±0,3	±0,5	±0,3	±0,7	±0,4	±0,8	±0,4	±0,9	±0,5	±1,1	±0,5	±1,2	±0,5	±1,3	±0,6	±1,3
> 6,3 ≤ 10			±0,5	±1,0	±0,6	±1,1	±0,6	±1,3	±0,7	±1,4	±0,7	±1,5	±0,7	±1,6	±0,8	±1,7
> 10 ≤ 50			±0,6	±1,8	±0,7	±1,8	±0,7	±1,8	±0,8	±1,9	±1,0	±2,3	±1,6	±3,0	±2,5	±4,2
> 50 ≤ 100					±1,3	±2,5	±1,3	±2,5	±1,4	±2,6	±1,7	±3,0	±2,2	±3,7	±3,1	±4,9
> 100 ≤ 150					±1,9	±3,2	±2,0	±3,3	±2,1	±3,4	±2,3	±3,7	±2,9	±4,4	±3,8	±5,7
> 150 ≤ 200					±2,6	±4,0	±2,7	±4,0	±2,7	±4,1	±3,0	±4,5	±3,6	±5,2	±4,5	±6,4
> 200 ≤ 250											±3,7	±5,2	±4,2	±5,9	±5,2	±7,2
> 250 ≤ 300											±4,4	±6,0	±4,9	±6,7	±5,9	±7,9

: Toleranzklasse 1 : Toleranzklasse 2

Richtwerte für das Laserstrahlschneiden mit CO_2-Laser

Werkstoff	Werkstückdicke t in mm	Leistung P_{exi} in W	Laserstrahldurchmesser d in mm	Schnittgeschwindigkeit v_c in m/mm	Schneidgas
Unlegierter Stahl	1	200	0,1	30	O_2
	3	200	0,2	6	
	2,2	850	0,3	57,5	
Nichtrostender Stahl	1	200	0,1	15	O_2
	3	850	0,3	25	
	5	850	0,3	12	
	9	850	0,3	1	
Titanlegierung	2	200	0,2	35	O_2
Acrylglas	3	200	0,4	45	N_2
	10	200	0,7	8	N_2
	32	850	0,3	9	Ar

Werkstoff	Werkstückdicke t in mm	Leistung P_{exi} in W	Laserstrahldurchmesser d in mm	Schnittgeschwindigkeit v_c in m/mm	Schneidgas[1]
PVC-hart	3,2	200	0,5	12	N_2
Polystyrol	3,2	200	0,4	42	N_2
Polyester	10	200	0,5	26	N_2
Nylon	0,1	200	0,1	300	N_2
	0,75	200	–	50	O_2
Quarzglas	2	200	0,2	6	O_2
Keramik	6,5	850	0,3	6,5	Ar

[1] Bei allen Nichtmetallen kann an Stelle der angegebenen Schneidgase auch Luft verwendet werden.

Wasserstrahlschneiden

Werkstoff	Dicke t in mm	Vorschubgeschwindigkeit v_c in m/min
Aluminium	1,0	1,2
	2,0	0,2
Glasfaserverstärkter Kunststoff	3,5	2,4
	15,0	0,2
Kohlefaserverstärkter Kunststoff	2,5	2,3
	6,0	0,1
Polyamid	6,5	1,2
Polyethylen	3,0	0,3
Polycarbonat	8,0	0,2
Wellpappe	6,25	180,0
	14,0	80,0
Gummi	1,5	30,0
	25,0	7,5

Plasmaschneiden

Werkstückdicke t in mm	Stromstärke I in A	Düsendurchmesser s in mm	Schneidgase		Schnittgeschwindigkeit v_c in mm/min	
			Ar l/min	H_2 l/min	Güteschnitt	Trennschnitt
Hochlegierte Stähle						
10	200	2,0	15	10	1250	3500
20	200	2,0	15	12	650	2000
30	280	2,5	20	12	500	1000
40	280	2,5	20	12	350	700
50	280	2,5	20	12	200	600
Aluminium						
10	200	2,0	15	10	4000	6000
20	200	2,0	15	12	1400	3500
30	200	2,0	20	12	750	2500
40	200	2,0	20	12	450	2000
50	280	2,5	20	12	600	1200

Richtwerte für das funkenerosive Schneiden (Drahterodieren)

Werkstück: X 210 Cr 12 (1.2080); Draht: Cu, Durchmesser 0,25 mm; Dielektrium: entsalztes Wasser

Schnittart	Schnellschnitt						Qualitätsschnitt						Präzisionsschnitt					
Werkstückdicke t in mm	10	20	30	50	70	100	10	20	30	50	70	100	10	20	30	50	70	100
Arbeitsstrom I_e in A	15						13	13	13	15	15	15	15	15	15	15	15	11
Drahtgeschwindigkeit v_d in m/min	200						90	90	120	120	120	120	200					
Schneidvorschub v_f in mm/min	12,5	7,2	5,3	3,55	2,15	1,3	3,9	2,45	1,8	1,2	0,9	0,61	8,5	5,5	4,0	2,5	1,7	0,95
Schneidrate A_c in mm²/min	125	144	159	177	150	130	39	48	54	59	63	61	3,45	2,63	1,88	1,25	0,94	0,6
Ra/Rz in µm	1,8/10						1,8/9,5						1,4/7,5					

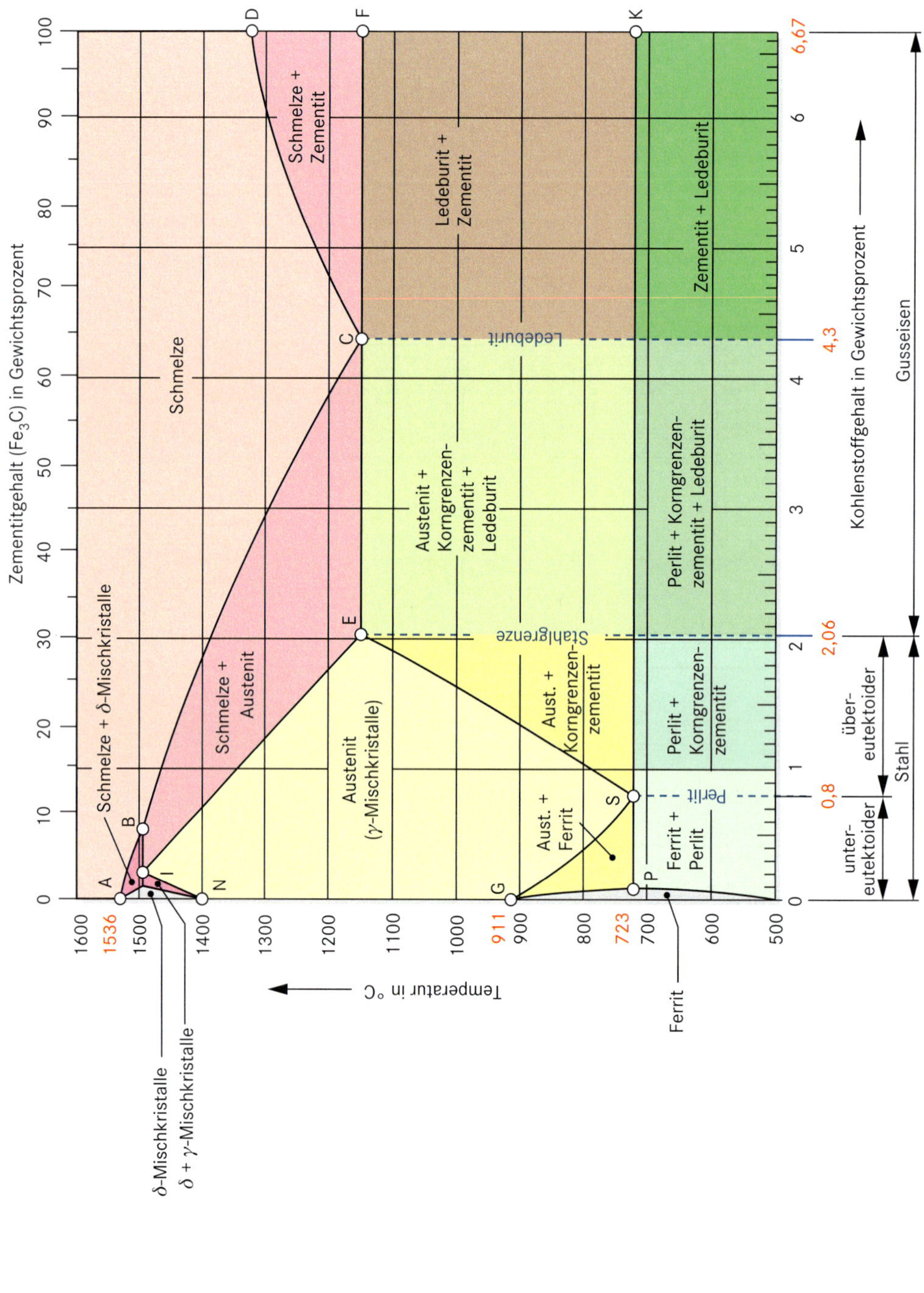
Zementitgehalt (Fe_3C) in Gewichtsprozent
0
10
20
30
40
50
60
70
80
90
100
Temperatur in °C
1600
1536
1500
1400
1300
1200
1100
1000
911
900
800
723
700
600
500
A
B
I
N
D
F
C
E
G
S
P
K
Schmelze
Schmelze + δ-Mischkristalle
Schmelze + Austenit
Schmelze + Zementit
Austenit (γ-Mischkristalle)
Aust. + Ferrit
Aust. + Korngrenzen-zementit
Austenit + Korngrenzen-zementit + Ledeburit
Ledeburit + Zementit
Ferrit + Perlit
Perlit + Korngrenzen-zementit
Perlit + Korngrenzen-zementit + Ledeburit
Zementit + Ledeburit
Ledeburit
Stahlgrenze
Perlit
Ferrit
δ-Mischkristalle
δ + γ-Mischkristalle
0
1
2
3
4
5
6
0,8
2,06
4,3
6,67
Kohlenstoffgehalt in Gewichtsprozent
unter-eutektoider
über-eutektoider
Stahl
Gusseisen

Ausschnitt aus dem Eisen-Kohlenstoff-Diagramm

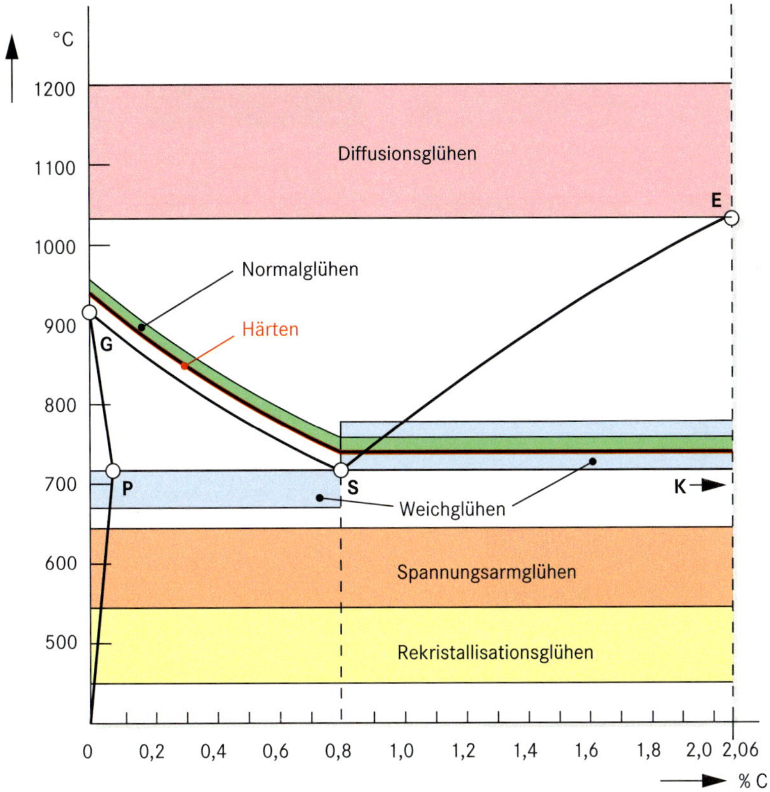

Begriffe der Wärmebehandlung

DIN EN 10052: 1994-01

Diffusionsglühen	Glühen bei hoher Temperatur, um Unterschiede der chemischen Zusammensetzung zu verringern	**Einsatzhärten**	Aufkohlen oder Carbonitrieren mit anschließender, zur Härtung führender Behandlung
Normalglühen	Erwärmen auf eine Temperatur oberhalb der GSK-Linie mit anschließendem Abkühlen in ruhender Luft	**Vergüten**	Härten und Anlassen bei höherer Temperatur, um gewünschte Kombination der mechanischen Eigenschaften, insbesondere hohe Zähigkeit und Verformbarkeit, zu erreichen
Rekristallisationsglühen	Glühen zur Erreichung einer Kornneubildung in kalt umgeformtem Werkstoff ohne Phasenumwandlung	**Abschrecken**	Abkühlen eines Werkstücks mit größerer Geschwindigkeit als bei ruhender Luft
Spannungsarmglühen	Glühen bei einer Temperatur unterhalb der PSK-Linie mit anschließendem langsamen Abkühlen zur Herabsetzung der Eigenspannungen	**Anlassen**	Wärmebehandlung, die nach einem Härten durchgeführt wird, um gewünschte Werte für bestimmte Eigenschaften zu erreichen
Weichglühen	Glühen dicht unterhalb oder dicht oberhalb der PSK-Linie mit anschließendem langsamen Abkühlen zur Verminderung der Härte	**Nitrieren**	Thermochemisches Behandeln zum Anreichern der Randschicht eines Werkstücks mit Stickstoff zur Erreichung einer Oberflächenhärte
Härten	Erwärmen und Halten auf einer Temperatur oberhalb der GSK-Linie mit anschließendem Abschrecken, so dass durch Martensitbildung eine Härtesteigerung eintritt	**Altern**	Ändern der Eigenschaften eines Werkstoffes bei oder in Nähe der Raumtemperatur durch Wandern gelöster Elemente

Gefügebilder

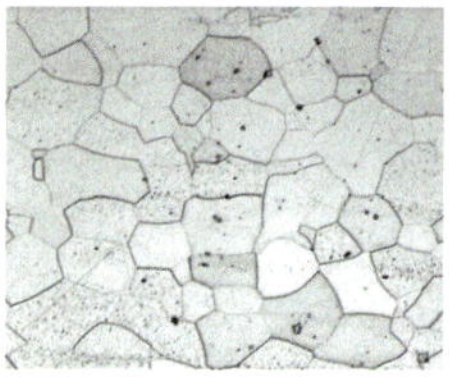

Ferrit

untereutektoider Stahl
Ferrit + Perlit

Austenit

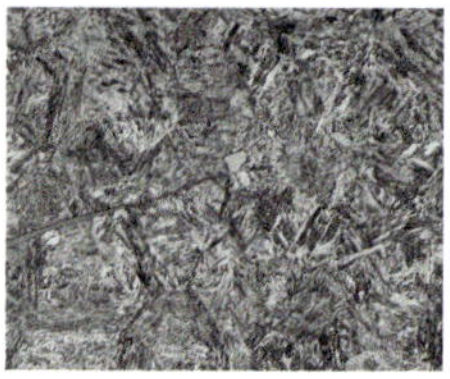

Martensit

eutektoider Stahl
Perlit

übereutektoider Stahl
Perlit + Zementit

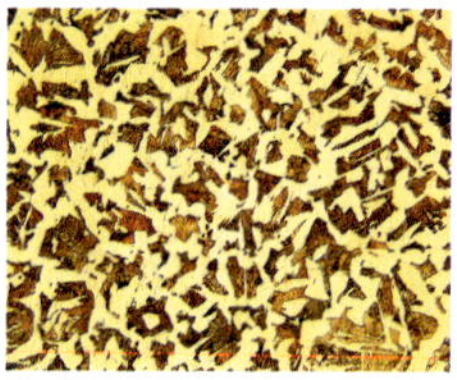

Gefügeveränderung beim
Normalglühen

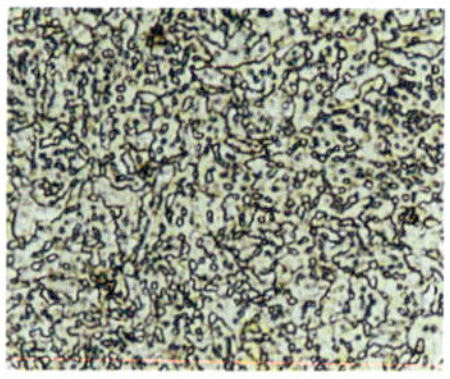

Gefügeveränderung beim
Weichglühen

Glühfarben für Stähle

Farbe	Temperatur
Dunkelbraun	550 °C
Braunrot	630 °C
Dunkelrot	680 °C
Dunkelkirschrot	740 °C
Kirschrot	780 °C
Hellkirschrot	810 °C
Hellrot	850 °C
gut Hellrot	900 °C
Gelbrot	950 °C
Hellgelbrot	1000 °C
Gelb	1100 °C
Hellgelb	1200 °C
Gelbweiß	1300 °C und darüber

Anlassfarben für unlegierten Werkzeugstahl

Farbe	Temperatur
Weißgelb	200 °C
Strohgelb	220 °C
Goldgelb	230 °C
Gelbbraun	240 °C
Braunrot	250 °C
Rot	260 °C
Purpurrot	270 °C
Violett	280 °C
Dunkelblau	290 °C
Kornblumenblau	300 °C
Hellblau	320 °C
Blaugrau	340 °C
Grau	360 °C

Wärmebehandlung von Einsatzstählen und Vergütungsstählen
Heat treatment of case-hardening steels and quenched and and tempered steels

Einsatzstähle

DIN EN 10 084: 2008-06

Kurzname	Werkstoffnummer	Aufkohlungstemperatur in °C	Kernhärten bei °C	Randhärten bei °C	Abkühlmittel	Anlassen bei °C
C 10 E C 15 E	1.1121 1.1141	880 ... 980	880 ... 920	780 ... 820	Die Wahl des Abkühlmittels richtet sich in Abhängigkeit von den zu erzielenden Eigenschaften nach der Härtbarkeit, der Gestalt und dem Querschnitt des Werkstückes und nach der Wirkung des Abkühlmittels	150 ... 200
16 MnCr 5 20 MnCr 5 20 MoCr 4	1.7131 1.7147 1.7321		860 ... 900			
20 NiCrMo 2-2	1.6523		860 ... 900			
18 CrNiMo 7-6	1.6587		830 ... 870			

Gewährleistete Härte

Kurzname	Werkstoffnummer	Härte im Behandlungszustand A[1] HB 30 max.	TH[2] HB 30	FP[3] HB 30
C 10 E	1.1121	131	–	–
C 15 E	1.1141	143	–	–
16 MnCr 5	1.7131	207	156 ... 207	140 ... 187
20 MnCr 5	1.7147	217	170 ... 217	152 ... 201
20 MoCr 4	1.7321	207	156 ... 207	140 ... 187

Kurzname	Werkstoffnummer	Härte im Behandlungszustand A HB 30 max.	TH HB 30	FP HB 30
20 NiCrMo 2-2	1.6523	212	161 ... 212	149 ... 194
18 CrNiMo 7-6	1.6587	229	179 ... 229	159 ... 207

1) A: weichgeglüht
2) TH: wärmebehandelt auf Härtespanne
3) FP: wärmebehandelt auf Ferrit-Perlit-Gefüge und Härtespanne

Vergütungsstähle

DIN EN 10 083-3: 2007-01

Kurzname	Werkstoffnummer	Weichglühen bei °C	Normalglühen bei °C	Härten in Wasser bei °C	Härten in Öl bei °C	Anlassen bei °C	Härte in Stirnabschreckversuch in HRC
C 22[1]	1.0402	650 ... 700	880 ... 920	860 ... 900	–	550 ... 660	–
C 25[1]	1.0406		880 ... 920	860 ... 900	–		–
C 35[1]	1.0501		860 ... 900	840 ... 880	840 ... 880		–
C 45[1]	1.0503		840 ... 880	840 ... 880	820 ... 860		–
C 60[1]	1.0601		820 ... 860	800 ... 840	800 ... 810		–
28 Mn 6	1.1170	650 ... 700	850 ... 890	830 ... 870	830 ... 870	540 ... 680	54 ... 45
38 Cr 2[2]	1.7003	650 ... 700	–	830 ... 870	830 ... 870		59 ... 51
46 Cr 2[2]	1.7003	650 ... 700	–	820 ... 860	820 ... 860		63 ... 54
34 Cr 4[2]	1.7033	680 ... 720	–	830 ... 870	830 ... 870		57 ... 49
37 Cr 4[2]	1.7034	680 ... 720	–	825 ... 865	825 ... 865		59 ... 51
41 Cr 4[2]	1.7035	680 ... 720	–	820 ... 860	820 ... 860		61 ... 53
25 CrMo 4	1.7218	680 ... 720	860 ... 900	840 ... 880	840 ... 880		52 ... 44
34 CrMo 4	1.7220		850 ... 890	830 ... 870	830 ... 870		57 ... 49
42 CrMo 4	1.7225		840 ... 880	820 ... 860	820 ... 860		61 ... 53
50 CrMo 4	1.7228		840 ... 880	–	820 ... 860		65 ... 58
30 CrNiMo 8	1.6580	650 ... 700	–	–	830 ... 860	550 ... 660	56 ... 48
34 CrNiMo 6	1.6582	650 ... 700	–	–	830 ... 860	540 ... 660	58 ... 50
36 CrNiMo 4	1.6511	650 ... 700	–	820 ... 850	820 ... 850	540 ... 680	59 ... 51
36 CrNiMo 16	1.6773	–	–	–	865 ... 885	550 ... 650	57 ... 50
51 CrV 4	1.8159	680 ... 720	–	–	820 ... 860	540 ... 680	65 ... 57

1) Die Angaben gelten auch für Stähle mit einem vorgeschriebenen Bereich des S-Gehaltes, z. B.: C 22 R, oder mit einem vorgeschriebenen maximalen S-Gehalt, z. B.: C 22 E.

2) Die Angaben gelten auch für Stähle mit einem gewährleisteten S-Gehalt, z. B.: 38 Cr S2.

Werkzeugstähle

DIN EN ISO 4957: 2001-02

Kurzname	Werkstoff-nummer	Härte HB weichgeglüht	Härtetemperatur in °C	Abschreck-mittel [1]	Anlass-temperatur in °C	Härte HRC min.
Unlegierte Kaltarbeitsstähle						
C 45 U	1.1730	207	810	W	180	54
C 70 U	1.1620	183	800	W	180	57
C 80 U	1.1525	192	790	W	180	58
C 105 U	1.1545	212	780	W	180	61
Legierte Kaltarbeitsstähle						
21 MnCr 5	1.2162	217	aufgekohlt, abgeschreckt und angelassen			60
60 WCrV 8	1.2550	229	910	O	180	58
90 MnCrV 8	1.2842	229	790	O	180	60
102 Cr 6	1.2067	223	840	O	180	60
45 NiCrMo 16	1.2767	285	850	O	180	52
X 38 CrMo 16	1.2316	300	vergütet geliefert			300 HB
X 153 CrMoV12	1.2379	255	1020	A	180	61
X 210 Cr 12	1.2080	248	970	O	180	62
X 210 CrW 12	1.2436	255	970	O	180	62
Warmarbeitsstähle						
32 CrMoV 12-28	1.2365	229	1040	O	550	46
55 NiCrMoV 7	1.2714	248	850	O	500	46
X 37 CrMoV 5-1	1.2343	229	1020	O	550	48
X 40 CrMoV 5-1	1.2344	229	1020	O	550	50
Schnellarbeitsstähle						
HS 3-3-2	1.3333	255	1190	A, O, Salzbad	560	62
HS 2-9-2	1.3348	269	1200	A, O, Salzbad	560	64
HS 6-5-2 C	1.3343	269	1210	A, O, Salzbad	560	64
HS 6-5-3	1.3344	269	1200	A, O, Salzbad	560	64
HS 6-5-2-5	1.3243	269	1210	A, O, Salzbad	560	64
HS 2-9-1-8	1.3247	277	1190	A, O, Salzbad	550	66
HS 10-4-3-10	1.3207	302	1230	A, O, Salzbad	560	66

[1] W: Wasser; O: Öl; A: Luft

Nichtrostende Stähle

DIN EN 10088-3: 2005-09

Kurzzeichen	Werkstoff-nummer	Glühen		Abschrecken		Anlassen bei °C
		bei °C	Abkühlungsart	Temperatur °C	Abkühlungsart	
Ferritische und martensitische Stähle						
X 2 CrNi 12	1.4003	680 ... 740	Luft	–	–	–
X 6 Cr 13	1.4000	750 ... 800		–	–	–
X 12 Cr 13 [1]	1.4006	–		950 ... 1000	Öl, Luft	680 ... 780
X 20 Cr 13 [1]	1.4021	745 ... 825		950 ... 1050		650 ... 750
X 30 Cr 13 [1]	1.4028	745 ... 825		950 ... 1050		625 ... 675
X 50 CrMoV 15	1.4116	750 ... 850		–	–	–
Austenitische Stähle						
X 10 CrNi 18-8	1.4310	1000 ... 1100	Wasser, Luft	–	–	–
X 2 CrNi 19-11	1.4306			–	–	–
X 5 CrNi 18-10	1.4301			–	–	–
X 6 CrNiTi 18-10	1.4541			–	–	–
X 6 CrNiMoNb 17-12-2	1.4580	1020 ... 1120		–	–	–
X 2 CrNiMo 18-15-4	1.4438			–	–	–

Statistische Prozessregelung

Die Statistische Prozessregelung

- wird in der **Serienfertigung** mit dem Ziel der **Fehlervermeidung** angewendet,
- zeigt die aktuelle Produktqualität auf und sichert diese in der laufenden Produktion,
- erkennt Prozesseinflüsse und kompensiert negative Einflüsse des Prozesses.

Prozesseinflüsse

	Systematische Einflüsse	Zufällige Einflüsse
Prüfwerte (möglicher Werteverlauf)	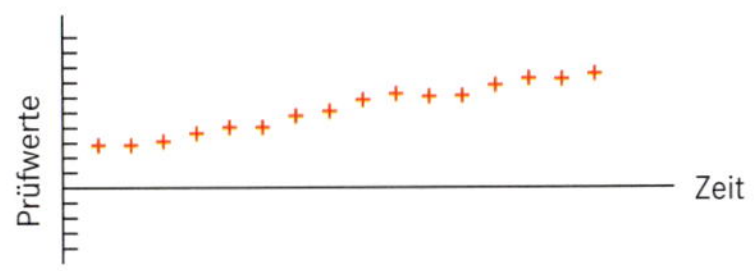	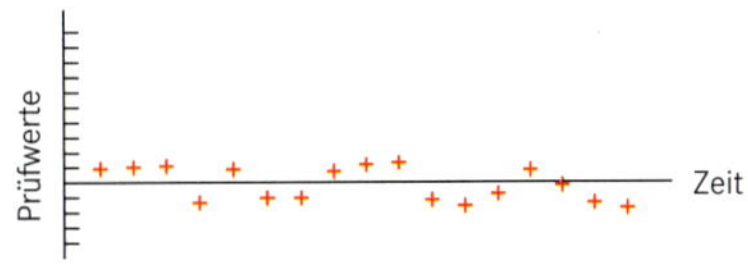
Ursachen (Beispiele)	■ Fehler in der Messzeugkalibrierung ■ Werkzeugverschleiß	■ unterschiedliche Temperaturen der Werkstücke beim Prüfen
Wirkung	unsymmetrische Häufung der Messwerte bei Wiederholung der Messung	symmetrische Häufung der Messwerte um einen bestimmten Wert
Maßnahme	Eichung/Justierung des Messzeugs, andere Messverfahren, Korrekturtabellen	Wiederholungsmessung bei Prüftemperatur 20 °C

Fehlerauswertung

Fehlersammelliste

- Für die Fehlersammelliste müssen Fehler
  1. wahrgenommen,
  2. definiert und
  3. tabellarisch erfasst werden.
- Die Fehler sollen nach Art und Schwere verständlich und eindeutig formuliert sein.
- Die während der Fertigung oder Endprüfung festgestellten Fehler werden als Zählstriche in die Liste eingetragen.
- Die Ergebnisse der Liste sind Grundlage der statistischen Auswertung z. B. in Form eines Histogramms.

Beispiel:

Nr.	Fehlerart	Serie 111	Serie 112	Gesamt
1	Schalter defekt	𝍸 |	𝍸 𝍸	16
2	Spindel schwergängig	||	|||	5
3	Gehäusefehler, Sichtkontrolle	𝍸 𝍸𝍸 ||||	𝍸 𝍸𝍸	34
4	Rechts-Linkslauf nicht o.k.	𝍸 |	𝍸 ||||	15
5	Futterschlüssel nicht vorh.	||	||||	6

Prüfgegenstand: Bohrmaschine, Nr. 3327 — Uhrzeit: 8:00–16:00
Endprüfung: Serien 111 und 112 — Datum: 2006-03-22

Histogramm

- In einem **Histogramm** werden die Häufigkeitsverteilungen von Daten in Klassen zusammengefasst.
- Die Darstellung erfolgt als Säulen- oder Balkendiagramm.
- Grundlage ist eine ausreichende Anzahl von Daten bzw. Messungen.
- 50–100 Messungen sind von Vorteil, um Aussagen über die Datenverteilung zu erhalten.

Beispiel: Bolzen mit Nenndurchmesser 10 mm

Häufigkeitstabelle n = 50 (Messungen)

Klasse	w	n_j	h_j (%)
1	> 9,93 ... 9,95	2	4 %
2	> 9,95 ... 9,97	5	10 %
3	> 9,97 ... 9,99	12	24 %
4	> 9,99 ... 10,01	15	30 %
5	> 10,01 ... 10,03	11	22 %
6	> 10,03 ... 10,05	4	8 %
7	> 10,05 ... 10,07	1	2 %
		Σ 50	Σ 100 %

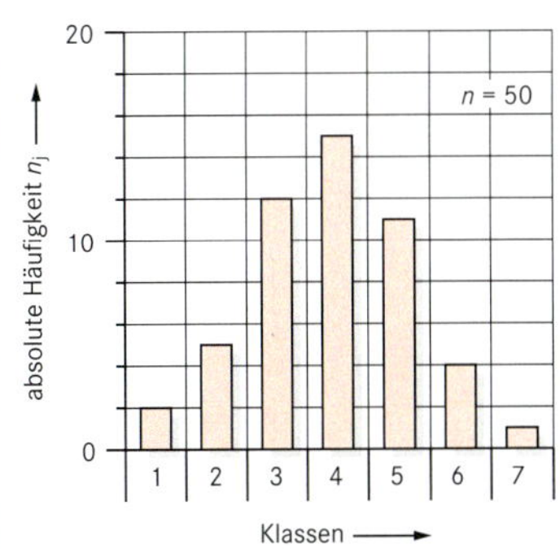

n = Anzahl der Einzelwerte
n_j = absolute Häufigkeit
h_j = relative Häufigkeit in [%]
k = Anzahl der Klassen
w = Klassenweite
R = Spannweite
x_{max} = größter Messwert
x_{min} = kleinster Messwert

$k \approx \sqrt{n}$ $\quad w \approx \frac{R}{k}$

$R = x_{max} - x_{min}$

$h_j = \frac{n_j}{n} \cdot 100\ \%$

Gaußsche Normalverteilung

- Die Normalverteilungskurve nach Gauß ist ein Hilfsmittel, die **Häufigkeitsverteilung** von Mess- bzw. **Merkmalswerten** aufzuzeigen.
- Grundlage der Berechnung ist eine aus mehreren Messungen bestehende **Stichprobe**.
- Mittels der Stichprobe wird der arithmetische Mittelwert $\bar{x}$ und die Standardabweichung s bestimmt.
- Weicht die Auswertung einer Stichprobe stark von der Normalverteilung ab, so liegt ein systematischer Prozessfehler vor.

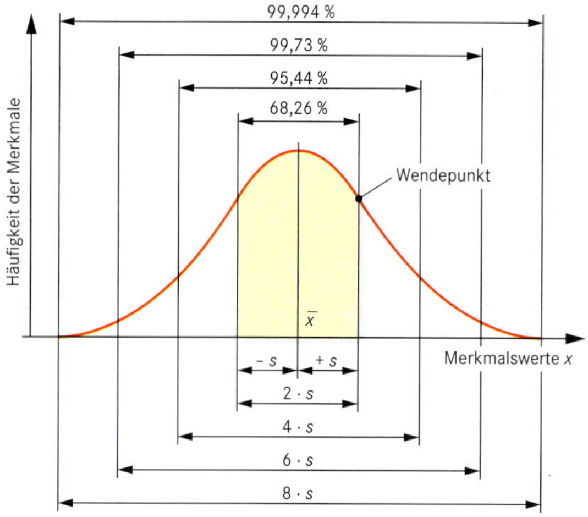

Stichprobenverteilung:

- Der höchste Punkt der Normalverteilungskurve, die Maximumstelle, entspricht dem arithmetischen Mittelwert $\bar{x}$.
- Der Abstand des Wendepunktes von der Maximumstelle entspricht der Standardabweichung s. Je größer der Wert s, desto größer ist die Streuung der Messwerte x.
- Die Standardabweichungen $+\,s$ und $-\,s$ kennzeichnen den Bereich, der 68,26 % aller Mess- bzw. Merkmalswerte beinhaltet.
- Wird nicht auf eine Stichprobe, sondern auf die **Grundgesamtheit** Bezug genommen, so wird der arithmetische Mittelwert mit μ und die Standardabweichung mit σ bezeichnet.

Statistische Berechnungen

Arithmetischer Mittelwert

Der Durchschnitt aller erfassten Einzelwerte einer Stichprobe wird als arithmetischer Mittelwert bezeichnet.

$\bar{x}$: Arithmetischer Mittelwert einer Stichprobe
x : Einzelwert einer Stichprobe
n_1 : Umfang einer Stichprobe

$$\bar{x} = \frac{x_1 + x_2 + \ldots + x_n}{n_1}$$

Gesamtmittelwert

Der Mittelwert der arithmetischen Mittelwerte aller Stichproben wird als Gesamtmittelwert oder auch Prozessmittelwert bezeichnet.

$\bar{\bar{x}}$: Gesamtmittelwert aller Stichproben
$\bar{x}$: Arithmetischer Mittelwert einer Stichprobe
n_2 : Anzahl der Stichproben

$$\bar{\bar{x}} = \frac{\bar{x}_1 + \bar{x}_2 + \ldots + \bar{x}_n}{n_2}$$

Spannweite

Der Unterschied zwischen dem größten und dem kleinsten Messwert wird als Spannweite bezeichnet. Der Mittelwert der Spannweiten aller Stichproben wird als Gesamtspannweite (Prozessspannweite) bezeichnet.

R : Spannweite einer Stichprobe
$\bar{R}$: Mittelwert der Spannweiten aller Stichproben
x_{max} : Maximaler Messwert
x_{min} : Minimaler Messwert
n_2 : Anzahl der Stichproben

$$R = x_{max} - x_{min}$$

$$\bar{R} = \frac{R_1 + R_2 + \ldots + R_n}{n_2}$$

Standardabweichungen

Das Maß für die Streuung eines Prozesses wird als Standardabweichung bezeichnet.

s : Standardabweichung einer Stichprobe
x_i : Wert des messbaren Merkmals, z. B. Einzelwert x_1
$\bar{x}$: Arithmetischer Mittelwert der Stichprobe
n : Anzahl der Messwerte der Stichprobe

$$s = \sqrt{\frac{1}{n-1} \cdot \sum_{i=1}^{n} (x_i - \bar{x})^2}$$

Lage und Streuung von Prozessen (Prozessfähigkeit)

- Sind die Werte einer Stichprobe mit ihrem arithmetischen Mittelwert weitestgehend deckungsgleich mit der Normalverteilung, dann spricht man von einem zentrierten Prozess.
- Der zentrierte Prozess weist einen stabilen Verlauf innerhalb der Toleranzgrenzen auf und muss nicht beeinflusst werden.
- Bei starker Abweichung von der Normalverteilung muss in den Prozess eingegriffen werden.

Lage bzw. Streuung des Prozesses	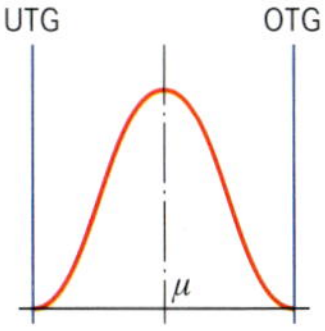 zentriert	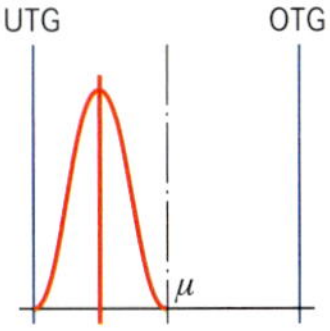 versetzt, innerhalb der Toleranz	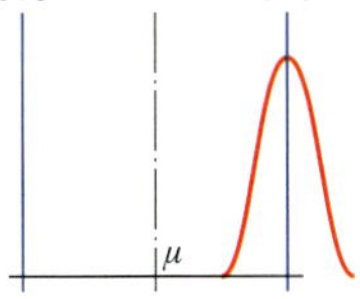 versetzt, außerhalb der Toleranz	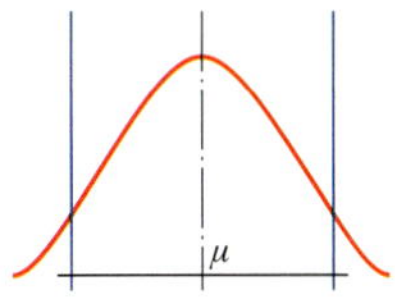 breite Streuung
Prozess-fähigkeit	fähig	nicht fähig	nicht fähig	nicht fähig
Maßnahme	kein Eingriff	nachstellen bzw. zentrieren	nachstellen bzw. zentrieren	Streuung verkleinern

OTG = obere Toleranzgrenze, UTG = untere Toleranzgrenze, μ = Prozessmittelwert

Qualitätsregelkarten (QRK)

- Qualitätsregelkarten werden zur ständigen Prozessüberwachung eingesetzt. Sie zeigen Prozessänderungen an, die systematischen Ursprungs sind.
- Die Aufzeichnung von systematischen Streuungsursachen macht es möglich, notwendige Maßnahmen zur Fehlervermeidung zu ergreifen bzw. ein wiederholtes Auftreten von Fehlern zu vermeiden.
- Grundlage sind regelmäßige und ausreichend häufige Stichproben, um schnell auf Veränderungen im Fertigungsprozess reagieren zu können.
- Wegen der Vergleichbarkeit muss der Stichprobenumfang zu einer Qualitätsregelkarte stets gleich sein.
- In der QRK werden zudem alle gezielten Prozesseinflüsse (z. B. Änderung der Schnittwerte) dokumentiert.

Qualitätsregelkarte nach Shewhart

- Beim Erreichen einer Warngrenze UWG/OWG werden vermehrt Stichproben entnommen.
  Beim Erreichen einer Eingriffsgrenze UEG/OEG muss in den Prozess eingegriffen werden.

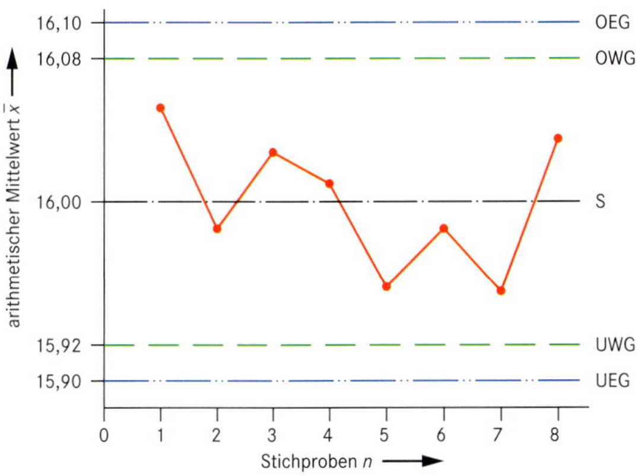

Mittelwertkarte:

OEG: obere Eingriffsgrenze
UEG: untere Eingriffsgrenze
OWG: obere Warngrenze
UWG: untere Warngrenze
S: Sollwert

Aus jeder Stichprobe wird der arithmetische Mittelwert errechnet und in die Qualitätsregelkarte eingetragen.

Zusätzliche Angaben:

Kartenart: Mittelwert-karte	Bezeich-nung: z. B. Nut	Merkmal: Nutbreite	Nennmaß: 16,00 mm	OEG = 16,10 mm UEG = 15,90 mm	Stich-proben: $n = 8$	Stich-proben-umfang: 5	Kontroll-intervall: 35 min	Prüfbeginn: 06:00 Uhr 2006-03-12

Qualitätsregelkarten – Eingriffsgrenzen für Mittelwertkarten

- Die Eingriffsgrenzen entsprechen der Standardabweichung ± 3 · *s*. Dadurch liegen 99,73 % aller Messwerte innerhalb der Eingriffsgrenzen (Normalverteilung).
- In der Praxis werden die Tabellenwerte A_2 und A_3 zur vereinfachten Berechnung der oberen und unteren Eingriffsgrenze verwendet.
- Die $\bar{x}/s$-Karte bietet genauere Ergebnisse, erfordert aber eine aufwendigere Berechnung.

$$\text{OEG} = \bar{\bar{x}} + A_2 \cdot \bar{R}$$
$$\text{UEG} = \bar{\bar{x}} - A_2 \cdot \bar{R}$$

Obere und untere Eingriffsgrenzen der **$\bar{x}/\bar{R}$-Karte**

$$\text{OEG} = \bar{\bar{x}} + A_3 \cdot \bar{s}$$
$$\text{UEG} = \bar{\bar{x}} - A_3 \cdot \bar{s}$$

Obere und untere Eingriffsgrenzen der **$\bar{x}/\bar{s}$-Karte**

$\bar{\bar{x}}$: Gesamtwertmittelwert aller Stichproben (Prozessmittelwert)
A_2 : Konstante zur Berechnung der $\bar{x}/R$-Karte
A_3 : Konstante zur Berechnung der $\bar{x}/s$-Karte
$\bar{R}$: Mittelwert der Spannweiten
$\bar{s}$: Mittelwert der Standardabweichungen
n : Anzahl der Stichproben
OEG : Obere Eingriffsgrenze
UEG : Untere Eingriffsgrenze

Faktor	Stichprobenumfang *n*								
	2	3	4	5	6	7	8	9	10
A_2	1,880	1,023	0,729	0,577	0,483	0,419	0,373	0,337	0,308
A_3	2,659	1,954	1,628	1,427	1,287	1,182	1,099	1,032	0,973

PreControl-Regelkarte

- Die PC-Regelkarte ist eine einfache Regelkarte, bei der keine komplizierten Berechnungen erfolgen.

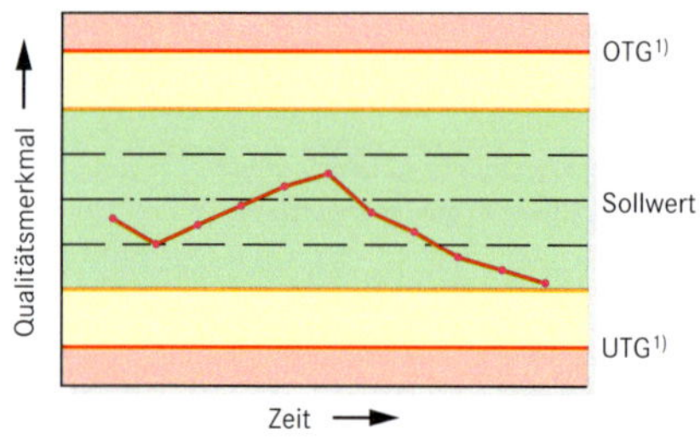

OTG : obere Toleranzgrenze
UTG : untere Toleranzgrenze

- Startbedingung: 5 aufeinander folgende geprüfte Teile, die im grünen Bereich liegen.
- Die Regelkarte wird mit 2er Stichproben weitergeführt
- Kontrollintervall: 1/6 der Zeit zwischen zwei Nachstellungen am Prozess

Bereiche grün/gelb: Prozess läuft ohne Eingriff bis zur nächsten Stichprobe weiter

Bereich rot: 1. Prozess unterbrechen; 2. Prozess justieren und neu starten

[1)] Erfahrungswerte

Prozessverläufe

Natürlicher Verlauf

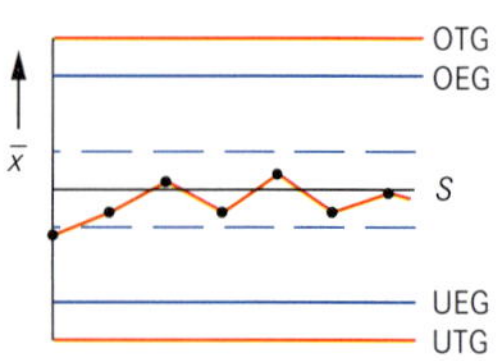

Prozess ist ungestört

Weniger als 6 Punkte liegen oberhalb oder unterhalb des Sollwertes *S*.
70 % der Punkte liegen im mittleren Drittel zwischen UEG und OEG.

Run

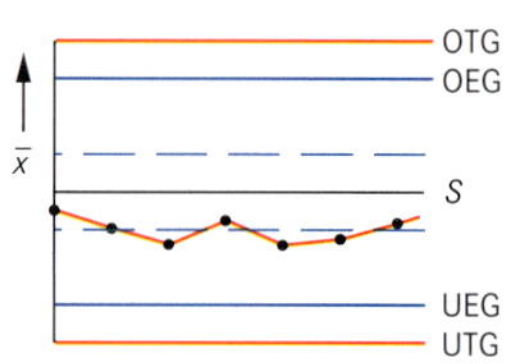

Prozess ist gestört.

Mehr als 6 Punkte liegen unterhalb des Sollwertes *S*.
Sofort weitere Stichproben entnehmen, gegebenenfalls muss der Prozess sofort korrigiert werden.

Eingriffsgrenze überschritten

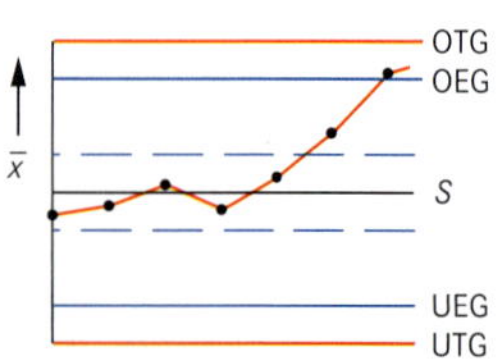

Prozess ist gestört

Die Eingriffsgrenze OEG ist überschritten, der Prozess muss sofort korrigiert werden. Fehlerhafte Teile müssen aussortiert werden.

Trend

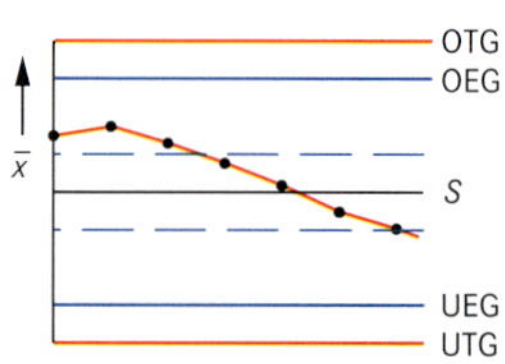

Prozess ist gestört.

Es ist zu erwarten, dass mehr als 6 Punkte unterhalb des Sollwertes liegen.
Der Prozess muss sofort korrigiert werden, da das Erreichen von UEG wahrscheinlich ist.

Grundlagen und Begriffe

DIN EN ISO 9000: 2005-12

Das erfolgreiche Führen und Betreiben einer Organisation, z. B. eines Betriebes, erfordert, dass sie in systematischer und klarer Weise geleitet und gelenkt wird. Ein Weg zum Erfolg kann die Einführung und Aufrechterhaltung eines Managementsystems sein, das auf ständige Leistungsverbesserung ausgerichtet ist. Dabei werden die Erfordernisse aller interessierten Parteien, z. B. Lieferant und Kunde, berücksichtigt.

Qualitätsmanagementsysteme können Organisationen beim Erhöhen der Kundenzufriedenheit unterstützen.

Wörterbuch

Kunden verlangen Produkte oder Dienstleistungen, die ihre Erfordernisse und Erwartungen erfüllen. Diese Erfordernisse und Erwartungen werden in Produktspezifikationen oder Kundenanforderungen ausgedrückt. **Kundenanforderungen** können vom Kunden vertraglich festgelegt werden oder von der Organisation selber ermittelt werden. In beiden Fällen befindet der Kunde über die Annehmbarkeit des Produktes.

Ansatz für Qualitätsmanagementsysteme (QM-Systeme)

Um ein Qualitätsmanagementsystem zu entwickeln und zu verwirklichen, müssen

- Erfordernisse und Erwartungen der Kunden ermittelt,
- Qualitätspolitik und Qualitätsziele festgelegt,
- erforderliche Prozesse und Verantwortlichkeiten, um die Qualitätsziele zu erreichen, festgelegt,
- erforderliche Ressourcen, um die Qualitätsziele zu erreichen, festgelegt und bereitgestellt,
- Methoden, die Wirksamkeit und Effizienz jedes einzelnen Prozesses messen, eingeführt,
- diese Messungen zur Ermittlung der aktuellen Wirksamkeit und Effizienz jedes einzelnen Prozesses angewendet,
- Mittel zur Verhinderung von Fehlern und zur Beseitung ihrer Ursachen festgelegt,
- Prozesse zur ständigen Verbesserung des Qualitätsmanagementsystems eingeführt und angewendet

werden.

Anforderungen

DIN EN ISO 9001: 2000-12

Die Kundenzufriedenheit wird durch die Erfüllung der Kundenanforderungen erhöht. Dieses erreicht man durch einen prozessorientierten Ansatz für die Entwicklung, Verwirklichung und Verbesserung der Wirksamkeit eines Qualitätsmanagementsystems.

Der prozessorientierte Ansatz bedeutet

- das Verstehen und Erfüllen der Anforderungen,
- die Notwendigkeit, Prozesse aus der Sicht der Wertschöpfung zu betrachten,
- das Erzielen von Ergebnissen bezüglich Prozessleistung und Prozesswirksamkeit und
- die ständige Verbesserung von Prozessen auf der Grundlage objektiver Messungen.

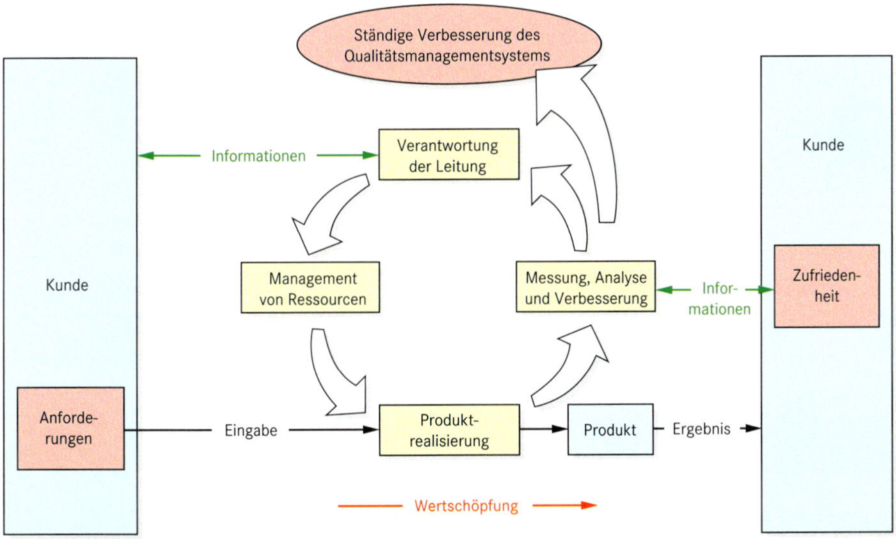

Lastenheft, Pflichtenheft

Requirement specification, system specification

Lastenheft

Definition

DIN VDI/VDE 3694: 91-04

- Das Lastenheft enthält alle Forderungen des Auftraggebers (Kunden) an die Lieferungen und/oder Leistungen eines Auftragnehmers.
- Die Forderungen sind aus Anwendersicht einschließlich aller Randbedingungen zu beschreiben. Diese sollten quantifizierbar und prüfbar sein.
- Im Lastenheft wird definiert, was für eine Aufgabe vorliegt und wofür diese zu lösen ist.

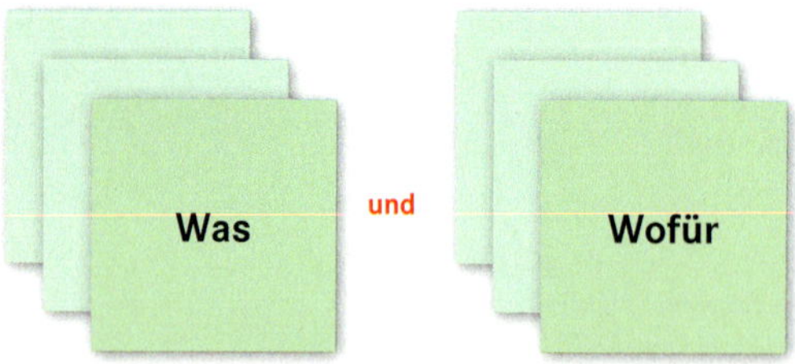

Pflichtenheft

Definition

DIN VDI/VDE 3694: 91-04

- Das Pflichtenheft enthält das vom Auftragnehmer erarbeitete Realisierungsvorhaben auf der Grundlage des Lastenheftes.
- Das Pflichtenheft enthält als Anlage das Lastenheft.
- Im Pflichtenheft werden die Anwendervorgaben detailliert und in einer Erweiterung die Realisierungsforderungen unter Berücksichtigung konkreter Lösungsansätze beschrieben.
- Im Pflichtenheft wird definiert, wie und womit die Forderungen zu realisieren sind.

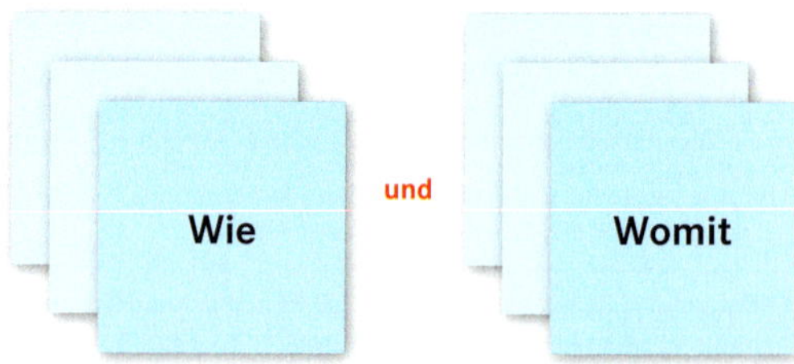

Voraussetzungen für die Erstellung

- Guten Kontakt zwischen allen Beteiligten herstellen
- Wesentliche Anforderungen durch Markt-, Kunden- und Umfeldanalyse ermitteln

Funktion

- „Roter Faden" während des Ablaufs der Entwicklung, Produktion, ...

Durchführung

- Keine allgemeingültigen Vorgaben
- Umfang und Inhalt ist stark von der Zielsetzung abhängig
- Ermittlung der z. B.
  - Anforderungsträger
  - Produktfaktoren aus Kundensicht
  - Kaufentscheidende Faktoren
  - Anforderungen aus dem Umfeld
  - Anforderungen aus dem Unternehmen
  - Anforderungen des Vertriebs
  - Anforderungen von Lieferanten und von Kooperationspartnern
  - Produktionsprofile
  - ...

Vorteile

- Einheitliche Vorgabe für alle am Entwicklungsprozess Beteiligten
- Weniger Missverständnisse und Versäumnisse durch eine systematische Dokumentation
- Rechtsverbindliche Festlegungen

Nachteile

- Hoher Aufwand
- Individuelle Erstellung (keine Standardisierung)
- Statische Problemlösungsstruktur

Einsatzbereiche

- Dokumentation der Anforderungen als Abschluss der Planung eines Produktes bzw. einer Dienstleistung
- Prinzipiell für alle Produkte bzw. Dienstleistungen einsetzbar

Wesentliche Bestandteile (Beispiele)

- Name des Prozesses, Projektes, Vorhabens, ...
- Verfasser des Pflichtenheftes
- Version
- Ablage der Datei, Dokumentation
- Ziele
  Beschreibung, Nutzen für den Auftraggeber (Kunden), aktuelle Situation (z. B. bisheriges System)
- Anforderungen
  - **Vollständigkeit**
    Alle Details der Anforderungen sind zu definieren. Es sollten so wenig wie möglich Aspekte als selbstverständlich eingeschätzt werden.
  - **Eindeutigkeit**
    Damit keine Missverständnisse entstehen, sind die Anforderungen möglichst mit einfachen Worten zu definieren.
  - **Testbarkeit**
    Alle Anforderungen müssen überprüfbar sein. Dieses ist eine Voraussetzung für die Abnahme durch den Auftraggeber.
- Schnittstellen
  (Verbindungen zu anderen Systemen, Projekten usw.)
- Randbedingungen
- Unterschriften
  - Projektauftraggeber
  - Projektleiter
  - ...

Herstellen von Baugruppen

5

Fügeverbindungen

Lagerungen

Übertragen von Drehmomenten

Normteile für Vorrichtungen

Stoßart

DIN EN ISO 17 659: 2005-09

Stoßart	Lage der Teile	Beschreibung
Stumpfstoß		Die Teile liegen in einer Ebene und stoßen stumpf gegeneinander.
Parallelstoß	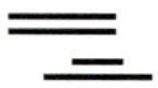	Die Teile liegen parallel aufeinander.
Überlappstoß	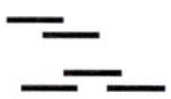	Die Teile liegen parallel aufeinander und überlappen sich.
T-Stoß		Die Teile stoßen rechtwinklig (T-förmig) aufeinander.
Doppel-T-Stoß		Zwei in einer Ebene liegende Teile stoßen rechtwinklig (doppel-T-förmig) auf ein dazwischen liegendes drittes.
Schrägstoß		Ein Teil stößt schräg gegen ein anderes.
Eckstoß	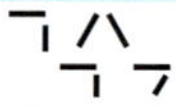	Zwei Teile stoßen unter einem Winkel > 30° aneinander (Ecke).
Stirnstoß		Zwei Teile stoßen unter einem Winkel von 0° bis 30° gegeneinander
Mehrfachstoß		Drei oder mehr Teile stoßen unter beliebigem Winkel aneinander.
Krezungsstoß	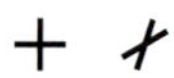	Zwei Teile liegen kreuzend übereinander.

Zeichnerische Darstellung und Symbole

DIN EN 22 553: 1997-03

Benennung Symbol der Nahtart	Darstellung erläuternd / symbolhaft
Bördelnaht	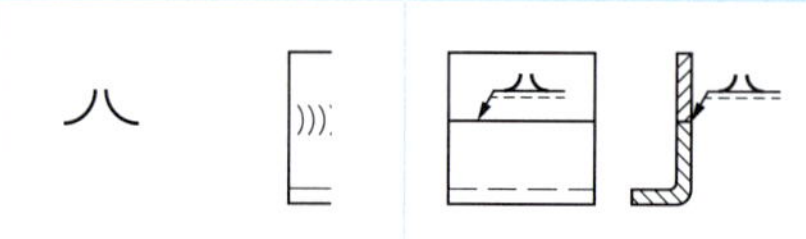
I-Naht	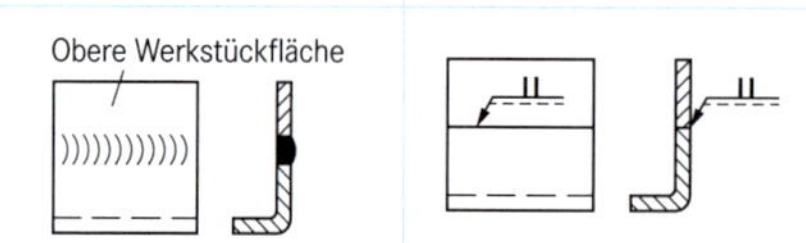
	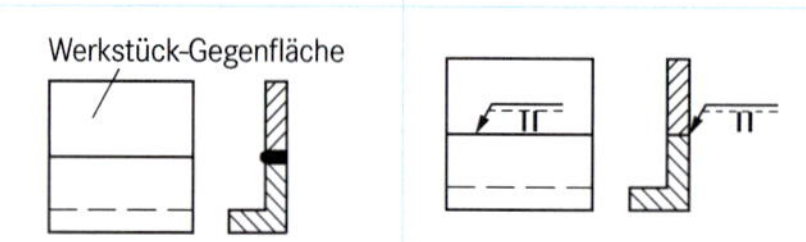
	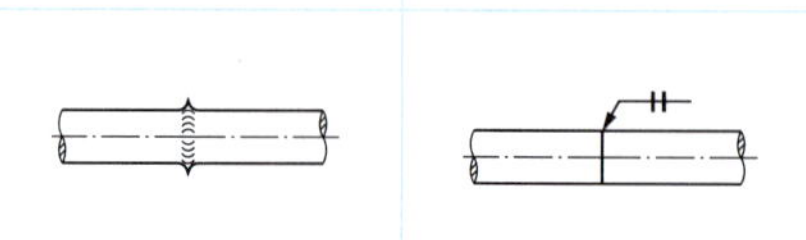
V-Naht	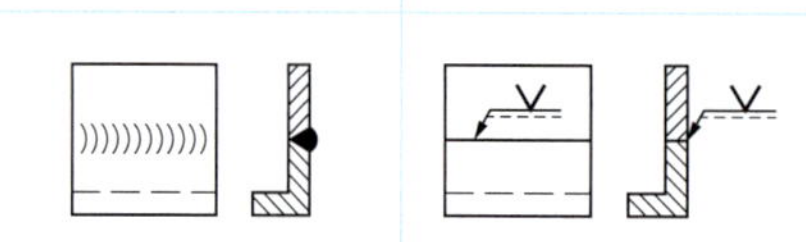
	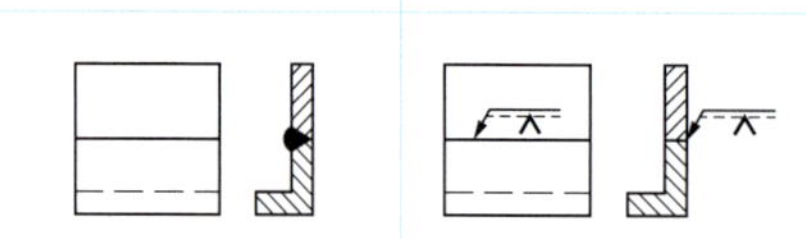
HV-Naht	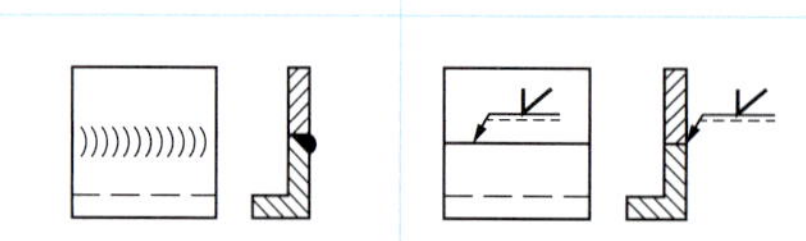
	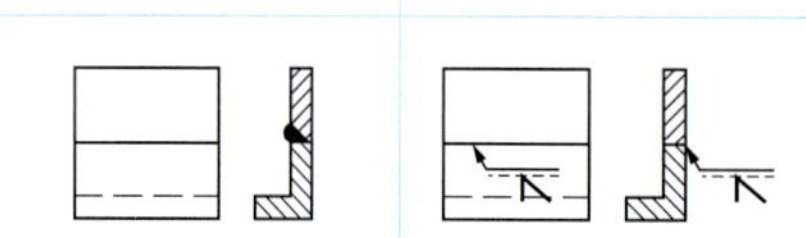
Y-Naht	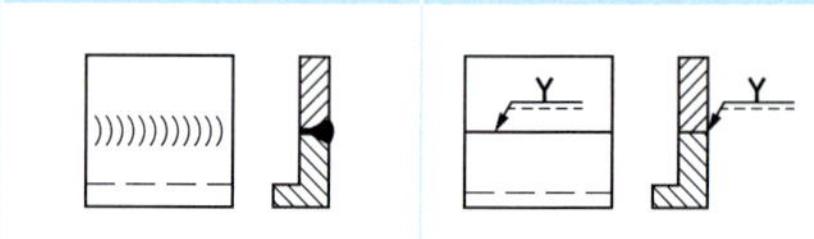
HY-Naht	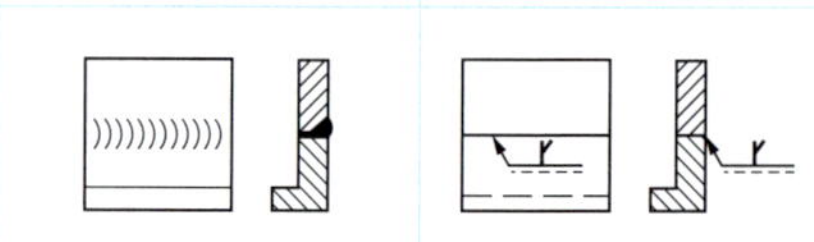
U-Naht	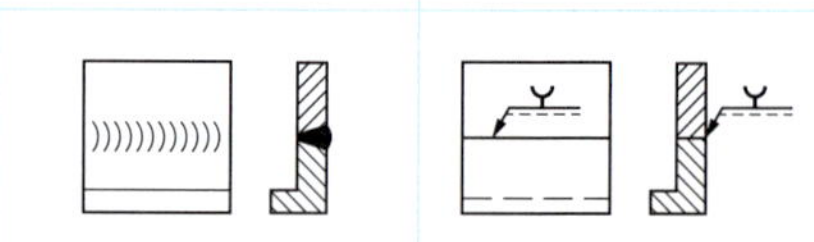
HU-Naht	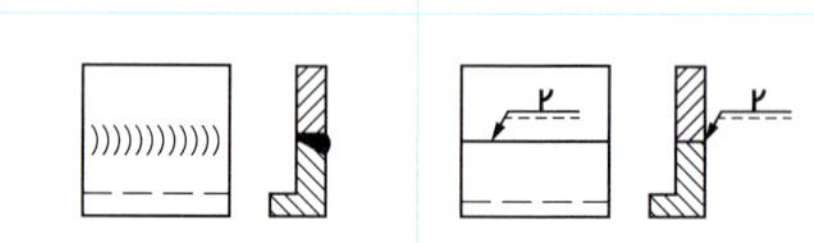
Kehlnaht	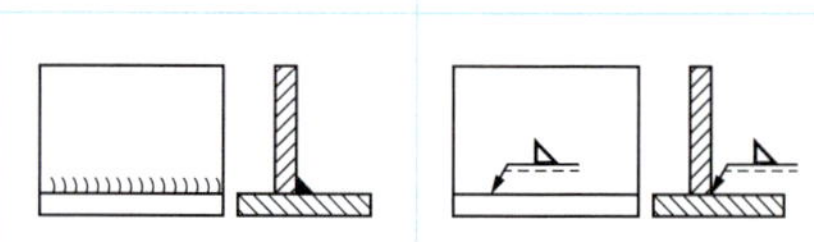
	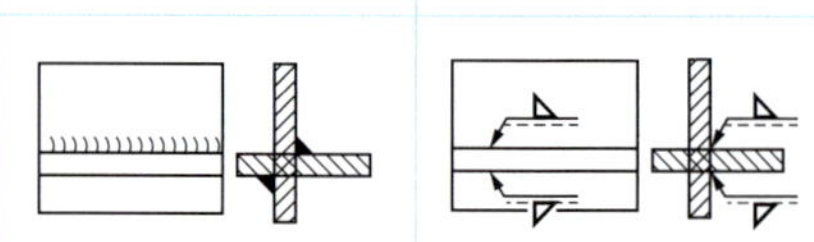
Lochnaht	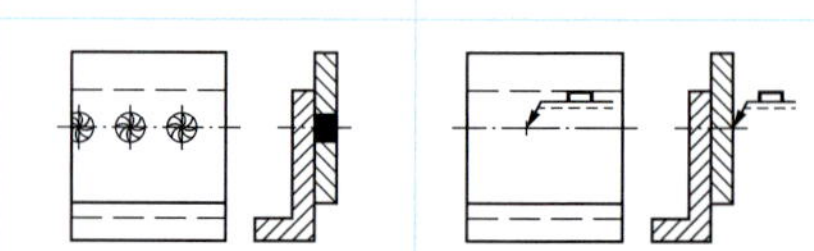
Punktnaht	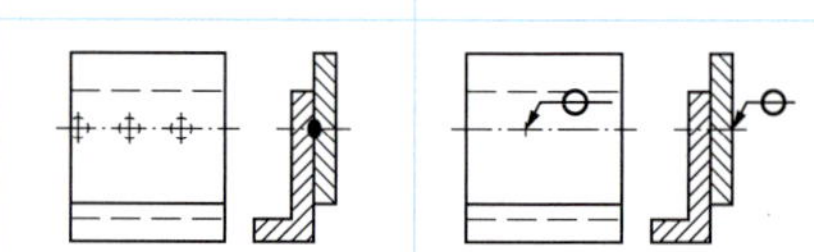

Zeichnerische Darstellung und Symbole

DIN EN 22 553: 1997-03

Benennung Symbol der Nahtart	Darstellung erläuternd	Darstellung symbolhaft	Benennung Symbol der Nahtart	Darstellung erläuternd	Darstellung symbolhaft
Liniennaht	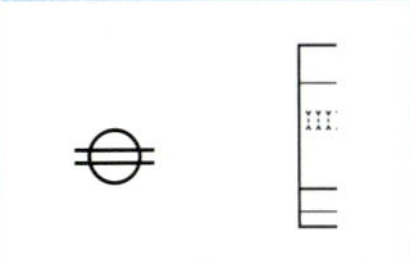	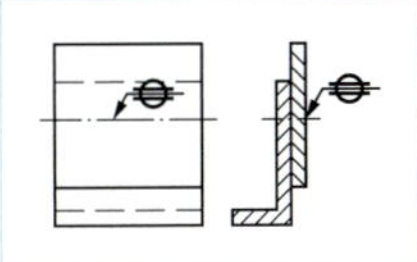	Stirnflachnaht	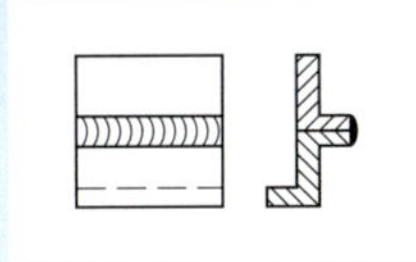	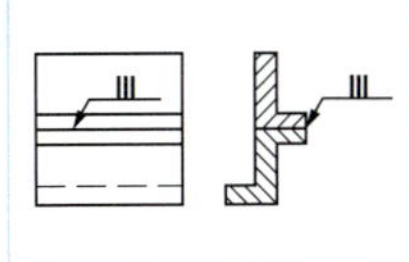
Steilflankennaht	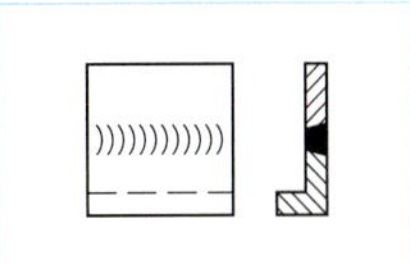	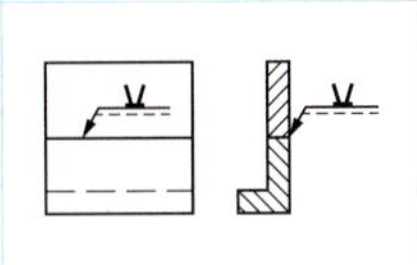	Flächennaht	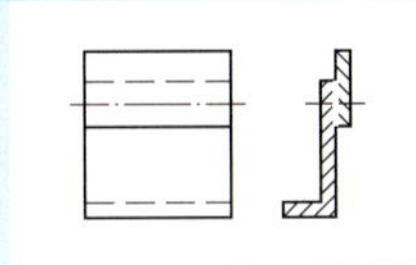	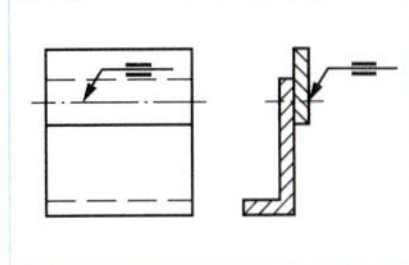
Halb-Steilflankennaht	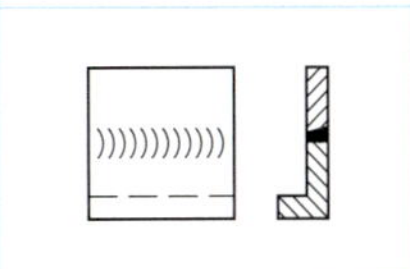	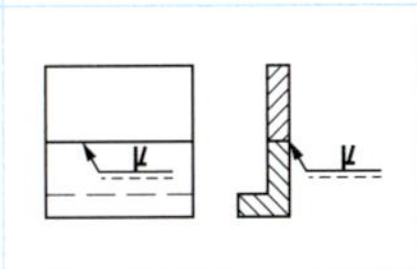	Falznaht	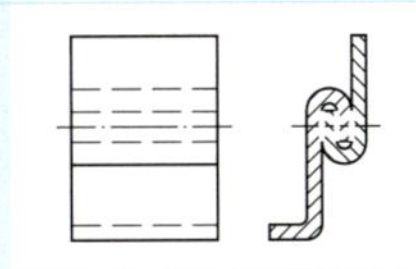	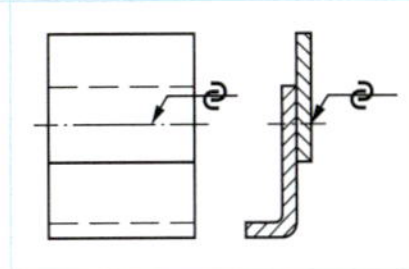

Kombination von Grundsymbolen

Benennung	Darstellung erläuternd	Darstellung symbolhaft	Benennung	Darstellung erläuternd	Darstellung symbolhaft
I-Naht geschweißt von beiden Seiten	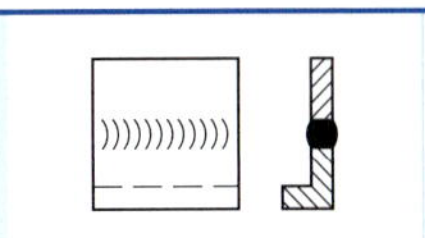	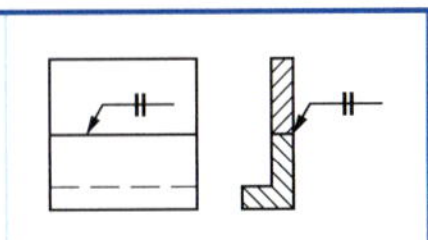	Doppel-Y-Naht	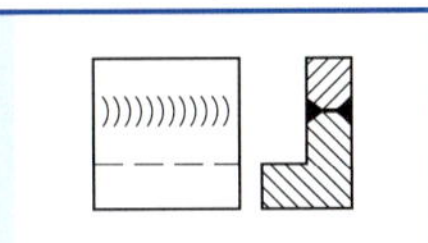	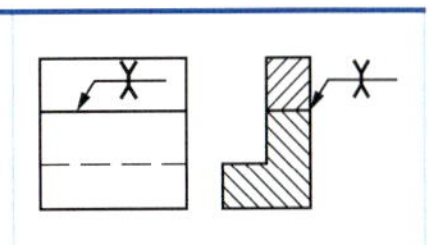
V-Naht mit Gegenlage	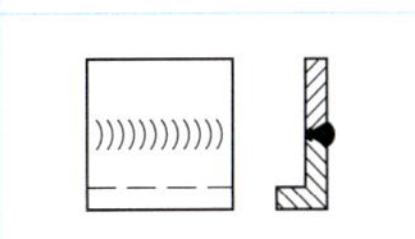	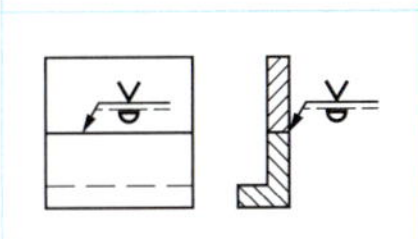	Doppel-U-Naht	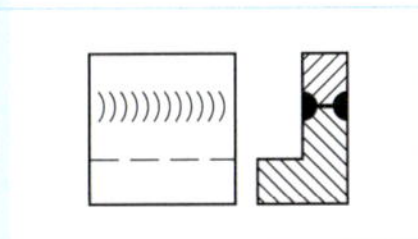	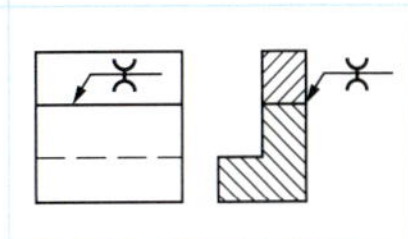
Doppel-V-Naht X (X-Naht)	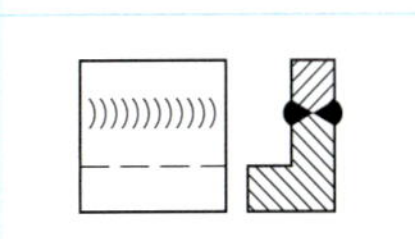	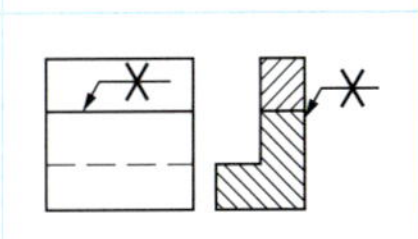	V-U-Naht	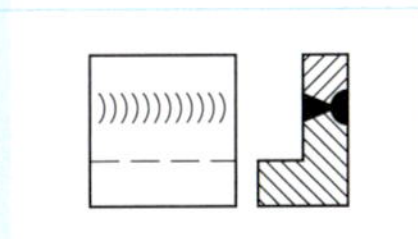	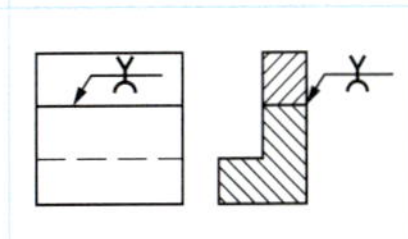
Doppel-HV-Naht K (K-Naht)	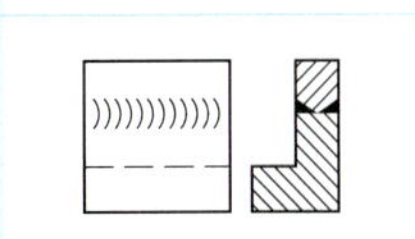	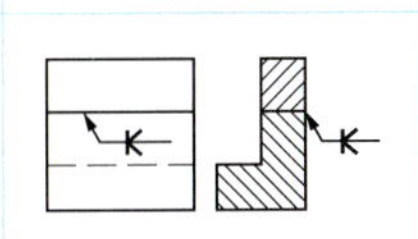	Doppel-Kehlnaht	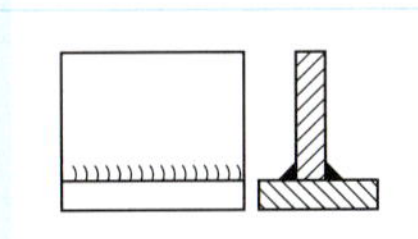	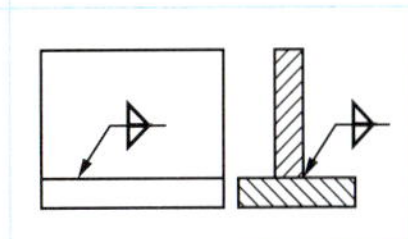

Zusatzsymbole – Ergänzende Angaben

Zusatzsymbole für die Form der Oberfläche oder der Naht		**Ergänzende Angaben** für charakteristische Merkmale der Naht	
Oberflächenform/Nahtform	Symbol	Merkmal	Symbol
hohl (konkav)		Ringsum-Naht	
flach (eben)		Baustellennaht	
gewölbt (konvex)		Angabe des Schweißprozesses (s. DIN EN 24 063)	z. B. 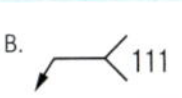
Nahtübergänge kerbfrei		Bezugszeichen (Bedeutung ist in der Nähe des Schriftfeldes zu erläutern)	z. B. 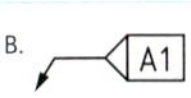

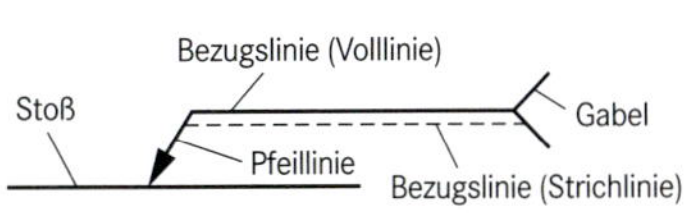

Die Stellung des Symbols zur Bezugslinie gibt die Lage der Naht am Stoß an. Die Pfeillinie zeigt auf die Pfeilseite, die andere Seite ist die Gegenseite. Wird das Symbol auf die Seite der Bezugs-Volllinie gesetzt, befindet sich die Naht auf der Pfeilseite. Wird das Symbol auf die Seite der Bezugs-Strichlinie gesetzt, befindet sich die Naht auf der Gegenseite. Die Bezugs-Strichlinie kann unter oder über der Bezugs-Volllinie gezeichnet werden.

Bemaßung von Schweißnähten

DIN EN 22553: 1997-03

Jedem Symbol dürfen Maße zugeordnet werden. Die Nahtdicke *a* oder die Schenkeldicke *z* werden vor dem Symbol, die Längenmaße hinter dem Symbol eingetragen. Fehlt die Angabe nach dem Symbol, verläuft die Naht ununterbrochen über die gesamte Länge des Werkstückes.

Nahtart	Darstellung		Bemerkungen
	erläuternd	symbolhaft	
Bördelnaht	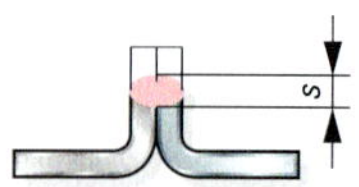	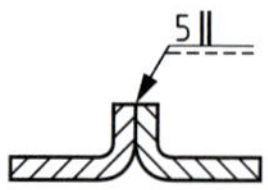	Nahtdicke s = 5 mm Bördelnähte, die nicht durchgeschweißt sind, werden als I-Nähte mit der Nahtdicke *s* gekennzeichnet.
Nicht durchgeschweißte, unterbrochene I-Naht	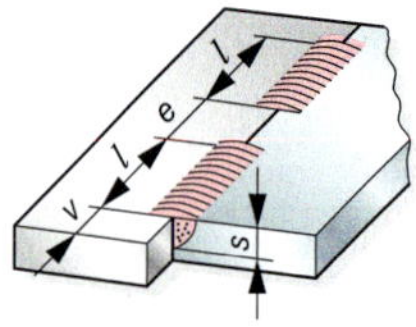	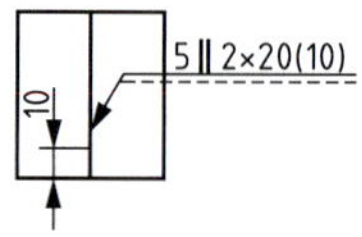	Nahtdicke s = 5 mm Vormaß v = 10 mm Anzahl der Einzelnähte n = 2 Länge der Einzelnähte l = 20 mm Länge der Zwischenräume e = 10 mm
Punktnaht	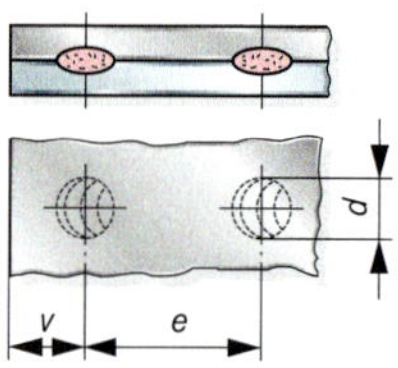	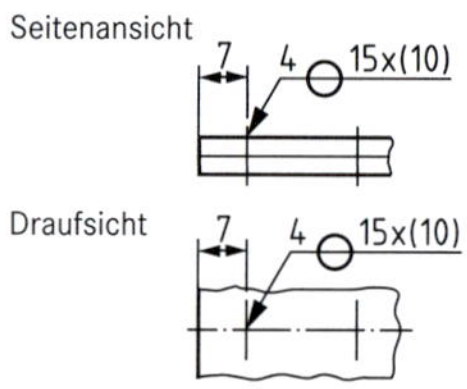	Punktdurchmesser d = 4 mm Punktabstand e = 10 mm Anzahl der Punkte n = 15 Vormaß v = 7 mm
Einfache Kehlnaht	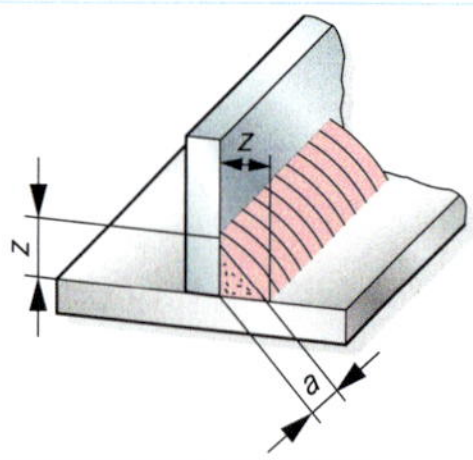	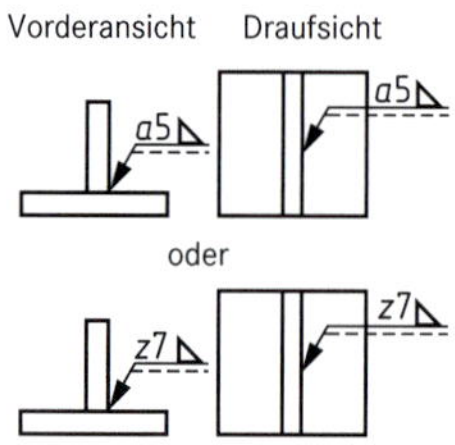	Nahtdicke a = 5 mm Schenkeldicke z = 7 mm
Unterbrochene Kehlnaht ohne Vormaß	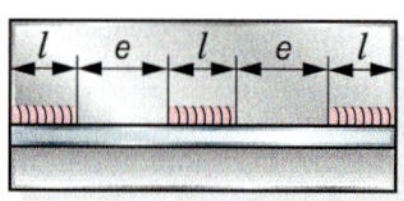	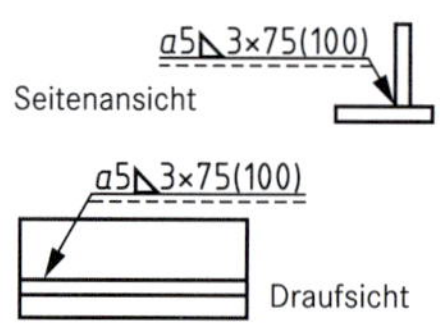	Nahtdicke a = 5 mm Anzahl der Einzelnähte n = 3 Länge der Einzelnähte l = 75 mm Länge der Zwischenräume e = 100 mm
Doppelte Kehlnaht unterbrochen, versetzt, beidseitig mit Vormaß	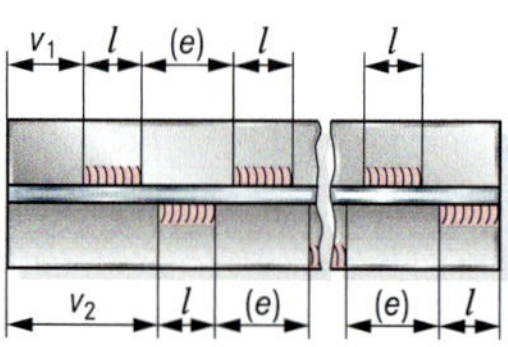	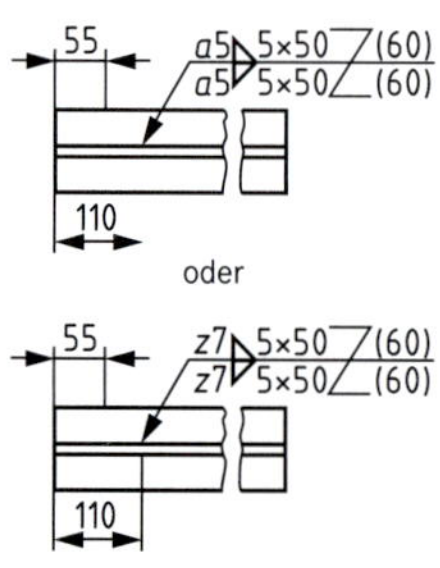	Nahtdicke a = 5 mm Schenkeldicke z = 7 mm Anzahl der Einzelnähte n = 5 Länge der Einzelnähte l = 50 mm Länge der Zwischenräume e = 60 mm Vormaß 1 v_1 = 55 mm Vormaß 2 v_2 = 110 mm Z Zeichen für unterbrochene Nähte

Stellung des Symbols bei Kehlnähten

	Darstellung	
erläuternd	symbolhaft	
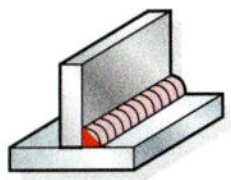	Gegenseite – Pfeilseite 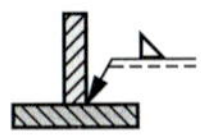 Schweißnaht auf der Pfeilseite	Pfeilseite – Gegenseite 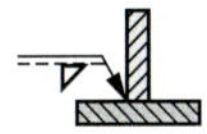 Schweißnaht auf der Gegenseite
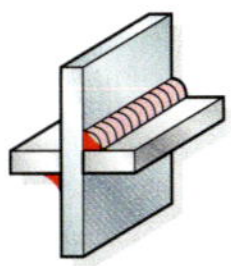	Pfeilseite für A – Gegenseite für B Stoß A – Stoß B 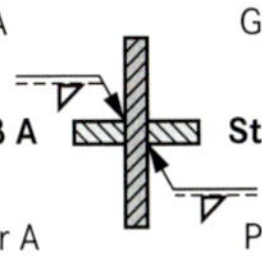 Gegenseite für A – Pfeilseite für B	Gegenseite für A – Pfeilseite für B Stoß A – Stoß B 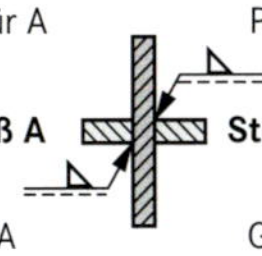 Pfeilseite für A – Gegenseite für B
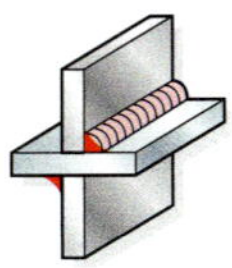	Gegenseite für A – Stoß A – Pfeilseite für A 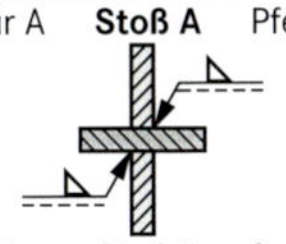 Pfeilseite für B – Stoß B – Gegenseite für B	Pfeilseite für A – Stoß A – Gegenseite für A 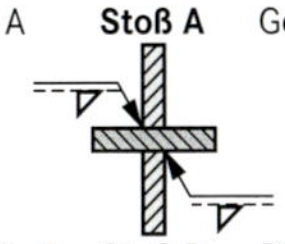 Gegenseite für B – Stoß B – Pfeilseite für B

Kennzahlen für Schweiß- und Lötverfahren

DIN EN ISO 4063: 2011-03

Kennzahl	Verfahren
1	Lichtbogenschmelzschweißen
11	Metalllichtbogenschweißen ohne Gas
111	Lichtbogenhandschweißen
13	Metall-Schutzgasschweißen
131	Metall-Inertgasschweißen
135	Metall-Aktivgasschweißen
14	Wolfram-Schutzgasschweißen
141	Wolfram-Inertgasschweißen
15	Plasmaschweißen
2	Widerstandsschweißen
21	Widerstands-Punktschweißen

Angaben in der Gabel des Bezugszeichens für eine durchgeschweißte V-Naht mit Gegenlage durch Lichtbogenhandschweißen, geforderte Bewertungsgruppe D DIN EN ISO 5817, geschweißt in Wannenposition nach DIN EN ISO 6947, verwendete Stabelektrode nach DIN EN ISO 2560.

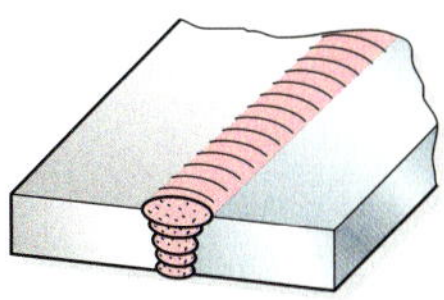

Vorderansicht

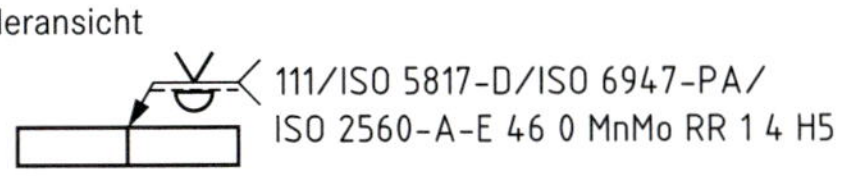

Draufsicht

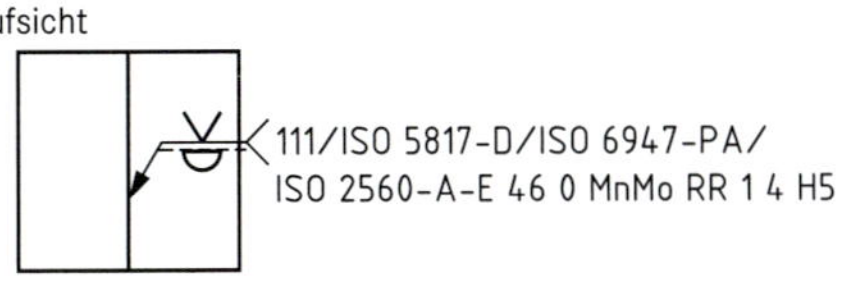

Kennzahl	Verfahren
3	Gasschmelzschweißen
311	Gasschweißen mit Sauerstoff-Acetylen-Flamme
312	Gasschweißen mit Sauerstoff-Propan-Flamme
4	Pressschweißen
41	Ultraschallschweißen
5	Strahlschweißen
51	Elektronenstrahlschweißen
52	Laserstrahlschweißen
8	Schneiden
81	autogenes Brennschneiden
83	Plasmaschneiden
84	Laserstrahlschneiden
9	Löten
91	Hartlöten
94	Weichlöten

Angaben in der Gabel des Bezugszeichens für eine gelötete Flächennaht, hergestellt durch Weichlöten in Wannenposition mit einem Lot nach DIN EN 29453.

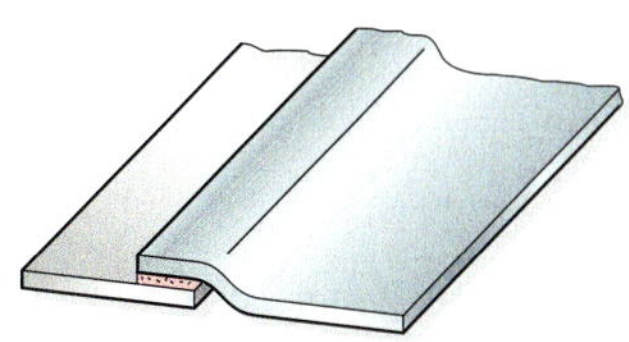

Vorderansicht

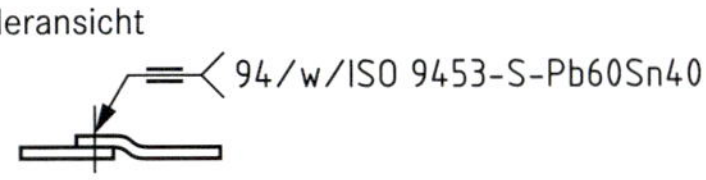

Draufsicht

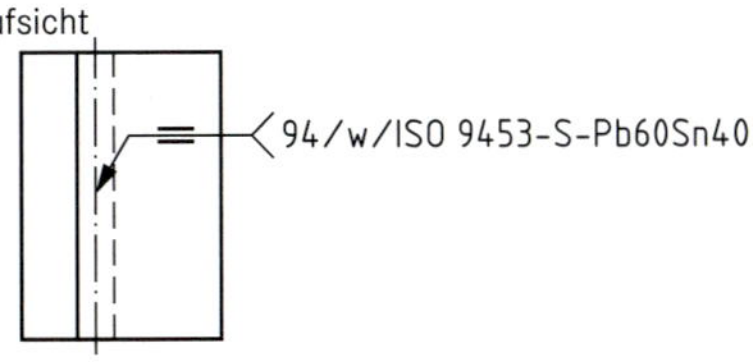

Benennung Symbol	Materialdicke t in mm	Nahtdarstellung	Maße Winkel α, β in °	Spalt b in mm	Steghöhe c in mm	Empfohlenes Schweißverfahren	Bemerkungen
Bördelnaht	$t \leq 2$	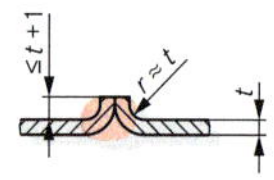	–	–	–	3 111 141 512	meist ohne Zusatzwerkstoff
I-Naht	$t \leq 4$	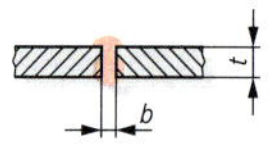	–	$b \approx t$	–	3, 111, 141	keine Nahtvorbereitung
	$3 < t \leq 8$		–	$6 \leq b \leq 8$	–	13	
	$t \leq 15$		–	$b \leq 1$	–	141	beidseitig geschweißt
V-Naht	$3 < t \leq 10$	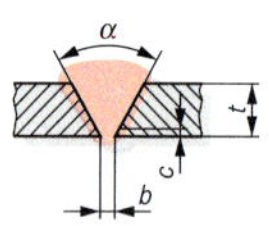	$40° \leq \alpha \leq 60°$	$b \leq 4$	$c \leq 2$	3, 111, 13, 141	ein- oder mehrlagig geschweißt, bei dynamischer Beanspruchung Wurzel gegengeschweißt
	$8 < t \leq 12$		$6° \leq \alpha \leq 8°$	–		52	
Y-Naht	$5 \leq t \leq 40$	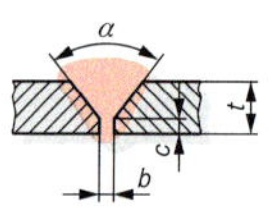	$\alpha \approx 60°$	$1 \leq b \leq 4$	$2 \leq c \leq 4$	111 13 141	beidseitig geschweißt
HV-Naht	$3 < t \leq 10$	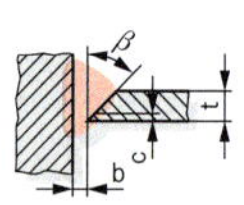	$35° \leq \beta \leq 60°$	$2 \leq b \leq 4$	$1 \leq c \leq 2$	111 13 141	einseitig oder beidseitig geschweißt
Doppel-V-Naht	$t > 10$	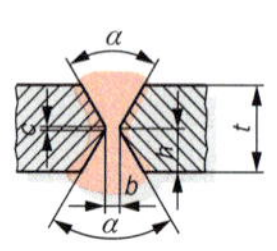	$40° \leq \alpha \leq 60°$	$1 \leq b \leq 3$	$c \leq 2$	13	$h = \frac{t}{2}$ beidseitig geschweißt
			$\alpha \approx 60°$			111 141	
Doppel-HV-Naht	$t > 10$	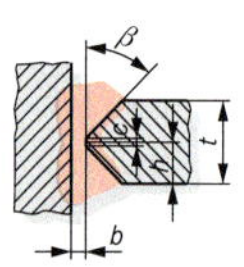	$35° \leq \beta \leq 60°$	$1 \leq b \leq 4$	$c \leq 2$	111 13 141	$h = \frac{t}{2}$ beidseitig geschweißt
Kehlnaht	$t_1 > 2$ $t_2 > 2$	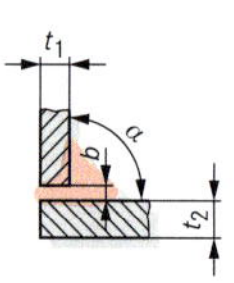	$70° \leq \alpha \leq 100°$	$b \leq 2$	–	3 111 13 141	–
Doppel-Kehlnaht	$2 \leq t_1 \leq 4$ $2 \leq t_2 \leq 4$	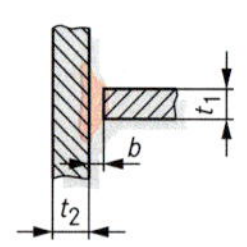	–	$b \leq 2$	–	3 111 13 141	–
	$t_1 > 4$ $t_2 > 4$		–	–			

Benennung Symbol	Material-dicke t in mm	Nahtdarstellung	Maße			Empfohlenes Schweiß-verfahren	Bemerkungen
			Winkel α, β in °	Spalt b in mm	Steghöhe c in mm		
Bördelnaht	$t \leq 2$	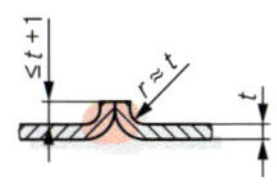	–	–	–	141	–
I-Naht ‖	$t \leq 4$	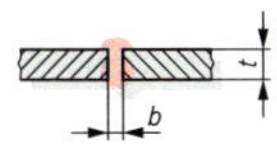	–	$b \leq 2$	–	141	Brechung der Wurzelseite wird empfohlen
	$2 \leq t \leq 4$		–	$b \leq 1{,}5$	–	131	I-Naht mit Unterlage
V-Naht V	$3 \leq t \leq 5$	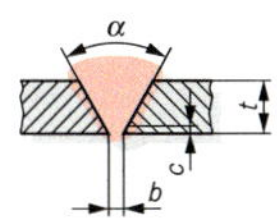	$\alpha \geq 50°$	$b \leq 3$	–	141	–
			$60° \leq \alpha \leq 90°$	$b \leq 2$	$c \leq 2$	131	–
			$60° \leq \alpha \leq 90°$	$b \leq 4$	$c \leq 2$	131	V-Naht mit Unterlage
Y-Naht Y	$3 \leq t \leq 15$	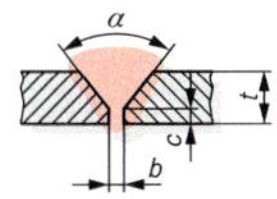	$\alpha \geq 50°$	$b \leq 2$	$c \leq 2$	131 141	–
	$6 \leq t \leq 25$		$\alpha \geq 50°$	$4 \leq b \leq 10$	$c = 3$	131	Y-Naht mit Unterlage
HV-Naht	$4 < t \leq 10$	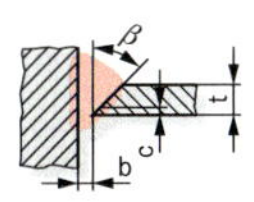	$\beta \geq 50°$	$b \leq 3$	$c \leq 2$	131 141	–
Doppel-V-Naht X	$6 \leq t \leq 15$	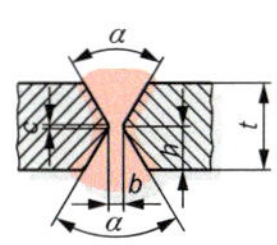	$\alpha \geq 60°$	$b \leq 3$	$c \leq 2$	141	–
	$t > 15$		$\alpha \geq 70°$			131	
Doppel-HV-Naht K	$t_1 \geq 8$ $t_2 \geq 8$	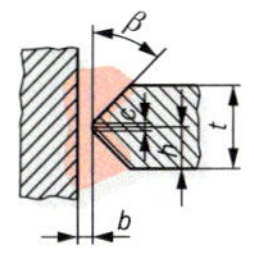	$\beta \geq 50°$	$b \leq 2$	$c \leq 2$	141 131	–
Kehlnaht	–	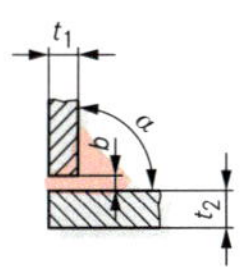	$\alpha \approx 90°$	$b \leq 2$	–	141 131	–
Doppel-Kehlnaht	–	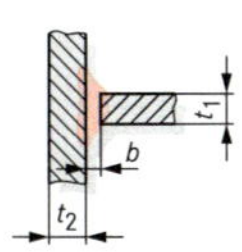	$\alpha \approx 90°$	$b \leq 2$	–	141 131	–

Druckgasflaschen

* Kennzeichnung „N“ bei Verwechslungsgefahr

Gasart	Farbkennzeichnung der Flasche nach DIN EN 1089-3: 2011-10	bisher	Anschlüsse der Ventile DIN 477-1: 1990-05	Volumen in l	Druck in bar	Füllmenge
Sauerstoff	weiß	blau	R ¾	40 50	150 200	6 000 l 10 000 l
Acetylen	kastanienbraun	gelb	Spannbügel	40 50	18 19	6,3 kg 10 kg
Wasserstoff	rot	rot	$W\,21{,}80 \times \frac{1}{14}$ - LH [1]	10 50	200	1 800 l 8 900 l
Formiergas (Stickstoff-Wasserstoff-Gemisch)	rot	rot	$W\,21{,}80 \times \frac{1}{14}$ - LH [1]	50	200	10 000 l
Stickstoff	schwarz	grün	$W\,24{,}32 \times \frac{1}{14}$ [1]	40 50	150 200	6 000 l 10 000 l
Kohlendioxid	grau	grau	$W\,21{,}80 \times \frac{1}{14}$ [1]	13,4 40	57,29	10 kg 30 kg
Argon	dunkelgrün	grau	$W\,21{,}80 \times \frac{1}{14}$ [1]	10 50	200	2 000 l 10 000 l
Helium	braun					
Argon-Kohlendioxid-Gemisch	leuchtend grün	grau	$W\,21{,}80 \times \frac{1}{14}$ [1]	20 50	200	4 000 l 10 000 l
Druckluft	leuchtend grün	grau	R ⅝ Innengewinde	40 50	150 200	6 000 l 10 000 l

[1] W: Kurzzeichen für Withworth-Gewinde (Nenndurchmesser in mm × Steigung in ''), LH: Linksgewinde

Mengenberechnung von Gas-Betriebsstoffen

Verfügbare Gasmenge (Flascheninhalt) bei Normaldruck

$$V_{amb} = \frac{p_e \cdot V_{Fl}}{p_{amb}}$$

V_{amb} : Gasvolumen bei Normaldruck
p_{amb} : Normaldruck
V_{Fl} : Flaschenvolumen
p_e : Flaschendruck lt. Inhaltsmanometer

Gasverbrauch von ungelösten Gasen

$$\Delta V = \frac{V_{Fl} \cdot (p_{e1} - p_{e2})}{p_{amb}}$$

$$\Delta V = V_1 - V_2$$
$$\Delta p_e = p_{e1} - p_{e2}$$

ΔV : Gasverbrauch
V_1 : Flascheninhalt **vor** der Gasentnahme
V_2 : Flascheninhalt **nach** der Gasentnahme
V_{Fl} : Flaschenvolumen
p_{e1} : Flaschendruck **vor** der Gasentnahme
p_{e2} : Flaschendruck **nach** der Gasentnahme
Δp_e : Druckunterschied

Gasverbrauch von gelösten Gasen

$$\Delta V = \frac{V_F \cdot (p_{e1} - p_{e2})}{p_F}$$

für Acetylen: 1 l Aceton löst bei 1 bar Druck 25 l Acetylen

$$V_F = V_L \cdot 25 \cdot p_F$$

Einheitengleichung: $l = l \cdot \frac{l}{l \cdot bar} \cdot bar$

ΔV: Gasverbrauch in l
V_F : Füllvolumen in l
p_{e1}: Flaschendruck **vor** der Gasentnahme in bar
p_{e2}: Flaschendruck **nach** der Gasentnahme in bar
p_F : Fülldruck der Flasche in bar
V_L : Volumen Lösungsmittel in l
(13 l Aceton in einer 40 l-Acetylen-Normalflasche und 18 bar Fülldruck)

Grafische Ermittlung des Gasverbrauchs (40-l-Flaschen)

Sauerstoff: Volumen 40 l, Druck 150 bar, Füllmenge 6000 l
Acetylen: Volumen 40 l, Druck 18 bar, Füllmenge 6,3 kg

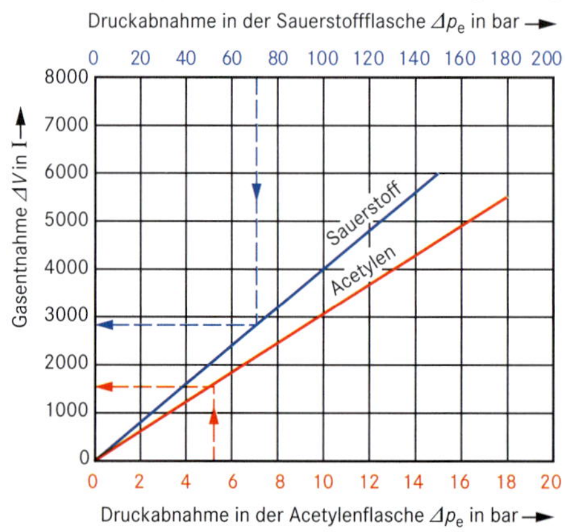

Beispiel: Druckabnahme von 70 bar,ca. 2800 l Sauerstoff entnommen.

Schweißpositionen

DIN EN ISO 6947: 2011-08

Benennung	Kurzz.	bisher	Beschreibung
Wannenposition	PA	w	waagerechtes Arbeiten, Nahtmittellinie senkrecht, Decklage oben
Horizontalposition	PB	h	horizontales Arbeiten, Decklage nach oben
Steigposition	PF	s	steigendes Arbeiten
Fallposition	PG	f	fallendes Arbeiten
Querposition	PC	q	horizontales Arbeiten, Nahtmittellinie horizontal
Überkopfposition	PE	ü	horizontales Arbeiten, Überkopf, Nahtmittellinie senkrecht, Decklage unten
Horizontale Überkopfposition	PD	hü	horizontales Arbeiten, Überkopf, Decklage nach unten

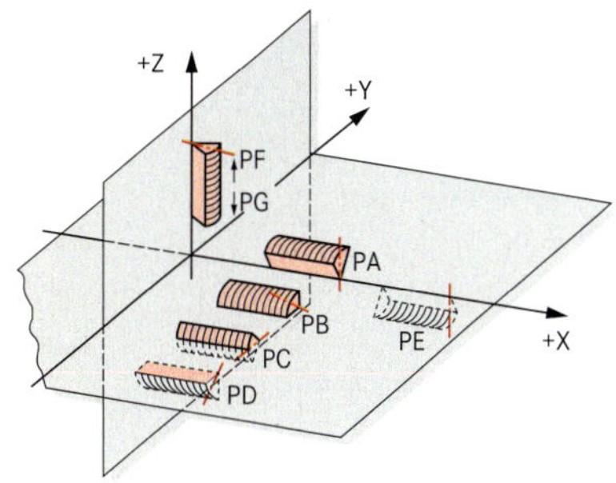

Richtwerte für das Gasschmelzschweißen

Werkstoff: unlegierter Baustahl, Schweißposition: PA											
Werkstückdicke *t*	Größe des Schweißeinsatzes	Nahtart	Betriebsdruck in bar		Schweißstabdurchmesser	Schweißrichtung	Verbrauchswerte			Schweißzeit	Schweißleistung
			Sauerstoff	Acetylen			Sauerstoff	Acetylen	Schweißstab		
in mm					mm		*l*/h	*l*/h	g/m	min/m	m/h
0,5	1	⋏	2,5	0,03 … 0,8	–	NL	80	80	–	4	15
1	1	⋏			–	NL	80	80	–	9	6,7
1	1	||			1	NL	160	160	12	10	6
1,5	1 … 2	⋏			–	NL	160	160	–	10	6
2	1 … 2	||			2	NL	160	160	35	11	5,5
3	2 … 4	||			2	NR	315	315	65	12	5
4	2 … 4	V			3	NR	315	315	115	15	4
6	4 … 6	V			4	NR	500	500	250	22	2,7

NL: Nachlinksschweißen; NR: Nachrechtsschweißen

Schweißstäbe für das Gasschweißen – Eignung

DIN EN 12 536: 2000-08

Grundwerkstoff		Geeignete Schweißstabklasse					
Stahlart	Stahlsorte	O I	O II	O III	O IV	O V	O VI
Stähle nach DIN EN 10 025	S 235 JRG 1, S 235 JRG 2, S 235 J0			×	×		
Stähle für Rohre nach DIN 1615	St 33	×	×	×	×		
Stähle für Rohre nach DIN 1626, DIN 1629	U St 37.0, St 37.0, St 44.0, St 52.0	×	×	×	×		
Stähle für Rohre nach DIN 1628, DIN 1630	St 37.4, St 44.4, St 52.4			×	×		
Stähle nach DIN EN 10 028	P 235 GH, P 265 GH, P 295 GH			×	×		
	16 Mo 3				×		
	13 Cr Mo 4-5					×	
	10 Cr Mo 9-10						×
Schweißverhalten	Fließverhalten	dünn fließend	weniger dünn fließend	zäh fließend			
	Spritzer	viele	wenig	keine			
	Poreneingang	ja		nein			

Lieferformen: Durchmesser in mm: 2 - 2,5 - 3 - 4 - 5, Längen in mm: 1000
Bezeichnung eines Schweißstabes der Schweißstabklasse IV: **Stab EN 12 536-O IV**

Umhüllte Stabelektroden zum Lichtbogenhandschweißen von unlegierten Stählen und Feinkornstählen

DIN EN ISO 2560: 2010-03

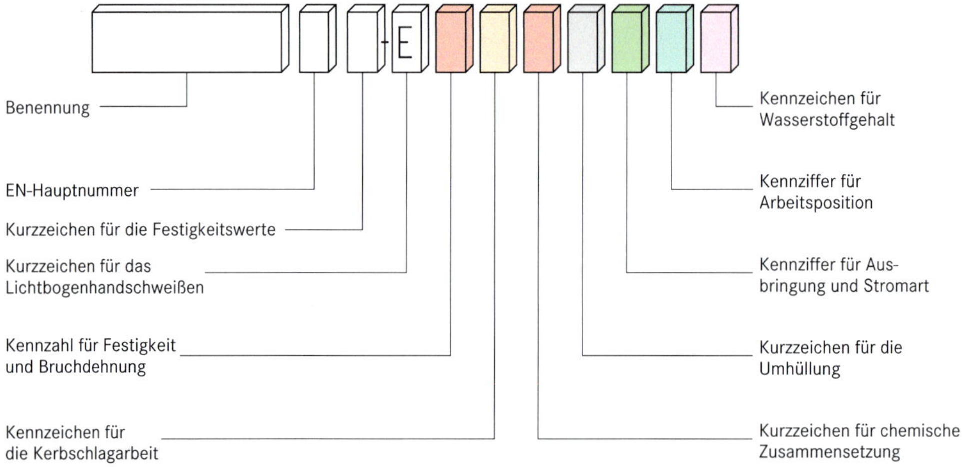

Kennzeichen für die Festigkeitswerte

A	Bezeichnung nach Streckgrenze und Kerbschlagarbeit von 47 J.
B	Bezeichnung nach Zugfestigkeit und Kerbschlagarbeit von 27 J (gebräuchliche Festlegung im Pazifikraum).

Kennzahl für Festigkeit und Bruchdehnung

Kennzahl	Mindeststreckgrenze $R_{eL}/R_{p0,2}$ in N/mm²	Zugfestigkeit R_m in N/mm²	Mindestbruchdehnung A_5 in %
35	355	440 ... 570	22
38	380	470 ... 600	20
42	420	500 ... 640	20
46	460	530 ... 680	20
50	500	560 ... 720	18

Kennzeichen für die Kerbschlagarbeit

Kennzeichen	Temperatur in °C für Mindestkerbschlagarbeit 47 J
Z	keine Anforderungen
A	+20
0	0
2	-20
3	-30
4	-40
5	-50
6	-60

Kennzeichen für die chemische Zusammensetzung des Schweißgutes

Legierungskennzeichen	chemische Zusammensetzung Mn	Mo	Ni
Mo	≤ 1,4	0,3 ... 0,6	-
MnMo	1,4 ... 2,0	0,3 ... 0,6	-
1Ni	≤ 1,4	-	0,6 ... 1,2
2Ni	≤ 1,4	-	1,8 ... 2,6
3Ni	≤ 1,4	-	2,6 ... 3,8
Mn1Ni	1,4 ... 2,0	-	0,6 ... 1,2
1NiMo	≤ 1,4	0,3 ... 0,6	0,6 ... 1,2
Z	andere vereinbarte Zusammensetzung		
kein Kurzzeichen	≤ 2,0	-	-

Kurzzeichen für die Umhüllung

A sauerumhüllt
B basischumhüllt
C zelluloseumhüllt

R rutilumhüllt
RR dick rutilumhüllt
RA rutil-sauer-umhüllt
RB rutilbasisch-umhüllt
RC rutilzellulose-umhüllt

i **Rutil:** Titanmineral TiO_2

Kennziffer für die Ausbringung und Stromart

Kennziffer	Ausbringung in %	Stromart
1	≤ 105	Wechsel- und Gleichstrom
2	≤ 105	Gleichstrom
3	105 ... 125	Wechsel- und Gleichstrom
4	105 ... 125	Gleichstrom
5	125 ... 160	Wechsel- und Gleichstrom
6	125 ... 160	Gleichstrom
7	> 160	Wechsel- und Gleichstrom
8	> 160	Gleichstrom

Kennziffer für Arbeitspositionen

s. DIN EN ISO 6947

1 alle Positionen
2 alle Positionen außer PG
3 Stumpfnaht: PA
Kehlnaht: PA, PB
4 Stumpfnaht: PA
Kehlnaht: PA
5 wie 3 und PG

Kennzeichen für den Wasserstoffgehalt

Kennzeichen	Wasserstoffgehalt in ml/100 g Schweißgut
H5	5
H10	10
H15	15

Stabelektrode ISO 2560-A-E 46 3 1Ni B 54 H5
Bezeichnung einer Stabelektrode

Bedeutung:

A: Bezeichnung nach Streckgrenze und Kerbschlagarbeit von 47 J.
E: Lichtbogenhandschweißen
46: Festigkeit und Bruchdehnung
3: Kerbschlagarbeit
1Ni: chem. Zusammensetzung
B: Umhüllungstyp
5: Ausbringung und Stromart
4: Schweißposition
H5: Wasserstoffgehalt

Elektrodenbedarf

Kehlnaht

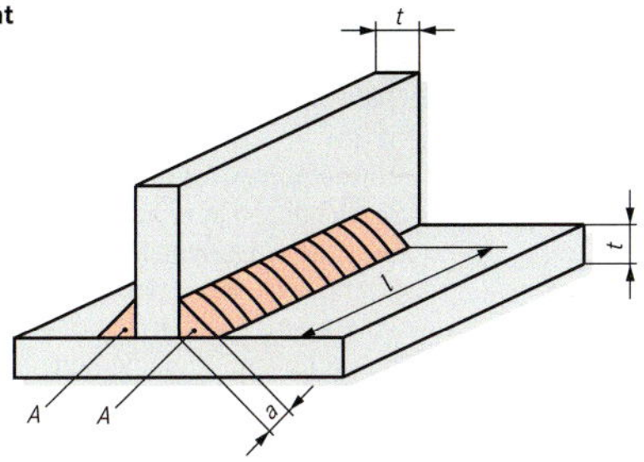

V-Naht

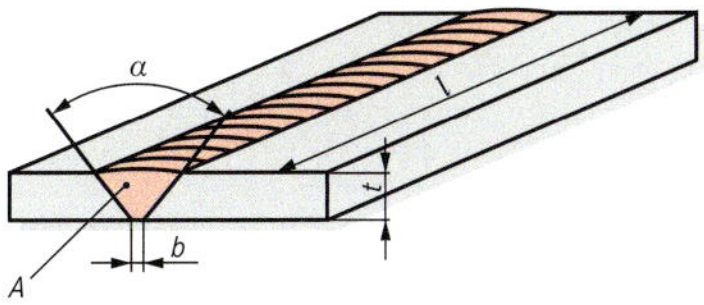

t : Blechdicke
a : Nahtdicke
l : Nahtlänge
A : Nahtquerschnitt

$$A = a^2$$

Nahtformfaktor c		
Nahtöffnungswinkel α in °	V-Naht	X-Naht
60	0,58	0,29
70	0,71	0,36
90	1,00	0,50

b : Nahtspaltbreite
α : Nahtöffnungswinkel
c : Nahtformfaktor

$$A = t \cdot (c \cdot t + b)$$

V_N: Nahtvolumen

$$V_N = A \cdot l$$

V_E: Elektrodenvolumen
k_E: Ausbringungsfaktor (0,9 ... 1,8)
i_E : Anzahl der Elektroden

$$i_E = \frac{V_N}{V_E \cdot k_E}$$

Richtwerte für das Lichtbogenhandschweißen

	Werkstoff: unlegierter Baustahl, Schweißposition: PB; Schweißgut: ISO 2560-A-E 42 0 RR12					
	Kehlnahtdicke a in mm	Elektrodenabmessungen in mm	Strom I in A	Leistungswerte: Schweißgut m in g/m	Leistungswerte: Abschmelzzeit der Elektrode t in s	Leistungswerte: Elektrodenverbrauch n in 1/m
Kehlnähte	2	2,5 x 350	85	48	58	4
	4	4,0 x 450	180	155	89	3
	6			325		4
	8			575		4
	10			905		4

	Werkstoff: unlegierter Baustahl, Schweißposition: PA; Schweißgut: ISO 2560-A-E 38 2 RA12							
	Werkstückdicke t in mm	Öffnungswinkel α in °	Spalt b in mm	Elektrodenabmessungen in mm	Strom I in A	Leistungswerte: Schweißgut m in g/m	Leistungswerte: Abschmelzzeit der Elektrode t in s	Leistungswerte: Elektrodenverbrauch n in 1/m
Stumpfnähte (V-Nähte)	4	60	1,0	2,5 x 350	75	103	58	8,5
	6		1,0	3,25 x 450	140	209	79	4,0
	8		1,5			382		
	10		2,0			608		
	15		2,0	4,0 x 450	180	1250	98	
	20		2,0			2125		

Punktschweißen
Spot welding

Richtwerte für das Punktschweißen von Stahlblechen

Einzelblechdicke t in mm	Schweißzeit t in s: Vorhaltezeit	Stromzeit	Nachhaltezeit	Gesamt	Schweißstrom I in kA	Elektrodenhaltekraft F in KN	Durchmesser Schweißpunkt d_{Sp} in mm
0,5	0,3	0,01	0,4	0,71	6,5	1,3	3,5
0,8	0,3	0,16	0,4	0,86	8	2	5,5
1,0	0,3	0,2	0,4	0,9	9,5	2,5	6
1,5	0,3	0,28	0,4	0,98	10	3,1	7
2,0	0,3	0,32	0,4	1,02	12	3,5	8
2,5	0,3	0,4	0,4	1,1	13	4	9
3,0	0,3	0,48	0,4	1,18	14	4,5	10

Drahtelektroden und Schweißgut zum Metall-Schutzgasschweißen von unlegierten Stählen und Feinkornstählen

DIN EN ISO 14341: 2011-04

Kurzzeichen	Chemische Zusammensetzung in Masse-%
Z	jede andere vereinbarte Zusammensetzung
2Si1	0,06 ... 0,14 C; 0,5 ... 0,8 Si; 0,9 ... 1,3 Mn
3Si1	0,06 ... 0,14 C; 0,7 ... 1,0 Si; 1,3 ... 1,6 Mn
4Si1	0,06 ... 0,14 C; 0,8 ... 1,2 Si; 1,6 ... 1,9 Mn
3Si2	0,06 ... 0,14 C; 1,0 ... 1,3 Si; 1,3 ... 1,6 Mn
2Ti	0,04 ... 0,14 C; 0,4 ... 0,8 Si; 0,9 ... 1,4 Mn; 0,05 ... 0,20 Al; 0,05 ... 0,25 Ti und Zr
3Ni1	0,06 ... 0,14 C; 0,5 ... 0,9 Si; 1,0 ... 1,6 Mn; 0,8 ... 1,5 Ni
2Ni2	0,06 ... 0,14 C; 0,4 ... 0,8 Si; 0,8 ... 1,4 Mn; 2,1 ... 2,7 Ni
2Mo	0,08 ... 0,12 C; 0,3 ... 0,7 Si; 0,9 ... 1,3 Mn; 0,4 ... 0,6 Mo
4Mo	0,06 ... 0,14 C; 0,5 ... 0,8 Si; 1,7 ... 2,1 Mn; 0,4 ... 0,6 Mo
2Al	0,08 ... 0,14 C; 0,3 ... 0,5 Si; 0,9 ... 1,3 Mn; 0,35 ... 0,75 Al

Bezeichnung eines Schweißgutes
Schweißgut ISO 14341-A-G 46-5 M21-3Si1
Bedeutung:

ISO 14 341	Norm-Hauptnummer
A	Bezeichnung nach Streckgrenze und Kerbschlagarbeit von 47J
G	Drahtelektrode für das Metall-Schutzgasschweißen
46	Festigkeit und Bruchdehnung (DIN EN ISO 2560)
5	Kerbschlagarbeit (DIN EN ISO 2560)
M21	Schutzgas
3Si1	chemische Zusammensetzung der Drahtelektrode

Mischgase zum Lichtbogenschweißen und Schneiden

DIN EN ISO 14 175: 2008-06

Gasart	chem. Zeichen	Dichte bei 0 °C und 1,101 MPa in kg/m³	Siedetemperatur bei 1,101 MPa in °C	Reaktionsverhalten beim Schweißen
Argon	Ar	1,784	-185,9	inert
Helium	He	0,178	-268,9	inert
Kohlendioxid	CO_2	1,977	- 78,5	oxidierend
Sauerstoff	O_2	1,429	-183,0	oxidierend
Stickstoff	N_2	1,251	-195,8	reaktionsträge
Wasserstoff	H_2	0,090	-252,8	reduzierend

Einteilung der Mischgase

DIN EN ISO 14 175: 2008-06

Gruppe	Kennzahl	Komponenten in Vol.-%						Anwendung	Bemerkung
		inert		oxidierend		reduzierend	reaktionsträge		
		Ar	He	CO_2	O_2	H_2	N_2		
R	1	Rest[1]	–	–	–	> 0,5 ... 15	–	141, 15, 83	reduzierend
	2	Rest[1]	–	–	–	> 15 ... 50	–	Wurzelschutz	
I	1	100	–	–	–	–	–	131, 141, 15	inert
	2	–	100	–	–	–	–	Wurzelschutz	
	3	Rest[1]	≥ 0,5 ... 95	–	–	–	–		
M 1	1	Rest[1]	–	≥ 0,5 ... 5	–	> 0,5 ... 5	–	135	schwach oxidierend
	2	Rest[1]	–	≥ 0,5 ... 5	–	–	–		
	3	Rest[1]	–	–	≥ 0,5 ... 3	–	–		
	4	Rest[1]	–	≥ 0,5 ... 5	≥ 0,5 ... 3	–	–		
M 2	1	Rest[1]	–	> 15 ... 25	–	–	–		
	2	Rest[1]	–	–	> 3 ... 10	–	–		
	3	Rest[1]	–	≥ 0,5 ... 5	> 3 ... 10	–	–		
	4	Rest[1]	–	≥ 5 ... 15	≥ 0,5 ... 3	–	–		
M 3	1	Rest[1]	–	> 25 ... 50	–	–	–		
	2	Rest[1]	–	–	> 10 ... 15	–	–		
	3	Rest[1]	–	> 25 ... 50	> 2 ... 10	–	–		
C	1	–	–	100	–	–	–		stark oxidierend
	2	–	–	Rest	≥ 0,5 ... 30	–	–		
N	1	–	–	–	–	–	100	83	reaktionsträge bis reduzierend
	5	–	–	–	–	–	≥ 0,5 ... 5	Wurzelschutz	

[1] Ar darf teilweise durch He ersetzt werden.

Mischgas ISO 14 175 – M 24 – ArCO – 8/2
Bezeichnung eines Mischgases der Gruppe M 24 mit 8 % CO_2, 2 % O_2, Rest Ar

Wurzelschutz durch so genanntes Formieren: Umspülen der Schweißnahtwurzel und der hocherhitzten Nahtrandbereiche mit Schutzgasen bei gleichzeitiger Verdrängung sauerstoffhaltiger Atmosphäre.

Wolframelektroden für Wolfram-Schutzgasschweißen und für Plasmaschneiden und Plasmaschweißen

DIN EN ISO 6848: 2005-03

Kurzzeichen, Zusammensetzung und Kennfarbe

Kurzzeichen	Zusammensetzung Oxidzusatz Art	Zusammensetzung Oxidzusatz in %	Verunreinigungen in %	Kennfarbe
WP	keiner	-	max. 5 %	grün
WCe20	CeO_2	1,8 ... 2,2		grau
WLa10	La_2O_3	0,8 ... 1,2		schwarz
WLa15	La_2O_3	1,3 ... 1,7		gold
WLa20	La_2O_3	1,8 ... 2,2		blau
WTh10	ThO_2	0,8 ... 1,2		gelb
WTh20	ThO_2	1,7 ... 2,2		rot
WTh30	ThO_2	2,8 ... 3,2		violett
WZr8	ZrO_2	0,15 ... 0,5		braun
WZr8	ZrO_2	0,7 ... 0,9		weiß

Durchmesserabstufung in mm:
0,5 - 1,0 - 1,5 - 1,6 - 2,0 - 2,5 - 3,2 - 4,0 - 5,0 - 6,3 - 8,0 - 10,0

Längenabstufung in mm:
50 - 75 - 150 - 300 - 450 - 600

Eignung der Stromart

zu schweißender Werkstoff	Gleichstrom Elektrode negativ	Gleichstrom Elektrode positiv	Wechselstrom
Aluminium ($t \leq 2,5$ mm)	2[1]	2	1
Aluminium ($t > 2,5$ mm)	2	3	1
und Al-Legierungen	2	3	1
Magnesium und Mg-Leg.	3	2	1
Kohlenstoffstahl und niedriglegierte Stähle	1	3	3
nichtrostende Stähle	1	3	3
Kupfer	1	3	3
Bronze	1	3	2
Aluminium-Bronze	2	3	1
Silizium-Bronze	1	3	3
Nickel und Ni-Legierungen	1	3	2
Titan	1	3	2

[1] 1: Stromart für beste Ergebnisse; 2: Stromart für gute Ergebnisse; 3: Stromart nicht zu empfehlen oder nicht möglich

Empfohlene Stromstärkebereiche bei Argonschutz

Elektrodendurchmesser	Gleichstrom I in A, Elektrode negativ: Reines Wolfram	Gleichstrom I in A, Elektrode negativ: Wolfram mit Oxidzusatz	Gleichstrom I in A, Elektrode positiv: Reines Wolfram od. mit Oxidzusatz	Wechselstrom I in A: Reines Wolfram	Wechselstrom I in A: Wolfram mit Oxidzusatz
0,5	2 ... 20	2 ... 20	nicht anwendbar	2 ... 15	2 ... 15
1,0	10 ... 75	10 ... 75	nicht anwendbar	15 ... 55	15 ... 70
1,5 ... 1,6	60 ... 150	60 ... 150	10 ... 20	45 ... 90	60 ... 125
2,0	75 ... 180	100 ... 200	15 ... 25	65 ... 125	85 ... 160
2,5	130 ... 230	170 ... 250	17 ... 30	80 ... 140	120 ... 210
3,2	160 ... 310	225 ... 330	20 ... 35	150 ... 190	150 ... 250
4,0	275 ... 450	350 ... 480	35 ... 50	180 ... 260	240 ... 350
5,0	400 ... 625	500 ... 675	50 ... 70	240 ... 350	330 ... 460
6,3	550 ... 875	650 ... 950	65 ... 100	300 ... 450	430 ... 575
8,0	-	-	-	-	650 ... 830

Die Oxidzusätze erhöhen die Elektronenemission und damit die Lebensdauer der Elektroden. Der Zusatz vermindert das Risiko einer Verunreinigung der Schweißnaht mit Wolfram.
Die Oxidzusätze sind im Wolfram in der Regel fein verteilt. Zusammengesetzte Elektroden bestehen aus einem reinen Wolframkern mit einer Oxidbeschichtung.
Zusammengesetzte Elektroden werden durch einen zweiten rosa Ring gekennzeichnet.

Bezeichnung einer Wolframelektrode mit einem Oxidzusatz von 2,8 % ... 3,2 % ThO_2: **WT 30**

Richtwerte für das MAG-Schweißen

Stumpfnähte (V-Nähte) — Werkstoff: unlegierter Baustahl, Schweißposition: PA, Schweißgut: ISO 14341-A-G42-5 M21-35i1, Schutzgas: ISO 14175-M21

Werkstückdicke t in min	Spalt b in mm	Einstellwerte: Spannung U in V	Einstellwerte: Stromstärke I in A	Einstellwerte: Drahtvorschub v_f in m/min	Einstellwerte: Schutzgasentnahme V in l/min	Lagenzahl	Leistungswerte: Schweißgut m in g/m	Leistungswerte: Schutzgasverbrauch V in l/m	Leistungswerte: Abschmelzzeit t in min/m
6	2,0	21,0	205	8,3	12	2	249	78	6,5
8	2,0	27,5	270	8,1	10 ... 15	3	374	100	8,3
10	2,5	28,0	290	9,0	10 ... 15	4	591	134	10,6
12	2,5	28,0	290	9,0	10 ... 15	4	791	168	12,7
15	3,0	28,5	300	9,2	10 ... 15	5	1275	263	19,5
20	3,0	29,0	310	9,5	10 ... 15	12	2085	400	29,0

Öffnungswinkel des Spaltes: $\alpha = 50°$; Elektrodendurchmesser $d = 1,2$ mm ($d = 1,0$ bei $t = 6$ mm)

Kehlnähte — Werkstoff: unlegierter Baustahl, Schweißposition: PB, Schweißgut: ISO 14341-A-G42-5 M21-35i1, Schutzgas: ISO 14175-M21

Werkstückdicke t in min	Spalt b in mm	Einstellwerte: Spannung U in V	Einstellwerte: Stromstärke I in A	Einstellwerte: Drahtvorschub v_f in m/min	Einstellwerte: Schutzgasentnahme V in l/min	Lagenzahl	Leistungswerte: Schweißgut m in g/m	Leistungswerte: Schutzgasverbrauch V in l/m	Leistungswerte: Abschmelzzeit t in min/m
2	0,8	20,0	105	7,3	10	1	44	15	1,5
4	1,0	23,0	220	10,7	10	1	140	21	2,1
6	1,2	29,5	300	9,5	15	1	300	53	3,5
8	1,2	29,5	300	9,5	15	3	545	97	6,4
10	1,2	29,5	300	9,5	15	6	805	143	9,5

Schweißzusätze zum Schmelzschweißen von Kupfer und Kupferlegierungen

DIN EN ISO 24 373: 2009-08

Legierungskurzzeichen		Legierungskurzzeichen		Legierungskurzzeichen	
numerisch	chemisch	numerisch	chemisch	numerisch	chemisch
Kupfer - niedriglegiert		Kupfer - Zinn		Kupfer - Aluminium	
Cu 1897	Cu Ag	Cu 5180	Cu Sn5 P	Cu 6061	Cu Al5 Ni2 Mn
Cu 1898	Cu Sn1	Cu 5210	Cu Sn8 P	Cu 6100	Cu Al7
Kupfer - Silizium		Cu 5211	Cu Sn10 MnSi	Cu 6180	Cu Al10 Fe
Cu 6511	Cu Si2 Mn1	Cu 5410	Cu Sn12 P	Cu 6240	Cu Al11 Fe3
Cu 6560	Cu Si3 Mn1	Kupfer - Zink		Cu 6325	Cu Al8 Fe4 Mn2 Ni2
Cu 6561	Cu Si2 Mn1 Sn1 Zn1	Cu 4700	Cu Zn40 Sn	Cu 6327	Cu Al8 Ni2 Fe3 Mn2
Kupfer - Nickel		Cu 4701	Cu Zn40 Sn Si Mn	Cu 6328	Cu Al9 Ni5 Fe3 Mn2
Cu 7061	Cu Ni10	Cu 6800	Cu Zn40 Ni	Kupfer - Mangan	
Cu 7158	Cu Ni30 Mn1 Fe Ti	Cu 6810	Cu Zn40 Fe1 Sn1	Cu 6338	Cu Mn13 Al8 Fe3 Ni2

Eine Zuordnung der Schweißzusätze zu einem Schweißverfahren (z. B. Schutzgasschweißen, WIG-Schweißen oder Plasmaschweißen) gibt es nicht.

Massivdraht ISO 24 373 – S Cu 6511

Bezeichnung eines Massivdrahtes der Legierung Cu 6511

Die chemische Zusammensetzung kann in Klammern nachgesetzt werden.

S ist das Kurzzeichen für den Massivdraht oder Massivstab.

Schweißzusätze für das Lichtbogenschweißen von Aluminium und Aluminiumlegierungen

DIN EN 1011-4: 2001-02

Gruppeneinteilung			Auswahl der Zusatzstoffe (Typen)											
Typ	Legierungsbezeichnung	Chemische Bezeichnung	Grundwerkstoff	Al	AlMn	AlMg (< 1 %)	AlMg3	AlMg5	AlMg-Si	AlZn-Mg	AlSi-Cu (< 1 %)	AlMg-Si	AlSi-Cu	AlCu
1	R-1450	Al99,5Ti	Al	4	–	–	–	–	–	–	–	–	–	–
	R-1080A	Al99,8	AlMn	4	3/4	–	–	–	–	–	–	–	–	–
3	R-3103	AlMn1	AlMg (< 1 %)	4	4	4	–	–	–	–	–	–	–	–
4	R-4043A	AlSi5	AlMg3	4/5	5	5	5	–	–	–	–	–	–	–
	R-4046	AlSi10Mg	AlMg5	5	5	5	5	5	–	–	–	–	–	–
	R-4047A	AlSi12(A)	AlMgSi	4/5	4	4	5	5	5	–	–	–	–	–
	R-4018	AlSi7Mg	AlZnMg	5	5	5	5	5	5	5	–	–	–	–
5	R-5249	AlMg2Mn0,8Zr	AlSiCu (< 1 %)	4	4	4	4	4	4	4	4	–	–	–
	R-5754	AlMg3	AlSiMg	4	4	4	4	4	4	4	4	4	–	–
	R-5556A	AlMg5,2Mn	AlSiCu	4	4	4	4	4	4	4	4	4	4	–
	R-5183	AlMg4,5Mn0,7(A)	AlCu	–	–	–	–	–	4	4	4	4	4	4
	R-5087	AlMg4,5MnZr	Die Angaben gelten für Guss- und Knetlegierungen. Schweißverfahren: 131 (MIG), 141 (WIG), 15 (Plasmaschweißen)											
	R-5356	AlMg5Cr(A)												

Nahtarten

DIN 16 960-1: 1974-02

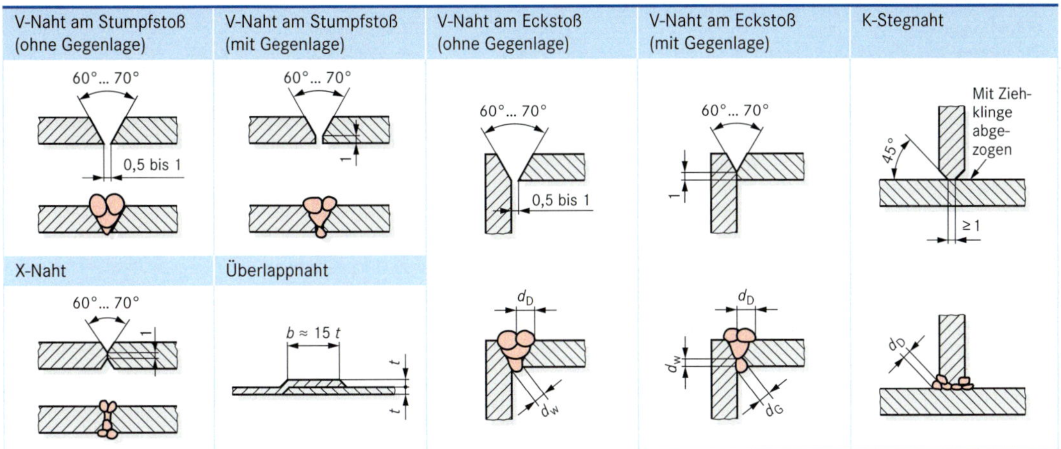

Schweißparameter für das Warmgasschweißen von thermoplastischen Kunststoffen

DVS 2207-3: 2005-04

Schweiß-verfahren	Werkstoff	Kurzzeichen	Warmgas-temperatur in °C	Warmgas-volumenstrom in Nl/min	Schweiß-geschwindig-keit in mm/min	Schweißkraft in N Stabdurchmesser 3 mm	4 mm
WF Warmgas-fächel-schweißen	Polyethylen hoher Dichte	PE-HD	300 ... 320	40 ... 50	70 ... 90	8 ... 10	20 ... 25
	Polypropylen	PP	305 ... 315		60 ... 85		
	Polyvinylchlorid weichmacherfrei	PVC-U	330 ... 350		110 ... 170		
	Polyvinylchlorid chloriert	PVC-C	340 ... 360		55 ... 85	15 ... 20	
	Polyvinylidenfluorid	PVDF	350 ... 370		45 ... 50		25 ... 30
WZ Warmgas-ziehschwei-ßen	Polyethylen hoher Dichte	PE-HD	300 ... 340	45 ... 55	250 ... 350	145 ... 20	25 ... 35
	Polypropylen	PP	300 ... 340				
	Polyvinylchlorid weichmacherfrei	PVC-U	350 ... 370				
	Polyvinylchlorid chloriert	PVC-C	370 ... 390		180 ... 220	20 ... 25	30 ... 35
	Polyvinylidenfluorid	PVDF	365 ... 385		200 ... 250		
	Polyethylen	PE	350 ... 380	50 ... 60 Warmgas Stickstoff	220 ... 250	10 ... 15	keine Angaben
	Tetrafluorethylenper-flourpropylen Copolymerisat	FEP	380 ... 390	50 ... 60	60 ... 80		

Warmgas-Schweißverfahren

Warmgas-fächel-schweißen

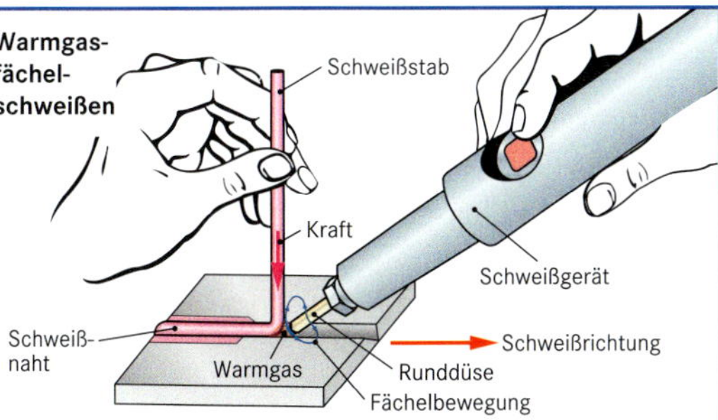

Warmgas-zieh-schweißen

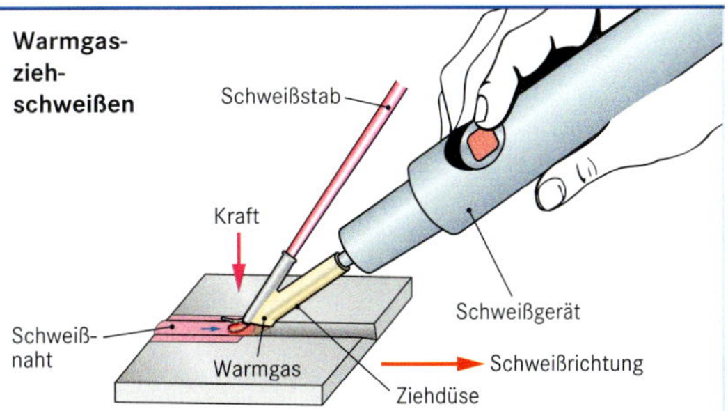

Bewertungsgruppen von Unregelmäßigkeiten

DIN EN ISO 5817: 2006-10

Definitionen:
Gebrauchstauglichkeit: Ein Erzeugnis ist für den beabsichtigten Zweck tauglich, wenn es im Betrieb während der vorgesehenen Lebensdauer zufriedenstellend funktioniert.
Kurze Unregelmäßigkeiten: Eine oder mehrere Unregelmäßigkeiten mit einer Gesamtlänge von max. 25 mm auf jeweils 100 mm Nahtlänge oder max. 25 % der Schweißnahtlänge, die kürzer als 100 mm ist
Systematische Unregelmäßigkeit: Unregelmäßigkeiten, die sich in regelmäßigen Abständen in der Schweißnaht über die untersuchte Länge wiederholen
Projizierte Fläche: Fläche, auf der die über die Schweißnaht verteilten Unregelmäßigkeiten zweidimensional abgebildet werden.
Querschnittsfläche: Fläche, die nach dem Bruch zu beurteilen ist

Kurzzeichen:
a Sollmaß der Kehlnahtdicke
b Breite der Nahtüberhöhung
d Porendurchmesser
h Größe der Unregelmäßigkeit (Höhe und Breite)
l Länge der Unregelmäßigkeit
s Nennmaß der Stumpfnahtdicke oder: vorgeschriebene Einbrandtiefe
t Rohrwand- oder Blechdicke
z Sollmaß der Schenkellänge bei Kehlnähten

Unregelmäßigkeit	Darstellung		Grenzwerte für die Unregelmäßigkeit Bewertungsgruppen niedrig **D**	mittel **C**	hoch **B**
Risse	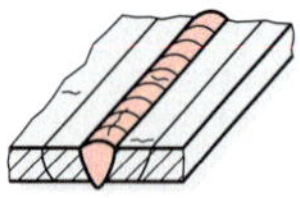	Alle Arten von Rissen außer Mikrorisse	nicht zulässig		
Poren	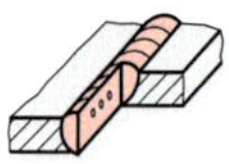	Summe der Poren auf der abgebildeten oder gebrochenen Oberfläche Maß einer Pore bei einer Stumpfnaht Kehlnaht Maß einer Pore	≤ 4 % $d \le 0{,}4\,s$ $d \le 0{,}4\,a$ $d \le 5$ mm	≤ 2 % $d \le 0{,}3\,s$ $d \le 0{,}3\,a$ $d \le 4$ mm	≤ 1 % $d \le 0{,}2\,s$ $d \le 0{,}2\,a$ $d \le 3$ mm
Porennest	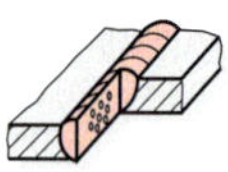	Summe der Poren auf der abgebildeten oder gebrochenen Oberfläche Maß einer Pore bei einer Stumpfnaht Kehlnaht Maß einer Pore	≤ 16 % $d \le 0{,}4\,s$ $d \le 0{,}4\,a$ $d \le 4$ mm	≤ 8 % $d \le 0{,}3\,s$ $d \le 0{,}3\,a$ $d \le 3$ mm	≤ 4 % $d \le 0{,}2\,s$ $d \le 0{,}2\,a$ $d \le 2$ mm
Feste Einschlüsse	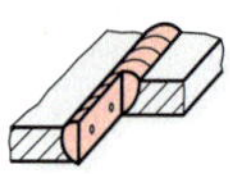	Schlackeneinschluss Metallischer Einschluss (außer Cu) Stumpfnaht Kehlnaht Größtmaß für Einschlüsse	$h \le 0{,}4\,s$ $h \le 0{,}4\,a$ $h \le 4$ mm	$h \le 0{,}3\,s$ $h \le 0{,}3\,a$ $h \le 3$ mm	$h \le 0{,}2\,s$ $h \le 0{,}2\,a$ $h \le 2$ mm
Bindefehler	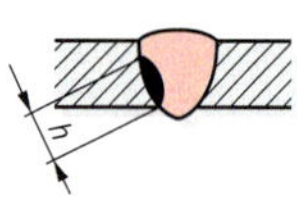 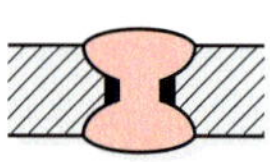	Stumpfnaht Kehlnaht Größtmaß für Einschlüsse	kurze Unregelmäßigkeiten zulässig, aber nicht bis zur Oberfläche $h \le 0{,}4\,s$ $h \le 0{,}4\,a$ $h \le 4$ mm	nicht zulässig	
Ungenügende Durchschweißung	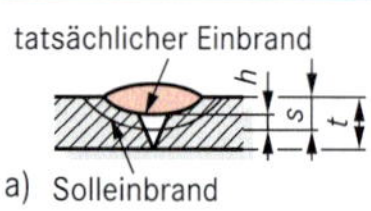 a)		Kurze Unregelmäßigkeiten $h \le 0{,}2\,s$ $h \le 2$ mm	$h \le 0{,}1\,s$ $h \le 1{,}5$ mm	nicht zulässig
	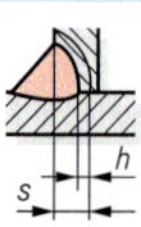 b)		Kurze Unregelmäßigkeiten $h \le 0{,}2\,a$ $h \le 2$ mm	nicht zulässig	nicht zulässig

Bewertungsgruppen von Unregelmäßigkeiten

DIN EN ISO 5817: 2006-10

Unregelmäßigkeit	Darstellung	Grenzwerte für die Unregelmäßigkeit – Bewertungsgruppen: niedrig D	mittel C	hoch B
Einbrandkerbe	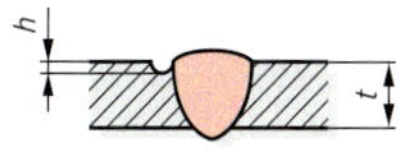 a)	Kurze Unregelmäßigkeiten $h \le 0{,}2\,t$	Kurze Unregelmäßigkeiten $h \le 0{,}1\,t$	nicht zulässig
	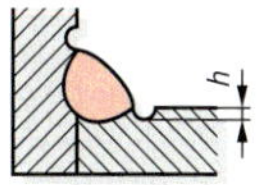 b) weicher Übergang wird verlangt	$h \le 0{,}2\,t$ $h \le 1$ mm	$h \le 0{,}1\,t$ $h \le 0{,}5$ mm	$h \le 0{,}05\,t$ $h \le 0{,}5$ mm
Zu große Nahtüberhöhung	Stumpfnaht 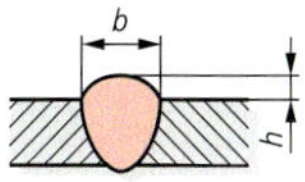 a)	$h \le 1$ mm + $0{,}25\,b$ $h \le 10$ mm	$h \le 1$ mm + $0{,}15\,b$ $h \le 7$ mm	$h \le 1$ mm + $0{,}1\,b$ $h \le 5$ mm
	Kehlnaht 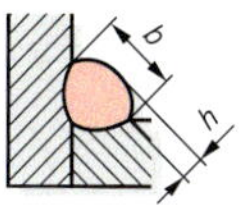 b)	$h \le 1$ mm + $0{,}25\,b$ $h \le 5$ mm	$h \le 1$ mm + $0{,}15\,b$ $h \le 4$ mm	$h \le 1$ mm + $0{,}1\,b$ $h \le 3$ mm
Nahtdickenüberschreitung	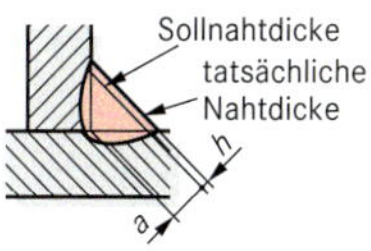 Für viele Anwendungen ist eine Überschreitung der Nahtdicke kein Grund für eine Zurückweisung.	zulässig	$h \le 1$ mm + $0{,}2\,a$ $h \le 4$ mm	$h \le 1$ mm + $0{,}15\,a$ $h \le 3$ mm
Nahtdickenunterschreitung	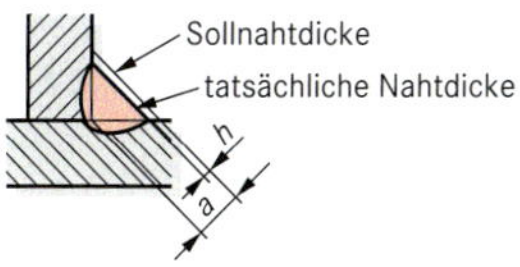	Lange Unregelmäßigkeiten nicht zulässig Kurze Unregelmäßigkeiten: $h \le 0{,}3$ mm + $0{,}1\,a$ $h \le 2$ mm	Lange Unregelmäßigkeiten nicht zulässig Kurze Unregelmäßigkeiten: $h \le 0{,}3$ mm + $0{,}1\,a$ $h \le 1$ mm	nicht zulässig
Zu große Wurzelüberhöhung	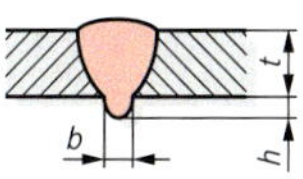	$h \le 1$ mm + $0{,}6\,b$	$h \le 1$ mm + $0{,}3\,b$	$h \le 1$ mm + $0{,}1\,b$
Kantenversatz	Bleche und Langschweißnähte 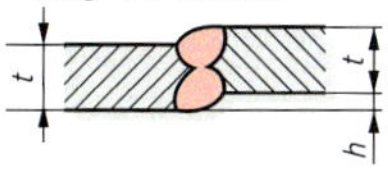 a)	$h \le 0{,}25\,t$ $h \le 5$ mm	$h \le 0{,}15\,t$ $h \le 4$ mm	$h \le 0{,}1\,t$ $h \le 3$ mm
	Umfangsschweißnähte 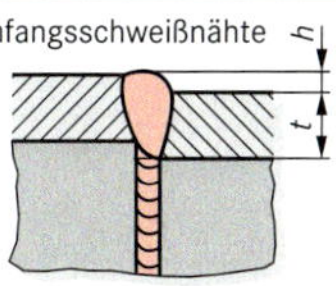 b)	$h \le 0{,}5\,t$ $h \le 4$ mm	$h \le 0{,}5\,t$ $h \le 3$ mm	$h \le 0{,}5\,t$ $h \le 2$ mm
Decklagenunterwölbung	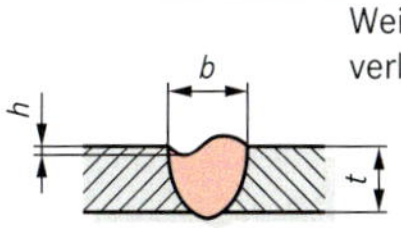 Weicher Übergang wird verlangt.	Lange Unregelmäßigkeiten nicht zulässig Kurze Unregelmäßigkeiten bei $t > 3$: $h \le 0{,}25 \cdot t$ $h \le 2$ mm	Lange Unregelmäßigkeiten nicht zulässig Kurze Unregelmäßigkeiten bei $t > 3$: $h \le 0{,}1\,t$ $h \le 1$ mm	Lange Unregelmäßigkeiten nicht zulässig Kurze Unregelmäßigkeiten bei $t > 3$: $h \le 0{,}05\,t$ $h \le 0{,}5$ mm

Bewertungsgruppen von Unregelmäßigkeiten

DIN EN ISO 5817: 2006-10

Unregelmäßigkeit	Darstellung		Grenzwerte für die Unregelmäßigkeit – Bewertungsgruppen: niedrig **D**	mittel **C**	hoch **B**
Übermäßige Ungleichschenkligkeit bei Kehlnähten	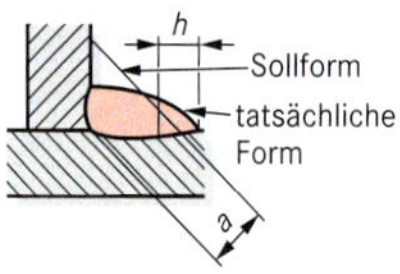	Es wird vorausgesetzt, dass eine asymmetrische Kehlnaht nicht vorgeschrieben ist.	$h \leq 2$ mm + 0,2 a	$h \leq 2$ mm + 0,15 a	$h \leq 1{,}5$ mm + 0,15 a
Wurzelrückfall Wurzelkerbe	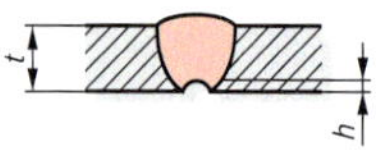	Weicher Übergang wird verlangt.	Kurze Unregelmäßigkeiten bei $t > 3$: $h \leq 0{,}2\,t$ $h \leq 2$ mm	$h \leq 0{,}1\,t$ $h \leq 1$ mm	$h \leq 0{,}05\,t$ $h \leq 0{,}5$ mm
Schweißgutüberlauf	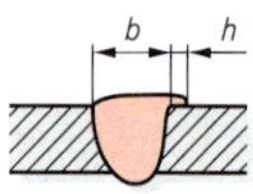		Kurze Unregelmäßigkeiten zulässig $h \leq 0{,}2\,b$	nicht zulässig	
Schweißspritzer	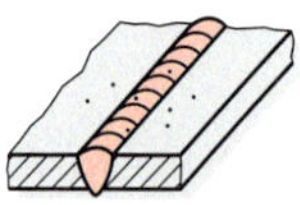		Die Zulässigkeit hängt von der Anwendung ab. z. B. Werkstoff, Korrosionsschutz		

Allgemeintoleranzen für Schweißkonstruktionen
General tolerances for welding constructions

DIN EN ISO 13920: 1996-11

Toleranzklasse	Nennmaßbereich in mm: 2 bis 30	über 30 bis 120	über 120 bis 400	über 400 bis 1000	über 1000 bis 2000	über 2000 bis 4000	über 4000 bis 8000	über 8000 bis 12 000	über 12 000 bis 16 000	über 16 000 bis 20 000	über 20 000
Grenzabmaße für Längenmaße											
A	± 1	± 1	± 1	± 2	± 3	± 4	± 5	± 6	± 7	± 8	± 9
B	± 1	± 2	± 2	± 3	± 4	± 6	± 8	± 10	± 12	± 14	± 16
C	± 1	± 3	± 4	± 6	± 8	± 11	± 14	± 18	± 21	± 24	± 27
D	± 1	± 4	± 7	± 9	± 12	± 16	± 21	± 27	± 32	± 36	± 40
Geradheits-, Ebenheits- und Parallelitätstoleranz											
E	-	0,5	1,0	1,5	2,0	3	4	5	6	7	8
F	-	1,0	1,5	3,0	4,5	6	8	10	12	14	16
G	-	1,5	3,0	5,5	9,0	11	16	20	22	25	25
H	-	2,0	5,0	9,0	14,0	18	26	32	36	40	40

Die übrigen in DIN ISO 1101 definierten Form- und Lagetoleranzen dürfen in der Regel innerhalb der für den jeweiligen Nennmaßbereich zulässigen Abweichungen liegen (s. Tabellen „Allgemeintoleranzen für Längen" und „Zulässige Grenzabmaße für Winkelmaße"). In besonderen Fällen müssen die Form- und Lagetoleranzen entsprechend DIN ISO 1101 eingetragen werden.

Zeichnungseintragungen: Toleranzklasse B für Maßtoleranz und Toleranzklasse G für Ebenheitstoleranz: **EN ISO 13920 - BG**

Grenzabmaße für Winkelmaße

Toleranzklasse	Abmaße in Grad und Minuten für Nennmaßbereiche in mm (Länge des kürzeren Schenkels): bis 400	über 400 bis 1000	über 1000
A	± 20'	± 15'	± 10'
B	± 45'	± 30'	± 20'
C	± 1°	± 45'	± 30'
D	± 1°30'	± 1°15'	± 1°

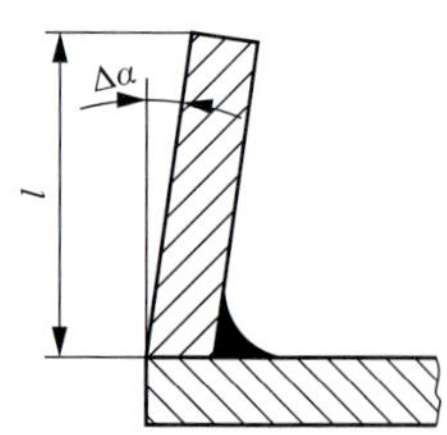

Klasse	A	B	C	D	E
Eignungsnachweis	Kein Eignungsnachweis erforderlich	Kleiner Eignungsnachweis erforderlich	Kleiner Eignungsnachweis mit Erweiterung erforderlich	Großer Eignungsnachweis erforderlich	Großer Eignungsnachweis mit Erweiterung auf dynamischen Bereich erforderlich
Art der Einwirkung	Tragwerke vorwiegend ruhend beansprucht				Tragwerke vorwiegend nicht ruhend beansprucht
Geltungsbereich	**Werkstoffe:** Unlegierte Stähle im Festigkeitsbereich bis S275	**Werkstoffe:** wie Klasse A	**Werkstoffe:** unlegierte Baustähle im Festigkeitsbereich bis S355 sowie nichtrostende und wetterfeste Stähle bis S275	**Werkstoffe:** Baustähle bis S 355, Feinkornbaustähle bis S 355 M, Vergütungsstahl C35	**Werkstoffe:** Baustähle bis S 355, Feinkornbaustähle bis S 355M, Vergütungsstahl C35
	Materialdicken: ≤ 16 mm, bei anzuschweißenden Kopf- und Fußplatte ≤ 30 mm	**Materialdicken:** ≤ 22 mm bei anzuschweißenden Kopf- und Fußplatten ≤ 30 mm	**Materialdicken:** ≤ 30 mm, bei anzuschweißenden Kopf- und Fußplatten ≤ 40 mm	**Materialdicken:** nach den Regelwerken	**Materialdicken:** nach den Regelwerken
	Schweißprozesse: manuelle und teilmechanische Verfahren	**Schweißprozesse:** manuelle und teilmechanische Verfahren	**Schweißprozesse:** alle Verfahren	**Schweißprozesse:** alle Verfahren	**Schweißprozesse:** alle Verfahren
	Bauteile: Stützen mit Kopf- und Fußplatten, Treppen in Wohngebäuden bis 5 m Länge, Geländer (Horizontallast ≤ 0,5 kN/m)	**Bauteile:** Fachwerkträger bis 20 m Stützweite für eingeschossige Gebäude; Treppen (Verkehrslast ≤ 5 kN/m) Geländer (Horizontallast > 0,5 kN/m)	**Bauteile:** Alle Bauteile der Klasse B erweitert auf 30 m Stützweite	**Bauteile:** alle nach den Stahlbaugrundnormen und Stahlbaufachnormen bemessene Konstruktionen, vorwiegend ruhend	**Bauteile:** Alle Bauteile der Klasse D und nicht vorwiegend ruhend beanspruchte Bauteile z. B. Brücken, Kranbahnen
Werkseigene Produktionskontrolle	Ist durchzuführen in Verantwortung des Herstellers				
Betriebsanforderungen	kein Nachweis erforderlich	Nachweis gegenüber anerkannten Stellen erforderlich			
Stufe der Anforderungen nach DIN EN ISO 3834-2, DIN EN ISO 3834-3, DIN EN ISO 3834-4	Elementar DIN EN ISO 3834-4	Standard DIN EN ISO 3834-3			Umfassend DIN EN ISO 3834-2
Stufe der technischen Kenntnisse der Schweißaufsichtsperson nach DIN EN ISO 14 731	Keine besonderen Anforderungen	Technische Basiskenntnisse	Spezielle technische Kenntnisse	Umfassende technische Kenntnisse	

Flussmittel zum Weichlöten

DIN EN 29454-1: 1994-02

Flussmitteltyp	Flussmittelbasis	Flussmittelaktivator	Flussmittelart	Kurzzeichen nach DIN EN 29 454	Kurzzeichen nach DIN 8511 (bisher)	Rückstände
1 Harz	1 Kolophonium 2 ohne Kolophonium	1 ohne Aktivator 2 mit Halogenen aktiviert 3 ohne Halogene aktiviert	A flüssig	für Leichtmetalle		
				3.1.1. 2.1.3. 2.1.2.	F-LW-1 F-LW-2 F-LW-3	korrodierend
2 organisch	1 wasserlöslich 2 nicht wasserlöslich		B fest	für Schwermetalle		
3 anorganisch	1 Salze	1 mit Ammoniumchlorid 2 ohne Ammoniumchlorid		3.2.2. 3.1.1.	F-SW-11 F-SW-12	korrodierend
	2 Säuren	1 Phosphorsäure 2 andere Säuren	C Paste	3.1.1. 3.1.2. 2.1.3. 2.1.1. 2.1.2. 1.1.2.	F-SW-21 F-SW-22 F-SW-23 F-SW-24 F-SW-25 F-SW-26	bedingt korrodierend
		1 Amine und/oder Ammoniak		1.1.1. 1.1.3.	F-SW-31 F-SW-32	nicht korrodierend

Flussmittel EN 29454 – 1.1.1. C
Bezeichnung eines Flussmittels vom Typ 1 auf Kolophoniumbasis ohne Aktivator in Pastenform

i **Kolophonium:** gelbes bis braunschwarzes Baumharz

Flussmittel zum Hartlöten

DIN EN 1045: 1997-08

Kurzzeichen	Entfernung der Rückstände	Bemerkungen und Verwendung
für Leichtmetalle		
FL 10	ja, mit Salpetersäure und/oder heißem Wasser	auf der Basis hygroskopischer Chloride und Fluoride
FL 20	im Allgemeinen nein	auf der Basis nicht hygroskopischer Fluoride; Lötstelle vor Nässe schützen
für Schwermetalle		
FH 10	ja, abwaschen oder abbeizen	Borverbindungen oder Fluoride, Wirktemperatur 550 ... 800 °C
FH 11		Borverbindungen oder Fluoride und Chloride, Wirktemperatur: 550 ... 800 °C
FH 21	im Allgemeinen nein, ggf. mechanisch oder abbeizen	Borverbindungen, Wirktemperatur: 750 ... 1100 °C
FH 30		Borverbindungen, Phosphate, Silikate, Wirktemperatur 1000 ... 1250 °C
FH 40	ja, abwaschen oder abbeizen	Chloride und Fluoride, Wirktemperatur: 600 ... 1000 °C

Zusammensetzung des Kurzzeichens:
F – Flussmittel; L – Leichtmetall; H – Schwermetall, ergänzt durch Zahlen

Lotzusätze für das Hartlöten

DIN EN ISO 17 672: 2010-11

Kurzzeichen	Kennzeichen nach DIN EN ISO 3677	bisheriges Kurzzeichen	Schmelzbereich in °C	Form der Lötstelle	Art der Lotzufuhr	Verwendung Grundwerkstoff
Nickelhartlote						
Ni 610	B-Ni73CrFeSiB-980/1070	L-Ni 1	980 ... 1070	lt. Herstellerangaben		Nickel, Nickel-Legierungen Kobalt, Kobalt-Legierungen legierte Stähle bedingt Sondermetalle
Ni 620	B-Ni82CrSiBFe-970/1000	L-Ni 2	970 ... 1000			
Ni 630	B-Ni92SiB-980/1040	L-Ni 3	980 ... 1040			
Ni 631	B-Ni95SiB-980/1070	L-Ni 4	980 ... 1070			
Ni 650	B-Ni71CrSi-1080/1135	L-Ni 5	1080 ... 1135			
Ni 700	B-Ni89P-875	L-Ni 6	875			
Ni 710	B-Ni76CrP-890	L-Ni 7	890			
Ni 800	B-Ni66MnSiCu-980/1010	L-Ni 8	980 ... 1010			
Ni 612	B-Ni81CrB-1055	–	1055			
Ni 670	B-Ni63WCrFeSiB-970/1105	–	970 ... 1105			

Lotzusätze für das Hartlöten

DIN EN ISO 17 672: 2010-11

Kurzzeichen	Kennzeichen nach DIN EN ISO 3677	bisheriges Kurzzeichen	Schmelzbereich in °C	Form der Lötstelle	Art der Lotzufuhr	Verwendung Grundwerkstoff
Aluminiumhartlote						
Al 105	B-Al95Si-575/630	–	575 ... 630	Spalt	angelegt oder eingelegt	Aluminium, Aluminium-Legierungen vom Typ AlMn, AlMnMg, AlMg, AlMgSi, lotplattierte Bänder und Bleche
Al 107	B-Al92Si-575/615	L-AlSi7,5	575 ... 615			
Al 110	B-Al90Si-575/590	L-AlSi10	575 ... 590			
Al 112	B-Al99Si-575/585	L-AlSi12	575 ... 585			
Al 210	B-Al86SiCu-520/585	–	520 ... 585			
Al 310	B-Al89SiMg-555/590	–	555 ... 590			
Silberhartlote						
Ag 145	B-Ag45CuZnSn-640/680	L-Ag45Sn	640 ... 680			Stähle, Temperguss, Kupfer, Kupferlegierungen, Nickel, Nickellegierungen
Ag 134	B-Cu36AgZnSn-630/730	L-Ag34Sn	630 ... 730			
Ag 244	B-Ag44CuZn675/735	L-Ag44	675 ... 735			Stähle, Temperguss, Kupfer, Kupferlegierungen, Nickel, Nickellegierungen
Ag 230	B-Cu38ZnAg-680/765	L-Ag30	680 ... 765			
Ag 225	B-Cu40ZnAg-700/790	L-Ag25	700 ... 790			
Ag 212	B-Cu48ZnAg(Si)800/830	L-Ag12	800 ... 830			
Ag 205	B-Cu55ZnAg(Si)-820/870	L-Ag5	820 ... 870			
Ag 350	B-Ag50CdZnCu-620/640	LAg50Cd	620 ... 640			Edelmetalle, Kupferlegierungen
Ag 345	B-Ag45CdZnCu-605/620	L-Ag45Cd	605 ... 620			
Ag 340	B-Ag40ZnCdCu-595/630	L-Ag40Cd	595 ... 630			Stähle, Temperguss, Kupfer, Kupferlegierungen, Nickel, Nickellegierungen
Ag 330	B-Ag30CuCdZn-600/690	L-Ag30Cd	600 ... 690			
Ag 351	B-Ag50CdZnCuNi-635/655	L-Ag50CdNi	635 ... 655			Hartmetall aus Stahl
Ag 485	B-Ag85Mn-960/970	L-Ag85	960 ... 970			Nickel und Nickellegierungen
Ag 449	B-Ag49ZnCuMnNi-680/705	L-Ag49	680 ... 705			Hartmetall auf Stahl, Wolfram- und Molybdän-Werkstoffe
Ag 427	B-Cu38AgZnMnNi-680/830	L-Ag27	680 ... 830			
Kupfer-Phosphorhartlote						
CuP 284	B-Cu80AgP-645/800	L-Ag15P	645 ... 800	Spalt	angelegt oder eingelegt	Kupfer
CuP 281	B-Cu89PAg-645/815	L-Ag5P	645 ... 815			Kupfer-Zink-Legierungen
CuP 279	B-Cu92PAg-645/825	L-Ag2P	645 ... 825			Kupfer-Zinn-Legierungen
CuP 180	B-Cu93P-710/820	L-CuP7	710 ... 820			Kupfer, Fe- und Ni-freie Kupferlegierungen
Kupferhartlote						
Cu 141	B-Cu100(P)-1085	L-SFCu	1085	Spalt	angelegt oder eingelegt	Stähle
Cu 922	B-Cu94Sn(P)-910/1040	L-CuSn6	910 ... 1040			Eisen- und Nickelwerkstoffe
Cu 925	B-Cu88Sn(P)-825/990	L-CuSn12	625 ... 990			
Cu 470a	B-Cu60Zn(Si)-875/895	L-CuZn40	875 ... 895			Stähle, Temperguss, Kupfer
Cu 471	B-Cu60Zn(Sn)(Si)(Mn)-870/900	L-CuZn39Sn	870 ... 900			wie Cu 301 und Gusseisen
Cu 773	B-Cu48ZnNi(Si)-890/920	L-CuNi10Zn42	890 ... 920			Stähle, Temperguss, Nickel und Nickellegierungen, Gusseisen
–		L-ZnCu42	835 ... 845		eingelegt	Neusilber

Vorsatz B von englisch: brazing = Hartlöten

Alle cadmiumhaltigen Hartlote sind auf der Verpackung mit dem Gefahrensymbol „ gesundheitsschädlich" zu kennzeichnen.

wahlweise: **Lot ISO 17 672-Ag 225** oder – **Lot 17 672-B-Cu40ZnAg-700/790**
Bezeichnung eines Hartlotes mit ca. 40 % Cu, Zn und Ag und einem Schmelzbereich von Δt = 700 ... 790

Lötzusätze für das Weichlöten

DIN EN ISO 9453: 2006-12

Gruppe	Legierungs-Nr.[1]	Legierungskurzzeichen[2]	bisheriges Kurzzeichen nach DIN 1707	Schmelztemperatur in °C[3]	Verwendung
Zinn-Blei-Legierungen	101	S-Sn 63 Pb 37	L-Sn 63 Pb	183	Miniaturtechnik, Feinwerktechnik, Elektroindustrie
	102	S-Sn 63 Pb 37 E			
	103	S-Sn 60 Pb 40	L-Sn 60 Pb	183 ... 190	Verzinnung, Elektroindustrie, gedruckte Schaltungen
	104	S-Sn 60 Pb 40 E			
	111	S-Pb 50 Sn 50	L-Sn 50 Pb	183 ... 215	Verzinnung, Elektroindustrie
	112	S-Pb 50 Sn 50 E			
	113	S-Pb 55 Sn 45	-	183 ... 226	
	114	S-Pb 60 Sn 40	L-Pb Sn 40	183 ... 235	Feinblechpackungen, Metallwaren
	115	S-Pb 65 Sn 35	-	183 ... 245	Klempnerarbeiten
	116	S-Pb 70 Sn 30	-	183 ... 255	Verzinkte Feinbleche
	117	S-Pb 80 Sn 20	-	183 ... 280	
	123	S-Pb 95 Sn 5	-	300 ... 314	
	124	S-Pb 98 Sn 2	L-Pb Sn 2	320 ... 325	Kühlerbau
Zinn-Blei-Legierungen mit Antimon	132	S-Sn 63 Pb 37 Sb	-	183	Feinwerktechnik
	131	S-Sn 60 Pb 40 Sb	L-Sn 60 Pb (Sb)	183 ... 190	Verzinnung, Feinlötungen
	133	S-Pb 50 Sn 50 Sb	L-Sn 50 Pb (Sb)	183 ... 216	Verzinnung, Feinblechpackungen
	134	S-Pb 58 Sn 40 Sb 2	L-Pb Sn 40 Sb	185 ... 231	Verzinnung, Klempnerarbeiten
	135	S-Pb 69 Sn 30 Sb 1	L-Pb Sn 30 Sb	185 ... 250	Bleilötungen
	136	S-Pb 74 Sn 25 Sb 1	L-Pb Sn 25 Sb	185 ... 263	Kühlerbau (Schmierlot)
	137	S-Pb 78 Sn 20 Sb 2	L-Pb Sn 20 Sb	185 ... 270	Karosseriebau (Schmierlot)
Zinn-Antimon-Legierung	201	S-Sn 95 Sb 5	L-Sn Sb 5	230 ... 240	Kälteindustrie
Zinn-Blei-Bismuth-Legierungen	141	S-Sn 60 Pb 38 Bi 2	-	180 ... 185	Feinlötungen
	142	S-Pb 49 Sn 48 Bi 3	-	178 ... 205	
	301	S-Bi 58 Sn 42	-	139	Niedertemperaturlot
Zinn-Blei-Cadium-Legierungen	151	S-Sn 50 Pb 32 Cd 18	L-Sn Pb Cd 18	145	Feinlötungen, Zinnwaren, Kondensatoren, Schmelzsicherungen
Zinn-Kupfer- und Zinn-Blei-Kupfer-Legierungen	401	S-Sn 99 Cu 1	-	230 ... 240	Kupferrohrinstallation,
	402	S-Sn 97 Cu 3	L-Sn Cu 3	230 ... 250	Klempnerarbeiten
	161	S-Sn 60 Pb 39 Cu 1	L-Sn 60 Pb Cu 2	183 ... 190	Elektronik, gedruckte Schaltungen,
	162	S-Sn 50 Pb 49 Cu 1	L-Sn 50 Pb Cu	183 ... 215	Elektrogerätebau
Zinn-Indium-Legierung	601	S-In 52 Sn 48	-	118	Glas-Metall-Lötungen
Zinn-Silber- und Zinn-Blei-Silber-Legierungen	701	S-Sn 96 Ag 4	(L-Sn Ag 5)[4]	221	Kupferrohrinstallation, Kältetechnik
	702	S-Sn 97 Ag 3	-	221 ... 230	
	171	S-Sn 62 Pb 36 Ag 2	(L-Sn 63 Pb Ag)[4]	179	Elektrogerätebau, Miniaturtechnik gedruckte Schaltungen
Blei-Silber- und Blei-Zinn-Silber-Legierungen	181	S-Pb 98 Ag 2	-	304 ... 305	Elektroindustrie
	182	S-Pb 95 Ag 5	L-Pb Ag 5	304 ... 365	für hohe Betriebstemperaturen
	191	S-Pb 93 Sn 5 Ag 2	-	296 ... 301	Elektrotechnik, Elektromotoren

[1] Legierungsnummern sind Ersatz für die Werkstoffnummern
[2] Vorsatz S- von englisch solder = Lot
[3] Die Temperaturen dienen der Information. Sie sind keine festgelegten Anforderungen für die Legierungen. Der kleinere Wert entspricht der Solidustemperatur, der größere Wert der Liquidustemperatur.
[4] annähernd vergleichbar mit den neuen Legierungen

Bezeichnung eines Weichlotes mit dem Kurzzeichen S-Sn 60 Pb 38 Cu 2

Weichlot ISO 9453 - Sn 60 Pb 39 Cu 1 oder Weichlot ISO 9453 - 161

Verfahren zur Klebflächenvorbehandlung

VDI 2229: 1979-06

Werkstoff	Reinigen	Entfetten	Spülen	bei niedriger Beanspruchung	bei mittlerer Beanspruchung	bei hoher Beanspruchung
Stahl	Entfernen von Schmutz, Zunder, Rost und Farbresten	Entfetten mit organischen Lösemitteln (Aceton, Methylenchlorid, Trichloräthan, Perchlorethylen) Entfetten in anorganischen Entfettungsmitteln (alkalische, neutrale oder saure Lösungen)	Spülen mit vollentsalztem oder destilliertem Wasser	keine Weiterbehandlung	Schmirgeln, Schleifen	Strahlen
Stahl, verzinkt				keine Weiterbehandlung		
Stahl, brüniert				sehr gründlich entfetten		Strahlen
Gusseisen				Gusshaut	Schmirgeln, Schleifen	Strahlen
Aluminium, Aluminiumlegierungen				keine Weiterbehandlung	1. Entfetten durch Beizen 2. Schleifen, Bürsten	1. Strahlen 2. Beizen (27,5 % Schwefelsäure, 7,5 % Natriumdichromat, 65 % vollentsalztes Wasser) 3. evtl. anodisieren
Kupfer, Kupferlegierungen				keine Weiterbehandlung	Schmirgeln, Schleifen	Strahlen
Magnesium				keine Weiterbehandlung	Schmirgeln, Schleifen	1. Strahlen 2. Beizen (20 % Salpetersäure, 15 % Kaliumdichromat, 65 % H_2O)
Titan				keine Weiterbehandlung	Bürsten mit Stahlbürste	Beizen (15 % Flusssäure (50 %ig), 85 % H_2O)

Beanspruchungsgrade:

1. **niedrige Beanspruchung:** Zugscherfestigkeit < 5 N/mm², trockene Atmosphäre, Feinmechanik, Elektrotechnik, einfache Reparaturen.
2. **mittlere Beanspruchung:** Zugscherfestigkeit 5 ... 10 N/mm², feuchte Atmosphäre, Öle, Treibstoffe; Maschinenbau, Fahrzeugbau, Reparaturen.
3. **hohe Beanspruchung:** Zugscherfestigkeit 10 N/mm², direkte Berührung mit Ölen, Treibstoffen, wässrigen Lösungen, Lösungsmitteln; Fahrzeugbau, Schiffbau, Behälterbau.

Konstruktionsklebstoffe

Klebstofftyp	Anwendung	Max. Anwendungstemperatur in °C	Mittl. Zugscherfestigkeit bei 20 °C in N/mm²	Abbindebedingungen			Bemerkungen
				Temperatur in °C	Zeit in min	Druck notwendig	
Epoxidharz (EP)	Metall-Metall Metall-Kunststoff Metall-Holz Metall-Keramik	120	10 ... 35	20 ... 180	> 60	nein	gute Kapillarwirkung, starre Klebung
EP-Polyamid	Metall-Metall Metall-Kunststoff	120	35 ... 49	180	60	ja	beste Flexibilität
Polyesterharz (UP)	Metall-Metall Metall-Kunststoff Metall-Holz	80	10 ... 20	10 ... 30	> 60	nein	nicht für hochfeste Verbindungen
PVC-Plastisole	Metall-Metall Metall-Holz Metall-Kunststoff	80	3 ... 6	140 ... 200	5 ... 30	nein	hohe Flexibilität
Cyanacrylat	Metall-Metall	20	17 ... 19	25	0,5 ... 5	nein	schnell abbindend
Methyl-Methacrylat	Metall-Metall Metall-Kunststoff Metall-Holz Metall-Keramik	-	10 ... 25	80	25	nein	Kleber mittlerer Festigkeit

Gewinde-Übersicht

DIN 202: 1999-11

Gewinde-Benennung	Gewindeprofil	Kenn-buch-stabe	Kurzzeichen, Beispiel	Nenndurchmesser, Gewindegröße, Rohr-Nennweite	Norm	Anwendung, Beispiel
Metrisches ISO-Gewinde	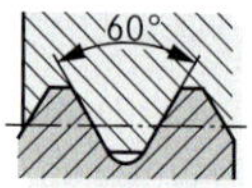	M	M 20	1 mm ... 68 mm	DIN 13-1	Regelgewinde
			M 20 × 1	1 mm ... 1000 mm	DIN 13-2 ... 11	Feingewinde
Metrisches kegeliges Außengewinde	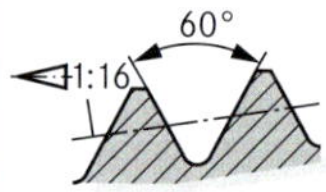		M 36 × 2 keg	6 mm ... 60 mm	DIN 158	für Verschluss-schrauben und Schmiernippel
Zylindrisches Rohrgewinde für nicht im Gewinde dichtende Verbindungen	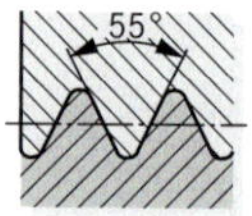	G	G 1 $\frac{1}{4}$ A G 1 $\frac{1}{4}$ B	$\frac{1}{16}$ ... 6 inch	DIN ISO 228-1	Außengewinde für Rohre und Rohr-verbindungen
			G 1 $\frac{1}{4}$			Innengewinde für Rohre und Rohr-verbindungen
Zylindrisches Rohrgewinde für im Gewinde dichtende Verbindungen		Rp	Rp $\frac{3}{4}$	$\frac{1}{16}$ ... 6 inch	DIN 2999-1	Innengewinde für Gewinderohre und Fittings
			Rp $\frac{1}{8}$	$\frac{1}{8}$ ... 1 $\frac{1}{2}$ inch	DIN 3858	Innengewinde für Rohrverschrau-bungen
Kegeliges Rohrgewinde für im Gewinde dichtende Verbindungen	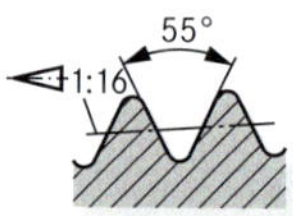	R	R $\frac{3}{4}$	$\frac{1}{16}$ ... 6 inch	DIN 2999-1	Außengewinde für Gewinderohre und Fittings
			R $\frac{1}{8}$ - 1	$\frac{1}{8}$ ... 1 $\frac{1}{2}$ inch	DIN 3858	Außengewinde für Rohrverschrau-bungen
Metrisches ISO-Trapez-gewinde	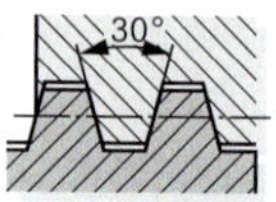	Tr	Tr 40 × 7 Tr 40 × 14 P 7	8 mm ... 300 mm	DIN 103-1 ... 8	für hochbelastete Bewegungsgewin-de, Schraubstock-spindeln
Metrisches Sägengewinde	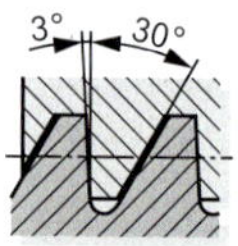	S	S 48 × 8 S 40 × 14 P 7	10 mm ... 640 mm	DIN 513-1 ... 3	für einseitig hohe Belastungen, Pressenspindeln
Zylindrisches Rundgewinde	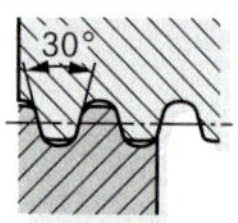	Rd	Rd 40 × $\frac{1}{6}$ Rd 40 × $\frac{1}{3}$ P $\frac{1}{6}$	8 mm ... 200 mm	DIN 405-1/2	allgemein
Blechschrauben-Gewinde	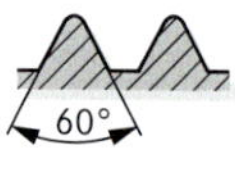	ST	ST 3,5	1,5 mm ... 9,5 mm	DIN EN ISO 1478	für Blechschrauben

Gewinde ausländischer Normen

Gewindeart	Symbol	Gewindeprofil	Beispiel	Land
ISO-UNC-Regelgewinde *ISO Inch screw thread coarse thread series*	UNC	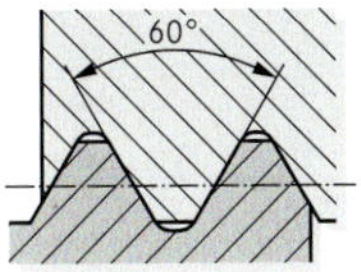	**¼ 20 UNC 2A** ISO-UNC-Gewinde, ¼ inch Nenndurchmesser, 20 Gewindegänge/inch, Passungsklasse 2A	Argentinien, Australien, Großbritannien, Indien, Japan, Norwegen, Schweden, u. a.
ISO-UNF-Feingewinde *ISO Inch screw thread fine thread series*	UNF	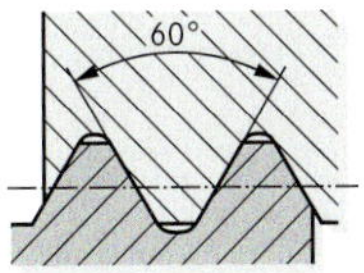	**¼ 28 UNF** ISO-UNF-Gewinde, ¼ inch Nenndurchmesser, 28 Gewindegänge/inch	Argentinien, Australien, Großbritannien, Indien, Japan, Norwegen, Schweden, u. a.
Trocken dichtendes kegeliges Rohrgewinde *Dryseal taper pipe thread*	NPTF	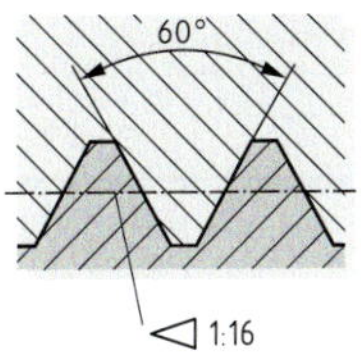	**⅛ 27 NPTF** NPTF-Gewinde, ⅛ inch Nenndurchmesser, 27 Gewindegänge/inch	Brasilien, USA
Trapezgewinde *Acme screw thread*	Acme	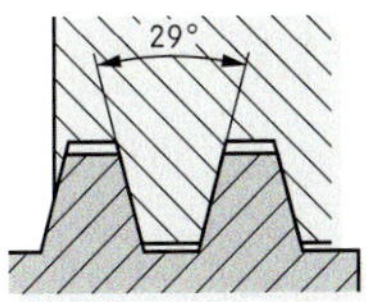	**1 ¾-4 Acme-2G** Acme-Gewinde, 1 ¾ inch Nenndurchmesser, 4 Gewindegänge/inch, Passungsklasse 2G	Australien, Großbritannien, Niederlande, USA

Erläuterungen zu den Gewinde-Kurzzeichen

Kurzzeichen	Erläuterungen
M 20	Metrisches ISO-Gewinde, Regelgewinde, Nenndurchmesser 20 mm
M 20 × 1	Metrisches ISO-Gewinde, Feingewinde, Nenndurchmesser 20 mm, Steigung 1 mm
M 20 - LH	Metrisches ISO-Gewinde, Regelgewinde, Nenndurchmesser 20 mm, Linksgewinde (LH = Left Hand)
M 20 - RH	Metrisches ISO-Gewinde, Regelgewinde, Nenndurchmesser 20 mm, Rechtsgewinde (RH = Right Hand) (bei Teilen mit Rechts- und Linksgewinde)
G 1 ¼	Zylindrisches Rohrinnengewinde (nicht dichtend), Nenndurchmesser 1 ¼ inch
G 1 ¼ A	Zylindrisches Rohraußengewinde (nicht dichtend), Nenndurchmesser 1 ¼ inch, Toleranzklasse A
Rp ¾	Zylindrisches Rohrinnengewinde (dichtend), Nenndurchmesser ¾ inch
R ¾	Kegeliges Rohraußengewinde (dichtend), Nenndurchmesser ¾ inch
R ⅛ - 1	Kegeliges Rohraußengewinde (dichtend), Nenndurchmesser ⅛ inch, Toleranzfeldlage 1 (Normalausführung) (Toleranzfeldlage 2: Kurzausführung)
Tr 40 × 7	Metrisches Trapezgewinde, Nenndurchmesser 40 mm, Steigung 7 mm
Tr 40 × 14 P7	Metrisches Trapezgewinde, Nenndurchmesser 40 mm, Steigung 14 mm, Teilung 7 mm (2-gängig)
S 48 × 8	Metrisches Sägengewinde, Nenndurchmesser 48 mm, Steigung 8 mm
S 40 × 14 P7	Metrisches Sägengewinde, Nenndurchmesser 48 mm, Steigung 14 mm, Teilung 7 mm (2-gängig)
ST 3,5	Gewinde für Blechschrauben, Nenndurchmesser 3,5 mm

Sichtbare Gewinde
Grenze der nutzbaren Gewindelänge und
Gewindespitzen: breite Volllinie (ISO 128-01.2.3)

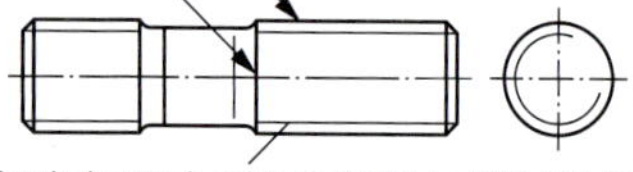

Der ¾-Kreis darf auch eine andere Lage zum Achsenkreuz haben.

Gewindegrund: schmale Volllinie (ISO 128-01.1.8)

Schnitte von Gewindeteilen
Die Schraffur ist bis zu den Gewindespitzen durchzuziehen.

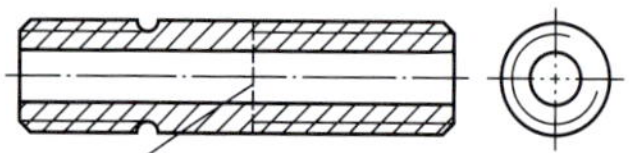

Grenze der nutzbaren Gewindelänge: schmale Strichlinie (ISO 128-02.1.1)

Zusammengebaute Gewindeteiles

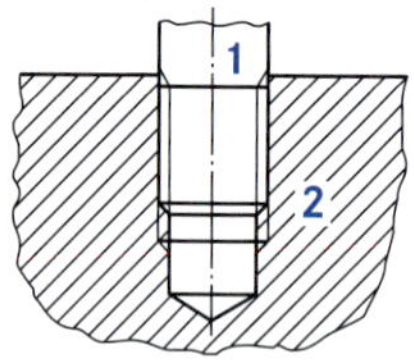

1 Gewindeausläufe sind nur dann zu zeichnen, wenn dies aus Funktionsgründen notwendig ist.

2 Teile mit Außengewinde sind so darzustellen, dass sie Teile mit Innengewinde überdecken.

Verdeckte Gewinde
Gewindespitzen und
Gewindegrund: schmale Strichlinie (ISO 128-02.1.1)

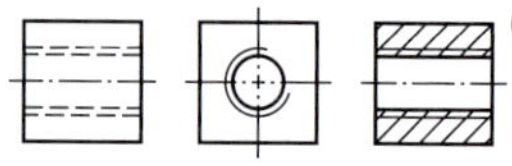

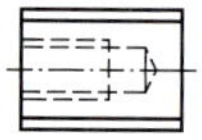

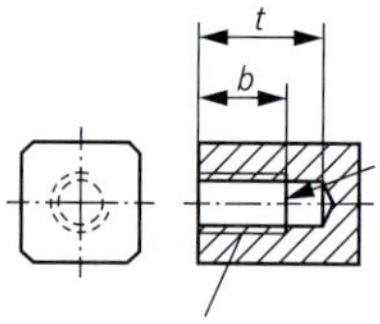

Grenze der nutzbaren Gewindelänge *b*: breite Volllinie (ISO 128-01.2.4)
t: s. Bohrlochtiefe

Gewindegrund: Schmale Volllinie (ISO 128-01.1.8)

Bezeichnung eines Gewindes siehe DIN 406-11 und DIN 202.

Vereinfachte Darstellung

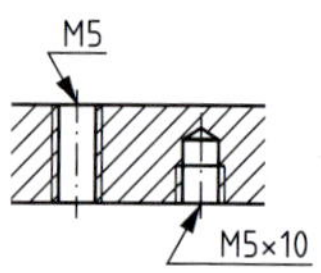

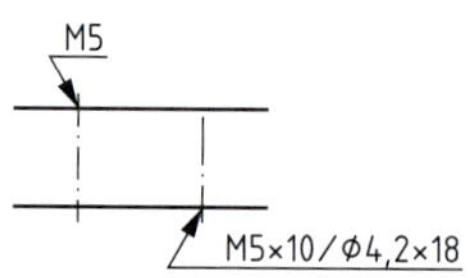

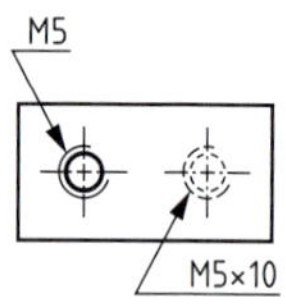

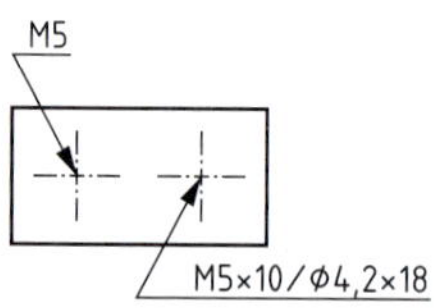

Die Vereinfachung ist zulässig bei Durchmessern ≤ 6 mm (in der Zeichnung) oder bei einem regelmäßigen Muster von Löchern und Gewinden derselben Art und Größe.

Schrauben und Muttern

Sechskantschraube	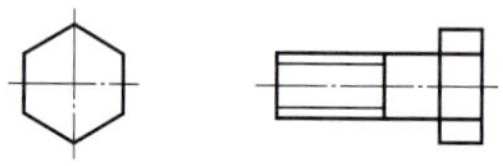	Senkschraube, mit Kreuzschlitz	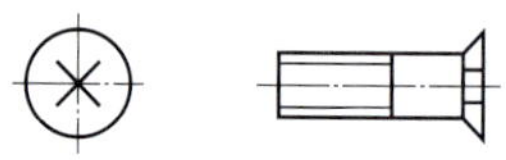
Innensechskant	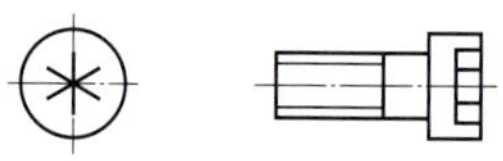	Stiftschraube, mit Schlitz	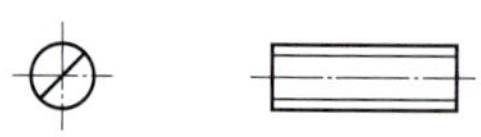
Zylinderschraube, Flachkopf mit Schlitz	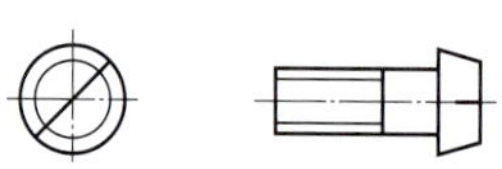	Sechskantmutter	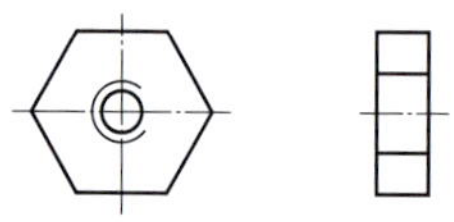
Zylinderschraube, mit Kreuzschlitz	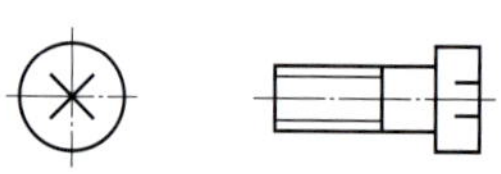	Kronenmutter	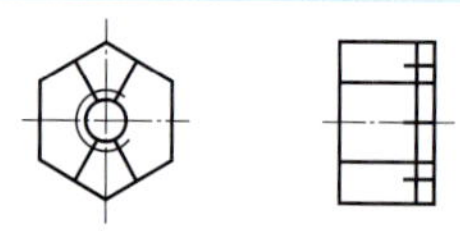
Senkschraube, mit Schlitz	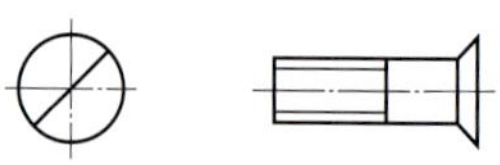	Vierkantmutter	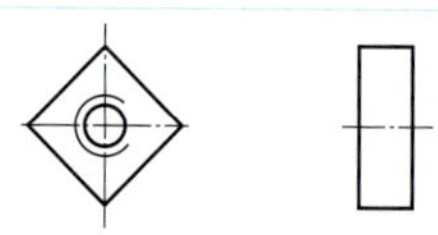

Metrisches ISO-Gewinde

DIN 13-1: 1999-11

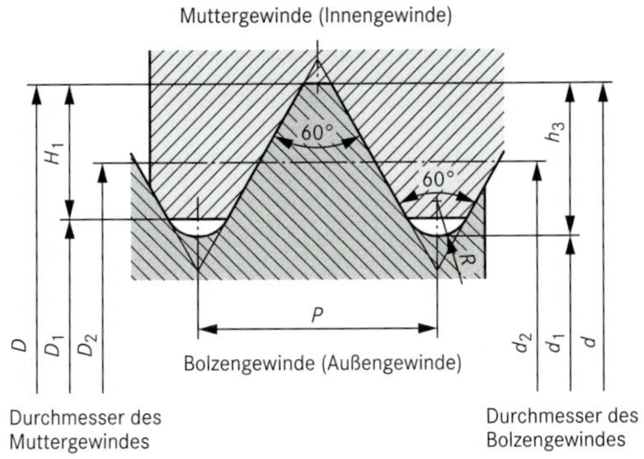

Nenndurchmesser	$d = D$
Steigung	P
Flankenwinkel	60°
Gewindetiefe des Bolzengewindes	$h_3 = 0{,}61343 \cdot P$
Gewindetiefe des Muttergewindes	$H_1 = 0{,}54127 \cdot P$
Rundung	$R = 0{,}14434 \cdot P$
Flankendurchmesser	$d_2 = D_2 = d - 0{,}64952 \cdot P$
Kerndurchmesser des Bolzengewindes	$d_3 = d - 1{,}22687 \cdot P$
Kerndurchmesser des Muttergewindes	$D_1 = d - 2 \cdot H_1$
Spannungsquerschnitt	$S = 0{,}785 \cdot (d - 0{,}9382 \cdot P)^2$

Toleranzsysteme

Regelgewinde

Gewinde-Nenndurchmesser $d = D$		Steigung P	Flankendurchmesser $d_2 = D_2$	Kerndurchmesser		Gewindetiefe		Rundung R	Kernlochbohrerdurchmesser DIN 336	Spannungsquerschnitt S in mm²	Schlüsselweite SW DIN ISO 272
Reihe 1	Reihe 2			Bolzen d_3	Mutter D_1	Bolzen h_3	Mutter H_1				
1		0,25	0,838	0,693	0,729	0,153	0,135	0,036	0,75	0,460	-
	1,1	0,25	0,938	0,793	0,829	0,153	0,135	0,036	0,85	0,588	-
1,2		0,25	1,038	0,893	0,929	0,153	0,135	0,036	0,95	0,732	-
	1,4	0,3	1,205	1,032	1,075	0,184	0,162	0,043	1,10	0,983	-
1,6		0,35	1,373	1,171	1,221	0,215	0,189	0,051	1,25	1,27	3,2
	1,8	0,35	1,573	1,371	1,421	0,251	0,189	0,051	1,45	1,70	-
2		0,4	1,740	1,509	1,567	0,245	0,217	0,058	1,60	2,07	4
	2,2	0,45	1,908	1,648	1,713	0,276	0,244	0,065	1,75	2,48	-
2,5		0,45	2,208	1,948	2,013	0,276	0,244	0,065	2,05	3,39	5
3		0,5	2,675	2,387	2,459	0,307	0,271	0,072	2,5	5,03	5,5
	3,5	0,6	3,110	2,764	2,850	0,368	0,325	0,087	2,9	6,78	-
4		0,7	3,545	3,141	3,242	0,429	0,379	0,101	3,3	8,78	7
	4,5	0,75	4,013	3,580	3,688	0,460	0,406	0,108	3,7	11,3	-
5		0,8	4,480	4,019	4,134	0,491	0,433	0,115	4,2	14,2	8
6		1	5,350	4,773	4,917	0,613	0,541	0,144	5,0	20,1	10
	7	1	6,350	5,773	5,917	0,613	0,541	0,144	6,0	28,9	11
8		1,25	7,188	6,466	6,647	0,767	0,677	0,180	6,8	36,6	13
10		1,5	9,026	8,160	8,376	0,920	0,812	0,217	8,5	58,0	16
12		1,75	10,863	9,853	10,106	1,074	0,947	0,253	10,2	84,3	18
	14	2	12,701	11,546	11,835	1,227	1,083	0,289	12,0	115	21
16		2	14,701	13,546	13,835	1,227	1,083	0,289	14,0	157	24
	18	2,5	16,376	14,933	15,294	1,534	1,353	0,361	15,5	193	27
20		2,5	18,376	16,933	17,294	1,534	1,353	0,361	17,5	245	30
	22	2,5	20,376	18,933	19,294	1,534	1,353	0,361	19,5	303	34
24		3	22,051	20,319	20,752	1,840	1,624	0,433	21,0	353	36
	27	3	25,051	23,319	23,752	1,840	1,624	0,433	24,0	459	41
30		3,5	27,727	25,706	26,211	2,147	1,894	0,505	26,5	561	46
	33	3,5	30,727	28,706	29,211	2,147	1,894	0,505	29,5	694	50
36		4	33,402	31,093	31,670	2,454	2,165	0,577	32,0	817	55
	39	4	36,402	34,093	34,670	2,454	2,156	0,577	35,0	976	60
42		4,5	39,077	36,479	37,129	2,760	2,436	0,650	37,5	1121	65
	45	4,5	42,077	39,479	40,129	2,760	2,436	0,650	40,5	1306	70
48		5	44,752	41,866	42,587	3,067	2,706	0,722	43,0	1473	75
	52	5	48,752	45,866	46,587	3,067	2,706	0,722	47,0	1758	80
56		5,5	52,428	49,252	50,046	3,374	2,977	0,794	50,5	2030	85
	60	5,5	56,428	53,252	54,046	3,374	2,977	0,794	54,5	2362	90
64		6	60,103	56,639	57,505	3,681	3,248	0,866	58,0	2676	95
	68	6	64,103	60,639	61,505	3,681	3,248	0,866	62,0	3055	100

Feingewinde

DIN 13-2 ... 8: 1999-11

Bezeichnung $d \times P$	Flanken-Ø $d_2 = D_2$	Kerndurchmesser Bolzen d_3	Kerndurchmesser Mutter D_1	Kernlochbohrerdurchmesser DIN 336
M 2 × 0,25	1,838	1,693	1,729	1,75
M 3 × 0,25	2,838	2,693	2,729	2,75
M 4 × 0,20	3,870	3,755	3,783	3,80
M 4 × 0,35	3,773	3,571	3,621	3,65
M 6 × 0,25	5,838	5,693	5,729	5,75
M 6 × 0,50	5,675	5,387	5,459	5,50
M 6 × 0,75	5,513	5,080	5,188	5,25
M 8 × 0,25	7,838	7,693	7,729	7,75
M 8 × 0,50	7,675	7,387	7,459	7,50
M 8 × 1,0	7,350	6,773	6,917	7,00
M 10 × 0,25	9,838	9,693	9,729	9,75
M 10 × 0,50	9,675	9,387	9,459	9,50
M 10 × 1,0	9,350	8,773	8,917	9,00
M 12 × 0,35	11,773	11,571	11,621	11,65
M 12 × 0,50	11,675	11,387	11,459	11,50
M 12 × 1,0	11,350	10,773	10,917	11,00
M 14 × 0,50	13,675	13,387	13,459	13,50
M 14 × 0,75	13,513	13,080	13,188	13,25
M 14 × 1,0	13,350	12,773	12,917	13,00
M 16 × 0,50	15,675	15,387	15,459	15,50
M 16 × 1,0	15,350	14,773	14,917	15,00
M 16 × 1,5	15,026	14,160	14,376	14,50
M 20 × 0,50	19,675	19,387	19,459	19,50
M 20 × 1,0	19,350	18,773	18,917	19,00
M 20 × 1,5	19,026	18,160	18,376	18,50
M 24 × 1,0	23,350	22,773	22,917	23,00
M 24 × 1,5	23,026	22,160	22,376	22,50
M 24 × 2,0	22,701	21,546	21,835	22,00
M 30 × 1,0	29,350	28,773	28,917	29,00
M 30 × 2,0	28,701	27,546	27,835	28,00
M 36 × 1,5	35,026	34,160	34,376	34,50
M 36 × 2,0	34,701	33,546	33,835	34,00
M 42 × 1,5	41,026	40,160	40,376	40,50

Feingewinde

Metrisches ISO-Trapezgewinde

DIN 103-1: 1977-04

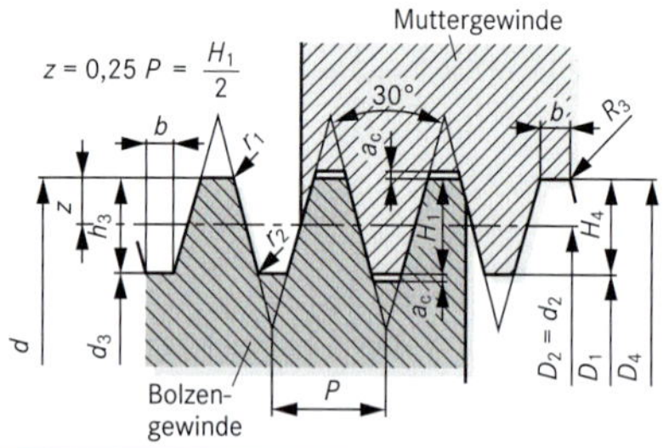

Nenndurchmesser	d
Steigung eingängig	P
Steigung mehrgängig	$P_h = n \cdot P$
Gangzahl	$n = P_h : P$
Flankenwinkel	30°
Gewindetiefe	$h_3 = H_4 = H_1 + a_c = 0{,}5 \cdot P + a_c$
Flankenüberdeckung	$H_1 = 0{,}5 \cdot P$
Spitzenspiel	a_c: (crest = Spitze)
Kerndurchmesser des Bolzengewindes	$d_3 = d - (P + 2 \cdot a_c)$
Kerndurchmesser des Muttergewindes	$D_1 = d - P$
Außendurchmesser des Muttergewindes	$D_4 = d + 2 \cdot a_c$
Flankendurchmesser des Gewindes	$d_2 = D_2 = d - 0{,}5 \cdot P = d - 2 \cdot z$
Rundungen	r_1 = max $0{,}5 \cdot a_c$; $r_2 = R_3$ = max a_c
Drehmeißelbreite	$b = 0{,}366 \cdot P - 0{,}54 \cdot a_c$

Maß	für Steigung P 1,5	2 ... 5	6 ... 12	14 ... 44
a_c	0,15	0,25	0,5	1
r_1	0,075	0,125	0,25	0,5
$r_2 = R_3$	0,15	0,25	0,5	1

Gewindebezeichnung $d \times P$	Flankendurchmesser $d_2 = D_2$	Kern-Ø Bolzen d_3	Kern-Ø Mutter D_1	Außen-Ø Mutter D_4	Gewindetiefe $b_3 = H_4$	Drehmeißelbreite b
Tr 10 × 2	9	7,5	8	10,5	1,25	0,597
Tr 12 × 3	10,5	8,5	9	12,5	1,75	0,963
Tr 14 × 3	12,5	10,5	11	14,5	1,75	0,963
Tr 16 × 4	14	11,5	12	16,5	2,25	1,329
Tr 20 × 4	18	15,5	16	20,5	2,25	1,329
Tr 24 × 5	21,5	18,5	19	24,5	2,75	1,695
Tr 28 × 5	25,5	22,5	23	28,5	2,75	1,695
Tr 30 × 6	27	23	24	31	3,5	1,926
Tr 32 × 6	29	25	26	33	3,5	1,926
Tr 36 × 6	33	29	30	37	3,5	1,926
Tr 40 × 7	36,5	32	33	41	4	2,297
Tr 42 × 7	38,5	34	35	43	4	2,292
Tr 44 × 7	40,5	36	37	45	4	2,292
Tr 46 × 8	42	37	38	47	4,5	2,658
Tr 48 × 8	44	39	40	49	4,5	2,658
Tr 50 × 8	46	41	42	51	4,5	2,658
Tr 52 × 8	48	43	44	53	4,5	2,658
Tr 60 × 9	55,5	50	51	61	5	3,024
Tr 70 × 10	65	59,5	60	71	5,5	3,390
Tr 80 × 10	75	69	70	81	5,5	3,390
Tr 90 × 12	84	77	78	91	6,5	4,122
Tr 100 × 12	94	87	88	101	6,5	4,122

Für Gewinde ohne Toleranzangabe gilt Toleranzklasse mittel: Toleranzfeld 7 e für Bolzengewinde, 7 H für Muttergewinde

Rohrgewinde für nicht im Gewinde dichtende Verbindungen

DIN EN ISO 228-1: 2003-05

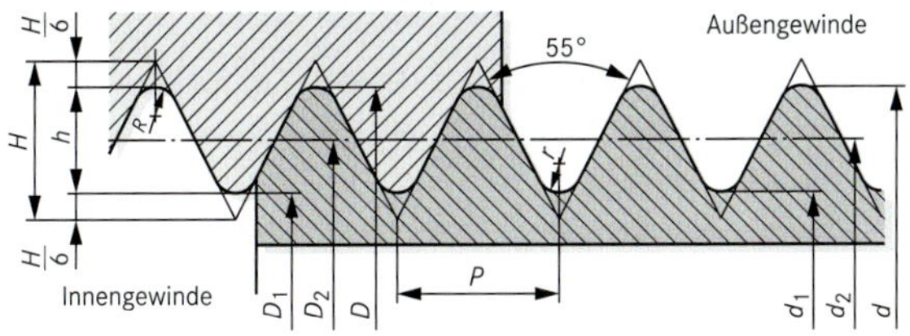

Gewindedurchmesser	$d = D$
Steigung	P
Flankendurchmesser	$d_2 = D_2 = d - h$
Kerndurchmesser	$d_1 = D_1 = d - 2h$
Höhe des Gewindeprofils	$h = 0{,}640327 \cdot P$
Flankenwinkel	55°
Radius	$r = R = 0{,}137329 \cdot P$
Höhe des Grunddreiecks	$H = 0{,}960491 \cdot P$

Das nicht dichtende Gewinde soll lediglich axiale Kräfte aufnehmen. Eine Dichtung des zylindrischen Innen- und Außengewindes wird durch Pressung der Stirnfläche des Innengewindeteiles gegen einen Bund am Außengewindeteil unter Einlegen eines Dichtungsmittels erreicht.

ISO 228-1	EN 10 226		ISO 228-1 und EN 10 226						EN 10 226			
Kurzzeichen Innengewinde	Kurzzeichen Innengewinde	Kurzzeichen Außengewinde	Anzahl der Teilungen auf 25,4 mm	Steigung P	Außendurchmesser $d = D$	Flankendurchmesser $d_2 = D_2$	Kerndurchmesser $d_1 = D_1$	Profilhöhe $h_1 = H_1$	Nennweite der Rohre	Abstand Prüfebene	Rundung $r = R$	Nutzbare Gewindelänge l_e
G 1/16	Rp 1/16	R 1/16	28	0,907	7,723	7,142	6,561	0,581	3	4,0	0,125	6,5
G 1/8	Rp 1/8	R 1/8	28	0,907	9,728	9,147	8,566	0,581	6	4,0	0,125	6,5
G 1/4	Rp 1/4	R 1/4	19	1,337	13,157	12,301	11,445	0,856	8	6,0	0,184	9,7
G 3/8	Rp 3/8	R 3/8	19	1,337	16,662	15,806	14,950	0,856	10	6,4	0,184	10,1
G 1/2	Rp 1/2	R 1/2	14	1,814	20,955	19,793	18,631	1,162	15	8,2	0,249	13,2
G 5/8	–	–	14	1,814	22,911	21,749	20,587	1,162	–	–	–	–
G 3/4	Rp 3/4	R 3/4	14	1,814	26,441	25,279	24,117	1,162	20	9,5	0,249	14,5
G 1	Rp 1	R 1	11	2,309	33,249	31,770	30,291	1,479	25	10,4	0,317	16,8
G 1 1/4	Rp 1 1/4	R 1 1/4	11	2,309	41,910	40,431	38,952	1,479	32	12,7	0,317	19,1
G 1 1/2	Rp 1 1/2	R 1 1/2	11	2,309	47,803	46,324	44,845	1,479	40	12,7	0,317	19,1
G 1 3/4	–	–	11	2,309	53,746	52,267	50,788	1,479	–	–	–	–
G 2	Rp 2	R 2	11	2,309	59,614	58,135	56,656	1,479	50	15,9	0,317	23,4
G 2 1/4	–	–	11	2,309	65,710	64,231	62,752	1,479	–	–	–	–
G 2 1/2	Rp 2 1/2	R 2 1/2	11	2,309	75,184	73,705	72,226	1,479	65	17,5	0,317	26,7
G 2 3/4	–	–	11	2,309	81,534	80,055	78,576	1,479	–	–	–	–
G 3	Rp 3	R 3	11	2,309	87,884	86,405	84,926	1,479	80	20,6	0,317	29,8
G 4	Rp 4	R 4	11	2,309	113,030	111,551	110,072	1,479	100	25,4	0,317	35,8
G 5	Rp 5	R 5	11	2,309	138,430	136,951	135,472	1,479	125	28,6	0,317	40,1
G 6	Rp 6	R 6	11	2,309	163,830	162,351	160,872	1,479	150	28,6	0,317	40,1

Bezeichnungsbeispiele für Rohrgewinde der Nenngröße 1¼:

- für Innengewinde **Rohrgewinde ISO 228 – G1 ¼**
- für Außengewinde, Toleranzklasse A (mittel): **Rohrgewinde ISO 228 – G1 ¼ A**
- für Außengewinde, Toleranzklasse B (grob): **Rohrgewinde ISO 228 – G1 ¼ B**

Rohrgewinde für im Gewinde dichtende Verbindungen

DIN EN 10 226-1: 2004-10

Zylindrisches Innengewinde (Kurzzeichen Rp)

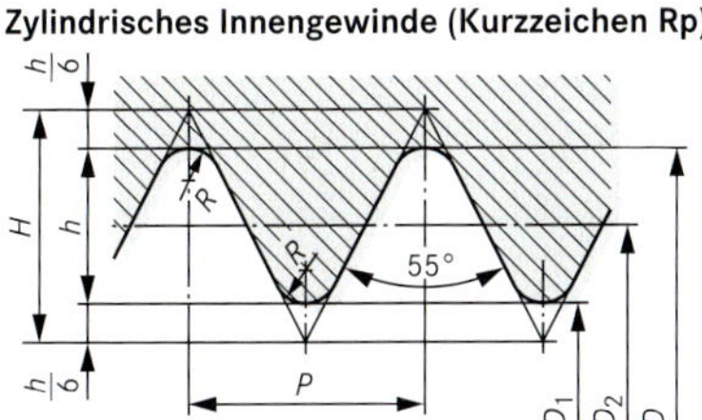

$H = 0{,}960491 \cdot P$
$h = 0{,}640327 \cdot P$
$R = 0{,}137329 \cdot P$

Das Profil des zylindrischen Innengewindes stimmt mit dem nach DIN ISO 228-1 überein.

Kegeliges Außengewinde (Kurzzeichen R)

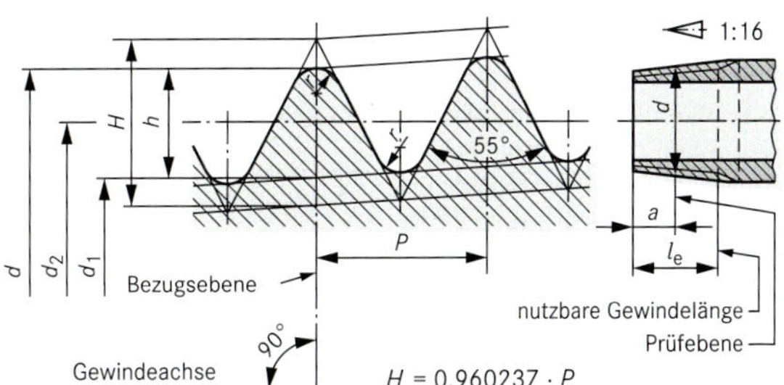

$H = 0{,}960237 \cdot P$
$h = 0{,}640327 \cdot P$
$r = 0{,}137278 \cdot P$

Bezeichnung eines kegeligen Rohraußengewindes der Nenngröße ¾: **Rohrgewinde EN 10 226 – R ¾**
Bezeichnung eines zylindrischen Rohrinnengewindes der Nenngröße ¾: **Rohrgewinde EN 10 226 – Rp ¾**

Whitworth-Gewinde

nicht genormt

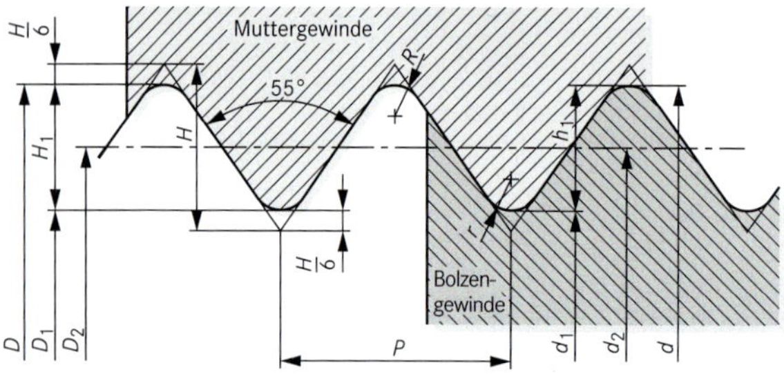

Außendurchmesser	$d = D$
Kerndurchmesser	$d_1 = D_1 = d - 1{,}28 \cdot P$
Flankendurchmesser	$d_2 = D_2 = d - 0{,}640 \cdot P$
Gangzahl pro inch	z
Steigung	$P = \dfrac{25{,}4\ \text{mm}}{z}$
Gewindetiefe	$h_1 = H_1 = 0{,}640 \cdot P$
Rundung	$R = 0{,}137 \cdot P$
Flankenwinkel	55°

Gewinde-bezeichnung	Abmessungen in mm für Bolzen- und Muttergewinde						Gewinde-bezeichnung	Abmessungen in mm für Bolzen- und Muttergewinde					
	Außen-Ø	Kern-Ø	Flanken-Ø	Gangzahl pro inch	Gewindetiefe	Kernquerschnitt		Außen-Ø	Kern-Ø	Flanken-Ø	Gangzahl pro inch	Gewindetiefe	Kernquerschnitt
d	$d = D$	$d_1 = D_1$	$d_2 = D_2$	z	$h_1 = H_1$	mm^2	d	$d = D$	$d_1 = D_1$	$d_2 = D_2$	z	$h_1 = H_1$	mm^2
¼"	6,35	4,72	5,54	20	0,813	17,5	1 ¼"	31,75	27,10	29,43	7	2,324	577
5/16"	7,94	6,13	7,03	18	0,904	29,5	1 ½"	38,10	32,68	35,39	6	2,711	839
3/8"	9,53	7,49	8,51	16	1,017	44,1	1 ¾"	44,45	37,95	41,20	5	3,253	1131
½"	12,70	9,99	11,35	12	1,355	78,4	2"	50,80	43,57	47,19	4 ½	3,614	1491
5/8"	15,88	12,92	14,40	11	1,479	131,0	2 ¼"	57,15	49,02	53,09	4	4,066	1886
¾"	19,05	15,80	17,42	10	1,627	196,0	2 ½"	63,50	55,37	59,44	4	4,066	2408
7/8"	22,23	18,61	20,42	9	1,807	272,0	3"	76,20	66,91	72,56	3 ½	4,647	3516
1"	25,40	21,34	23,37	8	2,033	358,0	3 ½"	88,90	78,89	83,89	3 ¼	5,000	4888

Schlüsselweiten
Widths across flats

Schlüsselweiten für Schrauben, Armaturen und Fittings

DIN 475-1: 1984-01

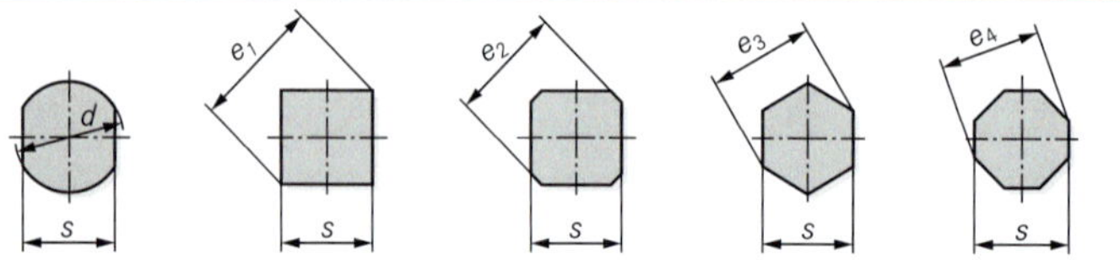

Toleranzklassen			
Reihe 1		Reihe 2	
s ≤ 4	h 12	s ≤ 19	h 14
4 < s ≤ 32	h 13	19 < s ≤ 60	h 15
s > 32	h 14	60 > s ≤ 180	h 16

	Reihe					Reihe			Reihe					Reihe		
	1	2				1	2		1	2				1	2	
s_{max}	s_{min}	s_{min}	d	e_1	$e_{2\,min}$	$e_{3\,min}$	$e_{3\,min}$	s_{max}	s_{min}	s_{min}	d	e_1	$e_{2\,min}$	$e_{3\,min}$	$e_{3\,min}$	$e_{4\,min}$
5	4,82	-	6	7,1	6,5	5,45	-	22	21,67	21,16	25	31,1	28	24,49	23,91	23,8
6	5,82	-	7	8,5	8	6,58	-	23	22,67	22,16	26	32,5	30,5	25,62	25,04	24,9
7	6,78	-	8	9,9	9	7,66	-	24	23,67	23,16	28	33,9	32	26,75	26,17	26
8	7,78	7,64	9	11,3	10	8,79	8,63	25	24,67	24,16	29	35,5	33,5	27,88	27,30	27
9	8,78	8,64	10	12,7	12	9,92	9,76	26	25,67	25,16	31	36,8	34,5	29,01	28,43	28,1
10	9,78	9,64	12	14,1	13	11,05	10,89	27	26,67	26,16	32	38,2	36	30,14	29,56	29,1
11	10,73	10,57	13	15,6	14	12,12	11,94	28	27,67	47,16	33	39,6	37,5	31,27	30,39	30,2
12	11,73	11,57	14	17	16	13,25	13,07	30	29,67	29,16	35	42,4	40	33,53	32,95	32,5
13	12,73	12,57	15	18,4	17	14,38	14,20	32	31,61	31,00	38	45,3	42	35,72	35,03	34,6
14	13,73	13,57	16	19,8	18	15,51	15,33	34	33,38	33,00	40	48	46	37,72	37,29	36,7
15	14,73	14,57	17	21,2	20	16,64	16,46	36	35,38	25,00	42	50,9	48	39,98	39,55	39
16	15,73	15,57	18	22,6	21	17,77	17,59	41	40,38	40,00	48	58	54	45,63	45,20	44,4
17	16,73	16,57	19	24	22	18,90	18,72	46	45,38	45,00	52	65,1	60	51,28	50,85	49,8
18	17,73	17,57	21	25,4	23,5	20,03	19,85	50	49,38	49,00	58	70,7	65	55,80	55,37	54,1
19	18,67	18,48	22	26,9	25	21,10	20,88	55	54,26	53,80	65	77,8	72	61,31	60,79	59,5
20	19,67	19,16	23	28,3	26	22,23	21,65	60	59,26	58,80	70	84,8	80	66,96	66,44	64,9
								65	64,26	63,10	75	91,9	85	72,61	71,30	70,3

Bezeichnung einer Schlüsselweite mit Nennmaß s = 16 mm (SW 16), Reihe 1: **DIN 475 – SW 16 – 1**

Mechanische Eigenschaften von Schrauben aus Stahl

DIN EN ISO 898-1: 2009-08

Festigkeitsklasse	4.6	4.8	5.6	5.8	6.8	8.8 d ≤ 16 mm	8.8 d > 16 mm	9.8	10.9	12.9
Zugfestigkeit R_m in N/mm²	400		500		600	800	300	900	1000	1200
Streckgrenze R_{eL} in N/mm²	240	–	300	–	–	–	–	–	–	–
Dehngrenze $R_{p\,0,2}$ in N/mm²	–	320	–	400	480	640	660	720	900	1080
Bruchdehnung A in % ≥	22	–	20	–	–	12	12	10	9	8

Mechanische Eigenschaften von Muttern aus Stahl und zugehörige Schrauben

DIN EN 20 898-2: 2012-08

Regelgewinde und Feingewinde								
Mutterhöhe	flache Mutter: 0,45 D ≤ m_{min} ≤ 0,8 D (Typ 0)		normale Mutter: m_{min} ≥ 0,8 D (Typ 1) hohe Mutter: m_{min} ≥ 0,8 D (Typ 2)					
Typ	0	0	1	1	1, 2	2	1, 2	1, 2
Festigkeitsklasse	**04**	**05**	**5**	**6**	**8**	**9**	**10**	**12**
Gewindebereich	M5 ≤ D ≤ M39		M5 ≤ D ≤ M39		M5 ≤ D ≤ M39	–	M5 ≤ D ≤ M39	M5 ≤ D ≤ M39
					M5 ≤ D ≤ M39	M5 ≤ D ≤ M39	M5 ≤ D ≤ M39	M5 ≤ D ≤ M39
	M8 x 1 ≤ D ≤ M39 x 3		M8 x 1 ≤ D ≤ M39 x 3		M8 x 1 ≤ D ≤ M39 x 3	–	M8 x 1 ≤ D ≤ M16 x 1,5	–
					M8 x 1 ≤ D ≤ M39 x 3	–	M8 x 1 ≤ D ≤ M39 x 3	M8 x 1 ≤ D ≤ M16 x 1,5
Fesitgkeitsklasse der zugehörigen Schraube	–	–	5.6	6.8	8.8	9.8	10.9	12.9

Mechanische Eigenschaften von Schrauben und Muttern aus Nichteisenmetallen

DIN EN 28 839: 1991-12

Werkstoff Kennzeichen	Kurzzeichen	Gewindedurchmesser d	Zugfestigkeit R_m in N/mm² ≥	0,2 %-Dehngrenze $R_{p0,2}$ in N/mm² ≥	Bruchdehnung A in % ≥
CU 1	Cu-ETP	d ≤ M 39	240	160	14
CU 2	CuZn 37	d ≤ M 60 M 6 < d ≤ M 39	440 370	340 250	11 19
CU 3	Cu Zn 39 Pb 3	d ≤ M 60 M 6 < d ≤ M 39	440 370	340 250	11 19
CU 4	Cu Sn 6	d ≤ M 12 M 12 < d ≤ M 39	470 400	340 200	22 33
CU 5	Cu Ni 1 Si	d ≤ M 39	590	540	12
CU 6	Cu Zn 40 Mn 1 Pb	M 6 < d ≤ M 39	440	180	18
CU 7	Cu Al 10 Ni 5 Fe 4	M 12 < d ≤ M 39	640	270	15
AL 1	EN AW-Al Mg 3	d ≤ M 10 M 10 < d ≤ M 20	270 250	230 180	3 4
AL 2	EN AW-Al Mg 5	d ≤ M 14 M 14 < d ≤ M 36	310 280	205 200	6 6
AL 3	EN AW-Al Si Mg Mn	d ≤ M 60 M 6 < d ≤ M 39	320 310	250 260	7 10
AL 4	EN AW-Al Cu 4 Mg Si	d ≤ M 10 M 10 < d ≤ M 39	420 380	290 260	6 10
AL 5	EN AW-Al Zn 5 Mg 3 Cu	d ≤ M 39	460	380	7

Bezeichnung einer Sechskantschraube nach DIN EN 24 014, Gewinde M 10, 50 mm lang aus CuZn 39 Pb 3:
Sechskantschraube ISO 4014-M10 × 50-CU3

Mechanische Eigenschaften von Gewindestiften aus unlegiertem oder legiertem Stahl

DIN EN ISO 898-5: 2012-09

Härteklasse	Werkstoff	Wärmebehandlung	Vickershärte HV 10	Brinellhärte HB 30
14 H	Kohlenstoffstahl	–	140 ... 290	133 ... 276
22 H	Kohlenstoffstahl	gehärtet und angelassen	220 ... 300	209 ... 285
33 H	Kohlenstoffstahl		330 ... 440	314 ... 418
45 H	Legierter Stahl		450 ... 560	428 ... 532

Mechanische Eigenschaften von Verbindungselementen aus nichtrostenden Stählen DIN EN ISO 3506-1, 2: 2010-04

Werkstoffgruppe	Stahlgruppe	Festigkeitsklasse	Gewindenenndurchmesser	Schrauben R_m in N/mm^2	Schrauben $R_{p\,0,2}$ in N/mm^2	Schrauben Bruchdehnung A_L in mm	Schrauben, Stiftschr., Muttern HV min	HB min	HRC min	Zustand
Austenitisch	A 1, A 2, A 3, A 4, A 5	50	d ≤ 39 mm	500	210	0,6 *d*	–	–	–	weich
		70		700	450	0,4 *d*	–	–	–	kaltverfestigt
		80		800	600	0,3 *d*	–	–	–	stark kaltverfestigt
Martensitisch	C 1	50		500	250	0,2 *d*	155	147	–	weich
		70		700	410		220	209	20	vergütet
	C 3	80		800	640		240	228	21	vergütet
	C 4	50		500	250		155	147	–	weich
		70		700	410		220	209	20	vergütet
Ferritisch	F 1	45		450	250		135	128	–	weich
		60		600	410		180	171	–	kaltverfestigt

Bezeichnungsbeispiel für austenitischen Stahl, kaltverfestigt, Mindestzugfestigkeit 700 N/mm^2: **A 2 – 70**

Toleranzen für Schrauben und Muttern mit Gewindedurchmessern von 1,6 mm bis 150 mm DIN EN ISO 4759-1: 2001-04

Gewinde	Produktklasse (Ausführung) A (bisher m: mittel)	B (bisher mg: mittelgrob)	C (bisher g: grob)
Innengewinde (Mutter)	6 H	6 H	7 H
Außengewinde (Schraube)	6 g	6 g	8 g

Durchgangslöcher für Schrauben DIN EN 20 273: 1992-02

Gewinde *d*	Durchgangslochdurchmesser d_H fein (H12)	mittel (H 13)	grob (H 14)
M 2	2,2	2,4	2,6
M 3	3,2	3,4	3,6
M 4	4,3	4,5	4,8
M 5	5,3	5,5	5,8
M 6	6,4	6,6	7,0
M 8	8,4	9,0	10
M 10	10,5	11	12
M 12	13	13,5	14,5
M 16	17	17,5	18,5
M 20	21	22	24
M 24	25	26	28
M 30	31	33	35
	möglichst vermeiden	für Schrauben in Produktklassen A und B	für Schrauben in Produktklasse C

Zulässige Beanspruchungen von Bolzen und Stiften bei ruhender Belastung

Werkstoff	Bauteile	zulässige Beanspruchung p_{zul} N/mm^2	σ_{zul} N/mm^2	τ_{zul} N/mm^2
S 235 JR	Stifte, Wellen, Naben	100	85	70
E 295; C 35; 10S20	Stifte, Wellen, Naben	140	120	100
E 335; C 35 E; C35 +QT E 295 +C, 9 SMnPb 28 +C	Bolzen, Kerbstifte, Wellen	170	140	120
E 360, E 335 +C, C 60 +QT	Bolzen, Wellen	200	170	140

Für Schwellbelastung Werte mit 0,7, für Wechselbelastung mit 0,5 multiplizieren.

Bohrlochtiefe *t*

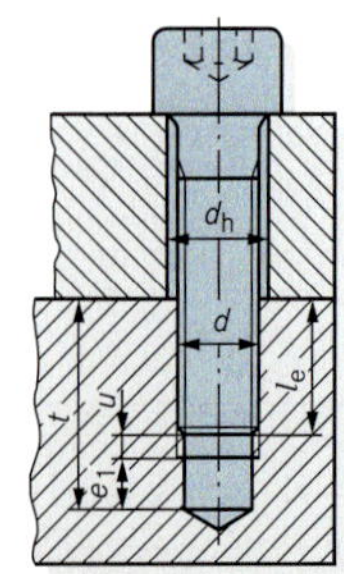

$t \approx l_e + u + e_1$

Gewinde *d*	$u \approx 3P$	e_1
M 3	1,5	2,8
M 4	2,1	3,8
M 5	2,4	4,2
M 6	3	5,1
M 8	3,75	6,2
M 10	4,5	7,3
M 12	5,25	8,3
M 16	6	9,3
M 20	7,5	11,2
M 24	9	13,1
M 30	10,5	15,2

Mindesteinschraubtiefe l_e in Grundlochgewinden

Werkstoff des Muttergewindes	Festigkeitsklasse 8.8	8.8	10.9	10.9	12.9
Gewindefeinheit $\frac{d}{p}$	< 9	≥ 9	< 9	≥ 9	< 9
Harte Aluminiumlegierungen z. B. EN AW-Al Cu 4 Mg Si	1,1 *d*	1,4 *d*		–	
Gusseisen mit Lamellengrafit z. B. EN-GJL - 200	1,0 *d*	1,25 *d*		1,4 *d*	
Stahl niedriger Festigkeit z. B. S 235 JR, C 15 + N	1,0 *d*	1,25 *d*		1,4 *d*	
Stahl mittlerer Festigkeit z. B. E 295, C 35 + N	0,9 *d*	1,0 *d*		1,2 *d*	
Stahl hoher Festigkeit mit R_m > 800 N/mm^2 z. B. 31 Cr 4	0,8 *d*	0,9 *d*		1,0 *d*	

Schaftschrauben

Gewinde d $d \times P$	Spannungsquerschnitt S mm²	Maximale Vorspannkraft F_V in kN									Maximales Anziehmoment M_A in Nm								
		Festigkeitsklasse									Festigkeitsklasse								
		8.8			10.9			12.9			8.8			10.9			12.9		
		Reibungszahl $\mu_{ges.}$ [1]									Reibungszahl $\mu_{ges.}$ [1]								
		0,10	0,16	0,20	0,10	0,16	0,20	0,10	0,16	0,20	0,10	0,16	0,20	0,10	0,16	0,20	0,10	0,16	0,20
Regelgewinde																			
M 5	14,2	6,9	6,1	5,65	10,2	9,0	8,25	11,9	10,5	9,65	4,8	6,4	7,1	7,1	9,3	10	8,3	11	12
M 6	20,1	9,75	8,65	7,95	14,3	12,7	11,7	16,8	14,8	13,6	8,3	11	12	12	16	18	14	19	21
M 8	36,6	17,9	15,9	14,6	26,3	23,3	21,4	30,7	27,3	25,1	20	27	30	30	39	44	35	46	52
M 10	58,0	28,5	25,3	23,2	41,8	37,1	34,1	48,9	43,4	39,9	40	53	60	59	78	87	69	91	100
M 12	84,3	41,5	36,8	33,9	61,0	54,0	49,8	71,5	63,5	58,0	69	92	105	100	135	151	120	155	177
M 16	157	78,5	69,5	64,0	115	102	94,0	135	120	110	170	230	260	250	335	380	290	390	445
M 20	245	126	112	103	180	160	147	210	187	172	340	460	520	490	660	740	570	770	870
M 22	303	158	140	129	224	200	184	263	234	216	470	630	710	660	900	1000	780	1050	1200
M 24	353	182	162	149	259	230	212	303	269	248	590	790	890	840	1150	1250	980	1300	1500
M 27	459	239	213	196	340	303	279	398	355	327	870	1150	1350	1250	1650	1900	1450	1950	2200
M 30	561	291	259	238	414	369	339	484	431	397	1200	1600	1800	1700	2250	2550	1940	2650	3000
Feingewinde																			
M 8 × 1	39,2	19,6	17,4	16,0	28,7	25,6	23,5	33,6	29,9	27,6	22	29	33	32	43	48	37	50	56
M 10 × 1	64,5	32,8	29,3	27,0	48,1	43	39,6	56,5	50,5	46,4	44	60	68	64	88	100	76	105	115
M 12 × 1,5	88,1	44	39,2	36,1	64,5	57,5	53,0	75,5	67,5	62,0	72	96	110	105	140	160	125	165	185
M 16 × 1,5	167	85,5	76	70,5	125	112	103	147	131	121	180	245	280	265	360	410	310	425	480
M 18 × 1,5	216	114	102	94,5	163	146	135	191	171	157	270	370	420	385	530	600	450	620	700
M 20 × 1,5	272	144	129	119	206	184	170	241	216	199	375	520	590	530	740	840	620	860	980
M 22 × 1,5	333	178	159	147	253	227	210	296	266	245	510	700	800	720	1000	1150	840	1150	1350
M 24 × 2	384	203	182	168	290	259	239	339	303	280	630	870	990	900	1250	1400	1050	1450	1650
M 27 × 2	496	264	236	218	375	337	311	439	394	364	920	1300	1450	1300	1800	2100	1550	2150	2450
M 30 × 2	621	332	298	275	472	424	391	553	496	458	1300	1800	2050	1850	2550	2900	2150	3000	3400

Dehnschrauben

Gewinde d $d \times P$	Spannungsquerschnitt A_T[1] mm²	Maximale Vorspannkraft F_V in kN									Maximales Anziehmoment M_A in Nm								
		Festigkeitsklasse									Festigkeitsklasse								
		8.8			10.9			12.9			8.8			10.9			12.9		
		Reibungszahl $\mu_{ges.}$ [1]									Reibungszahl $\mu_{ges.}$ [1]								
		0,10	0,16	0,20	0,10	0,16	0,20	0,10	0,16	0,20	0,10	0,16	0,20	0,10	0,16	0,20	0,10	0,16	0,20
Regelgewinde																			
M 5	10,3	3,9	3,3	2,95	5,7	4,85	4,35	6,65	5,7	5,1	2,7	3,4	3,8	4,0	5,0	5,5	4,6	5,9	6,5
M 6	14,5	5,35	4,55	4,1	7,85	6,7	6,0	9,2	7,8	7,05	4,6	5,8	6,4	6,7	8,5	9,3	7,9	10	11
M 8	26,6	10,5	8,9	8,05	15,3	13,1	11,8	18	15,3	13,8	12	15	17	17	22	24	20	26	28
M 10	42,4	16,4	14	12,6	24,1	20,6	18,5	28,2	24,1	21,7	23	29	32	34	43	47	40	51	56
M 12	61,8	24,7	21,1	19,1	36,3	31,1	28	42,5	36,3	32,8	41	53	58	60	77	85	70	90	100
M 16	117	51,0	44,2	40	75,0	65	59	88	76	69	110	145	160	165	215	235	190	250	275
M 20	182	83,5	72	65,5	119	103	93	139	120	109	225	295	330	325	420	470	375	495	550
M 22	228	102	88	79,5	145	125	113	170	147	133	305	400	440	430	560	630	500	660	740
M 24	263	121	105	94,5	127	149	135	202	174	158	390	510	570	560	730	810	650	850	950
M 27	346	158	137	124	225	195	177	264	228	207	570	760	840	820	1100	1200	960	1250	1400
M 30	420	190	164	149	271	234	212	317	274	248	770	1000	1100	1100	1450	1600	1300	1700	1850
Feingewinde																			
M 8 x 1	29,2	12,1	10,4	9,4	17,7	15,3	13,8	20,8	17,8	16,1	13	17	19	19	25	28	23	30	33
M 10 x 1	49,0	21,3	8,4	16,7	31,2	27	24,5	36,6	31,6	28,6	29	38	42	42	55	62	49	65	72
M 12 x 1,5	65,7	27,9	24	21,7	41,0	35,3	31,9	48	41,3	37,4	45	59	66	67	87	96	78	100	115
M 16 x 1,5	128	57,5	49,7	45,1	84,0	73	66	98,5	85,5	77,5	120	160	180	175	235	265	210	275	310
M 18 x 1,5	166	81,0	71	64,5	116	101	91,5	135	118	107	190	255	290	270	365	410	320	430	480
M 20 x 1,5	210	99,5	86,5	75,5	142	123	112	166	144	1321	260	345	390	365	495	550	430	580	650
M 22 x 1,5	259	127	112	102	182	159	145	212	186	169	360	495	560	520	700	790	600	820	920
M 24 x 2	295	139	121	110	198	172	156	232	202	183	435	580	650	620	830	930	720	970	1100
M 27 x 2	383	180	157	142	256	223	203	300	261	237	630	850	950	900	1200	1350	1050	1400	1600
M 30 x 2	483	237	207	189	335	296	269	395	346	315	920	1050	1400	1300	1750	2000	1550	2100	2350

[1] A_T: Schaftquerschnitt; Schaftdurchmesser $d_T = 0{,}9 \cdot d_3$.

[2] Die Gesamtreibungszahl $\mu_{ges.}$ ist abhängig von der Schmierung und dem Oberflächenzustand der Bauteile. Die Tabellenwerte berücksichtigen eine 90 %ige Ausnutzung der Streckgrenze des Schraubenwerkstoffes.

Schraubenübersicht
Synopsis of screws

Sechskantschrauben

- DIN EN ISO 4014, DIN EN ISO 4016, DIN EN ISO 8765
- DIN EN ISO 4017, DIN EN ISO 4018, DIN EN ISO 8676
- HV-Schraube DIN 6914
- für Stahlkonstruktionen DIN 7990
- Passschraube DIN 7968, DIN 7999

- Passschraube DIN 609
- mit Flansch DIN EN 1665
- mit Dünnschaft DIN EN 24 015

Zylinderschrauben

- mit Schlitz DIN EN ISO 1207
- mit Innensechskant DIN 6912

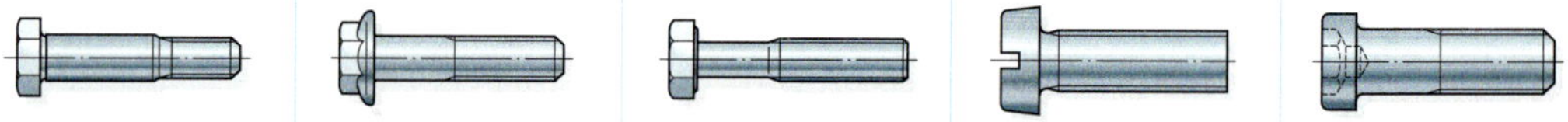

- mit Innensechskant DIN EN ISO 4762, DIN 7984

Senkschrauben

- mit Schlitz DIN EN ISO 2009
- Linsen-Senkschraube mit Schlitz DIN EN ISO 2010
- mit Kreuzschlitz DIN EN ISO 7046
- Linsen-Senkschraube mit Kreuzschlitz DIN EN ISO 7047

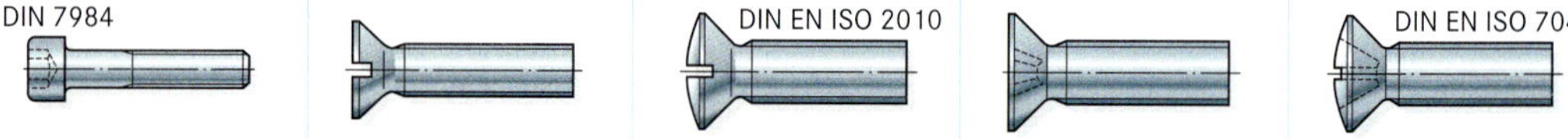

- mit Innensechskant DIN EN ISO 10 642
- für Stahlkonstruktionen mit Schlitz DIN 7969
- mit Nase DIN 604

Flachkopfschrauben

- mit Schlitz DIN EN ISO 1580
- mit Kreuzschlitz DIN EN ISO 7045

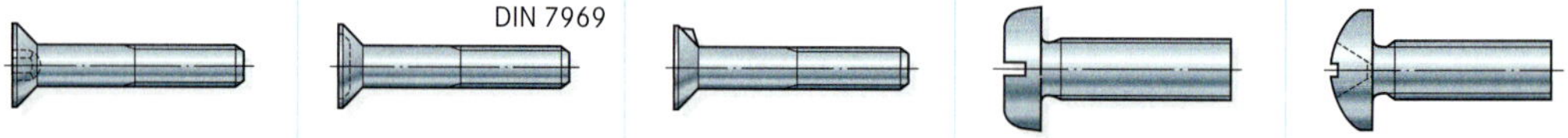

Blechschrauben

- DIN ISO 1481
- mit Schlitz DIN ISO 1482
- mit Schlitz DIN ISO 1483
- mit Kreuzschlitz DIN ISO 7049
- mit Kreuzschlitz DIN ISO 7050

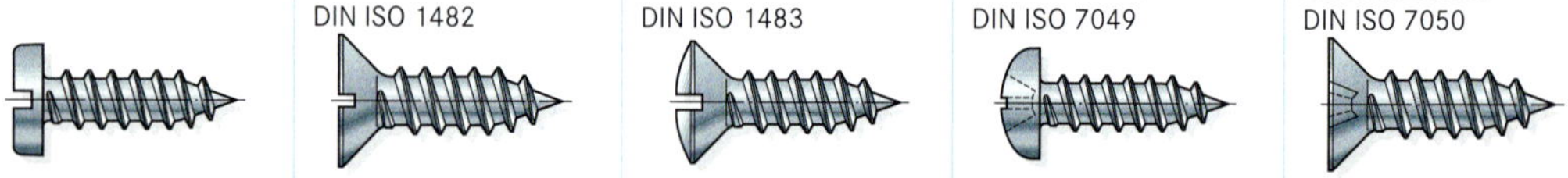

- mit Kreuzschlitz DIN ISO 7051

Gewindeschneidschrauben

- DIN 7513, mit Schlitz
- mit Kreuzschlitz DIN 7516

Gewindefurchende Schraube

- DIN 7500-1 (Form DE)

Flachrundschraube

- DIN 603

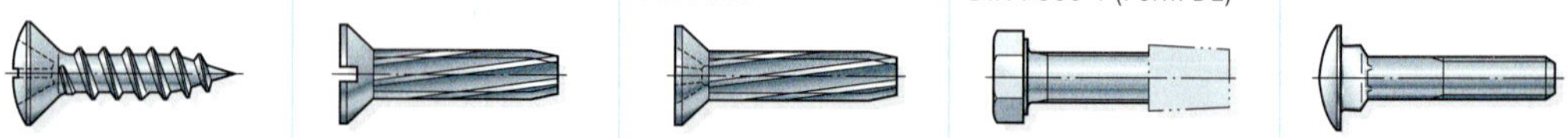

Hammerschraube

- mit Vierkant DIN 186

Stiftschrauben

- DIN 835; 938; 939

Vierkantschrauben

- DIN 478; 479; 480

Gewindestift mit Schlitz

- mit Kegelkuppe DIN EN 24 766
- mit Spitze DIN EN 7434

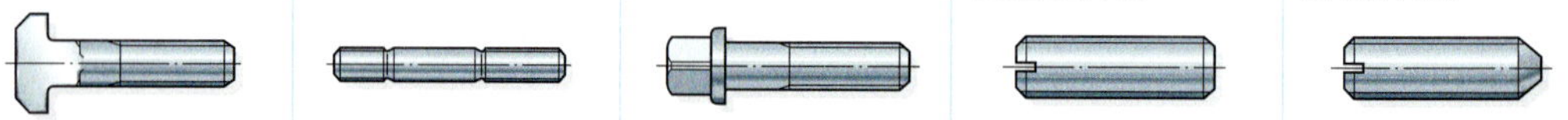

- mit Zapfen DIN EN 27 435
- mit Ringschneide DIN EN 27 436

Gewindestift mit Innensechskant

- mit Kegelkuppe DIN 913
- mit Spitze DIN 914
- mit Zapfen DIN 915

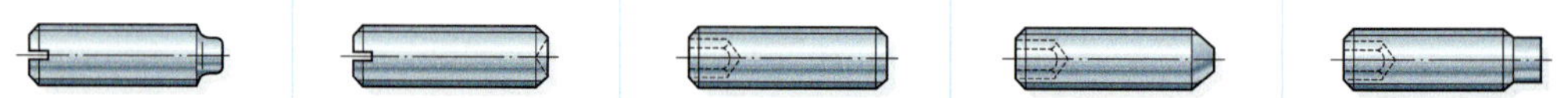

- mit Ringschneide DIN 916

Flügelschraube

- DIN 316

Rändelschrauben

- DIN 464, DIN 653

Augenschraube

- DIN 444

Schraube für T-Nuten

- DIN 787

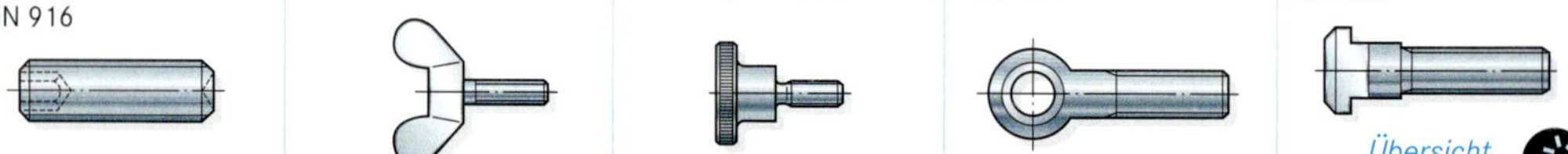

Übersicht Verbindungselemente

Verschlussschrauben

DIN 906 mit Innensechskant (kegeliges Gewinde)

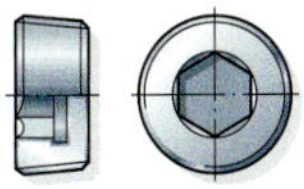

mit Bund und Innensechskant DIN 908 (zylindrisches Gewinde)

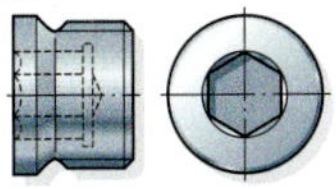

mit Außensechskant DIN 909 (kegeliges Gewinde)

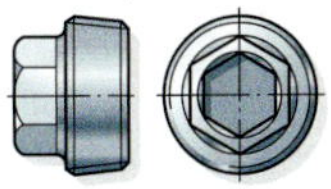

mit Bund und Außensechskant DIN 910 (zylindrisches Gewinde, schwere Ausführung)

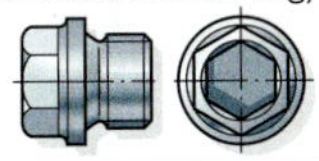

mit Außensechskant DIN 7604 (zylindrisches Gewinde, leichte Ausführung)

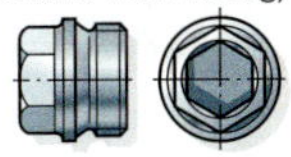

Sechskantmuttern

DIN EN ISO 4032
DIN EN ISO 4032

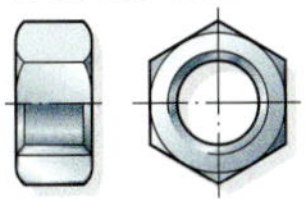

DIN EN ISO 8673
DIN EN ISO 8673

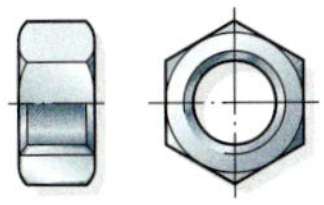

DIN EN ISO 4034
Produktklasse C

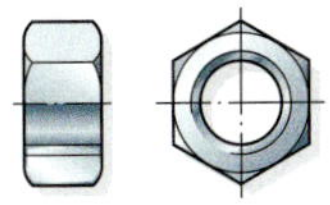

DIN EN ISO 4035
DIN EN ISO 8675

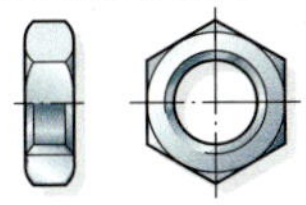

DIN EN ISO 4036

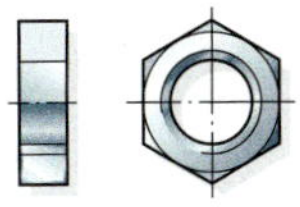

mit Flansch
DIN EN 1661

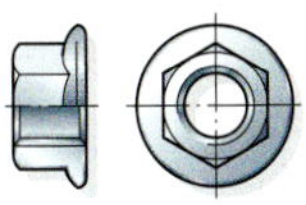

mit nichtmet. Klemmteil
DIN EN ISO 7040,
DIN EN ISO 10 512

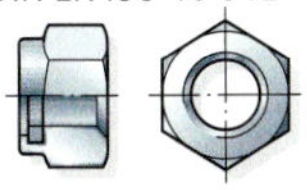

mit met. Klemmteil
DIN EN ISO 7042
DIN EN ISO 10 513

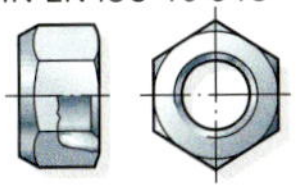

mit Flansch, nichtmet.
DIN EN 1663 Klemmteil

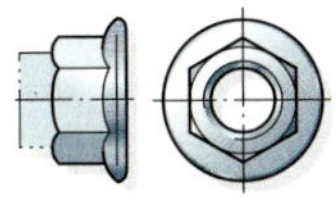

mit Flansch, metall.
DIN EN 1664 Klemmteil

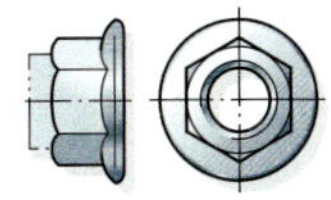

für HV-Verbindungen
DIN 6915

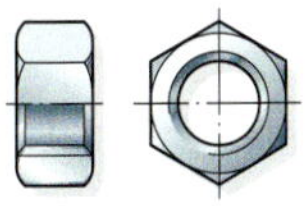

Kronenmuttern

DIN 935-1

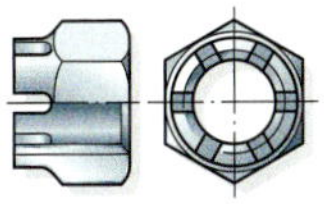

DIN 935-3

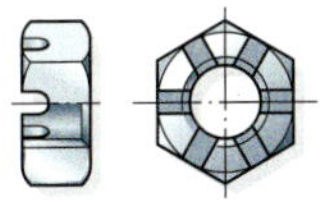

niedrige Form
DIN 979

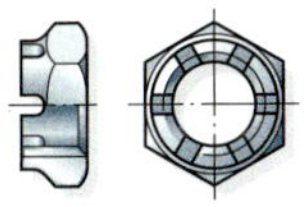

Hutmuttern

niedrige Form
DIN 917

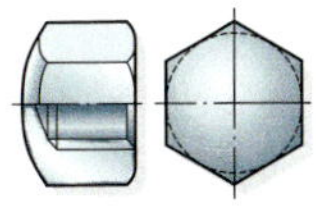

hohe Form
DIN 1587

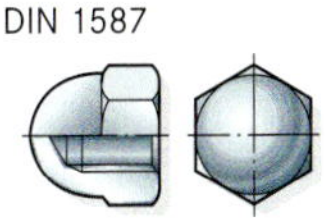

mit Klemmteil
DIN 986

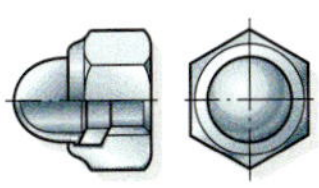

Nutmuttern

DIN 981

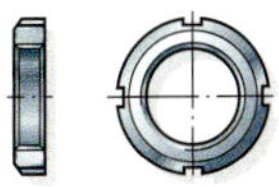

DIN 1804

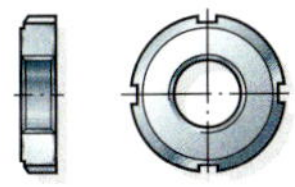

Kreuzlochmuttern

DIN 1816

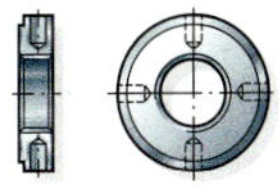

DIN 548

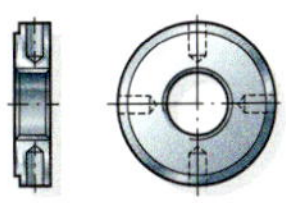

Zweilochmuttern

DIN 547

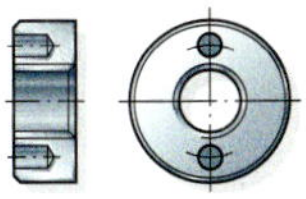

Schlitzmuttern

DIN 546

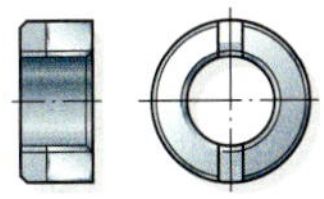

Sechskantmuttern 1,5 d hoch

DIN 6331 mit Bund

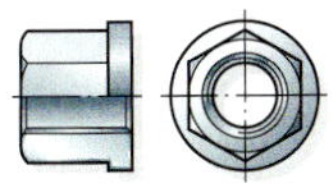

DIN 6330 mit kugeliger Auflagefläche

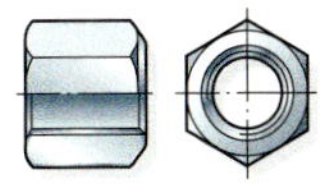

Ringmuttern

DIN 582

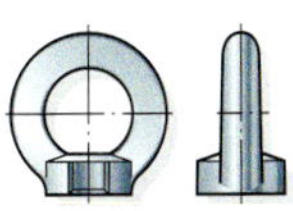

Rohrmuttern

DIN 431

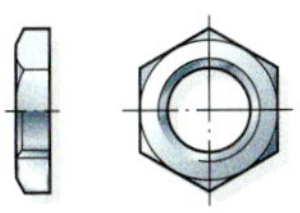

Rändelmuttern

DIN 466 (hohe Form)

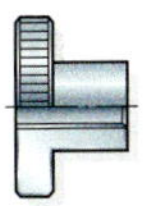

DIN 467 (niedrige Form)

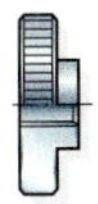

DIN 6303 (mit Stiftloch)

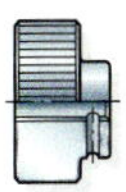

Schweißmuttern

Vierkant-, DIN 928

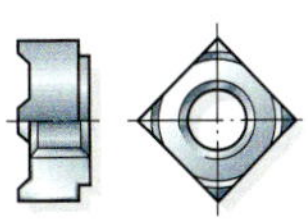

Sechskant-, DIN 929

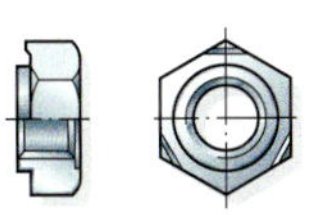

Muttern für T-Nuten

DIN 508

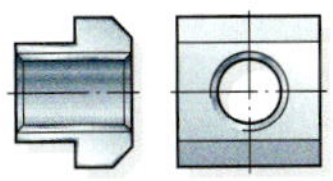

Flügelmuttern

DIN 315

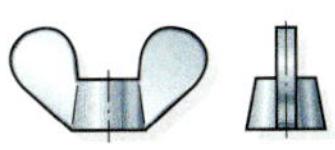

Vierkantmuttern

DIN 557

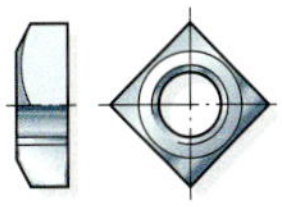

Übersicht Verbindungselemente

Sechskantschrauben

DIN EN ISO 4014: 2011-06, DIN EN ISO 4017: 2011-07, DIN EN ISO 8765: 2011-06, DIN EN ISO 8676: 2011-07

Mit Schaft, metr. Regelgewinde, DIN EN ISO 4014
Mit Schaft, metr. Feingewinde, DIN EN ISO 8765

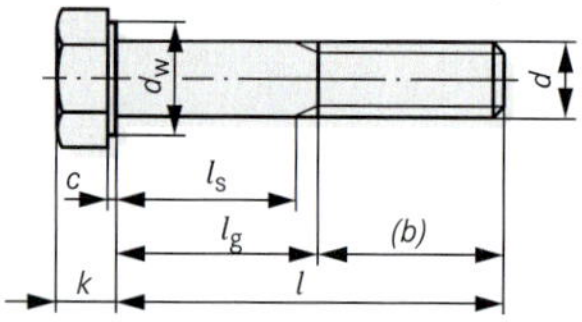

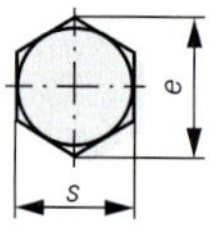

$l_g = l - b$
$l_s = l_g - 5 \cdot P$
l_g = Mindest-Klemmlänge

Mit Gewinde bis Kopf, metr. Regelgewinde, DIN EN ISO 4017
Mit Gewinde bis Kopf, metr. Feingewinde, DIN EN ISO 8676

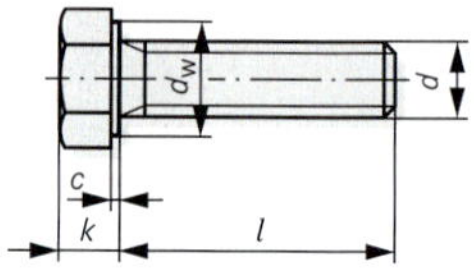

DIN EN ISO 4014; 4017 8765; 8676	Gewinde d / Gewinde $d \times P$	M 4	M 5	M 6	M 8	M 10	M 12	M 16	M 20	M 24
		–	–	–	M 8 × 1	M 10 × 1	M 12 × 1,5	M 16 × 1,5	M 20 × 1,5	M 24 × 2
4014	b für $l \leq 125$	14	16	18	22	26	30	38	46	54
8765		–	–	–	22	26	30	38	46	54
4014 4017 8765 8676	d_w (Produktkl. A)	5,88	6,88	8,88	11,63	14,63	16,63	22,49	28,19	33,61
	k_{max} (Produktkl. A)	2,925	3,65	4,15	5,45	6,58	7,68	10,18	12,715	15,215
	s max.	7	8	10	13	16	18	24	30	36
	e_{min} (Produktkl. A)	7,66	8,79	11,05	14,38	17,77	20,03	26,75	33,53	39,98
	c max.	0,4	0,5	0,5	0,6	0,6	0,6	0,8	0,8	0,8
4014	l von	25	25	30	40	45	50	65	80	90
	bis	40	50	60	80	100	120	160	200	240
4017	l von	8	10	12	16	20	25	30	40	50
	bis	40	50	60	80	100	120	200	200	200
8765	l von	–	–	–	40	45	50	65	80	100
	bis	–	–	–	80	100	120	160	200	240
8676	l von	–	–	–	16	20	25	35	40	40
	bis	–	–	–	80	100	120	160	200	200

Längen l: 8, 10, 12, 16, 20, 25, 30, 35 ... 70, 80, 90, 100 ... 160, 180, 200, 220, 240 mm
Werkstoff: Stahl 5.6; 8.8; 10.9; nichtrostender Stahl für $d \leq 20$ mm: A2-70, für $d > 20$ mm: A2-50
Ausführung: Produktklasse A: für $d \leq 24$ mm und $l \leq 10\,d$ bzw. 150 mm
Produktklasse B: für $d > 24$ mm oder $l > 10\,d$ bzw. 150 mm
Bezeichnung einer Sechskantschraube mit Schaft und Regelgewinde M 10, l = 80 mm, Festigkeitsklasse 8.8:
Sechskantschraube ISO 4014 – M 10 × 80 – 8.8

Sechskantschrauben, Produktklasse C

DIN EN ISO 4016: 2011-06; DIN EN ISO 4018: 2011-07

Mit Schaft, DIN EN ISO 4016

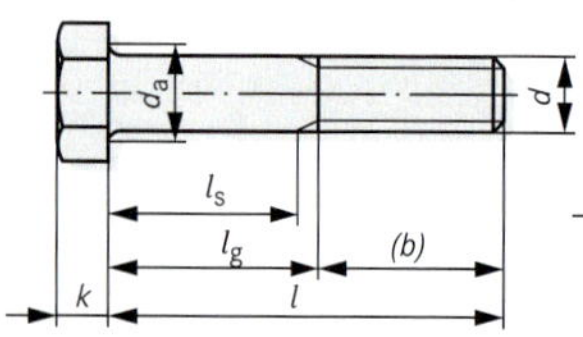

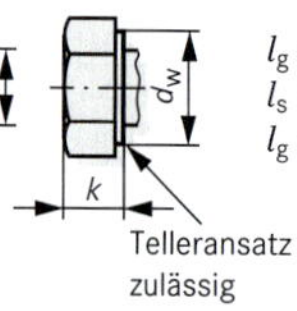

$l_g = l - b$
$l_s = l_g - 5 \cdot P$
l_g = Mindest-Klemmlänge

Mit Gewinde bis Kopf, DIN EN ISO 4018

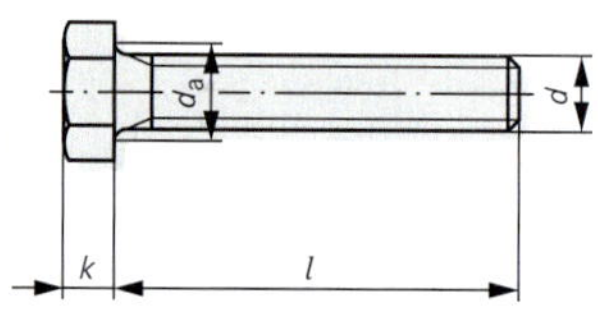

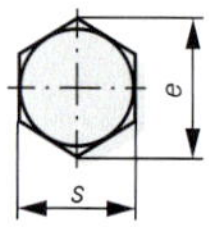

Gewinde d	M 5	M 6	M 8	M 10	M 12	M 16	M 20	M 24	M 30	M 36
b für $l \leq 125$	16	18	22	26	30	38	46	54	66	–
d_w min	6,74	8,74	11,47	14,47	16,47	22	27,7	33,25	42,75	51,11
k max	3,875	4,375	5,675	6,85	7,95	10,75	13,4	15,9	19,75	23,55
s max	8	10	13	16	18	24	30	36	46	55
e min	8,63	10,89	14,2	17,59	19,85	26,17	32,95	39,55	50,85	60,79
d_a max	6	7,2	10,2	12,2	14,7	18,7	24,4	28,4	35,4	42,4
l von	25 / 10[1)]	30 / 12[1)]	40 / 16[1)]	45 / 20[1)]	55 / 25[1)]	65 / 30[1)]	80 / 40[1)]	100 / 50[1)]	120 / 60[1)]	140 / 70[1)]
bis	50	60	80	100	120	160	200	240	300	360

Längenabstufung: 10; 12; 16; 20 ... 70 je 5 mm gestuft, 80 ... 160 je 10 mm gestuft, 180 ... 360 je 20 mm gestuft
Werkstoff: Stahl, Festigkeitsklasse; 4.6; 4.8. Bezeichnung einer Sechskantschraube mit Schaft, d = M 10,
l = 50 mm, Festigkeitsklasse 4.6: **Sechskantschraube ISO 4016 – M 10 × 50 – 4.6**

[1)] DIN EN ISO 4018

Sechskantschrauben für den Metallbau, HV-Schrauben

DIN EN 14 399-4: 2006-06

$l_s = l_g - 3 \cdot P \qquad l_g = l - b$

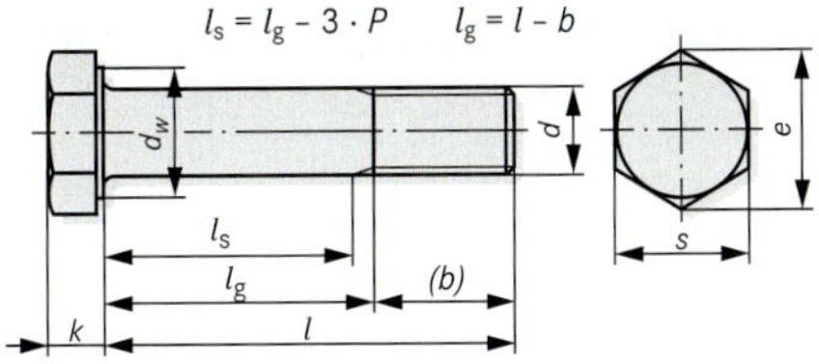

Zugehörige Sechskantmuttern nach EN 14 399-4
Zugehörige Scheiben nach EN 14 399-5/6

Bezeichnung einer Sechskantschraube mit d = M 20 und l = 85 mm:
Sechskantschraube EN 14 399-4 – M 20 × 85 – 10.9 – HV

d		M 12	M 16	M 20	M 22	M 24	M 27	M 30
b_{min}		23	28	33	34	39	41	44
c_{max}		0,6	0,6	0,8	0,8	0,8	0,8	0,8
d_w		20,1	24,9	29,5	33,3	38,0	42,8	46,6
e	≈	23,9	29,6	35	39,6	45,2	50,9	55,4
k_{max}		8,45	10,75	13,9	14,9	15,9	17,9	20,05
r_{min}		1,2	1,2	1,5	1,5	1,5	2	2
s_{max}		22	27	32	36	41	46	50
l	von	35	40	45	50	60	70	75
	bis	95	130	155	165	195	200	200

Längenabstufung je 5 mm, Produktklasse C
Werkstoff: Stahl, Festigkeitsklasse 10.9

Sechskantschrauben mit Sechskantmuttern für Stahlkonstruktionen

DIN 7990: 2008-04

$l_s = l_g - 3 \cdot P \qquad l_g = l - b$

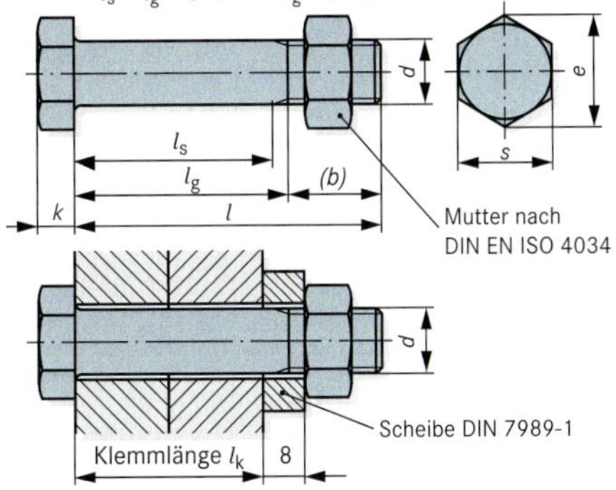

Schraubenkopf wahlweise mit Telleransatz

d		M 12	M 16	M 20	M 24	M 27	M 30
b		20,5	24,5	28,5	33	35,5	38,5
c_{max}		0,6	0,8	0,8	0,8	0,8	0,8
d_w		16,4	22	27,7	33,2	38	42,7
e_{min}		19,85	26,17	32,95	39,55	45,20	50,85
k_{max}		8,45	10,75	13,9	15,9	17,9	20,05
s_{max}		18	24	30	36	41	46
l	von	30	35	40	45	50	55
	bis	120	150	180	200	200	200

Längenabstufung je 5 mm, Produktklasse C
Werkstoff: Stahl, Festigkeitsklasse 4.6; 5.6
Bezeichnung einer Sechskantschraube mit
d = M 16 und l = 80 mm mit Mutter, Festigkeitsklasse 4.6:
Sechskantschraube DIN 7990 – M 16 × 80 – Mu – 4.6

Sechskant-Passschrauben mit oder ohne Sechskantmutter für Stahlkonstruktionen

DIN 7968: 2007-07

Sechskant-Passschrauben für den Metallbau, HV-Schrauben

DIN EN 14 399-8: 2008-03

Sechskant-Passschraube nach DIN 7968 ohne Mutter

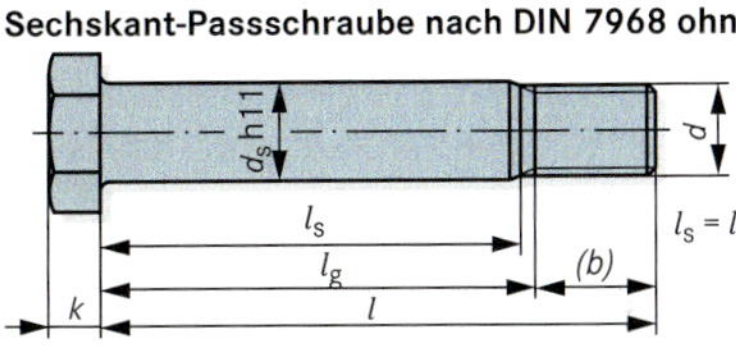

$l_s = l_g - 2{,}5 \cdot P$

mit Sechskantmutter nach DIN EN ISO 4034

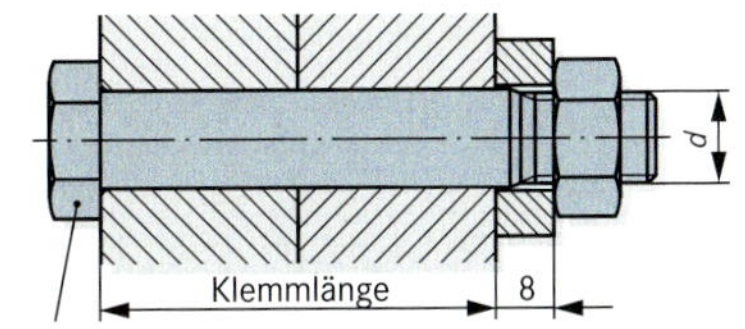

Telleransatz wahlweise zulässig

Sechskant-Passschraube nach DIN EN 14 399

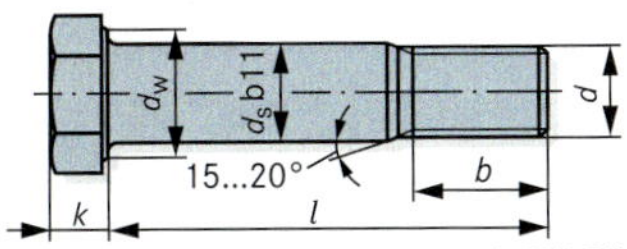

Zugehörige Sechskantmuttern nach DIN EN 14 399-4
Zugehörige Scheiben nach DIN EN 14 399-6, DIN EN 14 399-5

	d		M 12	M 16	M 20	M 24	M 27
DIN 7968 EN 14399	d_s		13	17	21	25	28
	k_{max}		8,45	10,75	13,9	15,9	17,9
	c_{max}		0,6	0,8	0,8	0,8	0,8
DIN 7968	d_w		16,4	22	27,7	33,2	38
	b	≈	20,5	24,5	28,5	33	35,5
	e	≈	19,9	26,2	33	39,6	45,2
	s_{max}		18	24	30	36	41
	l	von	35	40	45	55	60
		bis	120	160	180	200	200
EN 14 399	d_w		20,1	24,9	29,5	38	42,8
	b		23	28	33	39	41
	e	≈	23,91	29,56	37,03	45,2	50,85
	s		22	27	32	41	46
	l	von	50	65	75	90	95
		bis	95	125	155	185	200

Längenabstufung je 5 mm, Produktklasse C
Werkstoff: Stahl, DIN 7968 Festigkeitsklasse 5.6
DIN EN 14 399 Festigkeitsklasse 8.8, 10.9
Bezeichnung einer Sechskant-Passschraube nach DIN 7968
mit d = M 24, l = 100 mm mit Sechskantmutter:
Sechskant-Passschraube DIN 7968 – M 24 × 100 – Mu – 5.6

Klemmlängen

Sechskant-Passschrauben mit langem Gewindezapfen

DIN 609: 1995-02

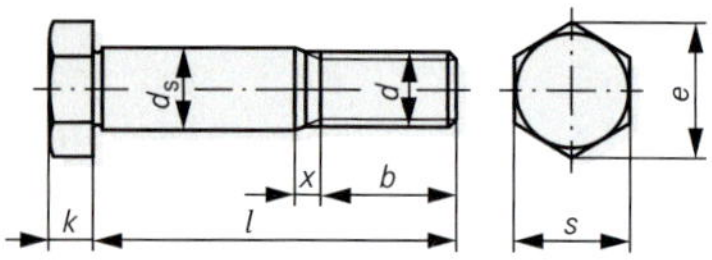

Bezeichnung einer Passschraube mit Gewinde M 12, l = 50 mm, Festigkeitsklasse 8.8:
Passschraube DIN 609 – M 12 × 50 – 8.8

Bezeichnung einer Passschraube mit Gewinde M 10 × 1,25, l = 60 mm, neue SW, Festigkeitsklasse 8.8:
Passschraube DIN 609 – M 10 × 1,25 × 60 – SW 16-8.8

[1] Für Neukonstruktionen sind SW 16 und SW 18 anzugeben

d		M 8	M 10	M 12	M 16	M 20	M 24
d × *P*		M 8 × 1	M 10 × 1,25	M 12 × 1,25	M 16 × 1,5	M 20 × 1,5	M 24 × 2
b für *l* ≤ 50		14,5	17,5	20,5	25	28,5	–
für 50 < *l* ≤ 150		16,5	19,5	22,5	27	30,5	36,5
für *l* > 150		21,5	24,5	27,5	32	35,5	41,5
x	min	3,6	3,9	4,2	4,5	5,2	5,8
d_s	k 6	9	11	13	17	21	25
k		5,3	6,4	7,5	10	12,5	15
s		13	16[1] 17	18[1] 19	24	30	36
e	≈	14,4	17,8 18,9	19,9 20,9	26,2	33	40
l	von	25	30	32	38	45	55
	bis	80	100	120	150	150	150

Längenabstufung: 25; 28; 30; 32; 35; 38; 40; 42; 45; 48; 50 ... 150 je 5 mm
Werkstoff: Stahl, Festigkeitsklasse 8.8 nach DIN EN 20 898-1
Nichtrostender Stahl, A2-70 für ≤ M20, A2-50 für > M 20 ... M 39
Nichteisenmetall, CU 2 und CU 3 nach DIN EN 28 839
Produktklasse A für ≤ M 10, B für ≥ M12 nach DIN ISO 4759-1

Sechskantschrauben mit Flansch

DIN EN 1665: 1998-11

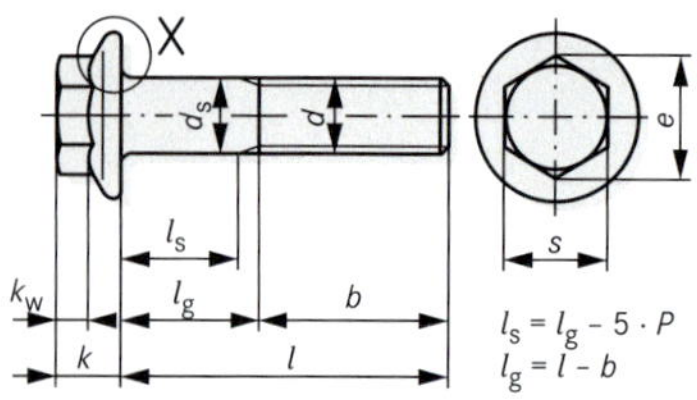

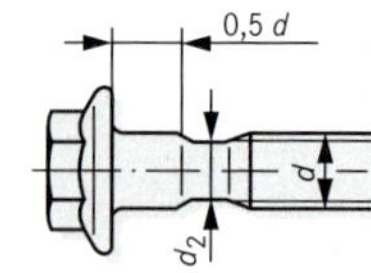

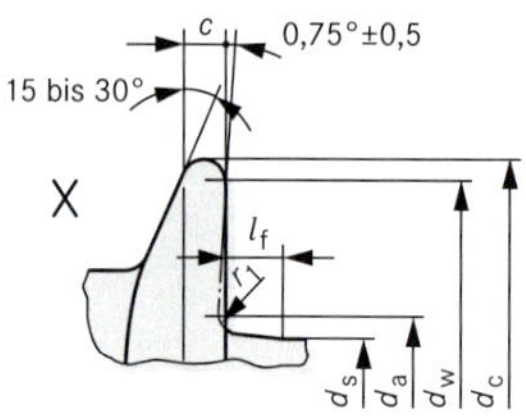

d		M 5	M 6	M 8	M 10	M 12	M 16	M 20
b für *l* ≤ 125		16	18	22	26	30	38	46
für 125 < *l* ≤ 200		–	–	28	32	36	44	52
d_a	max	5,7	6,8	9,2	11,2	13,7	17,7	22,4
d_c	max	11,8	14,2	18	22,3	26,6	35	43
d_2		≈ Gewindeflankendurchmesser						
d_s	max	5	6	8	10	12	16	20
d_w	min	9,8	12,2	15,8	19,6	23,8	31,9	39,9
e	≈	8,71	10,95	14,26	17,62	19,86	26,51	33,32
s	max	8	10	13	16	18	24	30
k	max	5,8	6,6	8,1	10,4	11,8	15,4	18,9
k_w	min	2,6	3,0	3,9	4,1	5,6	7,3	8,9
r_1	min	0,2	0,25	0,4	0,4	0,6	0,6	0,8
l_f	max	1,4	1,6	2,1	2,1	2,1	3,2	4,2
l	≈ von	25	30	35	40	45	55	65
	bis	50	60	80	100	120	160	200

Längenabstufung: 30; 35; 40; 45; 50; 55; 60; 65; 70; 80; 90; 100; 110; 120; 130; 140; 150; 160; 180; 200
Werkstoff: Stahl, Festigkeitsklasse 8.8; 10.9; 12.9 nach DIN EN 20 898-1
Nichtrostender Stahl A2-70 nach DIN EN ISO 3506-1
Bezeichnung für *d* = M 8, *l* = 60, Festigkeitsklasse 10.9:
Sechskantschraube DIN EN 1665 – M8 × 60 – 10.9

Sechskantschrauben mit Dünnschaft

DIN EN 24 015: 1991-12

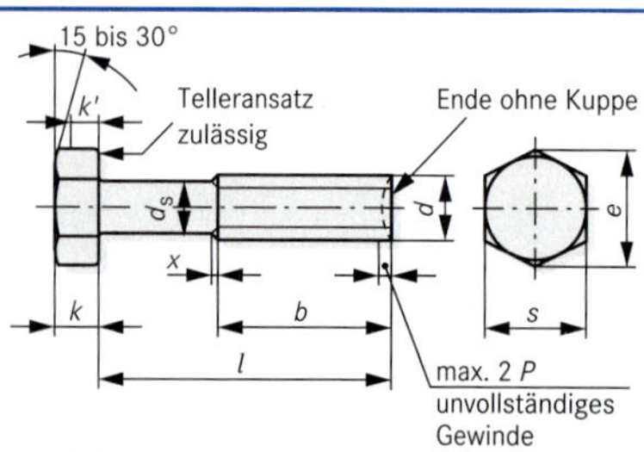

Bezeichnung einer Sechskantschraube mit *d* = M 10, *l* = 60 mm und der Festigkeitsklasse 5.8:
Sechskantschraube ISO 4015 M 10 × 60 – 5.8

Gewinde *d*		M 4	M 5	M 6	M 8	M 10	M 12	M 16	M 20
b für *l* ≤ 125		14	16	18	22	26	30	38	46
für 125 < *l* ≤ 200		–	–	–	28	32	36	44	52
d_s	≈	3,5	4,4	5,3	7,1	8,9	10,7	14,5	18,2
k	max	3,00	3,74	4,24	5,54	6,69	7,79	10,29	12,85
x		1,75	2,0	2,5	3,2	3,8	4,3	5,0	6,3
e	min	7,50	8,63	10,89	14,20	17,59	19,85	26,17	32,95
s	max	7	8	10	13	16	18	24	30
l	von	20	25	25	30	40	45	55	65
	bis	40	50	60	80	100	120	150	150

Längenabstufung: 20 ... 70 je 5 mm, 70 ... 150 je 10 mm gestuft
Werkstoff: Stahl 5.8 ... 8.8, nichtrostender Stahl A 2-70 Produktklasse B

Zylinderschrauben mit Schlitz

DIN EN ISO 1207: 2011-10

Gewinde annähernd bis Kopf

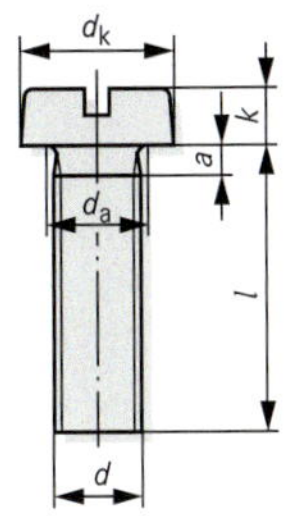

Mit Schaft

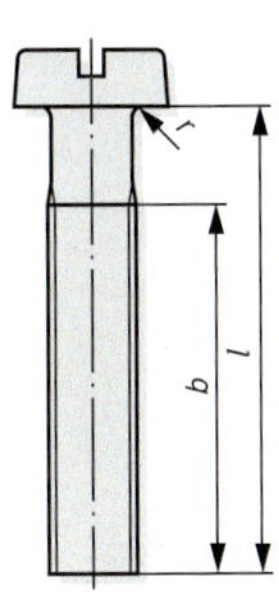

d	M 1,6	M 2	M 2,5	M 3	M 4	M 5	M 6	M 8	M 10
a_{max}	0,7	0,8	0,9	1	1,4	1,6	2	2,5	3
b_{min}	25	25	25	25	38	38	38	38	38
d_{kmax}	3	3,8	4,5	5,5	7	8,5	10	13	16
d_{amax}	2	2,6	3,1	3,6	4,7	5,7	6,8	9,2	11,2
k_{max}	1,1	1,4	1,8	2	2,6	3,3	3,9	5	6
l von	2	3	3	4	5	6	8	10	12
bis	16	20	25	30	40	50	60	80	80

Längenabstufung: 2; 3; 4; 5; 6; 8; 10; 12; 16; 20; 25; 30; 35; 40; 45; 50; 60; 70; 80 mm
Gewinde annähernd bis Kopf: M1 ... M3 für $l \leq 30$, M4 ... M10 für $l \leq 40$ mm
Werkstoff: Stahl, Festigkeitsklasse 4.8; 5.8;
Nichtrostender Stahl; Festigkeitsklasse A2-50, A2-70
Produktklasse A
Bezeichnung einer Zylinderschraube mit Gewinde M 5, l = 30 mm, Festigkeitsklasse 4.8: **Zylinderschraube ISO 1207 – M 5 × 30 – 4.8**

Zylinderschrauben mit Innensechskant und niedrigem Kopf mit Schlüsselführung

DIN 6912: 2009-06

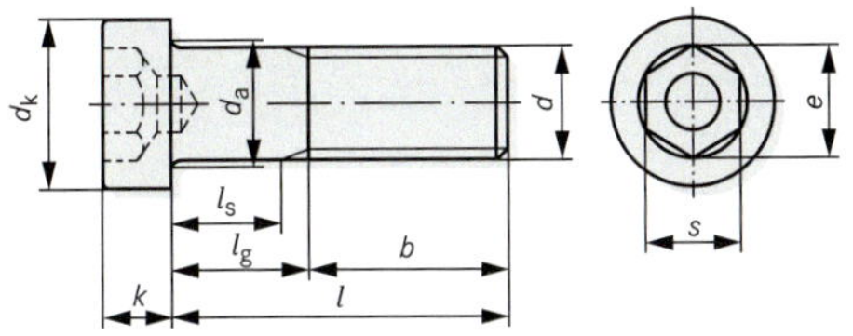

d	M 5	M 6	M 8	M 10	M 12	M 16	M 20	M 24
k	3,5	4	5	6,5	7,5	10	12	14
s	4	5	6	8	10	14	17	19
e	4,6	5,7	6,9	9,2	11,4	16	19,4	21,7
l von	10	10	12	16	16	20	30	60
bis	60	70	80	90	100	140	180	200

d_k, d_a und b siehe DIN 7984 $l_g = l - b$; $l_s = l_g - 5 \cdot P$
Bezeichnungsbeispiel für Schraube M 10, l = 60, Festigkeitsklasse 8.8:
Zylinderschraube DIN 6912 – M 10 × 60 – 08.8

Längenabstufung: 10; 12; 16; 20; 25; 30; 35; 40 ... 200 je 10 mm
Werkstoff: Stahl, Festigkeitsklasse 8.8
Nichtrostender Stahl, A2-70 für ≤ M20; A2-50 für > M20,
Produktklasse A

Zylinderschrauben mit Innensechskant
Zylinderschrauben mit Innensechskant und niedrigem Kopf

DIN EN ISO 4762: 2004-06
DIN 7984: 2009-06

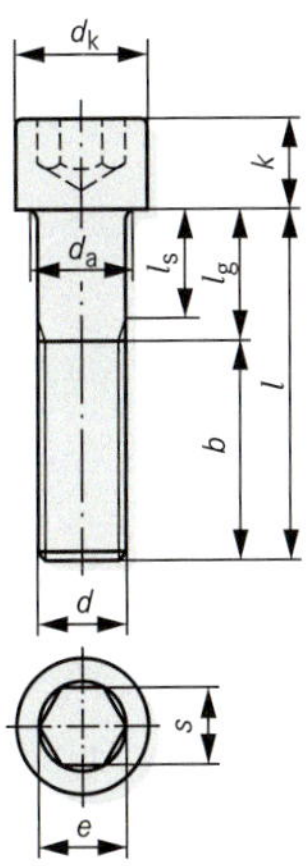

ISO 4762 und 7984	d		M 5	M 6	M 8	M 10	M 12	M 16	M 20	M 24
ISO 4762 und 7984	d_k		8,5	10	13	16	18	24	30	36
	d_a		5,7	6,8	9,2	11,2	13,7	17,7	22,4	26,4
ISO 4762	b für $l \leq 125$		22	24	28	32	36	44	52	60
	k		5	6	8	10	12	16	20	24
	s		4	5	6	8	10	14	17	19
	e		4,58	5,72	6,86	9,15	11,43	16	19,44	21,73
	l 1)	von	8	10	12	16	20	25	30	35
		bis	25	30	35	40	50	60	70	80
	l 2)	von	30	35	40	45	55	65	80	90
		bis	50	60	80	100	120	160	200	200
DIN 7984	b für $l \leq 125$		16	18	22	26	30	38	46	54
	k_s		3,5	4	5	6	7	9	11	13
	s		3	4	5	7	8	12	14	17
	e	≈	3,4	4,6	5,7	8	9,2	13,7	16	19,4
	l 1)	von	8	10	12	16	20	30	40	50
		bis	25	25	30	35	45	(55)	60	80
	l 2)	von	30	30	35	40	50	60	70	90
		bis	–	40	60	70	80	80	100	100

Werkstoff: Stahl, Festigkeitsklasse für ISO 4762: 8.8, 10.9; 12.9, A3, A5, DIN 7984: 8.8, Produktklasse A

Längenabstufung: 8; 10; 12; 16; 20 ... 70 (je 5 mm gestuft); 70 ... 160 (je 10 mm gestuft); 180; 200
Bezeichnung einer Zylinderschraube mit Innensechskant, niedrigem Kopf, d = M 10, l = 50:
Zylinderschraube DIN 7984 – M 10 × 50 – 08.8

1) Gewinde bis Kopf ($l_{g\,max} = 3 \cdot P$), 2) Schrauben mit Schaft: $l_{g\,max} = l - b$; $l_{s\,min} = l_{g\,max} - 5 \cdot P$

Senkschrauben mit Schlitz
Senkschrauben mit Kreuzschlitz

DIN EN ISO 2009, DIN EN ISO 2010, DIN EN ISO 7046-1, DIN EN ISO 7047: alle 1994-10

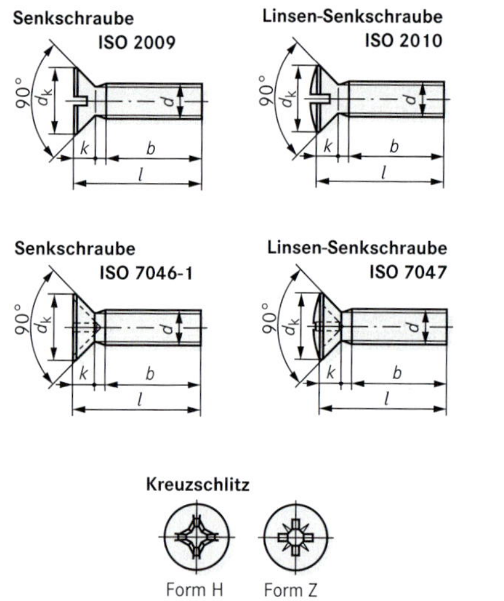

	Gewinde *d*		M 1,6	M 2	M 2,5	M 3	M 4	M 5	M 6	M 8	M 10
	b	min	25	25	25	25	38	38	38	38	38
	d_k	max	3	3,8	4,7	5,5	8,4	9,3	11,3	15,8	18,3
	k	max	1	1,2	1,5	1,65	2,7	2,7	3,3	4,65	5
	Kreuzschlitz-Größe		0		1		2		3	4	
DIN EN ISO 2009, DIN EN ISO 2010	*l*	von	2,5	3	4	5	6	8	8	10	12
		bis	16	20	25	30	40	50	60	80	80
	Längen-abstufung		2,5 - 3 - 4 - 5 - 6 - 8 - 10 - 12 - 16 - 20 - 25 - 30 - 35 - 40 - 45 - 50 - 60 - 70 - 80								
	Werkstoff		Stahl: 4.8; 5.8, Nichtrostender Stahl: A 2-50, A 2-70, Nichteisenmetall, Produktklasse A								
DIN EN ISO 7046-1, DIN EN ISO 7047	*l*	von	3	3	3	4	5	6	8	10	12
		bis	16	20	25	30	40	50	60	60	60
	Längen-abstufung		3 - 4 - 5 - 6 - 8 - 10 - 12 - 16 - 20 - 25 - 30 - 35 - 40 -45 - 50 - 60								
	Werkstoff		Stahl: 4.8, Nichtrostender Stahl[1]: A 2-50, A 2-70, Nichteisenmetall[1], Produktklasse A								

Bezeichnung einer Senkschraube mit Gewinde *d* = M 6, *l* = 50 mm, Festigkeitsklasse 4.8 und Kreuzschlitz Form Z:
Senkschraube ISO 7046-1 – M 6 × 50 – 4.8 – Z

[1] nicht für Senkschraube ISO 7046-1

Senkschrauben mit Innensechskant

DIN EN ISO 10 642: 2004-06

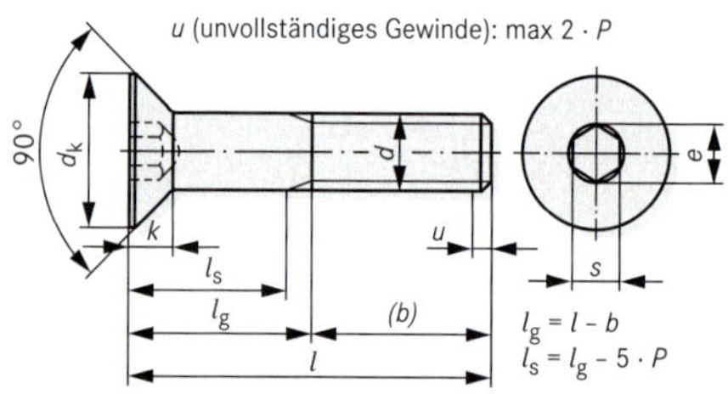

Bezeichnung einer Senkschraube mit Innensechskant mit Gewinde *d* = M 10, Nennlänge *l* = 50 mm, Festigkeitsklasse 8.8:
Senkschraube ISO 10 642 – M 10 × 50 – 8.8

Gewinde *d*		M 4	M 5	M 6	M 8	M 10	M 12	M 16	M 20
l ≤ 125		14	16	18	22	26	30	38	46
b	*l* > 125 < 200	20	22	24	28	32	36	44	52
d_k	max	8,96	11,2	13,44	17,92	22,4	26,88	33,6	40,32
e	≈	2,87	3,44	4,58	5,72	6,86	9,15	11,43	13,72
s		2,5	3	4	5	6	8	10	12
k	max	2,48	3,1	3,72	4,96	6,2	7,44	8,8	10,16
l	von	8	8	8	10	12	20	30	35
	bis	40	50	50	80	100	100	100	100

Längenabstufung: 8; 10; 12; 16; 20; 25; 30; 35; 40; 50; 60; 70; 80; 90; 100
Werkstoff: Stahl: Festigkeitsklassen 8.8, 10.9, 12.9
Produktklasse A

Senkschrauben mit Schlitz

DIN 7969: 2007-10

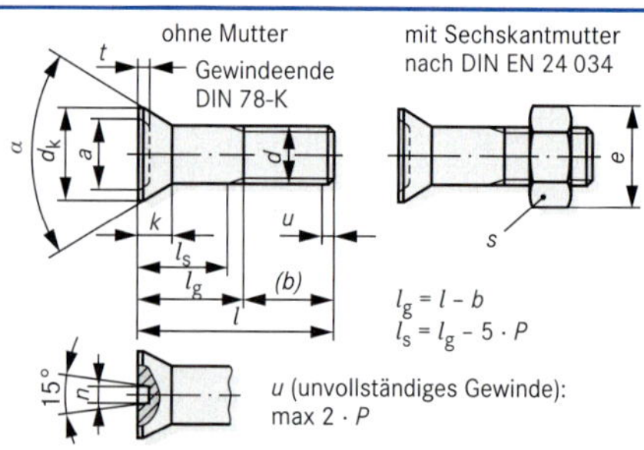

Bezeichnung einer Senkschraube mit Schlitz, mit Gewinde M 20 und Nennlänge *l* = 90 mm, mit Mutter, Festigkeitsklasse 4.6:
Senkschraube DIN 7969 – M 20 × 90 – Mu – 4.6

Gewinde *d*		M 12	M 16	M 20	M 24
α		75° + 5°		60° + 5°	
a		16	22	25	29
b	b_1	22	28	32	38
	b_2	28	35	40	50
d_k		21	28	32	38
s		18	24	30	36
k	max	7,29	9,29	11,85	13,35
n		3	3	3,5	3,5
t		3	3	3,5	3,5
l	von	40	50	60	70
	bis	160	160	160	160

b_1 und l_1 bzw. b_2 und l_2 sind jeweils zusammengehörig. Längenabstufung: 20 ... 80 je 5 mm, 80 ... 160 je 10 mm gestuft
Werkstoff: Stahl, Festigkeitsklasse 4.6, Produktklasse C. Bezeichnung einer Senkschraube mit Schlitz, mit Gewinde M 16, Nennlänge *l* = 60 mm, ohne Mutter, Festigkeitsklasse 4.6: **Senkschraube DIN 7969 – M 16 × 60 – 4.6**

Flachkopfschrauben m. Schlitz, Flachkopfschrauben m. Kreuzschlitz

DIN EN ISO 1580, DIN EN ISO 7045: alle 1994-10

Mit Schlitz nach DIN EN ISO 1580

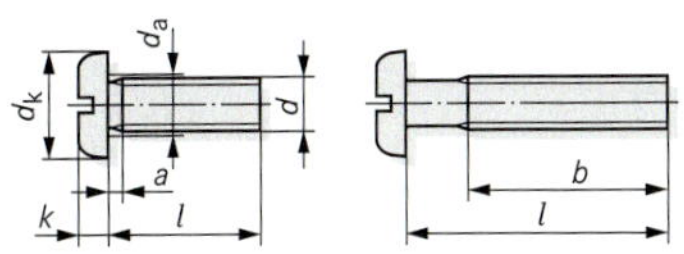

Mit Kreuzschlitz nach DIN EN ISO 7045

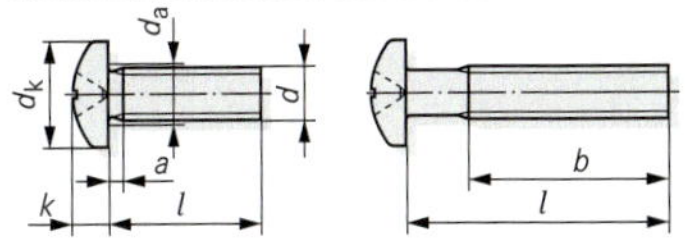

Kreuzschlitz

Form H

Form Z

	Gewinde *d*		M 1,6	M 2	M 2,5	M 3	M 4	M 5	M 6	M 8	M 10
	a	max	0,7	0,8	0,9	1	1,4	1,6	2	2,5	3
	b	min	25	25	25	25	38	38	38	38	38
	d_k	max	3,2	4	5	5,6	8	9,5	12	16	20
	d_a	max	2	2,6	3,1	3,6	4,7	5,7	6,8	9,2	11,2
DIN ISO 1580	*k*	max	1	1,3	1,5	1,8	2,4	3	3,6	4,8	6
	l	von bis	2 16	2,5 20	3 25	4 30	5 40	6 50	8 60	10 80	12 80
DIN ISO 7045	*k*	max	1,3	1,6	2,1	2,4	3,1	3,7	4,6	6	7,5
	Kreuzschlitz-Größe		0		1		2		3	4	
	l	von bis	3 16	3 20	3 25	4 30	5 40	6 45	8 60	10 60	12 60

Werkstoff: DIN EN ISO 1580, Stahl 4.8, 5.8, nichtrostender Stahl A 2-50, A 2-70
DIN EN ISO 7045, Stahl 4.8, nichtrostender Stahl A 2-50, A 2-70
Produktklasse A

Blechschrauben mit Schlitz
Blechschrauben mit Kreuzschlitz

DIN ISO 1481, DIN ISO 1482, DIN ISO 1483: alle 2011-10
DIN ISO 7049, DIN ISO 7050, DIN ISO 7051: alle 2011-11

Blechschrauben mit Schlitz

ISO 1481

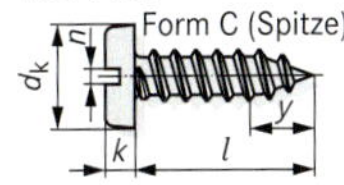

ISO 1482

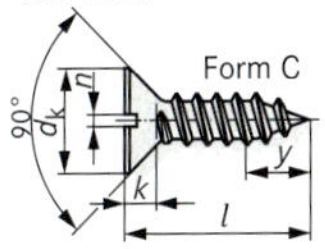

ISO 1483

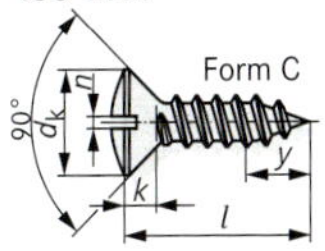

Form F (Zapfen)

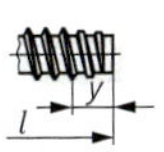

Blechschrauben mit Kreuzschlitz

ISO 7049

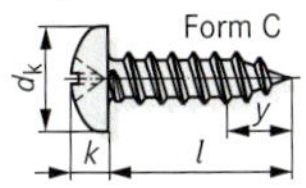

ISO 7050

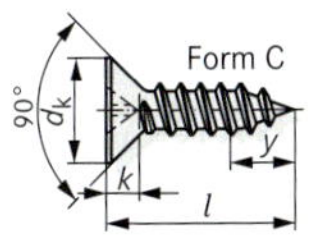

ISO 7051

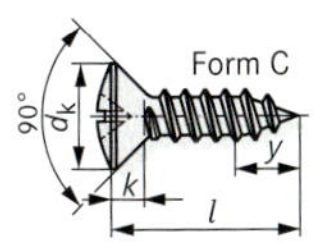

Kreuzschlitz

Form H

Form Z

DIN ISO	Gewinde		ST 2,2	ST 2,9	ST 3,5	ST 4,2	ST 4,8	ST 5,5	ST 6,3
1482, 1483 7050, 7051	d_k	max	3,8	5,5	7,3	8,4	9,3	10,3	11,3
1481, 7049			4	5,6	7	8	9,5	11	12
1482, 1483 7050, 7051	*k*	max	1,1	1,7	2,35	2,6	2,8	3	3,15
1481			1,3	1,8	2,1	2,4	3	3,2	3,6
7049			1,6	2,4	2,6	3,1	3,7	4	4,6
1481 ... 1483	*y*	Form C	2	2,6	3,2	3,7	4,3	5	6
7049 ... 7051		Form F	1,6	2,1	2,5	2,8	3,2	3,6	3,6
1481 ... 1483	n		0,5	0,8	1	1,2	1,2	1,6	1,6
7049 ... 7051	Kreuzschlitz-Größe		0	1	2			3	
1481	*l*	von bis	4,5 16	6,5 19	6,5 22	9,5 25	9,5 32	13 32	13 38
1482, 7050 7051	*l*	von bis	4,5 16	6,5 19	9,5 25	9,5 32	9,5 32	13 38	13 38
1483	*l*	von bis	4,5 16	6,5 19	9,5 22	9,5 25	9,5 32	13 32	13 38
7049	*l*	von bis	4,5 16	6,5 19	9,5 25	9,5 32	9,5 38	13 38	13 38

Längenabstufung: 4,5; 6,5; 9,5; 13; 16; 19; 22; 25; 32; 38; 45; 50 mm
Werkstoff: Stahl, Produktklasse A, Schrauben ISO 1481 ... 83: A2-20H, A4-20H, A5-20H
Bezeichnung einer Senk-Blechschraube mit Gewinde ST 4,2, *l* = 22 mm, spitze Form C, Kreuzschlitz Form Z: **Blechschraube ISO 7050 – ST 4,2 × 22 – C – Z**

Gewindeschneidschrauben

DIN 7513, DIN 7516: alle 1995-09

Schlitzschrauben nach DIN 7513			Kreuzschlitzschrauben nach DIN 7516			
Form	Bild	Maße nach	Form	Bild	Maße nach	Kreuzschlitz
BE	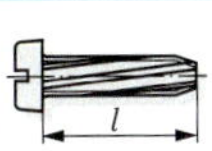	DIN EN ISO 1207	AE	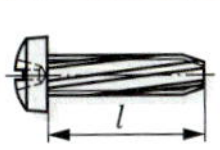	DIN EN ISO 7045	Form H 
FE	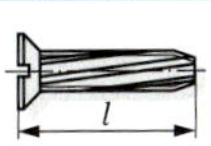	DIN EN ISO 2009	DE	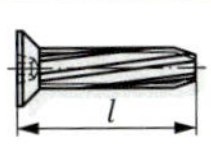	DIN EN ISO 7046	Form Z 
GE	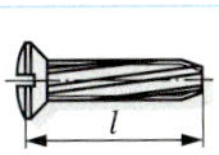	DIN EN ISO 2010	EE	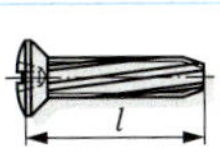	DIN EN ISO 7047	

d		M 3	M 4	M 5	M 6	M 8
Kernloch-Ø *d* H11		2,7	3,6	4,5	5,5	7,4
l	von bis	6 20	8 25	10 30	12 35	16 40

Längenabstufung: 6; 8; 10; 12; 16; 20; 25; 30; 35 und 40 mm
Werkstoff: Stahl nach DIN 17 210, DIN EN 10 083
Bezeichnung einer Kreuzschlitzschraube mit *d* = M 5, *l* = 20, Form DE, Kreuzschlitz Form H:
Schneidschraube
DIN 7516 – DE M5 × 20 – St – H

Flachrundschrauben mit Vierkantansatz

DIN 603: 2010-09

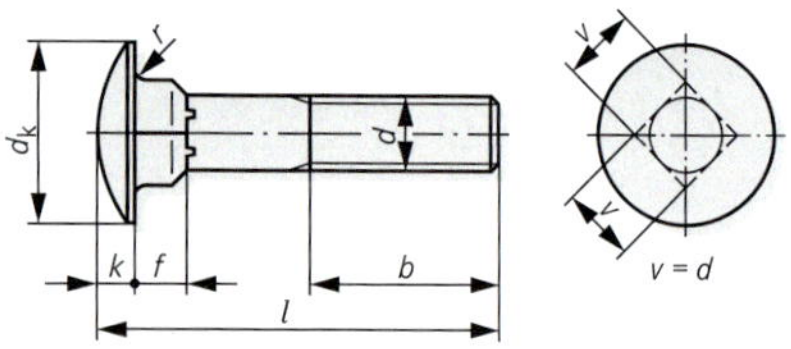

d		M 5	M 6	M 8	M 10	M 12	M 16	M 20
d_k	≈	13,5	16,5	20,6	24,6	30,6	38,8	46,8
k	max	3,3	3,88	4,88	5,38	6,95	8,95	11,0
f	max	4,1	4,6	5,6	6,6	8,75	12,9	15,9
b	für $l \leq 125$	16	18	22	26	30	38	46
b	für $l > 125$	22	24	28	32	36	44	52
r	≈	0,5	0,5	0,5	0,5	1	1	1
l	von	16	16	20	20	30	55	70
	bis	80	150	150	200	200	200	200

Bezeichnung einer Flachrundschraube mit Vierkantansatz, d = M 12, l = 80, Festigkeitsklasse nach Wahl des Herstellers:
Flachrundschraube DIN 603 – M 12 × 80

Längenabstufung l: 16, 20, 25, 30, 35, 40, 45, 50, 55, 60, 65, 70, 80, 90, 100, 110, 120, 130, 140, 150, 160, 180 und 200 mm
Werkstoff: Stahl, Festigkeitsklasse 4.6, 4.8, 8.8, A2-70, A4-70
Ausführung: Produktklasse C

Senkschrauben mit Nase

DIN 604: 2010-09

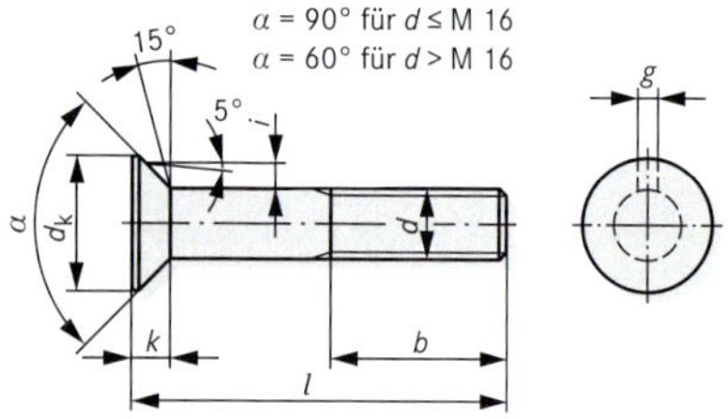

d		M 6	M 8	M 10	M 12	M 16	M 20	M 24
d_k	≈	12,5	16,5	19,6	24,6	32,8	32,8	38,8
k		4	5	5,5	7	9	11,5	13
i		2,8	3,5	4,2	5,7	7,5	5,7	6,7
g		2,5	3	3,2	3,6	4,2	5,4	6,6
b	für $l \leq 125$	18	22	26	30	38	46	54
b	für $l > 125$	24	28	32	36	44	52	60
l	von	20	20	20	25	30	50	60
	bis	100	150	160	160	160	160	160

Bezeichnung einer Senkschraube mit Nase, d = M 10, l = 60, Festigkeitsklasse 3.6:
Senkschraube DIN 604 – M 10 × 60 – 3.6

Längenabstufung l: 20, 25, 30, 35, 40, 45, 50, 55, 60, 65, 70, 80, 90, 100, 110, 120, 130, 140, 150, 160 mm
Werkstoff: Stahl, Festigkeitsklasse 4.6, 4.8, 8.8
Ausführung: Produktklasse C

Augenschrauben

DIN 444: 1983-04

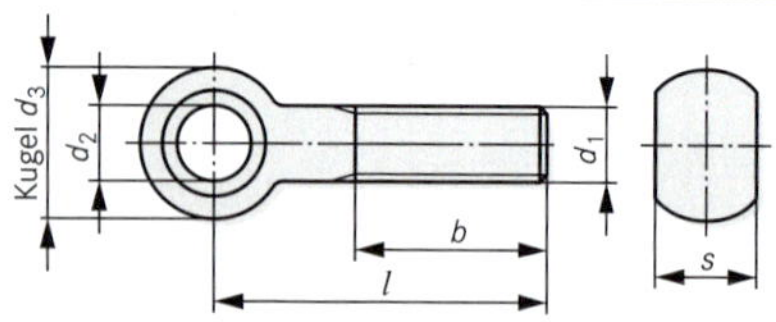

Form A (Produktklasse C)
Form B (Produktklasse B)
Form C (Produktklasse A)
Formen LA, LB, LC: Gewinde bis Auge

Bezeichnung einer Augenschraube Form A, d_1 = M 10, l = 70 mm:
Augenschraube DIN 444 – A M 10 × 70 – 5.6

d_1		M 6	M 8	M 10	M 12	M 16	M 20
b	für $l \leq 125$ mm	18	22	26	30	38	46
	für 125 mm < $l \leq 200$ mm	–	28	32	36	44	52
	für $l > 200$ mm	–	–	–	49	57	65
d_2 H9		6	8	10	12	16	18
d_3		14	18	20	25	32	40
s	für Form A	9	11	14	17	19	24
	für Formen B und C	7	9	12	14	17	22
l	von	35	40	45	55	70	100
	bis	90	140	150	260	260	260

Längenabstufungen für $l \leq 80$ je 5 mm, für $80 < l \leq 160$ je 10 mm,
für $160 < l \leq 300$ je 20 mm
Werkstoff: Stahl, Festigkeitsklassen 4.6; 5.6

Stiftschrauben

DIN 835: 2010-07, DIN 938, 939: alle 1995-02

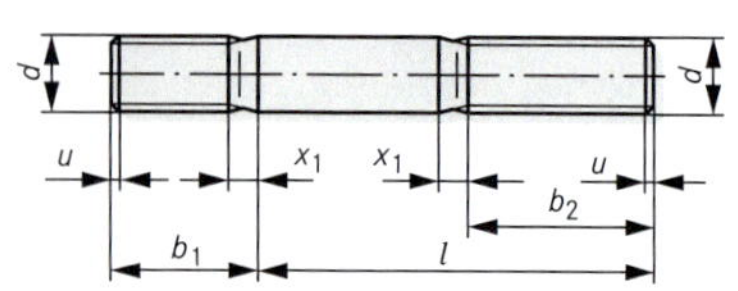

d		M 6	M 8	M 10	M 12	M 16	M 20	M 24
		–	8 × 1	10 × 1,25	12 × 1,25	16 × 1,5	20 × 1,5	24 × 2
b_2 für $l \leq 125$		18	22	26	30	38	46	54
b_2 für $l > 125$		24	28	32	36	44	52	60
l	von	25	30	35	40	50	60	70
	bis	60	80	100	120	160	200	200

Längenabstufung l: 25, 30, 35, 40, 45, 50, 55, 60, 65, 70, 75, 80, 90, 100, 110, 120, 130, 140, 150 ... 200 mm
DIN 938: $b_1 \approx 1\,d$ zum Einschrauben in Stahl
DIN 939: $b_1 \approx 1{,}25\,d$ zum Einschrauben in Gusseisen
DIN 835: $b_1 \approx 2\,d$ zum Einschrauben in Al-Legierungen
Werkstoff: Stahl, Festigkeitsklasse 5.6, 8.8 oder 10.9
Ausführung: Produktklasse A

Bezeichnung einer Stiftschraube, d = M 12, l = 90, Festigkeitsklasse 5.6 nach DIN 938:
Stiftschraube DIN 938 – M 12 × 90 – 5.6

Flügelmuttern und Flügelschrauben

DIN 315, DIN 316: alle 1998-07

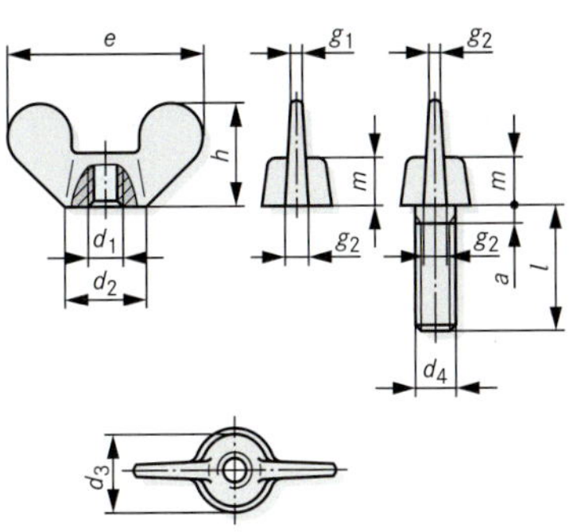

Gewinde an der Auflageseite unter 120° bis auf den Gewindedurchmesser aufgesenkt.

d_1		M 4	M 5	M 6	M 8	M 10	M 12	M 16	M 20	M 24
Steigung P		0,7	0,8	1	1,25	1,5	1,75	2	2,5	3
d_2	max	8	11	13	16	20	23	29	35	44
d_3	max	7	9	11	12,5	16,5	19,5	23	29	37,5
e	max	20	26	33	39	51	65	73	90	110
g_1	max	1,9	2,3	2,3	2,8	4,4	4,9	6,4	6,9	9,4
g_2	max	2,3	2,8	3,3	4,4	5,4	6,4	7,5	8	10,5
h	max	10,5	13	17	20	25	33,5	37,5	46,5	56,5
m	max	4,6	6,5	8	10	12	14	17	21	25
l	von	6	8	8	10	16	16	20	30	35
	bis	20	30	40	50	60	60	60	60	60

Längenabstufungen l: 6, 8, 10, 12, 16, 20, 25, 30, 35, 40, 50 und 60
Werkstoff: Temperguss, Stahl, austenitischer Stahl, CuZn-Legierung
Ausführung: Produktklasse C (Gewindetoleranz 6 H bzw. 6 g)
Bezeichnung einer Flügelmutter mit Gewinde d_1 = M 6 aus Temperguss (GT), Produktklasse C: **Flügelmutter DIN 315 – M 6 – GT**

Hammerschrauben mit Vierkant

DIN 186: 2010-09

Form A mit Schaft (Gewindelänge *b*)
Form B mit langem Gewinde

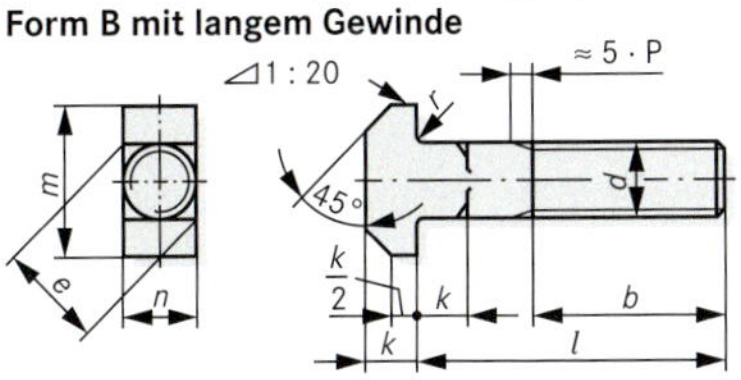

Bezeichnung einer Hammerschraube, d = M 10, l = 40, Form B und Festigkeitsklasse 4.6:
Hammerschraube DIN 186 – B M 10 × 40 – 4.6

d		M 6	M 8	M 10	M 12	M 16	M 20	M 24
m		16	18	21	26	30	36	43
n		6	8	10	12	16	20	24
k		4,5	5,5	7	8	10,5	13	15
e	≈	6,9	9,2	11,8	14,2	19,3	24,3	29,5
b für $l \le 120$		18	22	26	30	38	46	54
b für $l > 120$		–	–	–	–	44	52	60
l	von	30	30	30	40	50	60	70
	bis	60	80	100	120	160	200	200

Längenabstufung l : 30, 40, 50, 60 ... 100, 120, 140, 160, 180 und 200 mm
Werkstoff: Stahl, Festigkeitsklasse 4.6, Produktklasse C

Gewindestifte mit Schlitz
Gewindestifte mit Innensechskant

DIN EN ISO 4766: 2011-11, DIN EN 27 434, DIN EN 27 435, DIN EN 27 436: alle 1992-10
DIN EN ISO 4026, DIN EN ISO 4027, DIN EN ISO 4028, DIN EN ISO 4029: alle 2004-05

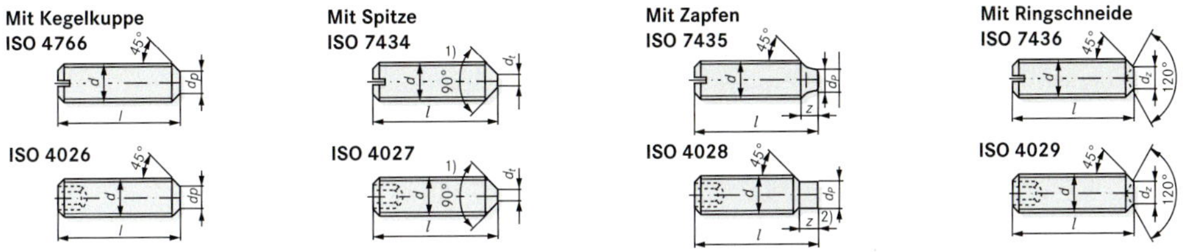

d		M 1,6	M 2	M 2,5	M 3	M 4	M 5	M 6	M 8	M10	M 12	M 16	M 20
ISO 4766	d_p max	0,8	1	1,5	2	2,5	3,5	4	5,5	7	8,5	–	–
DIN EN 27 435	d_p max	0,8	1	1,5	2	2,5	3,5	4	5,5	7	8,5	–	–
ISO 4026	d_p max	0,8	1	1,5	2	2,5	3,5	4	5,5	7	8,5	12	15
ISO 4028	d_p max	0,8	1	1,5	2	2,5	3,5	4	5,5	7	8,5	12	15
DIN EN 27 434	d_t max	0,16	0,2	0,25	0,3	0,4	0,5	1,5	2	2,5	3	–	–
ISO 4027	d_t max	–	–	–	–	–	–	1,5	2	2,5	3	4	5
DIN EN 27 436	d_z max	0,8	1	1,2	1,4	2	2,5	3	5	6	8	–	–
ISO 4029	d_z max	0,8	1	1,2	1,4	2	2,5	3	5	6	8	10	14
DIN EN 27 435	z max	0,8	1	1,25	1,5	2	2,5	3	4	5	6	–	–
ISO 4028	$z^{2)}$ min	0,4	0,5	0,63	0,75	1	1,25	1,5	2	2,5	3	4	5
	max	1,05	1,25	1,5	1,75	2,25	2,75	3,25	4,3	5,3	6,3	8,36	10,36

Längen abhängig vom Gewindedurchmesser, l: 2; 2,5; 3; 4; 5; 6; 8; 10; 12; 16; 20; 25; 30; 35; 40; 45; 50; 55; 60 mm
Werkstoff für Gewindestift mit Schlitz: Stahl 14 H, 22 H, nichtrostender Stahl A 1-12H, Produktklasse A
Werkstoff für Gewindestift mit Innensechskant: Stahl 45 H, nichtrostender Stahl A 2–70
Bezeichnung eines Gewindestiftes mit Schlitz und Zapfen, Gewinde M 5, l = 12 mm und Festigkeitsklasse 14 H:
Gewindestift ISO 7435 – M 5 x 12 – 14 H

Sechskantmutter Typ 1 (Regelgewinde) DIN EN ISO 4032: 2001-03
Sechskantmutter Typ 2 (Regelgewinde) DIN EN ISO 4033: 2001-03
Sechskantmutter Typ 1 (Feingewinde) DIN EN ISO 8673: 2001-03
Sechskantmutter Typ 2 (Feingewinde) DIN EN ISO 8674: 2001-03

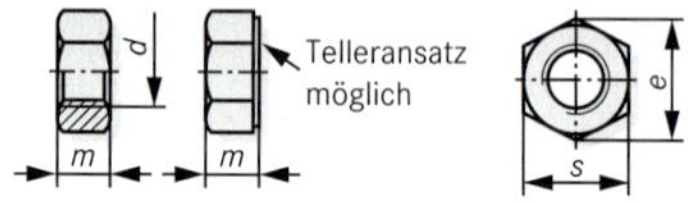

Sechskantmutter (Regelgewinde) DIN EN ISO 4034: 2001-03
Produktklasse C

Sechskantmutter, niedrige Form (Regelgewinde) DIN EN ISO 4035: 2001-03
Niedrige Sechskantmutter (Feingewinde) DIN EN ISO 8675: 2001-03

Niedrige Sechskantmutter ohne Fase DIN EN ISO 4036: 2001-03
(Regelgewinde)

m (Typ 2) ≈ 1,1 m (Typ 1)

Sechskantmuttern mit Regelgewinde

DIN EN ISO	Gewinde *d*	M 2	M 3	M 4	M 5	M 6	M 8	M 10	M 12	M 16	M 20	M 24	M 30	M 36
4032	*e*	4,3	6	7,7	8,8	11,1	14,4	17,8	20	26,8	33	39,6	50,9	60,8
	m	1,6	2,4	3,2	4,7	5,2	6,8	8,4	10,8	14,8	18	21,5	25,6	31
	s	4	5,5	7	8	10	13	16	18	24	30	36	46	55
4033	*e*	–	–	–	8,8	11,1	14,4	17,8	20	26,8	33	39,6	50,9	60,8
	m	–	–	–	5,1	5,7	7,5	9,3	12	16,4	20,3	23,9	28,6	34,7
4034	*e*	–	–	–	8,6	10,9	14,2	17,6	19,9	26,2	33	39,6	50,9	60,8
	m	–	–	–	5,6	6,1	7,9	9,5	12,2	15,9	19	22,3	26,4	31,5
4035	*e*	4,3	6	7,7	8,8	11,1	14,4	17,8	20	26,8	33	39,6	50,9	60,8
	m	1,2	1,8	2,2	2,7	3,2	4	5	6	8	10	12	15	18
4036	*e*	4,2	5,9	7,5	8,6	10,9	14,2	17,6	–	–	–	–	–	–
	m	1,2	1,8	2,2	2,7	3,2	4	5	–	–	–	–	–	–

Sechskantmuttern mit Feingewinde

DIN EN ISO	Gewinde *d* × *P*	M 8 × 1	M 10 × 1	M 12 × 1,5	M 16 × 1,5	M 20 × 1,5	M 24 × 2	M 30 × 2	M 36 × 3	Größen *s* und *e* für alle Muttern siehe DIN EN ISO 4032
8673	*m*	6,8	8,4	10,8	14,8	18	21,5	25,6	31	
8674	*m*	7,5	9,3	12	16,4	20,3	23,9	28,6	34,7	
8675	*m*	4	5	6	8	10	12	15	18	

Festigkeitsklassen (Werkstoffe) und Produktklassen für Sechskantmuttern aus Stahl

DIN EN ISO	Stahl	Norm	Produktklasse	Nichtrostender Stahl	Norm	Produktklasse
4032	M 3 ≤ *d* ≤ M 39: 6; 8; 10	M 3 ≤ *d* ≤ M 39: DIN EN 20 898-2	*d* ≤ M 16 : A *d* > M 16 : B	*d* ≤ M 20: A2-70 M 20 < *d* ≤ M 39: A2-50	*d* ≤ M 39: DIN ISO 3506	*d* ≤ M 16 : A *d* > M 16 : B
4033	9 ... 12	DIN EN 20 898-2		–	–	–
4034	*d* ≤ M 16 : 5 M 16 < *d* ≤ M 39: 4; 5	*d* ≤ M 39: DIN EN 20 898-2	C	–	–	–
4035	*d* < M 3 : 14 H M 3 ≤ *d* ≤ M 39: 04; 05	*d* < M 3: DIN EN ISO 898-6 M 3 ≤ *d* ≤ M 39: DIN EN 20 898-2	*d* ≤ M 16 : A *d* > M 16 : B	*d* ≤ M 20: A2-70 M 20 < *d* ≤ M 39: A2-50	*d* ≤ M 39: DIN ISO 3506	*d* ≤ M 16 : A *d* > M 16 : B
4036	min 110 HV	–	B	–	–	–
8673	*d* ≤ 39 mm: 6; 8 *d* ≤ 16 mm: 10	*d* ≤ 39 mm: DIN EN ISO 898-6	*d* ≤ 16 mm : A *d* > 16 mm : B	*d* ≤ 20 mm: A2-70 20 mm < *d* ≤ 39 mm: A2-50	*d* ≤ 39 mm: DIN ISO 3506	*d* ≤ 16 mm : A *d* > 16 mm : B
8674	*d* ≤ 16 mm: 8; 12 *d* ≤ 39 mm: 10	DIN EN ISO 898-6		–	–	–
8675	*d* ≤ 39 mm: 04; 05	*d* ≤ 39 mm: DIN EN ISO 898-6		*d* ≤ 20 mm: A2-70 20 mm < *d* ≤ 39 mm: A2-50	*d* ≤ 39 mm: DIN ISO 3506	*d* ≤ 16 mm : A *d* > 16 mm : B

Produktklassen siehe DIN ISO 4759-1.
Sechskantmutter ISO 4032 – M 10 – 8
Bezeichnung einer Sechskantmutter, Typ 1, mit Gewinde M 10 und Festigkeitsklasse 8

Sechskantmuttern mit Flansch

DIN EN 1661: 1998-02

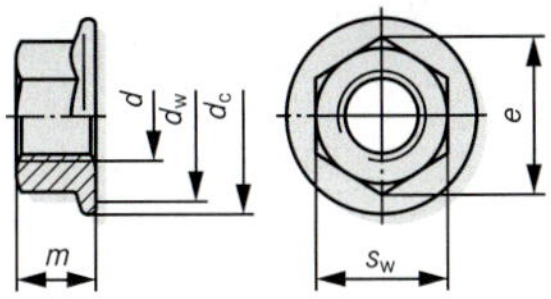

Sechskantmutter EN-1661 – M 10 – 8
Bezeichnung für eine Sechskantmutter mit dem Nenndurchmesser M 10 und Festigkeitsklasse 8

d	M 5	M 6	M 8 M 8 × 1	M 10 M 10 × 1,25	M 12 M 12 × 1,5	M 16 M 16 × 1,5	M 20 M 20 × 1,5
d_c	11,8	14,2	17,9	21,8	26	34,5	42,8
d_w	9,8	12,2	15,8	19,6	23,8	31,9	39,9
e	8,79	11,05	14,38	16,64	20,03	26,75	32,95
s_w	8	10	13	15	18	24	30
m	5	6	8	10	12	16	20

Werkstoff: Stahl, Festigkeitsklassen 8; 10; 12 nach DIN EN 20 898-2
Nichtrostender Stahl, A 2 – 70 nach DIN ISO 3506
Produktklasse A

Sechskantmuttern mit Klemmteil, Typ 1

DIN EN ISO 7040: 1998-02; DIN EN ISO 10 512: 1998-02

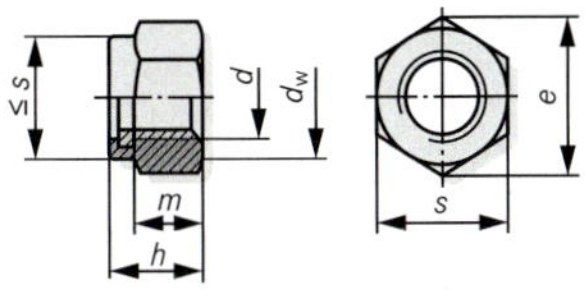

Klemmteilgestaltung nach Wahl des Herstellers, *m* = Mindestgewindehöhe
Sechskantmutter ISO 7040 – M 8 – 8
Bezeichnung einer Sechskantmutter mit dem Nenndurchmesser M 8 und Festigkeitsklasse 8

d	M 3 –	M 4 –	M 5 –	M 6 –	M 8 M 8 × 1	M 10 M 10 × 1	M 12 M 12 × 1,5	M 16 M 16 × 1,5	M 20 M 20 × 1,5
d_w	4,6	5,9	6,9	8,9	11,6	14,6	16,6	22,5	27,7
e	6,01	7,66	8,79	11,05	14,38	17,77	20,03	26,75	32,95
s	5,5	7	8	10	13	16	18	24	30
h	4,5	6	6,8	8	9,5	11,9	14,9	19,1	22,8
m	2,15	2,9	4,4	4,9	6,44	8,04	10,37	14,1	16,9

Werkstoff: St, Festigkeitsklassen: 8, 10; für Feingewinde: 6, 8, 10
Produktklasse für $d \leq$ M 16: A, für $d >$ M 16: B
Feingewinde: ISO 10 512

Sechskantmuttern mit Klemmteil (Ganzmetallmuttern), Typ 2

DIN EN ISO 7042: 1998-02; DIN EN ISO 10 513: 1998-02

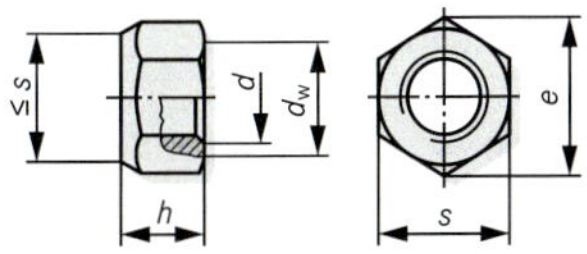

Klemmteilgestaltung nach Wahl des Herstellers
Sechskantmutter ISO 10 513 – M10 × 1,25 – 10
Bezeichnung einer Sechskantmutter mit dem Nenndurchmesser M 10 × 1,25 und Festigkeitsklasse 10

d	M 5 –	M 6 –	M 8 M 8 × 1	M 10 M 10 × 1,25	M 12 M 12 × 1,5	M 16 M 16 × 1,5	M 20 M 20 × 1,5
h	5,1	6	8	10	12	16	20
w	3,52	3,92	5,15	6,43	8,3	11,28	13,52

Abmessungen für d_w, *e* und s siehe DIN EN ISO 7040, 10 512
Werkstoff: Stahl, Festigkeitsklassen 5; 8; 10; 12, für Muttern mit Feingewinde: 8, 10, 12;
Produktklasse A für $d \leq$ M16, B für $d >$ M 16
Feingewinde: ISO 10 513

Sechskantmutter mit Flansch und Klemmteil, nichtmetallischer Einsatz

DIN EN 1663: 1998-02

Sechskantmutter mit Flansch und Klemmteil, Ganzmetallmuttern

DIN EN 1664: 1998-02

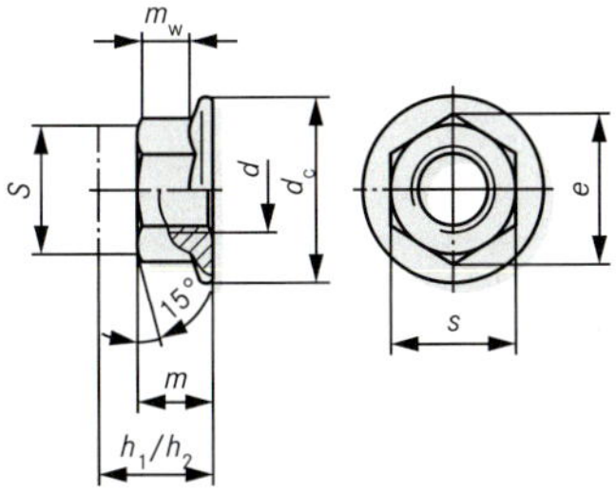

h_1: DIN EN 1663
h_2: DIN EN 1664

d	M 5 –	M 6 –	M 8 M 8 × 1	M 10 M 10 × 1,25	M 12 M 12 × 1,5	M 16 M 16 × 1,5	M 20 M 20 × 1,5
d_c	11,8	14,2	17,9	21,8	26	34,5	42,8
e	8,79	11,05	14,38	16,64	20,03	26,75	32,95
s	8	10	13	16	18	24	30
h_1	7,1	9,1	11,1	13,5	16,1	20,3	24,8
h_2	6,2	7,3	9,4	11,4	13,8	18,3	22,4
m	4,7	5,7	7,6	9,6	11,6	15,3	18,7
m_w	2,5	3,1	4,6	5,9	6,8	8,9	10,7

Werkstoff: Stahl, Festigkeitsklassen 8; 10; 12 (≤ M 16), Produktklasse A für $d \leq$ M 16; Produktklasse B für $d >$ M 16

Sechskantmutter EN 1664 – M12 – 10
Bezeichnung einer Sechskantmutter mit Flansch und Klemmteil, Ganzmetallmutter, für *d* = M12, Festigkeitsklasse 10

Sechskantmuttern mit großen Schlüsselweiten für HV-Verbindungen in Stahlkonstruktionen

DIN EN 14 399-4: 2006-06

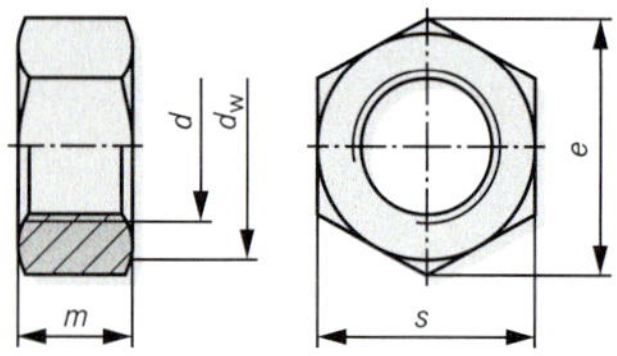

Für HV-Schrauben nach DIN 6914

d	M 12	M 16	M 20	M 22	M 24	M 27	M 30	M 36
d_w min	20	25	30	34	39	43,5	47,5	57
e min ≈	23,9	29,6	35	39,6	45,2	50,9	55,4	66,4
m	10	13	16	18	20	22	24	29
s	22	27	32	36	41	46	50	60

Werkstoff: Stahl, Festigkeitsklasse 10 (DIN EN 20 898-2)
Ausführung: Produktklasse B (Ausführung mg)
Bezeichnung einer Sechskantmutter mit d = M 22:
Sechskantmutter DIN EN 14 339 – M 22

Sechskant-Schweißmuttern

DIN 929: 2000-01

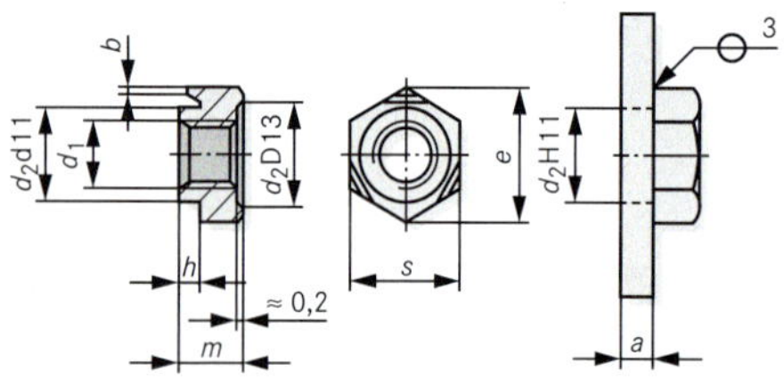

d_1	b	d_2	e	h	m	s	a_{max}
M 3	0,8	4,5	8,15	0,55	3	7,5	1,5
M 4	0,8	6	9,83	0,65	3,5	9	1,5
M 5	0,8	7	10,95	0,7	4	10	2
M 6	0,9	8	12,02	0,75	5	11	2,5
M 8	1	10,5	15,38	0,9	6,5	14	3
M 10	1,25	12,5	18,74	1,15	8	17	4
M 12	1,25	14,8	20,91	1,4	10	19	5
M 16	1,5	18,8	26,51	1,8	13	24	6

Werkstoff: Stahl mit max. C-Gehalt von 0,25 %
Produktklasse A
Bezeichnung einer Sechskant-Schweißmutter, d = M 10:
Schweißmutter DIN 929 – M 10 – St

Vierkant-Schweißmuttern

DIN 928: 2000-01

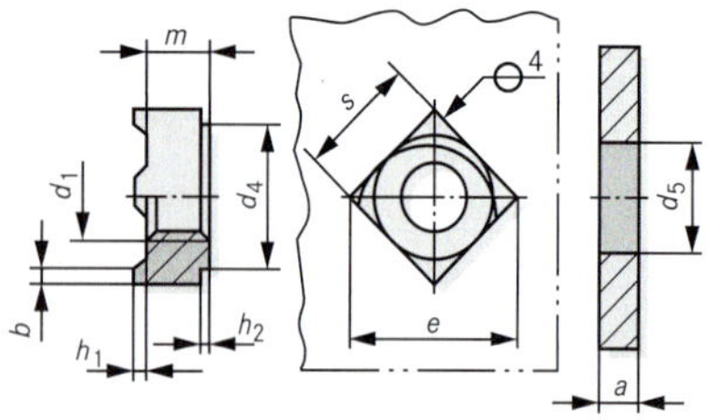

d_1	d_4	b	h_1	h_2	m	e	s	Anschlussblech	
	min				h 14	min	h 14	a_{max}	d_5 H 11
M 4	6,4	0,8	0,6	1	3,5	9	7	1,5	6
M 5	8,2	1	0,8	1,2	4,2	12	9	2	7
M 6	9,1	1,2	0,8	1,5	5	13	10	2,5	8
M 8	12,8	1,5	1	1,8	6,5	18	14	3	10,5
M 10	15,6	1,8	1,2	2	8	22	17	4	12,5
M 12	17,4	2	1,4	2,5	9,5	25	19	5	14,8

Werkstoff: Stahl mit max. C-Gehalt von 0,25 %
Produktklasse A, Bezeichnung einer Vierkant-Schweißmutter, d = M 8:
Schweißmutter DIN 928 – M 8 – St

Sechskant-Spannschlossmuttern

DIN 1479: 2005-09

für d_1 ≤ M 16 mit überschnittenem Gewinde

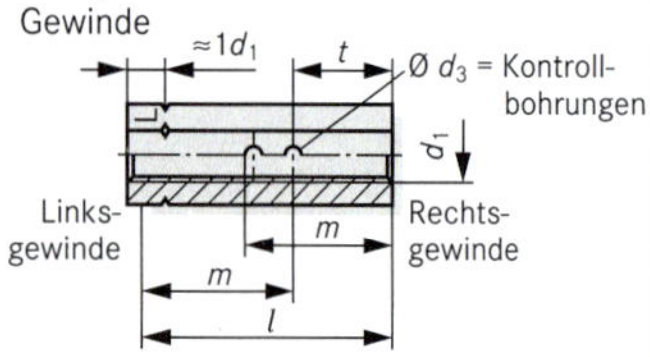

Kennzeichnung des Linksgewindes: wahlweise durch L oder durch Rille über die Sechskantecken

für d_1 > M 16 mit Aussparung

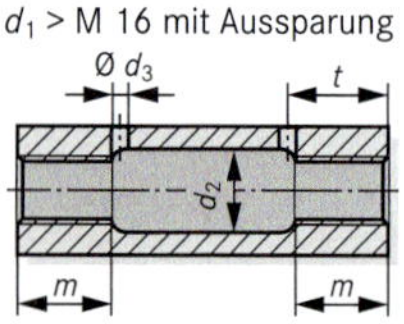

Übrige Maße und Angaben wie oberes Bild.

Gewinde d_1		M 6	M 8	M 10	M 12	M 16	M 20	M 24	M 30
d_2 ≈		–	–	–	–	–	21	26	32
l		30 ± 0,5	35 ± 0,8	45 ± 0,5	55 ± 0,8	75 ± 0,8	95 ± 0,8	115 ± 0,8	125 ± 1,2
m ≈		22,5	25	33	40	55	24	29	36
Sechs-kant	Schlüsselweite	10	13	16	18	24	30	36	46
	Eckenmaß min	11,05	14,38	17,77	20,03	26,75	33,53	39,98	51,28
Nachstellbarkeit ≈		15	15	21	25	35	47	57	53
d_3		4 ± 0,3							
t		9,5	12	14	17	22	26	31	38

t = Lage der Bohrung zur Kontrolle der Anschlussteile; auch Mindesteinschraublänge

Werkstoff: Stahl, Festigkeitsklasse 5 nach DIN EN 20 898-2 aus Stahl, austenitischer Stahl A4-50 nach DIN EN ISO 3506-2

Gewinde: Toleranzklasse 6H nach DIN ISO 965-2

Spannschlossmutter DIN 1479 – SP – M 20 – 5
Bezeichnung einer Spannschlossmutter (SP) mit Rechts- und Linksgewinde, M 20, Stahl

Sechskant-Hutmuttern

DIN 917: 2000-10; DIN 1587: 2000-10; DIN 986: 2000-10

Niedrige Form nach DIN 917
$d \leq$ M 10 $d \geq$ M 12

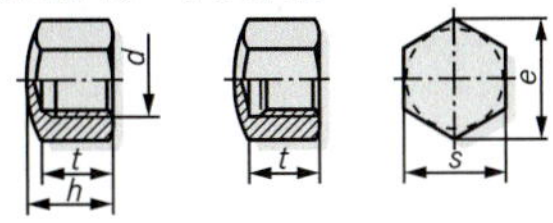

Hohe Form nach DIN 1587
$d \leq$ M 10 $d \geq$ M 12

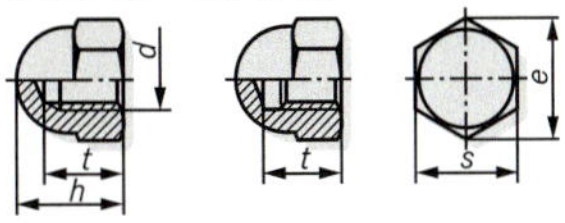

Mit Klemmteil nach DIN 986

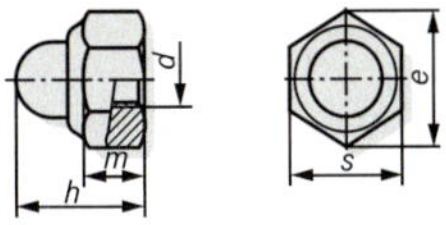

		M 4	M 5	M 6	M 8	M 10	M 12	M 16	M 20
	d × *P*	–	–	–	M 8 × 1	M 10 × 1	M 12 × 1,5	M 16 × 1,5[1]	M 20 × 2
		–	–	–	–	M 10 × 1,25[1]	M 12 × 1,25[1]	–	M 20 × 1,5
DIN 917	*h*	5,5	7	9	12	14	16	20	25
DIN 917	*t*	4,4	5,2	7	9,5	11	13,5	17	21
DIN 1587	*h*	8	10	12	15	18	22	28	34
DIN 1587	*t*	5,5	7,5	8	11	13	16	21	26
DIN 986	*h*	9,6	10,5	12	14	18,1	22,5	27,5	35
DIN 986	*t*	2,9	4,4	4,9	6,44	8,04	10,37	14,1	16,9

(Kopfzeile: *d*)

Abmessungen für *s* und *e* siehe DIN EN 24 032

Werkstoff: DIN 917 Festigkeitsklasse 5; 6, A1-50 nach DIN ISO 3506, Nichteisenmetall nach DIN EN 28 839, Produktklasse A
DIN 1587 Festigkeitsklasse 6, A1–50 nach DIN ISO 3506, CU 3, CU 6 nach Wahl des Herstellers, Produktklasse A oder B
DIN 986 Festigkeitsklasse 5; 6 (nur Feingewinde), 8; 10, Einsatz Nichtmetall, z. B. Polyamid, Kappe Stahlblech, Produktklasse A für $d \leq 16$ mm, B für $d > 16$ mm

[1] Anwendung für DIN 986 möglichst vermeiden

für M10, M12, M14 und M22 zusätzlich SW angeben
z. B. Hutmutter DIN 917 - M12 - SW 18 - 6
Hutmutter DIN 986 – M 16 – 8
Bezeichnung einer Hutmutter nach DIN 986, *d* = M 16, Festigkeitsklasse 8

Sicherungsmuttern

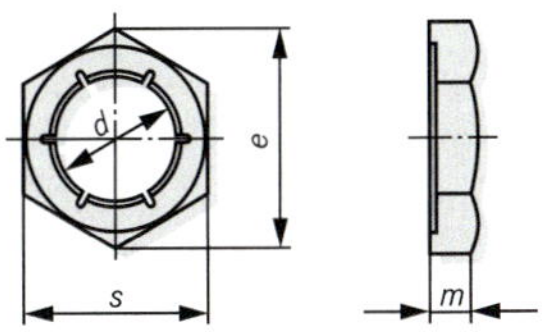

Werkstoff: Stahl, verzinkt, A2, A4
Sicherungsmutter DIN 7967: 1970-11 – M 10 – St
Bezeichnung einer Sicherungsmutter für Gewinde M 10 aus Stahlblech, verzinkt

Gewinde *d*	Höhe *m* mm	Schlüssel-weite SW	Eckenmaß *e*
M 8	3,5	13	15
M 10	4	17	19,6
M 12	4,5	19	22
M 16	5	24	27,7
M 20	6	30	34,6
M 24	7	36	41,6
M 27	7	41	47,3
M 30	8	46	53,1

Nutmuttern, Kreuzlochmuttern

DIN 1804: 1971-03; DIN 1816: 1971-03

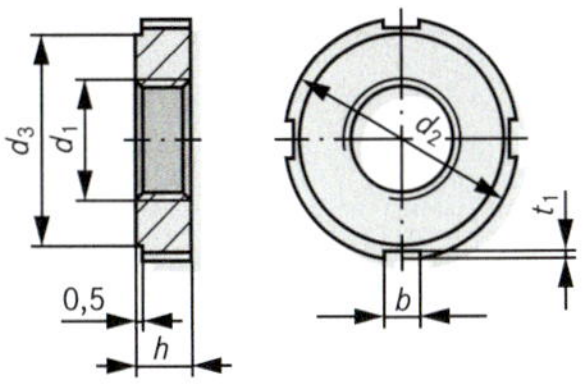

Nutmutter DIN 1804
Zugehöriges Sicherungsblech nach DIN 462

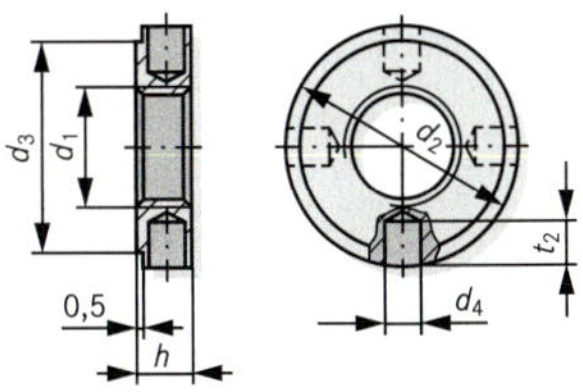

Kreuzlochmutter DIN 1816

d_1	d_2	d_3	d_4	*h*	*b*	t_1	t_2
M 16 × 1,5	32	27	4	7	5	2	6
M 20 × 1,5	36	30	4	8	6	2,5	6
M 24 × 1,5	42	36	4	9	6	2,5	6
M 28 × 1,5	50	43	5	10	7	3	7
M 30 × 1,5	50	43	5	10	7	3	7
M 32 × 1,5	52	45	5	11	7	3	7
M 35 × 1,5	55	48	5	11	7	3	7
M 40 × 1,5	62	54	6	12	8	3,5	8
M 42 × 1,5	62	54	6	12	8	3,5	8
M 45 × 1,5	68	60	6	12	8	3,5	8
M 50 × 1,5	75	67	6	13	8	3,5	10
M 60 × 1,5	90	80	6	13	10	4	10

Nutmutter DIN 1804 – M 40 × 1,5 – h
Bezeichnung einer Nutmutter d_1 = M 40 × 1,5, gehärtet

Ausführungen:
w = ungehärtet und ungeschliffen
h = gehärtet und Planflächen geschliffen

Senkdurchmesser für Schrauben mit Zylinderkopf

DIN 974-1: 2008-02

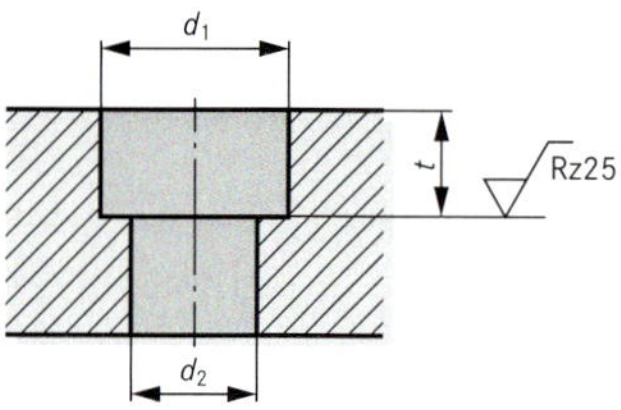

Gewinde-Nenndurchmesser d	Zugabe
von 1 bis 1,4	0,2
über 1,4 bis 6	0,4
über 6 bis 20	0,6
über 20 bis 27	0,8
über 27 bis 100	1,0

Beispiel zur Ermittlung der Senktiefe t für eine Zylinderschraube DIN EN ISO 4762 - M 12 × 60 - 12.9 mit Scheibe DIN 433-13-HV300:

Maximale Kopfhöhe: k_{max} = 12 mm
Maximale Scheibendicke: h_{max} = 2,2 mm
Zugabe: 0,6 mm

$$t = k_{max} + h_{max} + \text{Zugabe}$$

t = 12 mm + 2,2 mm + 0,6 mm = 14,8 mm

Gewinde-Nenn-Ø		Senkdurchmesser d_1 H 13				
		ohne Unterlegteile		Schrauben mit Unterlegteilen		
d	d_2	Reihe 1	Reihe 2	Reihe 4	Reihe 5	Reihe 6
1	1,2	2,2	–	–	–	–
1,2	1,4	2,5	–	–	–	–
1,4	1,6	3	–	–	–	–
1,6	1,8	3,5	3,5	–	–	–
1,8	2,1	3,8	–	–	–	–
2	2,4	4,4	5	5,5	6	6
2,5	2,9	5,5	6	6	7	7
3	3,4	6,5	7	7	9	8
3,5	3,9	6,5	8	8	9	9
4	4,5	8	9	9	10	10
5	5,5	10	11	11	13	13
6	6,6	11	13	13	15	15
8	9	15	18	16	18	20
10	11	18	24	20	24	24
12	13,5	20	–	24	26	33
14	15,5	24	–	26	30	40
16	17,5	26	–	30	33	43
18	20	30	–	33	36	46
20	22	33	–	36	40	48
22	24	36	–	40	43	54
24	26	40	–	43	48	58
27	30	46	–	46	54	63
30	33	50	–	54	61	73
33	36	54	–	–	63	–
36	39	58	–	63	69	–

Reihe 1 für Schrauben[1] nach DIN EN ISO 1207, DIN EN ISO 4762, DIN 6912 und DIN 7984 ohne Unterlegteile
Reihe 2 für Schrauben[1] nach DIN ISO 1580 und DIN ISO 7045 ohne Unterlegteile
Reihe 4 für Schrauben mit Zylinderkopf mit Unterlegteilen nach DIN 433-1 und 2, DIN 6902 Form C, DIN 137 Form A, DIN 128, DIN 6905, DIN 6797, DIN 6798 und DIN 6907
Reihe 5 für Schrauben mit Zylinderkopf mit Unterlegteilen nach DIN 125-1 und 2, DIN 6902 Form A, DIN 137 Form B und DIN 6904
Reihe 6 für Schrauben mit Zylinderkopf mit Spannscheiben nach DIN 6796 und DIN 6908

[1] Gilt auch für gewindeschneidende Schrauben nach DIN 7513 und DIN 7516 und gewindefurchende Schrauben nach DIN 7500-1, soweit sie Köpfe nach den angegebenen Maßnormen für Schrauben haben.

Senkdurchmesser für Sechskantschrauben und Sechskantmuttern

DIN 974-2: 1991-05

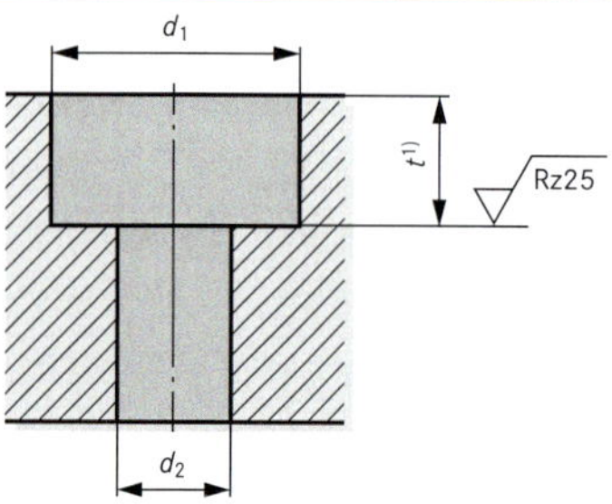

Reihe 1: für Steckschlüssel nach DIN 659, DIN 896, DIN 3112, DIN 3124
Reihe 2: für Ringschlüssel nach DIN 838, DIN 897, DIN 3129
Reihe 3: für Ansenkungen bei beengten Raumverhältnissen (nicht für Spannscheiben)

[1] siehe DIN 974-1

Gewinde-Nenn-Ø d	d_2 H13	Schlüsselweite S	d_1 H13 Reihe 1	Reihe 2	Reihe 3
4	4,5	7	13	15	10
5	5,5	8	15	18	11
6	6,6	10	18	20	13
8	9	13	24	26	18
10	11	16	28	33	22
12	13,5	18	33	36	26
14	15,5	21	36	43	30
16	17,5	24	40	46	33
20	22	30	46	54	40
24	26	36	58	73	48
27	30	41	61	76	54
30	33	46	73	82	61
33	36	50	76	89	69
36	39	55	82	93	73
42	45	65	98	107	82

Senkungen für Senkschrauben

DIN 74: 2003-04

Form A

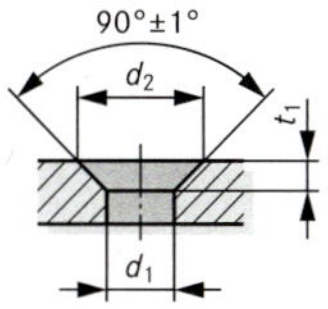

	Gewinde-Ø	1,6	2	2,5	3	4	4,5	5	6	7	8
Form A	d_1 H13[1)]	1,8	2,4	2,9	3,4	4,5	5	5,5	6,6	7,6	9
	d_2 H13	3,7	4,6	5,7	6,5	8,6	9,5	10,4	12,4	14,4	16,4
	$t_1 \approx$	0,9	1,1	1,4	1,6	2,1	2,3	2,5	2,9	3,3	3,7

Form E

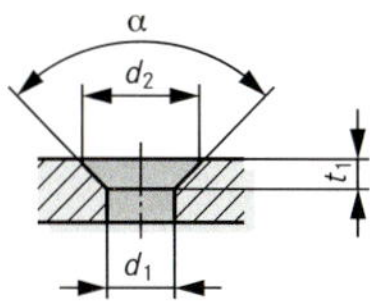

	Gewinde-Ø	10	12	16	20	22	24
Form E	d_1 H13[1)]	10,5	13	17	21	23	25
	d_2 H13	19	24	31	34	37	40
	$t_1 \approx$	5,5	7	9	11,5	12	13
	α	75° ± 1°			60° ± 1°		

	Gewinde-Ø	3	4	5	6	8	10	12	14	16	20
Form F	d_1 H13[1)]	3,4	4,5	5,5	6,6	9	11	13,5	15,5	17,5	22
	d_2 H13	6,9	9,2	11,5	13,7	18,3	22,7	27,2	31,2	34,0	40,7
	$t_1 \approx$	1,8	2,3	3,0	3,6	4,6	5,9	6,9	7,8	8,2	9,4

Form F

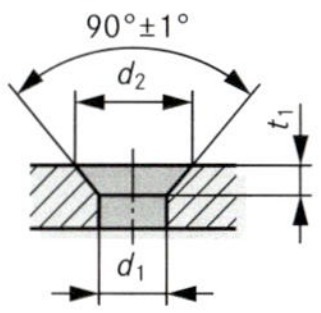

Form A: Senkholzschrauben DIN 97, DIN 7997
Linsensenk-Holzschrauben DIN 35, DIN 7995
Form E: für Senkschrauben für Stahlkonstruktionen DIN 7969
Form F: für Senkschrauben mit Innensechskant nach DIN EN ISO 10 642

Senkung DIN 74 – A8
Bezeichnung einer Senkung Form A mit Durchgangsloch mittel für Gewindedurchmesser 8 mm

1) Durchgangsloch mittel nach DIN EN 20 273

Zeichnungseintragungen

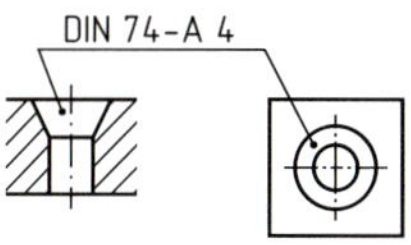

bei Anwendung von Kurzbezeichnung

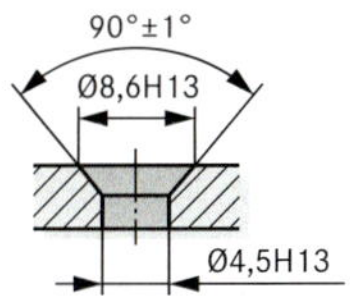

bei Angabe des Senkdurchmessers

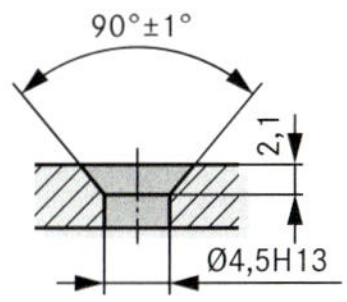

bei Angabe der Senktiefe

Senkungen für Senkschrauben mit Kopfform nach ISO 7721

DIN EN ISO 15 065: 2005-05

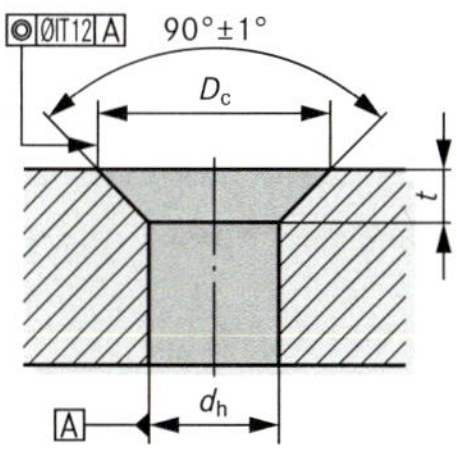

Durchgangsloch d_h nach DIN EN 20 273

Nenngröße	2	3	4	5	6	8	10
Metrische Schrauben	M2	M3	M4	M5	M6	M8	M10
Blech-schrauben	ST2,2	ST2,9	ST4,2	ST4,8	ST6,3	ST8	ST9,5
d_h (mittel) H 13	2,4	3,4	4,5	5,5	6,6	9	11
D_c	4,4	6,3	9,4	10,4	12,6	17,3	20
$t \approx$	1,05	1,55	2,55	2,58	3,13	4,28	4,65

Senkungen für Schrauben nach:

DIN ISO 1482, DIN ISO 1483, DIN ISO 2009, DIN ISO 2010, ISO 15 482, ISO 15 483, ISO 14 584
DIN ISO 7046, DIN ISO 7047, DIN ISO 7050, DIN ISO 7051, ISO 14 586, ISO 14 587

Senkung ISO 15 065 – 5
Bezeichnung einer Senkschraube mit Kopfform nach ISO 7721 mit metrischem Gewinde M 5 oder Blechschraubengewinde St 4,8

Flache Scheiben mit Fase, normale Reihe, Produktklasse A

DIN EN ISO 7090: 2000-11

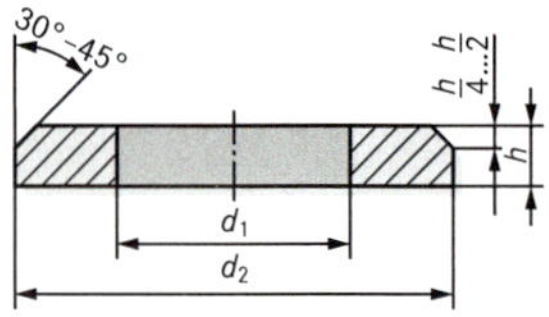

Anwendungsbereiche für Härteklasse 200 HV:
- Sechskantschrauben mit Festigkeitsklassen ≤ 8.8
- Sechskantmuttern mit Festigkeitsklassen ≤ 8
- Sechskantschrauben und -muttern aus nichtrostendem Stahl

Härteklasse 300 HV:
- Sechskantschrauben mit Festigkeitsklassen ≤ 10.9
- Sechskantmuttern mit Festigkeitsklassen ≤ 10

Nenngröße	5	6	8	10	12	16	20
Gewindenenn-Ø	M5	M6	M8	M10	M12	M16	M20
$d_{1\,min}$ (Nennmaß)	5,3	6,4	8,4	10,5	13,0	17,0	21,0
$d_{2\,max}$ (Nennmaß)	10,0	12,0	16,0	20,0	24,0	30,0	37,0
h	0,9 - 1,1	1,4 - 1,8	1,4 - 1,8	1,8 - 2,2	2,3 - 2,7	2,7 - 3,3	2,7 - 3,3
Nenngröße	24	30	36	42	48	56	64
Gewindenenn-Ø	M24	M30	M36	M42	M48	M56	M64
$d_{1\,min}$ (Nennmaß)	25,0	31,0	37,0	45,0	52,0	62,0	70,0
$d_{2\,max}$ (Nennmaß)	44,0	56,0	66,0	78,0	92,0	105,0	115,0
h	3,7 - 4,3	3,7 - 4,3	4,4 - 5,6	7 - 9	7 - 9	9 - 11	9 - 11
Werkstoffe[1]	Stahl			nichtrostender Stahl			
Stahlsorte	–			A2, A4, F1, C1, C4 (ISO 3506-1)			
Härteklasse	200 HV	300 HV (vergütet)		200 HV			

Scheibe ISO 7090 - 10 - 200 HV - A 4
Bezeichnung einer flachen Scheibe mit Fase, Produktklasse A, mit der Nenngröße 10 aus nichtrostendem Stahl der Stahlsorte A4, Härteklasse 200 HV

[1] andere Metalle nach Vereinbarung

Scheiben für HV-Schrauben in Stahlkonstruktionen

DIN EN 14 399-5,6: 2000-11

DIN EN 14 399-6

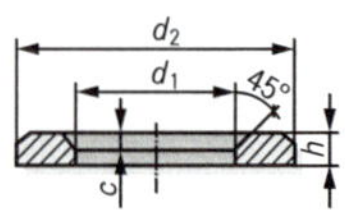

Scheiben für HV-Schrauben und Sechskantmuttern nach DIN EN 14 399-4

Werkstoff: Stahl, vergütet auf 300 HV... 370 HV, Produktklasse A

d_1	13	17	21	23	25	28	31	37
d_2	24	30	37	39	44	50	56	66
c min	1,6	1,6	2	2	2	2,5	2,5	3
Gewindenenn-Ø	M 12	M 16	M 20	M 22	M 24	M 27	M 30	M 36

Scheiben nach 14 399-5 ohne Fasen
Scheibe EN 14 399 - 6 - 16: Scheibe für HV-Schrauben mit dem Nenn-Ø M16

Scheiben für Stahlkonstruktionen

DIN 7989-1, 2: 2001-04

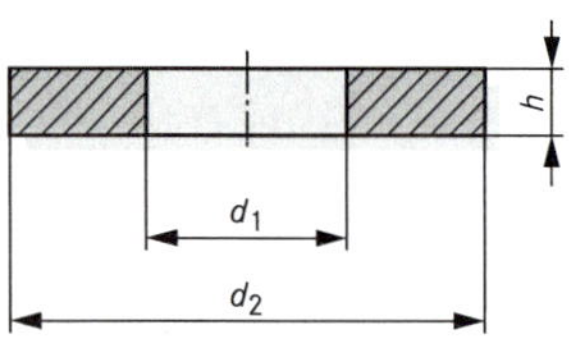

DIN 7989-1: Produktklasse C
DIN 7989-2: Produktklasse A

Nenngröße (Gewindenenn-Ø)	10	12	16	20	24	27	30
d_1	11	13,5	17,5	22	26	30	33
d_2 max	20	24	30	37	44	50	56
h	Produktklasse A: 8 ± 1, Produktklasse C: 8 ± 1,2						

Werkstoff:

	Werkstoff	Härteklasse	Härtebereich	Produktklasse
DIN 7989-1	Stahl	100 HV	100 ... 250	C
DIN 7989-2	Stahl	100 HV	100 ... 250	A

Produktklasse A: **Scheibe DIN 7989 - 16 - A - 100 HV**
Bezeichnung einer Scheibe mit Nenngröße 16 mm, Härteklasse 100 HV

Scheiben, Produktklasse A, für Bolzen nach DIN EN 22 340 und 22 341

DIN EN 28 738: 1992-10

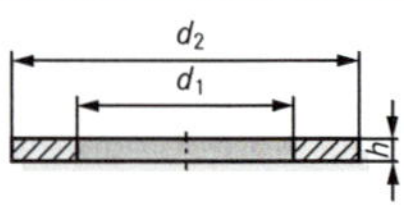

Werkstoff: Stahl, 160–250 HV

d_1 H11 (mittel)	5	6	8	10	12	14	16	20	22	24	25	27	30	40	50	60	80
d_2	10	12	15	18	20	22	24	30	34	37	39	40	44	56	66	78	98
h	1	1,6	2	2,5	3	3	3	4	4	4	4	5	5	6	8	10	12
Für Bolzen-Ø	5	6	8	10	12	14	16	20	22	24	25	27	30	40	50	60	80

Scheibe ISO 8738 - 20 - 180 HV: Bezeichnung einer Scheibe mit d_{1min} = 20 mm und der Härteklasse 180 HV

Scheiben vierkant, keilförmig, für U-Träger
Scheiben vierkant, keilförmig, für I-Träger

DIN 434: 2000-04
DIN 435: 2000-01

DIN 434

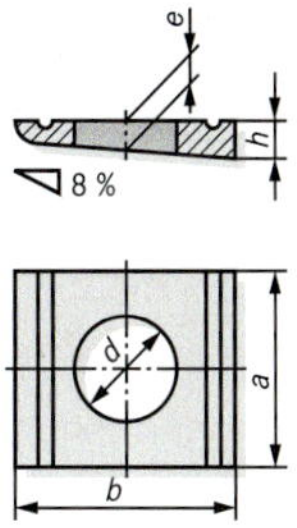

DIN 435

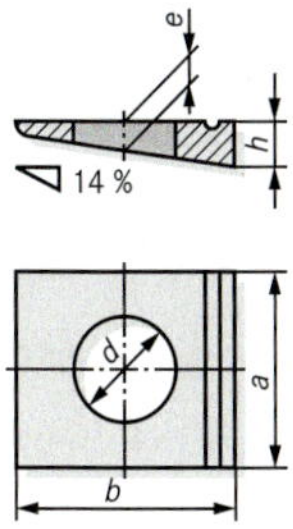

Scheiben für Schraubenverbindungen bis Festigkeitsklasse 5.6

8 %	$e = h - 0{,}04 \cdot b$
14 %	$e = h - 0{,}07 \cdot b$

DIN 434 und DIN 435				DIN 434		DIN 435	
d [1]	für Gewinde	a [2]	b [2]	h [2]	e	h [2]	e
9	M 8	22	22	3,8	2,9	4,6	3,05
11	M 10	22	22	3,8	2,9	4,6	3,05
13,5	M 12	26	30	4,9	3,7	6,2	4,1
17,5	M 16	32	36	5,9	4,45	7,5	5
22	M 20	40	44	7	5,25	9,2	6,1
24	M 22	44	50	8	6	10	6,5
26	M 24	56	56	8,5	6,26	10,8	6,9
30	M 27	56	56	8,5	6,26	10,8	6,9

Werkstoff: St, Härte: 100 HV 10 ... 250 HV 10

Bezeichnung einer Scheibe für U-Träger und der Nenngröße 22:
U-Scheibe DIN 434 – 22

Bezeichnung einer Scheibe für I-Träger und der Nenngröße 11:
I-Scheibe DIN 435-11

[1] Nenngröße; entspricht dem Maß d_{min}
[2] jeweils Nennmaße

Scheiben vierkant, keilförmig, für HV-Schrauben an U-Profilen
Scheiben vierkant, keilförmig, für HV-Schrauben an I-Profilen

DIN 6918: 1990-04
DIN 6917: 1989-10

DIN 6918

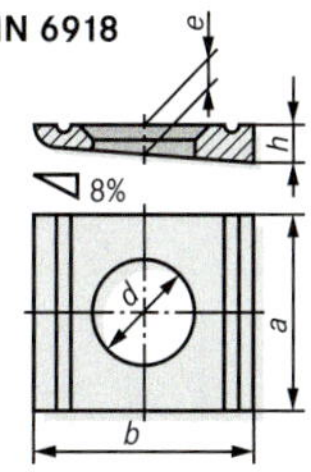

Form A

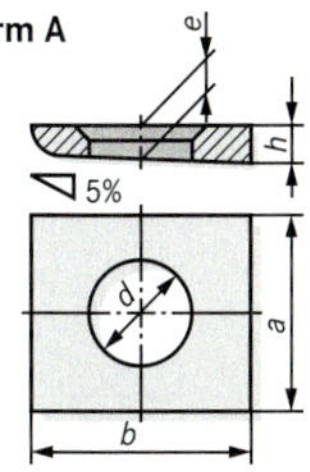

DIN 6917

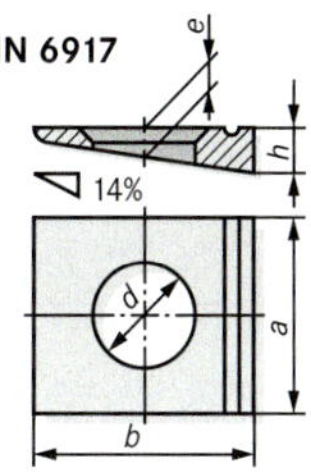

Scheiben für HV-Schrauben nach DIN 6914 und Sechskantmuttern nach DIN 6915

5 %	$e = h - 0{,}025 \cdot b$
8 %	$e = h - 0{,}04 \cdot b$
14 %	$e = h - 0{,}07 \cdot b$

DIN 6918 und DIN 6917				DIN 6918		DIN 6917	
d [1]	für Gewinde	a [2]	b [2]	h [2]	e	h [2]	e
13	M 12	26	30	4,9	3,7	6,2	4,1
17	M 16	32	36	5,9	4,45	7,5	5
21	M 20	40	44	7	5,25	9,2	6,1
23	M 22	44	50	8	6	10	6,5
25	M 24	56	56	8,5	6,26	1,8	6,9
25 (A)	M 24	56	56	7,65	6,25	–	–
28	M 27	56	56	8,5	6,26	10,8	6,9
28 (A)	M 27	56	56	7,65	6,25	–	–
31	M 30	62	62	9	6,52	11,7	7,5
31 (A)	M 30	62	62	8,05	6,5	–	–
37	M 36	68	68	9,4	6,68	12,5	8
37 (A)	M 36	68	68	8,7	7	–	–

Werkstoff: St, Härte 295 HV 10 ... 350 HV 10, z. B. C 45
Bezeichnung einer Scheibe für U-Profile und
d = 25 mm, Form A: **U-Scheibe DIN 6918 – 25A**
Bezeichnung einer Scheibe für I-Profile und
d = 25 mm: **I-Scheibe DIN 6917 – 25**

Federringe

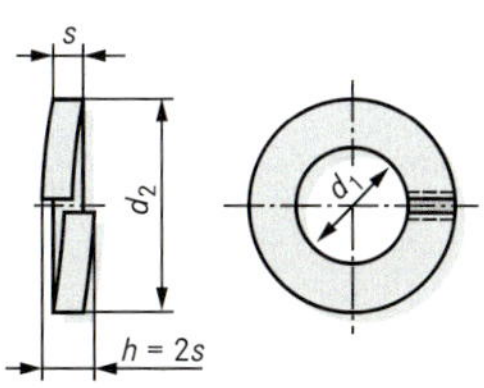

Größe [1]	3	4	5	6	8	10	12	14	16	18	20	22	24	27	30
d_1 min	3,1	4,1	5,1	6,1	8,1	10,2	12,2	14,2	16,2	18,2	20,2	22,5	24,5	27,5	30,5
d_2 max	6,2	7,6	9,2	11,8	14,8	18,1	21,1	24,1	27,4	29,4	33,6	35,9	40	43	48,2
s	0,7	0,8	1,0	1,3	1,6	1,8	2,1	2,4	2,8	2,8	3,2	3,2	4,0	4,0	6,0

Werkstoff: Federstahl (FSt)
Bezeichnung eines Federringes für Schraube M 6:
Federring D 6,1 – FSt
Federringe sind mit Schrauben der Festigkeitsklasse ≤ 8.8 zu verwenden.

[1] Auch Gewindedurchmesser

Spannscheiben für Schraubenverbindungen

DIN 6796: 2009-08

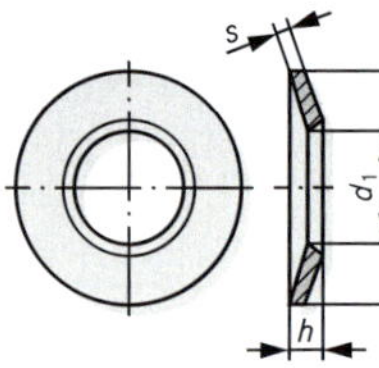

Größe[1]		4	5	6	8	10	12	16	20	24	30
d_1	H14	4,3	5,3	6,4	8,4	10,5	13	17	21	25	31
d_2	h14	9	11	14	18	23	29	39	45	56	70
s		1	1,2	1,5	2	2,5	3	4	5	6	7
h	max	1,3	1,55	2	2,6	3,2	3,95	5,25	6,4	7,8	9,2
h	min	1,12	1,35	1,7	2,24	2,8	3,43	4,58	5,6	6,9	8,2

Spannscheiben dieser Norm sind mit kurzen Schrauben der Festigkeitsklassen 8.8 bis 10.9 zu verwenden.

Werkstoff: Federstahl (FSt)
Spannscheibe DIN 6796 – 10 – FSt
Bezeichnung einer Spannscheibe von der Größe 10 aus Federstahl
[1] entspricht Gewindenenndurchmesser

Federscheiben, gewölbt oder gewellt[2]

	Größe[1]	4	5	6	8	10	12	14	16	18	20	24	27	30	33	36
	d_1 H14	4,3	5,3	6,4	8,4	10,5	13	15	17	19	21	25	28	31	34	37
Form B	d_2	9	11	12	15	21	24	28	30	34	36	44	50	56	60	68
Form B	h_{min}	1	1,1	1,3	1,5	2,1	2,5	3	3,2	3,3	3,7	4,1	4,7	5,0	5,3	5,8
Form B	h_{max}	2	2,2	2,6	3	4,2	5	6	6,4	6,6	7,4	8,2	9,4	10,0	10,6	11,6
Form B	s	0,5	0,5	0,5	0,8	1	1,2	1,6	1,6	1,6	1,6	1,8	2	2,2	2,2	2,5

Werkstoff: Federstahl (FSt)
Bezeichnung einer Federscheibe Form B von der Größe 14 aus Federstahl:
Federscheibe B 14 – FSt

Federscheiben sind mit Schrauben der Festigkeitsklassen < 5.8 zu verwenden.

Zahnscheiben[2]

Form A außenverzahnt

$h \geq 2s_1$

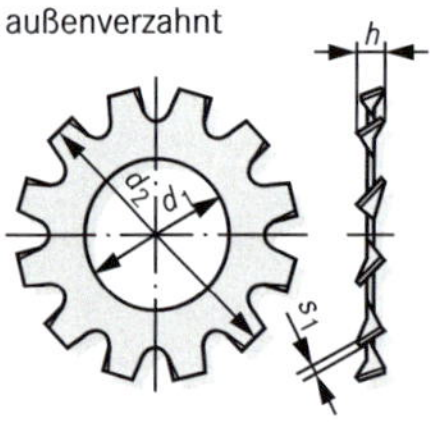

Form J innenverzahnt

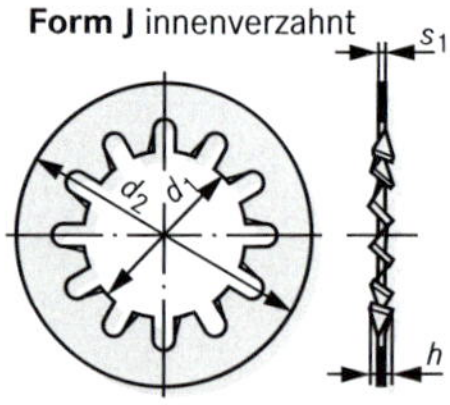

Form V versenkbar

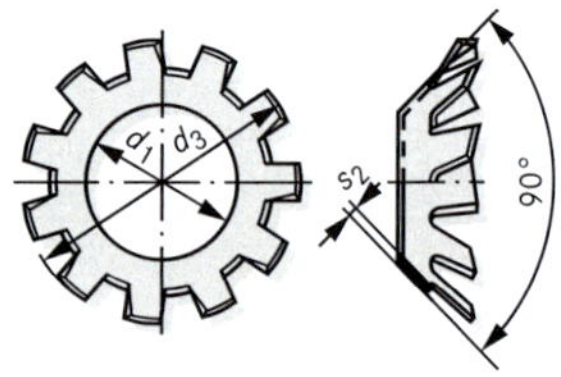

Werkstoff: Federstahl (FSt), Abmaße siehe Fächerscheiben
Bezeichnung einer Zahnscheibe, Form A, d_1 = 6,4: **Zahnscheibe A 6,4 – FSt**

Fächerscheiben[2]

Form A außenverzahnt

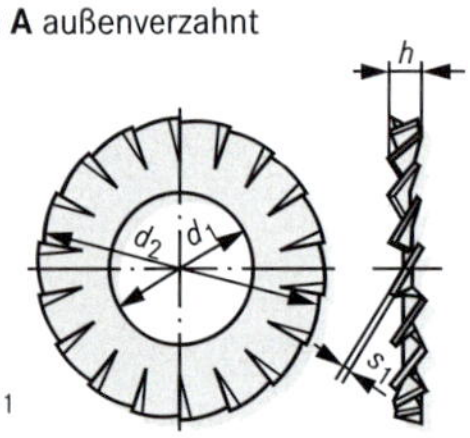

$h \approx 3s_1$

Form J innenverzahnt

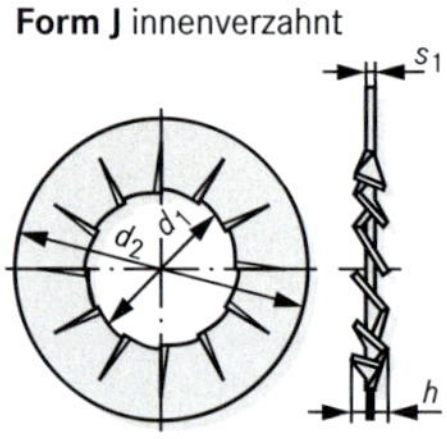

Form V versenkbar

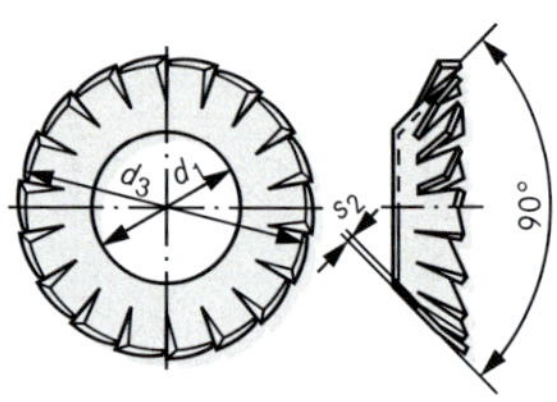

Werkstoff: Federstahl (FSt)
Bezeichnung einer Fächerscheibe, Form A, d_1 = 6,4:
Fächerscheibe A 6,4 – FSt

d_1	4,3	5,3	6,4	8,4	10,5	13	15	17	19	21	23	25
d_2	8	10	11	15	18	20,5	24	26	30	33	36	38
d_3	8	9,8	11,8	15,3	19	23	26,2	30,2	–	–	–	–
s_1	0,5	0,6	0,7	0,8	0,9	1	1	1,2	1,4	1,4	1,5	1,5
s_2	0,25	0,3	0,4	0,4	0,5	0,5	0,6	0,6	–	–	–	–

[1] Auch Gewindedurchmesser

[2] Die Normen für Feder-, Fächer- und Zahnscheiben sind zurückgezogen, da die Scheiben bei dynamischer Belastung als nicht sicher gelten.

Halbrundniete, Nenndurchmesser 1 mm bis 8 mm
Senkniete, Nenndurchmesser 1 mm bis 8 mm

DIN 660: 2012-01
DIN 661: 2011-03

Halbrundniet DIN 660

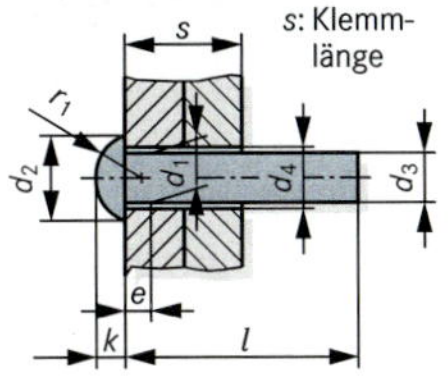

Form A: Halbrundkopf als Schließkopf
Form B: Senkkopf als Schließkopf

Senkniet DIN 661

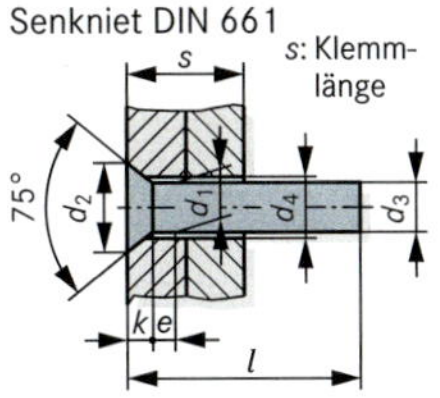

Form A: Halbrundkopf als Schließkopf
Form B: Senkkopf als Schließkopf

	Nenn-Ø d_1		1	1,2	1,6	2	2,5	3	4	5	6	8
	d_2		1,8	2,1	2,8	3,5	4,4	5,2	7	8,8	10,5	14
	d_3	min	0,93	1,13	1,52	1,87	2,37	2,87	3,87	4,82	5,82	7,76
	d_4	H12	1,05	1,25	1,65	2,1	2,6	3,1	4,2	5,2	6,3	8,4
	e	max	0,5	0,6	0,8	1	1,25	1,5	2	2,5	3	4
	r_1	≈	1	1,2	1,6	1,9	2,4	2,8	3,8	4,6	5,7	7,5
DIN 660	k	js14	0,6	0,7	1	1,2	1,5	1,8	2,4	3	3,6	4,8
DIN 660	l	von	2	2	2	2	3	3	4	5	6	8
DIN 660		bis	6	8	12	20	25	30	40	40	40	40
DIN 660	s [1); 3)]	von	0,5	0,5	0,5	0,5	0,5	0,5	1	2	2,5	2,5
DIN 660		bis	3,5	5	8	14	18	23	30	30	28	27
DIN 661	k	≈	0,5	0,6	0,8	1	1,2	1,4	2	2,5	3	4
DIN 661	l	von	2	2	2	3	4	5	6	8	10	12
DIN 661		bis	5	6	8	10	12	16	20	25	30	40
DIN 661	s [2); 3)]	von	1	1	0,5	1,5	2,5	3,5	3,5	5	6,6	7,5
DIN 661		bis	3,5	4,5	6	7,5	9,5	12,5	15	20	24	31

Längenabstufung l: 2; 3 ... 6; 8 ... 22; 25; 28; 30; 32; 35; 38; 40 mm

Werkstoff: Stahl: St = C4C oder C10C
Nichteisenmetall: CuZn37; Cu-DHP, EN AW - Al 99,5
Nichtrostender Stahl: X3CrNiCu18-9-4

Niet DIN 660 - 4 × 20 - St
Bezeichnung eines Halbrundnietes mit Nenndurchmesser d_1 = 5 mm, Länge l = 20 mm, aus Stahl

Halbrundniete, Nenndurchmesser 10 mm bis 36 mm
Senkniete, Nenndurchmesser 10 mm bis 36 mm

DIN 124: 2011-03
DIN 302: 2011-03

Halbrundniet DIN 124

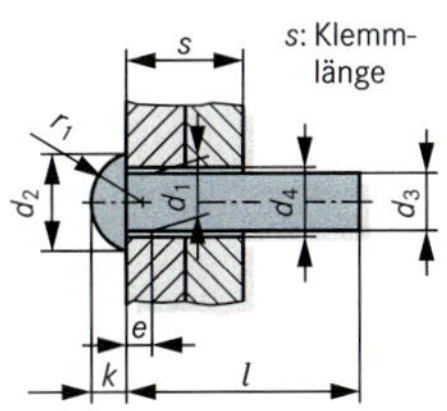

Form A: Halbrundkopf als Schließkopf
Form B: Senkkopf als Schließkopf

Senkniet DIN 302

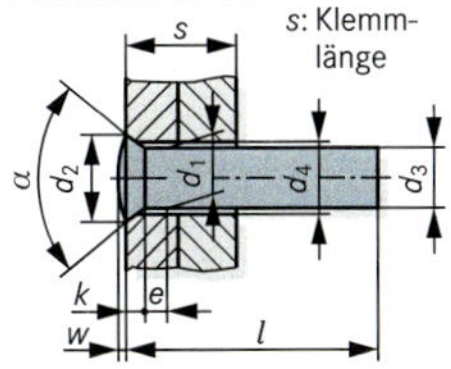

Form A: Halbrundkopf als Schließkopf
Form B: Senkkopf als Schließkopf

	Nenn-Ø d_1		10	12	(14)[4]	16	(18)[4]	20	(22)[4]	24	30	36
	d_2	DIN 124	16	19	22	25	28	32	36	40	48	58
		DIN 302	14,5	18	21,5	26	30	31,5	34,5	38	42,5	51
	d_3	min	9,4	11,3	13,2	15,2	17,1	19,1	20,9	22,9	28,6	34,6
	d_4	H12	10,5	13	15	17	19	21	23	25	31	37
	e	max	5	6	7	8	9	10	11	12	15	18
	r_1	≈	8	9,5	11	13	14,5	16,5	18,5	20,5	24,5	30
DIN 124	k		6,5	7,5	9	10	11,5	13	14	16	19	23
DIN 124	l	von	16	18	20	24	26	30	34	38	50	60
DIN 124		bis	50	60	70	80	90	100	110	120	150	160
DIN 124	s [1); 3)]	von	5	5	4	6	5	6	9	7,3	15	19
DIN 124		bis	33	38	45	52	59	65	73	78	101	103
DIN 302	k	≈	3	4	5	6,5	8	10	11	12	15	18
DIN 302	w	≈	1	1	1	1	1	1	2	2	2	2
DIN 302	α	≈	75°					60°			45°	
DIN 302	l	von	10	14	18	24	26	30	32	36	45	55
DIN 302		bis	52	60	70	80	90	100	110	120	150	160
DIN 302	s [2); 3)]	von	4	10	12	16	16	20	20	22	28	40
DIN 302		bis	42	48	55	62	70	79	88	96	124	130

Längenabstufung l: 10; 12 ... 42; 45; 48; 50; 52; 55; 58; 60; 62; 65; 68; 70; 72; 75; 78; 80; 85; 90 ... 160

Werkstoff: Stahl: St = C4C oder C10C oder X3CrNiCu 18-9-4
Nichteisenmetall: CuZn37, Cu-DHP, Al 99,5

Niet DIN 302 - 20 × 50 – St
Bezeichnung eines Senknietes mit Nenndurchmesser d_1 = 20 mm, Länge l = 50 mm, aus Stahl

[1)] Mit Halbrundkopf als Schließkopf – [2)] Mit Senkkopf als Schließkopf – [3)] Die angegebenen Klemmlängen sind nur Anhaltswerte. Vor allem für Massenfertigung werden Probenietungen empfohlen. [4)] Eingeklammerte Größen sollen möglichst vermieden werden.

Blindniete mit Sollbruchdorn

DIN EN ISO 15 977: 2011-02; DIN EN ISO 15 978: 2003-04

ISO 15 977
Flachkopf

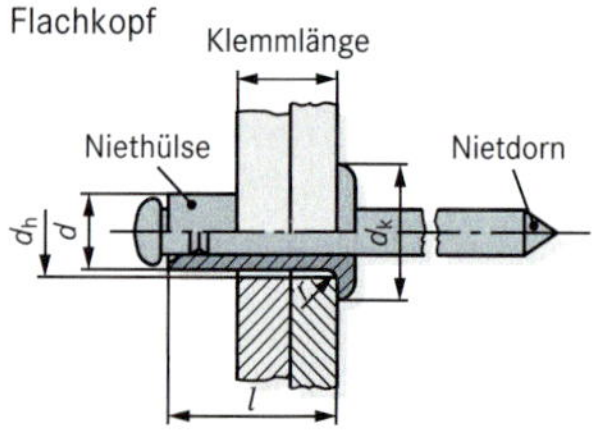

ISO 15 978
Senkkopf

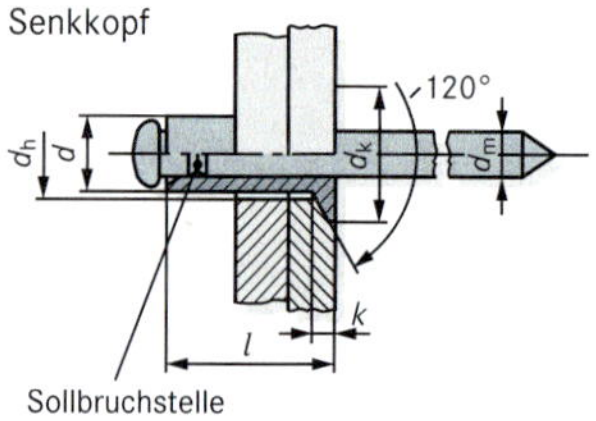

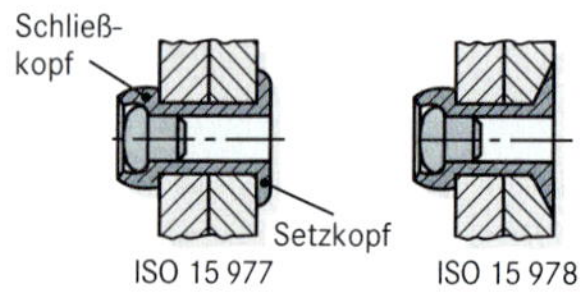

d (Nenn Ø)		2,4	3	3,2	4	4,8	5	6	6,4
d_k	max	5	6,3	6,7	8,4	10,1	10,5	12,6	13,4
	min	4,2	5,4	5,8	6,9	8,3	8,7	10,8	12,6
d_h (Nietloch Ø)		$2,5^{+0,1}$	$3,1^{+0,1}$	$3,3^{+0,1}$	$4,1^{+0,1}$	$4,9^{+0,1}$	$5,1^{+0,1}$	$6,1^{+0,1}$	$6,5^{+0,1}$
k		1	1,3	1,3	1,7	1,2	2,1	2,5	2,7
d_m		1,55	2	2	2,45	2,95	2,95	3,4	3,9
l (Schaftlänge)		Klemmlängenbereich für Niethülse aus Al, Nietdorn aus St oder A2							
4- 5		0,5 ... 2	0,5 ... 1,5		-	-		-	-
6- 7		2 ... 4	1,5 ... 3,5		1 ... 3	1,5 ... 2,5		-	-
8- 9		4 ... 6	3,5 ... 5		3 ... 5	2,5 ... 4		2 ... 3	-
10-11		6 ... 8	5 ... 7		5 ... 6,5	4 ... 6		3 ... 5	-
12-13		8 ... 9,5	7 ... 9		6,5 ... 8,5	6 ... 8		5 ... 7	3 ... 6
16-17		-	9 ... 13		8,5 ... 12,5	8 ... 12		7 ... 11	6 ... 10
20-21		-	13 ... 17		12,5 ... 16,5	12 ... 15		11 ... 15	10 ... 14
25-26		-	17 ... 22		16,5 ... 21,5	15 ... 20		15 ... 20	14 ... 18
30-31		-	-		-	20 ... 25		20 ... 25	18 ... 23

Klasse L	Scherkraft in N	250	400	500	850	1200	1400	2100	2200
	Zugkraft in N	350	550	700	1200	1700	2000	3000	3150
Klasse H	Scherkraft in N	350	550	750	1250	1850	2150	3200	3400
	Zugkraft in N	550	850	1100	1800	2600	3100	4600	4850

Werkstoffe: Niethülse aus Aluminiumlegierung (AlA); Nietdorn aus Stahl (St)
Blindniet ISO 15 977 – 5 × 25 – AlA/St – L
Bezeichnung eines Blindnietes mit Flachkopf mit d = 5 mm, l = 25 mm, Niethülse aus einer Aluminiumlegierung , Nietschaft aus Stahl der Klasse L

Spannstifte, geschlitzt, schwere Ausführung

DIN EN ISO 8752: 2009-10

Nenndurchmesser $d_1 \leq 10$ mm

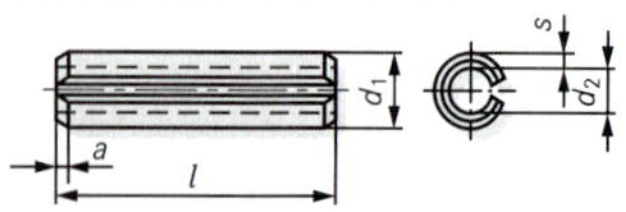

Nenndurchmesser $d_1 > 10$ mm

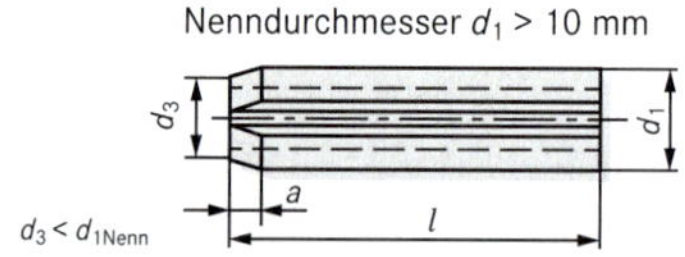

Nennmaß d_1		1	1,5	2	2,5	3	3,5	4	4,5	5	6	8	10	12	14	16	18	20
d_1 vor dem Einbau	min.	1,2	1,7	2,3	2,8	3,3	3,8	4,4	4,9	5,4	6,4	8,5	10,5	12,5	14,5	16,5	18,5	20,5
	max.	1,3	1,8	2,4	2,9	3,5	4	4,6	5,1	5,6	6,7	8,8	10,8	12,8	14,8	16,8	18,9	20,9
d_2 vor dem Einbau	≈	0,8	1,1	1,5	1,8	2,1	2,3	2,8	2,9	3,4	4	5,5	6,5	7,5	8,5	10,5	11,5	12,5
a	min.	0,15	0,25	0,35	0,4	0,5	0,6	0,65	0,8	0,9	1,2	1,6	2	2	2	2	2	3
	max.	0,35	0,45	0,55	0,6	0,7	0,8	0,85	1	1,1	1,4	2	2,4	2,4	2,4	2,4	2,4	3,4
s		0,2	0,3	0,4	0,5	0,6	0,75	0,8	1	1	1,2	1,5	2	2,5	3	3	3,5	4
Mindest-Abscherkraft, zweischnittig	kN	0,7	1,58	2,82	4,38	6,32	9,06	11,24	15,36	17,54	26,04	42,76	70,16	104,1	144,7	171	222,5	280,6
l	von	4	4	4	4	4	4	4	5	5	10	10	10	10	10	10	10	10
	bis	20	20	30	30	40	40	50	50	80	100	120	160	180	200	200	200	200

Längenabstufung l: 4; 5; 6; 8; 10 ... 32; 35; 40; 45 ... 100; 120; 140; 160; 180; 200 mm

Werkstoff: Stahl (St), Kohlenstoffstahl, gehärtet und angelassen auf eine Härte von 420 ... 520 HV 30 oder Silicium-Mangan-Stahl, gehärtet u. angelassen auf eine Härte von 420 ... 560 HV30; nichtrostender Stahl (A: austenitisch, C: martensitisch)
Schlitz: Normalfall: Form und Breite des Schlitzes nach Wahl des Herstellers.
Form N (nicht verhakend): Form und Breite des Schlitzes, die das Nichtverhaken gewährleisten, können zwischen Lieferer und Besteller vereinbart werden.

Anwendung: Der Durchmesser der Aufnahmebohrung muss gleich dem Nenndurchmesser d_1 des Stiftes unter Berücksichtigung der Toleranz H 12 sein. Nach Einbau der Stifte in die kleinste Aufnahmebohrung darf der Schlitz nicht ganz geschlossen sein.

Spannstift ISO 8752 – 8 × 30 – St
Bezeichnung eines Spannstiftes aus Stahl, geschlitzt, schwere Ausführung, mit Nenndurchmesser d_1 = 8 mm und Nennlänge l = 30 mm

Kegelstifte mit Innengewinde, ungehärtet

DIN EN 28 736: 1992-10

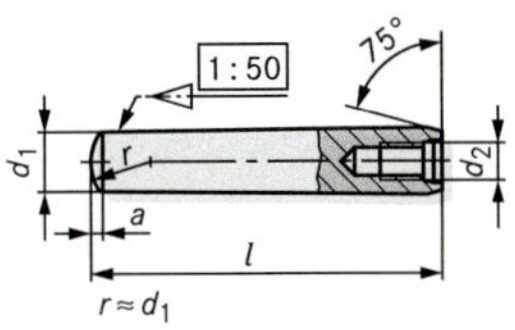

d_1	h10[1]	6	8	10	12	16	20	25	30	40	50
d_2		M 4	M 5	M 6	M 8	M 10	M 12	M 16	M 20	M 20	M 24
l	von	16	18	22	26	30	35	50	60	80	100
	bis	60	80	100	120	160	200	220	240	260	280

Längenabstufung l: 16; 18...32; 40...100; 120 ... 280 mm;
Werkstoff:[2] Typ A (geschliffen): R_a = 0,8 µm; Typ B (gedreht): R_a = 3,2 µm;
Bezeichnung eines ungehärteten Kegelstifts mit Innengewinde, Typ A, d_1 = 10 mm, l = 32 mm aus Stahl: **Kegelstift ISO 8736 – A – 10 × 32 – St**

Kegelstifte mit Gewindezapfen, ungehärtet

DIN EN 28 737: 1992-10

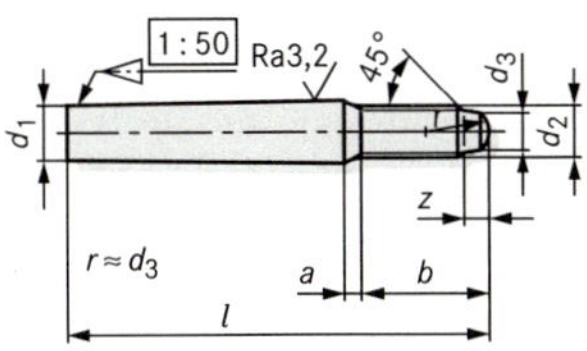

d_1	h10[1]	5	6	8	10	12	16	20	25	30	40	50
a	max	2,4	3	4	4,5	5,3	6	6	7,5	9	10,5	12
b	min	14	18	22	24	27	35	35	40	46	58	70
d_2		M 5	M 6	M 8	M 10	M 12	M 16	M 16	M 20	M 24	M 30	M 36
d_3	max	3,5	4	5,5	7	8,5	12	12	15	18	23	28
z	max	1,5	1,75	2,25	2,75	3,25	4,3	4,3	5,3	6,3	7,5	9,4
	min	1,25	1,5	2	2,5	3	4	4	5	6	7	9
l	von	40	45	55	65	85	100	120	140	160	190	220
	bis	50	60	85	100	120	160	190	250	280	320	400

Längenabstufung l: 40; 45 ... 65; 75; 85; 100; 120 ... 160; 190; 220 ... 280; 320; 360; 400 mm
Werkstoff: [2]
Bezeichnung eines ungehärteten Kegelstifts mit Gewindezapfen, d_1 = 10 mm, l = 65 mm aus Stahl: **Kegelstift ISO 8737 – 10 × 65 – St**

Kerbstifte

DIN EN ISO 8740 ... 8745: alle 1998-03

Zylinderkerbstift mit Fase DIN EN ISO 8740

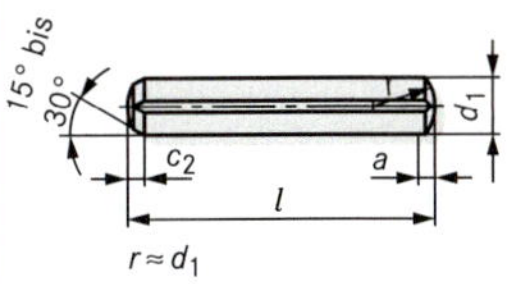

Steckkerbstift DIN EN ISO 8741

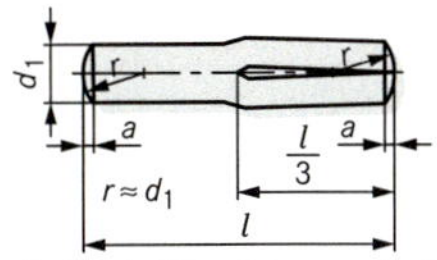

Knebelkerbstift mit kurzer Kerbe DIN EN ISO 8742

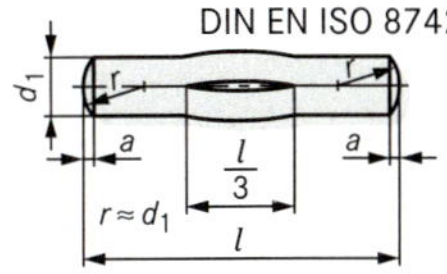

DIN EN ISO	d_1		1,5	2	2,5	3	4	5	6	8	10	12	16
	a	≈	0,2	0,25	0,3	0,4	0,5	0,63	0,8	1	1,2	1,6	2
8740	c_2		0,6	0,8	1	1,2	1,4	1,7	2,1	2,6	3	3,8	4,6
	l	von	8	8	10	10	10	14	14	14	14	18	22
		bis	20	30	30	40	60	60	80	100	100	100	100
8741	l	von	8	8	8	8	10	10	12	14	18	26	26
		bis	20	30	30	40	60	60	80	100	160	200	200
8742	l	von	8	12	12	12	18	18	22	26	32	40	45
		bis	20	30	30	40	60	60	80	100	160	200	200
8744	l	von	8	8	8	8	8	8	10	12	14	14	24
		bis	20	30	30	40	60	60	80	100	120	120	120
8745	l	von	8	8	8	8	10	10	10	14	14	18	26
		bis	20	30	30	40	60	60	80	100	200	200	200

Längenabstufung l: 8; 10 ... 32; 35; 40 ... 100; 120 ... 200 mm; **Werkstoff:** [2]
Bezeichnung für Passkerbstift mit d_1 = 6 mm, l = 32 mm aus Stahl: **Kerbstift ISO 8745 – 6 × 32 – St**

Kegelkerbstift DIN EN ISO 8744

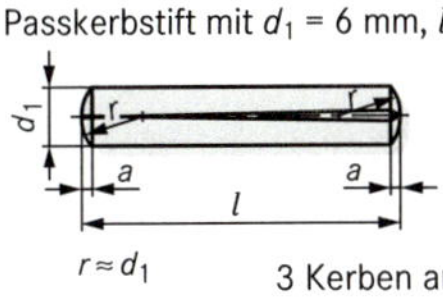

3 Kerben am Umfang

Passkerbstift DIN EN ISO 8745

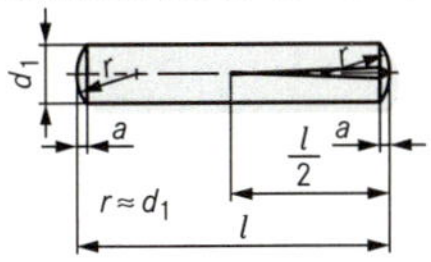

Halbrundkerbnägel, Senkkerbnägel

DIN EN ISO 8746: 1998-03; DIN EN ISO 8747: 1998-03

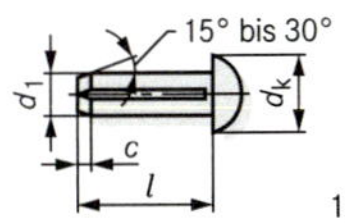

3 Kerben am Umfang

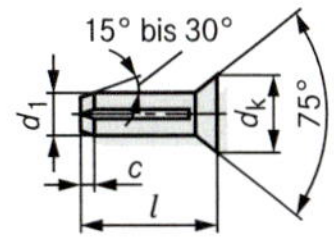

d_1		1,4	1,6	2	2,5	3	4	5	6	8	10	12
d_k		2,6 (2,7)	3	3,7	4,6	5,45	7,25	9,1	10,8	14,4	16	19
c		0,42	0,48	0,6	0,75	0,9	1,2	1,5	1,8	2,4	3,0	3,6
l	von	3	3	3 (4)	3 (4)	4 (5)	5 (6)	6 (8)	8	10	12	16
	bis	6	8	10	12	16	20	25	30	40	40	40

()-Werte für DIN EN ISO 8747
Längenabstufung l: 3; 4; 5; 6; 8 ... 12; 16; 20; 25 ... 40 mm;
Werkstoff:[2] Bezeichnung eines Halbrundkerbnagels mit d_1 = 8 mm und l = 40 mm aus Stahl:
Kerbnagel ISO 8746 – 8 × 40 – St

[1] Andere Toleranzklassen nach Vereinbarung (z. B. a11; c11; f8)
[2] Kaltumformstahl (St) (Härte 125 ... 245 HV) – Andere Werkstoffe nach Vereinbarung

Spannstifte (Spannhülsen) leichte Ausführung

DIN EN ISO 13 337: 2009-10

Abbildung Spannstifte siehe DIN EN ISO 8752, Abbildung Scheiben siehe DIN 125

Nenndurchmesser d_1		2	2,5	3	3,5	4	4,5	5	6	8	10	12	13	14	16	18	20
	a	0,2	0,25	0,25	0,3	0,5	0,5	0,5	0,7	1,5	2	2	2	2	2	2	2
vor dem Einbau	d_1 min	2,3	2,8	3,3	3,8	4,4	4,9	5,4	6,4	8,5	10,5	12,5	13,5	14,5	16,5	18,5	20,5
	max	2,4	2,9	3,5	4	4,6	5,1	5,6	6,7	8,8	10,8	12,8	13,8	14,8	16,8	18,9	20,9
	d_2 ≈	1,9	2,3	2,7	3,1	3,4	3,8	4,4	4,9	7	8,5	10,5	11	11,5	13,5	15	16,5
	s	0,2	0,25	0,3	0,35	0,5	0,5	0,5	0,75	0,75	1	1	1,2	1,5	1,5	1,7	2
Abscherkraft in kN[1]		0,75	1,2	1,75	2,3	4	4,4	5,2	9	12	20	24	33	42	49	63	79
l	von	4	4	4	4	4	4	5	10	10	10	10	10	10	10	10	10
	bis	30	30	40	40	50	50	80	100	120	160	180	180	200	200	200	200
Für Schraube		-	-	-	-	-	M 3	-	M 4	M 6	-	-	M 10	-	M 12	M 14	-
Scheibe DIN 125		-	-	-	-	-	3,2	-	4,3	6,4	-	-	10,5	-	13	15	-

Längenabstufungen, Schlitz und Werkstoffe siehe DIN EN ISO 8752

Spannstift ISO 13 337 – 8 × 30 – N – St

Bezeichnung eines Spannstiftes aus Stahl, geschlitzt, leichte Ausführung, mit Nenndurchmesser d_1 = 8 mm und Nennlänge l = 30 mm, nicht verhakend (N)

[1] zweischnittig (nicht für austenitisch nichtrostenden Stahl)

Zylinderstifte, ungehärtet

DIN EN ISO 2338: 1998-02

1.

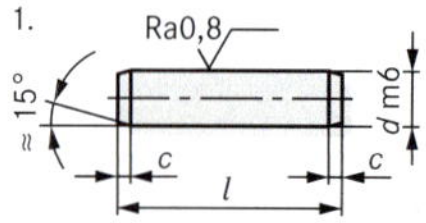

2.

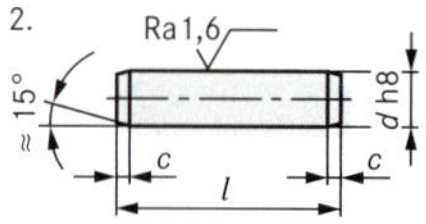

d	m6/h8	0,6	0,8	1	1,2	1,5	2	2,5	3	4	5
c	≈	0,12	0,16	0,2	0,25	0,3	0,35	0,4	0,5	0,63	0,8
l	von	2	2	4	4	4	6	6	8	8	10
	bis	6	8	10	12	16	20	24	30	40	50
d	m6/h8	6	8	10	12	16	20	25	30	40	50
c	≈	1,2	1,6	2	2,5	3	3,5	4	5	6,3	8
l	von	12	14	18	22	26	35	50	60	80	95
	bis	60	80	95	140	180	200	200	200	200	200

Längenabstufung l: 2; 3; 4; 5; 6; 8; 10 ... 32; 35; 40; 45 ... 100; 120; 160; 180; 200 mm

Werkstoff: Stahl (St), Härte 125 - 245 HV 30, oder austenitisch nichtrostender Stahl (A1)

Zylinderstift ISO 2338 – 12 m6 × 40 – St Bezeichnung eines Zylinderstiftes aus Stahl, ungehärtet, mit Nenndurchmesser d = 12 mm, Toleranzklasse m6 und Nennlänge l = 40 mm

Zylinderstifte, gehärtet

DIN EN ISO 8734: 1998-03

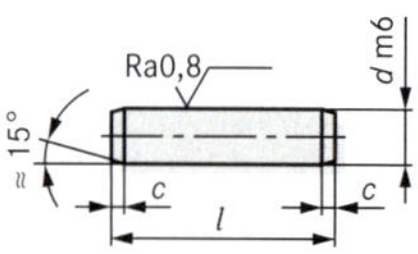

d	m6	1	1,5	2	2,5	3	4	5	6	8	10	12	16	20
c	≈	0,2	0,3	0,35	0,4	0,5	0,63	0,8	1,2	1,6	2	2,5	3	3,5
l	von	3	4	5	6	8	10	12	14	18	22	26	40	50
	bis	10	16	20	24	30	40	50	60	80	100	100	100	100

Längenabstufung l: 3; 4; 5; 6; 8; 10 ... 32; 35; 40; 45 ... 100 mm

Werkstoff: Stahl (St) Typ A: 550 ... 650 HV 30, Typ B: Oberflächenhärte 600 ... 700 HV 1, martensitischer nichtrostender Stahl der Sorte C1 (ISO 3506-1), gehärtet

Oberfläche: blank, geölt oder wie vereinbart

Zylinderstift ISO 8734 – 5 × 22 – A – St Bezeichnung eines Zylinderstiftes aus Stahl, gehärtet, Typ A, mit Nenndurchmesser d = 5 mm und Nennlänge l = 22 mm

Kegelstifte, ungehärtet

DIN EN 22 339: 1992-10

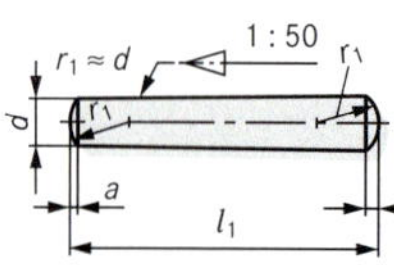

d	h10	0,6	0,8	1	1,2	1,5	2	2,5	3	4	5
a	≈	0,08	0,1	0,12	0,16	0,2	0,25	0,3	0,4	0,5	0,63
l	von	4	5	6	6	8	10	10	12	14	18
	bis	8	12	16	20	24	35	35	45	55	60
d	h10	6	8	10	12	16	20	25	30	40	50
a	≈	0,8	1	1,2	1,6	2	2,5	3	4	5	6,5
l	von	22	22	26	32	40	45	50	55	60	65
	bis	90	120	160	180	200	200	200	200	200	200

Werkstoff: Automatenstahl (St), Kegelstifte Typ A (geschliffen), R_a = 0,8 µm, Typ B (gedreht), R_a = 3,2 µm.

Kegelstift ISO 2339 – A – 8 × 35 – St

Bezeichnung eines Kegelstiftes aus Stahl, Typ A mit d = 8 und l = 35 mm

Bolzen ohne und mit Kopf

DIN EN 22 340: 1992-10; DIN EN 22 341: 1992-10

Bolzen ohne Kopf, DIN EN 22 340

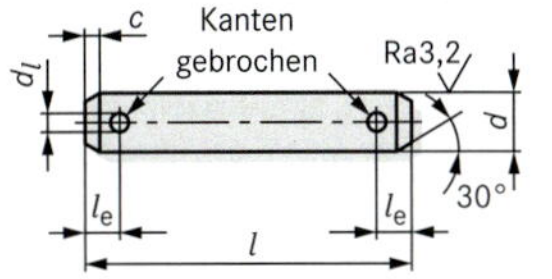

Bolzen mit Kopf, DIN EN 22 341

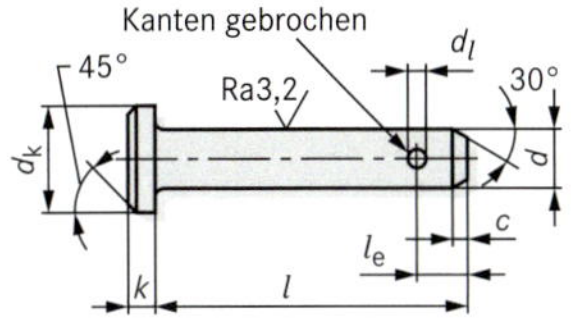

d h11[1)]	3	4	5	6	8	10	12	14	16	18	20
d_k h14	5	6	8	10	14	18	20	22	25	28	30
d_l H13[2)]	0,8	1	1,2	1,6	2	3,2	3,2	4	4	5	5
c max	1	1	2	2	2	2	3	3	3	3	4
k js14	1	1	1,6	2	3	4	4	4	4,5	5	5
l_e min	1,6	2,2	2,9	3,2	3,5	4,5	5,5	6	6	7	8
l von	6	8	10	12	16	20	24	28	32	35	40
bis	30	40	50	60	80	100	120	140	160	180	200

Längenabstufung l: 6; 8; 10 ... 32; 35; 40 ... 100; 120; 140 ... 200 mm;
Form A: ohne Splintloch; Form B: mit Splintloch
Werkstoff: St = Automatenstahl (Härte 125 ... 245 HV) – Andere Werkstoffe nach Vereinbarung

Bezeichnung eines Bolzens ohne Kopf, Form B, d = 16 mm, l = 100 mm, d_1 = 4 mm aus St:
Bolzen ISO 2340 – B – 16 × 100 × 4 – St

[1)] Andere Toleranzklassen nach Vereinbarung (z. B. a11; c11; f8)
[2)] Lochdurchmesser d_l = Nenndurchmesser des Splints

Bolzen mit Kopf und Gewindezapfen

DIN 1445: 2011-02

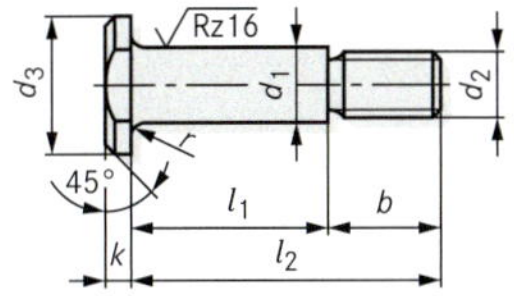

l_2 = Klemmlänge $l_1 + b$

d_1 h11	8	10	12	14	16	18	20	22	24	27	30
b min	11	14	17	20	20	20	25	25	29	29	36
d_2	M 6	M 8	M 10	M 12	M 12	M 12	M 16	M 16	M 20	M 20	M 24
d_3 h14	14	18	20	22	25	28	30	33	36	40	44
k js14	3	4	4	4	4,5	5	5	5,5	6	6	8
s	11	13	17	19	22	24	27	30	32	36	36

Längenabstufung l_2 : ab 16 mm ... 100 mm wie DIN 1443; 1444; 100 < l_2 ≤ 200 je 10 mm gestuft
Werkstoff: 11 SMn Pb 30
Bezeichnung eines Bolzen, d_1 = 16, Toleranzfeld h 11, Klemmlänge l_1 = 50, l_2 = 70 aus St:
Bolzen DIN 1445 – 16 h 11 × 50 × 70 – St

Splinte

DIN EN ISO 1234: 1998-02

Die Nenngröße entspricht dem Durchmesser des Splintloches

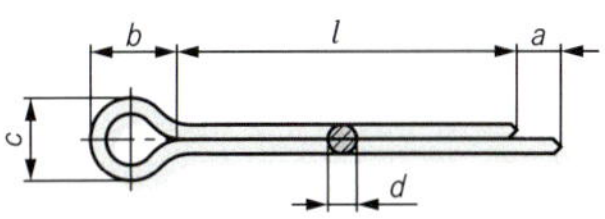

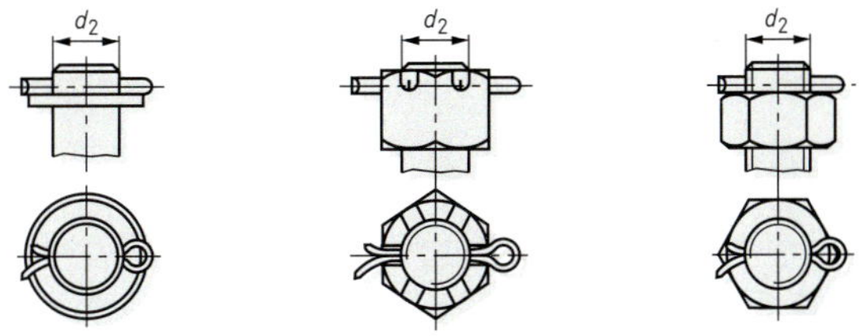

Nenngröße		1	1,2	1,6	2	2,5	3,2	4	5	6,3	8	10	13	16	20
d	max	0,9	1	1,4	1,8	2,3	2,9	3,7	4,6	5,9	7,5	9,5	12,4	15,4	19,3
	min	0,8	0,9	1,3	1,7	2,1	2,7	3,5	4,4	5,7	7,3	9,3	12,1	15,1	19,0
a	max	1,6	2,5	2,5	2,5	2,5	3,2	4	4	4	4	6,3	6,3	6,3	6,3
b	≈	3	3	3,2	4	5	6,4	8	10	12,6	16	20	26	32	40
c	max	1,8	2	2,8	3,6	4,6	5,8	7,4	9,2	11,8	15	19	24,8	30,8	38,5
l	von	6	–	8	10	12	18	20	20	28	36	56	56	100	–
	bis	18	–	32	40	50	80	125	125	140	140	140	140	250	–
Für Schrauben	über	3,5	4,5	5,5	7	9	11	14	20	27	39	56	80	120	170
d_2	bis	4,5	5,5	7	9	11	14	20	27	39	56	80	120	170	–
Für Bolzen	über	3	4	5	6	8	9	12	17	23	29	44	69	110	160
d_2	bis	4	5	6	8	9	12	17	23	29	44	69	110	160	–

Längenabstufung l: 4; 5; 6; 8; 10; 12; 14; 16; 18; 20; 22; 25; 28; 32; 36; 40; 45; 50; 56; 63; 71; 80; 90; 100; 112; 125; 140; ...
Werkstoff: St, Cu Zn, Cu, Al-Legierung, A (Austenitischer nichtrostender Stahl)
Bezeichnung eines Splintes mit Nenngröße 4 mm, l = 32 aus Stahl: **Splint ISO 1234 – 4 × 32 – St**

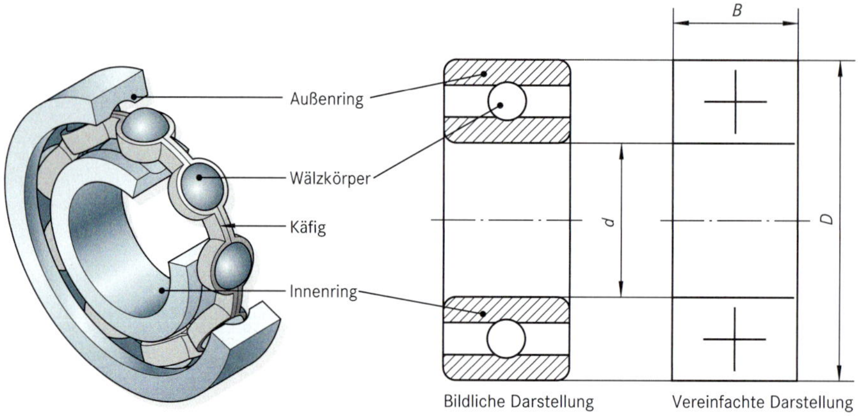

d = Lagerbohrung

D = Lageraußendurchmesser

B = Lagerbreite

Wälzlager haben genormte Einbaugrößen. Diese richten sich nach den konstruktiven Bedingungen, dem Belastungsfall oder der Drehfrequenz.
Bei der Größenbestimmung richtet man sich im Regelfall nach dem Wellendurchmesser, der die Lagerbohrung „d“ festlegt.
Die komplette Lagerbezeichnung besteht aus mehreren Einzelzeichen:

			1. | 2. | 3. | 4.		
Benennung	DIN-Nummer	Vorsetzzeichen	Basiszeichen	Nachsetzzeichen	Ergänzungszeichen des Herstellers

Beispiel: Rillenkugellager DIN 625 62310

An zentraler Stelle steht das Basiszeichen. Aus ihm lassen sich die Lagerart und die wesentlichen Lagerabmaße bestimmen. Es kann, vom Lager abhängig, aus vier oder mehr Ziffern und Buchstaben bestehen.
Vor- und Nachsetzzeichen sowie Ergänzungszeichen sind optional.

Basiszeichen – 1. Stelle

DIN 623-1: 1993-05

Das 1. Basiszeichen stellt die Kennziffer für die Lagerart dar:

Lagerart		Kennziffer	Lagerart		Kennziffer
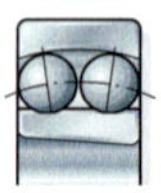	Pendelkugellager DIN 630	1	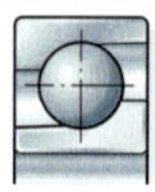	Schrägkugellager DIN 628	7
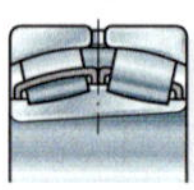	Pendelrollenlager DIN 635	2	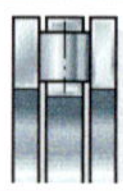	Axial-Zylinderrollenlager	8
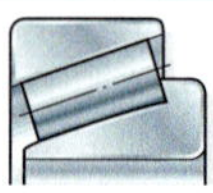	Kegelrollenlager DIN 720	3	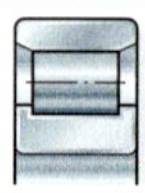	Zylinderrollenlager DIN 5412	N
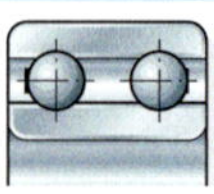	Rillenkugellager (2-reihig)	4	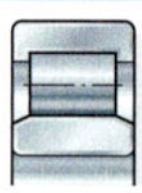	Zylinderrollenlager DIN 5412	NV
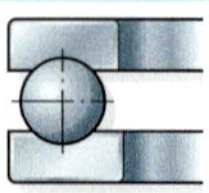	Axial-Rillenkugellager DIN 711	5	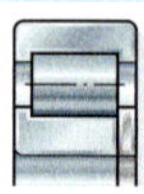	Zylinderrollenlager DIN 5412	NVP
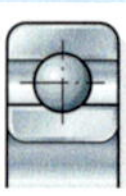	Rillenkugellager DIN 625	6	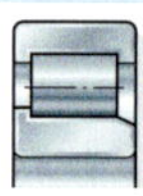	Zylinderrollenlager DIN 5412	NJ

z. B. Lagerkennziffer: **30208**
└── Kegelrollenlager

Basiszeichen – 2. und 3. Stelle (Lagerabmessungen)

DIN 616: 2000-06

Diese Basiszeichen bestimmen die **Lagerbreite** und den **Lagerdurchmesser**; beide zusammen die Maßreihe.

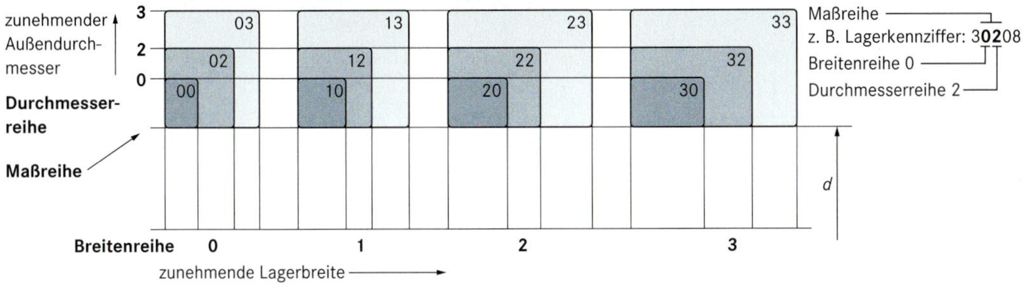

Genormt sind 9 Durchmesserreihen: 7 - 8 - 9 - 0 - 1 - 2 - 3 - 4 - 5
Jedem Nenndurchmesser einer Lagerbohrung *d* sind mehrere Außendurchmesser und Breitenreihen (für Radiallager) bzw. Höhenreihen (für Axiallager) zugeordnet.

Basiszeichen – 4. Stelle

Dieses Basiszeichen bestimmt die **Lagerbohrung**:

Lagerbohrung	Bohrungskennzahl
10 mm	00
12 mm	01
15 mm	02
17 mm	03
20 mm	04
25 mm	05
30 mm	06

ab 20 mm Durchmesser der Lagerbohrung ergibt die Bohrungskennziffer mit fünf multipliziert das Bohrungsmaß

z. B. Bohrungskennzahl:

302**08**
08 × 5 = 40 mm Lagerbohrung

Vorsetzzeichen (Auswahl)

AR	Kugel bzw. Rollenkränze
GS	Gehäusescheibe eines Axial-Zylinderrollenlagers
IR	Innenring eines Axiallagers
IW	Wellenscheibe eines Axiallagers
K	Radial- oder Axial-Zylinderrollenkränze
L	Freie Ringe zerlegbarer Lager
OR	Außenring eines Radiallagers
OW	Gehäusescheibe eines Axiallagers
R	Ring mit Wälzkörpersatz
S	Nichtrostender Stahl
WS	Wellenscheibe eines Axial-Zylinderrollenlagers

Nachsetzzeichen (Auswahl)

A, B, C	Abweichende Konstruktion
ICN	Lagerluft „Normal“
IC1	Lagerluft kleiner C2
IC2	Lagerluft kleiner CN
IC3	Lagerluft größer CN
IHV	Lager/Lagerteile aus nichtrostendem, härtbarem Stahl
J	Käfig aus Stahlblech gepresst (unterschiedliche Käfigausführungen)
K	Lager mit kegeliger Bohrung
L	Massiv-Käfig aus Leichtmetall
LS	Lager mit Dichtscheibe – einseitig
2LS	Lager mit Dichtscheibe – beidseitig
IP4	Lager mit besonders hoher Laufgenauigkeit

verwendete Normen: DIN 616 Lagerabmessungen, DIN 623-1 Bezeichnung von Wälzlagern,
DIN ISO 8826-1/2 Zeichnungsnormen

weiterführende Informationen: www.fag.de

Bezeichnungsbeispiel

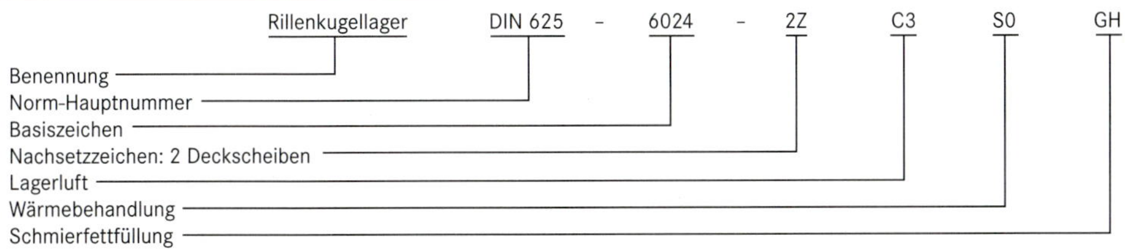

Auswahlkriterien für Wälzlager (Auswahl)

Lagerbauart	Radial-belastung	Axial-belastung	Lager zerlegbar	Fluchtfehler-ausgleich	hohe Drehzahl	geräusch-armer Lauf	Festlager	Loslager
Rillenkugellager[1]	2	3	5	4	1	1	2	3
Schrägkugellager[1]	2	2[2]	5	5	1	2	1	3
Pendelkugellager	2	4	5	1	2	4	3	3
Zylinderrollenlager (N, NU)	1	5	1	4	1	3	5	1
Kegelrollenlager	1	1[2]	1	4	3	4	1	4
Pendelrollenlager	1	2	5	1	3	4	2	3
Axial-Rillenkugellager	5	2[2]	1	3	3	4	3	5
Nadellager	1	5	1	5	2	3	5	1

[1] einreihig
[2] in eine Richtung

Eignung: 1 (sehr gut); 2 (gut); 3 (normal); 4 (eingeschränkt); 5 (nicht geeignet)

Rillenkugellager

DIN 625-1: 2011-04

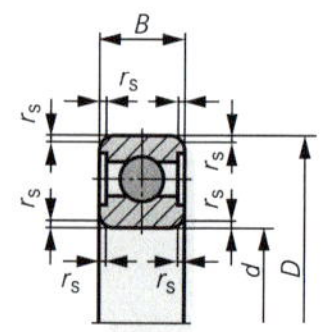

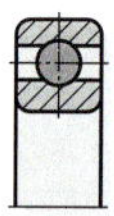

d	Lagerreihe 160 D	B	$r_{s\,min}$	Lagerreihe 60 D	B	$r_{s\,min}$	Lagerreihe 62 D	B	$r_{s\,min}$	Lagerreihe 63 D	B	$r_{s\,min}$	Lagerreihe 64 D	B	$r_{s\,min}$	Bohrgs.-Kennzahl
15	32	8	0,3	32	9	0,3	35	11	0,6	42	13	1	–	–	–	02
20	42	8	0,3	42	12	0,6	47	14	1	52	15	1,1	72	19	1,1	04
25	47	8	0,3	47	12	0,6	52	15	1	62	17	1,1	80	21	1,5	05
30	55	9	0,3	55	13	1	62	16	1	72	19	1,1	90	23	1,5	06
35	62	9	0,3	62	14	1	72	17	1,1	80	21	1,5	100	25	1,5	07
40	68	9	0,3	68	15	1	80	18	1,1	90	23	1,5	110	27	2	08
45	75	10	0,6	75	16	1	85	19	1,1	100	25	1,5	120	29	2	09
50	80	10	0,6	80	16	1	90	20	1,1	110	27	2	130	31	2,1	10
55	90	11	0,6	90	18	1,1	100	21	1,5	120	29	2	140	33	2,1	11
60	95	11	0,6	95	18	1,1	110	22	1,5	130	31	2,1	150	35	2,1	12
65	100	11	0,6	100	18	1,1	120	23	1,5	140	33	2,1	160	37	2,1	13
70	110	13	0,6	110	20	1,1	125	24	1,5	150	35	2,1	180	42	3	14
75	115	13	0,6	115	20	1,1	130	25	1,5	160	37	2,1	190	45	3	15
80	125	14	0,6	125	22	1,1	140	26	2	170	39	2,1	200	48	3	16

Ausführungen
Z : 1 Deckscheibe
2Z : 2 Deckscheiben
RS : 1 Dichtscheibe
2RS : 2 Dichtscheiben
N : Nut im Außenring

Rillenkugellager DIN 625 – 16008 – 2Z
Bezeichnung eines Rillenkugellagers der Lagerreihe 160 mit d = 40 mm (Bohrungskennzahl 08), mit 2 Deckscheiben, Toleranzklasse P0 (Normaltoleranz), radiale Lagerluft C0 (normal)

Radial-Schrägkugellager (einreihig), Lagerreihen 72 und 73 (zweireihig), Lagerreihe 33

DIN 628-1: 2008-02, DIN 628-3: 2008-02

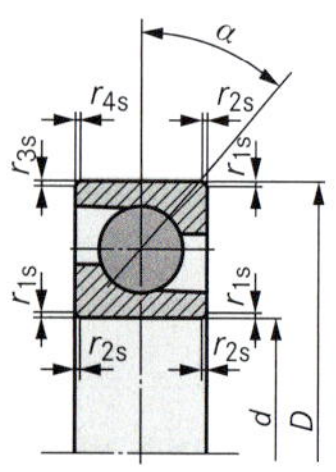

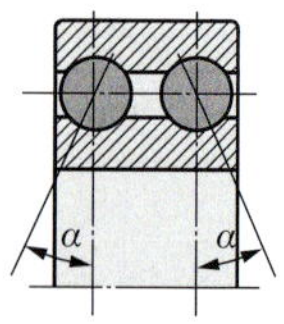

d	D	B	r_{1s} / r_{2s}	r_{3s} / r_{4s}	Basis-zeichen
10	30	9	0,6	0,3	72 00B
12	32	10	0,6	0,3	72 01B
	37	12	1	0,6	73 01B
15	35	11	0,6	0,3	72 02B
	42	13	1	0,6	73 02B
17	40	12	0,6	0,6	72 03B
	47	14	1	0,6	73 03B
20	47	14	1	0,6	72 04B
	52	15	1,1	0,6	73 04B
25	52	15	1	0,6	72 05B
	62	17	1,1	0,6	73 05B
30	62	16	1	0,6	72 06B
	72	19	1,1	0,6	73 06B
35	72	17	1,1	0,6	72 07B
	80	21	1,5	1	73 07B
40	80	18	1,1	0,6	72 08B
	90	23	1,5	1	73 08B

d	D	B	r_{1s} / r_{2s}	r_{3s} / r_{4s}	Basis-zeichen
45	85	19	1,1	0,6	72 09B
	100	25	1,5	1	73 09B
50	90	20	1,1	0,6	72 10B
	110	27	2	1	73 10B
55	100	21	1,5	1	72 11B
	120	29	2	1	73 11B
60	110	22	1,5	1	72 12B
	130	31	2,1	1,1	73 12B
65	120	23	1,5	1	72 13B
	140	33	2,1	1,1	73 13B
70	125	24	1,5	1	72 14B
	150	35	2,1	1,1	73 14B
75	130	25	1,5	1	72 15B
	160	37	2,1	1,1	73 15B
80	140	26	2	1	72 16B
	170	39	2,1	1,1	73 16B

d	D	B	r_{1s} / r_{2s}	r_{3s} / r_{4s}	Basis-zeichen
15	42	19	0,6	0,3	3302
17	47	22,2	0,6	0,6	3303
20	52	22,2	1	0,6	3304
25	62	25,4	1	0,6	3305
30	72	30,2	1	0,6	3306
35	80	34,9	1,1	0,6	3307
40	90	36,5	1,1	0,6	3308
45	100	39,7	1,1	0,6	3309
50	110	44,4	1,1	0,6	3310
55	120	49,2	1,5	1	3311
60	130	54	1,5	1	3312
65	140	58,7	1,5	1	3313
70	150	63,5	1,5	1	3314
75	160	68,3	1,5	1	3315
80	170	68,3	2	1,5	3316
85	180	72	2	1,5	3317

Berührungswinkel α = 40°
Einbaumaße nach DIN 5418

Schrägkugellager DIN 628 – 7206B
Bezeichnung eines Schrägkugellagers, Lagerreihe 72, d = 30 mm, Toleranzklasse PN

Zylinderrollenlager

DIN 5412-1: 2005-08

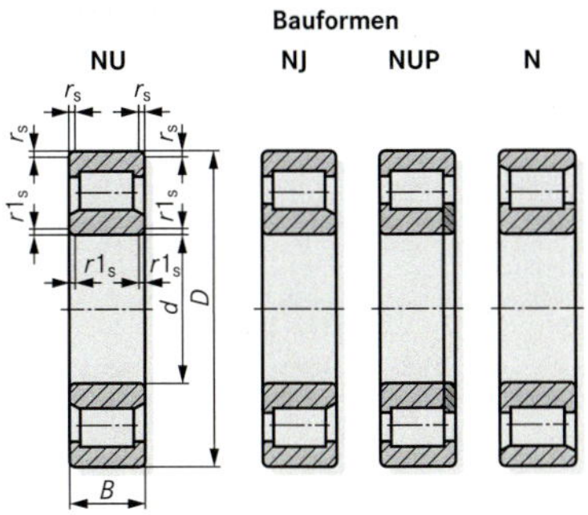

Zyl. Rollenlager DIN 5412 – NJ 212
Bezeichnung eines Zylinderrollenlagers mit *d* = 60 mm der Bauform NJ in der Maßreihe 02 (Lagerreihe NJ 02)

[1)] Bauform NUP nicht genormt

	Maßreihe 02				Maßreihe 03				Bohrgs.-Kennzahl
d	D	B	$r_{s\,min}$	$r_{1s\,min}$	D	B	$r_{s\,min}$	$r_{1s\,min}$	
17	40	12	0,6	0,3	47	14	1	0,6	03
20	47	14	1	0,6	52	15	1,1	0,6	04
25	52[1)]	15	1	0,6	62	17	1,1	1,1	05
30	62	16	1	0,6	72	19	1,1	1,1	06
35	72	17	1,1	0,6	80	21	1,5	1,1	07
40	80	18	1,1	1,1	90	23	1,5	1,5	08
45	85	19	1,1	1,1	100	25	1,5	1,5	09
50	90	20	1,1	1,1	110	27	2	2	10
55	100	21	1,5	1,1	120	29	2	2	11
60	110	22	1,5	1,5	130	31	2,1	2,1	12
65	120	23	1,5	1,5	140	33	2,1	2,1	13
70	125	24	1,5	1,5	150	35	2,1	2,1	14
75	130	25	1,5	1,5	160	37	2,1	2,1	15
80	140	26	2	2	170	39	2,1	2,1	16
85	150	28	2	2	180	41	3	3	17
90	160	30	2	2	190	43	3	3	18

Kegelrollenlager

DIN 720: 2008-08

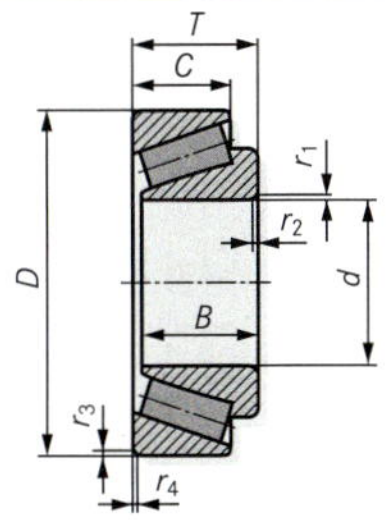

Kegelrollenlager
DIN 720 – 302 08
Bezeichnung eines Kegelrollenlagers der Breitenreihe 0 und der Durchmesserreihe 2 und *d* = 40

Lagerreihe 302

d	D	B	C	T	r_1/r_2 min	r_3/r_4 min	Kurzzeichen
17	40	12	11	13,25	1	1	302 03
20	47	14	12	15,25	1	1	302 04
25	52	15	13	16,25	1	1	302 05
30	62	16	14	17,25	1	1	302 06
35	72	17	15	18,15	1,5	1,5	302 07
40	80	18	16	19,75	1,5	1,5	302 08
45	85	19	16	20,75	1,5	1,5	302 09
50	90	20	17	21,75	1,5	1,5	302 10
55	100	21	18	22,75	2	1,5	302 11
60	110	22	19	23,75	2	1,5	302 12
65	120	23	20	24,75	2	1,5	302 13
70	125	24	21	26,25	2	1,5	302 14
75	130	25	22	27,25	2	1,5	302 15
80	140	26	22	28,25	2,5	2	302 16

Lagerreihe 303

d	D	B	C	T	r_1/r_2 min	r_3/r_4 min	Kurzzeichen
15	42	13	11	14,25	1	1	303 02
20	52	15	13	16,25	1,5	1,5	303 04
25	62	17	15	18,25	1,5	1,5	303 05
30	72	19	16	20,75	1,5	1,5	303 06
35	80	21	18	22,75	2	1,5	303 07
40	90	23	20	25,25	2	1,5	303 08
45	100	25	22	27,25	2	1,5	303 09
50	110	27	23	29,25	2,5	2	303 10
55	120	29	25	31,5	2,5	2	303 11
60	130	31	26	33,5	3	2,5	303 12
65	140	33	28	36	3	2,5	303 13
70	150	35	30	38	3	2,5	303 14
75	160	37	31	40	3	2,5	303 15
80	170	39	33	42,5	3	2,5	303 16

Axial-Rillenkugellager, einseitig wirkend

DIN 711: 2010-05

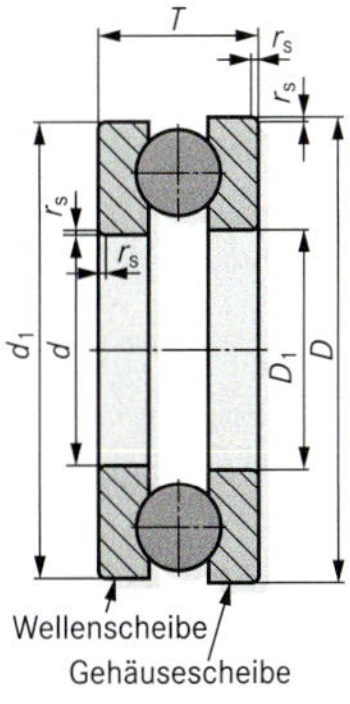

d	D $d_{1\,max}$	D_1 min	T	r_s min	Kurzzeichen
20	40	22	14	0,6	512 04
25	47	27	15	0,6	512 05
30	52	32	16	0,6	512 06
35	62	37	18	1	512 07
40	68	42	19	1	512 08
45	73	47	20	1	512 09
50	78	52	22	1	512 10
55	90	57	25	1	512 11
60	95	62	26	1	512 12
65	100	67	27	1	512 13
70	105	72	27	1	512 14
75	110	77	27	1	512 15
80	115	82	28	1	512 16
85	125	88	31	1	512 17
90	135	93	35	1,1	512 18
100	150	103	38	1,1	512 20

Axial Rillenkugellager DIN 711 – 51212 Bezeichnung eines einseitig wirkenden Axial-Rillenkugellagers mit *d* = 60 mm, *D* = 95 mm

Nadellager m. Innenring, Maßreihe 49

DIN 617: 2008-10

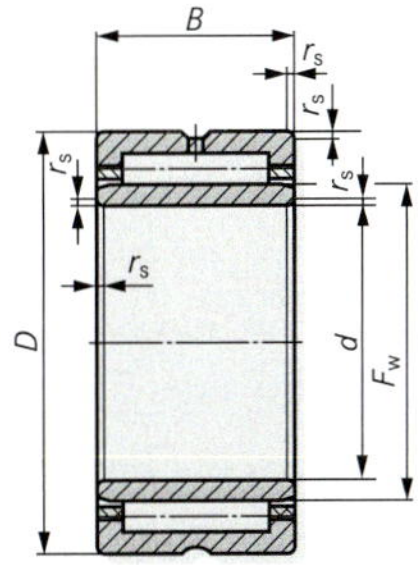

d	F_W	D	B	r_s min	Kurzzeichen
10	14	22	13	0,3	NA 49 00
15	20	28	13	0,3	NA 49 02
20	25	37	17	0,3	NA 49 04
25	30	42	17	0,3	NA 49 05
30	35	47	17	0,3	NA 49 06
35	42	55	20	0,6	NA 49 07
40	48	62	22	0,6	NA 49 08
45	52	68	22	0,6	NA 49 09
50	58	72	22	0,6	NA 49 10
55	63	80	25	1	NA 49 11
60	68	85	25	1	NA 49 12
65	72	90	25	1	NA 49 13
70	80	100	30	1	NA 49 14
75	85	105	30	1	NA 49 15
80	90	110	30	1	NA 49 16
85	100	120	35	1,1	NA 49 17

Nadellager DIN 617 – NA 49 12 Bezeichnung eines Nadellagers mit Innenring *d* = 60 mm, *D* = 85 mm, *B* = 25 mm

Pendelrollenlager, zweireihig

DIN 635-2: 2009-01

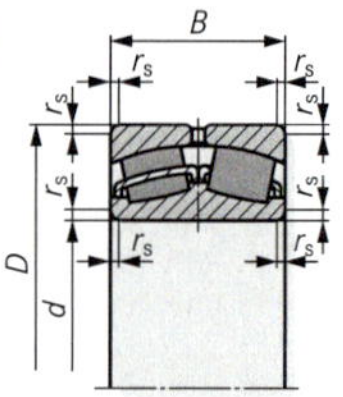

zylindrische Bohrung

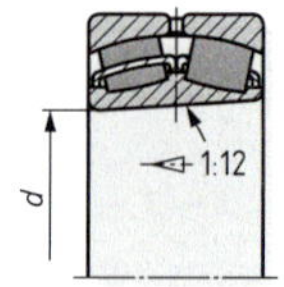

kegelige Bohrung

d	D	B	r_s	Kurz-zeichen	d	D	B	r_s	Kurz-zeichen	d	D	B	r_s	Kurz-zeichen
20	52	15	1,1	213 04	55	100	25	1,5	222 11	80	140	33	2	222 16
25	52	18	1	222 05		120	29	2	213 11		170	39	2,1	213 16
	62	17	1,1	213 05		120	43	2	223 11		170	58	2,1	223 16
30	62	20	1	222 06	60	110	28	1,5	222 12	85	150	36	2	222 17
	72	19	1,1	213 06		130	31	2,1	213 12		180	41	3	213 17
35	72	23	1,1	222 07		130	46	2,1	223 12		180	60	3	223 17
	80	21	1,5	213 07	65	120	31	1,5	222 13	90	160	40	2	222 18
40	80	23	1,1	222 08		140	33	2,1	213 13		160	52,4	2	232 18
	90	23	1,5	213 08		140	48	2,1	223 13		190	43	3	213 18
	90	33	1,5	223 08	70	125	31	1,5	222 14		190	64	3	223 18
45	85	23	1,1	222 09		150	35	2,1	213 14	95	170	43	2,1	222 19
	100	25	1,5	213 09		150	51	2,1	223 14		200	45	3	213 19
	100	36	1,5	223 09	75	130	31	1,5	222 15		200	67	3	223 19
50	90	23	1,1	222 10		160	37	2,1	213 15					
	110	27	2	213 10		160	55	2,1	223 15					
	110	40	2	223 10										

Pendelrollenlager DIN 635 – 223 13 Bezeichnung eines zweireihigen Pendelrollenlagers mit d = 65 mm, zylindrischer Bohrung und D = 140 mm

Radial-Pendelkugellager, zweireihig, zylindrische und kegelige Bohrung

DIN 630: 2011-02

ohne Dichtscheiben

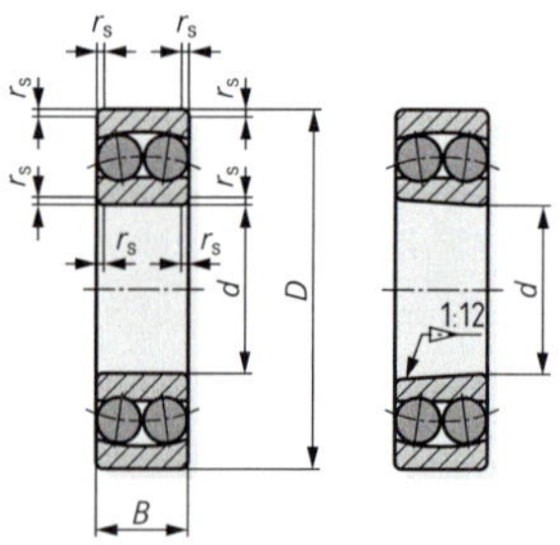

zylindrische Bohrung

kegelige Bohrung

d = 15, nicht mit kegeliger Bohrung

d	Lagerreihe 12			Lagerreihe 22			Lagerreihe 13			Lagerreihe 23			Bohrungs-kennzahl
	D	B	$r_{s\,min}$	D	B	$r_{s\,min}$	D	B	$r_{s\,min}$	D	B	$r_{s\,min}$	
15	35	11	0,6	35	14	0,6	42	13	1	42	17	1	02
20	47	14	1	47	18	1	52	15	1,1	52	21	1,1	04
25	52	15	1	52	18	1	62	17	1,1	62	24	1,1	05
30	62	16	1	62	20	1	72	19	1,1	72	27	1,1	06
35	72	17	1,1	72	23	1,1	80	21	1,5	80	31	1,5	07
40	60	18	1,1	80	23	1,1	90	23	1,5	90	33	1,5	08
45	85	19	1,1	85	23	1,1	100	25	1,5	100	36	1,5	09
50	90	20	1,1	90	23	1,1	110	27	2	110	40	2	10
55	100	21	1,5	100	25	1,5	120	29	2	120	43	2	11
60	110	22	1,5	110	28	1,5	130	31	2,1	130	46	2,1	12
65	120	23	1,5	120	31	1,5	140	33	2,1	140	48	2,1	13
70	125	24	1,5	125	31	1,5	150	35	2,1	150	51	2,1	14
75	130	25	1,5	130	31	1,5	160	37	2,1	160	55	2,1	15
80	140	26	2	140	33	2	170	39	2,1	170	58	2,1	16
85	150	28	2	150	36	2	180	41	3	180	60	3	17

Pendelkugellager DIN 630 – 1210K Bezeichnung eines Pendelkugellagers der Reihe 12 mit zylindrischer Bohrung d = 50 mm (Bohrungskennzahl 10): **Pendelkugellager DIN 630 – 1210** ... mit kegeliger Bohrung

Einbaumaße für Wälzlager

DIN 5418: 1993-02

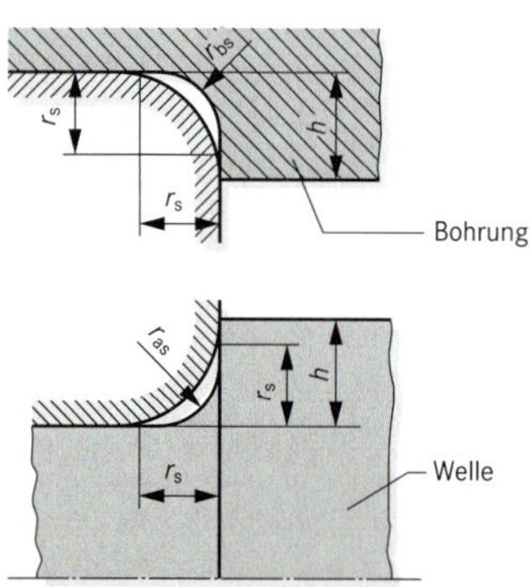

Ersatzweise kann der Freistich Form F nach DIN 509 angewendet werden.

Rundungen und Schulterhöhen für Radiallager und Axiallager (Ausnahme: Kegelrollenlager)

Kanten-abstand am Wälzlager	Hohlkehl-radius	Schulterhöhe h [1)] Durchmesserreihe nach DIN 616		
r_s	r_{as}; r_{bs}	8; 9; 0	1; 2; 3	4
0,05	0,05	0,2	–	–
0,08	0,08	0,26	–	–
0,1	0,1	0,3	0,6	–
0,2	0,2	0,7	0,9	–
0,3	0,3	1	1,2	–
0,6	0,6	1,6	2,1	–
1	1	2,3	2,8	–
2	2	4,4	5,5	6,5
3	2,5	6,2	7	8
4	3	7,3	8,5	10
5	4	9	10	12

[1)] Bei Axiallagern soll die Schulter mindestens bis zur Mitte der Wellen oder Gehäusescheibe reichen.

Radiallager

Bewegungsverhältnisse		Innenring/Welle					Außenring/Gehäuse				
Beschreibung	Schema	Lastfall	Passung	Belastung	Grundabmaß für Welle[1] Kugellager	Grundabmaß für Welle[1] Rollenlager	Lastfall	Passung	Belastung	Grundabmaß für Welle[1] Kugellager	Grundabmaß für Welle[1] Rollenlager
Innenring rotiert, Außenring steht still, Lastrichtung unveränderlich		Umfangslast für Innenring	fester Sitz erforderlich	niedrig mittel hoch	h k j k m m n	k m k m m p n p	Punktlast für Außenring	fester Sitz zulässig	beliebig	J[2] H G[3] F[3]	
Innenring steht still, Außenring rotiert, Lastrichtung rotiert mit Außenring											
Innenring steht still, Außenring rotiert, Lastrichtung unveränderlich		Punktlast für Innenring	loser Sitz zulässig	beliebig	j h g f		Umfangslast für Außenring	fester Sitz erforderlich	niedrig mittel hoch	J K M –	K M N N P
Innenring rotiert, Außenring steht still, Lastrichtung rotiert mit Innenring											
Kombination von verschiedenen Bewegungsverhältnissen	–	Unbestimmt	Das Grundabmaß wird bestimmt von dem dominierenden Lastfall sowie der Montierbarkeit der Lagerung				Unbestimmt	Das Grundabmaß wird bestimmt von dem dominierenden Lastfall sowie der Montierbarkeit der Lagerung			

Axiallager

Belastungsart	Wellenscheibe/Welle			Gehäusescheibe/Gehäuse		
	Lastfall	Passung	Grundabmaß für Welle[1]	Lastfall	Passung	Grundabmaß für Welle[1]
Kombinierte Last	Umfangslast	fester Sitz erforderlich	j k m	Punktlast	loser Sitz zulässig	H J
	Punktlast	loser Sitz zulässig	j	Umfangslast	fester Sitz erforderlich	K M
Reine Axiallast	–	–	h j k	–	–	H G E

1) Reihenfolge der Grundabmaße von oben nach unten ist nach steigender Lagergröße geordnet.
2) Nicht für geteilte Gehäuse.
3) Diese Grundabmaße werden auch bei Wärmezufuhr von der Welle angewandt.

Toleranzklassen

Wellentoleranzen:	Toleranzgrad 6	z. B.: m6
Gehäusetoleranzen:	Toleranzgrad 7	z. B.: H7

Wälzlagertoleranzen

DIN 620-2: 1988:02

Toleranzklasse P0: Innen- und Außenring haben etwa die Toleranzklasse h6 nach DIN ISO 286

Empfohlene Werte für die Oberflächenrauheit von Passflächen

Wellen- oder Gehäusedurchmesser in mm		Genauigkeit der Durchmessertoleranzen von Wellen- oder Gehäusepassflächen			
		Toleranzgrad 6		Toleranzgrad 7	
über	bis	Rz in µm	Ra in µm	Rz in µm	Ra in µm
–	80	6,3	1,6	10	3,2
80	500	10	3,2	16	3,2
500	1250	16	3,2	25	6,3

Wälzlager

DIN ISO 8826-1: 1990-12; DIN ISO 8826-2: 1995-10

Bildliche Darstellung	Vereinfachte Darstellung allgemein	detailliert	Bemerkung
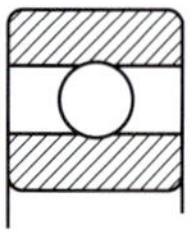		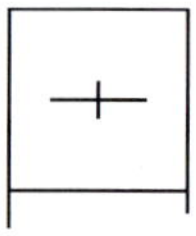	Eine vereinfachte Darstellung wird auf einer oder auf beiden Seiten der Achse angewendet. Das freistehende Kreuz darf die Begrenzungslinien nicht berühren. Alle Linien: DIN 15-A

Elemente für die detaillierte vereinfachte Darstellung

Element	Anwendung
 lange, gerade Volllinie	Achse des Wälzlagerelementes ohne Einstellmöglichkeit, z. B.: Radial-Rillenkugellager
 lange, gebogene Volllinie	Achse des Wälzlagerelementes mit Einstellmöglichkeit, z. B.: Pendelkugellager
kurze, gerade Volllinie, kreuzt lange Volllinie unter 90°	Lage und Reihenzahl der Wälzelemente, z. B.: zweireihiges Radial-Rillenkugellager

Anstelle der kurzen, geraden Volllinien dürfen die Elemente Kreis und Rechteck zur Darstellung der Wälzkörper angewendet werden.

Element		Anwendung
	Kreis	Kugel
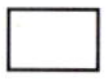	breites Rechteck	Rolle
	schmales Rechteck	Nadel

Detaillierte vereinfachte Darstellungen

Bildliche Darstellung	Vereinfachte Darstellung detailliert
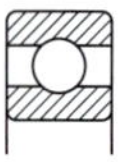 Radial-Rillenkugellager einreihig 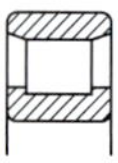 Zylinder-Rillenkugellager einreihig	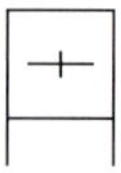
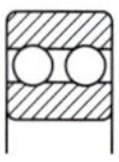 Radial-Rillenkugellager zweireihig 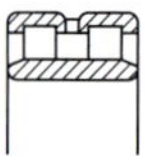 Zylinder-Rillenkugellager zweireihig	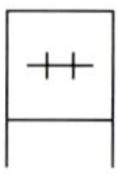
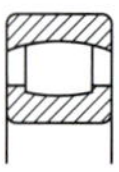 Radial-Pendelrollenlager, einreihig	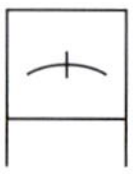
 Radial-Pendelrollenlager, zweireihig	
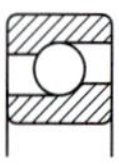 Schrägkugellager, einreihig  Kegelrollenlager	

Bildliche Darstellung	Vereinfachte Darstellung detailliert
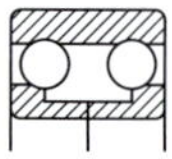 Schrägkugellager, zweireihig, mit geteiltem Innenring	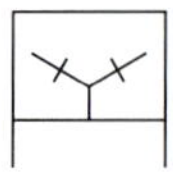
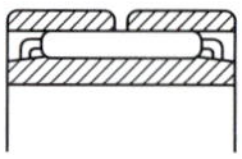 Nadellager, einreihig  Nadelkranz	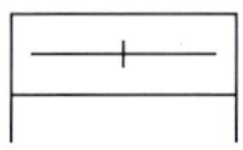
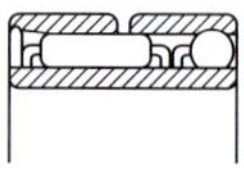 Kombiniertes Radial-Nadellager/Kugellager	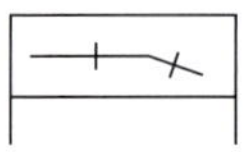
 Einseitig wirkendes Axial-Kugellager	
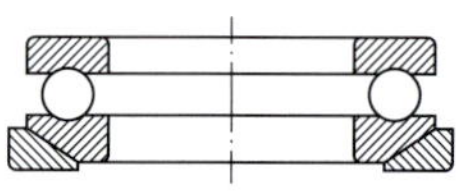 Axial-Rillenkugellager, einseitig wirkend, mit kugeliger Gehäusescheibe	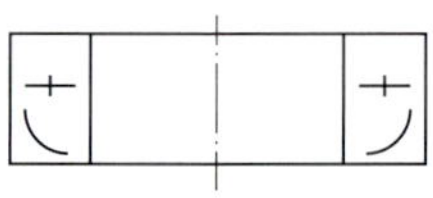

Sicherungsringe (Halteringe) für Wellen

DIN 471: 2011-04

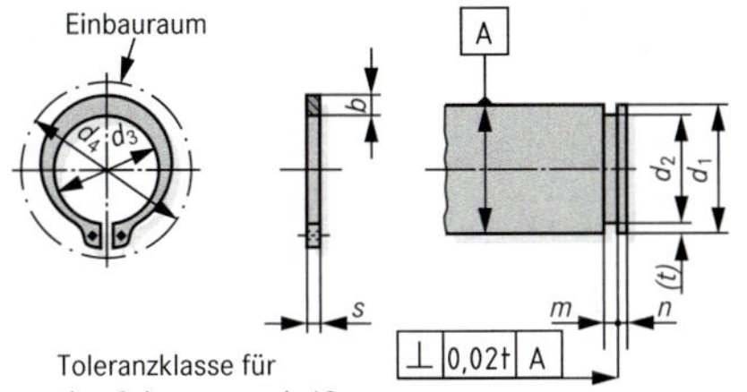

Toleranzklasse für
d_2 = 9,6 : h 10
d_2 = 10,5 ... 21 : h 11
d_2 = 22,9 ... 96,5 : h 12

Welle d_1	Ring s	d_3	zul. Abw.	b ≈	Nut d_2	m H13	t	n min	d_4
10	1	9,3	+0,10	1,8	9,6	1,1	0,2	0,6	17
11	1	10,2	−0,36	1,8	10,5	1,1	0,25	0,8	18
12	1	11		1,8	11,5	1,1	0,25	0,8	19
13	1	11,9		2	12,4	1,1	0,3	0,9	20,2
14	1	12,9		2,1	13,4	1,1	0,3	0,9	21,4
15	1	13,8		2,2	14,3	1,1	0,35	1,1	22,6
16	1	14,7		2,2	15,2	1,1	0,4	1,2	23,8
17	1	15,7		2,3	16,2	1,1	0,4	1,2	25
18	1,2	16,5		2,4	17	1,3	0,5	1,5	26,2
19	1,2	17,5		2,5	18	1,3	0,5	1,5	27,2
20	1,2	18,5	+0,13	2,6	19	1,3	0,5	1,5	28,4
21	1,2	19,5	−0,42	2,7	20	1,3	0,5	1,5	29,6
22	1,2	20,5		2,8	21	1,3	0,5	1,5	30,8
24	1,2	22,2	+0,21	3	22,9	1,3	0,55	1,7	33,2
25	1,2	23,2	−0,42	3	23,9	1,3	0,55	1,7	34,2
26	1,2	24,2		3,1	24,9	1,3	0,55	1,7	35,5
28	1,5	25,9		3,2	26,6	1,6	0,7	2,1	37,9
30	1,5	27,9		3,5	28,6	1,6	0,7	2,1	40,5
32	1,5	29,6		3,6	30,3	1,6	0,85	2,6	43
34	1,5	31,5	+0,25	3,8	32,3	1,6	0,85	2,6	45,4
35	1,5	32,2	−0,5	3,9	33	1,6	1	3	46,8
36	1,75	33,2		4	34	1,85	1	3	47,8
38	1,75	35,2		4,2	36	1,85	1	3	50,2
40	1,75	36,5	+0,39	4,4	37,5	1,85	1,25	3,8	52,6
42	1,75	38,5	−0,9	4,5	39,5	1,85	1,25	3,8	55,7
45	1,75	41,5		4,7	42,5	1,85	1,25	3,8	59,1
48	1,75	44,5		5	45,5	1,85	1,25	3,8	62,5
50	2	45,8		5,1	47	2,15	1,5	4,5	64,5
52	2	47,8		5,2	49	2,15	1,5	4,5	66,7
55	2	50,8	+0,46	5,4	52	2,15	1,5	4,5	70,2
56	2	51,8	−1,1	5,5	53	2,15	1,5	4,5	71,6
58	2	53,8		5,6	55	2,15	1,5	4,5	73,6
60	2	55,8		5,8	57	2,15	1,5	4,5	75,6
62	2	57,8		6	59	2,15	1,5	4,5	77,8
65	2,5	60,8		6,3	62	2,65	1,5	4,5	81,4
70	2,5	65,5		6,6	67	2,65	1,5	4,5	87
75	2,5	70,5		7	72	2,65	1,5	4,5	92,7
80	2,5	74,5		7,4	76,5	2,65	1,75	5,3	98,1
85	3	79,5		7,8	81,5	3,15	1,75	5,3	103,3
90	3	84,5	+0,54	8,2	86,5	3,15	1,75	5,3	108,5
95	3	89,5	−1,3	8,6	91,5	3,15	1,75	5,3	114,8
100	3	94,5		9	96,5	3,15	1,75	5,3	120,2

Werkstoff: Federstahl C67S oder C75S nach DIN EN 10 132-4.

Sicherungsring DIN 471 – 50 × 2

Bezeichnung eines Sicherungsringes für Wellendurchmesser d_1 = 50 mm und Ringdicke s = 2 mm

Sicherungsringe (Halteringe) für Bohrungen

DIN 472: 2011-10

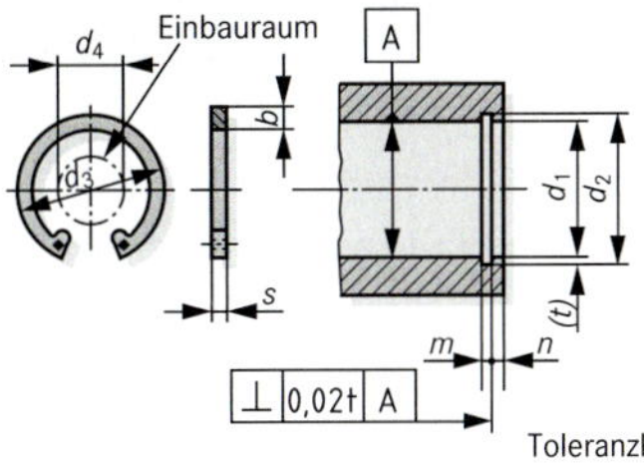

Toleranzklasse für
d_2 = 10,4 ... 23 : H 11
d_2 = 25,2 ... 103,5 : H 12

Bohr. d_1	Ring s	d_3	zul. Abw.	b ≈	Nut d_2	m H13	t	n min	d_4
10	1	10,8	+0,36	1,4	10,4	1,1	0,2	0,6	3,3
11	1	11,8	−0,10	1,5	11,4	1,1	0,2	0,6	4,1
12	1	13		1,7	12,5	1,1	0,25	0,8	4,9
13	1	14,1		1,8	13,6	1,1	0,3	0,9	5,4
14	1	15,1		1,9	14,6	1,1	0,3	0,9	6,2
15	1	16,2		2	15,7	1,1	0,35	1,1	7,2
16	1	17,3		2	16,8	1,1	0,4	1,2	8
17	1	18,3	+0,42	2,1	17,8	1,1	0,4	1,2	8,8
18	1	19,5	−0,13	2,2	19	1,1	0,5	1,5	9,4
19	1	20,5		2,2	20	1,1	0,5	1,5	10,4
20	1	21,5		2,3	21	1,1	0,5	1,5	11,2
21	1	22,5		2,4	22	1,1	0,5	1,5	12,2
22	1	23,5		2,5	23	1,1	0,5	1,5	13,2
24	1,2	25,9	+0,42	2,6	25,2	1,3	0,6	1,8	14,8
25	1,2	26,9	−0,21	2,7	26,2	1,3	0,6	1,8	15,5
26	1,2	27,9		2,8	27,2	1,3	0,6	1,8	16,1
28	1,2	30,1	+0,5	2,9	29,4	1,3	0,7	2,1	17,9
30	1,2	32,1	−0,25	3	31,4	1,3	0,7	2,1	19,9
32	1,2	34,4		3,2	33,7	1,3	0,85	2,6	20,6
34	1,5	36,5		3,3	35,7	1,6	0,85	2,6	22,6
35	1,5	37,8		3,4	37	1,6	1	3	23,6
36	1,5	38,8		3,5	38	1,6	1	3	24,6
38	1,5	40,8		3,7	40	1,6	1	3	26,4
40	1,75	43,5	+0,9	3,9	42,5	1,85	1,25	3,8	27,8
42	1,75	45,5	−0,39	4,1	44,5	1,85	1,25	3,8	29,6
45	1,75	48,5		4,3	47,5	1,85	1,25	3,8	32
48	1,75	51,5	+1,1	4,5	50,5	1,85	1,25	3,8	34,5
50	2	54,2	−0,46	4,6	53	2,15	1,5	4,5	36,3
52	2	56,2		4,7	55	2,15	1,5	4,5	37,9
55	2	59,2		5	58	2,15	1,5	4,5	40,7
56	2	60,2		5,1	59	2,15	1,5	4,5	41,7
58	2	62,2		5,2	61	2,15	1,5	4,5	43,5
60	2	64,2		5,4	63	2,15	1,5	4,5	44,7
62	2	66,2		5,5	65	2,15	1,5	4,5	46,7
65	2,5	69,2		5,8	68	2,65	1,5	4,5	49
70	2,5	74,5		6,2	73	2,65	1,5	4,5	53,6
75	2,5	79,5		6,6	78	2,65	1,5	4,5	58,6
80	2,5	85,5	+1,3	7	83,5	2,65	1,75	5,3	62,1
85	3	90,5	−0,54	7,2	88,5	3,15	1,75	5,3	66,9
90	3	95,5		7,6	93,5	3,15	1,75	5,3	71,9
95	3	100,5		8,1	98,5	3,15	1,75	5,3	76,5
100	3	105,5		8,4	103,5	3,15	1,75	5,3	80,6

Werkstoff: Federstahl C67S oder C75S nach DIN EN 10 132-4.

Sicherungsring DIN 472 – 50 × 2

Bezeichnung eines Sicherungsringes für Bohrungsdurchmesser d_1 = 50 mm und Ringdicke s = 2 mm

Montage-Zangen: DIN 5254 für Wellen, DIN 5256 für Bohrungen

O-Ringe, Einbauräume

DIN 3771: 1984-12; DIN 3771-5: 1993-11

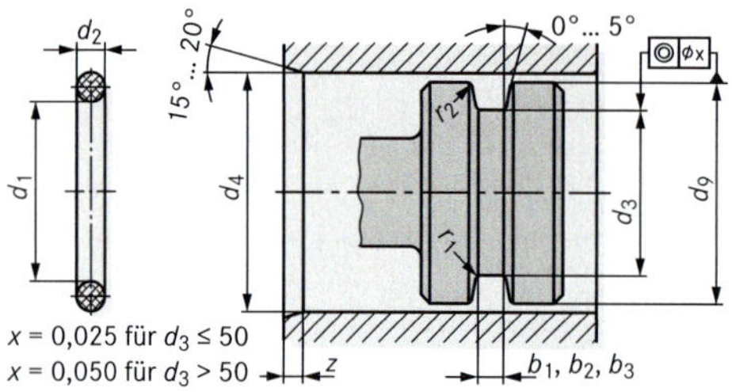

Werkstoffe für O-Ringe nach DIN 3771-3		
Kurz-zeichen	Basis-Elastomer	IRHD-Härte
NBR	Acrylnitril-Butadien-Kautschuk	70
NBR	Acrylnitril-Butadien-Kautschuk	90
FPM	Fluor-Kautschuk	85
EPDM	Ethylen-Propylen-Dien-Kautschuk	70
MVQ	Siliconkautschuk	70
ACM	Acrylat-Kautschuk	70

Einbauräume, außendichtend, radiale O-Ring-Pressung

Innen-Ø, O-Ring	Hydraulik, bewegt / Pneumatik, bewegt / Hydr., Pneum., ruhend		Hydraulik, bewegt	Pneumatik, bewegt	Hydr., Pneum., ruhend
d_1	d_4 H8	d_9 f7	d_3 h11	d_3 h11	d_3 h11
d_2 = 1,8					
4	7		4,3	4,2	4,4
6	9		6,3	6,2	6,4
8	11		8,3	8,2	8,4
10,6	14		11,4	11,2	11,4
11,8	15		12,3	12,2	12,4
12,5	16		13,4	13,2	13,4
d_2 = 2,65					
16	21		16,9	16,7	17
17	22		17,9	17,7	18
18	23		18,9	18,8	19
19	24		19,9	19,7	20
20	25		20,9	20,7	21
21,2	26		21,9	21,7	22
22,4	27		22,8	22,7	23
23,6	29		24,9	24,7	25,1
25	30		25,9	25,7	26,1
26,5	32		27,9	27,8	28,1
28	33		28,9	28,7	29,1
30	35		30,9	30,7	31,1
31,5	37		32,9	32,8	33,1
32,5	38		33,9	33,8	34,1
34,5	40		35,9	35,8	36,1
36,5	42		37,9	37,8	38,1
37,5	43		38,9	38,8	39,1
38,7	44		39,9	39,7	40,1

Innen-Ø, O-Ring	Hydraulik, bewegt			Pneumatik, bewegt			Hydr., Pneum., ruhend		
d_1	d_4 H8	d_9 f7	d_3 h11	d_4 H8	d_9 f7	d_3 h11	d_4 H8	d_9 f7	d_3 h11
d_2 = 3,55									
18	24		18,3	25		19,2	24		18,5
19	25		19,3	26		20,2	25		19,5
20	26		20,3	27		21,2	26		20,5
22,4	29		23,4	29		23,1	29		23,6
23,6	30		24,3	30		24,1	30		24,6
28	35		29,4	35		29,2	34		28,5
30	37		31,4	37		31,2	36		30,5
32,5	39		33,3	40		34,2	39		33,6
34,5	42		36,4	42		36,2	41		35,6
36,5	44		38,4	44		38,2	44		38,6
40	47		41,3	47		41,1	47		41,6
41,2	48		42,3	48		42,1	48		42,6
43,7	50		44,2	51		45,2	51		45,6
45	52		46,3	52		46,1	52		46,7
48,7	56		50,4	56		50,2	56		50,6
50	57		51,3	57		51,1	57		51,7
d_2 = 5,3									
40	50		41,4	50		40,9	50		41,7
45	55		46,4	55		45,9	55		46,8
50	60		51,4	61		52	60		51,8
58	68		59,3	69		60	68		59,8
60	70		61,3	71		62	70		61,8
65	75		66,3	76		67	75		66,8
67	78		69,5	79		70	77		68,7
69	80		71,5	80		71	79		70,7

Einbauräume, außendichtend, radiale O-Ring-Pressung

Querschnitt-Ø des O-Rings	Hydraulik, bewegt	Hydraulik und Pneumatik, ruhend		Pneumatik, bewegt
d_2	b_1 +0,25 / 0	b_2[1] +0,25 / 0	b_3[2] +0,25 / 0	b_1 +0,25 / 0
1,8	2,4	3,8	5,2	2,2
2,65	3,6	5	6,4	3,4
3,55	4,8	6,2	7,6	4,6
5,3	7,1	9	10,9	6,9
7	9,5	12,3	15,1	9,3

[1] Mit einem Stützring
[2] Mit zwei Stützringen

d_2	r_1	r_2 ± 0,1	z min
1,8	0,3 ± 0,1		1,1
2,65			1,5
3,55	0,6 ± 0,2	0,2	1,8
5,3			2,7
7	1 ± 0,2		3,6

O-Ringe nach DIN 3771-1 werden mit dem Innendurchmesser d_1 und dem Querschnittsdurchmesser d_2, dem Sortenmerkmal nach DIN 3771-4 und dem Werkstoff nach DIN 3771-3 bezeichnet.
O-Ringe mit Sortenmerkmal N sind für allgemeine Anwendungen bestimmt. O-Ringe mit Sortenmerkmal S sind für Anwendungen mit höherem Qualitätsstand (Maß und Oberfläche) bestimmt.
Bezeichnung eines O-Ringes mit d_1 = 12,5 mm, d_2 = 1,8 mm, Sortenmerkmal N, Werkstoff NBR mit 70 IRHD-Härte[1]:

O-Ring DIN 3771 – 12,5 × 1,8 – N – NBR 70

[1] IRHD: Internationaler Gummihärtegrad

Einbauräume, O-Ring-axialdichtend, Innendruck

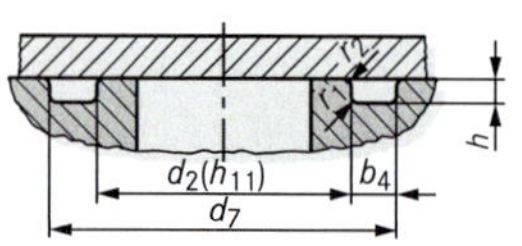

d_2	b_4 +0,25 / 0	h +0,10 / 0	r_1	r_2 ± 0,1
2,65	3,8	1,97	0,3 ± 0,1	0,2
3,55	5	2,75	0,6 ± 0,2	
5,3	7,3	4,24		

d_1	d_7 H11	d_1	d_7 H11	d_1	d_7 H11	d_1	d_7 H11	d_1	d_7 H11	d_1	d_7 H11
d_2 = 2,65		d_2 = 3,55		d_2 = 3,55		d_2 = 3,55		d_2 = 3,55		d_2 = 5,3	
17	21,8	25	31,4	37,5	43,8	54,5	60,6	80	85,9	77,5	86,9
18	22,8	30	36,3	41,2	47,5	56	62,1	85	90,8	80	89,4
22,4	27,1	31,5	37,8	43,7	49,9	60	66,1	97,5	103,2	90	99,3
23,6	28,3	32,5	38,8	47,5	53,7	63	69,1	109	114,7	95	104,3
–	–	35,5	41,8	50	56,2	69	75	136	141,5	109	118,2

Radial-Wellendichtringe

DIN 3760: 1996-09

Form A

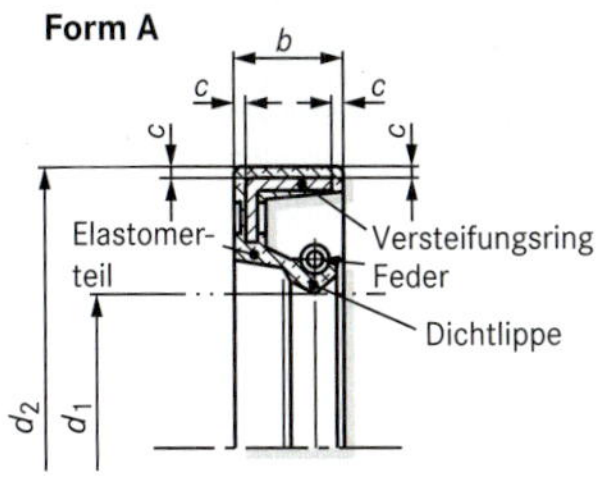

Form AS
mit Schutzlippe übrige Maße und Angaben wie Form A

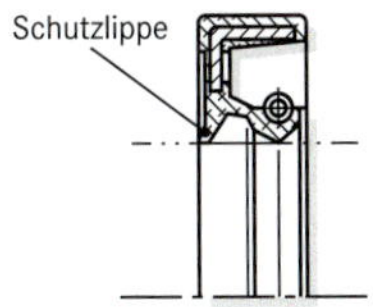

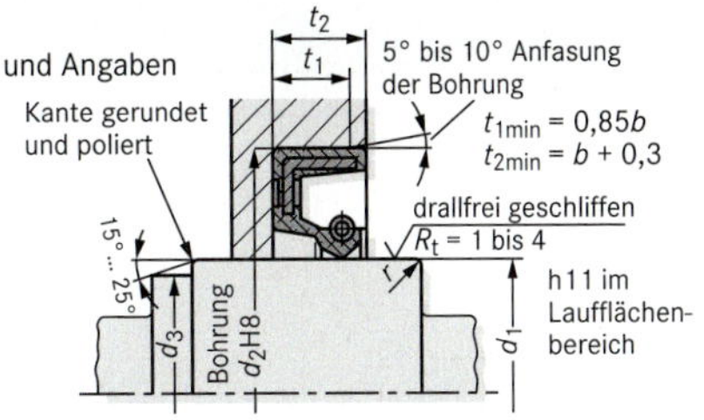

Zugabe für Übermaßpassung (Maße in mm)		
Außen-Ø d_2	Zugabe	zulässige Unrundheit
≤ 50	+0,3 +0,15	0,25
50 < d_2 ≤ 80	+0,35 +0,2	0,35

Anschrägung der Welle							
d_1	d_3	d_1	d_3	d_1	d_3	d_1	d_3
10	8,4	25	22,5	18	15,8	38	34,9
12	10,2	28	25,3	20	17,7	40	36,8
14	12,1	30	27,3	22	19,6	42	38,7
15	13,1	32	29,2	24	21,5	42	38,7
16	14	35	32	36	33	45	41,6

Kanten des Wellendichtrings	
d_1	c_{min}
10 ... 26	0,3
28 ... 60	0,4
62 ... 80	0,5
85 ...135	0,8
135 ...190	1

d_1	d_2	$b \pm 0,2$	d_1	d_2	$b \pm 0,2$	d_1	d_2	$b \pm 0,2$	d_1	d_2	$b \pm 0,2$	d_1	d_2	$b \pm 0,2$
10	22	7	18	35	7	30	40	7	40	55	7	60	75	8
	25		20	30			42			62			80	
	26			35			47		42	55			85	
12	22			40			52			62		65	85	10
	25		22	35		32	45		45	60			90	
	30			40			47			62		70	90	
14	24			47			52			65			95	
	30		25	35		35	47		48	62	8	75	95	
15	26			40			50		50	65			100	
	30			47			52			68		80	100	
	35			52			55			72			110	
16	30		28	40		38	55		55	70				
	35			47			62			72				
18	30			52		40	52			80				

Werkstoffe: Acrylnitril-Butadien-Kautschuk, NBR oder Fluorkautschuk, FKM
Bezeichnung eines Radial-Wellendichtringes (RWDR) Form A für Wellendurchmesser d_1 = 25 mm, Außendurchmesser d_2 = 40 mm und Breite b = 7 mm, Elastomerteil aus Fluorkautschuk (FKM):
Radial-Wellendichtring DIN 3760 – A 25 × 40 × 7 – FKM oder **RWDR DIN 3760 – A 25 × 40 × 7 – FKM**

Filzringe

DIN 5419: 2010-05

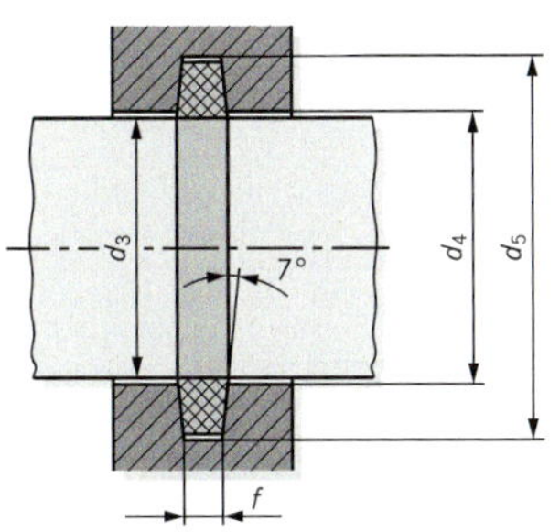

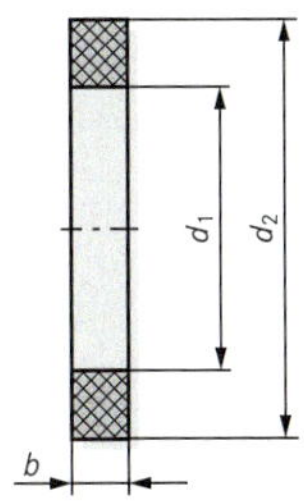

Werkstoff: Wollfilz; M5 nach DIN 61 200 bis d_3 = 38 mm
F2 nach DIN 61 200 ab d_3 = 40 mm

Filzring 30 DIN 5419 M5
Bezeichnung eines Filzringes mit d_1 = 30 mm Bohrungsdurchmesser, d_2 = 42 mm Außendurchmesser, b = 5 mm Breite (für Wellendurchmesser d_3 = 30mm) und Filzhärte M5

Wellen Ø	**Filzring**			**Ringnutmaße**		
d_3 ≤ h 11	d_1	d_2	b	d_4 H 12	d_5 H 12	f H 13
20	20	30	4	21	31	3
25	25	37	5	26	38	4
30	30	42		31	43	
35	35	47		36	48	
40	40	52		41	53	
45	45	57		46	58	
50	50	66	6,5	51	67	5
55	55	71		56	72	
60	60	76		61,5	77	
65	65	81		66,5	82	
70	70	88	7,5	71,5	89	6
75	75	93		76,5	94	
80	80	98		81,5	99	
85	85	103		86,5	104	
90	90	110	8,5	92	111	7
95	95	115		97	116	
100	100	124	10	102	125	8

Dichtungen für dynamische Belastungen

DIN ISO 9222-1: 1990-12; DIN ISO 9222-2: 1991-03

Bildliche Darstellung	Vereinfachte Darstellung allgemein	Vereinfachte Darstellung detailliert	Bemerkung
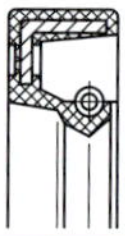	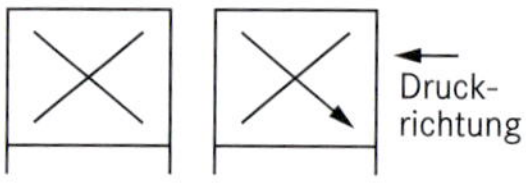	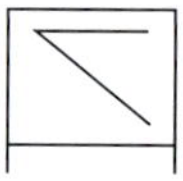	Die vereinfachte Darstellung wird auf einer Seite oder auf beiden Seiten der Achse angewendet. Der Pfeil, der die Dichtrichtung angibt, kann weggelassen werden. Alle Linien: ISO 128-01.2

Elemente für detaillierte vereinfachte Darstellung

Element		Anwendung
	lange, gerade Volllinie	statisches Dichtelement
	lange, gerade Volllinie, diagonal zu den Umrissen	dynamisches Dichtelement
	kurze, gerade Volllinien, diagonal zu den Umrissen unter 90° zum Dichtelement	Staublippen, Abstreifringe
	kurze, gerade Volllinien, die zum Mittelpunkt des Quadrates zeigen	Dichtlippen von U-Dichtungen, V-Ringen, Packungssätzen
	T (männlich)	Berührungsfreie Dichtungen, z. B.: Labyrinthdichtungen
	U (weiblich)	

Detaillierte vereinfachte Darstellungen

Bildliche Darstellung		Vereinfachte Darstellung detailliert
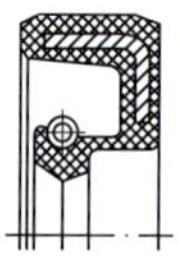	Radial-Wellendichtring ohne Staublippe Ummantelung: Gummi	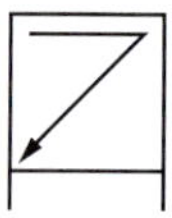
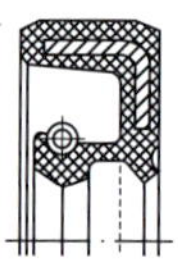	Radial-Wellendichtring mit Staublippe Ummantelung: Gummi	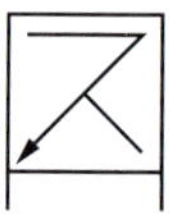
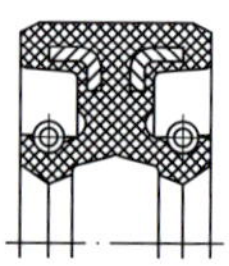	Radial-Wellendichtring ohne Staublippe, doppeltwirkend Ummantelung: Gummi	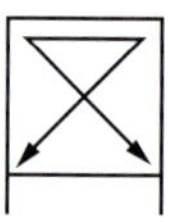
	U-Dichtung	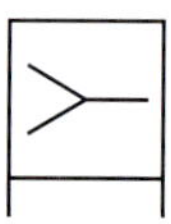
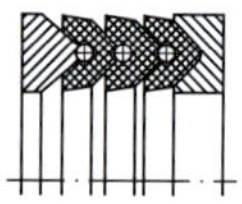	Packung	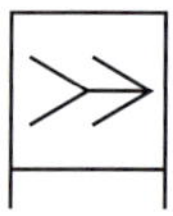
	Labyrinth-Dichtung	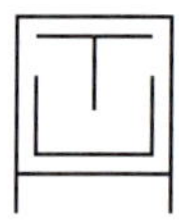

Anwendungsbeispiel

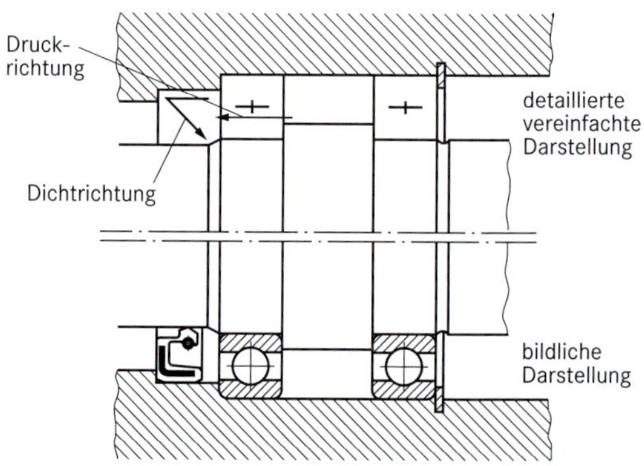

Passfedern, Passfedernuten

DIN 6885-1: 1968-08

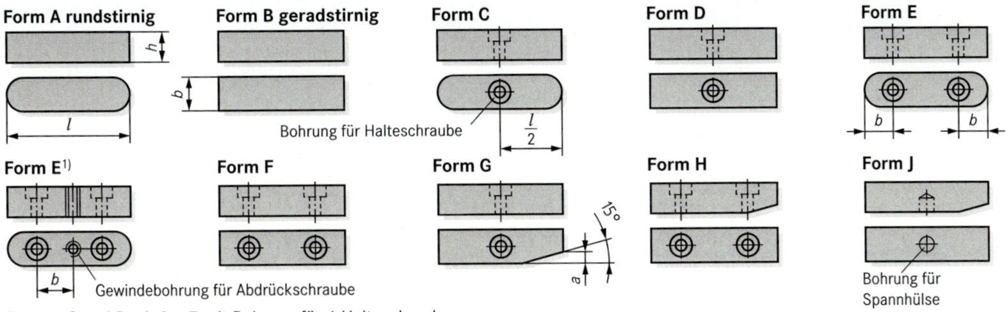

Formen C und D: ab 8 × 7 mit Bohrung für 1 Halteschraube
Formen E und F: für 8 × 7 und 10 × 8 mit Bohrungen für 2 Halteschrauben
[1] ab 12 × 8 zusätzlich mit Bohrung für Abdrückschraube

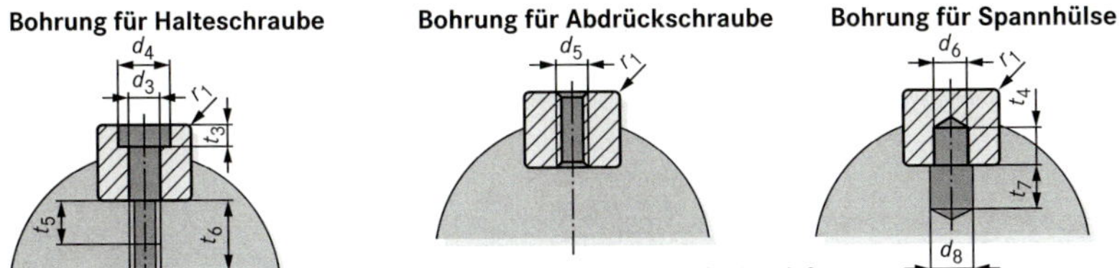

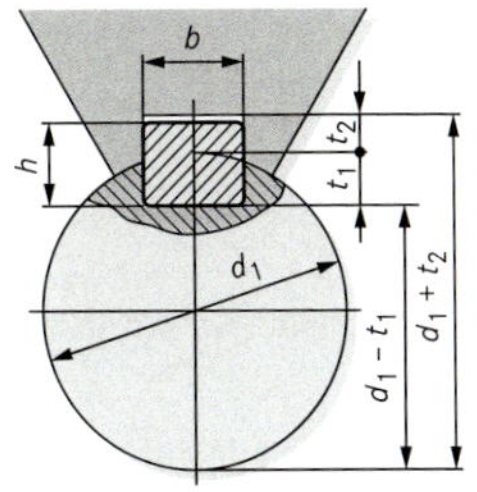

zulässige Abweichungen für Nuttiefe t_1
+ 0,1 für $d_1 \leq 22$; + 0,2 für $d_1 > 22$

Wellendurchmesser d_1		über / bis	10 / 12	12 / 17	17 / 22	22 / 30	30 / 38	38 / 44	44 / 50	50 / 58	58 / 65	65 / 75	75 / 85	85 / 95
Passfeder-Querschnitt		Breite b	4	5	6	8	10	12	14	16	18	20	22	25
		Höhe h	4	5	6	7	8	8	9	10	11	12	14	14
Wellennut	b	P9 oder N9	4	5	6	8	10	12	14	16	18	20	22	25
	t_1	mit Rückenspiel	2,5	3	3,5	4	5	5	5,5	6	7	7,5	9	9
Nabennut	b	P9 oder JS9	4	5	6	8	10	12	14	16	18	20	22	25
	t_2	mit Rückenspiel	1,8	2,3	2,8	3,3	3,3	3,3	3,8	4,3	4,4	4,9	5,4	5,4
	t_2	mit Übermaß	1,2	1,7	2,2	2,4	2,4	2,4	2,9	3,4	3,4	3,9	4,4	4,4
	a		–	–	–	3	3	3	3,5	4	4,5	5	5,5	5,5
Passfeder	r_1	min/max	0,16/0,25	0,25/0,40			0,40/0,60					0,6/0,8		
Nut	r_2	min/max	0,16/0,08	0,25/0,16			0,40/0,25					0,6/0,4		
	l	von	8	10	14	18	22	28	36	45	50	56	63	70
		bis	45	56	70	90	110	140	160	180	200	220	250	280
Passfeder	d_3		–	–	–	3,4	3,4	4,5	5,5	5,5	6,6	6,6	6,6	9
	d_4					6	6	8	10	10	11	11	11	15
	d_5					M 3	M 3	M 4	M 5	M 5	M 6	M 6	M 6	M 8
	d_6 H12					4	4	5	6	6	8	8	8	10
	t_3					2,4	2,4	3,2	4,1	4,1	4,8	4,8	4,8	6
	t_4					4	4	5	6	6	7	8	8	10
Welle	d_7					M 3	M 3	M 4	M 5	M 5	M 6	M 6	M 6	M 8
	d_8					4,5	4,5	5,5	6,5	6,5	9	9	9	11
	t_5		–	–	–	4	5	6	6	6	7	6	8	9
	t_6					7	8	10	10	10	12	11	13	15
	t_7					5	5	7	8	8	11	10	10	12
Zylinderschraube DIN EN ISO 1207, DIN 7984, DIN 6912						M3x8	M3x10	M4x10	M5x10		M6x16		M6x16	M8x16
Spannhülse DIN EN 28572						4 x 8		5 x 10	6 x 12		8 x 16			10x20

Längenabstufungen l: 8, 10, 12, 14, 16, 18, 20, 22, 25, 28, 32, 36, 40, 45, 50, 56, 63, 70, 80, 90, 100, 110, 125, 140, 160, 180, 200, 220, 250, 320, 360, 400
Werkstoff: C45E

Bezeichnung einer Passfeder Form A, b = 12, h = 8, l = 70: **Passfeder DIN 6885 – A 12 × 8 × 70**

Passfeder-verbindungen

Stirnräder mit Geradverzahnung

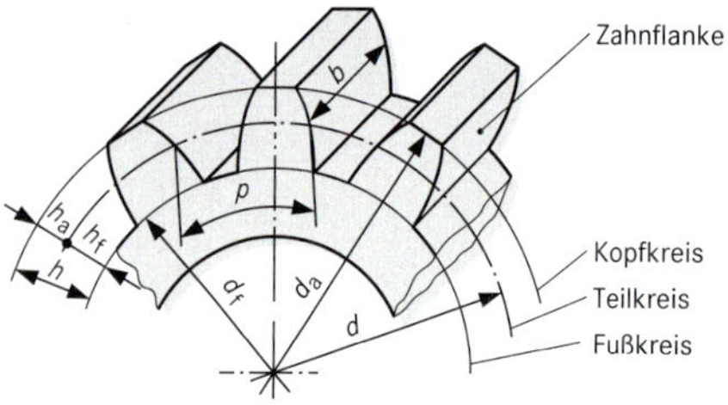

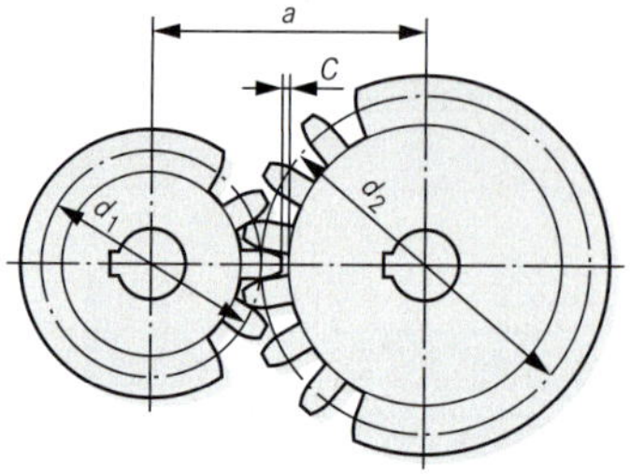

Achsabstand a

$$a = \frac{d_1 + d_2}{2}$$

$$a = \frac{m \cdot (z_1 + z_2)}{2}$$

siehe auch Zahnradgetriebe

Bezeichnungen geradverzahnter Stirnräder			
Teilung	$p = m \cdot \pi$	Teilkreisdurchmesser	$d = m \cdot z$
Modul	$m = \frac{p}{\pi} = \frac{d}{z}$	Kopfkreisdurchmesser	$d_a = d + 2 \cdot m = m \cdot (z + 2)$
Zähnezahl	$z = \frac{d}{m} = \frac{d_a - 2 \cdot m}{m}$	Fußkreisdurchmesser	$d_f = d - 2 \cdot (m + c)$
Kopfspiel	$c = 0{,}1 \cdot m \ldots 0{,}3 \cdot m$ Maschinenbau $c = 0{,}167 \cdot m$	Zahnhöhe	$h = 2 \cdot m + c$
Zahnkopfhöhe	$h_a = m$	Zahnfußhöhe	$h_f = m + c$

Modulreihen für Zahnräder

DIN 780-1: 1977-05

Reihe																
Reihe	0,05	0,06	0,08	0,1	0,12	0,16	0,2	0,25	0,3	0,4	0,5	0,6	0,7	0,8	0,9	1	1,25
I	1,5	2	2,5	3	4	5	6	8	10	12	16	20	25	32	40	50	60
Reihe	0,055	0,07	0,09	0,11	0,14	0,18	0,22	0,28	0,35	0,45	0,55	0,65	0,75	0,85	0,95	1,125	1,375
II	1,75	2,25	2,75	3,5	4,5	5,5	7	9	11	14	18	22	28	36	45	55	70

Modulfräsersatz bis Modul $m = 8$

Fräser-Nr.	1	2	3	4	5	6	7	8
Zähnezahl	12 ... 13	14 ... 16	17 ... 20	21 ... 25	26 ... 34	35 ... 54	55 ... 134	135 - ∞

Für Zahnräder $m > 9$ mm besteht der Satz aus 15 Fräsern

Stirnräder mit Schrägverzahnung und parallelen Achsen

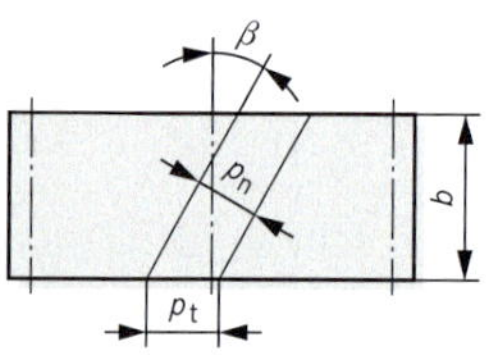

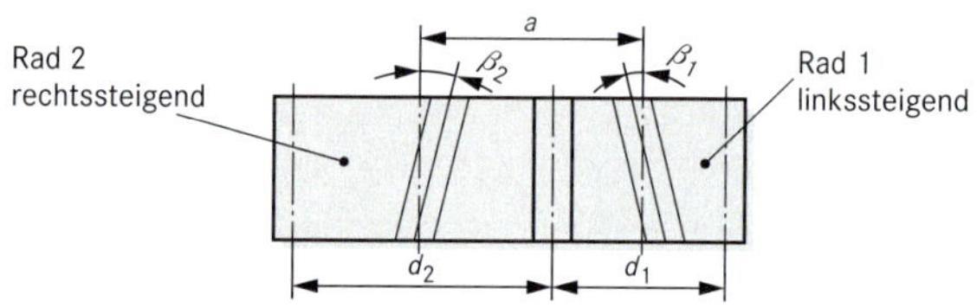

Bezeichnungen schrägverzahnter Stirnräder			
Stirnmodul	$m_t = \frac{m_n}{\cos\beta} = \frac{p_t}{\pi}$	Normalmodul	$m_n = \frac{p_n}{\pi} = m_t \cdot \cos\beta$
Stirnteilung	$p_t = \frac{p_n}{\cos\beta} = \frac{\pi \cdot m_n}{\cos\beta}$	Normalteilung	$p_n = \pi \cdot m_n = p_t \cdot \cos\beta$
Teilkreisdurchmesser	$d = m_t \cdot z = \frac{z \cdot m_n}{\cos\beta}$	Kopfkreisdurchmesser	$d_a = d + 2 \cdot m_n$
Zähnezahl	$z = \frac{d}{m_t} = \frac{\pi \cdot d}{p_t}$	Ideelle Zähnezahl	$z_i = \frac{z}{\cos^3\beta}$
Steigungswinkel	$\beta = 8 \ldots 25°;\ \beta_1 = \beta_2$	Achsabstand	$a = \frac{d_1 + d_2}{2}$

Kopfspiel, Zahnhöhe, Zahnkopfhöhe wie bei Stirnrädern mit Geradverzahnung

Kegelräder mit Geradverzahnung

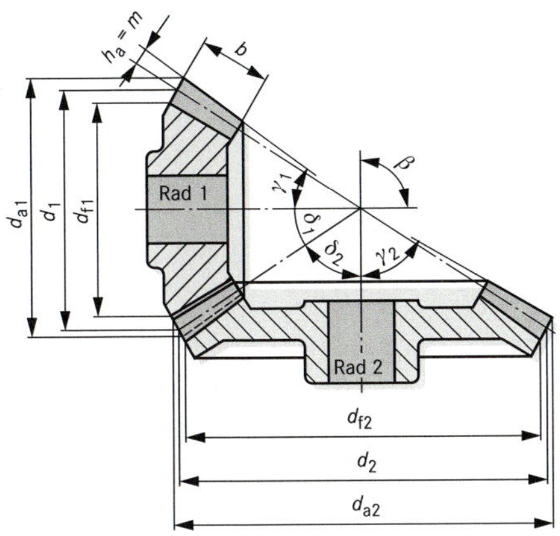

Teilkreisdurchmesser	$d = m \cdot z$
Kopfkreisdurchmesser	$d_a = d + 2 \cdot m \cdot \cos\delta$
Fußkreisdurchmesser	$d_f = d - 2 \cdot (m + c) \cos\delta$
Teilkreiswinkel	$\tan\delta_1 = \frac{d_1}{d_2} = \frac{z_1}{z_2} = \frac{1}{i}$ $\tan\delta_2 = \frac{d_2}{d_1} = \frac{z_2}{z_1} = i$
Achsenwinkel	$\beta = \delta_1 + \delta_2$
Kegelwinkel	$\tan\gamma_1 = \frac{z_1 + 2\cos\delta_1}{z_2 - 2\sin\delta_1}$ $\tan\gamma_2 = \frac{z_2 + 2\cos\delta_2}{z_1 - 2\sin\delta_2}$

Teilung p und Modul m werden am größten Teilkreisdurchmesser d gemessen.
Modul m siehe Modulreihe nach DIN 780

Zylinder-Schneckentrieb

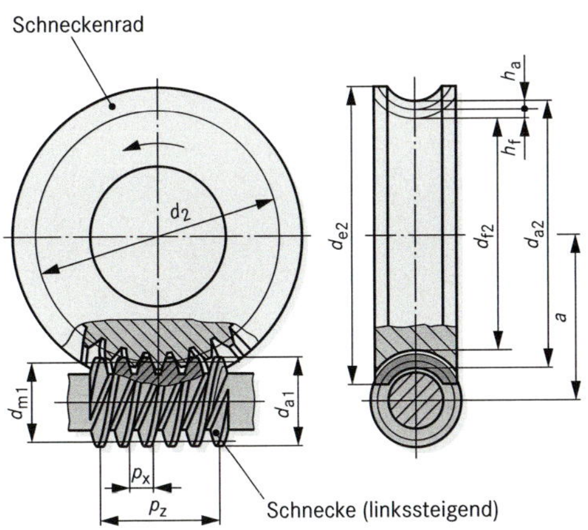

Schnecken haben einen Zahn oder mehrere Zähne, die wie Gewindegänge um die Schneckenachse gewunden sind.
Die Zähnezahl z_1 der Schnecke ist die Anzahl der in einem Stirnschnitt geschnittenen Zähne. Die Zähnezahl wurde früher Gangzahl genannt ($z_1 = g$).
Eine Schnecke ist rechtssteigend, wenn die Flankenlinie einer Rechtsschraube entspricht. Der Steigungssinn bestimmt die Drehrichtung des Schneckenrades.
Die Zähnezahl der Schnecke wählt man zweckmäßig in Abhängigkeit von dem Übersetzungsverhältnis i.

i	5 ... 10	10 ... 15	15 ... 30	> 30
z_1	4	3	2	1

$$i = \frac{n_1}{n_2} = \frac{z_2}{z_1} \geq 1$$

z_2: Zähnezahl des Schneckenrades

Schneckentrieb	
Axialteilung	$p_x = m \cdot \pi$
Normalmodul	$m_n = m \cdot \cos\gamma_m$
Normalteilung	$p_n = p_x \cdot \cos\gamma_m$
Kopfhöhe	$h_a = m$
Fußhöhe	$h_f = m + c = 1{,}2 \cdot m$
Kopfspiel	$c = 0{,}2 \cdot m$
Zahnhöhe	$h = 2 \cdot m + c$
Zylinderschnecke	
Steigungshöhe	$p_{z1} = p_x \cdot z_1$
Mittenkreisdurchmesser	$d_{m1} = \frac{z_1 \cdot m}{\tan\gamma_m}$
Kopfkreisdurchmesser	$d_{a1} = d_{m1} + 2 \cdot m$
Fußkreisdurchmesser	$d_{f1} = d_{m1} - 2 \cdot (m + c)$
Schneckenrad	
Teilkreisdurchmesser	$d_2 = m \cdot z_2$
Kopfkreisdurchmesser	$d_{a2} = d_2 + 2 \cdot m$
Fußkreisdurchmesser	$d_{f2} = d_2 - 2 \cdot (m + c)$
Kopfradius	$R_k = \frac{d_{m1}}{2} - m$
Achsabstand	$a = \frac{d_{m1} + d_2}{2}$
Außendurchmesser	$d_{e2} \approx d_{a2} + m$

Module für Zylinder-Schneckentrieb m:
0,1; 0,12; 0,16; 0,2; 0,25; 0,3; 0,4; 0,5; 0,6; 0,7; 0,8; 0,9; 1; 1,25; 1,6; 2; 2,5; 3,15; 4; 5; 6,3; 8; 10; 12,5; 16; 20

Darstellung von Zahnrädern

DIN ISO 2203: 1976-06

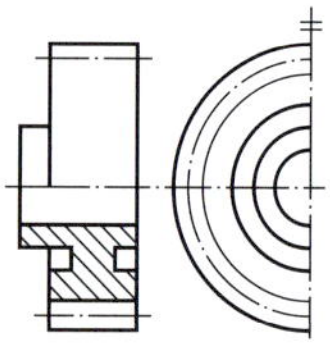

Stirnrad
Die Zahnfußfläche wird nur in Schnitten dargestellt, in besonderen Fällen auch in der Ansicht als schmale Volllinie.

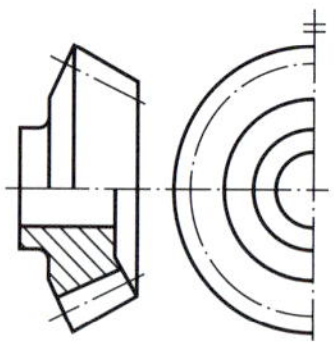

Kegelrad
In der Ansicht ist der Teilkreis des Rückenkegels darzustellen.

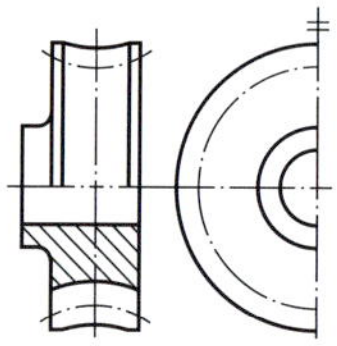

Schneckenrad
In der Ansicht des Schneckenrades ist der Mittelkehlkreis als Strich-Punkt-Linie darzustellen.

Schrägzahnrad | Schneckenrad

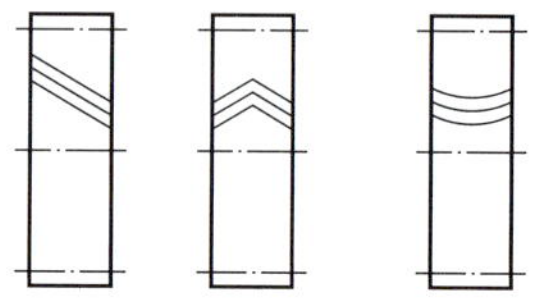

rechts-steigend | pfeil-verzahnt

Falls erforderlich, wird die Flankenrichtung eines Rades durch drei schmale Volllinien der entsprechenden Form und Richtung eingezeichnet. Bei Zahnradpaaren wird die Flankenrichtung nur an einem Rad gezeigt.

Zusammenstellungszeichnungen von Zahnradpaaren

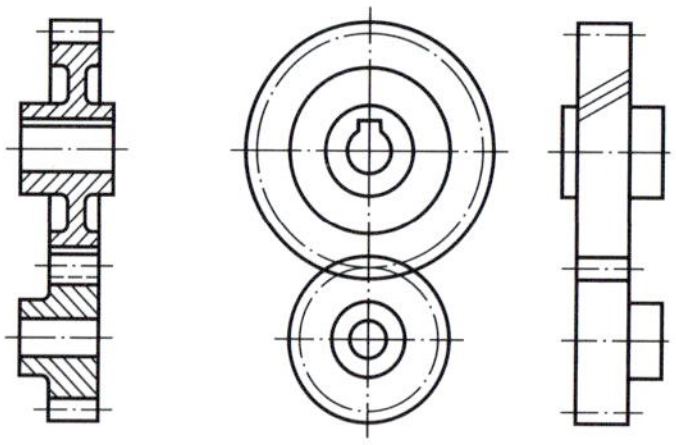

Stirnrad mit außenliegendem Gegenrad

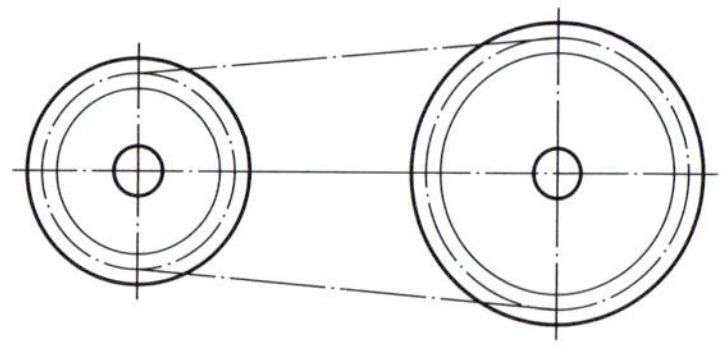

Kettenräder

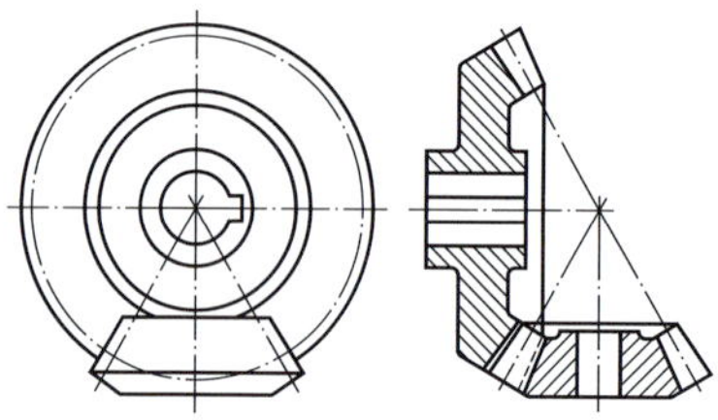

Kegelradpaar, Achswinkel = 90°

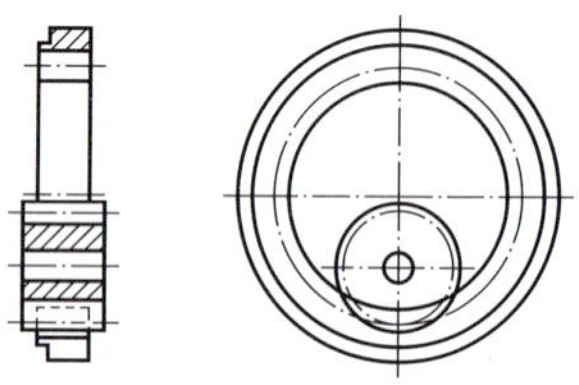

Stirnrad mit innenliegendem Gegenrad

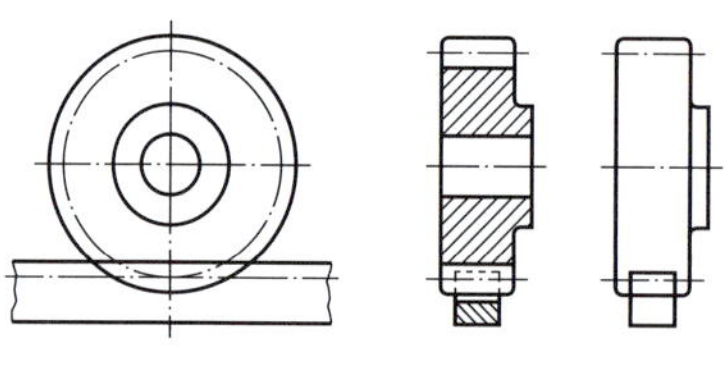

Stirnrad mit Zahnstange

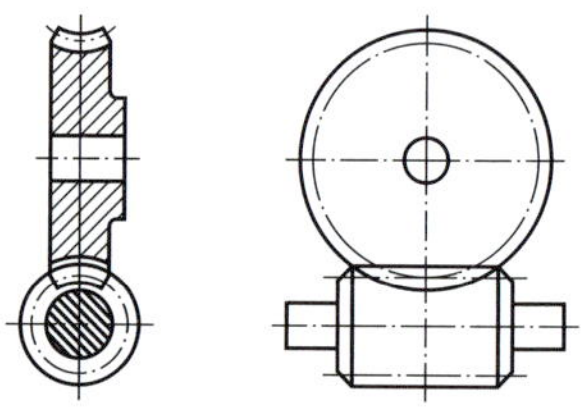

Schnecke und Schneckenrad

Räderpaarung – vereinfachte Darstellung

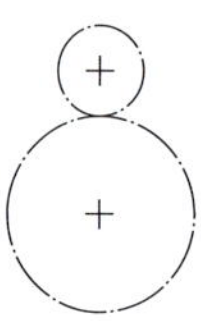

auf der Welle drehbar nicht verschiebbar

auf der Welle drehbar und verschiebbar

auf der Welle nicht drehbar, verschiebbar

auf der Welle fest

Endlose Schmalkeilriemen, Schmalkeilriemenscheiben

DIN 7753-1: 1988-01; DIN 2211-1: 1984-03

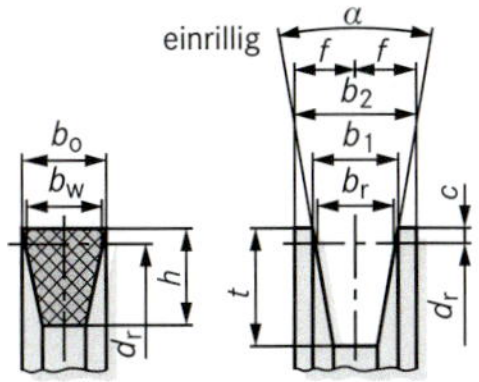

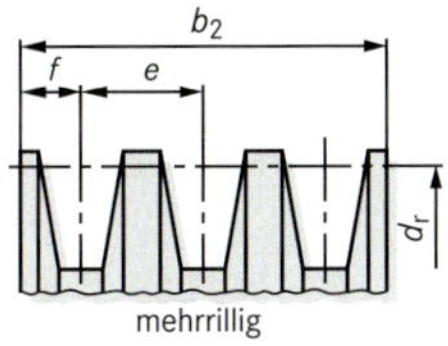

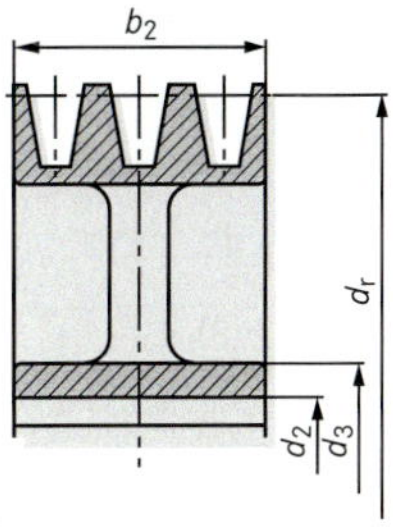

	Riemenprofil	ummantelt		SPZ	SPA	SPB	SPC
		flankenoffen gezahnt		XPZ	XPA	XPB	XPC
Schmalkeilriemen DIN 7753	Obere Riemenbreite		$b_o \approx$	9,7	12,7	16,3	22
	Wirkbreite (Nennmaß)		b_w	8,5	11	14	19
	Riemenhöhe	S	$h \approx$	8	10	13	18
		X		8	9	13	18
	Richt-Ø der zugehörigen kleinsten zul. Scheibe	S	d_{rmin}	63	90	140	224
		X		50	63	100	160
	Richtlänge	S	L_r von	630	800	1250	2000
			bis	3550	4500	8000	12 500
		X	L_r von	630	800	1250	2000
			bis	3550	3550	3550	3550
Scheibe DIN 2211	Richtbreite		b_r	8,5	11	14	19
			$b_1 \approx$	9,7	12,7	16,3	22
			c	2	2,8	3,5	4,8
	Rillenabstand		e	12	15	19	25,5
			f	8	10	12,5	17
	Rillentiefe		t	11	13,8	17,5	23,8
	Richtdurchmesser d_r		$\alpha = 34°$	≤ 80	≤ 118	≤ 190	≤ 315
			$\alpha = 38°$	> 80	> 118	> 190	> 315

Richtlängen L_r	
630	3150
710	3550
800	4000
900	4500
1000	5000
1120	5600
1250	6300
1400	7100
1600	8000
1800	9000
2000	10 000
2240	11 200
2500	12 500
2800	

Nabendurchmesser
$d_3 \approx (1.8...1,6)\, d_2$

Kranzbreite
$b_2 = e\,(z - 1) + 2f$
z = Rillenanzahl

Bezeichnung eines Schmalkeilriemens mit Riemenprofil-Kurzzeichen SPZ und Richtlänge L_r = 800 mm: **Schmalkeilriemen DIN 7753 – SPZ800**

Bezeichnung einer Schmalkeilriemenscheibe für Profil SPZ, einteilig (1T), d_r = 100, z = 4, d_2 = 30, Passfedernut (PN) nach DIN 6885 T.1:
Scheibe DIN 2211 – SPZ – 1T 100 × 4 × 30 PN

Endlose Keilriemen (Normalkeilriemen), Keilriemenscheiben

DIN 2215: 1998-08; DIN 2217-1: 1973-02

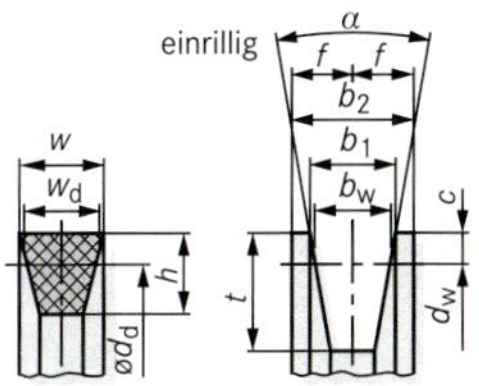

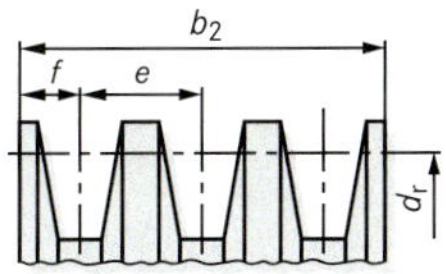

Kranzbreite
$b_2 = e(z - 1) + 2f$
z = Rillenzahl

	Riemenprofil	Kurzzeichen[1]	6	10	13	17	22	32	40
		ISO-Kurzzeichen	Y	Z	A	B	C	D	E
Keilriemen DIN 2215	Obere Richtbreite	w	6	10	13	17	22	32	40
	Richtbreite (Nennmaß)	w_d	5,3	8,5	11	14	19	27	32
	Riemenhöhe	h	4	6	8	11	14	20	25
	Richtdurchmesser der zugehörigen kleinsten zulässigen Scheiben	$d_{d\,min}$	28	50	75	125	200	355	500
	Richtlängen für Riemen[2]	L_d von	295	312	437	610	1148	2075	3080
		bis	865	2522	5030	7140	8058	11 275	12 580
Scheibe DIN 2217	Wirkbreite	b_w	5,3	8,5	11	14	19	27	32
		$b_1 \approx$	6,3	9,7	12,7	16,3	22	32	40
		c	1,6	2	2,8	3,5	4,8	8,1	12
	Rillenabstand	e	8	12	15	19	25,5	37	44,5
		f	6	8	10	12,5	17	24	29
	Rillentiefe	t	7	11	13,8	17,5	23,8	28	33
	Wirkdurchmesser d_w	$\alpha = 32°$	≤ 63	–	–	–	–	–	–
		$\alpha = 34°$	–	≤ 80	≤ 118	≤ 190	≤ 315	–	–
		$\alpha = 36°$	> 63	–	–	–	–	≤ 500	≤ 630
		$\alpha = 38°$	–	> 80	> 118	> 190	> 315	> 500	> 630

Bezeichnung eines Keilriemens mit Riemenprofil-Kurzzeichen A und Innenlänge L_d = 1000 mm:
Keilriemen DIN 2215 – A 1000

Bezeichnung einer Keilriemenscheibe für Profil 6, einteilig (1T), d_w = 100, z = 3, Nabenbohrung d_2 = 20, Passfedernut (PN) nach DIN 6885 T.1:
Scheibe DIN 2217 – 6 – 1T 100 × 3 × 20 PN

[1] Nicht für Neukonstruktionen
[2] Größere oder kleinere Richtlängen nach Rücksprache mit dem Hersteller

Einfache Übersetzung
– Flachriemengetriebe

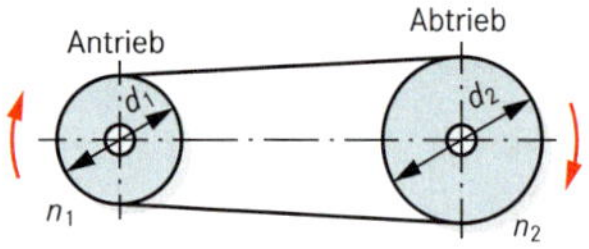

$$d_1 \cdot n_1 = d_2 \cdot n_2$$
$$i = \frac{n_1}{n_2} = \frac{d_2}{d_1} = \frac{M_2}{M_1}$$

$$n_1 = \frac{d_2 \cdot n_2}{d_1} \qquad n_2 = \frac{d_1 \cdot n_1}{d_2}$$

d_1 : Durchmesser der treibenden Scheibe
d_2 : Durchmesser der getriebenen Scheibe
n_1 : Umdrehungsfrequenz der treibenden Scheibe
n_2 : Umdrehungsfrequenz der getriebenen Scheibe
i : Übersetzungsverhältnis
M_1; M_2 : Kraftmomente

– Zahnradgetriebe

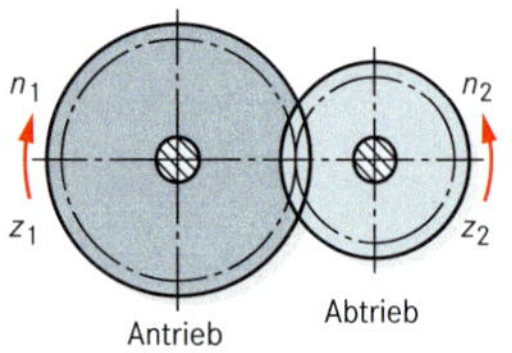

$$z_1 \cdot n_1 = z_2 \cdot n_2$$
$$i = \frac{n_1}{n_2} = \frac{z_2}{z_1} = \frac{M_2}{M_1}$$

$$n_1 = \frac{z_2 \cdot n_2}{z_1} \qquad n_2 = \frac{z_1 \cdot n_1}{z_2}$$

z_1 : Zähnezahl des treibenden Rades
z_2 : Zähnezahl des getriebenen Rades
n_1 : Umdrehungsfrequenz des treibenden Rades
n_2 : Umdrehungsfrequenz des getriebenen Rades
i : Übersetzungsverhältnis
M_1; M_2 : Kraftmomente

– Zahnradgetriebe mit Zwischenrad

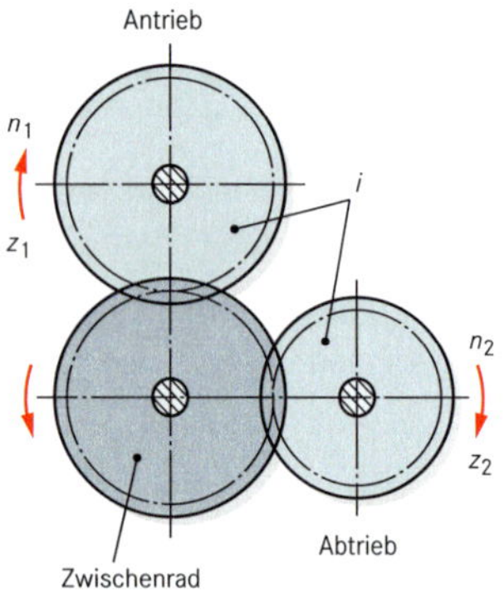

$$z_1 \cdot n_1 = z_2 \cdot n_2$$
$$i = \frac{n_1}{n_2} = \frac{z_2}{z_1} = \frac{M_2}{M_1}$$

Ein Zwischenrad ändert **nur** die Drehrichtung des getriebenen Rades. Übersetzungsverhältnis und Umdrehungsfrequenz bleiben gleich.

z_1 : Zähnezahl des treibenden Rades
z_2 : Zähnezahl des getriebenen Rades
n_1 : Umdrehungsfrequenz des treibenden Rades
n_2 : Umdrehungsfrequenz des getriebenen Rades
i : Übersetzungsverhältnis
M_1; M_2 : Kraftmomente

– Kegelradgetriebe

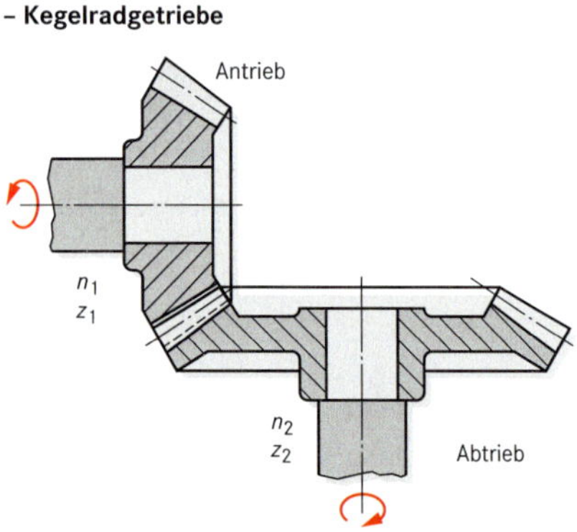

$$z_1 \cdot n_1 = z_2 \cdot n_2$$
$$i = \frac{n_1}{n_2} = \frac{z_2}{z_1} = \frac{M_2}{M_1}$$

$$n_1 = \frac{z_2 \cdot n_2}{z_1} \qquad n_2 = \frac{z_1 \cdot n_1}{z_2}$$

z_1 : Zähnezahl des treibenden Rades
z_2 : Zähnezahl des getriebenen Rades
n_1 : Umdrehungsfrequenz des treibenden Rades
n_2 : Umdrehungsfrequenz des getriebenen Rades
i : Übersetzungsverhältnis
M_1; M_2 : Kraftmomente

Schreibweisen für das Übersetzungsverhältnis

$i = \frac{5}{1}$	$i = 5 : 1$	$i = 5$	$i > 1$ ➔ Verminderung der Umdrehungsfrequenz
$i = \frac{1}{5}$	$i = 1 : 5$	$i = 0{,}2$	$i < 1$ ➔ Vergrößerung der Umdrehungsfrequenz
$i = \frac{1}{1}$	$i = 1 : 1$	$i = 1$	$i = 1$ ➔ keine Änderung der Umdrehungsfrequenz

Zylindrische Schraubendruckfedern aus runden Drähten

DIN 2098-1: 1968-10; DIN 2098-2: 1970-08

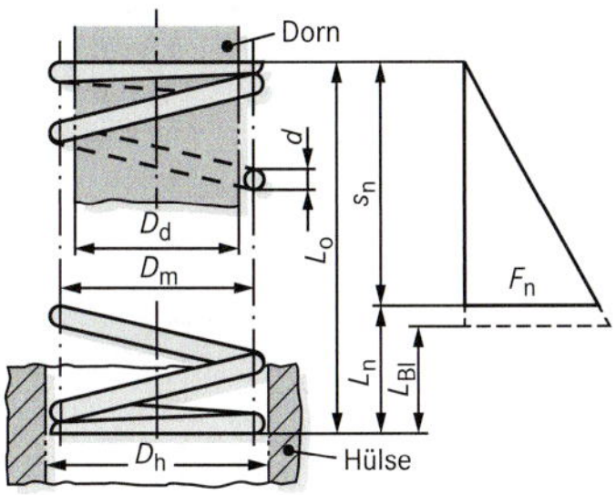

D_d : Dorndurchmesser
D_h : Hülsendurchmesser
D_m: Mittlerer Windungsdurchmesser
L_o : Länge der unbelasteten Feder
L_{Bl} : Blocklänge der Feder (Windungen liegen aneinander)
L_n : kleinste zulässige Prüflänge der Feder
F_n : Höchste zulässige Federkraft in N, zugeordnet der Länge L_n
R : Federrate in N/mm
d : Drahtdurchmesser
s_n : größter zulässiger Federweg in mm, zugeordnet der Kraft F_n
i_f : Anzahl der federnden Windungen
i_g : Gesamtzahl der Windungen

$$i_g = i_f + 2$$

Werkstoff: Federstahldraht nach DIN EN 10 270-1, Drahtsorte SM
Bezeichnung einer Druckfeder mit d = 2 mm, D_m = 16 mm und L_o = 30 mm:
Druckfeder DIN 2098 – 2 × 16 × 30

d	D_m	D_d	D_d	F_n	i_f = 3,5			i_f = 5,5			i_f = 8,5			i_f = 12,5		
		max.	min.	in N	L_o	s_n	R	L_o	s_n	R	L_o	s_n	R	L_o	s_n	R
0,25	3,2	2,5	4,0	1,5	7,1	5,0	0,31	10,7	7,9	0,2	16,1	12,2	0,13	23,3	18,0	0,09
	2,0	1,5	2,6	2,3	3,7	1,9	1,2	5,5	2,9	0,8	8,0	4,6	0,52	11,4	6,7	0,36
	1,2	0,7	1,7	3,4	2,4	0,6	5,9	3,3	0,9	3,7	4,7	1,4	2,4	6,6	2,1	1,6
0,5	6,3	5,3	7,5	6,6	13,5	9,2	0,73	20,0	14,0	0,46	30,0	21,3	0,3	44,0	31,8	0,21
	4,0	3,1	5,0	9,3	7,0	3,3	2,84	10,0	4,9	1,81	15,0	7,9	1,17	21,5	11,7	0,79
	2,5	1,7	3,4	10,4	4,4	0,9	11,6	6,1	1,4	7,43	8,7	2,2	4,8	12,0	3,0	3,27
1	12,5	10,8	14,4	22,0	24,0	14,6	1,49	36,5	23,1	0,95	55,5	36,1	0,61	80,5	53,1	0,41
	8,0	6,5	9,6	33,2	13,0	5,7	5,68	19,0	8,9	3,61	28,5	14,2	2,33	40,5	20,6	1,59
	5,0	3,6	6,5	43,8	8,5	1,9	23,2	12,0	3,0	14,8	17,0	4,4	9,57	24,0	6,6	6,51
1,6	20,0	17,5	22,6	84,9	48,0	35,6	2,38	73,5	55,9	1,52	110,0	84,5	0,99	165,0	129,0	0,67
	12,5	10,3	14,7	135,0	24,0	14,0	9,76	36,0	21,9	6,23	53,5	33,4	4,0	78,0	50,0	2,73
	8,0	5,9	10,1	212,0	14,5	5,5	37,3	21,5	8,9	23,7	31,5	13,6	15,4	45,0	20,2	10,4
2	25,0	22,0	28,0	128,0	58,0	43,0	2,98	88,5	67,1	1,9	135,0	104,0	1,23	195,0	151,0	0,83
	16,0	13,4	18,6	198,0	30,0	17,5	11,4	45,0	27,3	7,24	68,0	42,5	4,69	98,0	62,1	3,19
	10,0	7,5	12,5	318,0	18,0	6,8	46,6	26,5	10,9	29,7	38,5	16,5	19,2	55,0	24,4	13,0
2,5	32,0	28,3	36,0	182,0	71,5	52,2	3,48	110,0	82,1	2,22	170,0	129,0	1,43	245,0	187,0	0,97
	25,0	21,6	28,4	233,0	49,0	32,2	7,29	74,5	50,5	4,64	115,0	80,2	3,0	165,0	116,0	2,04
	20,0	16,8	23,2	292,0	36,0	20,5	14,2	54,0	32,1	9,05	81,5	50,0	5,86	120,0	75,7	3,98
	16,0	12,9	19,1	365,0	27,5	12,9	27,8	41,0	20,5	17,7	61,0	31,7	11,5	88,0	49,9	7,78
3,2	40,0	35,6	44,6	288,0	82,0	60,8	4,76	125,0	95,3	3,03	190,0	148,0	1,96	275,0	216,0	1,33
	32,0	27,6	36,5	361,0	58,5	38,7	9,3	88,5	61,1	5,92	135,0	96,2	3,82	190,0	136,0	2,61
	25,0	21,1	28,9	461,0	42,5	23,4	19,4	63,5	37,2	12,4	94,5	57,4	8,0	135,0	83,4	5,54
	20,0	16,1	23,9	577,0	33,5	15,0	38,2	49,5	23,6	24,2	74,0	36,9	15,7	105,0	53,4	10,7
4	50,0	44,0	56,0	427,0	99,0	71,6	5,95	150,0	111,0	3,79	230,0	175,0	2,45	335,0	257,0	1,65
	40,0	34,8	45,2	533,0	71,0	45,8	11,7	105,0	69,9	7,41	160,0	110,0	4,79	235,0	165,0	3,26
	32,0	27,0	37,0	666,0	53,5	29,5	22,8	79,5	46,2	14,4	120,0	72,8	9,35	170,0	104,0	6,36
	25,0	20,3	29,7	852,0	41,0	18,1	47,7	60,5	28,3	30,3	89,5	43,5	19,6	130,0	65,5	13,3
5	63,0	56,0	70,0	623,0	120,0	87,7	7,27	180,0	135,0	4,63	275,0	210,0	2,99	395,0	304,0	2,03
	50,0	43,0	57,0	785,0	85,0	54,1	14,5	130,0	86,8	9,25	195,0	133,0	5,98	280,0	194,0	4,07
	40,0	34,0	46,0	981,0	64,0	34,4	28,4	95,5	54,5	18,1	140,0	81,6	11,7	205,0	124,0	7,95
	32,0	26,0	38,0	1226,0	51,0	22,3	55,4	75,0	34,8	35,3	110,0	52,5	22,9	160,0	79,5	15,5
6,3	80,0	71,0	89,0	932,0	145,0	103,0	8,96	220,0	160,0	5,7	335,0	250,0	3,69	490,0	370,0	2,51
	63,0	55,0	71,5	1177,0	105,0	65,0	18,3	155,0	99,0	11,7	235,0	155,0	7,55	340,0	277,0	5,13
	50,0	42,0	58,0	1481,0	80,0	42,0	36,7	115,0	62,0	23,3	175,0	100,0	15,1	250,0	145,0	10,3
	40,0	32,6	47,5	1854,0	60,0	24,0	71,7	90,0	39,7	45,6	135,0	63,2	29,5	195,0	95,0	20,1
8	100,0	89,0	111,0	1413,0	170,0	118,0	11,9	260,0	187,0	7,58	390,0	286,0	4,9	570,0	423,0	3,34
	80,0	69,0	91,0	1766,0	125,0	76,0	23,2	180,0	111,0	14,8	285,0	186,0	9,58	410,0	271,0	6,51
	63,0	53,0	73,0	2237,0	95,0	48,0	47,0	140,0	74,0	30,3	205,0	112,0	19,6	300,0	169,0	13,3
	50,0	40,5	60,0	2825,0	75,0	30,0	95,4	110,0	46,8	60,8	160,0	70,0	39,2	230,0	103,0	26,7

Tellerfedern

DIN 2093: 2006-03

Tellerfeder der Gruppe 1 und 2

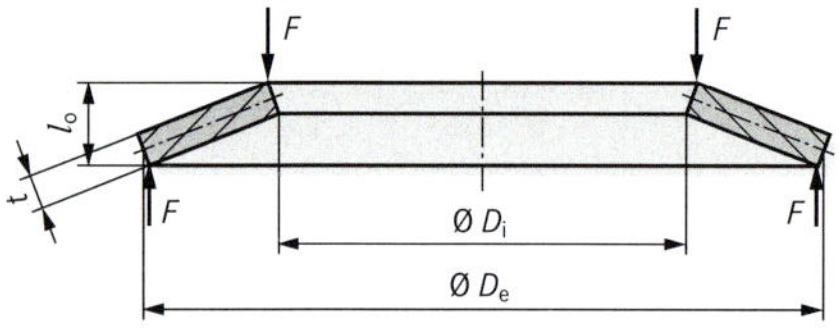

Tellerfeder der Gruppe 3 mit Auflagefläche

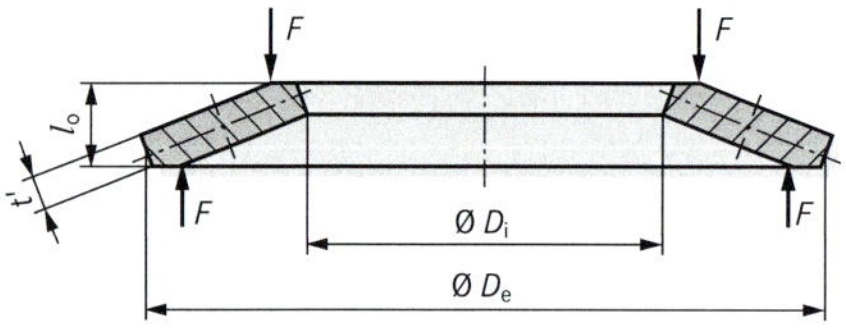

D_d : Außendurchmesser
D_i : Innendurchmesser
h_o : Rechengröße ($h_o = l_o - t$)
l_o : Bauhöhe des unbelasteten Einzeltellers
t : Dicke des Einzeltellers
t' : Reduzierte Dicke des Einzeltellers (Gruppe 3)
s : Federweg des Einzeltellers
F : Federkraft des Einzeltellers
n : Anzahl der gleichsinnig geschichteten Federn
i : Anzahl der wechselsinnig geschichteten Federn

gleichsinnig geschichtetes Federpaket

$F_{ges} = n \cdot F$
$s_{ges} = s$
$L_{ges} = l_o + (n - 1) \cdot t$

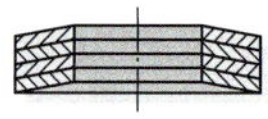

wechselsinnig geschichtetes Federpaket

$F_{ges} = i \cdot F$
$s_{ges} = i \cdot s$
$L_{ges} = i \cdot l_o$

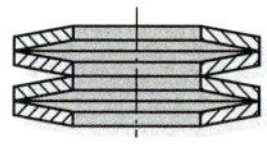

Gruppe	Tellerdicke t	Auflagefläche
1	kleiner als 1,25	nein
2	1,25 ... 6	nein
3	über 6 ... 14	ja

Werkstoffe: Stähle nach DIN 10 083, DIN EN 10 089 und 10 132-4
C-Stähle nur für Gruppe 1 zulässig
Elastizitätsmodul E = 206 000 MPa

Tellerfeder DIN 2093 – A 50
Bezeichnung einer Tellerfeder der Reihe A mit Außendurchmesser D_e = 50 mm

Gruppe	D_e h12	D_i H12	Reihe A: harte Federn $D_e/t \approx 18$; $h_o/t \approx 0{,}4$					Reihe B: mittelharte Federn $D_e/t \approx 28$; $h_o/t \approx 0{,}75$					Reihe C: weiche Federn $D_e/t \approx 40$; $h_o/t \approx 1{,}3$				
			t	t'	l_o	F[1] (kN)	s[2]	t	t'	l_o	F[1] (kN)	s[2]	t	t'	l_o	F[1] (kN)	s[2]
1	8	4,2	0,4	–	0,6	0,21	0,15	0,3	–	0,55	0,12	0,19	0,2	–	0,45	0,04	0,19
	10	5,2	0,5	–	0,75	0,33	0,19	0,4	–	0,7	0,21	0,23	0,25	–	0,55	0,06	0,23
	14	7,2	0,8	–	1,1	0,81	0,23	0,5	–	0,9	0,28	0,3	0,35	–	0,8	0,12	0,34
	16	8,2	0,9	–	1,25	1	0,26	0,6	–	1,05	0,41	0,34	0,4	–	0,9	0,16	0,38
	18	9,2	1	–	1,4	1,25	0,3	0,7	–	1,2	0,57	0,38	0,45	–	1,05	0,21	0,45
	20	10,2	1,1	–	1,55	1,53	0,34	0,8	–	1,35	0,75	0,41	0,5	–	1,15	0,25	0,49
	25	12,2	–	–	–	–	–	0,9	–	1,6	0,87	0,53	0,7	–	1,6	0,6	0,68
	28	14,2	–	–	–	–	–	1	–	1,8	1,11	0,6	0,8	–	1,8	0,8	0,75
	35,5	18,3	–	–	–	–	–	–	–	–	–	–	0,9	–	2,05	0,83	0,86
	40	20,4	–	–	–	–	–	–	–	–	–	–	1	–	2,3	1,02	0,98
2	25	12,2	1,5	–	2,05	2,91	0,41	–	–	–	–	–	–	–	–	–	–
	28	14,2	1,5	–	2,15	2,85	0,49	–	–	–	–	–	–	–	–	–	–
	40	20,4	2,2	–	3,15	6,54	0,68	1,5	–	2,6	2,62	0,86	–	–	–	–	–
	45	22,4	3	–	4,1	7,72	0,75	1,7	–	3	3,66	0,98	1,25	–	2,85	1,89	1,2
	50	25,4	3	–	4,3	12	0,83	2	–	3,4	4,76	1,05	1,25	–	2,85	1,55	1,2
	56	28,5	3,5	–	4,9	11,4	0,98	2	–	3,6	4,44	1,2	1,5	–	3,45	2,62	1,46
	63	31	4	–	5,6	15	1,05	2,5	–	4,2	7,18	1,31	1,8	–	4,15	4,24	1,76
	71	36	5	–	6,7	20,5	1,2	2,5	–	4,5	6,73	1,5	2	–	4,6	5,14	1,95
	80	41	5	–	7	33,7	1,28	3	–	5,3	10,5	1,73	2,25	–	5,2	6,61	2,21
	90	46	6	–	8,2	31,4	1,5	3,5	–	6	14,2	1,88	2,5	–	5,7	7,68	2,4
	100	51	6	–	8,5	48	1,65	3,5	–	6,3	13,1	2,1	2,7	–	6,2	8,61	2,63
	125	64	–	–	–	–	–	5	–	8,5	30	2,63	3,5	–	8	15,4	3,38
	140	72	–	–	–	–	–	5	–	9	27,9	3	3,8	–	8,7	17,2	3,68
	160	82	–	–	–	–	–	6	–	10,5	41,1	3,38	4,3	–	9,9	21,8	4,2
	180	92	–	–	–	–	–	6	–	11,1	37,5	3,83	4,8	–	11	26,4	4,65
	200	102	–	–	–	–	–	–	–	–	–	–	5,5	–	12,5	36,1	5,25
3	125	64	8	7,5	10,6	85,9	1,95	–	–	–	–	–	–	–	–	–	–
	140	72	8	7,5	11,2	85,3	2,4	–	–	–	–	–	–	–	–	–	–
	160	82	10	9,4	13,5	139	2,63	–	–	–	–	–	–	–	–	–	–
	180	92	10	9,4	14	125	3	–	–	–	–	–	–	–	–	–	–
	200	102	12	11,25	16,2	183	3,15	8	7,5	13,6	76,4	4,2	–	–	–	–	–
	225	112	12	11,25	17	171	3,75	8	7,5	14,5	70,8	4,88	6,5	6,2	13,6	44,66	5,33
	250	127	14	13,1	19,6	249	4,2	10	9,4	17	119	5,25	7	7	14,8	50,5	5,85

[1] Federkraft des Einzeltellers bei $s \approx 0{,}75 \cdot h_o$

[2] $s \approx 0{,}75 \cdot h_o$

Herstellen von Stahlbaukonstruktionen

6

Einwirkungen auf Tragwerke

Bemessen von Stahlbauten

Typisierte Anschlüsse im Stahlhochbau

Allgemeine Einwirkungen auf Tragwerke – Wichten, Eigengewicht und Nutzlasten im Hochbau

DIN EN 1991-1-1: 2010-12

Lagerstoffe	Last in kN/m³
Glas	25
Drahtglas	26
Acrylglas	12
Kalk, gebrannt	13
Kies und Sand	
trocken oder	15–16
erdfeucht nass	20
Zement gemahlen	16
Kunststoffe	
PE; PS Granulat	6,4
Polyesterharz	11,8

Metalle	Last in kN/m³
Aluminium	27
Aluminiumlegierung	28
Blei	114
CuSn-Legierung	85
CUZn-Legierung	85
Gusseisen	72,5
Kupfer	89
Magnesium	18,5
Nickel	89
Stahl	78,5
Zink, gewalzt	72
Zinn, gewalzt	74

Holz und Holzwerkstoffe	Last in kN/m³
Holz allgemein	3,5–10,8
Holz nach EN 338 Festigkeitsklasse	
C 14	3,5
C 30	4,6
C 40	5
D 30	6,4
D 70	10,8
Spanplatten	7–8
Sperrholz	5–7
Holzfaserplatten	8–10
Brettschichtholz	3,7–4,2

Fußboden- und Wandbeläge	Last in kN/m³
Gussasphalt und	24–25
Asphaltbeton	23
Betonwerksteinplatten	24
Zementestrich	22
Gummi	10–17
keramische Wandfliesen	19
Bodenfliesen	22
Kunststoffböden	15
Teppichböden	3

Wände aus Beton

Leichtbeton				
Rohdichteklasse LC	1,0	1,4	1,6	2,0
Last in kN/m³	9–10	12–14	14–16	16–20

Normalbeton mit geschlossenem Gefüge DIN 1045		
Betonart	Transportbeton	Frischbeton
Last in kN/m³	24	25

Stahlbeton aus Normalbeton DIN 1045		
Betonart	Transportbeton	Frischbeton
Last in kN/m³	25	26

Wandmauerwerk aus künstlichen Steinen

Mauerwerk							
Rohdichteklasse in g/cm³	0,4	0,5	0,6	0,7	0,8	0,9	1,0
Last in kN/m³	6	7	8	9	10	11	12
Rohdichteklasse in g/cm³	1,2	1,4	1,6	1,8	2,0	2,1	2,2
Last in kN/m³	14	15	17	18	20	21	22

Mauer- und Putzmörtel	Last in kN/m³
Zementmörtel	19–23
Gipsmörtel	12–18
Kalkzementmörtel	18–20

Geschoss- und Dachdecken

Stahlbetonplatten	Flächenlast je 1 cm Plattendicke: 0,25 kN/m²

Stahlbeton-Hohldielen										
Plattendicke in cm		6	7	8	9	10	11	12	14	16
Last in kN/m²	Normalbeton	1,0	1,15	1,3	1,5	1,65	1,85	2,01	-	-
	Porenbeton	0,6	0,65	0,72	0,8	0,88	0,95	1,0	1,17	1,35

Decken aus Voll- und Lochsteinen; oder Leichtbetonvollsteinen mit einer Gesamtdeckendicke d = 11,5 cm

Steinart	Dichte in $\frac{kN}{m^3}$	Last in $\frac{kN}{m^2}$
KS- und Ziegelvollstein	1,8	2,2
Leichtbetonvollstein	1,6	2,05
Loch- und Porenstein	1,4/1,2	1,9/1,7

Dachdeckung

Ziegel und Dachsteine	Last in kN/m²
Betondachsteine in verschiedener Ausführung	0,5–0,65
Falzziegel; Falzpfannen	0,55

Faserzement-Wellplatten DIN EN 494	Last in kN/m²
Kurzwellplatten	0,24
Wellplatten	0,20

Kunststoffwellplatten DIN EN 494	Last in kN/m²
glasfaserverstärkte Polyesterharzplatten	0,03
Plexiglasplatten – Dichte 1,2 g/cm³	0,08

Nichteisenmetalldeckung incl. Holzschalung von 24 mm Dicke	Last in kN/m²
Aluminiumblech, Bleckdicke 0,7 mm	0,25
Kupferblech doppelt gefalzt, Blechdicke 0,6 mm	0,35

Trapez-, Steg-, Doppelsicken-Profilstahlblech Nur einsetzen, wenn keine Herstellerangaben vorliegen		Last in kN/m²
Profilhöhe in mm	Blechdicke in mm	
26 mm	1,0	0,10
	1,5	0,15
70 mm	1,0	0,145
	1,5	0,22
121 mm	1,0	0,16

Allgemeine Einwirkungen auf Tragwerke – Wichten, Eigengewicht und Nutzlasten im Hochbau

DIN EN 1991-1-1: 2010-12

Wandbauplatten

Bauplatten und Planbauplatten aus unbewehrtem Porenbeton nach DIN 4166

Rohdichteklasse	0,35	0,45	0,55	0,65	0,7	0,8
Last in KN/m³	4,5	5,5	6,5	7,5	8	9

Wandbauplatten aus Gips DIN EN 12859; Gipskartonplatten DIN 18 180

Bauweise	Porengips-bauplatten	Gipswand-bauplatten	Gipskarton-platten
Plattenrohdichte in g/cm³	0,7	0,9	–
Last in kN/m² je 1 cm Plattendicke	0,07	0,09	0,09

Sperr-, Dämm- und Füllstoffe

Platten, Matten, Bahnen		Last in kN/m³
Faserdämmstoffe nach DIN 18 165		1,0
Holzfaserplatten	hart	10
	mittelhart	8,0
	weich	4,0
Holzwolle Leichtbauplatten DIN 1101	Plattendicke 15 mm	6,0
	Plattendicke 100 mm	4,0
Korkschrotplatten aus imprägniertem Kork nach DIN 18 161-1 bitumiert/geteert		2,0
Korkschrotplatten aus Backkork DIN 18 161-1		1,2
Schaumkunststoffplatten DIN 18 164-1 + 2		0,4

Normen geben die Rechenwerte der Belastung durch die genannten Stoffe an. Sind obere und untere Werte angegeben, so ist entweder der obere oder der untere Wert zu verwenden, so dass sich die ungünstigste Belastung ergibt.

Nutzlasten im Hochbau

DIN EN 1991-1-1: 2010-12

Lotrechte Nutzlasten für Dächer

Dachart und Nutzung	Flächenlast q_k in kN/m²	Einzellast Q_k in kN
Nicht begehbare Dächer, außer für übliche Erhaltungsmaßnahmen bzw. Reparaturen (Die Einzellast Q_k wirkt auf einer quadratischen Aufstandsfläche mit einer Seitenlänge von 5 cm)	–	1
Fluchtwege auf Dächern	3	–

Lotrechte Nutzlasten für Decken und Balkone

Art der Nutzung	Flächenlast q_k in kN/m²	Einzellast Q_k in kN
Als Dachraum zugängliche Spitzbodendecke	1,0	1,0
Raumdecken und Flure in Wohngebäuden; Decken von Bettenräumen, Hotelzimmern usw. mit ausreichender Querverteilung der Last	1,5	-
Raumdecken ohne ausreichende Querverteilung der Last	2,0	1,0
Decken von Fluren und Räumen in Bürogebäuden	2,0	2,0
Decken von Fluren in Krankenhäusern, Hotels und Internaten	3,0	3,0
Decken von Räumen mit Tischen, z. B. Schulräume, Restaurants, Lesesäle	3,0	4,0
Decken von Räumen mit fester Bestuhlung, z. B. Kinos, Hörsäle, Versammlungsräume, Wartesäle	4,0	4,0
Decken von frei begehbaren Räumen in Museen, Eingangsbereiche in öffentlichen Gebäuden und Hotels, Flächen von Einzelhandelsgeschäften und Fabriken mit leichtem Betrieb	5,0	4,0
Flächen von Fabriken mit mittlerem oder schwerem Betrieb sowie Flächen mit erheblichen Menschenansammlungen z. B. in Stadien	7,5	10
Dachterrassen, Balkone, Loggien, Laubengänge	4,0	2,0
Verkehrs- und Parkflächen für KFZ mit Gesamtgewicht bis 30 KN	3,5	2x20

Nutzlasten im Hochbau

DIN EN 1991-1-1: 2010-12

Lotrechte Nutzlasten für Treppen

Art der Nutzung	Flächenlast q_k in kN/m²	Einzellast Q_k in kN	Art der Nutzung	Flächenlast q_k in kN/m²	Einzellast Q_k in kN
Treppen und Treppenpodeste ohne nennenswerten Publikumsverkehr	3,0	2,0	Treppen und Treppenpodeste, die als Fluchtweg dienen	5,0	2,0
Treppen und Treppenpodeste mit nennenswertem Publikumsverkehr	5,0	2,0	Zugänge und Treppen von Tribünen ohne feste Sitzplätze, die als Fluchtweg dienen	7,5	3,0

Einwirkungen infolge von Gabelstaplern

Maßvorgaben, Lasten und Tragfähigkeiten für Gegengewichtsstaplerregelfahrzeuge	Zulässige Gesamtlast (ergibt sich als Summe aus Hublast und Eigengewicht) in kN	Gesamtlänge in m	Gesamtbreite in m	Hublast in kN	Flächenlast q_k von befahrenen Lagerflächen in kN/m²	Einzellasten (Achslasten) 2 x Q_k in kN
	31	2,60	1,00	10	12,5	26
	46	3,00	1,10	15	15,0	40
	69	3,30	1,20	25	17,5	63
	100	4,00	1,40	40	20,0	90
	150	4,60	1,90	60	20,0	140
	190	5,10	2,30	80	20,0	170

Horizontale Nutzlasten infolge von Personen auf Brüstungen, Geländer und andere Konstruktionen

Verwendung als Absperrung und Absturzsicherung	Horizontale Nutzlast q_k in kN/m
■ an Orten **ohne** nennenswerten Publikumsverkehr	0,5
■ an Orten **mit** nennenswertem Publikumsverkehr	1,0
■ in besonderen Bereichen	2,0

Horizontallasten zur Erzielung einer ausreichenden Längs- und Quersteifigkeit

Bauteilart	Horizontallast
Tribünenbauten und ähnliche Sitz- und Steheinrichtungen mit angenommenem Lastangriff in Fußbodenhöhe	1/20 der lotrechten Verkehrslast
Gerüste mit angenommenem Lastangriff in Schalungshöhe je Rüstlage	1/100 aller lotrechten Lasten
Kippgefährdete Einbauten innerhalb geschlossener Bauwerke ohne Windbeanspruchung mit angenommenem Lastangriff im Schwerpunkt	1/100 der Gesamtlast

Anpralllasten

DIN EN 1991-1-7: 2010-12

Statische Anprallkräfte von Straßenfahrzeugen

Lage bzw. Einbauort der stützenden Bauteile	Last in Fahrtrichtung Fdx in kN	Last rechtwinklig zur Fahrtrichtung Fdy in kN
Straßen außerorts	1500	150
an Straßen innerorts bei $v < 50$ km/h mit weniger als 1 m Abstand zum Bordstein:		
■ an ausspringenden Gebäudeecken	500	500
■ bei anderen stützenden Bauteilen	250	250
für nicht am fließenden Verkehr liegende Stützen von Tankstellenüberdachungen	100	100
in Parkgaragen für PKW mit weniger als 30 KN Gesamtgewicht		
■ bis maximal zwei Einstellplätze und bei Carports	10	10
■ bei mehr als zwei Einstellplätzen	40	25
in Gebäuden mit LKW-Verkehr und Verkehr von PKW mit mehr als 30 kN Gesamtgewicht	100	100

Die Lasten wirken bei PKW 0,5 m und bei LKW 1,25 m über der Fahrbahn. Auf den Festigkeitsnachweis kann verzichtet werden, wenn bei Ausfall des stützenden Bauteils keine Einsturzgefahr besteht.

Windlasten

DIN EN 1991-1-4: 2010-12

Windkräfte bei nicht schwingungsanfälligen Bauwerken

$$F_w = c \cdot q_p \cdot A_{ref}$$

F_w: Gesamtwindkraft ohne Reibungskräfte in kN

c: aerodynamischer Kraftbeiwert

q_p: Geschwindigkeitsdruck in Abhängigkeit von der Gebäudelage und Gebäudehöhe in kN/m²

A_{ref}: Bezugsfläche für den aerodynamischen Kraftbeiwert c in m²

Kraftbeiwerte c

Baukörper Form		Abmessung	Bezugsfläche A_{ref} in m²	Kraftbeiwert c
Rechteckige Bauteile	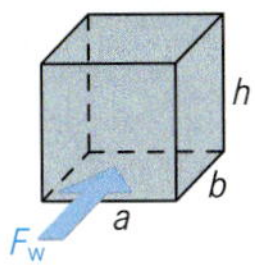	$b/a \leq 0{,}2$	$a \cdot h$	$c = 2$[1]
		$0{,}2 \leq b/a \leq 0{,}7$		$2 \leq c \leq 2{,}4$
		$0{,}7 \leq b/a \leq 5$		$2{,}4 \geq c \geq 1$
		$5 \leq b/a \leq 10$		$1 \geq c \geq 0{,}9$
		$b/a > 10$		$c = 0{,}9$
Zylinder	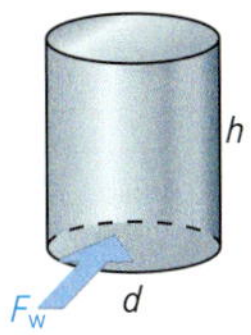	$h/d \leq \infty$	$h \cdot d$	$\leq 1{,}2$[2]

Bei großen Werten von h ist ein Abminderungsfaktor zu berücksichtigen.

[1] Die Werte gelten für scharfkantige Körper. Für den Einfluss abgerundeter Ecken siehe DIN 1991-1-4.

[2] Der Kraftbeiwert c für Zylinder kann in Abhängigkeit von den Abmessungen und den Oberflächenrauigkeiten geringere Werte bis $c = 0{,}4$ annehmen. Näheres sieheDIN 1991-1-4.

Geschwindigkeitsdruck q_p für Gebäudehöhen bis 25 m

Windzone	Geländelage	Geschwindigkeitsdruck q_p in kN/m² – Gebäudehöhe h: $h \leq 10$ m	$10\text{ m} \leq h \leq 18$ m	$18\text{ m} \leq h \leq 25$ m
1	Binnenland	0,50	0,65	0,75
2	Binnenland	0,65	0,80	0,90
	Küste und Inseln der Ostsee	0,85	1,00	1,10
3	Binnenland	0,80	0,95	1,10
	Küste und Inseln der Ostsee	1,05	1,20	1,30
4	Binnenland	0,95	1,15	1,30
	Küste und Inseln der Ostsee	1,25	1,40	1,55
	Inseln der Nordsee	1,40	Berechnung	Berechnung

Windzonen

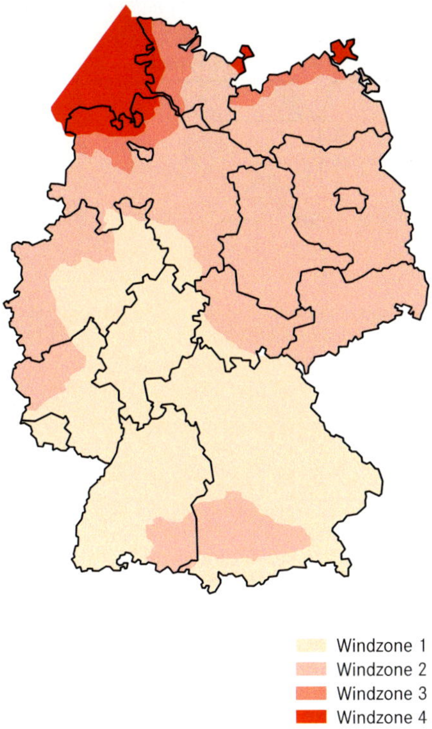

Windzone	Basiswindgeschwindigkeit $v_{b,0}$ in m/s	Basisgeschwindigkeitsdruck $q_{b,0}$ in kN/m²
1	22,5	0,32
2	25,0	0,39
3	27,5	0,47
4	30,0	0,56

$v_{b,0}$: gemittelte Windgeschwindigkeit gemessen in 10 m Höhe in ebenem, offenen Gelände der Geländekategorie II nach DIN EN 1991-1-4.

Geschwindigkeitsdruck q

$$q = \frac{1}{2} \varrho \cdot v^2$$

q: Geschwindigkeitsdruck in kN/m²

ϱ: Dichte der Luft $\varrho = 1{,}25$ kg/m³

v: Windgeschwindigkeit in m/s

Bei der **Berechnung** der Winddruckkräfte auf Gebäude mit mehr als 25 m Höhe sind zusätzlich zum Basisgeschwindigkeitsdruck $q_{b,0}$ weitere Einflüsse zu berücksichtigen, vgl. Norm.

Windlasten

DIN EN 1991-1-4: 2010-12

Winddruck auf Bauteilflächen nicht schwingungsanfälliger Konstruktionen

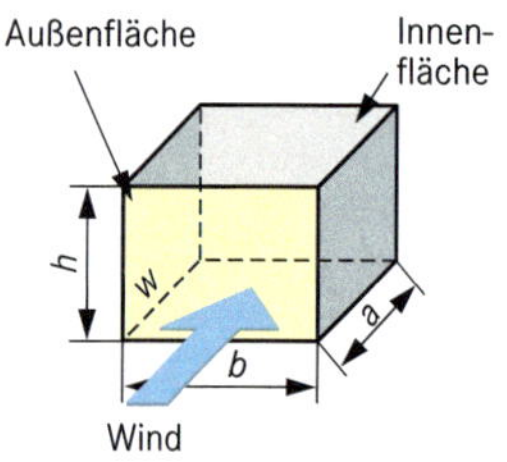

$$F_{w,L} = w_{ges} \cdot A_L$$

$$w_{ges} = w_e + w_i$$

Außenflächen

$$w_e = c_{pe} \cdot q_p$$

$F_{w,L}$: Windkraft auf eine Fläche in kN

A_L: Lasteinzugsfläche; Größe der durch den Winddruck belasteten Fläche in m^2

w_{ges}: Gesamtwinddruck auf eine Fläche in kN/m^2

$w_{e,i}$: Winddruck auf eine Außenfläche (w_e) bzw. eine Innenfläche (w_i) in kN/m^2

c_{pe}: aerodynamischer Beiwert für den Außendruck

q_p: Geschwindigkeitsdruck in Abhängigkeit von der Flächenlage in kN/m^2

- c_{pe} kann als Überdruck positive oder als Sog negative Werte annehmen.
- Die Berechnung des Winddruckes auf Innenflächen (w_i) wird an späterer Stelle gezeigt.

Aerodynamische Beiwerte für den Außendruck auf vertikale Wände an Gebäuden mit rechteckigem Grundriss

Abmessung	Außendruckbeiwerte c_{pe}										
	Druckfläche am rechteckigen Gebäude										
	A		B		C		D		E		
h/d	$c_{pe,10}$	$c_{pe,1}$	$c_{pe,10}$	$c_{pe,1}$	$c_{pe,10}$	$c_{pe,1}$	$c_{pe,10}$	$c_{pe,1}$	$c_{pe,10}$	$c_{pe,1}$	Zwischenwerte näherungsweise interpolieren!
≥ 5	-1,4	-1,7	-0,8	-1,1	-0,5	-0,7	+0,8	+1,0	-0,5	-0,7	
1	-1,2	-1,4	-0,8	-1,1	-0,5	-0,5	+0,8	+1,0	-0,5	-0,5	
< 0,25	-1,2	-1,4	-0,8	-1,1	-0,5	-0,5	+0,7	+1,0	-0,3	-0,5	

Die Werte gelten für beliebige Dachneigungen.

Die mit A, B, C, D und E gekennzeichneten Flächen stellen die bei der Berechnung zu unterscheidenden Lasteinzugsflächen dar. Ihre hier dargestellte Verteilung und Größe gilt unter folgenden Bedingungen:

$h \leq b$ und $b < d$;

$e = b$ oder $e = 2 \times h$; es gilt der kleinere Wert.

Beispiel:
Berechnung der Größe der Windkraft F_w auf die Lasteinzugsfläche B:

$$F_{w,B} = \frac{4}{5} \cdot e \cdot h \cdot c_{pe} \cdot q_p$$

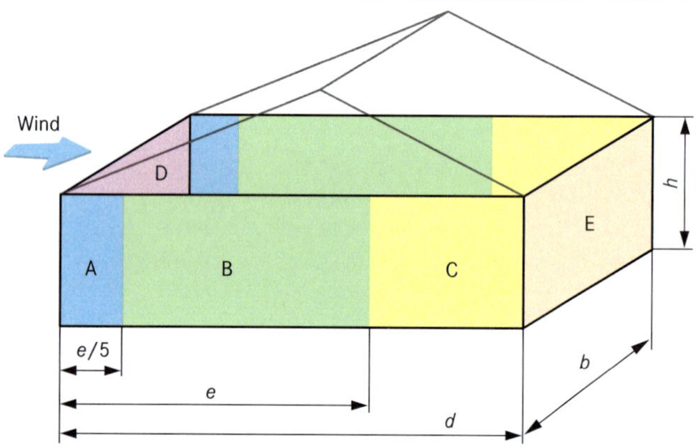

Aerodynamische Beiwerte für den Außendruck in Abhängigkeit von der Größe der Lasteinzugsfläche

$$c_{pe} = c_{pe,1} + (c_{pe,10} - c_{pe,1}) \cdot \lg A_L$$

Für Lasteinzugsflächengrößen A_L zwischen 1 m^2 und 10 m^2 Fläche sind die aerodynamischen Beiwerte für den Außendruck c_{pe} nach der hier dargestellten Formel zu berechnen.

c_{pe}: aerodynamischer Beiwert für den Außendruck nach Tabelle

A_L: Lasteinzugsfläche; Größe der durch den Winddruck belasteten Fläche in m^2

$c_{pe,1}$: Außendruckbeiwert für eine Lasteinzugsfläche A ≤ 1 m^2

$c_{pe,10}$: Außendruckbeiwert für eine Lasteinzugsfläche A ≥ 10 m^2

Die Außendruckbeiwerte fallen von $c_{pe,1}$ auf $c_{pe,10}$ ab. Diese Außendruckbeiwerte für Lasteinzugsflächengrößen A_L zwischen 1 m^2 und 10 m^2 dienen der Berechnung von Verankerungen von winddruckbelasteten Einzelbauteilflächen wie z. B. Fenstern, Toren usw.

Windlasten

DIN EN 1991-1-4: 2010-12

Aerodynamische Beiwerte für den Außendruck für vertikale Wände an Gebäuden mit rechteckigem Grundriss

Die mit A, B, D und E gekennzeichneten Flächen stellen die verschiedenen Lasteinzugsflächen dar. Ihre hier gezeigte Verteilung und Größe gilt unter folgenden Bedingungen:

$h \leq b$ und **$d \leq b \leq 5 \times d$**;

$e = b$ oder $e = 2 \times h$, es gilt der kleinere Wert.

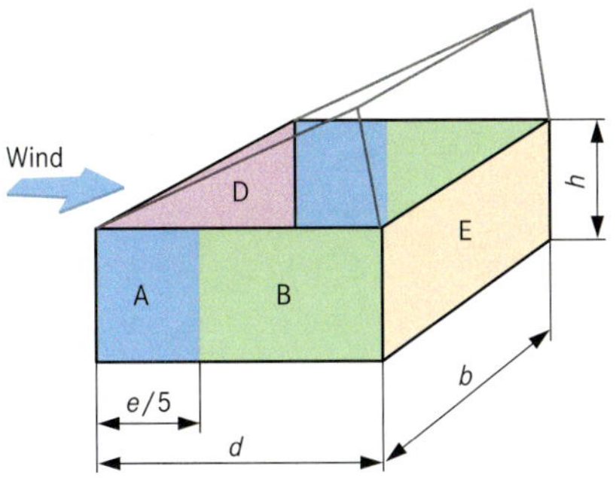

Die mit A, D und E gekennzeichneten Flächen stellen die verschiedenen Lasteinzugsflächen dar. Ihre hier gezeigte Verteilung und Größe gilt unter folgenden Bedingungen:

$h \leq b$ und **$b > 5 \times d$**

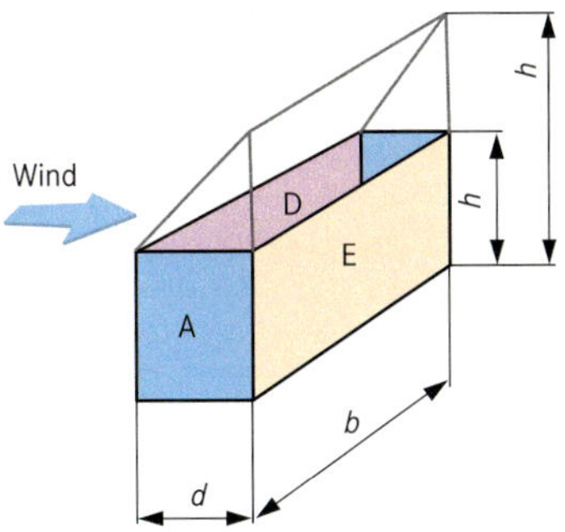

Die Größen der Außendruckbeiwerte c_{pe} für die hier gezeigten Druckflächen bitte den Tabellen auf der vorangegangenen Seite entnehmen.

Aerodynamische Beiwerte für den Außendruck bei Flachdächern

Grundriss des Gebäudes mit Druckflächen des Flachdaches

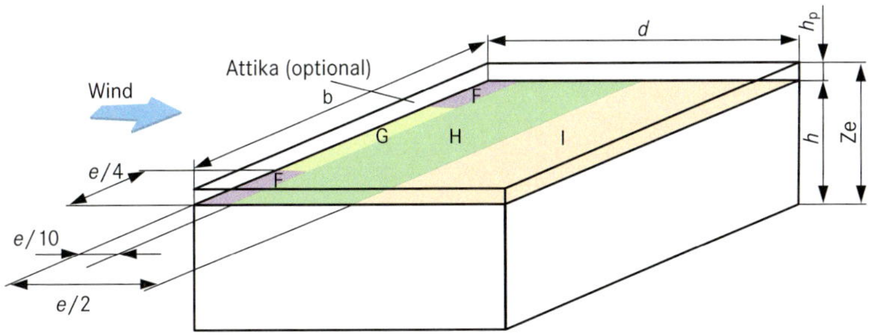

Beispiel: Berechnung der Größe des Winddruckes w_e auf bestimmte Lasteinzugsflächen:

Fläche F: $\mathbf{w_{e,F} = 1/4\ e \cdot 1/10\ e \cdot c_{pe} \cdot q_p}$

Fläche H: $\mathbf{w_{e,H} = 4/10\ e \cdot b \cdot c_{pe} \cdot q_p}$

Die dargestellte Größe und Verteilung der Druckflächen sowie die Tabellenwerte gelten für folgende Bedingungen:

- Windanströmung quer zur Breite b
- $e = b$ oder $e = 2 \times h$, es gilt der kleinere Wert.
- Das Dach wird sowohl durch Druck als auch durch Sog belastet; positive bzw. negative c_{pe}-Werte zeigen dies an.
- Bei der Teilfläche I müssen die positiven und negativen Werte durch getrennte Berechnungen berücksichtigt werden.

Gestalt der Flachdachoberkante		Außendruckbeiwerte c_{pe} für Flachdächer							
		Druckfläche des Flachdaches							
		F		G		H		I	
		$c_{pe,10}$	$c_{pe,1}$	$c_{pe,10}$	$c_{pe,1}$	$c_{pe,10}$	$c_{pe,1}$	$c_{pe,10}$	$c_{pe,1}$
Scharfkantiger Traufbereich ohne Attika		-1,8	-2,5	-1,2	-2,0	-0,7	-1,2	+0,2 -0,6	
Scharfkantiger Traufbereich mit Attika	$h_p/h = 0{,}025$	-1,6	-2,2	-1,1	-1,8	-0,7	-1,2	+0,2 -0,6	
	$h_p/h = 0{,}05$	-1,4	-2,0	-0,9	-1,6	-0,7	-1,2	+0,2 -0,6	
	$h_p/h = 0{,}10$	-1,2	-1,8	-0,8	-1,4	-0,7	-1,2	+0,2 -0,6	

Windlasten

DIN EN 1991-1-4: 2010-12

Aerodynamische Beiwerte für den Außendruck bei Pultdächern

Gebäude mit den Druckflächen F–I für die Windrichtungen Θ = 0°, Θ = 90° und Θ = 180°

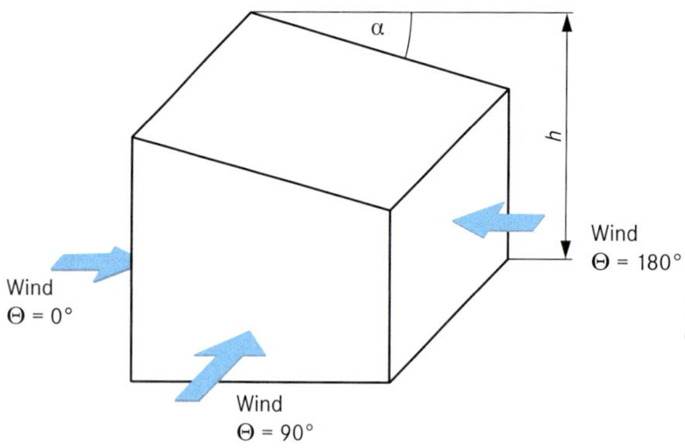

Draufsicht auf das Gebäude für Θ = 0° und für Θ = 180°

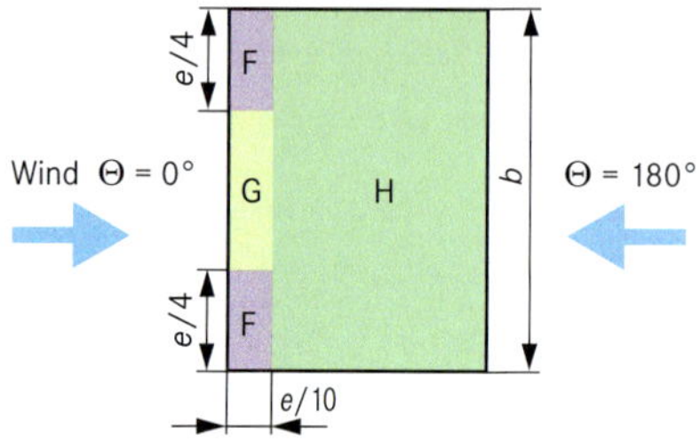

Draufsicht auf das Gebäude für Θ = 90°

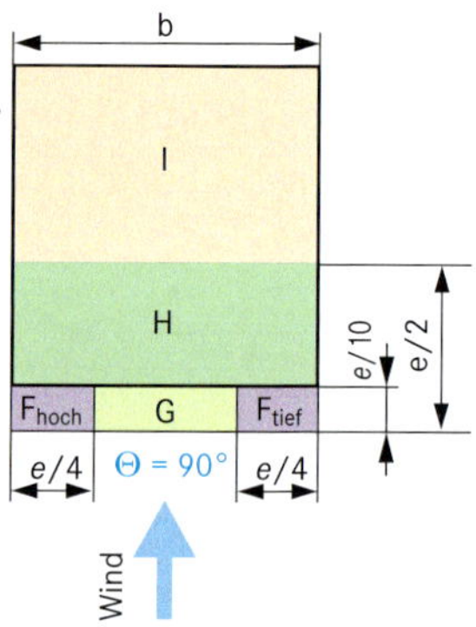

Die Druckflächen und Tabellenwerte gelten unter folgenden Bedingungen:

- b – Abmessung des Gebäudes quer zum Wind;
- $e = b$ oder $e = 2 \times h$, es gilt der kleinere Wert;
- die positiven und negativen c_{pe}-Werte sind durch getrennte Berechnungen zu berücksichtigen;
- Für Dachneigungen zwischen den in der Tabelle angegebenen Werten darf c_{pe} interpoliert werden, wenn das Vorzeichen der c_{pe}-Werte nicht wechselt.

Neigungswinkel α	Außendruckbeiwerte c_{pe} für Pultdächer bei einer Windrichtung Θ = 180°						Außendruckbeiwerte c_{pe} für Pultdächer bei einer Windrichtung Θ = 0°					
	Druckfläche des Pultdaches						Druckfläche des Pultdaches					
	F		G		H		F		G		H	
	$c_{pe,10}$	$c_{pe,1}$	$c_{pe,10}$	$c_{pe,1}$	$c_{pe,10}$	$c_{pe,1}$	$c_{pe,10}$	$c_{pe,1}$	$c_{pe,10}$	$c_{pe,1}$	$c_{pe,10}$	$c_{pe,1}$
5°	-1,7	-2,5	-1,2	-2,0	-0,6 +0,2	-1,2	-2,3	-2,5	-1,3	-2,0	-0,8	-1,2
10°	-1,3	-2,2	-1,0	-1,7	-0,4 +0,2	-0,7	-2,4	-2,6	-1,3	-2,0	-0,8	-1,2
15°	-0,9	-2,0	-0,8	-1,5	-0,3		-2,5	-2,8	-1,3	-2,0	-0,8	-1,2
	+0,2		+0,2		+0,2							
30°	-0,5	-1,5	-0,5	-1,5	-0,2		-1,1	-2,3	-0,8	-1,5	-0,8	
	+0,7		+0,7		+0,4							
45°	+0,7		+0,7		+0,6		-0,6	-1,3	-0,5		-0,7	
60°	+0,7		+0,7		+0,7		-0,5	-1,0	-0,5		-0,5	
75°	+0,8		+0,8		+0,8		-0,5	-1,0	-0,5		-0,5	

Neigungswinkel α	Außendruckbeiwerte c_{pe} für Pultdächer bei einer Windrichtung Θ = 90° Druckfläche des Pultdaches									
	F_{hoch}		F_{tief}		G		H		I	
	$c_{pe,10}$	$c_{pe,1}$	$c_{pe,10}$	$c_{pe,1}$	$c_{pe,10}$	$c_{pe,1}$	$c_{pe,10}$	$c_{pe,1}$	$c_{pe,10}$	$c_{pe,1}$
5°	-2,1	-2,6	-2,1	-2,4	-1,8	-2,0	-0,6	-1,2	-0,6/+0,2	
10°	-2,2	-2,7	-1,8	-2,4	-1,8	-2,2	-0,7	-1,2	-0,6/+0,2	
15°	-2,4	-2,9	-1,6	-2,4	-1,9	-2,5	-0,8	-1,2	-0,7	-1,2
30°	-2,1	-2,9	-1,3	-2,0	-1,5	-2,0	-1,0	-1,3	-0,8	-1,2
45°	-1,5	-2,4	-1,3	-2,0	-1,4	-2,0	-1,0	-1,3	-0,9	-1,2
60°	-1,2	-2,0	-1,2	-2,0	-1,2	-2,0	-1,0	-1,3	-0,7	-1,2
75°	-1,2	-2,0	-1,2	-2,0	-1,2	-2,0	-1,0	-1,3	-0,5	

Windlasten

DIN EN 1991-1-4: 2010-12

Aerodynamische Beiwerte für den Außendruck bei Satteldächern und Trogdächern

Gebäude mit den Druckflächen F–J
für die Windrichtungen Θ = 0° und Θ = 90°

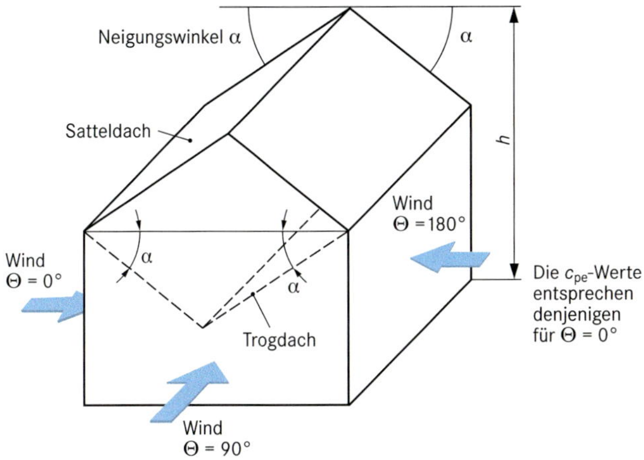

Draufsicht auf das Gebäude für Θ = 0° und für Θ = 180°

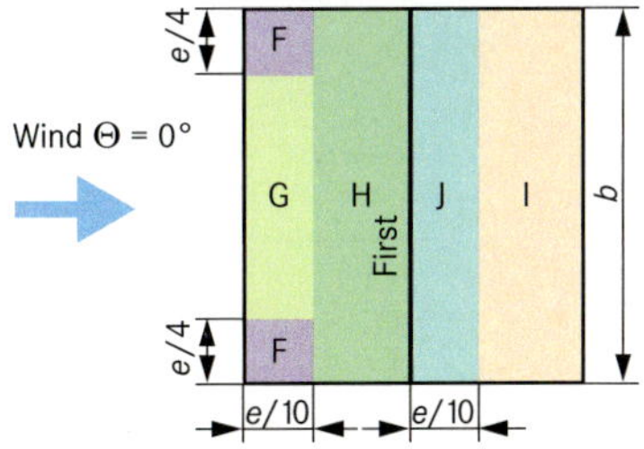

Draufsicht auf das Gebäude für Θ = 90°

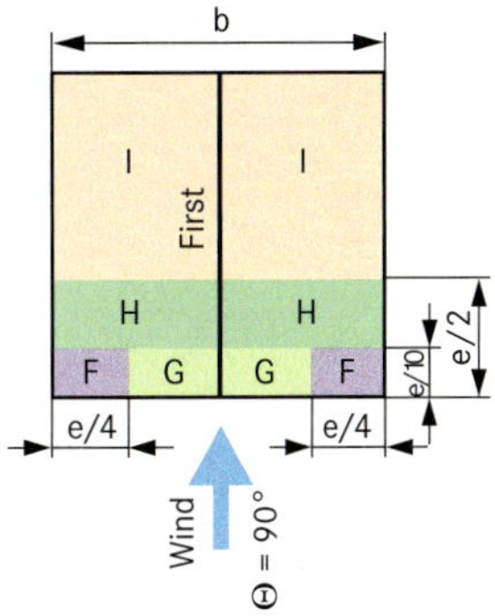

Die Druckflächen und Tabellenwerte gelten unter folgenden Bedingungen:

- *b* – Abmessung des Gebäudes quer zum Wind;
- *e* = b oder *e* = 2 x *h*, es gilt der kleinere Wert;
- die positiven und negativen c_{pe}-Werte sind durch getrennte Berechnungen zu berücksichtigen;
- Für Dachneigungen zwischen den in der Tabelle angegebenen Werten darf c_{pe} interpoliert werden, wenn das Vorzeichen der c_{pe}-Werte nicht wechselt.
- Die negativen Neigungswinkel gelten für Trogdächer.

Neigungswinkel α	Außendruckbeiwerte c_{pe} für Sattel- und Trogdächer bei einer Windrichtung Θ = 0° und 180° Druckfläche des Sattel- bzw. Trogdächer									
	F		G		H		I		J	
	$c_{pe,10}$	$c_{pe,1}$	$c_{pe,10}$	$c_{pe,1}$	$c_{pe,10}$	$c_{pe,1}$	$c_{pe,10}$	$c_{pe,1}$	$c_{pe,10}$	$c_{pe,1}$
-45°	-0,6		-0,6		-0,8		-0,7		-1,0	-1,5
-30°	-1,1	-2,0	-0,8	-1,5	-0,8		-0,6		-0,8	-1,4
-15°	-2,5	-2,8	-1,3	-2,0	-0,9	-1,2	-0,5		-0,7	-1,2
-5°	-2,3	-2,5	-1,2	-2,0	-0,8	-1,2	-0,6/+0,2		-0,6/+0,2	
5°	-1,7	-2,5	-1,2	-2,0	-0,6	-1,2	-0,6/+0,2		-0,6/+0,2	
10°	-1,3	-2,2	-1,0	-1,7	-0,4		-0,5/+0,2		-0,8	+0,2
15°	-0,9	-2,0	-0,8	-1,5	-0,3		-0,4		-1,0	-1,5
	+0,2		+0,2		+0,2					
30°	-0,5	-1,5	-0,5	-1,5	-0,2		-0,4		-0,5	
	+0,7		+0,7		+0,4					
45°	+0,7		+0,7		+0,6		-0,4		-0,5	

Neigungswinkel α	Außendruckbeiwerte c_{pe} für Sattel- und Trogdächer bei einer Windrichtung Θ = 90° Druckfläche des Sattel- bzw. Trogdächer							
	F		G		H		I	
	$c_{pe,10}$	$c_{pe,1}$	$c_{pe,10}$	$c_{pe,1}$	$c_{pe,10}$	$c_{pe,1}$	$c_{pe,10}$	$c_{pe,1}$
-45°	-1,4	-2,0	-1,2	-2,0	-1,0	-1,3	-0,9	-1,2
-30°	-1,5	-2,1	-1,2	-2,0	-1,0	-1,3	-0,9	-1,2
-15°	-1,9	-2,5	-1,2	-2,0	-0,8	-1,2	-0,8	-1,2
-5°	-1,8	-2,5	-1,2	-2,0	-0,7	-1,2	-0,6	-1,2
5°	-1,6	-2,2	-1,3	-2,0	-0,7	-1,2	-0,6/+0,2	
10°	-1,4	-2,1	-1,3	-2,0	-0,6	-1,2	-0,6/+0,2	
15°	-1,3	-2,0	-1,3	-2,0	-0,6	-1,2	-0,5	
30°	-1,1	-1,5	-1,4	-2,0	-0,8	-1,2	-0,5	
45°	-1,1	-1,5	-1,4	-2,0	-0,9	-1,2	-0,5	

Windlasten

DIN EN 1991-1-4: 2010-12

Winddruck auf innen liegende Oberflächen offener Baukörper

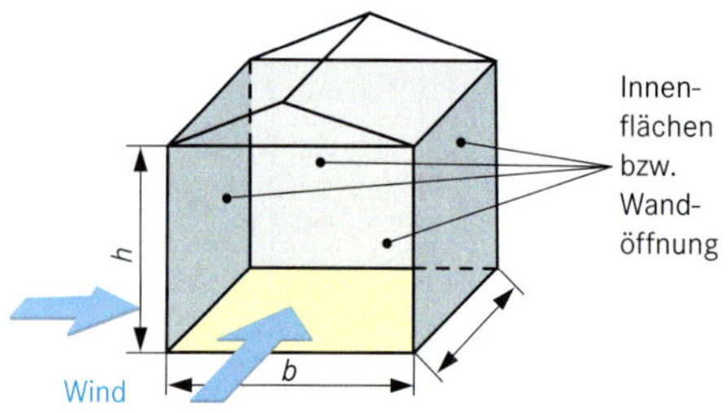

$$w_{ges} = w_e + w_i$$

$$w_i = c_{pi} \cdot q_p$$

w_{ges}: Gesamtwinddruck auf eine Fläche

$w_{e,i}$: Winddruck auf eine Außenfläche (w_e) bzw. eine Innenfläche (w_i) in kN/m²

c_{pi}: aerodynamischer Beiwert für den Innendruck

q_p: Geschwindigkeitsdruck in Abhängigkeit von der Flächenlage in kN/m²

c_{pi} kann als Überdruck positive oder als Sog negative Werte annehmen.

Druckbeiwerte für innen liegende Oberflächen offener Baukörper

Lage des Bauwerkes mit Windrichtung und Innendruckbeiwert c_{pi}

windzugewandte Seite offen

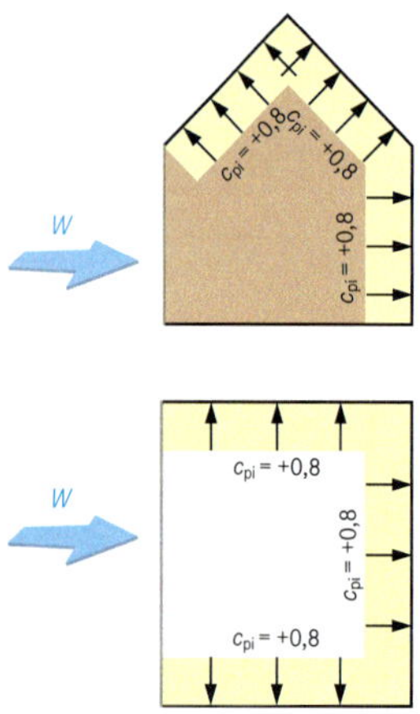

windabgewandte Seite offen

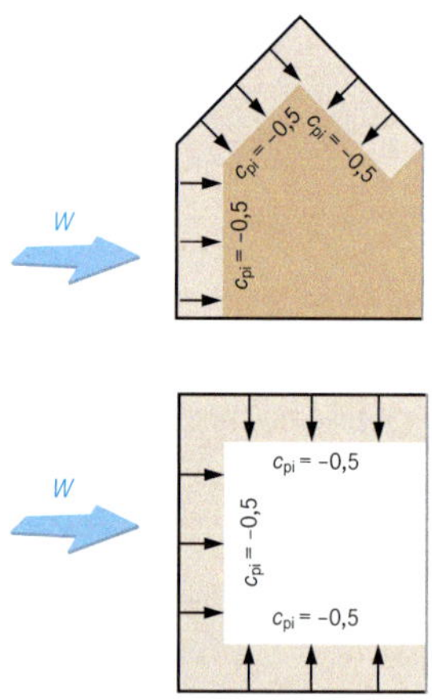

windzugewandte Seite offen und eine Seitenfläche offen

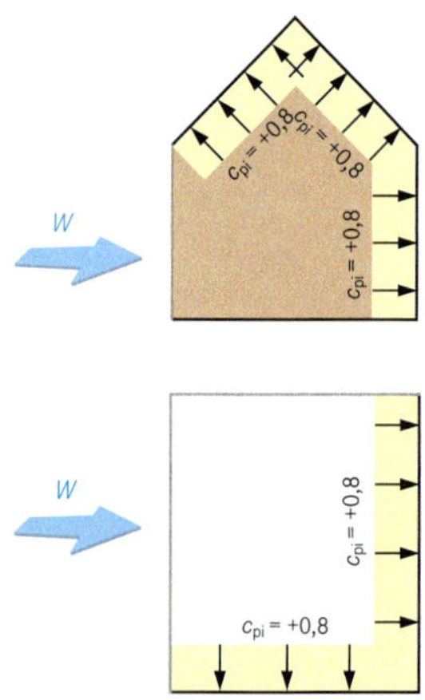

windzugewandte und windabgewandte Seite geschlossen; eine Seitenfläche offen

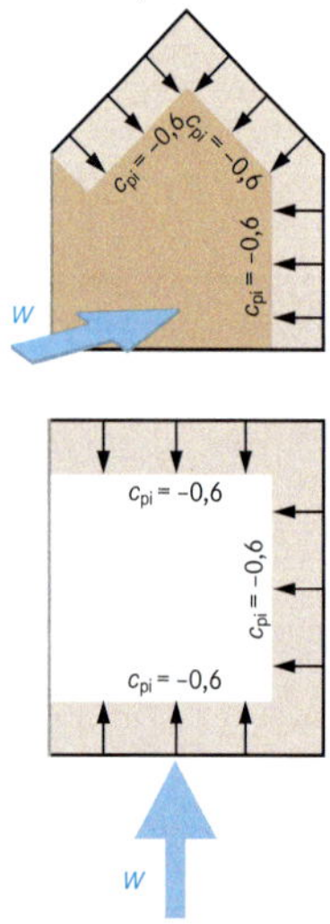

windzugewandte Seite geschlossen; windabgewandte Seite und eine Seitenfläche offen

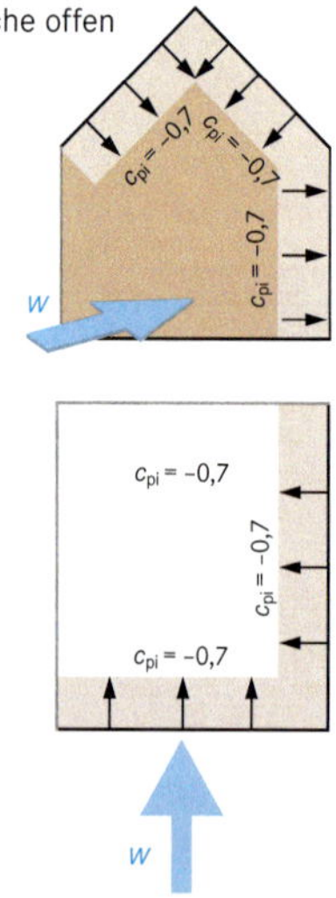

windzugewandte und windabgewandte Seite geschlossen, beide Seitenwände offen

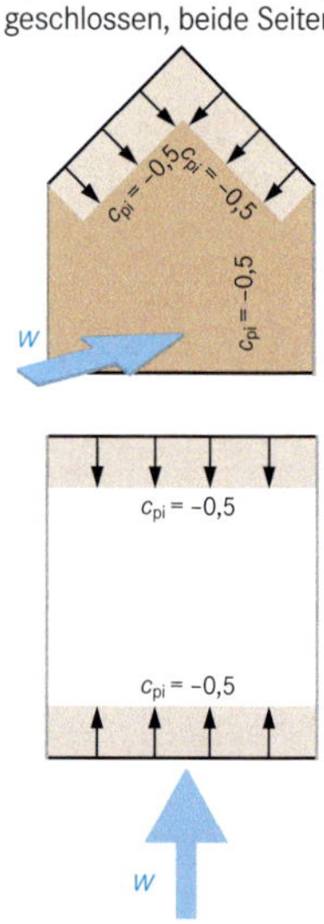

Eislasten

DIN 1055-5: 2005-07

Eislast durch Klareis und Glatteis

Klareis entsteht durch auf der Bauteiloberfläche gefrierenden Nebel, Glatteis durch gefrierenden Regen.

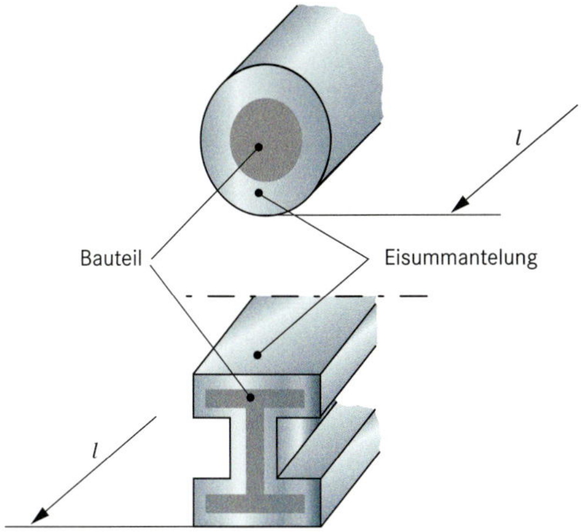

$$F_k = \rho_k \cdot A \cdot l$$

$\rho_k = 9\ \text{kN/m}^3$

F_k: charakteristischer Wert der Eislast in kN

ρ_k: charakteristischer Wert der Eisrohdichte in kN/m³

A: Querschnittsfäche der Eisummantelung in m²

l: Vereisungslänge in m

Dicke der Eisummantelung

Klareis- bzw- Glatteis-Vereisungsklasse	Dicke t der Klareis- bzw. Glatteis-Ummantelung in m
G 1	0,01
G 2	0,02

Eislastzonen und Vereisungsklassen

Eislast-Zone Z	Region	Vereisungs-klassen*)
1	Küste	G 1, R 1
2	Binnenland	G 2, R 1
3	Mittelgebirge unter 400 m Geländehöhe	G 2, R2
4	Mittelgebirge über 400 m bis 600 m Geländehöhe	G 2, R3
4	Mittelgebirge über 600 m Geländehöhe	G 2, R4, R5

In den Eislastzonen 3 und 4 sind zusätzlich die Vorgaben der örtlichen Bauämter zu beachten.

*) Neben den Klareis- bzw. Glatteisvereisungsklassen G1 und G2 werden noch die Raueisvereisungsklassen R1 bis R5 unterschieden.

Eislastzonenkarte

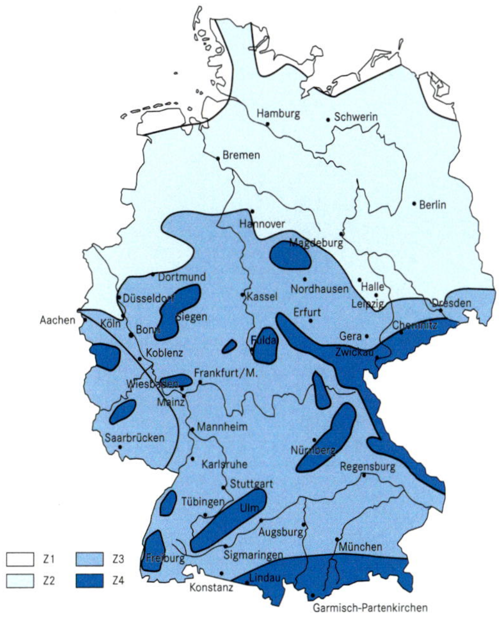

Eislast durch Raueis

Zusätzlich zum Klar- und Glatteisansatz ist die Eislast durch Raueis zu beachten. Raueis entsteht durch Anwachsen einer Eisfahne entgegen der Windrichtung unter Vereisungsbedingungen. Die Stärke dieser Vereisung ist durch die Raueisvereisungsklassen R1 bis R5 bestimmt; Näheres siehe Norm.

Schneelasten

DIN EN 1991-1-3: 2010-12

Schneelast auf Dächern

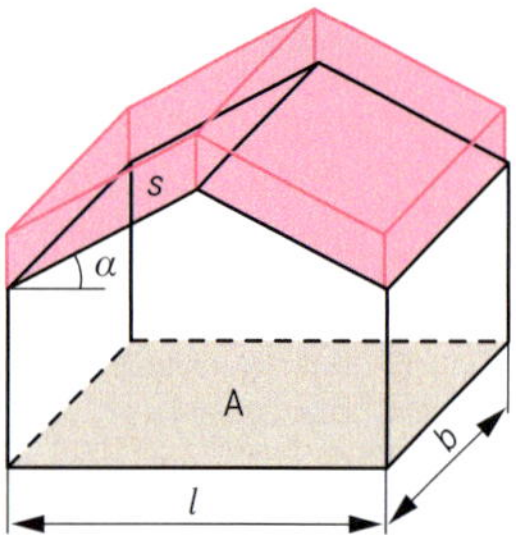

$F_k = s \cdot A$
$s = \mu \cdot s_k$
$A = l \cdot b$

F_k: charakteristischer Wert[1] der Gesamtkraft der Schneelast auf Dächern in kN

A: Grundrissprojektion der Dachfläche in m^2

s: flächenbezogene Schneelast auf dem Dach in kN/m^2

μ: Formbeiwert der Schneelast für flache und geneigte Dächer für eine lotrecht wirkende, gleichmäßig über die gesamte Dachlänge l verteilte Schneelast.

Dieser Formbeiwert der Schneelast setzt Dachkonstruktionen mit einem Wärmedurchgangskoeffizienten von $U < 1\ W/m^2 \times K$ voraus.

s_k: charakteristischer Wert[*] der flächenbezogenen Schneelast in kN/m^2 auf dem Boden an dem entsprechenden Bauwerk

l, b: Länge und Breite der projizierten Dachfläche

[1] Dies ist ein statistischer Mittelwert, der bei der Dimensionierung von Bauteilen durch verschiedene Sicherheitsfaktoren erhöht wird, um zeitlich und örtlich vorkommende Abweichungen zu berücksichtigen.

Schneelasten auf dem Boden

Schnee-lastzone Z	Geländehöhe H in m über NN	Größe der Schneelast s_k in kN/m^2
1	0–400	0,65
1a	0–400	0,8125
2	0–285	0,85
2a	0–285	1,0625
3	0–255	1,10

Schneelast in größeren Geländehöhen

Schnee-lastzone Z	Gelände-höhe H in m über NN	Größe der Schneelast s_k in kN/m^2
1	>400	$s_k = 0{,}19 + 0{,}91 \times [(H + 140)/760]^2$
1a	>400	$s_k = \{0{,}19 + 0{,}91 \times [(H + 140)/760]^2\} \times 1{,}25$
2	>285	$s_k = 0{,}25 + 1{,}91 \times [(H + 140)/760]^2$
2a	>285	$s_k = \{0{,}25 + 1{,}91 \times [(H + 140)/760]^2\} \times 1{,}25$
3	>255	$s_k = 0{,}31 + 2{,}91 \times [(H + 140)/760]^2$

Bestimmte Lagen der Schneelastzone 3, wie z. B. die Hochlagen des Harzes, des Erzgebirges und des Fichtelgebirges, erfordern höhere Werte für s_k; Auskunft geben örtliche Bauämter.

Schneelastzonen

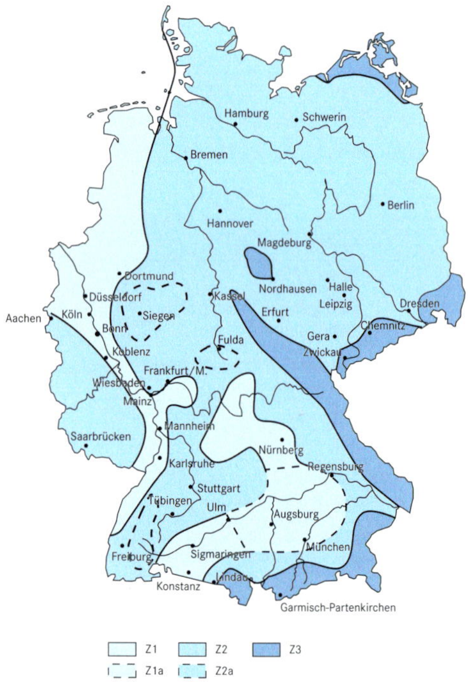

Schneelasten

DIN EN 1991-1-3: 2010-12

Formbeiwerte und Verteilung der Schneelast auf Flachdächern und Pultdächern

Pultdach

gleichmäßige Schneelastverteilung $\mu\ (\alpha)$

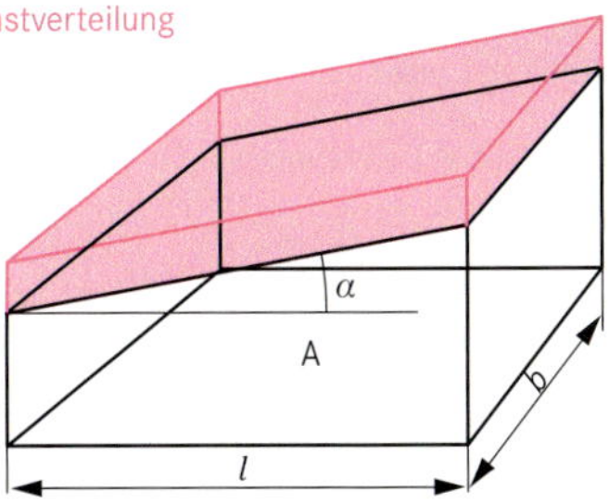

α: Dachneigung in °

μ: Formbeiwert der Schneelast für Flach- und Pultdächer

A: Grundrissprojektion der Dachfläche

l: Dachlänge

α	$0° < \alpha < 30°$	$30° < \alpha < 60°$	$\alpha > 60°$
μ	0,8	$\frac{0{,}8 \cdot (60° - \alpha)}{30°}$	0

Verteilung der Schneelast: gleichmäßig über die gesamte Dachlänge

Berechnung der flächenbezogenen Schneelast s: $s = \mu \cdot s_k$

Formbeiwerte und Verteilung der Schneelast auf Satteldächern

Satteldach

Schneelast-verteilung Fall A: $\mu\ (\alpha_1)$

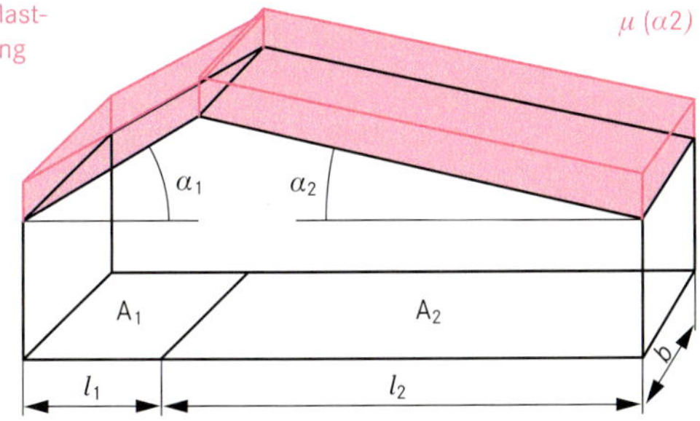

$\alpha_{1,2}$: Dachneigungen des Satteldaches in °

μ: Formbeiwert der Schneelast für das Satteldach

$A_{1,2}$: Grundrissprojektionen der Einzeldachflächen

$l_{1,2}$: projizierte Teildachlängen

$\alpha_{1,2}$	$0° < \alpha < 30°$	$30° < \alpha < 60°$	$\alpha > 60°$
μ	0,8	$\frac{0{,}8 \cdot (60° - \alpha)}{30°}$	0

Verteilung der Schneelast : Gleichmäßige Verteilung auf der jeweiligen Dachneigungsfläche

Satteldach

Schneelast-verteilung Fall B: $0{,}5 \cdot \mu\ (\alpha 1)$

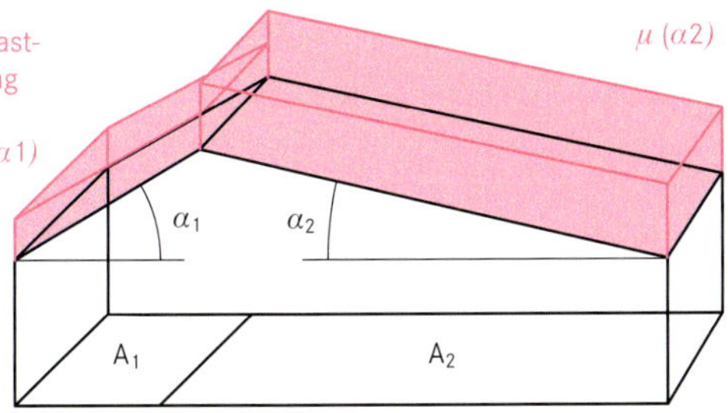

Berechnung der flächenbezogenen Gesamtschneelast s_{ges}

$s_{ges} = s_1 + s_2$

s_{ges}: Gesamtschneelast in kN/m^2
$s_{1,2}$: Einzelschneelasten in kN/m^2

Es sind die Gesamtschneelasten für die folgenden drei Fälle A), B) und C) der Schneelastverteilung zu berechnen. Der für die gegebene Konstruktion ungünstigste Fall von s_{ges} ist bei der Dimensionierung des Bauwerkes zu berücksichtigen.

Satteldach

Schneelast-verteilung Fall C: $\mu\ (\alpha 1)$

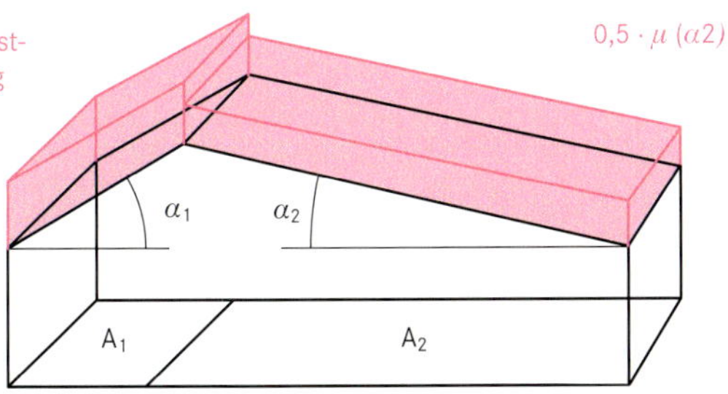

Berechnung der flächenbezogenen Schneelasten s_1 und s_2

Fall A): $s_1 = \mu\ (\alpha_1) \cdot s_k$; $s_2 = \mu\ (\alpha_2) \cdot s_k$

Fall B): $s_1 = 0{,}5 \cdot \mu\ (\alpha_1) \cdot s_k$; $s_2 = \mu\ (\alpha_2) \cdot s_k$

Fall C): $s_1 = \mu\ (\alpha_1) \cdot s_k$; $s_2 = 0{,}5 \cdot \mu\ (\alpha_2) \cdot s_k$

Einwirkungen durch Kräfte

DIN 18 800-1: 1990-11

Einteilung der Einwirkungen

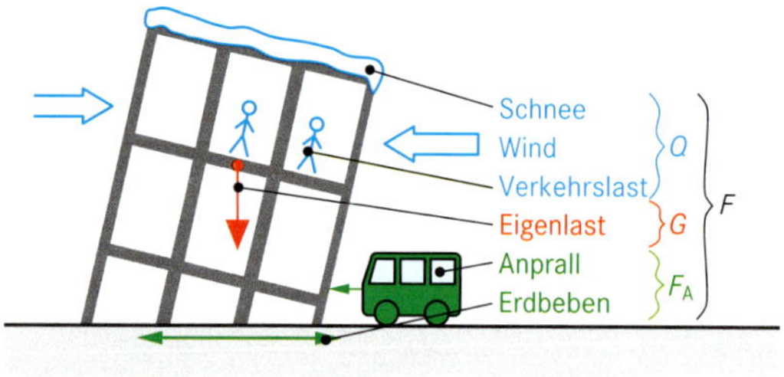

F – Einwirkungen durch Kräfte, allgemein

Q – veränderliche Einwirkungen

G – ständige Einwirkungen

F_A – außergewöhnliche Einwirkungen

Charakteristische Größen und Bemessungswerte

$G_d = G_k \cdot \gamma_F$	G_d ; Q_d ; F_{Ad}: Bemessungswerte der Einwirkungen
$Q_d = Q_k \cdot \gamma_F$	G_k ; Q_k ; F_{Ak} : charakteristische Werte der Einwirkung z. B. nach DIN 1055
$F_{Ad} = F_{Ak} \cdot \gamma_F$	γ_F : Teilsicherheitsbeiwert zur Berücksichtigung der zeitlichen und örtlichen Streuung der Einwirkungen und zur Absicherung von Vereinfachungen bei der Berechnung

Fälle der Einwirkungskombinationen

Fall	Beschreibung der Einwirkungskombinationen	Bemessungswerte der Einwirkungen F_d	Teilsicherheitsbeiwert γ_F für ständige Einwirkungen G	Teilsicherheitsbeiwert γ_F für veränderliche Einwirkungen Q	Kombinationsbeiwert Ψ
1	Berücksichtigt die ständigen Einwirkungen G und die Summe aller ungünstig wirkenden veränderlichen Einwirkungen	$F_d = G_k \cdot \gamma_F + \sum_{i=1}^{n} Q_{k,i} \cdot \gamma_F \cdot \Psi$	1,35	1,35	0,9
2	Berücksichtigt die ständigen Einwirkungen G und alle ungünstig wirkenden veränderlichen Einwirkungen $Q_{k,i}$[1)] einzeln	$F_d = G_k \cdot \gamma_F + Q_{k,i} \cdot \gamma_F$	1,35	1,5	–
3	Berücksichtigt die ständigen Einwirkungen G und die Summe aller ungünstig wirkenden veränderlichen Einwirkungen sowie jeweils eine außergewöhnliche Einwirkung F_A	$F_d = G_k \cdot \gamma_F + \sum_{i=1}^{n} Q_{k,i} \cdot \gamma_F \cdot \Psi + F_{Ak}$	1,0	1,0	0,9

Der für das jeweilige Bauteil ungünstigste Fall der Einwirkungskombinationen ist maßgebend.

[1)] Für den Fall, dass ständige Einwirkungen G (z. B. Eigenlast) die Beanspruchungen aus veränderlichen Einwirkungen (z. B. Windsog bei Dächern) mindern, muss G_d wie folgt berechnet werden: $G_d = \gamma_F \cdot G_k$ mit $\gamma_F = 1{,}0$

Beanspruchungen S_d

Zugbeanspruchung

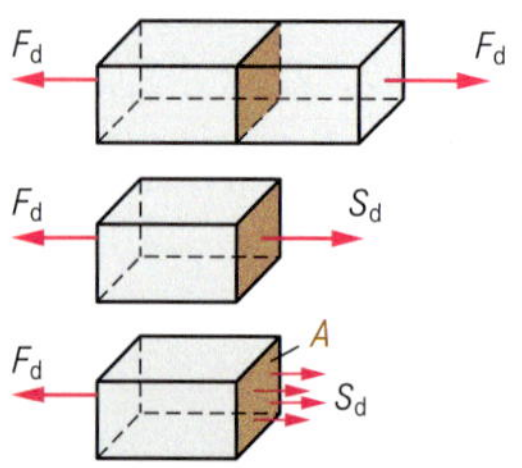

S_d als Zugkraft
$S_d = F_d$

S_d als Spannung
$S_d = \sigma_d$
$\sigma_d = F_d/A$

S_d: Beanspruchung als Zustandsgröße im Bauteil, die sich aus den Bemessungswerten der Einwirkungen und den Bauteilabmessungen ergibt. Sie kann berechnet werden als Zugkraft oder als Spannung.

F_d: Bemessungswert der Einwirkungen z. B. in kN

σ_d: Bemessungswert der Normalspannung z. B. in kN/cm^2

A: Querschnittsfläche des Bauteils z. B. in cm^2

Beanspruchungen S_d

Biegebeanspruchung

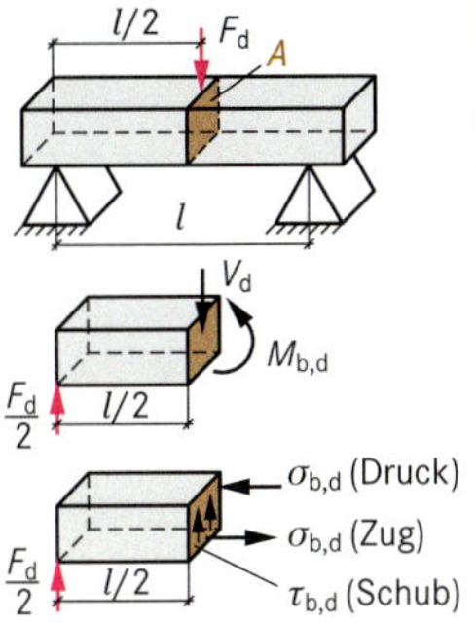

S_d als Querkraft:
$S_d = V_d$
$V_d = F_d/2$

S_d als Biegemoment:
$S_d = M_{b,d}$
$M_{b,d} = F_d/2 \cdot l/2$

S_d als Spannungen:
a) $S_d = \tau_{ad}$
$\tau_{a,d} = V_d/A$
b) $S_d = \sigma_{b,d}$
$\sigma_{b,d} = M_{b,d}/W$

S_d:	Beanspruchungen als Zustandsgrößen im Bauteil, die sich aus den Bemessungsgrößen der Einwirkungen und den Bauteilabmessungen ergeben. Sie können berechnet werden als Querkräfte, als Biegemomente oder als Spannungen	
F_d:	Bemessungswert der Einwirkungen	z. B. in kN
l:	Bauteillänge	z. B. in cm
V_d:	Bemessungswert der Querkraft	z. B. in kN
$M_{b,d}$:	Bemessungswert des Biegemoments	z. B. in kN cm
$\tau_{a,d}$:	Bemessungswert der Scherspannung	z. B. in kN/cm²
A:	Querschnittsfläche des Bauteils	z. B. in cm²
$\sigma_{b,d}$:	Bemessungswert der Biegespannung	z. B. kN/cm²
W:	Widerstandsmoment des Bauteils	z. B. in cm³

Beanspruchbarkeit R_d

$$R_d = M_d$$

R_d:	Beanspruchbarkeit als sicherer Grenzwert (Bemessungswert) des Bauteilwiderstands gegen Einwirkungen	z. B. in kN
M_d:	Bemessungswert des Widerstandes gegenüber Einwirkungen	z. B. in kN

Widerstand M

Biegebeanspruchung

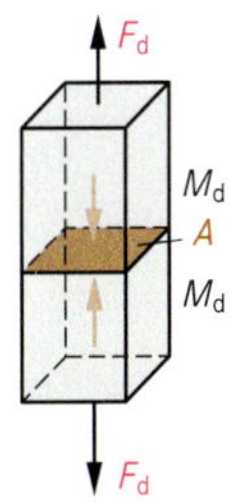

Zugstange

$$M_d = M_k/\gamma_M$$

$\gamma_M = 1{,}1$ allgemein für Festigkeiten und Steifigkeiten
$\gamma_M = 1{,}0$ für Festigkeiten und Steifigkeiten beim Gebrauchstauglichkeitsnachweis, vgl. DIN 18 800

Beispiel: Widerstand gegen Zugbeanspruchung (Zugkraft)
$M_{k\ Zugstange} = A \cdot f_{y,k}$
$M_{d\ Zugstange} = A \cdot f_{y,d}$
$f_{y,d} = f_{y,k}/\gamma_M$

M:	Widerstand, den das Bauteil den Einwirkungen entgegensetzt	in N
M_d:	Bemessungswert des Widerstandes	in N
M_k:	charakeristischer Wert des Widerstandes	in N
γ_M:	Teilsicherheitsbeiwert zur Erfassung der Streuung der Festigkeiten bzw. Steifigkeiten (Teilsicherheitsbeiwert der Widerstandsgrößen)	
A:	Querschnittsfläche des Bauteils	in mm²
$f_{y,k}$:	charakteristischer Wert der Streckgrenze (R_e) eines Werkstoffes	in N/mm²
$f_{y,d}$:	Bemessungswert der Streckgrenze eines Werkstoffes	in N/mm²
F_d:	Bemessungswert der Einwirkung auf Zug	in N

Charakteristische Werte für Walz- und Gussstahl

DIN 18 800-1: 1990-11

Stahlbezeichnung DIN 18 800-1		Bezeichnung nach DIN EN 10 025, DIN EN 10 083	Erzeugnisdicke t in mm	Charakteristische Werte: Streckgrenze $f_{y,k}$ in N/mm²	Zugfestigkeit $f_{u,k}$ in N/mm²	E-Modul E in N/mm²	Schubmodul G in N/mm²
Baustahl	St 37-2 USt 37-2 RSt 37-2 St 37-3	S235JR S235JRG1 S235JRG2 S235J0 S235J2G3	$t \le 40$	240	360	210 000	81 000
			$40 < t \le 80$	215			
Baustahl	St 52-2	S355J0 S355J2G3	$t \le 40$	360	510		
			$40 < t \le 80$	325			
Feinkornbaustahl	StE 355	S355N	$t \le 40$	360	510		
	WStE 355	S355NL	$40 < t \le 80$	325			
Stahlguss	GS-52	GS-52		260	520		
	GS-20 Mn5		$t \le 100$	260	500		
Vergütungsstahl	C 35 N	C 35	$t \le 16$	300	480		
			$16 < t \le 80$	270			

Nachweis der Tragsicherheit

DIN 18 800-1: 1990-11

allgemeine Form

$$\frac{S_d}{R_d} \leq 1$$

S_d:	Beanspruchung, die sich aus den Bemessungswerten der Einwirkungen ergibt	z. B. in kN
R_d:	Beanspruchbarkeit, die sich aus den Bemessungswerten der Widerstände ergibt	z. B. in kN

Der Tragsicherheitsnachweis belegt, dass ein Bauteil bzw. ein ganzes Tragwerk gegen Versagen (z. B. durch Einsturz) ausreichend sicher ist.

Tragsicherheitsnachweis nach dem Verfahren „Elastisch-Elastisch"

DIN 18 800-1: 1990-11

allgemeiner Nachweis

$$\frac{\sigma_d}{\sigma_{R,\,d}} \leq 1 \qquad \sigma_{R,\,d} = \frac{f_{y,\,k}}{\gamma_M}$$

$$\frac{\tau_d}{\tau_{R,\,d}} \leq 1 \qquad \tau_{R,\,d} = \frac{f_{y,\,k}}{\gamma_M \cdot \sqrt{3}}$$

$\gamma_M = 1{,}1$

σ_d:	Bemessungswert der Normalspannung infolge der Einwirkungen	z. B. in N/mm²
$\sigma_{R,\,d}$:	Grenznormalspannung	z. B. in N/mm²
$f_{y,\,k}$:	charakteristischer Wert der Streckgrenze	z. B. in N/mm²
γ_M:	Teilsicherheitsbeiwert zur Erfassung der Streuung der Festigkeitswerte	
τ_d:	Bemessungswert der Schubspannung infolge der Einwirkungen	z. B. in N/mm²
$\tau_{R,\,d}$:	Grenzschubspannung	z. B. in N/mm²

Zugbeanspruchung

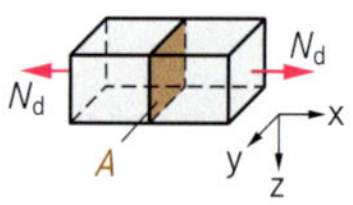

Zugbeanspruchung

$$\sigma_d = N_d / A$$

σ_d:	Bemessungswert der Normalspannung infolge Zugbeanspruchung	in N/mm²
N_d:	Bemessungswert der Kraft in Richtung der Stablängsachse x	in N
A:	maßgebende Querschnittsfläche (vgl. z. B. Lochschwächung etc.)	in mm²

Biegebeanspruchung

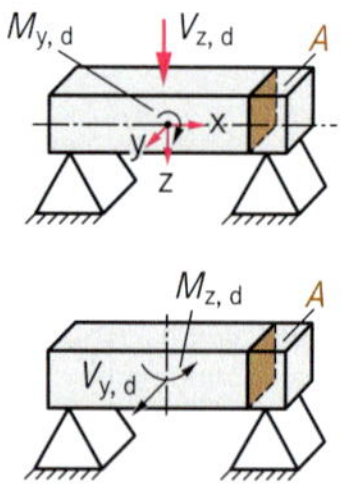

$$\sigma_d = \frac{M_{y,\,d}}{W_y} \qquad \tau_d = {}^{1)}\frac{V_{z,\,d/2}}{A}$$

$$\sigma_d = \frac{M_{z,\,d}}{W_z} \qquad \tau_d = {}^{1)}\frac{V_{y,\,d/2}}{A}$$

[1] nur bei konstanter Spannungsverteilung

σ_d:	Bemessungswert der Normalspannung	in N/mm²
$M_{y,\,d}$:	Bemessungswert des Biegemoments um die y-Achse	in N · mm
W_y:	Widerstandsmoment des Bauteils bezogen auf die y-Achse, das zur größten Beanspruchung führt	in mm³
τ_d:	Bemessungswert der Schubspannung	in N/mm²
$V_{z,\,d}$:	Bemessungswert der Querkraft in Richtung z-Achse	in N
A:	Querschnittsfläche des Bauteils	in mm²
$M_{z,\,d}$:	Bemessungswert des Biegemoments um die z-Achse	in N · mm
W_z:	Widerstandsmoment des Bauteils bezogen auf die z-Achse, das zur größten Beanspruchung führt	in mm³
$V_{y,\,d}$:	Bemessungswert der Querkraft in Richtung y-Achse	in N

Zug- und Biegebeanspruchung

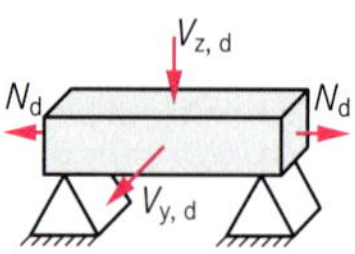

$$\sigma_d = \frac{N_d}{A} + \frac{M_{y,\,d}}{W_y} + \frac{M_{z,\,d}}{W_z}$$

Berechnungsformel gilt nur für achssymmetrische Profile

σ_d:	Bemessungswert der Normalspannung	in N/mm²
N_d:	Bemessungswert der Stablängskraft	in N
A:	Bauteilquerschnitt	in mm²
$M_{y,\,d}$; $M_{z,\,d}$:	Bemessungswert der Biegemomente	in N · mm
W_y, W_z:	Widerstandsmoment bezogen auf die y- und z-Achse	in mm³
$V_{y,\,d}$; $V_{z,\,d}$:	Bemessungswert der Querkräfte	in N

Beanspruchung von I-Profilen

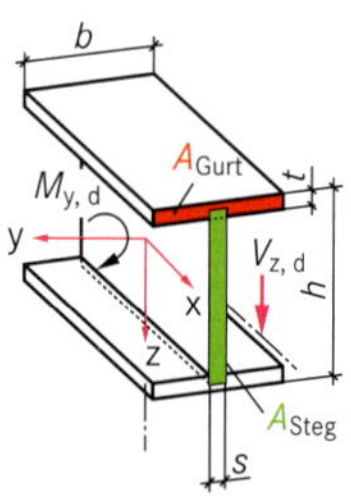

Bedingung:
$A_{gurt} / A_{steg} > 0{,}6$

Schubbeanspruchung im Steg

$$\tau_{m,\,d} = \frac{V_{z,\,d}}{A_{steg}}$$

$A_{steg} = (h - t) \cdot s$
$A_{gurt} = b \cdot t$

gleichzeitige Beanspruchung durch $M_{y,\,d}$ und $V_{z,\,d}$

$$\sigma_{v,\,d} = \sqrt{\sigma_{r,\,d}^2 + 3 \cdot \tau_m^2}$$

$\tau_{m,\,d}$:	Bemessungswert der mittleren Schubspannung im Steg des I-Trägers	in N/mm²
$V_{z,\,d}$:	Bemessungswert der Querkraft in Richtung der z-Achse	in N
A_{steg}:	Querschnittsfläche des Steges eines I-Trägers	in mm²
A_{gurt}:	Querschnittsfläche des Gurtes eines I-Trägers	in mm²
h:	Profilhöhe	in mm
t:	Flanschdicke	in mm
s:	Stegdicke	in mm
b:	Profilbreite	in mm
$\sigma_{v,\,d}$:	Bemessungswert der Vergleichsspannung für gleichzeitige Beanspruchung auf Biegung und Schub	in N/mm²
$\sigma_{r,\,d}$:	Bemessungswert der errechneten Biegespannung im I-Träger direkt unterhalb der Stegausrundung	in N/mm²

Tragsicherheitsnachweis für gedrückte Stäbe nach dem Omegaverfahren – Knickung

Biegebeanspruchung

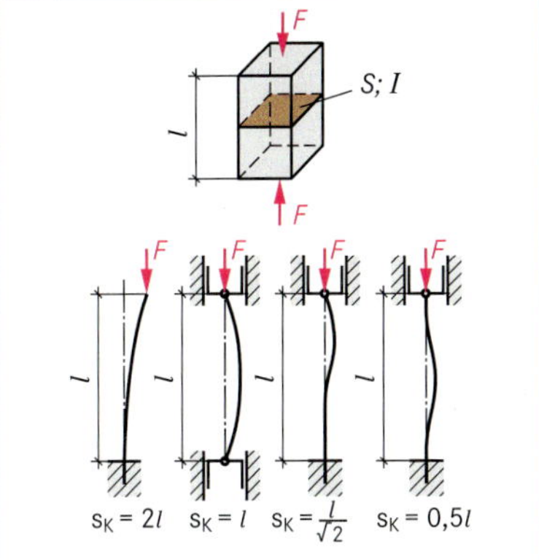

$$\sigma_\omega / \sigma_{zul} \leq 1$$

$$\sigma_\omega = \frac{F}{S} \cdot \omega$$

$$\lambda = \frac{s_K}{i_{min}}$$

$$i_{min} = \sqrt{\frac{I_{min}}{S}}$$

σ_ω:	Omegaspannung eines Knickstabes	in N/mm²
σ_{zul}:	zulässige Spannung für auf Knickung beanspruchte Stäbe [1]	in N/mm²
F:	Knickkraft	in N
S:	Querschnittsfläche des Knickstabes	in mm²
ω:	Knickzahl	
λ:	Schlankheitsgrad des Knickstabes	
s_K:	Knicklänge eines Stabes, abhängig vom Einspannungsfall	in cm
i_{min}:	minimaler Trägheitsradius des Knickstabprofils	in cm
I_{min}:	minimales Flächenmoment 2. Ordnung des Knickstabprofils	in cm⁴

[1] für S235: σ_{zul} = 140 N/mm²; für S355: σ_{zul} = 210 N/mm²

Knickzahlen ω für Vollprofile aus S235

Schlankheitsgrad des Knickstabes $\lambda = 63 \rightarrow \omega = 1{,}33$

λ	0	1	2	3	4	5	6	7	8	9
20	1,04	1,04	1,04	1,05	1,05	1,06	1,06	1,07	1,07	1,08
30	1,08	1,09	1,09	1,10	1,10	1,11	1,11	1,12	1,13	1,13
40	1,14	1,14	1,15	1,16	1,16	1,17	1,18	1,19	1,19	1,20
50	1,21	1,22	1,23	1,23	1,24	1,25	1,26	1,27	1,28	1,29
60	1,30	1,31	1,32	1,33	1,34	1,35	1,36	1,37	1,39	1,40
70	1,41	1,42	1,44	1,45	1,46	1,48	1,49	1,50	1,52	1,53
80	1,55	1,56	1,58	1,59	1,61	1,62	1,64	1,66	1,68	1,69
90	1,71	1,73	1,74	1,76	1,78	1,80	1,82	1,84	1,86	1,88
100	1,90	1,92	1,94	1,96	1,98	2,00	2,02	2,05	2,07	2,09
110	2,11	2,14	2,16	2,18	2,21	2,23	2,27	2,31	2,35	2,39
120	2,43	2,47	2,51	2,55	2,60	2,64	2,68	2,72	2,77	2,81
130	2,85	2,90	2,94	2,99	3,03	3,08	3,12	6,17	3,22	3,26
140	3,31	3,36	3,41	3,45	3,50	3,55	3,60	3,65	3,70	3,75
150	3,80	3,85	3,90	3,95	4,00	4,06	4,11	4,16	4,22	4,27
160	4,32	4,38	4,43	4,49	4,54	4,60	4,65	4,71	4,77	4,82
170	4,88	4,94	5,00	5,05	5,11	5,17	5,23	5,29	5,35	5,41
180	5,47	5,53	5,59	5,66	5,72	5,75	5,84	5,91	5,97	6,03
190	6,10	6,16	6,23	9,29	9,36	6,42	6,49	6,55	6,62	6,69
200	6,75	6,82	6,89	6,96	7,03	7,10	7,17	7,24	7,31	7,38
210	7,45	7,52	7,59	7,66	7,73	7,81	7,88	7,95	8,03	8,10
220	8,17	8,25	8,32	8,40	8,47	8,55	8,63	8,70	8,78	8,86
230	8,93	9,01	9,09	9,17	9,25	9,33	9,41	9,49	9,57	9,65
240	9,73	9,81	9,89	9,97	10,05	10,14	10,22	10,30	10,39	10,47
250	10,55									

Knickzahlen ω für Vollprofile aus S355

Schlankheitsgrad des Knickstabes

λ	0	1	2	3	4	5	6	7	8	9
20	1,06	1,06	1,07	1,07	1,08	1,08	1,09	1,09	1,10	1,11
30	1,11	1,12	1,12	1,13	1,14	1,15	1,15	1,16	1,17	1,18
40	1,19	1,20	1,19	1,21	1,22	1,23	1,24	1,25	1,26	1,27
50	1,28	1,31	1,30	1,32	1,33	1,35	1,36	1,37	1,39	1,40
60	1,41	1,44	1,43	1,46	1,48	1,49	1,51	1,53	1,54	1,56
70	1,58	1,62	1,60	1,64	1,66	1,68	1,70	1,72	1,74	1,77
80	1,79	1,83	1,81	1,86	1,88	1,91	1,93	1,95	1,98	2,01
90	2,05	2,14	2,10	2,19	2,24	2,29	2,33	2,38	2,43	2,48
100	2,53	2,64	2,58	2,68	2,74	2,79	2,85	2,90	2,95	3,01
110	3,06	3,18	3,12	3,23	3,29	3,35	3,41	3,47	3,53	3,59
120	3,65	3,77	3,71	3,83	3,89	3,96	4,02	4,09	4,15	4,22
130	4,28	4,41	4,35	4,48	4,55	4,62	4,69	4,75	4,82	4,89
140	4,96	5,11	5,04	5,18	5,25	5,33	5,40	5,47	5,55	5,62
150	5,70	5,85	5,78	5,93	6,01	6,09	6,16	6,24	6,32	6,40
160	6,48	6,65	6,57	6,73	6,81	6,90	9,98	7,06	7,15	7,23
170	7,32	7,49	7,41	7,58	7,67	7,76	7,85	7,94	8,03	8,12
180	8,21	8,39	8,30	8,48	8,58	8,67	8,76	8,86	8,95	9,05
190	9,14	9,34	9,24	9,44	9,53	9,63	9,73	9,83	9,93	10,03
200	10,13	10,34	10,23	10,44	10,54	10,65	10,75	10,85	10,96	11,06
210	10,13	10,34	10,23	10,44	10,54	10,65	10,75	10,85	10,96	11,06
220	12,26	12,48	12,37	12,60	12,71	12,82	12,94	13,05	13,17	13,28
230	13,40	13,63	13,52	13,75	13,87	13,99	14,11	14,23	14,35	14,47
240	14,59	14,83	14,71	14,96	15,08	15,02	15,33	15,45	15,58	15,71
250	15,83									

Knickzahlen ω für Hohlprofile (und Rundrohre) aus S235

Schlankheitsgrad des Knickstabes

λ	0	1	2	3	4	5	6	7	8	9
20	1,00	1,00	1,00	1,00	1,01	1,01	1,01	1,02	1,02	1,02
30	1,03	1,03	1,04	1,04	1,04	1,05	1,05	1,05	1,06	1,06
40	1,07	1,07	1,08	1,08	1,09	1,09	1,10	1,10	1,10	1,11
50	1,12	1,13	1,13	1,14	1,15	1,15	1,16	1,17	1,17	1,18
60	1,19	1,20	1,20	1,21	1,22	1,23	1,24	1,25	1,26	1,27
70	1,28	1,29	1,30	1,31	1,32	1,33	1,34	1,35	1,36	1,37
80	1,39	1,40	1,41	1,42	1,44	1,46	1,47	1,48	1,50	1,51
90	1,53	1,54	1,58	1,59	1,59	1,61	1,63	1,64	1,66	1,68
100	1,70	1,73	1,76	1,79	1,83	1,87	1,90	1,94	1,97	2,01
110	2,05	2,08	2,12	2,16	2,20	2,23				

Knickzahlen ω für Hohlprofile (und Rundrohre) aus S355

Schlankheitsgrad des Knickstabes

λ	0	1	2	3	4	5	6	7	8	9
20	1,02	1,02	1,02	1,03	1,03	1,03	1,04	1,04	1,05	1,05
30	1,05	1,06	1,06	1,07	1,07	1,08	1,08	1,09	1,10	1,10
40	1,11	1,11	1,12	1,13	1,13	1,14	1,15	1,16	1,16	1,17
50	1,18	1,19	1,20	1,21	1,22	1,23	1,24	1,25	1,26	1,27
60	1,28	1,19	1,20	1,21	1,22	1,23	1,24	1,25	1,26	1,27
70	1,42	1,44	1,46	1,47	1,49	1,51	1,53	1,55	1,57	1,59
80	1,62	1,66	1,71	1,75	1,79	1,83	1,88	1,92	1,97	2,01
90	2,05									

Tragsicherheitsnachweis für gedrückte Stäbe mittels Abminderungsfaktor $\varkappa$

DIN 18 800-2: 1990-11

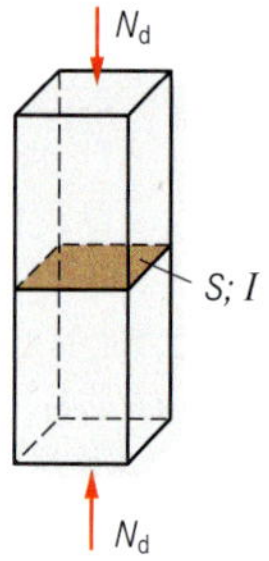

$$N_d / N_{Rd} \leq 1$$

$$N_{Rd} = \varkappa \cdot N_{pl,d}$$

$$N_{Pl,d} = \delta_{R,d} \cdot S$$

$$\delta_{R,d} = f_{y,k} / \gamma_M$$

$$\bar{\lambda} = \lambda_k / \lambda_a$$

$$\lambda_k = s_k / i$$

$$i = \sqrt{\frac{I}{S}}$$

$$\lambda_a = \pi \cdot \sqrt{\frac{E}{f_{y,k}}}$$

N_d:	Bemessungswert der Normalkraft	in kN
$N_{R,d}$:	Grenzdruckkraft eines Stabes	in kN
$\varkappa$:	Abminderungsfaktor	
$\delta_{R,d}$:	Grenznormalspannung	in kN/cm²
$N_{pl,d}$:	Grenzwert der Normalkraft im vollplastischen Zustand	in kN
$\bar{\lambda}$:	bezogener Schlankheitsgrad	
λ_k:	Schlankheitsgrad	
λ_a:	Bezugsschlankheitsgrad	
s_k:	Knicklänge eines Stabes	in cm
γ_M:	Teilsichherheitsbeiwert der Widerstandgrößen	
i:	Trägheitsradius des Knickstabprofils	in cm
I:	Flächenmoment 2. Ordnung des Knickstabprofils	in cm⁴
S:	Querschnittsfläche des Knickstabprofils	in cm²
E:	Elastizitätsmodul des Knickstabwerkstoffes	in N/mm²
$f_{y,k}$:	charakteristischer Wert der Streckgrenze	in kN/cm²

Zuordnung der Knickstabquerschnitte zu den Knickfällen

DIN 18 800-2: 1990-11

Querschnittsform und Art der Herstellung			Knicken rechtwinklig zur Achse	Knickfall
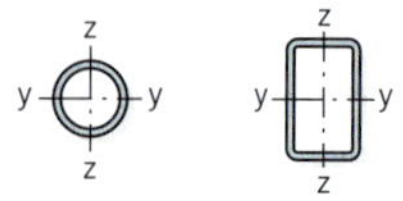	Hohlprofile:	warm gefertigt	y-y z-z	a
		kalt gefertigt	y-y z-z	b
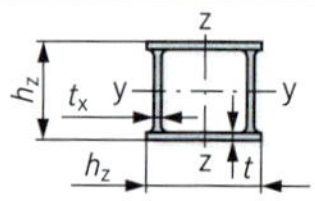	geschweißte Kastenquerschnitte:		y-y z-z	b
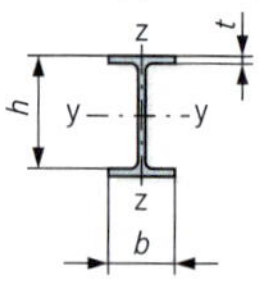	gewalzte I-Profile:	alle IPE ≥ HEA 400 ≥ HEB 400 } $h/b > 1{,}2$; $t \leq 40$	y-y z-z	a b
		≤ HEA 360 $h/b > 1{,}2$; $40 < t \leq 80$ ≤ HEA 360 $h/b \leq 1{,}2$; $t \leq 80$	y-y z-z	b c
		t > 80	y-y z-z	d
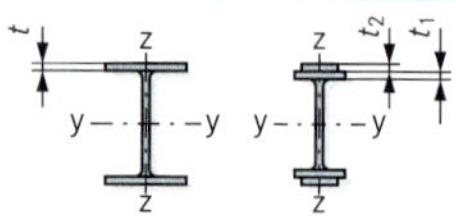	I-Querschnitte geschweißt: i = 1, 2, ..., n	$t_i \leq 40$	y-y z-z	b c
		$t_i > 40$	y-y z-z	c d
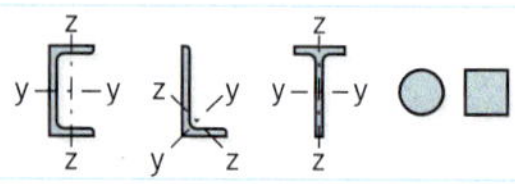	U-, L-, T- und Vollquerschnitt und mehrteilige Stäbe:		y-y z-z	c

Abminderungsfaktor $\varkappa$

DIN 18 800-2: 1990-11

	für Knickfall					für Knickfall					für Knickfall			
$\bar{\lambda}$	a	b	c	d	$\bar{\lambda}$	a	b	c	d	$\bar{\lambda}$	a	b	c	d
0,2	1,000	1,000	1,000	1,000	1,1	0,596	0,535	0,484	0,414	2,1	0,204	0,192	0,180	0,163
0,3	0,978	0,964	0,949	0,924	1,2	0,530	0,478	0,434	0,376	2,2	0,187	0,17	0,166	0,159
0,4	0,953	0,926	0,897	0,850	1,3	0,470	0,427	0,389	0,339	2,3	0,172	0,163	0,154	0,140
0,5	0,924	0,884	0,843	0,779	1,4	0,418	0,382	0,349	0,306	2,4	0,159	0,151	0,142	0,130
0,6	0,890	0,837	0,785	0,710	1,5	0,372	0,342	0,315	0,277	2,5	0,147	0,140	0,133	0,121
0,7	0,848	0,784	0,725	0,643	1,6	0,333	0,308	0,284	0,251	2,6	0,136	0,130	0,123	0,113
0,8	0,796	0,725	0,662	0,580	1,7	0,299	0,278	0,258	0,229	2,7	0,127	0,120	0,115	0,106
0,9	0,734	0,661	0,600	0,529	1,8	0,270	0,252	0,235	0,209	2,8	0,118	0,113	0,110	0,100
1,0	0,666	0,598	0,540	0,467	1,9	0,245	0,229	0,214	0,192	2,9	0,111	0,106	0,101	0,094
					2,0	0,223	0,210	0,196	0,177	3,0	0,104	0,099	0,095	0,089

Grenzwert der Normalkraft im vollplastischen Zustand $N_{pL,d}$ von Profilen aus S235 JR

IPE DIN 1025-5		IPB_L DIN 1025-3		IB DIN 1025-2		IPB_v DIN 1025-4		gleichschenkel. Winkel DIN EN 10 056-1		U DIN 1026-1		quadrat. Hohlprofil DIN EN 10 210-2	
Kurz-zeichen IPE	$N_{pl,d}$ in kN	Kurz-zeichen IPB_L	$N_{pl,d}$ in kN	Kurz-zeichen IPB	$N_{pl,d}$ in kN	Kurz-zeichen IPB_v	$N_{pl,d}$ in kN	Kurzzeichen L	$N_{pl,d}$ in kN	Kurz-zeichen U	$N_{pl,d}$ in kN	Kurzzeichen HFRHF	$N_{pl,d}$ in kN
80	167	100	463	100	568	100	1162	40 x 40 x 4	67	30	118	40 x 40 x 3	95
100	225	120	553	120	742	120	1449	40 x 40 x 5	83	40	135	40 x 40 x 4	122
120	288	140	686	140	937	140	1758			50	155		
140	358	160	846	160	1184	160	2117	50 x 50 x 5	105	60	141	50 x 50 x 3	121
160	438	180	987	180	1424	180	2472	50 x 50 x 6	124	65	197	50 x 50 x 4	157
180	523									80	240		
		200	1174	200	1704	200	2865	60 x 60 x 5	127	100	295		
200	621	220	1404	220	1986	220	3260	60 x 60 x 6	151	120	371	60 x 60 x 4	192
220	728	240	1677	240	2313	240	4355	60 x 60 x 8	197	140	445	60 x 60 x 5	275
240	584	260	1894	260	2583	260	4791	65 x 65 x 7	190	160	524	60 x 60 x 8	349
270	1003	280	2122	280	2837	280	5241			180	611		
								70 x 70 x 6	177			70 x 70 x 4	227
300	1174	300	2455	300	3253	300	6613	70 x 70 x 7	205	200	703	70 x 70 x 5	327
330	1366	320	2714	320	3519	320/305	4911	75 x 75 x 8	249	220	816	70 x 70 x 3	419
360	1587	340	2913	340	3729	320	6807			240	923	80 x 80 x 4	261,8
		360	3116	360	3940	340	6890	80 x 80 x 8	268	260	1045	80 x 80 x 6	379,6
400	1843					360	6956	80 x 80 x 10	330	280	1163	80 x 80 x 8	488,7
450	2156	400	3469	400	4316								
		450	3884	450	4756	400	7108	100 x 100 x 8	338	300	1283	90 x 90 x 4	296,7
500	2520					450	7318	100 x 100 x 10	400	320	1654	90 x 90 x 6	431,9
550	2932	500	4309	500	5206					350	1686	90 x 90 x 8	558,5
		550	4621	550	5544	500	7512	120 x 120 x 10	506	380	1754		
600	3404					550	7732	150 x 150 x 12	760			100 x 100 x 6	484,3
		600	4942	600	5891					400	1996	100 x 100 x 8	628,3
		650	5271	650	6247	600	7935	200 x 200 x 18	1508			100 x 100 x 10	671,4

Tragsicherheitsnachweis für gedrückte Stäbe IPE

Profil-kurzzei-chen	Grenzdruckkraft $N_{R,d}$ für das Knicken rechtwinklig zur y-Achse nach DIN 18 800 für Stäbe aus S235JR in kN												
	Knicklänge S_k in m												
	1,50	2,00	2,50	3,00	3,50	4,00	4,50	5,00	5,50	6,00	6,50	7,00	8,00
80	154	144	130	111	92,3	75,7	62,4	51,9	43,8	37,3	32,2	28,0	21,7
100	214	206	195	180	161	141	121	103	88,3	76,1	66,1	57,8	45,2
120	280	271	262	250	234	216	194	172	152	133	117	103	81,5
140	351	343	334	323	310	295	276	254	230	207	185	166	133
160	434	426	417	407	395	381	364	344	322	297	272	248	204
180	519	511	502	492	481	468	453	436	416	393	368	342	290
200	622	613	604	594	583	570	556	540	522	501	477	451	395
220	732	723	713	703	692	680	666	651	634	615	693	568	513
240	860	850	840	829	818	806	792	778	761	743	723	700	646
270	1014	1003	993	982	970	959	946	932	917	901	882	862	815
300	1192	1181	1169	1158	1147	1135	1122	1108	1094	1078	1061	1043	1000
330	1390	1379	1367	1355	1343	1331	1318	1304	1290	1274	1258	1240	1201
360	1618	1605	1593	1581	1586	1555	1542	1528	1513	1498	1482	1464	1426
400	1885	1872	1859	1846	1832	1819	1805	1791	1776	1761	1745	1729	1692
450	2208	2195	2181	2167	2154	2140	2126	2112	2097	2082	2066	2049	2014
500	2597	2583	2568	2554	2539	2525	2510	2495	2480	2464	2448	2431	2396
550	3005	2989	2974	2959	2944	2928	2913	2898	2882	2866	2849	2832	2797
600	3502	3486	3469	3453	3437	3421	3404	3388	3371	3354	3337	3319	3282

Tragsicherheitsnachweis für gedrückte Stäbe IPB_L

Profil-kurzzeichen	Grenzdruckkraft $N_{R,d}$ für das Knicken rechtwinklig zur y-Achse nach DIN 18 800 für Stäbe aus S235 JR in kN										
	Knicklänge S_k in m										
	3,00	3,50	4,00	4,50	5,00	5,50	6,00	6,50	7,00	7,50	8,00
100	183	146	118	96,7	80,6	68,2	58,3	50,4	44,0	38,8	34,4
120	277	228	188	157	132	112	96,6	83,9	73,5	64,9	57,7
140	404	343	290	246	209	180	156	136	120	106	94,5
160	555	484	419	361	312	270	236	207	183	162	145
180	707	633	561	493	433	380	335	296	263	235	211
200	889	810	731	653	581	516	459	408	365	327	295
240	1377	1289	1197	1103	1009	919	834	756	685	621	565
260	1600	1511	1417	1320	1221	1124	1030	942	860	785	717
300	2162	2065	1964	1859	1751	1640	1530	1421	1317	1218	1125
340	2563	2448	2328	2202	2073	1942	1810	1681	1557	1440	1330
360	2739	2615	2485	2351	2212	2070	1929	1791	1658	1532	1415
400	3157	3047	2927	2796	2653	2499	2339	2175	2013	1857	1710
450	3529	3405	3270	3121	2959	2786	2604	2420	2238	2063	1898

Tragsicherheitsnachweis für gedrückte Stäbe IPB

Profil-kurzzeichen	Grenzdruckkraft $N_{R,d}$ für das Knicken rechtwinklig zur y-Achse nach DIN 18 800 für Stäbe aus S235 JR in kN										
	Knicklänge S_k in m										
	3,00	3,50	4,00	4,50	5,00	5,50	6,00	6,50	7,00	7,50	8,00
100	227	181	147	121	101	85,0	72,8	63,0	55,0	48,4	43,0
120	377	311	257	214	181	154	132	115	101	89,0	79,2
140	561	478	405	344	294	252	219	191	168	149	133
160	786	688	597	516	446	387	338	297	263	234	209
180	1026	921	818	721	633	557	490	434	386	345	309
200	1300	1188	1075	964	860	765	681	607	543	487	439
240	1910	1790	1665	1537	1410	1286	1169	1060	962	874	795
260	2192	2071	1945	1815	1683	1551	1424	1304	1192	1089	996
300	2874	2748	2616	2479	2337	2193	2048	1906	1768	1637	1514
340	3289	3134	2991	2832	2669	2502	2335	2171	2013	1862	1722
360	3471	3316	3154	2954	2811	2634	2457	2283	2116	1957	1808
400	3933	3798	3651	3490	3314	3126	2928	2726	2526	2333	2149
450	4327	4177	4012	3832	3635	3425	3204	2980	2758	2544	2342

Tragsicherheitsnachweis für gedrückte Stäbe IPB_V

Profil-kurzzeichen	Grenzdruckkraft $N_{R,d}$ für das Knicken rechtwinklig zur y-Achse nach DIN 18 800 für Stäbe aus S235 JR in kN										
	Knicklänge S_k in m										
	3,00	3,50	4,00	4,50	5,00	5,50	6,00	6,50	7,00	7,50	8,00
100	516	416	340	281	235	199	171	148	129	114	101
120	789	658	549	461	390	334	288	251	220	195	173
140	1102	950	813	695	569	515	447	392	345	306	274
160	1457	1290	1130	984	856	747	655	577	511	455	408
180	1827	1654	1480	1314	1162	1026	908	806	718	643	578
200	2229	2051	1868	1687	1513	1354	1210	1083	971	874	789
240	3659	3448	3227	2999	2769	2543	2326	2122	1934	1763	1609
260	4124	3914	3694	3466	3232	2998	2768	2548	2340	2148	1971
300	5922	5682	5433	5173	4905	4629	4350	4072	3800	3537	3288
340	6357	6162	5952	5722	5473	5204	4918	4620	4318	4020	3730
360	6407	6207	5991	5756	5500	4223	4930	4626	4319	4015	3722
400	6529	6320	6094	5846	5577	5287	4981	4664	4345	4032	3731
450	6703	6483	6245	5984	5699	5394	5071	4739	4406	4081	3771

Nachweis der Gebrauchstauglichkeit

DIN 18 800-1: 1990-11

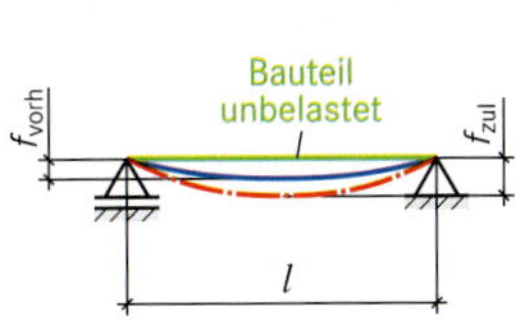

$$\frac{f_{vorh}}{f_{zul}} \leq 1$$

f_{vorh}:	vorhandene Verformung (z. B. Durchbiegung) eines Bauteils infolge der Einwirkungen	z. B. in mm
l:	Bauteillänge (Auflagerabstand)	z. B. in mm
f_{zul}:	zulässige bzw. empfohlene maximale Verformung (z. B. Durchbiegung) eines Bauteils	z. B. in mm

Bei der Berechnung der entstehenden Verformungen werden die charakteristischen Größen der Einwirkungen G_K und Q_K nicht mit Teilsicherheitsbeiwerten γ_F erhöht. Die Widerstandsgrößen sind hierbei nicht mit dem Teilsicherheitsbeiwert abzumindern.
Ausnahme: Wenn $f_{vorh} > f_{zul}$ sind die besonderen Hinweise nach DIN18 800-1 zu beachten.

Zulässige lotrechte Bauteilverformungen

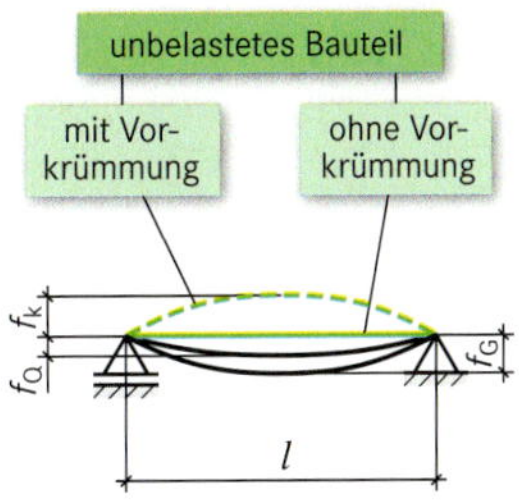

$$f_Q \leq f_{Q\,zul}$$
$$f_{Q\,zul} = l/x$$

$$f_{ges} \leq f_{ges\,zul}$$
$$f_{ges} = f_G + f_Q - f_K$$
$$f_{ges\,zul} = l/y$$

f_Q:	Bauteilverformung infolge veränderlicher Einwirkungen	in mm
$f_{Q\,zul}$:	zulässige Bauteilverformung infolge veränderlicher Einwirkungen	in mm
l:	Bauteillänge (Auflagerabstand)	in mm
x:	Kennzahl für zulässige Bauteilverformung infolge veränderlicher Einwirkungen	
f_{ges}:	Bauteilverformung infolge veränderlicher **und** ständiger Einwirkungen	in mm
$f_{ges\,zul}$:	zulässige Bauteilverformung infolge veränderlicher und ständiger Einwirkungen	in mm
f_G:	Bauteilverformung infolge ständiger Einwirkungen	in mm
f_k:	Vorkrümmung des Bauteils	in mm
y:	Kennzahl für zulässige Bauteilverformung infolge ständiger und veränderlicher Einwirkungen	

Kennzahlen zur Berechnung der zulässigen lotrechten Bauteilverformung

Bauteilart	Kennzahlen	
	für veränderliche Einwirkung x	für ständige und veränderliche Einwirkung y
Dächer, allgemein begehbare Dächer und Decken, allgemein	250 300	200 250
Decken und Dächer mit Putz oder anderen spröden Deckschichten Decken, die Stützen tragen	350 500	250 400

Zulässige waagerechte Bauteilverformungen

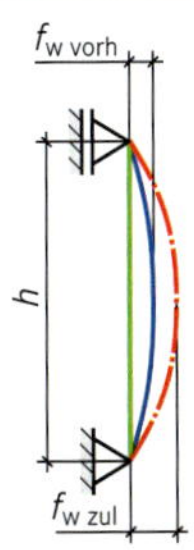

$$f_{w\,zul} = \frac{h}{z}$$

h:	Stockwerk- bzw. Gebäudehöhe	in mm
$f_{w\,vorh}$:	vorhandene Bauteilverformung	in mm
$f_{w\,zul}$:	zulässige Bauteilverformung infolge veränderlicher und ständiger Einwirkungen	in mm
z:	Kennzahl für zulässige waagerechte Bauteilverformung	

Kennzahl z für zulässige waagerechte Bauteilverformungen

Bauteilart	z
eingeschossige Gebäude	300
mehrgeschossige Gebäude – für die Gesamtgebäudehöhe – für eine Stockwerkhöhe	 500 300

Nachweis der Lagesicherheit

Sicherheit gegen Abheben

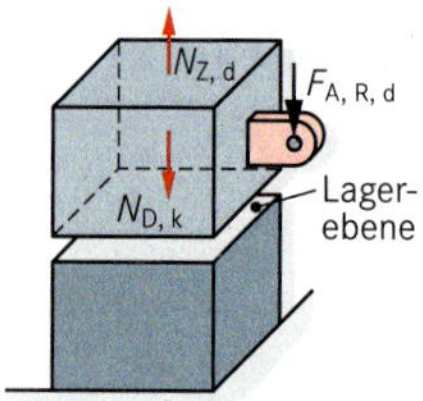

$$\frac{N_{Z,d}}{N_{D,k} + F_{A,R,d}} \le 1$$

$N_{Z,d}$:	Bemessungswert der maximal abhebenden Zugkraft senkrecht zur Lagerebene	in kN
$N_{D,k}$:	Druckkraft (Auflagerkraft) senkrecht zur Lagerebene (charakteristischer Wert)	in kN
$F_{A,R,d}$:	Beanspruchbarkeit der Verankerung gegenüber Abheben	in kN

Sicherheit gegen Gleiten

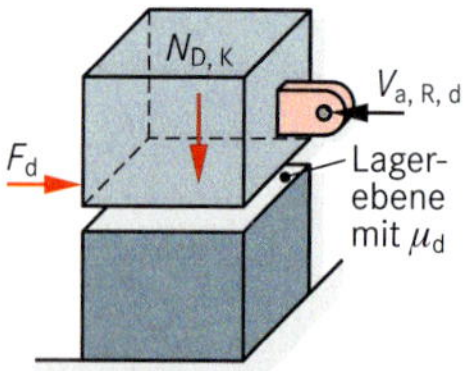

$$F_d / V_{R,d} \le 1$$

$$V_{R,d} = \mu_d \cdot \frac{N_{D,k}}{1{,}5} + V_{a,R,d}$$

F_d:	Bemessungswert der in der Lagerebene angreifenden äußeren Kraft	in kN
$V_{R,d}$:	Grenzgleitkraft in der Lagerebene infolge Reibung und eventueller Verankerung nach DIN 4141-1	in kN
μ_d:	Reibungszahl in der Lagerebene	
$N_{D,k}$:	Druckkraft (Auflagerkraft) senkrecht zur Lagerebene (charakteristischer Wert)	
$V_{a,R,d}$:	Beanspruchbarkeit einer Verankerung auf Schub	in kN

$\mu_{d\ Stahl/Stahl} = 0{,}2$; $\mu_{d\ Stahl/Beton} = 0{,}5$ diese Werte gelten für unbeschichtete, verzinkte oder silikatbeschichtete und fettfreie Stahloberflächen

Sicherheit gegen Umkippen

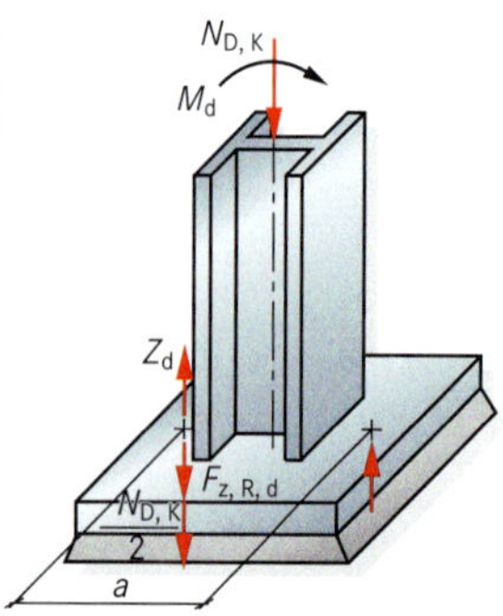

$$\frac{Z_d}{\frac{N_{D,k}}{2} + F_{Z,R,d}} \le 1$$

$$Z_d = \frac{M_d}{a}$$

Z_d:	Bemessungswert der Zugkraft infolge Moment M_d	in kN
$N_{D,k}$:	charakteristischer Wert der Druckkraft	in kN
$F_{Z,R,d}$:	Beanspruchbarkeit einer Verbindung auf Zug	in kN
M_d:	Bemessungswert des Moments	in kN · m
a:	Abstand der Verankerungsbefestigungen in Richtung der Kippebene	in m

Sicherheit gegen Nachgeben der Lagerfuge

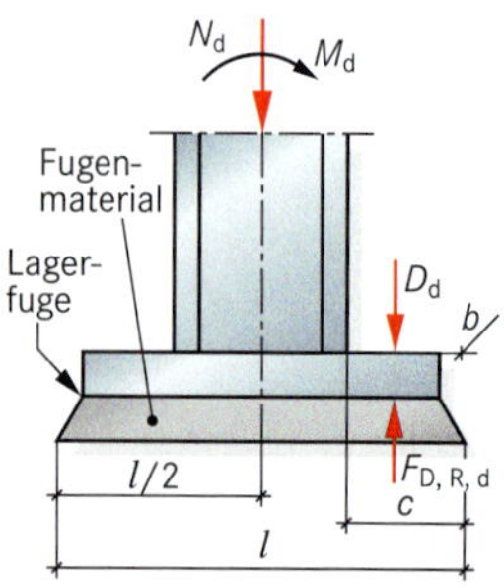

$$\frac{D_d}{F_{D,R,d}} \le 1$$

$$D_d = \frac{M_d}{l/2} + \frac{N_d}{2}$$

$$F_{D,R,d} = \sigma_{D,R,d} \cdot A$$

$$\sigma_{D,R,d} = \frac{\beta_{WN}}{1{,}3}$$

$$A = c \cdot b$$

$$c = \frac{l}{4}$$

D_d:	Bemessungswert der Gesamtdruckkraft infolge Moment M_d und Druckkraft N_d	in kN
$F_{D,R,d}$:	Beanspruchbarkeit der Lagerfuge bzw. des Fugenmaterials auf Druck	in kN
M_d:	Bemessungswert des Moments	in kN · m
N_d:	Bemessungswert der Druckkraft senkrecht zur Lagerebene	in kN
$\sigma_{D,R,d}$:	Grenzdruckspannung des Fugenmaterials	in kN/m²
A:	angenommene Lagerfugendruckfläche	in m²
c:	angenommene Länge der Lagerfugendruckfläche	in m²
l, b:	Länge, Breite der Lagerfugendruckfläche	in cm²
β_{WN}:	Nennfestigkeit von Beton nach DIN 1045 z. B. B 15 $\rightarrow \beta_{WN} = 15\ N/mm^2 = 15.000\ kN/m^2$	in kN/m²

Maximale Auflagerabstände (Grenzstützweiten) l für Walzprofilträger

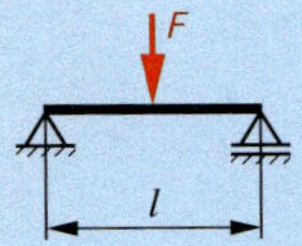

Einzellast F in kN	Träger werkstoff	Maximaler Auflagerabstand l in m für Einzellast in Trägermitte (Trägereigenlast ist berücksichtigt)																						
		Walzprofilträger $l \leq 18$ m																						
		IPE						HEA (IPB_L)						HEB (IPB)						HEM (IPB_V)				
		300	360	400	450	500	600	300	400	500	600	700	800	300	400	500	600	700	800	300	400	500	600	700
50	S235	6,1	9,6	12,0	15,1	18,0	$l > 18$	12,7	$l > 18$	$l > 18$	$l > 18$	$l > 18$	$l > 18$	15,5	$l > 18$	$l > 18$	$l > 18$	$l > 18$	$l > 18$	$l > 18$	$l > 18$	$l > 18$	$l > 18$	$l > 18$
	S355	9,0	14,1	17,4	$l > 18$	$l > 18$	$l > 18$	18,0	$l > 18$	$l > 18$	$l > 18$	$l > 18$	$l > 18$	$l > 18$	$l > 18$	$l > 18$	$l > 18$	$l > 18$	$l > 18$	$l > 18$	$l > 18$	$l > 18$	$l > 18$	$l > 18$
60	S235	5,1	8,1	10,2	12,9	13,1	$l > 18$	10,9	18,0	$l > 18$	$l > 18$	$l > 18$	$l > 18$	13,9	$l > 18$	$l > 18$	$l > 18$	$l > 18$	$l > 18$	$l > 18$	$l > 18$	$l > 18$	$l > 18$	$l > 18$
	S355	7,6	12,0	15,0	18,0	$l > 18$	$l > 18$	15,9	$l > 18$	$l > 18$	$l > 18$	$l > 18$	$l > 18$	18,0	$l > 18$	$l > 18$	$l > 18$	$l > 18$	$l > 18$	$l > 18$	$l > 18$	$l > 18$	$l > 18$	$l > 18$
80	S235	3,9	6,2	7,9	10,1	12,7	18,0	8,4	14,6	$l > 18$	$l > 18$	$l > 18$	$l > 18$	10,9	17,2	$l > 18$	$l > 18$	$l > 18$	$l > 18$	$l > 18$	$l > 18$	$l > 18$	$l > 18$	$l > 18$
	S355	5,8	9,2	11,6	14,9	18,0	$l > 18$	12,4	18,0	$l > 18$	$l > 18$	$l > 18$	$l > 18$	15,8	$l > 18$	$l > 18$	$l > 18$	$l > 18$	$l > 18$	$l > 18$	$l > 18$	$l > 18$	$l > 18$	$l > 18$
100	S235	3,7	5,0	6,4	8,2	10,4	15,7	6,9	12,0	17,5	$l > 18$	$l > 18$	$l > 18$	8,9	14,5	18,0	$l > 18$	$l > 18$	$l > 18$	16,3	$l > 18$	$l > 18$	$l > 18$	$l > 18$
	S355	4,6	7,4	9,4	12,0	15,2	$l > 18$	10,1	17,4	$l > 18$	$l > 18$	$l > 18$	$l > 18$	13,1	$l > 18$	$l > 18$	$l > 18$	$l > 18$	$l > 18$	$l > 18$	$l > 18$	$l > 18$	$l > 18$	$l > 18$
120	S235	2,6	4,2	5,3	6,9	8,7	13,4	5,8	10,2	15,1	18,0	$l > 18$	$l > 18$	7,6	12,5	17,6	$l > 18$	$l > 18$	$l > 18$	14,2	18,0	$l > 18$	$l > 18$	$l > 18$
	S355	3,9	6,2	7,9	10,2	12,9	18,0	8,6	15,0	$l > 18$	$l > 18$	$l > 18$	$l > 18$	11,6	18,0	$l > 18$	$l > 18$	$l > 18$	$l > 18$	18,0	$l > 18$	$l > 18$	$l > 18$	$l > 18$
150	S235	2,1	3,4	4,3	2,5	7,1	11,0	4,6	8,3	12,5	16,3	18,0	$l > 18$	6,1	10,2	14,7	18,0	$l > 18$	$l > 18$	11,9	15,9	18,0	$l > 18$	$l > 18$
	S355	3,1	5,0	6,4	8,2	10,5	16,1	6,9	12,3	18,0	$l > 18$	$l > 18$	$l > 18$	9,1	15,0	$l > 18$	$l > 18$	$l > 18$	$l > 18$	17,1	$l > 18$	$l > 18$	$l > 18$	$l > 18$
200	S235	1,6	2,5	3,3	4,2	5,3	8,4	3,5	6,3	9,6	12,7	16,2	18,0	4,6	7,8	11,4	14,8	18,0	$l > 18$	9,2	12,5	15,7	18,0	$l > 18$
	S355	2,3	3,8	4,8	6,2	8,0	12,4	5,2	9,4	14,1	18,0	$l > 18$	$l > 18$	6,9	11,6	16,7	18,0	$l > 18$	$l > 18$	13,5	18,0	$l > 18$	$l > 18$	$l > 18$
250	S235	1,3	2,0	2,6	3,4	4,3	6,8	2,8	5,1	7,8	10,4	13,3	16,1	3,7	6,3	9,3	12,2	15,3	18,0	7,5	10,3	13,0	15,8	18,0
	S355	1,9	3,0	3,9	5,0	6,4	10,1	4,2	7,6	11,5	15,3	18,0	$l > 18$	5,6	9,4	13,7	17,8	$l > 18$	$l > 18$	11,1	15,1	18,0	$l > 18$	$l > 18$
300	S235	1,0	1,7	2,2	2,8	3,6	5,7	2,4	4,3	6,5	8,7	11,2	13,6	3,1	5,3	7,8	10,3	13,0	15,7	6,3	8,7	11,0	13,5	15,9
	S355	1,6	2,5	3,3	4,2	5,4	8,5	3,5	6,4	9,7	12,9	16,5	18,0	4,7	7,9	11,6	15,2	18,0	$l > 18$	9,4	12,8	16,1	18,0	$l > 18$
400	S235	0,8	1,3	1,6	2,1	2,7	4,3	1,8	3,2	4,9	6,6	8,6	10,5	2,4	4,0	5,9	7,8	10,0	12,1	4,8	6,6	8,4	10,3	12,3
	S355	1,2	1,9	2,4	3,2	4,0	6,4	2,7	4,8	7,4	9,8	12,7	15,5	3,5	6,0	8,8	11,6	14,8	17,8	7,2	9,8	12,5	15,3	18,0
500	S235	0,6	1,0	1,3	1,7	2,2	3,4	1,4	2,6	4,0	5,3	6,9	8,4	1,3	3,2	4,8	6,3	8,1	9,8	3,9	5,3	6,8	8,4	10,0
	S355	0,9	1,5	2,0	2,5	3,2	5,1	2,1	3,9	5,9	7,9	10,3	12,5	2,8	4,6	7,1	9,4	12,0	14,5	5,8	7,9	10,1	12,4	14,8

Maximale Auflagerabstände (Grenzstützweiten) / für Walzprofilträger

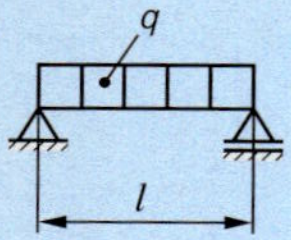

Strecken-last q in kN/m	Träger werk-stoff	Maximaler Auflagerabstand l in m für gleichmäßig verteilte Streckenlast (Trägereigenlast nicht berücksichtigt)																						
		Walzprofilträger $l \leq 18$ m																						
		IPE						HEA (IPB_L)						HEB (IPB)						HEM (IPB_V)				
		300	360	400	450	500	600	300	400	500	600	700	800	300	400	500	600	700	800	300	400	500	600	700
5	S235	11,2	14,2	16,1	18,0	$l > 18$	$l > 18$	16,8	$l > 18$	$l > 18$	$l > 18$	$l > 18$	$l > 18$	18,0	$l > 18$	$l > 18$	$l > 18$	$l > 18$	$l > 18$	$l > 18$	$l > 18$	$l > 18$	$l > 18$	$l > 18$
	S355	13,7	17,4	18,0	$l > 18$	$l > 18$	$l > 18$	$l > 18$	$l > 18$	$l > 18$	$l > 18$	$l > 18$	$l > 18$	$l > 18$	$l > 18$	$l > 18$	$l > 18$	$l > 18$	$l > 18$	$l > 18$	$l > 18$	$l > 18$	$l > 18$	$l > 18$
10	S235	7,9	10,1	11,4	13,0	14,7	18,0	11,9	16,1	$l > 18$	$l > 18$	$l > 18$	$l > 18$	13,7	18,0	$l > 18$	$l > 18$	$l > 18$	$l > 18$	18,0	$l > 18$	$l > 18$	$l > 18$	$l > 18$
	S355	9,7	12,3	14,0	15,9	18,0	$l > 18$	14,6	18,0	$l > 18$	$l > 18$	$l > 18$	$l > 18$	16,8	$l > 18$	$l > 18$	$l > 18$	$l > 18$	$l > 18$	$l > 18$	$l > 18$	$l > 18$	$l > 18$	$l > 18$
15	S235	6,5	8,2	9,3	10,6	12,0	15,1	9,7	13,1	16,3	18,0	$l > 18$	$l > 18$	11,2	14,7	17,9	$l > 18$	$l > 18$	$l > 18$	16,1	18,0	$l > 18$	$l > 18$	$l > 18$
	S355	7,9	10,1	11,4	13,0	14,7	18,0	11,9	16,1	$l > 18$	$l > 18$	$l > 18$	$l > 18$	13,7	18,0	$l > 18$	$l > 18$	$l > 18$	$l > 18$	18,0	$l > 18$	$l > 18$	$l > 18$	$l > 18$
20	S235	5,6	7,1	8,1	9,2	10,4	13,1	8,4	11,4	14,1	16,4	18,0	$l > 18$	9,7	12,7	15,5	17,9	$l > 18$	$l > 18$	14,0	16,4	18,0	$l > 18$	$l > 18$
	S355	6,9	8,7	9,9	11,2	12,7	16,1	10,3	13,9	17,3	18,0	$l > 18$	$l > 18$	11,9	15,6	18,0	$l > 18$	$l > 18$	$l > 18$	17,1	$l > 18$	$l > 18$	$l > 18$	$l > 18$
25	S235	5,0	6,4	7,2	8,2	9,3	11,7	7,5	10,2	11,4	12,6	14,7	16,7	8,7	11,4	13,9	16,0	18,0	$l > 18$	12,5	14,7	16,6	18,0	$l > 18$
	S355	6,1	7,8	8,8	10,0	11,4	14,4	9,2	12,5	14,4	17,9	18,0	$l > 18$	10,6	13,9	17,0	18,0	$l > 18$	$l > 18$	15,3	18,0	$l > 18$	$l > 18$	$l > 18$
30	S235	4,6	5,8	6,6	7,5	8,5	10,7	6,9	9,3	11,5	13,4	15,3	16,9	7,9	10,4	12,7	14,6	16,6	18,0	11,4	13,4	15,2	16,9	18,0
	S355	5,6	7,1	8,1	9,2	10,4	13,1	8,4	11,4	14,1	16,4	18,0	$l > 18$	9,7	12,7	15,5	17,9	$l > 18$	$l > 18$	14,0	16,4	18,0	$l > 18$	$l > 18$
35	S235	4,2	5,4	6,1	6,9	7,9	9,9	6,4	8,6	10,7	12,4	14,1	15,7	7,3	9,6	11,7	13,5	15,3	17,0	10,6	12,4	14,1	15,7	17,2
	S355	5,2	6,6	7,5	8,5	9,6	12,1	7,8	10,5	13,1	15,2	17,3	18,9	9,0	11,8	14,4	16,6	18,0	$l > 18$	12,9	15,2	17,2	18,0	$l > 18$
40	S235	3,9	5,0	5,7	6,5	7,4	9,3	5,9	8,0	10,0	11,6	13,2	14,7	6,9	9,0	11,0	12,6	14,3	15,9	9,9	11,6	13,2	14,7	16,1
	S355	4,8	6,2	7,0	7,9	9,0	11,4	7,3	9,9	12,2	14,2	16,2	18,0	8,4	11,0	13,4	15,5	17,6	$l > 18$	12,1	14,2	16,1	17,9	$l > 18$
45	S235	3,7	4,7	5,4	6,1	6,9	8,7	5,6	7,6	9,4	10,9	12,5	13,8	6,5	8,5	10,3	11,9	13,5	15,0	9,3	11,0	12,4	13,8	15,1
	S355	4,6	5,8	6,6	7,5	8,5	10,7	6,9	9,3	11,5	13,4	15,3	16,9	7,9	10,4	12,7	14,6	16,6	18,0	11,4	13,4	15,2	16,9	18,0
50	S235	3,5	4,5	5,1	5,8	6,6	7,4	5,3	7,2	8,9	10,4	11,8	13,1	6,1	8,0	9,8	11,3	12,8	14,2	8,8	10,4	11,8	13,1	14,4
	S355	4,3	5,5	6,3	7,1	8,1	9,1	6,5	8,8	10,9	12,7	14,5	16,1	7,5	9,8	12,0	13,8	15,7	17,4	10,8	12,7	14,4	16,0	17,6

Schraubenverbindungen

Benennung der Verbindungsart	Kurz-zeichen	Art der Vorspannung	Lochspiel[1] Δd in mm	Bezeichnung und Normung der Schraube	Festigkeits-klasse	Vorspan-nung
Scher-Lochleibungs-verbindung (vorwiegend ruhende Belastung)	SL	nicht planmäßig vorgespannt	≤ 2	Sechskantschraube DIN 7990 (Rohe Schraube)	4.6 5.6	0
				Sechskantschraube DIN 6914	10.9	freigestellt
				Sechskantschraube DIN EN 24 014	8.8	0
			≤ 1	Senkschraube DIN 7969	4.6 5.6	0
Scher-Lochleibungs-Passverbindung	SLP		≤ 0,3	Sechskant-Passschraube DIN 7968	5.6	0
				Sechskant-Passschraube DIN 7999	10.9	freigestellt
Scher-Lochleibungsver-bindung, vorgespannt	SLV	planmäßige Vorspannung ohne gleitfeste Reibfläche	≤ 2	Sechskantschraube DIN 6914	10.9	$1{,}0 \cdot F_V$[2]
Scher-Lochleibungs-Passverbindung, vorgespannt	SLVP		≤ 0,3	Sechskant-Passschraube DIN 7999	10.9	$1{,}0 \cdot F_V$
Gleitfeste Verbindung	GV	Planmäßige Vorspannung mit gleitfester Reibfläche	≤ 2	Sechskantschraube DIN 6914	10.9	$1{,}0 \cdot F_V$
Gleitfeste Passverbindung	GVP		≤ 0,3	Sechskant-Passschraube DIN 7999	10.9	$1{,}0 \cdot F_V$

[1] Lochspiel Δd = Lochdurchmesser d_l – Schaftdurchmesser d_{sch}
[2] F_V – Vorspannkraft einer Schraube nach DIN 18 800-7

Schraubendurchmesser und Bauteildicken von Schraubenverbindungen

Bauteildicke der Verbindung t in mm	3–5	4–7	5–10	6–13	8–17	11–20	14–24	18–24
passende Schraubengröße	M10	M12	M16	M20	M22	M24	M27	M30

Rand- und Lochabstände von Schrauben und Nieten

DIN 18 800-1: 1990-11

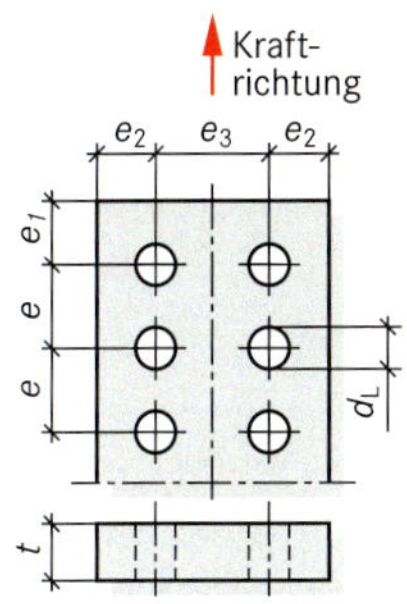

d_L = Lochdurchmesser

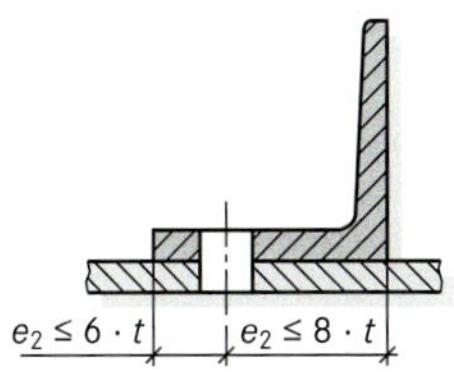

Randabstände			Lochabstände			
kleinster[1] Rand-abstand	e_1	$1{,}2 \cdot d_L$	kleinster[1] Loch-abstand	e	$2{,}2 \cdot d_L$	
	e_2			e_3	$2{,}4 \cdot d_L$	
größter Rand-abstand	e_1	$3 \cdot d_L$[2] oder $6 \cdot t$[3]	größter Loch-abstand[4]	e und e_3	bei Beulgefahr	$6 \cdot d_L$ oder $12 \cdot t$[2]
	e_2[5]				wenn keine Beulgefahr besteht	$10 \cdot d_L$ oder $20 \cdot t$[2]

[1] Bei gestanzten Löchern gilt: – kleinste Randabstände $e_{1,2} \ge 1{,}5 \cdot d_L$
– kleinste Lochabstände $e \ge 3{,}0 \cdot d_L$; $e_3 \ge 3{,}0 \cdot d_L$

[2] Es gilt der kleinere Wert

[3] Für t ist die Dicke des dünnsten, außenliegenden Bauteils in mm zu wählen

[4] Größere Rand- und Lochabstände sind bei Gewährleistung des Korrosionsschutzes möglich

[5] Bei einer Versteifung der Profilränder durch die Profilform, z. B. durch einen Schenkel eines Winkelprofils, gilt: $e_2 \le 8 \cdot t$

Darstellung von Löchern und von in die Löcher passende Schrauben und Niete

Loch und Schraube oder Niet	Loch: ohne Senkung	Loch: Senkung auf der Vorderseite	Loch: Senkung auf der Rückseite	Loch: Senkung auf beiden Seiten
in der Werkstatt gebohrt und eingebaut				
in der Werkstatt gebohrt und auf der Baustelle eingebaut				
auf der Baustelle gebohrt und eingebaut				

Darstellung von Löchern, Schrauben und Niete parallel zur Achse

	Loch: ohne Senkung	Loch: Senkung auf der Vorderseite	Loch: Senkung auf der Rückseite	
in der Werkstatt gebohrt und eingebaut	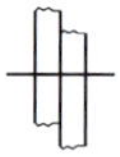			**Anmerkung:** Zur Unterscheidung von Schrauben und Niete muss in der Bezeichnung für Schrauben das Kurzzeichen der Gewindeart angegeben werden.
in der Werkstatt gebohrt und auf der Baustelle eingebaut	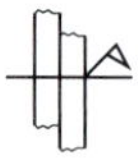	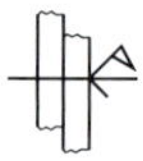	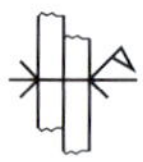	

	Symbol für eingebaute Schraube oder Niet: nicht gesenkt	Symbol für eingebaute Schraube oder Niet: Senkung auf einer Seite	Symbol für Senkniet: Senkung auf beiden Seiten	Symbol für Schraube mit Lageangabe der Mutter
in der Werkstatt eingebaut		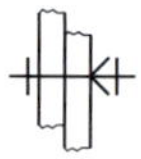	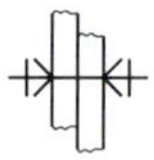	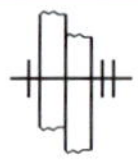
auf der Baustelle eingebaut	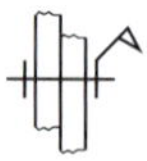	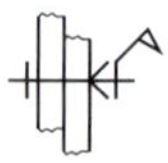	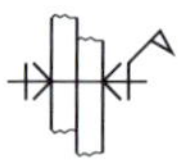	
auf der Baustelle gebohrt und eingebaut		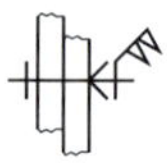	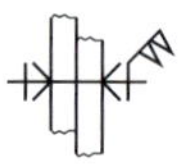	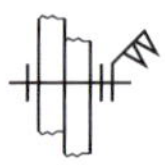

Bemaßung und Bezeichnung

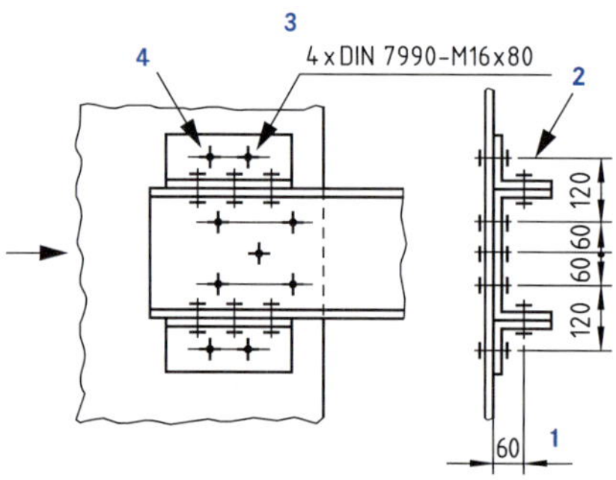

1 Die Maßlinie erhält am Anfang und am Ende einen geschwärzten Pfeil (DIN 406-11), bei Platzmangel einen Punkt.

2 Maßhilfslinien sind von den Symbolen für Löcher, Schrauben und Niete in der Zeichenebene parallel zu ihren Achsen zu trennen.

3 Die Bezeichnung der Schrauben und Niete soll mit den DIN- oder ISO-Bezeichnungen übereinstimmen.

4 Schrauben oder Niete sind in der Mitte des Kreuzes durch einen Punkt mit dem Durchmesser der fünffachen Linienbreite zu kennzeichnen.

Bemaßung und Bezeichnung

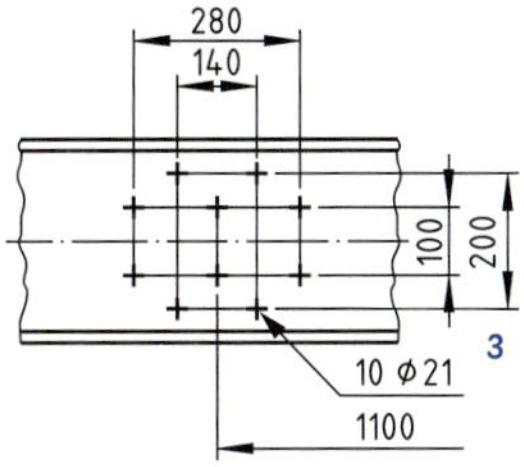

3

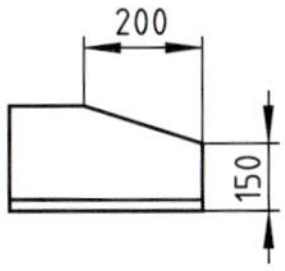

4

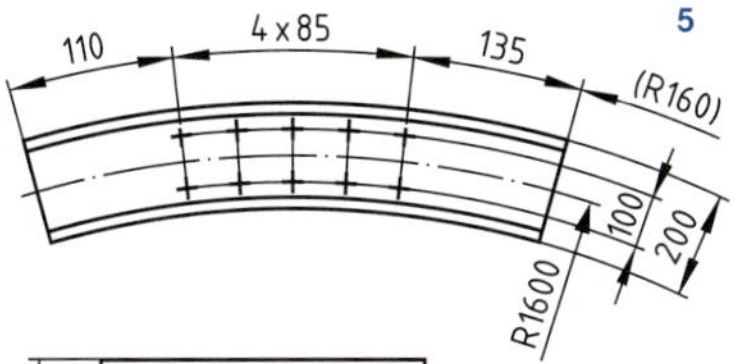

5

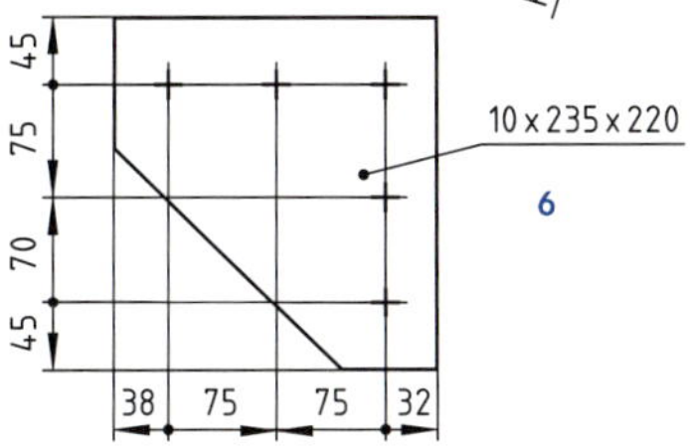

6

3 Die Bezeichnung von Löchern, Schrauben und Niete wird in der Nähe des jeweiligen Symbols angegeben. Beziehen sich die Bezeichnungen auf eine Gruppe gleicher Verbindungselemente, braucht nur ein äußeres Element bezeichnet zu werden.

4 Schrägen werden durch Längenmaße angegeben.

5 Bei Abwicklungsmaßen von gebogenen Teilen soll der Krümmungsradius, auf den sich die Maße beziehen, in Klammern angefügt werden.

6 Bleche werden mit der Dicke und den Maßen des umgebenden Rechteckes bezeichnet.

Beispiel für die Darstellung verschraubter Profile

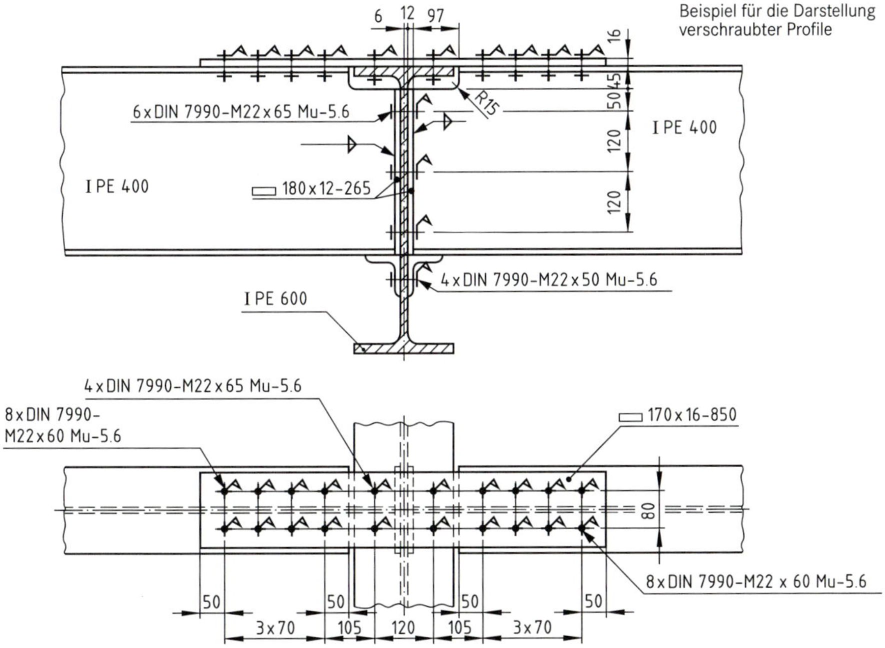

Nachweis der Tragfähigkeit von Schraubenverbindungen bei Scherbeanspruchung

DIN 18 800-1: 1990-11

$$A_{sch} = \frac{\pi \cdot d^2_{sch}}{4}$$

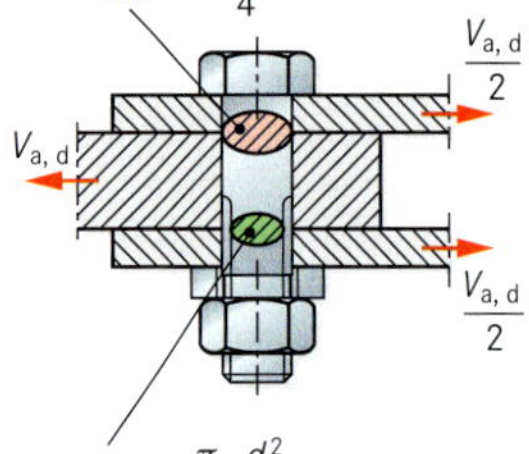

$$A_{sp} = \frac{\pi \cdot d^2_{sp}}{4}$$

$$d_{sp} = \frac{d_k + d_{FL}}{2}$$

$$V_{a,\,d} / V_{a,\,R,\,d} \leq 1$$

$$V_{a,\,R,\,d} = A_a \cdot \tau_{a,\,R,\,d}$$

Scherfläche im Schaft:
$A_a = A_{sch}$

Scherfläche im Gewinde:
$A_a = A_{sp}$

$$\tau_{a,\,R,\,d} = \alpha_a \cdot \frac{f_{u,\,b,\,k}}{\gamma_M}$$

$V_{a,\,d}$:	Bemessungswert der einwirkenden Abscherkraft	in N
$V_{a,\,R,\,d}$:	Grenzabscherkraft	in N
A_a:	beanspruchte Querschnittsfläche	in mm^2
$\tau_{a,\,R,\,d}$:	Grenzabscherspannung	in N/mm^2
A_{sch}:	Querschnittsfläche des Schraubenschaftes	in mm^2
A_{sp}:	Querschnittsfläche des Schraubengewindes	in mm^2
d_{sch}:	Schaftdurchmesser	in mm
d_{sp}:	gemittelter Durchmesser des Gewindequerschnittes	in mm
d_k:	Kerndurchmesser des Schraubengewindes	in mm
d_{FL}:	Flankendurchmesser des Schraubengewindes	in mm
α_a:	Scherfestigkeitsverhältnisbeiwert	
$f_{u,\,b,\,k}$:	charakteristischer Wert der Zugfestigkeit des Schrauben-(Bolzen-)Werkstoffes	in N/mm^2
γ_M:	Teilsicherheitsbeiwert der Widerstandsgrößen	

Für Schrauben der Festigkeitsklassen 4.6; 5.6 und 8.8 : $\alpha_a = 0{,}6$
Für Schrauben der Festigkeitsklasse 10.9 : $\alpha_a = 0{,}55$

Grenzabscherkraft $V_{a,\,R,\,d}$ einer Schraube für eine Scherfuge

DIN 18 800-1: 1990-11

Verbindungsart	Schraubenfestigkeitsklasse	Schraubenwerkstofffestigkeit		Grenzabscherkraft $V_{a,\,R,\,d}$ in KN							
				Lochdurchmesser und Durchmesser für Passschrauben in mm							
		$f_{u,\,b,\,k}$ in N/mm^2	$f_{y\,b,\,k}$ in N/mm^2	13	17	21	23	25	28	31	37
				Schraubengröße							
				M12	M16	M20	M22	M24	M27	M30	M36
SL	4.6	400	240	24,68 (18,39)[1]	43,87 (34,18)	68,54 (53,41)	82,94 (66,20)	98,70 (76,91)	124,9 (100,2)	154,2 (122,3)	222,1 (178,2)
	5.6	500	300	30,84 (22,98)	54,84 (42,73)	85,68 (66,76)	103,7 (82,75)	123,4 (96,14)	156,2 (125,3)	192,8 (152,9)	277,6 (222,7)
SL SLV GV	8.8	800	640	49,35 (36,77)	87,74 (68,36)	137,1 (106,8)	165,9	197,4 (153,8)	249,8 (200,5)	308,4 (244,6)	444,2 (356,4)
	10.9	1000	900	56,55 (42,13)	100,5 (78,33)	157,1 (122,4)	190,1 (151,7)	226,2 (176,3)	286,3 (229,7)	353,4 (280,3)	509,9 (408,4)
SLP	4.6	400	240	28,96	49,52	75,57	90,65	107,1	134,3	164,7	234,6
	5.6	500	300	36,20	61,90	94,46	113,3	133,9	167,9	205,8	293,2
SLP SLVP GVP	8.8	800	640	57,92	99,05	151,1	181,3	214,2	268,7	329,4	469,2
	10.9	1000	900	66,37	113,5	173,2	207,7	245,2	307,9	377,4	537,6

[1] Die Klammerwerte gelten, wenn das Gewinde der Schraube in der Scherfuge liegt.

Nachweis der Tragfähigkeit von Schraubenverbindungen bei Lochleibungsbeanspruchung DIN 18 800-1: 1990-11

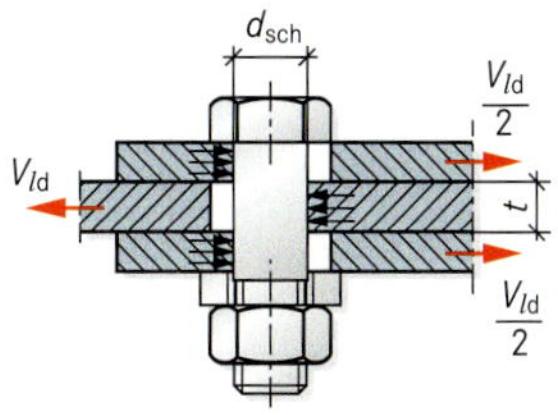

$V_{l,d}/V_{l,R,d} \leq 1$

bei einschnittiger Verbindung mit einer Schraube gilt:
$V_{l,d}/V_{l,R,d} \leq 0{,}83$

$V_{l,R,d} = d_{sch} \cdot t \cdot \sigma_{l,R,d}$

$\sigma_{l,R,d} = \alpha_l \cdot f_{y,k}/\gamma_M$

$V_{l,d}$:	Bemessungswert der einwirkenden Lochleibungskraft	in N
$V_{l,R,d}$:	Grenzlochleibungskraft	in N
d_{sch}:	Schraubenschaftdurchmesser	in mm
t:	Blechdicke	in mm
$\sigma_{l,R,d}$:	Grenzlochleibungsspannung	in N/mm²
α_l:	Abstandsbeiwert	
$f_{y,k}$:	charakteristischer Wert der Streckgrenze des Bauteilwerkstoffes	in N/mm²
γ_M:	Teilsicherheitsbeiwert der Widerstandsgrößen	

Für Schrauben der Festigkeitsklassen 4.6; 5.6 und 8.8 : $\alpha_a = 0{,}6$
Für Schrauben der Festigkeitskasse 10.9 : $\alpha_a = 0{,}55$

Bestimmung des Abstandsbeiwertes α_l für Lochleibungsbeanspruchung

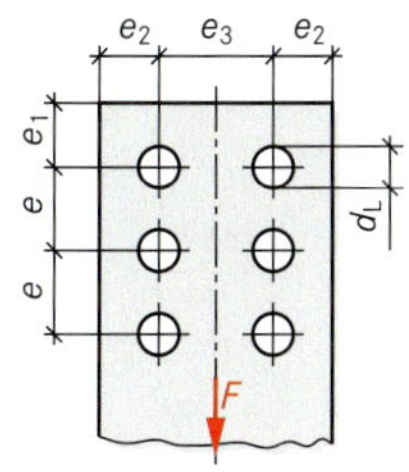

Bedingung[1]		Berechnungen von α_l	Verhinderung des Versagens durch
I.	$e_2/d_L = 1{,}2$	$\alpha_l = 0{,}73 \cdot \frac{e_1}{d_L} - 0{,}20$	Ausreißen am Rand
	$e_3/d_L = 2{,}4$	$\alpha_l = 0{,}72 \cdot \frac{e}{d_L} - 0{,}51$	Riss zwischen den Schrauben
II.	$e_2/d_L \geq 1{,}5$	$\alpha_l = 1{,}1 \cdot \frac{e_1}{d_L} - 0{,}30$	Ausreißen am Rand
	$e_3/d_L \geq 3{,}0$	$\alpha_l = 1{,}08 \cdot \frac{e}{d_L} - 0{,}77$	Riss zwischen den Schrauben

[1] Für Bedingung I. gilt : $\alpha_l \leq 2{,}0$; für Bedingung II. gilt: $\alpha_l \leq 3{,}0$

Grenzlochleibungskraft $V_{l,R,d}$ einer Schraube je 10 mm Werkstoffdicke eines zu verbindenden Bauteils

Abstandsbeiwert α_l	$\frac{e}{d_L}$	$\frac{e_1}{d_L}$	Verbindungsart	Bauteilwerkstoff	Grenzlochleibungskraft $V_{l,R,d}$ in KN – Loch- und Schaftdurchmesser für Passschrauben in mm / Schraubengröße							
					13	17	21	23	25	28	31	37
					M12	M16	M20	M22	M24	M27	M30	M36
1,9	2,5	2,0	SL SLV GV	S 235	49,75	66,33	82,91	91,20	99,49	111,9	124,4	149,2
				S 355	74,62	99,49	124,4	136,8	149,2	167,9	186,5	223,9
			SLP SLVP GVP	S 235	53,89	70,47	87,05	95,35	103,6	116,1	128,5	153,4
				S 355	80,84	105,7	130,6	143,0	155,5	174,1	192,8	230,1
2,47	3,0	2,52	SL SLV GV	S 235	64,67	86,33	107,8	118,6	129,3	145,5	161,7	194,0
				S 355	97,0	129,3	161,7	177,8	194,0	218,3	242,5	291,0
			SLP SLVP GVP	S 235	70,06	91,61	113,2	123,9	134,7	150,9	167,1	199,4
				S 355	105,1	137,4	169,8	185,9	202,1	226,3	250,6	299,1
3,0	3,5	3,0	SL SLV GV	S 235	78,55	104,7	130,9	144,0	157,1	176,7	196,4	235,6
				S 355	117,8	157,1	196,4	216,0	235,6	265,1	294,5	353,5
			SLP SLVP GVP	S 235	85,09	111,3	137,5	150,5	163,6	183,3	202,9	242,3
				S 355	127,6	166,9	206,2	225,8	245,5	274,9	304,4	363,3

Tabellenwerte gelten für:
- $e_2/d_L \geq 1{,}5$ und $e_3/d_L \geq 3{,}0$; Blechdicke 3 mm $\leq t \leq$ 40 mm;
- glatter Teil des Schraubenschafts in der Lochung
- Addition von maximal 8 Schrauben hintereinander

Nachweis der Tragfähigkeit von Schraubenverbindungen bei Zugbeanspruchung

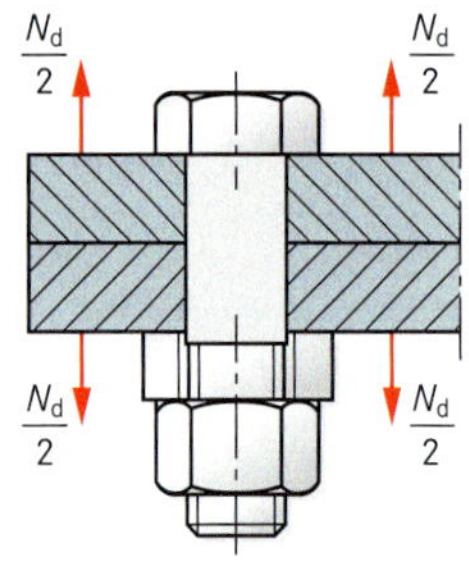

$$N_d / N_{R,d} \leq 1$$

$$N_{R,d} = A_{sch} \cdot f_{y,b,k} / (1{,}1 \cdot \gamma_M)$$
$$N_{R,d} = A_{sp} \cdot f_{u,b,k} / (1{,}25 \cdot \gamma_M)$$

der kleinere Wert ist maßgebend
$\gamma_M = 1{,}1$

N_d:	Bemessungswert der einwirkenden Zugkraft	in N
$N_{R,d}$:	Grenzzugkraft	in N
A_{sch}:	Querschnittsfläche des Schraubenschaftes	in mm²
$f_{y,b,k}$:	charakteristischer Wert der Streckgrenze des Schrauben-(Bolzen-)Werkstoffes	in N/mm²
γ_M:	Teilsicherheitsbeiwert der Widerstandsgrößen	
A_{sp}:	Querschnittsfläche des Schraubengewindes	
$f_{u,b,k}$:	charakteristischer Wert der Zugfestigkeit des Schrauben-(Bolzen-)Werkstoffes	

Grenzzugkraft $N_{R,d}$ einer Schraube

Verbindungsart	Schraubenfestigkeitsklasse	Schraubenwerkstofffestigkeit $f_{u,b,k}$ in N/mm²	Schraubenwerkstofffestigkeit $f_{y\,b,k}$ in N/mm²	Grenzzugkraft $N_{R,d}$ in kN – Schraubengröße M12	M16	M20	M22	M24	M27	M30	M36
SL	4.6	400	240	22,43	39,88	62,31	75,40	89,73	113,6	140,2	201,9
	5.6	500	300	28,04	49,85	77,89	94,25	112,2	142,0	175,3	252,4
SLV	8.8	800	640	49,03	91,15	142,4	176,5	205,1	267,3	326,2	475,2
GV	10.9	1000	900	61,28	113,9	178,0	220,7	256,4	334,1	407,7	594,0
SLP	4.6	400	240	24,51	45,02	68,70	82,41	97,36	122,1	149,7	213,3
	5.6	500	300	30,64	56,28	85,87	103,0	121,7	152,7	187,1	266,6
SLVP,	8.8	800	640	49,03	91,15	142,4	176,5	205,1	267,3	326,2	475,2
GVP	10.9	1000	900	61,28	113,9	178,0	220,7	256,4	334,1	407,7	594,0

Nachweis der Tragfähigkeit von Schraubenverbindungen bei gleichzeitiger Beanspruchung auf Zug und Abscheren

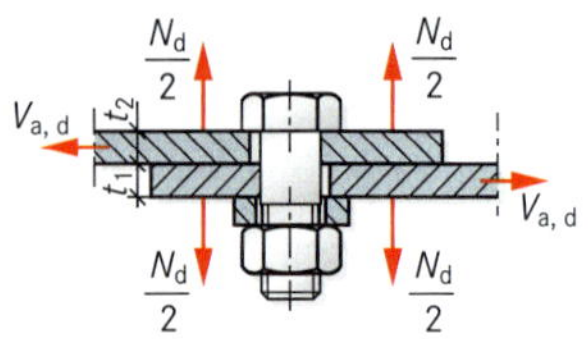

$$\left(\frac{N_d}{N_{R,d}}\right)^2 + \left(\frac{V_{a,d}}{V_{a,R,d}}\right)^2 \leq 1$$

N_d:	Bemessungswert der einwirkenden Zugkraft	in N
$N_{R,d}$:	Grenzzugkraft	in N
$V_{a,d}$:	Bemessungswert der einwirkenden Abscherkraft	in N
$V_{a,R,d}$:	Grenzabscherkraft	in N

Der Nachweis ist zu führen, wenn $N_d > 0{,}25\ N_{R,d}$

Grenzkraft von Bauteilen bei Lochschwächung

DIN 18 800-1: 1990-11

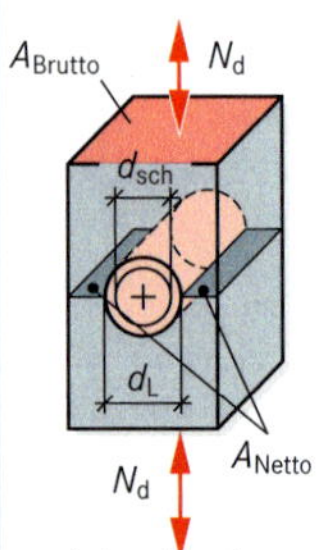

$\Delta d = d_L - d_{sch}$

Beanspruchung	Bedingung		Berechnung der Grenzkraft $N_{R,d}$
Druck	$\Delta d \leq 1$ mm		$N_{R,d} = A_{Brutto} \cdot f_{y,d}$
Zug	$\frac{A_{Brutto}}{A_{Netto}} \leq \begin{vmatrix} 1{,}2^{1)} \\ 1{,}1 \end{vmatrix}$		
	$\frac{A_{Brutto}}{A_{Netto}} > \begin{vmatrix} 1{,}2^{1)} \\ 1{,}1 \end{vmatrix}$	gebohrte Löcher	$N_{R,d} = A_{Netto} \cdot \frac{f_{u,k}}{1{,}25 \cdot \gamma_M}$
		gestanzte Löcher	$N_{R,d} = A_{Netto} \cdot f_{y,d}$

1) 1,2 für S235; 1,1 für S355

Δd:	Lochspiel	in mm
A_{Brutto}:	Fläche des ungeschwächten Bauteilquerschnitts	in mm²
A_{Netto}:	Fläche des geschwächten Bauteilquerschnitts	in mm²
$N_{R,d}$:	Grenzzug- bzw. Grenzdruckkraft	in N
$f_{y,d}$:	Bemessungswert der Streckgrenze des Bauteilwerkstoffes	in N/mm²
$f_{u,k}$:	charakteristischer Wert der Zugfestigkeit des Bauteilwerkstoffes	in N/mm²
γ_M:	Teilsicherheitsbeiwert der Widerstandsgrößen	

Grenzkraft von Zugstäben mit unsymmetrischem Anschluss durch eine Schraube

DIN 18 800-1: 1990-11

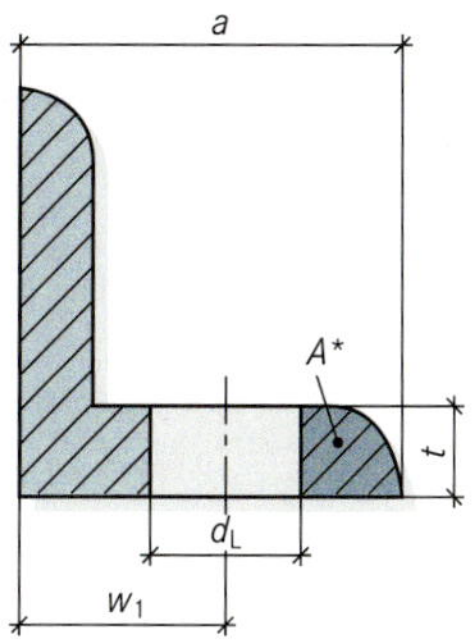

$$N_{R,d} = A_{Netto} \cdot f_{y,d}$$

$$A_{Netto} = 2 \cdot A^*$$

Beispiel Winkelstahl:

$$A^* = (a - w_1 - d_L/2) \cdot t$$

$N_{R,d}$:	Grenzzugkraft	in N
A_{Netto}:	Fläche, die bei der Berechnung von Grenzkräften unsymmetrischer Anschlüsse zu berücksichtigen ist	in mm²
$f_{y,d}$:	Bemessungswert der Streckgrenze des Bauteilwerkstoffes	in N/mm²
A^*:	kleinerer Teil des Gesamtprofilquerschnittes	in mm²

Nachweis der Gebrauchstauglichkeit von gleitfest vorgespannten Schraubenverbindungen

DIN 18 800-1: 1990-11

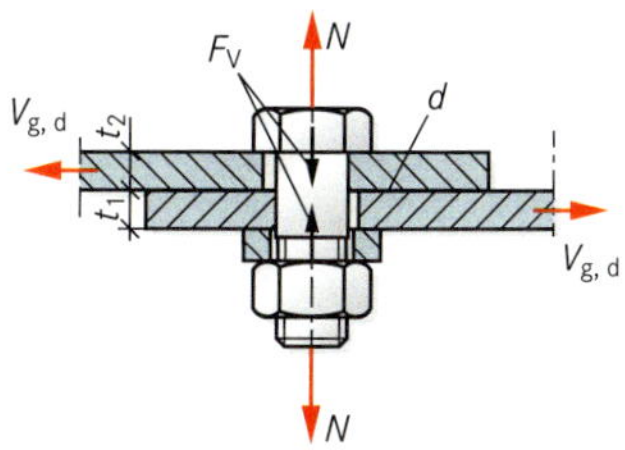

$$V_{g,d}/V_{g,R,d} \leq 1$$

Verbindungen ohne zusätzliche Zugbeanspruchung der Schraube ($N = 0$)

$$V_{g,R,d} = \alpha \cdot F_V/(1{,}15 \cdot \gamma_M)$$

Verbindungen mit zusätzlicher Zugbeanspruchung der Schraube ($N > 0$)

$$V_{g,R,d} = \alpha \cdot F_V \cdot \frac{1 - N/F_V}{1{,}15 \cdot \gamma_M}$$

$\alpha = 0{,}5$; $\gamma_M = 1$

$V_{g,d}$:	Bemessungswert der einwirkenden Kraft	in N
$V_{g,R,d}$:	Grenzgleitkraft	in N
α:	Reibungszahl für Reibflächen mit einer Vorbehandlung nach DIN 18 800-7	
F_V:	Vorspannkraft nach DIN 18 800-7	in N
γ_M:	Teilsicherheitsbeiwert der Widerstandsgrößen	
N:	anteilig auf die Schraube entfallende Zugkraft entsprechend den Einwirkungen des Gebrauchstauglichkeitsnachweises	in N

Vorspannkraft F_V einer Schraube (Drehmomentverfahren)

DIN 18 800-7: 2002-09

Schrauben-festigkeits-klasse	Vorspannkraft F_V in kN							
	Schraubengröße							
	M12	M16	M20	M22	M24	M27	M30	M36
8.8	35	70	110	130	150	200	245	355
10.9	50	100	160	190	220	290	350	510

Grenzgleitkraft $V_{g,R,d}$ einer Reibfläche einer Schraube

Verbin-dungsart	Schrauben-festigkeits-klasse	Grenzgleitkraft $V_{g,R,d}$ in kN[1]							
		Schraubengröße							
		M12	M16	M20	M22	M24	M27	M30	M36
GV, GVP	10.9	21,74	43,48	69,57	82,61	95,65	126,1	152,2	221,7

[1] Die Zahlenwerte gelten für planmäßig vorgespannte Verbindungen ohne zusätzliche Zugbeanspruchung der Schrauben ($N = 0$)

Nachweis der Tragfähigkeit von Schweißverbindungen

DIN 18 800-1: 1990-11

Schweißnahtspannungen in der Stumpfnaht

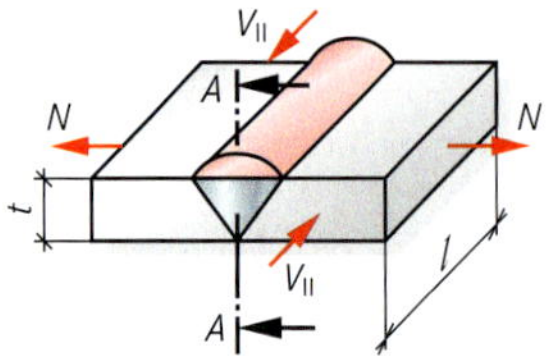

A–A

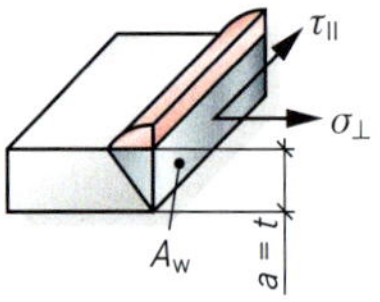

Schweißnahtspannungen in der Kehlnaht

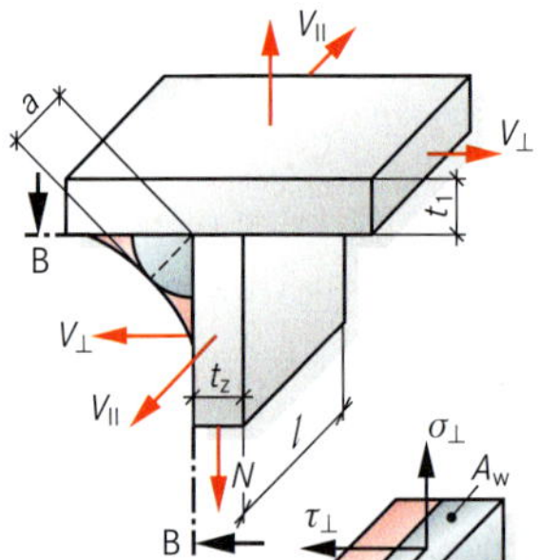

B–B

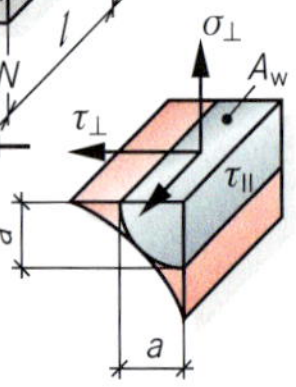

allgemeiner Nachweis

$$\sigma_{w,v}/\sigma_{w,R,d} \leq 1$$

$$\sigma_{w,R,d} = \alpha_w \cdot \frac{f_{y,k}}{\gamma_M}$$

$$\sigma_{w,v} = \sqrt{\sigma_{\perp}^2 + \tau_{\perp}^2 + \tau_{\parallel}^2}$$

$$\sigma_{\perp} = \frac{N}{A_w}$$

$$\tau_{\parallel} = \frac{V_{\parallel}}{A_w}$$

$$\tau_{\perp} = \frac{V_{\perp}}{A_w}$$

$$A_w = a \cdot l$$

- $\sigma_{w,v}$: Vergleichsspannung in der Schweißnaht infolge äußerer Einwirkungen in N/mm^2
- $\sigma_{w,R,d}$: Grenzschweißnahtspannung in N/mm^2
- α_w: Grenzspannungsbeiwert
- $f_{y,k}$: charakteristischer Wert der Streckgrenze des Bauteilwerkstoffes für $t \leq 40$ mm in N/mm^2
- γ_M: Teilsicherheitsbeiwert der Widerstandsgrößen
- $\sigma_{\perp}$: Normalspannung senkrecht zur Schweißnaht in N/mm^2
- $\tau_{\parallel}$: Schubspannung parallel zur Schweißnaht in N/mm^2
- $\tau_{\perp}$: Schubspannung senkrecht zur Schweißnaht in N/mm^2
- N: Normalkraft senkrecht zur Schweißnaht in N
- $V_{\parallel}$: Querkraft parallel zur Schweißnaht in N
- $V_{\perp}$: Querkraft senkrecht zur Schweißnaht in N
- A_w: rechnerische Schweißnahtfläche in mm^2
- a: rechnerische Schweißnahtdicke in mm
- l: rechnerische Schweißnahtlänge in mm

Grenzspannungsbeiwert α_w

DIN 18 800-1: 1990-11

Stoßart	Nahtart	Beanspruchungsart	Beiwert α_w – Werkstoff S235JR; S235JRG1; S235JRG2	Beiwert α_w – Werkstoff S355
Stumpfstoß	V-Naht	Druck	1,0	1,0
T-Stoß	K-Naht HV-Naht mit Kapplage HV-Naht mit durchgeschweißter Wurzel	Zug	0,95[1)]	0,8[1)]
Stumpfstoß	HY-Naht mit Öffnungswinkel $\alpha \leq 60°$ K-Naht mit $\alpha \leq 60°$; I-Naht	Zug und Druck	0,95[2)]	0,8
T-Stoß	HY-Naht mit $\alpha \geq 60°$; K-Naht mit $\alpha \geq 60°$ einfache und doppelte Kehlnaht			
Stumpf- und T-Stoß	alle oben genannten Nahtarten	Schub	0,95	0,8

1) Bei Nachweis der Nahtgüte durch Ultraschall-Prüfverfahren nach DIN 54 119 bzw. Röntgen- oder Gammastrahlen nach DIN 54 111 gilt hier: $\alpha_w = 1{,}0$

2) Für Stumpfstöße aus Formstählen aus S235JR und S235JRG1 mit der Erzeugnisdicke $t > 16$ mm gilt: $\alpha_w = 0{,}55$

Rechnerische Schweißnahtdicke *a*

DIN 18 800-1: 1990-11

Art der Schweißung	Nahtart	Nahtdicke *a*
Durch- oder gegengeschweißte Nähte	V-Naht	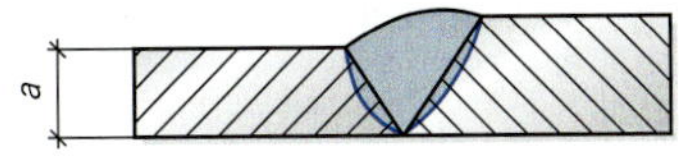
	K-Naht; HV-Naht; mit Kapplage; HV-Naht durchgeschweißt	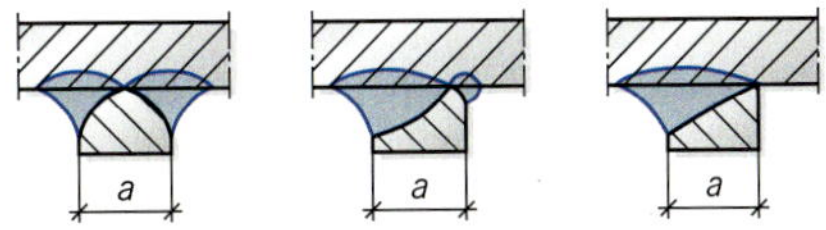
Nicht durchgeschweißte Nähte	HY-Naht; K-Naht	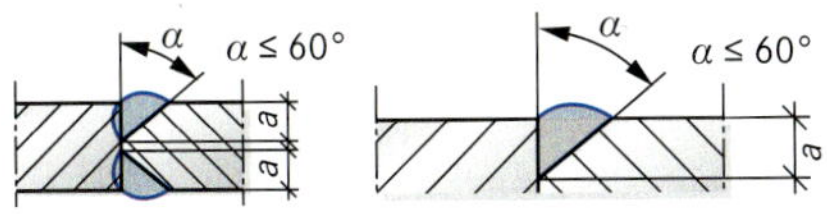
	Doppel-I-Naht ohne Nahtvorbereitung	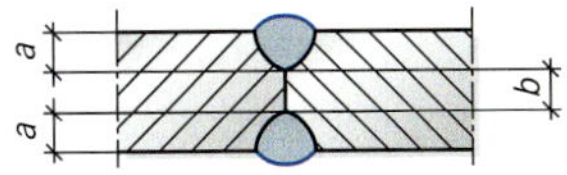
	HY-Naht; mit Kehlnaht; K-Naht mit Doppelkehlnaht	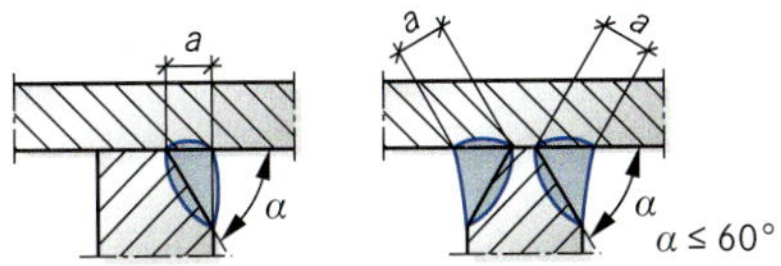
	Kehlnaht; Doppelkehlnaht	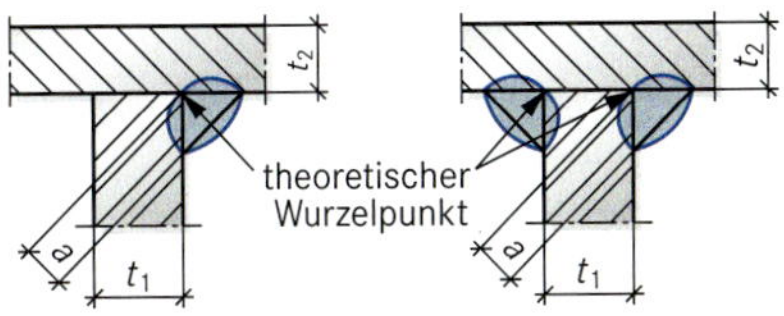 $a \geq \sqrt{t_{max}} - 0{,}5$; $a \leq 0{,}7 \cdot t_{min}$ $a_{min} = 2$ mm

Rechnerische Schweißnahtlänge l_{ges} bei Stabanschlüssen

DIN 18 800-1: 1990-11

Nahtart	Anschlussdarstellung	Rechnerische[2] Nahtlänge l_{ges}	Nahtart	Anschlussdarstellung	Rechnerische[2] Nahtlänge l_{ges}
Flanken-kehlnähte[1]	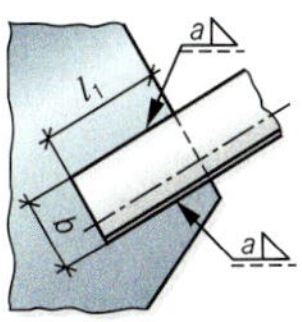	$l_{ges} = 2 \cdot l_1$	Ringsumlaufende Kehlnaht mit der Schwerachse näher zur längeren Naht	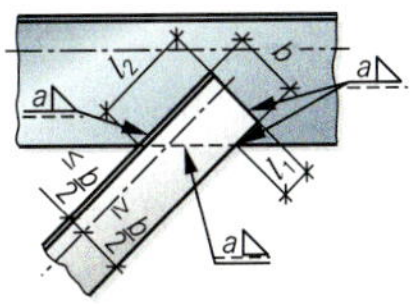	$l_{ges} = l_1 + l_2 + 2 \cdot b$
Stirn- und Flanken-kehlnähte	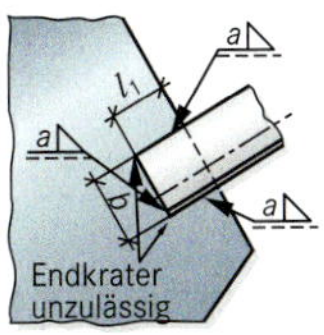	$l_{ges} = b + 2 \cdot l_1$	Ringsumlaufende Kehlnaht mit der Schwerachse näher zur kürzeren Naht	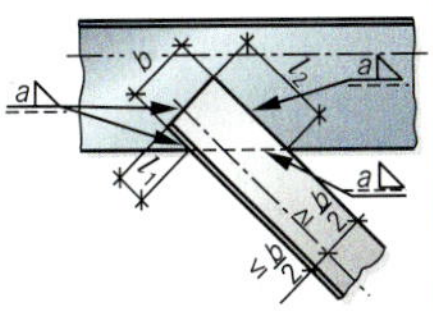	$l_{ges} = 2 \cdot l_1 + 2 \cdot b$

[1] Für Flankenkehlnähte ist die rechnerische Nahtlänge begrenzt: $6 \cdot a \leq l_{ges} \leq 150 \cdot a$; $l_{min} = 30$ mm
[2] Nur Nahtanfänge und -enden, die die verlangte Nahtdicke erreichen, zählen zur Nahtlänge

Bestimmung des Spannungszustandes geschweißter Bauteile

Spannungszustand	Bauteilbeschreibung	Bauteilbeispiele[1]
hoch	Bauteile im Bereich von: ■ schroffen Querschnittsübergängen ■ konzentrierten Krafteinleitungen ■ Spannungsspitzen und räumlichen Zugspannungszuständen	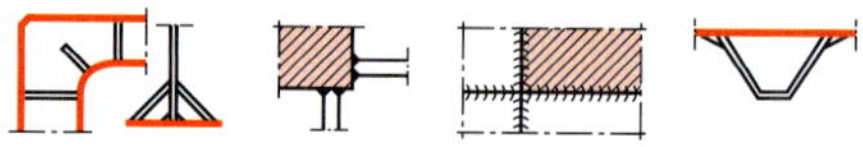
mittel	■ Knotenbleche an Zuggurten ■ Gurtverstärkungen ■ spannungsarmgeglühte Bauteile des Spannungszustandes „hoch“	
niedrig	■ Aussteifungen: Schäfte, Verbände Gurte ■ spannungsarmgeglühte Bauteile des Spannungszustandes „mittel“	

[1] rote Linie / schraffierte Fläche: zu bestimmende Bauteile.

Bestimmung der Klassifizierungsstufen

DASt-Ri 009

Spannungszustand in der Schweißnaht bzw. im Bauteil	Bedeutung des Bauteils für die Funktionsfähigkeit der Konstruktion[1]	Klassifizierungsstufe – Beanspruchungsart Druck – angenommene Temperatur T über -10 °C	Druck: unter -10 °C bis -30 °C	Zug: über -10 °C	Zug: unter -10 °C bis -30 °C
hoch	1. Ordnung	IV	III	II	I
	2. Ordnung	V	IV	III	II
mittel	1. Ordnung	V	IV	III	II
	2. Ordnung	V	V	IV	III
niedrig	1. Ordnung	V	V	IV	III
	2. Ordnung	V	V	V	IV

[1] Alle Bauteile, von deren Funktion der Bestand des Gesamtbauwerkes abhängt, sind Bauteile 1. Ordnung.

Bestimmung der Stahlgüte nach DIN EN 10 025 für geschweißte Stahlbauten

DASt-Ri 009[1]

Klassifizierungsstufe – erforderliche Stahlgüte – zulässige Bauteildicke t in mm über ... bis

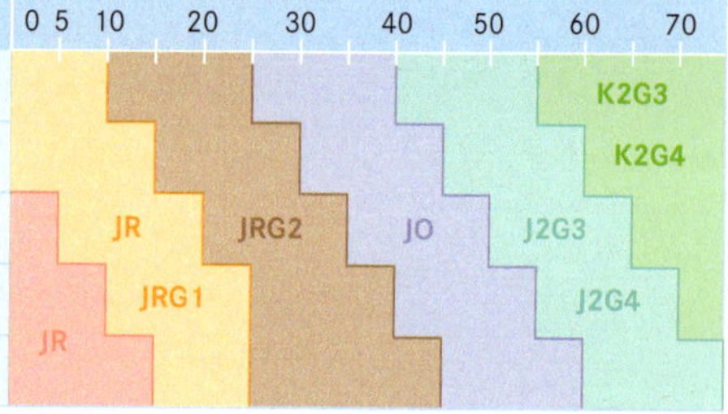

[1] DASt-Ri: Richtlinie des Deutschen Ausschusses für Stahlbau

Schweißnahtmindestabstand l_{min} bei kaltumgeformten Werkstoffbereichen

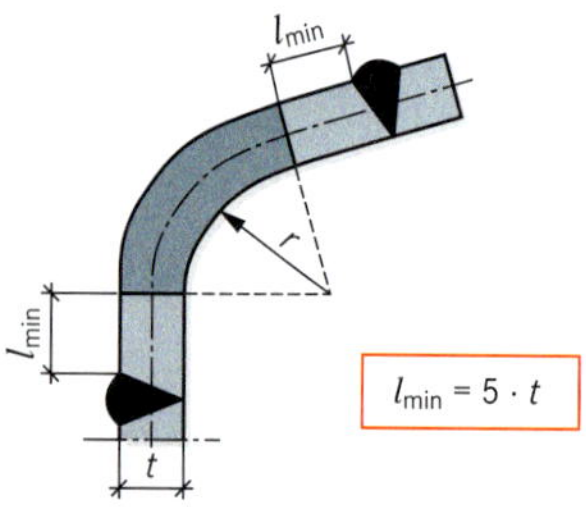

Einzuhaltender Mindestbiegeradius r bei Baustählen

zu schweißende Werkstoffdicke t in mm	$t \leq 4$	$4 < t \leq 8$	$8 < t \leq 12$	$12 < t \leq 24$	$24 < t \leq 50$
Mindestbiegeradius r in mm	$r \geq 1 \cdot t$	$r \geq 1{,}5 \cdot t$	$r \geq 2 \cdot t$	$r \geq 3 \cdot t$	$r \geq 10 \cdot t$

Fugenform von Stumpfnähten

DIN EN ISO 9692-1: 2004-05

Werkstückdicke t in mm	einseitig: $t \leq 4$ zweiseitig: $t \leq 8$	$3 \leq t \leq 10$	$5 \leq t \leq 40$	$t > 16$	$t > 10$	$t > 12$
Fugenform	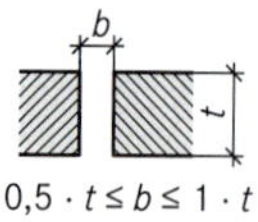	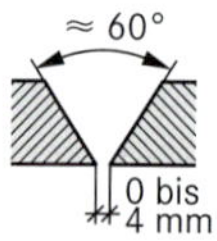	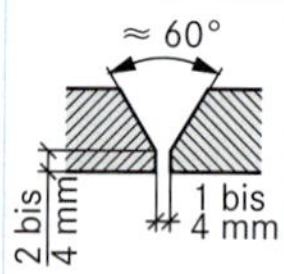	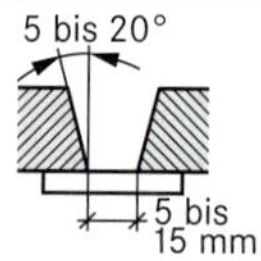	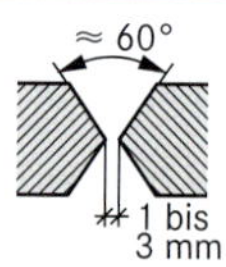	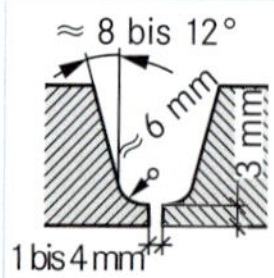
Benennung	I-Naht	V-Naht	Y-Naht	Steilflankennaht	X-Naht	U-Naht

Pfettenschuhe für I- und IPE-Profile

Bezeichnung

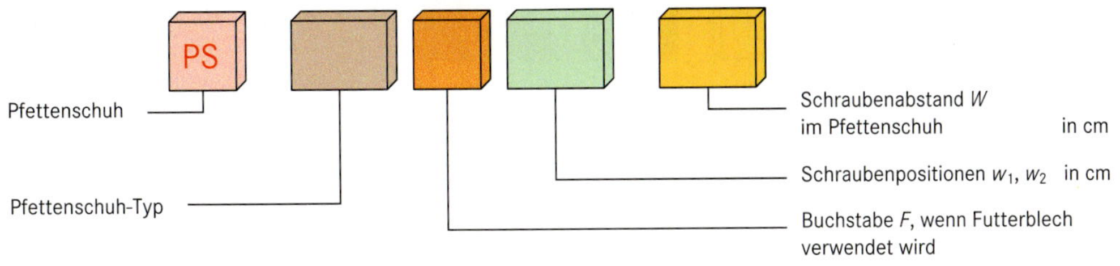

Bezeichnung eines Pfettenschuhs Typ *F* mit Schraubenpositionen $w_1 = w_2 = 40$ mm und Schraubenabstand $w = 60$ mm ohne Futter **PS F 4 6**

Ausführungsmöglichkeiten von Pfettenschuhen Typ F aus abgewinkeltem Flachstahl

Ausführung A mit mittigem Schraubanschluss

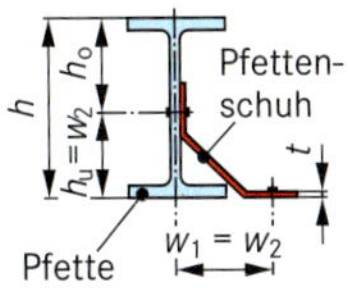

Ausführung B mit außermittigem Schraubanschluss

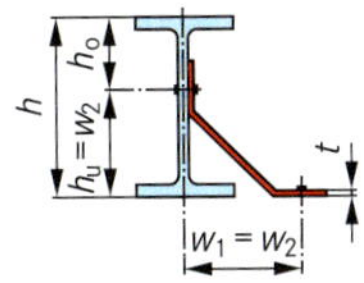

Ausführung C mit außermittigem Schraubanschluss und Futter

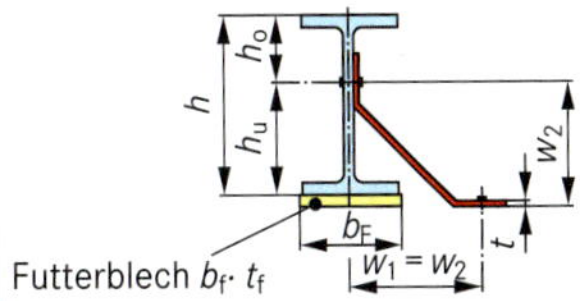

Gestaltung des Pfettenschuhanschlusses

Pfettenprofil I; IPE	Abmessungen – Pfettenschuhausführung A			B				C					
	h_u; h_o; w_1; w_2 in mm	t in mm	Anschlussschraube	h_u; w_1; w_2 in mm	h_o in mm	t in mm	Anschlussschraube	w_1; w_2 in mm	h_u in mm	h_o in mm	t in mm	$b_f \times t_f$ in mm x mm	Anschlussschraube
80	40	5	M 12 x 35	50	30	6	M 16 x 35	60	40	40	8	50 x 20	M 16 x 35
100	50	6	M 16 x 35	60	40	8	M 16 x 35	70 80	50 60	50 40	8 8	60 x 20	M 16 x 40
120	60	8	M 16 x 35	70 80	50 40	8 8	M 16 x 40 M 16 x 40	80 90	60 70	60 50	8 8	70 x 20	M 16 x 40 M 16 x 45
140	70	8	M 16 x 40	80 90	60 50	8 8	M 16 x 40 M 16 x 45	90 100	70 80	70 60	8 10	80 x 20 80 x 20	M 16 x 45 M 16 x 45
160	80	8	M 16 x 40	90 100	70 60	8 10	M 16 x 45 M 16 x 45	100	80	80	10	90 x 20	M 16 x 45
180	90	8	M 16 x 45	100	80	10	M 16 x 45	–	–	–	–	–	–
200	100	10	M 16 x 45	–	–	–	–	–	–	–	–	–	–

Pfettenschuhanschluss am Binder

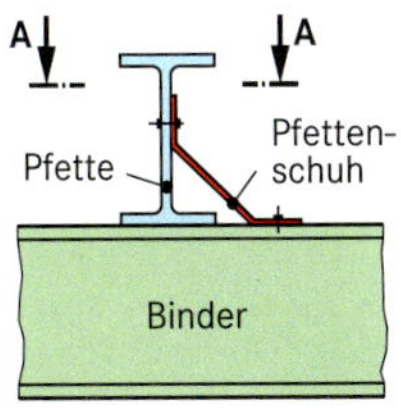

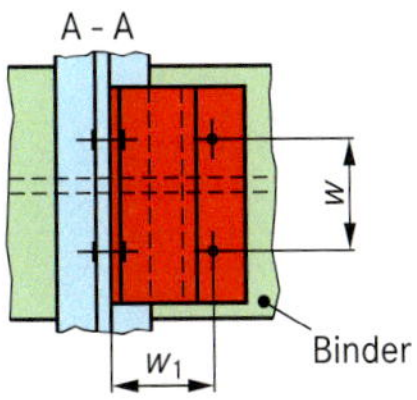

Walzprofil des Binders I	IPE	HEA; HEB; HEM	W in mm
200 ... 220 240 ... 300	180 ... 200 220 ... 240	100 120	50 60
320 ... 400 450 ... 500	270 ... 330 360 ... 500	140 ... 160 180 ... 300	80 100
550 ... 600	550 ... 600	320 ... 1000	120

Gelenkige I-Träger-Winkelanschlüsse IW

Typbezeichnung

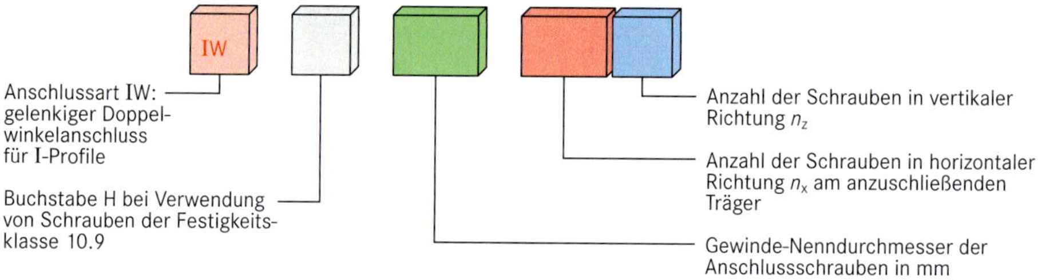

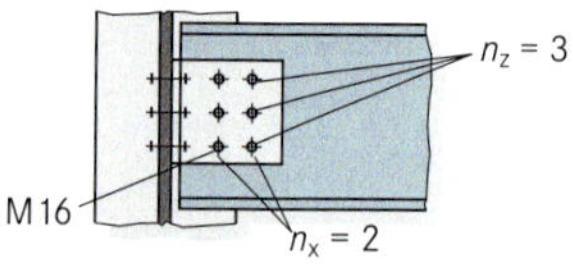

Bezeichnung eines Doppelwinkelanschlusses mit Schrauben M 16 - 10.9 und jeweils zwei Schrauben in horizontaler Richtung $n_x = 2$ und jeweils drei Schrauben in vertikaler Richtung $n_z = 3$ **IW H 16 2 3**

Anschlusstypen

Typ 1: Doppelwinkelanschluss mit gleichschenkeligen Winkeln und jeweils einer Schraube in horizontaler Richtung; $n_x = 1$

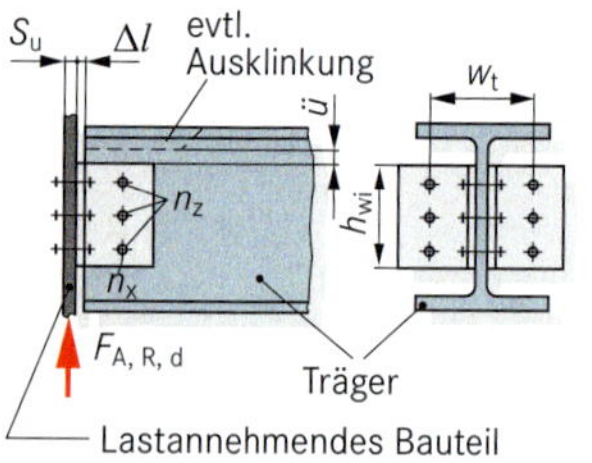

Δl = 10 mm

Typ 2: Doppelwinkelanschluss mit ungleichschenkeligen Winkeln und jeweils zwei Schrauben in horizontaler Richtung; $n_x = 2$

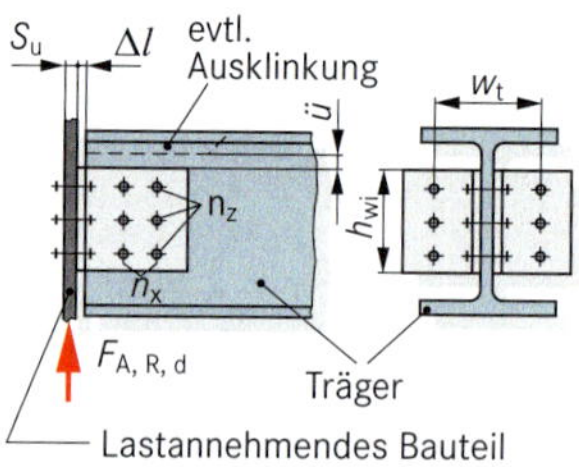

Δl = 10 mm

S_u:	erforderliche Dicke des lastannehmenden Bauteils	in mm
Δl:	Abstand der Trägerkante zum lastannehmenden Bauteil	in mm
$F_{A,R,d}$:	Grenzanschlusskraft	in kN
$Ü$:	Mindestwinkelabstand zur Ausklinkung	in mm
n_z:	Anzahl der Schrauben in vertikaler Richtung	
n_x:	Anzahl der Schrauben in horizontaler Richtung am anzuschließenden Träger	
w_t:	horizontales Anreißmaß am lastannehmenden Bauteil	in mm
h_{wi}:	Höhe des Anschlusswinkels	in mm

Beanspruchbarkeit von gelenkigen I-Trägeranschlüssen IW aus S235

Profil	Typbezeichnung	Schraube	horizontales Anreißmaß W_t in mm	Höhe des Anschlusswinkels h_{wi} in mm	Dicke des lastannehmenden Bauteils S_u in mm	Mindestwinkelabstand zur Ausklinkung $Ü$ in mm	Grenzanschlusskraft DIN 18 800 $F_{A,R,d}$ in KN
IPE 100	IW 16 21	M 16 - 4.6	105	70	2,2	16	23,42
IPE 120	IW 16 21	M 16 - 4.6	105	70	2,4	16	25,14
IPE 140	IW 20 21	M 20 - 4.6	125	80	2,7	23	33,13
IPE 160	IW 16 12	M 16 - 4.6	106	120	1,5	16	35,10
	IW 20 21	M 20 - 4.6	126	80	2,8	23	35,25
	IW H 20 21	M 20 - 10.9	126	120	2,2	23	35,25
IPE 180	IW 16 12	M 16 - 4.6	106	120	1,6	16	37,21
	IW 16 22	M 16 - 4.6	106	120	2,6	16	60,53
	IW 24 21	M 24 - 4.6	126	100	2,5	25	44,4
IPE 200	IW 20 12	M 20 - 4.6	126	150	1,7	23	59,65
	IW 20 22	M 20 - 4.6	126	150	2,7	23	96,02
	IW 24 21	M 24 - 4.6	126	100	2,6	25	46,92
IPE 220	IW 20 12	M 20 - 4.6	126	150	1,8	23	62,85
	IW 16 23	M 16 - 4.6	106	170	2,7	16	115,6
	IW 24 21	M 24 - 4.6	126	100	2,8	25	49,43

Beanspruchbarkeit von gelenkigen I-Träger-Winkelanschlüssen IW aus S235

Profil		Typbezeichnung	Schraube	horizontales Anreißmaß W_t in mm	Höhe des Anschlusswinkels h_{wi} in mm	Dicke des lastannehmenden Bauteils S_u in mm	Mindestwinkelabstand zur Ausklinkung $Ü$ in mm	Grenzanschlusskraft DIN 18 800 $F_{A,R,d}$ in KN
IPE	240	IW 1612	M 16 - 4.6	107	120	1,9	16	43,53
		IW 1623	M 16 - 4.6	107	170	1,9	16	81,68
		IW 2422	M 24 - 4.6	127	180	2,7	25	122,3
IPE	300	IW 1612	M 16 - 4.6	108	120	2,1	16	49,84
		IW 2023	M 20 - 4.6	128	220	3,3	23	209,7
		IW 2422	M 24 - 4.6	128	180	3,1	25	140,1
IPE	360	IW 1612	M 16 - 4.6	109	120	2,4	16	56,16
		IW 2024	M 20 - 4.6	129	290	3,8	23	350,0
		IW 2423	M 24 - 4.6	129	260	3,6	25	275,0
IPE	400	IW 1612	M 16 - 4.6	109	120	2,6	16	60,37
		IW 2024	M 20 - 4.6	129	290	4,2	23	385,7
		IW 2423	M 24 - 4.6	129	260	3,9	25	295,6
IPE	500	IW 1612	M 16 - 4.6	111	120	3,1	16	71,61
		IW 2024	M 20 - 4.6	131	290	5,0	23	457,5
		IW 2425	M 24 - 4.6	131	420	4,6	25	621,9
IPE	600	IW 1612	M 16 - 4.6	113	120	3,3	16	78,47
		IW 2024	M 20 - 4.6	133	290	5,6	23	507,9
		IW 2425	M 24 - 4.6	133	420	6,5	25	878,2
HEA (IPB_L)	160	IW 2421	M 24 - 4.6	127	100	2,8	25	50,27
	200	IW 1622	M 16 - 4.6	107	120	3,2	16	74,23
	300	IW 2422	M 24 - 4.6	129	180	3,7	25	167,7
	400	IW 2423	M 24 - 4.6	132	260	4,9	25	378,1
	500	IW 2424	M 24 - 4.6	133	340	5,9	25	628,3
HEA (IPB_L)	600	IW 2425	M 24 - 4.6	134	420	6,8	25	925,2
	700	IW 2425	M 24 - 4.6	135	420	7,0	25	953,1
	800	IW 2425	M 24 - 4.6	136	420	7,0	25	953,1
	900	IW 2425	M 24 - 4.6	137	420	7,0	25	953,1
	1000	IW 2425	M 24 - 4.6	137	420	7,0	25	953,1
HEB (IPB)	160	IW 2421	M 24 - 4.6	129	100	3,7	25	67,03
	200	IW 1622	M 16 - 4.6	110	120	4,4	16	102,8
	300	IW 2422	M 24 - 4.6	132	180	4,8	25	217,0
	400	IW 2024	M 20 - 4.6	134	290	5,6	23	507,9
	500	IW 2424	M 24 - 4.6	135	340	7,0	25	747,4
HEB (IPB)	600	IW 2425	M 24 - 4.6	136	420	7,0	25	953,1
	700	IW 2425	M 24 - 4.6	138	420	7,0	25	953,1
	800	IW 2425	M 24 - 4.6	138	420	7,0	25	953,1
	900	IW 2425	M 24 - 4.6	139	420	7,0	25	953,1
	1000	IW 2425	M 24 - 4.6	140	420	7,0	25	953,1
HEM (IPB_V)	160	IW 2421	M 24 - 4.6	135	100	5,9	25	105,3
	200	IW 1622	M 16 - 4.6	116	120	5,2	16	121,5
	300	IW 2422	M 24 - 4.6	142	180	6,4	25	287,7
	400	IW 2423	M 24 - 4.6	142	260	6,7	25	513,9
	500	IW 2424	M 24 - 4.6	142	340	7,0	25	747,4
HEM (IPB_V)	600	IW 2425	M 24 - 4.6	142	420	7,0	25	953,1
	700	IW 2425	M 24 - 4.6	142	420	7,0	25	953,1
	800	IW 2425	M 24 - 4.6	142	420	7,0	25	953,1
	900	IW 2425	M 24 - 4.6	142	420	7,0	25	953,1
	1000	IW 2425	M 24 - 4.6	142	420	7,0	25	953,1

Maße von gelenkigen I-Träger-Winkelanschlüssen IW

Verwendete Anschlussschrauben der Festigkeitsklasse 4.6		
M 16	M 20	M 24
Anschlusswinkel aus Stahl EN 10 025 – S235 für Anschlusstyp 1		
L EN 10 056-1-90 x 90 x 9	L EN 10 056-1-100 x 100 x 12	L EN 10 056-1-120 x 120 x 12

IW 1612

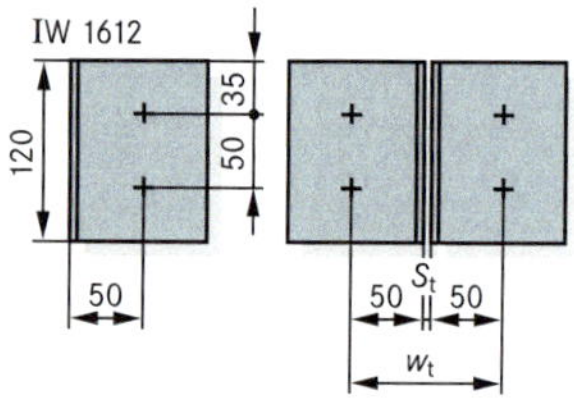

IW 2012

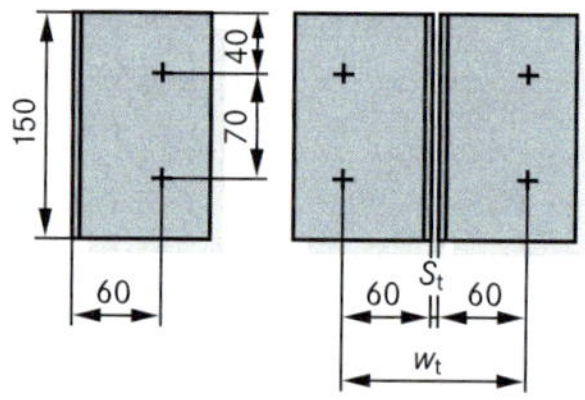

IW 2412

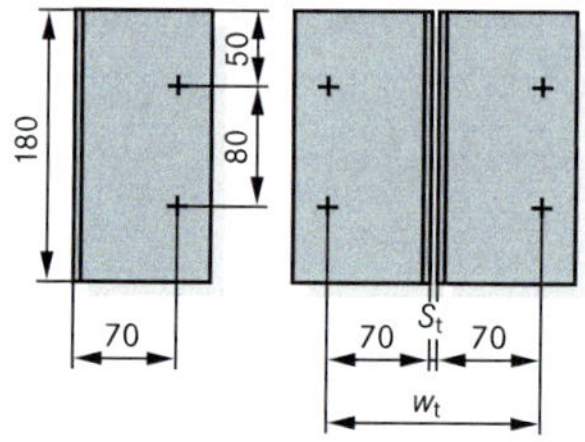

IW 1613

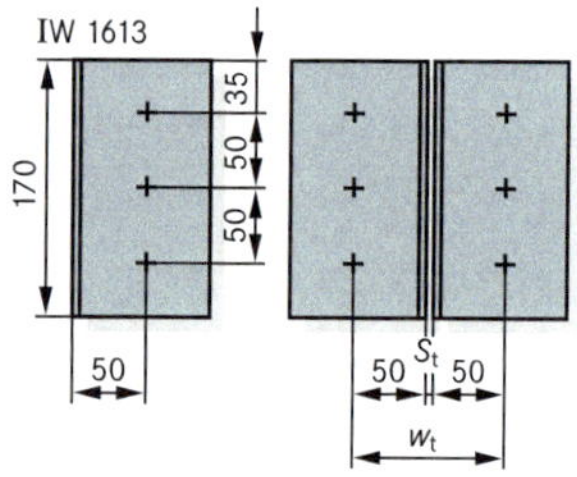

IW 2013

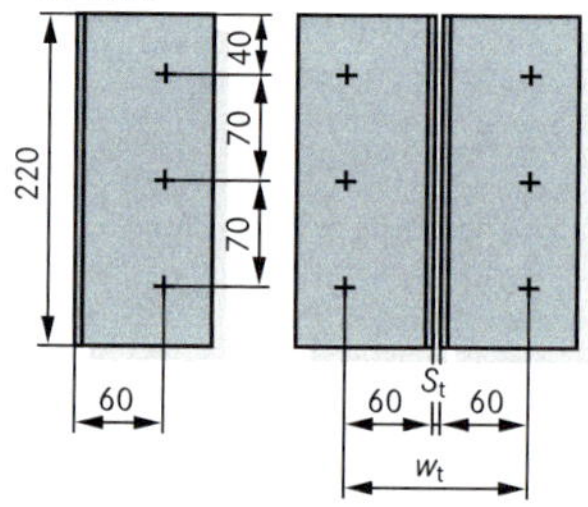

IW 2413

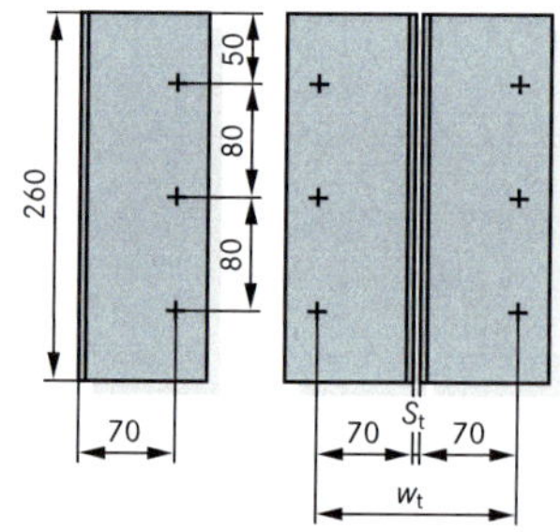

—

IW 2014

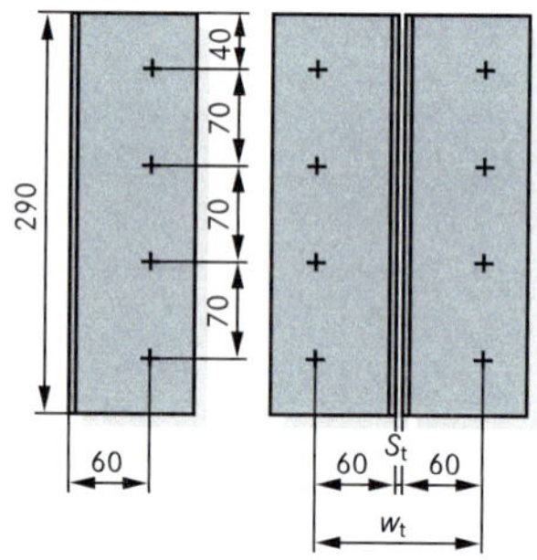

IW 2414

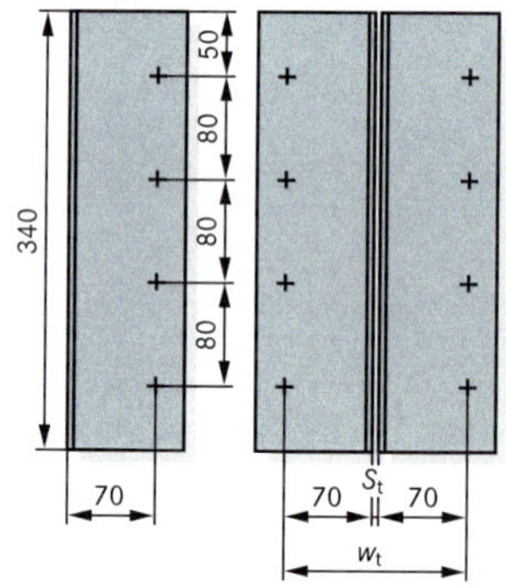

S_t: Stegdicke des anzuschließenden Trägers in mm

—

—

IW 2415

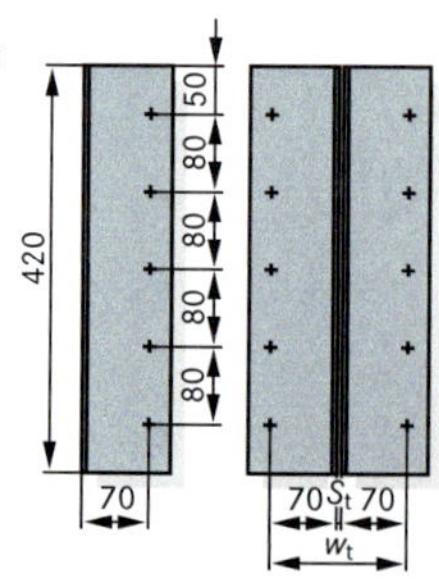

Maße von gelenkigen I-Träger-Winkelanschlüssen IW

Verwendete Anschlussschrauben der Festigkeitsklasse 4.6		
M 16	M 20	M 24
Anschlusswinkel aus Stahl EN 10 025 – S235 für Anschlusstyp 2		
L EN 10 056-1-150 x 75 x 9	L EN 10 056-1-180 x 90 x 12	L EN 10 056-1-200 x 100 x 12
IW 1621 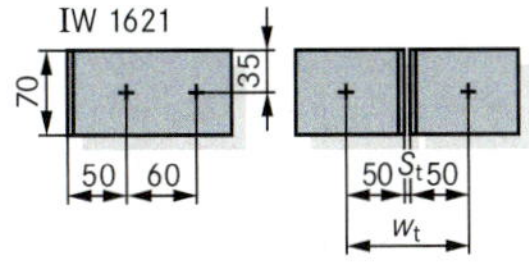	IW 2021 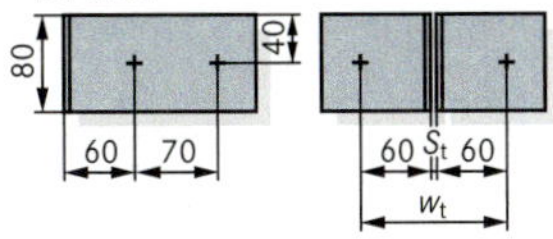	IW 2421 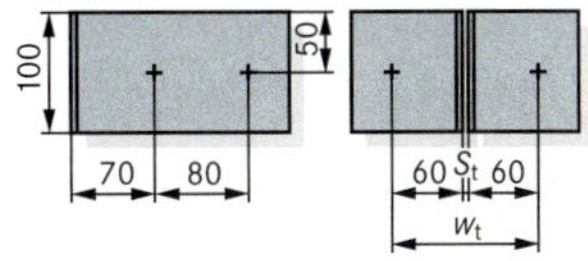
IW 1622 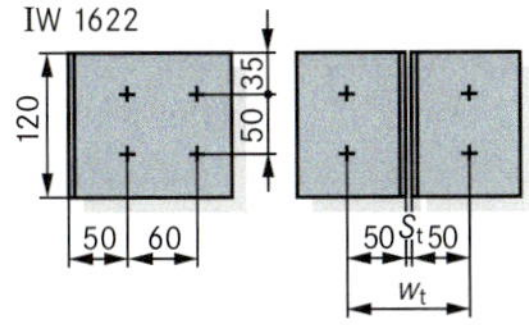	IW 2022 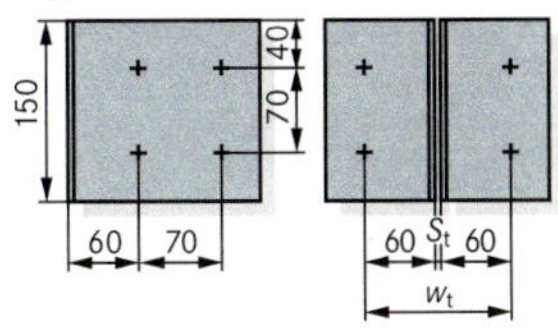	IW 2422 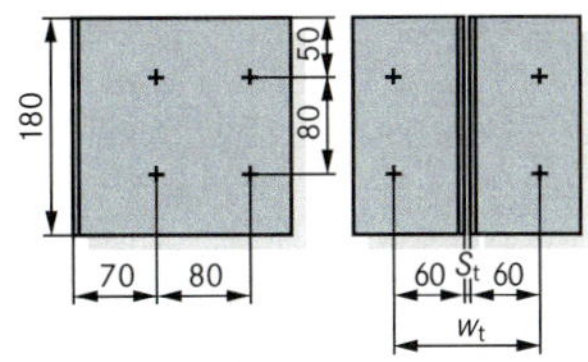
IW 1623 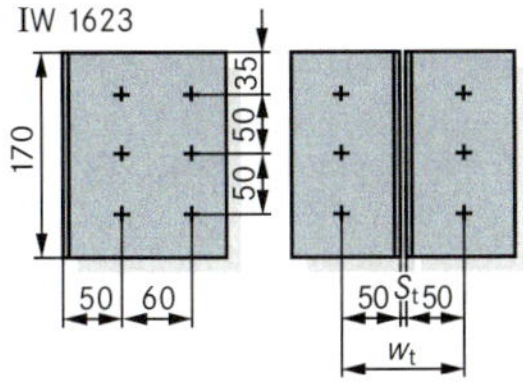	IW 2023 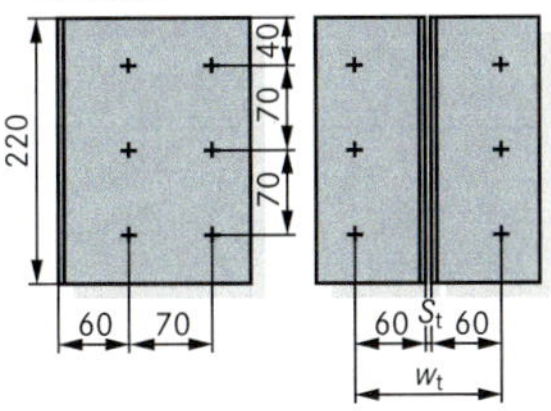	IW 2423 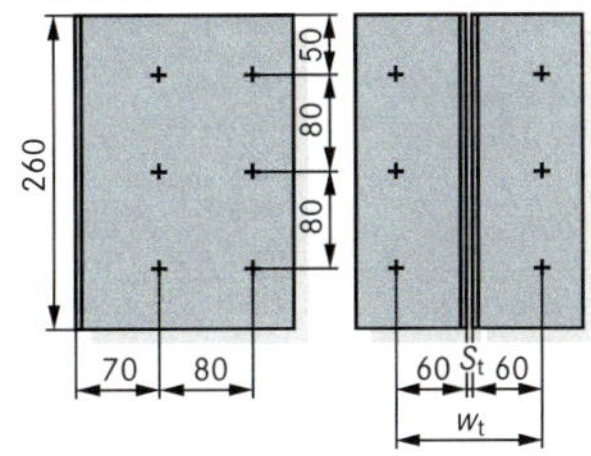
—	IW 2024 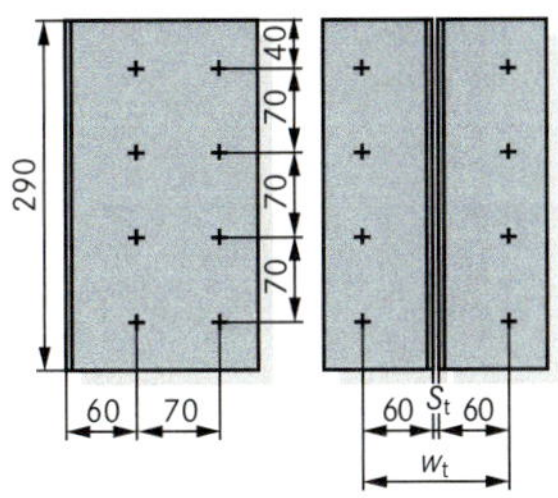	IW 2424 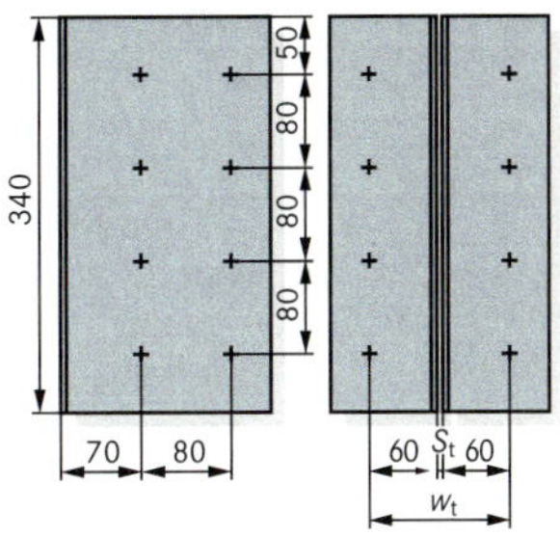
—	—	IW 2425 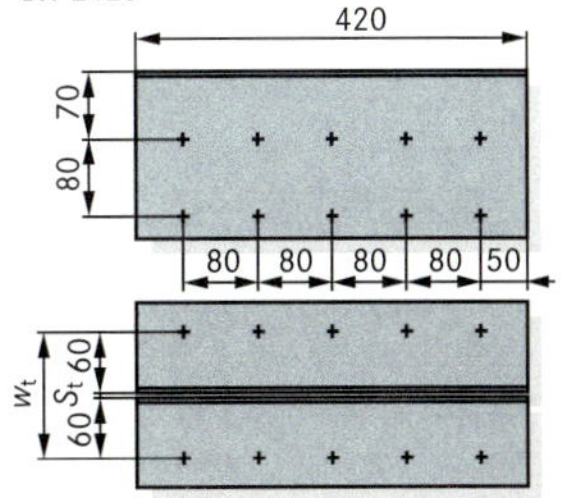

S_t: Stegdicke des anzuschließenden Trägers in mm

Gelenkige Stirnplattenanschlüsse IS

Typbezeichnung

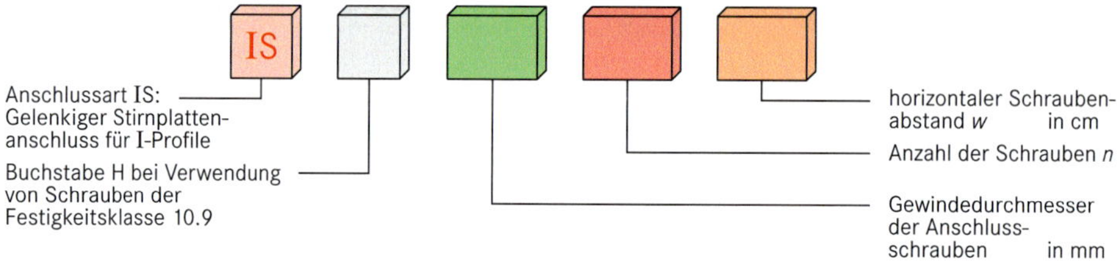

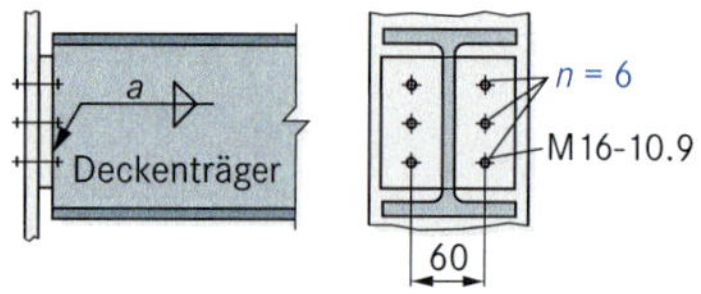

Bezeichnung eines gelenkigen Stirnplattenanschlusses mit 6 Schrauben M 16 - 10.9 und horizontalem Schraubenabstand w = 6 cm ≙ 60 mm

IS H 16 6 6

Ausführungsmöglichkeiten

Ausführungsmöglichkeit 1:
Anschluss der Stirnplatte durch Doppelkehlnaht am Trägersteg und Kehlnaht an einem Flansch

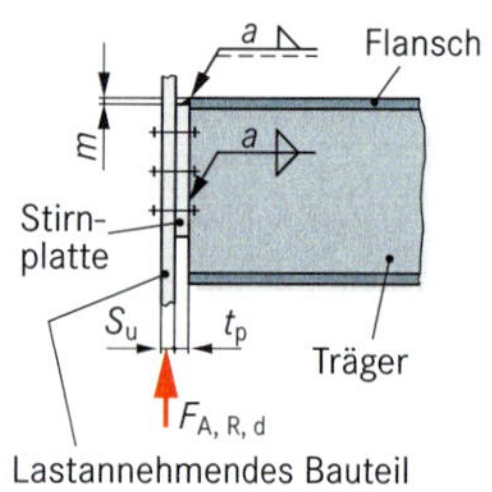

Ausführungsmöglichkeit 2:
Anschluss der Stirnplatte durch Doppelkehlnaht am Trägersteg

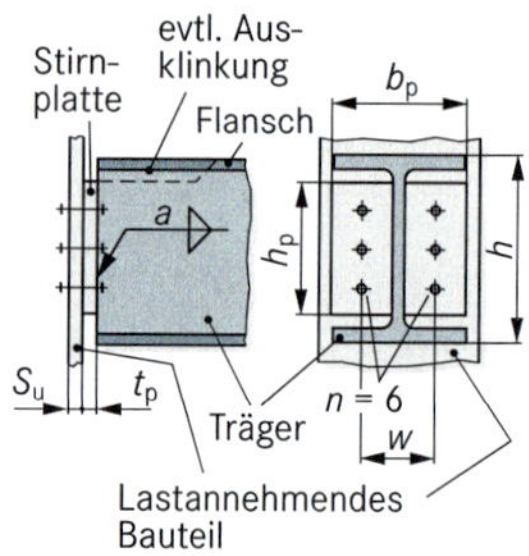

S_u: erforderliche Dicke des lastannehmenden Bauteils in mm
t_p: Dicke der Stirnplatte in mm
b_p: Breite der Stirnplatte in mm
hp: Höhe der Stirnplatte in mm
a: Kehlnahtdicke am Trägersteg in mm
m: Abstand zwischen Flanschoberkante und Stirnplattenoberkante in mm
$F_{A,R,d}$: Grenzanschlusskraft in kN
n: Gesamtanzahl der Schrauben
w: Horizontaler Schraubenabstand in cm

t_p = 12 mm für Schrauben M 24 - 10.9;
t_p = 10 mm für alle anderen Schrauben

m = 5 mm für Trägernennhöhen $h \leq 600$ mm
m = 6 mm für Trägernennhöhe $h > 600$ mm

Das horizontale Schraubenabstandsmaß w ist nur durch die Einbausituation bestimmt und nicht entscheidend für die Tragfähigkeit des Stirnplattenanschlusses.

Beanspruchbarkeit von gelenkigen Stirnplattenanschlüssen IS aus S235

Profil		Typbezeichnung ohne Maß w	Schraube	Schraubenzahl	Stirnplattenhöhe h_p in mm	Dicke des lastannehmenden Bauteils S_u in mm	Kehlnahtdicke a in mm	Grenzanschlusskraft DIN 18 800 $F_{A,R,d}$ in KN
IPE	100	IS 16 2	M 16 - 4.6	2	70	1,9	3	39,77
IPE	160	IS 24 2	M 24 - 4.6	2	100	2,2	3	69,28
IPE	180	IS 24 2	M 24 - 4.6	2	100	2,3	3	73,44
IPE	200	IS 16 2	M 16 - 4.6	2	70	2,6	3	54,32
		IS 20 4	M 20 - 4.6	4	150	2,3	3	116,4
IPE	300	IS 20 6	M 20 - 4.6	6	220	2,9	3	216,4
		IS 24 6	M 24 - 4.6	6	260	2,9	3	255,8
IPE	400	IS 20 8	M 20 - 4.6	8	290	3,4	3	345,6
		IS 24 8	M 24 - 4.6	8	340	3,5	3	405,2
IPE	500	IS 20 8	M 20 - 4.6	8	290	4,1	4	409,9
		IS 24 8	M 24 - 4.6	8	340	4,1	4	480,5
IPE	600	IS 24 8	M 24 - 4.6	8	340	4,9	5	565,3
HEA	200	IS 16 4	M 16 - 4.6	4	120	2,9	3	108,1
(IPB_L)	400	IS 20 8	M 20 - 4.6	8	290	4,4	4	442,0
	600	IS 24 8	M 24 - 4.6	8	340	5,3	5	612,5
	800	IS 24 8	M 24 - 4.6	8	340	5,4	5	628,2
	900	IS 24 8	M 24 - 4.6	8	340	5,4	5	628,2
	1000	IS 24 8	M 24 - 4.6	8	340	5,4	5	628,2

Beanspruchbarkeit von gelenkigen Stirnplattenanschlüssen IS aus S235

Profil		Typbezeichnung ohne Maß *w*	Schraube	Schraubenzahl	Stirnplattenhöhe h_p in mm	Dicke des lastannehmenden Bauteils S_u in mm	Kehlnahtdicke *a* in mm	Grenzanschlusskraft DIN 18 800 $F_{A,R,d}$ in KN
HEB (IPB)	200	IS 20 4	M 20 - 4.6	4	150	3,7	4	187,1
	300	IS 20 6	M 20 - 4.6	6	220	4,4	4	335,3
	400	IS 20 8	M 20 - 4.6	8	290	5,3	5	535,8
	500	IS 20 8	M 24 - 4.6	8	340	5,4	5	628,2
	600	IS 20 8	M 24 - 4.6	8	340	5,4	5	628,2
	700	IS 20 8	M 24 - 4.6	8	340	5,4	5	628,2
	800	IS 20 8	M 24 - 4.6	8	340	5,4	5	628,2
	900	IS 20 8	M 24 - 4.6	8	340	5,4	5	628,2
	1000	IS 20 8	M 24 - 4.6	8	340	5,4	5	628,2
HEM (IPB_V)	200	IS 20 4	M 20 - 4.6	4	150	5,2	5	266,7
	400	IS 20 8	M 20 - 4.6	8	290	5,3	5	535,8
	500	IS 20 8	M 24 - 4.6	8	340	5,4	5	628,2
	600	IS 20 8	M 24 - 4.6	8	340	5,4	5	628,2
	700	IS 20 8	M 24 - 4.6	8	340	5,4	5	628,2
	800	IS 20 8	M 24 - 4.6	8	340	5,4	5	628,2
	900	IS 20 8	M 24 - 4.6	8	340	5,4	5	628,2
	1000	IS 20 8	M 24 - 4.6	8	340	5,4	5	628,2

Maße von gelenkigen Stirnplattenanschlüssen IS

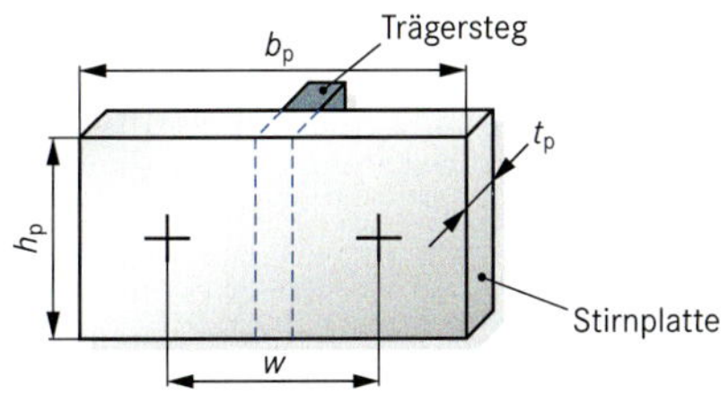

b_p:	Breite der Stirnplatte	in mm
h_p:	Stirnplattenhöhe	in mm
w:	horizontaler Schraubenabstand, Auswahl nach Einbausituation bzw. nach Anschlussmaß des lastannehmenden Bauteils	in mm
t_p:	Dicke der Stirnplatte	in mm

t_p = 10 mm für alle Schrauben der Festigkeitsklasse 4.6

Stirnplattenmaße

M 16 - 4.6

	Typbezeichnung	b_p in mm	w in mm
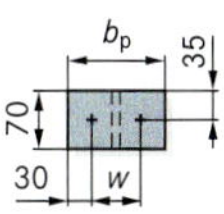	IS 16 2 6 IS 16 2 8 IS 16 2 10	120 140 160	60 80 100
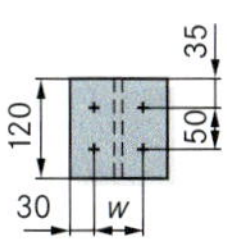	IS 16 4 6 IS 16 4 8 IS 16 4 10 IS 16 4 12	120 140 160 180	60 80 100 120
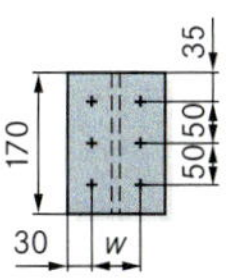	IS 16 6 6 IS 16 6 8 IS 16 6 10 IS 16 6 12	120 140 160 180	60 80 100 120

M 20 - 4.6

	Typbezeichnung	b_p in mm	w in mm
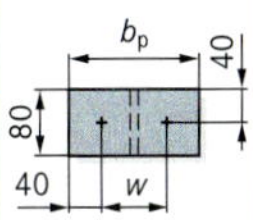	IS 20 2 8 IS 20 2 10	160 180	80 100
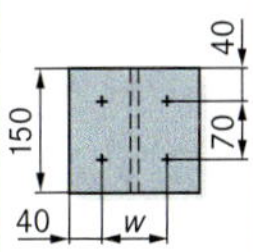	IS 20 4 8 IS 20 4 10 IS 20 4 12 IS 20 4 15	160 180 200 230	80 100 120 150
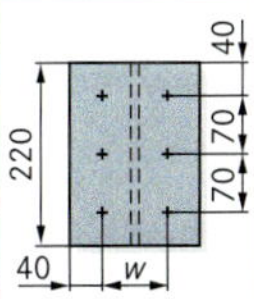	IS 20 6 9 IS 20 6 10 IS 20 6 12 IS 20 6 15	160 180 200 230	80 100 120 150
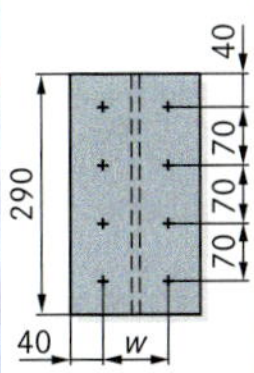	IS 20 8 8 IS 20 8 10 IS 20 8 12 IS 20 8 15	160 180 200 230	80 100 120 150

M 24 - 4.6

	Typbezeichnung	b_p in mm	w in mm
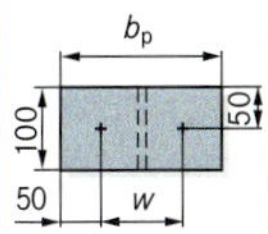	IS 24 2 10	200	100
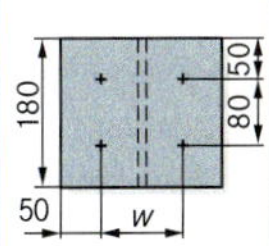	IS 24 4 10 IS 24 4 12 IS 24 4 15	220 220 250	100 120 150
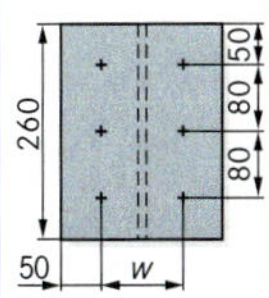	IS 24 6 10 IS 24 6 12 IS 24 6 15 IS 24 6 20	200 220 250 300	100 120 150 200
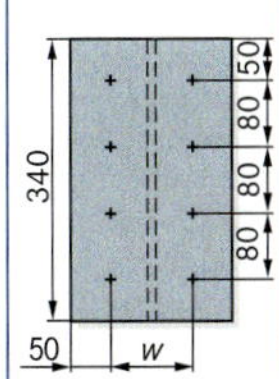	IS 24 8 10 IS 24 8 12 IS 24 8 15 IS 24 8 20	200 220 250 300	100 120 150 200

Momententragfähige Stirnplattenanschlüsse IH

Typbezeichnung

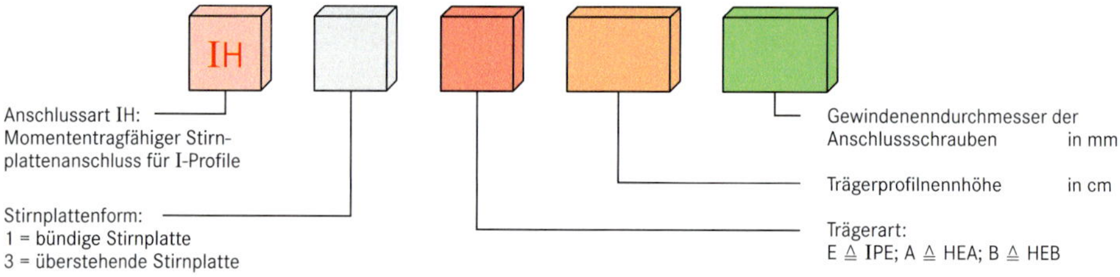

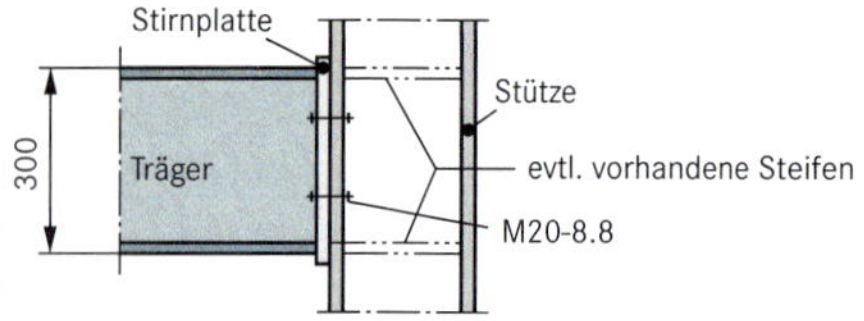

Bezeichnung eines momententragfähigen Stirnplattenanschlusses eines IPE 300 mit bündiger Stirnplatte und Schrauben M 20 - 8.8 **IH 1 E 30 20**

Ausführungsmöglichkeiten

Typ IH 1: Anschluss mit bündiger Stirnplatte

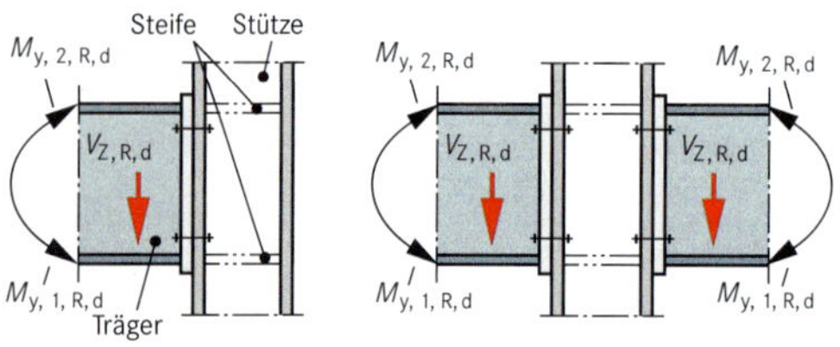

Typ IH 3: Anschluss mit überstehender Stirnplatte

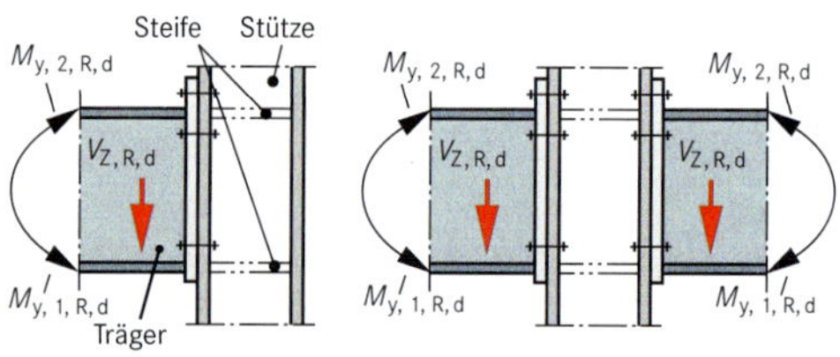

$M_{y,1,R,d}$: Grenzanschlussbiegemoment um die y-Achse in kN · m
$M_{y,2,R,d}$: Grenzanschlussbiegemoment um die y-Achse in Gegenrichtung in kN · m
$V_{Z,R,d}$: Grenzanschlussquerkraft in z-Richtung in kN

Beanspruchbarkeit und erforderliche Stützenprofile von momententragfähigen Stirnplattenanschlüssen IH aus S235

Träger	Typbezeichnung	Schraube	erforderliche Stützen aus S235				Grenzanschlussbiegemoment		Grenzanschlusskraft nach DIN 18 800 $V_{Z,R,d}$ in kN
			IPE	HEA (IPB_L)	HEB (IPB)	HEM (IPB_V)	$M_{y,1,R,d}$ in kN · m	$M_{y,2,R,d}$ in kN · m	
IPE 120	IH 1 E 12 16	M 16 - 8.8	240	160	120	120	10,3	10,3	56,72
IPE 160	IH 1 E 16 16	M 16 - 8.8	St[1]	St	St	120	21	21	86,5
IPE 180	IH 1 E 18 20	M 20 - 8.8	450	St	200	140	28,6	28,6	103,3
IPE 200	IH 1 E 20 20	M 20 - 8.8	St	St	240	140	39,5	39,5	121,6
	IH 3 E 20 16	M 16 - 8.8	St	St	St	140	53,1	29,7	121,6
IPE 240	IH 1 E 24 24	M 24 - 8.8	St	St	St	180	65,5	65,5	161,8
IPE 300	IH 1 E 30 27	M 27 - 8.8	St	600	450	240	114	114	232,9
IPE 360	IH 1 E 36 30	M 30 - 8.8	St	600	450	240	159,1	159,1	315
IPE 400	IH 1 E 40 30	M 30 - 8.8	St	700	500	240	194,8	194,8	376,8
	IH 3 E 40 20	M 20 - 8.8	600	St	260	200	165,5	79,7	301,6
IPE 500	IH 1 E 50 30	M 30 - 8.8	–	900	600	240	269,5	269,5	529,8
	IH 3 E 50 27	M 27 - 8.8	St	900	600	300	427,2	226,2	529,8
IPE 600	IH 1 E 60 30	M 30 - 8.8	–	900	600	240	329,9	329,9	639,2
	IH 3 E 60 30	M 30 - 8.8	–	St	700	300	602,6	342,9	639,2
HEA 200	IH 1 A 20 24	M 24 - 8.8	St	St	St	200	50,8	50,8	132,6
IPB_L 200	IH 3 A 20 20	M 20 - 8.8	600	St	280	200	85	42,3	132,6
300	IH 1 A 30 30	M 30 - 8.8	–	900	650	260	134,4	134,4	266
400	IH 3 A 40 30	M 30 - 8.8	–	St	900	320	405,5	204,9	462,7

[1] St: Steife notwendig

Beanspruchbarkeit und erforderliche Stützenprofile von momententragfähigen Stirnplattenanschlüssen IH aus S235

Träger	Typbezeichnung	Schraube	erforderliche Stützen aus S235 IPE	HEA (IPB_L)	HEB (IPB)	HEM (IPB_V)	Grenzanschlussbiegemoment $M_{y,1,R,d}$ in kN · m	$M_{y,2,R,d}$ in kN · m	Grenzanschlusskraft nach DIN 18 800 $V_{Z,R,d}$ in kN
HEA 450	IH 3 A 45 30	M 30 - 8.8	–	St	900	320	463,6	234,3	546,3
(IPB_L) 500	IH 3 A 50 30	M 30 - 8.8	–	St	900	320	519	263,2	635,3
600	IH 3 A 60 30	M 30 - 8.8	–	St	900	320	631,7	325,2	604,4
HEB 200	IH 3 B 20 24	M 24 - 8.8	St[1]	St	St	240	120,7	62,4	188,8
(IPB) 300	IH 3 B 30 30	M 30 - 8.8	–	St	900	320	304,2	151,3	350,4
400	IH 3 B 40 30	M 30 - 8.8	–	St	900	320	416,1	207,2	575,5
500	IH 3 B 50 30	M 30 - 8.8	–	St	900	320	524,3	265,4	646,7
600	IH 3 B 60 30	M 30 - 8.8	–	St	900	320	637	327,2	604,4

[1] St: Steife notwendig

Abmessungen von momententragfähigen Stirnplattenanschlüssen IH

Typ IH 1 (bündige Stirnplatte) Typ IH 3 (überstehende Stirnplatte)

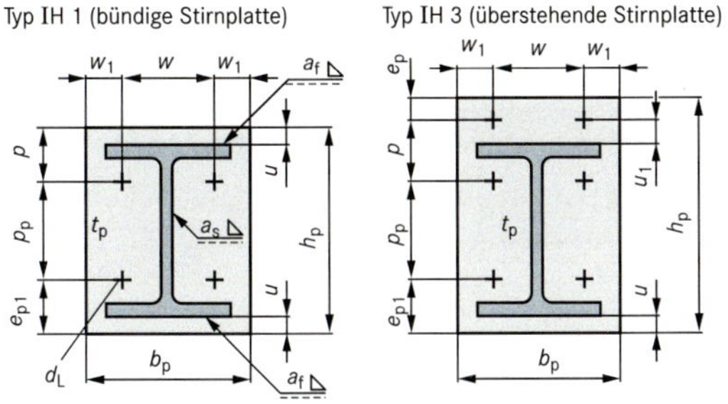

t_p: Stirnplattendicke in mm

b_p: Stirnplattenbreite in mm

h_p: Stirnplattenhöhe in mm

a_f: Kehlnahtdicke zum Anschluss der Trägerflansche in mm

a_s: Kehlnahtdicke zum Anschluss des Trägersteges in mm

p, p_p, e_p, e_{p1}, w, w_1, u, u_1: Stirnplatten-Anreißmaße in mm

d_L: Lochdurchmesser in mm

Trägerprofil	Typbezeichnung	max. Lochdurchmesser d_L in mm	Stirnplattenabmessungen in mm: Dicke t_p	Breite b_p	Höhe h_p	Stirnplattenanreißmaße in mm: p	p_p	e_p	e_{p1}	w	w_1	u	u_1	Kehlnahtdicke am: Trägerflansch a_f in mm	Trägersteg a_s in mm
IPE 120	IH 1 E 12 16	17	25	120	140	45	50	–	45	70	25	10	–	4	3
IPE 160	IH 1 E 16 16	17	25	120	180	50	80	–	50	70	25	10	–	5	3
IPE 180	IH 1 E 18 20	21	30	150	200	60	80	–	60	90	30	10	–	5	3
IPE 200	IH 1 E 20 20	21	30	150	220	60	100	–	60	90	30	10	–	5	3
	IH 3 E 20 16	17	20	120	265	70	120	25	50	70	25	10	30	7	3
IPE 240	IH 1 E 24 24	25	35	180	280	80	120	–	80	110	35	20	–	6	3
IPE 300	IH 1 E 30 27	28	45	210	340	90	160	–	90	130	40	20	–	7	3
IPE 400	IH 1 E 40 30	31	45	220	460	105	250	–	105	130	45	30	–	7	4
	IH 3 E 40 20	21	20	180	500	95	290	30	85	90	45	30	40	8	3
IPE 500	IH 1 E 50 30	31	45	230	560	105	350	–	105	140	45	30	–	8	3
	IH 3 E 50 27	28	30	220	630	135	350	40	105	140	40	30	60	11	3
IPE 600	IH 1 E 60 30	31	45	230	660	110	440	–	110	140	45	30	–	9	3
	IH 3 E 60 30		30	230	735	140	440	45	110	140	45	30	60	12	3
HEA 200	IH 1 A 20 24	25	30	200	210	70	70	–	70	110	45	10	–	5	3
(IPB_L) 200	IH 3 A 20 20	21	20	200	270	90	90	30	60	100	50	10	40	6	3
300	IH 1 A 30 30	31	40	300	330	95	140	–	95	150	75	20	–	6	4
400	IH 3 A 40 30	31	30	300	515	140	230	45	100	150	75	20	60	10	5
HEA 450	IH 3 A 45 30	31	30	300	575	140	280	45	110	150	75	30	60	11	4
(IPB_L) 500	IH 3 A 50 30		30	300	625	145	320	45	115	150	75	30	60	12	4
600	IH 3 A 60 30		30	300	675	145	370	45	115	150	75	30	60	13	3
HEB 200	IH 3 B 20 24	25	25	200	305	115	70	35	85	110	45	20	50	10	5
(IPB) 300	IH 3 B 30 30	31	30	300	425	140	140	45	100	150	75	20	60	10	6
400	IH 3 B 40 30	31	30	300	535	145	115	45	115	150	75	30	60	12	5
500	IH 3 B 50 30	31	30	300	635	150	320	45	120	160	70	30	60	12	4
600	IH 3 B 60 30	31	30	300	735	150	420	45	120	160	70	30	60	12	3

Ausklinkungen bei Trägeranschlüssen an Unterzügen

Bezeichnung

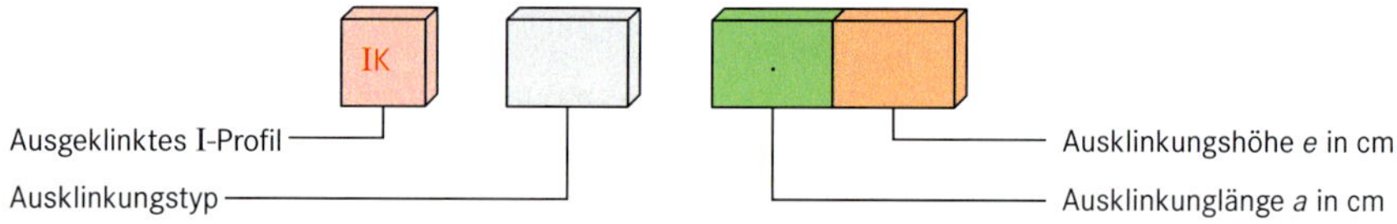

Bezeichnung einer Ausklinkung Typ 4; Ausklinkungslänge a = 12 cm; Ausklinkungshöhe e = 2 cm: **IK 4 12.2**

Ausklinkungstypen

Typ: IK 1
Einseitige Ausklinkung mit abgebohrter Ausrundung

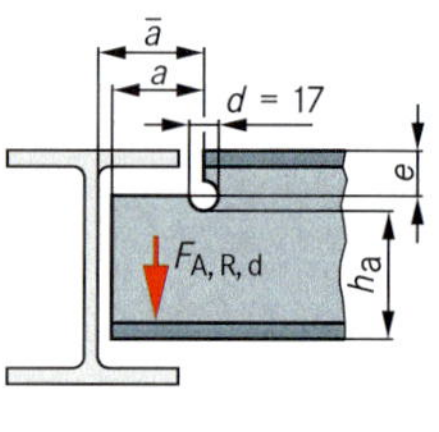

Typ: IK 2
Beidseitige Ausklinkung mit abgebohrter Ausrundung

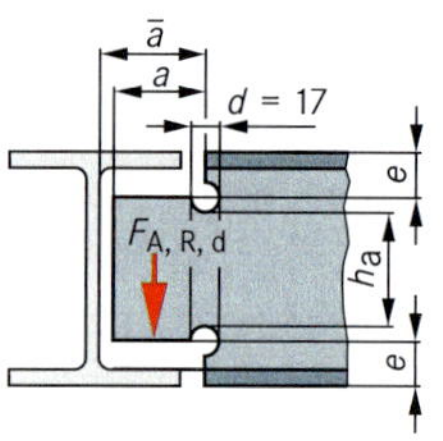

Typ: IK 3
Einseitige Ausklinkung mit gerundeter Ausrundung

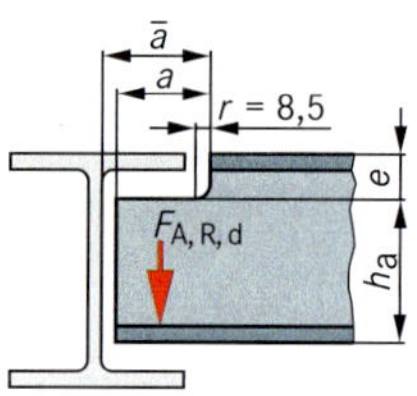

Typ: IK 4
Beidseitige Ausklinkung mit gerundeter Ausrundung

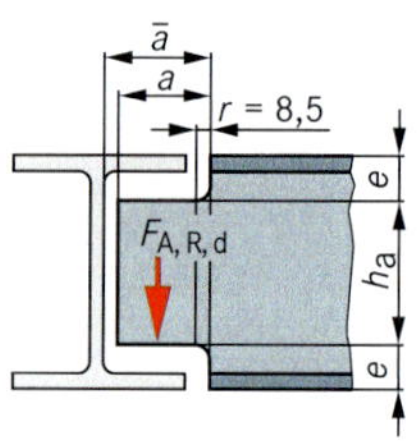

$F_{A,R,d}$: Grenzanschlusskraft in kN
a: Ausklinkungslänge in mm
$\bar{a}$: Abstand Unterzugsteg bis Trägerflansch in mm
e: Ausklinkungshöhe in mm
h_a: Trägerresthöhe in mm
d: Abbohrungsdurchmesser in mm
r: Ausrundungsradius in mm

Beanspruchbarkeit von Ausklinkungen an Trägern aus S235

Profil	Typbezeichnung	Ausklinkungshöhe e in mm	Trägerresthöhe h_a in mm	Grenzanschlusskraft nach DIN $F_{A,R,d}$ in kN – Ausklinkungslänge a in mm: 40	60	80	100	120
IPE 100	IK1	30	70	19,38	13,84	10,77	8,809	7,454
	IK3	30	70	24,98	17,84	13,88	11,36	9,608
	IK2	20	60	6,065	4,332	3,369	2,757	2,330
	IK4	20	60	11,81	8,434	6,560	5,367	4,542
IPE 120	IK3	30	90	39,22	31,72	24,67	20,19	17,08
	IK4	30	60	12,67	9,051	7,040	5,760	4,870
IPE 140	IK3	30	110	51,47	50,68	39,42	32,25	27,29
	IK4	30	80	24,06	17,19	13,37	10,94	9,250
IPE 160	IK3	30	130	64,99	64,99	58,56	47,91	40,54
	IK4	30	100	40,00	28,57	22,22	18,18	15,39
IPE 180	IK3	30	150	79,68	79,68	79,68	67,68	57,26
	IK4	30	120	58,75	43,61	33,92	27,75	23,48
IPE 200	IK3	40	160	89,71	89,71	89,71	81,78	69,20
	IK4	40	120	62,08	46,08	35,84	29,32	24,81
IPE 220	IK3	40	180	106,4	106,4	106,4	106,4	92,52
	IK4	40	140	76,30	66,08	51,40	42,05	35,58
IPE 240	IK1	40	200	118,8	118,8	118,8	118,8	110,6
	IK3	40	200	124,4	124,4	124,4	124,4	120,2
	IK2	40	160	81,90	72,45	56,35	46,10	39,01
	IK4	40	160	91,64	90,70	70,54	57,72	48,84

Profil	Typbezeichnung	Ausklinkungshöhe e in mm	Trägerresthöhe h_a in mm	Grenzanschlusskraft nach DIN $F_{A,R,d}$ in kN – Ausklinkungslänge a in mm: 40	60	80	100	120
IPE 300	IK3	40	260	186,4	186,4	186,4	186,4	186,4
	IK4	40	220	144,3	144,3	144,3	125,0	105,7
IPE 360	IK3	50	310	250,5	250,5	250,5	250,5	250,5
	IK4	50	260	192,1	192,1	192,1	192,1	166,4
IPE 400	IK3	50	350	305,0	305,0	305,0	305,0	305,0
	IK4	50	300	238,3	238,3	238,3	238,3	238,3
IPE 500	IK3	60	440	456,5	456,5	456,5	456,5	456,5
	IK4	60	380	358,1	358,1	358,1	358,1	358,1
IPE 600	IK3	70	530	648,0	648,0	648,0	648,0	648,0
	IK4	70	460	509,9	509,9	509,9	509,9	509,9
HEA (IPB_L) 160	IK1	30	122	65,05	65,05	57,45	47,00	39,77
	IK3	30	122	70,35	70,35	66,32	54,26	45,92
	IK2	25	102	34,66	24,77	19,27	15,76	13,34
	IK4	25	102	49,94	35,67	27,74	22,70	19,21
HEA (IPB_L) 200	IK3	30	160	100,6	100,6	100,6	100,6	86,34
	IK4	30	130	78,06	62,77	48,82	39,95	33,80
HEA (IPB_L) 300	IK1	45	245	194,1	194,1	194,1	194,1	194,1
	IK3	45	245	201,7	201,7	201,7	201,7	201,7
	IK2	45	200	143,7	143,7	126,5	103,5	87,59
	IK4	45	200	157,0	157,0	151,1	123,6	104,6

Beanspruchbarkeit von Ausklinkungen an Trägern aus S235

Profil	Typbezeichnung	Ausklinkungshöhe *e* in mm	Trägerresthöhe h_a in mm	Grenzanschlusskraft nach DIN $F_{A, R, d}$ in kN – Ausklinkungslänge *a* in mm: 40	60	80	100	120
HEA (IPB_L) 400	IK1	60	330	345,6	345,6	345,6	345,6	245,6
	IK3	60	330	355,4	355,4	355,4	355,4	355,4
	IK2	60	270	257,1	257,1	257,1	256,0	216,6
	IK4	60	270	274,4	274,4	274,4	274,4	246,7
HEA (IPB_L) 500	IK1	60	430	499,1	499,1	499,1	499,1	499,1
	IK3	60	430	509,9	509,9	509,9	509,9	509,9
	IK2	60	370	391,3	391,3	391,3	391,3	391,3
	IK4	60	370	410,2	410,2	410,2	410,2	410,2
HEA (IPB_L) 600	IK1	70	520	663,1	663,1	663,1	663,1	663,1
	IK3	70	520	674,8	674,8	674,8	674,8	674,8
	IK2	60	470	544,0	544,0	544,0	544,0	544,0
	IK4	60	470	564,4	564,4	564,4	564,4	564,4
HEA (IPB_L) 700	IK1	60	630	908,2	908,2	908,2	908,2	908,2
	IK3	60	630	921,3	921,3	921,3	921,3	921,3
	IK2	60	570	740,7	740,7	740,7	740,7	740,7
	IK4	60	570	763,5	763,5	763,5	763,5	763,5
HEA (IPB_L) 800	IK1	70	720	1082	1082	1082	1082	1082
	IK3	70	720	1095	1095	1095	1095	1095
	IK2	70	650	877,1	877,1	877,1	877,1	877,1
	IK4	70	650	900,7	900,7	900,7	900,7	900,7
HEA (IPB_L) 900	IK1	70	820	1321	1321	1321	1321	1321
	IK3	70	820	1335	1335	1335	1335	1335
	IK2	70	750	1083	1083	1083	1083	1083
	IK4	70	750	1109	1109	1109	1109	1109
HEA (IPB_L) 1000	IK1	70	920	1535	1535	1535	1535	1535
	IK3	70	920	1550	1550	1550	1550	1550
	IK2	70	850	1270	1270	1270	1270	1270
	IK4	70	850	1296	1296	1296	1296	1296
HEB (IPB) 160	IK1	70	90	58,56	48,18	37,47	30,66	25,94
	IK3	30	130	98,51	98,51	97,94	80,14	67,81
	IK2	30	100	44,09	31,49	24,49	20,04	16,96
	IK4	30	100	64,00	45,71	35,56	29,09	24,62
HEB (IPB) 200	IK1	35	165	133,3	133,3	133,3	131,9	111,6
	IK3	35	165	141,3	141,3	141,3	141,3	124,1
	IK4	35	130	108,1	86,91	67,60	55,31	46,80
HEB (IPB) 300	IK1	50	250	253,6	253,6	253,6	253,6	253,6
	IK3	50	250	263,4	263,4	263,4	263,4	263,4
	IK2	50	200	186,0	186,0	163,7	134,0	113,3
	IK4	50	200	203,2	203,2	195,6	160,0	135,4
HEB (IPB) 400	IK1	55	345	441,5	441,5	441,5	441,5	441,5
	IK3	55	345	453,5	453,5	453,5	453,5	453,5
	IK2	55	290	340,5	340,5	340,5	340,5	309,6
	IK4	55	290	361,7	361,7	361,7	361,7	349,3
HEB (IPB) 500	IK1	60	440	614,5	614,5	641,5	614,5	614,5
	IK3	60	440	627,6	627,6	627,6	627,6	627,6
	IK2	60	380	486,2	486,2	486,2	486,2	486,2
	IK4	60	380	509,0	509,0	509,0	509,0	509,0
HEB (IPB) 600	IK3	60	540	833,4	833,4	833,4	833,4	833,4
	IK2	60	480	662,9	662,9	662,9	662,9	662,9
	IK4	60	480	687,3	687,3	687,3	687,3	687,3

Profil	Typbezeichnung	Ausklinkungshöhe *e* in mm	Trägerresthöhe h_a in mm	Grenzanschlusskraft nach DIN $F_{A, R, d}$ in kN – Ausklinkungslänge *a* in mm: 40	60	80	100	120
HEB (IPB) 700	IK1	60	640	1078	1078	1078	1078	1078
	IK3	60	640	1094	1094	1094	1094	1094
	IK2	60	580	884,1	884,1	884,1	884,1	884,1
	IK4	60	580	910,8	910,8	910,8	910,8	910,8
HEB (IPB) 800	IK1	70	730	1276	1276	1276	1276	1276
	IK3	70	730	1292	1292	1292	1292	1292
	IK2	70	660	1039	1039	1039	1039	1039
	IK4	70	660	1067	1067	1067	1067	1067
HEB (IPB) 900	IK1	70	830	1542	1542	1542	1542	1542
	IK3	70	830	1559	1559	1559	1559	1559
	IK4	70	760	1299	1299	1299	1299	1299
HEB (IPB) 1000	IK1	70	930	1783	1783	1783	1783	1783
	IK3	70	930	1800	1800	1800	1800	1800
	IK4	70	860	1509	1509	1509	1509	1509
HEM (IPB_V) 160	IK1	40	140	167,2	167,2	162,9	133,3	112,8
	IK3	40	140	179,6	179,6	179,6	151,9	128,6
	IK2	40	100	77,16	55,11	42,87	36,07	29,68
	IK4	40	100	112,0	80,00	62,22	50,91	43,08
HEM (IPB_V) 200	IK1	45	175	229,9	229,9	229,9	229,9	198,7
	IK3	45	175	243,2	243,2	243,2	243,2	220,2
	IK2	45	130	153,2	109,4	85,13	69,65	58,93
	IK4	45	130	180,1	144,9	112,7	92,18	78,00
HEM (IPB_V) 300	IK1	70	270	504,3	504,3	504,3	504,3	504,3
	IK3	70	270	522,8	522,8	522,8	522,8	522,8
	IK2	70	200	355,0	355,0	312,6	255,7	216,4
	IK4	70	200	388,0	388,0	373,3	305,5	258,5
HEM (IPB_V) 400	IK1	70	362	704,5	704,5	704,5	70,5	704,5
	IK3	70	362	723,2	723,2	723,2	723,2	723,2
	IK2	70	292	533,5	533,5	533,5	533,5	488,7
	IK4	70	292	566,2	566,2	566,2	566,2	550,9
HEM (IPB_V) 500	IK1	70	454	908,3	908,3	908,3	908,3	908,3
	IK3	70	454	927,1	927,1	927,1	927,1	927,1
	IK2	70	384	711,9	711,9	711,9	711,9	711,9
	IK4	70	384	744,9	744,9	744,9	744,9	744,9
HEM (IPB_V) 600	IK1	70	550	1122	1122	1122	1122	1122
	IK3	70	550	1141	1141	1141	1141	1141
	IK4	70	480	931,2	931,2	931,2	931,2	931,2
HEM (IPB_V) 700	IK1	70	646	1336	1336	1336	1336	1336
	IK3	70	646	1355	1355	1355	1355	1355
	IK4	70	576	1117	1117	1117	1117	1117
HEM (IPB_V) 800	IK1	70	744	1554	1554	1554	1554	1554
	IK3	70	744	1573	1573	1573	1573	1573
	IK4	70	674	1307	1307	1307	1307	1307
HEM (IPB_V) 900	IK1	70	840	1767	1767	1767	1767	1767
	IK3	70	840	1786	1786	1786	1786	1786
	IK4	70	770	1494	1494	1494	1494	1494
HEM (IPB_V) 1000	IK1	70	938	1983	1983	1983	1983	1983
	IK3	70	938	2002	2002	2002	2002	2002
	IK4	70	868	1684	1684	1684	1684	1684

Gelenkige Pfettenstöße PQ

Typbezeichnung

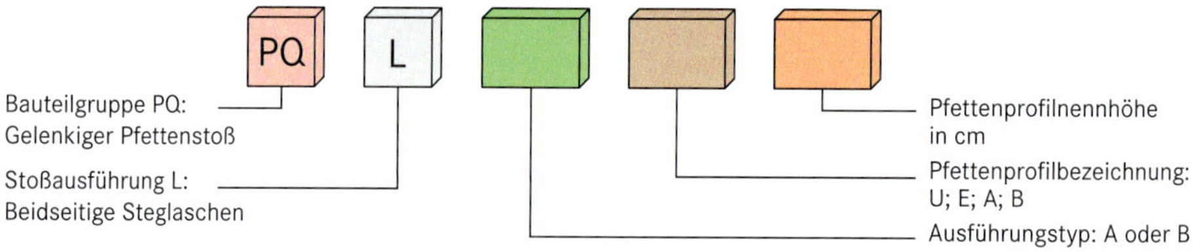

Ausführungstypen und Maße

Typ A

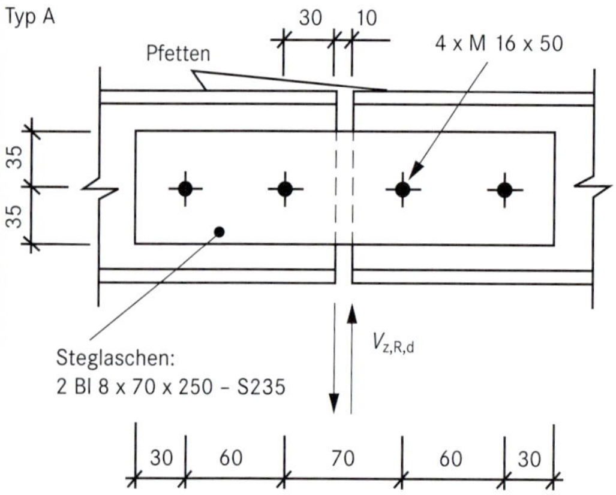

Typ B

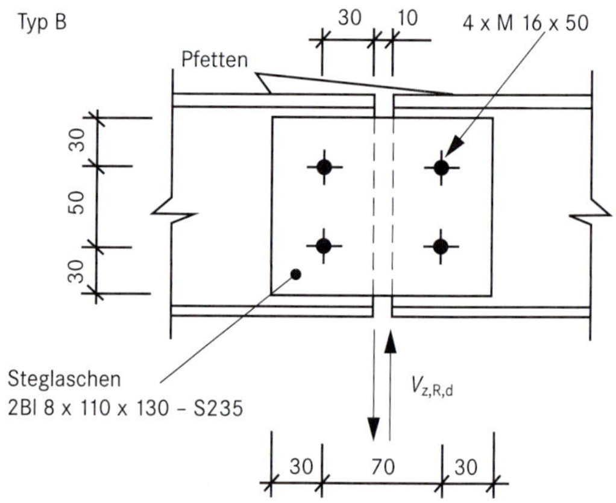

Beanspruchbarkeit gelenkiger Pfettenstöße

Nennhöhe des Pfettenprofils	Ausführungstyp	Querkrafttragfähigkeit $V_{z,R,d}$ des Pfettenstoßes in kN nach DIN			
		Pfettenprofilbezeichnung/Profilart			
		U/U-Pofil	E/IPE-Profil	A/HEA-Profil	B/HEB-Profil
100	A	39,69	27,12	-	-
120	A	46,30	29,10	33,07	42,99
140	A	46,30	31,09	36,38	46,30
	B	50,13	33,66	-	-
160	A	49,61	33,07	39,69	52,92
	B	53,71	35,81	42,97	57,30
180	B	57,30	37,96	42,97	60,88
200	B	60,88	40,11	46,55	64,46

Herstellen von Metallbaukonstruktionen

7

Einwirkungen auf Metallbaukonstruktionen

Fenster

Türen und Tore

Treppen und Geländer

Befestigungstechnik

Außentemperaturen

DIN EN 12 831: 2003-08

Normaußentemperatur				frühere Bezeichnung
$\Theta_e = \Theta'_e + \Delta\Theta_e$	Θ_e:	Norm-Außentemperatur	in °C	ϑ_a
	Θ'_e:	Außentemperatur nach Tabelle	in °C	ϑ'_a
	$\Delta\Theta_e$:	Außentemperaturkorrektur	in K	$\Delta\vartheta_a$

Außentemperaturen Θ'_e mit Hinweis W für Städte in windstarker Gegend

Stadt	Θ'_e in °C	Stadt	Θ'_e in °C
Aachen	-12	Köln	-10
Augsburg	-14	Leipzig	-14
Berlin	-14	Lübeck	-10 W
Braunschweig	-14 W	Magdeburg	-14
Bremen	-12 W	Mainz	-12
Chemnitz	-14	München	-16
Cottbus	-16	Nürnberg	-16 W
Dortmund	-12	Oberstorf	-20
Dresden	-14	Potsdam	-14
Eisenach	-16	Rostock	-10 W
Erlangen	-16	Saarbrücken	-12
Essen	-10	Schwerin	-12 W
Frankfurt/Main	-12	Siegen	-12
Frankfurt/Oder	-16	Stuttgart	-12
Freiburg i. Br.	-12	Trier	-10
Garmisch-Part.	-18	Tübingen	-16
Gotha	-14	Ulm	-14
Göttingen	-16	Weimar	-14
Güstrow	-12 W	Wiesbaden	-10
Hamburg	-12 W	Wismar	-10 W
Hannover	-14 W	Wolfsburg	-14 W
Heidelberg	-10	Worms	-12
Jena	-14	Wuppertal	-12
Karlsruhe	-12	Würzburg	-12
Kiel	-10 W	Zugspitze	-24 W

Außentemperaturen und Windzonen

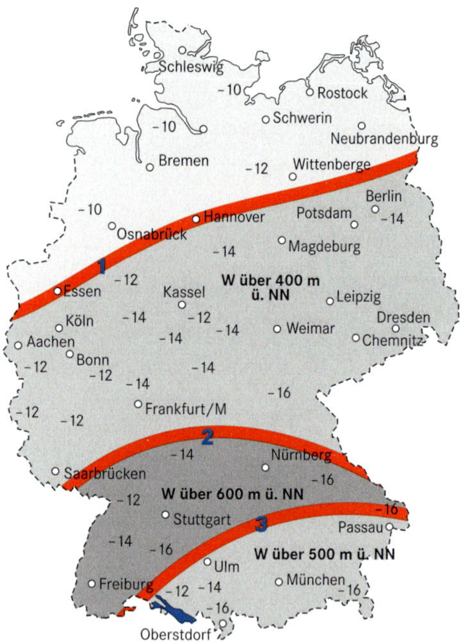

Als windstarke Gebiete gelten:

- das gesamte Gebiet nördlich der Grenzlinie **1**;
- zwischen den Grenzlinien **1** und **2** alle Orte oberhalb von 400 m über NN
- zwischen den Grenzlinien **2** und **3** alle Orte oberhalb von 600 m über Talgrund
- südlich der Grenzlinie **3** alle Orte oberhalb von 500 m über Talgrund

Außentemperaturkorrektur $\Delta\Theta_e$

Bauart des Gebäudes	außenflächenbezogene Gebäudespeichermasse	Korrekturfaktor $\Delta\Theta_e$ in K
leicht	$m/\Sigma A_a < 600\ kg/m^2$	0
mittel	$m/\Sigma A_a = 600 \ldots 1400\ kg/m^2$	2
schwer	$m/\Sigma A_a > 1400\ kg/m^2$	4

m: Masse der Gebäudeaußenwände in kg

ΣA_a: Summe der Außenflächen des Gebäudes in m²

Norm-Innentemperaturen Θ_i für beheizte Räume

DIN EN 12 831: 2003-08

Raumart	Θ_i in °C
1 Wohnhäuser	
Wohn- und Schlafräume	20
Küchen	20
Bäder	24
WC	20
beheizte Nebenräume	15
Flure, Treppenräume	10
2 Verwaltungsgebäude	
Ausstellungs-, Büro- und Haupttreppenräume	20
Schalterhallen und Sitzungszimmer	20
WC, Neben- und Nebentreppenräume	15
3 Geschäftshäuser	
allgemeine Verkaufsräume und Haupttreppenhäuser	20
Lebensmittelverkauf und allgemeine Lager	18
Käselager	12
Wurstlager, Fleischverarbeitung und Verkauf	15
WC, Neben- und Nebentreppenräume	15
4 Hotels und Gaststätten	
Hotelzimmer, Hotelhalle	20
Sitzungszimmer, Festsäle	20
WC, Haupttreppenhäuser	20
Neben- und Nebentreppenräume	15
5 Unterrichtsgebäude	
Unterrichts-, Verwaltungs-, Gymnastik- und Mehrzweckräume	20
Pausen- und Turnhalle	20
Lehrerzimmer, Bibliothek, Aula und Kindergärten	20
Werkräume je nach körperlicher Beanspruchung	15 ... 20
Bade- und Duschräume	24
Arzt- und Untersuchungszimmer	24
WC, Neben- und Nebentreppenräume	15
6 Theater und Konzert	
Veranstaltungsräume einschließlich Vorräume	20
WC, Neben- und Treppenräume wie 1	
7 Kirchen	
Kirchenraum	15
WC, Neben- und Treppenräume wie 2	
8 Krankenhäuser	
OP, Anästhesie- und Vorbereitungsräume	25
übrige Räume	22
Räume in sonstigen Gebäuden, Fertigungs- und Werkstatträumen	
Werkstatträume	15
bei sitzender Beschäftigung	20
Kasernen und Vollzugsanstalten	
Unterkunftsräume	20
übrige Räume wie 5	
Schwimmbäder	
Hallen	mind. 28
Bahnhöfe und Ausstellungshallen	mind. 15
Flughäfen, Museen und Galerien	20

Für Räume, die **frostfrei** zu halten sind, beträgt die Norm-Innentemperatur Θ_i = 5 °C

Temperaturen in Nachbarräumen Θ_i'

DIN EN 12 831: 2003-08

Standortabhängige Norm-Außentemperatur Θ_e in °C	≥ -10	-12	-14	-16	≤ -18
Art der Räume	Innentemperaturen in Nachbarräumen Θ_i' in °C				
Teilweise eingeschränkt beheizte Wohn- und Schlafräume	15	15	15	15	15
Nicht beheizte Räume					
■ Räume ohne Gebäudeeingangstür; Kellerräume	7	6	5	4	3
■ Räume mit Gebäudeeingangstür (z. B. Vorflur, Windfang, Garage im Haus)	4	3	2	1	0
■ vorgebaute Treppenräume	-5	-7	-9	-10	-11
Fremdbeheizte Nachbarräume	15	15	15	15	15
Heizräume	15	15	15	15	15

Wärmetransport

Wärmedurchgang

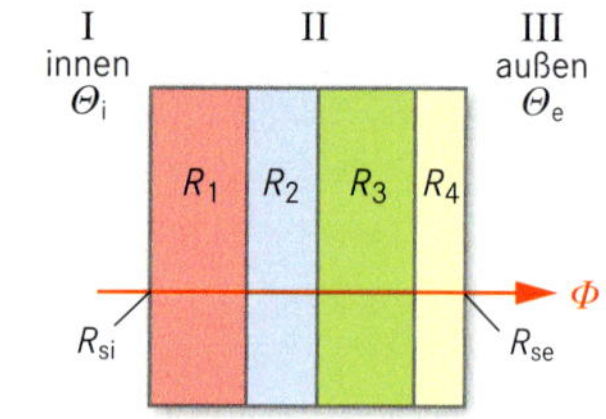

I – Wärmeübertragung von der Raumluft zur raumseitigen Wandoberfläche (→ R_{si})
II – Wärmedurchgang durch das Bauteil (→ $R_{1, 2, 3, 4}$)
III – Wärmeübertragung von der außenseitigen Wandoberfläche an die Außenluft (→ R_{se})

$$\Phi = A \cdot \Delta\Theta \cdot U$$

$$\Delta\Theta = \Theta_i - \Theta_e$$

$$U = \frac{1}{R_T}$$

$$R_T = R_{si} + R_1 + ... + R_n + R_{se} = R_{si} + \Sigma R_n + R_{se}$$

$$R = \frac{d}{\lambda}$$

			bisher
Φ:	Wärmestrom	in W	Q
$\Delta\Theta$:	Temperaturunterschied	in K	$\Delta\vartheta$
Θ_i; Θ_e:	Temperaturen (innen/außen)	in °C	ϑ_i: ϑ_a
A:	Wärmedurchgangsfläche	in m^2	A
U:	Wärmedurchgangskoeffizient	in $W/(m^2 \cdot k)$	K
R_T:	Wärmedurchgangswiderstand	in $m^2 \cdot K/W$	R_K
R_{si}:	innerer Wärmeübergangswiderstand	in $m^2 \cdot k/W$	R_i
R_{se}:	äußerer Wärmeübergangswiderstand	in $m^2 \cdot K/W$	R_a
$R_{1, 2, ..., n}$:	Wärmeleitwiderstände	in $m^2 \cdot K/W$	R_λ
d:	Baustoffschichtdicke	in m	s
λ:	Wärmeleitfähigkeit eines Baustoffes von 1 m^2 Fläche und 1 m Dicke	in $W/m \cdot K$	λ

Temperaturverlauf in Bauteilen

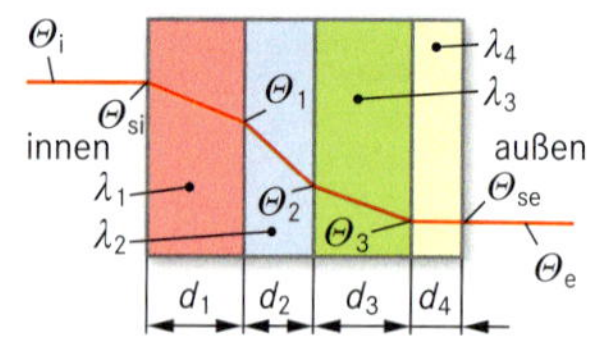

$$q = \Delta\Theta \cdot U$$
$$\Theta_{si} = \Theta_i - R_{si} \cdot q$$
$$\Theta_{se} = \Theta_e - R_{se} \cdot q$$
$$\Theta_1 = \Theta_{si} - R_1 \cdot q$$
$$\Theta_2 = \Theta_1 - R_2 \cdot q$$
$$\Theta_n = \Theta_{n-1} - R_n \cdot q$$

			bisher
q:	Wärmestromdichte	in W/m^2	q
$\Theta_{s\,i,e}$:	Bauteiloberflächentemperaturen innen bzw. außen	in °C	$\vartheta_{O i, a}$
$\Theta_{1, 2, ..., n}$:	Temperaturen innerhalb des Bauteils nach der ersten, zweiten bzw. n-ten Schicht	in °C	$\vartheta_{1, 2 ..., n}$

Misch-U-Wert inhomogener Schichten (bisher Misch-k-Wert)

Misch-U-Wert

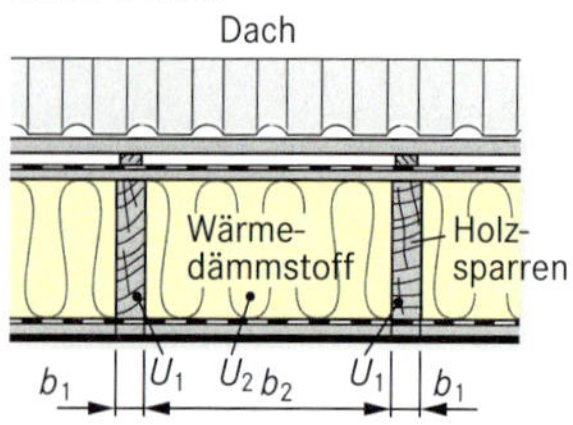

$$U_M = \frac{A_1 \cdot U_1 + A_2 \cdot U_2 + ...}{A_1 + A_2 + ...}$$

$$A_1 = l_1 \cdot b_1$$ usw.

Für $l_1 = l_2 = ...$ gilt:

$$U_M = \frac{b_1 \cdot U_1 + b_2 \cdot U_2 + ...}{b_1 + b_2 + ...}$$

U_M:	Misch-U-Wert	in $W/(m^2 \cdot K)$
$A_1, A_2, ...$:	Fläche des Bauteils	in m^2
$l_1, l_2, ...$:	Länge des Bauteils	in m
$b_1, b_2, ...$:	Breite des Bauteils	in m
$U_1, U_2, ...$:	U-Wert des Bauteils	in $W/(m^2 \cdot K)$

Wärmeübergangswiderstände R_{si} und R_{se}

DIN EN ISO 6946: 2003-11

Art des Wärmeübergangs	Wärmeübergangswiderstand R_s in $m^2 \cdot K/W$
Übergang von der Luft:	R_{si} (innen)
■ an die Innenseite von Wandflächen und Fenstern in geschlossenen Räumen bei natürlicher Luftbewegung	0,13
■ von unten nach oben an Decken	0,10
■ von oben nach unten an Fußböden	0,17
Übergang von einer Fläche:	R_{se} (außen)
■ an der Außenseite von Gebäuden bei mittleren Windgeschwindigkeiten an die Außenluft ■ an die Luft in hinterlüfteten Hohlräumen von Vorhangfassaden ■ an der Gebäudeaußenseite in das angrenzende Erdreich	0,04

Wärmeleitwiderstände R ruhender Luftschichten

DIN EN ISO 6946: 2003-11

Dicke d der Luftschicht in mm	Richtung des Wärmestroms		
	aufwärts	horizontal	abwärts
	Wärmeleitwiderstand R in $m^2 \cdot K/W$		
0	0,00	0,00	0,00
5	0,11	0,11	0,11
7	0,13	0,13	0,13
10	0,15	0,15	0,15
15	0,16	0,17	0,17
25	0,16	0,18	0,19
50	0,16	0,18	0,21
100	0,16	0,18	0,22
300	0,16	0,18	0,23

Wärmeleitfähigkeit λ von Baustoffen

Baustoff	Dichte ϱ in kg/m³	Wärmeleitfähigkeit λ in W/(m · K)
Putze, Mörtel und Estriche		
Putzmörtel aus Kalk, Kalkzement und hydr. Kalk	1800	1
Putzmörtel aus Kalkgips,	1400	0,70
Gips und Kalkanhydrit	≤ 1000	0,38
Leichtputz	1200	0,51
Gipsputz ohne Zuschlag		
Wärmedämmputz nach WLG[1)] WLG 060 … WLG100	≥ 200	0,060 … 0,100
Zementmörtel	2000	1,6
Leichtmörtel LM 21	≤ 700	0,21
Zement-Estrich	2000	1,4
Guss-Asphalt	2300	0,9
Beton-Bauteile		
Normalbeton	2200	1,6
Leicht- und Stahlleichtbeton	1200	0,62
Dampfgehärteter Porenbeton	600	0,19
Leichtbeton mit porigem Gefüge unter Verwendung von Naturbims	800	0,24
Bauplatten		
Porenbetonbauplatten	600	0,24
Wandplatten aus Leichtbeton	1000	0,37
Gipskartonplatten	800	0,25
Mauerwerk einschließlich Mörtelfugen		
Vollklinker, Hochlochklinker	2000	0,96
Vollziegel, Hochlochziegel	1600	0,68
Leichthochlochziegel W	800	0,33
Kalksandstein	1400	0,70
Hüttenstein	1400	0,58
Porenbeton-Blockstein	500	0,22
Porenbeton-Planstein	500	0,16
Hohlblöcke aus Beton mit porigen Zuschlägen	≤ 900	0,65
Hohlblöcke aus Leichtbeton	800	0,39
Vollsteine aus Leichtbeton	1000	0,46
Vollblöcke aus Naturbims	500	0,20
Länge $l \geq 490$ mm	800	0,28
Holz und Holzwerkstoffe		
Fichte, Kiefer, Tanne	600	0,13
Buche, Eiche	800	0,20
Sperrholz	800	0,15
Harte Holzfaserplatten	1000	0,17

[1)] WLG-Wärmeleitfähigkeitsgruppe [2)] nach Herstellerangabe

Baustoff		Dichte ϱ in kg/m³	Wärmeleitfähigkeit λ in W/(m · K)
Wärmedämmstoffe			
Holzwolle-Leichtbauplatten $d \geq 25$ mm	WLG 065 … WLG 090	360 … 460	0,065 … 0,090
Polyurethan-Schaum (Treibmittel CO_2)	WLG 035 WLG 040	> 45	0,035 0,040
Polyurethan-Hartschaum	WLG 020 WLG 030 WLG 040	≥ 30	0,020 0,030 0,040
Korkdämmstoffe	WLG 045 … WLG 055	80 bis 500	0,045 0,055
Polystyrol-Extruderschaum	WLG 030 WLG 040	≥ 30	0,030 0,040
Mineralische und pflanzliche Faserdämmstoffe	WLG 035 WLG 040 WLG 045 WLG 050	8 bis 500	0,035 0,040 0,045 0,050
Kapillarplatte aus Polycarbonat[2)]	WLG 110	> 40	0,11
Schaumglas	WLG 045 … WLG 060	100 bis 150	0,045 0,060
Holzfaser dämmplatten	WLG 040 … WLG 070	120 bis 450	0,040 … 0,070
Beläge, Abdichtstoffe und Abdichtungsbahnen			
Linoleum		1200	0,17
Korklinoleum		700	0,081
Kunststoffbeläge		1500	0,23
Bitumen		1100	0,17
Bitumendachbahnen		1200	0,17
Sonstige gebräuchliche Stoffe			
lose Schüttung (Blähperlit)		≤ 100	0,06
Sand, Kies, Splitt (trocken)		1800	0,70
Fliesen		2000	1,00
Glas		2500	0,80
Massivlehm		2000	1,2
Strohlehm		1500	0,70
Leichtlehm		1000	0,40
Keramik und Glasmosaik		2000	1,20
Stahl (unlegiert)		7850	50
Kupfer		8920	380
Aluminium		2700	200
Blei		11 340	35
Naturgummi		1500	0,13

Mindestwerte für Wärmedurchlasswiderstände von Bauteilen

DIN 4108-2: 2003-07

Der Mindestwärmeschutz ist an jeder Stelle eines Bauteils auch in Bereichen von Wärmebrücken einzuhalten.
So wird bei ausreichender Beheizung und Lüftung sowie üblicher Nutzung bei einem hygienischen Raumklima Tauwasserfreiheit an Innenoberflächen von Außenbauteilen sichergestellt.
Bei der Berechnung des Wärmedurchlasswiderstandes R werden nur die raumseitigen Schichten bis zur Bauwerksabdichtung bzw. der Dachdichtung berücksichtigt.

Bauteil	R in $m^2 \cdot K/W$
Außenwände; Wände von Aufenthaltsräumen gegen Bodenräume, Durchfahrten, offene Hausflure, Garagen, Erdreich	1,2
Wände zwischen fremdgenutzten Räumen; Wohnungstrennwände	0,07
Treppenraumwände	
zu Treppenräumen mit wesentlich niedrigeren Innentemperaturen (z. B. indirekt beheizte Treppenräume); Innentemperatur $\theta \leq 10$ °C, aber Treppenraum mindestens frostfrei	0,25
zu Treppenräumen mit Innentemperaturen $\theta_i \geq 10$ °C (z. B. in Verwaltungsgebäuden, Geschäftshäusern, Unterrichtsgebäuden, Hotels, Gaststätten und Wohngebäuden)	0,07
Wohnungstrenndecken, Decken zwischen fremden Arbeitsräumen; Decken unter Räumen zwischen gedämmten Dachschrägen und Abseitenwänden bei ausgebauten Dachräumen	
allgemein	0,35
in zentralbeheizten Bürogebäuden	0,17
Unterer Abschluss nicht unterkellerter Aufenthaltsräume	
unmittelbar an das Erdreich bis zu einer Raumtiefe von 5 m[1)]	0,90
über einen nicht belüfteten Hohlraum an das Erdreich grenzend	0,90
Decken unter nicht ausgebauten Dachräumen; Decken unter bekriechbaren oder noch niedrigeren Räumen; Decken unter belüfteten Räumen zwischen Dachschrägen und Abseitenwänden bei ausgebauten Dachräumen, wärmegedämmte Dachschrägen	0,90
Kellerdecken; Decken gegen abgeschlossene, unbeheizte Hausflure u. Ä.	0,90
Decken (auch Dächer), die Aufenthaltsräume gegen die Außenluft abgrenzen[2)]	
nach unten gegen Garagen (auch beheizte), Durchfahrten (auch verschließbare) und belüftete Kriechkeller	1,75
nach oben, z. B. Dächer nach DIN 18 530, Dächer und Decken unter Terrassen; Umkehrdächer	1,2

[1)] Bei einer Perimeterdämmung geht ergänzend die Wärmedämmschicht außerhalb der Abdichtung in die Berechnung ein. Bedingung ist, dass die Dämmung nicht ständig im Grundwasser liegt. Langanhaltendes Stauwasser oder drückendes Wasser ist im Bereich der Dämmschicht zu vermeiden.

[2)] Bei Dächern in nicht ausgebauten Dachräumen ist die Erfüllung des Mindestwärmeschutzes nicht erforderlich, wenn die oberste Geschossdecke einen Wärmedurchlasswiderstand $R \leq 0{,}17$ $m^2 \cdot K/W$ hat.

Höchstwerte für Wärmedurchgangskoeffizienten *U*

EnEV: 2009

Bauteil	Maßnahmen	Gebäude mit Innentemperaturen ≥ 19 °C	Gebäude mit Innentemperaturen 12 - <19 °C
		U_{max} in W/(m²K)	U_{max} in W/(m²K)
Außenwände	Allgemein	0,45	0,75
	Anbringen von Bekleidungen in Form von Platten oder plattenartigen Bauteilen oder Verschalungen sowie Mauerwerks-Vorsatzschalen, Einbau von Dämmschichten, Erneuern des Außenputzes einer bestehenden Wand mit einem Wärmedurchgangskoeffizienten größer 0,69 W/(m²K).	0,35	0,75
Außen liegende Fenster, Fenstertüren, Dachflächenfenster	Ersetzen des gesamten Bauteils oder erstmaliger Einbau, Einbau zusätzlicher Vor- oder Innenfenster.	1,3	1,9
Verglasungen	Ersetzen der Verglasung	1,10	-
Vorhangfassaden	Allgemein	1,5	1,9
Sonderverglasungen	Ersetzen der Verglasung	1,6	-
Vorhangfassaden mit Sonderverglasung	Ersetzen des gesamten Bauteils oder erstmaliger Einbau, Ersetzen der Füllung	2,3	3,0
Decken, Dächer und Dachschrägen in Steildächern	Ersetzen oder erstmaliger Einbau, Ersetzen oder Neuaufbau der Dachhaut bzw. außenseitigen Bekleidungen, Aufbringen oder Erneuern innenseitiger Bekleidungen oder Dämmschichten an Wänden zum unbeheizten Dachraum.	0,24	0,35
Flachdächer	Ersatz und erstmaliger Einbau, Ersatz oder Neuaufbau von Dachhaut bzw. außenseitigen Bekleidungen oder Verschalungen, Aufbringen oder Erneuern innenseitiger Bekleidungen oder Verschalungen, Einbau von Dämmschichten	0,2	0,35
Außentüren	Erneuerung	2,9	2,9

Wärmedurchgangskoeffizient U_W für Fenstertüren

DIN V 4180-4: 2004-07

Verglasungsart	Wärmedurchgangskoeffizient der Verglasung U_g in W/m² · K	Bemessungswert des Wärmedurchgangskoeffizienten des Rahmens $U_{f,BW}$: 0,8	1,0	1,2	1,4	1,8	2,2	2,6	3,0	3,4	7,0
		Wärmedurchgangskoeffizient U_w in W/m² · K									
Einfachglas	5,7	4,2	4,3	4,3	4,4	4,5	4,6	4,8	4,9	5,0	6,1
Zweischeiben-isolierverglasung	3,2	2,6	2,6	2,7	2,8	2,9	3,0	3,2	3,3	3,4	4,3
	3,0	2,4	2,5	2,6	2,6	2,7	2,9	3,0	3,1	3,3	4,2
	2,8	2,3	2,4	2,4	2,5	2,6	2,7	2,9	3,0	3,1	4,1
	2,6	2,2	2,3	2,3	2,4	2,5	2,6	2,8	2,9	3,0	4,0
	2,4	2,1	2,1	2,2	2,2	2,4	2,5	2,7	2,8	2,9	3,8
	2,2	1,9	2,0	2,0	2,1	2,2	2,3	2,5	2,6	2,8	3,7
	2,0	1,8	1,8	1,9	2,0	2,1	2,2	2,4	2,5	2,6	3,6
	1,9	1,7	1,8	1,8	1,9	2,0	2,1	2,3	2,4	2,5	3,5
	1,8	1,6	1,7	1,8	1,8	1,9	2,1	2,2	2,4	2,5	3,4
	1,7	1,6	1,6	1,7	1,8	1,9	2,0	2,2	2,3	2,4	3,3
	1,6	1,5	1,6	1,6	1,7	1,8	2,0	2,1	2,2	2,3	3,3
	1,5	1,4	1,5	1,6	1,6	1,7	1,9	2,0	2,1	2,3	3,2
	1,4	1,4	1,4	1,5	1,5	1,7	1,8	2,0	2,1	2,2	3,1
	1,3	1,3	1,4	1,4	1,5	1,6	1,7	1,9	2,0	2,1	3,1
	1,2	1,2	1,3	1,3	1,4	1,5	1,7	1,8	1,9	2,1	3,0
	1,1	1,2	1,2	1,3	1,3	1,5	1,6	1,7	1,9	2,0	2,9
	1,0	1,1	1,1	1,2	1,3	1,4	1,5	1,7	1,8	1,9	2,9

Mindestanforderungen an den sommerlichen Wärmeschutz

DIN 4108-2: 2003-07

Bestimmung des Sonneneintragskennwertes

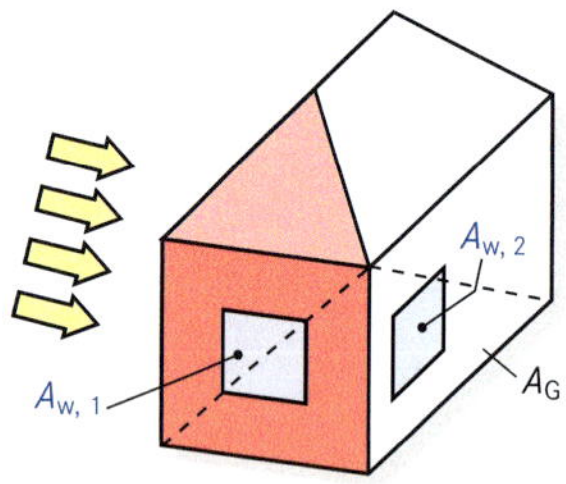

$$S < S_{zul}$$

$$S = \Sigma\,(A_{W1,\,2\,\dots} \cdot g_{total})/A_G$$

$$g_{total} = g \cdot F_c$$

$$S_{zul} = \Sigma\,S_{x1-5}$$

$$f_{AG} = \Sigma\,(A_{W1,\,2\,\dots}) \cdot 100/A_G$$

- S: Sonneneintragskennwert einer Fassade
- S_{zul}: zulässiger Höchstwert des Sonneneintragskennwertes
- $A_{W1,\,2}$: Größe der Fensterflächen eines Raumes in m²
- A_G: Grundfläche des Raumes
- g_{total}: Gesamtenergiedurchlassgrad der Verglasung einschließlich Sonnenschutzvorrichtung
- F_C: Abminderungsfaktor für Sonnenschutzvorrichtungen
- S_{x1-5}: Anteilige Sonneneintrags-Kennwerte
- f_{AG}: Grundflächenbezogener Fensterflächenanteil in %

Zulässige Werte des grundflächenbezogenen Fensterflächenanteils, unterhalb dessen auf den Nachweis des sommerlichen Wärmeschutzes verzichtet werden kann

Neigung der Fenster gegenüber der Horizontalen	Orientierung der Fenster	Maximal zulässiger grundflächenbezogener Fensterflächenanteil f_{AG} in %
Über 60° bis 90°	Nord-West- über Süd bis Nord-Ost	10
	Alle anderen Nordorientierungen	15
Von 0° bis 60°	Alle Orientierungen	7

Gesamtenergiedurchlassgrad von Verglasungen

DIN V 4108-6: 2000-11

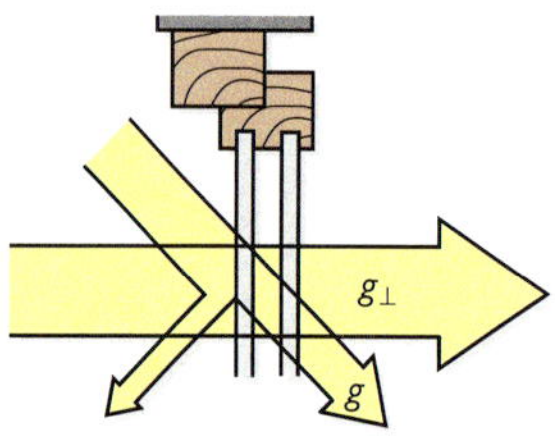

$$g = F_W \cdot g_{\perp}$$

- g: Gesamtenergiedurchlassgrad der Verglasung
- F_W: Abminderungsfaktor für nicht senkrechten Strahlungseinfall; allgemein gilt: $F_W = 0{,}9$
- $g_{\perp}$: Gesamtenergiedurchlassgrad bei senkrechtem Strahlungseinfall

Gesamtenergiedurchlassgrad $g_{\perp}$ bei senkrechtem Strahlungseinfall

DIN V 4108-6: 2000-11

Art der Verglasung	$g_{\perp}$
Einfachverglasung Doppelverglasung	0,87 0,75
Wärmeschutzverglasung, doppelt verglast mit selektiver Beschichtung Dreifachverglasung, normal	0,50–0,70 0,60–0,70
Dreifachverglasung mit zweifacher selektiver Beschichtung Sonnenschutzverglasung	0,35–0,50 0,20–0,50

Mindestanforderungen an den sommerlichen Wärmeschutz

DIN 4108-2: 2003-7

Anhaltswerte für den Abminderungsfaktor F_c von fest installierten Sonnenschutzvorrichtungen	
Beschaffenheit der Sonnenschutzvorrichtung	Abminderungsfaktor F_c
Ohne Sonnenschutzvorrichtung	1
Innen- oder zwischen den Scheiben liegende Sonnenschutzvorrichtung:	
■ Weiße oder reflektierende Oberfläche mit geringer Transparenz	0,75
■ Helle Oberfläche mit geringer Transparenz	0,8
■ Dunkle Oberfläche mit geringer Transparenz oder Jalousien mit höherer Transparenz	0,9
Außenliegende Sonnenschutzvorrichtungen:	
■ Jalousien allgemein	0,4
■ hinterlüftete drehbare Lamellen und hinterlüftete Jalousien und Stoffe mit geringer Transparenz	0,25
■ Rollläden und Fensterläden	0,3
■ Markisen allgemein und Vordächer oder Loggien, die das Fenster vollständig beschatten	0,5
■ oben und seitlich ventilierte Markisen, die das Fenster vollständig beschatten	0,4

Anteilige Sonneneintragskennwerte S_x zur Bestimmung des zulässigen Höchstwertes des Sonneneintragskennwertes S_{zul}

Lage des Gebäudes, Gebäudebeschaffenheit, Ausrichtung der Fassade	Anteiliger Sonneneintragskennwert S_x
1. Gebäudelage in Klimaregion	
■ A	0,04
■ B	0,03
■ C	0,015
2. Bauart	
■ leicht (z. B. innengedämmte Wände)	$0{,}06 \cdot f_{gew}$
■ mittel (z. B. Bauwerk aus Porenbeton)	$0{,}10 \cdot f_{gew}$
■ schwer (z. B. Bauwerk aus Vollstein)	$0{,}115 \cdot f_{gew}$
3. Erhöhte Nachtlüftung während der zweiten Nachthälfte mit $t > 1{,}5$ h	
■ bei leichter und mittlerer Bauart	0,02
■ bei schwerer Bauart	0,03
4. Ausrichtung der Fassade	
■ Nordwest-, Nord- und Nordost sowie dauernd beschattete Fenster	$0{,}10 \times f_{nord}$
5. Sonnenschutzverglasung mit $g \leq 0{,}4$	0,03

Flächen zur Berechnung der anteiligen Sonneneintragskennwerte

$$f_{gew} = \frac{(A_W + 0{,}3 \cdot A_{AW} + 0{,}1 \cdot A_D)}{A_G}$$

$$f_{nord} = A_{W,nord} / A_{W,gesamt}$$

f_{gew}: Grundflächenbezogener Fenster-, Wand- und Deckenflächenanteil

f_{nord}: Fensterflächenbezogener Anteil nördlich ausgerichteter Fensterflächen

A_W: Fensterfläche in m²

A_{AW}: Außenwandfläche in m²

A_D: wärmeübertragende außen liegende Dach- oder Deckenflächen nach oben oder unten in m²

A_G: Nettogrundfläche in m²

$A_{W,nord}$: Fensterfläche, Nord-, Nordwest- und Nordostorientiert in m²

$A_{W,gesamt}$: gesamte Fensterfläche in m²

Sommer-Klimaregionen für den sommerlichen Wärmeschutznachweis

Merkmale und Temperaturen der Sommer-Klimaregionen

Region	Merkmal	Innenhöchsttemperatur	Außendurchschnittstemperatur
A	sommerkühl	25 °C	< 16,5 °C
B	gemäßigt	26 °C	16,5 °C bis 18 °C
C	sommerheiß	27 °C	> 18 °C

Formelzeichen nach DIN EN ISO 6946; 7345; 9346	Erläuterung der Formelzeichen		Formelzeichen bisher
Θ_{si}	Temperatur der Bauteiloberfläche auf der Innenseite des Bauteils	in °C	ϑ_{oi}
Θ_s	Taupunkttemperatur einer Luftmasse für eine bestimmte relative Luftfeuchte	in °C	ϑ_s
Θ_i	Temperatur der Luft im Gebäudeinnern	in °C	ϑ_i
R_{si}	Wärmeübergangswiderstand an der Bauteilinnenseite	in $m^2 \cdot k/W$	$1/\alpha_i$
q	Wärmestromdichte	in W/m^2	q
Φ	relative Luftfeuchte	in %	φ
C	absolute Luftfeuchte, d. h. Wasserdampfkonzentration in einer Luftmasse	in gH_2O/m^3	C
C_s	maximale Luftfeuchte, d. h. Wasserdampfsättigungskonzentration einer Luftmasse	in gH_2O/m^3	C_s
erf R	erforderlicher Wärmedurchlasswiderstand des Gesamtbauteils	in $m^2 \cdot k/W$	erf $1/\Lambda$
Θ_e	Temperatur der Außenluft	in °C	ϑ_a
R_{se}	Wärmeübergangswiderstand an der Bauteilaußenseite	in $m^2 \cdot k/W$	$1/\alpha_a$

Tauwasserbildung auf Bauteiloberflächen im Gebäudeinneren

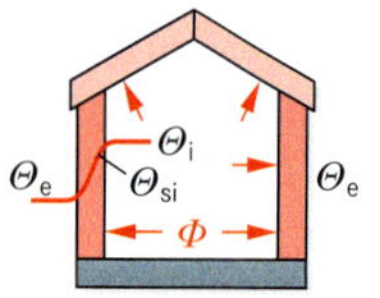

→ Feuchtstrom von der höheren zur niedrigeren Temperatur

Bedingung:

Tauwasserbildung	keine Tauwasserbildung
$\Theta_{si} \leq \Theta_s$	$\Theta_{si} > \Theta_s$

$\Theta_{si} = \Theta_i - R_{si} \cdot q$
vgl. Wärmeschutz

$$\Phi = \frac{C}{C_s} \cdot 100$$

Bauteildimensionierung zur Verhinderung der Tauwasserbildung auf Bauteiloberflächen im Gebäudeinneren

DIN 4108-3: 2001-07

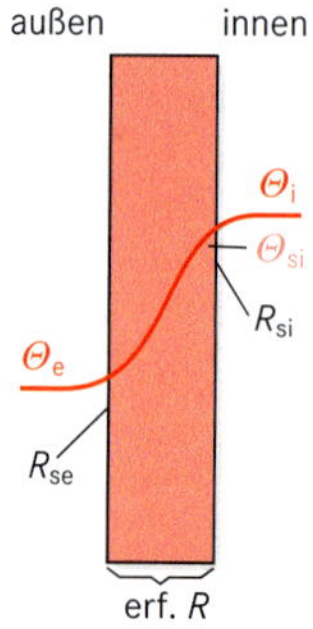

Bedingung für den mindestens erforderlichen Wärmedurchlasswiderstand des Gesamtbauteils

$$\text{erf. } R \geq \left[R_{si} \cdot \frac{(\Theta_i - \Theta_e)}{(\Theta_i - \Theta_s)} - (R_{si} + R_{se})\right]$$

Vorgaben: $R_{si} = 0{,}17\ m^2 \cdot k/W$,
$\Theta_e = -15\ °C \quad \Phi = 50\ \%$
Θ_i nach Raumart
R_{se} nach Bauart

Taupunkttemperatur Θ_s der Luft in Abhängigkeit von der Lufttemperatur Θ_L und der relativen Luftfeuchte Φ

Lufttemperatur Θ_L in °C	Taupunkt Θ_s in °C – relative Luftfeuchte Φ													
	30 %	35 %	40 %	45 %	50 %	55 %	60 %	65 %	70 %	75 %	80 %	85 %	90 %	95 %
30	10,5	12,9	14,9	16,8	18,4	20,0	21,4	22,7	23,9	25,1	26,2	27,2	28,2	29,1
29	9,7	12,0	14,0	15,9	17,5	19,0	20,4	21,7	23,0	24,1	25,2	26,2	27,2	28,1
28	8,8	11,1	13,1	15,0	16,6	18,1	19,5	20,8	22,0	23,2	24,2	25,2	26,2	27,1
27	8,0	10,2	12,2	14,1	15,7	17,2	18,6	19,9	21,1	22,2	23,3	24,3	25,2	26,1
26	7,1	9,4	11,4	13,2	14,8	16,3	17,6	18,9	20,1	21,2	22,3	23,3	24,2	25,1
25	6,2	8,5	10,5	12,2	13,9	15,3	16,7	18,0	19,1	20,3	21,3	22,3	23,2	24,1
24	5,4	7,6	9,6	11,3	12,9	14,4	15,8	17,0	18,2	19,3	20,3	21,3	22,3	23,1
23	4,5	6,7	8,7	10,4	12,0	13,5	14,8	16,1	17,2	18,3	19,4	20,3	21,3	22,2
22	3,6	5,9	7,8	9,5	11,1	12,5	13,9	15,1	16,3	17,4	18,4	19,4	20,3	21,2
21	2,8	5,0	6,9	8,6	10,2	11,6	12,9	14,2	15,3	16,4	17,4	18,4	19,3	20,2
20	1,9	4,1	6,0	7,7	9,3	10,7	12,0	13,2	14,4	15,4	16,4	17,4	18,3	19,2
19	1,0	3,2	5,1	6,8	8,3	9,8	11,1	12,3	13,4	14,5	15,5	16,4	17,3	18,2
18	0,2	2,3	4,2	5,9	7,4	8,8	10,1	11,3	12,5	13,5	14,5	15,4	16,3	17,2
17	-0,6	1,4	3,3	5,0	6,5	7,9	9,2	10,4	11,5	12,5	13,5	14,5	15,3	16,2
16	-1,4	0,5	2,4	4,1	5,6	7,0	8,2	9,4	10,5	11,6	12,6	13,5	14,4	15,2
15	-2,2	-0,3	1,5	3,2	4,7	6,1	7,3	8,5	9,6	10,6	11,6	12,5	13,4	14,2
14	-2,9	-1,0	0,6	2,3	3,7	5,1	6,4	7,5	8,6	9,6	10,6	11,5	12,4	13,2
13	-3,7	-1,9	-0,1	1,3	2,8	4,2	5,5	6,6	7,7	8,7	9,6	10,5	11,4	12,2
12	-4,5	-2,6	-0,1	0,4	1,9	3,2	4,5	5,7	6,7	7,7	8,7	9,6	10,4	11,2
11	-5,2	-3,4	-1,8	-0,4	1,0	2,3	3,5	4,7	5,8	6,7	7,7	8,6	9,8	10,2
10	-6,0	-4,2	-2,6	-1,2	0,1	1,4	2,6	3,7	4,8	5,8	6,7	7,6	8,4	9,2

Tauwasserbildung im Bauteilinneren

DIN 4108-3: 2001-07

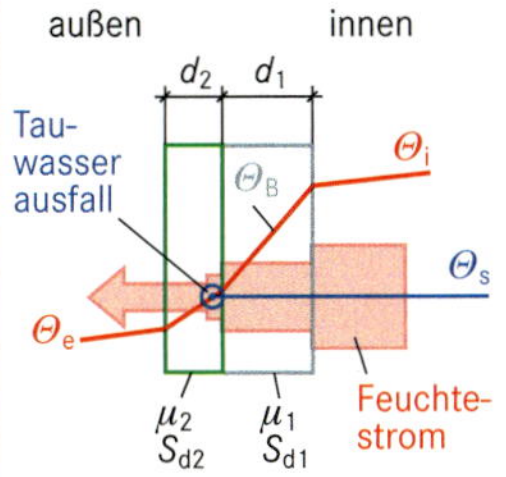

Bedingung für Tauwasserausfall im Bauteil

$$\Theta_B < \Theta_s$$

Forderung zur Verhinderung einer dauerhaften Bauteildurchfeuchtung

$$S_{d1} > S_{d2}$$

$$S_d = \mu \cdot d$$

Θ_i:	Innentemperatur	in °C
Θ_s:	Taupunkttemperatur der Raumluftmasse	in °C
Θ_B:	Temperatur an einer bestimmten Stelle im Bauteil	in °C
Θ_e:	Außentemperatur	
d_1:	Dicke des Bauteils 1	in m
d_2:	Dicke des Bauteils 2	in m
μ:	Wasserdampfdiffusionswiderstandszahl	
S_d:	Wasserdampfdiffusionsäquivalente Luftschichtdicke	in m

Vermeidung von Bauteilschäden infolge innerer Durchfeuchtung

DIN 4108-3: 2001-07

Forderung	Bedingungen
keine Minderung des Wärmeschutzes und der Standsicherheit durch die Feuchtegehalterhöhung der Bauteile infolge Tauwasserbildung	m_{WT} [1] < m_{WV} [2] innerhalb einer Tau- und Verdunstungsperiode
	$m_{WT} \leq 0{,}5$ kg/m² bei nicht wasseraufnahmefähigen Schichten
	$m_{WT} \leq 1$ kg/m² bei kappillar wasseraufnahmefähigen Schichten
	keine Beschädigung von Bauteilen infolge von Tauwasserbildung z. B. durch Pilzbefall, Korrosion etc.

[1] m_{WT}: ausfallende Tauwassermenge im Außenbauteil während der Tauperiode angegeben in kg H_2O pro 1 m² Bauteilfläche

[2] m_{WT}: verdunstende Wassermasse aus einem Außenbauteil während der Verdunstungsperiode angegeben in kg H_2O pro 1 m² Bauteilfläche

Wasserdampfdiffusionswiderstandszahl μ

Baustoff	μ	Baustoff	μ	Baustoff	μ
Polyethylenfolie	100 000	Normalbeton	70/150	Gipswandbauplatten	5/10
Metallfolie	∞	Kalksandstein (schwer)	15/25	mineralische Faserdämmplatte	1

Feuchteeinwirkung durch Außenwasser

DIN 4108-3: 2001-07

Formen der Außenwassereinwirkung

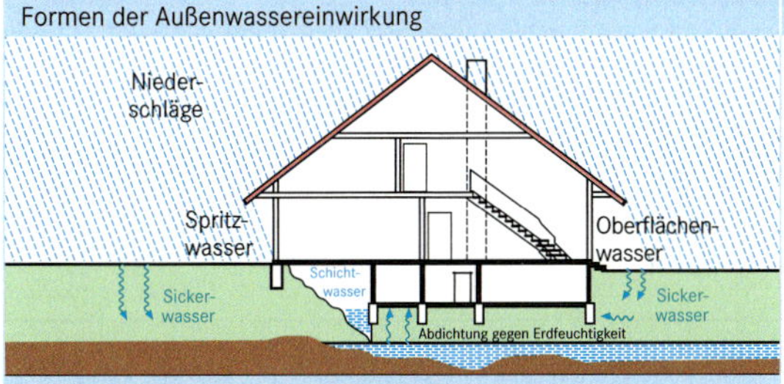

Schlagregenbeanspruchungsgruppen

Beanspruchungsgruppe	Jahresniederschlagsmenge *m* in mm und Erläuterung
I „gering"	$m < 600$ mm; besonders windgeschützte Lagen auch mit $m > 600$ mm
II „mittel"	$600 < m < 800$ mm; Hochhäuser in Gebieten mit $m < 600$ mm
III „stark"	$m > 800$ mm; windreiche Gebiete mit $m < 800$ mm Hochhäuser in Gebieten mit $600\text{ mm} < m < 800$ mm

Übersichtskarte zur Schlagregenbeanspruchung in Deutschland

Anforderungen an den Regenschutz von Baustoffen an Gebäudeaußenseiten

Regenschutzanforderung	Wasseraufnahmekoeffizient *W* in kg/m² · $h^{0,5}$	Diffusionsäquivalente Luftschichtdicke S_d in m	Produkt $W \cdot S_d$ in kg/m · $h^{0,5}$
wasserhemmend	$0{,}5 < W < 2{,}0$	–	–
wasserabweisend	$W \leq 0{,}5$	$S_d \leq 2{,}0$	$W \times Sd \leq 2{,}0$

Schallarten und Schallentstehung

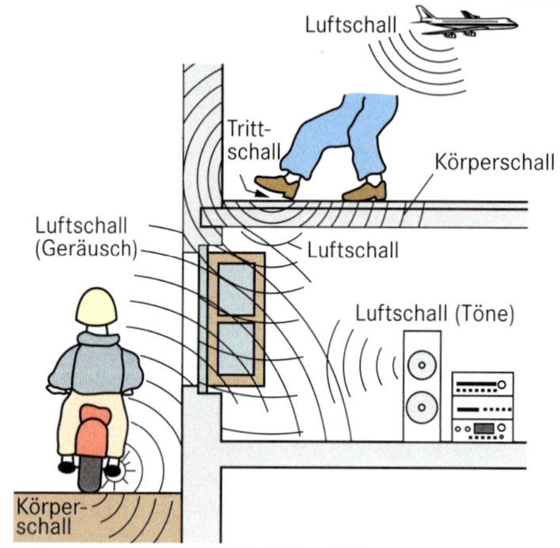

Schall:	Mechanische Schwingung eines elastischen Mediums besonders im Bereich des menschlichen Hörens mit f = 16 Hz ~ 16 000 Hz
Frequenz-f:	Zahl der Schwingungen pro Sekunde in Herz [Hz] 1/sek
Körperschall:	Schall, der sich in festen Körpern ausbreitet
Trittschall:	Schall, der beim Begehen z. B. von Decken, Treppen etc. entsteht, sich zunächst als Körperschall und dann als Luftschall ausbreitet
Luftschall:	Schall, der sich in Luft ausbreitet
Ton:	Luftschall mit sinusförmigem Verlauf einer Schwingung mit einer bestimmten Frequenz
Geräusch:	Luftschall mit verschiedenen z. T. unregelmäßigen Frequenzen
Lärm:	als störend empfundene Töne und Geräusche

Schallgeschwindigkeit c

Ausbreitungsmedium der Schallwellen	Schallgeschwindigkeit c in m/s	Ausbreitungsmedium der Schallwellen	Schallgeschwindigkeit c in m/s
Luft bei 20 °C	334	Holz je nach Richtung	3400–5000
Wasser je nach Temperatur	1400–1480	Stahl	4800–5100
Mauerwerk und Beton	3000–4000	Glas	5000–5400

Schallmessung

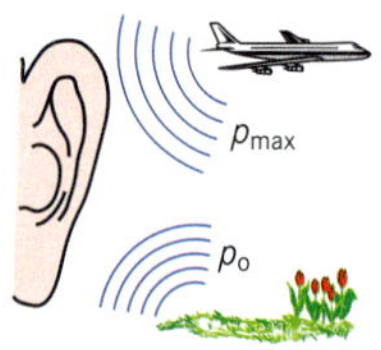

p_{max} = 20 Pa

$p_0 = 2 \cdot 10^{-5}$ Pa

$L = 20 \lg p/p_0$ in dB

p:	Schalldruck; durch Schall in der Luft erzeugte Druckschwankungen	in Pa
p_{max}:	Schalldruck an der oberen Empfindungsgrenze des Menschen, auch als „Schmerzgrenze" bezeichnet	in Pa
p_0:	Bezugsschalldruck; kennzeichnet die untere Empfindungsgrenze (sog. Hörschwelle) des Menschen	in Pa
L:	Schallpegel; 20facher Logarithmus des Verhältnisses des jeweiligen Schalldruckes p zum Bezugsschalldruck p_0	in dB

Bewerteter Schallpegel L_A

DIN 4109: 1989-11

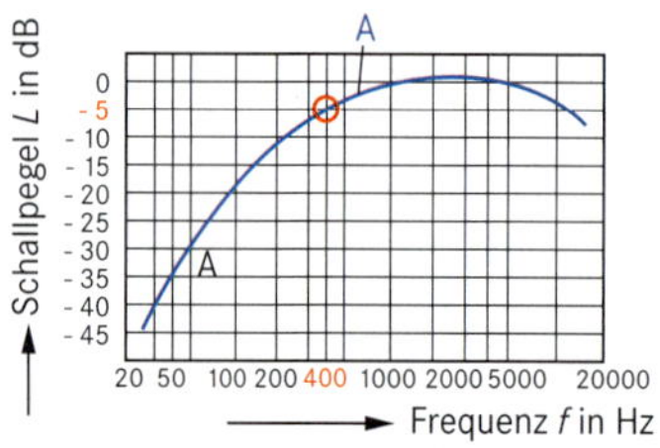

Ablese-Beispiel: Ton mit f = **400 Hz**

Das Ohr empfindet diesen Ton um **5 dB** „leiser" als einen Ton der Frequenz f = 1000 Hz

A: Schalldruckbewertungskurve „*A*", sie gibt die unterschiedliche Empfindlichkeit des menschlichen Ohres hinsichtlich verschiedener Frequenzen an. Messgräte besitzen Filter, die diese unterschiedliche Dämpfung verschiedener Frequenzen berücksichtigen und als Messergebnis den bewerteten Schallpegel L_A anzeigen.

L_A: A-bewerteter Schallpegel in dB (A)

Bewertete Schallpegel L_A verschiedener Geräusche

Entstehungsort bzw. Art des Geräusches	bewerteter Schallpegel L_A in dB (A)
Schmerzschwelle	120
Startendes Verkehrsflugzeug	120–150
Fabrikraum im Schwermaschinenbau	bis 100
Verkehrslärm an einer Hauptverkehrsstraße	75–80
Laute Sprache	70–75
Musik und Sprache in Zimmerlautstärke	60–70
Leise Unterhaltung bzw. Musik	50–60
Nachtgrundpegel in städtischem Wohngebiet	30–40
Schwaches Blätterrauschen	10–20

Schallschutzmaßnahmen

DIN 4109: 1989-11

Schallschutzmaßnahmen

- Primärmaßnahmen gegen Schallentstehung
- Sekundärmaßnahmen gegen Schallübertragung
  - Schalldämmung zwischen verschiedenen Räumen
    - Luftschalldämmung
    - Körperschalldämmung
  - Schallschluckung innerhalb eines Raumes

Nachweis des Schallschutzes

DIN 4109: 1989-11

Nachweisverfahren

Nachweis der Eignung ohne akustische Messungen durch Rechenwerte der erforderlichen Luft- und Trittschalldämmung von Bauteilen

$R'_{w,R} \geq \text{erf. } R'_w$

$L'_{n,w,R} \leq \text{erf. } L'_{n,w}$

$R'_{w,R}$:	Rechenwert des bewerteten Bau-Schalldämm-Maßes	in dB
erf. R'_w:	erforderlicher Wert des bewerteten Bau-Schalldämm-Maßes	in dB
$L'_{n,w,R}$:	Rechenwert des bewerteten Bau-Norm-Trittschallpegels	in dB
erf. $L'_{n,w}$:	erforderlicher Wert des bewerteten Bau-Norm-Trittschallpegels	in dB

Nachweis der Eignung von Bauteilen mit bauakustischen Messungen

Eignungsprüfung I	Eignungsprüfung III[1]
Prüfung von Bauteilen in Prüfständen nach DIN 52210-2	Prüfung von Bauteilen in Sondergrößen oder Sonderbauarten in ausgeführten Bauten
$R'_{w,P} \geq \text{erf. } R'_W$ $L'_{n,w,P} \leq \text{erf. } L'_{n,W}$	$R'_{w,B} \geq \text{erf. } R'_w$ $L'_{n,w,B} \leq \text{erf. } L'_{n,w}$

$R'_{w,P}$: $R'_{w,B}$ bewertetes Bau-Schalldämm-Maß nach Eignungsprüfung I bzw. III

$L'_{n,w,P}$: $L'_{n,w,B}$ bewerteter Bau-Norm-Trittschallpegel nach Eignungsprüfung I bzw. III

[1] Eignungsprüfung II wird nicht mehr gefordert

Mindestforderungen für den Schutz von Aufenthaltsräumen gegen Außenlärm

DIN 4109: 1989-11

Außenlärmpegelbereich	Maßgeblicher Außenlärmpegel L in dB (A)	erforderliches bewertetes Bauschalldämm-Maß erf. R'_w in dB von Außenbauteilen		
		Raumart		
		Bettenräume in Krankenanstalten und Sanatorien	Wohnräume; Übernachtungsräume in Beherbergungsstätten; Unterrichtsräume u. Ä.	Büroräume u. Ä.
I	≤ 55	≥ 35	30	–
II	56 bis 60	35	30	30
III	61 bis 65	40	35	30
IV	66 bis 70	45	40	35
V	71 bis 75	50	45	40
VI	76 bis 80	nach örtlichen Gegebenheiten	50	45
VII	> 80		nach örtlichen Gegebenheiten	50

Mindestforderungen und Vorschläge für den erhöhten Schallschutz von Aufenthaltsräumen gegenüber Schallübertragung aus einem fremden Wohn- oder Arbeitsbereich

DIN 4109: 1989-11

Gebäude- und Bauteilart	Mindestforderung		Erhöhter Schallschutz	
	erf. R'_w in dB	erf. $L'_{n,w}$ in dB	erf. R'_w in dB	erf. $L'_{n,w}$ in dB
Geschosshäuser mit Wohnungen und Arbeitsräumen				
Decken unter allg. nutzbaren Dachräumen, Trockenböden, Abstellräume	53	53	≥55	≤46
Wohnungstrenndecken (auch Treppen) und Decken zw. fremd. Arbeitsräumen	54	53[1]	≥55	≤46
Decken über Kellern, Hausfluren, Treppenräumen unter Aufenthaltsräumen	52	53[1]	≥55	≤46
Decken über Durchfahrten, Sammelgaragen u. Ä.	55		–	≤46
Decken unter/über Spiel- und ähnlichen Gemeinschaftsräumen	55	46	–	–
Decken unter Terrassen und Loggien über Aufenthaltsräumen	–	53	–	≤46
Decken unter Laubengängen	–	53	–	≤46
Decken und Treppen innerhalb zweigeschossiger Wohneinheiten	–	53	–	≤46
Decken unter Hausfluren	–	53	–	≤46
Treppen und Treppenpodeste	–	58[2]	–	≤46
Wohnungstrennwände und Wände zwischen fremden Arbeitsräumen	53	–	≥55	–
Treppenhauswände und Wände neben Hausfluren	52	–	≥55	–
Wände neben Durchfahrten, Einfahrten von Sammelgaragen u. Ä.	55	–	–	–
Türen zwischen Treppenhäusern und Wohnraumfluren	27[4]	–	–	–
Einfamilien-Doppelhäuser und Einfamilien-Reihenhäuser				
Decken	–	48	–	≤38
Treppen, Treppenpodeste und Decken unter Fluren	–	53[3]	–	≤46
Haus- bzw. Wohnungstrennwände	57	–	≥67	–
Schulen und vergleichbare Unterrichtsgebäude				
Decken zwischen Unterrichtsräumen oder ähnlichen Räumen	55	53	–	–
Decken zwischen „besonders lauten" Räumen und Unterrichtsräumen	55	46	–	–
Wände zwischen Unterrichtsräumen oder ähnlichen Räumen und Fluren	47	–	–	–
Wände zwischen Unterrichtsräumen und Treppenräumen	52	–	–	–
Wände zw. Unterrichtsräumen und „besonders lauten" Räumen (Sporthallen)	55	–	–	–
Türen zwischen Fluren und Unterrichtsräumen oder ähnlichen Räumen	32[4]	–	–	–

[1] Weichfedernde Bodenbeläge dürfen außer bei Wohnungen mit max. 2 Wohnräumen nicht beim Trittschallschutz berücksichtigt werden.

[2] Keine Anforderungen in Gebäuden mit max. 2 Wohnungen und in Gebäuden mit Aufzug.

[3] Bei einschaligen Decken werden auch hier weichfedernde Bodenbeläge für den Trittschallschutz nicht berücksichtigt.

[4] Bei Türen wird nur die Schallübertragung über die Tür berücksichtigt.

Luftschalldämmung durch Massivdecken

DIN 4109: 1989-11

Flächenbezogene Masse der Decke und Masse des Estrich in kg/m²	Rechenwerte des bewerteten Bau-Schalldämm-Maßes $R'_{W,R}$ in dB			
	Deckenbauweise			
	Einschalige Massivdecke, Estrich und Gehbelag unmittelbar aufgebracht	Einschalige Massivdecke mit schwimmendem Estrich	Massivdecke mit Unterdecke, Gehbelag und Estrich unmittelbar aufgebracht	Massivdecke mit schwimmendem Estrich und biegeweicher Unterdecke
200	44	51	51	54
300	49	55	55	58
400	53	57	57	60
500	55	59	59	62

Luftschalldämmung durch gemauerte Wände

DIN 4109: 1989-11

	Einschaliges Mauerwerk								Zweischaliges Mauerwerk mit Gebäudetrennfuge					
Steinrohdichteklasse in ϱ kg/dm³	1,6	2,2	1,2	1,8	1,4	2,2	1,6	2,0	0,9	1,0	0,8	1,4	1,4	1,8
Wanddicke S in cm	17,5	11,5	36,5	24	36,5	24	36,5	30	2 x 17,5	2 x 15	17,5/24	2 x 11,5	2 x 17,5	11,5/17,5
Rechenwert des bewerteten Bau-Schalldämm-Maßes $R'_{W,R}$	47 dB		53 dB		55 dB		57 dB		57 dB		62 dB		67 dB	

Luftschalldämmung durch zweischalige Wände aus Gipskarton- oder Spanplatten mit Stützen aus Blech-Profilen

Wandaufbau und Maße	Anzahl der Platten je Seite	Schalenabstand S in mm	Dämmstoffdicke S_0 in mm	Rechenwert des bewerteten Bau-Schalldämm-Maßes $R'_{W,R}$
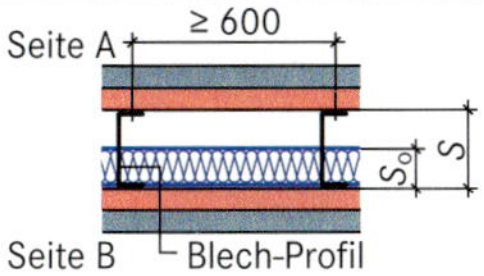	1	≥ 50	≥ 40	39 dB
	2			46 dB
	2	≥ 100	≥ 80	50 dB

Luftschalldämmung durch Fenster

DIN 4109: 1989-11

Fensterart	Verglasungsart	Rechenwert des bewerteten Schalldämm-Maßes $R_{w,R}$
Einfachfenster	normale Isolierglasscheibe hochschalldämmendes Isolierglas	30 dB–40 dB -45 dB
Verbundfenster	normale Ausführung hochschalldämmende Ausführung	35 dB–43 dB -46 dB
Kastenfenster	je nach Verglasung und Rahmen	48 dB–55 dB

Luftschalldämmung durch Türen

DIN 4109: 1989-11

Türausführung	Rechenwert des bewerteten Schalldämm-Maßes $R_{w,R}$
einfache, leichte Zimmertüren ohne besondere Dichtungsmaßnahmen	17 dB–25 dB
schwer ausgeführte Zimmertüren mit zusätzlicher Falzdichtung	25 dB–32 dB
schalldämmende Spezialtüren	32 dB–40 dB
hochschalldämmende Türen (z. B. als doppelschalige Stahlblechtüren)	40 dB–50 dB
zwei einfache Einzeltüren, hintereinander geschaltet	40 dB

Trittschalldämmung durch Treppenbauteile

DIN 4109: 1989-11

Art des Treppenbauteils und der Befestigung	Rechenwert des bewerteten Bau-Norm-Trittschallpegels $L'_{n,w,R}$
Treppe und Treppenraumwand: ■ Treppenpodest fest verbunden mit einschaliger Treppenraumwand mit einer Flächenmasse $m \geq 380$ kg/m²	70 dB
■ Treppenpodest fest verbunden mit Treppenraumwand bei durchgehender Gebäudetrennfuge	≤ 50 dB
Treppenlauf ■ fest verbunden mit einschaliger Treppenraumwand mit einer Flächenmasse $m \geq 380$ kg/m²	65 dB
■ von einschaliger Treppenraumwand abgesetzt - zusätzlich mit durchgehender Gebäudetrennfuge - zusätzlich mit durchgehender Gebäudetrennfuge und auf Treppenpodest elastisch gelagert	58 dB ≤ 43 dB 42 dB

Norm-Brandbedingungen

DIN 4102-2: 1977-09

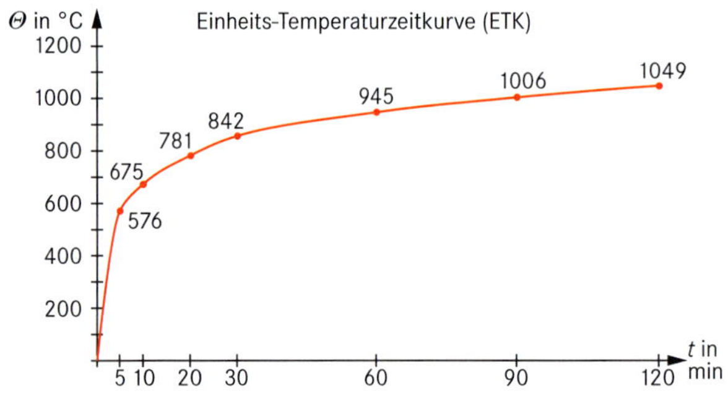

Brandbedingungen im Norm-Brandraum:

- Ausgangstemperatur Θ_{start}: $15\ °C \le \Theta_{start} \le 25\ °C$
- Beflammung durch Heizöl *EL* oder Dieselkraftstoff
- statischer Überdruck $p_e = 10 \pm 2$ Pa für Dichtigkeitsprüfungen raumabschließender Bauteile
- maximale Temperaturabweichungen von der Einheits-Temperaturzeitkurve $\Delta\Theta = \pm 100$ K

Brandschutz

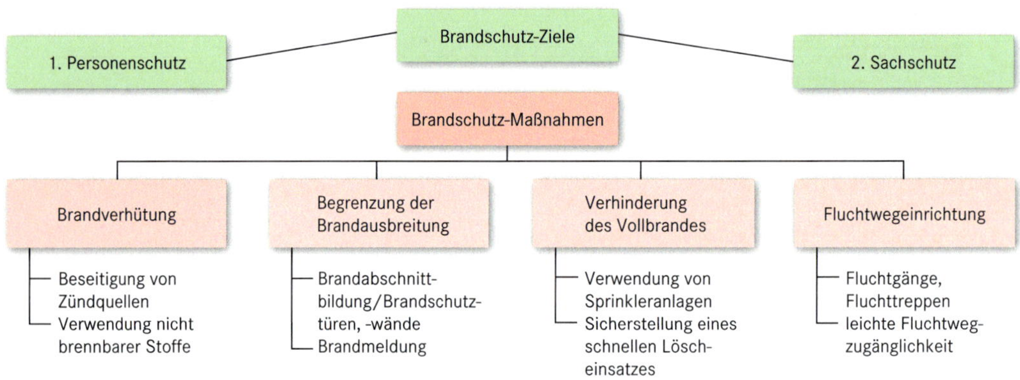

Nachweis des erforderlichen Brandschutzes

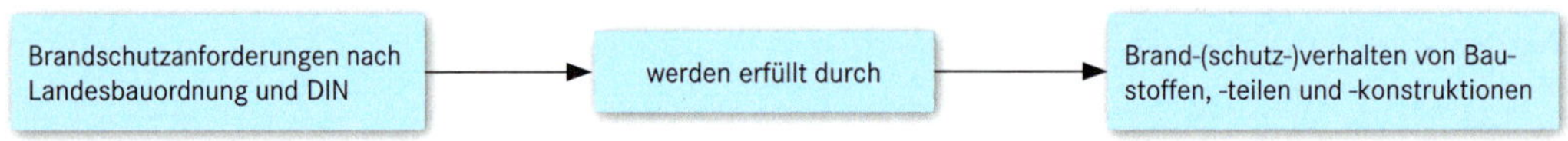

Brandschutzanforderungen an Wohngebäude

Bau O – NRW: 2000-03

Gebäudeart		Anforderungen							
		Bauteilart							
maximale Anzahl der Wohneinheiten	maximale Stockwerkhöhe h[1] in m	notwendige Treppen	Brüstungen von notwendigen Fluren, die als offene Gänge vor Außenwänden liegen	Türen von Aufenthaltsräumen und Rettungswegen in Kellergeschossen	Tragende und aussteifende Wände und Pfeiler: Dach	Keller	sonstige Räume	Wohnungstrennwände: Dach	sonstige Räume
2	≤7	keine Anforderungen	F 30-B	keine Anforderungen	keine Anforderung	F 30-AB	F 30-B	F 30-B	F 30-B
3	≤7	aus nicht brennbaren Stoffen	F 30-B	T 30	keine Anforderung	F 90-AB	F 30-AB	F 30-B	F 60-AB
-	>7	F 90-A	F 30-AB	T 30	keine Anforderung	F 90-AB	F 90-AB	F 90-B	F 90-AB

[1] Höhe *h* gemessen von der Oberkante der Erdgeschossdecke bis zur Oberkante der obersten Stockwerkdecke.

Brandverhalten von Bauteilen

DIN 4102-2: 1977-09

Baurechtliche Benennung	Feuer-wider-stands-dauer *t* in Minuten	Kurzbezeichnung der Feuerwiderstandsklasse				
		Bauteilart				
		F Träger, Stützen; tragende Wände, Decken, Verglasungen mit Berücksichtigung der Wärmestrahlung	W Nichttragende Wände, Stürze, Brüstungen	T Feuerschutzabschlüsse im eingebauten Zustand: Türen, Klappen, Rolläden	G Verglasungen ohne Berücksichtigung der Wärmestrahlung	L Lüftungsleitungen
feuerhemmend	t ≥ 30	F 30-B	W 30-B	T 30	G 30	L 30
feuerhemmend und in den tragenden Teilen aus nicht brennbaren Stoffen	t ≥ 30	F 30-AB	W 30-AB			
feuerhemmend aus nicht brennbaren Stoffen	t ≥ 30	F 30-A	W 30-A			
-	t ≥ 60	F 60-B F 60-AB F 60- A	W 60-B W 60-AB W 60-A	T 60	G 60	L 60
-	t ≥ 90	F 90-B	W 90-B	T 90	G 90	L 90
feuerbeständig	t ≥ 90	F 90-AB	W 90-AB			
feuerbeständig und aus nicht brennbaren Stoffen	t ≥ 90	F 90-A	W 90-A			
-	t ≥ 120	F 120-B F 120-AB F 120-A	W 120-B W 120-AB W 120-A	T 120	G 120	L 120
-	t ≥ 180	F 180-B F 180-AB F 180-A	W 180-B W 180-AB W 180-A	T 180	G 180	L 180

Ablesebeispiele:

- F 90-AB: z. B. tragende Bauteile mit 90 Minuten Feuerwiderstandsdauer, in den wesentlichen[1)] Teilen aus nicht brennbaren Baustoffen, mit der baurechtlichen Bezeichnung „feuerbeständig".
- T 120: z. B. Türen als Feuerabschlüsse mit 120 Minuten Feuerwiderstandsdauer.

[1)] zu den wesentlichen Teilen gehören: tragende und aussteifende Teile, Rahmenkonstruktionen von nichttragenden Wänden, etc.

Brandverhalten von Baustoffen

DIN 4102-1: 1998-05; DIN 4102-4: 1994-03

Baustoffklasse	bauaufsichtliche Benennung/ Beschreibung des Baustoffes		erforderlicher Nachweis durch	Baustoffbeispiele
A	nichtbrennbare Baustoffe			
A1	**ohne** brennbare Bestandteile	■ genormte Stoffe	DIN 4102-4	Ziegel, Beton, Glas, Stahl
		■ nicht genormte Stoffe	Prüfzeugnis	nicht genormte Steinwolleplatten, ohne brennbare Bestandteile
A2	**mit** brennbaren Bestandteilen	■ genormte und nicht genormte Stoffe	Prüfbescheid mit Prüfzeichen	Gipskartonplatten nach DIN 18 180

Brandverhalten von Baustoffen

DIN 4102-1: 1998-05; DIN 4102-4: 1994-03

Baustoffklasse		bauaufsichtliche Benennung/ Beschreibung des Baustoffes		erforderlicher Nachweis durch	Baustoffbeispiele
B		brennbare Baustoffe			
	B_1	schwer entflammbare Baustoffe	■ genormte Stoffe	DIN 4102-4	Holzwolle-Leichtbauplatten DIN 1101
			■ nicht genormte Stoffe	Prüfbescheid mit Prüfzeichen	Kunststoff-Hartschaumplatten
	B_2	normal entflammbare Baustoffe	■ genormte Stoffe	Prüfzeugnis	Gipskartonverbundplatten DIN 18 184
			■ nicht genormte Stoffe		Holz mit $\varrho \geq 400$ kg/m³ und einer Dicke $t > 2$ mm
	B_3	leicht entflammbare Baustoffe	■ genormte Stoffe	Prüfzeugnis	Kunststoffe, die nicht B_2 zugeordnet sind
			■ nicht genormte Stoffe		Papier, Holzwolle

Verhalten von Stahlbauten im Brandfall

Feuerwiderstandsdauer *t* ungeschützter Stahlträger

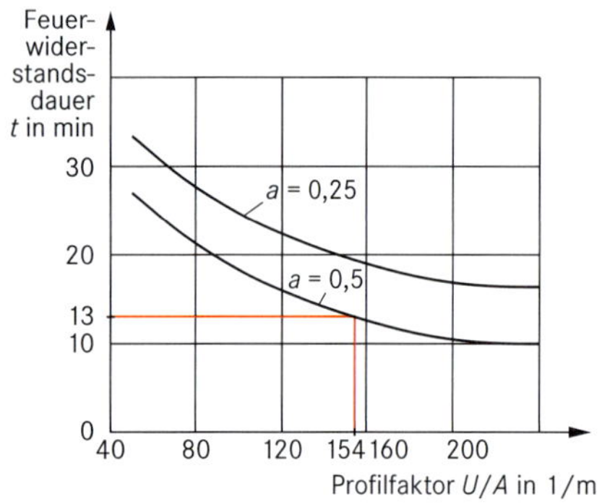

$$a = \frac{S_d}{R_d}$$

U/A:	Profilfaktor	in 1/m
U:	Länge des Profilumfangs	in m
A:	Querschnittsfläche des Profils	in m²
a:	Ausnutzungsgrad	
S_d:	Beanspruchung z. B.	in kN
R_d:	Beanspruchbarkeit z. B.	in kN

Ablesebeispiel: geg. IPB 200, $A = 0{,}00781$ m², $U = 1{,}2$ m; $U/A \simeq 154$ 1/m;
gewählt $a = 0{,}5 \rightarrow$ nach Grafik $t \cong 13$ min Feuerwiderstandsdauer

Mindestdicken *d* in mm für Ummantelung von Stahlträgern und Stahlstützen[1)]

DSTV: 2000

Profilfaktor U/A in 1/m	Feuerwiderstandsklasse F 60		Feuerwiderstandsklasse F 90		Feuerwiderstandsklasse F 120	
	Profilfolgende Ummantelung	Kastenförmige Ummantelung	Profilfolgende Ummantelung	Kastenförmige Ummantelung	Profilfolgende Ummantelung	Kastenförmige Ummantelung
bis 70			15	15	20	20
71 - 90	10	10	15	20	20	20
91 - 120			20	20	30	20
121 - 145	15	12	25	20	35	25
146 - 175	15	15	25	20	35	25
176 - 200	20	20	30	20	40	30
201 - 215				25		30
216 - 235	20	20	30	25	40	35
236 - 245				30		35
246 - 265		20		30		40
266 - 275	20	20	30	30	40	
276 - 290		25		35		
291 - 300		25		40		

1) Die Mindestdicken in mm gelten für profilfolgende Ummantelungen aus Vermiculite-Spritzputz an Trägern bzw. für kastenförmige Ummantelungen aus vorgefertigten Fiber-Silikat-Platten an Stützen.

Bezeichnung mit links oder rechts

DIN 107: 1974-04

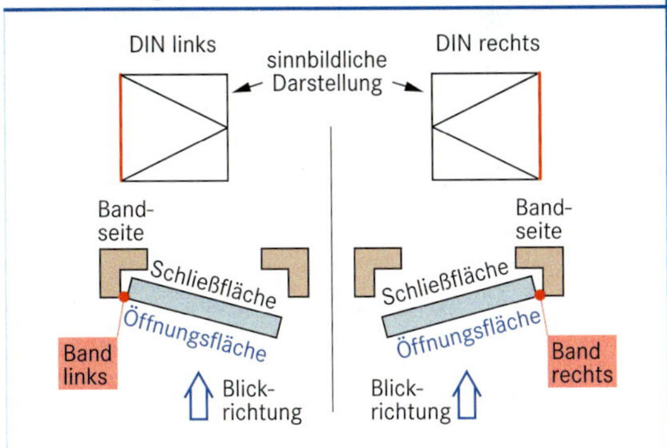

Architekten- und Metallbaueransicht

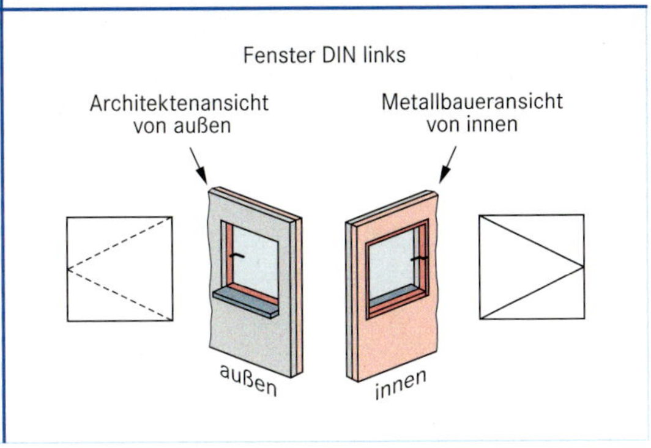

Bauarten und Darstellung

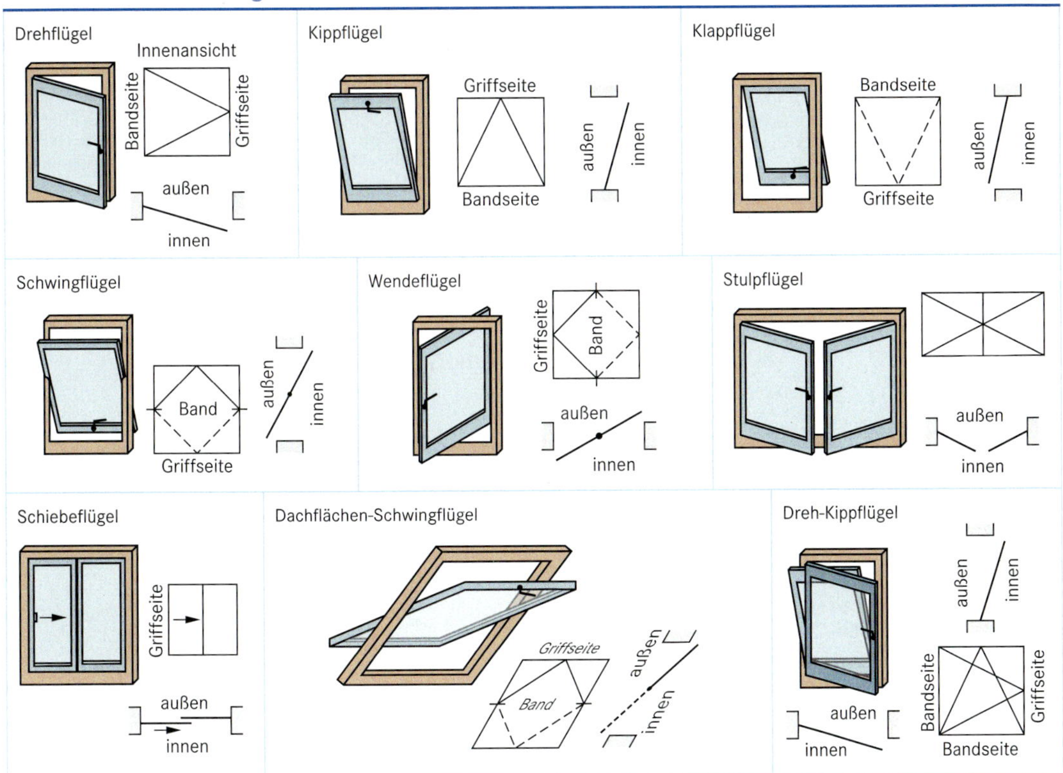

Rahmenbauteile

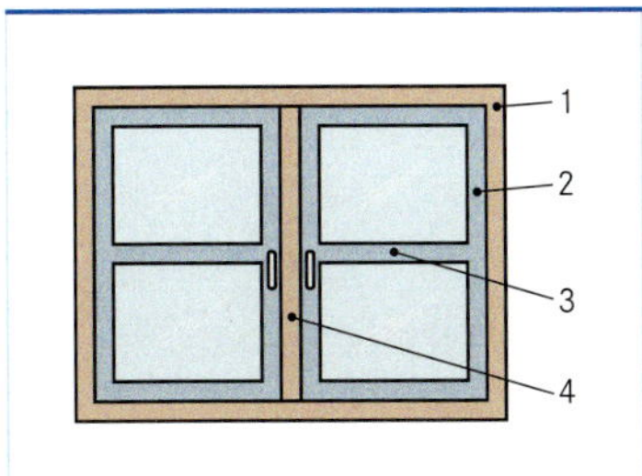

1: Blendrahmen
2: Flügelrahmen
3: Riegel
4: Pfosten

Anschlagarten

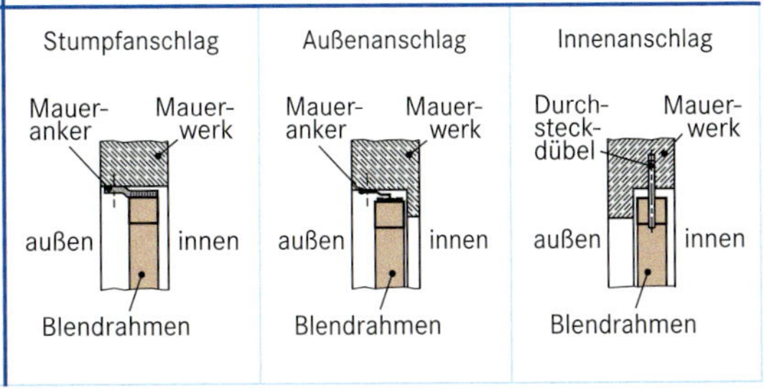

Bauteile wärmegedämmter Aluminiumfenster

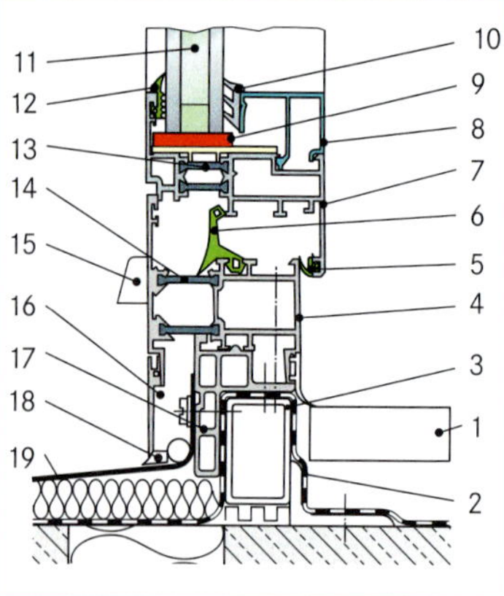

Bauteilbeschreibung	
1: Fensterbank (innen)	11: Wärmeschutzverglasung
2: Folie	12: Glasaußendichtung
3: Fassadenriegel	13: thermische Trennung des Flügelprofils
4: Blendrahmen	14: thermische Trennung des Blendrahmenprofils
5: Innendichtung	15: Wasserauslass
6: Mitteldichtung	16: Anschlussprofil
7: Flügelrahmen	17: Übergangsprofil
8: Glasleiste	18: Übergangsdichtung
9: Verglasungsklotz	19: Fensterbank (außen)
10: Glasinnendichtung	

Tageslicht in Innenräumen

DIN 5034-1: 1999-10

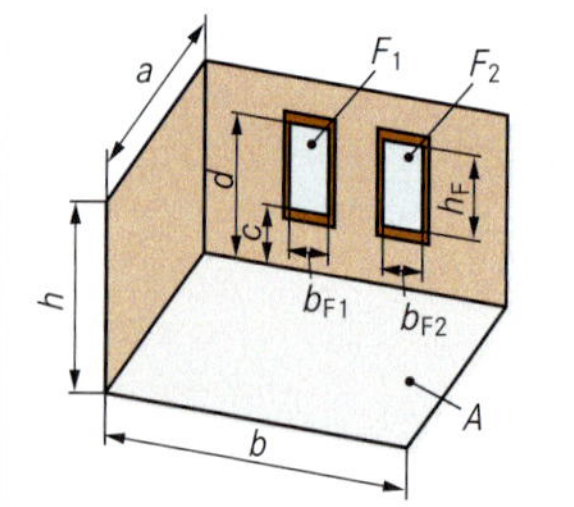

$F_{ges} = F_1 + F_2 + ... F_n$

$b_{Fges} = b_{F1} + b_{F2} + ... b_{Fn}$

- F: durchsichtige Fensterfläche in m²
- A: Grundfläche des Raumes in m²
- a: Raumtiefe in m
- b: Raumbreite in m
- c: Unterkante der Fensterfläche in m
- d: Oberkante der Fensterfläche in m
- h: Raumhöhe in m
- h_f: Höhe der Fensterfläche in m
- b_F: Breite der Fensterfläche (auch als Summe) in m

Fenster in Wohnräumen

Anforderung	Vorgeschlagene Maße		
	Oberkante der Fensterfläche d in m	Unterkante der Fensterfläche c in m	Breite der Fensterfläche b_{Fges} in m
Sichtverbindung nach außen	$d \geq 2{,}2$	$c \leq 0{,}95$	$b_{Fges} \geq 0{,}55 \cdot b$

[1] Als weitere Anforderung ist ausreichende Beleuchtung mit Tageslicht sicherzustellen

Fenster in Arbeitsräumen

Anforderung	vorgegebene Raumtiefe a in m	vorgegebene Grundfläche A in m²	Mindestgröße der durchsichtigen Fensterfläche F in m²: Einzelfensterfläche[1]	Gesamtfensterfläche
Sichtverbindung nach außen	$a \leq 5$		$F \geq 1{,}25$	
	$a > 5$		$F \geq 1{,}5$	
		$A \leq 600$		$F_{ges} \geq 0{,}1 \cdot A$[2]
		$600 < A \leq 2000$		$F_{ges} \geq 60\ m^2 + 0{,}01 \cdot A$
		$A > 2000$	keine Vorgaben	

Eine weitere Anforderung ist die ausreichende Beleuchtung mit Tageslicht

[1] In Arbeitsräumen mit $h \leq 3{,}5$ m gilt zusätzlich $F_{ges} > 0{,}3 \cdot b \cdot h$ [2] In Arbeitsräumen gilt grundsätzlich: $h_f \geq 1{,}25$ m; $b_f \geq 1$ m

Mindestfensterbreiten in Wohnräumen sowie Arbeitsräumen mit $h \leq 3{,}5$ m[1]

DIN 5034-4: 1994-09

Raumhöhe h in m	Fensterflächenhöhe h_f in m	Raumbreite b in m	Mindestfensterbreite b_f in m für eine Raumtiefe a in m: 3,0–6,25	6,50	6,76	7,0	7,5	8,0
		4	2,63	2,63	2,63	2,63	2,63	2,70
		5	3,29	3,29	3,29	3,29	3,29	3,29
		6	3,94	3,94	3,94	3,94	3,94	3,94
		8	5,26	5,26	5,26	5,26	5,26	5,26

Raumhöhe h in m	Fensterflächenhöhe h_f in m	Raumbreite b in m	Mindestfensterbreite b_f in m für eine Raumtiefe a in m: 3,0–6,5	6,75	7,0	7,5	8,0
		4	2,63	2,63	2,63	2,63	2,63
		5	3,29	3,29	3,29	3,29	3,29
		6	3,94	3,94	3,94	3,94	3,94
		8	5,26	5,26	5,26	5,26	5,26

[1] Zusätzliche Bedingung für die Anwendbarkeit der Tabelle für Arbeitsräume: $a \leq 6$ m; $A \leq 50$ m²

Bestimmung von Mindestfensterbreiten in Wohnräumen unter Einfluss von Verbauungen DIN 5034-4: 1994-09

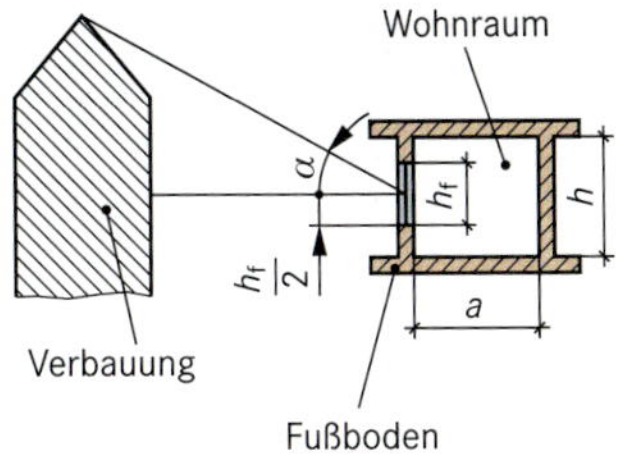

α: Verbauungswinkel in°

h_f: Fensterflächenhöhe in m

h: Raumhöhe in m

a: Raumtiefe in m

Verbauungswinkel	Raumhöhe h in m	Fensterflächenhöhe h_f in m	Raumbreite b in m	Mindestfensterbreite b_F in m für eine Raumtiefe a in m					
				3,0–6,25	6,50	6,75	7,0	7,5	8,0
5	2,5	1,35	2	1,31	1,35	1,42	1,49	1,64	1,79
			3	1,97	1,97	1,97	1,97	2,10	2,30
			4	2,63	2,63	2,63	2,63	2,63	2,81
			5	3,29	3,29	3,29	3,29	3,29	3,35
			6	3,94	3,94	3,94	3,94	3,94	3,94
			7	4,60	4,60	4,60	4,60	4,60	4,60
			8	5,26	5,26	5,26	5,26	5,26	5,26
10	2,6	1,45	2	1,31	1,33	1,41	1,48	1,63	1,78
			3	1,97	1,97	1,97	1,97	2,08	2,29
			4	2,63	2,63	2,63	2,63	2,63	2,80
			5	3,29	3,29	3,29	3,29	3,29	3,34
			6	3,94	3,94	3,94	3,94	3,94	3,94
			7	4,60	4,60	4,60	4,60	4,60	4,60
			8	5,26	5,26	5,26	5,26	5,26	5,26

Fugendurchlässigkeit DIN 18 055: 1981-10

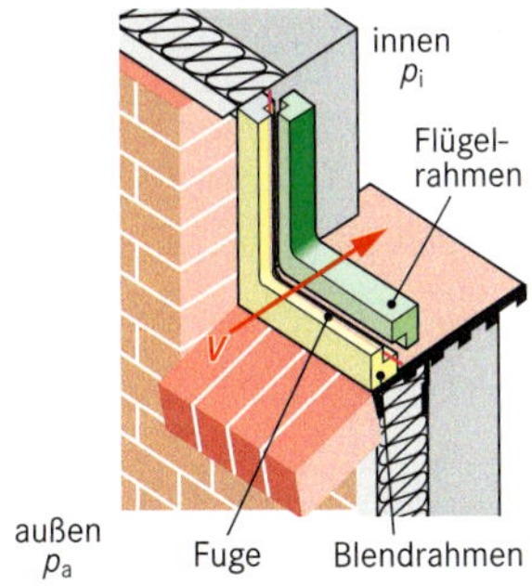

$$V = V_1 \cdot l$$

$$V_1 = \alpha \cdot x$$

$$\Delta_p = p_a - p_i$$

V: Maximal zulässiger Luftvolumenstrom durch die Rahmenfugen pro Stunde in m^3/h

V_1: Maximal zul. Luftvolumenstrom durch die Rahmenfugen pro Stunde für eine Fugenlänge l = 1 m in $m^3/m \cdot h$

l: Gesamtfugenlänge in m

α: Fugendurchlasskoeffizient bezogen auf einen Differenzdruck Δp = 10 Pa = 1 da Pa in $m^3/m \cdot h \cdot$ da Pa

x: Angleichungswert für verschiedene Einbauhöhen in da Pa

Δ_p: Differenzdruck in Pa

p_a: Außendruck in Pa

p_i: Innendruck in Pa

Angleichungswerte, Fugendurchlasskoeffizienten und Beanspruchungsgruppen

	Höhe des Fenstereinbauortes h in m			
	$h \leq 8$	$8 < h \leq 20$	$20 < h \leq 100$	$h > 100$
Angleichungswert x in da Pa	6,21	9,86	15,65	–
maximal zulässiger Fugendurchlasskoeffizient α in $m^3/m \cdot h \cdot$ da Pa	2	1		
Beanspruchungsgruppe	A	B	C	D

Schlagregendichtheit DIN 18 055: 1981-10

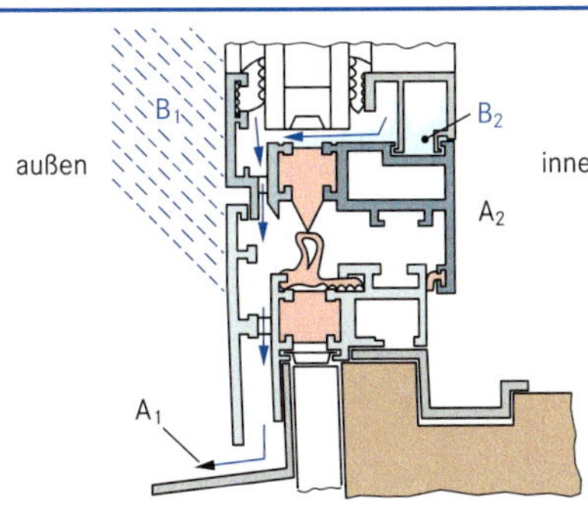

Beanspruchung

B_1: Schlagregen – gleichzeitige Beanspruchung durch Regen und Wind mit ~ 2 dm^3 $H_2O/(m^2 \cdot min)$

B_2: Kondenswasserbildung

Anforderung

A_1: Wasserabführung: In den Rahmen eingedrungenes Regenwasser und das Kondenswasser müssen unmittelbar und kontrolliert abgeleitet werden, so dass keine Schäden entstehen.

A_2: In den Raum darf kein Wasser eindringen.

Wärmedurchgang

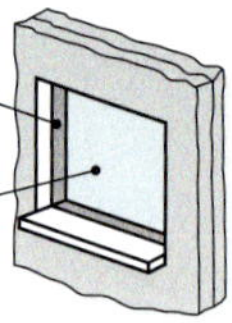

U_w: Wärmedurchgangskoeffizient für das gesamte Fenster	in W/m² · k
U_f: Wärmedurchgangskoeffizient des Rahmens für eine bestimmte Rahmenmaterialgruppe	in W/m² · k
U_g: Wärmedurchgangskoeffizient für eine bestimmte Verglasungsart nach Angaben des Herstellers	in W/m² · k

Wärmedurchgangskoeffizienten für Fenster siehe DIN V 4108-4

Rahmenmaterialgruppen

Materialgruppe	Rahmen-Wärmedurchgangskoeffizient U_f in W/m² · k	Rahmenbauweise/Rahmenwerkstoff
1	$U_f < 2,0$	z. B. Holz- und Kunststoffrahmen
2.1 2.2 2.3	$2,0 < U_f \leq 2,8$ $2,8 < U_f \leq 3,5$ $3,5 < U_f \leq 4,5$	z. B. wärmegedämmte Aluminium- und Stahl-Profile
3	$U_f > 4,5$	z. B. nicht wärmegedämmte Aluminium- und Stahlprofile

Schalldämmverhalten von Glasscheiben

VDI 2719: 1987-08

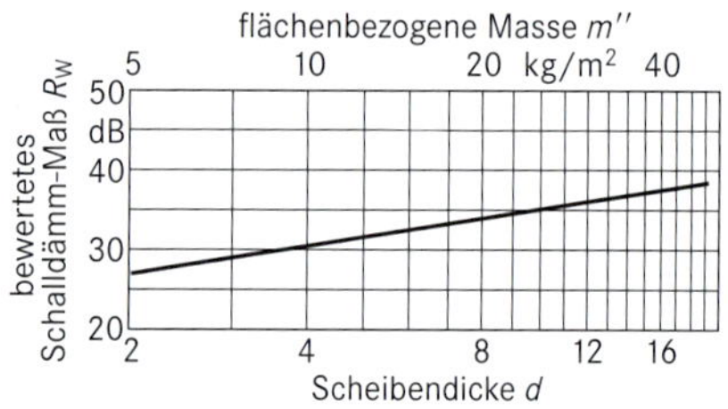

R_W:	bewertetes Schalldämm-Maß	in dB
d:	Glasscheibendicke	in mm
m'':	flächenbezogene Masse der Glasscheibe	in kg/m²

Die Werte gelten für allseitig oder unter 45° einfallenden Schall

Schallschutzklassen von Fenstern

VDI 2719: 1987-08

Schallschutzklasse	1	2	3	4	5	6
erforderliches bewertetes Schalldämm-Maß erf. R_W in dB	27 ... 31	32 ... 36	37 ... 41	42 ... 46	47 ... 51	≥ 52

Fensteranschluss an den Baukörper

VDI 2719: 1987-08

Schallschutzklasse	Gestaltung des Baukörperanschlusses			Erläuterung
	Stumpfanschlag	Innenanschlag		
1 + 2	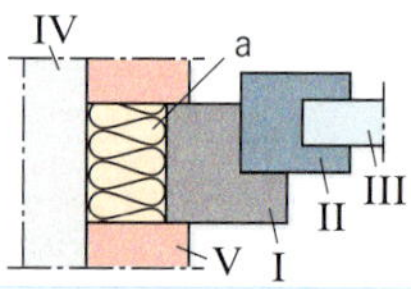	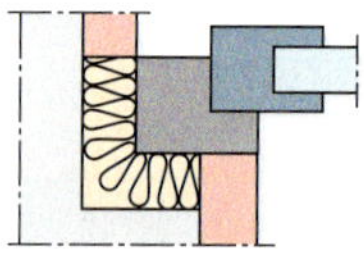	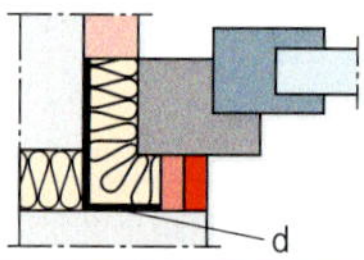	I: Blendrahmen II: Flügelrahmen III: Verglasung IV: Mauerwerk V: Putz/Wandverkleidung a: Dämmmaterial b: Hinterfüllprofil bzw. Fugenvorfüllmaterial c: Dichtstoff d: Abdeckfolie bei zweischaligem Mauerwerk
3	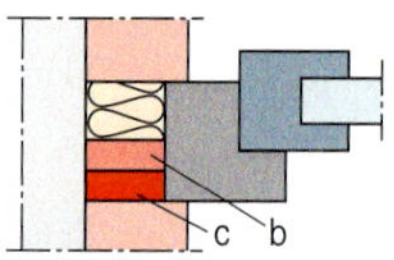	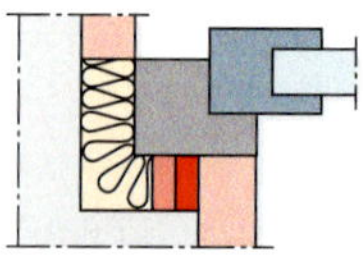	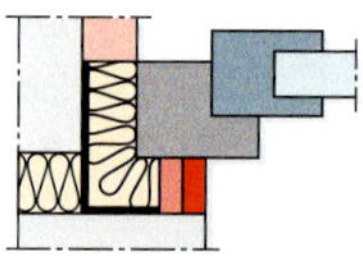	
4 + 5	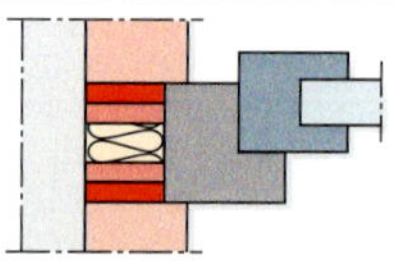	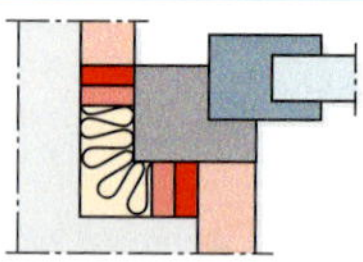	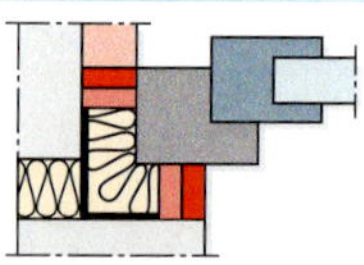	

Konstruktionsbeispiele von Schallschutzfenstern

VDI 2719: 1987-08

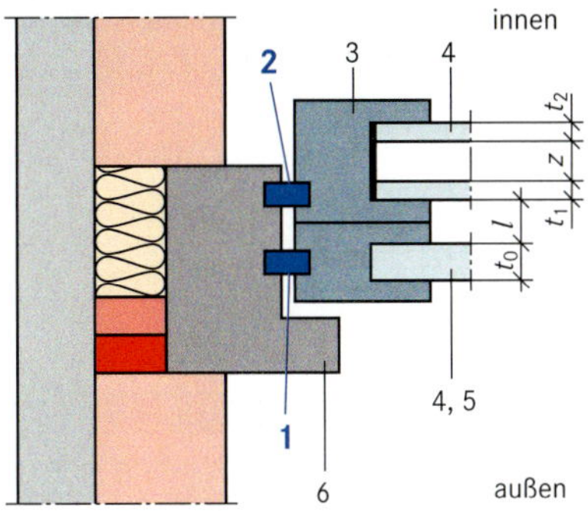

1:	erforderliche Außendichtung, umlaufend	
2:	erforderliche Innendichtung, umlaufend	
3:	Flügelrahmen	
4:	Verglasung mit einem erforderlichen bewerteten Schalldämm-Maß R_W	in dB
5:	Einfachverglasung mit einem erforderlichen bewerteten Schalldämm-Maß R_W	in dB
6:	Blendrahmen	
t_0:	Dicke der Einfachverglasung	in mm
t_1, t_2:	Einzelscheibendicken der Isolierverglasung	in mm
z:	Abstand der Einzelscheiben der Isolierverglasung	in mm
l:	Abstand der Einzelverglasungen	in mm

Schallschutzklasse	Ausführung der Konstruktion – Fensteraufbau				
	Einfachfenster		Verbundfenster		Kastenfenster
	Einfachverglasung	Isolierverglasung	Einfach- und Isolierverglasung	Isolierverglasung und Aufsatzflügel	Einfachverglasung und Isolierverglasung
	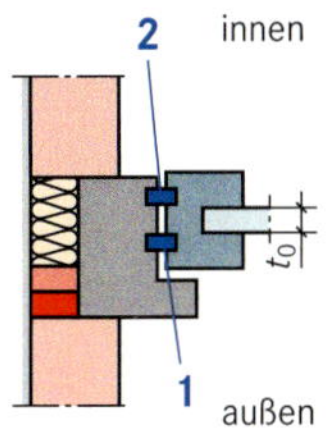	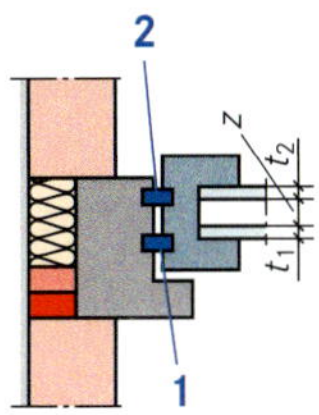	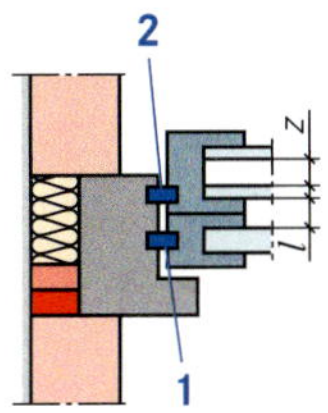	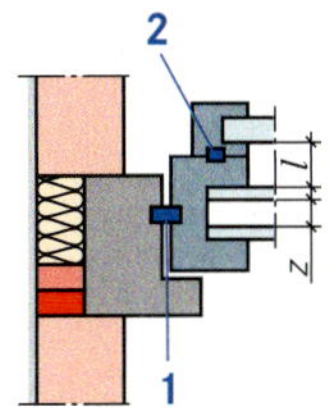	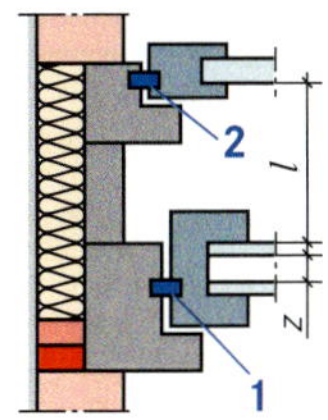
1	$t_0 \geq 4$ mm $R_{WVerglasung} \geq 27$ dB **1** erforderlich	$t_1 + t_2 \geq 6$ mm $z \geq 8$ mm $R_{WVerglasung} \geq 27$ dB	keine Vorgaben	keine Vorgaben keine Vorgaben keine Vorgaben **2** erforderlich	keine Vorgaben
2	$t_0 \geq 8$ mm $R_{WVerglasung} \geq 32$ dB **1** erforderlich	$t_{1,2} \geq 4$ mm $z \geq 12$ mm $R_{WVerglasung} \geq 32$ dB **1** erforderlich	$t_{0,1,2} \geq 4$ mm $z \geq 12$ mm keine Vorgaben **1** erforderlich	$t_{0,1,2} \geq 4$ mm $z \geq 12$ mm keine Vorgaben **1 + 2** erforderlich	keine Vorgaben
3	keine allgemeingültigen Angaben möglich	$t_{1,2}$, z: keine allgemeinen Angaben möglich $R_{WVerglasung} \geq 37$ dB **1** erforderlich	$t_0 \geq 6$ mm; $t_{1,2} \geq 4$ mm $z \geq 4$ mm; $l \geq 40$ mm keine Vorgaben **1** erforderlich	$t_0 \geq 6$ mm; $t_{1,2} \geq 4$ mm $z \geq 4$ mm; $l \geq 40$ mm keine Vorgaben **1 + 2** erforderlich	keine Vorgaben keine Vorgaben keine Vorgaben **1** erforderlich
4		$t_{1,2}$, z: keine allgemeinen Angaben möglich $R_{WVerglasung} \geq 45$ dB **1 + 2** erforderlich	$t_0 \geq 8$ mm; $t_1 \geq 6$ mm; $t_2 \geq 4$ mm $z \geq 12$ mm; $l \geq 50$ mm keine Vorgaben **1 + 2** erforderlich	keine allgemeingültigen Angaben möglich	$t_0 \geq 6$ mm; $t_{1,2} \geq 4$ mm $z \geq 12$ mm; $l \geq 100$ mm keine Vorgaben **1 + 2** erforderlich
5			$t_{0,1} \geq 8$ mm; $t_2 \geq 4$ mm $z \geq 12$ mm; $l \geq 60$ mm $R_{WVerglasung}$: keine Vorgaben **1 + 2** erforderlich		$t_0 \geq 8$ mm; $t_1 \geq 6$ mm $z \geq 8$ mm; $l \geq 4$ mm $R_{WVerglasung}$: keine Vorgaben **1 + 2** erforderlich
6	Sonderanfertigung mit Nachweis des Schallschutzes				

Fugenausbildung bei Stumpfanschlägen von Fenstern

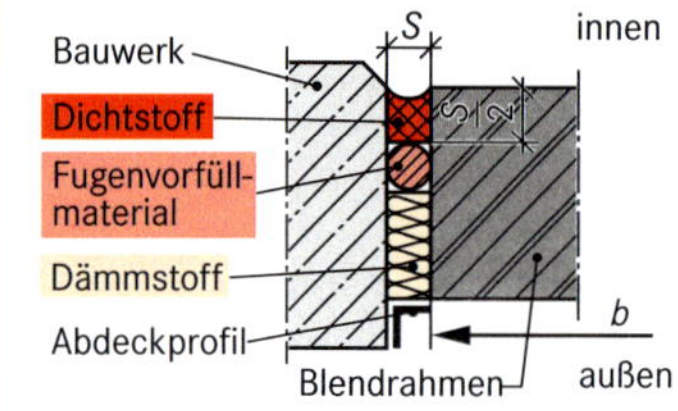

Fensterrahmenwerkstoff	Rahmenfarbe	Mindestfugenbreite S in mm Breite des Fensterelements b in m			
		$b \leq 1{,}5$	$1{,}5 < b \leq 2{,}5$	$2{,}5 < b \leq 3{,}5$	$3{,}5 < b \leq 4{,}5$
PVC hart	weiß farbig	10 15	15 20	20 25	25 30
Aluminium	hell dunkel	10 10	10 15	15 20	20 25

Fugenausbildung bei Innenanschlägen von Fenstern

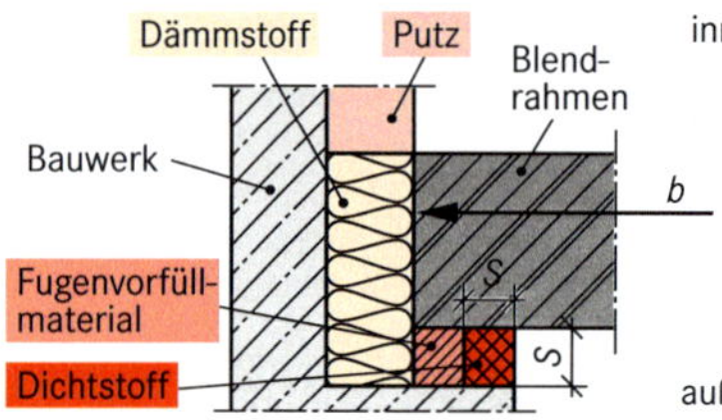

Fensterrahmenwerkstoff	Rahmenfarbe	Mindestfugenbreite S in mm Breite des Fensterelements b in m		
		$b \leq 2{,}5$	$2{,}5 < b \leq 3{,}5$	$3{,}5 < b \leq 4{,}5$
PVC hart	weiß farbig	10 10	10 15	15 20
Aluminium	hell dunkel	10 10	10 10	15 15

Mindestgrößen und Aufbau von Fensterwänden

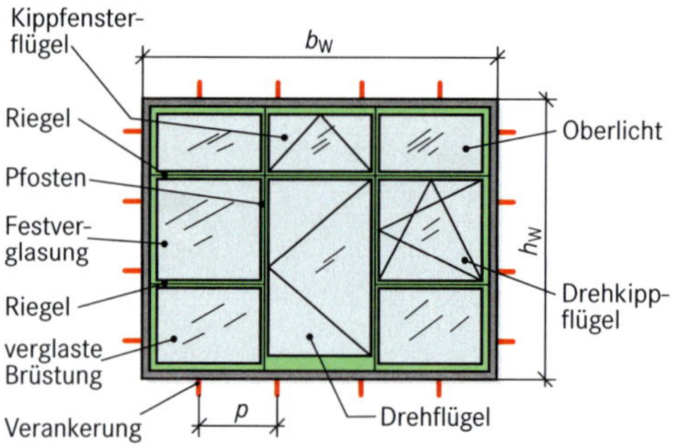

Bedingungen für die Anwendbarkeit der Norm

$h_W \geq 2$ m

$b_W \geq 2$ m

$A_W \geq 9$ m²

$A_W = b_W \cdot h_W$

$p \leq 800$ mm

h_W:	Fensterwandhöhe	in m
b_W:	Fensterwandbreite	in m
A_W:	Fläche der Fensterwand	in m²
p:	Abstand der Verankerungen	in mm

Grenzmaße von Fensterwänden

Zulässige Ausladung der Fensterwand

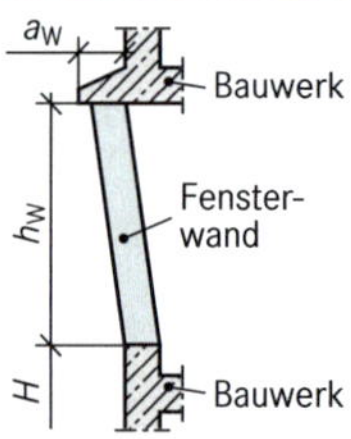

$a_W \leq 300$ mm

a_W:	Ausladung der Fensterwand gegenüber der Senkrechten	in mm
h_W:	Höhe der Fensterwand	in mm
H:	Höhe der Fensterunterkante über Gelände	in m

Maximale Einzelscheibengrößen

Höhe der Fensterwand-Unterkante über Gelände H in m	maximale Größe der Einzelscheibenfläche A_F in m²
$H < 5$	beliebig
$H \geq 5$	AF ≤ 12

Zusätzliche Hinweise zur Verglasung siehe DIN 183 und Richtlinien zur Verglasung von Stahlfenstern

Besondere Lastannahmen an Fensterwänden

Horizontallast F_H in verkehrsgefährdeter Lage

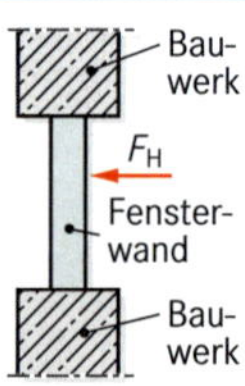

Einbauort	Horizontallast F_H
Versammlungsräume, Schulen Sportbauten	1000 N
Wohngebäude, Balkone in Wohngebäuden	500 N

Lotrechte Last F_L durch herauslehnend Personen

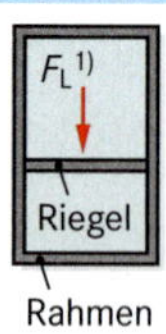

$F_L = 500$ N/m

[1] nur anzusetzen bei zu öffnenden Fenstern

Erhöhung der Windlasten

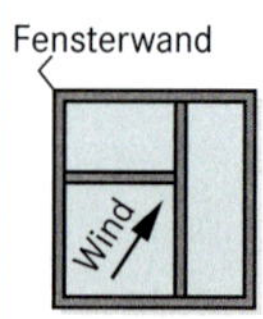

Für Fensterwände sind die Druckanteile der Windlast nach DIN 1055 um 25 % zu erhöhen

Bemessungen der Glasscheibendicken von Fensterwänden

Maßbezeichnung	Diagramm der Dickenwahl
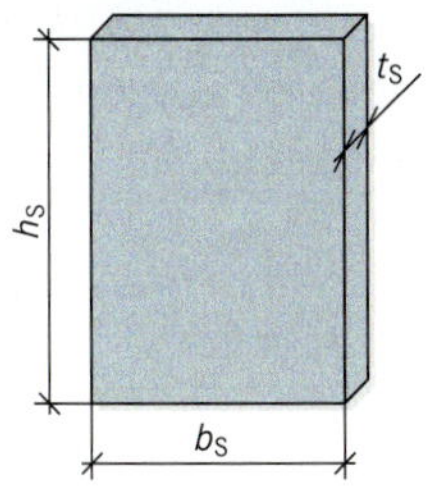 b_S: Scheibenbreite in mm h_S: Scheibenhöhe in mm t_S: Scheibendicke in mm	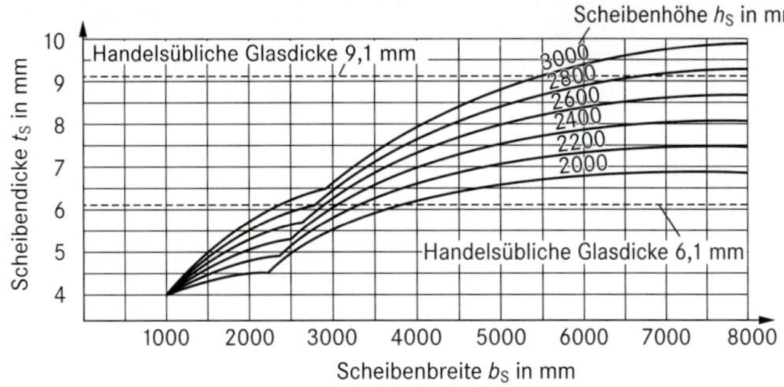 Das Diagramm gilt für Einbauhöhen im Gebäude $H \leq 8$ m und ebene Scheiben, die allseitig aufliegen.

Verformung von Riegel und Pfosten bei Windbeanspruchung

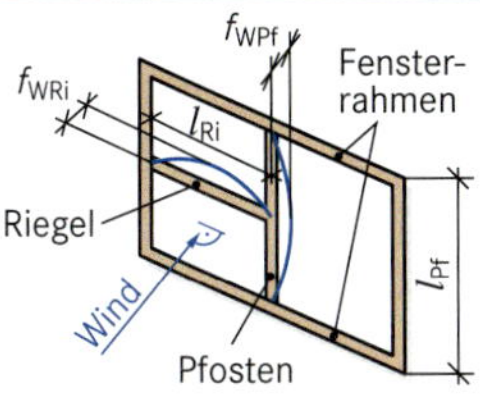

f_{WRi}:	Verformung des Fensterwandriegels	in mm
f_{WPf}:	Verformung des Fensterwandpfosten	in mm
l_{Ri}:	Riegellänge	in mm
l_{Pf}:	Pfostenlänge	in mm

Grenzwerte der Bauteilverformung	
Einfachverglasung[1]	Isolierverglasung
$f_{WRi} \leq l_{Ri}/300$ $f_{WPf} \leq l_{Pf}/300$	$f_{WRi} \leq l_{Ri}/300 \leq 8$ mm $f_{WPf} \leq l_{Pf}/300 \leq 8$ mm

[1] Für Pfosten- bzw. Riegellängen über 3000 mm Länge gilt nach DIN 18 056 für Einfachverglasung: $f_{WRi} \leq l_{Ri}/200$; $f_{WPf} \leq l_{Pf}/200$

Bestimmung der erforderlichen Profil-Flächenmomente für Windbeanspruchung

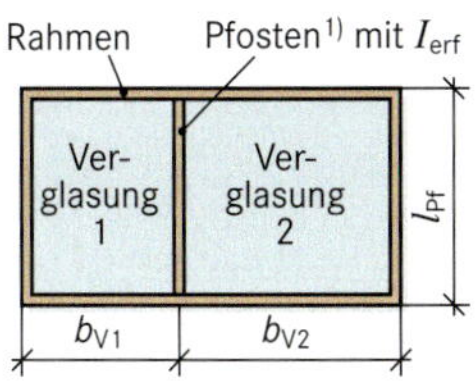

$$I_{erf} = I_{ges} \cdot f_W \cdot f_h$$

$$I_{ges} = I_{V1} + I_{V2}$$

[1] Der Rechnungsgang bei Fensterriegeln ist der gleiche und muss zusätzlich noch das Gewicht der Glasscheibe berücksichtigen

I_{erf}:	erforderliches Flächenmoment 2. Ordnung für den Pfosten oder Riegel einer Verglasung	in cm⁴
I_{ges}:	Summe der Einzel-Flächenmomente 2. Ordnung der einzelnen Verglasungen	in cm⁴
f_W:	Windkorrekturfaktor für verschiedene Glaseinbauhöhen	
f_h:	Korrekturfaktor für Pfostenlängen $l_{Pf} \geq 2500$ mm	
$b_{V1,2}$:	Verglasungsbreiten der Einzelscheiben	in mm
I_{V1}:	notwendiges Einzelflächenmoment 2. Ordnung eines Profils zur Aufnahme der auf Verglasung 1 wirkenden Windlast	in cm⁴
I_{V2}:	notwendiges Einzelflächenmoment 2. Ordnung eines Profils zur Aufnahme der auf Verglasung 2 wirkenden Windlast	in cm⁴
l_{Pf}:	Pfostenlänge	in mm

Korrekturfaktoren zur Bestimmung der erforderlichen Profil-Flächenmomente

Korrekturfaktor für Windbelastung f_W

Einbauhöhe H in m	Korrekturfaktor f_W
$H \leq 8$	1,0
$8 < H \leq 20$	1,6
$20 < H < 100$	2,2

Der Korrekturfaktor berücksichtigt die mit der Höhe zunehmende Windgeschwindigkeit

Korrekturfaktor f_h für Pfostenlänge l_{Pf} bei Isolierverglasung

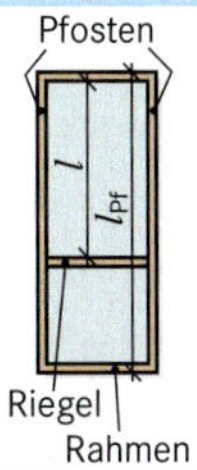

Verhältnis $\frac{l}{l_{Pf}}$	Korrekturfaktor f_h – Pfostenlänge l_{Pf} in mm: 2500	3000	3500	4000	4500	5000	5500	6000	6500	7000	8000	9000	10 000
1,0	1,04	1,24	1,45	1,66	1,87	2,08	2,29	2,49	2,70	2,91	3,33	3,75	4,16
0,75					1,05	1,17	1,28	1,40	1,52	1,64	1,87	2,10	2,34
0,66							1,01	1,11	1,20	1,29	1,48	1,66	1,85
0,5													1,04

Der Korrekturfaktor f_h berücksichtigt die Teilung der Glasscheibe am Riegel und die damit verbundene geringere Durchbiegung einer kleineren Scheibe

Bestimmung des erforderlichen Flächenmomentes 2. Ordnung für Windbeanspruchung

Pfosten-länge l_{Pf} in mm	Notwendiges Einzel-Flächenmoment 2. Ordnung I für Profile aus Aluminium in cm⁴																			
	Verglasungsbreite $b_{V1,2}$ in mm																			
	400	600	800	1000	1200	1400	1600	1800	2000	2200	2400	2600	2800	3000	3200	3400	3600	3800	4000	4200
1000	0,6	0,8	1,0	1,0																
1100	0,8	1,1	1,4	1,5																
1200	1,1	1,5	1,9	2,1	2,2															
1300	1,4	2,0	2,5	2,8	3,0															
1400	1,7	2,5	3,2	3,7	4,0	4,1														
1500	2,1	3,1	4,0	4,0	5,1	5,3														
1600	2,6	3,8	4,9	5,8	6,4	6,8	7,0													
1700	3,2	4,6	6,0	7,1	8,0	8,6	8,9													
1800	3,8	5,6	7,2	8,5	9,7	10,5	11,0	11,2												
1900	4,5	6,6	8,5	10,2	11,6	12,7	13,5	13,9												
2000	5,2	7,7	10,0	12,0	13,3	15,2	16,2	16,9	17,1											
2100	6,1	9,0	11,6	14,1	16,2	18,0	19,3	20,3	20,7											
2200	7,0	10,3	13,5	16,3	18,9	21,0	22,8	24,0	24,8	25,0										
2300	8,0	11,8	15,5	18,8	21,8	24,4	26,5	28,2	29,3	29,9										
2400	9,1	13,5	17,7	21,5	25,0	28,1	30,7	32,8	34,3	35,2	35,5									
2500	10,3	15,3	20,0	24,5	28,5	32,1	35,2	37,8	39,7	41,1	41,7									
2600	11,6	17,2	22,6	27,7	32,3	36,5	40,2	43,2	45,7	47,5	48,6	48,9								
2700	13,0	19,3	25,4	31,1	36,4	41,3	45,5	49,2	52,2	54,5	56,0	56,8								
2800	14,5	21,6	28,4	34,8	40,9	40,4	51,3	55,6	59,2	62,1	64,1	65,4	65,8							
2900	16,2	24,0	31,6	38,9	45,6	51,9	57,6	62,6	66,8	70,3	72,9	74,7	75,6							
3000	17,9	26,6	35,1	43,2	50,8	57,8	64,3	70,0	75,0	70,2	82,4	84,8	86,3	86,7						
3100	19,8	29,4	38,8	47,8	56,3	64,2	71,5	78,0	83,8	88,7	92,7	95,7	97,7	98,8						
3200	21,8	32,4	42,7	52,7	62,1	71,0	79,2	86,6	93,2	98,9	103	107	110	111	112					
3300	23,9	35,6	47,0	57,9	68,4	78,2	87,4	95,7	103	109	115	119	123	125	126					
3400	26,1	38,9	51,4	63,5	75,0	85,9	96,1	105	114	121	128	133	137	140	142	143				
3500	28,5	42,5	56,2	69,4	82,1	94,1	105	115	125	133	141	147	152	156	159	160				
3600	31,0	46,3	61,2	75,7	89,6	102	115	126	137	147	155	162	168	173	177	179	179			
3700	33,7	50,3	66,5	82,3	97,5	112	125	138	150	161	170	179	186	191	196	199	200			
3800	36,5	54,5	72,1	89,3	105	121	136	150	163	175	186	196	204	211	216	220	222	223		
3900	39,5	59,0	78,1	96,7	114	131	148	163	178	191	203	214	223	231	237	242	246	247		
4000	42,6	63,7	84,3	104	123	142	160	177	193	208	221	233	244	253	260	266	270	273	274	
4500	60,8	90,8	120	149	177	205	231	257	281	304	325	345	363	379	394	407	417	426	432	436
5000	83,4	124	165	205	245	283	321	357	382	425	457	486	514	540	564	585	605	622	636	648
5500	111	166	220	274	327	379	430	480	527	574	618	660	701	739	774	807	838	865	890	912
6000	144	216	287	357	427	495	562	627	691	753	813	870	926	979	1029	1076	1121	1162	1200	1235
6500	183	274	365	455	544	631	717	802	885	965	1044	1120	1193	1264	1332	1396	1458	1516	1570	1621
7000	229	343	456	569	680	791	890	1006	1111	1213	1314	1411	1506	1598	1687	1772	1854	1932	2006	2076
7500	282	422	562	701	838	975	1109	1242	1372	1500	1626	1749	1868	1985	2098	2207	2313	2415	2512	2605
8000	342	513	682	851	1019	1185	1349	1511	1671	1829	1983	2135	2283	2428	2570	2707	2840	2969	3094	3214

Bestimmung des erforderlichen Flächenmomentes 2. Ordnung für Windbeanspruchung

Pfosten-länge l_{Pf} in mm	Notwendiges Einzel-Flächenmoment 2. Ordnung I für Profile aus Stahl in cm^4																			
	Verglasungsbreite $b_{V1,2}$ in mm																			
	400	600	800	1000	1200	1400	1600	1800	2000	2200	2400	2600	2800	3000	3200	3400	3600	3800	4000	4200
1000	0,2	0,2	0,3	0,3																
1100	0,2	0,3	0,4	0,5																
1200	0,3	0,5	0,6	0,7	0,7															
1300	0,4	0,6	0,8	0,9	1,0															
1400	0,5	0,8	1,0	1,2	1,3	1,3														
1500	0,7	1,0	1,3	1,5	1,7	1,7														
1600	0,8	1,2	1,6	1,9	2,1	2,2	2,3													
1700	1,0	1,5	2,0	2,3	2,6	2,8	2,9													
1800	1,2	1,8	2,4	2,8	3,2	3,5	3,6	3,7												
1900	1,5	2,2	2,8	3,4	3,8	4,2	4,5	4,6												
2000	1,7	2,5	3,3	4,0	4,6	5,0	5,4	5,6	5,7											
2100	2,0	3,0	3,8	4,7	5,4	6,0	6,4	6,7	6,9											
2200	2,3	3,4	4,5	5,4	6,3	7,0	7,6	8,0	8,2	8,3										
2300	2,6	3,9	5,1	6,2	7,2	8,1	8,8	9,4	9,7	9,9										
2400	3,0	4,5	5,9	7,1	8,3	9,3	10,2	10,9	11,4	11,7	11,8									
2500	3,4	5,1	6,6	8,1	9,5	10,7	11,7	12,6	13,2	13,7	13,9									
2600	3,8	5,7	7,5	9,2	10,7	12,1	13,4	14,4	15,2	15,8	16,2	16,3								
2700	4,3	6,4	8,4	10,3	12,1	13,7	15,1	16,4	17,4	18,1	18,6	18,9								
2800	4,8	7,2	9,4	11,6	13,6	15,4	17,1	18,5	19,7	20,7	21,3	21,8	21,9							
2900	5,4	8,0	10,5	12,9	15,2	17,3	19,2	20,8	22,2	23,4	24,3	24,9	25,2							
3000	5,9	8,8	11,7	14,4	16,9	19,2	21,4	23,3	25,0	26,4	27,4	28,2	28,7	28,9						
3100	6,6	9,8	12,9	15,9	18,7	21,4	23,8	26,0	27,9	29,5	30,9	31,9	32,5	32,9						
3200	7,2	10,8	14,2	17,5	20,7	23,6	26,4	28,8	31,0	32,9	34,5	35,8	36,5	37,2	37,4					
3300	7,9	11,8	15,6	19,3	22,8	26,0	29,1	31,9	34,4	36,6	38,4	39,9	41,1	41,9	42,3					
3400	8,7	12,9	17,1	21,1	25,0	28,6	32,0	35,1	38,0	40,5	42,6	44,4	45,8	46,9	47,5	47,7				
3500	9,5	14,1	18,7	23,1	27,3	31,3	35,1	38,6	41,8	44,6	47,1	49,2	50,9	52,2	53,1	53,5				
3600	10,3	15,4	20,4	25,2	29,8	34,2	38,4	42,2	45,8	49,0	51,8	54,3	56,3	57,9	59,0	59,7	59,9			
3700	11,2	16,7	22,1	27,4	32,5	37,3	41,9	46,1	50,1	53,7	56,9	58,6	62,0	63,9	65,4	66,3	66,8			
3800	12,1	18,1	24,0	29,7	35,2	40,5	45,5	50,2	54,6	58,6	62,2	65,4	68,1	70,3	72,1	73,4	74,2	74,4		
3900	13,1	18,6	26,0	32,2	38,2	43,9	49,4	54,9	59,4	63,8	67,8	71,4	74,5	77,1	79,3	80,9	82,0	82,5		
4000	14,2	21,2	28,1	34,8	41,3	47,5	53,5	59,1	64,4	69,3	73,8	77,8	81,3	84,3	86,9	88,8	90,2	91,1	91,4	
4500	20,2	30,2	40,1	49,8	59,2	68,4	77,2	85,7	93,8	101	108	115	121	126	131	135	139	142	144	145
5000	27,8	41,6	55,2	68,6	81,7	94,6	107	119	130	141	152	162	171	180	188	195	201	207	212	216
5500	37,0	55,4	73,6	91,6	109	126	143	160	175	191	206	220	233	246	258	269	279	288	296	304
6000	48,1	72,0	95,7	119	142	165	187	209	230	251	271	290	308	326	343	358	373	387	400	411
6500	61,2	91,6	121	151	181	210	239	267	295	321	348	373	397	421	444	465	486	505	523	540
7000	76,4	114	152	189	226	263	299	335	370	404	438	470	502	532	562	590	618	644	668	692
7500	94,0	140	187	233	279	325	369	414	457	500	542	583	622	661	699	735	771	805	837	868
8000	114	171	227	283	339	395	449	503	557	609	661	711	761	809	856	902	946	989	1031	1071

Nennmaße und Toleranzen von Wandöffnungen für Türen

DIN 18 100: 1983-10

Wandöffnungshöhen

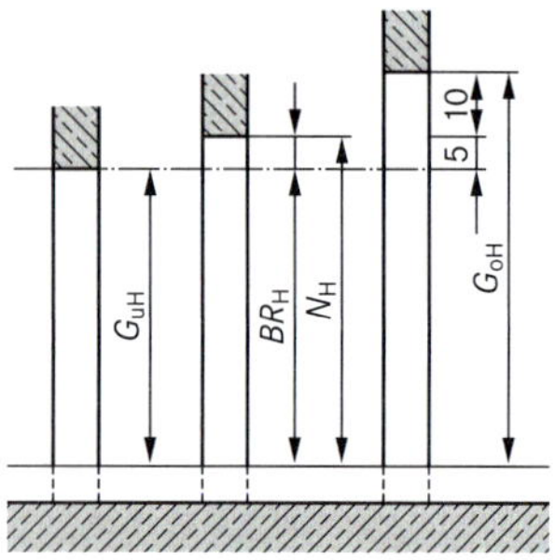

$N_H = BR_H + 5$ mm

$G_{oH} = N_H + 10$ mm
$G_{uH} = N_H - 5$ mm

N_H: Nennmaßhöhe in mm
B_{RH}: Baurichtmaßhöhe in mm
G_{oH}: zulässige größte Wandöffnungshöhe in mm
G_{uH}: zulässige kleinste Wandöffnungshöhe in mm
OFF: Oberkante Fertigfußboden
OFR: Oberkante Rohfußboden

Wandöffnungsbreiten

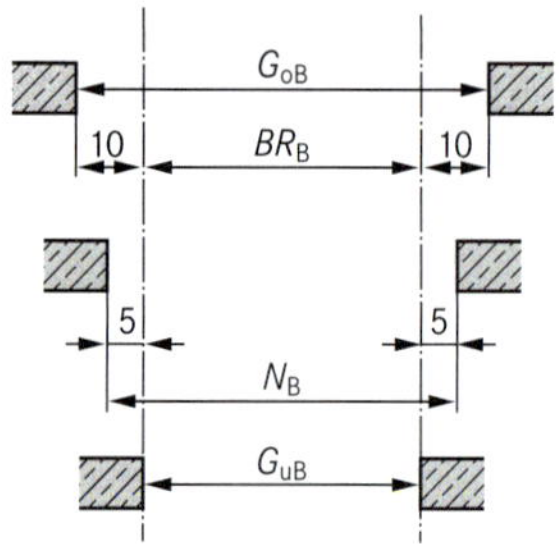

$N_B = BR_B + 10$ mm

$G_{oB} = N_B + 10$ mm
$G_{uB} = N_B - 10$ mm

N_B: Nennmaßbreite in mm
B_{RB}: Baurichtmaßbreite in mm
G_{oB}: zulässige größte Wandöffnungsbreite in mm
G_{uB}: zulässige kleinste Wandöffnungsbreite in mm

Baurichtmaße für Wandöffnungen von Türen

DIN 18 100: 1983-10

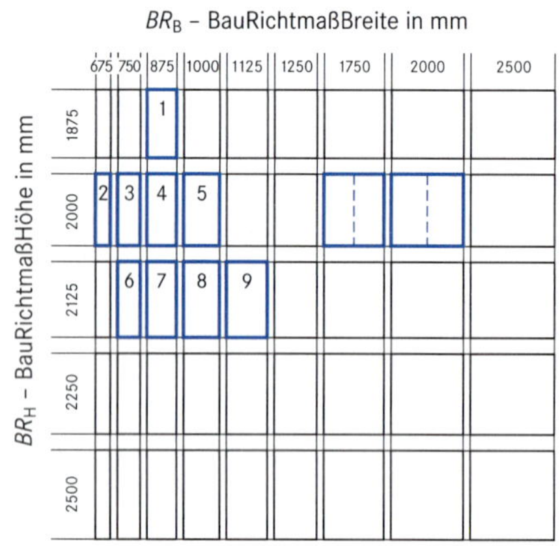

Baurichtmaße: Maße, die sich als Vielfache des Maß-Grundmoduls 1 am (1 Achtelmeter) ergeben

1 am = 1/8 m = 0,125 m = 125 mm

Vorzugsgrößen für Wandöffnungen von Türen nach DIN 18 101

Wandöffnungen dieser Vorzugsgrößen sind im Regelfall für zweiflügelige Türen vorgesehen

Bezeichnung einer Wandöffnung mit den Baurichtmaßen
Breite: 875 mm; Höhe: 2000 mm
Wandöffnung DIN 18 100 – 875 x 2000

Aufbau und Bauteile von Türen

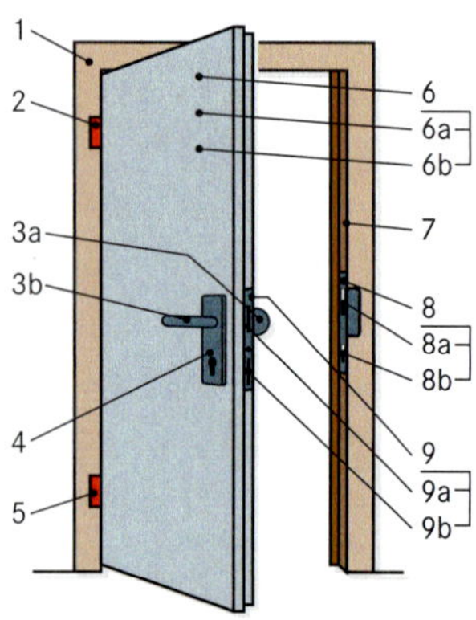

1: Außenrahmen (Zarge)
2: oberes Türband
3a: Knopf
3b: Drücker
4: Schutzbeschlag
5: unteres Türband
6: Türflügel (Türblatt)
6a: Flügelrahmen
6b: Flügelfüllung
7: Dichtung
8: Schließblech
8a: Ausnehmung für Schlossfalle
8b: Ausnehmung für Schlossriegel
9: Türschloss
9a: Schlossfalle
9b: Schlossriegel

Türbezeichnung links/rechts

DIN 107: 1974-04

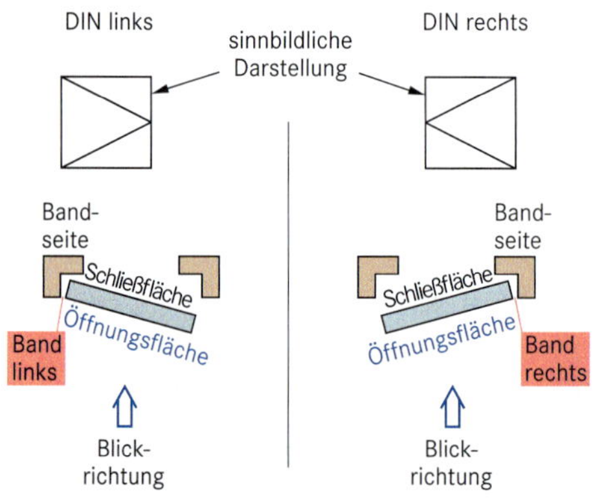

Türen im Wohnungsbau

DIN 18 101: 1985-01

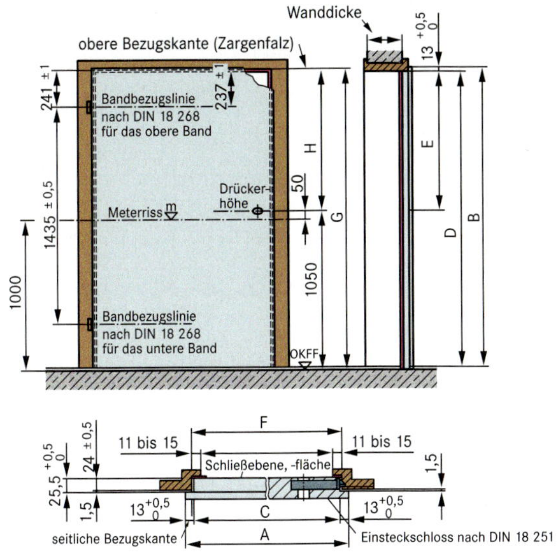

A: Türblatt-Außenbreite	in mm
B: Türblatt-Außenhöhe	in mm
C: Türblattfalzbreite	in mm
D: Türblattfalzhöhe	in mm
E: Abstandsmaß zwischen Schlossnussmitte und Türfalzoberkante	in mm
F: Lichte Zargenbreite im Falz	in mm
G: Lichte Zargenhöhe zwischen Fußbodeneinstandsmarkierung in der Zarge und oberer Falzkante der Zarge	in mm
H: Abstandsmaß zwischen Unterkante Fallenloch im Schließblech und oberer Falzkante der Zarge	in mm

Maße für Türen im Wohnungsbau

DIN 18 101: 1985-01

Wandöffnungs-Baurichtmaße		Türblattaußenmaße		Türblattfalznennmaße		Abstand zwischen Schlossnussmitte und Türfalzoberkante	Lichte Zargenbreite im Falz	Lichte Zargenhöhe zwischen Fußbodeneinstandsmarkierung (Stahlzarge) und oberer Zargenfalzkante	Abstand zwischen Unterkante Fallenloch und oberer Zargenfalzkante
Breite BR_B in mm	Höhe BR_H in mm	Breite A in mm	Höhe B in mm	Breite C in mm	Höhe D in mm	E in mm	F in mm	G in mm	H in mm
875	1875	860	1860	834 ± 1	1847^{+2}_{0}	804	841 ± 1	1858^{0}_{-2}	808
625	2000	610	1985	584	1972	929	591	1983	933
750	2000	735	1985	709	1972	929	716	1983	933
875	2000	860	1985	834	1972	929	841	1983	933
1000	2000	985	1985	959	1972	929	966	1983	933
750	2125	735	2110	709	2097	1054	716	2108	1058
875	2125	860	2110	834	2097	1054	841	2108	1058
1000	2125	985	2110	959	2097	1054	966	2108	1058
1125	2125	1110	2110	1084	2097	1054	1091	2108	1058

Aufbau und Bauteile von Rauchschutztüren

DIN 18 095-1: 1988-10

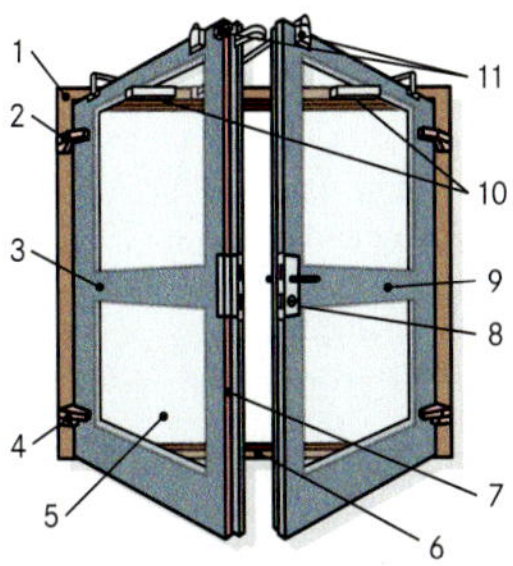

1: Außenrahmen
2: oberes Band
3: Standflügel
4: unteres Band
5: Verglasung
6: Anschlag
7: Dichtung
8: Schloss
9: Gangflügel
10: Türschließer
11: Schließfolgeregler

Benennung einer zweiflügel Rauchschutztür:
Tür DIN 18 095-RS-2

Anforderungen an Rauchschutztüren

DIN 18 095-1: 1988-10

Art der Anforderung		Beschreibung
Maximaler Luftdurchsatz durch die Tür bei einer Druckdifferenz ΔP = 50 Pa	einflügelig-Q_{de}	≤ 20 m³/h
	zweiflügelig-Q_{dz}	≤ 30 m³/h
minimale Temperaturbeständigkeit T min der Bauteile außer der Schließmittel		≥ 200 °C
Türschließeinrichtung, angetrieben	einflügelig	DIN 18 263-1
	zweiflügelig	DIN 18 263-1 + 2
Schließfolgeeinrichtung für zweiflügelige Tür		erforderlich
untere Anschläge	– in Rettungswegen	– keine
	– in sonstigen Fluren	– Flachrund $h \leq 5$ mm

Bezeichnung von feuerhemmenden einflügeligen Stahltüren T30-1 Bauart A (Feuerschutztür)

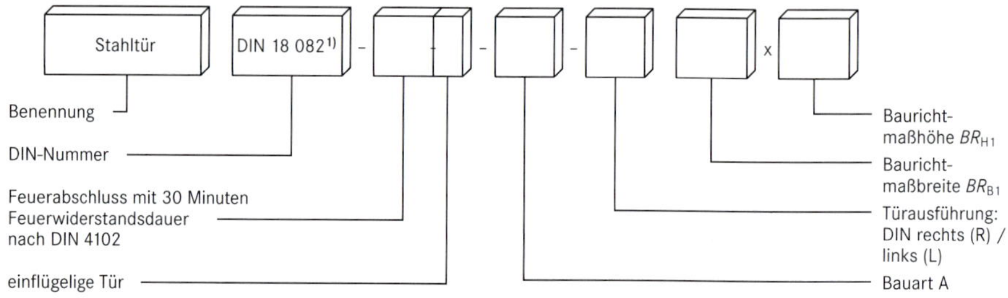

Bezeichnung einer Stahltür DIN 18 082[1)] als Feuerabschluss mit 30 Minuten Feuerwiderstandsdauer, einflügelig; Bauart A; Tür DIN Rechts; Baurichtmaß-Breite 875 mm, -Höhe 1875: **Stahltür DIN 18 082 – T 30-1 – A – R 875 x 1875**

Kennzeichnungsschilder auf feuerhemmenden einflügeligen Stahltüren T 30-1 Bauart A (Feuerschutztüren)

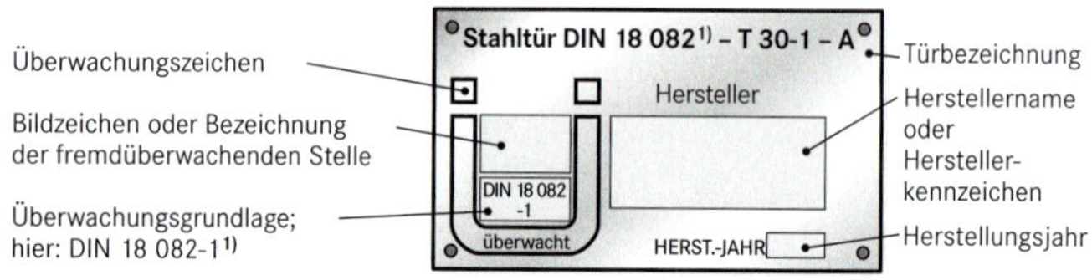

Jede Stahltür nach DIN 18 082-1[1)] muss in dieser Weise gekennzeichnet sein.

Das Kennzeichen darf nur auf Zuweisung einer anerkannten Überwachungsgemeinschaft angebracht werden.

[1)] Norm ist zurückgezogen

Aufbau, Bauteile und Maße von feuerhemmenden einflügeligen Stahltüren T 30-1 Bauart A (Feuerschutztüren)

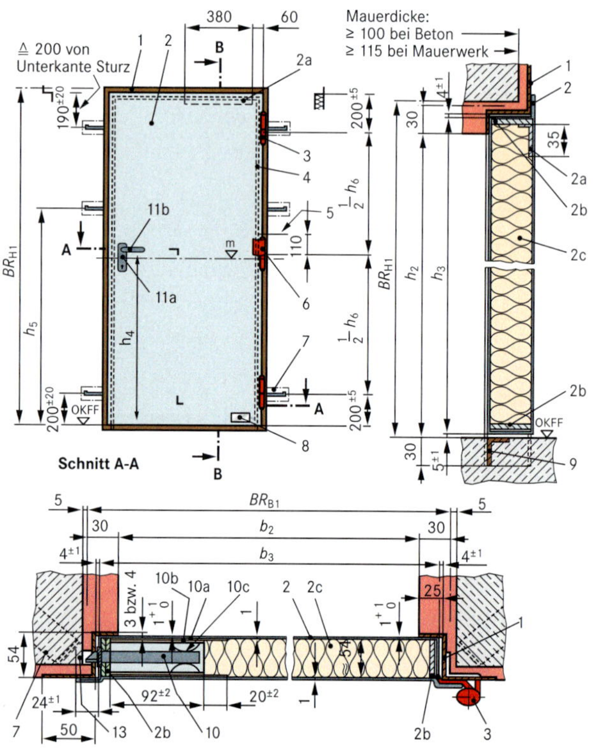

1: Außenrahmen (Zarge) aus Z-Profil 54 x 50 x 25 x 3 (4)
2: Türflügel aus Stahlblech St 1203 DIN 1623 mit t = 1 mm
2a: Verstärkungswinkel für evtl. angebauten Obentürschließer; L 35 x 15 x 3 oder L 35 x 20 x 4 mit 380 mm Länge
2b: Türflügelaussteifung z. B. aus Flachstahl FL DIN 174-S235JR-50 x 5
2c: Türflügelfüllung aus Mineralfaserplatte DIN 18 089-MFP-52
3: Konstruktionsband z. B. 180 x 14 x 4
4: Einprägung der Türangaben alternativ zum Kennzeichnungsschild bei 8
5: Lage des in die Zarge eingreifenden Sicherungszapfens
6: Federband DIN 18 262 oder DIN 18 272; möglich ist auch der Einsatz eines Obentürschließers DIN 18 263-1/2
7: Maueranker
8: Kennzeichnungsschild
9: Bodenwinkel der Türzarge L 30 x 30 x 3
10: Schloss nach DIN 18 250-1 mit Schlüssellochblende bei Buntbartschließwerk
10a: Schlosstasche aus Stahlblech t = 1 mm
10b: Schlosstaschenbekeidung aus Wärmedämmplatten
10c: Schlosshalterung
11a: Türschilder bzw. -Rosetten beidseitig nach DIN 18 273
11b: Türdrücker beidseitig nach DIN 18 273
12: Meterrissmarkierung auf beiden Zargenstielen
13: Schutzkasten aus Stahlblech

Höhenmaße von feuerhemmenden einflügeligen Stahltüren T 30-1 Bauart A (Feuerschutztür)

Baurichtmaßhöhe BR_{H1} in mm	Lichte Durchgangshöhe h_2 in mm	Türflügelmaß h_3 in mm für		Drückerhöhe h_4 in mm	Höhe des mittleren Mauerankers h_5 in mm	Bandmittenabstand h_6 in mm
		Zarge t = 3 mm	Zarge t = 4 mm			
$1250 \leq BR_{H1} < 1750$	$h_2 = BR_{H1} - 30$ mm	$h_3 = BR_{H1} - 17$ mm	$h_3 = BR_{H1} - 18$ mm	$h_4 = 0{,}5 \cdot BR_{H1} + 90 \pm 20$	für $BR_{H1} \leq 1500$: kein mittlerer Maueranker für $1500 < BR_{H1} < 1750$: direkt unter Schutzkasten	$h_6 = h_3 - 400$
$1750 < BR_{H1} < 2000$				$h_4 = 1050 \pm 3$	$h_5 = 1300 \pm 20$	

Breitenmaße von feuerhemmenden einflügeligen Stahltüren Bauart A (Feuerschutztür)

Baurichtmaßbreite BR_{B1} in mm	Lichte Durchgangsbreite b_2 in mm	Türflügelmaß b_3 in mm für	
		Zargendicke t = 3 mm	Zargendicke t = 4 mm
$625 \leq BR_{B1} \leq 1000$	$b_2 = BR_{B1} - 60$ mm	$b_3 = BR_{B1} - 24$ mm	$b_3 = BR_{B1} - 26$ mm

Bauausführung von feuerhemmenden einflügeligen Stahltüren T 30-1 Bauart A (Feuerschutztür)

Beschläge		Schlösser	Drückergarnituren	Korrosionsschutz	Ausführung des unteren Türrandes
Bänder	Schließmittel				
2 zweiteilige Konstruktionsbänder 180 mm x 14 mm x 4 mm oder 2 dreiteilige Konstruktionsbänder 160 mm x 16 mm x 4 mm	Federband nach DIN 18 262 oder DIN 18 272-FE oder Obentürschließer nach DIN 18 263-1 oder DIN 18 263-2	Einsteckschlösser E-65-24 nach DIN 18 250-1 mit Antipanik-Stangengriff oder ohne Antipanik-Stangengriff	Beidseitige Türdrücker nach DIN 18 273	Für nach dem Zusammenbau nicht mehr zugängliche Teile: Korrosionsschutz nach DIN 18 360; für nach dem Zusammenbau zu-gängliche Teile: mindestens 3 Monate wirksamer Grundschutz	Variante 1: Türflügel unten ungefälzt ohne Anschlag
			Bei eindeutiger Fluchtrichtung: einseitiger Türdrücker und ein Türknauf		Variante 2: Türflügel unten ungefälzt mit Anschlag. Variante 3: Türflügel unten ungefälzt mit Z-Profil-Anschlag
Garnitur nach DIN 18 272-KO/KO	Obentürschließer nach DIN 18 263-1 oder DIN 18 263-2		Bei Nachweis der Eignung durch Funktionsprüfung: Antipanik-Stangengriffe	feuerverzinkte Bleche mit Zinkauflage 275 nach DIN 17 162-1	Variante 4: Türflügel unten gefälzt mit Z-Profil-Anschlag
Garnitur DIN 18 272-FE/KO					Variante 5: Türflügel unten mit U-Profil

Ausführungsmöglichkeiten des unteren Türrandes von feuerhemmenden einflügeligen Stahltüren T 30-1 Bauart A (Feuerschutztür)

Türflügel unten ungefälzt ohne Anschlag

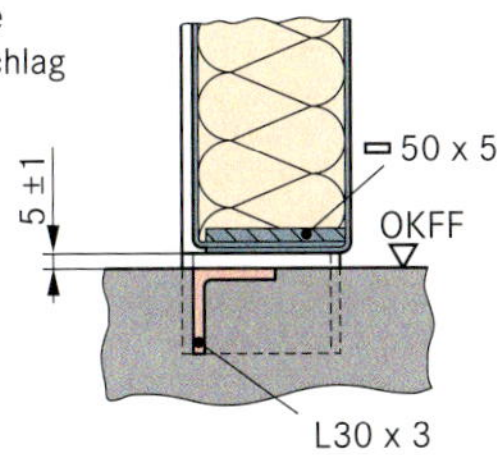

Türflügel unten ungefälzt mit Anschlag

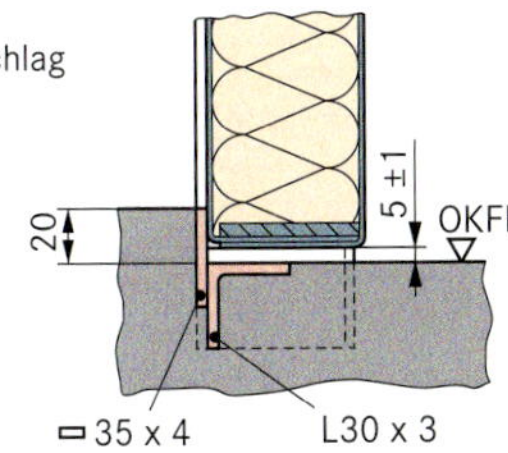

Türflügel unten ungefälzt mit Z-Profil-Anschlag umlaufend

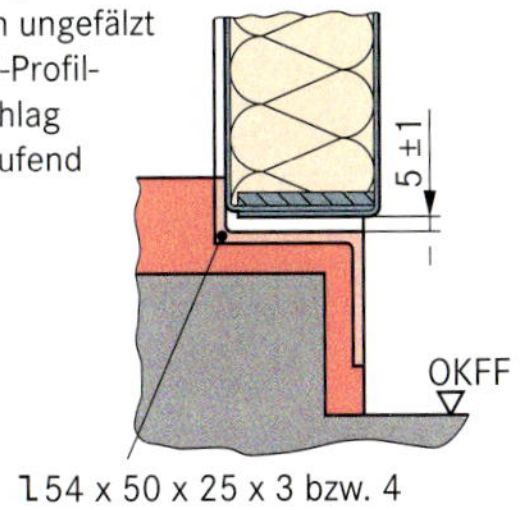

Türflügel unten gefälzt mit Z-Profil-Anschlag umlaufend

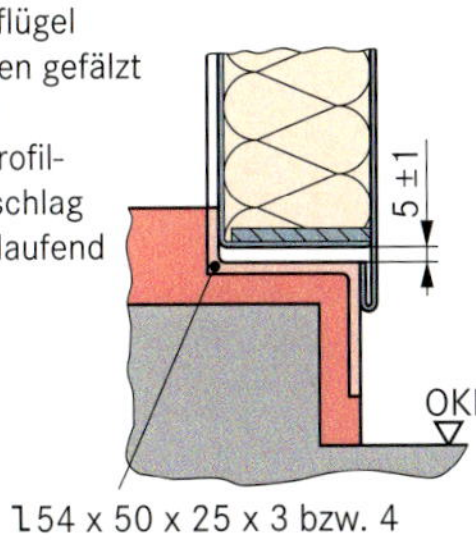

Türflügel unten mit waagerecht liegendem U-Profil; wahlweise mit oder ohne Anschlag

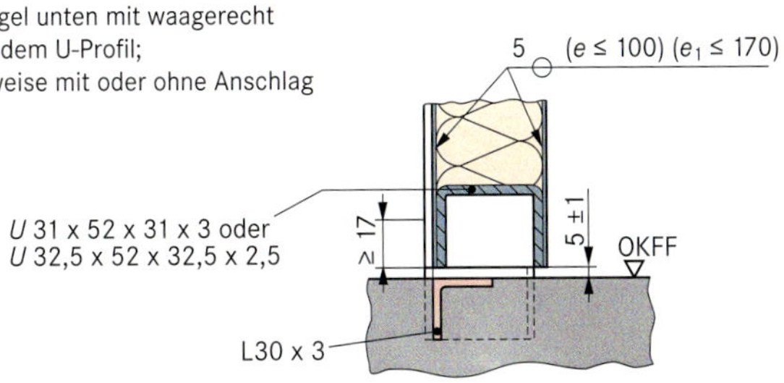

Anschweißbänder aus gezogenem Profilstahl für Stahltüren

Ausführung mit Rundkopf

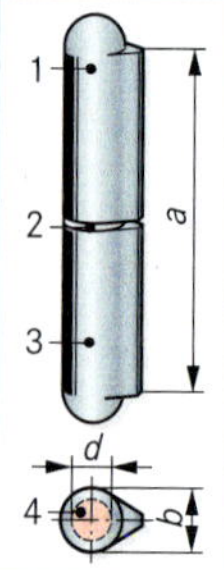

Benennung der Einzelteile

1: obere Anschweißnase
2: Messinglaufring
3: untere Anschweißnase
4: Bandzapfen ausgeführt als:
- fester Stahl- oder Messigstift
- loser Messingstift

Größe	Konstruktionsmaße in mm		
	a	*b*	*d*
1	60	10	6
2	80	13	8
3	100	16	10
4	120	16	11
5	140	20	12
6	160	20	12
7	180	20	14

Ausführung mit Flachkopf

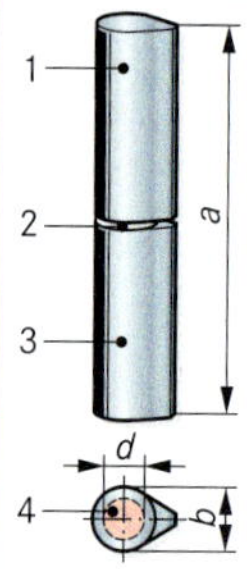

Benennung der Einzelteile

1: obere Anschweißnase
2: Messinglaufring
3: untere Anschweißnase
4: Bandzapfen ausgeführt als fester Stahlstift

Größe	Konstruktionsmaße in mm		
	a	*b*	*d*
1	45	9	5
2	60	10	5,5
3	80	13	7
4	100	16	9
5	120	16	9
6	140	20	11
7	160	20	12
8	180	23	13

Konstruktionsbänder aus blankem oder verzinktem Stahl für Stahltüren

Zweiteiliges Konstruktionsband

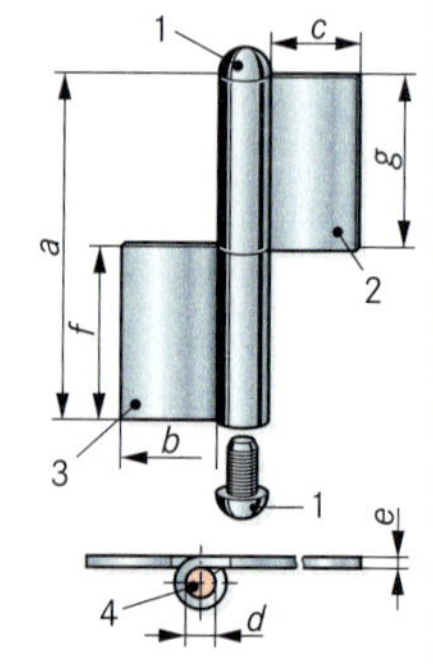

Größe	Konstruktionsmaße in mm				
	a	*b* = *c*	*d*	*e*	*f* = *g*
1	80	30	9	3	40
2	100	30	8	2	50
3	100	30	9	3	50
4	120	30	9	3	60
5	140	50	14	4	70
6	160	50	14	4	80
7	160	50	16	5	80
8	180	50	14	4	90
9	180	50	16	5	90
10	200	50	14	4	100

Dreiteiliges Konstruktionsband

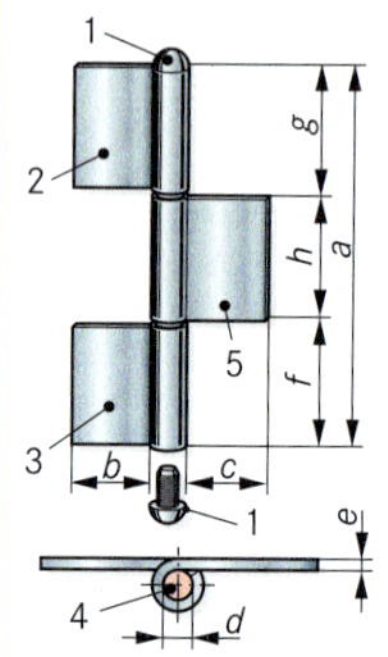

Größe	Konstruktionsmaße in mm					
	a	*b* = *c*	*d*	*e*	*f* = *g*	*h*
1	180	50	14	4	60	60
2	220	50	14	4	70	80
3	240	50	16	5	70	100
4	260	50	16	5	80	100
5	260	50	20	6	80	100
6	300	50	20	6	100	100

Benennung der Einzelteile

1: Knopf, gerillt zum Einschlagen;
2: Oberer Bandlappen;
3: unterer Bandlappen;
4: Bandzapfen ausgeführt als loser, verzinkter Stift;
5: mittlerer Bandlappen

Bandrollen aus blankem Stahl für Stahltüren und Tore

Bandrolle mit Anschweißlappen

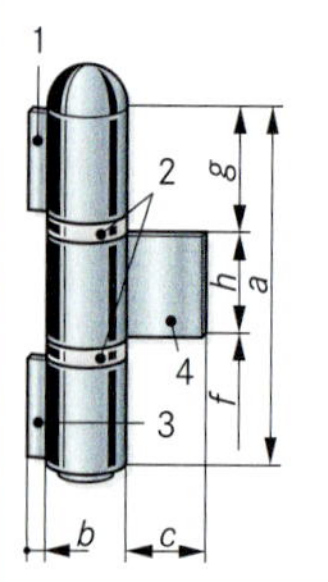

Benennung der Einzelteile

1: oberer Anschweißlappen
2: Messinglaufring
3: unterer Anschweißlappen
4: mittlerer Anschweißlappen

Größe	Konstruktionsmaße in mm				
	a	*b*	*c*	*d*	*e*	*f* = *g* = *h*
1	90	5	22	16	5	30
2	105	5	29	20	6	35

Bandrolle mit Maueranker-Bandlappen

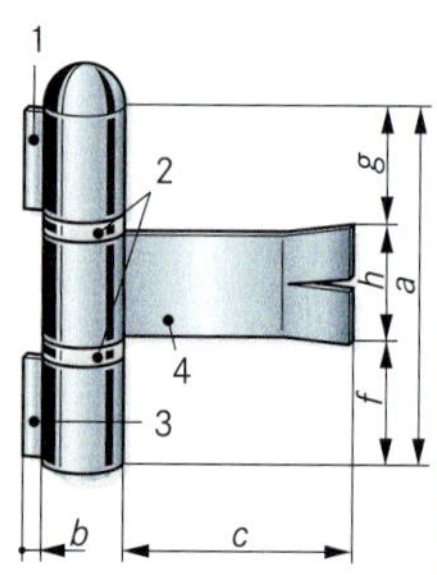

Benennung der Einzelteile

1: oberer Anschweißlappen
2: Messinglaufring
3: unterer Anschweißlappen
4: mittlerer Bandlappen als Maueranker

Größe	Konstruktionsmaße in mm					
	a	*b*	*c*	*d*	*e*	*f* = *g* = *h*
1	90	5	92	16	5	30
2	105	5	99	20	6	35

Konstruktionsbänder für feuerhemmende einflügelige Stahltüren T 30-1 Bauart A (Feuerschutztüren)

Konstruktionsband — DIN 18 272: 1987-08

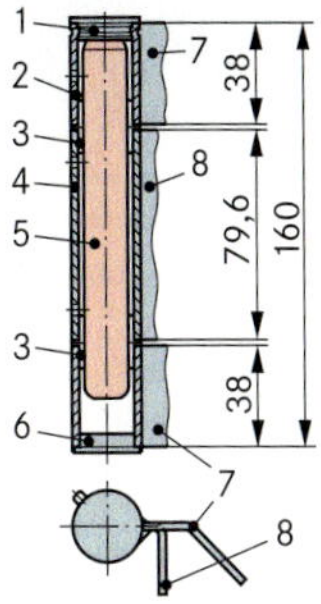

Beispiel für Bandlappenform

Benennung der Einzelteile

1: Knopf Ø 25 x 20
2: Rahmenanschlussteil
3: Lagerbuchse
4: Türblattanschlussteil
5: Hülse Ø 17 x 1,25 x 135
6: Abdeckkopf Ø 25 x 10
7: Bandlappen zum Anschluss an den Rahmen (Zarge)
8: Bandlappen zum Anschluss an das Türblatt

Bezeichnung eines Konstruktionsbandes:
Konstruktionsband DIN 18 272-KO

Konstruktionsband KO

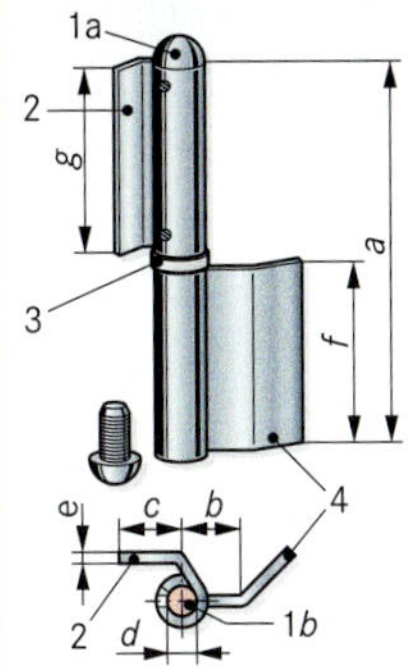

Benennung der Einzelteile

1a: Knopf; 1b: Stift
2: Bandlappen zum Anschluss an das Türblatt
3: gehärteter Kugellagerring
4: Bandlappen zum Anschluss an die Zarge

Konstrukionsmaße in mm

a	b	c	d	e	f	g
180	30	29,5	14	4	90	90

Herstellerbezeichnung:
KO5-F/13

Federbänder für feuerhemmende einflügelige Stahltüren T 30-1 Bauart A (Feuerschutztüren)

Federbänder — DIN 18 272: 1987-08

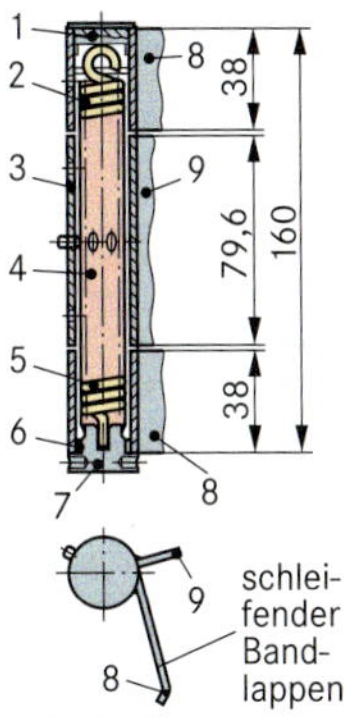

Beispiel für Bandlappenform

Benennung der Einzelteile

1: Federband-Rastknopf Ø 25 x 22
2: Rahmenanschlussteil
3: Türblattanschlussteil
4: Federrohr Ø 19 x 1,25 x 133
5: zylindrische Schraubendrehfeder
6: Spannkopfring
7: Spannkopf (mit mindestens 6 Bohrungen) Ø 25 x 21
8: Bandlappen zum Anschluss an das Türblatt
9: Bandlappen zum Anschluss an den Rahmen (Zarge)

Bezeichnung eines Federbandes
Federband DIN 18 272-FE

Einstellbare nicht tragende Federbänder — DIN 18 262: 1969-05

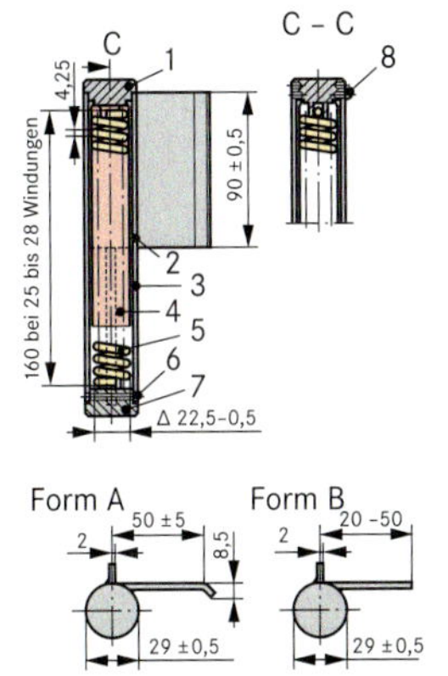

Benennung der Einzelteile

1: Oberknopf
2: Federbandlappen-oberteil
3: Federbandlappen-unterteil
4: Hülse/Rohr
5: Feder
6: Stift/Halbrundniet
7: Unterknopf
8: Stellstift

Bezeichnung eines einstellbaren nicht tragenden Federbandes Form **B**; DIN **l**inks:
Federband DIN 18 262-BL

Garnituren von Federbändern und Konstruktionsbändern an Feuerschutztüren

FE/KO-Garnitur

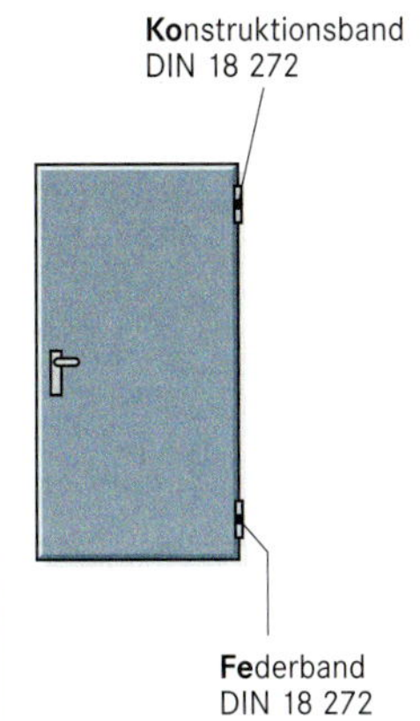

Bezeichnung:
Garnitur DIN 18 272 FE/KO

FE/KO-Garnitur

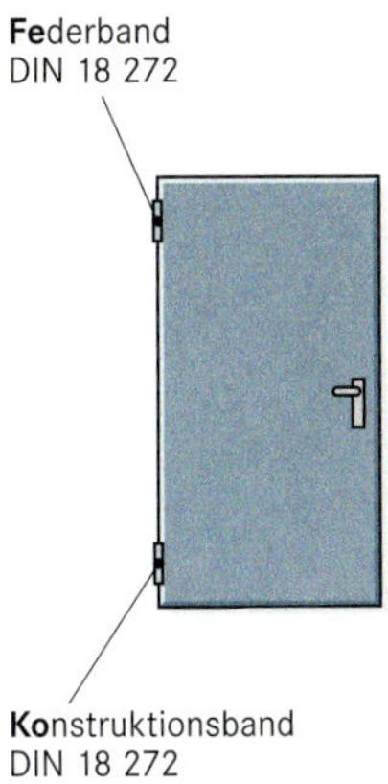

Bezeichnung:
Garnitur DIN 18 272 FE/KO

KO/KO-Garnitur

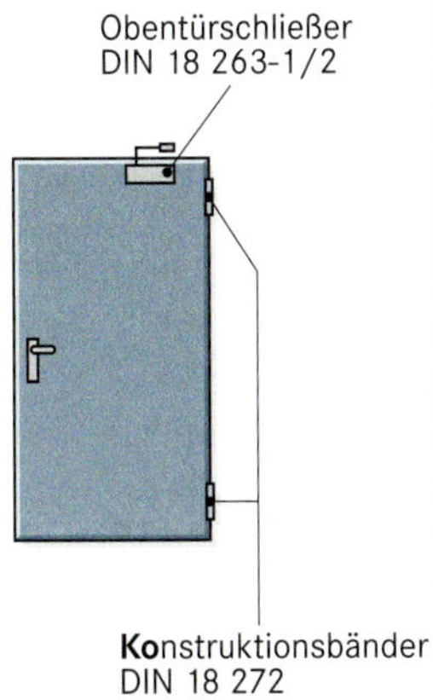

Bezeichnung:
Garnitur DIN 18 272 KO/KO

KO/FE/KO-Garnitur

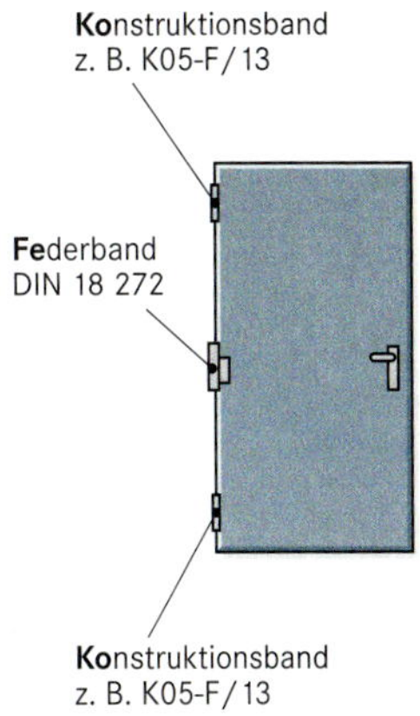

Hydraulisch gedämpfte Obentürschließer mit Kurbeltrieb und Spiralfeder

DIN 18 263-1: 1997-05

Aufbau und Bezeichnung

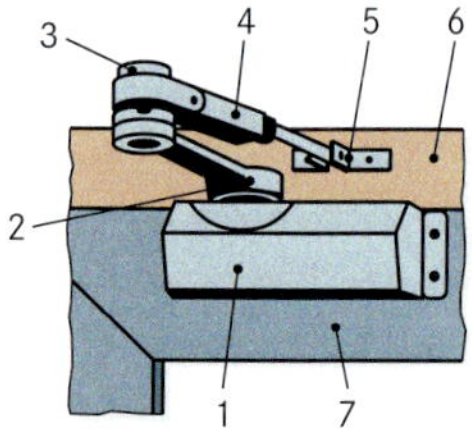

1: Obentürschließer
2: Antriebsarm
3: Verbindungsgelenk
4: Verstellbarer Hebelarm zur Türanschlageinstellung
5: Hebelarmbefestigung
6: Zarge
7: Flügelrahmen

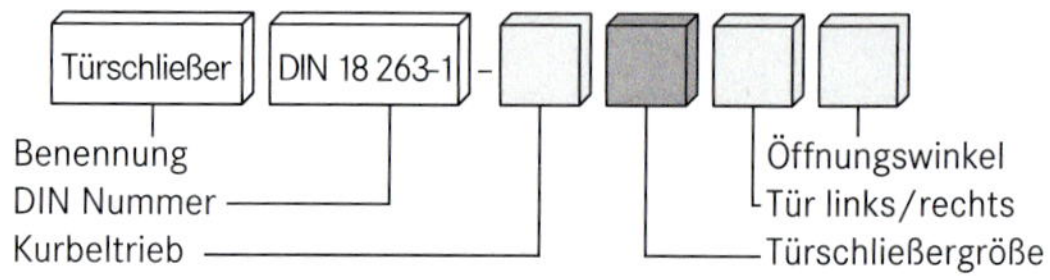

Bezeichnung eines hydraulisch gedämpften Obentürschließers mit Kurbeltrieb Größe 4, Tür DIN links; 90° Öffnungswinkel
Türschließer DIN 18 263-1 – K 4 L 90

Einsatzbereiche und Maße

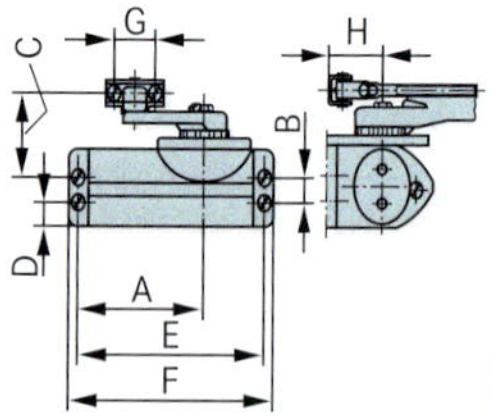

Gegebene Türflügelbreite *b* in mm		erforderliche Türschließergröße	Konstruktionsmaße für Obentürschließer eines bestimmten Herstellers in mm							
Feuer- und Rauchschutztüren	sonstige Türen (nicht Norminhalt)		A	B	C	D	E	F	G	H
–	$b \leq 900$	2	112,5	16	54	11	163	178	36	40,5
$b \leq 905$	$900 < b \leq 1050$	3	112,5	16	54	11	163	178	36	40,5
$905 < b \leq 1125$	$1050 < b \leq 1250$	4	110,5	16	54	16	163	178	36	44
$1125 < b \leq 1280$	$1250 < b \leq 1400$	5	133	16	54	30	193	210	36	50

Türschließmittel mit kontrolliertem Schließablauf

DIN EN 1154: 2003-04

Bezeichnung

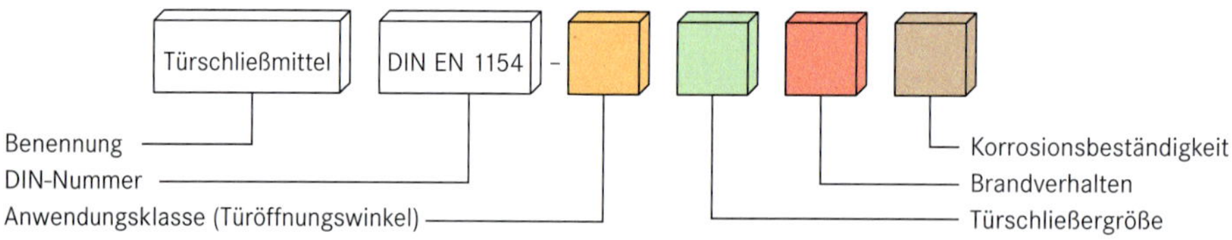

Bezeichnung eines Gleitschienen-Türschließers, Anwendungsklasse 3 (Türöffnungswinkel maximal 105°); Türschließergröße 5; für eine Feuerschutztür; hoch korrosionsbeständig: **Gleitschienentürschließer DIN EN 1154-3 5 1 3**

Anwendungsklassen	
Klassennummer	Beschreibung
1 2	nicht belegt
3	für Türöffnungswinkel bis 105°
4	für Türöffnungswinkel bis 180°

Türschließergröße		
Türschließernummer	Türflügelmasse *m* in kg	Türflügelbeite *b* in mm
1	$m \leq 20$	$b \leq 750$
2	$20 < m \leq 40$	$750 < b \leq 850$
3	$40 < m \leq 60$	$850 < b \leq 950$
4	$60 < m \leq 80$	$950 < b \leq 1100$
5	$80 < m \leq 100$	$1100 < b \leq 1250$
6	$100 < m \leq 120$	$1250 < b \leq 1400$
7	$120 < m \leq 160$	$1400 < b \leq 1600$

Anwendungsklassen	
Kennziffer	Beschreibung
0	ungeeignet für Rauch- und Feuerschutztüren
1	geeignet für Rauch- und Feuerschutztüren

Korrosionsbeständigkeit	
Kennziffer	Korrosionsbeständigkeit
0	keine Aussage
1	gering
2	mittel
3	hoch
4	sehr hoch

Aufbau und Maße

Gleitschienentürschließer Größe 2–5

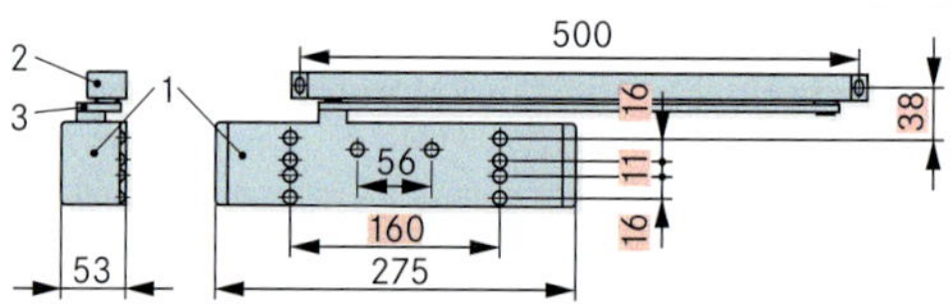

1: Antriebseinheit
2: Gleitschiene
3: Antriebshebel

Die mit [farbig] unterlegten Maße sind durch die Norm festgelegt.

Türdrücker für Rahmentüren – Maße

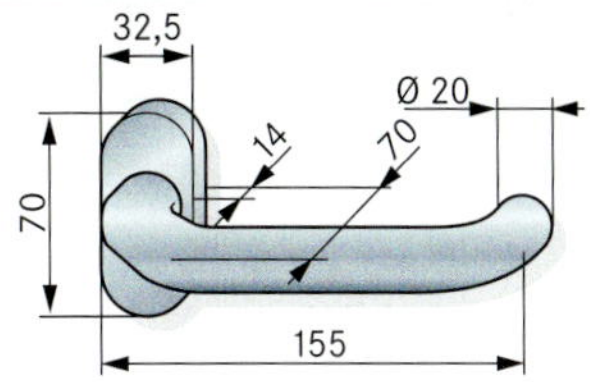

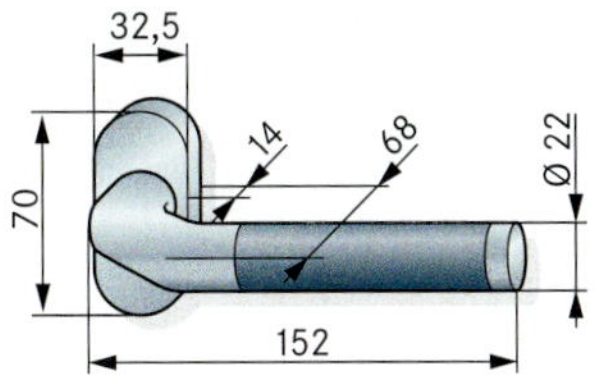

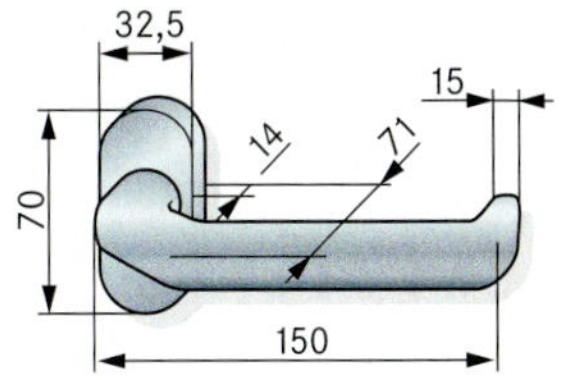

Der Verwendungszweck ist bei Bestellung anzugeben.

Ausführung: 1. Leichtmetall eloxiert; 2. Leichtmetall beschichtet; 3. „Edelstahl rostfrei“

Türknaufe – Maße

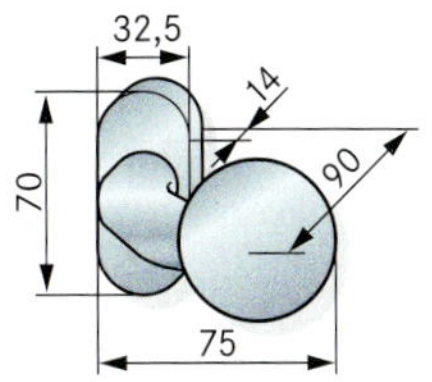

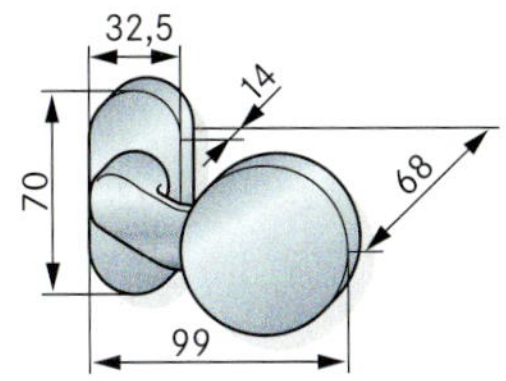

Die Knaufe sind feststehend oder drehbar erhältlich.
Ausführung: 1. Aluminium eloxiert; 2. „Edelstahl rostfrei“.

Rosetten – Maße

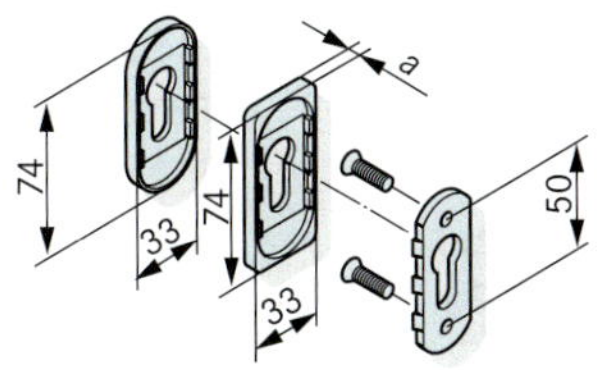

Rosettendicke *a* in mm
6
9
14

Ausführung oval oder eckig: 1. Aluminium eloxiert; 2. farbig beschichtet; 3. „Edelstahl rostfrei“; 4. Messing

Garnituren

Drückergarnituren – Maße

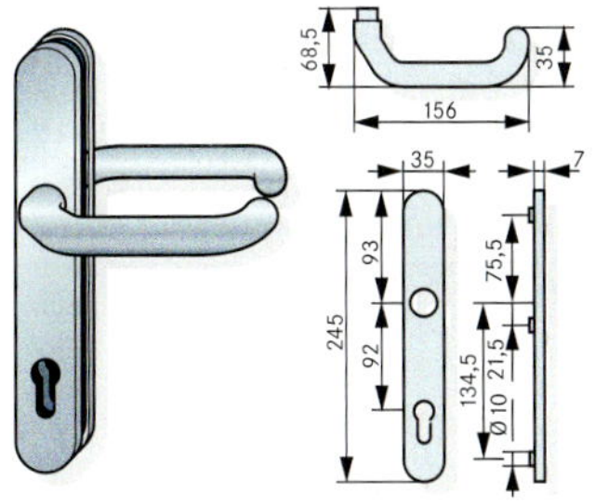

Wechselgarnituren – Maße

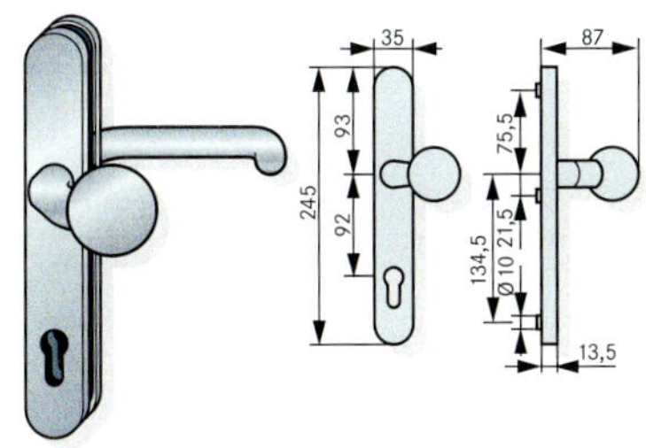

mit Zylinderabdeckung

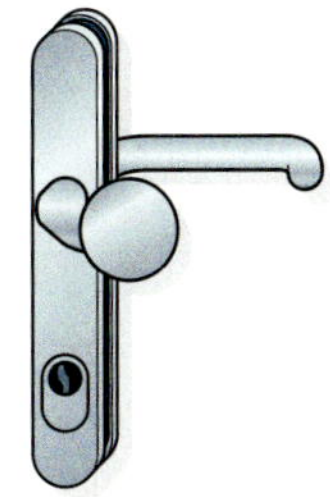

Ausführung: 1. Aluminium eloxiert; 2. „Edelstahl rostfrei“

Geschmiedete Beschläge

Türdrücker

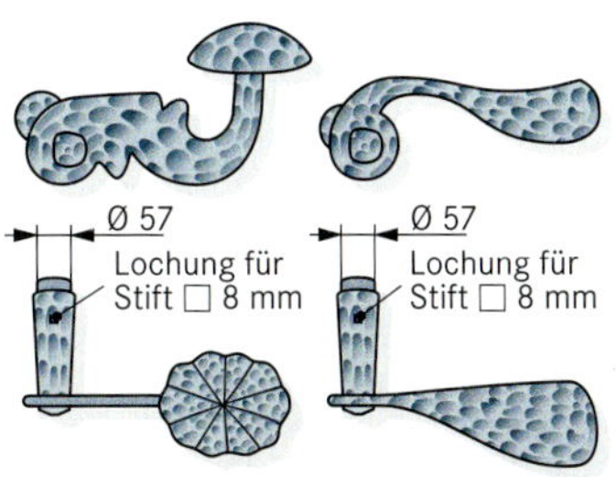

Türknopf

Knopfdrücker

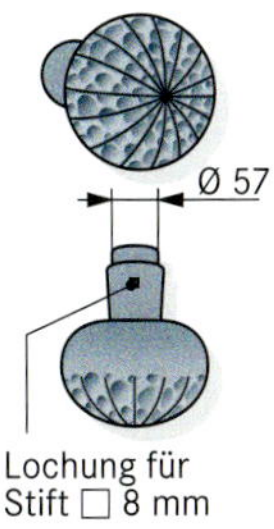

Drückerrosetten

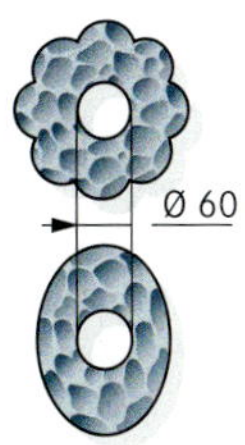

Zylinderrosetten

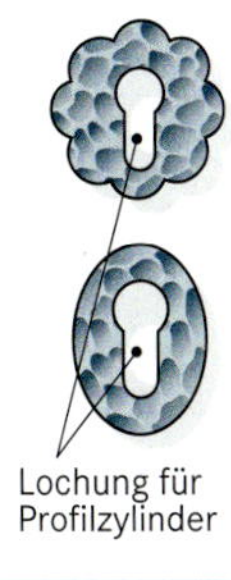

Alle Beschläge korrosionsgeschützt und für Einsatz im Außenbereich geeignet.

Aufbau von Drehflügeltoren

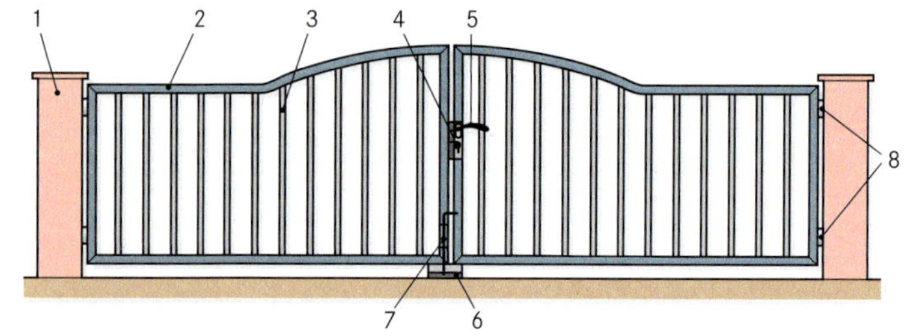

1: Torpfosten
2: Torrahmen
3: Rahmenfüllung
4: Rahmeneinsteckschloss
5: Drückergarnitur
6: Toranschlagstütze (Auflaufkloben)
7: Bodenverriegelung
8: Bänder

Verstellbare Torbänder zum Anschweißen

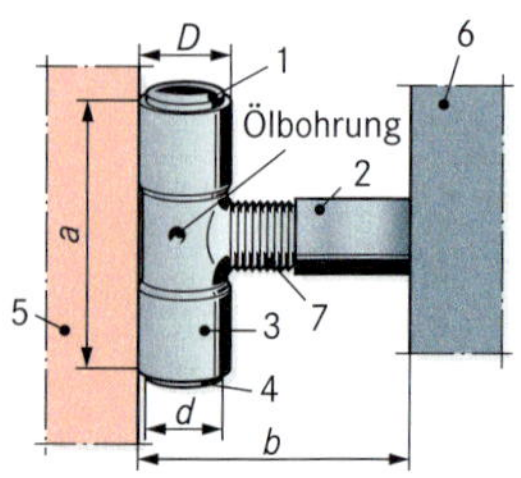

1: obere Anschweißhülse
2: verstellbare Anschweißhülse
3: untere Anschweißhülse
4: Bandzapfen
5: Torpfosten
6: Torrahmen
7: Verstellgewinde

Größe	Konstruktionsmaße in mm			
	a	*b*	*c*	*d*
1	90	52 ... 92	12	22
2	90	52 ... 92	15	25
3	98	55 ... 95	20	33

Verstellbare Torbänder mit Augenschraube

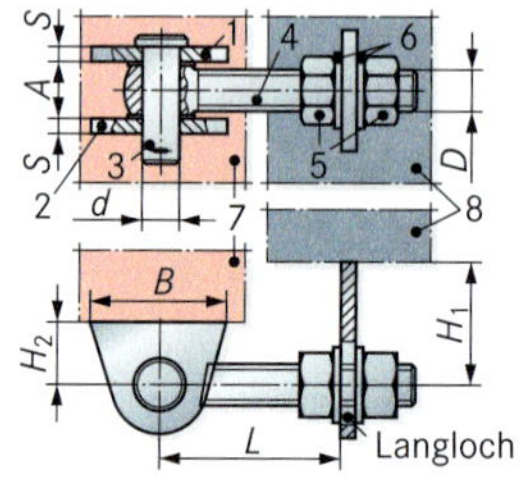

1: obere Pfostenanschlusslasche
2: untere Pfostenanschlusslasche
3: Bolzen mit Splintloch
4: Augenschraube
5: Befestigungsmuttern
6: Scheiben
7: Torpfosten
8: Torrahmen

Größe	Konstruktionsmaße in mm							
	A	*B*	*d*	*D*	H_1	H_2	*L*	*S*
1	22	44	12	12	25	40 ... 59	34 ... 80	6
2	26	55	16	16	28	54 ... 68	25 ... 93	6
3	31	80	18	20	34	87 ... 107	35 ... 100	7
4	33	80	22	24	34	89 ... 109	40 ... 112	7

Torfeststeller

Konstruktionen für Tore bis 100 kg Torflügelmasse

senkrechte Befestigung

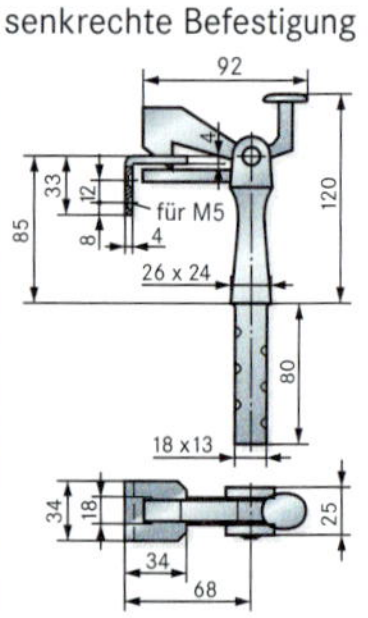

waagerechte Befestigung

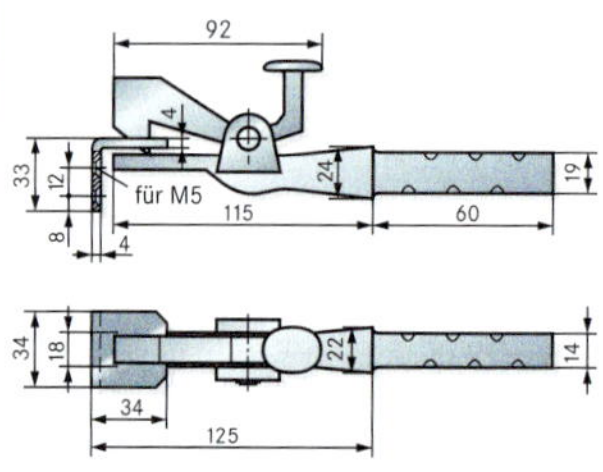

Konstruktionen für Tore bis 150 kg Torflügelmasse

senkrechte Befestigung

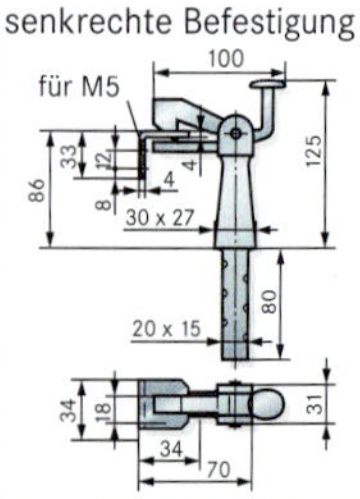

waagerechte Befestigung

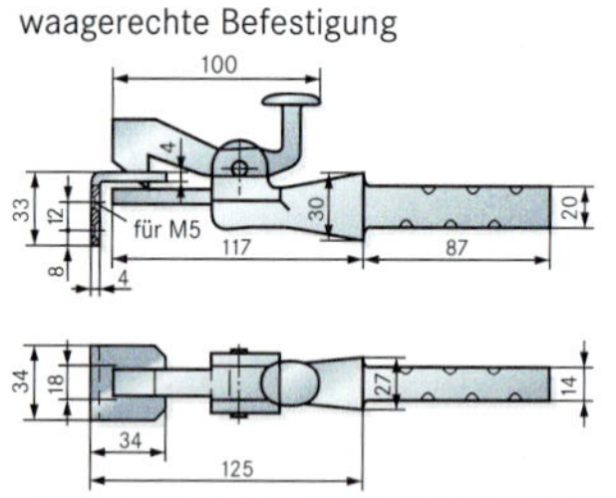

Toranschlagstützen (Torauflaufkloben/Mönch)

Feststehende Konstruktionen

ohne Lochung

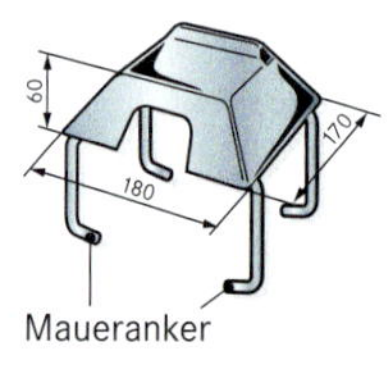

mit Lochung

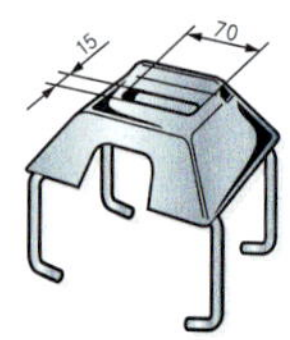

Versenkbare Konstruktion

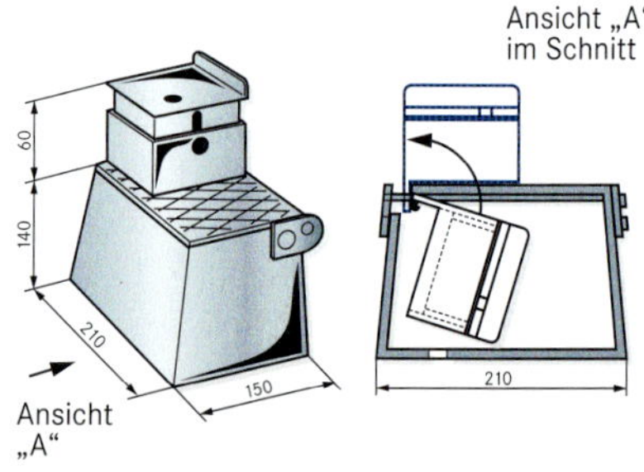

Freitragende Schiebetore

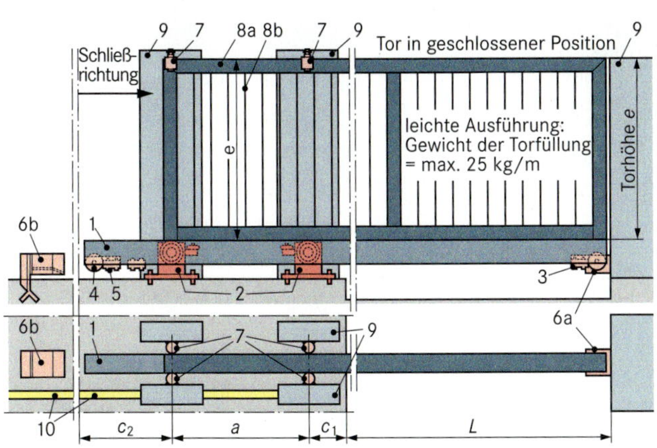

- 1: Am Tor befestigte Laufschiene
- 2: Rollenapparat mit Längsrolle und Querrolle
- 3: Auflaufrolle mit Schienenendkappe und Schienenstopper für geschlossenes Tor
- 4: Auflaufrolle mit Schienenendkappe für geöffnetes Tor
- 5: verstellbare Schienenstopper
- 6a: Torfangstück für geschlossenes Tor
- 6b: Torfangstück für offenes Tor
- 7: obere Führungsrollen, beidseitig
- 8a: Torrahmen
- 8b: Torrahmenfüllung
- 9: Torpfosten
- 10: Zaun/Grundstückeinfriedung
- a: Verankerungsabstand
- c_1, c_2: Randabstände
- e: Torhöhe
- L: lichte Torweite

Tormaße und Torbauteile

Laufschienenprofilnummer	Toraufbau	Lichte Torweite L in mm	Abstandsmaße in mm			Rohrprofile für Schiebetorrahmen					
						Torhöhe $e \leq 1600$ mm			Torhöhe $e \leq 2200$ mm		
			a	c_1	c_2	$O; E$ in mm	U in mm	F in mm	$O; E$ in mm	U in mm	F in mm
1	Obergurt O, Füllstab F, Endstab E, Untergurt U	2500	550	325	325	60 x 60 x 3,6			60 x 60 x 3,6		
		3000	850			60 x 60 x 3,6			60 x 60 x 3,6		
		4000	1350			70 x 70 x 4			70 x 70 x 4		
		5000	2350			70 x 70 x 4			80 x 80 x 3,6		
2		4000	700	307	493	70 x 70 x 4			70 x 70 x 4		
		5000	1200			70 x 70 x 4			80 x 80 x 3,6		
		6000	1700			80 x 80 x 3,6			90 x 90 x 4		
		7000	2700			90 x 90 x 4			100 x 100 x 4		100 x 80 x 4
3		7000	1700	344	456	90 x 90 x 4			100 x 100 x 4		100 x 80 x 4
		8000	2200			100 x 100 x 4		100 x 80 x 4	120 x 100 x 4		120 x 80 x 4
	Füllstab	9000	3200			120 x 100 x 4 Profil flach liegend		100 x 100 x 4	120 x 120 x 4		120 x 100 x 4
		10000	4200								

Zur Verringerung der Durchbiegung sind die gestrichelten Diagonalstäbe ⁄ einsetzbar.

Laufschienen für freitragende Schiebetore

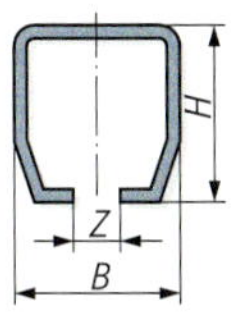

Lichte Torweite L in m	Profilnummer	Profilmaße in mm H	B	Z
$L \leq 3{,}0$	1	60	65	18
$2{,}75 \leq L \leq 5{,}0$	2	110	90	25
$5{,}0 \leq L \leq 8{,}5$	3	140	125	32

Rollenapparate

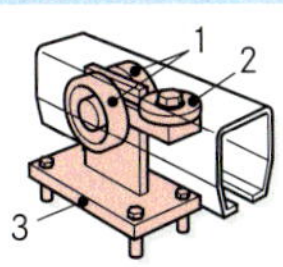

1 : Längsrollen, beidseitig
2 : Querrolle
3 : Halterung

Einbausituation der oberen Führungsrollen

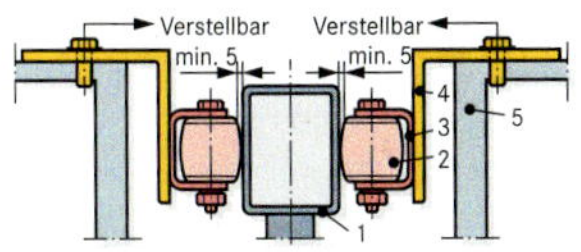

1: oberes Torrahmenprofil; 2: obere Führungsrolle; 3: Führungsrollenhalter; 4: Befestigungswinkel; 5: Toraufnahmewand

Weitere Angaben z. B. zu den Rahmenprofilen, Rollenabmessungen etc. sind den Herstellerkatalogen zu entnehmen.

Schlossarten nach Einbauart und Verwendung

Einsteck-schloss	Kasten-schloss	Treibriegel-schloss	Vorhänge-schloss
		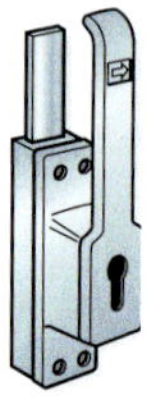	

Aufbau und Bauteile von Schlössern

Buntbartschloss ohne Wechsel

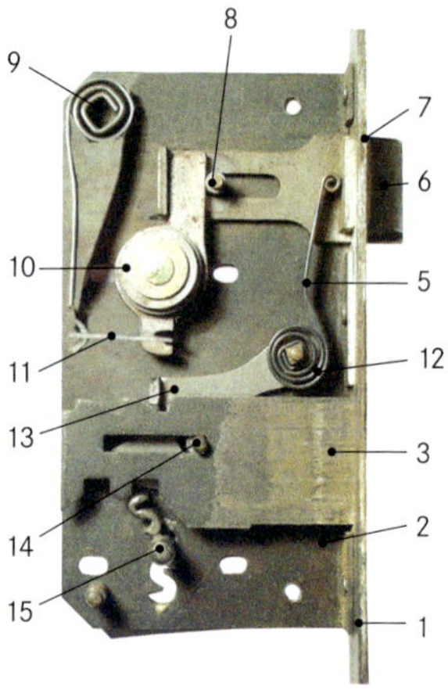

Chubbschloss mit Wechsel

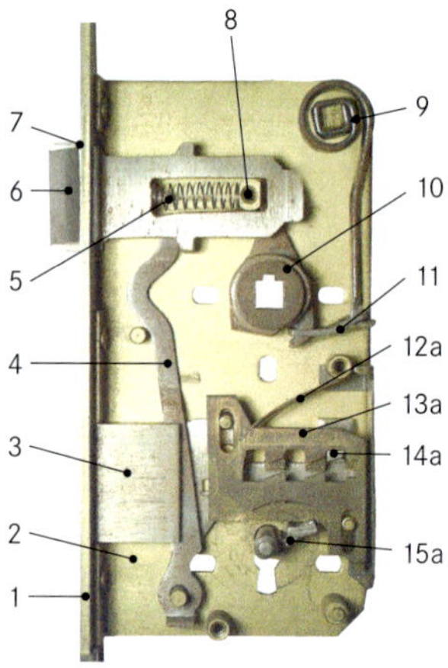

Zylinderschloss mit Wechsel

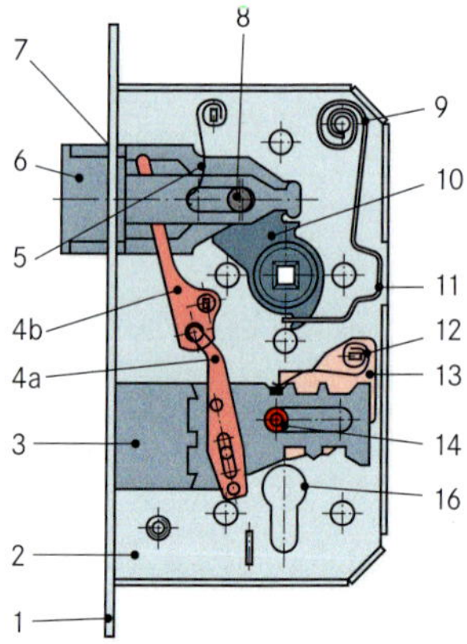

1: Stulp 2: Schlossboden 3: Riegel 4: Wechsel	4a: Wechseldruckstück 4b: Wechselhebel 5: Fallenfeder 6: Falle	7: Fallenführung im Stulp 8: Fallenführung durch Bolzen 9: Nussfeder	10: Nuss 11: Nussfederbrücke 12: Zuhaltungsfeder	12a: Zuhaltungsfedern für Chubbzuhaltungen 13: Bügelzuhaltung 13a: Chubbzuhaltung 14: Riegelführungsstift	14a: Tourstift 15: Buntbartschlüssel 15a: Chubbschlüssel 16: Öffnung für Profilzylinder

Funktion des Schließwerks

Buntbartschloss (eintourig)

Riegel gesperrt

Riegel entsperrt

1: Stulp; 2: Riegel; 3: Zuhaltungsfeder; 4: Zuhaltungsbügel; 5: Rasthaken; 6: Raste; 7: Riegelführungsstift; 8: Riegeleingriffe; 9: Schlüsselbart; 10: Schlüsseldorn

Chubbschloss (zweitourig)

Riegel gesperrt

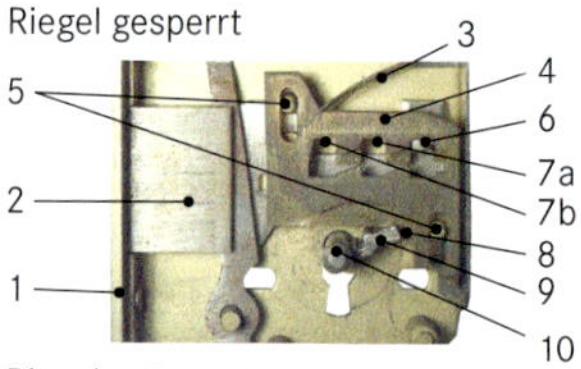

Riegel entsperrt

1: Stulp; 2: Riegel; 3: Zuhaltungsfedern; 4: Chubb-Zuhaltungsbleche (3 Zuhaltungen); 5: Lagerbolzen; 6: Tourstift; 7a: Zuhaltungsraste für 1. Tour; 7b: Zuhaltungsraste für 2. Tour; 8: Riegeleingriff; 9: Schlüsselbart; 10: Schlüsseldorn

Zylinderschloss

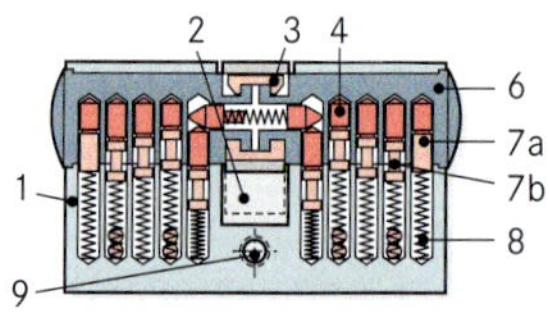

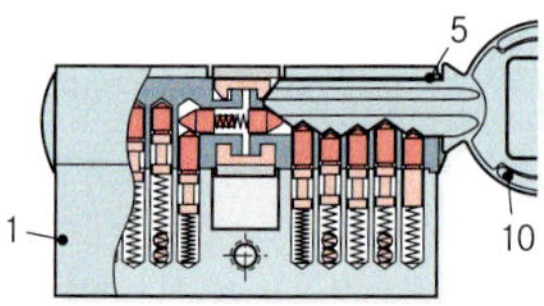

1: Zylindergehäuse; 2: Schließbart; 3: Kupplung; 4: Kernstift; 5: Schlüsselkanal; 6: Zylinderkern; 7a: Gehäusestift; 7b: Gehäuse(Taumel-)stift; 8: Gehäusefeder; 9: Stulpschraubengewindebohrung; 10: Schlüssel

Buntbartschlüssel

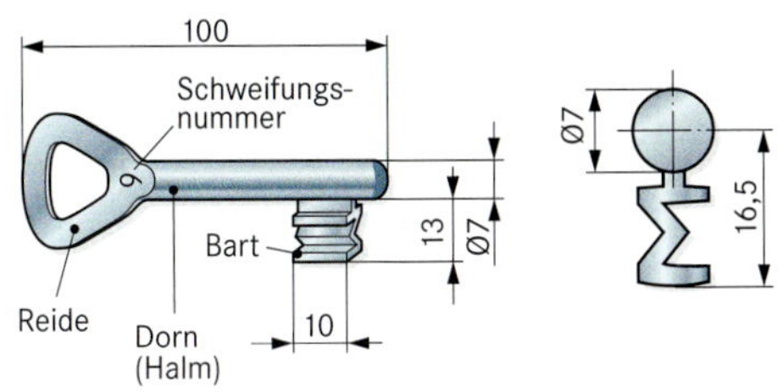

Schweifungen in Schlüssellochansicht

Chubbschlüssel

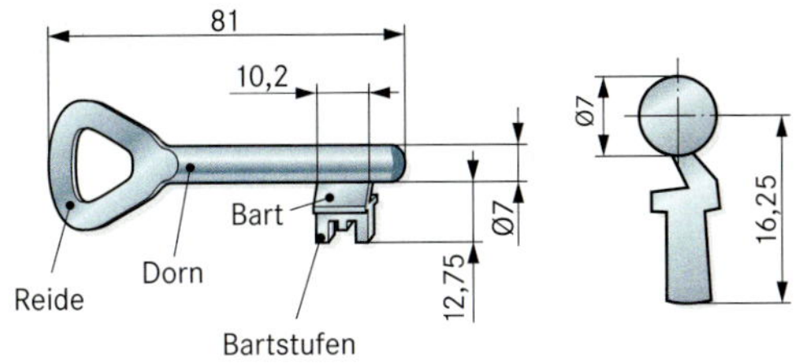

Schweifungen in Schlüssellochansicht

Schließungen

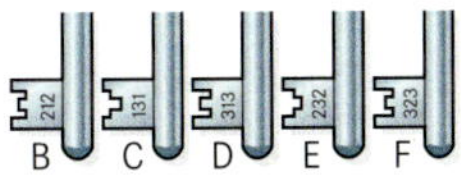

Sonderbauformen von Zylinderschlössern

Wendeschlüsselsystem mit radialer Anordnung der Stiftzuhaltungen

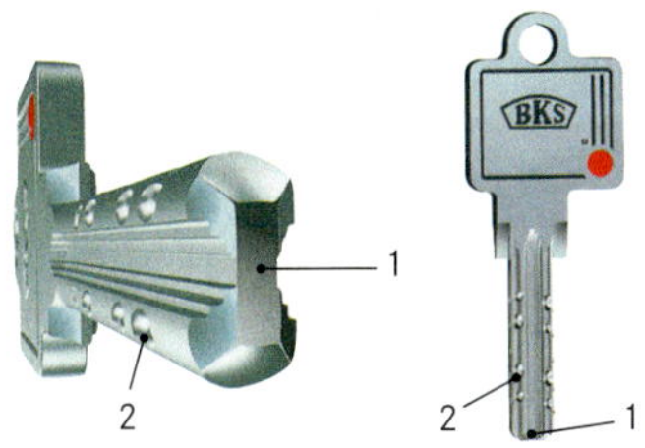

1: Symmetrisches Wendeschlüsselprofil
2: Bohrungen für Stiftzuhaltungen

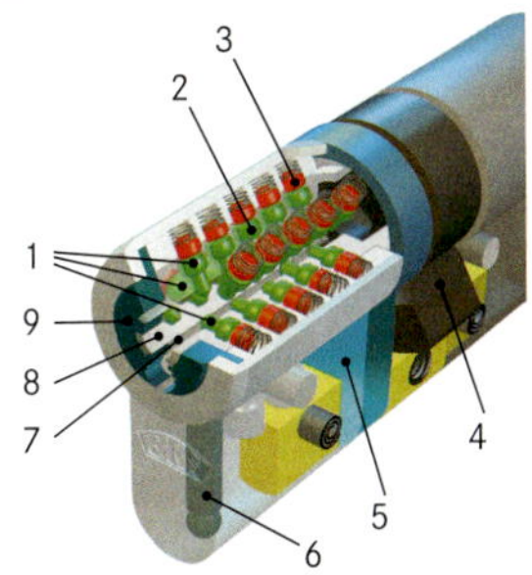

1: 4 radial angeordnete Zuhaltungsreihen
2: Zuhaltungsstifte, jeweils 5 pro Reihe
3: Gehäusestifte mit Federn
4: Schließbart
5: Zylindergehäuse
6: Bohrschutzstift
7: Schlüsselkanal mit symmetrischer Profilierung
8: Zylinderkern
9: Kernschutzscheibe/Bohr-/Ziehschutz

Elektronische Schließsysteme

Schlüsselbetätigte Systeme

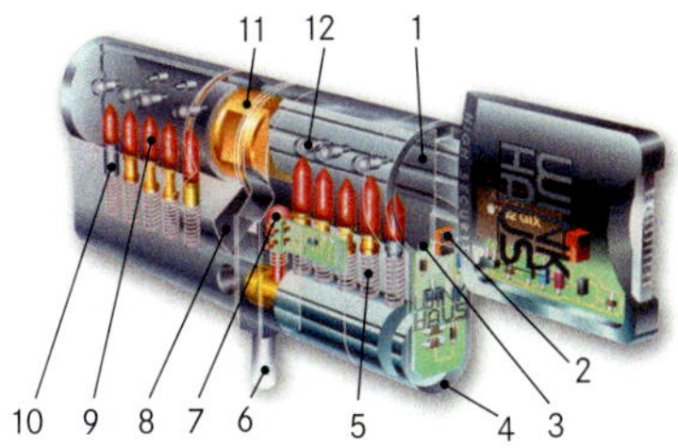

Schließberechtigungen können durch Programmierung des Schlüsselchips und des Zylinderchips vergeben oder entzogen werden.
Nachteil: Energieversorgung des Zylinders

1: Zylinderkern;
2: Schlüssel mit mechanischer und elektronischer Schließfunktion
3: Aufbohrschutz
4: Zylindergehäuse
5: Gehäuse-Stiftfeder
6: Energie- und Datenübertragungskabel
7: Elektronisch angesteuerter Zuhaltungsstift
8: Schließbart
9: Kernstift
10: Gehäusestift
11: Kupplung
12: Seitliche Profilkontrollstifte

Codewort-bzw. kartenbetätigte Systeme

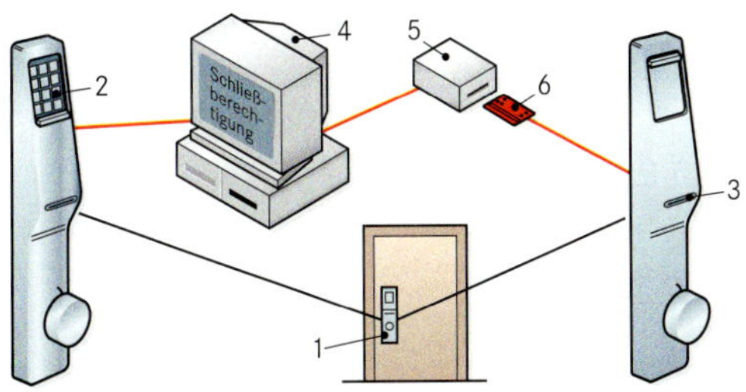

Rechnergestützte Vergabe von Schließberechtigungen; keine Gefahr des Schlüsselverlustes; Nachteil: Energieversorgung, große Anfangsinvestitionen

1: Elektronisches Schließsystem mit Eingabetastatur bzw. Kartenleseeinrichtung
2: Eingabetastatur
3: Kartenleseeinrichtung
4: Zentralrechner mit Schließberechtigungen
5: Codiergerät
6: Zugangskarte

Einsteckschlösser

DIN 18 251-1: 2002-07, DIN 18 251-2: 2002-11

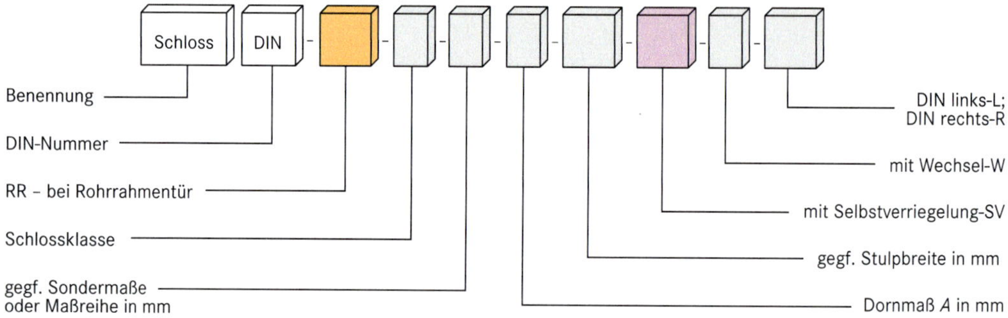

Schließwerk	Kurzzeichen
Buntbartschloss	BB
Zuhaltungsschloss (Chubbschloss)	ZH
Zylinderschloss, vorgerichtet für Profilzylinder	PZ

Bezeichnung eines Einsteckschlosses für eine gefälzte Tür mit Buntbartschloss; Schlossklasse 3; Dornmaß 55 mm; Stulpbreite 20 mm; mit Wechsel; Schloss DIN links: **Schloss DIN 18 251 – 1 – BB – 3 – 55 – 20 – W – L**

Bezeichnung für ein Einsteckschloss für eine Rohrrahmentür mit Profilzylinderschloss; Schlossklasse 4; Maßreihe 244/102; Dornmaß 40 mm; mit Wechsel; Schloss DIN links: **Schloss DIN 18 251 – 2 – PZ – 4 – 244/102 – 40 – W – L**

Schlossklassen

Klasse	Türgewicht m' in kg/m²	Beanspruchung	Verwendung	Bezeichnung
1	$m' \leq 20$	gering	für leichte Innentüren	leichtes Innentürschloss
2	$20 < m' \leq 25$	üblich	für Innentüren mit erhöhten Anforderungen	Innentürschloss
3	$25 < m' \leq 30$	mittel	für Wohnungsabschlusstüren	Haustürschloss
4/5	$m' > 30$	hoch	für erhöhte Einbruchhemmung und hohe Nutzerfrequenz	

Maße für Einsteckschlösser für gefälzte Türen

DIN 18 251-1: 2002-07

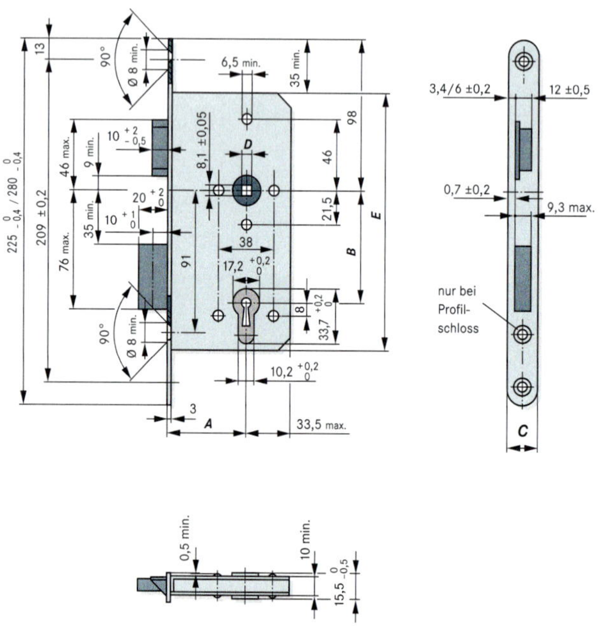

Maßbezeichnung	Maße in mm – Schlossklasse 1	2	3	4/5
Dornmaß *A*	55	55[1]	55; 60; 65 70; 80; 100	
Entfernung *B*	72	72	72	78
Stulpbreite *C*	20 Sonderstulp: 24 hierfür gelten die Zusatzmaße/280/6			
Drückerstiftöffnung *D*	□ 8,1	□ 8,1	□ 8,1	□ 9,1
Kastenhöhe *E*	$E \leq 165$	$E \leq 165$	$E = 165$	$E = 165$

[1] Andere Maße für A und F sind bei Bestellung zu vereinbaren.

Einsteckschlösser für Rohrrahmentüren

DIN 18 251-2: 2002-11

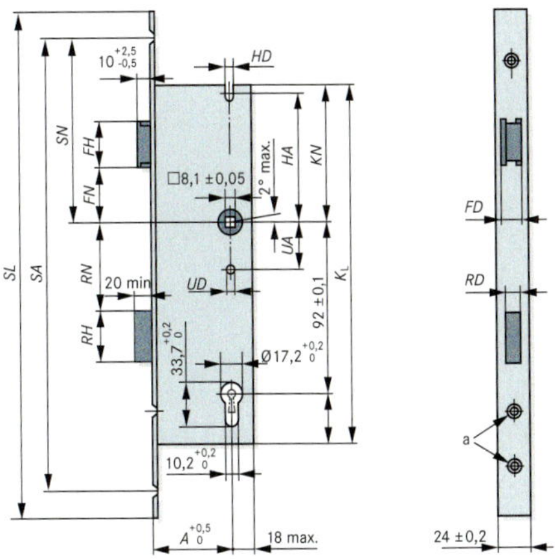

Maß-Kurzzeichen	Schlossmaße							
	Maßreihe							
	224/130	224/102	221/82	221/81	221/76	220/80	220/85	215/77
SA	244	244	221	221	221	220	220	215
SN	102,5	102,5	81	81	76	80	85	77,5
SL	207	207	245	245	245	244	240	235
KD	18	17	17	16	15,5	16,5	15,5	16
KL	200	195	190	190	178	194	180	186
KN	80,5	75	65,5	65,5	55	67	58	63
FD	14	12	13,5	11,5	13	14	12	13
FH	32	35,5	34	33	31	30	31	33
FN	28	27	18,5	14	7	13	16,5	10,5
RD	8	8	8	8	8	8	8,5	10
RH	35	35	35	35	36	35	35	38
RN	38,5	39	47	48	44	48	49	44,5
HD	9	7	7	8,5	7,5	8	6,5	7
HA	≥85	≥70	≥68,5	≥70	≥45	≥65	≥46	≥67
(HD) (HA)	- -	7 55	7 46 bis 55	8,5 46 bis 55	- -	8 46 bis 55	- -	6,2 44,1 bis 48,9
UD UA	9,5 21,5	7 21,5 bis 25	7 20,5 bis 25	8,5 21 bis 25	7,5 20,75 bis 25	8 21 bis 25	8,5 21 bis 25	7 21,75
A	25, 30, 35, 40, 45							

Rollenfallen-Einsteckschlösser

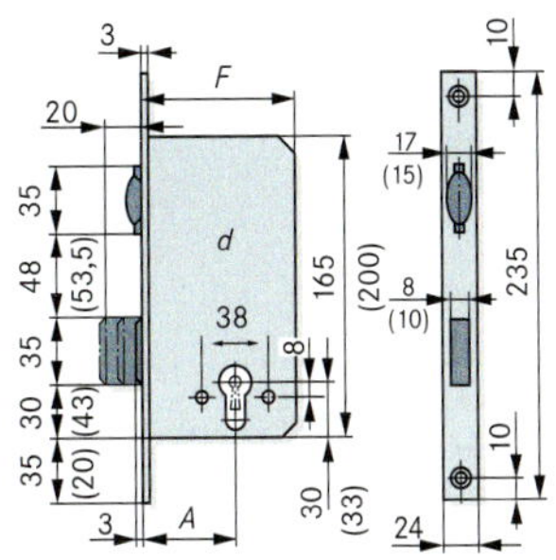

Maße in () nur für Rohrrahmenschlösser

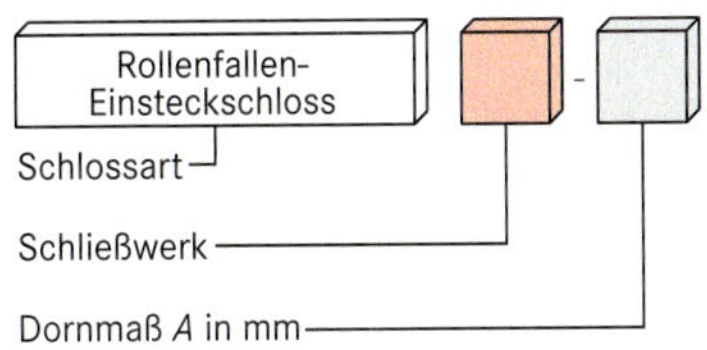

Bezeichnung eines Rollenfalleneinsteckschlosses: mit Profilzylinder-Schließwerk und Dornmaß *A* = 55 mm

Rollenfallen-Einsteckschloss PZ – 55

Maße															
Dornmaß *A* in mm	18	20	22	25	27	30	35	40	45	50	55	60	65	70	80
Kastenbreite *F* in mm	34	36	38	41	43	46	51	56	61	66	85	90	95	100	110
Kastendicke *d* in mm	19 für Rohrrahmen								14 für Türrahmen						

Hakenfallen-Einsteckschlösser

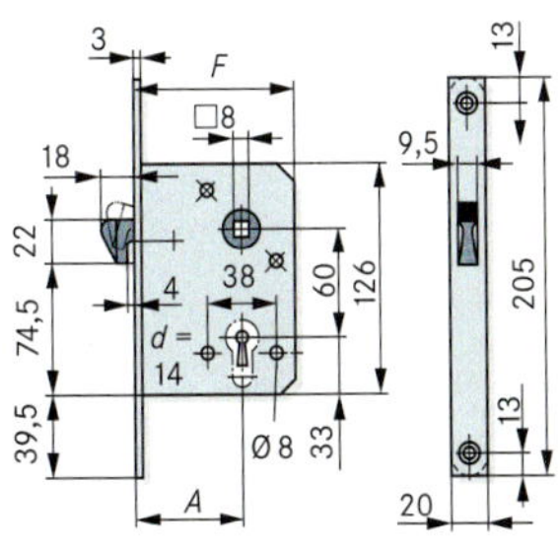

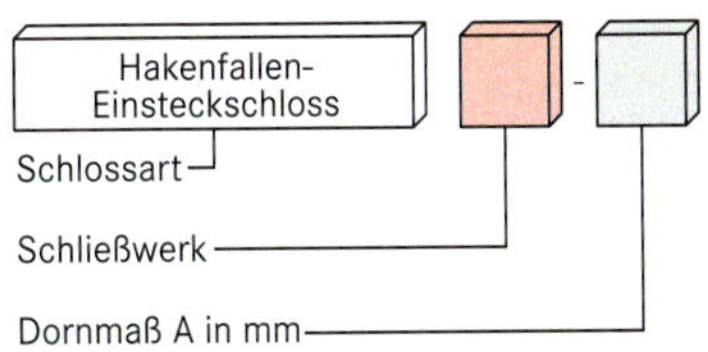

Bezeichnung eines Hakenfallen-Einsteckschlosses mit Buntbartschließwerk und Dornmaß *A* = 60 mm

Hakenfallen-Einsteckschloss BB – 60

Maße						
Dornmaß *A* in mm	50	55	60	65	70	80
Kastenbreite *F* in mm	82,5	87,5	92,5	97,5	102,5	112,5

Schließzylinder für Türschlösser

DIN 18 252: 2006-12

Einteilung der Schließzylinder

Profilzylinder

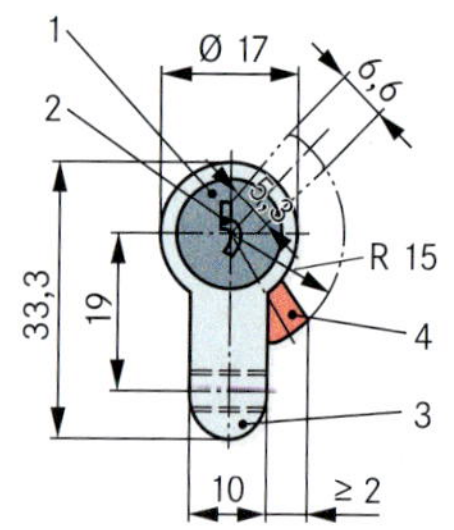

Rundzylinder[1]

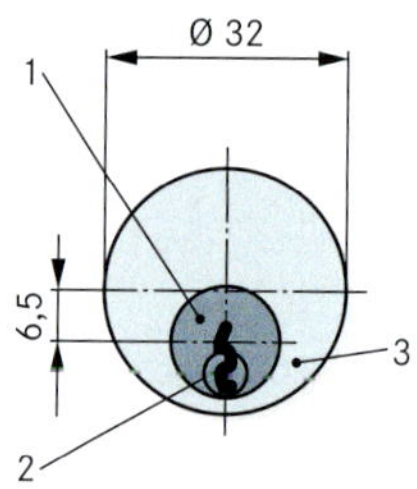

Ovalzylinder[1]

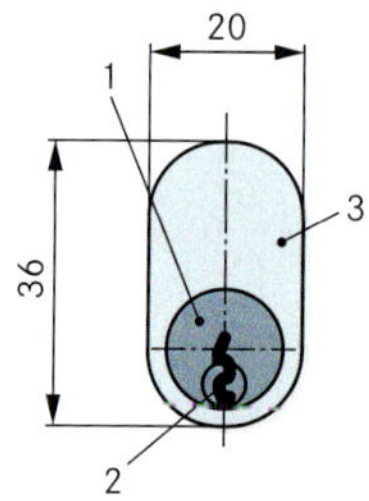

1: Zylinderkern
2: Schlüsselkanal
3: Zylindergehäuse
4: Schließbart

[1] DIN 18 252: 1999-09 legt die Maße von Rund- und Ovalzylindern nicht fest.

Einteilung der Profilzylinder

Doppelzylinder - *D*

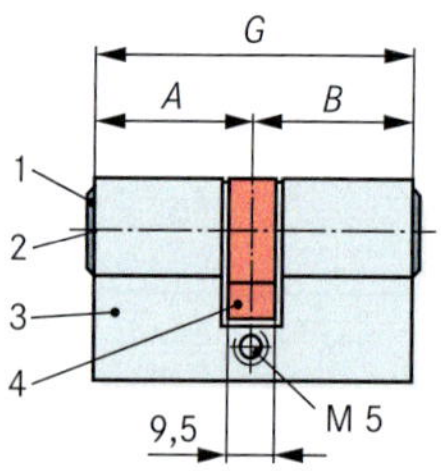

Halbzylinder - *H*

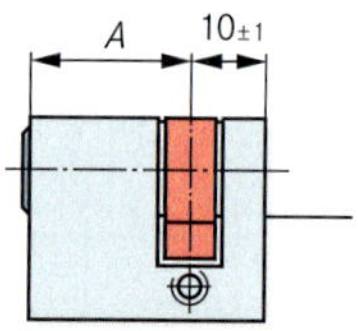

Knaufzylinder - *K*

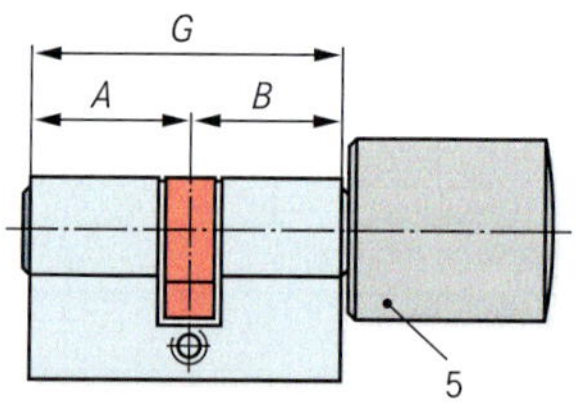

1: Zylinderkern
2: Schlüsselkanal
3: Zylindergehäuse
4: Schließbart
5: Knauf

A: Außenlänge
B: Innenlänge
G: Grundlänge

Längenmaße von Profildoppelzylindern

Zuordnung der Zylinderlängen

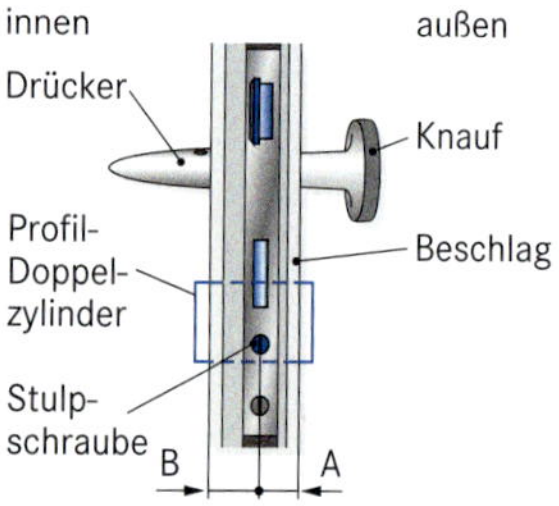

Die Längen A, B werden gemessen von Mitte Stulpschraubenbohrung bzw. mit Messschlüssel ermittelt.

Außenlängen *A* in mm	Längenbezeichnung des Doppelzylinders – Innenlängen *B* in mm: 27	31	35	40	45	50	55	60
27	27/27							
31	31/27	31/31						
35	35/27	35/31	35/35					
40	40/27	40/31	40/35	40/40				
45	45/27	45/31	45/35	45/40	45/45			
50	50/27	50/31	50/35	50/40	50/45	50/50		
55	55/27	55/31	55/35	55/40	55/45	55/50	55/55	
60	60/27	60/31	60/35	60/40	60/45	60/50	60/55	60/60

Weitere Profilzylinderlängen sind in 5 mm-Sprüngen lieferbar.
Der Profilzylinder darf maximal 3 mm vor dem Beschlag stehen.

Längenmaße von Profil-Halbzylindern

Außenlängen *A* in mm						
27	31	35	40	45	50	Weitere Längen in 5 mm-Sprüngen lieferbar

Längenmaße von Profil-Knaufzylindern

Außenlängen *A* in mm	27	31	31	31	31	35	35	35	40	40	40	45	45
Innenlängen *B* in mm (Knauflängen)	27	27	31	35	40	27	31	35	31	35	40	40	45

Schließzylinder für Türschlösser

DIN 18 252: 2006-12

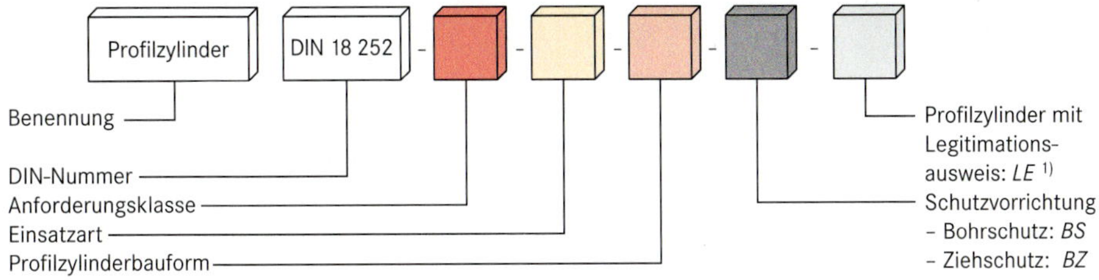

Bezeichnung eines Profilzylinders der Klasse 3 für eine Generalhauptschlüsselanlage (GHS), ausgeführt als Knaufzylinder (K) mit Bohr- und Ziehschutz (BZ) und erforderlichem Legitimationsausweis.
Profilzylinder DIN 18 252 – P3 – GHS – K – BZ – LE

[1)] Der Legitimationsausweis, z. B. als sogenannten Sicherungskarte oder Berechtigungsschein, wird vom Hersteller zu einem bestimmten Schloss bzw. zu einer bestimmten Schließanlage ausgestellt und weist den Inhaber als Berechtigten aus, Schlüssel, Schließzylinder oder sonstige Teile zu diesem Schließsystem bzw. Schloss bestellen zu können.

Anforderungsklassen von Profilzylindern

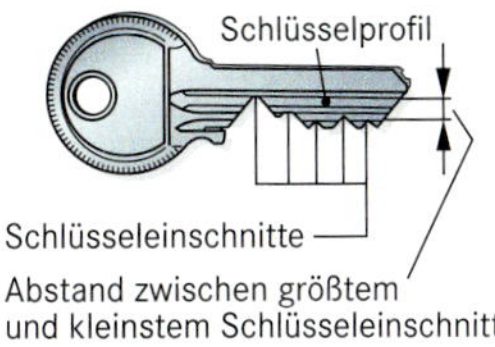

Anforderungsklasse	Abstand zwischen größtem und kleinstem Schlüsseleinschnitt	Mindestzahl der Schließvariationen (effektive Verschiedenheiten)	garantierte Schließzyklenanzahl	Mindestzahlen der Zuhaltungsstifte (in Schließanlagen)
P1	Mindestens drei Stufensprünge	30 000	25 000	n = 5
P2			50 000	
P3		100 000	100 000	n > 5

Einsatzart des Profilzylinders	Kurzzeichen
Einzelzylinder	EZ
Profilzylinder in: Zentralschließanlagen Hauptschlüsselanlagen Generalhauptschlüsselanlagen	 Z HS GHS

Profilzylinderbauform	Kurzzeichen
Doppelzylinder	D
Halbzylinder	H
Knaufzylinder	K

Schutzvorrichtung am Profilzylinder	Kurzzeichen
Profilzylinder: mit Bohrschutz mit Bohr- und Ziehschutz	 BS BZ

Schließanlagen

Zentralschließanlage – Z

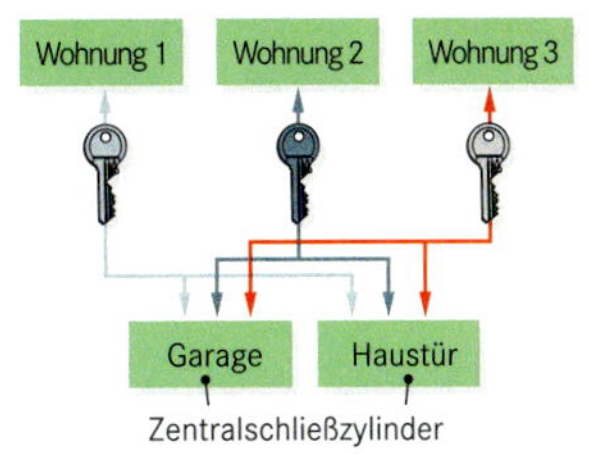

Beschreibung:

Ein Schlüssel schließt den zugehörigen Schließzylinder sowie einen oder mehrere Zentralschließzylinder

Hauptschlüsselanlage mit Zentralschloss – HS/Z

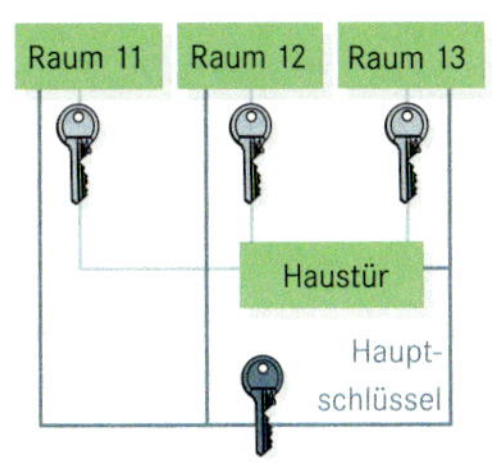

Ein Hauptschlüssel schließt mehrere verschieden schließende Einzelschließzylinder und ein Zentralschloss. Die Einzelschlüssel schließen zugehörige Schließzylinder sowie ein Zentralschloss

Generalhauptschlüsselanlage – GHS

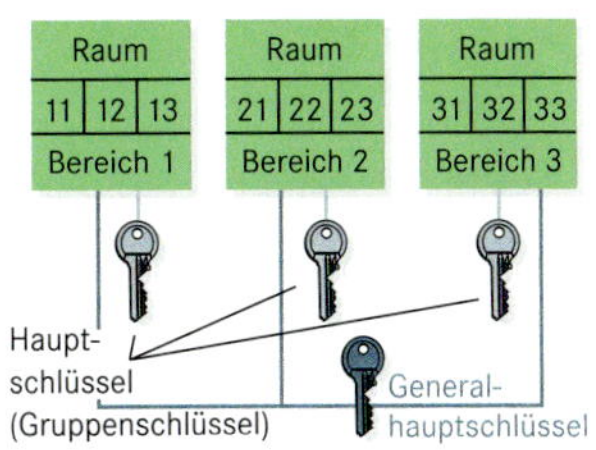

Beschreibung:

Mehrere einzelne Hauptschlüsselanlagen können mit einem übergeordneten Generalhauptschlüssel geschlossen werden

Zentralschlossanlage mit Hauptschlüssel – Z/HS

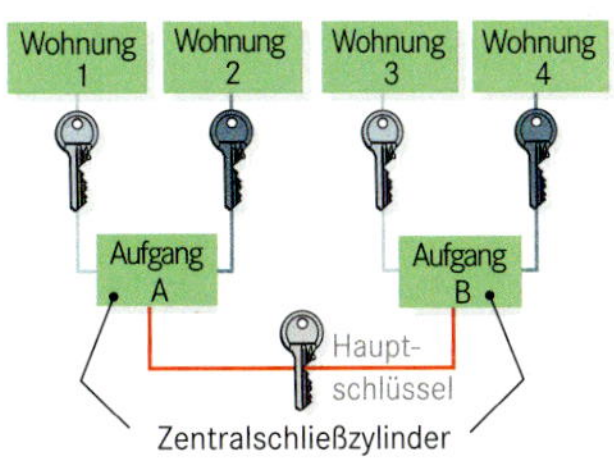

Mehrere Zentralschließzylinder können mit einem Hauptschlüssel geschlossen werden

Schließplan für Zentralschlossanlage – Z

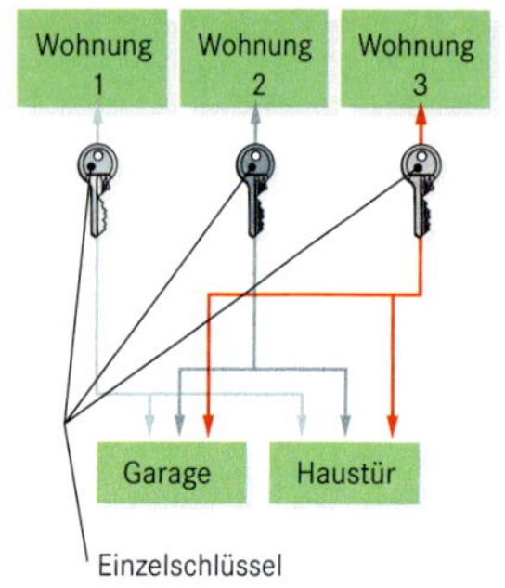

Beispiel: Mehrfamilienhaus

Anlagenart: Z
Anzahl der Stifte: 5
Sicherungskarte: ja
Kundennummer: xxxx
Fachhändler: yyyy

Auftragsnummer	Datum	Bearbeiter

Zylinderlängen

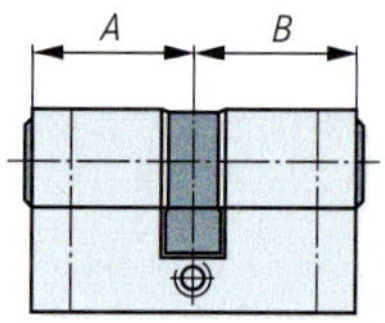

A – Außenlänge
B – Innenlänge

Zylinderfärbung

Standardfärbung:
Matt vernickelt – N

Sonderfärbung:
Messing matt – MM
Messing poliert – MP

Poliert
vernickelt – PN
verchromt – PC

Lfd. Nummer	Tür- oder Raumbezeichnung	Schließungsnummer	Zylinder Anzahl	Zylinder Typnummer	Zylinderlänge A	Zylinderlänge B	Zylinderfärbung A	Zylinderfärbung B	Schlüsselanzahl Typ GHS	HS	ES	Schlüsseltyp und Schließung: Generalhauptschl. GHS	Hauptschl. HS	Einzelschlüssel ES 1	2	3	4	5	6	7	8	9
												Diese Schlüssel schließen										
01	Haustür	Z	1		40	31	PN	PN				–	–	X	X	X	–	–	–	–	–	–
02	Garage	Z	1		31	31	PC	PC				–	–	X	X	X	–	–	–	–	–	–
03	Wohnung 1	1	1	nach Hersteller	31	27	MP	MP	–	–	3	–	–	X			–	–	–	–	–	–
04	Wohnung 2	2	1		31	27	N	N			3	–	–		X		–	–	–	–	–	–
05	Wohnung 3	3	1		31	27	N	N			4	–	–			X	–	–	–	–	–	–

Schließplan für Hauptschlüsselanlage mit Zentralschloss – HS/Z

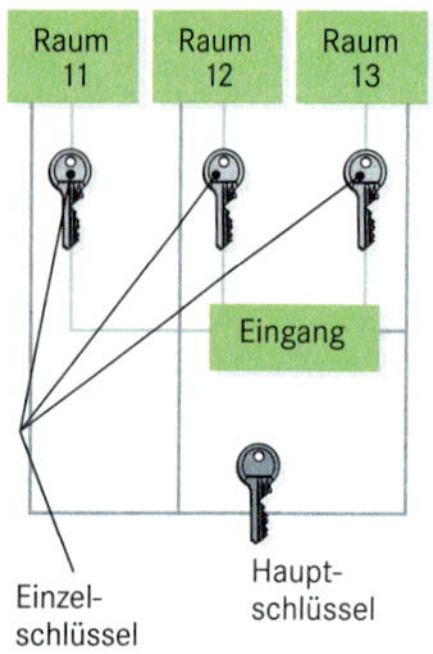

Beispiel: Bürotrakt

Anlagenart: HS/Z
Anzahl der Stifte: 5
Sicherungskarte: ja
Kundennummer: xxxx
Fachhändler: yyyy

Auftragsnummer	Datum	Bearbeiter

Zylinderlängen

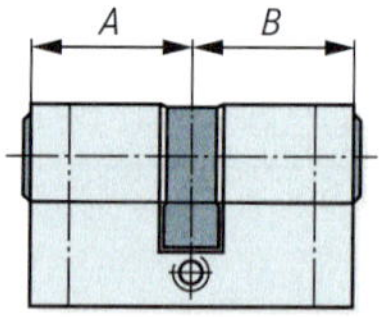

A – Außenlänge
B – Innenlänge

Zylinderfärbung

Standardfärbung:
Matt vernickelt – N

Sonderfärbung:
Messing matt – MM
Messing poliert – MP

Poliert
vernickelt – PN
verchromt – PC

Lfd. Nummer	Tür- oder Raumbezeichnung	Schließungsnummer	Zylinder Anzahl	Zylinder Typnummer	Zylinderlänge A	Zylinderlänge B	Zylinderfärbung A	Zylinderfärbung B	Schlüsselanzahl Typ GHS	HS	ES	Schlüsseltyp und Schließung: Generalhauptschl. GHS	Hauptschl. HS	Einzelschlüssel ES 1	2	3	4	5	6	7	8	9
												Diese Schlüssel schließen										
01	Eingang	Z	1		40	31	MP	MP				–	X	X	X	X	–	–	–	–	–	–
02	Raum 11	1	1	nach Hersteller	31	27	N	N	–	2	3	–	X	X	–	–	–	–	–	–	–	–
03	Raum 12	1	1		31	27	N	N			3	–	X	–	X	–	–	–	–	–	–	–
04	Raum 13	2	1		31	27	N	N			3	–	X	–	–	X	–	–	–	–	–	–

Schließplan für Zentralschlossanlage mit Hauptschlüssel – Z/HS

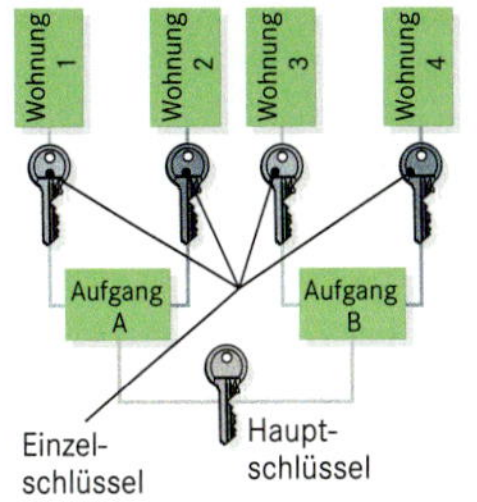

Beispiel: Wohnblock

Anlagenart: Z/HS
Anzahl der Stifte: 5
Sicherungskarte: ja
Kundennummer: xxxx
Fachhändler: yyyy

Auftragsnummer	Datum	Bearbeiter

Zylinderlängen

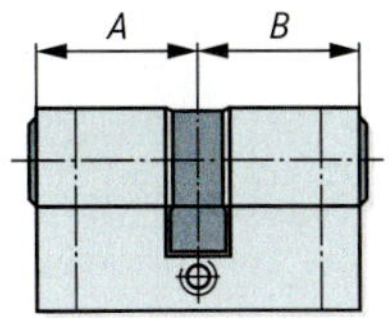

A – Außenlänge
B – Innenlänge

Zylinderfärbung

Standardfärbung:
Matt vernickelt – N

Sonderfärbung:
Messing matt – MM
Messing poliert – MP

Poliert
vernickelt – PN
verchromt – PC

Lfd. Nummer	Tür- oder Raumbezeichnung	Schließungsnummer	Zylinder Anzahl	Zylinder Typnummer	Zylinderlänge A	Zylinderlänge B	Zylinderfärbung A	Zylinderfärbung B	Schlüsselanzahl Typ GHS	Schlüsselanzahl Typ HS	Schlüsselanzahl Typ ES	Generalhauptschl. GHS	Hauptschl. HS	ES 1	ES 2	ES 3	ES 4	ES 5	ES 6	ES 7	ES 8	ES 9
												Diese Schlüssel schließen										
01	Aufgang A	Z	1	nach Hersteller	50	35	PC	PC	–	2		–	X	X	X	–	–	–	–	–	–	–
02	Aufgang B	Z	1		50	35	PC	PC				–	X	–	–	X	X	–	–	–	–	–
03	Wohnung 1	1	1		35	31	PN	PN			2	–	–	X	–	–	–	–	–	–	–	–
04	Wohnung 2	2	1		35	31	PN	PC			3	–	–	–	X	–	–	–	–	–	–	–
05	Wohnung 3	3	1		31	27	N	N			3	–	–	–	–	X	–	–	–	–	–	–
06	Wohnung 4	4	1		40	40	MM	MP			3	–	–	–	–	–	X	–	–	–	–	–

Schließplan für Generalhauptschlüsselanlage – GHS

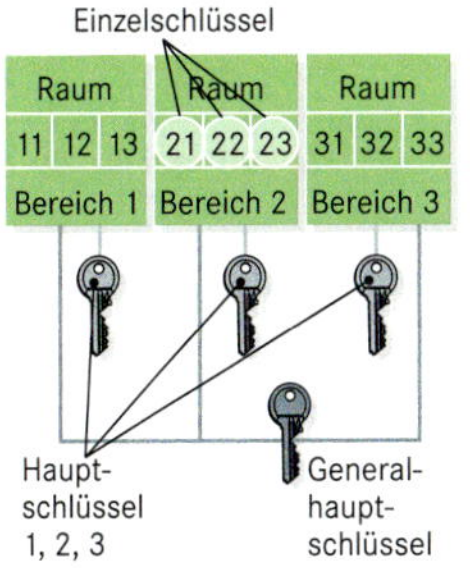

Beispiel: Bürogebäude

Anlagenart: GHS
Anzahl der Stifte: 5
Sicherungskarte: ja
Kundennummer: xxxx
Fachhändler: yyyy

Auftragsnummer	Datum	Bearbeiter

Zylinderlängen

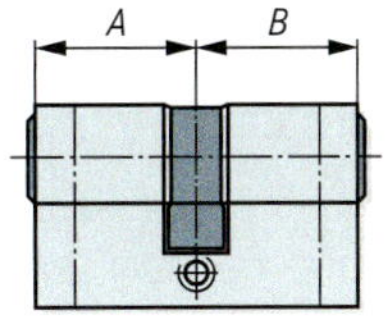

A – Außenlänge
B – Innenlänge

Zylinderfärbung

Standardfärbung:
Matt vernickelt – N

Sonderfärbung:
Messing matt – MM
Messing poliert – MP

Poliert
vernickelt – PN
verchromt – PC

Lfd. Nummer	Tür- oder Raumbezeichnung	Schließungsnummer	Zylinder Anzahl	Zylinder Typnummer	Zylinderlänge A	Zylinderlänge B	Zylinderfärbung A	Zylinderfärbung B	Schlüsselanzahl Typ GHS	Schlüsselanzahl Typ HS	Schlüsselanzahl Typ ES	Generalhauptschl. GHS	Hauptschl. HS			ES 1	ES 2	ES 3	ES 4	ES 5	ES 6	ES 7	ES 8	ES 9
												Diese Schlüssel schließen												
01	Raum 11	1	1	nach Hersteller	27	27	N	N	3	2	2	X	X	–	–	X	–	–	–	–	–	–	–	–
02	Raum 12	2	1		31	31	N	N			2	X	X	–	–	–	X	–	–	–	–	–	–	–
03	Raum 13	3	1		35	31	N	N			3	X	X	–	–	–	–	X	–	–	–	–	–	–
04	Raum 21	4	1		31	27	MM	MM		1	1	X	–	X	–	–	–	–	X	–	–	–	–	–
05	Raum 22	5	1		35	35	MM	MM			3	X	–	X	–	–	–	–	–	X	–	–	–	–
06	Raum 23	6	1		40	35	MM	MM			2	X	–	X	–	–	–	–	–	–	X	–	–	–
07	Raum 31	7	1		40	40	PC	PC		3	3	X	–	–	X	–	–	–	–	–	–	X	–	–
08	Raum 32	8	1		27	27	PC	PC			4	X	–	–	X	–	–	–	–	–	–	–	X	–
09	Raum 33	9	1		31	31	PC	PC			2	X	–	–	X	–	–	–	–	–	–	–	–	X

Treppenbauteile und Maßbezeichnungen

Eine Treppe besitzt mindestens drei Steigungen

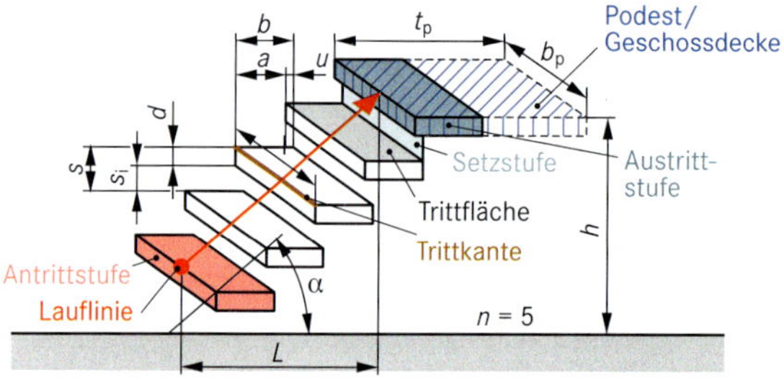

s:	Treppensteigung	in mm
s_i:	lichter Stufenabstand	in mm
d:	Stufendicke	in mm
l:	Stufenlänge	in mm
a:	Treppenauftritt auf der Treppenlauflinie	in mm
u:	Unterschneidung	in mm
b:	Stufenbreite	in mm
t_p:	Podesttiefe	in mm
b_p:	Podestbreite	in mm
h:	Stockwerkshöhe (Treppensystemhöhe)	in mm
α:	Steigungswinkel	in °
L:	Treppenlauflänge	in mm
n:	Anzahl der Treppensteigungen	
n_{max}:	18, dann Podest	

Treppenarten und Benennung

Treppen mit geraden Läufen

einläufige Treppe

Gerade Treppe

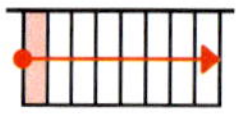

zweiläufige Treppen

Gerade Treppe mit Zwischenpodest

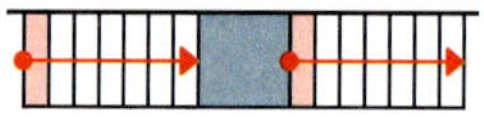

Gewinkelte Treppe mit Zwischenpodest (Rechtstreppe)

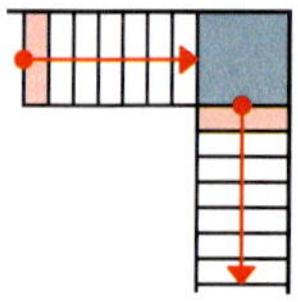

zweiläufige Treppe

Gegenläufige Treppe mit Zwischenpodest (Rechtstreppe)

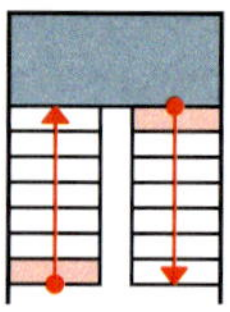

dreiläufige Treppen

Zweimal abgewinkelte Treppe mit Zwischenpodesten (Linkstreppe)

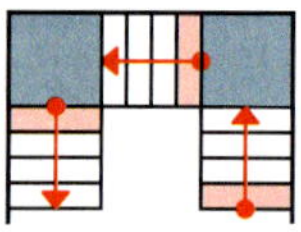

Gegenläufige Treppe mit Zwischenpodest

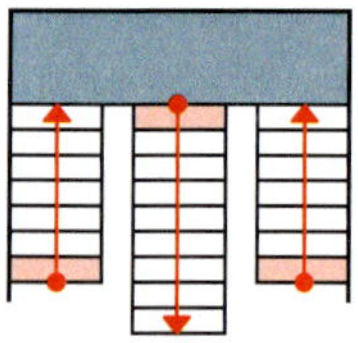

Treppen mit gewendelten Läufen

Spindeltreppe (Linkstreppe)

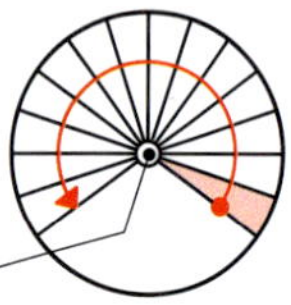

Treppenspindel

Wendeltreppe (Rechtstreppe)

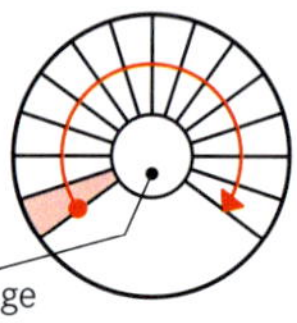

Treppenauge

Bogentreppe (zweiläufige Rechtstreppe)

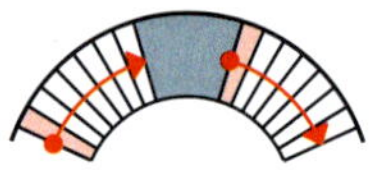

Treppen mit geraden und gewendelten Läufen

Einläufige, im Antritt viertelgewendelte Treppe (Rechtstreppe)

Einläufige, im Austritt viertelgewendelte Treppe (Linkstreppe)

Einläufige, viertelgewendelte Treppe (Rechtstreppe)

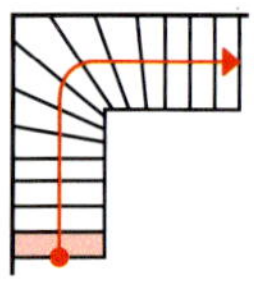

Einläufige, zweimal viertelgewendelte Treppe (Linkstreppe)

Einläufige, halbgewendelte Treppe (Rechtstreppe)

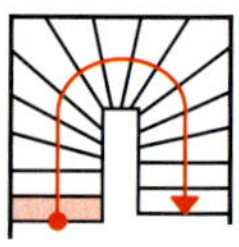

Gehbereich von geraden und gewendelten Treppen

Lage und Maße

Bei geraden Treppen liegt die Lauflinie in der Mitte des Gehbereichs; bei gewendelten Treppen kann die Lauflinie innerhalb des Gehbereichs frei gewählt werden.
Die Stufenlängen von Antritt- und Austrittstufe können unterschiedlich sein.

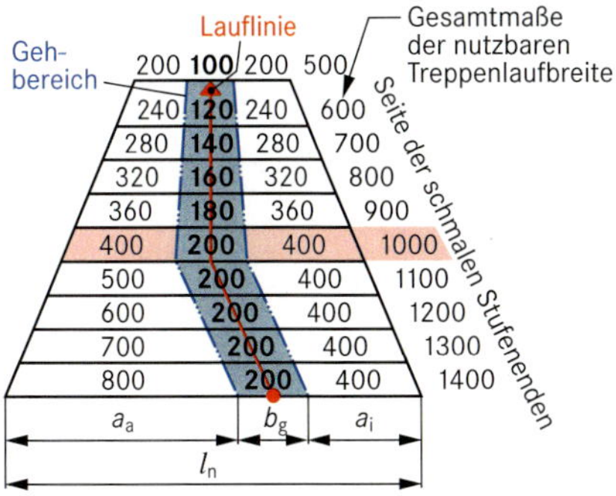

Anwendungsbeispiel:
Einläufige viertelgewendelte Treppe (Linkstreppe)

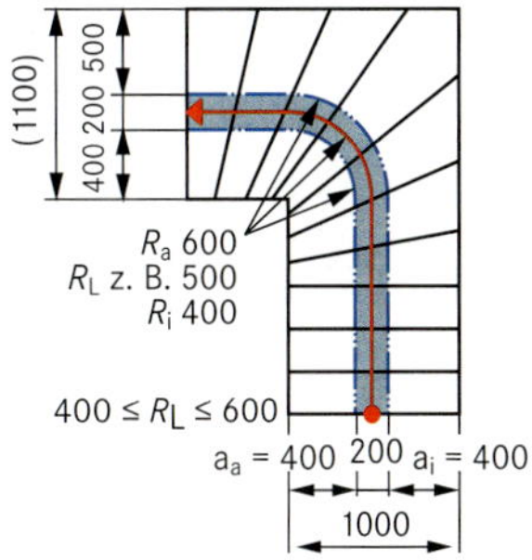

R_i: Innenradius des Gehbereichs in mm
R_a: Außenradius des Gehbereichs in mm
R_L: Radius der Lauflinie in mm

a_a: Abstand des Gehbereichs zur Seite der breiten Stufenenden in mm
a_i: Abstand des Gehbereichs zur Seite der schmalen Stufenenden in mm
b_g: Breite des Gehbereichs in mm
l_n: nutzbare Treppenlaufbreite in mm

Gehbereich von Spindeltreppen

Lage und Maße

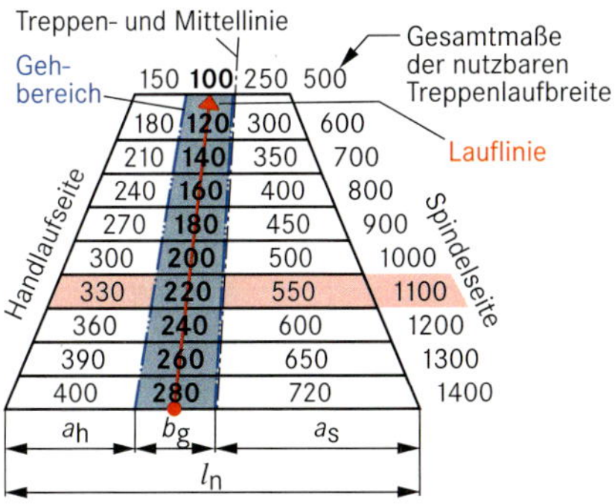

Anwendungsbeispiel:
Spindeltreppe (Linkstreppe)

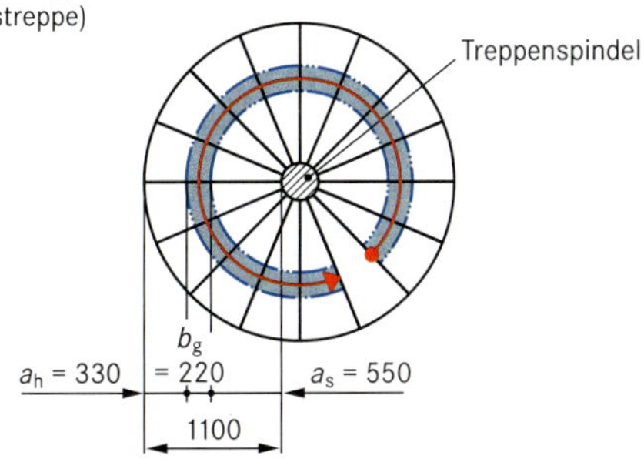

a_h: Abstand des Gehbereichs zur Handlaufseite in mm
a_s: Abstand des Gehbereichs zur Spindelseite in mm
b_g: Breite des Gehbereichs in mm
l_n: nutzbare Treppenlaufbreite in mm

Treppenraummaße

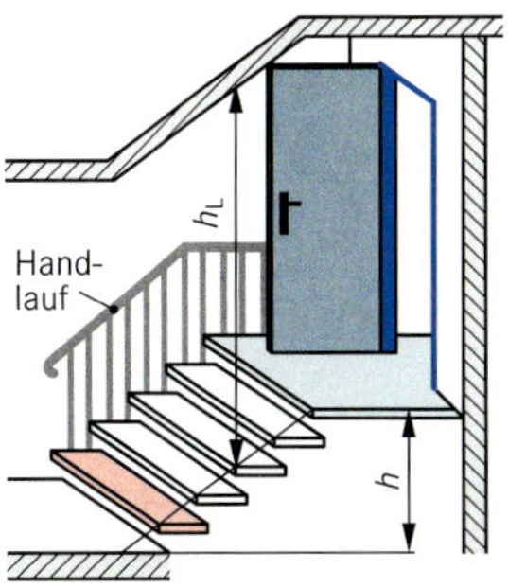

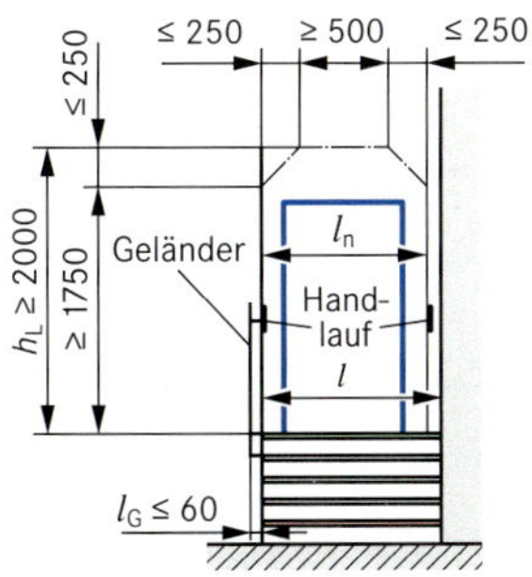

h_L: lichte Treppenhausdurchgangshöhe in mm
h: Stockwerkshöhe in mm
l_n: nutzbare Treppenlaufbreite (nutzbare Stufenlänge) in mm
l: Stufenlänge in mm
l_G: lichte Weite zwischen Geländer und Stufe in mm

Grenzmaße von Treppen

Gebäudeart	Treppenart	Nutzbare Treppenlaufbreite l_n in mm	Treppensteigung S in mm	Treppenauftritt a in mm
Wohngebäude mit nicht mehr als zwei Wohnungen ohne Berücksichtigung von Maisonettenwohnungen	Treppen, die zu Aufenthaltsräumen führen	≥ 800	$140 \leq s \leq 200$	$230 \leq a \leq 370$
	Kellertreppen, die nicht zu Aufenthaltsräumen führen	≥ 800	$140 \leq s \leq 210$	$210 \leq a \leq 370$
	Bodentreppen, die nicht zu Aufenthaltsräumen führen	≥ 500	$140 \leq s \leq 210$	$210 \leq a \leq 370$
Wohngebäude mit mehr als zwei Wohnungen und sonstige Gebäude	Baurechtlich notwendige Treppen	≥ 1000	$140 \leq s \leq 190$	$260 \leq a \leq 370$
Alle Gebäude	Baurechtlich nicht notwendige (zusätzliche) Treppen	≥ 500	$140 \leq s \leq 210$	$210 \leq a \leq 370$

Die Maße a und s sind zusätzlich nach der Schrittmaßregel: $590 \text{ mm} \leq a + 2 \cdot s \leq 650 \text{ mm}$ festzulegen
Das ideale Schrittmaß ergibt sich mit $a + 2 \cdot s = 630$ mm bzw. $a = 290$ mm und $S = 170$ mm

Unterschneidungen an Treppen

Treppenart	Unterschneidung u in mm: Treppen ohne Setzstufen	Unterschneidung u in mm: Treppen mit Setzstufen
Keller- und Bodentreppen, die nicht zu Aufenthaltsräumen führen mit $210 \text{ mm} \leq a \leq 260 \text{ mm}$	$u \geq 30$	$u \geq 240 - a$ $u \geq 0$
Treppen, die zu Aufenthaltsräumen führen mit $230 \text{ mm} \leq a \leq 260 \text{ mm}$	$u \geq 30$	$u \geq 260 - a$
Treppen mit $a \geq 260$ mm	$u \geq 30$	$u = 0$

Mindestauftritte bei Wendelstufen

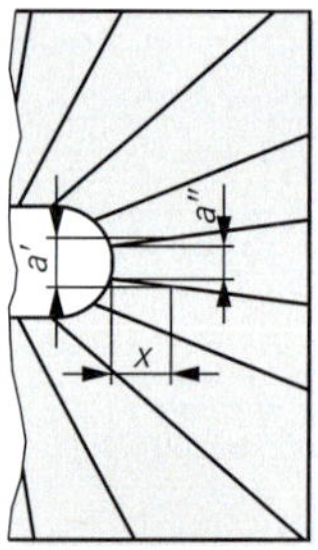

Gebäudeart	Abstand x in mm	Mindestauftritte a' in mm	Mindestauftritte a'' in mm
Wohngebäude mit maximal zwei Wohnungen	150	$a' \geq 100$	-
sonstige Gebäude	0	-	$a'' \geq 100$

Toleranzen von Treppenmaßen

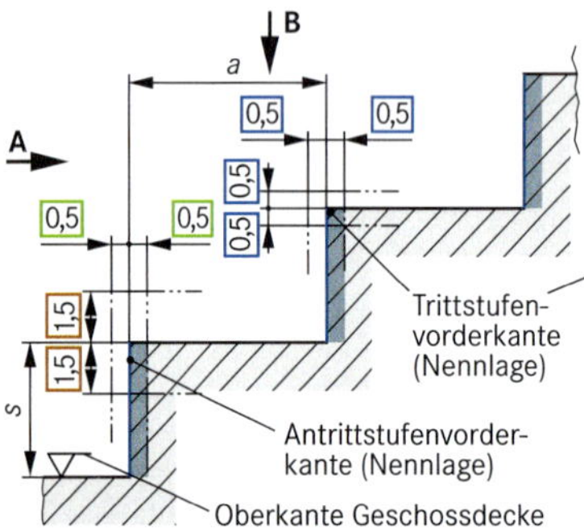

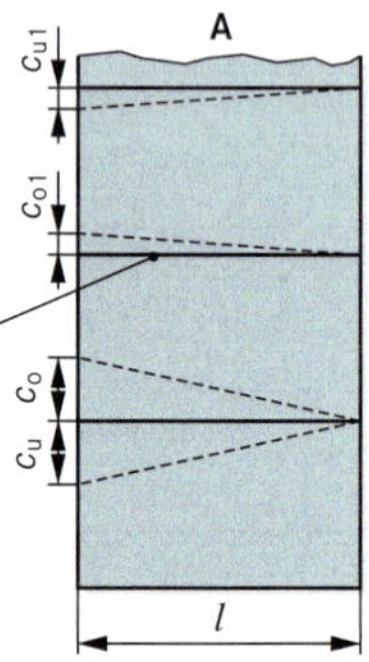

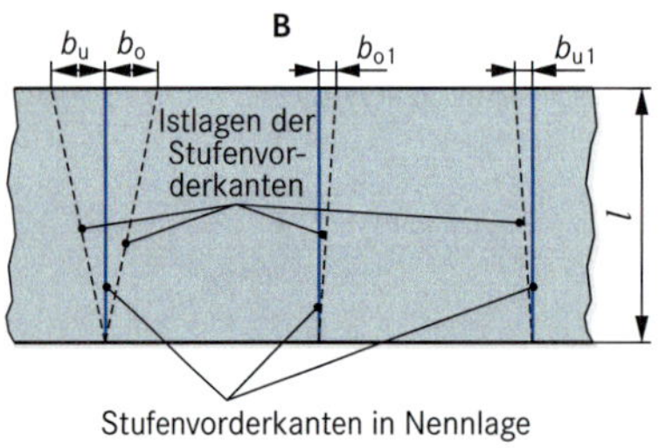

$b_{o,u} \leq l/100$
$b_{o1} + b_{u1} \leq l/100$
$c_{o,u} \leq l/200$
$c_{o1} + c_{u1} \leq l/200$

Toleranzen von Auftritt und Steigung

1,5: zulässige Toleranz der Steigung von Antrittstufen in Wohngebäuden mit maximal 2 Wohnungen in mm

0,5: zulässige Toleranz des Auftritts von Antrittsstufen in mm

0,5: zulässige Toleranz von Auftritt und Steigung von Trittstufen in mm

Toleranzen zur Nennlage von Stufenvorderkanten

b_o: Toleranzen der Stufenvorderkante zur

b_u: Nennlage, gemessen in der Auftrittebene

b_{u1}, b_{o1}: Toleranzen benachbarter Stufen

c_o: Toleranzen der Stufenvorderkante zur

c_u: Nennlage gemessen in der Steigungsebene

c_{u1}, c_{o1}: Toleranzen benachbarter Stufen

a: Auftritt; s: Steigung; l: Stufenlänge

Die Grenzmaße von Auftritt und Steigung dürfen nicht über- bzw. unterschritten werden.

Berechnung von geraden Treppen

Treppen ohne Vorgabe der Lauflänge *L* (ideala Treppe)

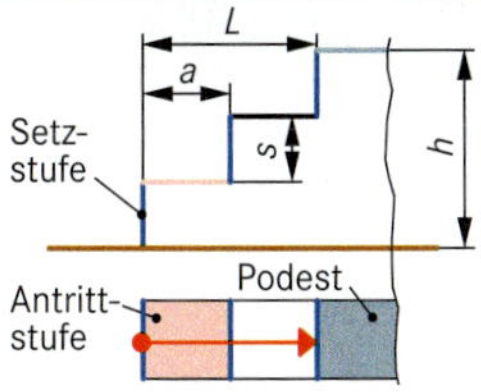

$n' = h/s_{ideal}$; $s_{ideal} = 170$ mm

$n' \rightarrow$ ganzzahlig runden $\rightarrow n$

$S = h/n$; $a = 630\ \text{mm} - 2 \cdot s$

$L = (n - 1) \cdot a$

Treppen mit Vorgabe der Lauflänge *L*

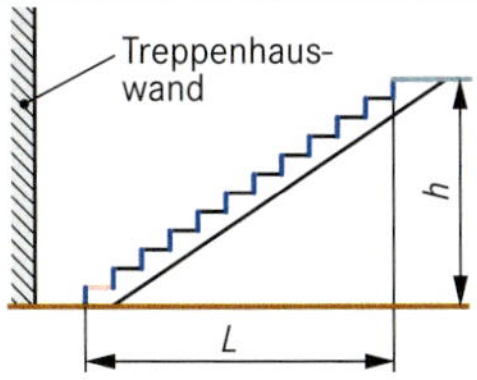

$n' = h/s_{ideal}$; $s_{ideal} = 170$ mm

$n' \rightarrow$ ganzzahlig runden $\rightarrow n$

$s = h/n$; $a = L'/(n - 1)$

Überprüfung:
$590\ \text{mm} \leq a + 2 \cdot s \leq 650$

n':	vorläufige, nicht auf ganze Zahlen gerundete Anzahl der Treppensteigungen	
h:	Stockwerkhöhe von Oberkante Fertigfußboden zu Oberkante Fertigfußboden	in mm
S_{ideal}:	vorläufig gewählte, ideale Treppensteigung	in mm
n:	ganzzahlige Anzahl der Treppensteigungen	
s:	tatsächliche Treppensteigung	in mm
a:	Treppenauftritt auf der Lauflinie	in mm
L:	Treppenlauflänge	in mm
L':	durch das Treppenhaus vorgegebene Treppenlauflänge	in mm

Berechnung von gewendelten Treppen

$X = 150$ mm

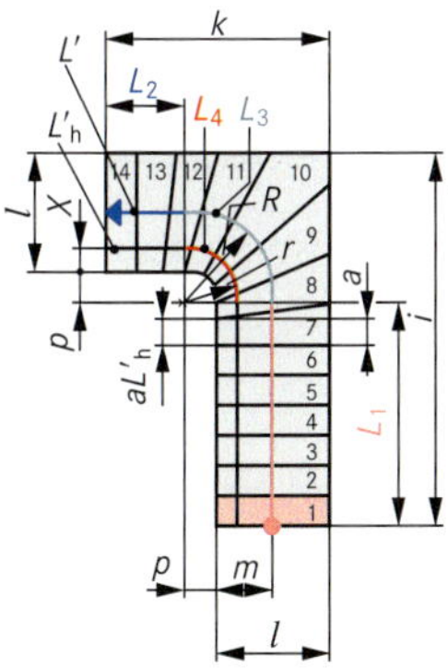

Berechnung der vorgegebenen Lauflänge *L'*

$L' = L_1 + L_2 + L_3$
$L_1 = i - l - p$; $L_2 = k - l - p$
$L_3 = 2 \cdot R \cdot \pi/4$; $R = m + p$

$L'_h = L_1 + L_2 + L_4$
$L_4 = 2 \cdot r \cdot \pi/4$; $r = X + P$

Berechnung der Treppe für die vorgegebene Lauflänge *L'*

$n' = h/s_{ideal}$; $s_{ideal} = 170$ mm
$n' \rightarrow$ ganzzahlig runden $\rightarrow n$

$s = h/n$; $a = L'/(n - 1)$

Überprüfung:
$590\ \text{mm} \leq a + 2 \cdot s \leq 650$ mm

L':	durch das Treppenhaus bzw. die Treppenform vorgegebene Treppenlauflänge	in mm
l_1, l_2, l_3:	Teillängen der Treppenlauflänge	in mm
i, k:	Treppenaußenmaße	in mm
l:	Stufenlänge	in mm
P:	Abstand der Krümmungsradien R bzw. r von der Stufeninnenkante	in mm
R:	Krümmungsradius der Lauf-(Geh-)Linie	in mm
r:	Krümmungsradius der Hilfslauf-(geh-)Linie	in mm
m:	Abstand der Lauflinie von der Stufeninnenkante	in mm
x:	Abstand der Hilfslauflinie von der Stufeninnenkante	in mm
L'_h:	Länge der Hilfsgehlinie	in mm
n:	ganzzahlige Anzahl der Treppensteigungen	
s:	tatsächliche Treppensteigung	in mm
a:	Treppenauftritt auf der Lauflinie	in mm

Berechnung der Auftrittbreiten auf der Hilfsgehlinie (Stufenverziehen)

Rechenweg

$\Delta L' = L' - L'_h$

$T_{ges} = T_1 + T_2 + ... + T_n$

$a_t = \dfrac{\Delta L'}{T_{ges}}$

$a_v = a_t \cdot T$

$a_{Lh} = a - a_v$

Benennung

$\Delta L'$:	Längenunterschied zwischen Lauflinie und Hilfslauflinie, sogn. Gesamtverschmälerung	in mm
L':	vorgegebene Länge der Lauflinie	
L'_h:	vorgegebene Länge der Hilfslauflinie	in mm
T_{ges}:	Summe aller an einer Treppe abzuziehenden Verschmälerungsteile	
T_1, T_2:	Zahl der pro Stufe abzuziehenden Verschmälerungsteile	
a_t:	Größe eines einzelnen Verschmälerungsteils	in mm
a_v:	Größe des von einer bestimmten Stufe abzuziehenden Verschmälerungsteils	in mm
a_{Lh}:	Auftrittbreiten der Einzelstufen auf der Hilfslauflinie	in mm
a:	Auftritt auf der Lauflinie	in mm

Beispielrechnung

Geg.: $L' = 4060$ mm; $L'_h = 3404$ mm; $a = 290$ mm

Ges.: $a_{Lh7...13}$ für Stufen Nr. 7 bis Nr. 13

Lös.: $\Delta L' = 4060\ \text{mm} - 3404\ \text{mm} = 656$ mm

Nummer der zu verschmälernden Stufe	$T_{7...13}$	$a_{V7...13}$ in mm	$a_{Lh7...13}$ in mm
7	1	41	249
8	2	82	208
9	3	123	167
10	4	164	126
11	3	123	167
12	2	82	208
13	1	41	249

$T_{ges} = 16$
$a_t = \Delta L'/T_{ges} = 656\ \text{mm}/16 = 41$ mm

$a_{Lh9} = a - a_{v9} = 290\ \text{mm} - 123\ \text{mm} = 167$ mm

Lastannahmen an Treppen und Treppenausführungen

Einsatzbereich	Verkehrslast DIN 1055-1	Treppenausführung	Treppeneigenlast
Wohngebäude	Flächenlast p = 3,5 kN/m² bzw. Einzellast F = 1,5 kN in ungünstigster Stellung	**leicht:** z. B. mit Stufen aus Holz, Blech oder Gitterrost	$g \leq 1{,}0$ kN/m²
öffentliche Gebäude	Flächenlast p = 5,0 kN/m² bzw. Einzellast F = 2,0 kN in ungünstigster Stellung	**mittelschwer:** z. B. Stufen aus Stahlprofilen oder Stahlbeton	$1{,}0\,\frac{kN}{m^2} < g \leq 3{,}0\,\frac{kN}{m^2}$
		schwer: z. B. mit Stufen aus schwerem Natur- bzw. Betonstein	$3{,}0\,\frac{kN}{m^2} < g \leq 5{,}0\,\frac{kN}{m^2}$

Ausführung von Wangentreppen mit maximal 18 Steigungen in Wohngebäuden

Stahlinformationszentrum Merkblatt 355: 1996

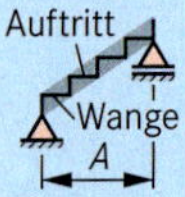

Auftritt / Wange / Auflagerabstand A in mm	nutzbare Treppenbreite (Stufenlänge) l_n in mm											
	800			1000			1250			1500		
	Flach DIN 1017-1	Winkel DIN EN 10 056-1	U-DIN 1026 -1	Flach DIN 1017-1	Winkel DIN EN 10 056-1	U-DIN 1026 -1	Flach DIN 1017-1	Winkel DIN EN 10 056-1	U-DIN 1026 -1	Flach DIN 1017-1	Winkel DIN EN 10 056-1	U-DIN 1026 -1
	Erforderliches Wangenprofil für leichte Treppenausführung											
2500	160 x 10	150 x 75 x 9	180	160 x 10	150 x 75 x 9	180	160 x 10	150 x 75 x 9	180	160 x 10	150 x 75 x 9	180
3000	160 x 10	150 x 75 x 9	180	160 x 10	150 x 75 x 9	180	160 x 10	150 x 75 x 9	180	160 x 10	150 x 75 x 9	180
3500	160 x 10	150 x 75 x 9	180	160 x 10	150 x 75 x 9	180	160 x 10	150 x 75 x 9	180	180 x 10	150 x 75 x 9	180
4000	160 x 10	150 x 75 x 9	180	160 x 12	150 x 75 x 9	180	160 x 12	180 x 90 x 10	180	180 x 12	180 x 90 x 10	180
4500	180 x 12	150 x 75 x 9	180	180 x 12	180 x 90 x 10	180	200 x 12	180 x 90 x 10	180	220 x 12	180 x 90 x 10	180
5000	200 x 10	180 x 90 x10	180	200 x 12	180 x 90 x 10	180	200 x 15	200 x 100 x 10	180	220 x 15	200 x 100 x 10	180
5500	200 x 12	180 x 90 x 10	180	220 x 12	200 x 100 x 10	180	220 x 15	200 x 100 x 10	180	240 x 15	200 x 100 x 10	200
	Erforderliches Wangenprofil für mittelschwere Treppenausführung											
2500	160 x 10	150 x 75 x 9	180	160 x 10	150 x 75 x 9	180	160 x 10	150 x 75 x 9	180	160 x 10	150 x 75 x 9	180
3000	160 x 10	150 x 75 x 9	180	160 x 10	150 x 75 x 9	180	160 x 10	150 x 75 x 9	180	160 x 12	150 x 75 x 9	180
3500	160 x 10	150 x 75 x 9	180	160 x 12	150 x 75 x 9	180	160 x 12	180 x 90 x 10	180	180 x 12	180 x 90 x 10	180
4000	180 x 10	150 x 75 x 9	180	180 x 12	180 x 90 x 10	180	200 x 12	180 x 90 x 10	180	220 x 12	180 x 90 x 10	180
4500	200 x 12	180 x 90 x10	180	200 x 12	180 x 90 x 10	180	200 x 15	200 x 100 x 10	180	220 x 15	200 x 100 x 10	180
5000	220 x 12	180 x 90 x10	180	220 x 15	200 x 100 x 10	180	240 x 15	200 x 100 x 14	180	240 x 16	200 x 100 x 14	200
5500	220 x 15	200 x 100 x 10	180	240 x 15	200 x 100 x 14	200	240 x 16	-	200	240 x 20	-	200
	Erforderliches Wangenprofil für schwere Treppenausführung											
2500	160 x 10	150 x 75 x 9	180	160 x 10	150 x 75 x 9	180	160 x 10	150 x 75 x 9	180	160 x 10	150 x 75 x 9	180
3000	160 x 10	150 x 75 x 9	180	160 x 10	150 x 75 x 9	180	160 x 12	150 x 75 x 9	180	180 x 12	180 x 90 x 10	180
3500	160 x 12	150 x 75 x 9	180	180 x 12	180 x 90 x 10	180	200 x 12	180 x 90 x 10	180	200 x 12	180 x 90 x 10	180
4000	180 x 12	180 x 90 x10	180	200 x 12	180 x 90 x 10	180	200 x 15	200 x 100 x 10	180	220 x 15	200 x 100 x 10	180
4500	200 x 12	180 x 90 x10	180	220 x 15	200 x 100 x 10	180	220 x 15	200 x 100 x 14	180	240 x 15	200 x 100 x 14	200
5000	220 x 15	200 x 100 x 10	180	240 x 15	200 x 100 x 14	200	240 x 16	-	200	240 x 20	-	220
5500	240 x 15	200 x 100 x 14	200	250 x 16	-	200	250 x 20	-	200	240 x 30	-	240

Ausführung von Wangentreppen mit maximal 18 Steigungen in öffentlichen Gebäuden

Stahlinformationszentrum Merkblatt 355: 1996

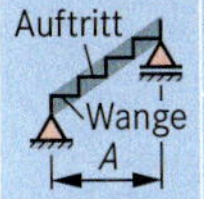

Auflagerabstand *A* in mm	nutzbare Treppenbreite (Stufenlänge) l_n in mm											
	800			1000			1250			1500		
	Profilart			Profilart			Profilart			Profilart		
	Flach DIN 1017-1	Winkel DIN EN 10 056-1	U-DIN 1026 -1	Flach DIN 1017-1	Winkel DIN EN 10 056-1	U-DIN 1026 -1	Flach DIN 1017-1	Winkel DIN EN 10 056-1	U-DIN 1026 -1	Flach DIN 1017-1	Winkel DIN EN 10 056-1	U-DIN 1026 -1
	Erforderliches Wangenprofil für leichte Treppenausführung											
2500	160 x 10	150 x 75 x 9	180	160 x 10	150 x 75 x 9	180	160 x 10	150 x 75 x 9	180	160 x 10	150 x 75 x 9	180
3000	160 x 10	150 x 75 x 9	180	160 x 10	150 x 75 x 9	180	160 x 10	150 x 75 x 9	180	160 x 10	150 x 75 x 9	180
3500	160 x 10	150 x 75 x 9	180	160 x 12	150 x 75 x 9	180	160 x 12	150 x 75 x 9	180	180 x 12	180 x 90 x 10	180
4000	160 x 12	150 x 75 x 9	180	180 x 12	180 x 90 x 10	180	200 x 12	180 x 90 x 10	180	200 x 12	180 x 90 x 10	180
4500	180 x 12	180 x 90 x 10	180	200 x 12	180 x 90 x 10	180	200 x 15	200 x 100 x 10	180	220 x 15	200 x 100 x 10	180
5000	200 x 12	180 x 90 x 10	180	200 x 15	200 x 100 x 10	180	220 x 15	200 x 100 x 14	180	240 x 15	200 x 100 x 14	200
5500	220 x 12	200 x 100 x 10	180	240 x 15	200 x 100 x 14	180	240 x 16	200 x 100 x 14	180	240 x 18	-	220
	Erforderliches Wangenprofil für mittelschwere Treppenausführung											
2500	160 x 10	150 x 75 x 9	180	160 x 10	150 x 75 x 9	180	160 x 10	150 x 75 x 9	180	160 x 10	150 x 75 x 9	180
3000	160 x 10	150 x 75 x 9	180	160 x 10	150 x 75 x 9	180	160 x 12	150 x 75 x 9	180	180 x 12	150 x 75 x 9	180
3500	160 x 12	150 x 75 x 9	180	180 x 12	180 x 90 x 10	180	180 x 12	180 x 90 x 10	180	200 x 12	180 x 90 x 10	180
4000	180 x 12	180 x 90 x 10	180	200 x 12	180 x 90 x 10	180	220 x 12	180 x 90 x 10	180	220 x 15	200 x 100 x 10	180
4500	200 x 12	180 x 90 x 10	180	200 x 15	200 x 100 x 10	180	220 x 15	200 x 100 x 10	180	240 x 15	200 x 100 x 14	200
5000	220 x 15	200 x 100 x 10	180	240 x 16	200 x 100 x 14	180	240 x 16	-	200	240 x 18	-	200
5500	240 x 15	200 x 100 x 14	200	240 x 16	-	200	240 x 20	-	220	220 x 30	-	220
	Erforderliches Wangenprofil für schwere Treppenausführung											
2500	160 x 10	150 x 75 x 9	180	160 x 10	150 x 75 x 9	180	160 x 10	150 x 75 x 9	180	160 x 10	150 x 75 x 9	180
3000	160 x 10	150 x 75 x 9	180	160 x 12	150 x 75 x 9	180	180 x 12	150 x 75 x 9	180	180 x 12	180 x 90 x 10	180
3500	180 x 12	180 x 90 x 10	180	180 x 12	180 x 90 x 10	180	200 x 12	180 x 90 x 10	180	220 x 12	200 x 100 x 10	180
4000	200 x 12	180 x 90 x 10	180	220 x 12	200 x 100 x 10	180	220 x 15	180 x 90 x 10	180	220 x 15	200 x 100 x 14	180
4500	200 x 15	200 x 100 x 10	180	220 x 15	200 x 100 x 14	180	240 x 15	200 x 100 x 10	200	240 x 16	-	200
5000	240 x 15	200 x 100 x 14	180	240 x 16	-	200	240 x 18	200 x 100 x 14	220	220 x 30	-	220
5500	240 x 16	-	200	250 x 20	-	220	240 x 30	-	240	240 x 30	-	240

Ausführung von Wangentreppen mit Zwischenpodest in öffentlichen Gebäuden

Stahlinformationszentrum Merkblatt 355: 1996

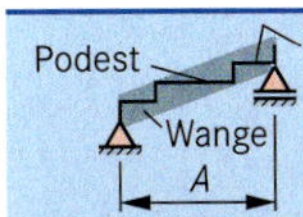

Auflagerabstand *A* in mm	Erforderliches Wangenprofil für mittelschwere Treppenausführung			
	nutzbare Treppenbreite (Stufenlänge) l_n in mm			
	800	1000	1250	1500
	U-Profil DIN 1026-1	U-Profil DIN 1026-1	U-Profil DIN 1026-1	U-Profil DIN 1026-1
6000	200	220	240	240
8000	260	280	300	320
9000	280	300	320	350
10 000	320	320	380	400
11 000	350	380	400	-

Ausführung von Zweiholmtreppen mit maximal 18 Steigungen in Wohngebäuden

Stahlinformationszentrum Merkblatt 355: 1996

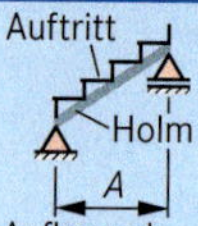 Auftritt, Holm, A Auflagerabstand *A* in mm	nutzbare Treppenbreite (Stufenlänge) l_n in mm							
	800		1000		1250		1500	
	I-Profil DIN 1025-1	Hohlprofil DIN EN 10 210-2	I-Profil DIN 1025-1	Hohlprofil DIN EN 10 210-2	I-Profil DIN 1025-1	Hohlprofil DIN EN 10 210-2	I-Profil DIN 1025-1	Hohlprofil DIN EN 10 210-2
	Erforderliches Holmprofil für leichte Treppenausführung							
2500	120	90 x 50 x 5	120	90 x 50 x 5	120	90 x 50 x 5	120	100 x 60 x 5,6
3000 3500	120 120	90 x 60 x 5 100 x 60 x 5,6	120 120	100 x 60 x 5,6 120 x 60 x 6,3	120 140	100 x 60 x 5,6 120 x 60 x 6,3	120 140	120 x 60 x 6,3 140 x 80 x 5,0
4000 4500	120 140	120 x 60 x 6,3 140 x 80 x 5,0	140 160	140 x 80 x 5,0 160 x 90 x 5,6	140 160	140 x 80 x 5,0 160 x 90 x 5,6	160 160	160 x 90 x 5,6 160 x 90 x 5,6
5000 5500	160 160	160 x 90 x 5,6 160 x 90 x 5,6	160 180	160 x 90 x 5,6 180 x 100 x 7,1	180 180	180 x 100 x 7,1 180 x 100 x 7,1	180 200	180 x 100 x 7,1 180 x 100 x 7,1
Erforderliches Holmprofil für mittelschwere Treppenausführung								
2500	120	90 x 50 x 5	120	100 x 60 x 5,6	120	100 x 60 x 5,6	120	100 x 60 x 5,6
3000 3500	120 120	100 x 60 x 5,6 120 x 60 x 6,3	120 140	120 x 60 x 6,3 140 x 80 x 5,0	120 140	120 x 60 x 6,3 140 x 80 x 5,0	140 160	120 x 60 x 6,3 160 x 90 x 5,6
4000 4500	140 160	140 x 80 x 5,0 160 x 90 x 5,6	160 160	160 x 90 x 5,6 160 x 90 x 5,6	160 180	160 x 90 x 5,6 180 x 100 x 7,1	160 180	160 x 90 x 5,6 180 x 100 x 7,1
5000 5500	160 180	180 x 100 x 7,1 180 x 100 x 7,1	180 200	180 x 100 x 7,1 180 x 100 x 7,1	200 200	180 x 100 x 7,1 200 x 120 x 8,0	200 220	200 x 120 x 8,0 200 x 120 x 8,0
Erforderliches Holmprofil für schwere Treppenausführung								
2500	120	100 x 60 x 5,6	120	100 x 60 x 5,6	120	120 x 60 x 6,3	120	120 x 60 x 6,3
3000 3500	120 140	120 x 60 x 6,3 140 x 80 x 5,0	120 140	120 x 60 x 6,3 140 x 80 x 5,0	140 160	140 x 80 x 5,0 160 x 90 x 5,6	140 160	140 x 80 x 5,0 160 x 90 x 5,6
4000 4500	160 160	160 x 90 x 5,6 160 x 90 x 5,6	160 180	160 x 90 x 5,6 180 x 100 x 7,1	180 180	180 x 100 x 7,1 180 x 100 x 7,1	180 200	180 x 100 x 7,1 200 x 120 x 8,0
5000 5500	180 200	180 x 100 x 7,1 180 x 100 x 7,1	200 200	180 x 100 x 7,1 200 x 120 x 8,0	200 220	200 x 120 x 8,0 200 x 120 x 8,0	220 240	200 x 120 x 8,0 220 x 120 x 8,0

Ausführung von Zweiholmtreppen mit Zwischenpodest in Wohngebäuden

Stahlinformationszentrum Merkblatt 355: 1996

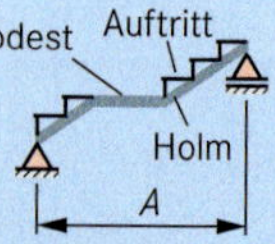 Podest, Auftritt, Holm, A Auflagerabstand *A* in mm	Erforderliches Holmprofil für mittelschwere Treppenausführung							
	nutzbare Treppenbreite (Stufenlänge) l_n in mm							
	800		1000		1250		1500	
	I-Profil DIN 1025-1	Hohlprofil DIN EN 10 210-2	I-Profil DIN 1025-1	Hohlprofil DIN EN 10 210-2	I-Profil DIN 1025-1	Hohlprofil DIN EN 10 210-2	I-Profil DIN 1025-1	Hohlprofil DIN EN 10 210-2
6000 8000	200 240	180 x 100 x 7,1 260 x 140 x 8,0	200 270	200 x 120 x 8,0 260 x 140 x 8,0	220 270	200 x 120 x 8,0 260 x 180 x 10	240 300	220 x 120 x 8,0 260 x 180 x 10
9000 11 000	270 330	260 x 140 x 8,0 280 x 180 x 11	300 330	260 x 180 x 10 –	300 360	280 x 180 x 8,0 –	330 400	– –
Alle Hohlprofilangaben gelten für durchlaufende Holme **und** für abgeknickte Holme mit geschweißtem Gehrungsstoß. Die I-Profilangabe gilt für durchlaufende Holme								

Ausführung von Zweiholmtreppen mit maximal 18 Steigungen in öffentlichen Gebäuden

Stahlinformationszentrum Merkblatt 355: 1996

Auflagerabstand *A* in mm	nutzbare Treppenbreite (Stufenlänge) l_n in mm							
	800		1000		1250		1500	
	I-Profil DIN 1025-1	Hohlprofil DIN EN 10 210-2	I-Profil DIN 1025-1	Hohlprofil DIN EN 10 210-2	I-Profil DIN 1025-1	Hohlprofil DIN EN 10 210-2	I-Profil DIN 1025-1	Hohlprofil DIN EN 10 210-2
Erforderliches Holmprofil für leichte Treppenausführung								
2500	120	90 x 50 x 5,0	120	90 x 50 x 5,0	120	100 x 50 x 5,6	120	100 x 60 x 5,6
3000	120	100 x 60 x 5,6	120	100 x 60 x 6,3	120	120 x 60 x 6,3	140	120 x 60 x 6,3
3500	120	120 x 60 x 6,3	140	120 x 60 x 6,3	140	140 x 80 x 5,0	140	140 x 80 x 5,0
4000	140	140 x 80 x 5,0	140	140 x 80 x 5,0	160	160 x 90 x 5,6	160	160 x 90 x 5,6
4500	160	160 x 90 x 5,6	160	160 x 90 x 5,6	180	180 x 100 x 7,1	180	180 x 100 x 7,1
5000	160	160 x 90 x 5,6	180	180 x 90 x 7,1	180	180 x 100 x 7,1	200	180 x 100 x 7,1
5500	180	180 x 100 x 7,1	180	180 x 100 x 7,1	200	200 x 120 x 8,0	220	200 x 120 x 8,0
Erforderliches Holmprofil für mittelschwere Treppenausführung								
2500	120	100 x 60 x 5,6	120	100 x 60 x 5,6	120	100 x 60 x 5,6	120	120 x 60 x 5,6
3000	120	120 x 60 x 6,3	120	120 x 60 x 6,3	140	140 x 80 x 5,0	140	140 x 80 x 5,0
3500	140	140 x 80 x 5,0	140	140 x 80 x 5,0	160	160 x 90 x 5,6	160	160 x 90 x 5,6
4000	160	160 x 90 x 5,6	160	160 x 90 x 5,6	160	160 x 90 x 5,6	180	180 x 100 x 7,1
4500	160	160 x 90 x 5,6	180	180 x 100 x 7,1	180	180 x 100 x 7,1	200	180 x 100 x 7,1
5000	180	180 x 100 x 7,1	200	180 x 100 x 7,1	200	200 x 120 x 8,0	220	200 x 120 x 8,0
5500	200	180 x 100 x 7,1	200	200 x 120 x 8,0	220	200 x 120 x 8,0	220	220 x 120 x 8,0
Erforderliches Holmprofil für schwere Treppenausführung								
2500	120	100 x 60 x 5,6	120	100 x 60 x 5,6	120	120 x 60 x 6,3	120	120 x 60 x 6,3
3000	120	120 x 60 x 6,3	140	140 x 80 x 5,0	140	140 x 80 x 5,0	140	140 x 80 x 5,0
3500	140	140 x 80 x 5,0	160	160 x 90 x 5,6	160	160 x 90 x 5,6	160	180 x 100 x 5,6
4000	160	160 x 90 x 5,6	160	160 x 90 x 5,6	180	180 x 100 x 7,1	180	180 x 100 x 7,1
4500	180	180 x 100 x 7,1	180	180 x 100 x 7,1	200	200 x 120 x 8,0	200	200 x 120 x 8,0
5000	200	180 x 100 x 7,1	200	200 x 120 x 8,0	220	200 x 120 x 8,0	220	220 x 120 x 8,0
5500	200	200 x 120 x 8,0	220	200 x 120 x 8,0	220	220 x 120 x 8,0	240	260 x 140 x 8,0

Ausführung von Zweiholmtreppen mit Zwischenpodest in öffentlichen Gebäuden

Stahlinformationszentrum Merkblatt 355: 1996

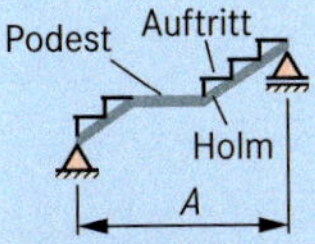

Auflagerabstand *A* in mm	Erforderliches Holmprofil für mittelschwere Treppenausführung							
	nutzbare Treppenbreite (Stufenlänge) l_n in mm							
	800		1000		1250		1500	
	I-Profil DIN 1025-1	Hohlprofil DIN EN 10 210-2	I-Profil DIN 1025-1	Hohlprofil DIN EN 10 210-2	I-Profil DIN 1025-1	Hohlprofil DIN EN 10 210-2	I-Profil DIN 1025-1	Hohlprofil DIN EN 10 210-2
6000	200	200 x 120 x 8,0	240	220 x 120 x 8,0	240	260 x 140 x 6,3	270	260 x 140 x 6,3
8000	270	260 x 140 x 8,0	300	280 x 180 x 7,1	330	280 x 180 x 8,8	330	280 x 220 x 10
9000	300	280 x 180 x 7,1	330	280 x 180 x 11	360	–	360	–
11 000	330	–	400	–	400	–	450	–

Alle Hohlprofilangaben gelten für durchlaufende Holme **und** für abgeknickte Holme mit geschweißtem Gehrungsstoß.
Die I-Profilangabe gilt für durchlaufende Holme

Ausführung von Einholmtreppen mit maximal 18 Steigungen in Wohngebäuden

Stahlinformationszentrum Merkblatt 355: 1996

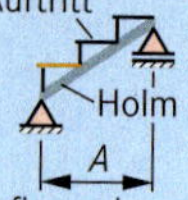

Auflagerabstand A in mm	nutzbare Treppenbreite (Stufenlänge) l_n in mm							
	800		1000		1250		1500	
	Hohlprofil DIN EN 10 210-2	Rohr DIN 2448	Hohlprofil DIN EN 10 210-2	Rohr DIN 2448	Hohlprofil DIN EN 10 210-2	Rohr DIN 2448	Hohlprofil DIN EN 10 210-2	Rohr DIN 2448
	Erforderliches Holmprofil für leichte Treppenausführung							
2500	100 x 4,0	101,6 x 4,5	100 x 4,0	108,0 x 4,5	100 x 4,0	114,3 x 4,5	100 x 5,0	114,3 x 5,6
3000	100 x 5,0	114,3 x 5,6	100 x 6,3	133,0 x 4,0	120 x 4,5	133,0 x 5,6	120 x 4,5	133,0 x 5,6
3500	120 x 4,5	133,0 x 5,6	120 x 5,6	139,7 x 5,6	140 x 5,6	139,7 x 7,1	140 x 5,6	159,0 x 5,9
4000	140 x 5,6	139,7 x 7,1	140 x 5,6	159,0 x 5,6	140 x 7,1	159,0 x 7,1	140 x 8,8	168,3 x 7,1
4500	140 x 5,6	159,0 x 6,3	140 x 7,1	168,3 x 6,3	160 x 6,3	168 x 8,8	160 x 8,0	193,7 x 6,3
5000	140 x 8,8	168,3 x 7,1	160 x 8,0	193,7 x 5,6	180 x 6,3	193,7 x 7,1	180 x 8,0	193,7 x 8,8
	Erforderliches Holmprofil für mittelschwere Treppenausführung							
2500	100 x 4,0	101,6 x 6,3	100 x 5,0	114,3 x 5,6	120 x 4,5	133,0 x 4,0	120 x 4,5	133,0 x 5,6
3000	120 x 4,5	133,0 x 5,6	120 x 4,5	133,0 x 5,6	120 x 5,6	139,7 x 6,3	140 x 5,6	159,0 x 4,5
3500	120 x 5,6	139,7 x 6,3	140 x 5,6	159,0 x 5,6	140 x 7,1	168,3 x 5,6	140 x 7,1	168,3 x 6,3
4000	140 x 5,6	159,0 x 6,3	140 x 7,1	168,3 x 6,3	160 x 6,3	193,7 x 6,3	160 x 8,0	193,7 x 6,3
4500	160 x 6,3	193,7 x 5,6	160 x 6,3	193,7 x 6,3	180 x 6,3	193,7 x 8,0	180 x 8,0	219,1 x 6,3
5000	160 x 8,0	193,7 x 6,3	180 x 6,3	219,1 x 6,3	180 x 8,0	219,1 x 7,1	200 x 8,0	244,5 x 6,3
	Erforderliches Holmprofil für schwere Treppenausführung							
2500	100 x 5,0	114,3 x 5,6	120 x 4,5	133,0 x 4,0	120 x 4,5	133,0 x 5,6	120 x 5,6	139,7 x 5,6
3000	120 x 5,6	139,7 x 5,6	120 x 6,3	159,0 x 4,5	140 x 5,6	159,0 x 5,6	140 x 7,1	168,3 x 5,6
3500	140 x 5,6	159 x 5,6	140 x 7,1	168,3 x 5,6	160 x 6,3	168,3 x 7,1	160 x 6,3	193,7 x 5,6
4000	160 x 6,3	168,3 x 7,1	160 x 6,3	193,7 x 5,6	160 x 8,0	193,7 x 7,1	180 x 6,3	219,1 x 6,3
4500	160 x 8,0	193,7 x 6,3	180 x 6,3	219,1 x 6,3	180 x 8,0	219,1 x 7,1	200 x 6,3	244,5 x 6,3
5000	180 x 6,3	219,1 x 6,3	200 x 6,3	219,1 x 7,1	200 x 8,0	244,5 x 6,3	200 x 10	244,5 x 8,0

Ausführung von Spindeltreppen

Stahlinformationszentrum Merkblatt 355: 1996

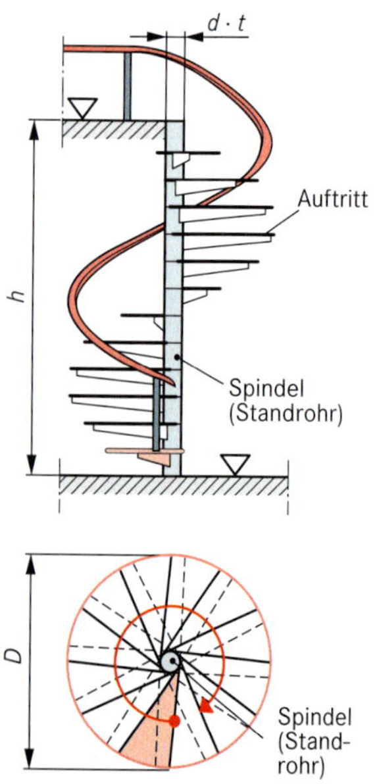

Treppenspindelhöhe h in mm	Treppendurchmesser D in mm					
	1200	1400	1600	1800	2000	2200
	Erforderliches Spindel-Rohr DIN 2448 für leichte Treppenausführung und Aufstellung in Wohngebäuden					
2500 bis 4500	101,6 x 4,5	101,6 x 4,5	101,6 x 4,5	101,6 x 4,5	114,3 x 4,5	114,3 x 4,5
5000				101,6 x 4,5	114,3 x 4,5	133,0 x 5,6
5500				114,3 x 4,5	133,0 x 5,6	
	Erforderliches Spindel-Rohr DIN 2448 für leichte Treppenausführung und Aufstellung in öffentlichen Gebäuden					
2500 bis 4000	101,6 x 4,5	101,6 x 4,5	101,6 x 4,5	101,6 x 4,5	114,3 x 4,5	133,0 x 5,6
4500 5000				114,3 x 4,5	133,0 x 5,6	
5500			114,3 x 4,5			

D: Treppendurchmesser in mm
d: Spindelrohraußendurchmesser in mm
t: Spindelrohrwanddicke in mm
h: Spindelrohr-(Stockwerk-)höhe in mm

Trittstufen aus Gitterrost

DIN 24 531-1: 2006-04

Ausführungen und Maße

Schweißrost SP	Pressrost P
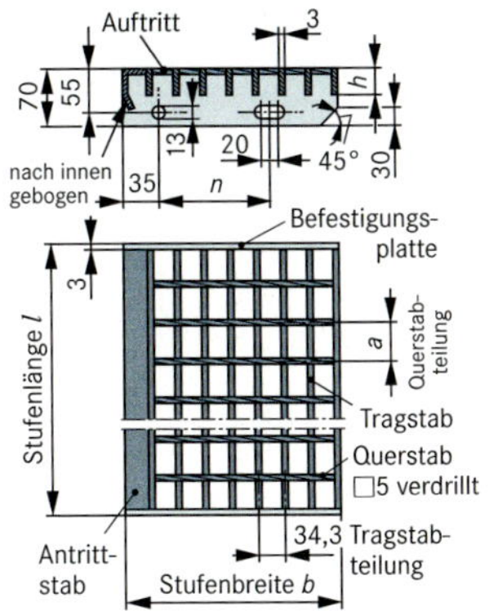	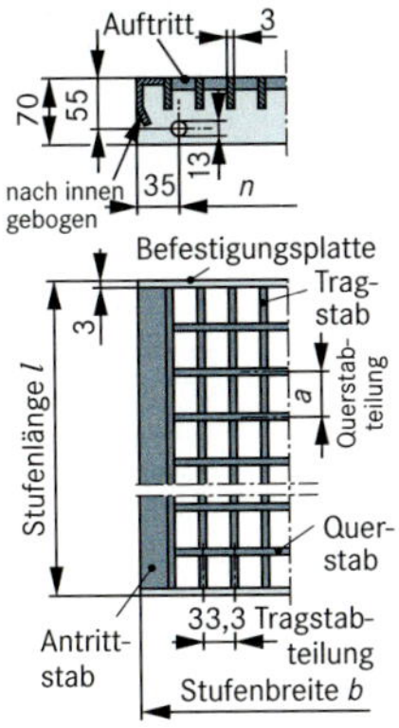

Für die Ausführung *SP* und die Liefergröße *l* = 800 mm; *b* = 305 mm und *h* = 40 mm ist *a* = 50,8 mm; für alle anderen Liefergrößen ist *a* = 38,1 mm. Für die Ausführung *P* ist *a* = 33,33 mm für alle Liefergrößen.

Zulässige mittige Einzelkraft für alle Lieferformen: F_{zul} = 1500 N

Liefergrößen

Stufenlänge *e* in mm	Stufenbreite *b* in mm	Abstandsmaß *n* in mm	Tragstabhöhe *h* in mm	Stufenmasse *m* in kg
800	240	120	30 40	6,8 8,0
	270	150	30 40	7,5 9,1
	305	180	30 40	8,3 10,1
1000	240	120	30 40	8,2 9,9
	270	150	30 40	9,1 11,1
	305	180	30 40	10,2 12,4
1200	240	120	40	11,7
	270	150	40	13,2
	305	180	40	14,7

Trittstufenbezeichnung

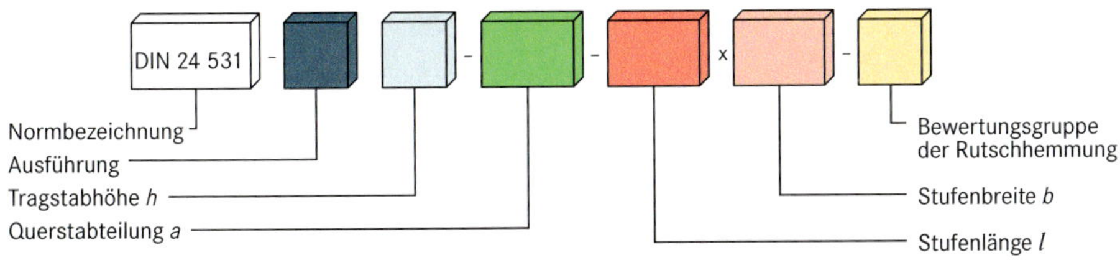

Bezeichnung einer Trittstufe aus Gitterrost, Ausführung *SP*; Tragstabhöhe *h* = 40 mm; Querstabteilung *a* = 38,1 mm; Stufenlänge *l* = 800 mm; Stufenbreite *b* = 240 mm; in besonders rutschhemmender Ausführung, z. B. R11	Trittstufe DIN 24 531– SP 40 – 38,1 – 800 x 240 – R11

Holztrittstufen

Arbeitsgemeinschaft Holz e. V.

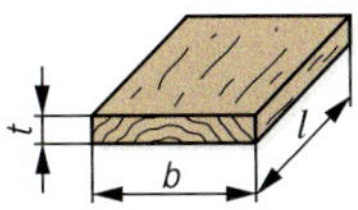

Stufenwerkstoff	Stufendicke		Stufenlängen *l* in mm: 800		900		1000		1100		1200	
			Stufenbreite *b* in mm: 240	300	240	300	240	300	240	300	240	300
Nadelholz Güteklasse II; DIN 4074 z. B. Fichte, Kiefer	Stufenmindestdicke *t*	in mm	32	30	35	32	37	35	40	37	42	39
	empfohlene Stufendicke *t*	in mm	40	40	45	45	45	45	50	50	55	55
Hartholz mittlerer Güte: Eiche, Buche	Stufenmindestdicke *t*	in mm	30	28	32	30	35	32	37	34	39	37
	empfohlene Stufendicke *t*	in mm	40	40	45	45	45	45	50	50	55	55
Bau-Furnierplatten (BFU) DIN 68 705	Stufenmindestdicke *t*	in mm	36	34	39	36	42	39	45	42	48	44
	empfohlene Stufendicke *t*	in mm	40	40	45	45	45	45	50	50	55	55

Geländerbauteile und -Maße

Treppengeländer über dem Treppenlauf

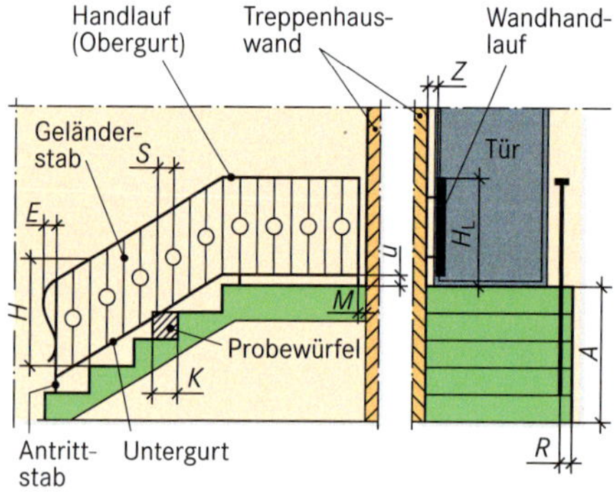

Treppengeländer neben dem Treppenlauf

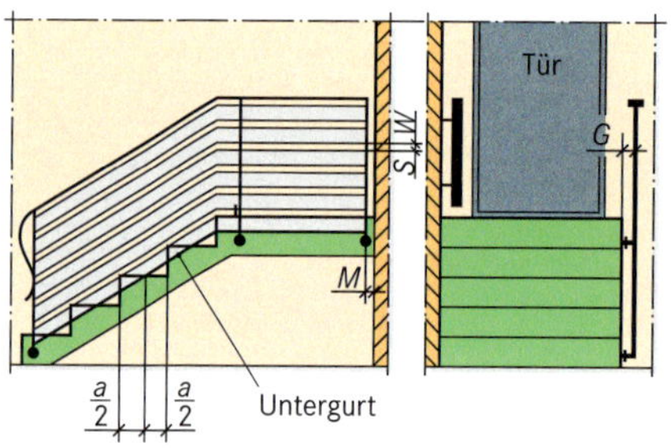

a: Treppenauftritt

Maßbeschreibungen			Grenzmaße in mm
E	waagerechtes Handlaufeinzugsvorstandsmaß		≤ 400
S	Lichter Abstand von Geländerstäben in einer Richtung	in Wohngebäuden	≤ 120
		in öffentlichen Bauten	≤ 180[1)]
U	Lichter Abstand zwischen Podestoberkante und Geländeruntergurt		≤ 120
Z	Seitenabstand des Handlaufs zu anderen Bauteilen		≥ 50
H_L	Wandhandlaufhöhe zur leichteren Begehbarkeit		$800 \leq H_L \leq 1150$
K	Kantenlänge eines Probewürfels, der nicht unter dem Untergurt durchpassen darf		≤ 150
R	Randabstand der Bohrung zur Geländerstabbefestigung in Stufen aus Marmor oder ähnlichen Baustoffen		≥ 70
W	Lichter senkrechter Abstand von Geländerstäben in Gebäuden, in denen mit der Anwesenheit von unbeaufsichtigten Kleinkindern zu rechnen ist		≤ 40
M	Seitenabstand von Geländerbauteilen zu anderen Bauteilen (z. B. Wänden)		≤ 50
G	Seitenabstand von Geländern zu Treppenläufen und Podesten		≤ 60

1) 120 mm ≤ *S* ≤ 180 mm ist nur dann in öffentlichen Bauten zulässig, wenn nicht mit der häufigen Anwesenheit von Kindern gerechnet werden muss.

Treppengeländerhöhe *H*

Absturzhöhe *A*	Gebäudeart	Geländerhöhe *H* in mm
A ≤ 12 m	Wohngebäude und andere Gebäude, die nicht der Arbeitsstättenverordnung unterliegen	*H* ≥ 900
A ≤ 12 m	Arbeitsstätten (nach Vorschriften des Arbeitsschutzrechtes)	*H* ≥ 1000
A > 12 m	alle Gebäudearten	*H* ≥ 1100

Ermittlung der Beanspruchung von Geländerpfosten

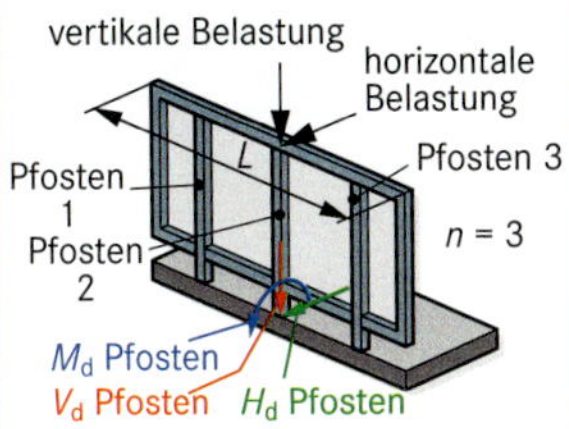

$$M_{dPfosten} = M_{dges}/n$$
$$H_{dPfosten} = H_{dges}/n$$
$$V_{dPfosten} = V_{dges}/n$$

$$M_{dges} = M_d \cdot L$$
$$H_{dges} = H_d \cdot L$$
$$V_{dges} = V_d \cdot L$$

$M_{dPfosten}$:	Bemessungswert des Biegemomentes je Pfosten	in kN · m
$H_{dPfosten}$: $V_{dPfosten}$:	Bemessungswerte der Kräfte je Pfosten	in kN
M_{dges}:	Bemessungswert des durch das gesamte Geländer auf die Pfosten aufgebrachten Biegemoments	in kN · m
H_{dges}: V_{dges}:	Bemessungswerte der durch das gesamte Geländer auf die Pfosten aufgebrachten Horizontal- und Vertikalkräfte	in kN
M_d:	Bemessungswert des einwirkenden Biegemomentes	in kN · m/m
H_d:	Bemessungswert der einwirkenden Horizontalkraft	in kN/m
V_d:	Bemessungswert der einwirkenden Vertikalkraft	in kN/m
n:	Anzahl der Pfosten pro Geländer	
L:	Geländerlänge	in m

Bemessungswerte der einwirkenden Biegemomente und Kräfte bei Befestigung von oben an der Treppe oder am Balkon

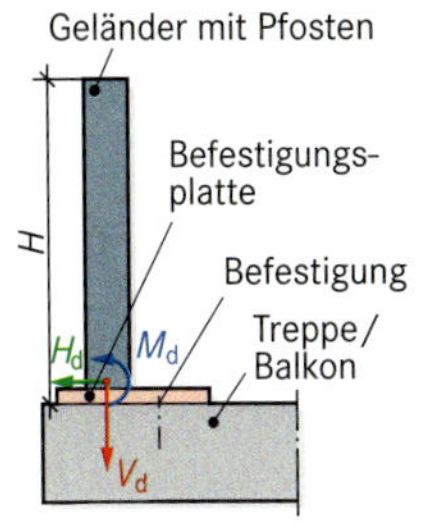

Absturzhöhe A in m	Bemessungswert des einwirkenden Biegemomentes M_d in kN · m/m – für Wohngebäude		für öffentliche Gebäude		Bemessungswert der einwirkenden Horizontalkraft H_d in kN/m – für Wohngebäude		für öffentliche Gebäude		Bemessungswert der einwirkenden Vertikalkraft V_d in kN/m
	Geländerhöhe H in m				Geländerhöhe H in m				alle Geländerhöhen
	1,0	1,1	1,0	1,1	1,0	1,1	1,0	1,1	
$A \leq 8$	0,872	0,947			0,75	0,75			
$8 < A \leq 20$	0,983	1,16	1,70	1,85	1,56	1,72	1,50	1,50	1,24
$A > 20$	1,33	1,58			2,15	2,36			

Die angegebenen Bemessungswerte beziehen sich auf 1 m Geländerlänge

Bemessungswerte der einwirkenden Biegemomente und Kräfte bei Befestigung von der Seite an der Treppe oder am Balkon

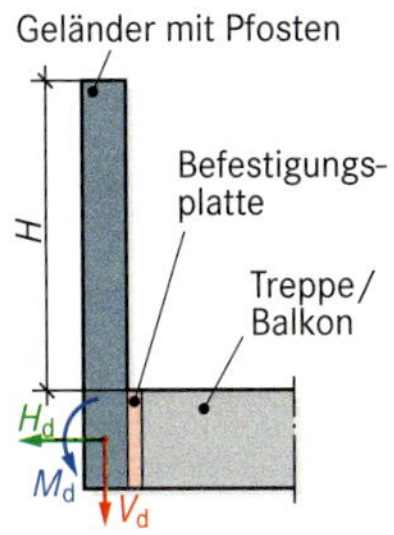

Absturzhöhe A in m	Bemessungswert des einwirkenden Biegemomentes M_d in kN · m/m – für Wohngebäude		für öffentliche Gebäude		Bemessungswert der einwirkenden Horizontalkraft H_d in kN/m – für Wohngebäude		für öffentliche Gebäude		Bemessungswert der einwirkenden Vertikalkraft V_d in kN/m
	Geländerhöhe H in m				Geländerhöhe H in m				alle Geländerhöhen
	1,0	1,1	1,0	1,1	1,0	1,1	1,0	1,1	
$A \leq 8$	1,03	1,11			0,75	0,75			
$8 < A \leq 20$	1,23	1,42	1,92	2,07	1,84	2,0	1,50	1,50	1,24
$A > 20$	1,64	1,90			2,53	2,75			

Die angegebenen Bemessungswerte beziehen sich auf 1 m Geländerlänge

Bemessungswerte der einwirkenden Biegemomente und Kräfte bei Befestigung von unten an der Treppe oder am Balkon

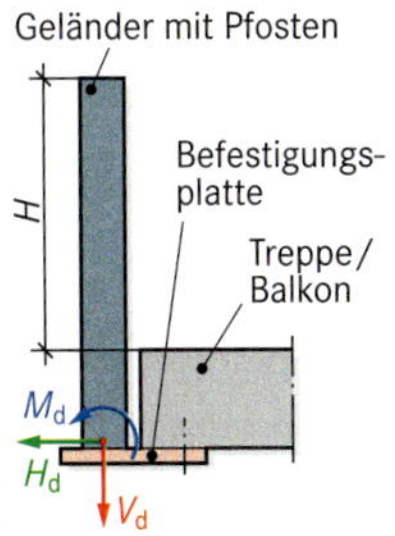

Absturzhöhe A in m	Bemessungswert des einwirkenden Biegemomentes M_d in kN · m/m – für Wohngebäude		für öffentliche Gebäude		Bemessungswert der einwirkenden Horizontalkraft H_d in kN/m – für Wohngebäude		für öffentliche Gebäude		Bemessungswert der einwirkenden Vertikalkraft V_d in kN/m
	Geländerhöhe H in m				Geländerhöhe H in m				alle Geländerhöhen
	1,0	1,1	1,0	1,1	1,0	1,1	1,0	1,1	
$A \leq 8$	1,32	1,39		2,44	0,75	0,75		1,50	
$8 < A \leq 20$	1,66	1,87	2,29		2,03	2,18	1,50		1,24
$A > 20$	2,16	2,45		2,45	2,79	3,0		3,0	

Die angegebenen Bemessungswerte beziehen sich auf 1 m Geländerlänge

Beanspruchbarkeit von angeschweißten und mit Laschen angeschraubten Geländerpfosten

Pfostenprofil	Profilabmessung		Beanspruchbarkeit $M_{R,d,Pfosten}$ in kN · m									
Flachstahl	Breite b in mm	Dicke t in mm	Pfostenwerkstoff und Streckgrenze $f_{y,k}$									
Fall 1: angeschweißt			allgemeiner Baustahl mit				Nichtrostender Stahl mit				Al-Legierung mit	
			$f_{y,k}$ = 240 N/mm²		$f_{y,k}$ = 360 N/mm²		$f_{y,k}$ = 190 N/mm²		$f_{y,k}$ = 220 N/mm²		$f_{y,k}$ = 190 N/mm²	
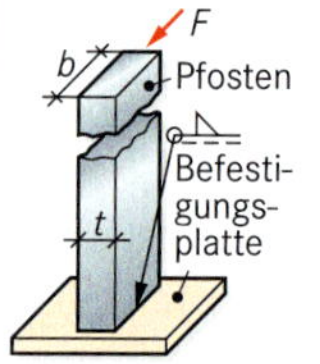			angeschweißt	angeschraubt	angeschweißt	angeschraubt	angeschweißt	angeschraubt	angeschweißt	angeschraubt	angeschweißt	angeschraubt
	35	8	0,440	0,379	0,648	0,558	0,350	0,302	0,404	0,349	0,114	0,241
	40	8	0,572	0,512	0,836	0,748	0,456	0,408	0,526	0,471	0,145	0,320
	40	10	0,723	0,647	1,07	0,961	0,574	0,513	0,664	0,594	0,191	0,421
	45	10	0,914	0,837	1,35	1,24	0,726	0,665	0,839	0,769	0,240	0,541
Fall 2: angeschraubt	45	12	1,10	1,01	1,64	1,51	0,874	0,801	1,01	0,926	0,294	0,664
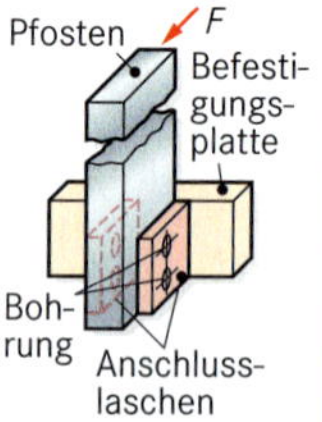	50	8	0,884	0,824	1,27	1,19	0,708	0,660	0,815	0,759	0,218	0,500
	50	10	1,13	1,05	1,66	1,55	0,895	0,834	1,03	0,964	0,293	0,673
	50	12	1,36	1,27	2,02	1,89	1,08	1,00	1,25	1,16	0,361	0,830
	60	8	1,25	1,20	1,78	1,69	1,01	0,964	1,16	1,10	0,299	0,702
	60	10	1,61	1,54	2,36	2,25	1,28	1,22	1,48	1,41	0,412	0,967
	70	10	2,18	2,10	3,16	3,05	1,74	1,68	2,01	1,94	0,546	1,30
	70	12	2,65	2,56	3,91	3,78	2,11	2,03	2,43	2,35	0,691	1,64
Doppelter gleichschenkliger Winkel	Breite b in mm	Dicke t in mm										
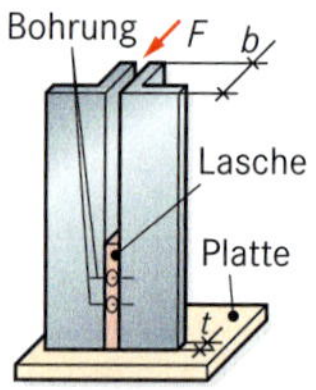	35	4	0,961	0,778	1,44	1,17	0,761	0,616	0,881	0,713	0,260	0,519
	35	4	1,17	0,939	1,76	1,41	0,928	0,744	1,07	0,861	0,317	0,626
	40	4	1,27	1,03	1,91	1,55	1,01	0,816	1,16	0,945	0,344	0,687
	40	5	1,55	1,25	2,33	1,88	1,23	0,99	1,42	1,15	0,421	0,833
	50	5	2,48	2,04	3,72	3,05	1,96	1,61	2,27	1,87	0,672	1,36
	60	5	3,63	3,04	5,44	4,56	2,87	2,41	3,32	2,79	0,982	2,03
Befestigung nach Fall 1 oder 2	65	6	5,07	4,27	7,60	6,40	4,01	3,38	4,65	3,91	1,37	2,85
	70	6	5,91	5,03	8,87	7,54	4,68	3,98	5,42	4,61	1,60	3,35
Doppelter ungleichschenkliger Winkel	Breiten in mm b_1 b_2	Dicke t in mm										
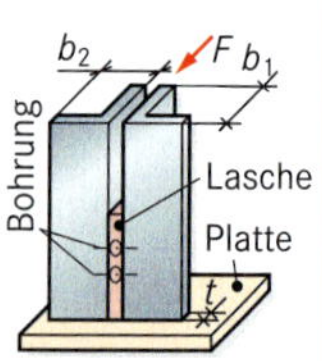	40 20	4	1,09	1,08	1,63	1,63	0,862	0,858	0,998	0,993	0,295	0,722
	45 30	4	1,52	1,40	2,28	2,10	1,20	1,11	1,39	1,28	0,411	0,933
	45 30	5	1,85	1,71	2,78	2,58	1,47	1,35	1,7	1,56	0,502	1,14
	50 40	5	2,41	2,12	3,62	3,18	1,91	1,68	2,21	1,95	0,653	1,42
	60 30	5	3,12	2,97	4,68	4,46	2,47	2,35	2,86	2,73	0,845	1,98
	60 30	7	4,21	4,00	6,31	6,00	3,33	3,17	3,86	3,67	1,14	2,67
Befestigung nach Fall 1 oder 2	60 40	5	3,40	3,10	5,09	4,66	2,69	2,46	3,11	2,85	0,919	2,07
	60 40	6	4,00	3,65	6,00	5,48	3,17	2,89	3,67	3,35	1,08	2,44
T-Profil	Breite b in mm	Dicke t in mm										
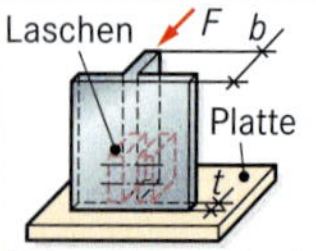	35	4,5	0,532	0,338	0,793	0,504	0,422	0,268	0,488	0,310	0,142	0,222
	40	5	0,775	0,528	1,16	0,787	0,615	0,419	0,711	1,484	0,207	0,347
	50	6	1,46	1,09	2,18	1,63	1,16	0,862	1,34	0,998	0,392	0,718
Bef. n. Fall 1 oder 2	60	7	2,47	1,94	3,69	2,9	1,95	1,54	2,26	1,78	0,663	1,28

Für einbetonierte Pfosten gelten die gleichen Werte wie für angeschweißte Pfosten.
Die nach diesen Tabellen gewählten Profile ertragen zusätzlich zum Biegemoment auch die auftretenden Kräfte $H_d + V_d$

Beanspruchbarkeit von angeschweißten und mit Laschen angeschraubten Geländerpfosten

Beanspruchbarkeit $M_{R,\,d,\,Pfosten}$ in kN · m – Pfostenwerkstoff und Streckgrenze $f_{y,k}$

Quadratrohr

Fall 1: angeschweißt

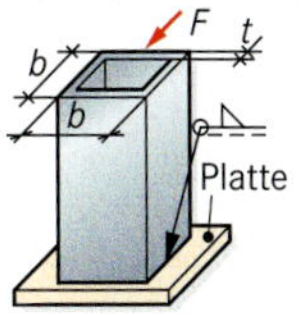

Fall 2: angeschraubt

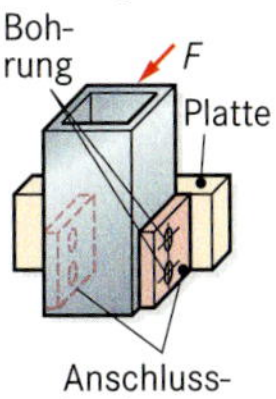

Breite b in mm	Dicke t in mm	allgemeiner Baustahl mit $f_{y,k}$ = 240 N/mm² ange-schweißt	$f_{y,k}$ = 240 N/mm² ange-schraubt	$f_{y,k}$ = 360 N/mm² ange-schweißt	$f_{y,k}$ = 360 N/mm² ange-schraubt	Nichtrostender Stahl mit $f_{y,k}$ = 190 N/mm² ange-schweißt	$f_{y,k}$ = 190 N/mm² ange-schraubt	$f_{y,k}$ = 220 N/mm² ange-schweißt	$f_{y,k}$ = 220 N/mm² ange-schraubt	Al-Legierung mit $f_{y,k}$ = 190 N/mm² ange-schweißt	$f_{y,k}$ = 190 N/mm² ange-schraubt
30	2	(0,514)[1)]	0,4777	(0,771)	0,716	(0,407)	0,378	(0,471)	0,437	(0,139)	0,318
30	3	0,719	0,663	1,08	0,995	0,569	0,525	0,659	0,608	0,195	0,442
35	2	(0,714)	0,677	(1,07)	1,02	(0,565)	0,536	(0,654)	0,620	(0,193)	0,451
35	3	1,01	0,953	1,51	1,43	0,798	0,754	0,924	0,874	0,273	0,635
40	2	(0,946)	0,909	(1,42)	1,36	(0,749)	0,720	(0,867)	0,833	(0,256)	0,606
40	3,2	1,42	1,36	2,13	2,04	1,13	1,08	1,30	1,25	0,385	0,909
45	2	(1,21)	1,17	(1,82)	1,76	(0,959)	0,93	(1,11)	1,08	(0,328)	0,783
45	3	1,73	1,68	2,60	2,52	1,37	1,33	1,59	1,54	0,470	1,12
50	2	(1,51)	1,47	(2,26)	2,21	(1,19)	1,17	(1,38)	1,35	(0,408)	0,981
50	3	2,17	2,12	3,26	3,17	1,72	1,68	1,99	1,94	0,588	1,41
50	4	2,78	2,70	4,17	4,05	2,20	2,14	2,55	2,48	0,752	1,80

Rechteckrohr

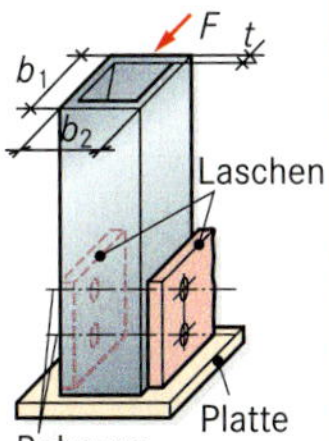

Befestigung nach Fall 1 oder 2

Breiten b_1 in mm	Breiten b_2 in mm	Dicke t in mm	240 ange-schweißt	240 ange-schraubt	360 ange-schweißt	360 ange-schraubt	190 (nichtrost.) ange-schweißt	190 (nichtrost.) ange-schraubt	220 ange-schweißt	220 ange-schraubt	Al 190 ange-schweißt	Al 190 ange-schraubt
40	20	2	(0,614)	0,578	(0,922)	0,866	(0,486)	0,457	(0,563)	0,529	(0,166)	0,385
40	20	2,6	(0,768)	0,720	(1,15)	1,08	(0,608)	0,570	(0,704)	0,660	(0,208)	0,480
50	20	2	(0,881	0,844	(1,32)	1,27	(0,697)	0,668	(0,807)	0,773	(0,236)	0,562
50	20	3	1,25	1,19	1,87	1,79	0,989	0,945	1,14	1,09	0,338	0,796
50	25	2	(0,985)	0,948	(1,48)	1,42	(0,78)	0,751	(0,903)	0,869	(0,267)	0,632
50	25	3	1,40	1,35	2,10	2,02	1,11	1,07	1,29	1,24	0,380	0,898
60	20	2	(1,19)	1,15	(1,79)	1,73	(0,942)	0,913	(1,09)	1,06	(0,322)	0,769
60	20	3	1,70	1,65	2,55	2,47	1,35	1,30	1,56	1,51	0,460	1,10
60	25	2	(1,32)	1,28	(1,98)	1,92	(1,04)	1,01	(1,21)	1,17	(0,356)	0,853
60	25	3	1,89	1,83	2,83	2,75	1,49	1,45	1,73	1,68	0,511	1,22
60	30	2	(1,44)	1,41	(2,17)	2,11	(1,14)	1,11	(1,32)	1,29	(0,391)	0,938
60	30	3	2,07	2,02	3,11	3,03	1,64	1,60	1,90	1,85	0,561	1,35
60	30	4	2,65	2,57	3,97	3,86	2,09	2,04	2,43	2,36	0,716	1,71

Rundrohr

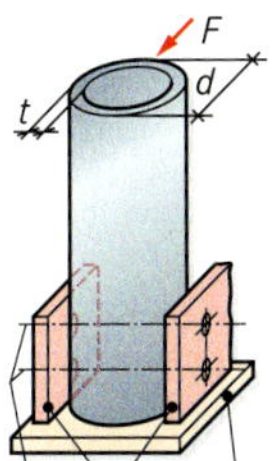

Befestigung nach Fall 1 oder 2

Breite b in mm	Dicke t in mm	240 ange-schweißt	240 ange-schraubt	360 ange-schweißt	360 ange-schraubt	190 (nichtrost.) ange-schweißt	190 (nichtrost.) ange-schraubt	220 ange-schweißt	220 ange-schraubt	Al 190 ange-schweißt	Al 190 ange-schraubt
26,9	2,65	(0,341)	0,293	(0,512)	0,439	(0,270)	0,232	(0,313)	0,268	(0,092)	0,195
33,7	3,25	0,660	0,0600	0,990	0,900	0,522	0,475	0,605	0,550	0,179	0,400
42,4	3,25	1,09	1,03	1,63	1,54	0,862	0,815	0,999	0,944	0,295	0,686
48,3	3,25	1,44	1,38	2,16	2,07	1,14	1,09	1,32	1,27	0,390	0,921

Für einbetonierte Pfosten gelten die gleichen Werte wie für angeschweißte Pfosten.

1) Die Werte in Klammern gelten nur für einbetonierte Pfosten, weil diese Profile mit $t < 3$ mm nicht angeschweißt werden dürfen.

Beanspruchbarkeit von direkt angeschraubten Geländerpfosten

Pfostenprofil	Profilabmessung			Beanspruchbarkeit $M_{R,\,d,\,Pfosten}$ in kN · m				
				Pfostenwerkstoff und Streckgrenze $f_{y,k}$				
				allgemeiner Baustahl mit		Nichtrostender Stahl mit		Al-Legierung mit
Doppelter gleichschenkliger Winkel	Breite b in mm		Dicke t in mm	$f_{y,k}$ = 240 N/mm²	$f_{y,k}$ = 360 N/mm²	$f_{y,k}$ = 190 N/mm²	$f_{y,k}$ = 220 N/mm²	$f_{y,k}$ = 190 N/mm²
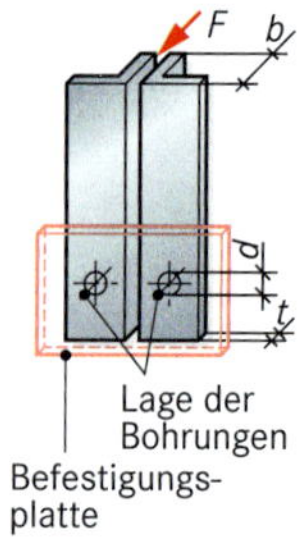	35		4	0,880	1,32	0,697	0,807	0,587
	35		5	1,07	1,60	0,845	0,978	0,711
	40		4	1,19	1,78	0,942	1,09	0,793
	40		5	1,45	2,17	1,15	1,33	0,966
	50		5	2,38	3,56	1,88	2,18	1,58
	60		5	3,52	5,28	2,79	3,23	2,35
	65		6	4,93	7,40	3,91	4,52	3,29
	70		6	5,78	8,67	4,57	5,30	3,85
Doppelter ungleichschenkliger Winkel	Breiten in mm b_1	b_2	Dicke t in mm					
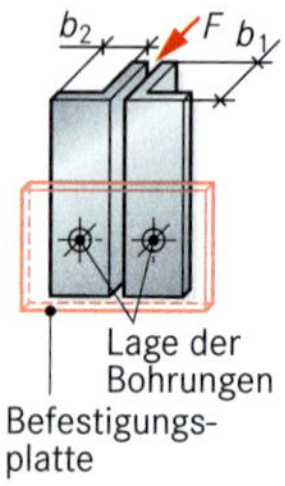	40	20	4	0,789	1,18	0,624	0,723	0,526
	45	30	4	1,28	1,91	1,01	1,17	0,85
	45	30	5	1,55	2,32	1,23	1,42	1,03
	50	40	5	2,18	3,27	1,73	2,00	1,45
	60	30	5	2,61	3,91	2,06	2,39	1,74
	60	30	7	3,48	5,22	2,76	3,19	2,32
	60	40	5	3,02	4,53	2,39	2,77	2,01
	60	40	6	3,55	5,33	2,81	3,26	2,37
Quadratrohr	Breite b in mm		Dicke t in mm					
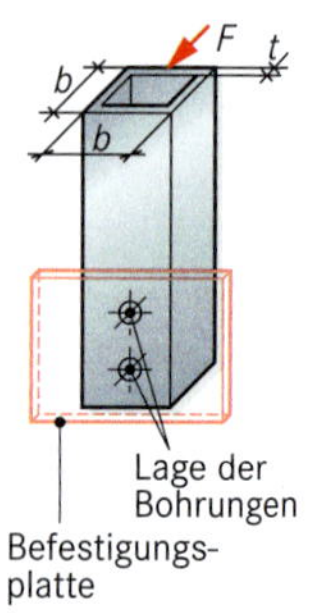	30		2	0,355	0,533	0,281	0,326	0,237
	30		3	0,489	0,733	0,387	0,448	0,326
	35		2	0,526	0,790	0,417	0,483	0,351
	35		3	0,736	1,10	0,583	0,675	0,491
	40		2	0,73	1,10	0,578	0,670	0,487
	40		3,2	1,09	1,63	0,861	0,997	0,725
	45		2	0,967	1,45	0,766	0,887	0,645
	45		3	1,38	2,07	1,09	1,26	0,918
	50		2	1,24	1,85	0,979	1,13	0,824
	50		3	1,77	2,66	1,40	1,62	1,18
	50		4	2,26	3,38	1,79	2,07	1,50
Rechteckrohr	Breiten in mm b_1	b_2	Dicke t in mm					
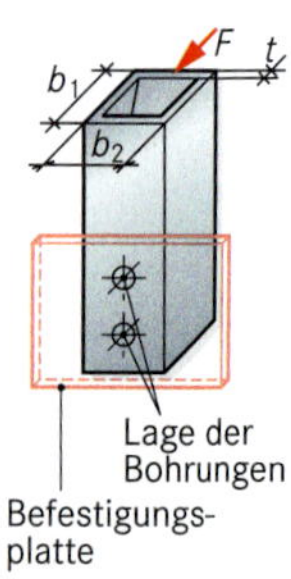	40	20	2	0,399	0,598	0,316	0,366	0,266
	40	20	2,6	0,492	0,738	0,390	0,451	0,328
	50	20	2	0,608	0,912	0,482	0,558	0,406
	40	20	3	0,849	1,27	0,672	0,778	0,566
	40	25	3	1,00	1,50	0,794	0,919	0,669
	60	20	3	1,22	1,82	0,962	1,11	0,810
	60	25	3	1,40	2,10	1,11	1,29	0,935
	60	30	3	1,59	2,38	1,26	1,46	1,06
	60	30	4	2,01	3,02	1,59	1,84	1,34
	70	30	3	2,09	3,13	1,65	1,91	1,39

Beanspruchbarkeit von Befestigungsplatten bei Befestigung von oben oder von unten an der Treppe oder Balkonplatte

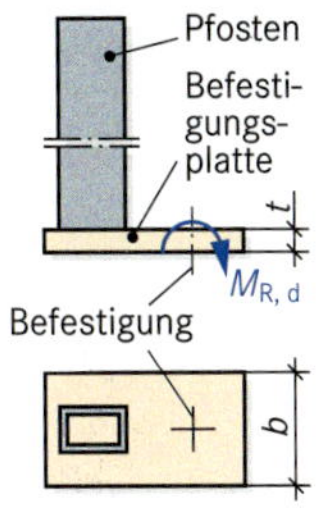

Breite der Befestigungsplatte b in mm	Beanspruchbarkeit $M_{R,d}$ in kN · m														
	Plattenwerkstoff und Streckgrenze $f_{y,k}$														
	allgemeiner Baustahl mit $f_{y,k}$ = 240 N/mm²					nichtrostender Stahl mit $f_{y,k}$ = 220 N/mm²					Aluminiumlegierung mit $f_{y,k}$ = 160 N/mm²				
	Blechdicke *t* in mm					Blechdicke *t* in mm					Blechdicke *t* in mm				
	10	12	15	18	20	10	12	15	18	20	10	12	15	18	20
80	0,218	0,314	0,491	0,707	0,873	0,20	0,288	0,45	0,648	0,80	0,145	0,209	0,327	0,471	0,582
100	0,291	0,419	0,655	0,943	1,16	0,267	0,384	0,60	0,864	1,07	0,194	0,279	0,436	0,628	0,776
120	0,364	0,524	0,818	1,18	1,45	0,333	0,48	0,75	1,08	1,33	0,242	0,349	0,545	0,785	0,97
150	0,473	0,681	1,06	1,53	1,89	0,433	0,624	0,975	1,40	1,73	0,315	0,454	0,709	1,02	1,26
180	0,582	0,838	1,31	1,89	2,33	0,533	0,768	1,20	1,73	2,13	0,388	0,559	0,873	1,26	1,55

Erforderliche Nahtdicken a_{werf} für unmittelbar an der Befestigungsplatte verschweißte Geländerpfosten

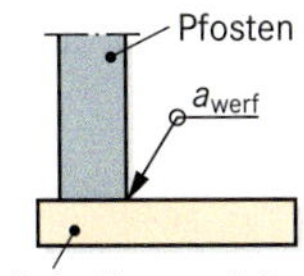

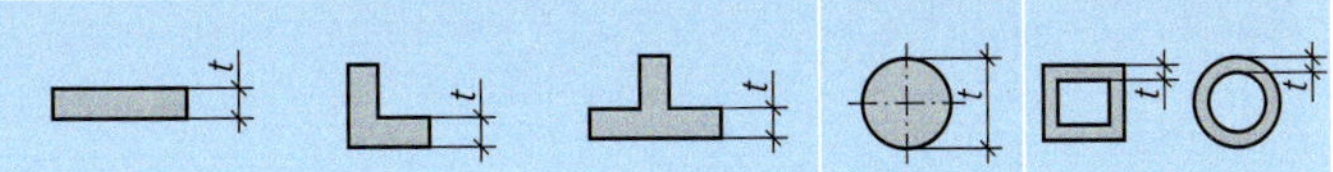

Profilart / Maße	Flach-, Winkel-, und T-Profile								Rundprofil		Hohlprofile
Profildicke *t* in mm	4	4,5	5	6	7	8	10	12	16	20	beliebig
a_{werf} in mm	3,5	4	4	5	5,5	6,5	8	9,5	4	5	$a_{werf} = t$; $t_{min} = 3$

Beanspruchbarkeit von Befestigungsplatten bei Befestigung von der Seite an der Treppe oder Balkonplatte

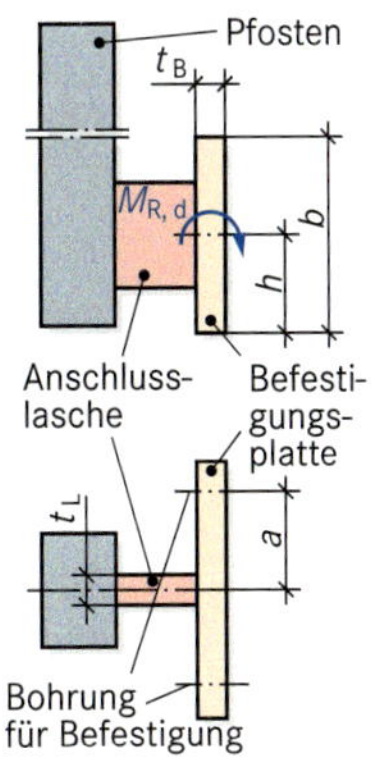

Breite der Befestigungsplatte b in mm	Beanspruchbarkeit $M_{R,d}$ in kN · m														
	Plattenwerkstoff und Streckgrenze $f_{y,k}$														
	allgemeiner Baustahl mit $f_{y,k}$ = 240 N/mm²					nichtrostender Stahl mit $f_{y,k}$ = 220 N/mm²					Aluminiumlegierung mit $f_{y,k}$ = 160 N/mm²				
	Blechdicke t_B in mm					Blechdicke t_B in mm					Blechdicke t_B in mm				
	10	12	15	18	20	10	12	15	18	20	10	12	15	18	20
80	0,549	0,79	1,23	1,78	2,20	0,503	0,724	1,13	1,63	2,01	0,149	0,214	0,334	0,482	0,595
100	0,676	0,974	1,52	2,19	2,71	0,62	0,893	1,40	2,01	2,48	0,183	0,264	0,412	0,594	0,733
120	0,801	1,15	1,80	2,59	3,20	0,734	1,06	1,65	2,38	2,94	0,217	0,312	0,488	0,703	0,867
160	1,04	1,50	2,34	3,37	4,16	0,952	1,37	2,14	3,09	3,81	0,281	0,405	0,633	0,912	1,13
180	1,15	1,66	2,59	3,74	4,61	1,06	1,52	2,38	3,43	4,23	0,312	0,45	0,703	1,01	1,25
200	1,26	1,82	2,85	4,10	5,06	1,16	1,67	2,61	3,76	4,64	0,343	0,493	0,771	1,11	1,37
240	1,48	2,13	3,33	4,79	5,92	1,36	1,95	3,05	4,39	5,42	0,401	0,577	0,901	1,30	1,60
280	1,68	2,42	3,79	5,45	6,73	1,54	2,22	3,47	5,00	6,17	0,456	0,656	1,03	1,48	1,82

Beanspruchbarkeit von geschweißten Anschlusslaschen bei Befestigung von der Seite an der Treppe oder Balkonplatte

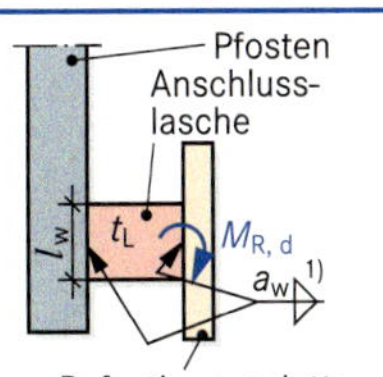

Befestigungsplatte
Laschendicke $t_L = 2 \cdot a_w$

[1] Anstatt mit Doppelkehlnaht ist auch ein Verschweißen mit V- oder K-Naht möglich

Nahtlänge l_w in mm	Beanspruchbarkeit $M_{R,d}$ in kN · m														
	Werkstoff der Anschlussbauteile und Streckgrenze $f_{y,k}$														
	allgemeiner Baustahl mit						nichtrostender Stahl mit						Aluminiumlegierung mit $f_{y,k}$ = 160 N/mm²		
	$f_{y,k}$ = 240 N/mm²			$f_{y,k}$ = 360 N/mm²			$f_{y,k}$ = 190 N/mm²			$f_{y,k}$ = 220 N/mm²					
	Nahtdicke a_w in mm						Nahtdicke a_w in mm						Nahtdicke a_w in mm		
	3	4	5	3	4	5	3	4	5	3	4	5	3	4	5
30	0,156	0,208	0,26	0,234	0,312	0,39	0,123	0,164	0,206	0,143	0,19	0,238	0,052	0,07	0,0878
50	0,431	0,575	0,718	0,646	0,862	1,08	0,341	0,455	0,569	0,395	0,527	0,658	0,146	0,194	0,243
70	0,84	1,12	1,40	1,26	1,68	2,10	0,665	0,887	1,11	0,77	1,03	1,28	0,284	0,379	0,474
100	1,70	2,27	2,84	2,55	3,41	4,26	1,35	1,80	2,25	1,56	2,08	2,6	0,576	0,768	0,961
120	2,44	3,25	4,07	3,66	4,88	6,10	1,93	2,58	3,22	2,24	2,98	3,73	0,826	1,10	1,38

Beanspruchbarkeit von angeschraubten Anschlusslaschen bei Befestigung von der Seite an der Treppe oder Balkonplatte

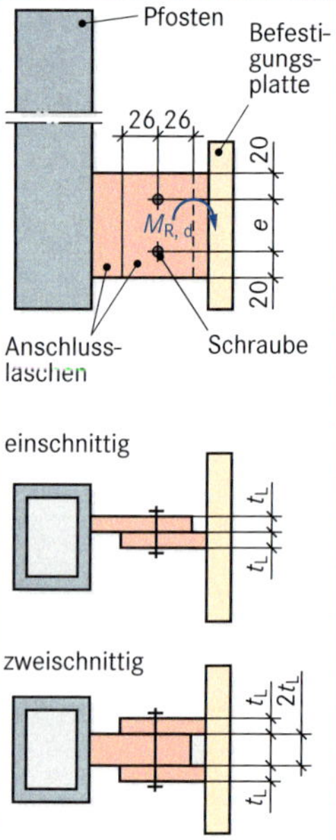

Verbindungsart: 1-einschnittig 2-zweischnittig	Schraubenabstand e in mm	Beanspruchbarkeit $M_{R,d}$ in kN · m		
		Zugfestigkeit des Schraubenwerkstoffes $f_{U,B}$ in N/mm²		
		400	500	1000
		Streckgrenze des Werkstoffes der Anschlussbauteile $f_{y,k}$ in N/mm²: 240 / 360 / 190 / 220 / 160	240 / 360 / 190 / 220 / 160	240 / 360 / 190 / 220 / 160
		Mindestdicke der Anschlusslaschen t_L in mm: 3,4 / 2,3 / 4,3 / 3,7 / 5,1	4,2 / 2,8 / 5,3 / 4,6 / 6,3	8,5 / 5,6 / 11 / 9,2 / 13
1	40	0,695	0,869	1,74
2		1,39	1,74	3,48
1	60	1,06	1,32	2,65
2		2,12	2,65	5,3
1	80	1,43	1,79	3,59
2		2,87	3,59	7,17
1	100	1,82	2,28	4,56
2		3,65	4,56	9,11
1	120	2,22	2,78	5,56
2		4,45	5,56	11,1
1	140	2,64	3,30	6,59
2		5,27	6,59	13,2

Beanspruchbarkeit von formschlüssigen Dübelbefestigungen bei Befestigung von oben an der Balkonplatte

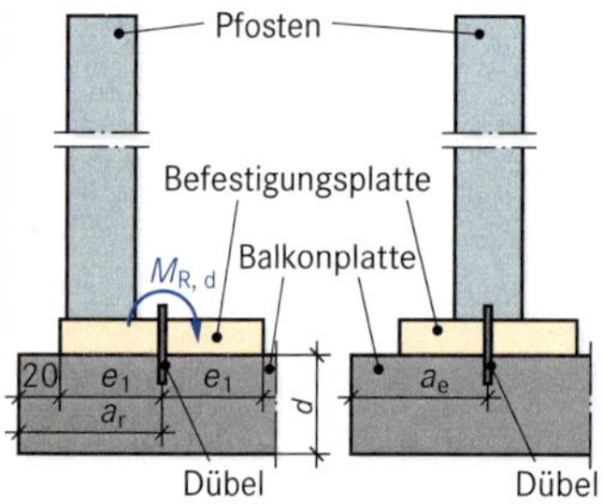

a_r: Randabstand zur Balkonplattenvorderkante in mm

a_e: Seitenabstand zum Balkonplattenrand in mm

e_1: Abstand der Befestigungsbohrung zur Vorder- und Hinterkante der Befestigungsplatte in mm

d: Dicke der Balkonplatte in mm

Abstand e_1 in mm	Randabstand a_r in mm	Beanspruchbarkeit pro Dübel $M_{R,d}$ in kN · m				
		Dübeltyp				
		1	2	3	4	5
		Mindestabstände a_e und Mindestbalkenplattendicken d				
		$a_e \geq 70$ mm $d \geq 110$ mm	$a_e \geq 90$ mm $d \geq 130$ mm	$a_e \geq 120$ mm $d \geq 150$ mm	$a_e \geq 150$ mm $d \geq 200$ mm	$a_e \geq 200$ mm $d \geq 250$ mm
40	60	0,15	0,19	–	–	–
60	80	0,22	0,35	0,50	–	–
80	100	0,29	0,48	0,77	1,04	–
100	120	0,37	0,60	0,99	1,46	–
120	140	0,44	0,71	1,16	1,90	2,26
140	160	0,52	0,82	1,32	2,25	2,68

Dübeltyp	Dübelbeispiele		
	Fischer Zykon-Bolzenanker FZA	Fischer Zykon-Durchsteckanker FZA-D	Fischer Zykon-Innengewindeanker FZA-I
1	12 x 50 M8	12 x 60 M8 D/10; 12 x 80 M8 D/30	12 x 50 M6 I
2	14 x 60 M10	14 x 80 M10 D/20; 14 x 100 M10 D/40	14 x 60 M10 I
3	18 x 80 M12	18 x 100 M12 D/20; 18 x130 M12 D/50	18 x 80 M10 I
4	22 x 100 M16	22 x 125 M16 D/25	22 x 100 M12 I
5	22 x 125 M16	–	22 x 125 M12 I

Beanspruchbarkeit von formschlüssigen Dübelbefestigungen bei Befestigung von der Seite an der Balkonplatte

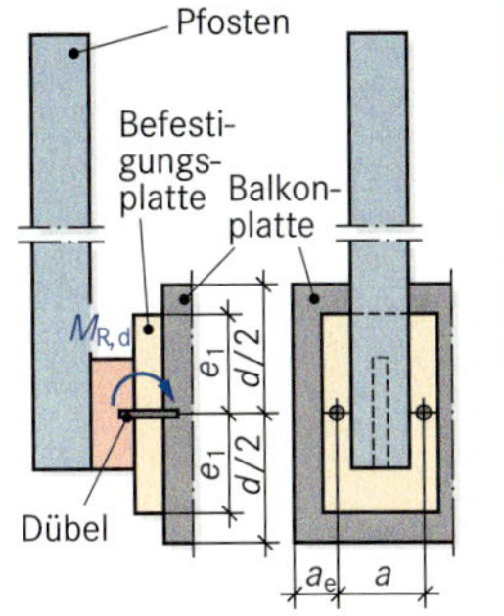

a: Schraubenabstand in mm

a_e: Seitenabstand zum Rand der Balkonplatte in mm

e_1: Dübelabstand zum Rand der Befestigungsplatte in mm

d: Balkonplattendicke in mm

Abstand e_1 in mm	Dicke der Balkonplatte d in mm	Beanspruchbarkeit pro Dübelpaar $M_{R,d}$ in kN · m								
		Dübeltyp								
		1		2		3		4		5
		Mindestabstände a und a_e in mm								
		a = 100 $a_e \geq 130$	a = 150 $a_e \geq 130$	a = 100 $a_e \geq 130$	a = 150 $a_e \geq 130$	a = 100 $a_e \geq 130$	a = 150 $a_e \geq 130$	a = 100 $a_e \geq 130$	a = 150 $a_e \geq 130$	a = 150 $a_e \geq 160$
40	120	0,21	0,25	0,22	0,26	–	–	–	–	–
60	160	0,41	0,41	0,48	0,54	0,52	0,60	–	–	–
80	200	0,54	0,54	0,72	0,85	0,91	1,04	1,0	1,15	–
100	240	0,65	0,65	0,88	1,04	1,39	1,60	1,55	1,76	–
120	280	0,77	0,77	1,03	1,22	1,64	1,88	2,09	2,38	2,41
140	320	0,88	0,88	1,18	1,39	1,87	2,14	2,50	2,82	3,25

Beanspruchbarkeit von formschlüssigen Dübelbefestigungen bei Befestigung von unten an der Balkonplatte

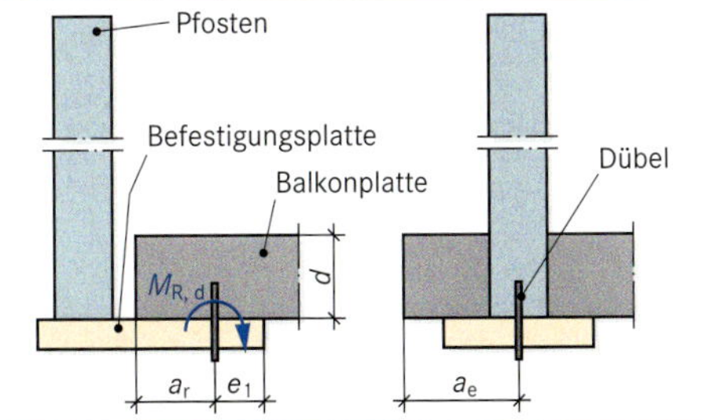

a_r: Randabstand zur Balkonvorderkante in mm

a_e: Seitenabstand zum Balkonplattenrand in mm

e_1: Abstand der Befestigungsbohrung zur Hinterkante der Befestigungsplatte in mm

d: Dicke der Balkonplatte in mm

Abstand e_1 in mm	Randabstand a_r in mm	Beanspruchbarkeit pro Dübel $M_{R,d}$ in kN · m				
		Dübeltyp				
		1	2	3	4	5
		Mindestabstände a und Mindestplattendicken d in mm				
		$a_e \geq 70$ $d \geq 110$	$a_e \geq 90$ $d \geq 130$	$a_e \geq 110$ $d \geq 150$	$a_e \geq 150$ $d \geq 200$	$a_e \geq 70$ $d \geq 250$
40	60	0,10	0,15	–	–	–
60	80	0,15	0,29	0,42	–	–
80	100	0,2	0,38	0,66	0,95	–
100	120	0,25	0,48	0,88	1,36	–
120	140	0,31	0,57	1,02	1,79	2,19
140	160	0,36	0,68	1,19	2,13	2,58

Dübeltyp	Dübelbeispiele		
	Fischer Zykon-Bolzenanker FZA	Fischer Zykon-Durchsteckanker FZA-D	Fischer Zykon-Innengewindeanker FZA-I
1	12 x 50 M8	12 x 60 M8 D/10; 12 x 80 M8 D/30	12 x 50 M6 I
2	14 x 60 M10	14 x 80 M10 D/20; 14 x 100 M10 D/40	14 x 60 M10 I
3	18 x 80 M12	18 x 100 M12 D/20; 18 x130 M12 D/50	18 x 80 M10 I
4	22 x 100 M16	22 x 125 M16 D/25	22 x 100 M12 I
5	22 x 125 M16	–	22 x 125 M12 I

Beanspruchbarkeit von stoffschlüssigen Dübelbefestigungen (Verbundanker) bei Befestigung von oben an der Balkonplatte

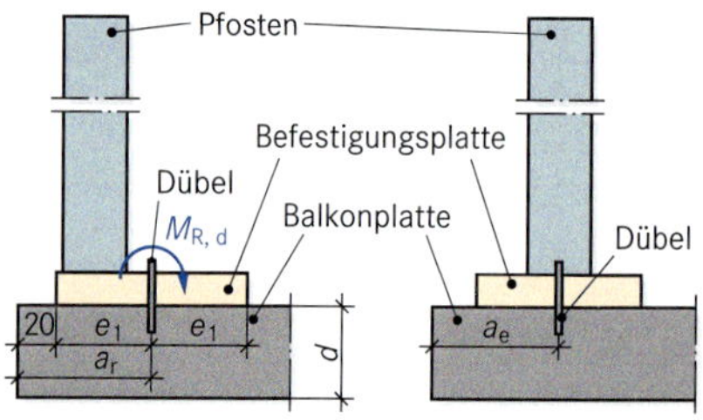

a_r: Randabstand zur Balkonvorderkante in mm
a_e: Seitenabstand zum Balkonplattenrand in mm
e_1: Abstand der Befestigungsbohrung zur Hinterkante der Befestigungsplatte in mm
d: Dicke der Balkonplatte in mm

Abstand e_1 in mm	Randabstand a_r in mm	Beanspruchbarkeit pro Dübel $M_{R,d}$ in kN · m – Fischer Combi-Reaktionsanker FCR: M10 x 60	M12 x 80	M12 x 100	M16 x 125
		Mindestabstände a_e und Mindestplattendicken d in mm			
		$a_e \geq 100$, $d \geq 130$	$a_e \geq 110$, $d \geq 150$	$a_e \geq 140$, $d \geq 200$	$a_e \geq 200$, $d \geq 200$
40	60	0,17	–	–	–
60	80	0,26	0,45	–	–
80	100	0,34	0,60	0,87	–
100	120	0,43	0,75	1,12	–
120	140	0,51	0,90	1,34	1,94
140	160	0,60	1,04	1,56	2,26

Beanspruchbarkeit von stoffschlüssigen Dübelbefestigungen (Verbundanker) bei Befestigung von der Seite an der Balkonplatte

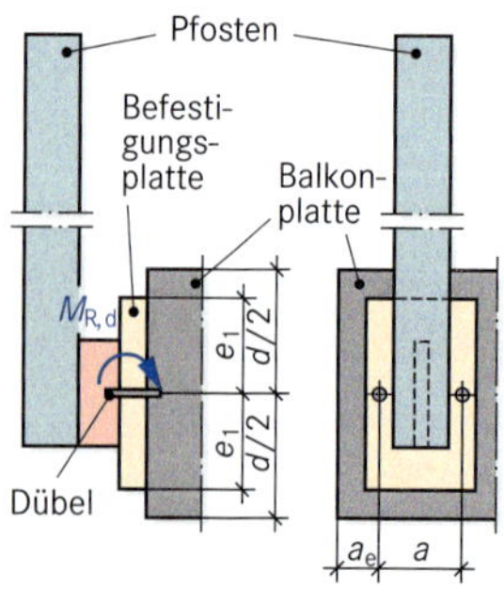

a: Schraubenabstand in mm
a_e: Seitenabstand zum Rand in mm
e_1: Dübelabstand zum Rand in mm
d: Balkonplattendicke in mm

Abstand e_1 in mm	Dicke der Balkonplatte d in mm	Beanspruchbarkeit pro Dübelpaar $M_{R,d}$ in kN · m – Fischer Combi-Reaktionsanker FCR: M10 x 60		M12 x 80		M12 x 100		M16 x 125
		Mindestabstände a und a_e in mm						
		$a = 100$, $a_e \geq 120$	$a = 150$, $a_e \geq 120$	$a = 100$, $a_e \geq 120$	$a = 150$, $a_e \geq 120$	$a = 100$, $a_e \geq 130$	$a = 150$, $a_e \geq 130$	$a = 150$, $a_e \geq 160$
40	120	0,19	0,22	–	–	–	–	–
60	160	0,42	0,48	0,46	0,53	–	–	–
80	200	0,63	0,63	0,80	0,91	0,84	0,95	–
100	240	0,77	0,77	1,22	1,32	1,29	1,47	–
120	280	0,90	0,90	1,54	1,54	1,74	1,98	2,03
140	320	1,03	1,03	1,76	1,76	2,16	2,44	2,76

Beanspruchbarkeit von stoffschlüssigen Dübelbefestigungen (Verbundanker) bei Befestigung von unten an der Balkonplatte

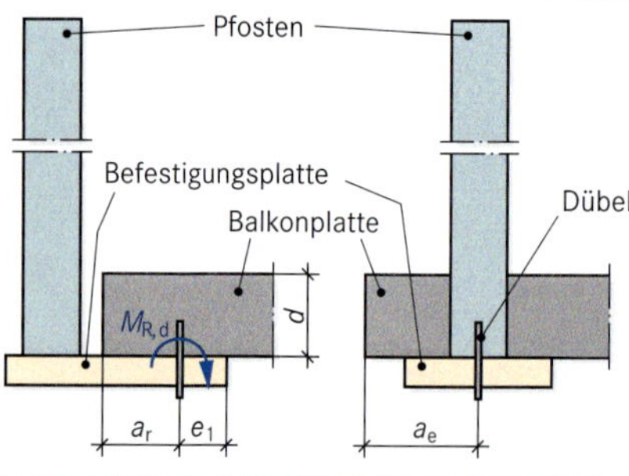

a_r: Randabstand zur Balkonvorderkante in mm
a_e: Seitenabstand zum Balkonplattenrand in mm
e_1: Abstand der Befestigungsbohrung zur Hinterkante der Befestigungsplatte in mm
d: Dicke der Balkonplatte in mm

Abstand e_1 in mm	Randabstand a_r in mm	Beanspruchbarkeit pro Dübel $M_{R,d}$ in kN · m – Fischer Combi-Reaktionsanker FCR: M10 x 60	M12 x 80	M12 x 100	M16 x 125
		Mindestabstände a_e und Mindestplattendicken d in mm			
		$a_e \geq 80$, $d \geq 130$	$a_e \geq 110$, $d \geq 150$	$a_e \geq 150$, $d \geq 200$	$a_e \geq 170$, $d \geq 250$
40	60	0,12	–	–	–
60	80	0,19	0,38	–	–
80	100	0,25	0,51	0,8	–
100	120	0,32	0,63	1,0	–
120	140	0,38	0,76	1,21	1,79
140	160	0,44	0,89	1,41	2,11

Geländer an ortsfesten Zugängen zu maschinellen Anlagen

DIN EN ISO 14 122-3: 2002-01

Geländer mit einer Knieleiste

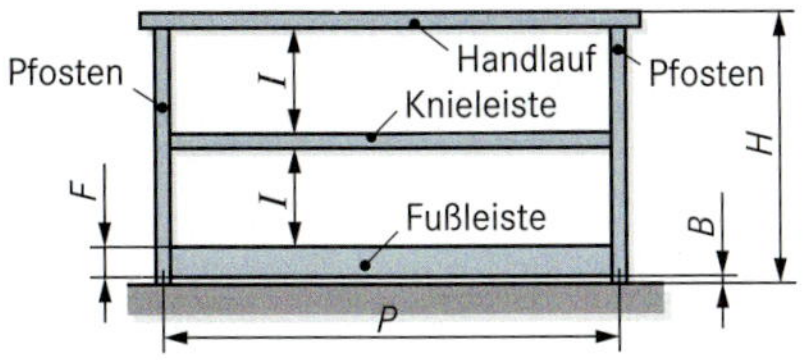

Geländer mit zwei Knieleisten

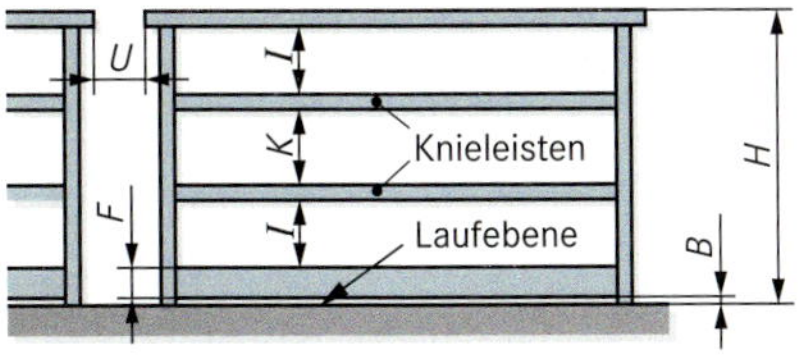

Geländer mit lotrechten Stäben

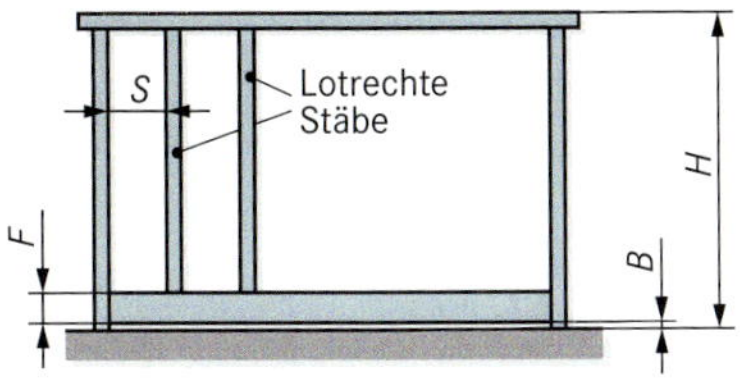

Maßbeschreibung		Grenzmaß in mm
H	Geländerhöhe	≥ 1100
P	Mittenabstandsmaß der Pfosten	≤ 1500
I	Lichtes Abstandsmaß zuwischen Handlauf und Knieleiste bzw. zwischen Knieleiste und Fußleiste	≤ 500
K	Lichtes Abstandsmaß zwischen zwei Knieleisten	≤ 500
F	Fußleistenhöhe	≥ 100
B	Lichtes Abstandsmaß zwischen Fußleiste und Laufebene	≤ 10
U	Lichtes Abstandsmaß bei Unterbrechung des Handlaufes	75 ≤ *U* ≤ 120
S	Lichtes Abstandsmaß zwischen lotrechten Stäben	≤ 180

Ein Geländer ist erforderlich, wenn
- die mögliche Absturzhöhe größer als 500 mm ist;
- der Abstand Arbeitsbühne und Maschine oder Wand größer als 200 mm ist.

Vorschläge für die Profilauswahl für Geländer an ortsfesten Zugängen zu maschinellen Anlagen

Geländerbauteil	Profil			
	Stahlrohr DIN 2448	Winkelstahl DIN EN 10 056-1	Stahlrohr DIN 2448	Winkelstahl DIN EN 10 056-1
	Horizontale Geländerbelastung F_H in Höhe der Handlaufoberkante			
	F_H = 300 N/m		F_H = 500 N/m	
Pfosten	Rohr 42,4 x 3,2	L 60 x 60 x 6	Rohr 48,3 x 3,6	L 70 x 70 x 7
Handlauf	Rohr 42,4 x 3,2	L 40 x 40 x 4	Rohr 48,3 x 3,2	L 50 x 50 x 5
Knieleiste	Rohr 26,9 x 2,6	L 30 x 30 x 4	Rohr 26,9 x 2,6	L 40 x 40 x 4

Geländer an Autobahnbrücken

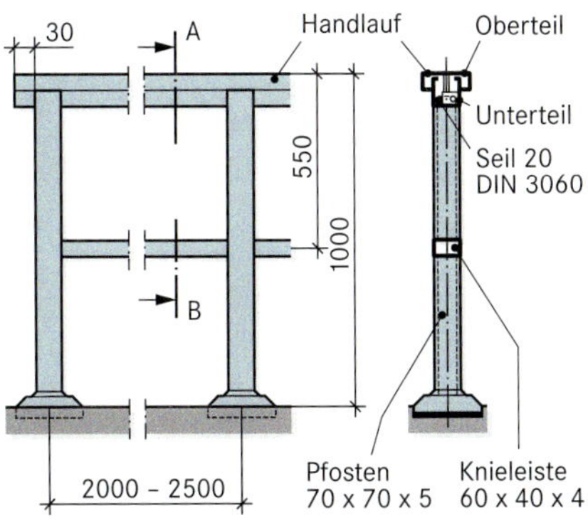

Abmessungen der Handlaufprofile

Zusammengesetztes Profil

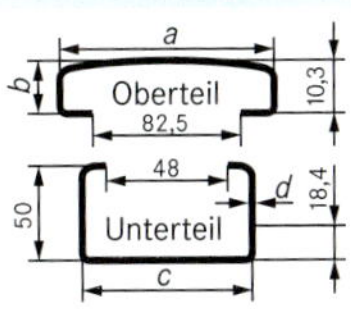

Maßbezeichnung	*a*	*b*	*c*	*d*
Maß in mm	120	29	80	4

Einteiliges Profil

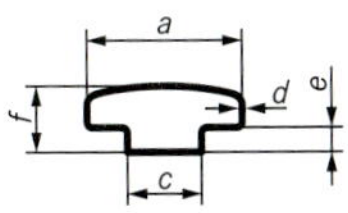

Maßbezeichnung		*a*	*c*	*d*	*e*	*f*
Maße in mm	Version 1	80	45	4	12	46
	Version 2	120	60	4	23	55

Wirkungsweise von Dübelbefestigungen

Kraftschluss	Formschluss	Stoffschluss
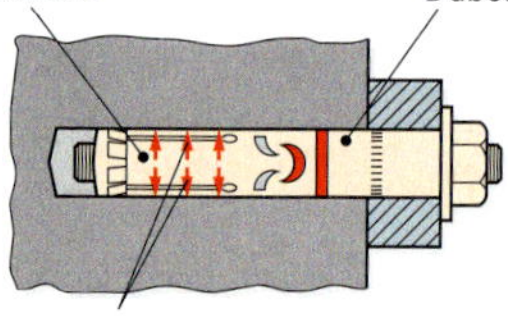	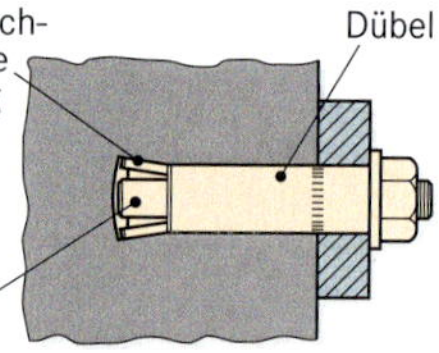	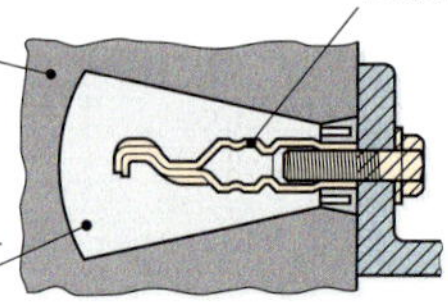
Das Spreizteil des Dübels übt Druckkräfte auf die Bohrungswandung aus. Kräfte werden reibschlüssig übertragen	Der Dübel passt sich der Form der Bohrung an und überträgt Kräfte formschlüssig	Der Dübel verbindet sich über eine aushärtende Masse (Kleber) mit dem Bauteil (sog. „chemische" Verbindung)

Belastung von Dübelbefestigungen

Druckkraft	Zugkraft	Querkraft	Biegung durch Querkraft	Biegung durch Zug- und Querkraft
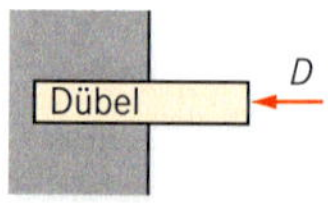	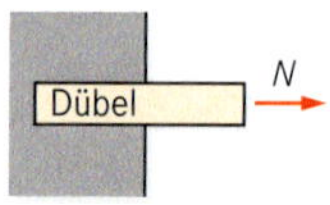	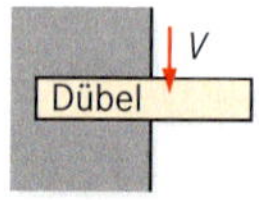	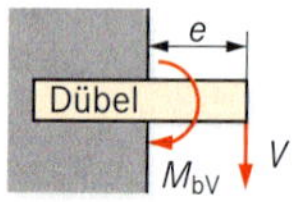	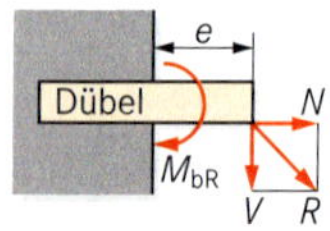
D: Druckkraft in Richtung der Dübelachse	N: Zugkraft in Richtung der Dübelachse	V: Querkraft senkrecht zur Dübelachse	M_{bV}: Biegemoment durch Querkraft	M_{bR}: Biegemoment durch resultierende Kraft

Versagensarten von Dübelbefestigungen

Bruch des Ankergrundes	Spalten des Bauteils	Herausziehen des Dübels	Bruch des Dübels
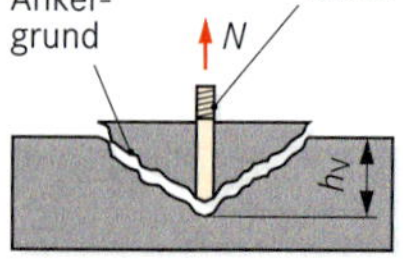	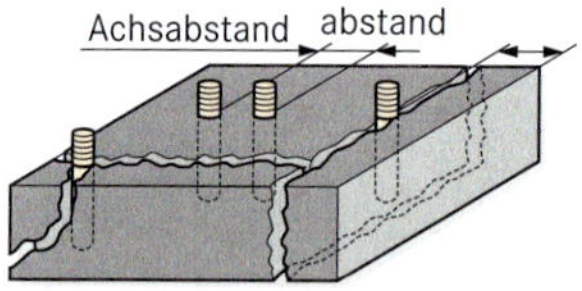	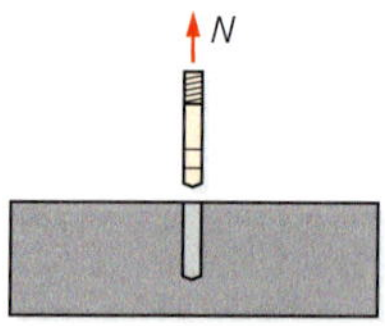	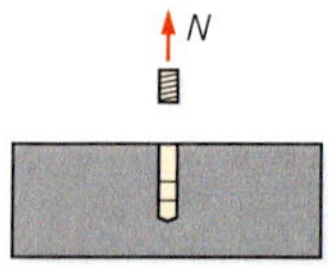
Ursachen: ▪ zu hohe Zugkraft N ▪ zu geringe Festigkeit des Ankergrundes ▪ zu geringe Verankerungstiefe h_V	Ursachen: ▪ Rand- und Achsabstände zu klein ▪ Spreizdruck wegen Montagefehler zu groß ▪ zu geringe Bauteilabmessungen	Ursachen: ▪ zu hohe Zugkraft N ▪ zu große Bohrung ▪ fehlerhafte Montage	Ursachen: ▪ zu hohe Zugkraft N

Gebrauchslasten F_G

$$F_{G1} = \frac{F_B}{\gamma_1}$$

$$F_{G2} = \frac{F_{BK}}{\gamma_2}$$

$F_{G1,2}$: vom Hersteller empfohlene Gebrauchslasten für alle Belastungen N, V, R bezogen auf die Bruchkraft bzw. die charakteristische Bruchkraft in kN
F_B: Bruchkraft als Mittelwert von 5 Einzelversuchen in kN
F_{BK}: charakteristische Bruchkraft, die in 95 % aller Versuche von einem Dübel erreicht werden in kN
γ_1: Sicherheitsfaktor bezogen auf die Bruchkraft F_B
γ_2: Sicherheitsfaktor bezogen auf die charakteristische Bruchkraft F_{BK}

Herstellerempfehlung für Sicherheitsfaktor		
Dübelart	Sicherheitsfaktor	
	γ_1	γ_2
Stahl	4	3
Kunststoff	7	5

Zulässige Lasten F_{zul}

Zulässige Lasten F_{zul} werden für zugelassene Dübel in Zulassungsbescheiden des Instituts für Bautechnik, Berlin festgelegt.

Zugelassene Dübel

Zugelassene Dübel sind Dübel, für die ein Zulassungsbescheid des Instituts für Bautechnik Berlin vorliegt.

Die Verwendung zugelassener Dübel ist vorgeschrieben, wenn es sich um eine tragende Konstruktion handelt und wenn bei deren Versagen Gefahr für die öffentliche Sicherheit sowie Leib und Leben anderer besteht.

Beispiele: Fassadenunterkonstruktionen; Decken; Geländer; Stahlbauten

Maße an Dübelbefestigungen

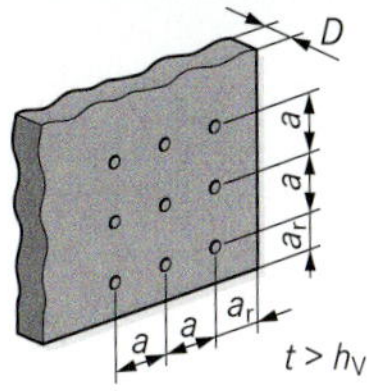

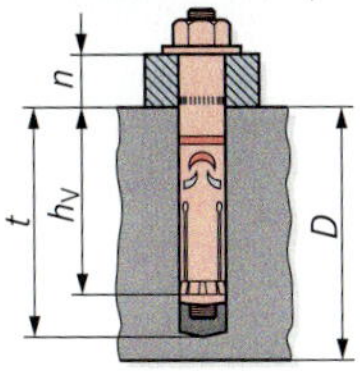

D: Bauteildicke	in mm
a: Achsabstand der Bohrungen	in mm
a_r: Randabstand der Bohrung	in mm
t: Bohrungstiefe	in mm
h_V: Verankerungstiefe	in mm
n: Nutzlänge	in mm

Empfohlene Rand- und Achsabstände für nicht zugelassene Kunststoffdübel	
Randabstand a_r in mm	$a_r \geq 2 \times h_V$
Achsabstand *a* in mm	$a \geq 4 \times h_V$
Andere Achs- und Randabstände für zugelassene Dübel siehe Dübelbeschreibung	

Kunststoffdübel für allgemeine Befestigungen

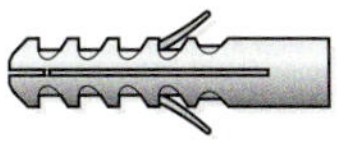

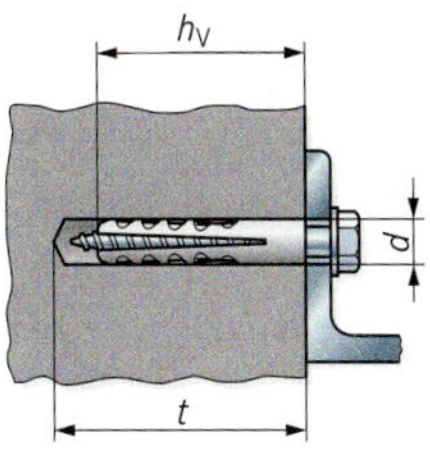

		Dübeltyp								
		S4	S5	S6	S8	S10	S12	S14	S16	S20
		empfohlene Lasten Fempf. in kN bei siebenfacher Sicherheit								
Baustoff des Verankerungsgrundes	Beton mindestens B15	0,16	0,28	0,4	0,6	1,1	1,5	1,85	2,26	3,88
	Vollziegel, Kalksandst.	0,14	0,29	0,28	0,5	–	–	–	–	–
	Porenbeton	–	–	0,05	0,07	0,16	0,28	0,4	–	–
		Dübelmaße in mm								
Maßbezeichnung	Bohrlochdurchmesser *d*	4	5	6	8	10	12	14	16	20
	Bohrlochtiefe *t*	≥ 25	≥ 35	≥ 40	≥ 55	≥ 70	≥ 80	≥ 90	≥ 100	≥ 120
	Verankerungstiefe h_V	20	25	30	40	50	60	75	80	90

Dieser Dübel besitzt keine bauaufsichtliche Zulassung

Dübel für Schwerlastbefestigung mit Verankerung durch Kraftschluss

Dübel für Durchsteckmontage

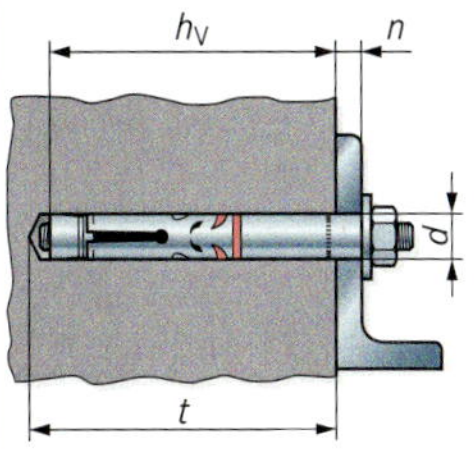

				Dübeltyp				
				FH II 10	FH II 12	FH II 15	FH II 18 x 80	FH II 24
				Zulässige Dübellast F_{zul} in kN				
Baustoff des Verankerungsgrundes Beton B 25	Zugkraft	Beton	ungerissen	3,6	5,7	7,6	11,9	17,1
			gerissen	6,1	11,2	14,1	17,2	24
	Querkraft	Beton	ungerissen	4,3	13,7	20,1	24,5	34,3
			gerissen	6,1	13,7	22,3	32,6	48
				Zulässiges Biegemoment M_{bzul} in N · m				
				6,9	17,1	34,3	60	152
				Dübelmaße in mm für Durchsteckanker				
Maßbezeichnung	Bohrlochdurchmesser		*d*	10	12	15	18	24
	Bohrlochtiefe		*t*	65	≥ 90	≥ 100	≥ 130	150
	Verankerungstiefe		h_V	40	60	70	80	100
	Nutzlänge		*n*	10	10	10	25	25
	Bauteildicke		*D*	80	120	≥ 140	≥ 160	200
				Abstandsmaße in mm				
Bezeichnung der Abstände	minimaler Achsabstand		*a*	40 (40)[1]	50 (60)	60 (70)	70 (80)	80 (100)
	minimaler Randabstand		a_r	40 (40)	50 (60)	60 (70)	70 (80)	80 (100)

Montagefolge bei Durchsteckmontage

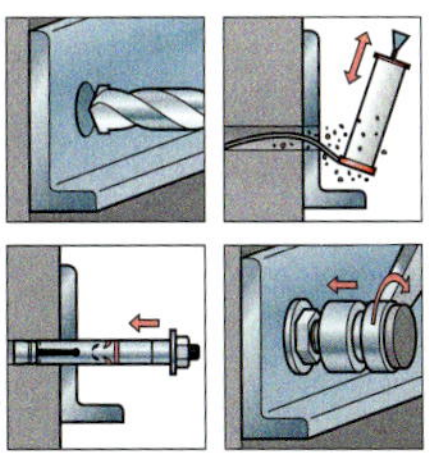

Dieser Dübel besitzt eine bauaufsichtliche Zulassung

Zulässige Dübellasten für kleinere Rand- und Achsabstände siehe Herstellerangabe.
[1] Die Klammerwerte gelten für gerissenen Beton

Dübel für Schwerlastbefestigung mit Verankerung durch Formschluss

Dübel mit Gewindebolzen

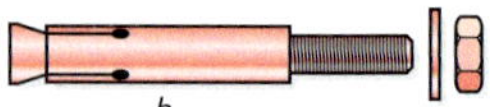

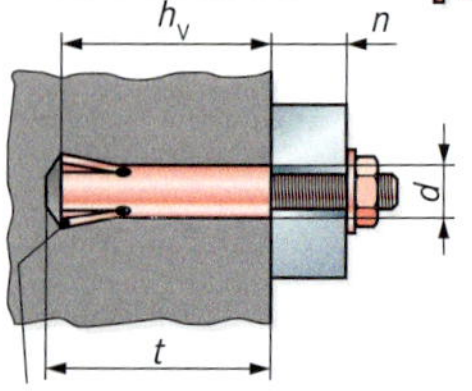

hinterschnittene zylindrischkonische Bohrung

Montagefolge mit Herstellung der hinterschnittenen Bohrung

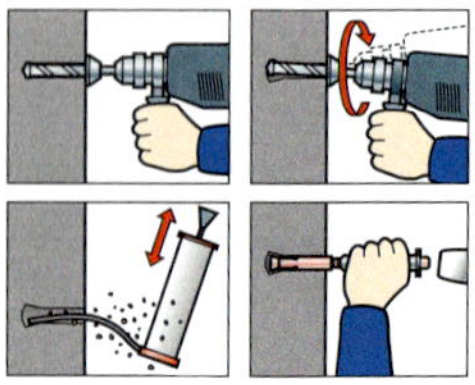

Dieser Dübel besitzt eine bauaufsichtliche Zulassung

				M 6 10 x 40	M 8 12 x 40	M 8 12 x 50	M 10 14 x 40	M 10 14 x 60	M 12 18 x 80	M 16 22 x 100
				Dübeltyp FZA galvanisch verzinkt						
				zulässige Dübellast F_{zul} in kN für galvanisch verzinkte Dübel						
Baustoff des Verankerungsgrundes Beton B25	Zugkraft	Beton	ungerissen	3,57	3,57	3,57	5,71	9,52	14,29	19,04
			gerissen	2,38	2,38	2,38	4,28	5,71	9,52	16,88
	Querkraft	Beton	ungerissen	4,57	4,63	4,63	7,75	13,26	19,31	33,7
			gerissen	4,57	4,63	4,63	7,75	13,26	19,31	33,7
				zulässiges Biegemoment M_{bzul} in N · m für galvanisch verzinkte Dübel						
				6,97	17,14	17,14	34,17	34,17	60,0	152,0
				Dübelmaße in mm						
Maßbezeichnung	Bohrlochdurchmesser		d	10	12	12	14	14	18	24
	Bohrlochtiefe		t	festgelegt durch vorgeschriebenes Werkzeug						
	Verankerungstiefe		h_V	40	40	50	40	60	80	100
	Nutzlänge		n	10	15	15	25	25	25	60
	Bauteildicke		D	≥ 100	≥ 100	≥ 110	≥ 100	≥ 130	≥ 160	≥ 200
				Abstandsmaße in mm						
Bezeichnung der Abstände	Achsabstand a	minimal		40	40	50	70	60	80	100
		charakteristisch		120	120	150	120	180	180	300
	Randabstand a_r	minimal		35	40	45	60	55	70	100
		charakteristisch		60	60	75	70	90	90	150

Dübel für Schwerlastbefestigung mit Verankerung durch Stoffschluss („chemische" Verbindung)

Gewindestange RG M

Mörtelpatrone R M

Eindreher

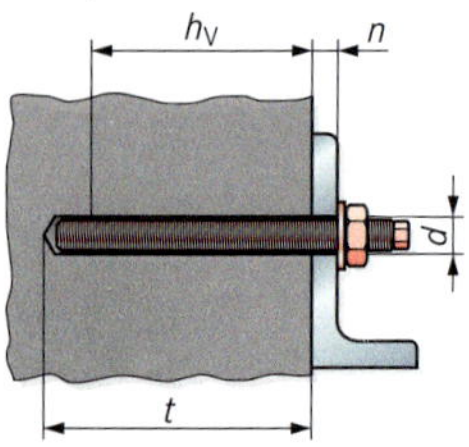

Montagefolge mit Verwendung einer Mörtelpatrone

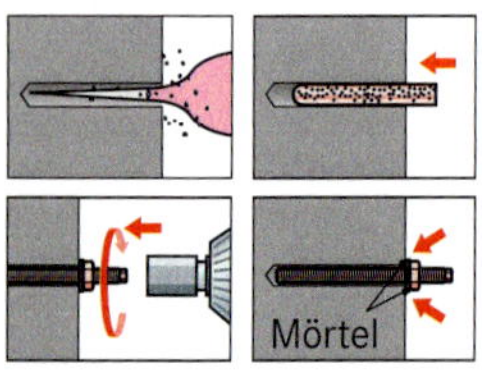

				M 8 x 110	M 10 x 130	M 12 x 160	M 16 x 190	M 20 x 260
				Gewindestange RG galvanisch verzinkt Festigkeitsklasse 8.8				
				zulässige Dübellast F_{zul} in kN				
Baustoff des Verankerungsgrundes Beton B25 ungerissen			Zugkraft	8,8	12,3	17,0	28,4	45,8
			Querkraft	6,5	11,7	19,7	31,5	49,3
				zulässiges Biegemoment M_{bzul} in N · m				
				26,5	46,8	46,8	117,3	149
				Dübelmaße in mm				
Maßbezeichnung	Bohrlochdurchmesser		d	10	12	14	18	25
	Bohrlochtiefe		t	≥ 80	≥ 90	≥ 110	≥ 125	≥ 170
	Verankerungstiefe		h_V	80	90	110	125	170
	Nutzlänge		n	13	20	25	35	65
	Bauteildicke		D	≥ 110	≥ 120	≥ 150	≥ 160	≥ 220
				Abstandsmaße in mm				
Bezeichnung der Abstände	Achsabstand a	minimal		≥ 40	≥ 45	≥ 55	≥ 65	≥ 85
		charakteristisch		≥ 195	≥ 250	≥ 280	≥ 370	≥ 450
	Randabstand a_r	minimal		≥ 40	≥ 45	≥ 55	≥ 65	≥ 85
		charakteristisch		≥ 100	≥ 125	≥ 140	≥ 185	≥ 225

Dieser Dübel besitzt eine bauaufsichtliche Zulassung.

Zulässige Dübellasten für kleinere Rand- und Achsabstände siehe Herstellerangaben.

Kategorie	Beispiel für Dübelsystem	Beton	Mauerwerksbaustoffe: Vollsteine mit dichtem Gefüge	Lochsteine mit dichtem Gefüge	Vollsteine mit porigem Gefüge	Lochsteine mit porigem Gefüge	Plattenbausteine	Anwendungsbeispiele	Montageart	Montagehinweis (Dübelfinder)
Allgemeine Befestigung	Universaldübel  	+	+	+	+	+	+	Bilder, Sockelleisten, Briefkästen, bei ständiger Belastung auf Zug nicht zulässig	Durch- und Vorsteckmontage	■ bei Durchsteckmontage mit größtmöglichem Schraubendurchmesser arbeiten ■ Gipskartonplatten mit Metallbohrer im Drehgang vorbohren
	Dübel für metrische Gewinde 	+	+	+	+	+	–	Handgriffe, Handläufe, Gitter, Stahlkonstruktionen, Abstandskonstruktionen		■ zum leichteren Eindrehen das Gewinde anfasen
Hohlraumbefestigung	Hohlraum-Metalldübel 	–	–	–	–	–	+	leichte Gegenstände wie Bilder, Briefkästen, Schalter, Lampen, kleine Regale usw.	Vorsteckmontage	■ kann mittels Montagezange oder Akkuschrauber bzw. Schraubendreher montiert werden
	Gipskartondübel 	–	–	–	–	–	+	sehr leichte Gegenstände wie Lampen, Leisten, Bilder, Schlüsselkästchen		■ ausschließlich für Gipskartonplatten geeignet ■ Dübel wird mittels Setzwerkzeug direkt eingeschraubt
Schwerlastbefestigung – Stahl –	Ankerbolzen  Ankerbolzen aus nicht rostendem Stahl 	+	–	–	–	–	–	Stahlkonstruktionen, Geländer, Gitter, Maschinen, Treppen, Tore	Durch- und Vorsteckmontage	■ vor dem Einschlagen ist die Sechskantmutter in die Montageposition zu drehen, so dass der Einschlagzapfen 2–3 mm über die Mutter reicht ■ auch für Naturstein mit dichtem Gefüge geeignet
	Schwerlastdübel  	+	(+)	–	–	–	–			■ für die korrekte Montage muss sich die Dübelhülse bei der Vorsteckmontage am Anbauteil abstützen können ■ auch für Naturstein mit dichtem Gefüge geeignet
	Bolzenanker 	+	–	–	–	–	–		Durch- und Vorsteckmontage	■ mittels Spezialbohrer wird ein Bohrloch mit Hinterschneidung erstellt ■ formschlüssiges Ausfüllen der Hinterschneidung ermöglicht geringe Rand- und Achsabstände ■ Setzwerkzeug verwenden

Kategorie	Beispiel für Dübelsystem	Beton	Mauerwerksbaustoffe: Vollsteine mit dichtem GEfüge	Lochsteine mit dichtem Gefüge	Vollsteine mit porigem Gefüge	Lochsteine mit porigem Gefüge	Plattenbausteine	Anwendungsbeispiele	Montageart	Montagehinweis
Schwerlastbefestigung- Chemie -	**Patronensystem** (Anker oder Gewindestange und Mörtelpatrone) 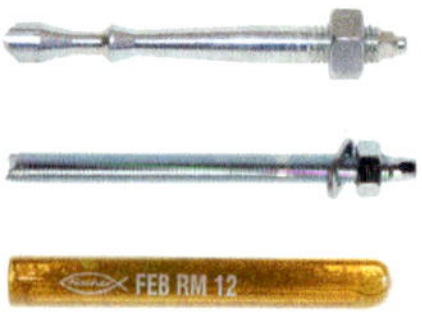	+	(+)	–	–	–	–	Stahlkonstruktionen, Geländer, Gitter, Maschinen, Treppen, Tore	Durch- und Vorsteckmontage	■ gründliche Reinigung des Bohrloches erforderlich ■ der Mörtel verbindet die Gewindestange vollflächig mit der Bohrlochwand und dichtet das Bohrloch zusätzlich ab
	Injektionssystem (Anker, Gewindestange, Siebhülse und Mörtel) 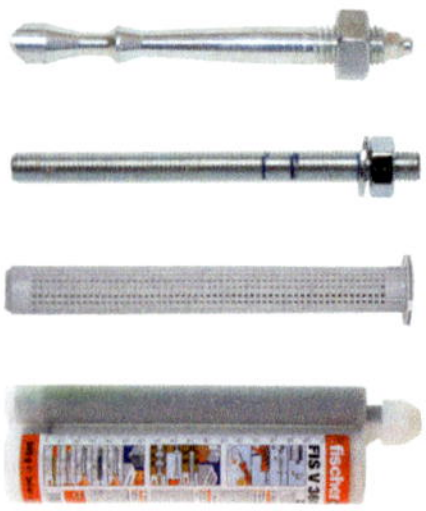	+	+	+	+	+	–		in Beton: Durch- und Vorsteckmontagein Mauerwerk: Vorsteckmontage	■ gründliche Reinigung des Bohrloches erforderlich ■ der Mörtel verbindet den Anker vollflächig mit der Bohrlochwand, füllt ggf. Hohlräume aus und dichtet das Bohr loch ab
Sonderlösungen	Gasbetondübel 	–	–	–	(+)	–	–			
	Fensterrahmendübel 	+	+	+	+	+	–	Fenster, Türrahmen, Kanthölzer		
	Nageldübel 	+	+	+	+	+	–	Unterkonstruktionen aus Holz oder Metall, Verkleidungen, Kabel- und Rohrschellen	Durchsteckmontage	■ Dübel wird durch Einschlagen der Nagelschraube mit dem Hammer gespreizt ■ Nagelschraube lässt sich ggf. wieder herausdrehen
	Universalrahmendübel 	+	+	+	+	+	–	Tore, Türrahmen, Feuerschutztüren, Fenster, Fassadenkonstruktionen aus Holz und Metall		■ im Vollbaustoff erzeugen die Lamellen Spreizkräfte, in Hohlbaustoffen Spreizkräfte am Steg und Verzahnung im Hohlraum
	Balkonverkleidungsbefestigung 								Vorsteckmontage	■ keine Bohrung auf der Innenseite des Geländers notwendig

Steuern und Automatisieren

8

Elektrotechnik

Steuern und Regeln

Datenverarbeitung

Ohmsches Gesetz

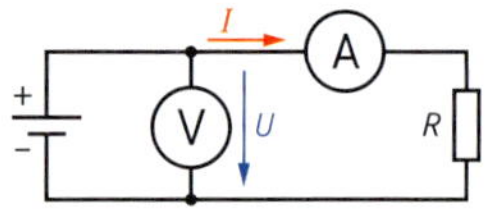

$$I = \frac{U}{R} \qquad G = \frac{1}{R}$$

$$U = I \cdot R \qquad R = \frac{U}{I}$$

EXCEL-Rechenblatt

I : Stromstärke
U : Spannung
R : Widerstand
G : Leitwert

Widerstand von Leitern

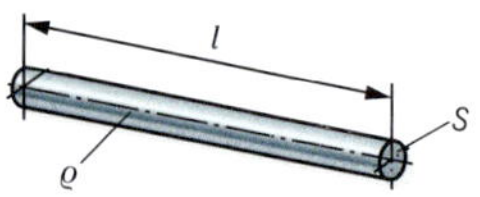

$$R = \frac{\varrho \cdot l}{S}$$

Werte für ϱ s. Stoffwerte chemischer Elemente

$$S = \frac{\varrho \cdot l}{R}$$

$$l = \frac{R \cdot S}{\varrho}$$

R : Widerstand
ϱ : spezifischer Widerstand
l : Leiterlänge
S : Leiterquerschnittt

Reihenschaltung von Widerständen

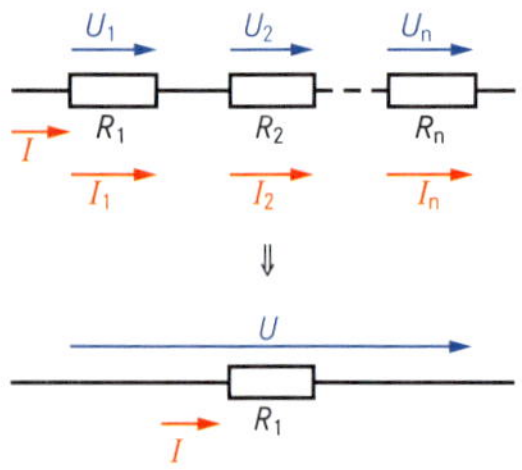

$$R = R_1 + R_2 + \dots R_n$$
$$U = U_1 + U_2 + \dots U_n$$
$$I = I_1 = I_2 = \dots = I_n$$

$$\frac{U_1}{U_2} = \frac{R_1}{R_2} \qquad \frac{U_1}{U_n} = \frac{R_1}{R_n} \qquad \frac{U_1}{U} = \frac{R_1}{R} \dots$$

Durch alle Widerstände fließt der Strom mit gleicher Stromstärke I.

R : Gesamtwiderstand
R_1 : Einzelwiderstand
U : Gesamtspannung
U_1... : Einzelspannungen
I : Gesamtstrom
I_1... : Teilströme

Parallelschaltung von Widerständen

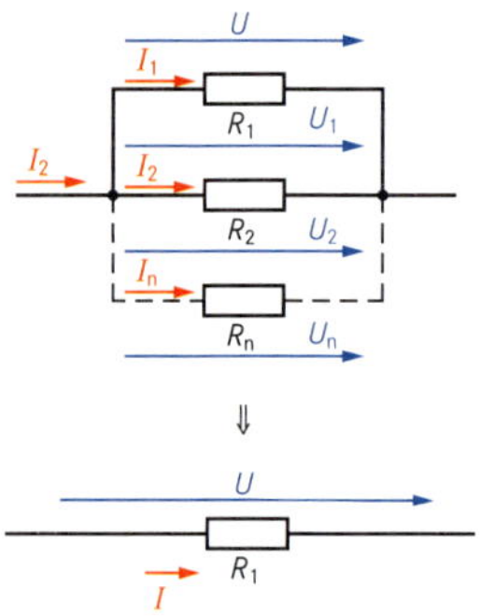

$$I = I_1 + I_2 + \dots + I_n$$
$$U = U_1 = U_2 \dots = U_n$$
$$\frac{1}{R} = \frac{1}{R_1} + \frac{1}{R_2} + \dots + \frac{1}{R_n}$$

$$\frac{I_1}{I_2} = \frac{R_2}{R_1} \qquad \frac{I_1}{I_n} = \frac{R_n}{R_1} \qquad \frac{I_1}{I} = \frac{R}{R_1} \dots$$

Alle Widerstände liegen an derselben Spannung U.

I : Gesamtstrom
I_1... : Teilströme
U : Gesamtspannung
U_1... : Teilspannungen
R : Gesamtwiderstand
R_1... : Teilwiderstände

Wechselspannung

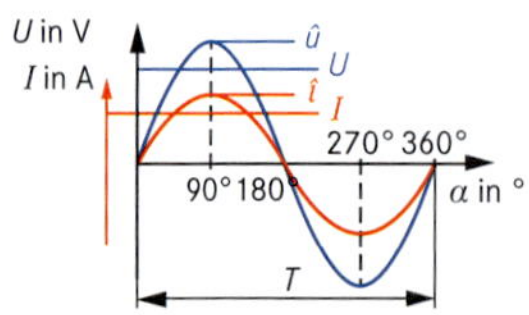

$$I = \frac{\hat{\imath}}{\sqrt{2}} \qquad U = \frac{\hat{u}}{\sqrt{2}} \qquad f = \frac{1}{T} \qquad T = \frac{1}{f}$$

I : Effektivwert der Stromstärke
$\hat{\imath}$: Scheitelwert der Stromstärke
U : Effektivwert der Spannung
$\hat{u}$: Scheitelwert der Spannung
T : Periodendauer
f : Frequenz

Transformator

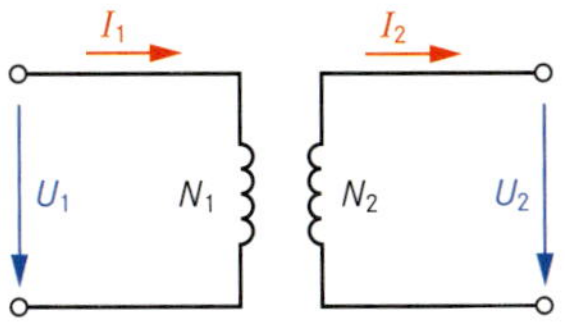

$$\frac{U_1}{U_2} = \frac{N_1}{N_2} = ü$$

$$\frac{I_1}{I_2} = \frac{N_2}{N_1}$$

$$S = U_2 \cdot I_2$$
$$P_1 = U_1 \cdot I_1 \cdot \cos \varphi_1$$
$$P_2 = U_2 \cdot I_2 \cdot \cos \varphi_2$$

EXCEL-Rechenblatt

U_1 : Primärspannung
U_2 : Sekundärspannung
I_1 : Primärstromstärke
I_2 : Sekundärstromstärke
N_1 : Primär-Windungszahl
N_2 : Sekundär-Windungszahl
$ü$: Übersetzungsverhältnis
S : Scheinleistung
P : Wirkleistung
$\cos \varphi$: Leistungsfaktor

Elektrische Arbeit

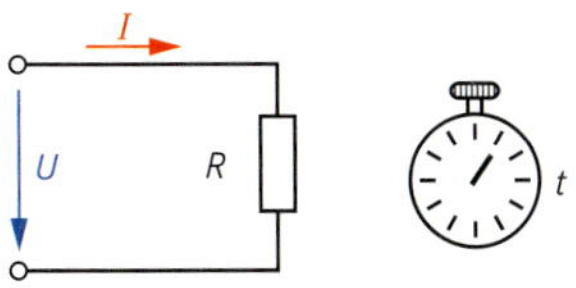

$$W = P \cdot t$$
$$W = U \cdot I \cdot t$$

W : elektrische Arbeit
U : Spannung
I : Stromstärke
t : Zeit
P : elektrische Leistung

Elektrische Leistung bei ohmscher Belastung

Gleichstrom oder Wechselstrom

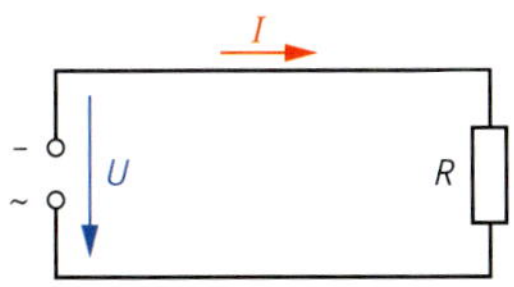

$$P = U \cdot I$$

$$P = I^2 \cdot R$$

$$P = \frac{U^2}{R}$$

Drehstrom

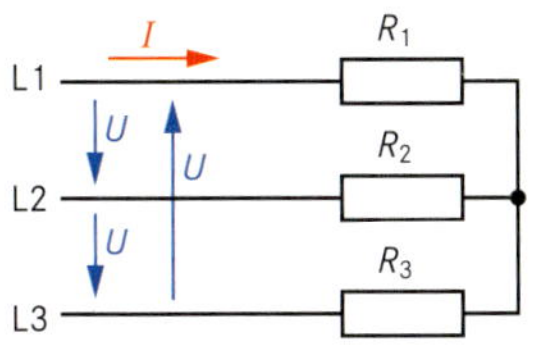

$$P = \sqrt{3} \cdot U \cdot I$$

P : elektrische Leistung
W : elektrische Arbeit
t : Zeit
U : Spannung
I : Stromstärke

Elektrische Leistung bei induktiver Belastung

Wechselstrom

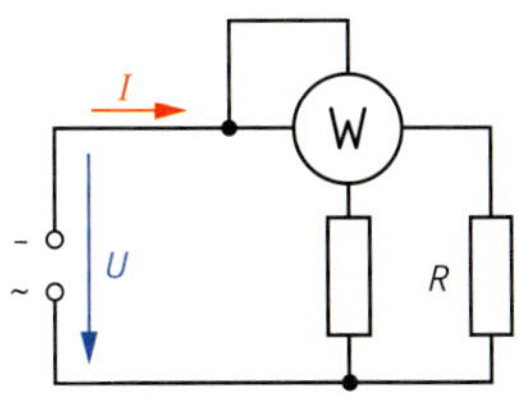

$$P = U \cdot I \cdot \cos \varphi$$

$$S = U \cdot I \qquad \cos \varphi = \frac{P}{S}$$

P : Wirkleistung
S : Scheinleistung
U : Effektivwert der Spannung
I : Effektivwert der Stromstärke
U_{Str} : Strangspannung
I_{Str} : Strangstromstärke
$\cos \varphi$: Leistungsfaktor

Schaltzeichen	Benennung
Konturen und Umhüllungen	
Form 1 Form 2 Form 3	Objekt, z. B. Betriebsmittel, Gerät, Funktionseinheit, Komponente, Funktion
Form 1 Form 2	Hülle, Kolben, Kessel, Gehäuse
	Begrenzung einer Gruppe zusammengehöriger Objekte
	Schirmung Abschirmung
*	Schutz gegen unbeabsichtigten direkten Kontakt, allgemein
Ströme und Spannungen	
	Gleichstrom
110 V	Gleichstrom, 110 V
2M 220/110 V	Gleichstrom-Dreileitersystem mit 2 Außen- und 1 Mittelleiter 220 V (110 V zwischen jedem Außen- und dem Mittelleiter)
	Wechselstrom
50 Hz	Wechselstrom 50 Hz
100...600 kHz	Wechselstrom 100 kHz ... 500 kHz
3N 400/230 V 50 Hz	Dreiphasen-Vierleitersystem; drei Außenleiter; 1 Neutralleiter, 400 V (230 V zwischen je dem Außen- und dem Neutralleiter), 50 Hz
	Wechselstrom – mit niedriger Frequenz – mit mittlerer Frequenz – mit hoher Frequenz
	Gleichgerichteter Strom mit Wechselstromanteil
Schaltungsarten	
	Reihenschaltung
	Parallelschaltung
	Sternschaltung
	Dreieckschaltung
Leiter, Anschlüsse, Verbinder	
	Leiter, Leitung, Kabel, Stromweg
oder 3	Kennzeichnung der Leiterzahl (3 Leiter)
	Leiter, bewegbar
	Leiter, geschirmt
	Leitung, nicht angeschlossen
Form 1 Form 2	Abzweig von Leitern
Form 1 Form 2	Doppelabzweig von Leitern
	Buchse und Stecker, Steckverbindung
Erde, Masse, Potenzialausgleich	
	Erde
	Schutzerde
	Fremdspannungsarme Erde
	Masse
	Äquipotenzial
Kennzeichen für Leiter	
	Neutralleiter (N) Mittelleiter (M)
	Schutzleiter (PE)
	Neutralleiter mit Schutzfunktion (PEN)
	drei Leiter, ein Neutralleiter, ein Schutzleiter
Allgemeine Schaltzeichen	
	Ideale Stromquelle
	Ideale Spannungsquelle
	Primärzelle, Primärelement Akkumulator
	Widerstand, allgemein
R	rein ohmscher Widerstand
Z	Scheinwiderstand
	Widerstand mit Anzapfungen
oder	Induktivität, Spule, Wicklung, Drossel
	Kondensator, allgemein
	Dauermagnet
	Bewegbarer Kontakt (z. B. Schleifkontakt)
	Umsetzer, Umformer, Umrichter
	Sicherung, allgemein
Maschinenarten	
* [1]	Maschine, allgemein Kennzeichen (*): C: Umformer G: Generator GS: Synchrongenerator M: Motor MG: Als Motor oder Generator nutzbar MS: Synchronmotor
M	Gleichstrom-Reihenschlussmotor
M	Gleichstrom-Nebenschlussmotor
M 1~	Wechselstrom-Reihenschlussmotor, einphasig

[1] Der Stern muss durch eines der folgenden Kennzeichen ersetzt werden.

Schaltzeichen	Benennung
Maschinenarten	
M 3~	Drehstrom-Reihenschlussmotor
M 3~	Drehstrom-Asynchronmotor mit Käfigläufer
M 3~	Drehstrom-Asynchronmotor mit Schleifringläufer
M	Schrittmotor
Sonstige Geräte	
	Transformator mit zwei Wicklungen
	Wechselrichter
	Gleichrichter
	Lasthebemagnet, Spannplatte
	Absperrorgan, Ventil – geschlossen – offen
Messgeräte	
* [1]	Messgerät, anzeigend, allgemein
* [1]	Messgerät, aufzeichnend, allgemein
	Anzeige, allgemein
000	Anzeige, digital Anzeige, numerisch
	Registrierung, schreibend
V	Spannungsmessgerät
A	Strommessgerät

Schaltzeichen	Benennung
Messgeräte	
W	Leistungsmessgerät
cos φ	Leistungsfaktormessgerät
n	Umdrehungsfrequenz-Messgerät
W	Wirkleistungsschreiber
	Registrierwerk, Linienschreibwerk
Wh	Wattstundenzähler, Elektrizitätszähler
Mess- und Regelgeräte	
n	Umdrehungsfrequenzregler
i PI	Stromregler mit PI-Verhalten
ϑ / I	Messumformer, Temperatur in elektrischen Strom
	Analog/Digital-Umsetzer
Elektromagnetische Antriebe	
	Elektromechanischer Antrieb, Relaispole
	– mit Rückfallverzögerung
	– mit Ansprechverzögerung
	– mit Ansprech- und Rückfallverzögerung
	Wechselstromrelais
	Thermorelais

Schaltzeichen	Benennung
Elektromagnetische Antriebe	
	Stützrelais
3	Relais mit drei Schaltstellungen
Schalteinrichtungen, Kontakte	
	Schließer, Schaltfunktion, allgemein Schalter
	voreilender Schließer
	nacheilender Schließer
	Öffner
	nacheilender Öffner
	Wechsler mit Unterbrechung
	Wechsler ohne Unterbrechung
	Zweiwegschließer mit Mittelstellung „Aus“
	Wischer mit Kontaktgabe bei Betätigung
Antriebsarten	
	Betätigung durch – Handantrieb, allgemein
	– Ziehen
	– Drehen
	– Drücken
	– Kippen
	– Rolle
	– Nocken

[1] Der Stern muss durch die Einheit oder das Zeichen der zu messenden Größe oder durch das chemische Zeichen ersetzt werden.

Schaltzeichen	Benennung
Antriebsarten	
	– Notschalter
	– Schlüssel
	– elektromagnetischen Antrieb
	– pneumat./hydraul. Steuerung
	– thermischen Antrieb
	– Annähern
	– Berühren
Mechanische Stellteile	
	Raste, kein selbsttätiger Rückgang
	selbsttätiger Rückgang
	Sperre in einer Richtung
	Sperre in zwei Richtungen
	Verzögerte Wirkung a) nach links b) nach rechts
	Darstellung im betätigten Zustand
Halbleiterbauelemte	
	Halbleiterdiode, allgemein
	Leuchtdiode, allgemein
	Fotodiode
	Fotowiderstand
	Solarzelle
	PNP-Transistor

Schaltzeichen	Benennung
Halbleiterbauelemte	
	NPN-Transistor
	Thyristor
Sensoren	
	Dehnungsmessstreifen
	Widerstandsthermometer
	Aufnehmer mit veränderbarem Widerstand
	Aufnehmer, induktiv
	Aufnehmer, kapazitiv
	Thermoelement
	Geber, magnetisch
	Differenzregler, induktiv
Elektroinstallation	
	Abzweigdose, allgemein
	Schutzkontaktsteckdose, vierfach
	Schalter, allgemein
	Serienschalter, einpoliger Schalter
	Lampe, allgemein
	Taster
	Taster mit Leuchte
	Elektrogerät
	Schaltuhr

Schaltzeichen	Benennung
Elektroinstallation	
	Stromstoßschalter
	Stromstoßrelais
Form 1 Form 2	Dreifachsteckdose
	Leuchte mit Schalter
	Elektroherd, allgemein
	Backofen
	Mikrowellengerät
	Klimagerät
	Kühlgerät Tiefkühlgerät
	Heißwassergerät
	Durchlauferhitzer
	Geschirrspülmaschine
	Waschmaschine
	Wäschetrockner
	Ventilator
	Infrarotstrahler
	Türöffner
	Wechselsprechstelle
	Zeiterfassungsgerät

Kennzeichnung elektrischer Betriebsmittel
Identification of electrical equipment

Kennzeichnungs-block	1 Anlage	2 Ort	3 Identifizierung und Funktion	4 Anschluss
Vorzeichen	=	+	–	:
Beispiel	=D3	+C3	–S02 A	:1
Bedeutung	Spannvorrichtung Nr. 3 (vom Betrieb festgelegt)	Gebäude C Gang Nr. 3	Art: Schalter Zähl-Nr. 02 Funktion: AUS	Klemme Nr. 1

Viele Schaltungsunterlagen enthalten zur Kennzeichnung von elektrischen Betriebsmitteln nur Angaben zum Kennzeichnungsblock 2 (Art des Betriebsmittels; Zählnummer; allgemeine Funktion). Das zur Identifizierung vorangestellte Vorzeichen kann dann weggelassen werden. Die Reihenfolge der Blöcke ist beliebig. Die obige Reihenfolge wird bevorzugt angewendet.

Kennbuchstaben für die Kennzeichnung der Art des Betriebsmittels (Kennzeichnungsblock 3)

Buchstabe	Art des Betriebsmittels	Buchstabe	Art des Betriebsmittels
A	Baugruppen	P	Messgeräte
B	Umsetzer	Q	Starkstrom-Schaltgeräte
C	Kondensatoren	R	Widerstände
D	Binäre Elemente	S	Schalter, Wähler
E	Verschiedenes	T	Transformatoren
F	Schutzeinrichtungen	U	Modulatoren, Umsetzer
G	Generatoren	V	Halbleiter
H	Meldeeinrichtungen	W	Übertragungswege
K	Relais, Schütze	X	Stecker, Steckdosen
L	Induktivitäten	Y	Elektr. betätigte mechanische Einrichtungen
M	Motoren		
N	Verstärker, Regler	Z	Abschlüsse, Filter

Kennbuchstaben für die Kennzeichnung allgemeiner Funktionen (Kennzeichnungsblock 3)

Buchstabe	Allgem. Funktion	Buchstabe	Allgem. Funktion
A	Hilfsfunktion; AUS	M	Hauptfunktion
B	Bewegungsrichtung	N	Messung
C	Zählung	P	Proportional
D	Differenzierung	Q	Zustand (Start, Stopp)
E	Funktion EIN	R	Rückstellen, löschen
F	Schutz	S	Speichern, aufzeichnen
G	Prüfung	T	Zeitmessung
H	Meldung	V	Geschwindigkeit
I	Integration	W	Addieren
K	Tastbetrieb	X	Multiplizieren
L1, L2	Leiterkennzeichnung	Y	Analog
L+, L–	Leiterkennzeichnung	Z	Digital

Kennfarben elektrischer Leiter

DIN EN 60 446: 1999-10

Wechselstrom; Drehstrom			Gleichstrom		
Leiterbezeichnung	Zeichen	Farbe	Leiterbezeichnung	Zeichen	Farbe
Außenleiter	L1; L2; L3	[1]	positiv	L+	[1]
Neutralleiter	N	blau	negativ	L–	[1]
Schutzleiter	PE	grün-gelb	Mittelleiter	M	blau
PEN-Leiter	PEN	grün-gelb	[1] Farbe nicht festgelegt; Empfehlung: schwarz, für Unterscheidung: braun, unzulässig: grün-gelb		

Begriffe zur Kennzeichnung von Leitern, Spannungen und Strömen

DIN VDE 0100-410: 2007-06

Benennung	Bedeutung
L1, L2, L3	Außenleiter: Leiter, die die Stromquelle mit Verbrauchsmitteln verbinden
N	Neutralleiter: Leiter, der mit dem Mittelpunkt oder Sternpunkt verbunden ist
PE	Schutzleiter: Leiter, der zum Verbinden von Körpern, leitfähigen Teilen oder Erdern benutzt wird
PEN	PEN-Leiter: Leiter mit den Funktionen von Neutral- und Schutzleitern

Benennung	Bedeutung	
U_0	Nennspannung von Stromnetzen	
U_B	Berührungsspannung	
U_L	Höchste zulässige Berührungsspannung	
	Menschen	Nutztiere
	50 V ~	25 V ~
	120 V –	60 V –
U_F	Fehlerspannung: Spannung, die im Fehlerfall zwischen einem Körper und der Bezugserde auftritt	
I_F	Fehlerstrom: Strom, der bei einem Isolationsfehler fließt	

Benennung	Bedeutung
I_K	Kurzschlussstrom: Strom, der bei einer direkten Verbindung zweier Außenleiter oder zwischen Außen- und Neutralleiter fließt
I_b	Betriebsstrom eines Stromkreises
I_n	Nennstrom von Verbrauchsmitteln oder Überstrom-Schutzmitteln
$I_{\Delta n}$	Nennfehlerstrom eines Fehlerstrom-Schutzschalters
I_a	Abschaltstrom von Überstromschutzmitteln

Schutzklassen elektrischer Betriebsmittel

DIN VDE 0100-410: 2007-06

Schutzklasse I	Schutzklasse II	Schutzklasse III
Schutzmaßnahme mit Schutzleiter Kennzeichen: 	Schutzisolierung Kennzeichen: 	Schutzkleinspannung Kennzeichen: 
Betriebsmittel mit Metallgehäuse	Betriebsmittel mit Kunststoffgehäuse	Betriebsmittel mit Nennspannungen bis 25 V ~ bzw. bis 60 V – und bis 50 V ~ bzw. 120 V –
z. B. Elektromotor	z. B. Elektrische Haushaltsgeräte	z. B. Elektrische Handleuchten

Bildzeichen für Schutzarten

DIN 40050-9: 1993-05

Bildzeichen	Schutzumfang	Bildzeichen	Schutzumfang
	staubgeschützt		spritzwassergeschützt
	staubdicht		strahlwassergeschützt
	tropfwassergeschützt; Schutz gegen tropfendes Wasser, hohe Luftfeuchte		wasserdicht, Schutz gegen Eindringen von Wasser ohne Druck
	schrägwassergeschützt; regengeschützt	 ... bar	druckwasserdicht, Schutz gegen Eindringen von Wasser unter Druck

IP-Schutzarten

DIN 40 050-9: 1993-05

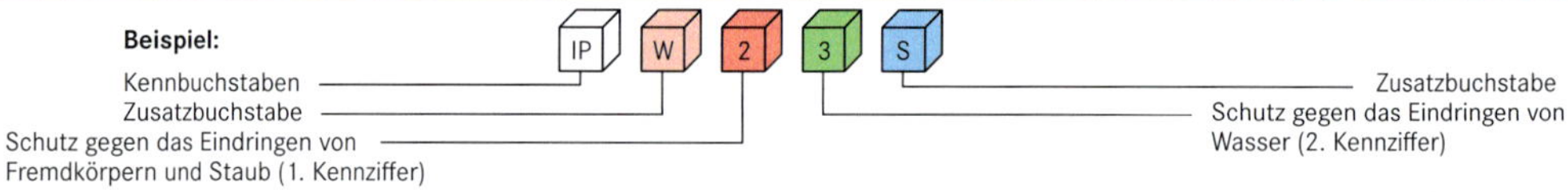

1. Kennziffer	Schutzgrad	2. Kennziffer	Schutzgrad
0	Kein Schutz	0	Kein Schutz
1	Schutz gegen Eindringen von großen Fremdkörpern *d* > 50 mm, Kein Schutz bei absichtl. Zugang	1	Schutz gegen tropfendes Wasser, das senkrecht fällt (Tropfwasser)
2	Schutz gegen mittelgroße Fremdkörper, *d* > 12 mm, Fernhalten von Fingern o. Ä.	2	Schutz gegen schräg fallendes Wasser (Tropfwasser), 15° gegenüber normaler Betriebslage
3	Schutz gegen kleine Fremdkörper, *d* > 2,5 mm, Fernhalten von Werkzeugen, Drähten u. Ä.	3	Schutz gegen Sprühwasser, bis 60° zur Senkrechten
4	Schutz gegen kornförmige Fremdkörper, *d* > 1 mm, Fernhalten von Werkzeugen, Drähten u. Ä.	4	Schutz gegen Spritzwasser aus allen Richtungen
5	Schutz gegen Staubablagerungen (staubgeschützt), vollständiger Berührungsschutz	5	Schutz gegen Strahlwasser aus allen Richtungen
6	Schutz gegen Eindringen von Staub (staubdicht), vollständiger Berührungsschutz	6	Schutz gegen schwere See oder starken Wasserstrahl (Überflutungsschutz)
		7	Schutz gegen Eintauchen in Wasser unter festgesetzten Druck- und Zeitbedingungen
		8	Schutz gegen dauerndes Untertauchen in Wasser
Zusatzbuchstabe	Bedeutung	Zusatzbuchstabe	Wasserschutzprüfung bei
		S	Stillstand
W	Wetterschutz	M	laufender Maschine

Prüfzeichen für elektrische Betriebsmittel und Geräte
Test marks of electrical equipment and devices

Zeichen	Erklärung	Zeichen	Erklärung	Zeichen	Erklärung
D V E	VDE-Zeichen Erteilung durch Prüfstelle des VDE (Verband der Elektrotechnik): Gerät ist gemäß VDE-Bestimmungen gebaut.	◁VDE ▷◁HAR ▷	VDE-Harmonisierungszeichen für Kabel und Leitungen	Elektr. geprüft	Prüfzeichen Sicherheitsprüfung z. B. bei elektrischen Geräten
GS geprüfte Sicherheit	Geprüfte Sicherheit Sicherheitszeichen gemäß Maschinenschutzgesetz, Erteilung durch eine vom Bundesarbeitsministerium zertifizierte Prüfstelle		Funkschutzzeichen Im freien Ausschnitt Funkstörgrad 0; K, N, G 0: funkstörfrei; K: Kleinststörgrad; N: Normalstörgrad; G: grobentstört		Prüfzeichen für elektronische Bauelemente
D V E GS geprüfte Sicherheit	Geprüfte Sicherheit Prüfstelle: VDE	VDE EMV	Prüfzeichen elektromagnetische Verträglichkeit Prüfstelle: VDE	DIN AGI	Qualitätszeichen für die geräuscharme Ausführung von elektrischen Geräten
DIN-DVGW GS geprüfte Sicherheit	Geprüfte Sicherheit Prüfstelle: DIN		Zulassungszeichen der Physikalisch-Technischen Bundesanstalt (PTB) für Messwandler und Zähler	ZERTIFIZIERTES DIN ISO 9001 LGA QUALITÄTSSICHERUNGSSYSTEM	Qualitätssicherheit für Schutzbauelemente gemäß DIN-ISO 9001
A-ET 87026 GS geprüfte Sicherheit	Geprüfte Sicherheit Prüfstelle: Berufsgenossenschaft		Zulassungszeichen der Physikalisch-Technischen Bundesanstalt (PTB) für Tarifschaltuhren	CE	Gütesiegel (z. B. für elektro-magnetische Verträglichkeit) auf allen elektrischen und elektronischen Geräten in allen EU-Ländern
TÜV Rheinland Köln GS geprüfte Sicherheit	Geprüfte Sicherheit Prüfstelle: TÜV	BZT A999 999N	Bundesamt für Zulassungen in der Telekommunikation		Recycling-Zeichen Wiederaufbereitung nach der Verwendung

Not-Halt-Einrichtungen
Energency stop devices

DIN EN ISO 13 850: 2009-08

Definition: Die Not-Halt-Funktion ist eine Funktion, die aufkommende oder bestehende Gefahren oder Schäden für Personen, Maschinen oder Arbeitsgut abwenden oder mindern soll und durch eine einzige Handlung einer Person ausgelöst wird.

Anforderungen an Not-Halt-Einrichtungen:

Not-Halt-Einrichtungen müssen jederzeit verfügbar und funktionsfähig sein.

Der auslösenden Person dürfen bei Betätigung keine Überlegungen abverlangt werden.

Einmalige Betätigung muss zu sofortigem und nicht verhinderbarem Stillsetzen der Anlage führen.

Schaltgerät müssen nach Betätigung verriegeln oder verrasten.
Durch die Betätigung darf keine zusätzliche Gefährdung hervorgerufen werden.

Stromkreise, deren Ausschaltung eine weitere Gefährdung verursachen könnten (z. B. Licht), dürfen nicht betroffen sein.

Die Rückstellung der Not-Halt-Einrichtung darf keinen Wiederanlauf der Anlage zulassen.

Die Rückstellung darf nur von Hand am Befehlsgerät möglich sein.

Not-Halt-Einrichtungen müssen rot vor gelbem Hintergrund gekennzeichnet sein.

Wirkung des elektrischen Stroms auf den menschlichen Körper

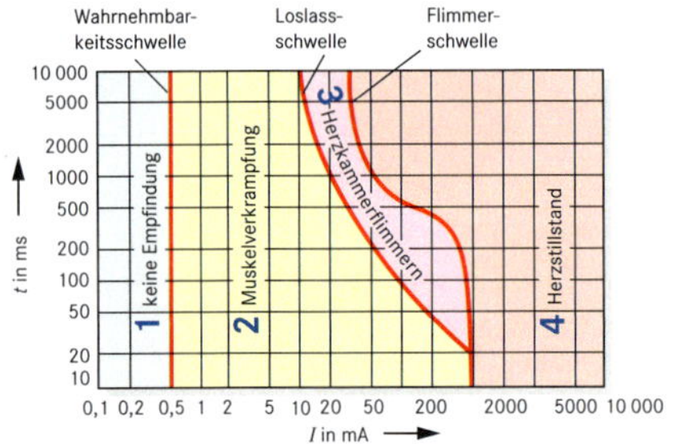

Zeit-Strom-Diagramm

Gefährdungsbereiche bei Wechselstrom (50 Hz ... 60 Hz) für erwachsene Personen und den Stromweg „linke Hand zu beiden Füßen":

1. keine Reaktion
2. keine physiologisch gefährliche Wirkung
3. bei $t > 10$ s oberhalb der Loslassschwelle Muskelverkrampfung
4. Herzkammerflimmern, Herzstillstand

Schutz gegen gefährliche Körperströme

DIN VDE 0100-410: 2007-06

Schutz sowohl gegen direktes als auch bei indirektem Berühren	Schutz gegen direktes Berühren	Schutz bei indirektem Berühren
Auftretende Ströme und Spannungen sind für den menschlichen Organismus nicht gefährlich.	Das Berühren spannungsführender Teile einer elektrischen Anlage wird verhindert.	Eine Gefährdung des Menschen bei Auftreten eines Fehlers wird verhindert.
■ Schutz durch Schutzkleinspannung ■ Schutz durch Funktionskleinspannung ■ Schutz durch Begrenzung der Entladungsenergie	■ Schutz durch Isolierung aktiver Teile ■ Schutz durch Abdeckungen und Umhüllungen ■ Schutz durch Hindernisse ■ Schutz durch Abstand ■ Schutz durch Fehlerstrom-Schutzeinrichtungen	■ Schutzisolierung ■ Schutztrennung ■ Schutz durch Hauptpotentialausgleich ■ Schutz durch nichtleitende Räume ■ Schutzmaßnahmen im TN-, TT- und IT-Netz

Sicherheitszeichen (Auswahl)

DIN 4844-2: 2001-02

Sicherheitszeichen

Verbotszeichen

Schalten verboten

Berühren verboten; Gehäuse unter Spannung

Verbot für Personen mit Herzschrittmacher

Zusatzzeichen

Es wird gearbeitet!
Ort: Datum:
Entfernen des Schildes nur durch:

Hochspannung Lebensgefahr

Warnzeichen

Warnung vor gefährlicher elektrischer Spannung

Warnung vor Gefahren durch Batterien

Warnung vor Laserstrahl

Gebotszeichen

Vor Öffnen Netzstecker ziehen

Vor Arbeiten freischalten

Entladezeit länger als 1 Minute

Teil kann im Fehlerfall unter Spannung stehen

Fünf Sicherheitsregeln
Vor Beginn der Arbeiten:
- Freischalten
- Gegen Wiedereinschalten sichern
- Spannungsfreiheit feststellen
- Erden und kurzschließen
- Benachbarte, unter Spannung stehende Teile abdecken oder abschranken

Vor Berühren: Entladen Erden Kurzschließen

Hier liegen die Unfallverhütungsvorschriften aus

Erste Hilfe bei Unfällen durch elektrischen Strom

- Strom sofort unterbrechen
- Feststellen, ob Atemstillstand vorliegt, dann mit Beatmung einsetzen
- Feststellen, ob Kreislaufstillstand vorliegt, dann neben Beatmung auch mit Herzmassage beginnen
- Liegt kein Atem- oder Kreislaufstillstand vor, Verunglückten in Seitenlage bringen
- Bei Atem- und Kreislaufstillstand, größeren Verbrennungen, Ohnmacht: schneller Transport ins Krankenhaus

Grundbegriffe der Regelungs- und Steuerungstechnik
Basic terms of closed loop and open loop control technique

Steuern, Steuerung

DIN 19 226-4: 1994-02

- Eine oder mehrere Eingangsgrößen beeinflussen aufgrund einer systemeigenen Gesetzmäßigkeit eine Ausgangsgröße, wobei keine Rückwirkung erfolgt.
- Es besteht ein **offener** Wirkungsweg (Steuerkette).
- Die Steuerkette ist eine Anordnung von Systemen, die in Reihenstruktur aufeinander wirken.

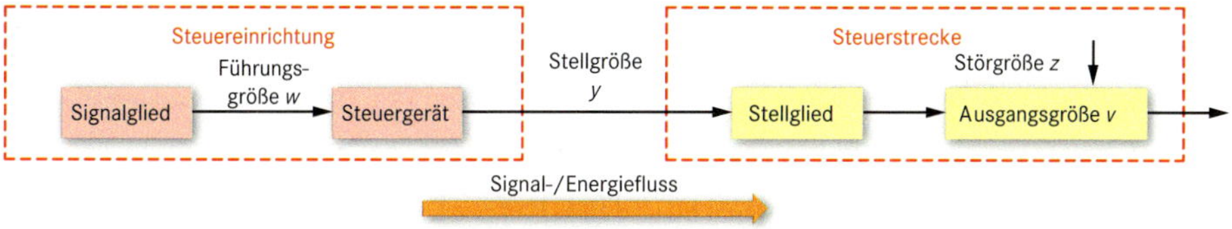

Regeln, Regelung

- Die Regelgröße wird fortlaufend erfasst und mit der Führungsgröße verglichen.
- Bei einer Regelabweichung erfolgt eine Anpassung an die Führungsgröße.
- Es besteht ein **geschlossener** Wirkungsablauf (Regelkreis).

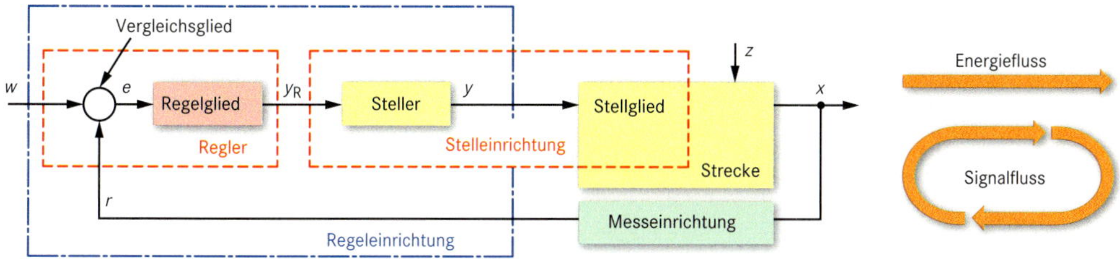

Begriff	Formelzeichen	Bedeutung
Strecke (S und R)	S	Teil des Systems, der aufgabengemäß zu beeinflussen ist (Teil des Wirkungsplans)
Messeinrichtung		Gesamtheit aller Funktionseinheiten, die Messgrößen aufnehmen, anpassen und ausgeben
Vergleichsglied		Funktionseinheit, bildet die Regeldifferenz aus Führungs- und Rückführungsgröße
Regelglied		Funktionseinheit, führt im Regelkreis die Regelgröße der Führungsgröße, auch beim Auftreten von Störgrößen, so schnell und genau wie möglich nach
Regler		Funktionseinheit, wird aus Vergleichsglied und Regelglied gebildet
Steller		Funktionseinheit, bildet aus der Reglerausgangsgröße die erforderliche Stellgröße
Stellglied		Funktionseinheit, Teil und Anfang der Regelstrecke, greift in den Energie- oder Massenstrom ein (Eingangsgröße ist die Stellgröße)
Stelleinrichtung		Funktionseinheit, besteht aus Steller und Stellglied
Steuer-/Regeleinrichtung		Teil des Wirkungsweges, der die aufgabengemäße Beeinflussung der Strecke bewirkt
Stellort		Angriffspunkt der Stellgröße
Störort		Angriffspunkt der Störgröße
Regelgröße	x	Größe der Regelstrecke, die zum Zwecke des Regelns erfasst und über die Messeinrichtung der Regeleinrichtung zugeführt wird
Regelbereich	x_h	Bereich, innerhalb dessen die Regelgröße eingestellt werden kann, ohne die festgelegte größte Sollwertabweichung zu überschreiten
Aufgabengröße	x_A	Größe, die zu beeinflussen Aufgabe der Steuerung oder Regelung ist (z. B. Mischungsverhältnis)
Rückführungsgröße	r	Größe, die aus der Messung der Regelgröße hervorgeht
Führungsgröße	w	Größe, die, von außen zugeführt, von der Regelung oder Steuerung nicht beeinflusst werden kann und der die Ausgangsgröße in vorgegebener Abhängigkeit folgen soll
Ausgangsgröße	v	Größe eines Systems, die nur von ihm und seinen Eingangsgrößen beeinflusst wird
Eingangsgröße	u	Größe, die auf ein System einwirkt, ohne selbst von ihm beeinflusst zu werden
Regeldifferenz	e	Differenz zwischen Führungsgröße und Rückführungsgröße: $e = w - r$ (auch $e = w - x$)
Reglerausgangsgröße	y_R	Eingangsgröße der Stelleinrichtung
Stellgröße	y	Ausgangsgröße der Steuer- bzw. Regeleinrichtung; zugleich Eingangsgröße der Strecke
Störgröße	z	Von außen wirkende Größe, die die Ausgangs- oder Regelgröße unerwünscht beeinflusst

Elemente und Grundformen

DIN EN 60848: 2002-12

- GRAFCET dient zur Darstellung von elektrischen, pneumatischen und hydraulischen oder mechanischen Systemen oder Teilsystemen.
- GRAFCET gibt nicht die Form der Realisierung (Betriebsmittel, Leitungsführung, Einbau) vor.

Elemente

Sinnbild	Bedeutung
	**Schritt**, allgemein * zugeordnetes Kennzeichen, z. B. Schrittnummer
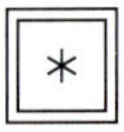	Anfangsschritt, allgemein
	Schritt 2, gesetzt (im aktiven Zustand dargestellt)
	einschließender Schritt, er enthält mehrere Schritte
	Makroschritt Einzeldarstellung eines detaillierten Teils eines GRAFCET
	**Übergang** (Transition) * Übergangsbedingung: als Text oder als logischer Ausdruck: TRUE oder FALSE TRUE, logisch 1; Weiterschaltbedingung erfüllt FALSE, logisch 0; Weiterschaltbedingung nicht erfüllt
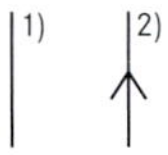	**Wirkverbindung** 1) Ablauf von oben nach unten 2) Ablauf von unten nach oben

Freigeben und Auslösen von Übergängen

Sinnbild	Bedeutung
	Schritt 8 nicht gesetzt **Übergang nicht freigegeben** Übergangsbedingung kann erfüllt oder nicht erfüllt sein Der Übergang 8-9 wird nicht freigegeben, weil der Schritt 9 nicht gesetzt ist.
	Schritt 8 gesetzt **Übergang freigegeben** Übergangsbedingung nicht erfüllt Der Übergang 8-9 ist freigegeben, kann aber nicht ausgelöst werden, weil die Übergangsbedingung nicht erfüllt ist.
	**Übergang ausgelöst** Schritt 8 zurückgesetzt[1)] Übergangsbedingung erfüllt Der Übergang wird jetzt ausgelöst, weil die Übergangsbedingung erfüllt ist. Schritt 9 gesetzt [1)] nur ein Schritt kann gesetzt sein

Grundformen

Sinnbild	Bedeutung
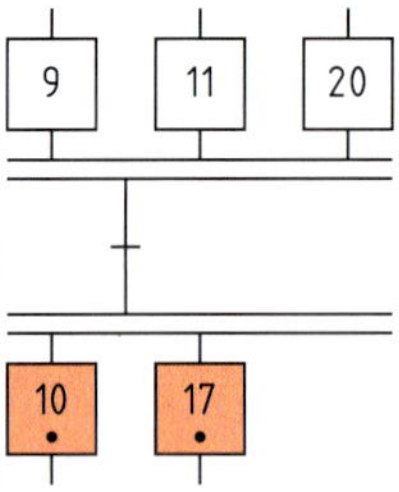	**Übergang ausgelöst** Transition von mehreren Schritten zu mehreren Schritten Übergang ausgelöst, weil Bedingung erfüllt Wird der Übergang ausgelöst, erfolgt gleichzeitig ein **Setzen** der unmittelbar folgenden und **Rücksetzen** der unmittelbar vorangehenden Schritte.

Grundformen der Schrittabläufe

Sinnbild	Bedeutung
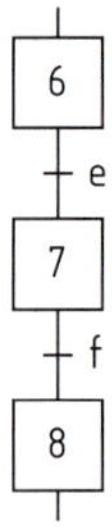	**Ablaufkette** (sequentieller Betrieb) Die Ablaufkette besteht aus einer Reihe von Schritten, die nacheinander gesetzt werden. Beispiel: Der Ablauf von 6 nach 7 findet nur statt, wenn 6 gesetzt ist und die Bedingung „e" erfüllt ist.
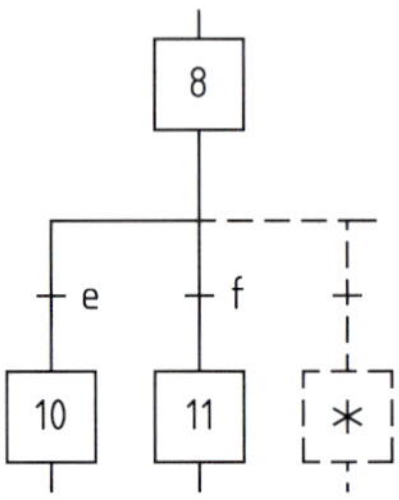	**Ablaufauswahl** (Alternativ-Verzweigung) Bei der Ablaufauswahl verzweigt sich die Schrittkette in zwei oder mehrere Abläufe. Ein Ablauf von Schritt 8 nach Schritt 10 erfolgt, wenn Schritt 8 gesetzt und „e" erfüllt ist, oder von Schritt 8 nach Schritt 11, wenn Schritt 8 gesetzt und „f" erfüllt ist.
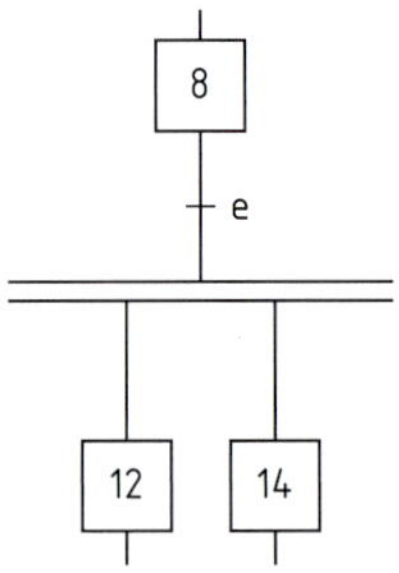	**Gleichzeitige Abläufe** (Parallel-Betrieb) Im Parallel-Betrieb verzweigt sich die Schrittkette in zwei oder mehrere Abläufe, die gleichzeitig ausgelöst werden, aber unabhängig voneinander laufen. Sind alle Zweige durchlaufen, wird der nächste Einzelschritt ausgeführt.

Symbole

DIN EN 60 848: 2002-12

Kontinuierlich wirkende Aktionen

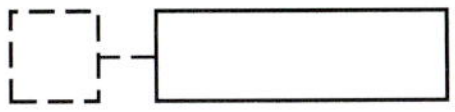

Aktionskasten; er enthält die auszuführende **Aktion**

Die Aktion wirkt nur so lange, wie der auslösende Schritt aktiv ist. Ein Schritt kann auch mehrere Aktionen auslösen:

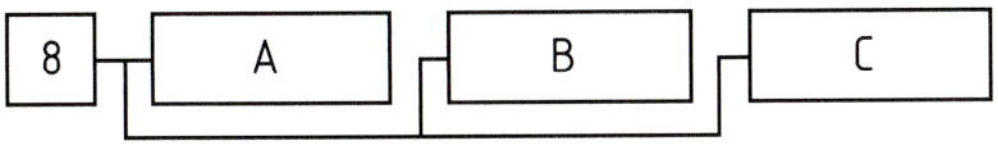

Die Kennzeichung einer Aktion kann in unterschiedlichen Formen erfolgen, ausführlich oder symbolisch:

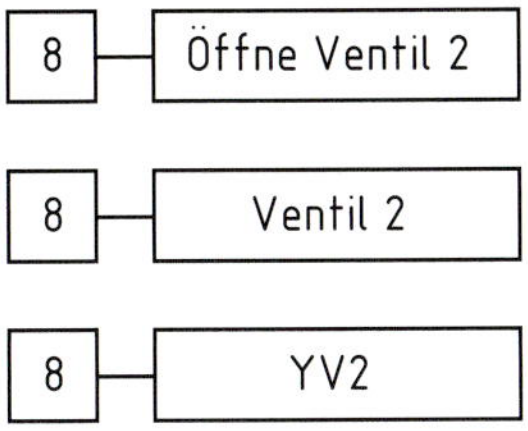

Sollte der Ausgang den Wert TRUE besitzen, wird das Ventil 2 geöffnet

Gespeichert wirkende Aktionen

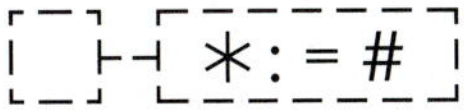

Zuordnung zu Variablen (Der Wert # wird der Variablen ∗ zugeordnet)

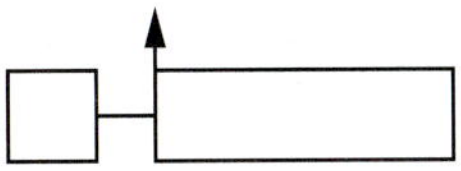

Speichernd wirkende Aktion bei **Aktivierung** des Schrittes

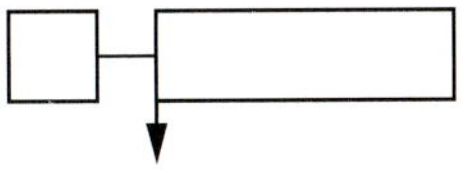

Speichernd wirkende Aktion bei **Deaktivierung** des Schrittes

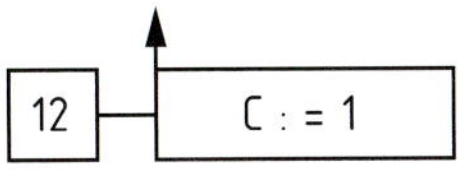

gespeicherte Aktion bei Aktivierung des Schrittes 12

Der booleschen Variablen C wird der Wert 1 zugeordnet, wenn ein Ereignis eintritt, das den Schritt 12 aktiviert. Die Aktion bleibt im Regelfall über mehrere Schritte aktiv und muss zwingend an anderer Stelle der Ablaufkette durch einen anderen Schritt, ebenfalls speichernd, zurückgesetzt werden.

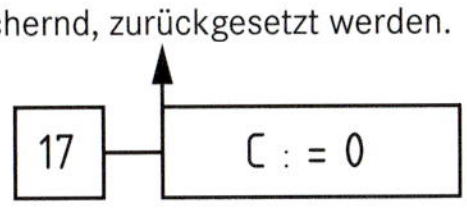

Beispiele

Ablaufkette (einfach)

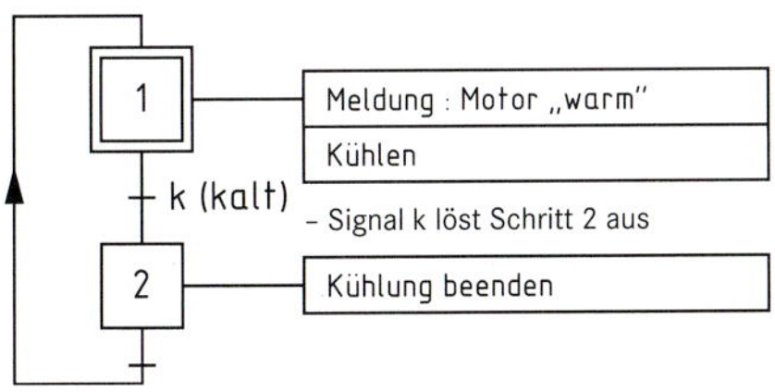

Aktion mit Zuweisungsbedingung

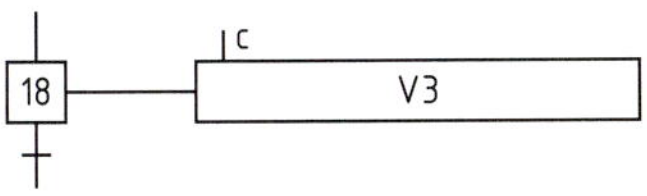

Verzögerte Aktion

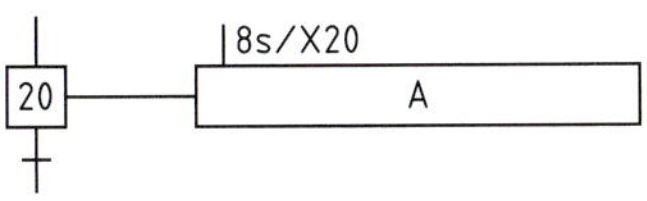

Zeitbegrenzte Aktion

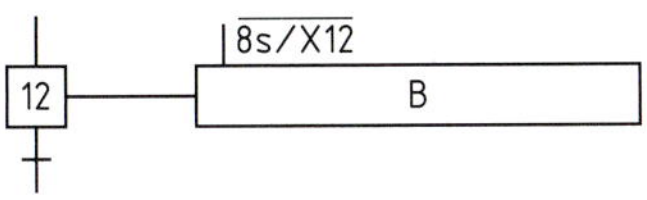

Zeitabhängige Zuweisungsbedingung

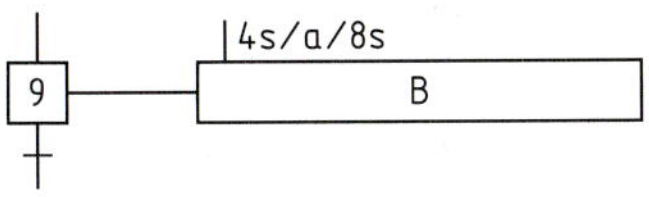

Ablaufstruktur

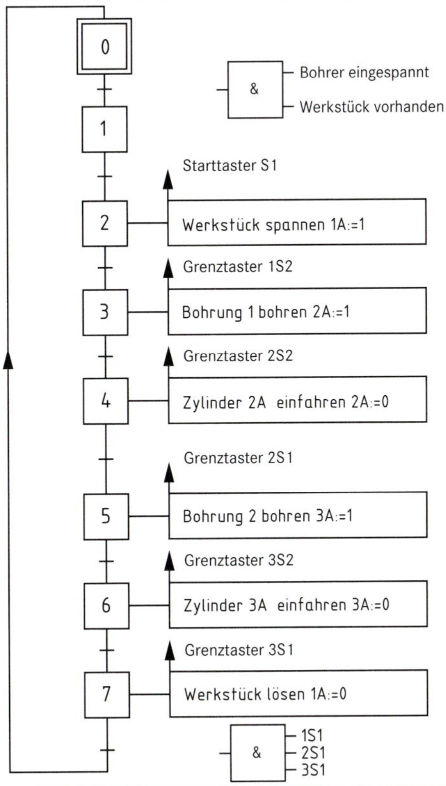

DIN EN 60 848 (GRAFCET) löst DIN 40 719 (gültig bis 2005) ab!

- In Funktionsdiagrammen wird das Zusammenwirken von technischen Baueinheiten grafisch dargestellt.
- Planung, Konstruktion, Erstellung und Prüfung der Steuerung einer Fertigungsanlage sollen erleichtert werden.
- Es werden Funktionsfolgen von mechanischen, pneumatischen, elektrischen und elektronischen Steuerungen sowie deren Kombinationen, z. B. elektro-hydraulische Steuerungen, dargestellt.
- Man unterscheidet: – Wegdiagramme: Darstellung durch Bildzeichen
  – Zustandsdiagramme: Darstellung im Zwei-Koordinatensystem

Funktionslinie

Zustand der Ausgangsstellung: Motor AUS, Zylinder eingefahren, Pumpe abgeschaltet, Ventil geschlossen

Von der Ausgangsstellung abweichender Zustand: Motor EIN, Zylinder ausgefahren, Pumpe eingeschaltet, Ventil geöffnet

Arbeitswege und Arbeitsbewegungen

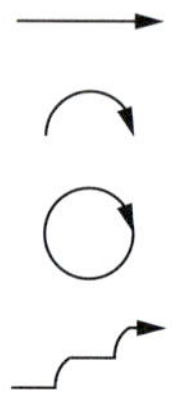

Geradlinige Bewegung (Vorschub)

Schwenkbewegung

Drehbewegung EIN (Motor ein)

Weg in 2 Koordinaten

Leerwege und Leerbewegungen

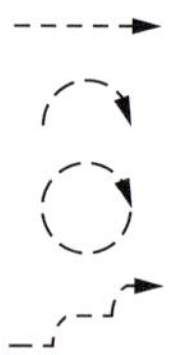

Geradlinige Bewegung (Eilgang)

Schwenkbewegung

Drehbewegung EIN

Weg in 2 Koordinaten

Wegbegrenzungen und Bewegungsbegrenzungen

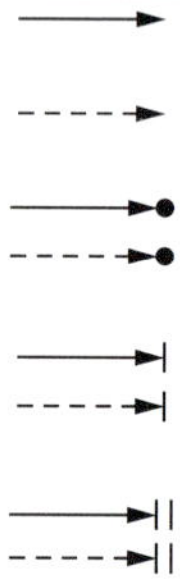

Arbeitsweg

Leerweg

Wegbegrenzung über Signalglied

Wegbegrenzung durch einstellbaren mechanischen Festanschlag

Wegbegrenzung über Wegmesssteuerung

Funktionslinie (im Diagramm)

Im Funktionsdiagramm entfällt der Pfeil am Wegende. Die Wegbegrenzung ist durch einen Knick in der Funktionslinie gekennzeichnet.

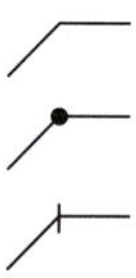

Wegbegrenzung, allgemein

Wegbegrenzung über Signalglied

Wegbegrenzung durch mechanischen Festanschlag

Signalglieder

Signalglied, handbetätigt

EIN

AUS

EIN/AUS

TIPPEN

AUTOMATIK EIN

ZWEIHAND-EINRÜCKUNG

WAHLSCHALTER

GEFAHREN-ABSCHALTUNG

Signalglied, mechanisch betätigt

Grenztaster, in Endlage oder kurzzeitig auf Wegstrecke betätigt

Grenztaster, über längere Wegstrecke betätigt

Signalglied, pneumatisch bzw. hydraulisch betätigt

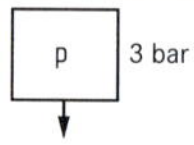

Druckschalter, Einstellwert ist anzugeben, z. B. 3 bar

Allgemeiner Signalausgang

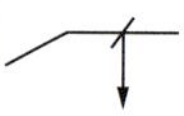

Querstrich kennzeichnet den Zustand, der Voraussetzung für die Einleitung weiterer Funktionen ist.

Signallinie

Die Signallinie beginnt am Signalglied (Signalausgang) und endet an der Stelle, an der abhängig von diesem Signal eine Änderung des Zustands eingeleitet wird.

(schmale Linien mit Pfeil in Wirkungsrichtung)

Signalverknüpfungen

Signalverzweigung

Die Verzweigungsstelle wird durch einen Punkt markiert.

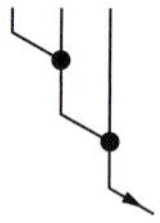

ODER-Bedingung

UND-Bedingung

Nicht-Bedingung

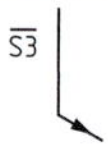

Die Angabe des Signalgliedes mit Nicht-Bedingung erfolgt an der Signallinie

Signal an andere Maschine gehend

Am Dreieck wird die Maschine benannt, an die das Signal geht

Signal von anderer Maschine kommend

Am Dreieck wird die Maschine benannt, von der das Signal kommt

Steuer- und Anzeigeglieder

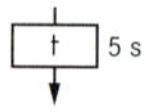

Zeitglied, Wert einstellbar, z. B. 5 Sekunden

Leuchte

Summer

Funktionsbildzeichen

Elektrischer Vorgang

Pneumatischer Vorgang

Hydraulischer Vorgang

Mechanischer Vorgang

Wegdiagramm

- Wegdiagramme finden nur bei einfachen Vorgängen Anwendung, z. B. Programmierung von Maschinen.

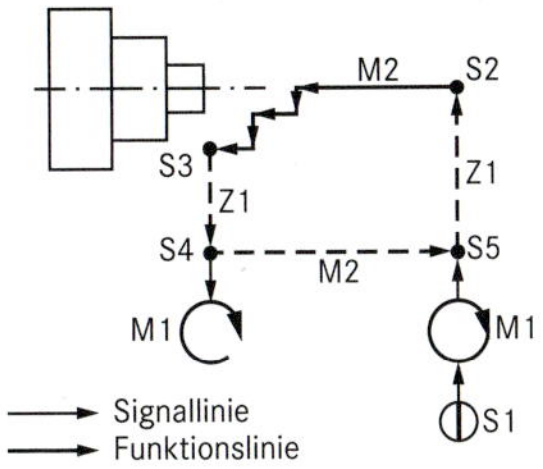

Ablauf:
S1 : Drucktaste EIN
M1 : Spindel EIN
Z1/S2 : (Kopierzylinder Z1) fährt im Eilgang vor
M2/S3 : Längssupport (M2) fährt im Arbeitsgang vor, dabei führt der Kopierzylinder die Kopierbewegung durch
S4 : Kopierzylinder fährt im Eilgang zurück bis S4
M1 : Spindel AUS
M2/S5 : Längssupport fährt im Eilgang nach S5 (Start-/Endpunkt)

Zustandsdiagramm (Funktionsdiagramm)

Darstellung	Beschreibung
Zylinder oder Hubmagnet	
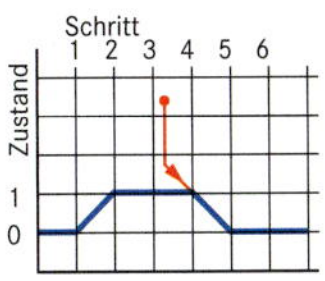	Schritt 1/2: Wechsel von Zustand 0 auf Zustand 1 Schritt 2/3 + 3/4: Verharren Schritt 4/5: Wechsel von Zustand 1 auf Zustand 0
Ventil mit zwei Schaltstellungen	
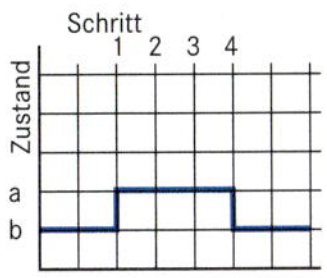	Schritt 1: Umschalten von Ausgangsstellung b in Stellung a Schritt 3 + 4: Verharren Schritt 5: Umschalten von Stellung a in Stellung b
Betätigungsart: Muskelkraft (Signalgeber)	
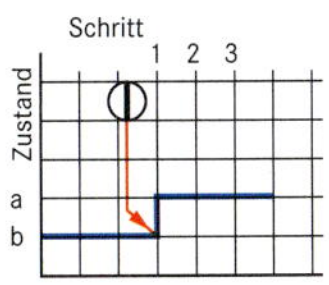	Schritt 1: einschalten; Steuerglied schaltet von Ausgangsstellung b nach a
Signalverzweigung	
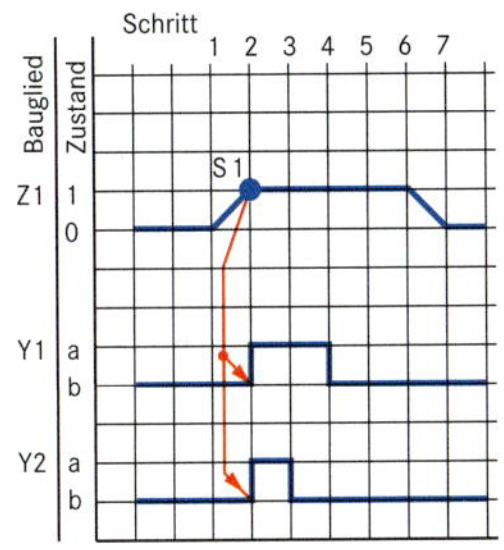	Schritt 2: Signal S1 verzweigt sich auf Y1 und Y2, Y1 und Y2 schalten von b nach a um
Oder-Bedingung (Und-Bedingung)	
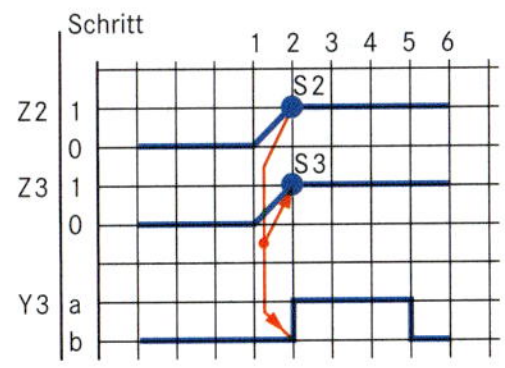	Schritt 2: Signal S2 oder S3 bewirkt, dass Y3 von b nach a umschaltet (Und-Bedingung: Signal S2 und S3 bewirken, dass Y von b nach a umschaltet)

Beispiel

	Baulieder: Benennung	Kennzeichen	Zustand
1	Schalter	S1	EIN
2	Start	S2	EIN
3	Spannzylinder	1A1	ausgefahren
4			eingefahren
5	Presszylinder	2A1	ausgefahren
6			eingefahren
7	Wegeventil 1	1V1	Stellung a
8			Stellung b
9	Wegeventil 2	2V1	Stellung a
10			Stellung b

Zeit
Schritt 1 2 3 4 5 6 7

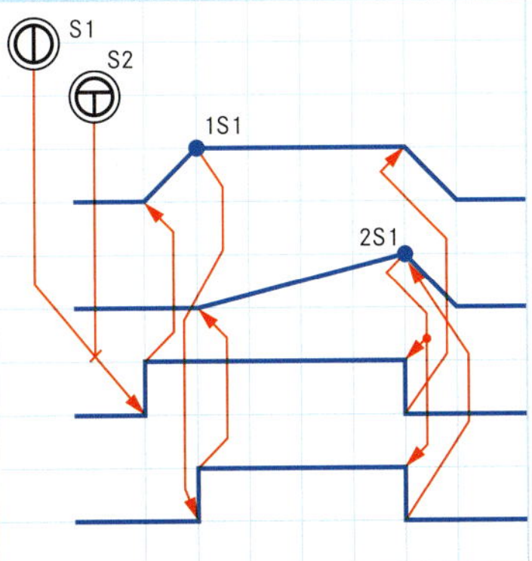

Bemerkungen

Ablauf:

(Haupt-)Schalter EIN und Start EIN, Wegeventil 1V1 von Stellung b nach Stellung a umschalten, Spannzylinder 1A1 ausfahren, durch Signal 1S1 Wegeventil 2V1 von Stellung b nach Stellung a umschalten, Presszylinder 2A1 ausfahren, durch Signal 2S1 Wegeventil 1V1 und 2V1 von Stellung a nach Stellung b umschalten, Presszylinder und Spannzylinder in Ausgangsstellung zurückfahren.

Signallinie
Funktionslinie

Graphische Symbole

DIN ISO 1219-1: 2007-12

Funktionselemente

- Hydrostrom
- Druckluftstrom
- Anzeige einer Strömungsrichtung
- Anzeige einer Drehrichtung
- Anzeige einer Verstellbarkeit

Kompressor

- Kompressor mit konstantem Verdrängungsvolumen; eine Stromrichtung

Hydropumpe

- Hydropumpe mit konstantem Verdrängungsvolumen; eine Stromrichtung
- verstellbare Hydropumpe; zwei Stromrichtungen

Motoren

- konstanter Hydromotor, eine Förderrichtung
- verstellbarer Hydromotor, zwei Förderrichtungen
- konstanter Pneumatikmotor, zwei Förderrichtungen
- verstellbarer Pneumatikmotor, eine Förderrichtung
- hydraulischer Schwenkmotor
- pneumatischer Schwenkmotor
- Elektromotor

Pumpe/Motor-Einheit

- Stromrichtung umkehrbar
- eine Stromrichtung

Zylinder

einfach wirkend, Rückhub durch Feder

doppelt wirkend,
- einseitige Kolbenstange
- zweiseitige Kolbenstange

gedämpft,
- einfache, nicht einstellbare Dämpfung
- doppelte, einstellbare Dämpfung

einfach wirkender Teleskopzylinder

Wegeventile

Grundsinnbild
2-Stellungs-Wegeventil; Anschlüsse werden mit kurzen Linien markiert

Durchflusswege
- 1 Durchflussweg
- 2 gesperrte Anschlüsse
- 2 Durchflusswege
- 2 Durchflusswege und 1 gesperrter Anschluss
- 2 Durchflusswege, verbunden
- 1 Durchflussweg und 2 gesperrte Anschlüsse

Kurzbezeichnung der Wegeventile

- 3/2-Wegeventil - (Beispiel)
Die erste Zahl legt die Anzahl der gesteuerten Anschlüsse fest und die zweite Zahl die Anzahl der Schaltstellungen.

2
a b
1 3

3 Anschlüsse (1 ... 3)
↑
3/2-Wegeventil
↓
2 Schaltstellungen

a	b

Wegeventile: Bauarten

2/-Wegeventile
- 2/2-Wegeventil, Durchfluss-Ruhestellung
- 2/2-Wegeventil, Sperr-Ruhestellung; Handbetätigung, Federrückstellung

3/-Wegeventile
- 3/2-Wegeventil, Sperr-Ruhestellung
- 3/2-Wegeventil, Durchfluss-Ruhestellung, betätigt durch Elektromagnet, mit Rückholfeder
- 3/3-Wegeventil, Sperrmittelstellung

4/-Wegeventile
- 4/2-Wegeventil, druckbetätigt, in beiden Richtungen
- 4/3-Wegeventil, Sperr-Mittelstellung
- 4/3-Wegeventil, Schwimm-Mittelstellung

5/-Wegeventile

5/2-Wegeventil, mit Taster gegen Rückholfeder wirkend

5/3-Wegeventil, Sperr-Mittelstellung

Drosselnde Wegeventile
- Einheit mit 2 äußeren Endstellungen und einer unendlichen Anzahl von Zwischenstellungen, mit veränderbarer Drosselwirkung
- wie oben, zusätzlich mit neutraler Mittelstellung

Wegeventil mit 2 Anschlussöffnungen (1 drosselnder Querschnitt), Fühlerventil mit Taster, gegen Rückholfeder wirkend

Graphische Symbole

DIN ISO 1219-1: 2007-12

Sperrventile

- Rückschlagventil, unbelastet
- Rückschlagventil, federbelastet
- Wechselventil
- Schnellentlüftungsventil
- Drosselrückschlagventil, verstellbar
- Zweidruckventil

Druckventile

- Druckbegrenzungsventil, direktwirkend
- Folgeventil, einstufig, federbelastet
- Druckreduzierventil, direktwirkend
- Druckreduzierventil, vorgesteuert

Stromventile

- Drosselventil, fest
- Drosselventil, verstellbar
- Stromregelventil, verstellbar
- Stromregelventil, verstellbar; mit Entlastung zum Behälter
- Stromteilventil, 2 Ströme im festen Verhältnis
- Absperrventil

Energieübertragung/Aufbereitung

- Hydraulikdruckquelle
- Pneumatikdruckquelle
- Arbeitsleitung
- Steuerleitung, Abfluss oder Leckleitung
- umrahmt Komponenten einer Baugruppe
- Leitungsverbindung
- Leitungskreuzung; **ohne** Verbindung
- – Auslassöffnung
- – Auslassöffnung mit Gewindeanschluss
- Schnell-Kupplung, verbunden
- Schnell-Kupplung, verbunden mit Rückschlagventil
- Geräuschdämpfer
- Behälter, Rohrende über Flüssigkeitsspiegel
- Hydrospeicher
- Druckbehälter
- Filter oder Sieb
- Flüssigkeitsabscheider mit manuellem Ablass
- Filter mit Abscheider mit manuellem Ablass
- Lufttrockner
- Öler
- **Aufbereitungseinheit,**
  - – vereinfachte Darstellung
  - – ausführliche Darstellung: Filter, Druckregelventil, Manometer und Öler
- Kühler
- Temperaturregler

Mechanische Komponenten

Betätigung durch Muskelkraft

- allgemein
- Druckknopf, Taster
- Hebel
- Pedal

Mechanische Betätigung

- Taster, Stößel
- Rolle
- Rolle, nur in einer Richtung arbeitend
- Feder

Elektrische Betätigung

- durch Elektromagnet
- durch Elektromotor

Druckbetätigung

- direkte Druckbeaufschlagung, hydraulisch
- direkte Druckbeaufschlagung, pneumatisch
- indirekte Druckbeaufschlagung, hydraulisch
- indirekte Druckbeaufschlagung, pneumatisch
- indirekte Betätigung durch Druckentlastung
- durch Elektromagnet und Vorsteuer-Wegeventil

Mechanische Bestandteile

- Raste (auch mehrstufig)

Sonstige Geräte

- Überdruckmessgerät (Manometer)
- Temperaturmessgerät
- Volumenstrommessgerät
- Drehzahlmessgerät

Schaltpläne

DIN ISO 1219-2: 1996-11

- Der Schaltplan zeigt alle Bewegungs- und Steuerschaltkreise sowie die Schritte des Arbeitsablaufes einer Steuerung.
- Die räumliche Anordnung der Bauteile in der Anlage braucht im Schaltplan nicht berücksichtigt zu werden.

Aufbau des Schaltplanes

- Leitungen oder Verbindungen sollen möglichst kreuzungsfrei oder nach DIN ISO 1219-1 gezeichnet werden.
- Baugruppen sind durch eine strichpunktierte Linie zu umgrenzen.
- In einem Schaltkreis werden die Bauteile von unten nach oben in Richtung des Energieflusses und von links nach rechts angeordnet:
  - Energiequelle unten links,
  - Steuerungselemente: aufwärts von links nach rechts fortlaufend,
  - Antriebe: oben, von links nach rechts
- Soweit nicht anders angegeben, werden Hydrauliksymbole in Ausgangsstellung der Anlage und Pneumatiksymbole in Ausgangsstellung der Anlage mit Druckbeaufschlagung gezeichnet.

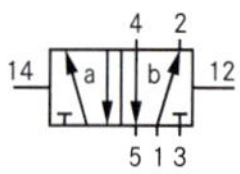

Kennzeichnung der Bauteile

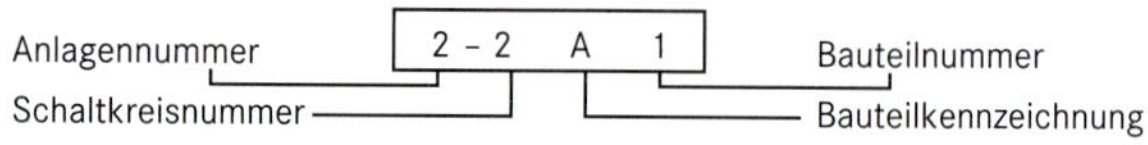

- Bei mehreren Anlagen muss die Anlagennummer, beginnend mit der Ziffer 1 eingetragen werden.
- Schaltkreise erhalten eine Schaltkreisnummer. Alle Versorgungsglieder sollen dabei vorzugsweise die Ziffer 0 erhalten.
- Jedes Bauteil in einem Schaltkreis wird fortlaufend nummeriert, beginnend mit der Ziffer 1.
- Die Kennzeichnung wird von einem Rahmen umgeben.

Bauteilkennzeichnung

Kennbuchstabe	Bedeutung	Kennbuchstabe	Bedeutung
P	Pumpe/Kompressor	S	Signalaufnehmer
A	Antrieb	V	Ventil
M	Motor	Z	anderes Bauteil

Bezeichnung der Ventilanschlüsse[1]

Kennbuchstabe	Bedeutung	Kennbuchstabe	Bedeutung
1	Druckanschluss	3, 5, 7	Abfluss, Entlüftung
2, 4, 6	Arbeitsanschlüsse	12, 14, 16	Steuerungsanschlüsse

[1] Für Hydraulikanschlüsse werden noch häufig Buchstaben verwendet.

Beispiel: Steuerung für Einzeltakt-, Hand- und Automatikbetrieb

Bauteil/Baugruppe	
Antriebsglied	Doppelt wirkender Zylinder mit doppelter, einstellbarer Dämpfung
Baugruppe	Drosselrückschlagventil
Stellglied	Impulsventil 5/2-Wegeventil
Steuerglieder	Wechselventile
Signalglieder	Signalventile 3/2-Wegeventile
Energieverteilung	Arbeitsleitungen
Versorgungsglieder	Aufbereitungseinheit, 5/3-Wegeventil mit Rasten

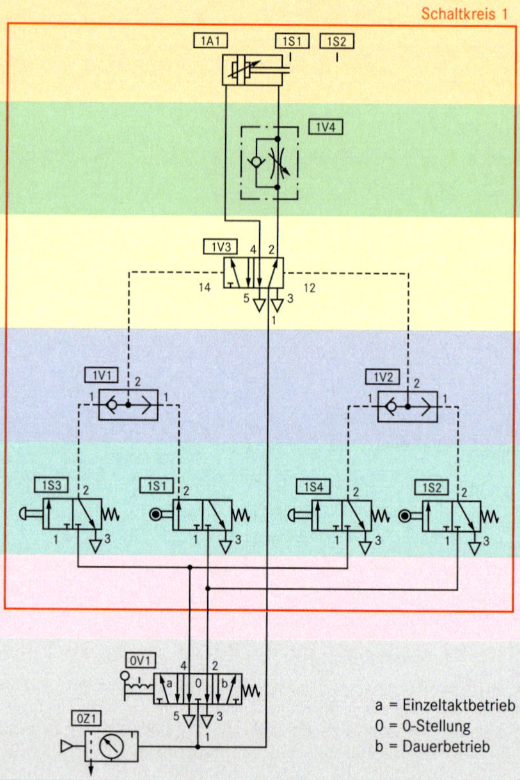

a = Einzeltaktbetrieb
0 = 0-Stellung
b = Dauerbetrieb

Darstellung von Logikfunktionen

Bezeichnung/ Logische Funktion (Gleichung)	Schaltzeichen	Funktionstabelle E1	E2	A	Ersatzschaltung hydraulisch/pneumatisch DIN ISO 1219	Ersatzschaltung elektrisch DIN EN 60617
NICHT-Glied (NOT) $\overline{E1} = A$ (nicht E1)	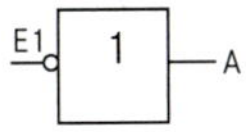	0 – 1	– – –	1 – 0	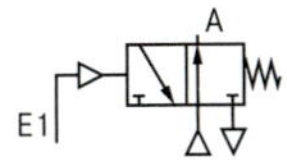	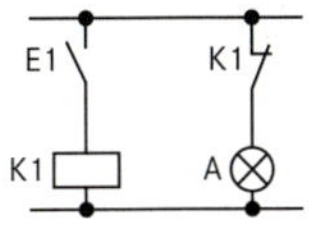
UND-Glied (AND) $E1 \wedge E2 = A$ (E1 und E2) auch: $E1 \cdot E2 = A$	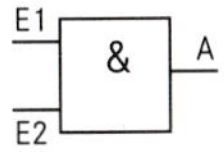	0 0 1 1	0 1 0 1	0 0 0 1	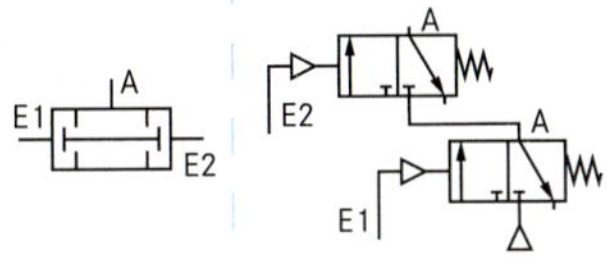	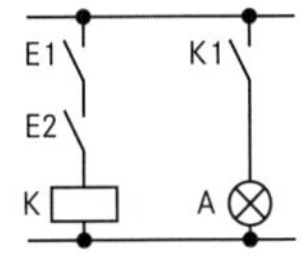
ODER-Glied (OR) $E1 \vee E2 = A$ (E1 oder E2) auch: $E1 + E2 = A$	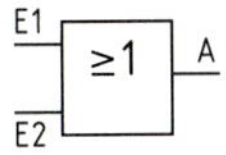	0 0 1 1	0 1 0 1	0 1 1 1	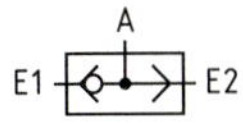	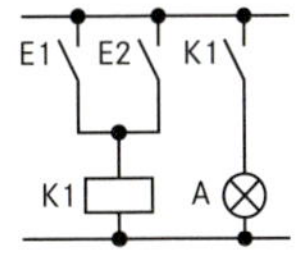
UND-NICHT-Glied (NAND) $\overline{\overline{E1} \vee \overline{E2}} = A$ $\overline{E1 \wedge E2} = \overline{E1} \vee \overline{E2} = A$	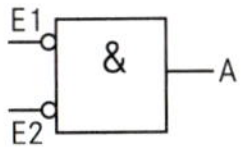	0 0 1 1	0 1 0 1	1 1 1 0	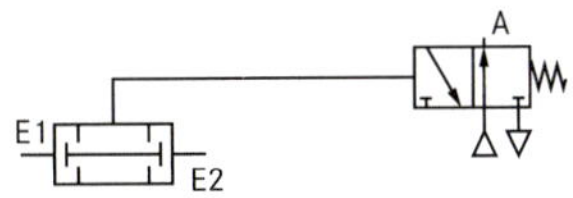	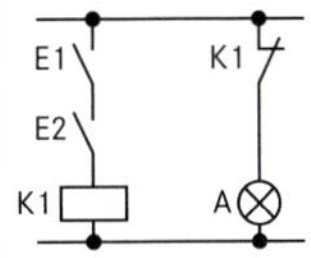
ODER-NICHT-Glied (NOR) $\overline{E1 \vee E2} = A$ $\overline{E1 \vee E2} = \overline{E1} \wedge \overline{E2} = A$	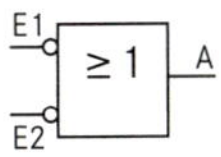	0 0 1 1	0 1 0 1	1 0 0 0	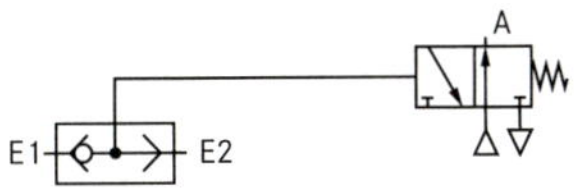	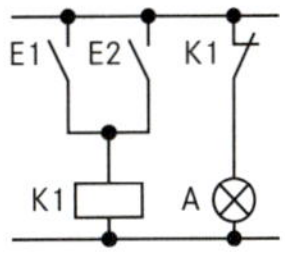
ANTIVALENZ-Glied (Exklusiv-Oder) $(\overline{E1} \wedge E2) \vee E1 \wedge \overline{E2}) = A$	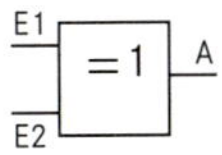	0 0 1 1	0 1 0 1	0 1 1 0	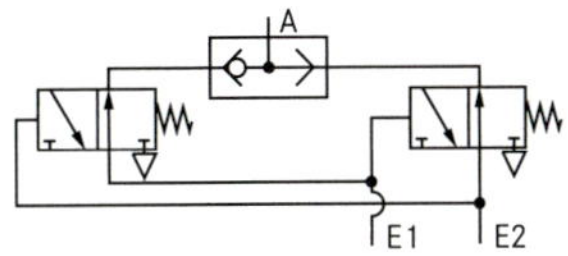	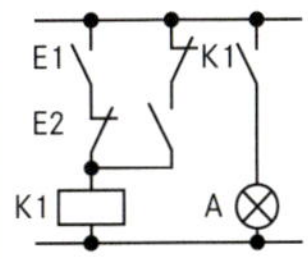
INHIBITIONS-Glied (Sperrgatter) $\overline{E1} \wedge E2 = A$	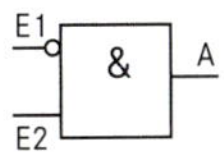	0 0 1 1	0 1 0 1	0 1 0 0	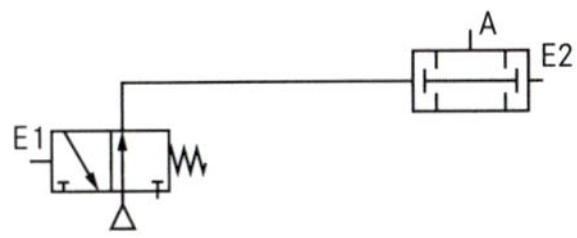	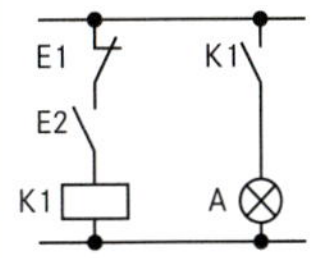
Speicher (RS-Flip-Flop)	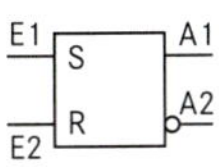 S = Setzen R = Rücksetzen	E1 E2 A1 A2 0 0 • • 0 1 0 1 1 0 1 0 1 1 ○ ○ • Zustand unverändert ○ Zustand unbestimmt			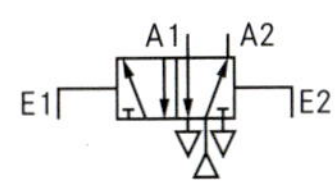	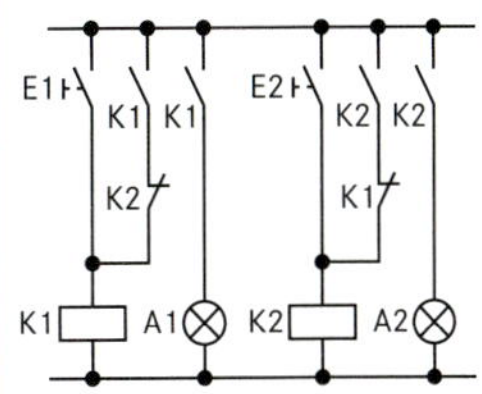

E1, E2 = Eingänge / A = Ausgang; (für ∧ wird auch · gesetzt; für ∨ wird auch + gesetzt)

Elektrotechnische Schaltzeichen

DIN EN 60 617-12: 1999-04

Kontakte

- Schließer
- Öffner
- Wechsler mit Unterbrechung
- Zweiwegschließer (Mittelstellung -Aus-)
- Schließer, schließt verzögert bei Betätigung
- Öffner, schließt verzögert bei Rückfall
- Schließer, schließt und öffnet verzögert
- Schließer mit selbsttätigem Rückgang
- Schließer mit nicht selbsttätigem Rückgang
- Öffner mit selbsttätigem Rückgang
- Öffner, im betätigten Zustand dargestellt
- Schließer, im betätigten Zustand dargestellt

Schalter

- Handbetätigter Taster
- Drucktaster
- Zugschalter
- Drehtaster (rastend)
- durch Rolle betätigt
- Berührungsempfindlicher Schalter
- Näherungsempfindlicher Schalter, reagiert auf Eisen

Schaltgeräte

- Schütz (Schließer)
- Schütz mit selbsttätiger Auslösung
- Leistungsschalter

Elektromechanische Antriebe

- allgemeine Form Relaisspule Form 1
- Form 2
- Antrieb mit zwei getrennten Wicklungen, zusammenhängende Darstellung Form 1
- Form 2
- Antrieb, erregt
- Antrieb mit Rückfallverzögerung
- Antrieb mit Ansprechverzögerung
- elektromagnetisch betätigtes Ventil

Sensoren (Blockdarstellung)

- Kapazitiver Sensor, reagiert bei Annäherung aller Stoffe
- Induktiver Sensor, reagiert bei Annäherung von Metallen
- Magnetischer Sensor, reagiert bei Annäherung eines Magneten (Reedschalter)
- Optischer Sensor, reagiert auf Reflexion von Licht

Binäre Verknüpfungen

E1, E2 – A1: Basiszeichen

Eingänge links
Ausgänge rechts

Logik-Symbol	Stromlaufplan (Relais K schaltet Ausgang A)

UND

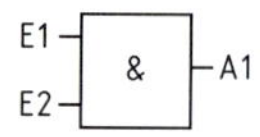

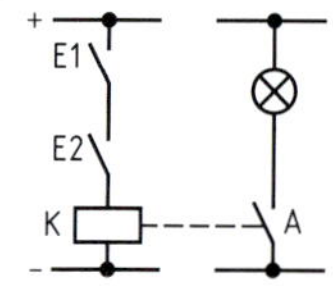

ODER

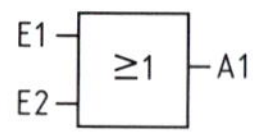

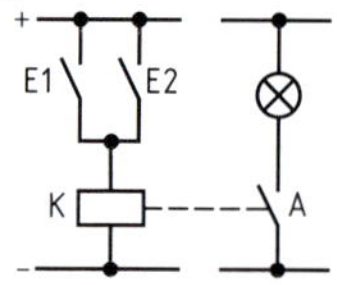

NICHT

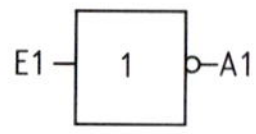

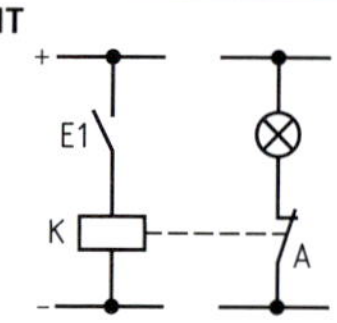

UND-NICHT

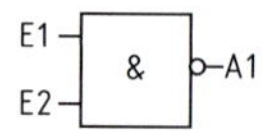

(NAND)
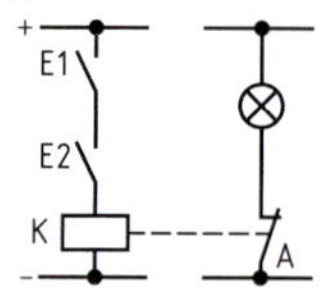

ODER-NICHT

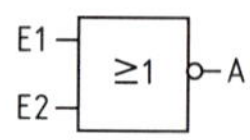

(NOR)
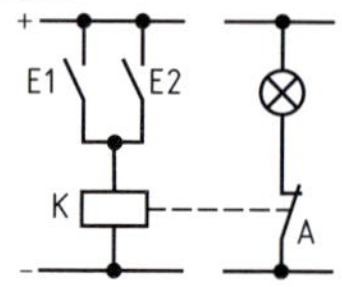

RS-Kippglied (Speicher)

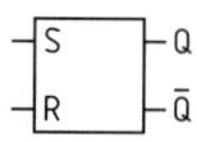

S = Setzen (EIN)
R = Rücksetzen (AUS)

Funktionstabelle

S	R	Q	Q̄
0	0	*	*
0	1	0	1
1	0	1	0
1	1	*	*

* wie vorher, bzw. unbestimmt

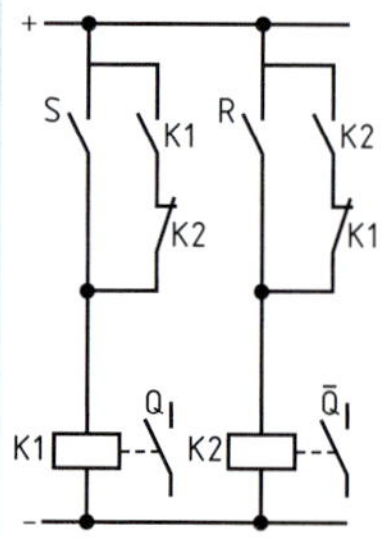

(selbsthaltend)

Stromlaufplan in aufgelöster Darstellung

DIN EN 61 082-1: 2007-03

Der Stromlaufplan zeigt die elektrischen Betriebsmittel sowie deren Zusammenwirken.

- Die Stromwege/Strompfade der elektrischen Betriebsmittel liegen senkrecht zwischen den zwei Stromversorgungsleitern (L+, L-).
- Die Strompfade werden fortlaufend durchnummeriert.
- Die Elemente unterliegen keiner festen räumlichen Anordnung.
- Im **Steuerstromkreis** sind die Geräte für die Signaleingabe und Signalverarbeitung enthalten.
- Im **Hauptstromkreis** (Leistungsstromkreis) sind die für die Betätigung der Arbeitsglieder notwendigen Stellglieder enthalten.

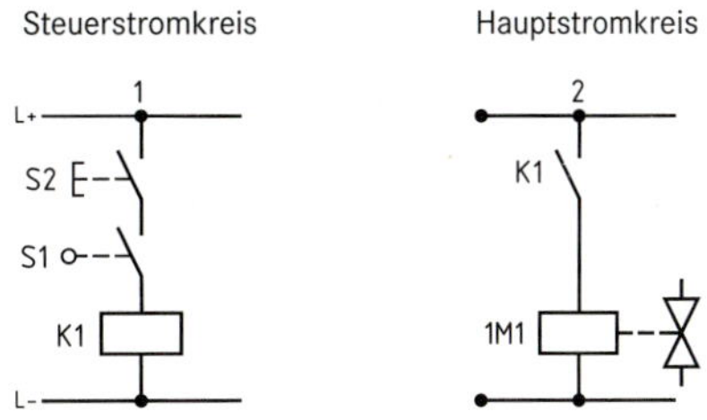

Bezeichnung der Betriebsmittel

DIN EN 61 346-2: 2000-12

- Sämtliche Betriebsmittel werden jeweils fortlaufend durchnummeriert:
  S 1, S2 ...; K 1, K2 ...
- Die Relaisspule und deren Kontakte erhalten die gleiche Kennziffer.
  Beispiel rechts: Zu Relais K 1 in Stromweg 1 gehört der Kontakt des Relais (K 1) im Stromweg 2 (Selbsthaltung) und der Kontakt des Relais (K 1) in Stromweg 4, mit dem die Betätigung des Magnetventils 1M 1 erfolgt.
- Die elektromagnetisch betätigten Ventile werden durchlaufend gekennzeichnet (M 1, M2 ...).
- **Schaltgliedertabelle**
  Jedes Relais im Stromlaufplan erhält eine Schaltgliedertabelle.
  Beispiel rechts:
  Stromweg 1: In Stromweg 2 und 4 hat das Relais K 1 einen Schließerkontakt (keinen Öffnerkontakt).
  Stromweg 3: In Stromweg 2 hat das Relais K2 einen Öffnerkontakt (keinen Schließerkontakt).

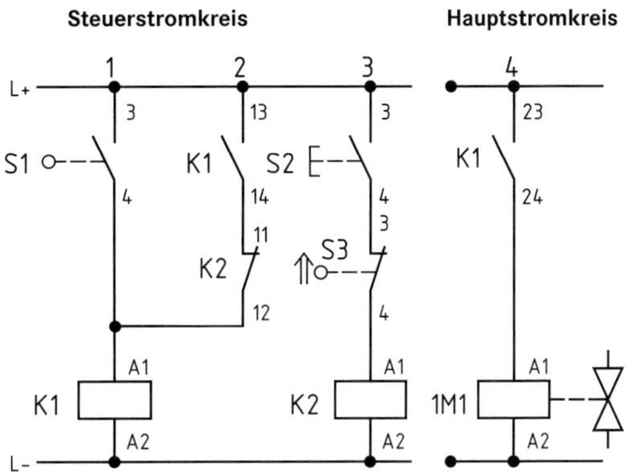

ö	S
–	2
–	4

ö	S
2	–

Anschlussbezeichnung von Relais

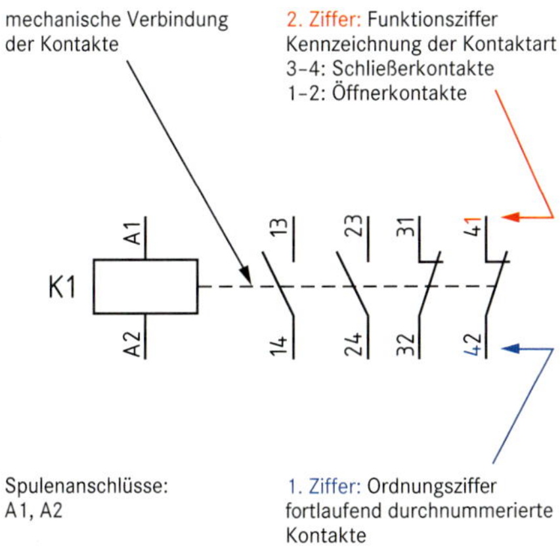

Verbindungslinien

Mechanische Verbindungslinien können zugunsten einer eindeutigen Führung der elektrischen Verbindungslinien verzweigt oder geknickt gezeichnet werden.

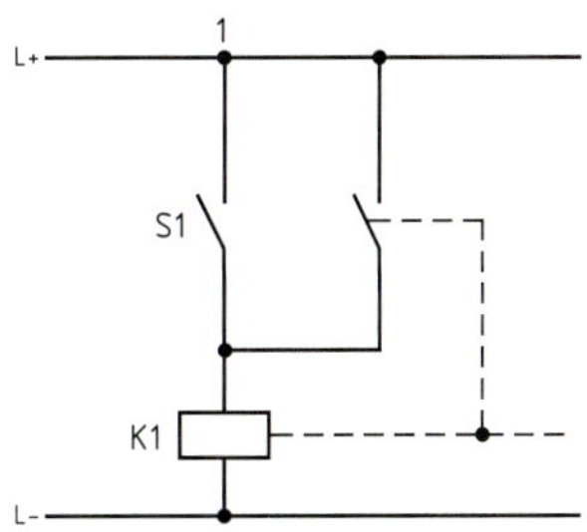

Kennbuchstabe	Betriebsmittel
M	Elektromotor, Stellantrieb, Magnetventil
K	Relais, Regler
S	Steuerschalter, Tastschalter
Y	elektrisch betätigte mechanische Mittel (DIN 40 719-2)

Kennzeichnung

Beispiel: Stelle 1 2 3 4 5 6

C 3 A 30 B F 1

Erfassungsart		Mechanischer Einbau		Bauform Größe		Schaltelement Funktion		Ausgang		Anschlussart	
(1 Zeichen)		(1 Zeichen)		(3 Zeichen)		(1 Zeichen)		(1 Zeichen)		(1 Zeichen)	
I	Induktiv	**1**	bündig einbaubar	**A**	zylindrische Gewindehülse	**A**	Schließer	**P**	PNP-Ausgang, 3 oder 4 Anschlüsse DC	**1**	integrierte Anschlussleitung
C	Kapazitiv	**2**	nicht bündig einbaubar	**B**	glatte zylindrische Hülse	**B**	Öffner	**N**	NPN-Ausgang, 3 oder 4 Anschlüsse DC	**2**	Steckanschluss
U	Ultraschall	**3**	nicht festgelegt	**C**	rechteckig, mit quadratischem Querschnitt	**C**	Wechsler (Schließer/Öffner)	**D**	2 Anschlüsse DC	**3**	Schraubanschluss
D	fotoelektrisch diffus; reflektiertes Lichtbündel			**D**	rechteckig, mit rechteckigem Querschnitt FORM: 1 Großbuchstabe GRÖSSE: 2 Ziffern für Durchm. oder Seitenlänge	**P**	programmierbar durch Anwender	**F**	2 Anschlüsse AC	**9**	andere
M	nichtmechanisch-magnetisch					**S**	andere	**U**	2 Anschlüsse AC oder DC		
R	fotoelektrisch reflektiertes Lichtbündel							**S**	andere		
T	fotoelektrisch direktes Lichtbündel										

Schaltzeichen

Induktiver Näherungssensor
Gleichspannung
Halbleiterausgang pnp

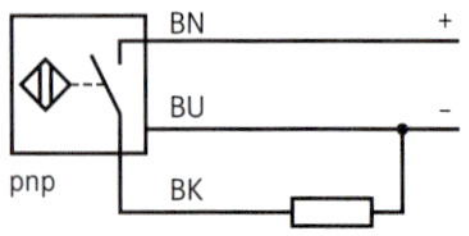

Kapazitiver Näherungssensor
Wechselspannung
Schließerausgang

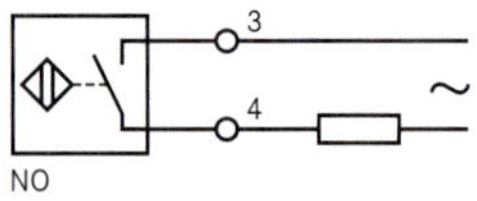

Induktiver Näherungssensor
Wechselspannung
Öffnerausgang

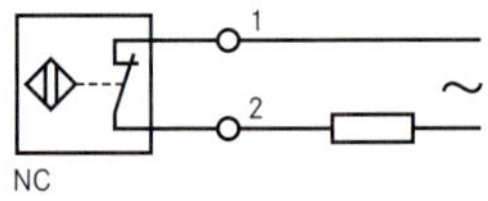

Ultraschall Näherungssensor
Gleichspannung
Ausgang analog
4 mA bis 20 mA, 0 V bis 10 V

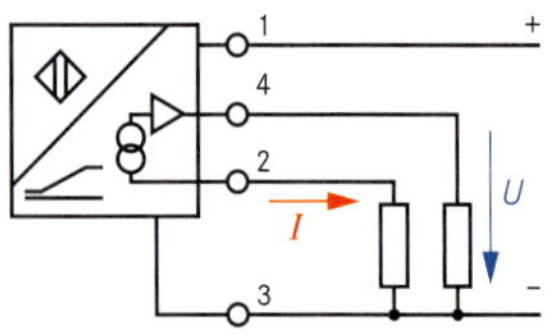

Ultraschall Näherungssensor
Gleichspannung
Ausgang analog
4 mA bis 20 mA

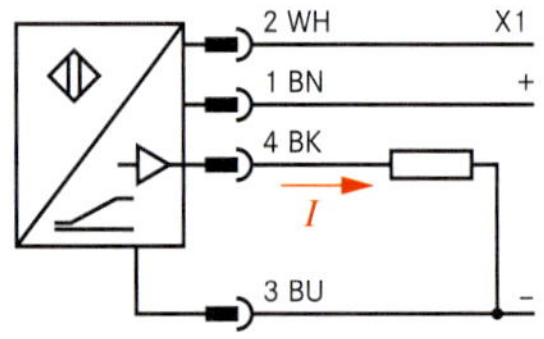

Induktiver Näherungssensor
Gleichspannung
Anschluss an ASI-Bus

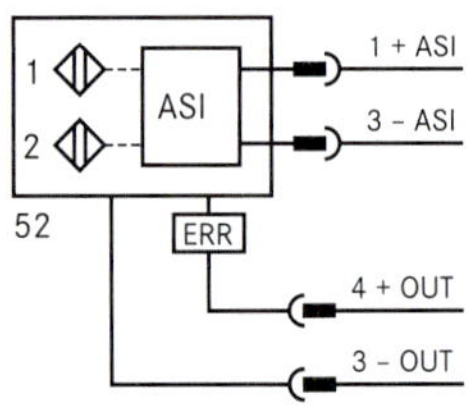

Ultraschall Näherungssensor
Gleichspannung
Halbleiterausgang pnp, npn
Teach-Funktion

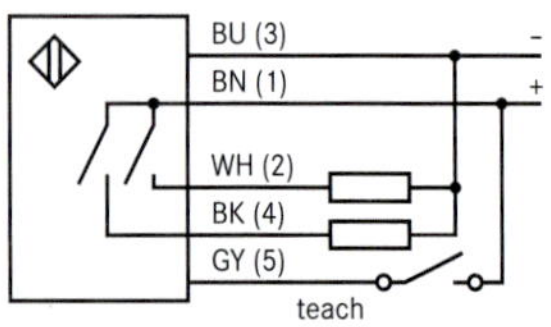

Fotoelektrischer Näherungssensor
Optische Strahlung diffus reflektierend
Ausgang Öffnerkontakt

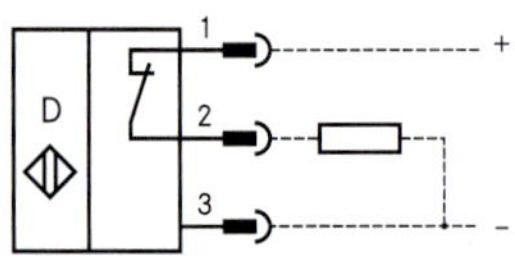

Strömungssensor
(FC: Fluid Control)
Mechanischer Kontaktausgang

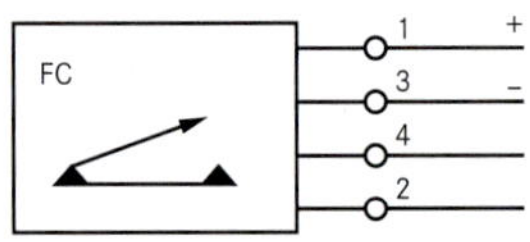

Aufbau

Sensoren

- Schalter
- Lichtschranke
- Füllstandsanzeige
- Bewegungsmelder

Aktoren

- Schütz
- Magnetventil
- Motoransteuerung

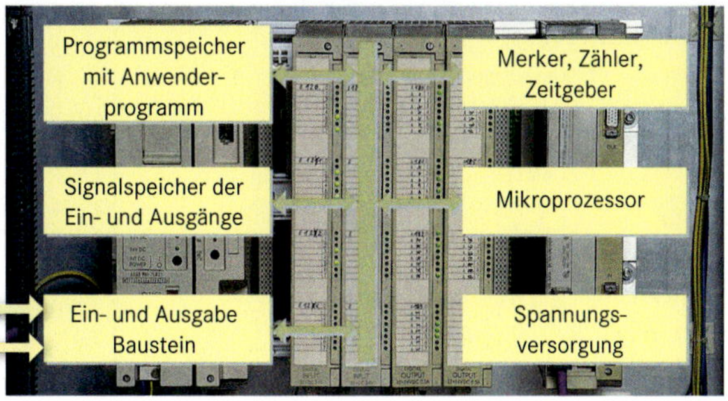

Programmiersprachen

DIN EN 61 131-3: 2003-12

Textsprachen

Anweisungsliste: AWL
(Instruction list: IL)

```
LD    A
ANDN  B
ST    C
```

Strukturierter Text: ST
(Structured Text: ST)

```
C:=A AND NOT B
```

Grafiksprachen

Kontaktplan: KOP
(Ladder Diagram: LD)

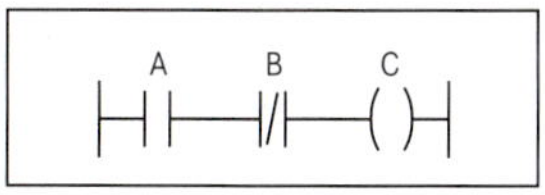

Funktionsbausteinsprache: FBS
(Function Block Diagram: FBD)

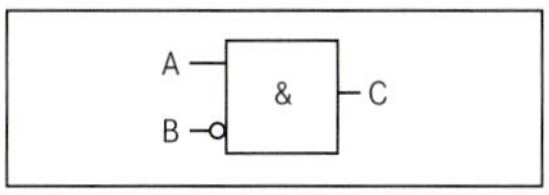

Ablaufsprache: AS
(Sequential Function Chart: SFC)

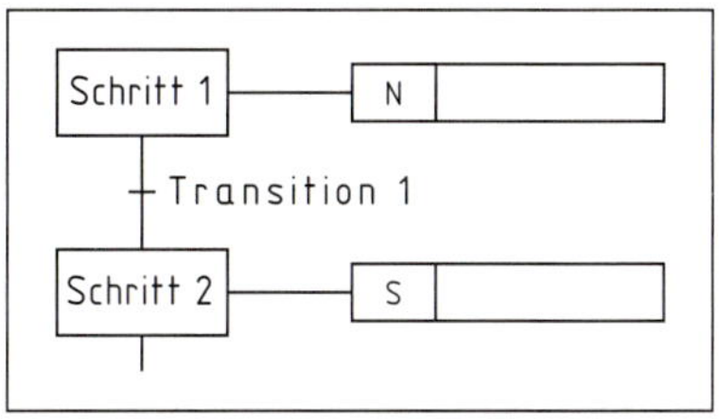

Gemeinsame Inhalte von SPS-Sprachen

Begrenzungszeichen (Auswahl)	
Zeichen	Gebrauch
(*	Kommentar-Anfang
*)	Kommentar Ende
+	Führendes Vorzeichen von Dezimalzahlen, Additionsoperator (ST)
-	Führendes Vorzeichen von Dezimalzahlen, Jahr-Monat-Tag-Trennzeichen, Subtraktion, Negationsoperator (ST) horizontale Linie (FBS, KOP)
#	Zeitliteral-Trennzeichen Basiszahl-Trennzeichen
.	Ganzzahl/Bruch-Trennzeichen, Trennzeichen innerhalb hierarchischer Adressen, Trennzeichen von Variablen
;	Trennzeichen für Typendeklaration, Anweisung-Trennzeichen (ST)

Begrenzungszeichen (Auswahl)	
Zeichen	Gebrauch
()	Anweisungsliste-Modifizierer/Operator (ST), Begrenzungszeichen für FBS-Eingangsliste (ST)
'	Aufzählungslisten-, Anfangswert- und Feldindex-Trennzeichen, Trennzeichen für deklarierte Variablen
:=	Initialisierungsoperator, Eingangsverbindungsoperator, Zuweisungsoperator (ST)
e oder E	Real-Exponent-Begrenzungszeichen
$	Anfang von Sonderzeichen in Folge
:	Variablen/Typ- und Schrittnamen-Trennzeichen, Netzwerkmarken-Trennzeichen (KOP, FBS), Anweisungsmarken-Trennzeichen (ST)
%	Direkt-Darstellung-Präfix

Speicherprogrammierbare Steuerungen SPS
Programmable logic controllers (PLC)

Gemeinsame Inhalte von SPS-Sprachen (Auswahl)

DIN EN 61 131-3: 2003-12

Standardfunktionen		
Name	**Symbol**	**Bedeutung**
ADD	+	Addition
SUB	-	Subtraktion
MUL	*	Multiplikation
DIV	/	Division
AND	&	Boolesches UND
OR	>=	Boolesches ODER (nicht in AWL/ST)
XOR		Boolesches Exklusiv-ODER
NOT		Verneinung
S		Setzt booleschen Operator auf „1"
R		Setzt booleschen Operator auf „0"
GT	>	Vergleich: größer
GE	>=	Vergleich: größer gleich
EQ	=	Vergleich: gleich
NE	<>	Vergleich: ungleich
LE	<=	Vergleich: kleiner gleich
LT	<	Vergleich: kleiner

Schlüsselwörter von Datentypen		
Schlüsselwort	**Datentyp**	**Bits**
BOOL	boolesche	1
SINT	kurze ganze Zahl	8
INT	ganze Zahl	16
DINT	doppelte ganze Zahl	32
LINT	lange ganze Zahl	64
REAL	reelle Zahl	32
LREAL	lange reelle Zahl	64
STRING	variabel lange Zeichenfolge	-
TIME	Zeitdauer	-
DATE	Datum	-
BYTE	Bit-Folge der Länge 8	8
WORD	Bit-Folge der Länge 16	16
DWORD	Bit-Folge der Länge 32	32
LWORD	Bit-Folge der Länge 64	64

Anweisungsliste (AWL)

DIN EN 61 131-3: 2003-12

Die Anweisungsliste ist eine zeilenorientierte Textsprache, die Arbeitsvorschriften in Form von Steueranweisungen in einer Ablauffolge zusammenfasst.

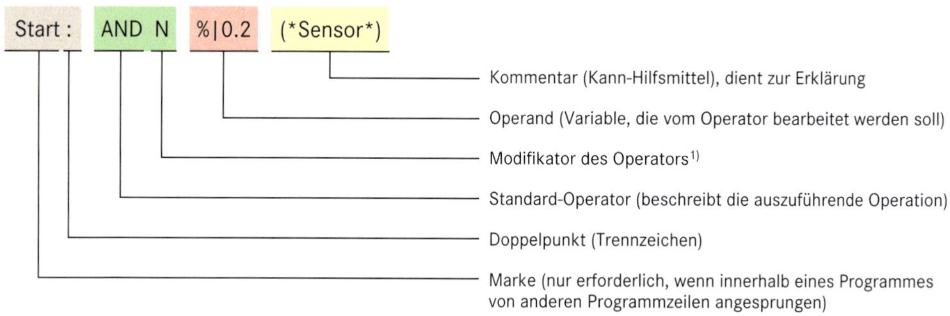

Standardoperatoren

Operator	Modifikation	Bedeutung
LD	N	Setzen eines Operanden
ST	N	Speicherung auf Operanden-Adresse
S	-	Setzt den Operanden auf „logisch 1"
R	-	Setzt den Operanden auf „logisch 0"
AND	N, (	Boolesches UND
&	N, (	Boolesches UND
OR	N, (	Boolesches ODER
XOR	N, (	Boolesches Exklusiv-ODER
ADD	(	Addition
SUB	(	Subtraktion
MUL	(	Multiplikation
DIV	(	Division
GT	(	Vergleich: >
GE	(	Vergleich: >=
EQ	(	Vergleich: =
NE	(	Vergleich: <>
LE	(	Vergleich: <=
LT	(	Vergleich: <
JMP	C, N	Sprung zur Marke
CAL	C, N	Aufruf Funktionsbaustein
RET	C, N	Rücksprung
)	-	Bearbeitung zurückgestellter Operanden

Standardoperanden

Kurzzeichen	Bedeutung
% I	Eingangsvariable
% Q	Ausgangsvariable
% M	Merker
	Direkte SPS-Adressen müssen mit einem % beginnen.

[1] N = Boolesche Negierung des Operanden
C = wird nur ausgeführt, wenn das ausgewertete Ergebnis eine boolesche 1 ist.
(= Auswertung des Operators wird zurückgestellt, bis „)" erscheint

Sinnbilder für Datenfluss- und Programmablaufpläne

DIN 66001: 1983-12

Sinnbild	Bedeutung
	Verarbeitung, allgemein (einschl. Ein- und Ausgabe)
	Manuelle Verarbeitung, Verarbeitungsstelle
	Verzweigung, Auswahleinheit
	Schleifenbegrenzung Anfang
	Ende
	Synchronisierung paralleler Verarbeitungen
	Sprung mit Rückkehr
	Sprung ohne Rückkehr
	Unterbrechung einer anderen Verarbeitung
	Steuerung der Verarbeitungsfolge von außen
	Daten, allgemein Datenträgereinheit, allgemein
	Maschinell zu verarbeitende Daten, Datenträgereinheit
	Manuell zu verarbeitende Daten, Manuelle Ablage (z. B. Ziehkartei, Archiv)
	Daten auf Schriftstück (z. B. auf Belegen, Mikrofilm) Ein-/Ausgabeeinheit
	Daten auf Speicher mit nur sequentiellem Zugriff, Datenträgereinheit
	Maschinell erzeugte optische oder akustische Daten, Ausgabeeinheit
	Daten auf Karte (z. B. Lochkarte, Magnetkarte), Lochkarteneinheit
	Daten auf Lochstreifen, Lochstreifeneinheit
	Daten auf Speicher mit auch direktem Zugriff, Datenträgereinheit
	Daten im Zentralspeicher, Zentralspeicher
	Manuelle optische oder akustische Eingabedaten, Eingabeeinheit
	Verbindung Verarbeitungsfolge, Zugriffsmöglichkeit
	Verbindung zur Datenübertragung, Datenübertragungsweg
	Grenzstelle (zur Umwelt)
	Verbindungsstelle
	Verfeinerung
	Bemerkung

Grundregeln zum Erstellen von Plänen

- Pfeile geben die Flussrichtung an.
- Zwischen Sinnbildern dürfen mehrere Verbindungen verlaufen. Dabei sollten Kreuzungen von Verbindungslinien vermieden werden.
- Sinnbilder können miteinander verknüpft werden, z. B. zu einer Ausgabeeinheit. **1**
- Innenbeschriftungen sollen weitere Abläufe erkennen lassen und eindeutig zuordnen.
- Durch einen Querstrich oben im Sinnbild wird auf eine detaillierte Darstellung derselben Dokumentation hingewiesen, z. B. schrittweise Verfeinerung eines Programmablaufs. **2**
- Hintereinander gezeichnete Sinnbilder gleicher Art bilden eine Einheit mehrerer gleichartiger Datenträger. **3**
- Mit zusätzlichen senkrechten Linien in den Sinnbildern „Daten“ und „Verarbeitung“ wird auf eine Dokumentation an anderer Stelle hingewiesen. **4**

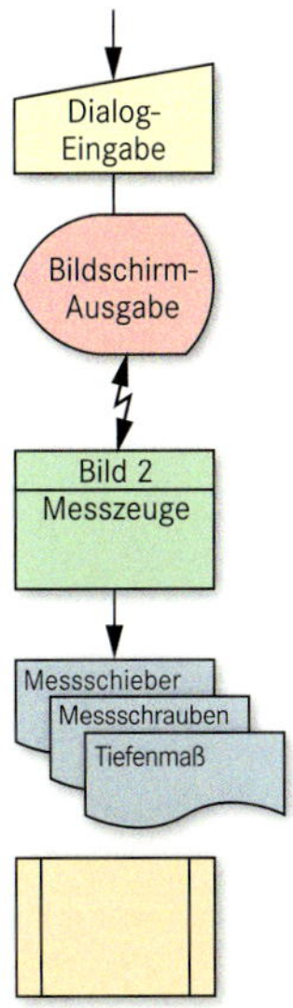

1

2

3

4

Programmablaufplan – Struktogramm

Programming flowchart – structogram

DIN 66 001: 1983-12; DIN 66 261: 1985-11

Programmablaufplan	Nassi-Shneiderman Struktogramm

Folge (Sequenz)

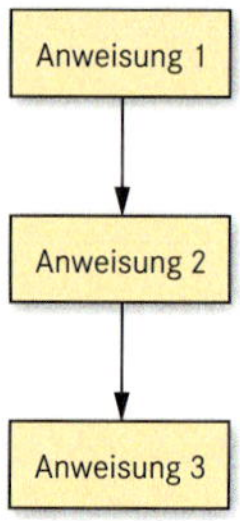

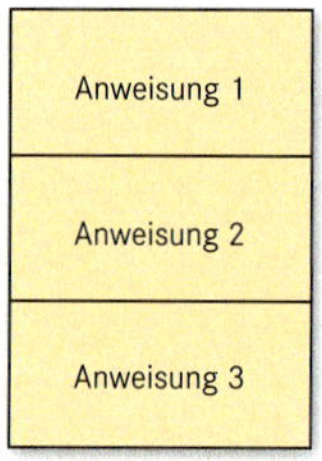

- Aneinanderreihung von mehreren Anweisungen oder Befehlen
- Aufzählung nacheinander zu bearbeitender Aufgaben

bedingte Verarbeitung (Verzweigung)

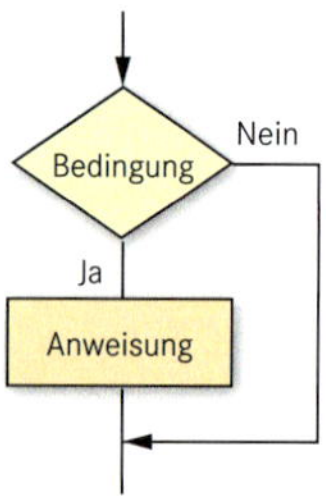

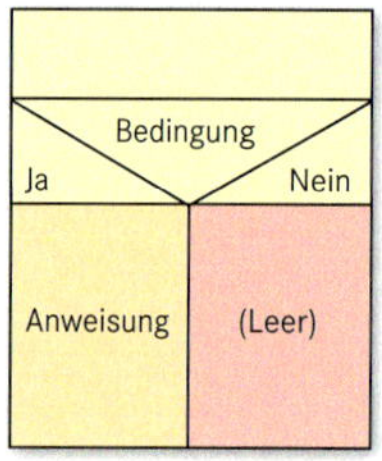

- Ist die Bedingung erfüllt, wird die Anweisung ausgeführt; sonst wird die Anweisung übersprungen
- IF-THEN-Abfrage

einfache Alternative (Verzweigung)

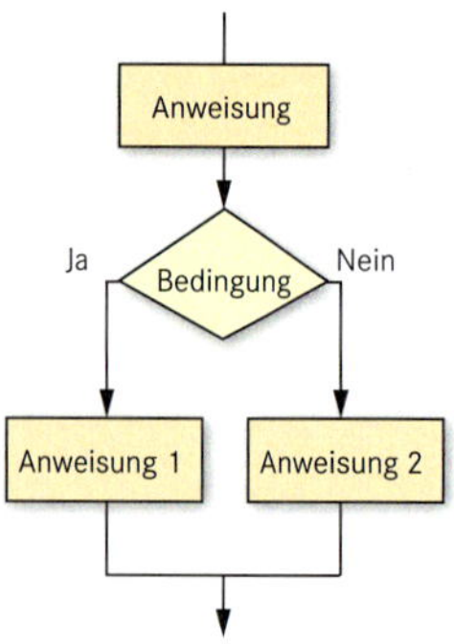

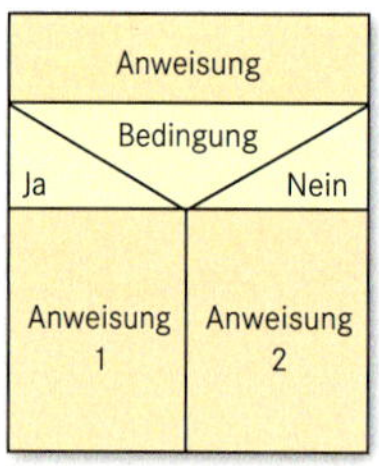

- Auswahl einer Verarbeitung von zwei möglichen, aufgrund einer logischen Entscheidung.
- IF-THEN-ELSE-Abfrage: Wenn Bedingung erfüllt (IF), dann Anweisung 1 (THEN), sonst Anweisung 2 (Else)

Programmablaufplan	Nassi-Shneiderman Struktogramm

Wiederholung (kopfgesteuerte Schleife)

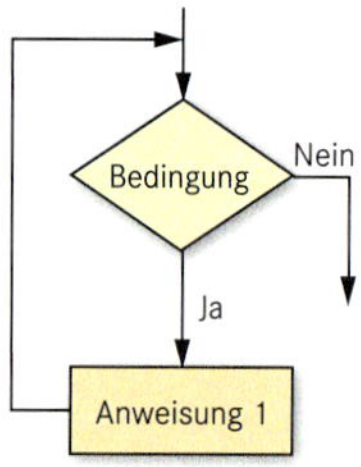

- Schleifendurchläufe

  Die Abfrage der Bedingung erfolgt **vor** der Durchführung der Anweisung 1. Ist die Bedingung schon bei der ersten Abfrage nicht erfüllt, erfolgt keine Durchführung der Anweisung 1.
- WHILE-DO-Schleife

Wiederholung (fußgesteuerte Schleife)

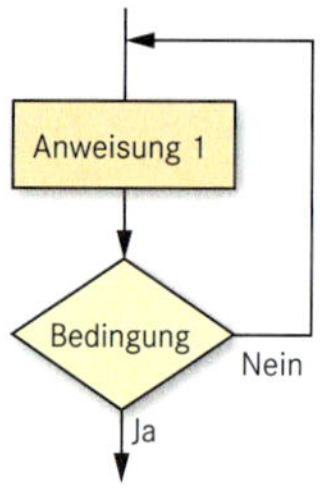

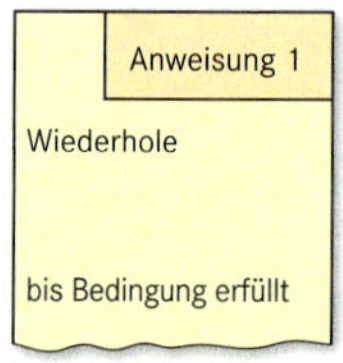

- Schleifendurchläufe

  Die Abfrage der Bedingung erfolgt **nach** dem Durchlauf der Anweisung 1.
- REPEAT-UNTIL-Schleife

Wiederholung (zählgesteuerte Schleife)

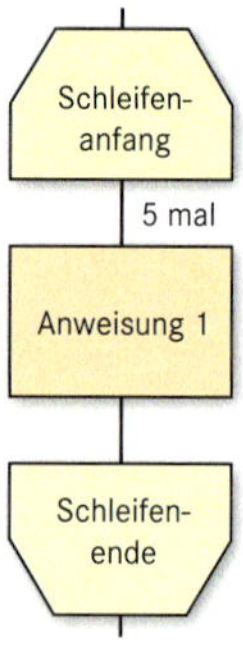

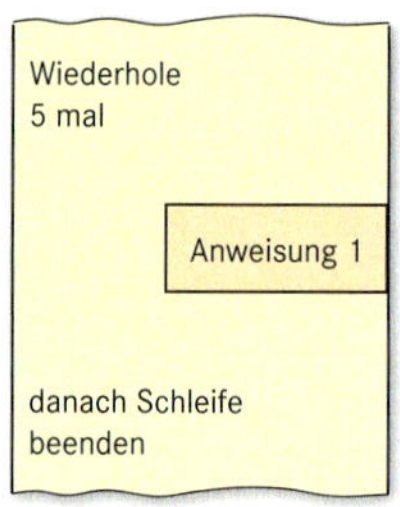

- Die Schleifendurchläufe werden durch einen vorgegebenen Wert festgelegt
- FOR-TO-NEXT-Schleife

Instandhaltung

9

Instandhaltung – Zusammenhänge

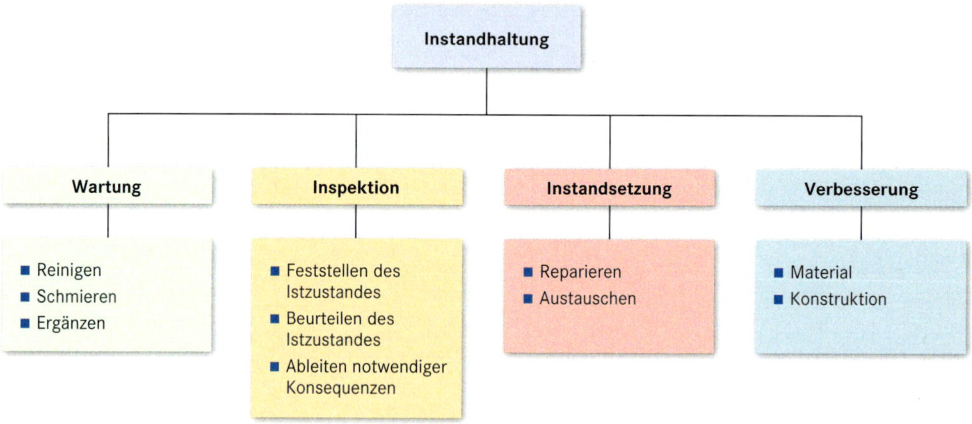

Instandhaltungsstrategien

Präventive Instandhaltung	**Zustandsorientierte Instandhaltung**	**Korrektive Instandhaltung**
Instandhaltung in festgelegten Abständen zur Verminderung der Ausfallwahrscheinlichkeit einer Einheit.	Präventive Instandhaltung, die aus der Überwachung der Arbeitsweise und/oder der sie darstellenden Messgrößen sowie den nachfolgenden Maßnahmen besteht.	Instandhaltung, die nach der Fehlererkennung ausgeführt wird, um eine Einheit in den Zustand zu bringen, in dem sie eine geforderte Funktion erfüllen kann.

Einfluss der Instandhaltung auf die Funktion – Abbaukurve

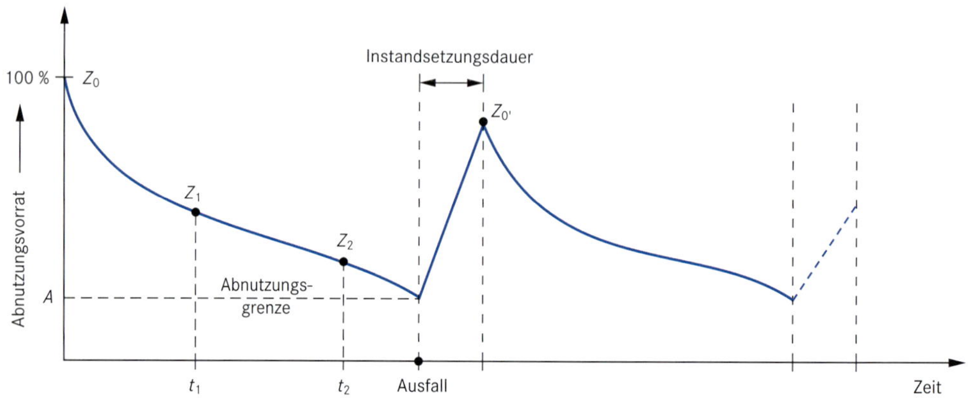

Z_0 = Abnutzungsvorrat nach Herstellung (Ausgangszustand)
Z_1 = Abnutzungsvorrat bei Erst-Inspektion zum Zeitpunkt t_1
Z_2 = Abnutzungsvorrat bei Erst-Inspektion zum Zeitpunkt t_2
A = Abnutzungsgrenze
$Z_{0'}$ = Abnutzungsvorrat nach Erst-Instandsetzung

Der Verlauf der Abbaukurve wird im weitesten Sinne durch die Inspektionen festgelegt.
Die Menge der Inspektionen (Z_n) richtet sich nach der Einheit bzw. nach dem Prozess.
Die Instandsetzung erfolgt im Regelfall unmittelbar vor Erreichen der Abnutzungsgrenze, da in der Folgezeit der Ausfall der Einheit zu erwarten ist.

Begriffe

Instandhaltung	Kombination aller technischen und administrativen Maßnahmen während der Lebenszeit einer Einheit, die dem Erhalt oder der Wiederherstellung ihres funktionsfähigen Zustands dient.
Wartung	Maßnahmen zur Verzögerung des Abbaus des vorhandenen Abnutzungsvorrates
Inspektion	Maßnahmen zur Feststellung und Beurteilung des Istzustandes einer Betrachtungseinheit einschließlich der Bestimmung der Ursachen der Abnutzung und Festlegung der notwendigen Konsequenzen für eine künftige Nutzung
Instandsetzung	Physische Maßnahme, die ausgeführt wird, um die Funktion einer fehlerhaften Einheit wiederherzustellen.
Verbesserung	Kombination aller technischen und administrativen Maßnahmen zur Steigerung der Zuverlässigkeit, Instandhaltbarkeit und Sicherheit einer Einheit, ohne ihre ursprüngliche Funktion zu ändern.
Einheit	Teil, Bauelement, Gerät, System, Teilsystem, Funktionseinheit, Betriebsmittel, das für sich allein betrachtet werden kann
Schwachstelle	Betrachtungseinheit, bei der ein Ausfall häufiger, als es der erforderlichen Verfügbarkeit entspricht, eintritt
Schwachstellenbeseitigung	Maßnahmen zur Verbesserung in der Weise, dass das Erreichen einer festgelegten Abnutzungsgrenze mit einer Wahrscheinlichkeit zu erwarten ist, die im Rahmen der geforderten Verfügbarkeit liegt
Abnutzung	Abbau des Abnutzungsvorrates durch chemische und/oder physikalische Vorgänge
Abnutzungsvorrat	Vorrat der möglichen Funktionserfüllung unter festgelegten Bedingungen
Abnutzungsgrenze	Vereinbarter oder festgelegter Mindestwert des Abnutzungsvorrates
Abnutzungsprognose	Vorhersage über das Abnutzungsverhalten einer Betrachtungseinheit ausgehend von dem Istzustand
Nutzung	Verwendung einer Betrachtungseinheit entsprechend den allgemeinen Regeln der Technik
Nutzungsvorrat	Vorrat der bei der Nutzung unter festgelegten Bedingungen erzielbaren Sach- und/oder Dienstleistungen
Nutzungsmenge	Menge der bei der Nutzung unter festgelegten Bedingungen erzielten Sach- und/oder Dienstleistungen
Nutzungsgrad	Verhältnis von Nutzungsmenge zu Nutzungsvorrat
Fehler	Zustand einer Einheit, in dem sie unfähig ist, eine geforderte Funktion zu erfüllen.
Fehleranalyse	Fehlerdiagnose mit anschließender Prüfung, ob eine Verbesserung machbar ist
Fehlerdiagnose	Maßnahmen zur Fehlererkennung, Fehlerortung und Ursachenfeststellung.
Funktion	Durch den Verwendungszweck bedingte Aufgabe
Änderung/Modifikation	Kombination aller technischen und administrativen Maßnahmen zur Änderung einer oder mehrerer Funktionen einer Einheit.
Funktionserfüllung	Erfüllen der bei der Herstellung definierten Anforderungen
Ingangsetzung	Auslösen der Funktionserfüllung
Stillsetzung	Zeitlich vorausgeplante Unterbrechung der Funktionserfüllung, z. B. für Instandhaltung
Ausfall	Beendigung der Fähigkeit einer Einheit, eine geforderte Funktion zu erfüllen.
Außerbetriebsetzung	Beabsichtigte befristete Unterbrechung der Funktionsfähigkeit
Außerbetriebnahme	Beabsichtigte unbefristete Unterbrechung der Funktionsfähigkeit
Ersatzteil	Einheit zum Ersatz einer entsprechenden Einheit, um die ursprünglich geforderte Funktion der Einheit zu erhalten.
Verschleißteil	Betrachtungseinheit, die an Stellen, an denen betriebsbedingte Abnutzung auftritt, eingesetzt wird, um dadurch andere Betrachtungseinheiten vor Abnutzung zu schützen
Sollbruchteil	Betrachtungseinheit, die bei betriebsbedingter Überbeanspruchung andere Betrachtungseinheiten, z. B. durch Bruch, vor Schaden schützt

Ausfallverhalten

Instandhaltungsmaßnahmen werden dokumentiert und geben dadurch Hinweise auf mögliche Schwachstellen, Reparaturzeiten, Ersatzteile und Ausfallhäufigkeit.
Die Abhängigkeit von Alter und Ausfallhäufigkeit wird statistisch erfasst und kann grafisch wie folgt dargestellt werden:

a)

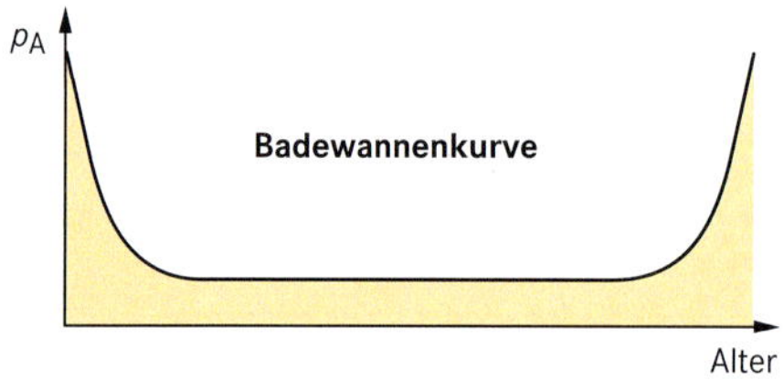

b)

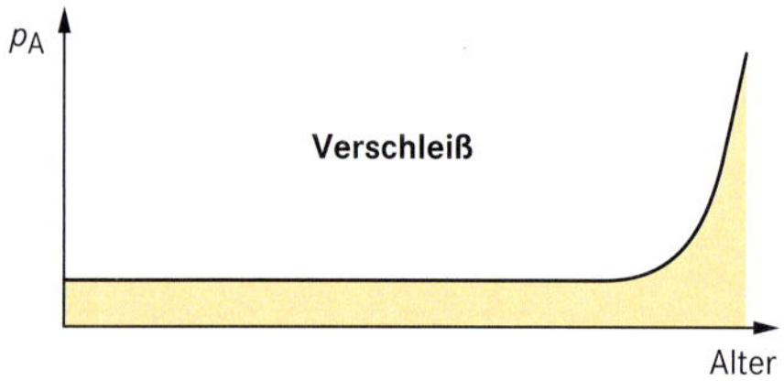

c)

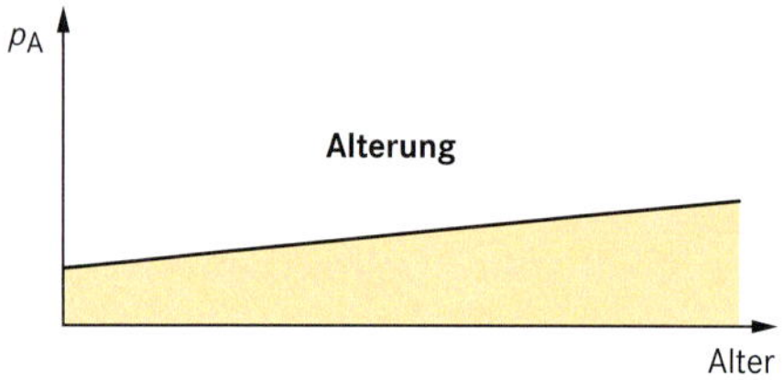

d)

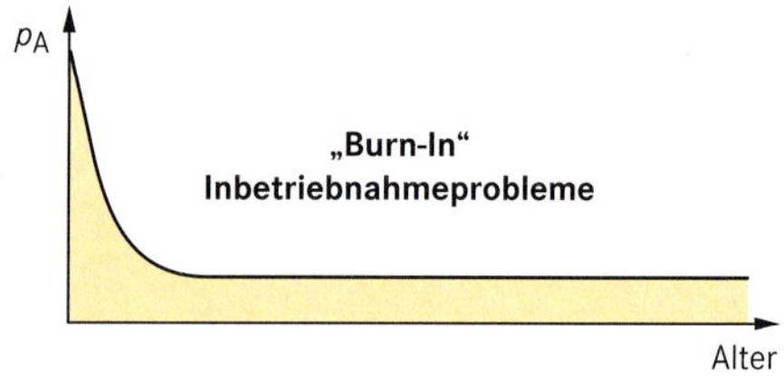

e)

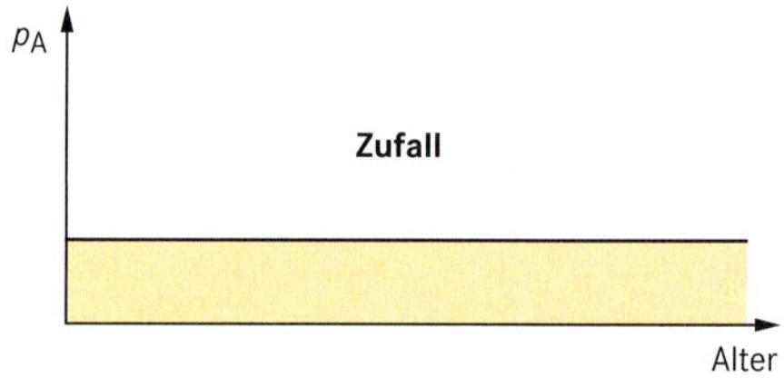

f)

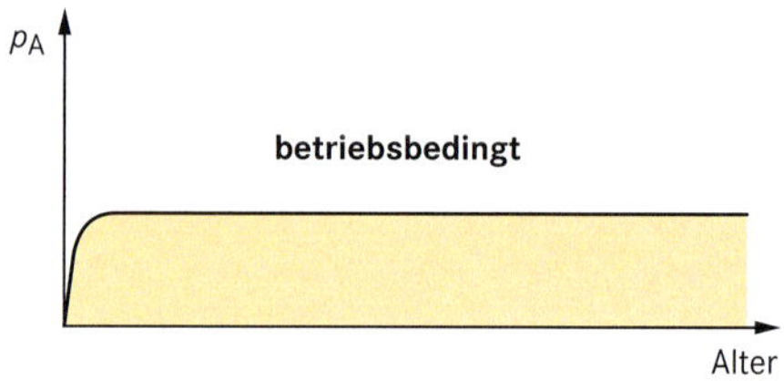

(p_A = Ausfallhäufigkeit)

- Kurven a, d: **Inbetriebnahmeerscheinungen**
  Sind für die Instandhaltung wenig bedeutsam, da sie eher für eine Verbesserung der Fertigung und Inbetriebnahme der Bauteile sprechen.
- Kurven a, b: **Verschleißerscheinungen**
  Können Hinweise auf einen optimalen Zeitpunkt zur Instandhaltung geben.
- Kurven c, e, f: **Langsame Alterung/zufälliger Ausfall**
  Lassen sich nicht mit vorbeugenden Maßnahmen beherrschen. Es muss eine Fehlerausweitung vermieden werden. Dies erfordert umfangreiche Überwachungstechniken, die auftretende Fehler sofort melden.

→ *Herstellerangaben und dokumentierte Instandhaltungsmaßnahmen zum Ausfallverhalten sind Grundlage für eine Instandhaltungsstrategie der einzelnen Teilsysteme. Daraus entsteht der Instandhaltungsplan für die gesamte Anlage z. B. der Schmierplan.*

Elektrochemische Spannungsreihe der Elemente (Normalpotenziale)[1)]

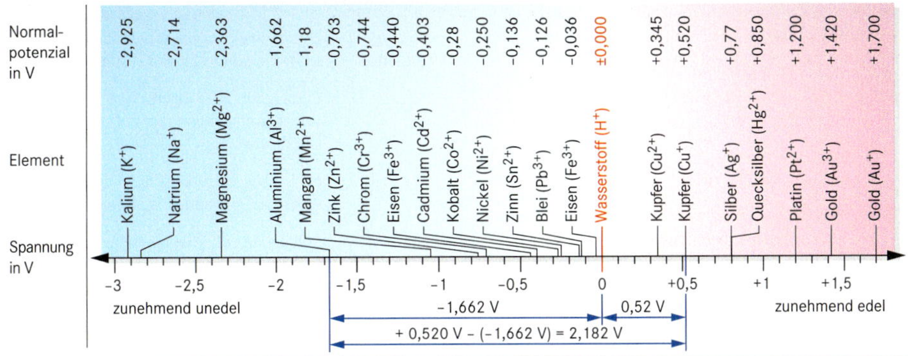

[1)] Potenzialdifferenz einer Metallelektrode gegenüber der Standardwasserstoffelektrode (in einer wässrigen Säurelösung der Aktivität 1 bei 25 °C und 1,013 bar eingetauchte und von Wasserstoffgas umspülte Platinelektrode)

Korrosionsarten

Flächenkorrosion	Lochfraßkorrosion	Kontaktkorrosion	Interkristalline Korrosion	Transkristalline Korrosion
Gleichmäßige Werkstoffveränderung oder -zerstörung annähernd parallel zur Oberfläche durch den Angriff von umgebender Luft, durch Wasser sowie chemische und thermische Einflüsse 	Örtliche punktförmige Oberflächenverletzungen (auch Unterwanderung der Oberfläche möglich) durch elektrochemische Zersetzung (Lokalelementbildung) 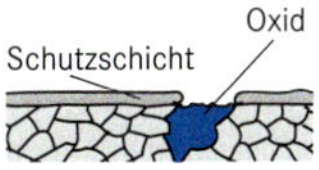	Bildung eines galvanischen Elements an der Kontaktstelle zweier Metalle mit unterschiedlichen Normalpotenzialen bei gleichzeitiger Einwirkung eines Elektrolyten 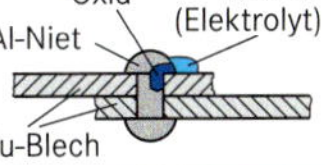	Aufreißen metallischer Werkstoffe entlang der Korngrenzen durch Zerstörung der unedleren Gefügebestandteile unter Einwirkung eines Korrosionsmittels 	Korrosion quer durch die Kristallite des Gefüges hindurch, hervorgerufen durch eine Dauerbeanspruchung unter gleichzeitiger Anwesenheit eines Korrosionsmittels 

Korrosionsverhalten von Metallen gegenüber aggressiven Medien

Metall	Korrosionsverhalten gegenüber						Bemerkung
	feuchter Luft	Luft 500 °C	Natronlauge	Salpetersäure	Salzsäure	Schwefelsäure	
Gold	+ +	+ +	+ +	+ +	+ +	+ +	löslich in starken Oxidationsmitteln (Königswasser: 3 Vol.-Teile HCl + 1 Vol.-Teil HNO_3) und Zyaniden
Silber	+ +	+ +	+ +	– –	+ +	+	Schwefelverbindungen bräunen Silber (Anlaufen)
Kupfer	+	–	+ +	– –	–	–	bildet an der Luft schützende Patina; Essigsäure bildet giftigen Grünspan, Acetylen explosives Kupfer-Acetylit
Blei	+ +	+	–	– –	–	+ +	Luft und „weiches" Wasser greifen Blei an; Vergiftungsgefahr
Zinn	+ +	+	–	+	+	+	bildet an der Luft schützende Oxidschicht (SnO_2); vollkommen ungiftig
Nickel	+ +	+	–	– –	–	+	beständig gegen Wässer aller Art (auch Meerwasser)
Eisen	– –	–	+ +	–	– –	– –	beständig in trockener Luft und CO_2-freiem Wasser
Chrom	+ +	+	–	+ +	– –	– –	sehr beständig gegen oxidierende Einflüsse auch bei hohen Temperaturen
Aluminium	+ +	+	– –	+	– –	– –	bildet an der Luft eine dichte, festhaftende Oxidschicht (Al_2O_3); danach außerordentlich beständig
Magnesium	–	– –	+ +	– –	– –	– –	unbeständig gegen Leitungs- und Meerwasser

+ + sehr beständig; geringer Angriff
+ weniger beständig; abhängig von Zusammensetzung, Konzentration, Temperatur des aggressiven Mediums
– – nicht beständig; schnelle Auflösung oder Zerstörung
– wenig beständig

Passiver Korrosionsschutz

Metallische Schutzschichten	
Tauchen	Eintauchen in Bäder mit flüssigem Al, Pb, Sn, Zn
Galvanisieren	Durch Elektrolyse erzeugter Niederschlag von Ag, Al, Au, Cd, Cr, Cu, Ni, Sn, Zn auf Werkstückoberflächen
Plattieren	Aufwalzen von Ag, Al, Au, Cu, Ni und Legierungen auf Grundwerkstoff
Diffundieren	Eindringen von Feinstmetallpulver in die Werkstückoberfläche unter Wärmeeinwirkung
Aufspritzen	Aufbringung von Plattiermetall durch Flamm-, Lichtbogen- oder Plasmaspritzen
Aufdampfen	Niederschlag von im Hochvakuum verdampften Überzugsmetallen
Sherardisieren	Verzinken kleiner Massenartikel in langsam rotierenden, mit Quarzsand und Zinkstaub gefüllten Trommeln

Nichtmetallische Schutzschichten	
Anodisieren (Eloxieren)	Erzeugen einer Oxidschicht auf Al, Mg, Zn und Legierungen durch elektrisches Oxidieren
Brünieren	Eintauchen in erwärmte Natronlauge oder Sulfatlösungen und nachfolgendes Einreiben mit Öl oder Wachs
Schwarzbrennen	Erzeugen einer Oxidschicht durch Eintauchen dunkelrot glühender Stahlteile in Öl
Phosphatieren	Erzeugung von Phosphatschichten durch Tauchen in phosphatsauren Lösungen von Schwer- oder Alkalimetallen
Farben, Lacke	Aufbringen von Ölfarben und Kunststofflacken
Bitumen, Teer	Tauchen oder Anstreichen als besonderer Schutz gegen Wasser- und Bodenkorrosion
Kunststoffe	Aufbringen von fein zerstäubtem, aufgewirbeltem Kunststoffpulver auf erwärmte Werkstücke
Emaille	Einbrennen glasähnlicher Massen bei Temperaturen von 650 °C ... 1000 °C

Vorbehandlungen zur Reinigung von Metalloberflächen

Grundwerkstoff	Schutzschicht	Behandlungsfolge
Aluminium, rein	Anodisieren	10-1-22-1-26-1-5
Al-Legierung magnesiumhaltig	Anodisieren Galvanisieren	11-12-1-22-1-26-1-5 10-1-12-1-23-1-32-1
Al-Legierung siliziumhaltig	Anodisieren Galvanisieren	11-13-1-25-1-5 10-1-12-1-25-1-32-1
Kupfer	farbloser Lack	11-21-1-2-5
CuSn-Legierung CuZn-Legierung	farbloser Lack Nickel, Chrom	11-24-1-2-5 10-1-13-1-21-1-31-1
Stahl	Farbe, Lack Chrom, Nickel Cadmium, Zink	11-20-1-30-1-3-5-33 10-1-12-20-1-31-1 10-1-12-1-20-1-4-1
Zink	Galvanisieren	10-1-12-1-25-1-31-1

Kennziffern der Behandlungsfolge

Kennziffer	Behandlung
1	Spülen in Kaltwasser
2	Spülen in Heißwasser
3	Spülen in 0,2 %iger ... 1 %iger Sodalösung (Passivieren)
4	Spülen in 10 %iger Cyanidlösung
5	Trocknen in Warmluft
10	Kochentfetten in alkalischen Entfettungsbädern
11	Entfetten durch organische Lösungsmittel (Per, Tetra, Tri), durch Abwaschen, Tauchen, Dampfbad
12	katodische Entfettung in alkalischer Lösung
13	anodische Entfettung in alkalischer Lösung
20	Beizen mit 10 %iger Salzsäure, 20 °C, evtl. mit Zusatz von Phosphorsäure und Reaktionshemmern
21	Beizen in 5 %iger ... 25 %iger Schwefelsäure, 40 °C ... 80 °C
22	Beizen in 10 %iger Natronlauge, 80 °C ... 90 °C
23	Beizen in 3 %iger Salpetersäure, 80 °C
24	Gelbbrennen in Gemisch von Salpetersäure (konz.) mit Schwefelsäure (konz.), 1 : 1
25	Beizen in verdünnter Flusssäure (3 % ... 10 %)
26	Beizen in 30 %iger Salpetersäure
30	Phosphatieren, Chromatieren
31	Vorverkupfern als Zwischenschicht
32	Zinkatbeize (Ausfällen von Zink)
33	Grundieren mit Rostschutzfarbe

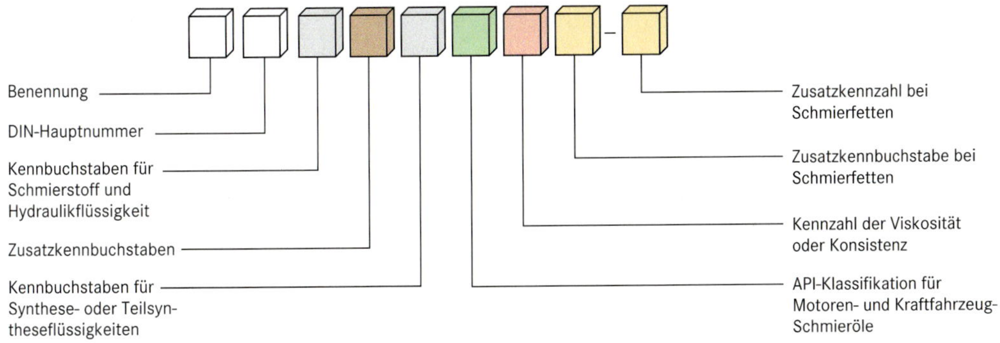

Bezeichnung eines Umlaufschmieröles mit Zusätzen zur Erhöhung des Korrosionsschutzes und zur Minderung der Reibung der Viskositätsklasse VG 100: **Schmieröl DIN 512 517-CLP 100**.

Kennbuchstaben für Schmieröle und Hydraulikflüssigkeiten

Stoffgruppe Symbol	Kennbuchstabe(n)	Stoffart und Anwendung
Mineralöle	AN	Normalschmieröle
	ATF	Öle ATF (Automatik Transmission Fluid)
	B	bitumenhaltige Schmieröle
	C	Umlaufschmieröle
	CG	Gleitbahnöle
	D	Druckluftöle
	F	Luftfilteröle
	FS	Formen-Trennöle
	H, HV	Hydrauliköle
	HD	Motoren-Schmieröle
	HYP	Schmieröle für Kraftfahrzeug-Getriebe
	J	Isolieröle in der Elektrotechnik
	K	Kältemaschinenöle
	L	Härte- und Vergüteöle
	Q	Wärmeträgeröle
	R	Korrosionsschutzöle
	S	Kühlschmierstoffe
	TD	Schmier- und Regleröle
	V	Luftverdichteröle
	W	Walzöle
	Z	Dampfzylinderöle
schwer entflammbare Hydraulikflüssigkeiten	HFA	Öl-in-Wasser-Emulsionen
	HFB	Wasser-in-Öl-Emulsionen
	HFC	Wässrige Polymerlösungen
	HFD	Wasserfreie Flüssigkeiten
Synthese oder Teilsynthese-Flüssigkeiten	E	Ester, organisch
	FK	Perfluor-Flüssigkeiten
	HC	Synthetische Kohlenwasserstoffe
	PH	Ester der Phosphorsäure
	PG	Polyglykolöle
	SI	Silikonöle
	X	sonstige Öle
	Die Kennbuchstaben werden zusätzlich zu den Buchstaben für Schmieröle angegeben.	

Zusatzkennbuchstaben für Schmieröle (nicht für HD, HYP, HFA, HFB, HFC, HFD)

Zusatzkennbuchstabe	Schmierstoffe
D	Schmierstoffe mit hautschonenden Zusätzen
E	wassermischbare Schmierstoffe
F	Schmierstoffe mit Festschmierstoffzusatz (z. B. Grafit, Molybdänsulfid)
L	Schmieröle mit Zusätzen zur Erhöhung des Korrosionsschutzes und/oder der Alterungsbeständigkeit
M	wassermischbare Kühlschmierstoffe mit Mineralölanteilen (z. B. SEM)
S	wassermischbare Kühlschmierstoffe auf synthetischer Basis (z. B. SES)
P	Schmieröle mit Zusätzen zur Minderung der Reibung und des Verschleißes im Mischreibungsgebiet und/oder zur Erhöhung der Belastbarkeit
V	Schmieröle, die mit Lösungsmittel verdünnt sind (ggf. Kennzeichnung nach der Gefahrstoffverordnung)

API[1]-Klassifikationen für Motorenschmieröle

Zusatzkennbuchstabe	Beschreibung
SE	Entspricht den US-Garantiebedingungen für Benzinmotorenschmierung
SF	wie SE, jedoch Zusätze gegen Verschleiß und Korrosion
SG	erhöhte Anforderungen im Hinblick auf Oxidationsstabilität und Verschlammung
CC	Entspricht Diesel-Saugmotoren-Anforderungen, Zusätze gegen Korrosion
CD	Entspricht Anforderungen aufgeladener Dieselmotoren, Zusätze gegen Verschleiß und Korrosion
CE	Entspricht Anforderungen für Hochleistungsdieselmotoren

[1] API: American Petroleum Institut

API-Klassifikationen für Schmieröle für Kraftfahrzeuggetriebe

API-Klassifikation	Betriebsbedingungen	Getriebetyp
GL-4	mittel bis schwer	Hypoid-Getriebe mit geringem Versatz, Handschaltgetriebe
GL-5	schwer	Hypoid-Getriebe u. a.
GL-6	schwerst	Hypoid-Getriebe mit höchstem Versatz

Kennzahlen für die Viskositätsklassen

ISO-Viskositätsklasse (DIN 51519)	kinematische Viskosität in mm²/s bei 20 °C	40 °C	50 °C	dynamische Viskosität mPa · s bei 40 °C
VG 2	≈ 3,3	2,2	≈ 1,3	≈ 2,0
VG 3	≈ 5	3,2	≈ 2,7	≈ 2,9
VG 5	≈ 8	4,6	≈ 3,7	≈ 4,1
VG 7	≈ 13	6,8	≈ 5,2	≈ 6,2
VG 10	≈ 21	10	≈ 7	≈ 9,1
VG 15	≈ 34	15	≈ 11	≈ 13,5
VG 22	-	22	≈ 15	≈ 18
VG 32	-	32	≈ 20	≈ 29
VG 46	-	46	≈ 30	≈ 42
VG 68	-	68	≈ 40	≈ 61
VG 100	-	100	≈ 60	≈ 90
VG 150	-	150	≈ 90	≈ 135
VG 220	-	220	≈ 130	≈ 200
VG 320	-	320	≈ 180	≈ 290
VG 460	-	460	≈ 250	≈ 415
VG 680	-	680	≈ 360	≈ 620
VG 1000	-	1000	≈ 510	≈ 900
VG 1500	-	1500	≈ 740	≈ 1350

Die kinematische Viskosität ν wird aus der Durchlaufzeit eines Öles durch eine Kapillare berechnet. Die dynamische Viskosität η wird aus dem Bewegungswiderstand ermittelt, der sich ergibt, wenn zwei mit Schmieröl benetzte Flächen gegeneinander bewegt werden. Die dynamische Viskosität ist das Produkt aus der kinematischen Viskosität und der Dichte: $\eta = \nu \cdot \varrho$

SAE[1]- Viskositätsklassen für Motorenschmieröle

SAE-Viskositätsklasse	scheinbare Viskosität DIN 51377 in mPa · s	bei °C	Grenzpumptemperatur in °C	kinematische Viskosität bei 100 °C in mm²/s
0 W	≤ 3250	- 30	- 35	≥ 3,8
5 W	≤ 3500	- 25	- 30	≥ 3,8
10 W	≤ 3500	- 20	- 25	≥ 4,1
15 W	≤ 3500	- 15	- 20	≥ 5,6
20 W	≤ 4500	- 10	- 15	≥ 5,6
25 W	≤ 6000	- 5	- 10	≥ 9,3
20[2]	-	-	-	$5{,}6 \le \nu < 9{,}3$
30	-	-	-	$9{,}3 \le \nu < 12{,}5$
40	-	-	-	$12{,}5 \le \nu < 16{,}3$
50	-	-	-	$16{,}3 \le \nu < 21{,}9$

[1] SAE: Society of Automotive Engineers

[2] für die Kennzeichnung von Mehrbereichsölen, z. B. SAE 10W-30

SAE-Viskositätsklassen für Schmieröle für Kraftfahrzeuggetriebe

SAE-Viskositätsklasse	Höchsttemperatur für scheinbare Viskosität von 150 000 mPa · s in °C	kinematische Viskosität ν bei 100 °C in mm²/s
70 W	- 55	≥ 4,1
75 W	- 40	≥ 4,1
80 W	- 26	≥ 7,0
85 W	- 12	≥ 11,0
90[2]	-	$13{,}5 \le \nu < 24{,}0$
140	-	$24{,}0 \le \nu < 41{,}0$
250	-	$41{,}0 \le \nu$

Kennbuchstaben für Schmierfette

Stoffgruppe Symbol	Kennbuchstabe(n)	Stoffart und Anwendung
Schmierfette auf Mineralölbasis △	K	Schmierfette für Wälz- und Gleitlager und Gleitflächen
	G	Schmierfette für geschlossene Getriebe
	OG	Schmierfette für offene Getriebe, Verzahnungen
	M	Schmierfette für Gleitlager und Dichtungen bei geringen Anforderungen
Schmierfette auf Syntheseölbasis ◇	Schmierfette auf Syntheseölbasis werden in ihren Grundeigenschaften wie die vorstehenden auf Mineralölbasis gekennzeichnet. Zusätzlich werden die gleichen Kennbuchstaben wie bei den Schmierölen angegeben.	

Konsistenzkennzahlen für Schmierfette

NLGI[3]-klassen (DIN 51818)	Walk-penetration[4] (DIN ISO 2137)	NLGI[3]-klassen (DIN 51818)	Walk-penetration[4] (DIN ISO 2137)
000	445 ... 475	3	220 ... 250
00	400 ... 430	4	175 ... 205
0	355 ... 385	5	130 ... 160
1	310 ... 340	6	85 ... 115
2	265 ... 295		

[3] NLGI: National Lubricating Grease Institute

[4] Es wird die Eindringtiefe in 1/10 mm gemessen, die ein genormter Konus in das durchgeknetete (gewalkte) Schmierfett eindringt.

Zusatzkennzahlen für Schmierfette

Zusatzkennzahl	untere Gebrauchstemperatur in °C	Zusatzkennzahl	untere Gebrauchstemperatur in °C
- 10	- 10	- 40	- 40
- 20	- 20	- 50	- 50
- 30	- 30	- 60	- 60

Benennung von Schmierstoffen
Designation of lubricants

DIN 51 502: 1990-08

Zusatzkennbuchstaben für Schmierfette		
Zusatzkenn-buchstabe	obere Gebrauchs-temperatur in °C	Verhalten gegenüber Wasser (DIN 51 807-01)[1]
C	+ 60	0 – 40 oder 1 – 40
D	+ 80	2 – 40 oder 3 – 40
E		0 – 40 oder 1 – 40
F	+ 100	2 – 40 oder 3 – 40
G		0 – 90 oder 1 – 90
H	+ 120	2 – 90 oder 3 – 90
K		0 – 90 oder 1 – 90
M		2 – 90 oder 3 – 90
N	+ 140	nach Vereinbarung
P	+ 160	
R	+ 180	
S	+ 200	
T	+ 220	
U	> + 220	

[1] Bewertungsstufen:
0 keine Veränderung
1 geringe Veränderung (Farbänderung)
2 mäßige Veränderung (beginnende Auflösung des Fettes)
3 starke Veränderung (teilweise oder vollständige Auflösung des Schmierfettes)
Die angehängte Zahl gibt die Prüftemperatur in °C an.

Beispiele für die Kennzeichnung von Schmierstoffen	
CLP 100	Umlaufschmieröl mit Korrosions- und Verschleißschutz, Viskositätsklasse VG 100.
CLPPG 150	Synthetisches Schmieröl auf Polyglykolbasis mit Korrosions- und Verschleißschutz, Viskositätsklasse VG 150.
HD SF/CC 15W-40	Motorenschmieröl auf Mineralölbasis für Benzin- und Dieselmotoren mit Zusätzen gegen Verschleiß und Korrosion, Mehrbereichsöl, SAE-Viskositätsklasse 15 W und 40.
K 3 N	Schmierfett für Wälz- und Gleitlager, NLGI-Klasse 3, obere Gebrauchstemperatur +140 °C.
K SI 3 R -30	Schmierfett für Wälz- und Gleitlager auf Silikonölbasis NLGI-Klasse 3, obere Gebrauchstemperatur +180 °C, untere Gebrauchstemperatur -30 °C.

Hydrauliköle – Mindestanforderungen
Hydraulic oils – minimum requirements

DIN 51 524-1, 2: 2006-04

Eigenschaften / Öltyp[1]		HL 10 HLP 10	HL 22 HLP 22	HL 32 HLP 32	HL 46 HLP 46	HL 68 HLP 68	HL 100 HLP 100
ISO-Viskositätsklasse		VG 10	VG 22	VG 32	VG 46	VG 68	VG 100
kinematische Viskosität in mm²/s	bei -20 °C	≤ 600	–	–	–	–	–
	bei 0 °C	≤ 90	≤ 300	≤ 420	≤ 780	≤ 1400	≤ 2560
	bei 40 °C	9,0 ... 11,0	19,8 ... 24,2	28,8 ... 35,2	41,4 ... 50,6	61,2 ... 74,8	90,0 ... 110
	bei 100 °C	≥ 2,4	≥ 4,1	≥ 5,0	≥ 6,1	≥ 7,8	≥ 9,9
Pourpoint[2]	in °C	≤ -30	≤ -21	≤ -18	≤ -15	≤ -12	≤ -12
Flammpunkt	in °C	> 125	> 165	> 175	> 185	> 195	> 205

[1] Bezeichnung nach DIN 51 502
[2] Der Pourpoint ist die Temperatur, bei der Hydrauliköl unter Schwerkrafteinfluss gerade noch fließt.

Festschmierstoffe
Solid lubricants

Schmierstoff	Kurzzeichen	Anwendung
Grafit	C	Grafit schmiert gut in feuchter Luft, wenig in Sauerstoff- oder Stickstoffatmosphäre, gar nicht in Vakuum, Anwendungsbereich von –18 °C ... +450 °C, hohe elektrische und thermische Leitfähigkeit
Molybdändisulfid	MoS_2	Geeignet für höchste Belastbarkeit, auch im Vakuum anwendbar, Anwendungsbereich –180 °C ... +400 °C, keine elektrische Leitfähigkeit, für Cu- und Al-Werkstoffe nicht geeignet.
Polyetraflourethylen	PTFE	Schmierwirkung ist unabhängig von Gasen und Dämpfen, auch im Ultrahochvakuum, sehr niedrige Gleitreibungszahl (0,04 ... 0,09), Anwendungsbereich -250 °C ... +260 °C.

Schmierstoffarten

Arten		Schmieröle		Schmierfette		Festschmierstoffe	
Symbol/ Kennbuchstabe		Mineralöle 	Synthetische Öle 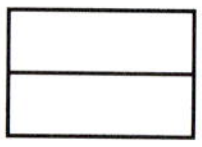	Mineralölbasis 	Synthetische Ölbasis 	Grafit C	Molybdändisulfit MoS_2
Verwendung	Geschwindigkeit	hoch		niedrig		niedrig	

	Druck	niedrig		hoch		hoch	
		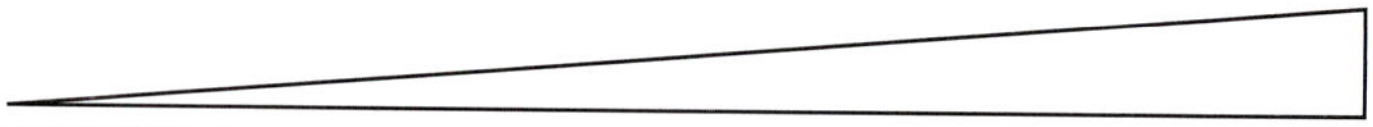					
	Temperatur	hoch		niedrig		sehr hoch oder sehr niedrig	

Schmiervorschrift (Beispiel)

Intervall in Betriebsstunden	Eingriffstelle	Tätigkeit	Symbol
8 h	Kühlschmierstoffbehälter	Füllstand kontrollieren	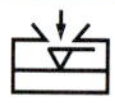
40 h	Zentralschmieraggregat	Ölstand kontrollieren	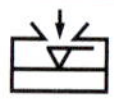
200 h	Kühlschmierstoffbehälter	Entleeren, reinigen, neu füllen	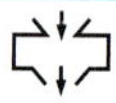
200 h	Zentralschmieraggregat	Ölstand kontrollieren, nachfüllen	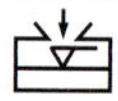
200 h	Hydraulikaggregat	Ölstand kontrollieren	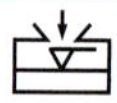
200 h	Spindelschlitten	Ölstand kontrollieren	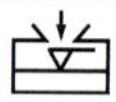

Symbole

DIN 8659: 1980-04

Füllstand kontrollieren, nachfüllen		mit Öl abschmieren		Schmierstoff wechseln, Mengenangabe	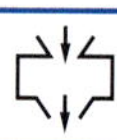
mit Fett abschmieren		Filter wechseln		Filter reinigen	

Entsorgung von Schmierstoffen

Abfallschlüssel	Abfallart	Beispiel für die Herkunft des Abfalls	Entsorgung[1]		
			CPB	HMV	SAV
54112	Verbrennungsmotoren- und Getriebeöle	Altöl aus Motoren und Getrieben, Kompressoröl	●		●
54202	Fettabfälle	Kfz-Werkstätten, Getriebebau			●
54209	Feste fett- und ölverschmutzte Betriebsmittel	Putzlappen, fett- oder ölverschmutzte Pinsel, Öl- und Fettbehälter		●	●
54401	Synthetische Kühl- und Schmiermittel	Metallbearbeitung Oberflächenhandlung	●		●

[1] CPB: Chem./phys., biol. Behandlungsanlage; HMV: Hausmüllverbrennungsanlage; SAV: Verbrennungsanlage für besonders überwachungsbedürftige Abfälle; ● in diesen Anlagen ist die Entsorgung nur bedingt möglich.

→ *Rückgabe der Abfälle an den Lieferanten der jeweiligen Stoffe oder Entsorgung durch zugelassene Spezialunternehmen oder das Schadstoffmobil.*

Mathematisch-technische Grundlagen 10

SI-Basisgrößen und SI-Basiseinheiten

DIN 1301-1: 2010-10; DIN 1301-2: 1978-02; DIN 1301-3: 1979-10

Damit man sich in der Technik (aber auch im täglichen Leben) verständigen kann, ist ein Einheitensystem notwendig. Wird etwas gemessen (z. B. eine **Länge**) und anderen mitgeteilt, ist die gewählte Einheit (z. B. **Meter**) unverzichtbarer Teil der Information. Sämtliche Einheiten können auf sieben Basiseinheiten zurückgeführt werden.

SI-Basisgröße	Formelzeichen DIN 1304	SI-Basiseinheit	SI-Einheitenzeichen	Ausgewählte Teile und Vielfache der SI-Basiseinheit
Länge	l	**Meter**	**m**	**nm; µm; mm; cm; dm; km**
Masse	m	Kilogramm	kg	µg; mg; g
Zeit	t	Sekunde	s	ns; µs; ms
elektrische Stromstärke	I	Ampere	A	µA; mA; kA
thermodynamische Temperatur	T	Kelvin	K	
Stoffmenge	n	Mol	mol	mmol; kmol
Lichtstärke	I	Candela	cd	

Definition

SI: **S**ystème **I**nternational d'Unités (franz.)
Internationales Einheitensystem

Vorsätze für dezimale Vielfache und Teile von Einheiten

DIN 1301-1: 2002-10

Bei großen Vielfachen von Einheiten (z. B. **Millionenfaches**) oder kleinen Teilen von Einheiten (z. B. **Tausendstel**) bildet man mit Hilfe von Vorsätzen neue Einheiten, damit die Zahlenwerte in praktikablen, überschaubaren Größenordnungen bleiben.

Vorsatz		Vorsatzzeichen	Faktor	Vielfaches bzw. Teil	Beispiel
Giga	Vielfache ↑	G	10^9	Milliardenfaches	1 Gigavolt = 1 GV = 1000000000 V
Mega		**M**	10^6	**Millionenfaches**	**1 Megavolt = 1 MV = 1000000 V**
Kilo		k	10^3	Tausenfaches	1 Kilovolt = 1 kV = 1000 V
Hekto		h	10^2	Hundertfaches	1 Hektovolt = 1 hV = 100V
Deka		da	10^1	Zehnfaches	1 Dekavolt = 1 daV = 10 V
Basiseinheit			$10^0 = 1$		
Dezi	Teile ↓	d	10^{-1}	Zehntel	1 Dezivolt = 1 dV = 0,1 V
Zenti		c	10^{-2}	Hundertstel	1 Zentivolt = 1 cV = 0,01 V
Milli		**m**	10^{-3}	**Tausendstel**	**1 Millivolt = 1 mV = 0,001 V**
Mikro		µ	10^{-6}	Millionstel	1 Mikrovolt = 1 µV = 0,000001 V
Nano		n	10^{-9}	Milliardstel	1 Nanovolt = 1 nV = 0,000000001 V

Größen, Formelzeichen, Einheiten

DIN 1304-1: 1994-03

Physikalische Größen sind messbare Eigenschaften (z. B. **Länge**, Zeit, Fläche). Sie werden durch ***kursive*** Formelbuchstaben (lateinisches und griechisches Alphabet) gekennzeichnet (z. B. l). Die Einheiten werden durch Buchstaben in **normaler** Schrift gekennzeichnet (z. B. **m**). Sind für eine physikalische Größe mehrere Formelzeichen angegeben, soll das an erster Stelle stehende Zeichen bevorzugt werden.

Physikalische Größe	Formelzeichen	SI-Einheitenzeichen	Einheitenname	Bemerkungen; Beziehungen zwischen den Einheiten
Längen, Flächen, Volumen, Winkel				
Länge	l	**m**	**Meter**	1 inch = 25,4 mm
Breite	b	m		1 Seemeile = 1852 mm
Höhe, Tiefe	h	m		
Radius, Halbmesser	r	m		**inch** (engl.): umgangssprachlich „Zoll"
Durchmesser	d; D	m		
Durchbiegung, Durchhang	f	m		
Weglänge, Kurvenlänge	s	m		
Wellenlänge	λ	m		
Fläche, Flächeninhalt, Oberfläche	A; S	m^2	Quadratmeter	1 a = 100 m^2
Querschnitt, Querschnittsfläche	S; q	m^2		1 ha = 10000 m^2
Volumen, Rauminhalt	V	m^3	Kubikmeter	1 l = 1 L = 1 dm^3
ebener Winkel	α; β; γ	rad	Radiant	1 rad = 1 m/m = 1
				1° = $(\pi/180)$rad
				1' = (1/60)° = 60''
				1'' = (1/60)' = (1/3600)°
Raumwinkel	Ω	sr	Steradiant	1 sr = 1 m^2/m^2 = 1

Größen, Formelzeichen, Einheiten

DIN 1304-1: 1994-03

Physikalische Größe	Formelzeichen	SI-Einheitenzeichen	Einheitenname	Bemerkungen
Zeit und Raum				
Zeit, Zeitspanne, Dauer	t	s	**Sekunde**	min, h (Stunde), d (Tag), a (Jahr)
Frequenz	f	Hz	Hertz	1 Hz = 1 s^{-1} = 1/s
Umdrehungsfrequenz (Drehzahl)	n	s^{-1} = 1/s		s^{-1} = 1/s = 60 min^{-1} = 60/min
Winkelgeschwindigkeit	ω, Ω	rad/s		
Geschwindigkeit	v, u	m/s		1 m/s = 60m/min = 3,6 km/h
Ausbreitungsgeschw. einer Welle	c	m/s		
Lichtgeschwindigkeit im Vakuum	c_0	m/s		c_0 = 2,99792458 · 10^8 m/s
Beschleunigung	a	m/s^2		g_n Normfallbeschleunigung
Fallbeschleunigung	g	m/s^2		g_n = 9,80665 m/s^2
Mechanik				
Masse, Gewicht als Wägeergebnis	m	kg	**Kilogramm**	1 kg = 1000 g 1 t = 1000 kg = 1 Mg
längenbezogene Masse	m'	kg/m		1 kg/m = 1 g/mm
flächenbezogene Masse	m''	kg/m^2		1 kg/m^2 = 0,1 g/cm^2
Dichte	ϱ	kg/m^3		1000 kg/m^3 = 1 t/m^3 = 1 kg/dm^3 = 1 g/cm^3
Kraft	F	N	Newton	1 N = $\frac{1\,kg \cdot 1\,m}{1s^2}$ = 1 (kg · m)/s^2
Gewichtskraft	F_G; G	N		
Kraftmoment, Drehmoment	M	N · m		
Biegemoment	M_b	N · m		Druck-einheiten
Torsionsmoment	M_T; T	N · m		
Druck	p	Pa bar	Pascal Bar	1 Pa = 1 N/m^2 1 bar = 100000 Pa = 10^5 Pa = 10 N/cm^2
Normalspannung, Zugspannung, Druckspannung	σ	N/m^2		
Schubspannung (Scherspannung)	τ	N/m^2		
Arbeit	W	J	Joule	1 J = 1 N · m = 1 W · s
Energie	E	J		1 kJ = 3 600 000 Ws
Leistung	P	W	Watt	1 W = 1 N · m/s = 1 J/s
Trägheitsmoment, Massenmoment 2. Grades	J	kg · m^2		
Flächenmoment 2. Grades	I	m^4		
Elastizitätsmodul	E	N/m^2		
Reibungszahl der Ruhe	μ_0; μ_r	1		
Reibungszahl der Bewegung	μ; f	1		
Thermodynamik, Wärmeübeertragung				
thermodynamische Temperatur	T; Θ	K	**Kelvin**	T = 0 K ≙ t = –273,15 °C 0 °C = 273,15 K
Celsius-Temperatur	t; ϑ	°C	Grad Celsius	
Temperaturdifferenz	ΔT; Δt	K	Kelvin	
Längenausdehnungskoeffizient	α	1/K = K^{-1}		1/K = 1 m/(m · K) = 1 $\frac{m}{m \cdot K}$
Volumenausdehnungskoeffizient	γ	1/K = K^{-1}		1/K = 1 m^3/(m^3 · K)
Wärme, Wärmemenge	Q	J	Joule	1 J = 1 N · m = 1 W · s
Wärmekapazität	C	J/K		
spezifische Wärmekapazität	c	J/(kg · K)		1 kWh = 3,6 MJ = 860 kcal
spezifischer Brennwert	H_0	J/kg		
spezifischer Heizwert	H_u	J/kg		
Wärmestrom	Φ; Q	W	Watt	
Wärmeleitfähigkeit	λ	W/(m · K)		
Wärmedurchgangszahl	k	W/(m^2 · K)		

i F: force
W: work
P: power
E: energy

i 3 600 000 Ws = 1 kWh

Größen und Einheiten
Quantities and units

Größen, Formelzeichen, Einheiten

DIN 1304-1: 1994-03

Physikalische Größe	Formel-zeichen	SI-Einheiten-zeichen	Einheiten-name	Bemerkungen
Elektrizität, Magnetismus				
elektrische Stromstärke	I	**A**	**Ampere**	
elektrische Ladung	Q	C	Coulomb	1 C = 1 A · 1 s
elektrische Spannung	U	V	Volt	1 V = 1 W/1 A = 1 J/1 C
elektrischer Widerstand	R	Ω	Ohm	1 Ω = 1 V/1 A
spezif. elektr. Widerstand	ϱ	Ω · m		$1\,\Omega \cdot m = 1\,\Omega \cdot m^2/m$
elektrische Kapazität	C	F	Farad	1 F = 1 C/1 V
Frequenz	f	Hz	Hertz	$1\,Hz = 1\,s^{-1} = 1/s$
Energie, Arbeit	W	J	Joule	1 J = 1 W = 1 V · 1 A
Wirkleistung	P	W	Watt	1 W = 1 V · 1 A $= 1\,J/1s = \frac{1\,N \cdot 1\,m}{1\,s}$
Scheinleistung	S	W	Watt	
Leistungsfaktor	$\cos\varphi$	1		$\cos\varphi = P/S$
Wirkungsgrad	η	1		
Windungszahl	N	1		
Übersetzungsverhältnis	$ü$	1		

Indizes für Formelzeichen
Subscripts for symbols

DIN 1304-1: 1994-1

Zur Unterteilung von Oberbegriffen und zur Kennzeichnung besonderer Zustände können Formelzeichen mit Indizes versehen werden. Sind für eine Größe mehrere Zeichen angegeben, so soll das an erster Stelle stehende (international empfohlene) Zeichen verwendet werden.

i **Index** (Mehrzahl: Indizes): Tiefzeichen rechts vom Grundzeichen, z. B. F_1

Mathematische Fachwörter

Index	Bedeutung	Index	Bedeutung	Index	Bedeutung	Index	Bedeutung	Index	Bedeutung	Index	Bedeutung
0	null; leerer Raum; Leer-Lauf		Ausgang	b	Biegung	inst	augen-blicklich	min	minimal	rad	radial
1	eins; primär Eingang; Anfangszustand		Endzustand	e	über-schreitend	kin	kinetisch	N	Normal-	tan	tangential
2	zwei, sekundär	a	außen	exi	Ausgang	max	maximal	pot	potenziell	v	Verlust
		abs	absolut	G	Gewicht	mec	mechanisch	rad	radial	zul	zulässig
		amb	umgebend	ing	Eingang	med	mittel	rel	relativ	Z	Zusatz-
		ax	axial	int	innen	mes	gemessen	rsl	resultierend	Δ	Differenz
		b	Basis					R	Reibung	Σ	Summe

Mathematische Zeichen
Mathematical symbols

DIN 1302: 1999-12; DIN 5473: 1992-07

Zeichen	Bedeutung	Zeichen	Bedeutung	Zeichen	Bedeutung	Zeichen	Bedeutung
≈	ungefähr gleich	$\sqrt[n]{\ }$	n-te Wurzel aus	{[()]}	Klammern auf/zu; geschweift, eckig, rund	∉	ist nicht Element von
≙	entspricht	n!	n Fakultät	$\mathbb{A}, \mathbb{B}, \mathbb{C}$	Mengen	⊂; ⊆	ist Teilmenge von
...	und so weiter bis	∞	unendlich	a, b, c	Elemente	∪	Vereinigungsmenge
=	gleich	$\overline{AB}$	Strecke AB	{a, b, c}	Menge mit den Elementen a, b, c	∩	Durchschnittsmenge
≠	ungleich	$\overset{\frown}{AB}$	Bogen AB	{x | x...}	Menge aller Elemente x, für die gilt: ...	×	Produktmenge
~	proportional	∢	Winkel	$\mathbb{N}$	Menge der natürlichen Zahlen	\	Differenzmenge
≅	kongruent	lg	dekadischer Logarithmus	$\mathbb{Z}$	Menge der ganzen Zahlen	~	ohne
<	kleiner als	ln	natürlicher Logarithmus	$\mathbb{Q}$	Menge der rationalen Zahlen	¬	nicht
≤	kleiner oder gleich	lb	binärer Logarithmus	$\mathbb{R}$	Menge der reellen Zahlen	∧	und; sowohl ... als auch ...
>	größer als	sin	Sinus	∅	leere Menge	∨	oder; entw ... oder ...
≥	größer oder gleich	cos	Kosinus	∈	ist Element von	⇒	aus ... folgt ...; wenn ... wahr ist, dann ist ... wahr
+	plus	tan	Tangens			⇔	wenn ... wahr ist, dann ist ... wahr und umgekehrt
−	minus	cot	Kotangens				
· ×	mal	Δx	Delta x (Differenz der Werte x_1; x_2)				
: / —	durch	%	Prozent; v. Hd.				
Σ	Summe	‰	Promill; v. Tsd.				
π	Pi						
x^n	x hoch n						
$\sqrt{\ }$	Quadratwurzel aus						

Standard-Zahlenmengen
Standard number sets

DIN 5473: 1992-07

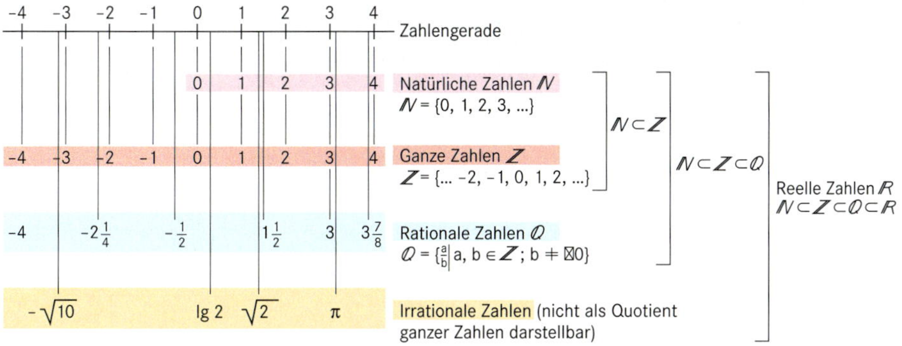

Zeichen	Sprechweise	Bedeutung
ℕ	Doppelstrich-N	Menge der natürlichen Zahlen; Menge der nichtnegativen ganzen Zahlen ℕ enthält die Zahl 0.
ℤ	Doppelstrich-Z	Menge der ganzen Zahlen
ℚ	Doppelstrich-Q	Menge der rationalen Zahlen
ℝ	Doppelstrich-R	Menge der reellen Zahlen

Römische Zahlzeichen
Roman numerals

Schreibweise: von links nach rechts in abnehmender Reihenfolge; Symbole I, X und C höchstens dreimal nacheinander, Symbole V, L und D höchstens einmal; steht eine kleinere Zahl (z. B. **I**) vor einer größeren Zahl (z. B. **V**), so wird die kleinere von der größeren abgezogen.

I = 1	II = 2	III = 3	IV = 4	V = 5	VI = 6	VII = 7	VIII = 8	IX = 9	X = 10
X = 10	XX = 20	XXX = 30	XL = 40	L = 50	LX = 60	LXX = 70	LXXX = 80	XC = 90	C = 100
C = 100	CC = 200	CCC = 300	CD = 400	D = 500	DC = 600	DCC = 700	DCCC = 800	CM = 900	M = 1000
MC = 1100	MCC = 1200	MCCC = 1300	MCD = 1400	MD = 1500	MDC = 1600	MDCC = 1700	MDCCC = 1800	MCM = 1900	MM = 2000

M	CD	XC	VIII	
1000	400	90	8	= 1498

M	CM	LXX	IV	
1000	900	70	4	= 1974

M	M	VI	
1000	1000	6	= 2006

MM	C	XXX	III	
2000	100	30	3	= 2133

Griechisches Alphabet
Greek alphabet

Winkel werden mit griechischen Buchstaben bezeichnet. Auch für die Formelzeichen vieler physikalischer Größen werden häufig Buchstaben des griechischen Alphabets verwendet.

Buchstabe	Benennung	Anwendungsbeispiel	Buchstabe	Benennung	Anwendungsbeispiel
α A	Alpha (a)	Freiwinkel; Längenausdehnungskoeffizient	ν N	Ny (n)	Sicherheitszahl; kinetische Viskosität
β B	Beta (b)	Keilwinkel; Tiefziehverhältnis	ξ Ξ	Ksi (x)	Schallausschlag
γ Γ	Gamma (g)	Spanwinkel; Volumenausdehnungskoeffizient	o O	Omikron (o)	
δ Δ	Delta (d)	Differenz (z. B. Temperaturdifferenz ΔT)	π Π	Pi (p)	Kreiszahl: 3,14159...[1]
ε E	Epsilon (e)	Eckenwinkel; Dehnung	ϱ P	Rho (r)	Dichte
ζ Z	Zeta (z)	Widerstandsbeiwert	σ Σ	Sigma (s)	Normalspannung; Summe
η H	Eta (e)	Wirkungsgrad	τ T	Tau (t)	Scherspannung
ϑ Θ	Theta (th)	Celsius-Temperatur	υ Y	Ypsilon (ü)	
ι I	Jota (i)		φ Φ	Phi (f)	Drehwinkel; magnetischer Fluss
$\varkappa$ K	Kappa (k)	Einstellwinkel; elektrische Leitfähigkeit	χ X	Chi (ch)	Kompressibilität
λ Λ	Lambda (l)	Neigungswinkel; Wärmeleitfähigkeit	ψ Ψ	Psi (ps)	Energieflussdichte
μ M	My (m)	Reibungszahl; Permeabilität	ω Ω	Omega (o)	Winkelgeschwindigkeit; elektr. Widerstand

[1] die ersten 100: π = 3,14159 26534 13 89793 23846 26433 83279 50288 41971 69399 37510 58209 74944 59230 78164 06286 20899 86280 34825 34211 70679 (Es gibt noch unendlich viele davon.)

Grundrechenarten
Fundamental arithmetic operations

Rechenart	Regeln	Beispiele
Addition (Zusammenzählen) Summand + Summand = Summe a + b = c	Nur gleich benannte Zahlen können addiert werden. Gleich benannte Zahlen (Terme) werden addiert, indem man die Vorzahlen (Koeffizienten) addiert und die Benennung beibehält. Summanden können vertauscht werden.	12 + 29 + 4 = 45 1 m + 3,5 m = 4,5 m 5x + 6x + x = 12x 25 N + 92 N = 117 N a + b = b + a
Subtraktion (Verminderung) Minuend − Subtrahend = Differenz d − e = f	Nur gleich benannte Zahlen können subtrahiert werden. Gleich benannte Zahlen (Terme) werden subtrahiert, indem man die Vorzahlen (Koeffizienten) subtrahiert und die Benennung beibehält. Minuend und Subtrahend dürfen nicht vertauscht werden.	27 − 14 − 6 = 7 8 a − a − 9 a = −2 a 4 a − b − 3 a = a − b 9 m − 4,8 m = 4,2 m $d - e \neq e - d$
Multiplikation (Vervielfachung) Faktor · Faktor = Produkt g · h = i	Gleich benannte und ungleich benannte Zahlen (Terme) können miteinander multipliziert werden. Die Faktoren können in beliebiger Reihenfolge miteinander multipliziert werden. Das Produkt zweier Zahlen mit gleichen Vorzeichen ist positiv, mit ungleichen Vorzeichen negativ.	3 · 4 = 12 2 · 1 m = 2 m g · h = h · g 6 m · 3 N = 18 Nm (+1) · (+1) = +1 (−1) · (−1) = +1 (+1) · (−1) = −1 (−1) · (+1) = −1
Division (Teilung) Dividend : Divisor = Quotient k : r = m	Gleich benannte und ungleich benannte Zahlen (Terme) können dividiert werden. Dividend und Divisor dürfen nicht vertauscht werden. Das Divisionszeichen kann durch einen Bruchstrich ersetzt werden. Division durch Null ist nicht zulässig. Der Quotient zweier Zahlen mit gleichen Vorzeichen ist positiv, mit ungleichen Vorzeichen negativ.	$75\ \text{km} : 3\ \text{h} = 25\ \frac{\text{km}}{\text{h}}$ $k : r \neq r : k$ $125 : 5 = \frac{125}{5}$ a : 0 nicht zulässig (+1) : (+1) = +1 (−1) : (−1) = +1 (+1) : (−1) = −1 (−1) : (+1) = −1

Klammerrechnen
Parenthetical arithmetic

Rechenart	Regeln	Beispiele
Addition	Steht vor einer Klammer ein Plus-Zeichen, so bleiben beim Auflösen der Klammer alle Vorzeichen dieses Klammerausdrucks unverändert.	25 + (8 + 6) = 25 + 8 + 6 47 + (9 − 7) = 47 + 9 − 7 d + (e − f) = d + e − f
Subtraktion	Steht vor einer Klammer ein Minus-Zeichen, so ändern sich beim Auflösen der Klammer alle Vorzeichen des Klammerausdrucks.	47 − (9 − 7) = 47 − 9 + 7 d − (e − f) = d − e + f
Multiplikation	Summen oder Differenzen werden mit einem Faktor multipliziert, indem jedes Glied des Klammerausdrucks mit dem Faktor multipliziert wird. Summen oder Differenzen werden mit Summen oder Differenzen multipliziert, indem jedes Glied der ersten Klammer mit jedem Glied der zweiten Klammer multipliziert wird.	3 · (25 + 7) = 3 · 25 + 3 · 7 5 · (13 − 9) = 5 · 13 − 5 · 9 d · (e − f) = de − df (8 + 5) · (7 + 4) = 8 · 7 + 8 · 4 + 5 · 7 + 5 · 4
Division	Summen oder Differenzen werden durch einen Divisor dividiert, indem jedes Glied des Klammerausdrucks durch den Divisor dividiert wird. Summen oder Differenzen werden durch Summen oder Differenzen dividiert, indem jedes Glied der ersten Klammer durch den Klammerausdruck dividiert wird.	$(36 + 10) : 4 = \frac{36}{4} + \frac{10}{4}$ $(a - b) : c = \frac{a}{c} - \frac{b}{c}$ $(36 + 10) : (9 - 5) = \frac{36}{9 - 5} + \frac{10}{9 - 5}$ $(a - b) : (c + d) = \frac{a}{c + d} - \frac{b}{c + d}$
Ausklammern	Ein gemeinsamer Faktor oder Divisor innerhalb von Summen oder Differenzen kann ausgeklammert werden.	6 · 5 + 6 · 3 = 6 · (5 + 3) $\frac{a + b}{c} - \frac{d - e}{c} = \frac{1}{c}(a + b - d + e)$

Bruchrechnen
Fractional arithmetic

Rechenart	Regeln	Beispiele
Erweitern	Zähler und Nenner werden mit derselben Zahl multipliziert. Der Wert des Bruches wird dadurch nicht verändert.	$\frac{3}{4} = \frac{3 \cdot 5}{4 \cdot 5} = \frac{15}{20} = \frac{3}{4}$
Kürzen	Zähler und Nenner werden durch dieselbe Zahl dividiert. Der Wert des Bruches wird dadurch nicht verändert.	$\frac{6}{9} = \frac{6 : 3}{9 : 3} = \frac{2}{3} = \frac{6}{9}$
	Sind Zähler und/oder Nenner Summen oder Differenzen, so kann man nur kürzen, wenn ein gemeinsamer Faktor ausgeklammert werden kann.	$\frac{ab + ac}{ad - af} = \frac{a\,(b + c)}{a\,(d - f)} = \frac{b + c}{d - f}$
	Aus Summen oder Differenzen darf nicht gekürzt werden.	
Gleichnamig machen Hauptnenner suchen	Der Hauptnenner ist das kleinste gemeinsame Vielfache (kgV) aller Nenner.	$\frac{1}{4} + \frac{1}{6} + \frac{1}{9} + \frac{1}{15} = ?$
	Die Nenner werden in Primfaktoren zerlegt (Primzahl: eine nur durch 1 und sich selbst ohne Rest teilbare Zahl). Von jedem Primfaktor wird die größte vorkommende Gruppe zur Bildung des Hauptnenners berücksichtigt. Der Hauptnenner ist das Produkt der größten vorkommenden Gruppen von Primfaktoren.	$4 = \boxed{2 \cdot 2}$ $6 = 2 \cdot 3$ $9 = \boxed{3 \cdot 3}$ $15 = 3 \cdot \boxed{5}$ $HN = \boxed{2 \cdot 2} \cdot \boxed{3 \cdot 3} \cdot \boxed{5} = 180$ $\frac{1 \cdot 45}{4 \cdot 45} + \frac{1 \cdot 30}{6 \cdot 30} + \frac{1 \cdot 20}{9 \cdot 20} + \frac{1 \cdot 12}{15 \cdot 12} =$
	Haben die Nenner keine gemeinsamen Primfaktoren, so ist der Hauptnenner gleich dem Produkt der Nenner.	$\frac{45}{180} + \frac{30}{180} + \frac{20}{180} + \frac{12}{180} = \frac{107}{180}$
Addition; Subtraktion	Gleichnamige Brüche werden addiert bzw. subtrahiert, indem man die Zähler addiert bzw. subtrahiert und den Nenner beibehält.	$\frac{3}{13} + \frac{5}{13} + \frac{2}{13} = \frac{3 + 5 + 2}{13} = \frac{10}{13}$
	Ungleichnamige Brüche werden zuerst gleichnamig gemacht und dann wie gleichnamige Brüche addiert bzw. subtrahiert.	$\frac{5}{3a + b} - \frac{3c}{3a + b} = \frac{5 - 3c}{3a + b}$ $\frac{1}{3} + \frac{1}{4} = \frac{1 \cdot 4}{3 \cdot 4} + \frac{1 \cdot 3}{4 \cdot 3} = \frac{7}{12}$
Multiplikation Bruch mit Bruch	Brüche werden multipliziert, indem man die Zähler und die Nenner miteinander multipliziert. Die Produkte sind, wenn möglich, zu kürzen.	$\frac{3}{5} \cdot \frac{2}{3} = \frac{3 \cdot 2}{5 \cdot 3} = \frac{6}{15} = \frac{2}{5}$
Ganze Zahl mit Bruch	Ganze Zahlen werden wie Scheinbrüche mit dem Nenner 1 behandelt.	$3 \cdot \frac{7}{8} = \frac{3 \cdot 7}{1 \cdot 8} = \frac{21}{8} = 2\frac{5}{8}$
Division Bruch durch Bruch	Ein Bruch wird durch einen Bruch dividiert, indem man den ersten Bruch mit dem Kehrwert des zweiten Bruchs multipliziert.	$\frac{3}{5} : \frac{2}{3} = \frac{3}{5} \cdot \frac{3}{2} = \frac{3 \cdot 3}{5 \cdot 2} = \frac{9}{10}$
Bruch durch ganze Zahl	Ganze Zahlen werden wie Scheinbrüche mit dem Nenner 1 behandelt.	$\frac{3}{4} : 2 = \frac{3}{4} : \frac{2}{1} = \frac{3 \cdot 1}{4 \cdot 2} = \frac{3}{8}$
Ganze Zahl durch Bruch	Die ganze Zahl wird mit dem Kehrwert des Bruchs multipliziert.	$3 : \frac{5}{7} = 3 \cdot \frac{7}{5} = \frac{3 \cdot 7}{1 \cdot 5} = \frac{21}{5} = 4\frac{1}{5}$
Umwandlung Bruch in Dezimalzahl	Man wandelt einen Bruch in eine Dezimalzahl um, indem man den Zähler durch den Nenner dividiert.	$\frac{7}{8} = 7 : 8 = 0{,}875$
Dezimalzahl in Bruch	Man wandelt eine Dezimalzahl in einen Bruch um, indem man aus der Dezimalzahl einen Scheinbruch macht und mit einem Vielfachen von 10 erweitert.	$0{,}719 = \frac{0{,}719}{1} = \frac{0{,}719 \cdot 1000}{1 \cdot 1000}$ $0{,}719 = \frac{719}{1000}$

Potenzen
Powers

Rechenart	Regeln	Beispiele
$a^n = b$	Ein Produkt aus gleichen Faktoren kann in verkürzter Schreibweise als Potenz (Stufenzahl) geschrieben werden. Ein Faktor ist die Basis (Grundzahl). Der Exponent (Hochzahl) gibt an, wie oft die Basis als Faktor gesetzt wird.	$5 \cdot 5 \cdot 5 \cdot 5 = 5^4$
a : Basis		$4 \cdot x \cdot x \cdot x = 4\,x^3$
n : Exponent	Der Potenzwert ist positiv, wenn die Basis positiv ist oder wenn der Exponent geradzahlig ist.	$(+a)^n = +a^n$
b : Potenzwert		$(\pm a)^{2n} = +a^{2n}$
	Der Potenzwert ist negativ, wenn die Basis negativ und der Exponent ungerade ist.	$(-a)^{2n-1} = -a^{2n-1}$

Potenzen
Powers

Rechenart	Regeln	Beispiele
Addition; Subtraktion	Nur Potenzen mit gleicher Basis und gleichem Exponenten können addiert bzw. subtrahiert werden.	$9x^3 + 12x^3 - 5x^3 = 16x^3$
Multiplikation; Division	Potenzen mit gleicher Basis werden multipliziert bzw. dividiert, indem man die Exponenten addiert bzw. subtrahiert und die Basis beibehält.	$3^3 \cdot 3^2 = (3 \cdot 3 \cdot 3) \cdot (3 \cdot 3) = 3^5$ $7^3 : 7^2 = (7 \cdot 7 \cdot 7) : (7 \cdot 7) = 7^1 = 7$
Potenzieren	Potenzen werden potenziert, indem man die Exponenten multipliziert und die Basis beibehält.	$(3^2)^2 = (3 \cdot 3)^2 = (3 \cdot 3) \cdot (3 \cdot 3) = 3^4$
Potenzieren von Summen und Differenzen	Summen oder Differenzen potenziert man, indem man Potenzen in Produkte umwandelt und nach den Regeln des Klammerrechnens multipliziert.	$(a + b)^2 = (a + b) \cdot (a + b)$ $= a^2 + ab + ab + b^2 = a^2 + 2ab + b^2$ $(a - b)^2 = (a - b) \cdot (a - b)$ $= a^2 - ab - ab + b^2 = a^2 - 2ab + b^2$
Potenzen mit dem Exponent Null	Jede Potenz mit dem Exponenten Null hat den Potenzwert 1 (Basis $\neq 0$).	$5^0 = 1$ $a^0 = 1$ $(a + b)^0 = 1$
Potenzen mit gebrochenen Exponenten	Potenzen mit einem Bruch als Exponent (gebrochener Exponent) können als Wurzel geschrieben werden.	$8^{\frac{1}{3}} = \sqrt[3]{8} = 2$
Potenzen mit negativem Exponenten	Eine Potenz mit negativem Exponenten kann als Kehrwert der Potenz mit positivem Exponenten geschrieben werden.	$3^{-2} = \frac{1}{3^2} = \frac{1}{9}$
Zehnerpotenz	Zahlen können als ein Vielfaches von Zehnerpotenzen (Potenzen mit der Basis 10) geschrieben werden. Zahlen > 1 haben positive Exponenten. Zahlen < 1 haben negative Exponenten.	$25\,300 = 2{,}53 \cdot 10\,000 = 2{,}53 \cdot 10^4$ $0{,}005 = 5 : 1000 = 5 \cdot 10^{-3}$

Wurzeln
Roots

Rechenart	Regeln	Beispiele
$\sqrt[n]{a} = b$ n : Wurzelexponent a : Radiand b : Wurzelwert	Wurzelrechnung ist die Umkehrung der Potenzrechnung. Hierbei wird eine Zahl (Radikand) in eine Anzahl n (Wurzelexponent) gleicher Faktoren zerlegt. Der Wurzelexponent 2 wird meist nicht geschrieben. Der Wurzelwert ist positiv oder negativ, wenn der Wurzelexponent gerade und der Radikand positiv ist. Der Wurzelwert hat das Vorzeichen des Radikanden, wenn der Wurzelexponent ungerade ist.	$\sqrt[2]{16} = \sqrt{16} = \sqrt{4 \cdot 4} = 4$ $\sqrt[3]{125} = \sqrt[3]{5 \cdot 5 \cdot 5} = 5$ $\sqrt[3]{25} = \pm 5$ $\sqrt[2n]{a} = \pm a$ $\sqrt[3]{27} = +3$ $\sqrt[3]{-27} = -3$ $\sqrt[2n-1]{a} = +b$ $\sqrt[2n-1]{-a} = -b$
Addition; Subtraktion	Nur Wurzeln mit gleichen Wurzelexponenten und Radikanden können addiert bzw. subtrahiert werden.	$2 \cdot \sqrt[3]{64} + 3 \cdot \sqrt[3]{64} = 5 \cdot \sqrt[3]{64} = 5 \cdot 4$
Multiplikation; Division	Wurzeln mit gleichen Exponenten werden multipliziert bzw. dividiert, indem man das Produkt bzw. den Quotienten der Radikanden radiziert.	$\sqrt{9} \cdot \sqrt{16} = \sqrt{9 \cdot 16} = \sqrt{144} = 12$ $\sqrt[3]{54} : \sqrt[3]{2} = \sqrt[3]{\frac{54}{2}} = \sqrt[3]{27} = 3$
Potenzieren	Wurzeln werden potenziert, indem man den Radikanden potenziert und aus dieser Potenz die Wurzel zieht.	$(\sqrt{4})^3 = \sqrt{4^3} = \sqrt{64} = 8$
Radizieren	Wurzeln werden radiziert, indem man die Wurzelexponenten multipliziert und mit diesem Produkt aus dem Radikanden die Wurzel zieht.	$\sqrt[3]{\sqrt{64}} = \sqrt[6]{64} = 2$
Potenzschreibweise	Wurzeln können als Potenzen mit gebrochenem Exponenten geschrieben werden.	$\sqrt[3]{8} = 8^{\frac{1}{3}}$

Logarithmen
Logarithms

Rechenart	Regeln	Beispiele
$a^n = b$; $n = \log_a b$ n : Logarithmus a : Basis b : Numerus	Logarithmieren ist die 2. Umkehrung der Potenzrechnung. Hierbei wird der Potenzexponent (Logarithmus) gesucht, mit dem eine Basis potenziert werden muss, um einen bestimmten Potenzwert (Numerus) zu erhalten. Als Basis kann jede Zahl (außer 0 oder 1) genommen werden.	$\log_2 32 = 5$ $2^5 = 32$ $\log_{10} 100 = 2$ $10^2 = 100$ $\log_{10} 1000 = 3$ $10^3 = 1000$
lg: dekad. Logarithmus ln: natürl. Logarithmus lb: binärer Logarithmus	Logarithmen zur Basis 10 heißen dekadische Logarithmen (lg). Logarithmen zur Basis e (e = 2,718281...) heißen natürliche Logarithmen (ln). Logarithmen zur Basis 2 heißen binäre Logarithmen (lb).	$\log_{10} x = \lg x$ $\log_e x = \ln x$ $\log_2 x = \text{lb}\, x$

Logarithmen
Logarithms

Rechenart	Regeln	Beispiele
Multiplikation	Man logarithmiert ein Produkt, indem man die Logarithmen der Faktoren miteinander addiert.	$\lg(3 \cdot 4) = \lg 3 + \lg 4$
Division	Man logarithmiert einen Quotienten, indem man den Logarithmus des Nenners vom Logarithmus des Zählers subtrahiert.	$\lg \frac{4}{5} = \lg 4 - \lg 5$
Potenzieren	Man logarithmiert eine Potenz, indem man den Logarithmus der Basis mit dem Exponenten multipliziert.	$\lg 7^3 = 3 \cdot \lg 7$
Radizieren	Man logarithmiert eine Wurzel, indem man den Logarithmus der Basis durch den Wurzelexponenten dividiert.	$\lg \sqrt[3]{12} = \frac{\lg 12}{3}$

Gleichungen
Equations

Rechenart	Regeln	Beispiele
	Gleichungen sind Verknüpfungen gleichartiger mathematischer Terme durch Gleichheitszeichen.	linke Seite = rechte Seite $3 + 6 = 9$
Seitentausch	Eine Gleichung bleibt gleich, wenn die beiden Seiten miteinander vertauscht werden.	$4 + 7 = 11$ $11 = 4 + 7$
Seitenveränderung durch Addition und Subtraktion	Ein Gleichung bleibt gleich, wenn auf beiden Seiten der gleiche Summand (Subtrahend) addiert (subtrahiert) wird.	$5 + 8 = 13$ $5 + 8 + 3 = 13 + 3$ $14 - 9 = 5$ $14 - 9 - 2 = 5 - 2$
Seitenveränderung durch Multiplikation und Division	Eine Gleichung bleibt gleich, wenn auf beiden Seiten mit dem gleichen Faktor multipliziert oder durch den gleichen Divisor geteilt wird.	$4 \cdot 9 = 36$ $4 \cdot 9 \cdot 2 = 36 \cdot 2$ $\frac{4 \cdot 9}{3} = \frac{36}{3}$
Seitenveränderung durch Bildung des Kehrwertes	Eine Gleichung bleibt gleich, wenn auf beiden Seiten der Kehrwert gebildet wird.	$3 + 4 = 7$ $\frac{1}{3 + 4} = \frac{1}{7}$
Seitenveränderung durch Potenzieren und Radizieren	Eine Gleichung bleibt gleich, wenn auf beiden Seiten mit dem gleichen Exponenten potenziert oder mit dem gleichen Wurzelexponenten radiziert wird.	$6 + 7 = 13$ $(6 + 7)^2 = 13^2$ $\sqrt{6 + 7} = \sqrt{13}$
Seitenwechsel	Bringt man ein positves Glied einer Gleichung auf die andere Seite der Gleichung, so wird es negativ.	$x + 3 = 12$ $x = 12 - 3$
	Bringt man ein negatives Glied einer Gleichung auf die andere Seite der Gleichung, so wird es positiv.	$x - 5 = 8$ $x = 8 + 5$
	Bringt man einen Faktor einer Gleichung auf die andere Seite der Gleichung, so wird daraus ein Divisor.	$x \cdot 4 = 32$ $x = \frac{32}{4}$
	Bringt man einen Divisor einer Gleichung auf die andere Seite der Gleichung, so wird daraus ein Faktor.	$\frac{x}{6} = 7$ $x = 7 \cdot 6$
Proportionen (Verhältnisgleichungen)	Haben zwei Verhältnisse den gleichen Wert, können sie gleichgesetzt und wie Gleichungen behandelt werden. Eine Proportion kann auch als Bruchgleichung geschrieben werden.	$a : b = c$ $x : y = c$ $a : b = x : y$
	Bei einer Proportion ist das Produkt der Außenglieder gleich dem Produkt der Innenglieder.	$a : b = x : y$ $a \cdot y = b \cdot x$
	Bei einer Proportion können die Außenglieder miteinander vertauscht werden.	$a : b = x : y$ $y : b = x : a$
	Bei einer Proportion können die Innenglieder miteinander vertauscht werden.	$a : b = x : y$ $a : x = b : y$
	Bei einer Proportion können zusammengehörige Innen- und Außenglieder miteinander vertauscht werden.	$a : b = x : y$ $b : a = y : x$
	Zwei Verhältnisse heißen direkt proportional, wenn sie im gleichen (geraden) Verhältnis zueinander stehen (z. B. Kraft und Druck: je größer die Kraft, desto größer der Druck).	$p_1 : F_1 = p_2 : F_2$ $\frac{p_1}{p_2} = \frac{F_1}{F_2}$
	Zwei Verhältnisse heißen indirekt proportional, wenn sie im umgekehrten (ungeraden) Verhältnis zueinander stehen (z. B. Fläche und Druck: je größer die Fläche, desto kleiner der Druck).	$p_1 : \frac{1}{A_1} = p_2 : \frac{1}{A_2}$ $\frac{p_1}{p_2} = \frac{A_2}{A_1}$

Gleichungen müssen häufig nach einer gesuchten Größe umgestellt werden. Hierdurch soll die gesuchte Größe

- allein (auf der linken Seite) stehen,
- ein positives Vorzeichen haben.

Summengleichung	$U = l_1 + l_2 + l_3$	$120\ \text{mm} = l_1 + 30\ \text{mm} + 40\ \text{mm}$
Seiten vertauschen	$l_1 + l_2 + l_3 = U$	$l_1 + 30\ \text{mm} + 40\ \text{mm} = 120\ \text{mm}$
Gesuchte Größe isolieren	$l_1 = U - l_2 - l_3$	$l_1 = 120\ \text{mm} - 30\ \text{mm} - 40\ \text{mm}$ $l_1 = 50\ \text{mm}$
Faktorengleichung	$U = 4 \cdot l$	$280\ \text{mm} = 4 \cdot l$
Seiten vertauschen	$4 \cdot l = U$	$4 \cdot l = 280\ \text{mm}$
Gesuchte Größe isolieren	$l = \frac{U}{4}$	$l = \frac{280\ \text{mm}}{4}$ $l = 70\ \text{mm}$
Quotientengleichung (gesuchte Größe im Zähler)	$l_B = \frac{d \cdot \pi \cdot \alpha}{360°}$	$50\ \text{mm} = \frac{d \cdot \pi \cdot 72°}{360°}$
Seiten vertauschen	$\frac{d \cdot \pi \cdot \alpha}{360°} = l_B$	$\frac{d \cdot \pi \cdot 72°}{360°} = 50\ \text{mm}$
Gesuchte Größe isolieren	$d = \frac{l_B \cdot 360°}{\pi \cdot \alpha}$	$d = \frac{50\ \text{mm} \cdot 360°}{\pi \cdot 72°}$ $d = 31{,}42\ \text{mm}$
Quotientengleichung (gesuchte Größe im Nenner)	$i = \frac{n_1}{n_2}$	$4 = \frac{1400\ \text{min}^{-1}}{n_2}$
Seiten vertauschen	$\frac{n_1}{n_2} = i$	$\frac{1400\ \text{min}^{-1}}{n_2} = 4$
Seiten umkehren	$\frac{n_2}{n_1} = \frac{1}{i}$	$\frac{n_2}{1400\ \text{min}^{-1}} = \frac{1}{4}$
Gesuchte Größe isolieren	$n_2 = \frac{n_1}{i}$	$n_2 = \frac{1400\ \text{min}^{-1}}{4}$ $n_2 = 350\ \text{min}^{-1}$
Quotientengleichung (mit Klammer)	$a = \frac{m \cdot (z_1 + z_2)}{2}$	$90\ \text{mm} = \frac{3\ \text{mm} \cdot (z_1 + 36)}{2}$
Seiten vertauschen	$\frac{m \cdot (z_1 + z_2)}{2} = a$	$\frac{3\ \text{mm} \cdot (z_1 + 36)}{2} = 90\ \text{mm}$
Klammer isolieren	$z_1 + z_2 = \frac{a \cdot 2}{m}$	$z_1 + 36 = \frac{90\ \text{mm} \cdot 2}{3\ \text{mm}}$
Gesuchte Größe isolieren	$z_1 = \frac{a \cdot 2}{m} - z_2$	$z_1 = \frac{90\ \text{mm} \cdot 2}{3\ \text{mm}} - 36$ $z_1 = 24$
Potenzgleichung	$A_O = 6 \cdot l^2$	$1350\ \text{mm}^2 = 6 \cdot l^2$
Seiten vertauschen	$6 \cdot l^2 = A_O$	$6 \cdot l^2 = 1350\ \text{mm}^2$
Gesuchte Größe isolieren	$l^2 = \frac{A_O}{6}$	$l^2 = \frac{1350\ \text{mm}^2}{6}$
Auf beiden Seiten Wurzel ziehen	$l = \sqrt{\frac{A_O}{6}}$	$l = \sqrt{\frac{1350\ \text{mm}^2}{6}}$ $l = 15\ \text{mm}$
Wurzelgleichung	$t = \sqrt{\frac{2 \cdot s}{g}}$	$3{,}91\ \text{s} = \sqrt{\frac{2 \cdot s}{9{,}81\ \text{m/s}^2}}$
Seiten vertauschen	$\sqrt{\frac{2 \cdot s}{g}} = t$	$\sqrt{\frac{2 \cdot s}{9{,}81\ \text{m/s}^2}} = 3{,}91\ \text{s}$
Beide Seiten quadrieren	$\frac{2 \cdot s}{g} = t^2$	$\frac{2 \cdot s}{9{,}81\ \text{m/s}^2} = 15{,}29\ \text{s}^2$
Gesuchte Größe isolieren	$s = \frac{t^2 \cdot g}{2}$	$s = \frac{15{,}29\ \text{s}^2 \cdot 9{,}81\ \text{m}}{2 \cdot \text{s}^2}$ $s = 75\ \text{m}$

Dreisatz
rule of three

Rechenart	Regeln	Beispiele
Direkt proportionaler Dreisatz mehr → mehr weniger → weniger	1. **Behauptungssatz** (Aussage über bekannte Mehrheit): $4\ m^2$ Blech kosten 80 € 2. **Mittelsatz** (Schließen von der Mehrheit auf die Einheit durch Dividieren) $1\ m^2$ Blech kostet $\frac{80\ €}{4}$ 3. **Schlusssatz** (Schließen auf die neue Mehrheit durch Multiplizieren): $5{,}5\ m^2$ Blech kosten $\frac{80\ € \cdot 5{,}5}{4} = 110\ €$	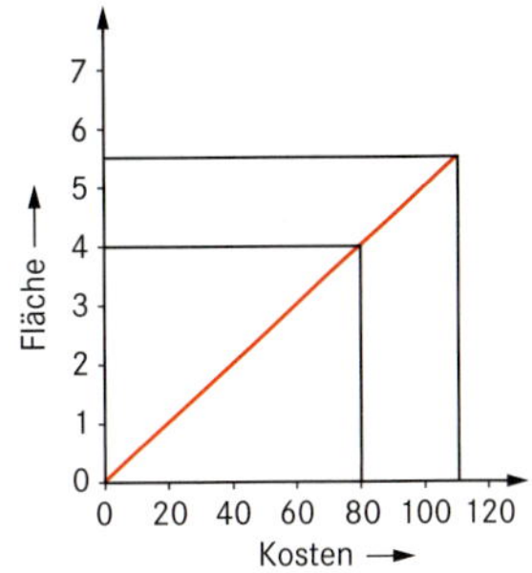
Indirekt proportionaler Dreisatz mehr → weniger weniger → mehr	1. **Behauptungssatz** (Aussage über bekannte Mehrheit): 5 Werker schaffen einen Auftrag in 120 Stunden 2. **Mittelsatz** (Schließen von der Mehrheit auf die Einheit durch Multiplizieren) 1 Werker schafft den Auftrag in 120 h · 5 3. **Schlusssatz** (Schließen auf die neue Mehrheit durch Dividieren): 3 Werker schaffen den Auftrag in $\frac{120\ h \cdot 5}{3} = 200\ h$ *Zusammengesetzter Dreisatz*	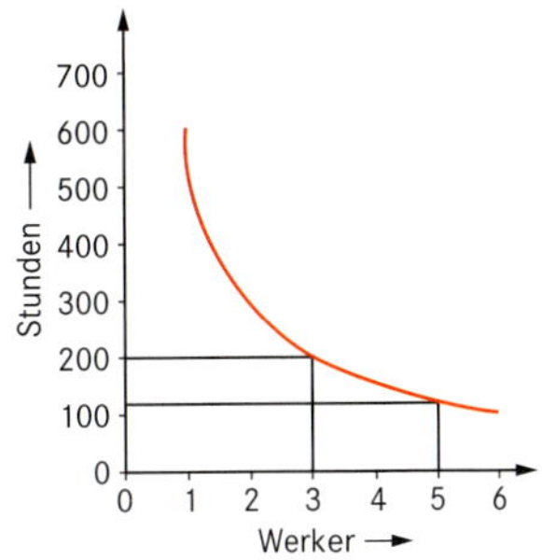

Prozent- und Zinsrechnung
Percentage calculation, calculation of interest

Rechenart	Regeln	Beispiele
Prozentrechnung $1\ \% = \frac{1}{100}$ p : Prozentsatz in % P : Prozentwert G : Grundwert	$\frac{p}{100\ \%} = \frac{P}{G}$ $P = \frac{G \cdot p}{100\ \%}$ $p = \frac{P \cdot 100\ \%}{G}$ **Beispiel:** *G* = 19 980 € (Fahrzeugpreis); *p* = 2,3 % (Preisanhebung); *P* = ? € (Preissteigerung) $P = \frac{G \cdot p}{100\ \%} = \frac{19\,980\ € \cdot 2{,}3\ \%}{100\ \%} = 459{,}54\ €$	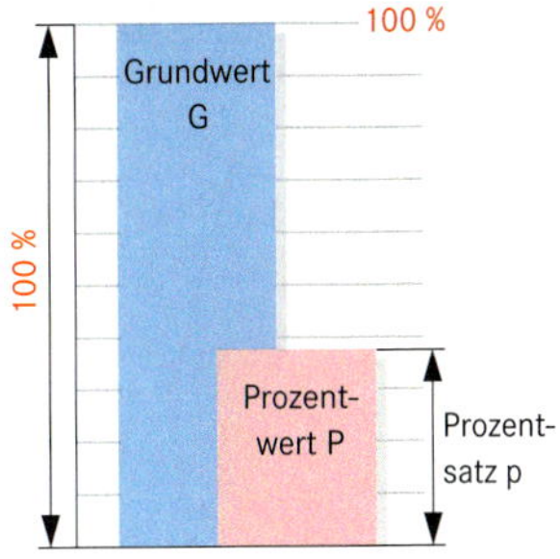
Zinsrechnung p : Jahreszinssatz Z : Zinswert K : Kapital i : Zinszeitraum in Jahren i_T : Zinszeitraum in Tagen i_M : Zinszeitraum in Monaten 1 Zinsjahr = 360 Tage 1 Zinsmonat = 30 Tage	Zinswert nach Jahren: $Z = K \cdot \frac{p}{100\ \%} \cdot i$ Zinswert nach Monaten: $Z = K \cdot \frac{p}{100\ \%} \cdot \frac{i_M}{12}$ Zinswert nach Tagen: $Z = K \cdot \frac{p}{100\ \%} \cdot \frac{i_T}{360}$ **Beispiel:** *K* = 2500 €; *p* = 2,05 %; i_M = 6; *Z* = ? € $Z = K \cdot \frac{p}{100\ \%} \cdot \frac{i_M}{12} = 2500\ € \cdot \frac{2{,}05\ \%}{100\ \%} \cdot \frac{6}{12} = 25{,}63\ €$	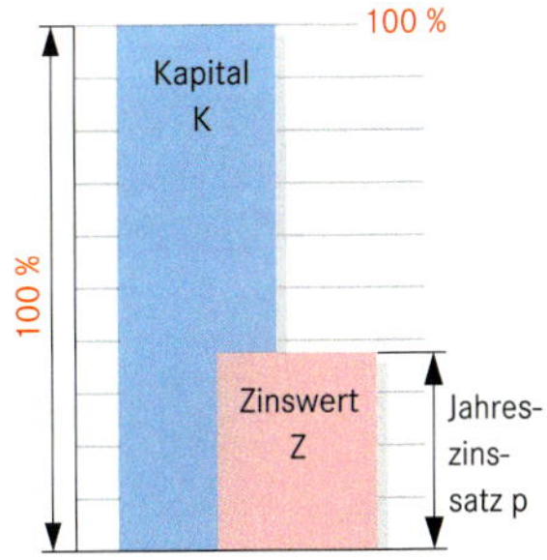

Reihen
Progressions

Rechenart	Regeln	Beispiele
Folgen	Zahlen, die mit einer bestimmten Gesetzmäßigkeit aufeinander folgen, nennt man Zahlenfolge. Die einzelnen Zahlen heißen Glieder. Addiert man die einzelnen Glieder einer Zahlenfolge, so ensteht eine Reihe.	Zahlenfolge: 1 3 5 7 9 Glieder: 1 ; 3 ; 5 ; 7 ; 9 Reihe: 1 + 3 + 5 + 7 + 9
Arithmetische Reihen	Bei einer arithmetischen Reihe ist die Differenz von zwei aufeinander folgenden Gliedern immer gleich groß. Das Endglied a_n kann berechnet werden aus Anfangsglied a_1, Anzahl der Glieder n und Differenz d. Die Summe der Reihe kann berechnet werden aus Anfangsglied a_1, Endglied a_n und der Anzahl der Glieder n.	$a_1 + a_2 + a_3 + ... + a_n$ $a_2 - a_1 = a_3 - a_2 = d$ $a_n - a_{n-1} = d$ $a_n = a_1 + (n - 1) \cdot d$ $s_n = \frac{n}{2} \cdot (a_1 + a_n)$
Geometrische Reihe	Bei einer geometrischen Reihe ist der Quotient q von zwei aufeinander folgenden Gliedern immer gleich groß. Das Endglied a_n kann berechnet werden aus Anfangsglied a_1, Anzahl der Glieder n und Quotient q. Die Summe der Reihe kann berechnet werden aus Anfangsglied a_1, Anzahl der Glieder n und Quotient q.	$a_1 + a_2 + a_3 + ... + a_n$ $\frac{a_3}{a_2} = \frac{a_2}{a_1} = q = \frac{a_n}{a_{n-1}}$ $a_n = a_1 \cdot q^{n-1}$ $s_n = a_1 \cdot \frac{q^n - 1}{q - 1}$

Binomische Formeln
Binomial formulas

$(a + b)^2 = a^2 + 2ab + b^2$

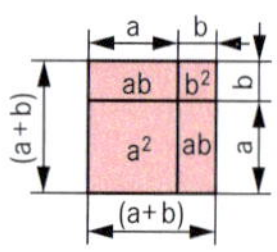

$(a - b)^2 = a^2 - 2ab + b^2$

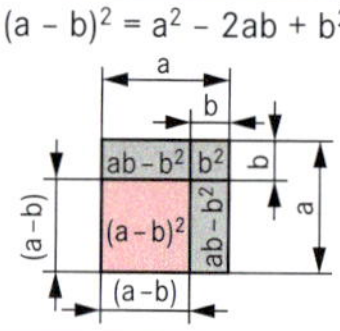

$(a + b) \cdot (a - b) = a^2 - b^2$

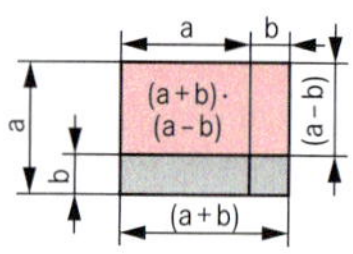

Beispiel:

$(7 + 3)^2 = 7^2 + 2 \cdot 7 \cdot 3 + 3^2 = 49 + 42 + 9 = 100$ $(7 - 3)^2 = 7^2 - 2 \cdot 7 \cdot 3 + 3^2 = 49 - 42 + 9 = 16$ $(7 + 3) \cdot (7 - 3) = 7^2 - 3^2 = 49 - 9 = 40$

Strahlensätze
Theoremes of intersecting lines

1. Strahlensatz: Werden zwei Strahlen von Parallelen geschnitten, so sind die Abschnitte auf dem einen Strahl verhältnisgleich mit den zugehörigen Abschnitten auf dem anderen Strahl.

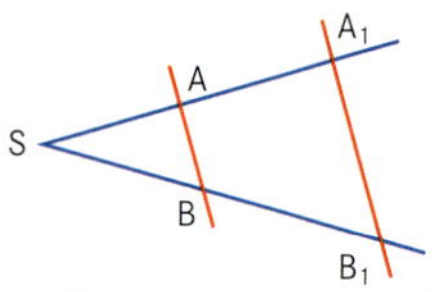

$\overline{SA} : \overline{SA_1} = \overline{SB} : \overline{SB_1}$

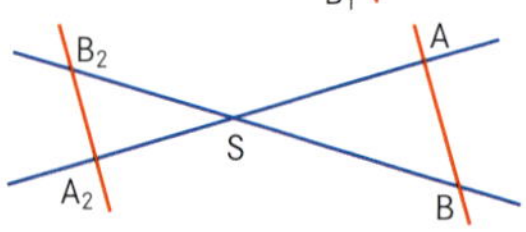

$\overline{SA} : \overline{SA_2} = \overline{SB} : \overline{SB_2}$

2. Strahlensatz: Werden zwei Strahlen von Parallelen geschnitten, so sind die Abschnitte auf den Parallelen verhältnisgleich mit den zugehörigen Abschnitten auf den Strahlen.

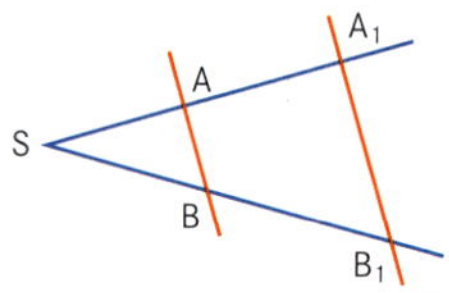

$\overline{AB} : \overline{A_1B_1} = \overline{SA} : \overline{SA_1} = \overline{SB} : \overline{SB_1}$

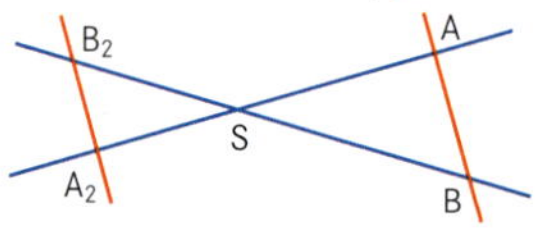

$\overline{AB} : \overline{A_2B_2} = \overline{SA} : \overline{SA_2} = \overline{SB} : \overline{SB_2}$

Berechnungen am rechtwinkligen Dreieck
Calculation at the rectangular triangle

Höhensatz

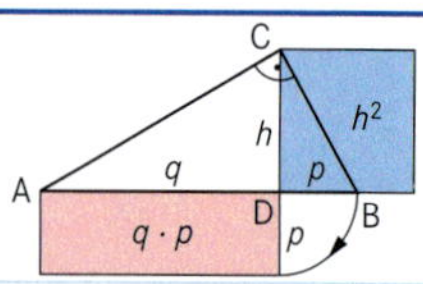

Im rechtwinkligen Dreieck ist das aus der Höhe gebildete Quadrat flächengleich mit dem Rechteck, das aus den beiden Hypotenusenabschnitten gebildet werden kann.

$h^2 = p \cdot q$ $h = \sqrt{p \cdot q}$ $p = \frac{h^2}{q}$ $q = \frac{h^2}{p}$

h : Hypotenusenquadrat
q : Hypotenusenabschnitt A–D
p : Hypotenusenabschnitt B–D
⊿: Rechter Winkel (90°)

Berechnungen am rechtwinkligen Dreieck
Calculation at the rectangular triangle

Lehrsatz des Pythagoras

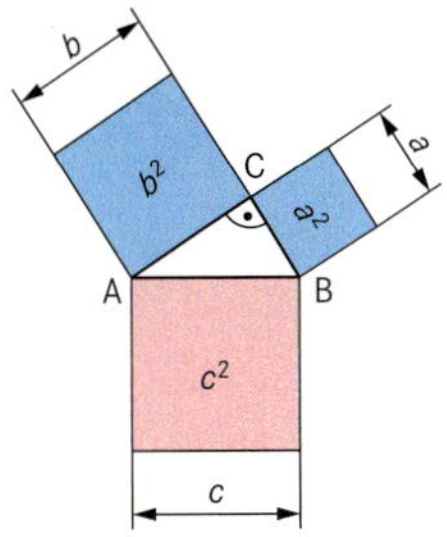

Im rechtwinkligen Dreieck ist das aus der Hypotenuse gebildete Quadrat flächengleich mit der Summe der beiden Quadrate, die aus den Katheten gebildet werden können.

$$a^2 + b^2 = c^2 \qquad b = \sqrt{c^2 - a^2}$$

$$a = \sqrt{c^2 - b^2} \qquad c = \sqrt{a^2 + b^2}$$

EXCEL-Rechenblatt

Beispiel:

a = 1500 mm; c = 2500 mm; b = ? mm

$$b = \sqrt{c^2 - a^2} = \sqrt{(2500\ \text{mm})^2 - (1500\ \text{mm})^2} = 2000\ \text{mm}$$

a : Kathete
b : Kathete
c : Hypotenuse
⊿: Rechter Winkel (90°)

Lehrsatz des Euklid (Kathetensatz)

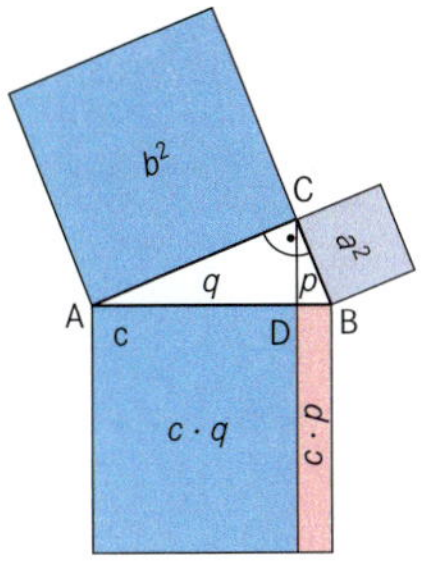

Im rechtwinkligen Dreieck ist das Kathetenquadrat flächengleich mit dem Rechteck, das aus der Hypotenuse und dem anliegenden Hypotenusenabschnitt gebildet werden kann.

$$a^2 = c \cdot p \qquad a = \sqrt{c \cdot p} \qquad p = \frac{a^2}{c}$$

$$b^2 = c \cdot q \qquad b = \sqrt{c \cdot q} \qquad q = \frac{b^2}{c}$$

Beispiel:

Rechteck mit c = 15 mm und q = 12 mm umwandeln in flächengleiches Quadrat mit der Quadratseite b.

$$b^2 = c \cdot q \qquad b = \sqrt{c \cdot q} = \sqrt{15\ \text{mm} \cdot 12\ \text{mm}} = \sqrt{180\ \text{mm}^2} = 13{,}42\ \text{mm}$$

a^2: Kathetenquadrat
b^2: Kathetenquadrat
c : Hypotenuse
p : Hypotenusenabschnitt B-D
q : Hypotenusenabschnitt A-D
⊿: Rechter Winkel (90°)

Längen
Lengths

Teilung von Längen

Randabstände = Teilung ($l_1 = l_2 = p$)

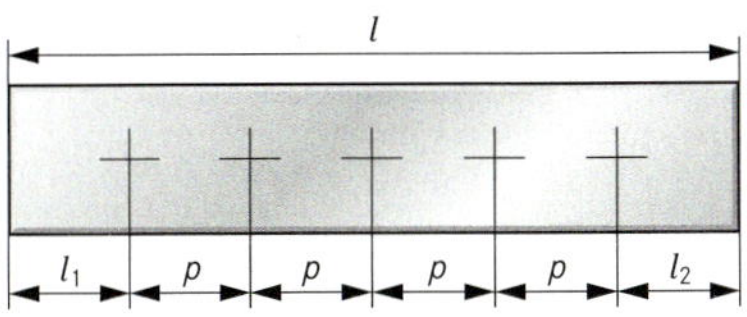

$$p = \frac{l}{n + 1}$$

$z = n + 1$
$l = z \cdot p$
$l = (n + 1) \cdot p$

Beispiel:

l = 420 mm; n = 6 Anreißlinien; p = ? mm

$$p = \frac{l}{n + 1} = \frac{420\ \text{mm}}{6 + 1} = 60\ \text{mm}$$

z : Anzahl der Teilungen
n : Anzahl der Bohrungen, Sägeschnitte, Anreißlinien
p : Teilung
l : Gesamtlänge
l_1: Randabstand
l_2: Randabstand

Randabstände ≠ Teilung ($l_1 = l_2$ oder $l_1 \neq l_2$)

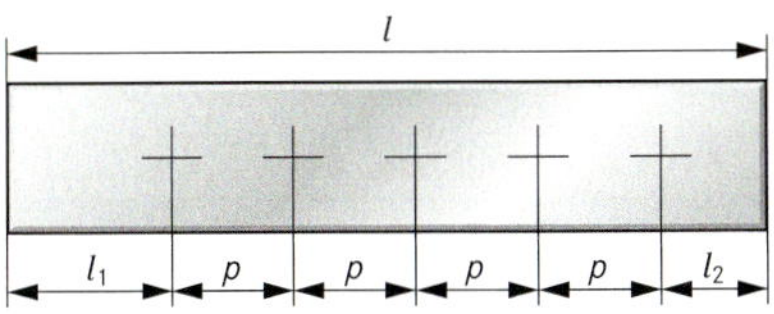

$$p = \frac{l - (l_1 + l_2)}{n - 1}$$

$z = n - 1$
$l = (l_1 + l_2) + p \cdot z$
$l = (l_1 + l_2) + p\,(n - 1)$

Beispiel:

l = 1395 mm; n = 30 Bohrungen; $l_1 = l_2$ = 45 mm; p = ? mm

$$p = \frac{l - (l_1 + l_2)}{n - 1} = \frac{1395\ \text{mm} - 90\ \text{mm}}{29} = 45\ \text{mm}$$

Trennen von Teilstücken

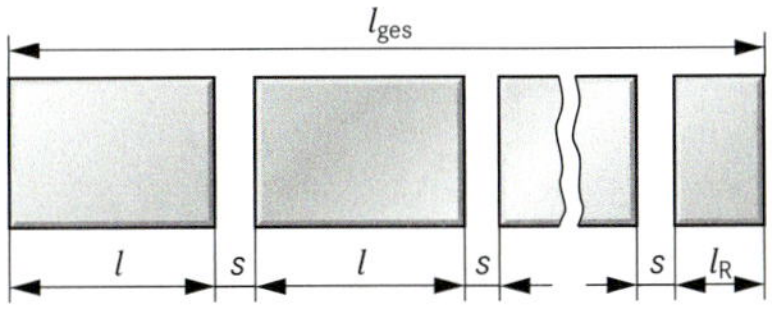

$$n = \frac{l_{ges}}{l + s} \qquad l_R = l_{ges} - n \cdot (l + s)$$

Beispiel:

l_{ges} = 6500 mm; l = 285 mm; s = 2,5 mm; n = ?; l_R = ? mm

$$n = \frac{l_{ges}}{l + s} = \frac{6500\ \text{m}}{287{,}5\ \text{mm}} = 22 \qquad l_R = l_{ges} - n \cdot (l + s)$$

$$= 6500\ \text{mm} - 22 \cdot 287{,}5 = 175\ \text{mm}$$

l_{ges}: Gesamtlänge
l : Teilstücklänge
n : Anzahl der Teilstücke
s : Schnittfugenbreite
l_R : Restlänge

Winkelfunktionen im rechtwinkligen Dreieck

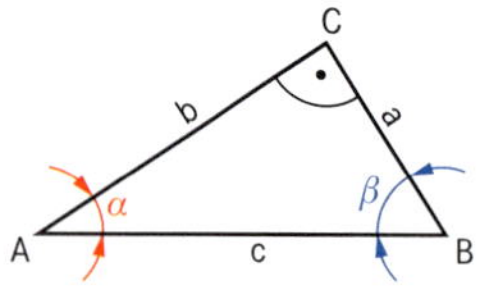

a : Kathete
Gegenkathete zum Winkel α
Ankathete zum Winkel β

b : Kathete
Ankathete zum Winkel α
Gegenkathete zum Winkel β

c : Hypotenuse

⊾: Rechter Winkel (90°)

Bezeichnung	Winkel α	Winkel β
Sinus = $\frac{\text{Gegenkathete}}{\text{Hypotenuse}}$	$\sin\alpha = \frac{a}{c}$	$\sin\beta = \frac{b}{c}$
Kosinus = $\frac{\text{Ankathete}}{\text{Hypotenuse}}$	$\cos\alpha = \frac{b}{c}$	$\cos\beta = \frac{a}{c}$
Tangens = $\frac{\text{Gegenkathete}}{\text{Ankathete}}$	$\tan\alpha = \frac{a}{b}$	$\tan\beta = \frac{b}{a}$
Kotangens = $\frac{\text{Ankathete}}{\text{Gegenkathete}}$	$\cot\alpha = \frac{b}{a}$	$\cot\beta = \frac{a}{b}$

EXCEL-Rechenblatt

Winkelfunktionen am Einheitskreis

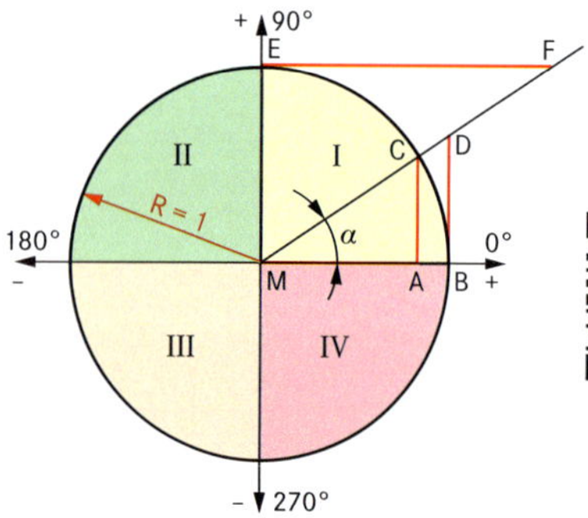

Winkelfunktionen

Verlauf der Winkelfunktionen				
Quadrant / Funktion	I	II	III	IV
$\sin\alpha = \overline{AC}$	steigend 0 ... + 1	fallend + 1 ... 0	fallend 0 ... − 1	steigend − 1 ... 0
$\cos\alpha = \overline{AM}$	fallend + 1 ... 0	fallend 0 ... − 1	steigend − 1 ... 0	steigend 0 ... + 1
$\tan\alpha = \overline{BD}$	steigend 0 ... + ∞	steigend − ∞ ... 0	steigend 0 ... + ∞	steigend − ∞ ... 0
$\cot\alpha = \overline{EF}$	fallend + ∞ ... 0	fallend 0 ... − ∞	fallend + ∞ ... 0	fallend 0 ... − ∞

Beziehungen zwischen den Winkelfunktionen

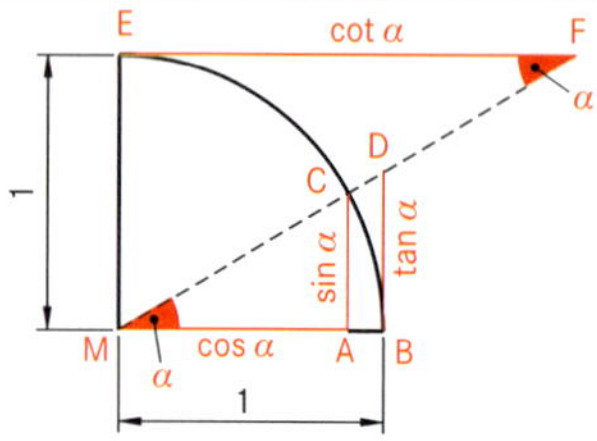

$$\sin^2\alpha + \cos^2\alpha = 1 \qquad \tan\alpha \cdot \cot\alpha = 1$$

$$\tan\alpha = \frac{\sin\alpha}{\cos\alpha} \qquad \tan\alpha = \frac{1}{\cot\alpha}$$

$$\cot\alpha = \frac{\cos\alpha}{\sin\alpha} \qquad \cot\alpha = \frac{1}{\tan\alpha}$$

$$1 + \tan^2\alpha = \frac{1}{\cos^2\alpha} \qquad 1 + \cot^2\alpha = \frac{1}{\sin^2\alpha}$$

Winkelfunktionen im schiefwinkligen Dreieck

$\alpha + \beta + \gamma = 180°$

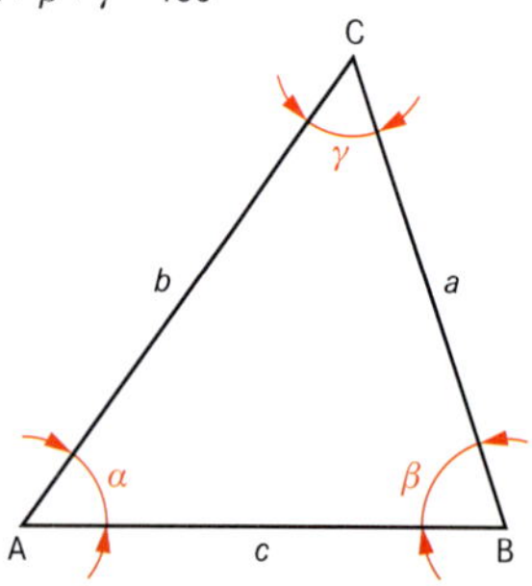

Sinussatz

$$\frac{a}{b} = \frac{\sin\alpha}{\sin\beta}; \quad \frac{b}{c} = \frac{\sin\beta}{\sin\gamma}$$

$$\frac{a}{\sin\alpha} = \frac{b}{\sin\beta}; \quad \frac{b}{\sin\beta} = \frac{c}{\sin\gamma}$$

$$a : b : c = \sin\alpha : \sin\beta : \sin\gamma$$

$$\frac{a}{\sin\alpha} = \frac{b}{\sin\beta} = \frac{c}{\sin\gamma}$$

Kosinussatz

$$a^2 = b^2 + c^2 - 2bc \cdot \cos\alpha$$
$$b^2 = a^2 + c^2 - 2ac \cdot \cos\beta$$
$$c^2 = a^2 + b^2 - 2ab \cdot \cos\gamma$$

$$\cos\alpha = \frac{b^2 + c^2 - a^2}{2\,bc}$$

$$\cos\beta = \frac{a^2 + c^2 - b^2}{2\,ac}$$

$$\cos\gamma = \frac{a^2 + b^2 - c^2}{2\,ab}$$

Tangenssatz

$$\frac{a+b}{a-b} = \frac{\tan\frac{\alpha+\beta}{2}}{\tan\frac{\alpha-\beta}{2}}$$

$$\frac{b+c}{b-c} = \frac{\tan\frac{\beta+\gamma}{2}}{\tan\frac{\beta-\gamma}{2}}$$

$$\frac{c+a}{c-a} = \frac{\tan\frac{\gamma+\alpha}{2}}{\tan\frac{\gamma-\alpha}{2}}$$

$$A = \frac{1}{2}ab\sin\gamma = \frac{1}{2}bc\sin\alpha = \frac{1}{2}ac\sin\beta = 2\,r^2\sin\alpha\sin\beta\sin\gamma$$

r: Umkreisradius

Regelmäßige Vierecke

Quadrat

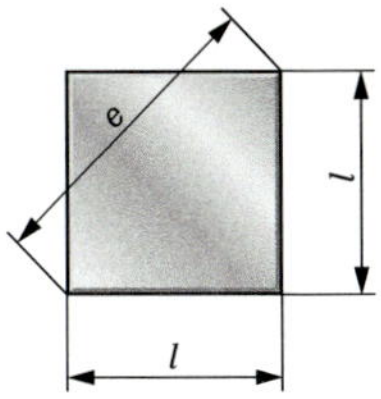

$A = l \cdot l$
$A = l^2$

$U = 4 \cdot l$

$l = \sqrt{A}$ $\quad l = \frac{U}{4}$ $\quad e = l \cdot \sqrt{2}$

EXCEL-Rechenblatt

Beispiel:

l = 25 mm; A = ? mm; U = ? mm

$A = l^2 = (25\ \text{mm})^2 = 625\ \text{mm}^2$

$U = 4 \cdot l = 4 \cdot 25\ \text{mm} = 100\ \text{mm}$

A: Fläche
l : Länge
U: Umfang
e : Eckenmaß

Rhombus

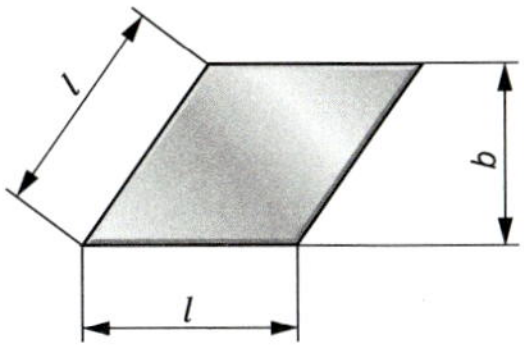

$A = l \cdot b$

$U = 4 \cdot l$

$l = \frac{A}{b}$ $\quad b = \frac{A}{l}$ $\quad l = \frac{U}{4}$

Beispiel:

l = 360 mm; b = 2,8 dm; A = ? cm^2

$A = l \cdot b = 36\ \text{cm} \cdot 28\ \text{cm} = 1008\ \text{cm}^2$

A: Fläche
l : Länge
b : Breite
U: Umfang

Rechteck

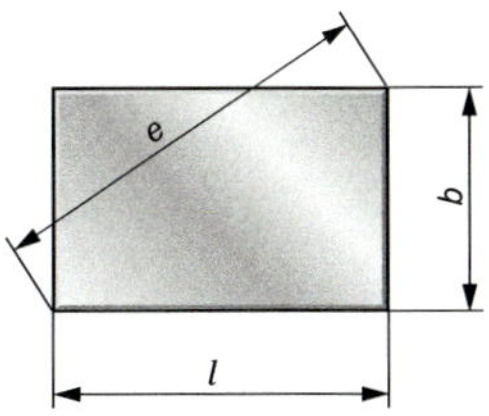

$A = l \cdot b$

$U = 2 \cdot (l + b)$

$l = \frac{A}{b}$ $\quad l = \frac{U}{2} - b$ $\quad e = \sqrt{l^2 + b^2}$

$b = \frac{A}{l}$ $\quad b = \frac{U}{2} - l$

Beispiel:

A = 96 dm^2; b = 80 cm; l = ? mm

$l = \frac{A}{b} = \frac{960\,000\ \text{mm}^2}{800\ \text{mm}} = 1200\ \text{mm}$

A: Fläche
l : Länge
b : Breite
U: Umfang
e : Eckenmaß

Parallelogramm

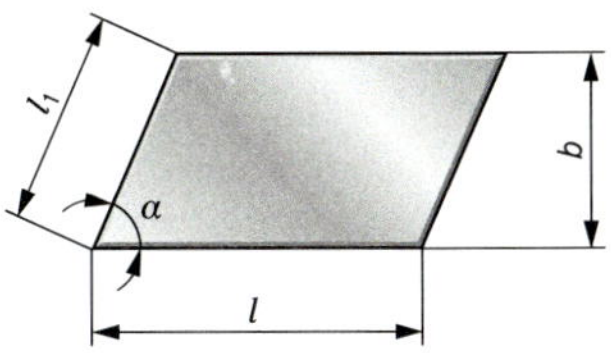

$A = l \cdot b$

$U = 2 \cdot (l + l_1)$

$A = l \cdot l_1 \cdot \sin \alpha$

$l = \frac{A}{b}$ $\quad l = \frac{U}{2} - l_1$

$b = \frac{A}{l}$ $\quad l_1 = \frac{U}{2} - l$

Beispiel:

A = 0,9792 dm^2; b = 36 mm; l = ? mm

$l = \frac{A}{b} = \frac{9792\ \text{mm}^2}{36\ \text{mm}} = 272\ \text{mm}$

A: Fläche
l : Länge
l_1: Seitenlänge
b : Breite
U: Umfang
α: Winkel

Trapez

Trapez

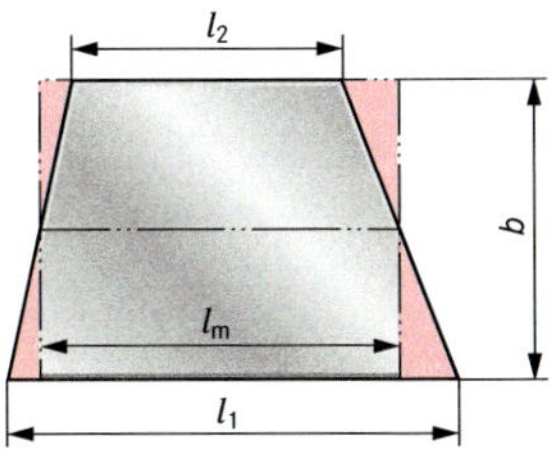

$A = \frac{l_1 + l_2}{2} \cdot b$

$A = l_m \cdot b$

$l_1 = \frac{2 \cdot A}{b} - l_2$ $\quad b = \frac{2 \cdot A}{l_1 + l_2}$

$l_2 = \frac{2 \cdot A}{b} - l_1$ $\quad l_m = \frac{l_1 + l_2}{2}$

Beispiel:

A = 10 dm^2; l_1 = 70 cm; b = 200 mm; l_2 = ? mm

$l_2 = \frac{2 \cdot A}{b} - l_1 = \frac{2 \cdot 100\,000\ \text{mm}^2}{200\ \text{mm}} - 700\ \text{mm} = 300\ \text{mm}$

A: Fläche
l_1: große Seitenlänge
l_2: kleine Seitenlänge
l_m: mittlere Seitenlänge
b : Breite

Dreiecke

Dreieck

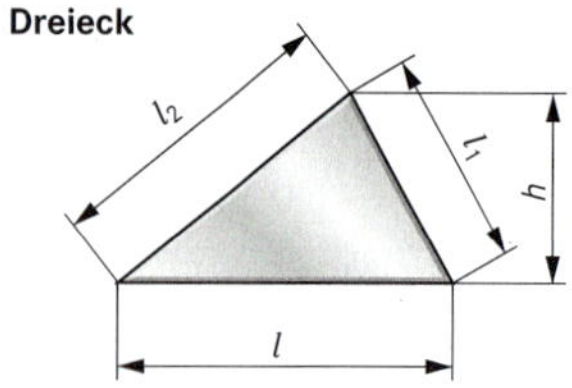

$$A = \frac{l \cdot h}{2}$$ $$U = l + l_1 + l_2$$ $$l = \frac{2 \cdot A}{h}$$ $$h = \frac{2 \cdot A}{l}$$

A : Fläche
l; l_1; l_2: Dreieckseiten
h : Höhe
U : Umfang

Beispiel:

l = 35 mm; h = 24 mm; A = ? mm²

$$A = \frac{l \cdot h}{2} = \frac{35\text{ mm} \cdot 24\text{ mm}}{2} = 420\text{ mm}^2$$

EXCEL-Rechenblatt

Gleichseitiges Dreieck

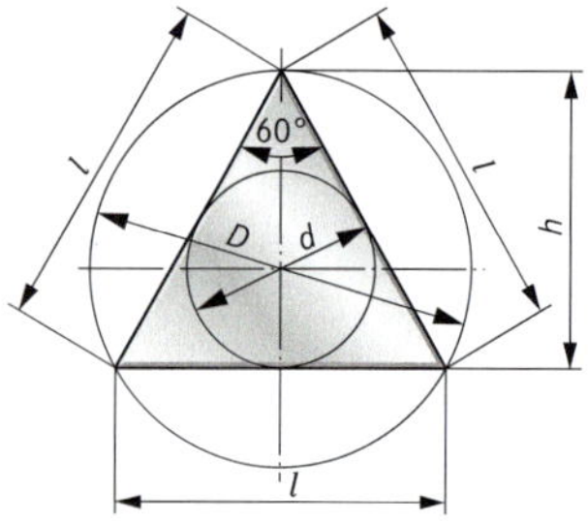

$$A = \frac{l^2}{4} \cdot \sqrt{3}$$ $$d = \frac{l}{3} \cdot \sqrt{3} = \frac{D}{2}$$

$$h = \frac{l}{2} \cdot \sqrt{3}$$ $$D = \frac{2 \cdot l}{3} \cdot \sqrt{3} = 2 \cdot d$$

A : Fläche
l : Länge
h : Höhe
D : Umkreis-Ø
d : Inkreis-Ø

Beispiel:

l = 30 mm; A = ? mm²; h = ? mm

$$A = \frac{l^2}{4} \cdot \sqrt{3} = \frac{(30\text{ mm})^2}{4} \cdot \sqrt{3} = 389{,}7\text{ mm}^2$$

$$h = \frac{l}{2} \cdot \sqrt{3} = \frac{30\text{ mm}}{2} \cdot \sqrt{3} = 25{,}98\text{ mm}$$

Vielecke

Regelmäßiges Vieleck

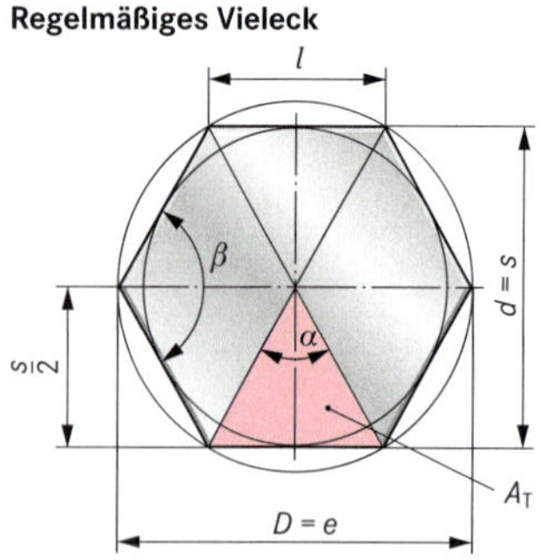

$$A = A_T \cdot n$$ $$A = \frac{l \cdot d \cdot n}{4}$$

$$\alpha = \frac{360°}{n}$$ $$d = \sqrt{D^2 - l^2}$$ $$\beta = 180° - \alpha$$

$$l = D \cdot \sin\left(\frac{180°}{n}\right)$$ $$D = \sqrt{d^2 + l^2}$$

Dreieck, Vielecke

A : Fläche
A_T: Teilfläche
n : Eckenzahl
l : Seitenlänge
s : Schlüsselweite
e : Eckenmaß
D : Umkreis-Ø
d : Inkreis-Ø
α : Mittelpunktswinkel
β : Eckenwinkel

Beispiel:

Sechseck D = 40 mm; s = ? mm; l = ? mm; A = ? mm²

s = 0,866 · D = 0,866 · 40 mm = 34,64 mm
l = 0,5 · D = 0,5 · 40 mm = 20 mm
A = 0,866 · d^2 = 0,866 · (20 mm)² = 346,4 mm²

Eckenzahl n	Seitenlänge l	Schlüsselweite s	Eckenmaß e	Fläche A	
3	0,866 · D			0,325 · D^2	1,299 · d^2
4	0,707 · D	0,707 · e	1,414 · s	0,500 · D^2	1,000 · d^2
5	0,588 · D			0,595 · D^2	0,908 · d^2
6	0,500 · D	0,866 · e	1,155 · s	0,649 · D^2	0,866 · d^2
8	0,383 · D	0,924 · e	1,082 · s	0,707 · D^2	0,828 · d^2
10	0,309 · D	0,951 · e	1,052 · s	0,735 · D^2	0,812 · d^2
12	0,259 · D	0,966 · e	1,035 · s	0,750 · D^2	0,804 · d^2

Unregelmäßiges Vieleck

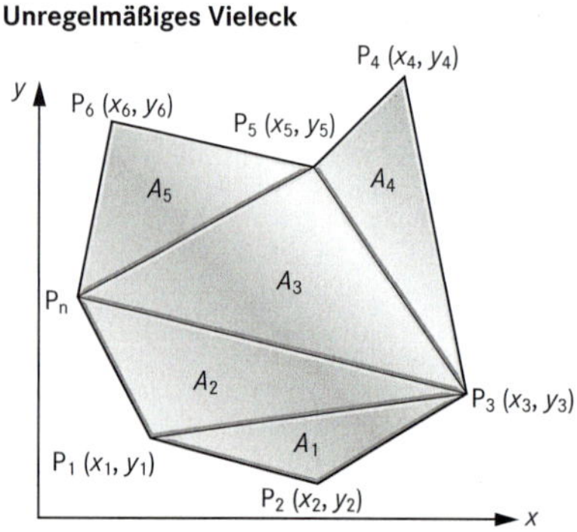

1. Berechnung mit Teilflächen

$$A = A_1 + A_2 + A_3 + \ldots + A_n$$

2. Berechnung mit Koordinaten

$$A = \frac{1}{2}\,[(X_1Y_2 - X_2Y_1) + (X_2Y_3 - X_3Y_2) + (X_3Y_4 - X_4Y_3) + \ldots + (X_nY_1 - X_1Y_n)]$$

P ... : Eckpunkte des Vielecks
X ... : Koordinaten in X-Richtung
Y ... : Koordinaten in Y-Richtung
A : Fläche
A_1 ... A_5: Teilfläche

Kreisflächen

Kreis

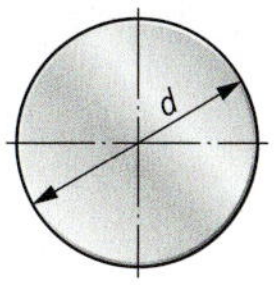

$$A = \frac{d^2 \cdot \pi}{4} \qquad U = d \cdot \pi \qquad d = \sqrt{\frac{4 \cdot A}{\pi}} \qquad d = \frac{U}{\pi}$$

Beispiel:

$d = 0{,}64$ m; $A = ?$ dm^2

$$A = \frac{d^2 \cdot \pi}{4} = \frac{(6{,}4\ \text{dm})^2 \cdot \pi}{4} = 32{,}17\ \text{dm}^2$$

EXCEL-Rechenblatt

A : Fläche
d : Durchmesser
U : Umfang
π : Kreiszahl = 3,14159 ...

Kreisausschnitt

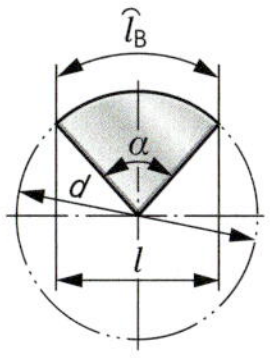

$$A = \frac{d^2 \cdot \pi \cdot \alpha}{4 \cdot 360°} \qquad A = \frac{l_B \cdot d}{4} \qquad l_B = \frac{d \cdot \pi \cdot \alpha}{360°} \qquad l = d \cdot \sin\frac{\alpha}{2}$$

Beispiel:

$d = 12$ cm; $\alpha = 135°$; $A = ?$ cm^2

$$A = \frac{d^2 \cdot \pi \cdot \alpha}{4 \cdot 360°} = \frac{(12\ \text{cm})^2 \cdot \pi \cdot 135°}{4 \cdot 360°} = 42{,}41\ \text{cm}^2$$

A : Fläche
d : Durchmesser
α : Zentriwinkel
l_B : Bogenlänge
l : Sehnenlänge
π : 3,14159 ...

Kreisabschnitt

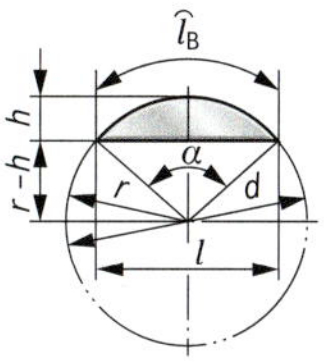

$$A = \frac{l_B \cdot r - l\,(r - h)}{2}$$

$$A = \frac{d^2 \cdot \pi \cdot \alpha}{4 \cdot 360°} - \frac{l\,(r - h)}{2}$$

$$l_B = \frac{d \cdot \pi \cdot \alpha}{360°} \qquad r = \frac{h}{2} + \frac{l^2}{8h} \qquad h = \frac{l}{2} \cdot \tan\frac{\alpha}{4}$$

$$l = d \cdot \sin\frac{\alpha}{2} \qquad h = \frac{d}{2} \cdot \left(1 - \cos\frac{\alpha}{2}\right)$$

Beispiel:

$r = 40$ mm; $\alpha = 90°$; $l = ?$ mm; $h = ?$ mm; $A = ?$ mm^2

$$l = d \cdot \sin\frac{\alpha}{2} = 80\ \text{mm} \cdot \sin 45° = 56{,}57\ \text{mm}$$

$$h = \frac{l}{2} \cdot \tan\frac{\alpha}{4} = \frac{56{,}57\ \text{mm}}{2} \cdot \tan 22{,}5° = 11{,}72\ \text{mm}$$

$$A = \frac{d^2 \cdot \pi \cdot \alpha}{4 \cdot 360°} - \frac{l\,(r - h)}{2} = \frac{(80\ \text{mm})^2 \cdot \pi \cdot 90°}{4 \cdot 360°} - \frac{56{,}57\ \text{mm}\,(40\ \text{mm} - 11{,}72\ \text{mm})}{2} = 456{,}7\ \text{mm}^2$$

A : Fläche
d : Durchmesser
α : Zentriwinkel
l : Sehnenlänge
h : Bogenhöhe
l_B : Bogenlänge
r : Radius
π : 3,14159 ...

Kreisringflächen

Kreisring

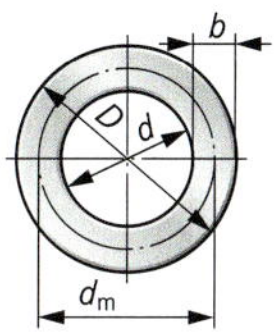

$$A = \frac{D^2 \cdot \pi}{4} - \frac{d^2 \cdot \pi}{4}$$

$$A = (D^2 - d^2) \cdot \frac{\pi}{4}$$

$$A = d_m \cdot \pi \cdot b \qquad d_m = \frac{D + d}{2}$$

$$D = \sqrt{\frac{4 \cdot A}{\pi} + d^2} \qquad d = \sqrt{D^2 - \frac{4 \cdot A}{\pi}}$$

Beispiel:

$D = 66$ mm; $d = 58$ mm; $A = ?$ mm^2

$$A = (D^2 - d^2) \cdot \frac{\pi}{4} = ((66\ \text{mm})^2 - (58\ \text{mm})^2) \cdot \frac{\pi}{4} = 779{,}1\ \text{mm}^2$$

A : Fläche
D : Außendurchmesser
d : Innendurchmesser
d_m: mittlerer Durchmesser
b : Breite
π : 3,14159 ...

Kreisringausschnitt

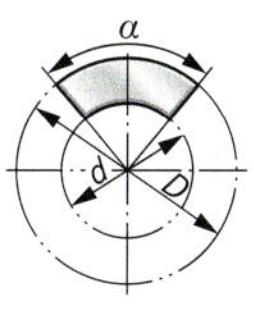

$$A = \left(\frac{D^2 \cdot \pi}{4} - \frac{d^2 \cdot \pi}{4}\right) \cdot \frac{\alpha}{360°} \qquad A = (D^2 - d^2) \cdot \frac{\pi}{4} \cdot \frac{\alpha}{360°}$$

Beispiel:

$D = 66$ mm; $d = 58$ mm; $\alpha = 120°$; $A = ?$ mm^2

$$A = (D^2 - d^2) \cdot \frac{\pi}{4} \cdot \frac{\alpha}{360°} = ((66\ \text{mm})^2 - (58\ \text{mm})^2) \cdot \frac{\pi}{4} \cdot \frac{120°}{360°} = 259{,}7\ \text{mm}^2$$

A : Fläche
D : Außendurchmesser
d : Innendurchmesser
α : Zentriwinkel
π : 3,14159 ...

Ellipse

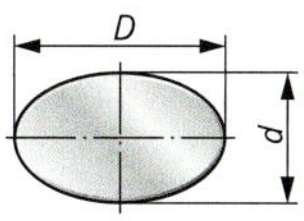

$$A = \frac{D \cdot d \cdot \pi}{4} \qquad U \approx \pi \cdot \sqrt{\frac{D^2 + d^2}{2}} \qquad U \approx \frac{D + d}{2} \cdot \pi$$

Beispiel:

$D = 48$ mm; $d = 20$ mm; $A = ?$ mm^2

$$A = \frac{D \cdot d \cdot \pi}{4} = \frac{48\ \text{mm} \cdot 20\ \text{mm} \cdot \pi}{4} = 754\ \text{mm}^2$$

A : Fläche
D : große Achse
d : kleine Achse
U : Umfang
π : 3,14159 ...

Linienschwerpunkte

Gerade

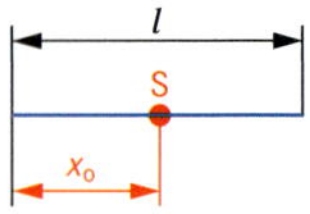

$$x_0 = \frac{l}{2}$$

Viertelkreisbogen

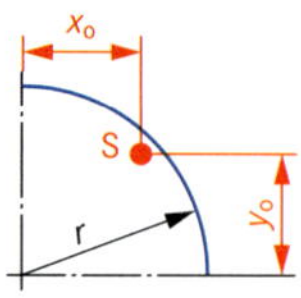

$$x_0 = y_0 = \frac{2 \cdot r}{\pi}$$

$$x_0 = y_0 = 0{,}6366 \cdot r$$

Halbkreisbogen

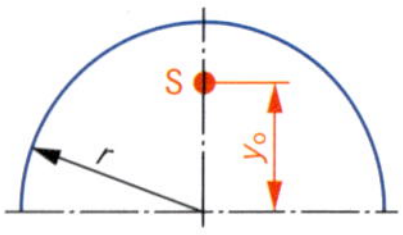

$$y_0 = \frac{2 \cdot r}{\pi}$$

$$y_0 = 0{,}6366 \cdot r$$

Kreisbogen (beliebig)

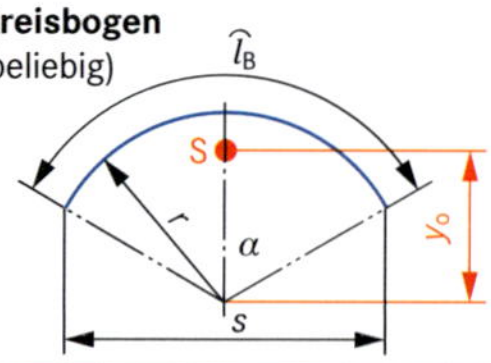

$$y_0 = \frac{r \cdot s}{l_B}$$

$$y_0 = \frac{s \cdot 180°}{\alpha \cdot \pi}$$

Viertelkreisbogen

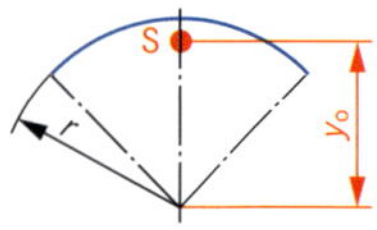

$$y_0 = \frac{2 \cdot \sqrt{2} \cdot r}{\pi}$$

$$y_0 = 0{,}9003 \cdot r$$

Dreieckumfang

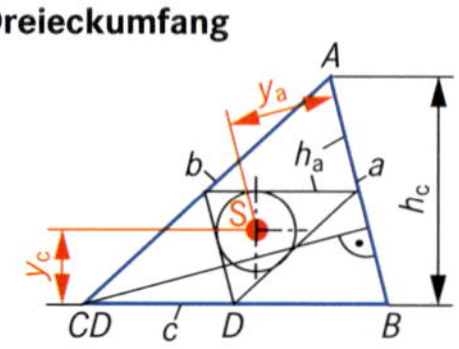

$AD = DB$

$$y_a = \frac{h_a}{2} \cdot \frac{b + c}{a + b + c}$$

$$y_c = \frac{h_c}{2} \cdot \frac{a + b}{a + b + c}$$

Flächenschwerpunkte[1]

Dreieck

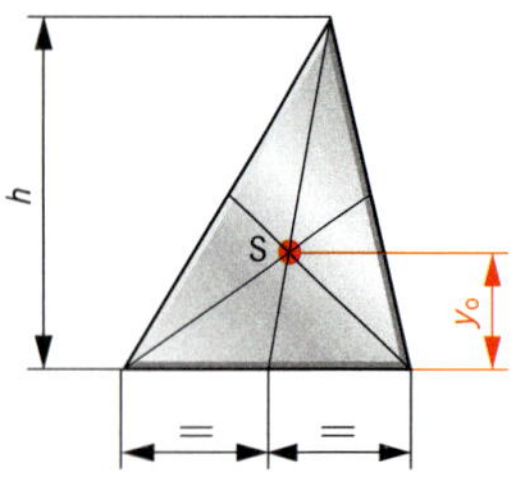

$$y_0 = \frac{h}{3}$$

Trapez

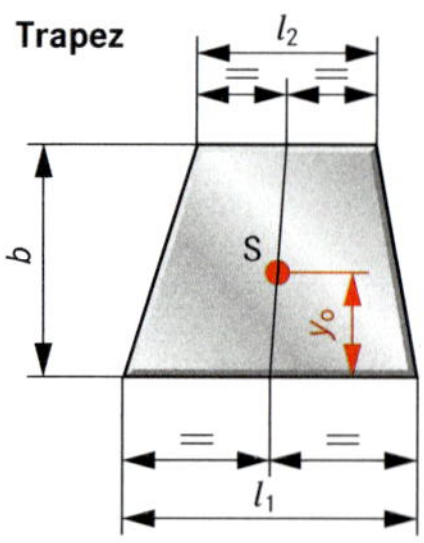

$$y_0 = \frac{b}{3} \cdot \frac{l_1 + 2l_2}{l_1 + l_2}$$

Kreisausschnitt

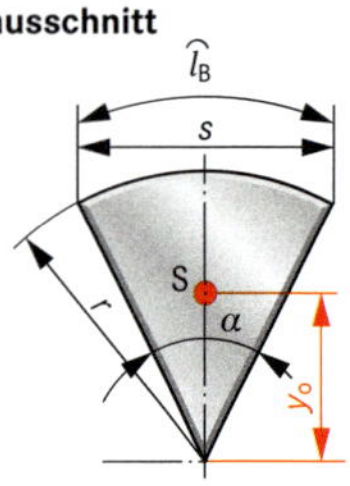

$$y_0 = \frac{2 \cdot r \cdot s}{3 \cdot l_B}$$

$$y_0 = \frac{2 \cdot r \cdot \sin\alpha \cdot 180°}{3 \cdot \alpha \cdot \pi}$$

Kreisabschnitt

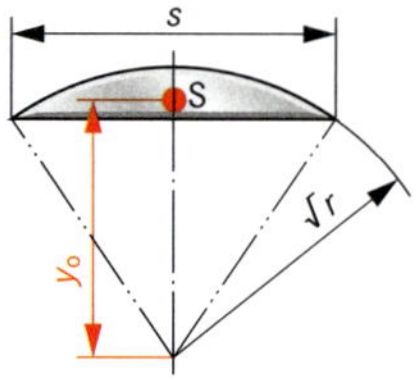

$$y_0 = \frac{4 \cdot r}{3 \cdot \pi}$$

$$y_0 = 0{,}4244 \cdot r$$

Halbkreis

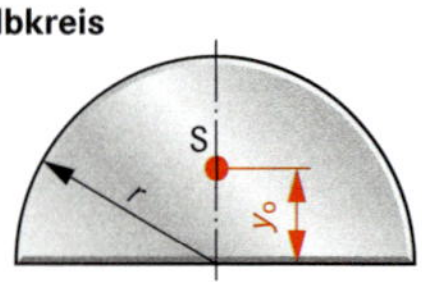

$$y_0 = \frac{4 \cdot r}{3 \cdot \pi}$$

Kreisringausschnitt

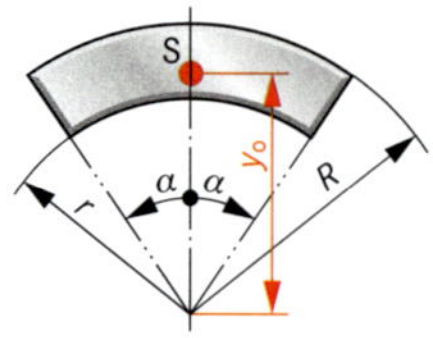

$$y_0 = \frac{2 \cdot (R^3 - r^3) \cdot \sin\frac{\alpha}{2} \cdot 180°}{3 \cdot (R^2 - r^2) \cdot \frac{\alpha}{2} \cdot \pi}$$

Linienschwerpunkte, Flächenschwerpunkte

[1] siehe auch Profile aus Aluminium und Profile aus Stahl

Gerade Körper

Würfel

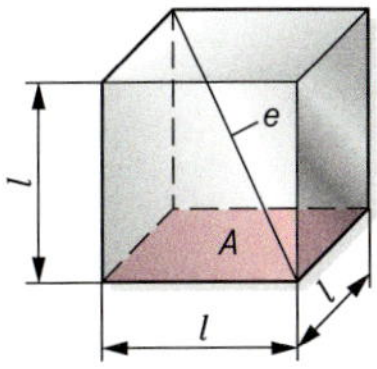

$$V = A \cdot l$$
$$V = l^3$$
$$A_O = 6 \cdot l^2$$
$$l = \sqrt[3]{V} \qquad l = \sqrt{\frac{A_O}{6}}$$
$$e = l \cdot \sqrt{3}$$

EXCEL-Rechenblatt

Beispiel:

$V = 15\,625\ \text{cm}^3$; $l = ?$ mm

$l = \sqrt[3]{V} = \sqrt[3]{16\,625\ \text{cm}^3} = 25\ \text{cm} = 250\ \text{mm}$

V : Volumen
A : Grundfläche
l : Seitenlänge
A_O: Oberfläche
e : Raumdiagonale

Prisma

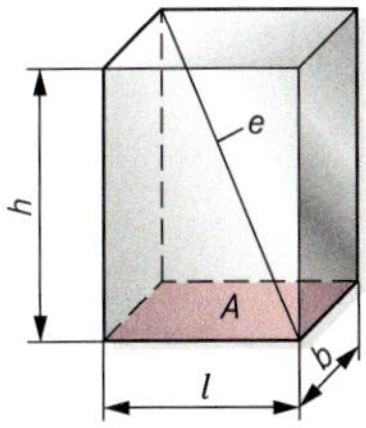

$$V = A \cdot h$$
$$V = l \cdot b \cdot h$$
$$A_M = 2 \cdot (l \cdot h + b \cdot h)$$
$$A_O = 2 \cdot (l \cdot h + b \cdot h + l \cdot b)$$
$$h = \frac{V}{l \cdot b}$$
$$e = \sqrt{l^2 + b^2 + h^2}$$

Beispiel:

$l = 210$ mm; $b = 80$; $h = 1000$ mm; $V = ?\ \text{dm}^3$

$V = l \cdot b \cdot h = 2{,}1\ \text{dm} \cdot 0{,}8\ \text{dm} \cdot 10\ \text{dm} = 16{,}8\ \text{dm}^3$

V : Volumen
A : Grundfläche
h : Höhe
l : Seitenlänge
b : Breite
A_M: Mantelfläche
A_O: Oberfläche
e : Raumdiagonale

Zylinder

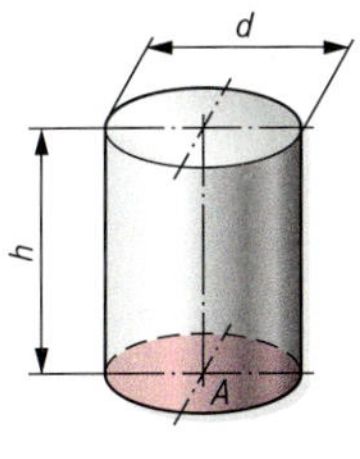

$$V = A \cdot h$$
$$V = \frac{d^2 \cdot \pi}{4} \cdot h$$
$$A_M = d \cdot \pi \cdot h$$
$$A_O = d \cdot \pi \cdot h + 2 \cdot \frac{d^2 \cdot \pi}{4}$$
$$h = \frac{4 \cdot V}{d^2 \cdot \pi} \qquad d = \sqrt{\frac{4 \cdot V}{\pi \cdot h}}$$

Beispiel:

$V = 15\,800\ \text{cm}^3$; $d = 200$ mm; $h = ?$ mm

$$h = \frac{4 \cdot V}{d^2 \cdot \pi} = \frac{4 \cdot 15\,800\ \text{cm}^3}{20\ \text{cm} \cdot 20\ \text{cm} \cdot \pi} = 50{,}3\ \text{cm}$$

V : Volumen
A : Grundfläche
h : Höhe
d : Durchmesser
A_M: Mantelfläche
A_O: Oberfläche
π : 3,14159 ...

Hohlzylinder

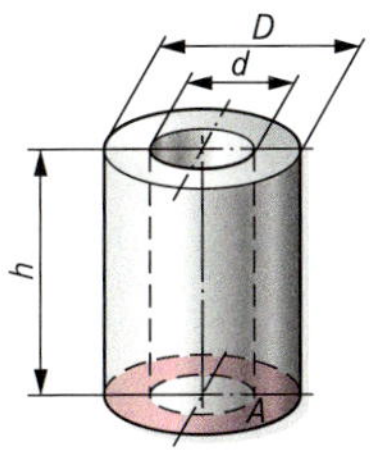

$$V = A \cdot h$$
$$V = \left(\frac{D^2 \cdot \pi}{4} - \frac{d^2 \cdot \pi}{4}\right) \cdot h$$
$$V = (D^2 - d^2) \cdot \frac{\pi \cdot h}{4}$$
$$A_M = D \cdot \pi \cdot h$$
$$A_O = 2 \cdot \left(\frac{D^2 \cdot \pi}{4} - \frac{d^2 \cdot \pi}{4}\right) + D \cdot \pi \cdot h + d \cdot \pi \cdot h$$

Beispiel:

$D = 120$ mm; $d = 85$ mm; $h = 200$ mm; $V = ?\ \text{dm}^3$

$$V = (D^2 - d^2) \cdot \frac{\pi \cdot h}{4} = ((1{,}2\ \text{dm})^2 - (0{,}85\ \text{dm})^2) \cdot \frac{\pi \cdot 2\ \text{dm}}{4} = 1{,}13\ \text{dm}^3$$

V : Volumen
A : Grundfläche
h : Höhe
D : Außendurchmesser
d : Innendurchmesser
A_M: Mantelfläche
A_O: Oberfläche
π : 3,14159 ...

Spitze Körper

Pyramide

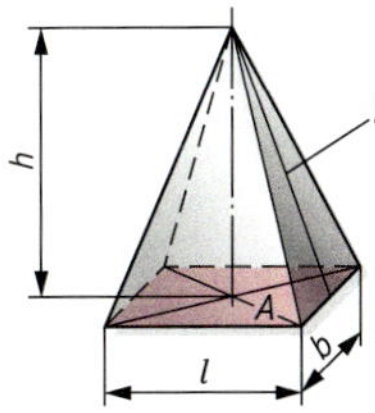

$$V = \frac{A \cdot h}{3}$$
$$V = \frac{l \cdot b \cdot h}{3}$$
$$A_M = 2 \cdot \frac{l \cdot h_s}{2} + 2 \cdot \frac{b \cdot h_s}{2}$$
$$A_M = h_s \cdot (l + b)$$
$$A_O = h_s \cdot (l + b) + l \cdot b$$
$$h = \frac{3 \cdot V}{l \cdot b}$$
$$h_s = \sqrt{h^2 + \frac{l^2}{4}}$$

Beispiel:

$V = 68{,}04\ \text{cm}^3$; $d = 2{,}8$ dm; $l = b = ?$ mm

$$V = \frac{l \cdot l \cdot h}{3}$$

$$l = \sqrt{\frac{3 \cdot V}{h}} = \sqrt{\frac{3 \cdot 68040\ \text{mm}^3}{280\ \text{mm}}} = 27\ \text{mm}$$

V : Volumen
A : Grundfläche
l : Länge
b : Breite
h : Höhe
h_s : Seitenhöhe
A_M: Mantelfläche
A_O: Oberfläche

Spitze Körper

Kegel

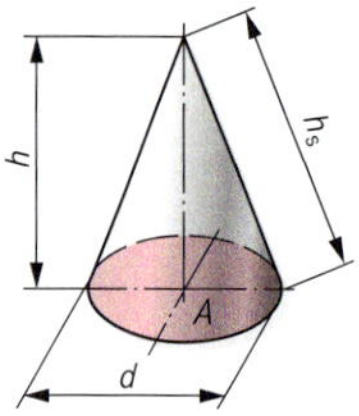

$$V = \frac{A \cdot h}{3}$$
$$V = \frac{d^2 \cdot \pi \cdot h}{4 \cdot 3}$$

$$A_M = \frac{d \cdot \pi}{2} \cdot h_s$$
$$A_O = \frac{d \cdot \pi}{2} \cdot h_s + \frac{d^2 \cdot \pi}{4}$$

$$d = \sqrt{\frac{12 \cdot V}{\pi \cdot h}} \qquad h_s = \sqrt{h^2 + \frac{d^2}{4}}$$
$$h = \frac{12 \cdot V}{d^2 \cdot \pi}$$

EXCEL-Rechenblatt

Beispiel:

d = 920 mm; h = 680 mm; V = ? cm³

$$V = \frac{d^2 \cdot \pi \cdot h}{4 \cdot 3} = \frac{(92\ \text{cm})^2 \cdot \pi \cdot 68\ \text{cm}}{4 \cdot 3} = 150\,679{,}2\ \text{cm}^3$$

V : Volumen
A : Grundfläche
h : Höhe
d : Durchmesser
A_M: Mantelfläche
h_s : Seitenhöhe
A_O: Oberfläche
π : 3,14159 ...

Abgestumpfte Körper

Pyramidenstumpf

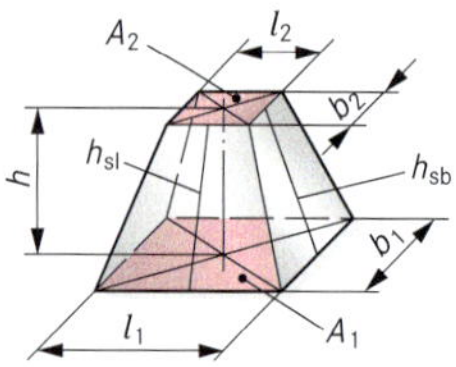

$$V = \frac{h}{3} \cdot \left(A_1 + A_2 + \sqrt{A_1 \cdot A_2}\right)$$
$$V \approx \frac{A_1 + A_2}{2} \cdot h$$

$$A_M = (l_1 + l_2) \cdot h_{sl} + (b_1 + b_2) \cdot h_{sb}$$
$$A_O = A_M + l_1 \cdot b_1 + l_2 \cdot b_2$$

$$h_{sl} = \sqrt{\frac{(b_1 - b_2)^2}{4} + h^2} \qquad h_{sb} = \sqrt{\frac{(l_1 - l_2)^2}{4} + h^2}$$

Beispiel:

$l_1 = b_1$ = 52 mm; $l_2 = b_2$ = 36 mm; h = 68 mm; V = ? cm³ (Näherungsformel)

$$V \approx \frac{A_1 + A_2}{2} \cdot h = \frac{(5{,}2\ \text{cm})^2 + (3{,}6\ \text{cm})^2}{2} \cdot 6{,}8\ \text{cm} = 136\ \text{cm}^3$$

V : Volumen
A_1: Grundfläche
A_2: Deckfläche
h : Höhe
l_1 : untere Länge
b_1 : untere Breite
l_2 : obere Länge
b_2 : obere Breite
h_{sl}: Seitenhöhe
h_{sb}: Seitenhöhe
A_M: Mantelfläche
A_O: Oberfläche

Kegelstumpf

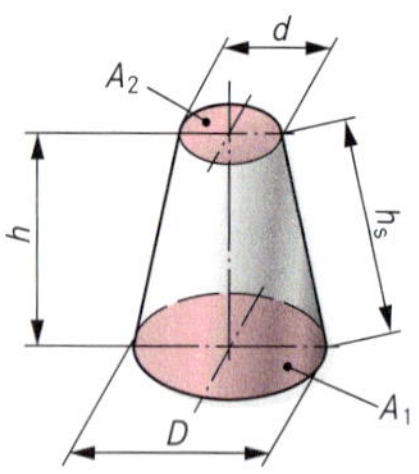

$$V = \frac{h \cdot \pi}{12} \cdot (D^2 + d^2 + D \cdot d)$$
$$V \approx \frac{A_1 + A_2}{2} \cdot h$$

$$A_M = \frac{(D + d)}{2} \cdot \pi \cdot h_s$$
$$A_O = \frac{(D + d)}{2} \cdot \pi \cdot h_s + \frac{(D^2 + d^2) \cdot \pi}{4}$$

$$h_s = \sqrt{\frac{(D - d)^2}{4} + h^2}$$

Beispiel:

V = 1632,8 cm³; D = 60 mm; d = 40 mm; h = ? cm (Näherungsformel)

$$h = \frac{2 \cdot V}{(A_1 + A_2)} = \frac{2 \cdot 1632{,}8\ \text{cm}^3}{((6\ \text{cm})^2 + (4\ \text{cm})^2) \cdot \frac{\pi}{4}} = 80\ \text{cm}$$

V : Volumen
h : Höhe
D : unterer Durchmesser
d : oberer Durchmesser
A_1: Grundfläche
A_2: Deckfläche
h_s : Seitenhöhe
A_M: Mantelfläche
A_O: Oberfläche
π : 3,14159...

Kugelige Körper

Kugel

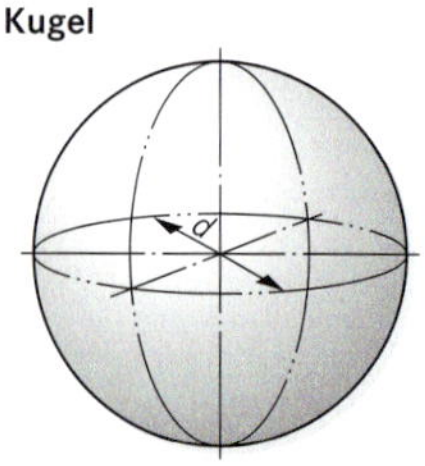

$$V = \frac{d^3 \cdot \pi}{6}$$

$$A_O = d^2 \cdot \pi$$

$$d = \sqrt[3]{\frac{6 \cdot V}{\pi}} \qquad d = \sqrt{\frac{A_O}{\pi}}$$

Beispiel:

d = 120 mm; V = ? dm³

$$V = \frac{d^3 \cdot \pi}{6} = \frac{(1{,}2\ \text{dm})^3 \cdot \pi}{6} = 0{,}9\ \text{dm}^3$$

V : Volumen
d : Durchmesser
A_O: Oberfläche
π : 3,14159 ...

Kugelabschnitt (Kalotte)

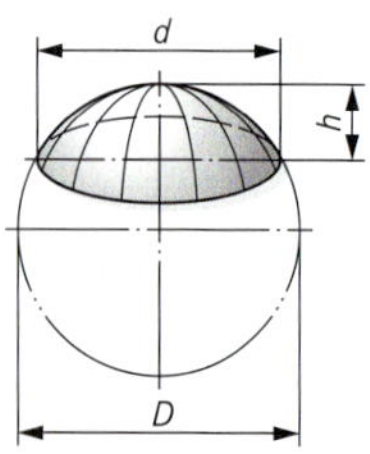

$$A_M = D \cdot \pi \cdot h$$
$$A_O = D \cdot \pi \cdot h + \frac{d^2 \cdot \pi}{4}$$

$$V = h^2 \cdot \pi \cdot \left(\frac{D}{2} - \frac{h}{3}\right)$$

Beispiel:

D = 12 cm; h = 3 cm; V = ? cm³

$$V = h^2 \cdot \pi \cdot \left(\frac{D}{2} - \frac{h}{3}\right) = (3\ \text{cm})^2 \cdot \pi \cdot \left(\frac{12\ \text{cm}}{2} - \frac{3\ \text{cm}}{3}\right) = 141{,}4\ \text{cm}^3$$

V : Volumen
D : Kugeldurchmesser
d : Kalottendurchmesser
h : Kalottenhöhe
A_M: Mantelfläche
A_O: Oberfläche
π : 3,14159...

Guldinsche Regel

Rotationskörper

Mantelfläche

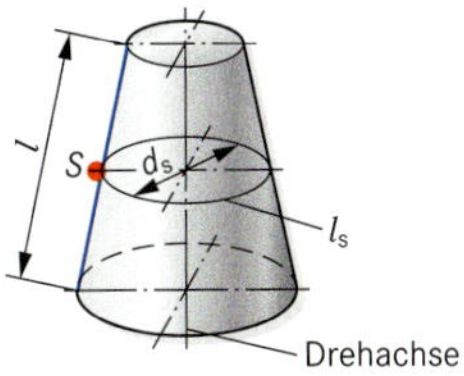

$$A_M = l \cdot l_s$$
$$A_M = l \cdot d_s \cdot \pi$$

Eine um eine Drehachse rotierende Linie erzeugt eine Mantelfläche.

EXCEL-Rechenblatt

A_M: Mantelfläche
l : Länge der erzeugenden Linie
l_s : Schwerpunktsweg
d_s : Durchmesser im Schwerpunktsweg
S : Schwerpunkt
π : 3,14159 ...

Beispiel:

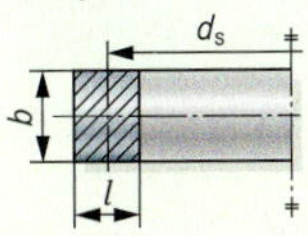

$l = b = 50$ mm; $d_s = 300$ mm; $A_M = ?$ cm²

$A_M = l \cdot \left(d_s + \frac{l}{2}\right) \cdot \pi$

$= 5\text{ cm} \cdot (30\text{ cm} + 2{,}5\text{ cm}) \cdot \pi = 510{,}5\text{ cm}^2$

Oberfläche

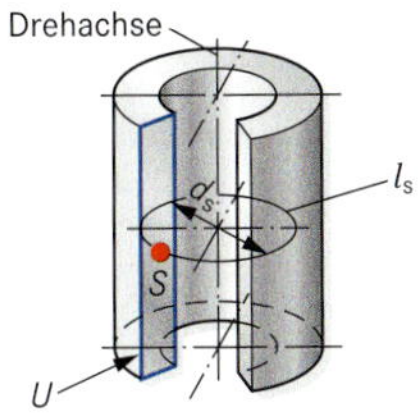

$$A_O = U \cdot l_s$$
$$A_O = U \cdot d_s \cdot \pi$$

Ein um eine Drehachse rotierender Umfang erzeugt eine Oberfläche.

A_O: Oberfläche
U : Umfangslänge
l_s : Schwerpunktsweg
d_s : Durchmesser im Schwerpunktsweg
S : Schwerpunkt
π : 3,14159 ...

Beispiel:

Gegeben: s. Beispiel 1; $A_O = ?$ cm²

$A_O = U \cdot d_s \cdot \pi = 4 \cdot 5\text{ cm} \cdot 30\text{ cm} \cdot \pi = 1884{,}96\text{ cm}^2$

Volumen

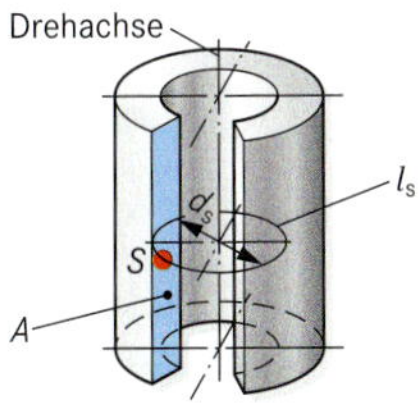

$$V = A \cdot l_s$$
$$V = A \cdot d_s \cdot \pi$$

Eine um eine Drehachse rotierende Fläche erzeugt ein Volumen.

V : Volumen
A : erzeugende Fläche
l_s : Schwerpunktsweg
d_s : Durchmesser im Schwerpunktsweg
S : Schwerpunkt
π : 3,14159 ...

Beispiel:

Gegeben: s. Beispiel 1; $V = ?$ cm³

$V = A \cdot d_s \cdot \pi = 5\text{ cm} \cdot 5\text{ cm} \cdot 30\text{ cm} \cdot \pi = 2356{,}2\text{ cm}^3$

Simpsonsche Regel

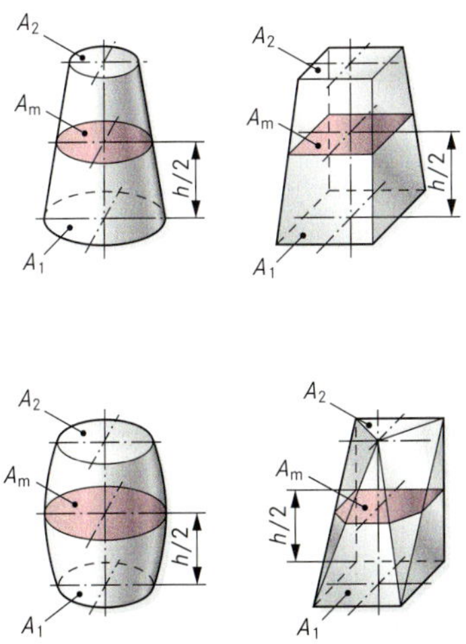

Das Volumen jedes regelmäßig geformten Körpers wird näherungsweise berechnet:

$$V \approx \frac{h}{6} (A_1 + A_2 + 4 \cdot A_m)$$

V : Volumen
h : Höhe
A_1: Grundfläche
A_2: Deckfläche
A_m: Fläche auf mittlerer Höhe

Beispiel:

Fass: $d_1 = d_2 = 25$ cm; $d_M = 35$ cm; $h = 40$ cm; $V = ?$ Liter

$V \approx \frac{h}{6} \cdot (A_1 + A_2 + 4 \cdot A_m)$

$= \frac{4\text{ dm}}{6} \cdot \left(\frac{(2{,}5\text{ dm})^2 \cdot \pi}{4} + \frac{(2{,}5\text{ dm})^2 \cdot \pi}{4} + 4 \cdot \frac{(3{,}5\text{ dm})^2 \cdot \pi}{4}\right)$

$V \approx 32{,}2\text{ dm}^3 = 32{,}2\ l$

Massenberechnung mit Volumen und Dichte

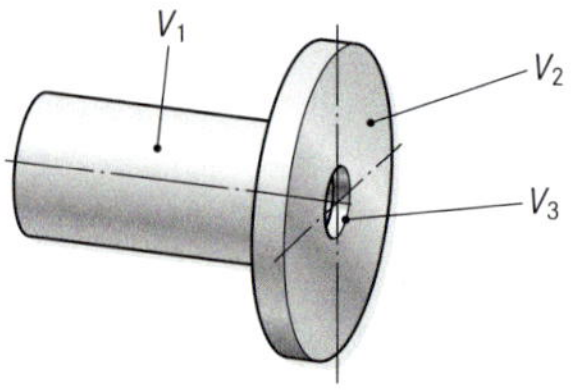

V in	cm^3	dm^3	m^3
ϱ in	g/cm^3	kg/dm^3	t/m^3
m in	g	kg	t

$$m = V \cdot \varrho$$
$$m = (V_1 + V_2 - V_3 \ldots) \cdot \varrho$$

$V = \frac{m}{\varrho}$ $\varrho = \frac{m}{V}$

Werte für die Dichte von Werkstoffen s. Stoffwerte

Beispiel:

Zylinder: d = 180 mm; h = 120 mm; ϱ = 7,85 kg/dm³; m = ? kg

$$m = V \cdot \varrho = \frac{d^2 \cdot \pi}{4} \cdot h \cdot \varrho$$
$$= \frac{1{,}8\ \text{dm} \cdot 1{,}8\ \text{dm} \cdot \pi}{4} \cdot 1{,}2\ \text{dm} \cdot 7{,}85\ \frac{\text{kg}}{\text{dm}^3} = 23{,}97\ \text{kg}$$

m : Masse
V : Volumen
V_1 : Teilvolumen
V_2 : Teilvolumen
V_3 : Teilvolumen
ϱ : Dichte

Massenberechnung mit längenbezogener Masse

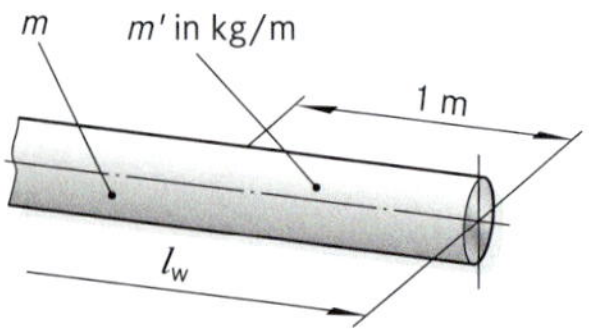

$$m = m' \cdot l_w$$

$l_w = \frac{m}{m'}$ $m' = \frac{m}{l_w}$

Werte für die längenbezogene Masse s. Profile aus Al, Cu, St

Beispiel:

Rundstahl: d = 36 mm; l_w = 1500 mm; m' = 7,99 kg/m; m = ? kg

$$m = m' \cdot l_w = 7{,}99\ \frac{\text{kg}}{\text{m}} \cdot 1{,}5\ \text{m} = 11{,}985\ \text{kg}$$

m : Masse
m': längenbezogene Masse
l_w : Werkstücklänge

EXCEL-Rechenblatt

Massenberechnung mit flächenbezogener Masse

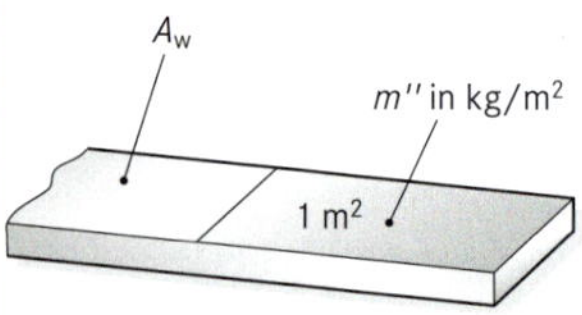

$$m = m'' \cdot A_w$$

$A_w = \frac{m}{m''}$ $m'' = \frac{m}{A_w}$

Werte für die flächenbezogene Masse s. Bleche aus Al, Cu, St

Beispiel:

Kaltgewalztes Stahlblech 3 x 600; l = 1500 mm; m'' = 23,55 kg/m²; m = ? kg

$$m = m'' \cdot A_w = 23{,}55\ \frac{\text{kg}}{\text{m}^2} \cdot 0{,}6\ \text{m} \cdot 1{,}5\ \text{m} = 21{,}195\ \text{kg}$$

m : Masse
m'': flächenbezogene Masse
A_w: Werkstückfläche

Rohlängenberechnung

ohne Verlust

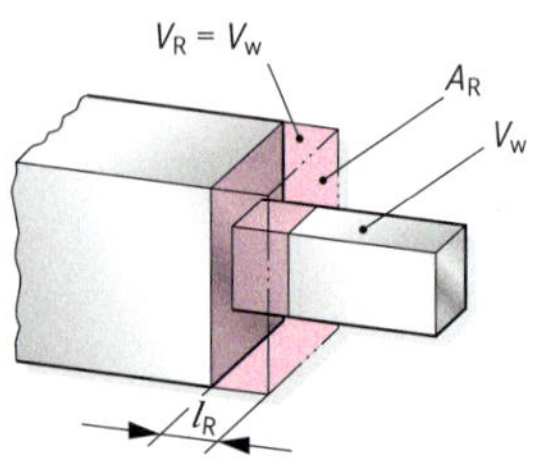

mit Verlust

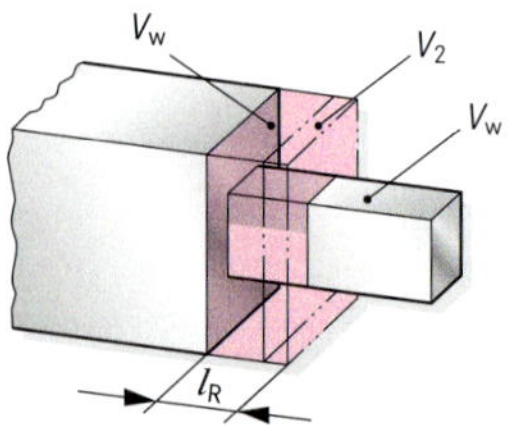

ohne Verlust

$$l_R = \frac{V_w}{A_R}$$

$V_R = V_w$
$A_R \cdot l_R = V_w$

mit Verlust

$$l_R = \frac{V_w + V_Z}{A_R}$$

$V_R = V_w + V_Z$
$V_Z = V_w \cdot q$
$A_R \cdot l_R = V_w + V_Z$

V_R: Volumen des Rohlings
V_w: Volumen des angeschmiedeten Werkstückteils
A_R: Querschnitt des Rohlings
l_R : Länge des Rohlings
V_Z: Volumen des Zuschlags für Verluste
q : Zuschlagsfaktor

Beispiel:

Rohling □ 50; Schmiedeteil □ 30–150 lang;
Zuschlag für Verluste: 10 % von V_W; l_R = ? mm

$$l_R = \frac{V_W + V_Z}{A_R} = \frac{30\ \text{mm} \cdot 30\ \text{mm} \cdot 150\ \text{mm} + (30\ \text{mm} \cdot 30\ \text{mm} \cdot 150\ \text{mm}) \cdot 0{,}1}{50\ \text{mm} \cdot 50\ \text{mm}}$$

l_R = 59,4 mm ≈ 60 mm

Gleichförmige Bewegung

Gleichförmige, geradlinige Bewegung

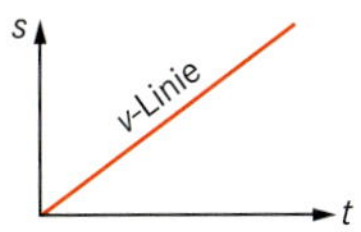

$v = \frac{s}{t}$ $\quad s = v \cdot t \quad t = \frac{s}{v}$

EXCEL-Rechenblatt

v : Geschwindigkeit
s : Weg
t : Zeit

Beispiel:

v = 50 km/h; t = 3 s; s = ? m

$s = v \cdot t = \frac{50\ \text{km}}{\text{h}} \cdot 3\text{s} = \frac{50\,000\ \text{m}}{3600\ \text{s}} \cdot 3\ \text{s} = 41{,}67\ \text{m}$

Gleichförmige Drehbewegung; Schnittgeschwindigkeit

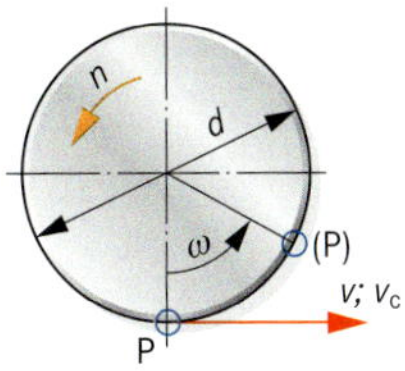

$v = d \cdot \pi \cdot n$
$v = \frac{d}{2} \cdot \omega = r \cdot \omega$

$v_c = d \cdot \pi \cdot n$
$v_c = \frac{d}{2} \cdot \omega = r \cdot \omega$

$d = \frac{v}{\pi \cdot n} \quad d = \frac{v_c}{\pi \cdot n}$

$n = \frac{v}{d \cdot \pi} \quad n = \frac{v_c}{d \cdot \pi}$

Werte für die Schnittgeschwindigkeit siehe Richtwerte

v : Umfangsgeschwindigkeit
v_c : Schnittgeschwindigkeit
d : Durchmesser
r : Radius
n : Umdrehungsfrequenz
ω : Winkelgeschwindigkeit
π : 3,14159 ...

Beispiel:

d = 60 mm; n = 120 1/min; v_c = ? m/min

$v_c = d \cdot \pi \cdot n = 0{,}06\ \text{m} \cdot \pi \cdot 120\ \frac{1}{\text{min}} = 22{,}6\ \frac{\text{m}}{\text{min}}$

Winkelgeschwindigkeit

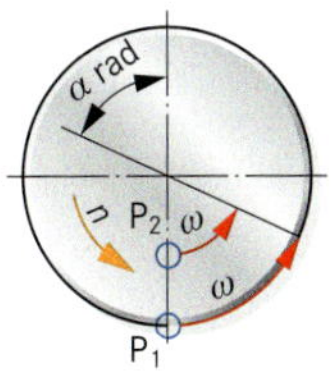

$\omega = 2 \cdot \pi \cdot n$ $\quad n = \frac{\omega}{2 \cdot \pi}$

Winkelgeschwindigkeit ω ist der Winkel (gemessen in Radiant), den ein Punkt auf einem Kreis in einer Zeiteinheit zurücklegt.

ω : Winkelgeschwindigkeit
n : Umdrehungsfrequenz
π : 3,14159 ...

Beispiel:

n = 120 1/min; ω = ? rad/s

$\omega = 2 \cdot \pi \cdot n = 2 \cdot \pi \cdot \frac{120}{60} \cdot \frac{1}{\text{s}} = 12{,}57\ \frac{1}{\text{s}} = 12{,}57\ \frac{\text{rad}}{\text{s}}$

Gleichmäßig beschleunigte Bewegung

Gleichmäßig beschleunigte Bewegung

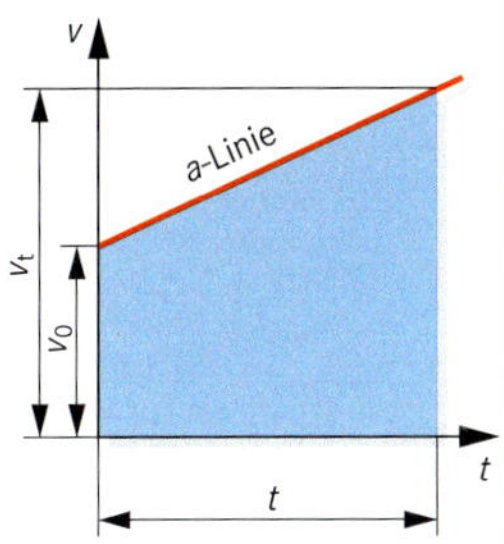

$a = \frac{v_t - v_0}{t}$

$s = v_0 \cdot t + \frac{a \cdot t^2}{2} \quad v_t = v_0 + a \cdot t$
$v_t = \sqrt{v_0^2 + 2 \cdot a \cdot s}$

$t = \frac{v_t - v_0}{a}$

Eine Bewegung ist gleichmäßig beschleunigt, wenn die Geschwindigkeit in gleichen Zeiten um gleiche Beträge zunimmt.

a : Beschleunigung
v_0 : Anfangsgeschwindigkeit
v_t : Geschwindigkeit nach der Zeit t
s : in der Zeit t zurückgelegter Weg
t : Zeitabschnitt

Beispiel:

$v_0 = 0$; a = 5 m/s²; t = 6 s; v_t = ? km/h

$v_t = v_0 + a \cdot t = 0 + 5\ \frac{\text{m}}{\text{s}^2} \cdot 6\ \text{s} = 30\ \frac{\text{m}}{\text{s}} = 108\ \frac{\text{km}}{\text{h}}$

Freier Fall (ohne Luftwiderstand)

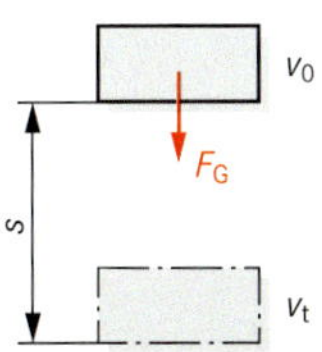

$v_t = g \cdot t$ $\quad v_t = \sqrt{2 \cdot g \cdot s}$ $\quad s = \frac{g \cdot t^2}{2} \quad t = \sqrt{\frac{2 \cdot s}{g}}$

v_t : Geschwindigkeit nach der Fallzeit t
g : Fallbeschleunigung
s : in der Zeit t zurückgelegter Weg
t : Fallzeit

Normfallbeschleunigung
$g_n = 9{,}80665\ \text{m/s}^2$

Beispiel:

$g = 9{,}81\ \text{m/s}^2$; s = 5 m; v_t = ? m/s

$v_t = \sqrt{2 \cdot g \cdot s} = \sqrt{2 \cdot 9{,}81\ \frac{\text{m}}{\text{s}^2} \cdot 5\ \text{m}} = 9{,}9\ \frac{\text{m}}{\text{s}}$

Kraft

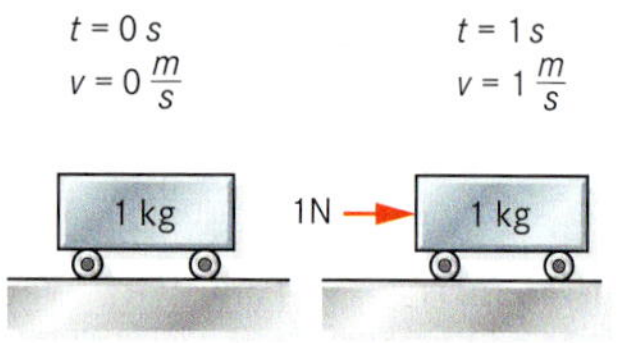

$$F = m \cdot a \qquad m = \frac{F}{a} \qquad a = \frac{F}{m}$$

Eine Kraft hat die Größe von 1 N, wenn sie einer Masse von 1 kg in 1 s eine Geschwindigkeitszunahme von 1 m/s erteilt.

$$1\ \text{N} = 1\ \text{kg} \cdot \frac{1\frac{\text{m}}{\text{s}}}{\text{s}} = 1\ \frac{\text{kg} \cdot \text{m}}{\text{s}^2}$$

F : Kraft
m : Masse
a : Beschleunigung

Darstellung von Kräften

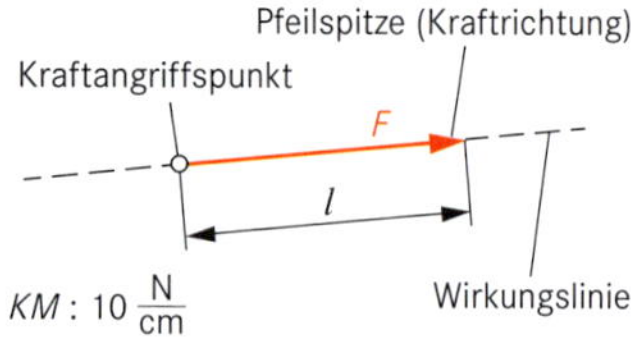

$$F = l \cdot KM \qquad l = \frac{F}{KM} \qquad KM = \frac{F}{l}$$

EXCEL-Rechenblatt

Beispiel:

F = 500 N; KM = 100 N/1 cm; l = ? cm

$$l = \frac{F}{KM} = \frac{500\ \text{N}}{100\ \text{N}/1\text{cm}} = \frac{500\ \text{N} \cdot 1\ \text{cm}}{100\ \text{N}} = 5\ \text{cm}$$

F : Kraftbetrag
l : Pfeillänge
KM : Kräftemaßstab

Kräfteparallelogramm

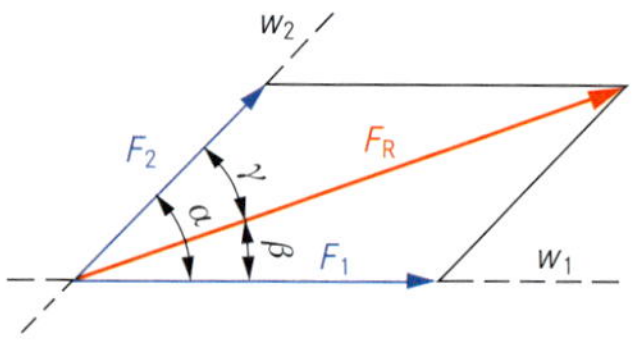

$$F_R = \sqrt{F_1^2 + F_2^2 + 2 \cdot F_1 \cdot F_2 \cdot \cos\alpha}$$

$$\sin\beta = \frac{F_2}{F_R} \cdot \sin\alpha \qquad \sin\gamma = \frac{F_1}{F_R} \cdot \sin\alpha$$

Zusammenfassen der Teilkräfte F_1 und F_2 zur Resultierenden F_R.
Zerlegen der Resultierenden F_R in die Teilkräfte F_1 und F_2 bei vorgegebenen Wirkungslinien w_1 und w_2.

Beispiel:

F_1 = 680 N; F_2 = 300 N; α = 75°; F_R = ? N; β = ?°

$$F_R = \sqrt{F_1^2 + F_2^2 + 2 \cdot F_1 \cdot F_2 \cdot \cos\alpha}$$
$$= \sqrt{(680\ \text{N})^2 + (300\ \text{N})^2 + 2 \cdot 680\ \text{N} \cdot 300\ \text{N} \cdot \cos 75°}$$

F_R = 811,2 N

$$\sin\beta = \frac{F_2}{F_R} \cdot \sin\alpha = \frac{300\ \text{N}}{811{,}2\ \text{N}} \cdot \sin 75° = 0{,}3572$$

β = 20,9°

F_1 : Teilkraft
F_2 : Teilkraft
F_R : Resultierende (Ersatzkraft)
w_1 : Wirkungslinie der Kraft F_1
w_2 : Wirkungslinie der Kraft F_2
α, β, γ : Winkel zur Richtungsbeschreibung

Krafteck (Kräftepolygon)

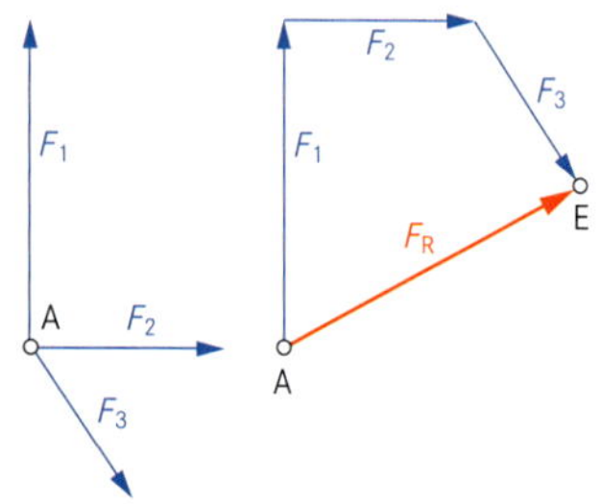

Die Teilkräfte F_1, F_2 ... F_n werden maßstabgerecht in beliebiger Reihenfolge aneinander gereiht.
Die Resultierende F_R ist die Verbindung vom Kraftangriffspunkt A der zuerst gezeichneten Kraft zum Endpunkt E der zuletzt gezeichneten Kraft.

F_1 : Teilkraft
F_2 : Teilkraft
F_3 : Teilkraft
F_R : Resultierende (Ersatzkraft)
A : Kraftangriffspunkt
E : Endpunkt des Kraftecks

Gewichtskraft

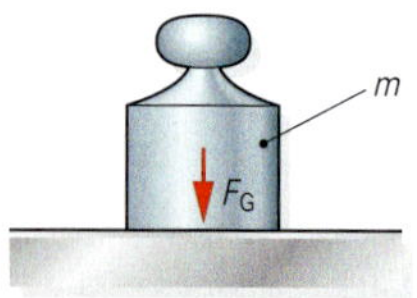

$$F_G = m \cdot g \qquad m = \frac{F_G}{g} \qquad g = \frac{F_G}{m}$$

Normfallbeschleunigung
g_n = 9,80665 m/s²

Beispiel:

m = 120 kg; g = 9,81 m/s²; F = ? N

$$F_G = m \cdot g = 120\ \text{kg} \cdot 9{,}81\ \frac{\text{m}}{\text{s}^2} = 1177{,}2\ \frac{\text{kg} \cdot \text{m}}{\text{s}^2} = 1177{,}2\ \text{N}$$

F_G : Gewichtskraft
m : Masse
g : Fallbeschleunigung

Reibung zwischen ebenen Flächen

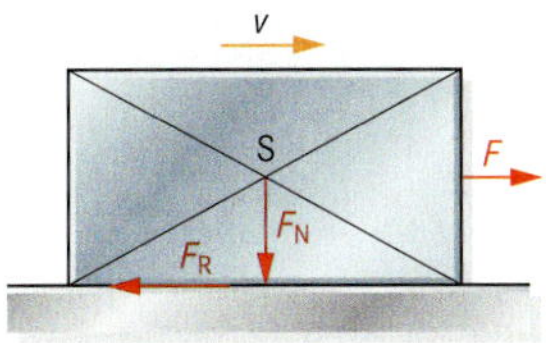

Haftreibung ($v = 0$):

$$F_{Ro} \leq \mu_0 \cdot F_N$$

Gleitreibung ($v > 0$):

$$F_R = \mu \cdot F_N$$

$$F_N = \frac{F_R}{\mu}$$

$$F > F_R$$

Beispiel:

F_N = 1,7 kN; μ = 0,12; F_R = ? N

$F_R = \mu \cdot F_N$; = 0,12 · 1700 N = 204 N

EXCEL-Rechenblatt

F : Kraft
F_{Ro}: Reibkraft im Ruhezustand
μ_0 : Haftreibungszahl
F_N : Normalkraft
F_R : Reibkraft bei gleichförmiger Bewegung
μ : Gleitreibungszahl
v : Geschwindigkeit

Gleitreibung am Radiallager

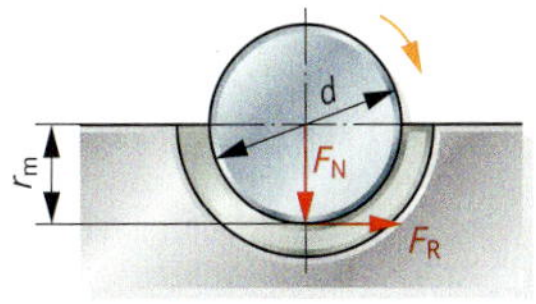

$$F_R = \mu \cdot F_N$$
$$M_R = F_R \cdot r_m$$

$$F_R = \frac{M_R}{r_m} \qquad r_m = \frac{d}{2}$$

Beispiel:

F_N = 1,5 kN; μ = 0,12; F_R = ? N

$$F_N = \frac{F_R}{\mu} = \frac{1500\ \text{N}}{0{,}4} = 3750\ \text{N}$$

F_R : Reibkraft
μ : Gleitreibungszahl
F_N : Normalkraft
M_R: Reibungsmoment
r_m : Wirkradius
d : Zapfendurchmesser

Gleitreibung am Axiallager

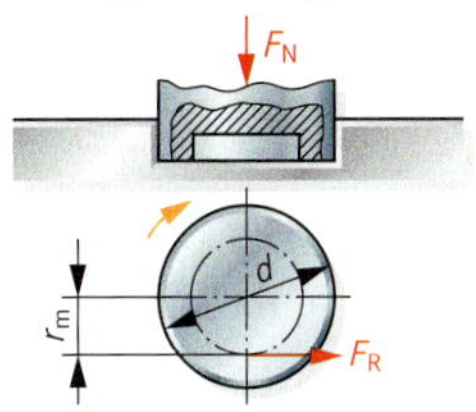

$$F_R = \mu \cdot F_N$$
$$M_R = F_R \cdot r_m$$

$$F_R = \frac{M_R}{r_m} \qquad r_m = \frac{d}{3}$$

Beispiel:

F_N = 275 N; F_R = 15 N; μ = ?

$$\mu = \frac{F_R}{F_N} = \frac{15\ \text{N}}{375\ \text{N}} = 0{,}04$$

F_R : Reibkraft
μ : Gleitreibungszahl
F_N : Normalkraft
M_R: Reibungsmoment
r_m : Wirkradius
d : Zapfendurchmesser

Reibungszahlen für Haft- und Gleitreibung

Werkstoffpaarung	Haftreibungszahl μ_0 trocken	Haftreibungszahl μ_0 geschmiert	Gleitreibungszahl μ trocken	Gleitreibungszahl μ geschmiert
Stahl auf Stahl	0,12 ... 0,30	0,10 ... 0,15	0,10 ... 0,15	0,04 ... 0,10
Stahl auf Gusseisen	0,18 ... 0,24	0,10 ... 0,20	0,15 ... 0,24	0,05 ... 0,15
Stahl auf Cu-Sn-Legierung	0,18 ... 0,20	0,08 ... 0,15	0,10 ... 0,20	0,04 ... 0,10
Stahl auf Polyamid	0,30 ... 0,40	0,10 ... 0,20	0,32 ... 0,45	0,05 ... 0,12
Gusseisen auf Stahl	0,33	–	0,22	0,11
Gusseisen auf Cu-Sn-Legierung	0,3	0,2	0,2	0,08
Gusseisen auf Cu-Zn-Legierung	–	0,18	0,18 ... 0,20	0,15 ... 0,18
Reifen auf griffigem Asphalt	–	–	0,60 ... 0,80	–
Reifen auf nassem Asphalt	–	–	–	0,20 ... 0,30[1]
Bremsbelag auf Stahl	–	–	0,50 ... 0,60	0,20 ... 0,50

[1] bei Wasser und Asphalt

Rollreibung

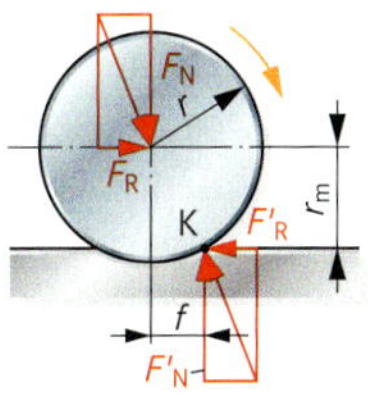

$$F_R \cdot r_m = F'_N \cdot f$$
$$F_R \cdot r_m = F_N \cdot f$$

$$F_R = F_N \cdot \frac{f}{r_m}$$
$$F_R = F_N \cdot \mu_r$$

$$F'_N = F_N \qquad \frac{f}{r_m} = \mu_r$$

Beispiel:

F_N = 5000 N; f = 0,05 cm; r_m = 10 cm; F_R = ? N

$$F_R = F_N \cdot \frac{f}{r_m} = 5000\ \text{N} \cdot \frac{0{,}05\ \text{cm}}{10\ \text{cm}} = 25\ \text{N}$$

F_R : Rollreibungskraft
r_m : Wirkradius
F_N : Normalkraft
f : Hebelarm der Rollreibung; (durch Verformung der Unterlage entstehender Abstand der Wirkungslinie)
μ_r : Rollreibungskoeffizient
K : Kipppunkt

Rollreibungszahlen

Werkstoffpaarung	Hebelarm der Rollreibung f in cm	Wirkradius r_m in cm	Rollreibungskoeffizient μ_r
Stahl auf Stahl, Gusseisen auf Gusseisen	0,05	0,5 1,0 5,0 10,0	0,1 0,05 0,01 0,005
Stahl (gehärtet) auf Stahl (gehärtet)	0,001	0,5 1,0 5,0 10,0	0,002 0,001 0,0002 0,0001
Reifen auf Asphalt	0,42	28,0	0,015

Kraftmoment einer Kraft

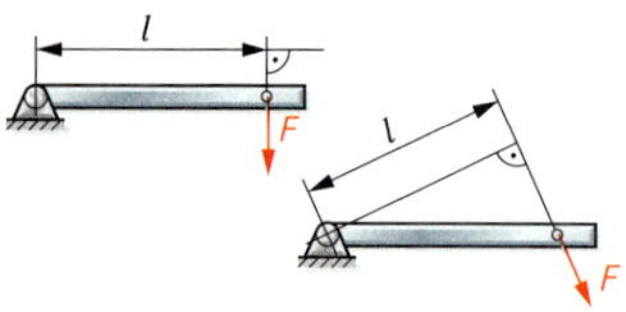

$$M = F \cdot l \qquad F = \frac{M}{l} \qquad l = \frac{M}{F}$$

Die Länge des wirksamen Hebelarms l entspricht der Länge des Lots vom Drehpunkt auf die Wirkungslinie der Kraft.

Beispiel:

F_N = 3,2 kN; l = 40 cm; M = ? Nm

$M = F \cdot l$ = 3200 N · 0,4 m = 1280 Nm

EXCEL-Rechenblatt

M : Kraftmoment
F : Kraft
l : wirksamer Hebelarm
⊾ : rechter Winkel

Hebelgesetz

Einseitiger Hebel

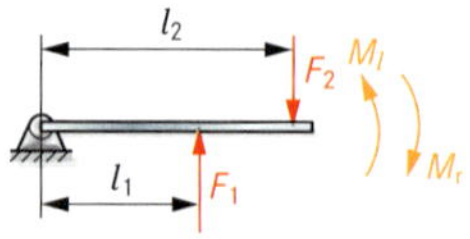

$$M_l = M_r$$
$$F_1 \cdot l_1 = F_2 \cdot l_2$$

$$F_1 = \frac{F_2 \cdot l_2}{l_1} \qquad F_2 = \frac{F_1 \cdot l_1}{l_2}$$
$$l_1 = \frac{F_2 \cdot l_2}{F_1} \qquad l_2 = \frac{F_1 \cdot l_1}{F_2}$$

M_l : linksdrehendes Kraftmoment
M_r : rechtsdrehendes Kraftmoment
F_1; F_2 : Kräfte
l_1; l_2 : wirksame Hebelarme

Zweiseitiger Hebel

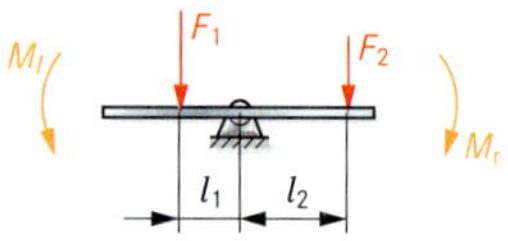

Beispiel:

F_1 = 200 N; l_1 = 0,8 m; l_2 = 600 mm; F_2 = ? N

$$F_2 = \frac{F_1 \cdot l_1}{l_2} = \frac{200\ \text{N} \cdot 0{,}8\ \text{m}}{0{,}6\ \text{m}} = 266{,}67\ \text{N}$$

Winkelhebel

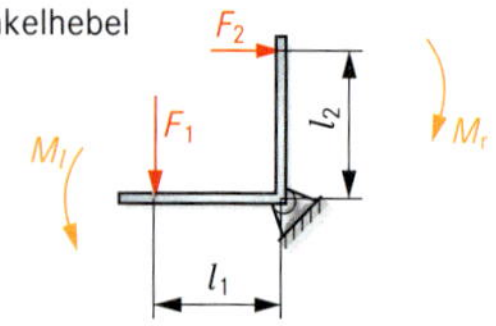

Beispiel:

F_2 = 100 N; l_1 = 4,5 dm; l_2 = 3 dm; F_1 = ? N

$$F_1 = \frac{F_2 \cdot l_2}{l_1} = \frac{100\ \text{N} \cdot 3\ \text{dm}}{4{,}5\ \text{dm}} = 66{,}67\ \text{N}$$

Beispiel:

F_1 = 150 N; F_2 = 825 N; l_2 = 6 cm; l_1 = ? mm

$$l_1 = \frac{F_1 \cdot l_1}{l_2} = \frac{825\ \text{N} \cdot 60\ \text{mm}}{150\ \text{N}} = 330\ \text{N}$$

Zweiseitiger Hebel

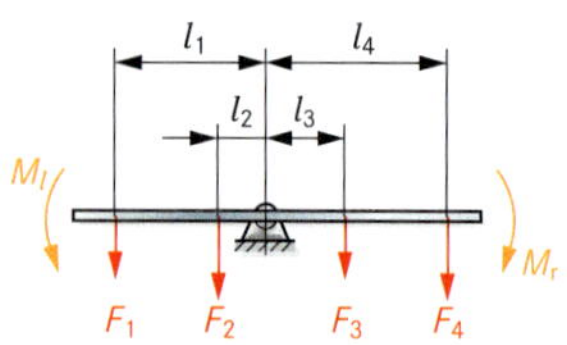

$$\Sigma M_l = \Sigma M_r \qquad F_1 \cdot l_1 + F_2 \cdot l_2 = F_3 \cdot l_3 + F_4 \cdot l_4$$

Beispiel:

F_1 = 12 N; F_2 = 15 N; F_3 = 15 N; F_4 = 20 N;
l_1 = 25 cm; l_2 = 70 cm; l_3 = 20 cm; l_4 = ? cm

$$l_4 = \frac{F_1 \cdot l_1 + F_2 \cdot l_2 - F_3 \cdot l_3}{F_4}$$

$$l_4 = \frac{12\ \text{N} \cdot 25\ \text{cm} + 15\ \text{N} \cdot 70\ \text{cm} - 15\ \text{N} \cdot 20\ \text{cm}}{20\ \text{N}} = 52{,}5\ \text{cm}$$

ΣM : Summe aller Kraftmomente
F_1; F_2; F_3; F_4 : Kräfte
l_1; l_2; l_3; l_4 : wirksame Hebelarme

Auflagerkräfte

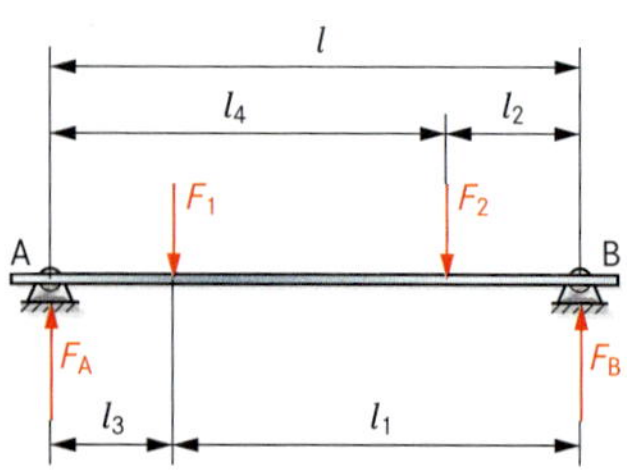

Drehpunkt bei A

$$F_B = \frac{F_1 \cdot l_3 + F_2 \cdot l_4}{l}$$

Drehpunkt bei B

$$F_A = \frac{F_1 \cdot l_1 + F_2 \cdot l_2}{l}$$

$$F_A + F_B = F_1 + F_2$$

Beispiel:

F_1 = 2,25 kN; F_2 = 3 kN; l_1 = 700 mm; l_2 = 600 mm;
l = 900 mm; F_A; F_B = ? kN

$$F_A = \frac{F_1 \cdot l_1 + F_2 \cdot l_2}{l} = \frac{2{,}25\ \text{kN} \cdot 700\ \text{mm} + 3\ \text{kN} \cdot 600\ \text{mm}}{900\ \text{mm}}$$
= 3,75 kN

$F_B = F_1 + F_2 - F_A$ = 2,25 kN + 3 kN – 3,75 kN = 1,5 kN

F_A : Auflagerkraft
F_B : Auflagerkraft
F_1; F_2 : Belastungskräfte
l_1; l_2 : wirksame Hebelarme (Drehpunkt B)
l_3; l_4 : wirksame Hebelarme (Drehpunkt A)

Kraftmomente an Zahnradgetrieben

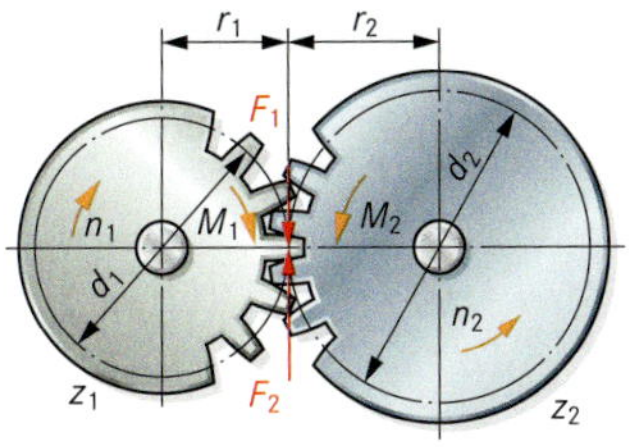

$$\frac{M_2}{M_1} = \frac{d_2}{d_1} = \frac{z_2}{z_1} = \frac{n_1}{n_2} = i$$

$$M_2 = M_1 \cdot i \cdot \eta$$

EXCEL-Rechenblatt

Beispiel:

$M_1 = 120$ Nm; $z_1 = 18$; $z_2 = 27$; $M_2 = ?$ Nm; $i = ?$

$$M_2 = \frac{M_1 \cdot z_2}{z_1} = \frac{120\text{ Nm} \cdot 27}{18} = 180\text{ Nm}$$

$$i = \frac{z_2}{z_1} = \frac{27}{18} = 1{,}5$$

M_1; M_2: Kraftmomente
F_1; F_2 : Umfangskräfte
d_1; d_2 : Teilkreisdurchmesser
z_1; z_2 : Zähnezahlen
n_1; n_2 : Umdrehungsfrequenz
i : Übersetzungsverhältnis
η : Wirkungsgrad

Seilwinde

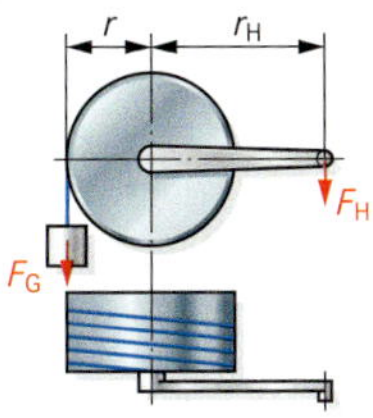

$$F_H \cdot r_H \cdot \eta = F_G \cdot r$$

$$F_H = \frac{F_G \cdot r}{r_H \cdot \eta} \qquad F_G = \frac{F_H \cdot r_H \cdot \eta}{r}$$

Beispiel:

$F_G = 800$ N; $r = 300$ mm; $r_h = 750$ mm; $\eta = 0{,}8$; $F_H = ?$ N

$$F_H = \frac{F_G \cdot r}{r_H \cdot \eta} = \frac{800\text{ N} \cdot 300\text{ mm}}{750\text{ mm} \cdot 0{,}8} = 400\text{ N}$$

F_G : Gewichtskraft
r : Trommelradius
F_H : Handkraft
r_H : Handhebelradius
η : Wirkungsgrad

Räderwinde

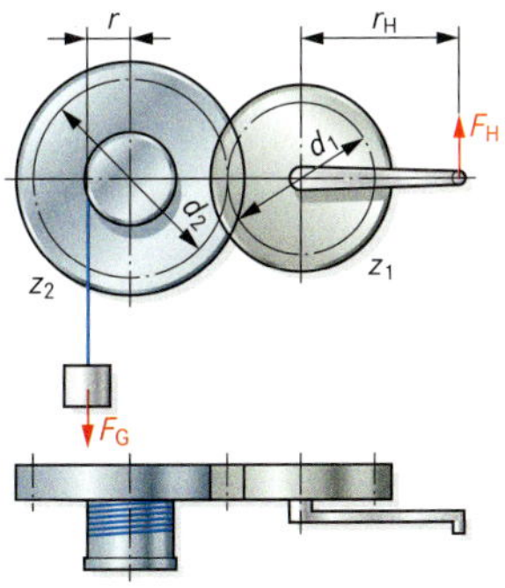

$$F_H \cdot r_H \cdot i \cdot \eta = F_G \cdot r$$

$$i = \frac{d_2}{d_1} = \frac{z_2}{z_1}$$

$$F_H = \frac{F_G \cdot r}{r_H \cdot i \cdot \eta} \qquad F_G = \frac{F_H \cdot r_H \cdot i \cdot \eta}{r}$$

Beispiel:

$F_G = 1000$ N; $r = 100$ mm; $r_H = 250$ mm; $z_1 = 20$; $z_2 = 40$; $F_H = ?$ N

$$F_H = \frac{F_G \cdot r}{r_H \cdot i} = \frac{1000\text{ N} \cdot 100\text{ mm}}{250\text{ mm} \cdot \frac{40}{20}} = 200\text{ N}$$

F_H : Handkraft
F_G : Gewichtskraft
r_H : Handhebelradius
r : Trommelradius
d_1 : Teilkreisdurchmesser am Zahnrad 1
d_2 : Teilkreisdurchmesser am Zahnrad 2
z_1 : Zähnezahl am Zahnrad 1
z_2 : Zähnezahl am Zahnrad 2
i : Übersetzungsverhältnis
η : Wirkungsgrad

Feste Rolle

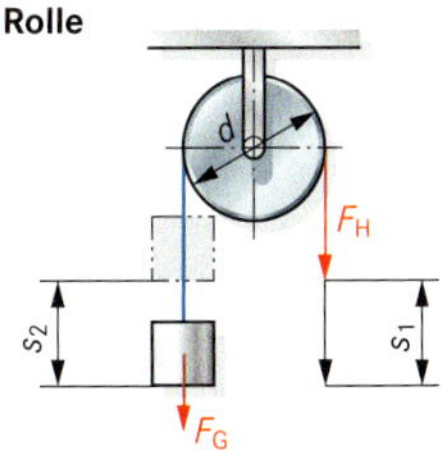

$$F_H \cdot \eta = F_G$$

$$s_1 = s_2$$

$$F_H = \frac{F_G}{\eta} \qquad \eta = \frac{F_G}{F_H}$$

Beispiel:

$F_G = 200$ N; $\eta = 0{,}75$; $F_H = ?$ N

$$F_H = \frac{F_G}{\eta} = \frac{200\text{ N}}{0{,}75} = 266{,}7\text{ N}$$

F_H : Handkraft
F_G : Gewichtskraft
s_1 : Kraftweg
s_2 : Lastweg
d : Rollendurchmesser
η : Wirkungsgrad

Lose Rolle

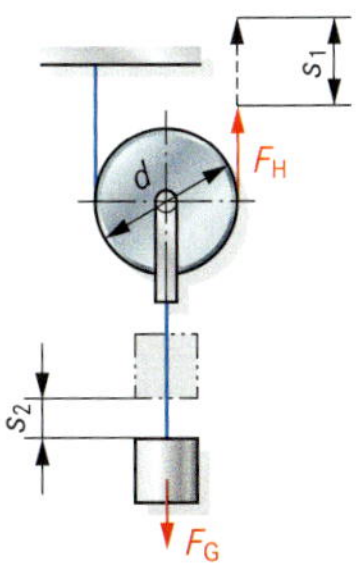

$$F_H \cdot \eta = \frac{F_G}{2}$$

$$s_1 = 2 \cdot s_2$$

$$F_H = \frac{F_G}{2 \cdot \eta} \qquad \eta = \frac{F_H}{2 \cdot F_G}$$

$$F_G = F_H \cdot \eta \cdot 2$$

Beispiel:

$F_G = 500$ N; $s_2 = 0{,}75$ m; $\eta = 0{,}625$; $F_H = ?$ N; $s_1 = ?$ m

$$F_H = \frac{F_G}{2 \cdot \eta} = \frac{500\text{ N}}{2 \cdot 0{,}625} = 400\text{ N}$$

$$s_1 = 2 \cdot s_2 = 2 \cdot 0{,}75\text{ m} = 1{,}5\text{ m}$$

F_H : Handkraft
F_G : Gewichtskraft
s_1 : Kraftweg
s_2 : Lastweg
d : Rollendurchmesser
η : Wirkungsgrad

Rollenflaschenzug

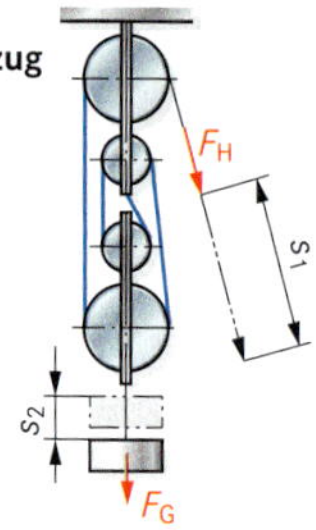

$$F_H \cdot \eta = \frac{F_G}{n}$$

$$s_1 = n \cdot s_2$$

$$F_H = \frac{F_G}{n \cdot \eta} \qquad n = \frac{F_G}{F_H \cdot \eta}$$

$$F_G = F_H \cdot \eta \cdot n \qquad \eta = \frac{F_H}{F_G \cdot n}$$

Beispiel:

F_G = 100 N; n = 4; s_2 = 1 m; η = 1; F_H = ? N; s_1 = ? m

$$F_H = \frac{F_G}{n \cdot \eta} = \frac{100\ \text{N}}{4 \cdot 1} = 25\ \text{N}$$

$$s_1 = n \cdot s_2 = 4 \cdot 1\ \text{m} = 4\ \text{m}$$

EXCEL-Rechenblatt

F_H : Handkraft
F_G : Gewichtskraft
n : Anzahl der Rollen
s_1 : Kraftweg
s_2 : Lastweg
η : Wirkungsgrad

Differenzial-Flaschenzug

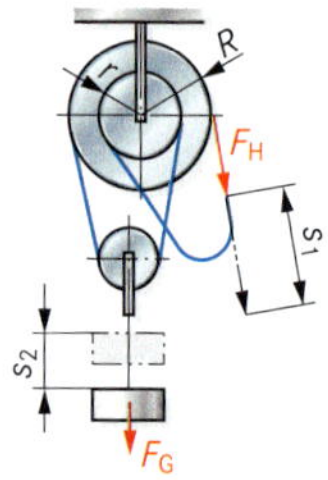

$$F_H \cdot \eta = \frac{F_G}{2} \cdot \frac{R - r}{R}$$

$$s_1 = 2 \cdot s_2 \cdot \frac{R}{R - r}$$

$$F_H = \frac{F_G \cdot (R - r)}{2 \cdot R \cdot \eta}$$

$$F_G = \frac{F_H \cdot 2 \cdot R \cdot \eta}{R - r}$$

Beispiel:

F_G = 15 000 N; R = 300 mm; r = 280 mm; s_2 = 0,5 m; η = 1;
F_H = ? N; s_1 = ? m

$$F_H = \frac{F_G \cdot (R - r)}{2 \cdot R \cdot \eta} = \frac{15\,000\ \text{N} \cdot (300\ \text{mm} - 280\ \text{mm})}{2 \cdot 300 \cdot 1} = 25\ \text{N}$$

$$s_1 = 2 \cdot s_2 \cdot \frac{R}{R - r} = \frac{2 \cdot 0{,}5\ \text{m} \cdot 300\ \text{mm}}{300\ \text{mm} - 280\ \text{mm}} = 15\ \text{m}$$

F_H : Handkraft
F_G : Gewichtskraft
R : Radius der großen festen Rolle
r : Radius der kleinen festen Rolle
s_1 : Kraftweg
s_2 : Lastweg
η : Wirkungsgrad

Schiefe Ebene

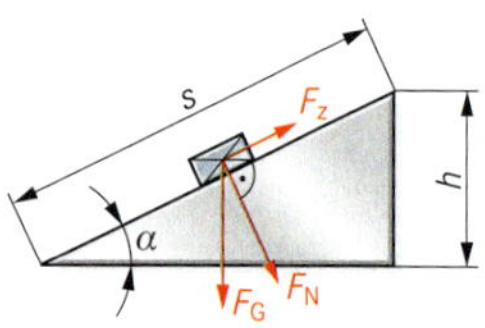

$$F_z \cdot s \cdot \eta = F_G \cdot h$$

$$F_z \cdot \eta = F_G \cdot \sin \alpha$$

$$F_N = F_G \cdot \cos \alpha$$

Beispiel:

F_G = 15 600 N; h = 5 m; s = 13 m; η = 1; F_Z = ? kN

$$F_Z = \frac{F_G \cdot h}{s \cdot \eta} = \frac{15{,}6\ \text{kN} \cdot 5\ \text{m}}{13\ \text{m} \cdot 1} = 6\ \text{kN}$$

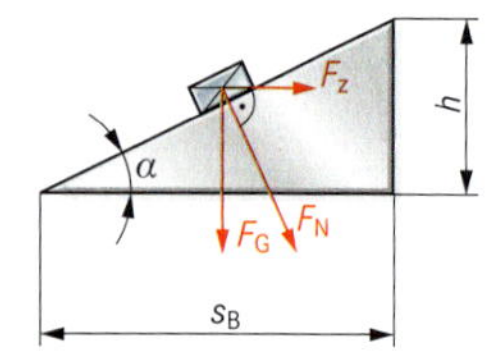

$$F_z \cdot s_B \cdot \eta = F_G \cdot h$$

$$F_z \cdot \eta = F_G \cdot \tan \alpha$$

$$F_N = \frac{F_G}{\cos \alpha}$$

Beispiel:

F_G = 15 600 N; h = 5 m; s_B = 12 m; η = 1; F_Z = ? kN

$$F_Z = \frac{F_G \cdot h}{s_B \cdot \eta} = \frac{15{,}6\ \text{kN} \cdot 5\ \text{m}}{12\ \text{m} \cdot 1} = 6{,}5\ \text{kN}$$

F_Z : Zugkraft
F_G : Gewichtskraft
F_N : Normalkraft
s : Länge der schiefen Ebene
h : Höhe der schiefen Ebene
α : Steigungswinkel
η : Wirkungsgrad
s_B : Basis der schiefen Ebene

Stellkeil

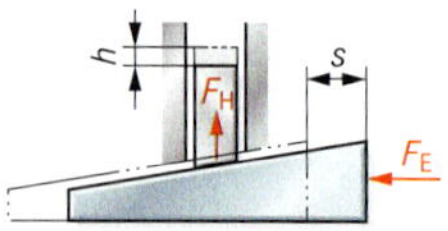

$$F_E \cdot s \cdot \eta = F_H \cdot h$$

$$F_E = \frac{F_H \cdot h}{s \cdot \eta} \qquad F_H = \frac{F_E \cdot s \cdot \eta}{h}$$

Beispiel:

F_E = 150 N; F_H = 3 kN; h = 20 mm; s = ? kN

$$s = \frac{F_H \cdot h}{F_E} = \frac{3000\ \text{N} \cdot 20\ \text{mm}}{150\ \text{N}} = 400\ \text{mm}$$

F_E : Eintreibkraft
s : Verstellweg
F_H : Hubkraft
h : Hubhöhe
η : Wirkungsgrad

Schraube

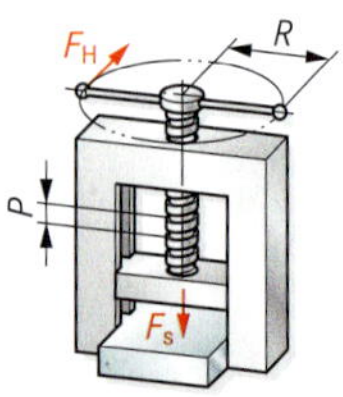

$$F_H \cdot 2 \cdot R \cdot \pi \cdot \eta = F_s \cdot P$$

$$F_H = \frac{F_s \cdot P}{2 \cdot R \cdot \pi \cdot \eta} \qquad F_s = \frac{F_H \cdot 2 \cdot R \cdot \pi \cdot \eta}{P}$$

Beispiel:

F_S = 10 kN; p = 2,5 mm; R = 100 mm; η = 0,8; F = ? N

$$F_H = \frac{F_S \cdot p}{2 \cdot R \cdot \pi \cdot \eta} = \frac{10\,000\ \text{N} \cdot 2{,}5\ \text{mm}}{2 \cdot 100\ \text{mm} \cdot \pi \cdot 0{,}8} = 49{,}7\ \text{kN}$$

F_H : Handkraft
F_s : Kraft in Richtung der Schraubenachse
R : wirksamer Hebelarm
P : Gewindesteigung
η : Wirkungsgrad
π : 3,14159 …

Arbeit, Energie (allgemein)

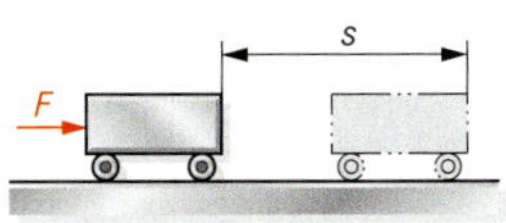

$$W = F \cdot s$$
$$E = F \cdot s$$

$F = \frac{W}{s}$ $s = \frac{W}{F}$ $1\,N \cdot 1\,m = 1\,Nm = 1\,J = 1\,Ws$

Beispiel: F = 15 N; s = 3 m; W = ? Nm = ? J = ? Ws

$W = F \cdot s = 15\,N \cdot 3\,m = 45\,Nm = 45\,J = 45\,Ws$

W : Arbeit
E : Energie
F : Kraft
s : Weg

EXCEL-Rechenblatt

Hubarbeit; potenzielle Energie (geradlinige Bewegung)

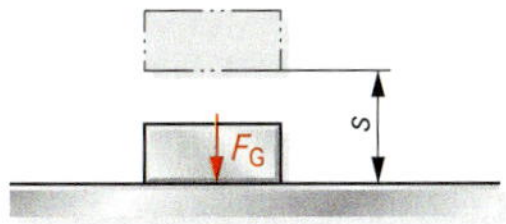

$$W_H = F_G \cdot s \qquad E_{pot} = F_G \cdot s \qquad F_G = m \cdot g$$

Beispiel: F_G = 5 kN; s = 5 m; W_H = ? Nm

$W_H = F_G \cdot s = 5000\,N \cdot 5\,m = 25\,000\,Nm$

W_H: Hubarbeit
E_{pot}: potenzielle Energie
F_G : Gewichtskraft
s : Weg
m : Masse
g : Fallbeschleunigung

Rotationsarbeit; Rotationsenergie (kreisförmige Bewegung)

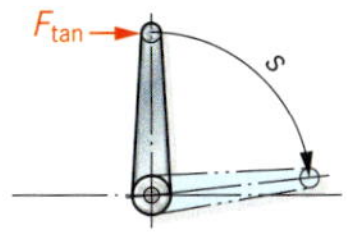

$$W_r = F_{tan} \cdot s$$
$$E_r = F_{tan} \cdot s$$

$F_{tan} = \frac{W_r}{s}$ $s = \frac{W_r}{F_{tan}}$

Beispiel: F_{tan} = 6,5 N; s = 25 dm; W_r = ? Nm

$W_r = F_{tan} \cdot s = 6{,}5\,N \cdot 2{,}5\,m = 16{,}25\,Nm$

W_r : Rotationsarbeit
E_r : Rotationsenergie
F_{tan}: Tangentialkraft
s : Weg

Beschleunigungsarbeit; kinetische Energie (geradlinige Bewegung)

$$W_B = \frac{m}{2} \cdot v^2 \qquad E_{kin} = \frac{m}{2} \cdot v^2$$

Beispiel: m = 500 kg; v = 2,8 m/s; E_{kin} = ? Nm

$$E_{kin} = \frac{m}{2} \cdot v^2 = 0{,}5 \cdot 500\,kg \cdot \left(2{,}8\,\frac{m}{s}\right)^2 = 1960\,kg\,\frac{m^2}{s^2}$$
$$= 1960\,kg\,\frac{m}{s^2}\,m = 1960\,Nm$$

W_B : Beschleunigungsarbeit
E_{kin}: kinetische Energie
m : Masse
v : Geschwindigkeit

Beschleunigungsarbeit; kinetische Energie (kreisförmige Bewegung)

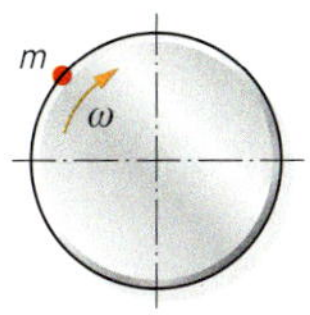

$$W_B = \frac{J}{2} \cdot \omega^2 \qquad E_{kin} = \frac{J}{2} \cdot \omega^2$$

Beispiel: J = 150 kg m², ω = 20 1/s; W_B = ? Nm

$$W_B = \frac{J}{2} \cdot \omega^2 = \frac{150\,kg \cdot m^2}{2} \cdot \left(20\,\frac{1}{s}\right)^2 = 75\,kg \cdot m \cdot m \cdot 400\,\frac{1}{s^2}$$
$$= 30\,000\,\frac{kg \cdot m}{s^2} \cdot m = 30\,000\,Nm$$

W_B : Beschleunigungsarbeit
E_{kin}: kinetische Energie
J : Massenmoment 2. Grades
ω : Winkelgeschwindigkeit

Federarbeit; Spannenergie

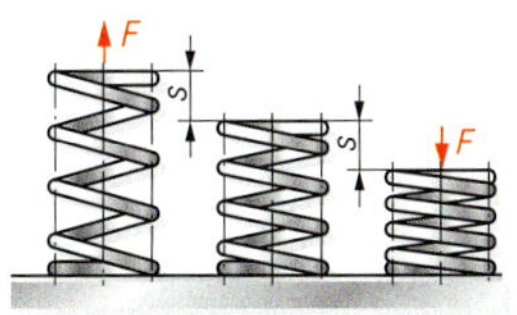

$$W_F = \frac{R}{2} \cdot s^2 \qquad E_s = \frac{R}{2} \cdot s^2 \qquad R = \frac{F}{s}$$

$s = \sqrt{\frac{2 \cdot W_F}{R}}$ $s = \frac{F}{R}$

Beispiel: R = 50 N/mm, s = 6 mm; E_s = ? Nmm

$$E_s = \frac{R}{2} \cdot s^2 = \frac{50\,N}{2\,mm} \cdot (6\,mm)^2 = 900\,Nmm$$

W_F : Federarbeit
E_s : Spannenergie
F : Federkraft
R : Federrate
s : Federweg

Reibungsarbeit; Wärmeenergie

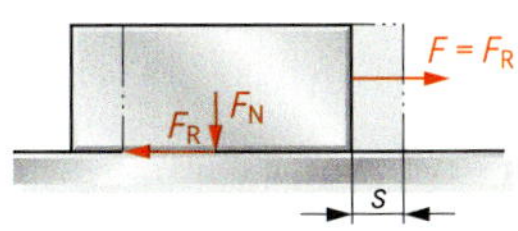

$$W_R = F_R \cdot s \qquad Q = F_R \cdot s \qquad F_R = \mu \cdot F_N$$

Beispiel: F_N = 1,7 kN, μ = 0,12; F_R = ? N

$F_R = \mu \cdot F_N = 1700\,N \cdot 0{,}12 = 204\,N$

W_R : Reibungsarbeit
Q : Wärmeenergie
F : Kraft
F_R : Reibungskraft
F_N : Normalkraft
s : Weg
μ : Gleitreibungszahl

Leistung (allgemein)

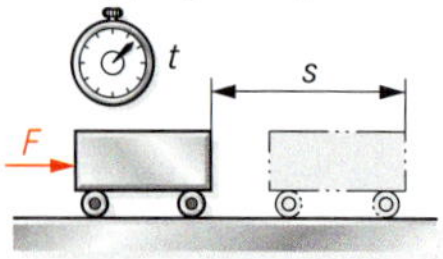

$1\,\frac{\text{Nm}}{\text{s}} = 1\,\frac{\text{Ws}}{\text{s}} = 1\text{ W}$

$$P = \frac{W}{t} \qquad P = F \cdot v \qquad P = \frac{F \cdot s}{t}$$

$$F = \frac{P \cdot t}{s} \qquad s = \frac{P \cdot t}{F} \qquad t = \frac{F \cdot s}{P}$$

Beispiel: $F = 4000$ N; $s = 1{,}8$ m; $t = 5$ s; $P = ?$ kW

$$P = \frac{F \cdot s}{t} = \frac{4\text{ kN} \cdot 1{,}8\text{ m}}{5\text{ s}} = 1{,}44\,\frac{\text{kNm}}{\text{s}} = 1{,}44\text{ kW}$$

EXCEL-Rechenblatt

P : Leistung
W : Arbeit
s : Weg
t : Zeit
v : Geschwindigkeit

Hubleistung

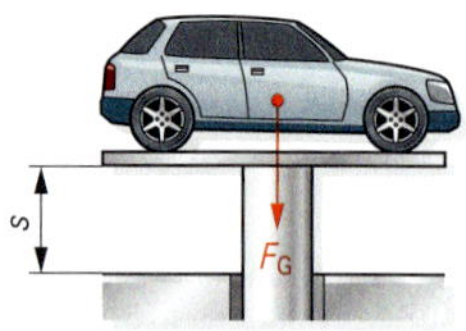

$$P = F_G \cdot v \qquad P = \frac{F_G \cdot s}{t} \qquad P = \frac{m \cdot g \cdot s}{t}$$

$$F_G = \frac{P}{v} \qquad F_G = \frac{P \cdot t}{s} \qquad m = \frac{P \cdot t}{g \cdot s}$$

Beispiel: $m = 600$ kg; $g = 9{,}81$ m/s²; $s = 22$ m; $t = 15$ s; $P = ?$ kW

$$P = \frac{m \cdot g \cdot s}{t} = \frac{600\text{ kg} \cdot 9{,}81\text{ m} \cdot 22\text{ m}}{\text{s}^2 \cdot 15\text{ s}} = 8632{,}8\,\frac{\text{Nm}}{\text{s}} = 8632{,}8\text{ W}$$
$$= 8{,}63\text{ kW}$$

P : Leistung
F_G : Gewichtskraft
v : Geschwindigkeit
s : Weg
t : Zeit
m : Masse
g : Fallbeschleunigung

Zugleistung

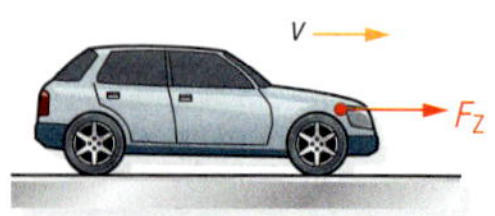

$$P = F_Z \cdot v \qquad P = \frac{F_Z \cdot s}{t}$$

$$F_Z = \frac{P}{v} \qquad v = \frac{P}{F_Z}$$

Beispiel: $F_z = 12$ kN; $v = 48$ km/h; $P = ?$ kW

$$P = F_z \cdot v = 12\text{ kN} \cdot 48\,\frac{\text{km}}{\text{h}} = \frac{12\text{ kN} \cdot 48\,000\text{ m}}{3600\text{ s}} = 160\text{ kW}$$

P : Leistung
F_Z : Zugkraft
v : Geschwindigkeit
s : Weg
t : Zeit

Getriebeleistung

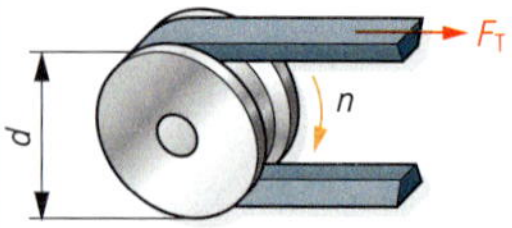

$$P = F_T \cdot v$$
$$P = F_T \cdot d \cdot \pi \cdot n$$
$$P = F_T \cdot 2 \cdot r \cdot \pi \cdot n$$

$$P = M \cdot 2 \cdot \pi \cdot n$$
$$P = M \cdot \omega$$

$$F_T = \frac{P}{2 \cdot r \cdot \pi \cdot n} \qquad n = \frac{P}{F_T \cdot 2 \cdot r \cdot \pi} \qquad M = \frac{P}{\omega}$$

Beispiel: $F_T = 2000$ N; $d = 120$ mm; $n = 710$ 1/min; $P = ?$ kW

$$P = F_T \cdot d \cdot \pi \cdot n = 2000\text{ N} \cdot 0{,}12\text{ m} \cdot \pi \cdot \frac{710}{60\text{ s}} = 8{,}92\text{ kW}$$

P : Leistung
F_T : Tangentialkraft
v : Geschwindigkeit
d : Durchmesser
r : Radius
n : Umdrehungsfrequenz
M : Kraftmoment
ω : Winkelgeschwindigkeit

Schnittleistung

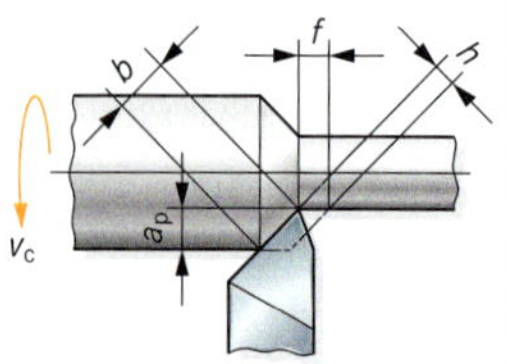

$$P = F_c \cdot v_c \qquad P = A_c \cdot k_c \cdot v_c$$

$$P = a_p \cdot f \cdot k_c \cdot v_c \qquad P = b \cdot h \cdot k_c \cdot v_c$$

$$v_c = \frac{P}{A \cdot k_c} \qquad f = \frac{P}{a_p \cdot k_c \cdot v_c} \qquad a_p = \frac{P}{f \cdot k_c \cdot v_c} \qquad F_c = \frac{P}{v_c}$$

Beispiel: $a_p = 0{,}5$ mm; $f = 0{,}1$ mm; $k_c = 3200$ N/mm²;
$v_c = 210$ m/min; $P = ?$ kW

$$P = a_p \cdot f \cdot k_c \cdot v_c = 0{,}5\text{ mm} \cdot 0{,}1\text{ mm} \cdot 3200\,\frac{\text{N}}{\text{mm}^2} \cdot 210\,\frac{\text{m}}{60\text{ s}} = 0{,}56\text{ kW}$$

P : Leistung
F_c : Schnittkraft
v_c : Schnittgeschwindigkeit
A : Spanungsquerschnitt
a_p : Schnitttiefe
f : Vorschub
b : Spanungsbreite
h : Spanungsdicke
k_c : spezif. Schnittkraft

Pumpenleistung

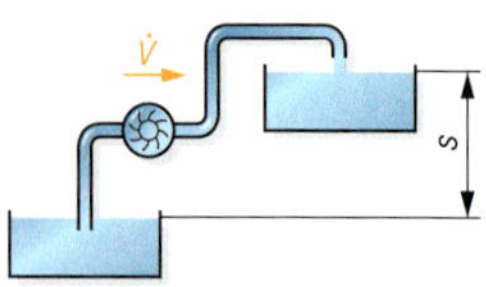

$$P = \dot{V} \cdot \varrho \cdot g \cdot s$$

$$\dot{V} = \frac{P}{\varrho \cdot g \cdot s} \qquad s = \frac{P}{\dot{V} \cdot \varrho \cdot g}$$

Beispiel: $\dot{V} = 1{,}2$ dm³/s; $\varrho = 0{,}85$ kg/dm³; $s = 3$ m; $P = ?$ W

$$P = \dot{V} \cdot \varrho \cdot g \cdot s = 1{,}2\,\frac{\text{dm}^3}{\text{s}} \cdot 0{,}85\,\frac{\text{kg}}{\text{dm}^3} \cdot 9{,}81\,\frac{\text{m}}{\text{s}^2} \cdot 3\text{ m}$$
$$= 30\,\frac{\text{kg} \cdot \text{m}}{\text{s}^2} \cdot \frac{\text{m}}{\text{s}} = 30\,\frac{\text{N} \cdot \text{m}}{\text{s}} = 30\text{ W}$$

P : Leistung
$\dot{V}$: Volumenstrom
ϱ : Dichte
g : Fallbeschleunigung
s : Förderhöhe

Wirkungsgrad

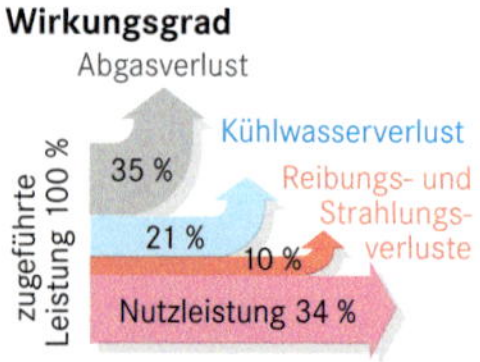

$$\eta = \frac{P_{exi}}{P_{ing}} < 1 \qquad \eta = \eta_1 \cdot \eta_2 \cdot \eta_3 \cdot \ldots$$

$$P_{exi} = \eta \cdot P_{ing} \qquad P_{ing} = \frac{P_{exi}}{\eta}$$

Beispiel: $P_{exi} = 25{,}6$ kW; $\eta = 0{,}8$; $P_{ing} = ?$ kN

$$P_{ing} = \frac{P_{exi}}{\eta} = 25{,}6\text{ kW}/0{,}8 = 32\text{ kW}$$

η : Wirkungsgrad
η_1 : Teilwirkungsgrad
P_{exi} : abgegebene Leistung
P_{ing} : zugeführte Leistung

Zugbeanspruchung

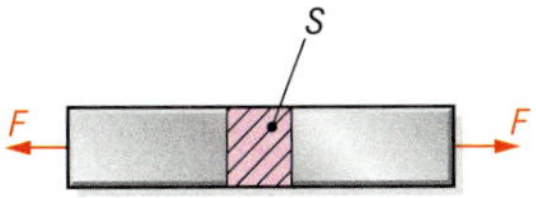

$\sigma_z = \frac{F}{S}$ $\sigma_{z\,zul} = \frac{\sigma_{z\,max}}{\nu}$ $\sigma_{z\,zul} = \frac{F}{S}$ $F = \sigma_z \cdot S$ $S = \frac{F}{\sigma_z}$

Beispiel:

F = 25 kN; S = 20 mm x 20 mm; σ_z = ? N/mm²

$\sigma_z = \frac{F}{S} = \frac{25\,000\ \text{N}}{20\ \text{mm} \cdot 20\ \text{mm}} = 62{,}5\ \frac{\text{N}}{\text{mm}^2}$

EXCEL-Rechenblatt

σ_z : Zugspannung
F : Zugkraft
S : Querschnitt
$\sigma_{z\,zul}$: zulässige Zugspannung
$\sigma_{z\,max}$: maximale Zugspannung
ν : Sicherheitszahl

Druckbeanspruchung

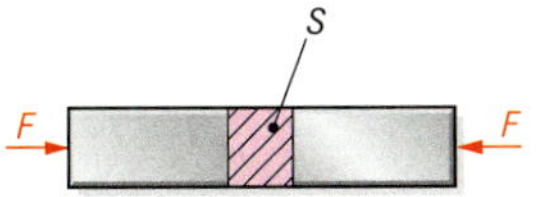

Stahl, NE-Metalle $\sigma_{d\,zul} = \sigma_{z\,zul}$
$\sigma_{d\,max}$ kann sein: σ_{dB}; σ_{dF}; $\sigma_{d\,0,2}$

$\sigma_d = \frac{F}{S}$ $\sigma_{d\,zul} = \frac{F}{S}$ $\sigma_{d\,zul} = \frac{\sigma_{d\,max}}{\nu}$ $F = \sigma_d \cdot S$ $S = \frac{F}{\sigma_d}$

Beispiel:

$\sigma_{d\,zul}$ = 400 N/mm²; S = 2000 mm²; F = ? kN

$F = \sigma_{d\,zul} \cdot S = 400\ \frac{\text{N}}{\text{mm}^2} \cdot 2000\ \text{mm}^2 = 800\,000\ \text{N} = 800\ \text{kN}$

σ_d : Druckspannung
F : Druckkraft
S : Querschnitt
$\sigma_{d\,zul}$: zulässige Druckspannung
$\sigma_{d\,max}$: maximale Druckspannung
ν : Sicherheitszahl

Scherbeanspruchung (belasteter Querschnitt darf nicht abgeschert werden)

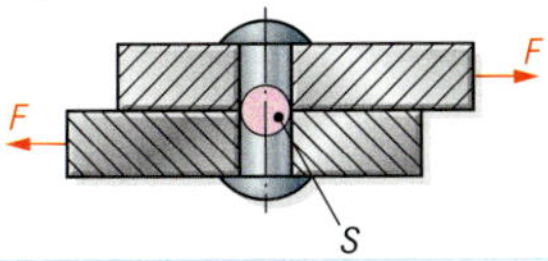

$\tau_a = \frac{F}{S}$ $\tau_{a\,zul} = \frac{F}{S}$ $\tau_{a\,zul} = \frac{\tau_{aB}}{\nu}$ $F = \tau_a \cdot S$ $S = \frac{F}{\tau_a}$

Beispiel:

F = 10 kN; d = 10 mm; τ_a = ? N/mm²

$\tau_a = \frac{F}{S} = \frac{10\,000\ \text{N} \cdot 4}{(10\ \text{mm})^2 \cdot \pi} = 127{,}3\ \frac{\text{N}}{\text{mm}^2}$

τ_a : Scherspannung
F : Scherkraft
S : Querschnitt
$\tau_{a\,zul}$: zulässige Scherspannung
τ_{aB} : Scherfestigkeit

Scherbeanspruchung (belasteter Querschnitt soll abgeschert werden)

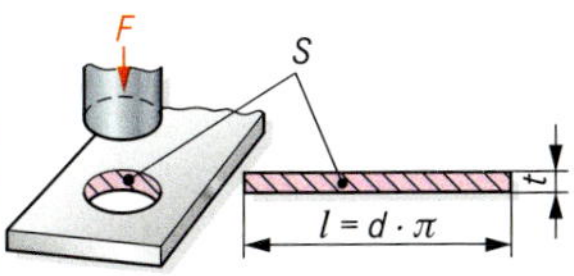

$F = \tau_{aBmax} \cdot S$ $S = l \cdot t$ $S = \frac{F}{\tau_{aBmax}}$ $S = d \cdot \pi \cdot t$

Stahl: $\tau_{aBmax} \approx 0{,}8 \cdot R_{m\,max}$ Gusseisen: $\tau_{aBmax} \approx 01{,}1 \cdot R_{m\,max}$

Beispiel:

d = 20 mm; t = 2 mm; τ_{aBmax} = 0,8 · 510 N/mm²; F = ? kN

$F = \tau_{aBmax} \cdot S = 0{,}8 \cdot 510\ \frac{\text{N}}{\text{mm}^2} \cdot 20\ \text{mm} \cdot \pi \cdot 2\ \text{mm} = 51{,}3\ \text{kN}$

F : Scherkraft; Schneidkraft
τ_{aBmax} : Scherfestigkeit
S : Scherfläche
l : Scherlänge
t : Werkstückdicke
$R_{m\,max}$: Mindestzugfestigkeit

Flächenpressung

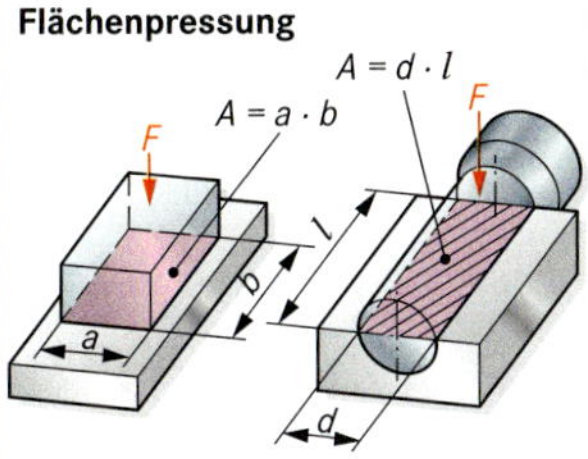

$p = \frac{F}{A}$ $p_{zul} = \frac{F}{A}$ $F = p \cdot A$ $A = \frac{F}{p}$

Beispiel:

d = 50 mm; l = 100 mm; p_{zul} = 150 N/mm²; F = ? kN

$F = p_{zul} \cdot A = p_{zul} \cdot d \cdot l = 150\ \frac{\text{N}}{\text{mm}^2} \cdot 50\ \text{mm} \cdot 100\ \text{mm} = 750\ \text{kN}$

p : Flächenpressung
F : Kraft
A : Berührungsfläche; Projektion der Berührungsfläche
p_{zul} : zulässige Flächenpressung
F_{zul} : zulässige Kraft

Knickung

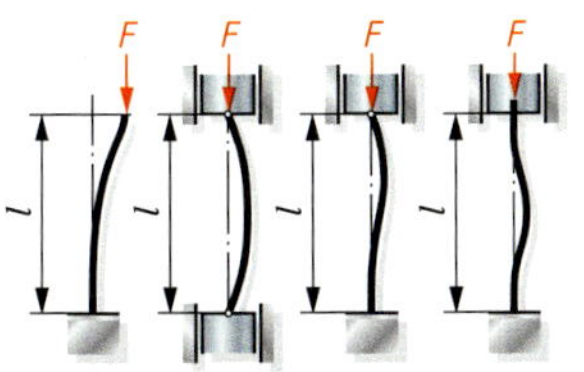

$l_k = 2\,l$ $l_k = l$ $l_k = \frac{l}{\sqrt{2}}$ $l_k = 0{,}5\,l$

$\sigma_k = \frac{F}{S}$ $F_{k\,zul} = \frac{\pi^2 \cdot E \cdot I}{l_k^2 \cdot \nu}$ $F = \sigma_k \cdot S$ $S = \frac{F}{\sigma_k}$

Beispiel:

IPB 160 zweiseitig eingespannt;
l = 3 m, E = 200 000 N/mm²; I = 889 cm⁴; ν = 8; $F_{k\,zul}$ = ? kN

$F_{k\,zul} = \frac{\pi^2 \cdot E \cdot I}{l_k^2 \cdot \nu} = \frac{\pi^2 \cdot 200\,000\ \frac{\text{N}}{\text{mm}^2} \cdot 889\ \text{cm}^4}{(0{,}5 \cdot 300\ \text{cm})^2 \cdot 8}$

$= \frac{\pi^2 \cdot 20\,000\,000\ \frac{\text{N}}{\text{cm}^2} \cdot 889\ \text{cm}^4}{150^2\ \text{cm}^2 \cdot 8} = 974987{,}6\ \text{N} = 974{,}9\ \text{kN}$

σ_k : Knickspannung
F : Zugkraft
S : Querschnitt
E : Elastizitätsmodul
I : Flächenmoment 2. Grades
l_k : freie Knicklänge
$F_{k\,zul}$: zulässige Knickkraft
ν : Sicherheitszahl

Verdrehung

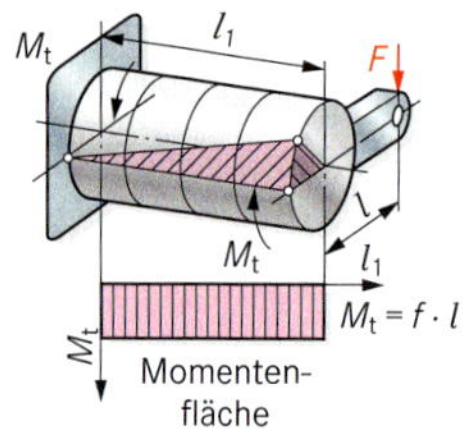

$$\tau_t = \frac{M_t}{W_p}$$ $$\tau_{t\,zul} = \frac{M_t}{W_p}$$ $$\tau_{t\,zul} = \frac{\tau_{t\,max}}{\nu}$$

$M_t = \tau_t \cdot W_p$ $W_p = \frac{M_t}{\tau_t}$ $\tau_{t\,max}$ kann sein: τ_{tB}; τ_{tF}

Beispiel:

Welle Ø 25 mm; M_t = 150 Nm; W_p = ? mm³; τ_t = ? N/mm²

$$W_p = \frac{d^3 \cdot \pi}{16} = \frac{(25\ \text{mm})^3 \cdot \pi}{16} = 3068\ \text{mm}^3$$

$$\tau_t = \frac{M_t}{W_p} = \frac{150\,000\ \text{N} \cdot \text{mm}}{3068\ \text{mm}^3} = 48{,}9\ \frac{\text{N}}{\text{mm}^2}$$

τ_t : Torsionsspannung
M_t : Torsionsmoment
W_p : polares Widerstandsmoment
F : Kraft
l : Hebellänge
$\tau_{t\,zul}$: zulässige Torsionsspannung
$\tau_{t\,max}$: maximale Torsionsspannung
ν : Sicherheitszahl

Biegung

neutrale Faserschicht: $\sigma = 0$

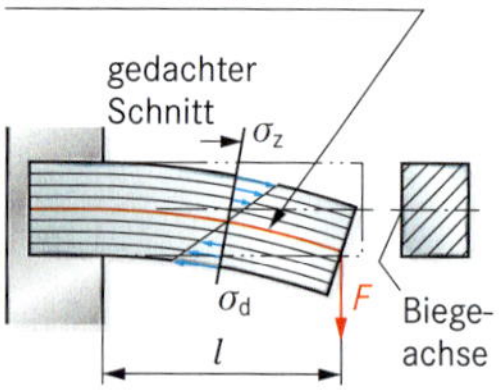

$$\sigma_b = \frac{M_b}{W}$$ $$\sigma_{b\,zul} = \frac{M_b}{W}$$ $$\sigma_{b\,zul} = \frac{\sigma_{b\,max}}{\nu}$$

$M_b = \sigma_b \cdot W$ $W = \frac{M_b}{\sigma_b}$ $\sigma_{b\,max}$ kann sein: σ_{bB}; σ_{bF}

Beispiel:

IPB 160 einseitig eingespannt, Belastung gleichmäßig verteilt;
F = 5 kN; l = 3 m; W = 311 cm³; σ_b = ? N/mm²

$$\sigma_b = \frac{M_b}{W} = \frac{5000\ \text{N} \cdot 300\ \text{cm}}{2 \cdot 311\ \text{cm}^3} = 2411{,}58\ \frac{\text{N}}{\text{cm}^2} = 24{,}12\ \frac{\text{N}}{\text{mm}^2}$$

σ_b : Biegespannung
M_b : Biegemoment
W : axiales Widerstandsmoment
F : Kraft
l : Hebellänge
$\sigma_{b\,zul}$: zulässige Biegespannung
$\sigma_{b\,max}$: maximale Biegespannung
ν : Sicherheitszahl

Biegebelastungsfälle

einseitig eingespannt

Belastung durch Einzelkraft

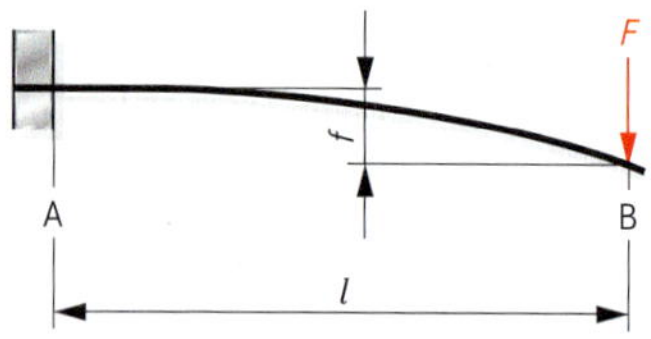

$$M_b = F \cdot l \qquad f = \frac{F \cdot l^3}{3 \cdot E \cdot I}$$

$F_A = F_B = F$

gefährdeter Querschnitt: bei A

Belastung gleichmäßig verteilt

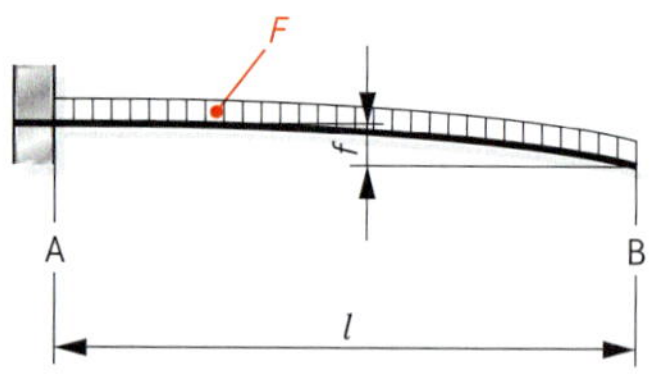

$$M_b = \frac{F \cdot l}{2} \qquad f = \frac{F \cdot l^3}{8 \cdot E \cdot I}$$

$F_A = F_B = F$

gefährdeter Querschnitt: bei A

frei aufliegend

Belastung durch Einzelkraft

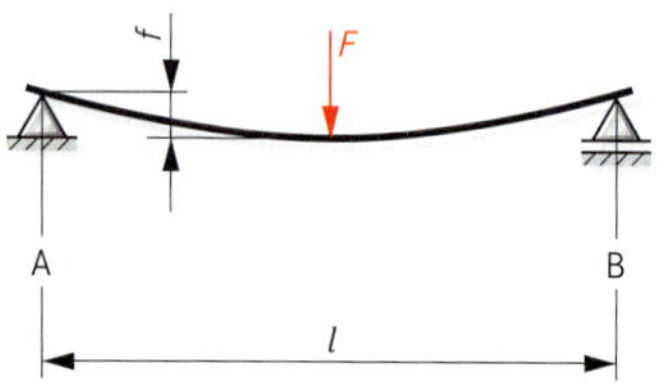

$$M_b = \frac{F \cdot l}{4} \qquad f = \frac{F \cdot l^3}{48 \cdot E \cdot I}$$

$F_A = F_B = \frac{F}{2}$

gefährdeter Querschnitt: unterhalb von F

Belastung gleichmäßig verteilt

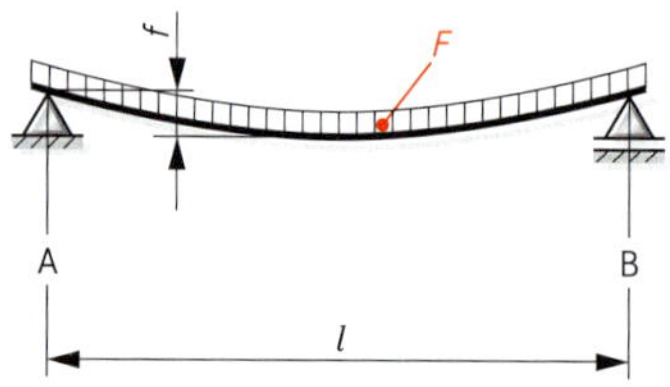

$$M_b = \frac{F \cdot l}{8} \qquad f = \frac{5 \cdot F \cdot l^3}{384 \cdot E \cdot I}$$

$F_A = F_B = \frac{F}{2}$

gefährdeter Querschnitt: in der Trägermitte

zweiseitig eingespannt

Belastung durch Einzelkraft

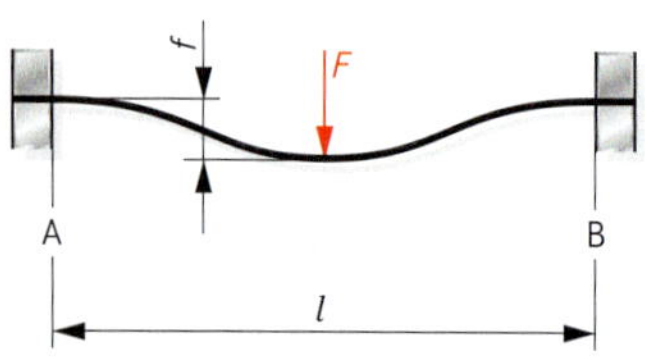

$$M_b = \frac{F \cdot l}{8} \qquad f = \frac{F \cdot l^3}{192 \cdot E \cdot I}$$

$F_A = F_B = \frac{F}{2}$

gefährdeter Querschnitt:
bei A und B und unterhalb von F

Biegebelastungsfälle

Belastung gleichmäßig verteilt

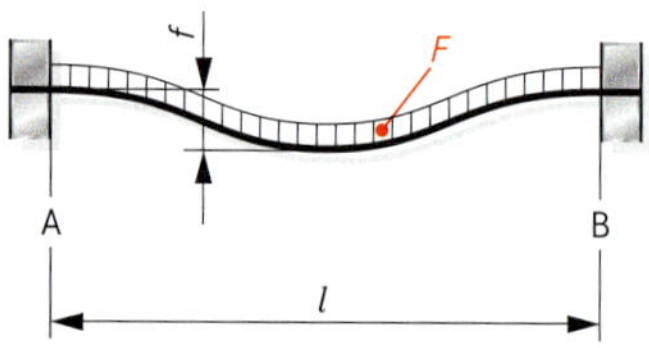

$$M_b = \frac{F \cdot l}{12} \qquad f = \frac{F \cdot l^3}{384 \cdot E \cdot I}$$

$F_A = F_B = \frac{F}{2}$

gefährdeter Querschnitt: bei A und B

Flächenmomente und Widerstandsmomente einfacher Querschnitte

Querschnitt	axiales Flächenmoment 2. Grades	axiales Widerstandsmoment	polares Flächenmoment 2. Grades	polares Widerstandsmoment
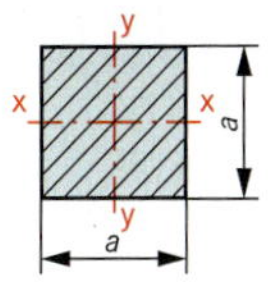	$I_x = I_y = \frac{a^4}{12}$	$W_x = W_y = \frac{a^3}{6}$	$I_p = 0{,}141 \cdot a^4$	$W_p = 0{,}208 \cdot a^3$
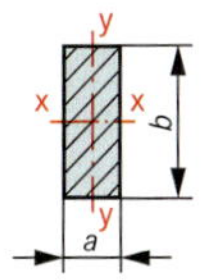	$I_x = \frac{a \cdot b^3}{12}$ $I_y = \frac{b \cdot a^3}{12}$	$W_x = \frac{a \cdot b^2}{6}$ $W_y = \frac{b \cdot a^2}{6}$		
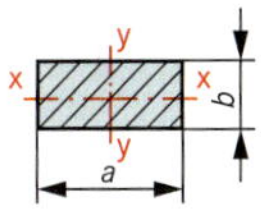	$I_x = \frac{a \cdot b^3}{12}$ $I_y = \frac{b \cdot a^3}{12}$	$W_x = \frac{a \cdot b^2}{6}$ $W_y = \frac{b \cdot a^2}{6}$		
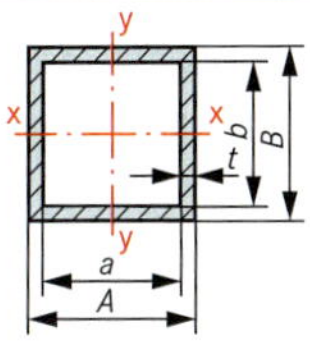	$I_x = \frac{A \cdot B^3 - a \cdot b^3}{12}$ $I_y = \frac{B \cdot A^3 - b \cdot a^3}{12}$	$W_x = \frac{A \cdot B^3 - a \cdot b^3}{6B}$ $W_y = \frac{B \cdot A^3 - b \cdot a^3}{6A}$	$I_p = \frac{t\,(Aa + Bb)\,(A + a)\,(B + b)}{A + B + a + b}$	$W_p = \frac{t\,(A + a)\,(B + b)}{2}$
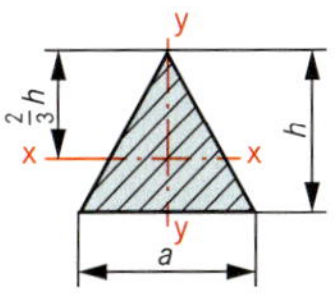	$I_x = \frac{a \cdot h^3}{36}$ $I_y = \frac{h \cdot a^3}{48}$	$W_x = \frac{a \cdot h^2}{24}$ $W_y = \frac{h \cdot a^2}{24}$	$I_p = \frac{a^4}{46{,}19} = \frac{h^4}{15\sqrt{3}}$	$W_p = \frac{a^3}{20} = \frac{h^3}{7{,}5\sqrt{3}}$
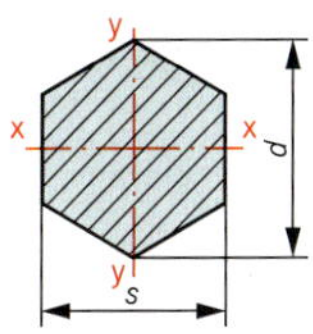	$I_x = I_y = \frac{5\sqrt{3} \cdot d^4}{256}$ $I_x = I_y = \frac{5\sqrt{3} \cdot s^4}{144}$	$W_x = \frac{5\sqrt{3} \cdot d^3}{128}$ $W_y = \frac{5 \cdot d^3}{64}$	$I_p = 0{,}0649 \cdot d^4$	$W_p = 0{,}1226 \cdot d^3$ $W_p = 0{,}188 \cdot s^3$
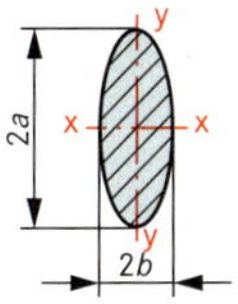	$I_x = \frac{a^3 \cdot b \cdot \pi}{4}$ $I_y = \frac{b^3 \cdot a \cdot \pi}{4}$	$W_x = \frac{a^2 \cdot b \cdot \pi}{4}$ $W_y = \frac{b^2 \cdot a \cdot \pi}{4}$	$I_p = \frac{b^4 \cdot n^3 \cdot \pi}{n^2 + 1}$ $n = \frac{2a}{2b} > 1$	$W_p = \frac{b^3 \cdot n \cdot \pi}{2}$ $n = \frac{2a}{2b} > 1$
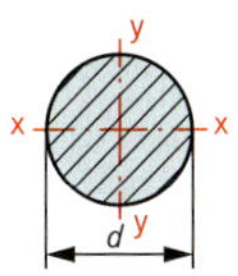	$I_x = I_y = \frac{d^4 \cdot \pi}{64}$	$W_x = W_y = \frac{d^3 \cdot \pi}{32}$	$I_p = \frac{d^4 \cdot \pi}{32}$	$W_p = \frac{d^3 \cdot \pi}{16}$
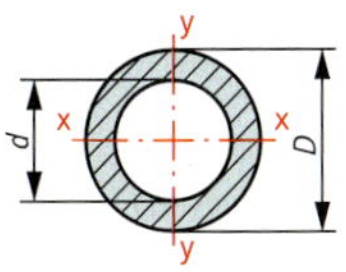	$I_x = I_y$ $I_y = \frac{(D^4 - d^4) \cdot \pi}{64}$	$W_x = W_y$ $W_y = \frac{(D^4 - d^4) \cdot \pi}{32 \cdot D}$	$I_p = \frac{(D^4 - d^4) \cdot \pi}{32}$	$W_p = \frac{(D^4 - d^4) \cdot \pi}{16 \cdot D}$

Kerbwirkung und Kerbspannung

Bei dynamischer Beanspruchung von Bauteilen ist zur Bestimmung der zulässigen Spannung der Einfluss von Kerben zu berücksichtigen. Durch die Kerbwirkung kommt es an Stellen mit Querschnittsänderungen zu Spannungsspitzen, die ein Mehrfaches der Nennspannung betragen können. Für die Dauerfestigkeit σ_D des ungekerbten Querschnitts ist die nach Beanspruchungsart und Beanspruchungsfall maximal zulässige Spannung (z. B. σ_{bSch} oder τ_{tW}) einzusetzen.

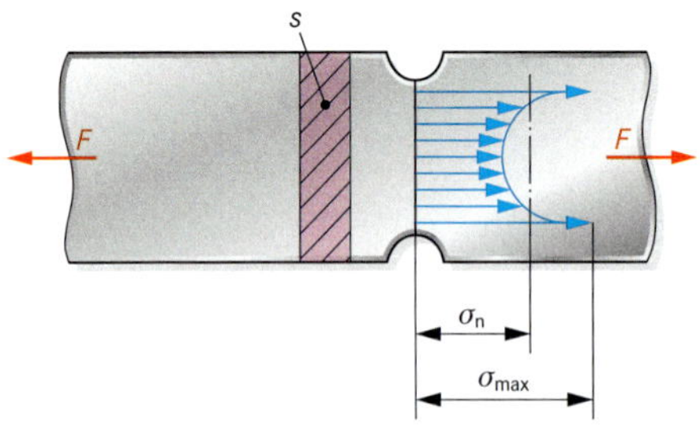

$$\sigma_n = \frac{F}{S}$$

$$\sigma_{max} = \sigma_n \cdot \beta_k$$

$$\sigma_{zul} = \frac{\sigma_D \cdot b_1 \cdot b_2}{\beta_k \cdot \nu}$$

σ_{max} : maximale Spannung im Kerbgrund (Spannungsspitze)
σ_n : Nennspannung
β_k : Kerbwirkungszahl
F : Kraft
S : Querschnitt
σ_{zul} : zulässige Spannung
σ_D : Dauerfestigkeit des ungekerbten Querschnitts
b_1 : Oberflächenbeiwert
b_2 : Größenbeiwert
ν : Sicherheitszahl

Kerbwirkungszahl β_k für Stahl

Form der Kerbe	β_k bei Beanspruchungsart		Werkstoff
	Biegung	Verdrehung	
glatte Welle	1	1	S185...E335
Welle mit Rundkerbe	1,5...2,5	1,3...1,8	S185...E335
Welle mit Einstich für Sicherungsring	2,5...3,0	2,5...3,0	S185...E335
Welle mit Absatz	1,3...2,0	1,2...1,8	S185...E335
Welle mit kleiner Querbohrung (z. B. Schmierloch)	1,2...1,8	1,2...1,8	S185...E335
Welle an Übergangsstelle zu festsitzender Nabe	2,0	1,5	S185...E335
Passfedernut in Welle	1,8...1,9	1,5...1,6	S185...E335
	1,9...2,1	1,6...1,7	C45E+QT
	2,1...2,3	1,7...1,8	50CrMo4+QT
Scheibenfedernut in Welle	2,0...3,0	2,0...3,0	S185...E335
Keilwelle	2,0...2,5	2,0...2,5	S185...E335
Flachstab mit Bohrung	1,2...1,5	1,5...1,8 (Zug)	S185...E335

Oberflächenbeiwert b_1 und Größenbeiwert b_2 für Stahl

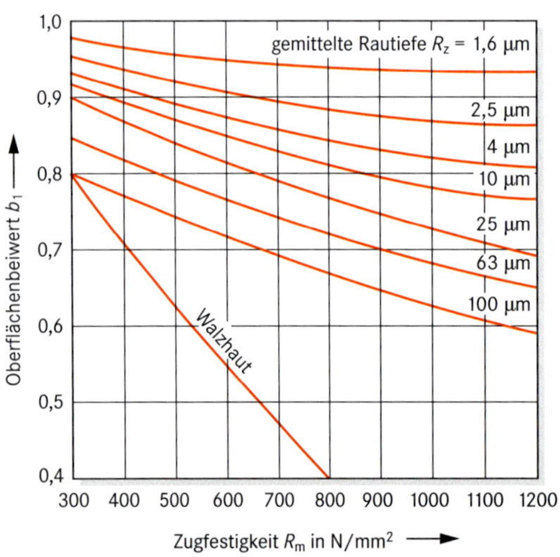

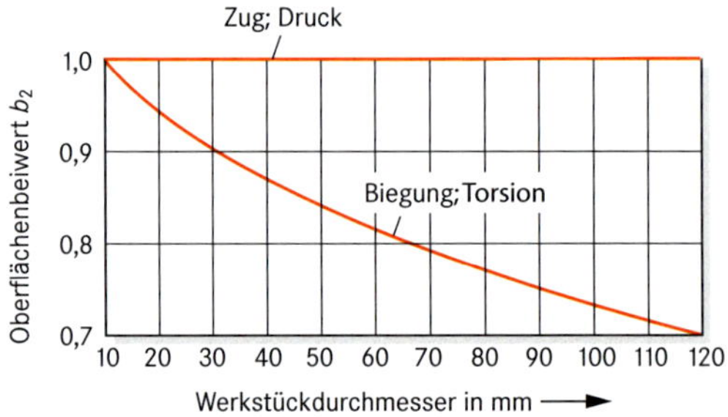

Für andere Querschnittsformen gilt:

Beanspruchung	Quadrat	Rechteck
Biegung	Kantenlänge = d	Kantenlänge in Biegeebene = d
Verdrehung	Flächendiagonale = d	Flächendiagonale = d

Absoluter Druck, Luftdruck, Überdruck

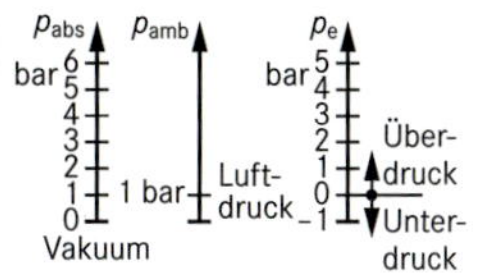

$$p_{abs} = p_{amb} + p_e$$

$$p_e = p_{abs} - p_{amb}$$

$p_{abs} > p_{amb} \Rightarrow$ Überdruck
$p_{abs} < p_{amb} \Rightarrow$ Unterdruck

p_{abs} : absoluter Druck
p_{amb} : Normal-Luftdruck = Umgebungsluftdruck = 1,01325 bar ≈ 1 bar
p_e : Überdruck (Betriebsdruck)

Druck

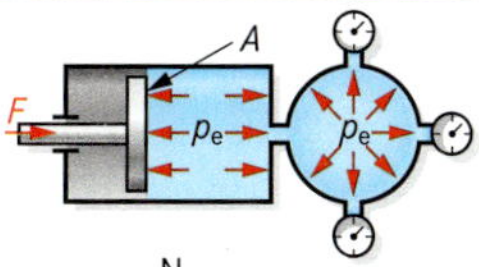

$1 \text{ Pa} = 1 \dfrac{\text{N}}{\text{m}^2}$ $\quad 1 \text{ Pa} = 10^{-5} \text{ bar}$

$1 \text{ bar} = 10 \dfrac{\text{N}}{\text{cm}^2}$

$$p_e = \frac{F}{A}$$

$$F = p_e \cdot A \qquad A = \frac{F}{p_e}$$

Beispiel: $F = 24$ kN; $A = 7500$ mm^2; p_e = ? bar

$$p_e = \frac{F}{A} = \frac{24\,000 \text{ N}}{7500 \text{ mm}^2} = 3{,}2 \frac{\text{N}}{\text{mm}^2} = 320 \frac{\text{N}}{\text{cm}^2} = 32 \text{ bar}$$

p_e : Überdruck (Betriebsdruck)
F : Kraft
A : wirksame Kolbenfläche

EXCEL-Rechenblatt

Hydrostatischer Druck

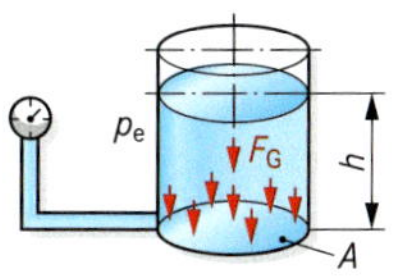

$$p_e = \frac{F_G}{A} \qquad p_e = \frac{A \cdot h \cdot \varrho \cdot g}{A}$$

$$p_e = h \cdot \varrho \cdot g$$

$$h = \frac{p_e}{\varrho \cdot g} \qquad \varrho = \frac{p_e}{h \cdot g}$$

Beispiel: $h = 5$ m; $\varrho = 1000$ kg/m^3; $g = 9{,}81$ m/s^2; p_e = ? bar

$$p_e = h \cdot \varrho \cdot g = 5 \text{ m} \cdot 1000 \frac{\text{kg}}{\text{m}^3} \cdot 9{,}81 \frac{\text{m}}{\text{s}^2} = 5 \text{ m} \cdot 1000 \frac{\text{kg}}{\text{m}^3} \cdot 9{,}81 \frac{\text{m}}{\text{s}^2} = 49\,050 \frac{\text{N}}{\text{m}^2} = 49\,050 \text{ Pa} = 4{,}91 \text{ bar}$$

p_e : hydrostatischer Überdruck (= Boden- oder Seitendruck)
F_G : Gewichtskraft
A : Fläche
h : Höhe der Flüssigkeitssäule
ϱ : Dichte der Flüssigkeit
g : Fallbeschleunigung

Auftrieb

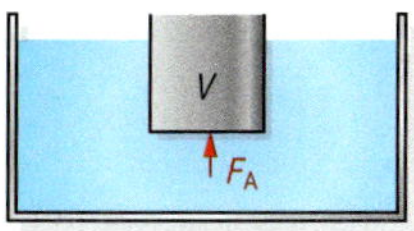

$$F_A = V \cdot \varrho \cdot g \qquad V = \frac{F_A}{\varrho \cdot g}$$

Beispiel: $V = 1$ dm^3; $\varrho = 1$ kg/dm^3; $g = 9{,}81$ m/s^2; F_A = ? *N*

$$F_A = V \cdot \varrho \cdot g = 1 \text{ dm}^3 \cdot 1 \frac{\text{kg}}{\text{dm}^3} \cdot 9{,}81 \frac{\text{m}}{\text{s}^2} = 9{,}81 \text{ N}$$

F_A : Auftriebskraft
V : eingetauchtes (verdrängtes) Volumen
ϱ : Dichte der Flüssigkeit
g : Fallbeschleunigung

Zustandsänderung von Gasen

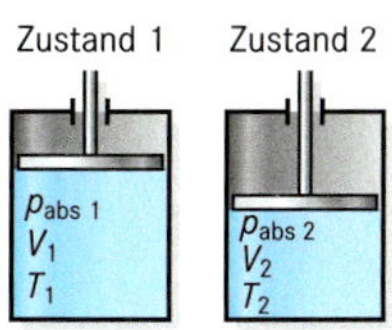

Allgemeine Gasgleichung:

$$\frac{p_{abs\,1} \cdot V_1}{T_1} = \frac{p_{abs2} \cdot V_2}{T_2} = \ldots = \frac{p_{absn} \cdot V_n}{T_n}$$

Gesetz von Boyle-Mariotte (T = konstant):

$$p_{abs\,1} \cdot V_1 = p_{abs2} \cdot V_2 = \ldots = p_{absn} \cdot V_n = \text{konstant}$$

Beispiel: $p_{abs\,1} = 1$ bar; $V_1 = 25$ m^3; $T_1 = 293$ K; $p_{abs2} = 10$ bar; $V_2 = 5$ m^3; T_2 = ? K

$$T_2 = \frac{p_{abs2} \cdot V_2 \cdot T_1}{p_{abs\,1} \cdot V_1} = \frac{10 \text{ bar} \cdot 5 \text{ m}^3 \cdot 293 \text{ K}}{1 \text{ bar} \cdot 25 \text{ m}^3} = 586 \text{ K}$$

p_{abs} : absoluter Druck
V : Volumen
T : Kelvin-Temperatur

Hydraulische Presse

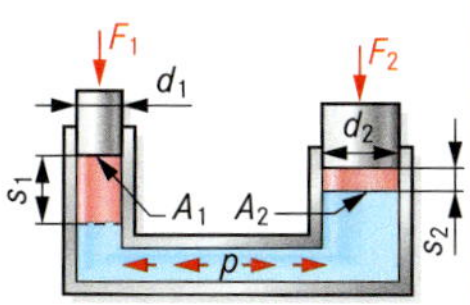

$$\frac{F_1}{F_2} = \frac{A_1}{A_2} \qquad \frac{F_1}{F_2} = \frac{(d_1)^2}{(d_2)^2} \qquad \frac{F_1}{F_2} = \frac{s_2}{s_1} \qquad i = \frac{F_1}{F_2} = \frac{A_1}{A_2} = \frac{s_2}{s_1}$$

Beispiel: $A_1 = 10$ cm^2; $A_2 = 125$ cm^2; $F_2 = 12$ kN; $s_2 = 50$ mm; F_1 = ? N; s_1 = ? mm

$$F_1 = \frac{A_1 \cdot F_2}{A_2} = \frac{10 \text{ cm}^2 \cdot 12\,000 \text{ N}}{125 \text{ cm}^2} = 960 \text{ N}$$

$$s_1 = \frac{s_2 \cdot F_2}{F_1} = \frac{50 \text{ mm} \cdot 12\,000 \text{ N}}{960 \text{ N}} = 625 \text{ mm}$$

F_1 : Kolbenkraft 1
F_2 : Kolbenkraft 2
A_1 : Kolbenfläche 1
A_2 : Kolbenfläche 2
d_1 : Kolbendurchmesser 1
d_2 : Kolbendurchmesser 2
s_1 : Weg des Kolbens 1
s_2 : Weg des Kolbens 2
i : Übersetzungsverhältnis

Kolbenkraft; Kolbengeschwindigkeit

Ausfahren

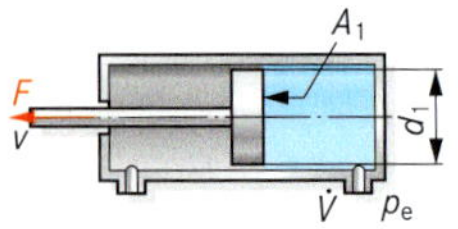

Einfahren

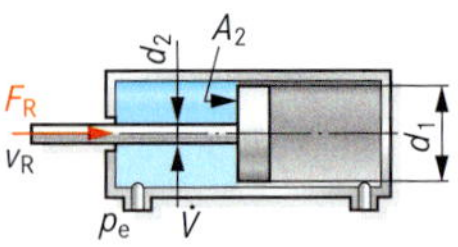

$$F = p_e \cdot A_1 \cdot \eta \qquad v = \frac{\dot{V}}{A_1} \qquad A_1 = \frac{d_1^2 \cdot \pi}{4}$$

$$F_R = p_e \cdot A_2 \cdot \eta \qquad v_R = \frac{\dot{V}}{A_2} \qquad A_2 = \frac{(d_1^2 - d_2^2) \cdot \pi}{4}$$

Beispiel: $\dot{V}$ = 5 l/min; A_1 = 12 cm²; A_2 = 5 cm²; v; v_R = ? m/min;

$$v = \frac{\dot{V}}{A_1} = 5000\ \text{cm}^3/\text{min}/12{,}5\ \text{cm}^2 = 400\ \frac{\text{cm}}{\text{min}} = 4\ \frac{\text{m}}{\text{min}}$$

$$v_R = \frac{\dot{V}}{A_2} = \frac{5000\ \text{cm}^3/\text{min}}{5{,}5\ \text{cm}^2} = 909{,}5\ \frac{\text{cm}}{\text{min}} = 9{,}09\ \frac{\text{m}}{\text{min}}$$

F : Kolbenkraft
F_R : Rückzugkraft
p_e : Überdruck (Betriebsdruck)
A_1; A_2 : wirksame Kolbenflächen
d_1 : Kolbendurchmesser
v : Kolbengeschwindigkeit
v_R : Rückzuggeschwindigkeit
d_2 : Kolbenstangendurchmesser
η : Wirkungsgrad
$\dot{V}$: Volumenstrom

EXCEL-Rechenblatt

Druckübersetzung

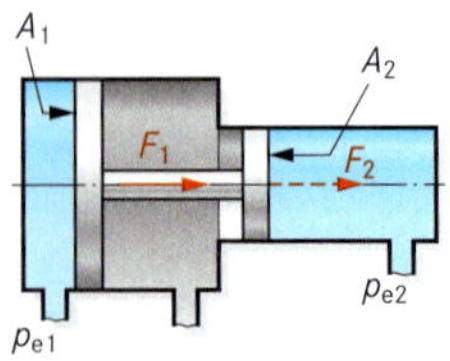

$$p_{e1} \cdot A_1 \cdot \eta = p_{e2} \cdot A_2 \qquad i = \frac{p_{e1}}{p_{e2}} = \frac{A_2}{A_1} \qquad p_{e2} = \frac{p_{e1} \cdot A_1 \cdot \eta}{A_2}$$

Beispiel: p_{e1} = 6 bar; A_1 = 100 mm²; A_2 = 25 mm²; p_{e2} = ? bar

$$p_{e2} = p_{e1} \cdot \frac{A_1}{A_2} = \frac{6\ \text{bar} \cdot 100\ \text{mm}^2}{25\ \text{mm}^2} = 24\ \text{bar}$$

p_e : Überdruck (Betriebsdruck)
A_1; A_2 : wirksame Kolbenflächen
F : Kolbenkraft
i : Übersetzungsverhältnis
η : Wirkungsgrad

Hydraulische Leistung

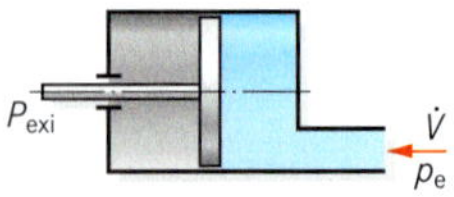

$$P_{exi} = P_{ing} \cdot \eta \qquad P_{exi} = \dot{V} \cdot p_e \cdot \eta$$

Beispiel: $\dot{V}$ = 1,2 dm³/s; p_e = 30 bar; P_{exi} = ? kW

$$P_{exi} = \dot{V} \cdot p_e = 0{,}0012\ \frac{\text{m}^3}{\text{s}} \cdot 3\,000\,000\ \frac{\text{N}}{\text{m}^2} = 3060\ \text{W} = 3{,}6\ \text{kW}$$

P_{exi} : Ausgangsleistung
P_{ing} : Eingangsleistung
η : Wirkungsgrad
p_e : Überdruck (Betriebsdruck)
$\dot{V}$: Volumenstrom

Strömende Flüssigkeiten

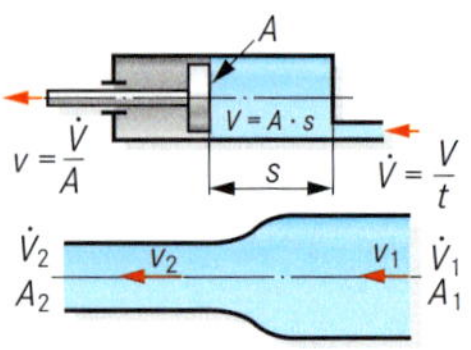

$$\dot{V} = \frac{A \cdot s}{t} \qquad \dot{V} = A \cdot v \qquad \dot{V} = \frac{V}{t} \qquad v = \frac{\dot{V}}{A}$$

Kontinuitätsgleichung:

$$A_1 \cdot v_1 = A_2 \cdot v_2 \qquad \dot{V}_1 = \dot{V}_2$$

Beispiel: A_1 = 20 cm²; A_2 = 10 cm²; $\dot{V}$ = 80 l/min; v_1 = ? m/min; v_2 = ? m/min

$$v_1 = \frac{\dot{V}}{A_1} = \frac{0{,}008\ \text{m}^3}{\text{min} \cdot 0{,}002\ \text{cm}^2} = 4\ \frac{\text{m}}{\text{min}};\ v_2 = \frac{A_1 \cdot v_1}{A_2} = \frac{0{,}002\ \text{m}^2 \cdot 4\ \text{m}}{0{,}001\ \text{m}^2 \cdot \text{min}} = 8\ \frac{\text{m}}{\text{min}}$$

$\dot{V}$: Volumenstrom
V : Volumen
A : wirksame Kolbenfläche
t : Zeit
s : Kolbenweg
v : Kolbengeschwindigkeit
$\dot{V}_1$; $\dot{V}_2$: Volumenströme
v_1; v_2 : Strömungsgeschwindigkeiten
A_1; A_2 : Rohrquerschnitte

Luftverbrauch

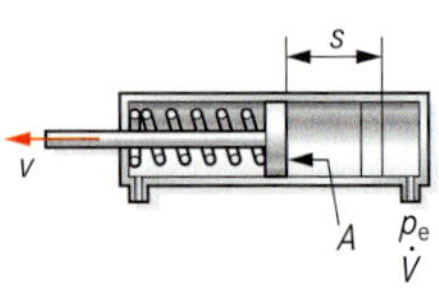

$$\dot{V} = \frac{A \cdot s \cdot (p_e + p_{amb})}{t \cdot p_{amb}} \qquad \dot{V} = \frac{V \cdot (p_e + p_{amb})}{t \cdot p_{amb}}$$

$$\dot{V} = V \cdot n \cdot \frac{p_e + p_{amb}}{p_{amb}}$$

Beispiel: A = 15 cm²; s = 20 cm; n = 34 1/min; p_e = 6 bar; p_{amb} = 1 bar: $\dot{V}$ = ? l/min

$$\dot{V} = \frac{A \cdot s\,(p_e + p_{amb})}{t \cdot p_{amb}} = \frac{15\ \text{cm}^2 \cdot 20\ \text{cm}\ 34 \cdot (6\ \text{bar} + 1\ \text{bar})}{\text{min} \cdot 1\ \text{bar}} = 71\,400\ \frac{\text{cm}^3}{\text{min}} = 71{,}4\ \frac{l}{\text{min}}$$

$\dot{V}$: Luftverbrauch
A : Kolbenfläche
s : Kolbenhub
t : Zeit
p_e : Überdruck (Betriebsdruck)
p_{amb} : Luftdruck
V : Hubvolumen
n : Hubfrequenz
v : Geschwindigkeit

Temperaturskalen

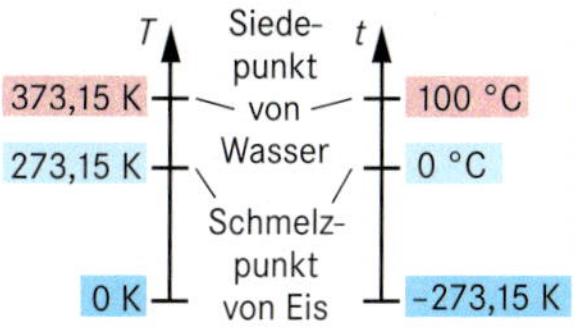

$T = t + 273{,}15\ °C$

$t = T - 273{,}15\ K$

0 K = − 273,15 °C (= absoluter Nullpunkt)

273,15 K = 0 °C
373,15 K = 100 °C

EXCEL-Rechenblatt

T : Kelvin-Temperatur (thermodynamische Temperatur)
t : Celsius-Temperatur

Längenänderung

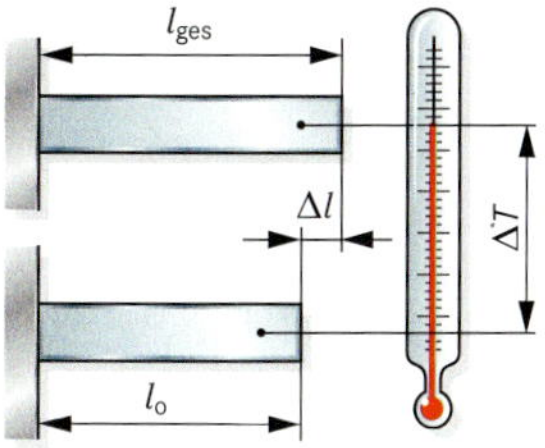

$\Delta l = l_0 \cdot \alpha \cdot \Delta T$

$l_{ges} = l_0 + \Delta l$

$l_{ges} = l_0 \cdot (1 + \alpha \cdot \Delta T)$

Erwärmung: $\Delta T > 0$
Abkühlung: $\Delta T < 0$

Werte für Längenausdehnungskoeffizienten s. Stoffwerte

Beispiel:
$l_0 = 30\ m;\ \alpha = 0{,}000011\ \frac{1}{K};\ \Delta T = 60\ K;\ \Delta l = ?\ m$

$\Delta l = l_0 \cdot \alpha \cdot \Delta T = 30\ m \cdot 0{,}000011\ \frac{1}{K} \cdot 60\ K = 0{,}0198\ m$

l_0 : Anfangslänge
l_{ges}: Endlänge
Δl : Längenänderung
α : Längenausdehnungskoeffizient
ΔT: Temperaturdifferenz

Volumenänderung

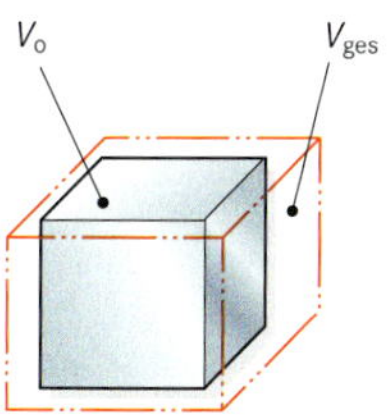

$\Delta V = V_0 \cdot \gamma \cdot \Delta T$

$V_{ges} = V_0 + \Delta V$

$V_{ges} = V_0 \cdot (1 + \gamma \cdot \Delta T)$

$\gamma \approx 3 \cdot \alpha$ (für feste Stoffe)

Erwärmung: $\Delta T > 0$
Abkühlung: $\Delta T < 0$

Beispiel:
$V_0 = 250\ cm^3;\ \gamma = 0{,}000036\ \frac{1}{K};\ \Delta T = 40\ K;\ V_{ges} = ?\ cm^3$

$V_{ges} = V_0 \cdot (1 + \gamma \cdot \Delta T) = 250\ cm^3 \cdot (1 + 0{,}000036\ \frac{1}{K} \cdot 40\ K) = 250{,}36\ cm^3$

V_0 : Anfangsvolumen
V_{ges}: Endvolumen
ΔV : Volumenänderung
ΔT : Temperaturdifferenz
γ : Volumenausdehnungskoeffizient
α : Längenausdehnungskoeffizient

Schwindung

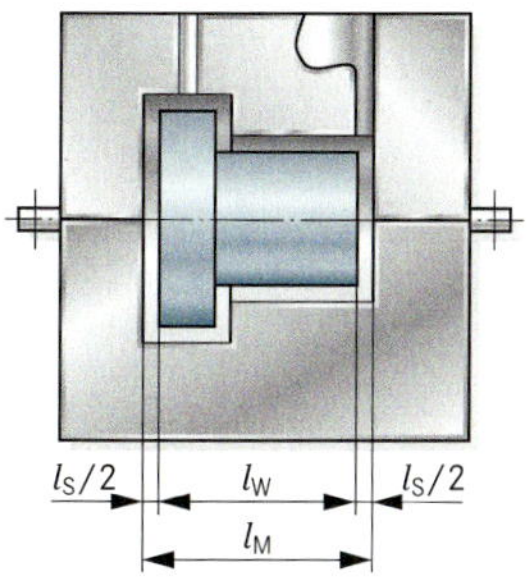

$l_M = \frac{l_W \cdot 100\ \%}{100\ \% - S}$

$l_W = l_M - l_s$

$l_s = \frac{l_M \cdot S}{100\ \%}$

Werte für Schwindmaße s. DIN EN 12 890

Beispiel:
$l_W = 235\ mm;\ S = 1{,}2\ \%;\ l_M = ?\ mm$

$l_M = \frac{l_W \cdot 100\ \%}{100\ \% - S} = \frac{235\ mm \cdot 100\ \%}{100\ \% - 1{,}2\ \%} = 237{,}85\ mm$

l_M : Modelllänge
l_W : Werkstücklänge
l_s : Schwindung
S : Schwindmaß

Wärmemenge

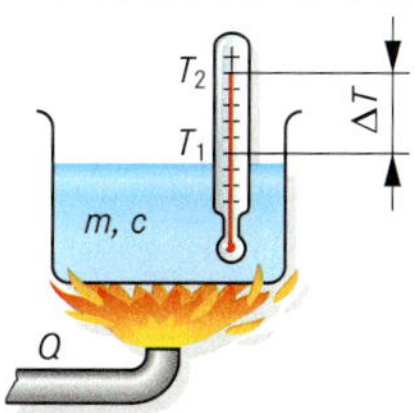

$Q = m \cdot c \cdot \Delta T$

$m = \frac{Q}{c \cdot \Delta T}$

$\Delta T = \frac{Q}{m \cdot c}$

Werte für spezifische Wärmekapazität s. Stoffwerte

Beispiel:
$m = 3\ kg;\ c = 490\ J/(kg \cdot K);\ \Delta T = 850\ K;\ Q = ?\ kJ$

$Q = m \cdot c \cdot \Delta T = 3\ kg \cdot 490\ \frac{J}{kg \cdot K} \cdot 850\ K = 1249{,}5\ kJ$

Q : Wärmemenge
m : Masse
c : spezifische Wärmekapazität
ΔT: Temperaturdifferenz

Schmelz- und Verdampfungswärmemenge

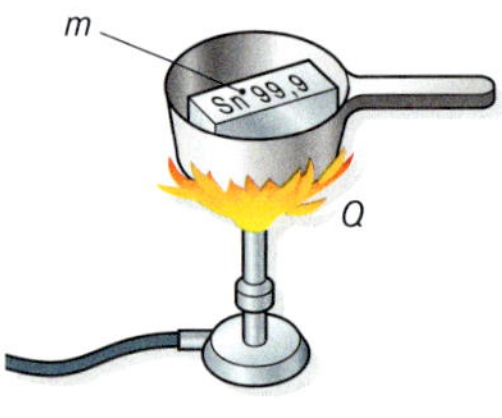

Schmelzen:

$$Q_s = m \cdot q$$

Verdampfen:

$$Q_v = m \cdot r$$

Werte für spezifische Schmelzwärme s. Stoffwerte

Beispiel:

m = 3 kg (unlegierter Stahl); $q = 205\ \frac{\text{kJ}}{\text{kg}}$; Q_s = ? kJ = ? kW

$Q_s = m \cdot q = 3\ \text{kg} \cdot 205\ \frac{\text{kJ}}{\text{kg}} = 615\ \text{kJ} = 615\ \text{kW}$

EXCEL-Rechenblatt

Q_s : Schmelzwärmemenge
Q_v : Verdampfungswärmemenge
m : Masse
q : spezifische Schmelzwärme
r : spezifische Verdampfungswärme

Verbrennungswärmemenge

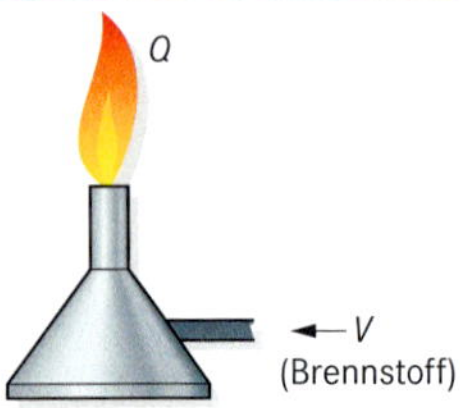

Feste und flüssige Brennstoffe:

$$Q = m \cdot H$$

Gasförmige Brennstoffe:

$$Q = V \cdot H$$

Beispiel:

m = 11 kg (Propan); $H = 50{,}3\ \frac{\text{MJ}}{\text{kg}}$; Q = ? MJ

$Q = m \cdot H = 11\ \text{kg} \cdot 50{,}3\ \frac{\text{MJ}}{\text{kg}} = 553{,}3\ \text{MJ}$

Q : Verbrennungswärmemenge
m : Masse
H : spezifischer Heizwert
V : Volumen

Wärmemenge aus elektrischer Arbeit

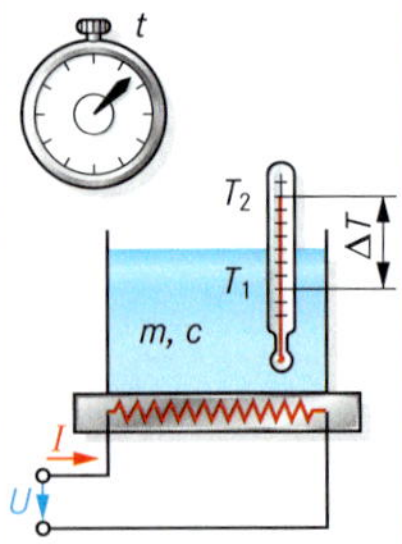

$$m \cdot c \cdot \Delta T = P \cdot t \cdot \eta$$

$$m \cdot c \cdot \Delta T = U \cdot I \cdot t \cdot \eta$$

$Q = W$

Werte für spezifische Wärmekapazität s. Stoffwerte

Beispiel:

m = 1 kg (Wasser); c = 4182 J/(kg · K); ΔT = 80 K; U = 230 V;
I = 10 A; η = 0,85; t = ? s

$$t = \frac{m \cdot c \cdot \Delta T}{U \cdot I \cdot \eta} = \frac{1\ \text{kg} \cdot 4182\ \text{J} \cdot 80\ \text{K}}{230\ \text{V} \cdot \text{kg} \cdot \text{K} \cdot 10\ \text{A} \cdot 0{,}85} = 171{,}1\ \frac{\text{J}}{\text{V} \cdot \text{A}} = 171{,}1\ \frac{\text{Ws}}{\frac{\text{W}}{\text{A}} \cdot \text{A}} = 171{,}1\ \text{s}$$

W : elektrische Arbeit
Q : Wärmemenge
P : elektrische Leistung
t : Aufheizzeit
m : Masse
c : spez. Wärmekapazität
ΔT : Temperaturdifferenz
U : Spannung
I : Stromstärke
η : Wirkungsgrad

Wärmemengenaustausch

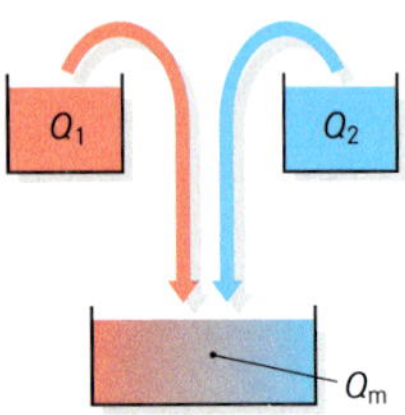

$Q_m = Q_1 + Q_2$

Stoffe unterschiedlicher Wärmekapazität:

$(m_1 \cdot c_1 + m_2 \cdot c_2) \cdot T_m$
$= m_1 \cdot c_1 \cdot T_1 + m_2 \cdot c_2 \cdot T_2$

$$T_m = \frac{m_1 \cdot c_1 \cdot T_1 + m_2 \cdot c_2 \cdot T_2}{m_1 \cdot c_1 + m_2 \cdot c_2}$$

Stoffe gleicher Wärmekapazität:

$(m_1 + m_2) \cdot T_m$
$= m_1 \cdot T_1 + m_2 \cdot T_2$

$$T_m = \frac{m_1 \cdot T_1 + m_2 \cdot T_2}{m_1 + m_2}$$

Beispiel:

m_1 = 4 kg (Wasser); T_1 = 20 °C; m_2 = 1 kg (Wasser); T_2 = 100 °C; T_m = ? °C

$$T_m = \frac{m_1 \cdot T_1 + m_2 \cdot T_2}{m_1 + m_2} = \frac{4\ \text{kg} \cdot 20\ °\text{C} + 1\ \text{kg} \cdot 100\ °\text{C}}{4\ \text{kg} + 1\ \text{kg}} = \frac{180\ \text{kg} \cdot °\text{C}}{5\ \text{kg}} = 36\ °\text{C}$$

Q_1 : Wärmemenge 1
Q_2 : Wärmemenge 2
Q_m : Mischungswärmemenge
m_1 : Masse 1
m_2 : Masse 2
c_1 : spez. Wärmekapazität 1
c_2 : spez. Wärmekapazität 2
T_1 : Temperatur 1
T_2 : Temperatur 2
T_m : Mischungstemperatur

Wärmestrom

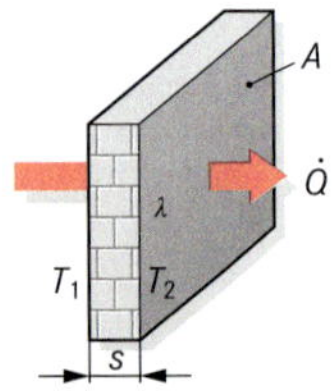

$$\dot{Q} = A \cdot k \cdot \Delta T$$

$\dot{Q}v = \frac{A \cdot \lambda \cdot (T_1 - T_2)}{s}$ $\quad \frac{\lambda}{s} = k$

Beispiel:

A = 15 m² (Ziegelwand); k = 1,5 W/(m² · K); ΔT = 30 K; $\dot{Q}$ = ? W

$\dot{Q} = A \cdot k \cdot \Delta T = 15\ \text{m}^2 \cdot 1{,}5\ \frac{\text{W}}{\text{m}^2 \cdot \text{K}} \cdot 30\ \text{K} = 675\ \text{W}$

$\dot{Q}$: Wärmestrom
A : Fläche
s : Wanddicke
ΔT : Temperaturdifferenz
k : Wärmedurchgangszahl
λ : Wärmeleitzahl

Atomaufbau

Atomkern (Protonen + Neutronen = Nukleonen)		Atomhülle
Protonen: Elektrisch positiv geladene Kernbausteine. Anzahl der Protonen = Kernladungszahl = Ordnungszahl des Atoms im Periodensystem der Elemente.	**Neutronen:** Elektrisch neutrale Kernbausteine. Elemente, deren Atomkerne gleiche Protonenanzahlen, aber unterschiedliche Neutronenzahlen besitzen, heißen **Isotope**. Protonen und Neutronen haben annähernd die gleiche Masse.	**Elektronen:** Elektrisch negativ geladene Bausteine. Ein neutrales Atom hat die gleiche Anzahl an Protonen und Elektronen. Elektronen haben den 1/1849 Teil der Protonenmasse.

Benennung von Salzen

Säure		Säurerest		Beispiel	
Bezeichnung	Formel	Bezeichnung	Formel	Bezeichnung	Formel
Chlorsäure	$HClO_3$	– chlorat	$[ClO_3]^-$	Kaliumchlorat	$KClO_3$
Chlorige Säure	$HClO_2$	– chlorit	$[ClO_2]^-$	Natriumchlorit	$NClO_2$
Flusssäure	HF	– fluorid	F^-	Kalziumfluorid	CaF_2
Kieselsäure	H_2SiO_3	– silikat	$[SiO_3]^{2-}$	Magnesiumsilikat	$MgSiO_3$
Kohlensäure	H_2CO_3	– carbonat	$[CO_3]^{2-}$	Natriumcarbonat	Na_2CO_3
Phosphorsäure	H_3PO_4	– phosphat	$[PO_4]^{3-}$	Kalziumphosphat	$Ca_3(PO_4)_2$
Phosphorige Säure	H_3PO_3	– phosphit	$[PO_3]^{3-}$	Kaliumphosphit	K_3PO_3
Salpetersäure	HNO_3	– nitrat	$[NO_3]^-$	Silbernitrat	$AgNO_3$
Salpetrige Säure	HNO_2	– nitrit	$[NO_2]^-$	Natriumnitrit	$NaNO_2$
Salzsäure	HCl	– chlorid	Cl^-	Natriumchlorid	$NaCl$
Schwefelsäure	H_2SO_4	– sulfat	$[SO_4]^{2-}$	Kupfersulfat	$CuSO_4$
Schweflige Säure	H_2SO_3	– sulfit	$[SO_3]^{2-}$	Kaliumsulfit	K_2SO_3

Wichtige chemische Verbindungen

Technische Bezeichnung	chemische Bezeichnung	chemische Formel	Technische Bezeichnung	chemische Bezeichnung	chemische Formel
Aceton	Propanon	$(CH_3)_2CO$	Kohlensäure	Kohlendioxid	$CO_2 \cdot H_2O$
Acetylen	Acetylen, Äthin	C_2H_2	Korund	Aluminiumoxid	Al_2O_3
Äther	Äthyläther	$(C_2H_5)_2O$	Kupfervitriol	Kupfersulfat	$CuSO_4 \cdot 5\,H_2O$
Bauxit	Aluminiumhydroxid	$AlO(OH)$ - Verunreinigung	Mennige	Bleioxid	Pb_3O_4
Borax	Natriumtetraborat	$Na_2B_4O_7 \cdot 10\,H_2O$	Salmiak	Ammoniumchlorid	NH_4Cl
Borazon	Bornitrit	BN	Salmiakgeist	Ammoniumhydroxid	NH_4OH
Cyankali	Kaliumcyanid	KCN	Salpetersäure	Salpetersäure	HNO_3
Eisenrost	Eisenoxidhydrat	$FeO \cdot Fe_2O_3 \cdot H_2O$	Salzsäure	Chlorwasserstoff	HCl
Gips	Calciumsulfat	$CaSO_4 \cdot 2\,H_2O$	Schwefelsäure	Schwefelsäure	H_2SO_4
Glycerin	Propantriol	$C_3H_5(OH)_3$	Soda	Natriumkarbonat	Na_2CO_3
Grünspan	Kupferacetat	$Cu(OH)_2 \cdot (CH_3COO)_2Cu$	Spiritus	Äthanol	C_2H_5OH
Karbid	Calciumcarbid	CaC_2	Teflon	Tetrafluorethylen	$(F_2C{-}CF_2)_n$
Karborund	Siliziumcarbid	SiC	Tetra	Tetrachlorkohlenstoff	CCl_4
Kochsalz	Natriumchlorid	$NaCl$	Tri	Trichloräthylen	C_2HCl_3
Königswasser	3 Vol.-Teile HCl + 1 Vol.-Teil HNO_3		Zellulose	Dextrin	$C_6H_{10}O_5$

chemische Verbindungen

Stoffwerte gasförmiger Stoffe (20 °C; 1,013 bar)
Physical characteristics of gaseous materials

Stoff	Kurzzeichen	Dichte bei 0 °C ϱ kg/m³	Schmelzpunkt t_{Fl} °C	Siedepunkt t_G °C	Spezif. Wärmekapazität c: p = const. J/(kg · K)	V = const. J/(kg · K)	Löslichkeit bei 20 °C in H_2O g/l	Wärmeleitfähigkeit λ W/(m · K)
Acetylen	C_2H_2	1,17	– 80,8	– 84	1683	1330	1,03	0,021
Ammoniak	NH_3	0,771	– 77,7	– 33,4	2160	1560	541	0,024
Butan	C_4H_{10}	2,70	–135	– 0,5	–	–	–	0,016
Frigen	CF_2CL_2	5,51	–140	– 30	–	–	–	0,010
Kohlenmonoxid	CO	1,250	–205	–191,55	1042	750	0,029	0,025
Kohlendioxid	CO_2	1,977	– 56,6[1)]	– 78,5	837	630	1,73	0,016
Luft	–	1,29	–220	–191,4	1005	716	0,019	0,026
Methan	CH_4	0,72	–182,5	–161,5	2219	1680	0,024	0,033
Propan	C_3H_8	2,01	–185,3	– 47,7	1595	1240	–	0,017
Sauerstoff	O_2	1,429	–218,8	–182,9	917	650	0,044	0,026
Schwefeldioxid	SO_2	2,93	– 73	– 10	1779	1483	1,56	0,029
Stickstoff	N_2	1,251	–210	–195,8	1038	740	0,019	0,026
Wasserstoff	H_2	0,0899	–259,2	–252,8	14320	10100	0,002	0,183

[1)] bei 5,3 bar; Sublimationspunkt

Flüssige Stoffe (20 °C; 1,013 bar)

Stoff	Kurzzeichen	Dichte ϱ kg/dm³	Schmelzpunkt t_{Fl} °C	Siedepunkt t_G °C	Zündtemperatur °C	Spezif. Wärmekapazität c J/(kg · K)	Volumenausdehnungskoeffizient K⁻¹	Wärmeleitfähigkeit λ W/(m · K)
Alkohol (Ethanol)	C_2H_5OH	0,79	-114	78	-	2340	0,0011	0,13
Äther	$(C_2H_5)_2O$	0,71	-116	35	170	2280	0,0016	0,13
Benzin	-	0,68...0,75	-30...-50	40...200	220	2020	0,0010	0,13
Benzol	C_6H_6	0,88	5,5	80,1	250	1725	0,0012	0,15
Dieselkraftstoff	-	0,8...0,85	<- 30	150...350	220	2050	0,00095	0,15
Glycerin	$C_3H_5(OH)_3$	1,26	- 19	290	520	2390	0,0005	0,29
Heizöl	-	≈ 0,82	- 10	> 170	220	2070	0,00095	0,14
Maschinenöl	-	0,91	- 20	380...400	400	2090	0,00093	0,14
Petroleum	-	0,81	- 70	150...300	550	2150	0,0010	0,13
Spiritus (95 %)	C_2H_5OH	0,82	-114	78	520	2430	0,0011	0,17
Wasser (destill.)	H_2O	1,00[1)]	0	100	-	4182	0,0002027	0,06

Feste Stoffe (20 °C; 1,013 bar)

Stoff	Kurzzeichen	Dichte ϱ kg/dm³	Schmelzpunkt/-bereich t_{Fl} °C	Siedepunkt t_G °C	Spezif. Schmelzwärme t_G kJ/kg	Spezif. Wärmekapazität q J/(kg · K)	Längenausdehnungskoeffizient α K⁻¹	Wärmeleitfähigkeit λ W/(m · K)
Aluminiumoxid	Al_2O_3	4,0	2050	2700	263	764	0,0000065	12...23
Al-Legierung	AlCu4MgSi AlSi1MgMn	2,8 2,7	530...650 600...645			960 920	0,000023 0,000023	180 175
Asbest	-	2,1...2,8	≈ 1300	-	-	810	-	-
Beton	-	1,8...2,2	-	-	-	880	0,0001	1
Cu-Legierung	CuAl10Fe5Ni5 CuNi25 CuSn6 CuZn30	7,4...7,7 7,4...8,9 8,4...8,7	≈ 1040 ≈ 1260 ≈ 900 ≈ 900	≈ 2300 ≈ 2400 ≈ 2300 ≈ 2300	 167	440 410 380 390	0,000016 0,0000152 0,0000175 0,0000185	61 23 46 105
Eis	-	0,92	0	100	332	2090	0,00005	2,3
Fette	-	0,93	30...180	≈ 300	-	-	-	0,21
Gips	$CaSO_4$	2,3	1200	-	-	-	-	0,45
Glas	-	2,4...2,7	≈ 700	-		850	0,000005	0,81
Grafit	-	2,2	≈ 3800	≈ 4200	-	710	0,000008	168
Gusseisen	EN-GJL200	7,25	1150...1250	≈ 2500	125	540	0,0000105	50
Hartmetall	HW-P20	11,9	> 2000	≈ 4000		800	0,000060	81
Konstantan	CuNi44	8,9	1280	≈ 2600	-	410	0,000014	23
Korund	Al_2O_3	4,0	2050	2700	263	764	0,0000065	12...23
Mg-Legierung	MgAl6Zn	1,8	≈ 630	≈ 1500		1017	0,000024	65
Polystyrol	PS	1,05	-	-		1300	0,000070	0,13...0,16
Polyvinylchlorid	PVC	1,35	-	-	165	1500	0,000080	0,16...0,17
Porzellan	-	2,3...2,5	1600	-		880	0,000004	1,6
Quarz	SiO_2	2,1...2,6	1480	2230		745	0,000008	9,9
Siliziumkarbid	SiC	2,4	über 3000 °C Zerfall in C und Si		158	678	0,000008	9
Stahl, unlegiert	C22	7,85	1510	≈ 2500	205	490	0,000011	48...58
Stahl, niedrigleg.	16MnCr5	7,85	1490	≈ 2500	192	460	0,0000111	25
Stahl, hochleg.	X210CrW12	7,9	1450	≈ 2500	213	510	0,0000167	21

1) bei 4 °C

Periodensystem der Elemente
Periodic table of the elements

Ordnungszahl – Elementsymbol – Kristallstruktur

26 Fe: Eisen, 1535, 7,86

- Elementname
- Schmelzpunkt (feste Elemente)
- Siedepunkt (flüssige/gasförmige Elemente)
- Dichte: feste/flüssige Elemente in kg/dm³; gasförmige Elemente in kg/m³

- Fe festes Element
- Hg flüssiges Element
- O gasförmiges Element
- U natürliches, radioaktives Element
- Rf künstliches, radioaktives Element
- Uub* vorläufiges Symbol

Gruppierung

* IUPAC-Empfehlung; herkömmliche Gruppenbezeichn.; k. A.: keine Angabe

Kristallstruktur: amorph; kubisch-flächenzentriert; monoklin; rhomboedrisch; hexagonal; kubisch-raumzentriert; orthorhombisch; tetragonal

Gruppierung: Nichtmetall; Leichtmetall; Edelmetall; Halbmetall; Schwermetall; Edelgas

Periode (Schale) \ Gruppe*	1 (Ia)	2 (IIa)	3 (IIIb)	4 (IVb)	5 (Vb)	6 (VIb)	7 (VIIb)	8 (VIII)	9 (VIII)	10 (VIII)	11 (Ib)	12 (IIb)	13 (IIIa)	14 (IVa)	15 (Va)	16 (VIa)	17 (VIIa)	18 (VIIIa)
1 (K)	1 H Wasserstoff −252,9 0,0899																	2 He Helium −268,9 0,1785
2 (L)	3 Li Lithium 180,5 0,534	4 Be Beryllium 1278 1,848											5 B Bor 2300 2,46	6 C Kohlenstoff 3550 3,51	7 N Stickstoff −195,8 1,2506	8 O Sauerstoff −182,96 1,429	9 F Fluor −188,1 1,696	10 Ne Neon −246,1 0,899
3 (M)	11 Na Natrium 97,8 0,971	12 Mg Magnesium 648,8 1,738											13 Al Aluminium 660,5 2,699	14 Si Silicium 1410 2,33	15 P Phosphor 44 1,82	16 S Schwefel 113 2,07	17 Cl Chlor −34,6 3,214	18 Ar Argon −189,4 1,784
4 (N)	19 K Kalium 63,7 0,862	20 Ca Calcium 839 1,55	21 Sc Scandium 1539 2,989	22 Ti Titan 1660 4,51	23 V Vanadium 1890 6,09	24 Cr Chrom 1857 7,19	25 Mn Mangan 1246 7,21	26 Fe Eisen 1535 7,86	27 Co Cobalt 1495 8,89	28 Ni Nickel 1453 8,902	29 Cu Kupfer 1083,5 8,96	30 Zn Zink 419,6 7,14	31 Ga Gallium 29,8 5,904	32 Ge Germanium 937,4 5,323	33 As Arsen 613 5,72	34 Se Selen 217 4,82	35 Br Brom 58,8 3,14	36 Kr Krypton −152,3 3,749
5 (O)	37 Rb Rubidium 39 1,532	38 Sr Strontium 769 2,63	39 Y Yttrium 1523 4,469	40 Zr Zirconium 1855 6,506	41 Nb Niob 2468 8,57	42 Mo Molybdän 2617 10,28	43 Tc Technetium 2172 11,5	44 Ru Ruthenium 2310 12,45	45 Rh Rhodium 1966 12,41	46 Pd Palladium 1552 12,02	47 Ag Silber 961,9 10,5	48 Cd Cadmium 321 8,642	49 In Indium 156,6 7,31	50 Sn Zinn 232 7,29	51 Sb Antimon 630,7 6,691	52 Te Tellur 449,6 6,24	53 I Iod 113,5 4,93	54 Xe Xenon −107 5,897
6 (P)	55 Cs Cäsium 28,4 1,873	56 Ba Barium 725 3,65	57…71	72 Hf Hafnium 2150 13,31	73 Ta Tantal 2996 16,654	74 W Wolfram 3407 19,26	75 Re Rhenium 3180 21,20	76 Os Osmium 3045 22,61	77 Ir Iridium 2410 22,65	78 Pt Platin 1772 21,45	79 Au Gold 1064,4 19,32	80 Hg Quecksilber 356,6 13,546	81 Tl Thallium 1457 11,85	82 Pb Blei 327,5 11,34	83 Bi Bismut 271,4 9,80	84 Po Polonium 254 9,20	85 At Astat 302 k. A.	86 Rn Radon −61,8 9,73
7 (Q)	87 Fr Francium 27 k. A.	88 Ra Radium 700 5,50	89…103	104 Rf Rutherfordium 261,109 k. A.	105 Db Dubnium 262,114 k. A.	106 Sg Seaborgium 263,118 k. A.	107 Bh Bohrium 262,123 k. A.	108 Hs Hassium 265 k. A.	109 Mt Meitnerium 266 k. A.	110 Ds Darmstadtium 269 k. A.	111 Rg Roentgenium 272 k. A.	112 Uub* Ununbium 285 k. A.	113 Uut* Ununtrium 284 k. A.	114 Uuq* Ununquadium 289 k. A.	115 Uup* Ununpentium 288 k. A.	116 Uuh* Ununhexium 292 k. A.	117 Uus* Ununseptium k. A. k. A.	118 Uuo* Ununoctium k. A. k. A.

Periode																
6 (P)	Lanthanoide 57…71	57 La Lanthan 920 6,145	58 Ce Cer 798 6,77	59 Pr Praseodym 931 6,773	60 Nd Neodym 1010 7,008	61 Pm Promethium 1080 7,264	62 Sm Samarium 1072 7,52	63 Eu Europium 822 5,26	64 Gd Gadolinium 1311 7,89	65 Tb Terbium 1360 8,23	66 Dy Dysprosium 1409 8,56	67 Ho Holmium 1470 8,795	68 Er Erbium 1522 9,066	69 Tm Thulium 1545 9,321	70 Yb Ytterbium 824 6,966	71 Lu Lutetium 1656 9,841
7 (Q)	Actinoide 89…103	89 Ac Actinium 1047 10,07	90 Th Thorium 1750 11,72	91 Pa Protactinium 1554 15,37	92 U Uran 1132,4 18,95	93 Np Neptunium 640 20,45	94 Pu Plutonium 641 19,84	95 Am Americium 994 13,67	96 Cm Curium 1340 13,51	97 Bk Berkelium 986 13,25	98 Cf Californium 900 15,10	99 Es Einsteinium 860 k. A.	100 Fm Fermium 1526 k. A.	101 Md Mendelevium 827 k. A.	102 No Nobelium 827 k. A.	103 Lr Lawrencium 1627 k. A.

Periodensystem

Element	Symbol	Ordnungszahl	Raumgitter[1]	Zustand[2]	Dichte[3] bei 20 °C ϱ kg/dm³ kg/m³	Schmelzpunkt t_{Fl} °C	Siedepunkt bei 1,013 bar t_G °C	Spezif. Schmelzwärme bei 1,013 bar q in kJ/mol	Spezif. Wärmekapazität bei 20 °C c J/(kg · K)	Spezif. elektr. Widerstand bei 20°C $\varrho 20$ $\Omega \cdot mm^2/m$	Wärmeleitfähigkeit bei 25 °C λ W/(m · K)	Längenausdehnungskoeffizient bei 20 °C α K^{-1}
Aluminium	Al	13	kfz	f/M	2,699	660,5	2467	10,7	900	0,027	237	0,0000239
Antimon	Sb	51	rho	f/HM	6,691	630,7	1750	19,83	207	0,347	24,3	0,0000105
Argon	Ar	18	-	g/EG	1,784	- 189,4	- 185,9	1,188	520	-	0,0177	-
Arsen	As	33	rho	f/HM	5,72	613 [4]	sublimiert	27,7	330	0,29	50	0,0000047
Barium	Ba	56	krz	f/M	3,65	725	1640	8,01	204	0,359	19	0,0000184
Beryllium	Be	4	hex	f/M	1,848	1278	2970	11,71	1825	0,042	200	0,0000106
Bismut	Bi	83	rho	f/M	9,8	271,4	1560	11	122	1,099	7,87	0,0000133
Blei	Pb	82	kfz	f/M	11,34	327,5	1740	4,77	129	0,21	35,3	0,0000293
Bor	B	5	rho	f/NM	2,46	2300	2550	22,6	1026	0,909	27	0,0000083
Cadmium	Cd	48	hex	f/M	8,642	321	765	6,07	232	0,075	96,8	0,0000298
Calcium	Ca	20	kfz	f/M	1,55	839	1487	8,53	647	0,034	200	0,0000223
Cer	Ce	58	kfz	f/M	6,77	798	3257	9,2	190	0,87	11,4	0,000008
Chlor	Cl	17	-	g/G	3,214	- 101	- 34,6	3,21	480	-	0,0089	-
Chrom	Cr	24	krz	f/M	7,19	1857	2482	20	449	0,128	93,7	0,0000062
Cobalt	Co	27	hex	f/M	8,89	1495	2870	16,19	421	0,062	100	0,0000123
Eisen	Fe	26	krz	f/M	7,86	1535	2750	13,8	449	0,097	80,2	0,0000117
Fluor	F	9	-	g/G	1,696	- 219,6	- 188,1	0,26	824	-	0,0279	
Gold	Au	79	kfz	f/EM	19,32	1064,4	2940	12,36	128	0,024	317	0,0000142
Helium	He	2	-	g/EG	0,1785	- 272,2	- 268,9	0,021	5193	-	0,152	-
Iod	I	53	ort	f/NM	4,93	113,5	184,4	7,76	145	-	0,449	0,000093
Iridium	Ir	77	kfz	f/EM	22,65	2410	4130	26,36	130	0,053	147	0,0000066
Kalium	K	19	krz	f/M	0,862	63,7	774	2,33	757	0,076	102,5	0,000083
Kohlenstoff	C	6	kub	f/NM	2,25	3550	4827	-	709	-	155	-
Kupfer	Cu	29	kfz	f/M	8,96	1083,5	2595	13,14	385	0,017	401	0,0000165
Lanthan	La	57	hex	f/M	6,145	920	3454	11,3	190	0,794	13,5	-
Magnesium	Mg	12	hex	f/M	1,738	648,8	1107	8,95	1020	0,044	156	0,0000245
Mangan	Mn	25	krz	f/M	7,21	1246	2062	14,64	480	2	7,82	0,000022
Molybdän	Mo	42	krz	f/M	10,28	2617	5560	36	250	0,052	138	0,0000027
Natrium	Na	11	krz	f/M	0,971	97,8	892	2,601	1230	0,047	141	0,0000027
Nickel	Ni	28	kfz	f/M	8,902	1453	2732	17,2	444	0,068	90,7	0,0000133
Niob	Nb	41	krz	f/M	8,57	2468	4927	26,9	265	0,156	53,7	0,0000071
Phosphor	P	15	mon	f/NM	1,82	44	280	0,63	769	-	0,235	0,0000125
Platin	Pt	78	kfz	f/EM	21,45	1772	3827	19,66	130	0,105	71,6	0,000009
Quecksilber	Hg	80	rho	fl/M	13,546	- 38,9	356,6	2,292	140	0,941	8,34	-
Rhodium	Rh	45	kfz	f/EM	12,41	1966	3727	21,76	242	0,045	150	0,0000083
Sauerstoff	O	8	-	g/G	1,429	- 218,4	- 182,96	0,222	920	-	0,0267	-
Schwefel	S	16	ort	f/NM	2,07	113	444,7	1,73	710	-	0,269	0,000064
Selen	Se	34	hex	f/HM	4,82	217	685	5,54	320	-	2,04	0,000037
Silber	Ag	47	kfz	f/M	10,5	961,9	2212	11,3	235	0,016	429	0,0000197
Silicium	Si	14	kfz	f/HM	2,33	1410	2355	50,2	700	1000	148	0,0000025
Stickstoff	N	7	-	g/G	1,2506	- 209,9	- 195,8	0,36	1042	-	0,026	-
Tantal	Ta	73	krz	f/M	16,654	2996	5425	36	140	0,14	57,5	0,0000066
Thorium	Th	90	kfz	f/M	11,72	1750	4787	15,65	113	0,153	54	0,000011
Titan	Ti	22	hex	f/M	4,51	1660	3260	18,6	523	0,42	21,9	0,0000084
Uran	U	92	ort	f/M	18,95	1132,4	3818	15,48	120	0,263	27,6	-
Vanadium	V	23	krz	f/M	6,09	1890	3380	20,8	489	0,256	30,7	0,0000083
Wasserstoff	H	1	-	g/G	0,0899	- 259,1	- 252,9	0,0585	14304	-	0,1818	-
Wolfram	W	74	krz	f/M	19,26	3407	5927	35,4	130	0,057	174	0,0000046
Zink	Zn	30	hex	f/M	7,14	419,6	907	7,38	388	0,059	116	0,0000397
Zinn	Sn	50	tet	f/M	7,29	232	2270	7,2	228	0,11	66,6	0,000023
Zirconium	Zr	40	hex	f/M	6,506	1855	4377	21	278	0,424	22,7	0,0000058

[1] am: amorph; hex: hexagonal; kfz: kubisch-flächenzentriert; krz: kubisch-raumzentriert; mon: monoklin; ort: orthorhombisch (rhombisch); rho: rhomboedrisch (trigonal); tet: tetragonal;

[2] f: fest; fl: flüssig; g: gasförmig; EG: Edelgas; EM: Edelmetall; G: Gas; HM: Halbmetall; NM: Nichtmetall; M: Metall;

[3] Feste und flüssige Elemente in kg/dm³ bei 20 °C und 1,013 bar; gasförmige Elemente in kg/m³ bei 0 °C und 1,013 bar;

[4] Arsen sublimiert bei 613 °C: es geht vom festen direkt in den gasförmigen Aggregatzustand über.

A

B

C

D

E

F

H

I

K

L

M

N

O

P

Q

R

S

T

U

V

Bildquellenverzeichnis
List of picture reference

Hymer Leichtmetallbau, Wangen: Fotos S. 15
Wollmann, Carsten, Mehringen: Fotos S. 355, 356

Illustrationen: Mario Valentinelli, Rostock; deckermedia GbR, Vechelde
Englische Übersetzungen: Günther Tiedt

DIN ...

DIN EN ISO...

Sonstiges ...

VDI ...